JN440545

미생물생물공학 2판

- 응용미생물학의 기초 -

Microbial Biotechnology Second Edition

미생물생물공학 2판

– 응용미생물학의 기초 –

Microbial Biotechnology **Second Edition**

원 저 ▎ Alexander N. Glazer · Hiroshi Nikaido

공 역 ▎ 주우홍 · 김승욱 · 김형권 · 노동현 · 이상한 · 이향범 · 백형석

Microbial Biotechnology 2nd edition
Copyright ⓒ Cambridge University Press 2009
All Rights Reserved.

미생물생물공학 ⓒ 2011 World Science

미생물생물공학 2판

인쇄 | 2011년 1월 20일
발행 | 2011년 1월 30일

공 역 | 주우홍· 김승욱 · 김형권 · 노동현 · 이상한 · 이향범 · 백형석
발행인 | 박선진
발행처 | 도서출판 월드사이언스

주 소 | 서울특별시 서초구 방배4동 864-31 월드빌딩 1층
등록일자 | 1988년 2월 12일
등록번호 | 제 16-1601호
대표전화 | (02) 581-5811~3
팩스 | (02) 521-6418

E-mail | worldscience@hanmail.net
URL | http://www.worldscience.co.kr

정가 | 25,000원
ISBN | 978-89-5881-160-2

*이 책의 저작권은 월드사이언스에 있으며, 무단 전제, 복제는 저작권법에 저촉됩니다.

이 도서의 국립중앙도서관 출판사 도서목록 (CIP)은 e-CIP 홈페이지(http://www.nl.go.kr/cip.php)에서 이용할 수 있습니다.(CIP 제어번호 : CIP2010004858)

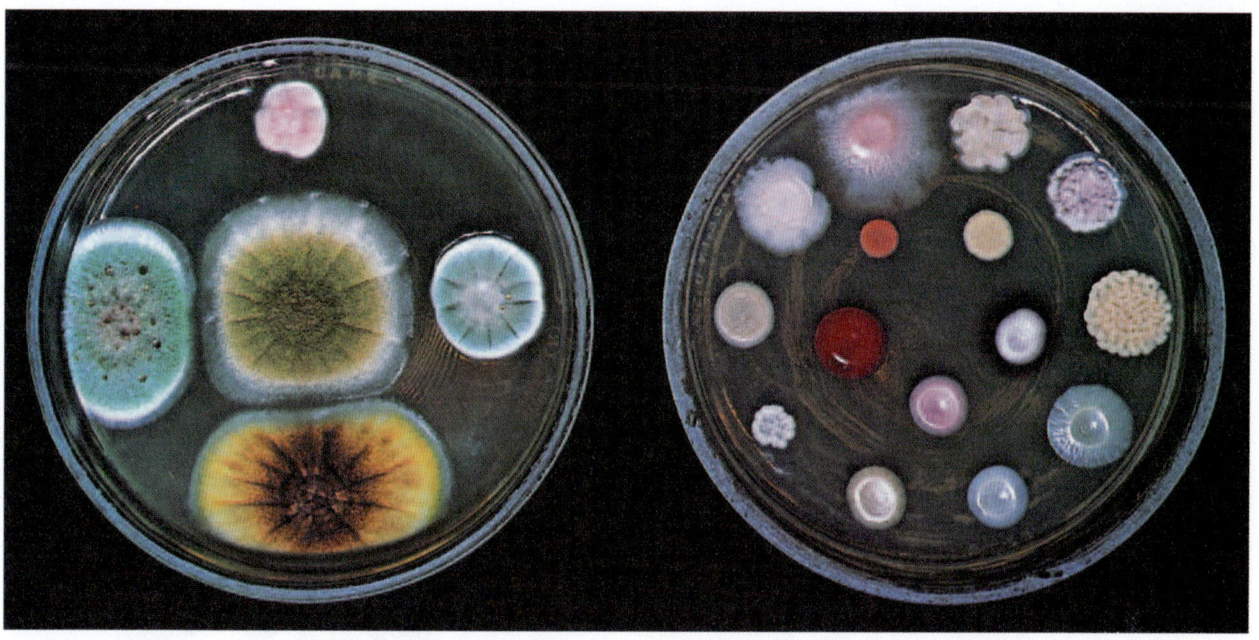

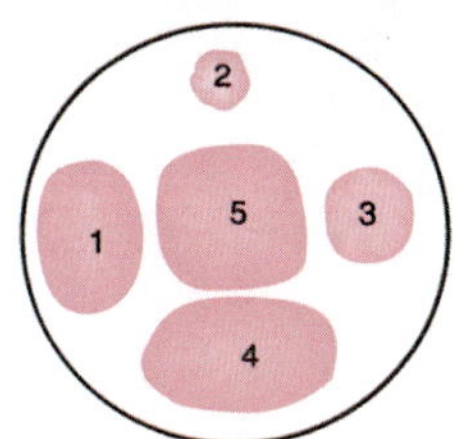

균류

1 *Penicillium chrysogenum*
2 *Monascus purpurea*
3 *Penicillium notatum*
4 *Aspergillus niger*
5 *Aspergillus oryzae*

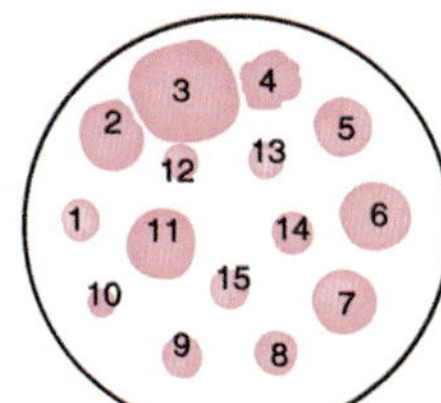

효모

1 *Saccharomyces cerevisiae*
2 *Candida utilis*
3 *Aureobasidium pullulans*
4 *Trichosporon cutaneum*
5 *Saccharomycopsis capsularis*
6 *Saccharomycopsis lipolytica*
7 *Hanseniaspora guilliermondii*
8 *Hansenula capsulata*
9 *Saccharomyces carlsbergensis*
10 *Saccharomyces rouxii*
11 *Rhodotorula rubra*
12 *Phaffia rhodozyma*
13 *Cryptococcus laurentii*
14 *Metschnikowia pulcherrima*
15 *Rhodotorula pallida*

유리 페트리 접시 영양한천 배지 위에서의 균류와 효모의 배양사진. H. Phaff, Industrial microorganisms, Scientific American, September 1981. Copyright © 1981 by Scientific American, Inc. All rights reserved.

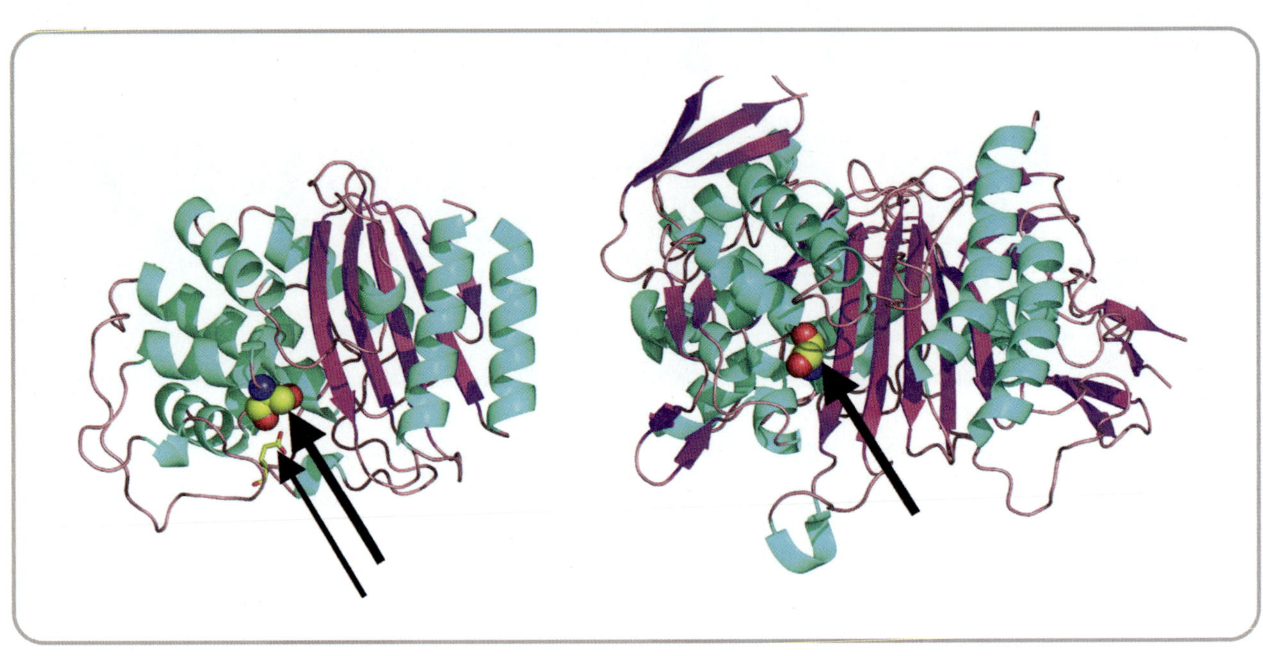

A 부류의 β-락타마제(TEM; 왼쪽)와 페니실린-결합단백질(*S. pneumoniae*로부터 (PBP2X; 오른쪽) 접힘 양상. 유사한 전체적인 접힘 양상을 주시하시오. 굵은 화살표는 활성 부위인 세린잔기(CPK 모델에서 보이는)를 지적하는 것이고, 왼쪽의 가는 화살표는 아실 효소의 가수분해를 위한 활성화된 물 분자를 가리키면서, 글루탐산 잔기를 보여준다(스틱 모델에서 보이는). 이 그림은 PyMol을 사용하여 그렸다.

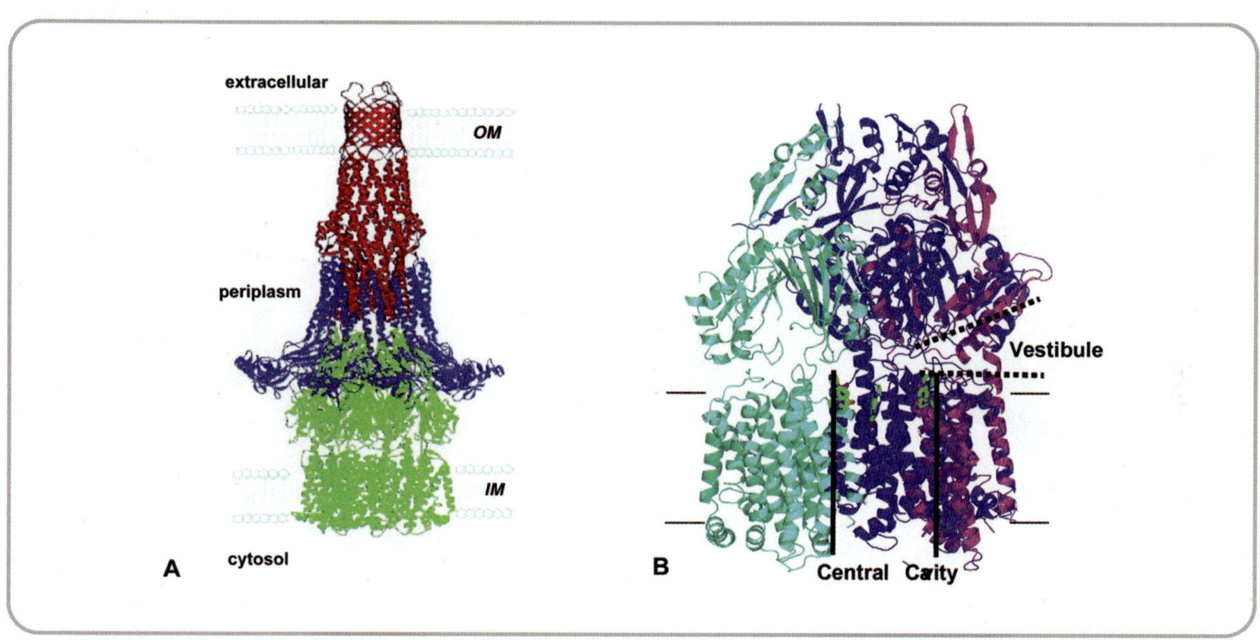

(A) AceB–AcrA–TolC tripartite 복합체 모델로 배지로의 직접적인 약물방출 모델. ArcB 펌프 삼량체(녹색)의 막 부분은 원형질막 내에 둘러 싸여 있다. 반면 페리플라스믹 부분은 수많은 페리플라스믹 ArcA 링커 단백질(파란색)과 함께 TolC 채널(적색)로 연결되어 있다. [from Eswaran, J., et al. (2004) Three's company: component structures bring a closer view of tripartite drug efflux pumps. Current Opinion in Structural Biology, 14, 741–747.]

(B) 사이프로플로작신 분자에 결합된 ArcB 삼량체.
각 프로모터는 청록색, 담자색, 그리고 파란색으로 나타내었고, 사이프로플로작신 분자는 녹색 막대기 모델로 나타내었다. 큰 중심부의 내강이 프로모터 사이 전방을 통하여 페리플라즘으로 연결되어 있다. 구조의 기저 부분은 연결부분의 존재로 항상 잘린 상태이고, 약물 분자는 페리플라즘으로부터 이를 통해 이동한다. 그림은 PDB coordinate 1OYE와 함께 PyMol을 이용해 그린 것이다. AcrB의 불균형적인 삼량체의 X–선 구조 설명. (Murakami S., et al. (2006) Crystal structures of a multidrug transporter reveal a functionally rotating mechanism. Nature, 443, 173–179; Seeger M. A., et al. (2006) Structural asymmetry of AcrB trimer suggests a peristaltic pump mechanism. Science 313, 1295–1298). 기질이 어떻게 AcrB 페리플라즘 부위 내에서 결합하는지와 어떻게 TolC 채널 안으로의 수송하는지를 보여준다.

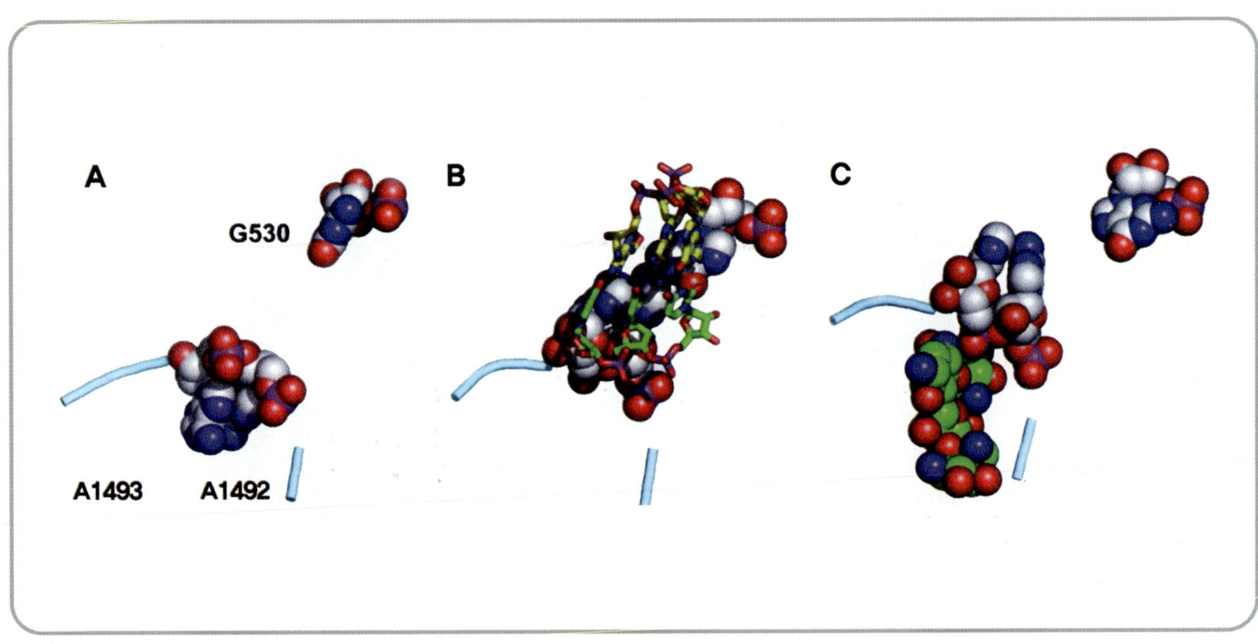

이 그림은 A-부위의 중요한 부분으로, 아미노아실-RNA가 결합하는 30S 리보좀 서브유닛상의 부분이다. **A**부분에서, 비어있는 A-부위는 3개의 뉴클레오타이드 잔기를 나타내었고 16S 리보좀RNA의 G530, A1492, A1493으로 안정적인 코돈상의 두드러진 활동 부분인데 **B**부분 내의 안티코돈 부분이다. 루프의 아랫부분(청색부분)은 A1492와 A1493에 속한 16S RNA의 백본으로 작은 일부분이다. **B**부분의, 전령RNA(녹색 막대로 탄소)의 코돈(페닐알라닌에 대한 UUU)과 페닐알라닐 전령RNA(노랑 막대로서 탄소)의 안티코돈(AAG)를 나타낸다. 코돈과 안티코돈은 와트슨-크릭의 수소결합에 의해 만들어지는 것으로 예상된다. 이 쌍은 전사과정 중에 제거되는 것을 설명하기에는 충분하지 않은데, 이를 만드는데 에러가 없는 것은 필수적인데 코돈과 안티코돈은 **A**부분에서 보는 바와 같이 이미 3개의 뉴클레오타이드로 안정화되어 있기 때문이다. 주목할 것은 A1492와 A1495로 외부로 향하는 플립의 부분이기 때문이고, 코돈과 안티코돈 쌍의 교정을 포함하는 닮은 구조를 만든다. 전령RNA-이동RNA 복합체의 안정화 같은 입체구조의 변형 같은 전령RNA가 포함되지 않는 안티코돈이 있을 때, misreading이 종종 강하게 증가한다.

역자 약력

주우홍

창원대학교 생물학과 교수
whjoo@changwon.ac.kr
(1, 2장)

김승욱

고려대학교 공과대학 화공생물공학과 교수
kimsw@korea.ac.kr
(8, 14장)

김형권

가톨릭대학교 생명환경공학부 생명공학전공 교수
hkkim@catholic.ac.kr
(3, 11장)

노동현

충북대학교 미생물학과 교수
dhroh@chungbuk.ac.kr
(12, 13장)

이상한

경북대학교 식품공학부 교수
sang@knu.ac.kr
(9, 10장)

이향범

전남대학교 응용생물공학부 생명화학전공 교수
hblee@chonnam.ac.kr
(6, 7장)

백형석

부산대학교 생명과학부 교수
hsubaik@pusan.ac.kr
(4, 5장)

차 례

저자 서문

응용과학이란 존재하지 않는다. 그러나 과학의 응용은 존재한다.
– 루이스 파스퇴르 –

미생물들은 지구상에서 가장 재주가 많고 적응 가능한 생명체이다; 그리고 그들은 약 35억년동안 이곳에 존재하여 왔다; 사실 그들이 존재한 처음 20억년 동안은 원핵생물만이 빙하의 얼음에서부터 심해바닥의 열수 분출공에 이르기까지의 모든 접근 가능한 생태적 적소(niche)에 군락화하여 생물권을 지배하였다. 이들 초기 원핵생물들이 진화하였기 때문에 그들은 아직 원핵생물에만 한정적인 질소고정 같은 다양한 다른 대사 과정들뿐만 아니라 오늘날의 모든 살아있는 생명체의 특징적인 주요 대사 경로들을 발전시켰다. 그들의 오랜 지구 지배기 동안 원핵생물들은 혐기적인 대기를 산소가 풍부한 대기로 변화시켰으며 많은 양의 유기 화합물들을 생성시켜 지구도 역시 변화시켰다. 마침내 그들은 보다 복잡한 생명체들의 유지에 적합한 환경을 창출하였다.

오늘날 세균과 다른 미생물들의 생화학과 생리학은 항상 변화하는 세계에 대한 유전학적 반응들의 수십억년 동안의 살아있는 기록을 제공하고 있다. 동시에 생리 및 대사적인 융통성과 작은 적소에서 생존하는 그들의 능력으로 인하여 더 크고 보다 복잡한 생명체보다 그들이 생물권에서의 변화에 의하여 훨씬 덜 영향을 받는다. 그리하여 사람들 보다 먼저 존재하였던 대부분의 미생물 종들의 대표적인 것들이 탐구되도록 여기 아직 존재하는 것 같다.

이러한 탐구는 결코 순수하게 학문적인 추구는 아니다. 순수하게 분리되어 이미 이용되고 있는 수천개의 미생물들과 여전히 배양되고 있거나 발견되고 있는 수천개의 다른 미생물들은 생명계의 전 유전자 풀의 큰 부분을 나타내고 있으며 이러한 엄청나게 큰 유전적인 다양성은 생명체들의 유전적 특성의 직접적인 조작인 유전공학의 원자재가 된다. 생물학자들은 현재에는 전체 생명체 수준에서 육종과 선택의 전통적인 방법을 통하기보다 그 DNA의 조작을 통하여 유전적 성질을 직접 변경함으로써 생명체에 있어서 바람직한 성질들의 획득을 크게 촉진할 수 있다. "재조합 DNA 기술" 규정이라는 이름으로 요약된 다양한 조작기술들은 유전자들을 제거하거나, 다른 생명체로부터의 유전자들을 첨가하거나, 유전적 제어 기구들을 변형시키거나, 합성 DNA를 도입하거나 해서 때로는 생명계에는 전적으로 새로운 기능을 세포가 수행할 수 있게 할 수 있다. 이렇게 해서 새롭고 안정적인 유전적 성질들을 이미 모든 형태의 생명에 도입하여 왔다. 한 결과로써 응용미생물학은 이미 상당히 실제적인 가치를 현저히 향상시켰다. 응용미생물학은 의학, 농업, "녹색"화학, 재생에너지원 탐색, 폐수처리 그리고 생물정화 등에 기여하는 광범위한 범위의 활동들을 망라하고 있다. 생명체들의 유전적인 성질을 조작하는 능력은 이 분야의 모든 영역에서 폭발적인 진보를 이룩하여 왔다.

이 책의 목적은 미생물생물공학의 모든 국면에 대한 엄밀한 통일된 논술을 제공하는 데 있다. 그렇게 하기 위해서 형식적인 학문분야의 경계를 자유롭게 넘나들 것이다: 미생물학은 가공되지 않은 자료들을 제공한다; 유전체학, 전사체학 그리고 단백질체학은 청사진을 제공한다; 생화학, 화학, 그리고 공정공학은 도구를 제공한다; 그리고 많은 다른 과학분야들은 중요한 정보의 공급원으로서의 역할을 한다. 더구나 개관을 제공하기 위하여 오직 일반적인 원리들과 형식들을 가르치는 데에만 집중하여야 하는 생화학, 미생물학, 분자생물학, 유기화학 또는 어떤 다른 방대한 기초분야의 교재와는 상이하게 이 교재는 다양성과 유일성의 중요성을 지속적으로 강조할 것이다. 응용미생물학에서는 진귀한 것을 자주 찾을 법 하다; 새로운 항생물질의 생산자, 특별하게 광범위한 해로운 해충에 특이적으로 감염하는 기생생물, 100℃ 이상에서 활성이 있는 에너지원으로써 이바지할 수 있는 초고온세균. 요약하면, 이 책은 세균, 균류 그리고 다른 미생물들의 현행의 실제적인 응용의 기초가 되는 기초적인 원리들과 사실들을 탐구하고 있다; 그들의 이용들을 서술하고 있다; 그리고 관련 기술들을 위한 미래의 전망을 조사하고 있다.

미생물생물공학이 오늘날 시행되고 있는 단계는 12년 전 출판된 이 책의 초판에서 기술된 것과 상당하게 상이하다. 2 판은 쇄도하는 새로운 지식을 포함시키기 위해 집중적으로 재작성되었다. 이러한 최근 진보의 가장 중대한 역할을 하는 몇몇은 무엇일까?

■ 수백의 원핵생물과 균류 유전체는 염기서열이 완전히 해독되었고, 부분적인 유전체학적 정보는 순수배양하여 이용되고 있는 다수의 더 많은 미생물들을 위해 이용가능하다.

■ 오늘날 미생물들 간의 계통학적이며 진화학적인 유연관계들의 이해는 이러한 방대한 염기서열 데이터에 의하여 제공되고 있는 객관적인 기초에 의존하고 있다. 이러한 데이터는 미생물유전체들의 모자이크식의 역동적인 면도 역시 나타내고 있다.

■ 환경 DNA 라이브러리들은 미생물계의 광대함과 기능적인 다양성에 대해 어렴풋이 알아차리게 하며 수만의 아직 배양할 수 없는 미생물들의 유전자들에 신속하게 접근할 수 있게 한다.

■정교한 컴퓨터 도구들과 함께 주석적인 염기서열들의 광대한 데이터베이스들은 발전하는 정보의 본체에 신속하게 접근할 수 있게 허용하며, 새로운 염기서열들의 잠재적인 기능들을 나타내 준다.

■ 재조합 생명체들의 생성을 위한 다재다능한 기술과 결합된 중합효소연쇄반응은 염기서열정보의 이용을 허용하여 바람직한 성질들을 가지는 새로운 분자들 또는 생명체들을 창조한다.

■ 유전체학, 전사체학 그리고 대사체학은 강력한 새로운 기술들을 사용하여 복잡한 세포기능들이 다수 유전자들의 합동적인 조절로부터 기인하여 대사의 상호의존적인 경로들과 환경변화에 반응하여 세포가 적절한 기능을 확실히 하게 하는 감지 입력의 통합을 일으키는 기구를 자세히 조사하게 한다.

■ 과거 10년 동안에 이러한 발전은 역시 생물공학의 "고전적인" 모든 영역들에서 예를 들면 아미노산들, 항생물질들, 고분자들, 그리고 백신들의 생산에, 사용된 공정들을 변화시켰다.

■ 계속 향상되는 기술적인 정교함을 이용함으로써 막대한 환경적인 변화를 일으키는 능력을 겸비한 지구의 증가하고 있는 인간집단은 천연자원들에 대한 막대한 떠받칠 수 없는 요구를 하고 있다. 미생물생물공학은 특정 해충에 대하여 저항성이 있는, 제초제에 대하여 내성이 있는 그리고 가뭄과 고농도의 염에서 생존하는 증진된 능력을 가진 작물들의 개량에 기여하는 점에서 중요성이 증가하고 있다. 감소하는

석유화학산물의 매장량을 절약하여야 하는 필요성과 함께 유기화학 오염물질들의 환경에의 배출을 최소화하여야 하는 긴급한 필요성으로 생체촉매들의 이용에 있어서 부수적으로 급속한 증가로 "녹색" 화학의 출현에 이르게 된다. 재생가능 에너지원으로서 생물자원 이용의 미래는 다당류들의 복잡한 혼합물들의 에탄올로의 효율적인 직접 미생물 전환에 있어서의 진보에 결정적으로 의존하고 있다. 행성의 생명유지 시스템들을 유지하는데 있어서의 미생물들의 중요한 기여인 폐수처리는 미래 혁신을 위한 중요한 영역이다.

의학, 농업, 화학공업 그리고 환경에서의 생물공학의 이용은 모든 일상의 생활을 변화시키며 그러한 변화의 속도는 증가하고 있다. 그리하여 다수 국면의 미생물생물공학에 대한 기본적인 이해는 과학자들에게나 비과학자들에게 동등하게 중요하다. 이들 모두가 이 교재가 유용한 정보원임을 알게 되기를 희망한다. 여기에서 서술하고 있는 세부적인 점을 이해하기 위해서는 튼튼한 기술적인 예비지식(경험)이 필수적일지 모르지만, 생명과학에서의 예비지식이 거의 별로 많지 않은 독자들에게도 접근 가능한 기본적인 개념들과 논점들을 제공하기 위해 노력하였다. 단지 정보를 알고 있는 일반대중들만이 바람직하지 않은 선택권으로부터 바람직한 생물공학 선택권을 구별할 수 있고, 결과적으로 값비싼 실패를 할 것 같은 것들로부터 성공할 것 같은 것들을 구별할 수 있기 때문에 이런 시도는 중요하다.

감사의 말씀

다양한 장들을 읽어준 동료들에게 감사드리며, 3개장을 유익하게 개발적인 편집을 해 준 Moira Lerner와 삽화들과 다른 자료들을 재생하는 것을 허락해 주었으며 이런 목적을 위해 그들의 원본 이미지들과 전자파일들을 관대하게 제공하여 주었던 많은 과학자들과 출판사들에게 감사드린다.

이 교재를 위한 우리의 계획에 관심을 보여 주었으며 Cambridge 대학교 출판부에 소개하여 준 Kirk Jensen에게 은혜를 입었다. Cambridge 스탭들과 일하는 것은 기쁨이었다. Katrina Halliday박사는 이 프로젝트의 초기 단계에서부터 원고를 완성하기까지 격려와 한결같은 편집안내를 제공하였다. 우리들은 원고를 주의깊게 재검토하여 주었으며 많은 삽화들과 다른 자료를 재생하기 위한 허가를 확실하게 받는 힘든 일을 맡아 준 Clare Georgy와 Alison Evans에게 특히 감사드린다.

우리들은 발행과정의 그녀의 감독에 대하여 Marielle Poss와 교재의 창조적이고 우아한 레이아웃을 디자인하여 준 Alan Gold에게 감사드린다. 우리들은 이 책의 제작에 세세한 곳까지 세심한 주의와 감독을 하여 주었으며 과정에 장애가 있었을 때 끊임없는 친절한 도움을 주었던 Aptara의 Ken Karpinski에게도 감사드린다. 마지막으로 그녀의 정밀하고 사려 깊은 초고 편집에 대하여 Georgette Koslovsky에게 감사드린다.

이들 모든 개인들의 복합적인 노력이 이 책의 정확성과 풍취있는 질에 크게 기여하였다. 저자들은 남겨진 어떤 불완전함에 대한 책임이 있다.

역자 서문

현재 21세기는 생물공학의 시대로 규정되고 있으며, 우리나라의 미래산업은 생물공학을 비롯한 기술기반 지식산업의 발전에 많은 부분 그 장래가 달려 있다고 할 수가 있다. 특히 자원이 부족한 나라에서 미생물자원 발굴 분야에서만은 세계 1위의 자리를 잡은 지 꽤 시간이 흘렀기에 이들의 이용을 생각할 시점에 와 있다. 그러한 점에서 유용미생물자원의 이용이 개인적으로나 국가적으로 시급한 분야로서 이들의 이용으로 개인의 학문적인 성취와 국가적인 차원에서의 국부를 축적할 수 있을 것이라고 기대되고 있다. 현대 생물산업은 동물, 식물, 미생물 등의 모든 생명체들의 생명현상의 규명을 기반으로 발전하였으며 산업적인 활용을 통하여 재화를 창출하고 한편 서비스를 할 수 있는 매우 가능성이 높은 분야이다. 이러한 현대 생물공학은 미생물생물공학의 눈부신 발전에 기초하고 있다. 지금도 생물산업의 많은 부분에서 미생물의 기능을 이용하고 있으며 신규 미생물과 신규 미생물 유전자들이 발굴되어 산업화를 목표로 연구되고 있다. 또한 동물 식물을 비롯한 생명체의 유전자 해석에는 미생물이 숙주로서 이용되고 있으며 미생물의 플라스미드와 파아지들은 벡터로서 개발되어 활용되고 있다. 그러므로 미생물생물공학의 모든 지식과 기술은 생물산업의 연구개발에 있어서 가장 기본적인 모델이며 그 성공을 위한 초석을 제공하고 있다. 과거 우리나라로서는 상상하지 못했던 많은 일들이 현재 산업적으로 가능하게 되었다. 2004년 실적만으로 보아도 자동차 세계 6위, 조선 세계 1 위, 반도체 세계 3위, 그리고 생물산업 세계 14위로, 머지 않은 날 생물산업도 괄목한 발전을 통해서 우리나라의 발전의 큰 축을 담당할 것으로 기대된다. 이런 시점에 미생물생물공학 교재가 번역되어 출판됨은 매우 의의가 큰 것으로 판단된다.

Alexander N. Glazer과 Hiroshi Nikaido 저 Microbial Biotechnology; Fundamentals of Applied Microbiology 는 우리나라에서도 소개되어 있는 교재로서 매우 평이하게 그리고 되도록 자세하게 미생물생물공학의 기본적인 내용을 정리 소개하고 있으며 최근 미생물생물공학 분야에서의 발전적인 진보도 포괄적으로 포함하고 있는 미생물생물공학에 있어서의 훌륭한 입문서이다. 이 책의 2판은 12년 전 출판된 초판에서 기술된 것과 상당하게 상이하며 그동안의 많은 발전상을 업데이트하여 정리해 포함하고 있는 매우 훌륭한 교재이다. 그러므로 입문자에게는 다시 없는 좋은 정보를 줄 수 있을 것이며 다른 생명과학의 모든 분야의 전공자에게도 참고자료로 활용될 것으로 기대된다.

항상 원서를 번역하면서 느끼는 점이지만 우리말로 표현하기가 적절하지 않고 오히려 원서로 보는 것이 더 효과적인 경우가 많다. 그리고 학술 용어가 통일되어 있지 않은 점도 번역에 있어서의 애로점이다. 그러나 역자들은 되도록 쉽게 그리고 이해할 수 있도록 번역하였으며 번역자가 많은 관계로 각 장마다 학술 용어가 통일되지 않는 경우를 줄일 수 있도록 최대한 노력을 경주하였다. 용어 통일을 위하여는 미생물학 관련 번역서들과 생물학 사전(1997, 한국생물과학협회, 아카데미서적), 영한의학사전(1990, 이우주, 아카데미서적)등을 참고하였다.

나름대로 연구와 교수활동에서 시간을 할애하여 열심히 번역에 임하였으나 번역에 있어서 다소 무리와 소홀함은 피할 수 없을 것이다. 이러한 부분은 독자 여러분의 지적을 수렴하여 재판 출판시에 최대한 수정할 것을 약속하며 독자들의 귀중한 지적고 충고를 겸허한 자세로 기다린다. 이 교재를 사용하여 미래 후속 학문 세대들인 독자들이 미생물생물공학의 개념을 파악하고 미래 기술 기반 사회에서 공헌할 수 있는 역량을 착실히 구축하게 되기를 기원한다. 그리고 산학연의 생물산업과 생물공학분야에서 활동하시는 분들을 비롯한 모든 생명과학분야의 전공자들에게도 참고가 되고 실무를 위하여도 도움이 되기를 기원한다. 끝으로 이 책을 발간하는데 많은 도움을 주신 (주) 월드사이언스의 박선진 사장님과 정진열 부장님, 그리고 편집부 여러분들께 심심한 감사의 말씀을 드린다.

2011년 1월

역자일동

Microbial Biotechnology

Chapter 01

미생물의 다양성

분자계통학은 모든 생명체들을 3개의 영역-세균("진정세균"), 고세균(archaea) 그리고 진핵생물(eukaryotes: 원생생물(protists), 균류, 식물, 동물)-으로 나눈다. 생물의 계통수에서 바이러스의 위치(Box 1.1)는 불확실하다. 이 책에서는 세균, 고세균 그리고 균류의 미생물생물공학에의 기여에 초점을 맞추고 있다. 그렇게 하기 위하여 모든 세 영역으로부터의 생명체를 포함한다. 어떤 기술적인 정황에서 그들이 내포하고 있는 문제점들뿐만 아니라 바이러스의 이용에 대하여도 조금 주목한다.

세균과 고세균 영역들은 에너지원, 세포 탄소원 또는 질소원, 대사경로, 대사 최종산물 그리고 다양한 천연 유기화합물들을 공격하는 그들의 능력에서 상이하고, 거대한 다양성을 가진 생명체들을 포함하고 있다. 상이한 세균과 고세균은 지구상의 모든 유효한 기후와 미세환경(microenvironment)에 적응하고 있다. 호염성 미생물은 염으로 덮혀 있는 염호에서 자라며, 고온성 미생물들은 연기가 피어나는 석탄더미 또는 화산 온천들에서 자라며, 호압성 미생물들은 심해에서의 엄청난 압력 하에서 생존하고 있다. 어떤 세균은 식물의 공생체이며, 다른 세균은 포유류 세포내에서 세포내 기생체로서 살거나 다른 미생물들과 안정한 컨소시움을 형성하고 있다. 겉으로 보기에 제한 없는 미생물들의 다양성은 응용미생물학을 위한 방대한 원재료 풀을 제공한다.

균류로써 분류된 미생물들의 형태적인 다양성은 세균과 고세균의 그것과 필적한다. 균류는 건조한 목재에 정착하는데 특히 효과적이며 바이오폴리머들(단백질, 다당류 그리고 리그닌)을 분해하는 강력한 세포외 효소들을 분비함으로써 식물재료들의 대부분의 분해를 책임진다. 그들은 다수의 중요한 항생물질 등을 포함하여 방대한 수의 흔하지 않은 구조의 작은 유기분자들을 생산한다. 한편 그룹으로써 균류는 어떤 세균의 대사적인 기능들이 결핍되어 있다. 특히 균류는 광합성 또는 질소고정을 행할 수 없으며 에너지원으로 무기화합물들을 산화하여 이용할 수 없다. 균류는 호흡에서 최종전자수용체로서 산소 이외의 무기화합물들은 이용할 수 없다. 그룹으로써 균류는 그들이 유일한 세포 탄소원으로써 이용할 수 있는 유기화합물들의 범위에서 세균보다는 역시 덜 다재다능하다. 자주 균류와 세균들은 복합적인 유기물질들을 분해하는데 있어서의 각자의 능력을 보완한다.

컨소시움은 각각의 생명체가 다른 생명체들이 필요로 하는 무엇인가에 기여하는 다수(빈번히 두) 생명체들의 조직체이다. 자연에서의 다수의 기본적인 과정은 전 세계적인

바이러스들은 세 가지 주요점에서 모든 다른 생명체와 상이하다: 그들은 한 종류만의 핵산, 데옥시리보핵산(DNA) 또는 리보핵산(RNA),을 가지며 핵산만이 그들의 복제에 필요하고, 그리고 그들은 숙주의 살아 있는 세포 밖에서는 복제할 수 없다. 바이러스들은 이 장에서는 보다 자세히 서술되지 않지만 백신의 토론(5장)에서 이후에 다시 마주칠 것이다.

Box 1.1

규모로 생물권에 영향을 미치는 미생물들 간의 그러한 상호 작용의 결과이다. 예를 들면 세균과 균류의 컨소시움은 유기물질의 순환에 있어서 필수불가결한 역할을 하고 있다. 그들은 유기 부산물들과 식물과 동물의 유해들을 분해하여 모든 생명체들의 생육을 지탱하는 영양분들을 방출한다. 비옥한 토양의 상부 6인치 부분은 에이커 당 2톤 이상의 균류와 세균을 함유하고 있을 것이다. 사실 세균과 균류의 호흡은 생물권에서의 CO_2 생산의 90% 이상에 해당된다고 예측되고 있다. 기술은 역시 미생물 혼합배양의 특별한 능력을 활용하며, 예를 들면, 그들을 음료, 식품 그리고 낙농, 발효 그리고 폐수의 생물학적 처리공정에 적용한다.

최근에는 환경에 대한 영구적인 손상을 최소화하기 위하여 독성폐기물 오염장소들에서 오염을 제거하고 대규모 유류 유출을 정화하기 위한 필요성에 의하여 주어진 문제로 미생물들 컨소시움의 강력한 분해 능력에 눈길이 돌려지고 있다. 오염장소에서 자연 혼합 미생물집단들의 생육을 촉진하는 것이 새로운 대사 능력을 가진 단일의 정교하게 유전공학적으로 재조합된 미생물을 도입해서 할 수 있는 것보다 다양한 환경들에서 바람직하지 않는 유기 화합물들을 분해하는데 더 성공적으로 기여할 수 있음이 경험적으로 제시되고 있다. 우리들은 아직 자연환경들에서 미생물 상호작용들을 적절하게 이해하고 있지 않다.

이 장은 2가지 목적을 가진다: 미생물 세계의 분류학적 지도 위에서 중요미생물들의 상대적인 위치 매김을 하는데 지침을 제공하며, 생물공학에 있어서 미생물들의 다양성의 중요성을 조사하는데 있다.

원핵생물들과 진핵생물들

세포성 생명체들은 세포의 기본적인 내부구조에서 서로 상이한 두 개의 종류로 나누어진다. 진핵생물 세포들은 세포에서 주요 유전정보 저장장소로 기능을 하는 한 세트의 염색체를 함유하고 있는 진정한 막으로 둘러싸인 핵(karyon)을 가지고 있다. 진핵세포들은 유전정보를 가지고 있는 다른 막으로 둘러싸인 세포내소기관들을, 소위 미토콘드리아와 엽록체들, 역시 함유하고 있다.

원핵생물들에서는 **염색체(핵양체; nucleoid)**는 세포질에 존재하는 폐쇄된 환상 DNA 분자이며 핵막으로 둘러쌓여 있지 않으며 세포복제에 필수적인 모든 정보를 가지고 있다. 원핵생물들은 다른 막으로 둘러쌓인 소기관들은 역시 가지고 있지 않다. 세균과 고세균은 원핵생물이나 균류는 진핵생물이다. 균류(효모 *Saccharomyces cerevisiae*와 같은) 또는 세균(*Escherichia coli*와 같은)의 특정한 이용을 위한 선택은 원핵생물들과 진핵생물들 사이의 기초적인 유전학적, 생화학적 그리고 생리학적 차이점들에 의하여 행하여진다.

원핵생물의 2가지 그룹들

원핵생물들에서는 세균과 고세균 사이에서 일반적인 구별이 되어지고 있다. 그들의 리보솜 RNA 염기서열에서의 분기로부터 추정되는 세균, 고세균 그리고 진핵생물들 사이의 진화적인 거리는 매우 크기 때문에 서로 간에서 진화했다기 보다 태고적의 선조에서

표 1.1 세균, 고세균 그리고 진핵생물 세포들의 비교

	세균	고세균	진핵생물
구조적 특징			
염색체수	1	1	1개 이상
핵막	존재하지 않는다	존재하지 않는다	존재한다
인	존재하지 않는다	존재하지 않는다	존재한다
방추체	존재하지 않는다	존재하지 않는다	존재한다
미세소관	존재하지 않는다	존재하지 않는다	존재한다
막지질	글리세롤-디에스테르	글리세롤-디에테르 또는 글리세롤-테트라에테르	글리세롤-디에스테르
막스테롤들	드물다	드물다	거의 보편적
펩티도글리칸	존재한다	존재하지 않는다	존재하지 않는다
유전자 구조, 전사 그리고 번역			
유전자의 인트론	드물다	드물다	흔하다
번역 공역 전사	예	일어날 수 있다	아니오
다유전자성 mRNA	예	예	아니오
mRNA의 종결 폴리아데닐화	존재하지 않는다	존재한다	존재한다
리보솜소단위 크기(침강계수)	30S, 50S	30S, 50S	40S, 60S (세포질의)
개시 tRNA에 의해 운반되는 아미노산	포밀메치오닌	메치오닌	메치오닌
대사과정			
산화적인산화	막의존적	막의존적	미토콘드리아내
광합성	막의존적	막의존적	엽록체내
에너지원으로 환원된 무기화합물	이용될 수도 있다	이용될 수도 있다	이용되지 않는다
혐기성 에너지형성을 위한 비 해당경로들	일어날 수도 있다	일어날 수도 있다	일어나지 않는다
유기저장 물질로써 폴리-베타 하이드록시 부틸 산	일어난다	일어난다	일어나지 않는다
질소고정	일어난다	일어난다	일어나지 않는다
다른 과정			
세포외 방출과 세포내 흡입	일어나지 않는다	일어나지 않는다	일어날 수도 있다
아메바운동	일어나지 않는다	일어나지 않는다	일어날 수도 있다

mRNA, 전령 RNA; tRNA, 운반 RNA

세 그룹들이 분기되었을 것이라 믿어지고 있다. 많은 분자적인 특성을 고려해 보아도, 세균이 진핵생물들로부터 상이한 것과 같은 정도로 고세균들은 세균과 상이하다(표 1.1). 예를 들면, 세균의 세포벽구조는 *N*-아세틸글루코사민-N-아세틸뮤람산 반복단위로 되어 있는 소위 **펩티도글리칸**이라는 교차결합된 고분자에 기반을 두고 있다(그림 1.1). 세균에서 펩티도글리칸의 실제적으로 보편적인 존재와 진핵생물들에서의 그들의 부재로 인하여 뮤람산의

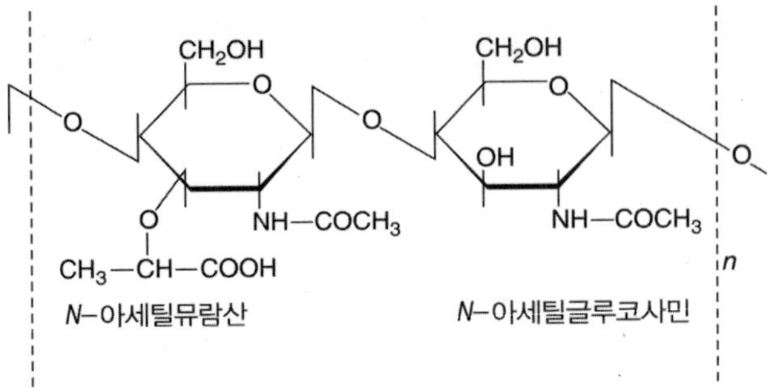

그림 1.1

세균 세포벽의 펩티도글리칸 층에 있어서 다당류 골격의 반복단위

존재는 세균의 "특징(signature)"으로서 간주되고 있다. 다른 고세균은 다양한 세포벽 고분자들을 가지고 있으나 그들 누구도 뮤람산을 통합하여 가지고 있지 않다. 이들 생명체들 사이의 가장 극적인 차이는 세포막을 구성하고 있는 글리세롤 지질들의 성질에 있다. 고세균에 있어서 소수성 부분들은 에테르결합이고 분지된 지방사슬들로 되어 있으나 세균과 진핵생물들은 에스테르 결합 직쇄상 지방사슬들로 구성되어 있다(그림 1.2).

처음에 **고세균**은 거의 소수의 세균과 보다 소수의 진핵생물들이 견딜 수 있는 극한환경의 전형적인 생명체로 믿어져왔다. 고세균은 모두 극한 환경들에서 발견된 세 개의 뚜렷한 종류의 미생물들을: **메탄생성 고세균**, **극호염성 고세균**, **초고온성 고세균**, 포함하고 있다. **메탄생성 고세균**은 산소가 없는 환경에서만 생존하며 이산화탄소의 환원에 의하여 메탄을 생성한다. **극호염성 고세균**은 생존에 매우 높은 농도의 염을 필요로 하여 인공염 증발 못 뿐만 아니라 그레이트 솔트 호수와 사해와 같은 자연 서식지에서 발견된다. **초고온성 고세균**들은 강력한 산성환경(pH〈2)이고, 온도는 80℃ 이상인 뜨거운 유황온천에서 발견된다. 그러나 환경시료들에서 16S 리보솜 DNA를 분석하면 고세균이 해양퇴적물, 해안 및 원양 해수 그리고 담수퇴적물과 토양에도 존재함을 보여준다. Crenarchaeota 문의 부유성 개체들이 해양에서 발견되는 모든 세균과 고세균세포들의 약 20%에 상당하고 있다고 보고되었다. 고세균 공생세균, *Crenarchaeum symbiosum*은 약 10℃인 해양해수의 해양 해면 *Axinella mexicana*의 조직에서 살고 있다. 현재 세균과 고세균은 많은 공통적인 종류의 서식지들을 가지는 듯하다.

그람염색법

그람염색법은 1884년 덴마크 내과의사 Hans Christian Gram에 의하여 서술되었으며 근본적으로 변형되지 않는 상태로 오래 살아남아 있다. Gram은 Berlin 시립병원 시체 공시소에서 근무하였으며 여기에서 분별염색에 의하여 조직중의 세균을 탐지하는 방법을 개발하였다. 그의 경험적인 절차는 널리 사용되는 방법으로 유리 슬라이드위의 열 고정된 조직시료 또는 세균도말을 crystal violet 염색용액으로 먼저 염색하며, 다음으로 iodine 희석용액으로 불용성의 crystal violet-iodine 복합체를 형성하게 한다. 그리고 알코올 또는 아세톤으로 세척한다. 이 방법에 의하여 급속히 탈색하는 세균은 그람음성이라고 하며, violet이 남아 있는 세균은 그람양성이라고 한다. 염료용리의 수월성과

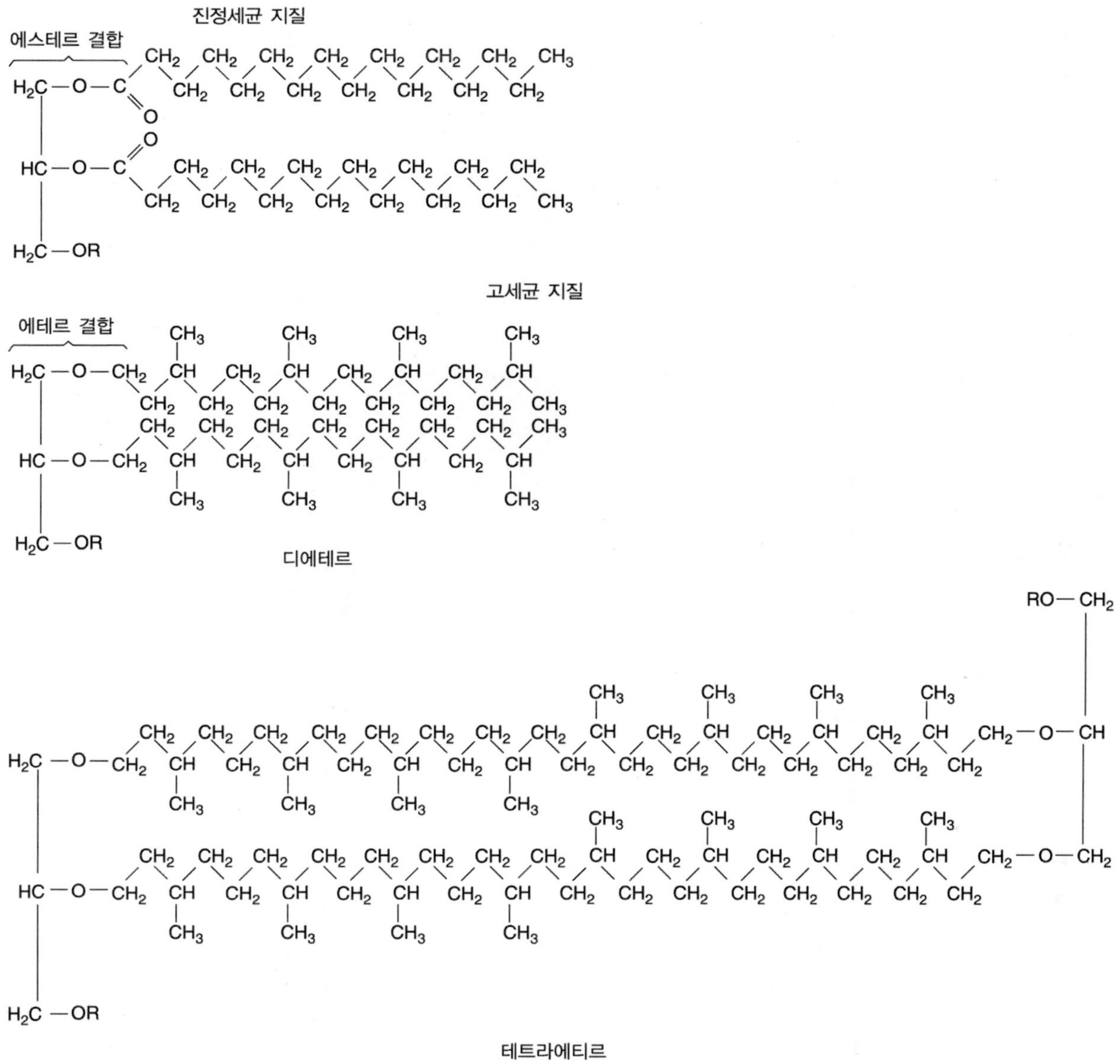

진정세균 지질

에스테르 결합

고세균 지질

에테르 결합

디에테르

테트라에테르

그림 1.2

세균과 진핵생물의 막지질들은 팔미트산(palmitate)같은 직쇄 지방산의 글리세롤 에스테르(glycerol esters)이다. 고세균 막지질은 글리세롤 단위가 분지사슬 탄화수소인 피타놀(phytanol)에 에테르 결합되어 있는 디에테르(diether) 또는 테트라에테르(tetraether)이며, 더구나 글리세롤 단위의 중심탄소의 구조가 에스테르결합 지질에서는 D형이나 에테르결합 지질에서는 L형이다. R형은 인지질에서 인산 또는 인산에스테르이고 당지질에서는 당이다.

결과적으로 세균의 그람염색 반응은 세포벽 구조와 관련되어 있다. **그람양성 세균**은 매우 고도로 교차 결합된 펩티드글리칸의 두꺼운 세포벽을 가지나, **그람음성 세균**은 보통 외막에 둘러싸인 얇은 펩티도글리칸층을 가진다. 외막은 비대칭적인 지질이중막이며, 지질다당질(lipopolysaccharide)이 외부층을 형성하며 인지질이 내층을 형성하고 있다(그림 1.3).

그람음성 세균에 있어서 외막의 존재로 페니실린같은 항생물질들과 라이소자임같은 분해효소들에 대하여 보다 높은 내성을 나타낸다. 진정세균은 거의 동등하게 그람 양성과 그람음성 세균으로 나누어지며 그람염색 결과는 세균 분류에 있어서 유용한 특성으로 존속하고 있다.

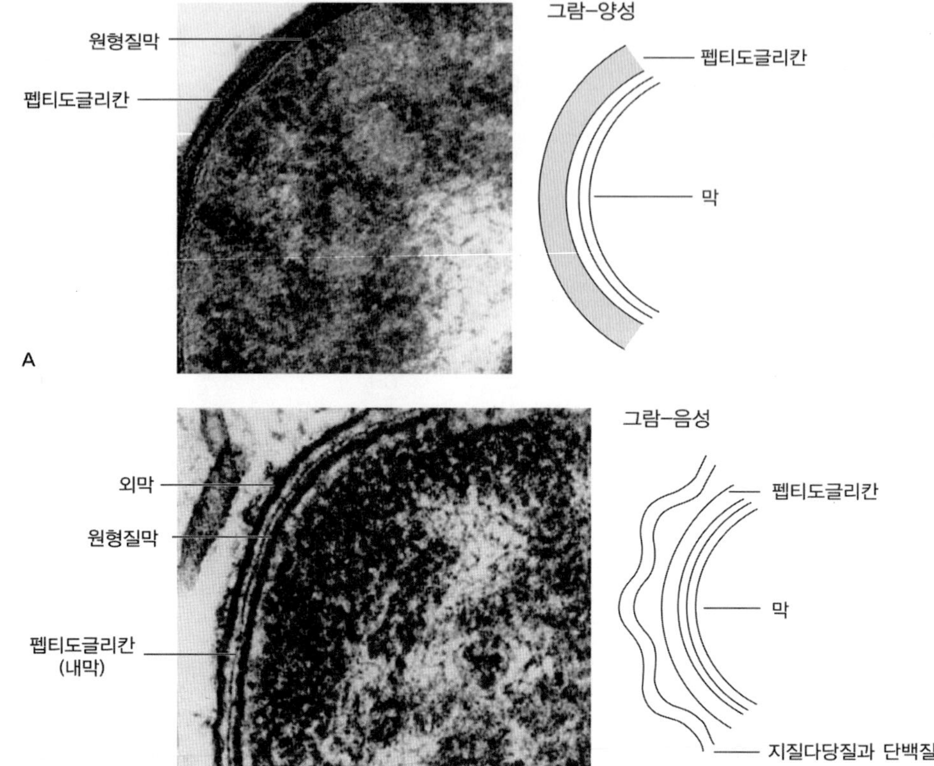

그림 1.3

세균 세포벽들의 전자현미경사진들
(A) 그람-양성, *Arthrobacter crystall-opoietes*, 배율 126,000×.
(B) 그람-음성, *Leucothrix mucor*, 배율, 165,000×. [Brock, T. D. and Madigan, M. T. (1988). *Biology of Microorganisms*, 5th Edition, Englewood Cliffs, NJ : Prentice Hall, Figure 3.22에서 허락 하에 재작성]

주요대사양식

유기화합물들을 그들의 주요 세포 탄소원으로 이용하는 생명체들은 **종속영양생물들(heterotrophs)**이라 한다; 이산화탄소를 주요 탄소원으로 이용하는 것들은 **독립영양생물들(autotrophs)**이라 한다. 아데노신 삼인산(ATP)의 생성을 위하여 화학결합에너지를 이용하는 생명체들은 **화학영양생물들(chemotrophs)**이라 하나, 이 목적을 위하여 빛 에너지를 이용하는 것들은 **광영양생물들(phototrophs)**이라 한다. 이러한 서술은 미생물들을 표 1.2에 목록이 작성되어 있는 네 종류로 나누게 한다. 무기화합물의 산화로부터 에너지를 획득하는 화학독립영양생물들은 또한 **화학무기영양생물들(chemolithotrophs)**이라 불린다.

모든 생명체들은 생육을 위하여 요구되는 생합성 반응들을 영위하기 위하여 에너지와 환원력을 필요로 한다. 모든 경우에서 에너지 형성과정은 ATP(고인산그룹공여 potential을 가지고 있는 분자)를 생성한다; 환원력은 니코틴아마이드 아데닌 디뉴클레오타이드들(NADH와 NADPH; 고전자공여 potential을 가지고 있는 분자)로 저장된다. 원핵생물들은 진핵생물들이 그러는 것보다 보다 광범위한 범위의 에너지 형성기구를 가지고 있다. 원핵생물들에서 ATP 형성에 이르는 3종류의 과정은 다음에 매우 간략하게 개관하며 표 1.3에 요약되어 있다.

표 1.2 대사의 주요 양식들		
양식	원핵생물들	진핵생물들
화학독립영양생물들	+	없음
화학종속영양생물들	+	+("동물들, 균류")
광독립영양생물들	+	+("식물들")
광종속영양생물들	+	없음

기형성되어 있는 유기화합물들로부터 화학결합에너지의 제거(화학종속영양)

분해경로(catabolic pathways)는 탄소화합물들이 분해되는 일련의 화학반응들이다. 분자들은 보통 전자들의 제거(이는 산화에 의함)를 포함하는 반응들에 의하여 변형되거나 작은 조각들도 쪼개진다. 분해 반응들을 촉매하는 효소들은 보통 세포질에 위치하고 있다. 에너지 생성분해경로는 두 종류(발효와 호흡)가 있다.

발효(fermentation)은 외인성 전자수용체가 존재하지 않을 때 작동되면 탄소 화합물들의 구조들이 재배열됨으로써 자유에너지를 방출하고 이는 ATP를 만드는데 이용되는 분해경로이다. 여기에서 제시되는 것과 같이 발효의 생물학적 의미와 응용미생물의 일반적인 용어에서의 그 의미를 구별하는 것은 가장 중요하다. 생물공학자에게는 발효는 유기물질들의 변환을 포함하는 미생물에 의하여 매개되는 모든 과정이다. 발효의 엄밀한 화학적인 정의는 순 산화-환원이 일어나지 않는 과정이다; 기질의 전자들이 생성물들 사이에 흐트러져있다. 예를 들면 젖산발효에서, 1몰의 포도당이 2몰의 젖산으로 전환된다(그림 1.4). 유리된 자유에너지의 일부가 분해과정에서 형성된 활성화된 화합물들에 보존되어 그 다음에 ATP를 생성하는데 사용되는 과정은 **기질수준 인산화반응(substrate-level phosphorylation)**이라 한다.

호흡(respirations)은 외인성 최종전자수용체가 존재하기 때문에 유기화합물들이 완전히 산화되어 이산화탄소(주로 트리카복실산 회로를 경유하여)로 될 수 있는 분해경로이다. 방출된 자유에너지는 프로톤 포텐셜의 형태로 보존되거나, 전자전달계의 성분이 함유되어 있는 막을 가로지르는 양자의 한 방향의 자리이동으로 인하여 형성되는 양자성동력(proton motive force)의 형태로 보존된다. 양자의 한 방향성의 이동은 전자전달계를 따라서 최종 전자수용체로서 역할을 하는 분자로 전자가 지나감으로써 추진된다. ATP는 막횡단 효소 복합체, F_0F_1형 아데노신 삼인산탈인산효소(ATPase)를 통해서 양자가 되돌아옴에 의해서 양자기울기(proton gradient)를 소비하여 생성된다. 이 과정은 **산화적 인산화반응(oxidative phosphorylation)**이라 한다.

호기적(aerobic) 호흡에서는 분자산소(O_2)는 최종전자수용체로서 이용된다. **혐기적(anaerobic) 호흡**에서는 다른 산화된 물질들이 전자전달계를 위한 최종전자수용체로서 이용된다. 그러한 분자들은 질산염(NO_3^-), 유황(S), 황산염(SO_4^{2-}), 탄산염(CO_3^{2-}), 제2철이온(Fe^{3+}) 그리고 심지어 푸말산이온 그리고 트리메틸아민 *N*-옥사이드 (trimethylamine *N*-oxide)와 같은 유기화합물들을 포함하고 있다.

표 1.3 미생물대사 주요양식의 요약

이용되는 에너지원	동화되는 주요 탄소원	과정	ATP와 NADH(NADPH)의 생성 전자공여체 ↓$-e^-$ 산화된 공여체	전자수용체 ↓$+e^-$ 환원된 수용체	미생물들의 생리적인 그룹
화학결합에너지 ("화학영양세균")	유기화합물들 ("화학유기 영양세균들")	발효	유기화합물 ↓ 산화된 유기화합물 (과 때로는 CO_2)	유기화합물 ↓ 환원된 유기화합물 (과 때로는 H_2)	많은 절대 혐기성과 많은 통성 화학유기영양세균, 일부 균류(효모와 같은)
		호흡	유기화합물 ↓ CO_2	O_2 ↓ H_2O	많은 절대 혐기성과 많은 통성 화학유기영양세균, 많은 균류와 원생동물
		혐기성호흡		NO_3^- ↓ NO_2^-	질산염환원균들*
				NO_2^- ↓ N_2	탈질균들*
				SO_4^{2-} ↓ H_2S	황산염환원균들
	CO_2("화학무기 영양세균들")	호흡	H_2 ↓ H_2O	O_2 ↓ H_2O	수소세균
			NH_3 ↓ NO_2^-		암모니아 산화세균들 (예, *Nitrosomonas*)
			NO_2^- ↓ NO_3^-		아질산염 산화균들 (예, *Nitrobacter*)
			H_2S ↓ S 또는 S ↓ SO_4^{2-}		유황 산화균들 (예, *Thiobacillus*)
		혐기성호흡	H_2 ↓ H_2O	CO_2 ↓ CH_4	메탄생성세균
방사성광에너지 ("광영양생물들")	유기화합물 ("광유기영양세균들")	광변환	유기화합물 ↓ 산화된 유기화합물	박테리오로돕신	*Halobacterium**
		광합성			홍색비유황세균*과 활주녹색세균*
	CO_2 ("광무기영양세균들")		H_2S ↓ S 또는 S ↓ SO_4^{2-}	NADP ↓ NADPH	녹색유황과 홍색유황세균
			H_2O ↓ O_2	NADP ↓ NADPH	시아노박테리아 (남조류, 진핵조류, 일부 원생동물)

*이들 세균은 산소(O_2)가 없는 환경에 있을 때는 표에 제시된 대체 대사경로를 이용한다.

무기화합물들로부터 화학결합에너지의 제거(화학무기영양)

어떤 원핵생물들은 산화적 인산화 반응에 의하여 ATP를 형성하기 위하여 흔하게는 O_2를 최종전자수용체로서 그러나 일부 경우에는 CO_2 또는 황산염을 전자수용체로서 사용하는 특정의 전자전달계에서의 전자공여체로서 수소(H_2), 제1철(Fe^{2+}), 암모니아(NH_3), 아질산염(NO_2^-), 유황 또는 유화수소(H_2S) 같은 환원된 무기화합물들을 이용한다.

$C_6H_{12}O_6$  2 $CH_3CHOHCOOH$

포도당 젖산

그림 1.4

포도당이 젖산으로 전환되는 동종젖산 발효(homolactic 발효), 발효반응 경로를 위한 종합적인 반응식

빛에너지의 화학에너지로의 변환(광영양)

광합성(photosynthesis)은 빛에너지를 흡수하는 색소들(세균엽록소들, 엽록소들, 카로티노이드들, bilins)을 함유하고 있는 막으로 둘러싸인 고분자 복합체들 내에서 행해지고 있다. 흡수된 에너지는 반응중심들로 운반되어 여기서 엽록소(또는 세균엽록소)분자들의 특정 쌍에서 전하를 분리한다. 반응중심들은 특성화된 전자전달계들이다. 전하분리는 반응중심들 내에서 전자흐름을 개시시키며 빛 에너지에 의하여 추진된 전자흐름은 앞에서 호흡 전자흐름을 위하여 서술한 바와 유사한 방법으로 한 방향의 양자 기울기(proton gradient)를 형성시킨다.

어떤 세균은 혐기적 상태에서만 광합성을 수행한다. 이를 **산소비발생형 광합성**(anoxygenic photosynthesis)이라 한다. 다른 세균에서는 광합성은 산소의 광 추진 발생을 수반한다(엽록체들에서의 광합성과 동일하게). 그러한 광합성을 **산소발생형 광합성**(oxygenic photosynthesis)이라 한다.

*Halobacterium*들은 산소 분압이 낮을 때 특이한 종류의 광합성을 수행한다. 1960년 후반, 이들 생명체들의 세포막이 발색단(chromophore)으로써 공유결합된 카로티노이드들, 레티날들과 함께 고유한 막 단백질인 **세균로돕신**(bacteriorhodopsin)을 가지고 있음이 발견되었다. 빛의 흡수는 레티날의 이성질체화를 추진하며 이후 레티날은 신속히 이들의 원래의 구조로 돌아간다. 레티날 광회로는 양자성 동력(proton motive force)의 발생과 함께 세균로돕신에 의하여 양자를 세포밖으로 한 방향으로 배출하게 한다. ATP는 양자 기울기를 소모하며 생성된다. 환경시료들에 대한 집중적인 탐색으로 세균로돕신 유사체들에 기초를 둔 광합성은 다수 속의 해양 부유세균에서 광범위하게 나타나며 다른 환경들에 존재하는 세균에서도 더욱 그런 것으로 나타나고 있다.

다른 원핵생물들은 선호하는 에너지 형성 양식으로 하나 또는 다른 위의 과정들을 이용한다. 그러나 거의 모든 원핵생물들은 이용 가능한 기질들의 성질과 환경 조건에 따라 한 에너지 발생 양식에서 다른 양식으로 전환할 수 있다. 예를 들면 홍색 비유황세균은 산소가 존재할 때는 기질로서 다양한 유기산들에서 생육하여 호흡으로 에너지를 획득하다. 그러나 혐기적인 환경에서 그리고 빛이 존재하면 이들 세균들은 광합성에서 요구되는 복합체들은 가지고 있는 세포내 막들을 합성하여 ATP 형성을 하기 위하여 빛 에너지를 이용한다. 호기적 환경에서는 장내세균 *E. coli*는 succinate와 젖산 같은 기질들은 산화하여 ubiquinone, cytochrome ***b*** 그리고 cytochrome *o*를 성분으로 하고 O_2를 최종 전자수용체로 하는 전자전달계를 이용한다. 혐기적인 환경에서는 기질로 포름산(formate)를 사용하여 *E. coli*는 ubiquinone과 cytochrome B를 성분으로 하며 질산염을 최종 전자수용체로 하는 전자전달계를 이용한다. *E. coli*가 혐기적인 조건에서 기질로 옥살로아세트산(oxaloacetate)에서 생육할 때는 운반체의 순서는 NADH, flavoprotein, menaquinone 그리고 cytochrome *b*이며 푸말산(fumarate)는 최종 전자수용체이다. 원핵생물들에서는 그러한 대사적인 융통성의 수백 개의 다른 잘 정립된 실례가 존재한다. 에너지 발생양식에서의 이러한 다재다능함은 원핵생물들에 국한되어 있어 어떤 생태학적 지위(ecological niches)에 정착함에 있어서 실제적인 독점권을 이들 생명체들에게 준다.

미생물들의 동정과 분류의 중요성

기술적 공정에 도움이 되는 또는 흔하지 않은 대사물질들을 생산하는 생명체들을 탐색함에 있어서 매번 새로운 생명체들이 잘 연구된 속내에 위치될 수 있으며 많은 그들의 유전학적, 생화학적 그리고 생리적인 특징들에 관하여 이미 강력한 분석을 할 수 있는 예보들이 만들어 질 수 있다(Box 1.2).

분류와 계통

생명체들을 위한 분류체계들은 계층적이다. 가장 포괄적인 분류 단위는 계(kingdom 또는 domain)이며, 이어서 문(또는 division), 강, 목, 과, 속, 종 그리고 아종이 뒤를 잇고 있다. 관례상 생명체들의 속, 종의 과학적인 이름들은 이탤릭체나 밑줄 쳐진다(표 1.4). 아종 레벨이하의 부가적인 계층– 병원형, 혈청형 또는 생물형–은 그들이 가지고 있는 특이적인 성질에 의하여 균주를 구별하는 것이 바람직할 때 첨가된다. 예를 들면 **병원형**(pathovar 또는 pathotype)계층은 후추와 토마토의 세균성 반점병의 원인균인 *Xanthomonas campestris* pv *vesicatoria*에 의해 예시되는 바와 같이 어떤 숙주 또는 숙주들에 대한 병원성 성질을 가지는 생명체에 적용된다. **혈청형**(또는 **혈청타입**)은 특색 있는 항원성질들에 적용하며, **생물형**(biovar 또는 biotype)은 특이적인 생화학적 또는 생리적인 성질들을 가진 균주들에 적용된다.

본질적으로 체계가 새로운 균주들의 재현성 있는 동정으로 귀착되는 한 어떤 범주세트에 따라 어떤 그룹의 생명체들이 분류될 수 있다. 그러나 전체적으로 자의적인 범주에 기초한 분류체계는 실제적인 이용이 매우 제한적일 수 있다. 그리하여 분류학자들은 분명하게 유사한 것 아마도 연관된 종들을 묶어서 속으로 하며, 이 분류가 다양한 생명체내에서 진화적 또는 계통학적인 유연관계를 정확히 반영할 것이라고 희망하면서 그럴듯한 연관된 속들을 과로 묶을 것이다. 이런 종류의 계급적인 분류는 원핵생물 분류에 있어서 인정되는 권위있는 1994년 출판된 *Bergey's Manual of Determinative Bacteriology* (9판)에 의해서도 아직도 이용되고 있다.

그러한 분류체계는 어떻게 만들었을까? 이렇게 미생물을 분류하기 위해서는 먼저 광범위한 균일한 개체군, **순수배양**(pure culture)을 획득해야 한다. 그 다음 분류의 전통적인 방법으로는 이들이 가지고 있는 완전한 세트의 유전자들로 정의되는 유전형의 발현으로부터 기인하는 성질들인 생명체의 표현형질들을 조사한다. 표현형은 개개 세포의 크기와 형태, 다세포 클러스트에서의 배열, 편모의 존재와 배열 그리고 세포벽 층의 성질 같은 형태적인 성질과 운동성과 화학주화성 또는 주광성반응과 같은 행동적인 특징; 그리고 콜로니형태와 크기, 최적 생육온도와 pH범위, 산소와 고농도염의 존재에 대한 저항성,

"분류학(분류과학)은 앨범에서 정해진 장소에 있는 스탬프와 같이 각각의 종들이 자신의 폴더에 있는 – 미화된 채워진 형태로 종종 과소평가되고 있다; 그러나 분류학은 생명체들 사이의 유연관계들과 동일성들의 원인을 탐구하는데 받쳐진 기본적이고 역동적인 과학이다. 분류는 자연적인 질서에 기초하는 이론이며 단지 혼란을 피하기 위하여서 편집된 단조로운 목록들이 아니다."
출처 : Gould, S. J. (1989), *Wonderful Life, The Burgess Shale and the Nature of History,* New York: W. W. Norton & Co.

Box 1.2

표 1.4 분류범주의 순위

범주	예		
도메인	Archaea	Bacteria	Fungi
문	Crenarchaeota	Proteobacteria	Ascomycota
강	Thermoprotei	α-Proteobacteria	Saccharomycetes
목	Sulfolobales	Legionellales	Saccharomycetales
과	Sulfolobaceae	Legionellaceae	Saccharomycetaceae
속	*Sulfolobus*	*Legionella*	*Saccharomyces*
종	*Sulfolobus acidocaldarius*	*Legionella pneumophila*	*Saccharomyces cerevisiae*

그리고 포자 형성을 통한 불리한 조건들에 대하여 저항성을 가지는 것과 같은 배양학적인 특성들을 포함한다; 주어진 생명체의 생육을 지탱하는 화합물들의 범위, 화합물들이 분해되는 방법, 그리고 (과정에서 산소의 관여를 포함하는) 최종생성물들의 성질도 중요한 표현형적인 성질들 세트이다.

수십개의 특성들을 조사하는 것이 통상적이다; 컴퓨터에 기반을 둔 수치분류학에서는 수백개의 성질들이 조사될 수 있다. 세균의 동정을 위하여 그러한 정보를 가지고 *Bergey's Manual of Determinative Bacteriology* (9판)을 참고할 수 있을 것이다. 그러므로 세균을 동정하는 것은 상대적으로 간단한 일이다. 그러나 *Bergey's Manual* 9판에 나타나있는 분류체계의 기반인 생명체들 사이의 계통적인 관계를 추론하기 원할 때는 일부 어려움에 봉착하게 된다. 원핵생물들에 관하여 이루어진 것과 같은 종류의 지적사항들이 균류의 분류에 관하여도 행하여 질 수 있다.

표현형질들에 분류체계가 기반을 두고 있기 때문에 분류학자들은 과와 같은 주요그룹으로 생명체들을 나누기 위하여 보다 근본적이면서 보다 유용한 성질이 무엇인지를 결정하여야 하며, 그리고 종과 같은 보다 작은 그룹으로 주요 그룹들을 나누기 위하여 보다 변화가 있음으로써 보다 적절한 성질이 무엇인지를 결정하여야 한다. 전통적인 분류학에서는 예를 들면 세균세포의 형태가 세균을 큰 그룹으로 나누는데 이용되어 왔다. 그리하여 젖산균들(다음에서 볼 수 있는 바와 같이 특징적으로 육탄당을 젖산과 때로는 에탄올 그리고 CO_2로 발효하여 에너지를 획득하는), 구균인 젖산균들과 간균인 젖산균들이 *Bergey's Manual* 9판에서는 두 개의 완전히 다른 그룹에 위치하고 있다.

생명체들간의 계통적인 유연관계에 대한 보다 최근의 정량적인 정보가 그들의 DNA 염기서열들의 비교를 통해서 이용가능하게 되었다. 그러나 원핵생물 세계는 매우 다양하기 때문에 이러한 방법은 유연관계가 매우 근접한 세균의 종들을 비교하는데 만 유용하다. 그렇지 않으면 DNA 염기서열은 너무 유사하지 않기 때문에 주요성이 있는 데이터를 얻을 수 없을 것이다. 그러므로 1970년 초기에 **Carl Woese**가 개척한 비교를 위한 리보솜 RNA 염기서열들의 이용은 이 분야에 대변혁을 일으켰다. 리보솜 RNA는 모든 세포성 생명체들에 존재하며 동일한 기능을 하고 있으며, 보다 중요하게 이들 염기서열은 진화과정에서 극도로 느리게 변화하고 있다. 그러므로 멀리 떨어져 관련 있는 생명체들을 비교하기 위한 이상적인 표지(마커)이다. 뉴클레오타이드들의 특징적인 염기서열들 또는 "특징; signature" 서열들은 계통수의 주어진 분기에서 오랫동안 보존되어 있어 과학자들이 매우 큰 확신을 가지고 생명체들을 다른 분지에 속하게 할 수 있다.

젖산 세균의 분류로 돌아가서, 1994년 *Bergey's Manual*에서는 젖산구균을 젖산 간균에서 떨어져 위치하게 하고 있지만 그들의 리보솜 RNA 염기서열들은 많은 전자들이 후자들에 실제적으로 매우 가까운 유연관계에 있음을 보여주고 있다.

우리들은 분류의 계통학적 체계의 시대에 지금 들어와 있다. *Bergey's Manual of Determinative Bacteriology* 2001년 판(2판)은 "표현형구조 보다는 리보솜의 작은 소단위 RNA의 뉴클레오타이드 서열의 분석에 기초하고 있는 계통학적인 틀을 따르고 있다. 우리들이 세균의 진화를 고려할 때 우리가 다루는 방대한 시간규모를 항상 유념하여야 한다. 계통학적으로 매우 가까운 유연관계라고 생각되는 세균도 고등생명체들에게 일어난 변화에 대한 상대적인 진화시간 규모에 기초하여서는 꽤 멀 수 있다. 그러므로 진화과정동안 급격히 변화하는 성질들을 검토한다면, 계통학적인 유연관계는 그다지 크게 도움이 되지 않을지 모른다. 그러나 느리게 변화하는 성질들을 연구하는 것은 확실히 우리에게 도움을 줄 것이다. 생합성경로의 조직과 조절이 그 예이다. 원핵생물계는 매우 다양하기 때문에 심지어 아미노산 같은 공통의 화합물들의 합성에서 상이한 경로들이 발견된다. 우리들이 세균을 이용하여 아미노산을 생산하기 위하여 알 필요가 있는(9장을 참고하라) 이러한 경로들의 분포와 조절기구는 16S 리보솜 계통라인을 확실하게 따르고 있다.

16S 리보솜 RNA의 정보량

16S 리보솜 RNA는 작은 리보솜 소단위(30S 리보솜 소단위)의 성분이며 때로는 SSU 리보솜 RNA로 불린다. 16S RNA 예측 2차 구조는 그림 1.5에 보여주고 있다. 이 구조는 약 7000개의 16S 리보솜 염기서열들의 분석에 기반을 두고 있으며 30S 리보솜 소단위의 고해상 결정구조에서 볼 수 있는 바와 같은 16S 리보솜의 결정구조와 약 98% 일치한다. 그러므로 2차 구조 또는 고차원 구조의 공통 핵심부는 분자내 염기쌍에 의한 나선형성에 관여하는 약 67%의 염기와 함께 진화를 통하여 보존되고 있다. 진화동안 보존된 16S 리보솜의 기능적인 역할은 확실히 이런 매우 높은 구조의 보존성을 결정한다.

다수의 웹사이트들이 정렬된 16S 리보솜 DNA (rDNA) 염기서열 데이터베이스를 제공한다(이 장의 말미의 참고문헌을 참고하라). 계통관계는 정렬된 염기서열간의 위치 변이의 수와 성질로부터 추정된다(Box 1.3을 참고하라). 이들 일차적인 데이타는 다음으로 다수의 계통수 제작 알고리즘의 하나로 분석된다. 계통수는 최종마디(16S 리보솜 DNA 염기서열들)는 특정 생명체를 나타내며 내부 마디(추정 공통선조 16S 리보솜 DNA염기서열들)는 분지에 의하여 연결되는 그러한 분석결과로 만들어 진다. 분지패턴은 진화경로를 나타내며 두 개의 최종 마디들을 연결하고 있는 내부분지와 주변분지의 결합 길이들은 재료 생명체들의 대행자로서 이바지하고 있는 두 개의 16S 리보솜 DNA 염기서열들간의 계통학적인 거리의 척도이다.

16S 리보솜 유전자 염기서열들 간의 유연관계 분석에 기초하여 **고세균**(Archaea)에서 두

개의 문이 그리고 **세균**(Bacteria)에서는 23개의 문이 인지되고 있다. 이들 사이의 진화적인 관계들은 그림 1.6에서 도해되어 있다. 고세균은 2개의 문, Crenarchaeota와 Euryarcheota로 무리지어 있다. 세균 문은 3개의 넓은 그룹들; 깊이 뿌리박은 세균 그룹들, 특히 고온세균들, 그람음성 세균; 그리고 그람양성 세균으로 나누어져 있다. 그림 1.7은 이들 문과 *Bergey's Manual of Systematic Bacteriology* 최신판(9판)에서 분류의 기초로써 선택된 원핵생물들의 주요 표현형 그룹들간의 상호관계를 보여주고 있다. 비교로 표현형 척도들에 기초한 분류가 단일 계통학적 그룹내에 속해있는 다수의 그룹종으로 어떻게 쪼개질 수 있는지를 생생하게 보여준다.

16S 리보솜 RNA 계통학의 한계

모든 생물학적 분류들은 자연계의 종 사이에서 실제로 뚜렷한 불연속성이 결핍된 위에서 인간이 강제적으로 강요하는 나누기이다(Box 1.4). 더구나 심지어 16S 리보솜 RNA 염기서열 같은 정보가 풍부한 단일 성질에 기초한 분류는 다른 부족함도 겪을 수 있다. 이것은 다음의 관찰로부터 분명하다.

- 오늘날 리보솜 RNA 염기서열에서의 분지는 공통선조 염기서열의 계승을 확립하게 한다. 그러나 시간 척도에의 직접적인 연관을 허용하지 않는다.
- 균주간의 16S 리보솜 RNA 유전자 염기서열의 상동성이 97%이상이면 같은 속으로 배정한다. 그러나 어떤 생명체들의 유전체는 리보솜 RNA 염기서열의 복수의 사본을 가지고 있다. 이러한 어떤 생명체에서 복수의 상동유전자들 사이에서 주목할 만한 정도의 염기서열 불일치가 존재한다. 예를 들면 방선균 *Thermospora bispora bispora*는 염기서열 수준에서 6.4% 상이한 같은 세포내의 같은 염색체 위에 존재하는 2개의 사본의 16S 리보솜 RNA를 가지고 있다. 고세균 *Haloarcula marismortui*는 5% 염기서열 차이를 보이는 2개의 리보솜 RNA 오페론을 가지고 있다. 그러한 상황이 이들 생명체들의 16S 리보솜 RNA 유전자에 기초한 유연관계 지정에 문제를 제기하고 있다.
- 어떤 생명체들은 동일한 16S 리보솜 RNA 염기서열을 가지고 있으나, 리보솜 RNA가 다수의 변화하는 위치들에서 상이한 다른 생명체들이 그러는 것보다 전 유전체수준에서는 보다 상이한 경우도 있다.
- 전 유전체 염기서열 결정으로 수평 유전자 이동(이 장에서 다음에 토론하는)과 재조합이 원핵생물 유전체들의 진화에서 중요한 역할을 수행했다는 것을 보여주고 있다. *Bradyrhizobium, Mesorhizobium* 그리고 *Sinorhizobium* 속으로 분류된 세균에서 16S 리보솜 유전자 염기서열 사이에 상이한 단편들이 수평 유전자 이동으로 도입되어 이어서 재조합되어 있다는 뚜렷한 증거가 있다(그림 1.8). 이는 잘못된 계통수 위상과 속 지정으로 귀결되며, 오로지 16S 리보솜 RNA 유전자 염기서열 차이에만 기초한 다른 계통적인 배치는 보다 많은 유전 정보가 이용가능하기 때문에 미래에 재검토될 필요가 있다는 강력한 가능성을 제기하고 있다.
- 16S 리보솜 RNA 계통학적 유연관계들은 미생물의 표현형적 능력들을 적절히 예측하는데 있어서 제한된 가치를 가지고 있다는 것이 널리 일치된 의견이다.

소단위 리보솜 RNA의 2차 구조

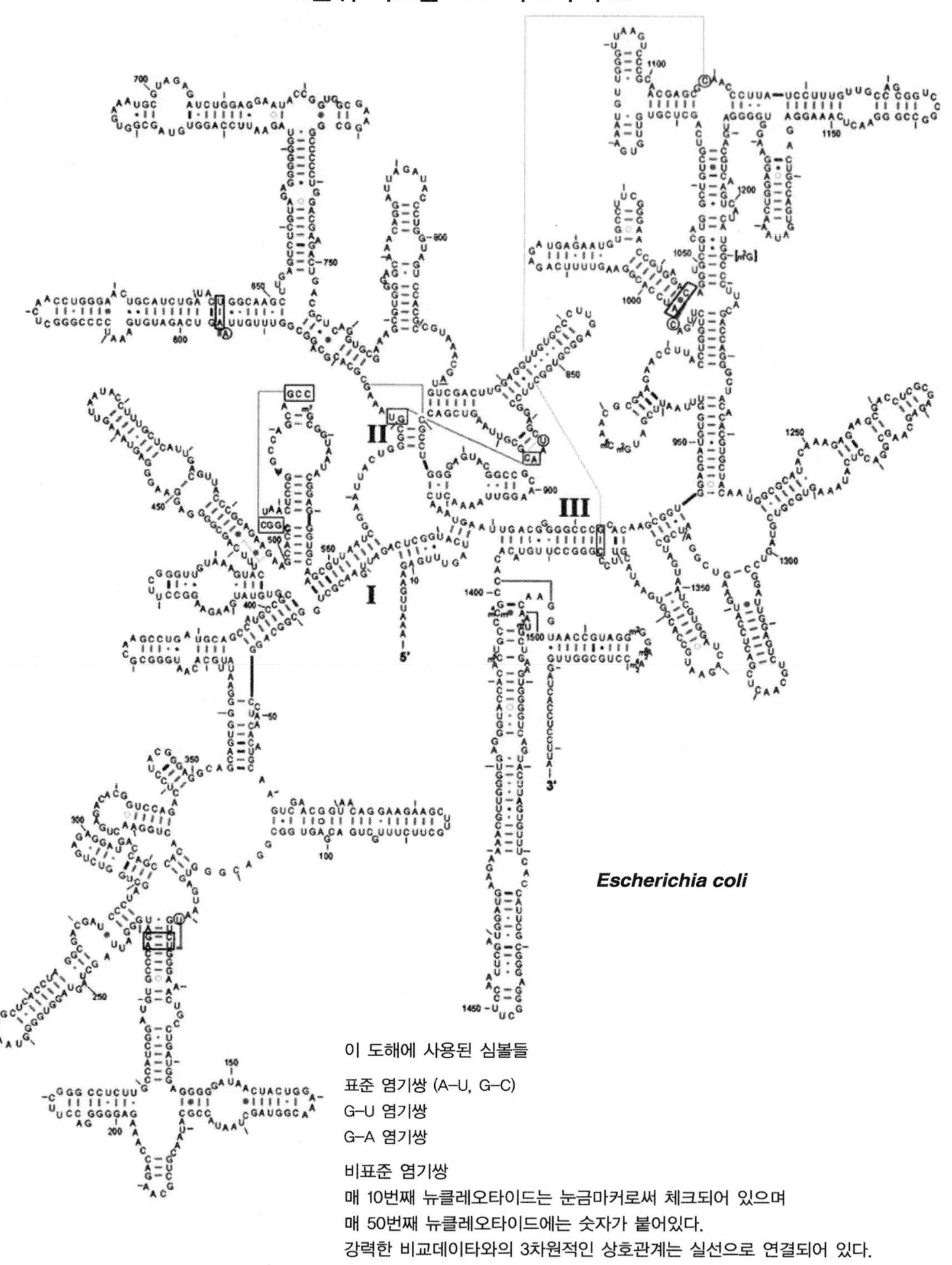

그림 1.5

16S 리보솜 RNA의 예측 2차 구조. [http://www.rna.icmb.utexas.edu/ and Cannone, J. J., Subramanian, S., Schnare, M. N., Collett, J. R., D'Souza, L. M., Du, Y., Feng, B., Lin, N., Madabusi, L. V., Muller, K. M., Pande, N., Shang, Z., Yu, N., and Gutell, R. R. (2002). The comparative RNA web (CRW) site: an online database of comparative sequence and structure information for ribosomal, intron, and other RNAs. *BMC Bioinformatics*, 3, 2; correction: *BMC Bioinformatics,* 3, 15. 로부터의 자료.]

16S 리보솜 DNA 정보함유량

세균의 16S 리보솜 DNA에는 974개(63.2%)의 변이가 있는(정보를 주는) 위치들이 있고 고세균에는 971개(63%)가 있다. 4개의 뉴클레오타이드들이 주어진 위치를 점할 수 있으며 부위당 최대 정보 함유량은 가능한 기호 상태의 수에 의하여 한정된다(잠재력이 있는 결실과 삽입은 고려하지 않는다). 그러므로 정보 비트의 가능한 수는 $\log_2 n \times P$이며, n은 기호상태의 수이고 P는 정보를 주는 위치들의 수이다. 이는 세균에 대하여 1948 비트, 고세균에 있어서는 1942비트의 정보가 생기게 한다. 그러나 경험적으로 허용된 기호상태의 수가 다음과 같이 부위별로 변화한다는 것이 알려져 있다.

부위당 뉴클레오타이드들의 수	세균	고세균
4	407 (26.4%)	301 (19.5%)
3	209 (13.6%)	233 (15.2%)
2	358 (23.2%)	437 (28.3%)

위의 데이터를 고려하면 정보량은 세균에서는 1506비트 고세균에서는 1385비트로 줄어든다.

출처 : Ludwig, W., and Klenk,H-P. Overview: a phylogenetic backbone and taxonomic framework for prokaryotic systematics. (2001). In *Bergey's Manual of Systematic Bacteriology*, 2nd Edition, Volume 1, G. M. Garrity (ed.), pp. 49–65, New York: Springer-Verlag.

Box 1.3

DNA-DNA 혼성화

매우 밀접하게 연관되어 있는 종을 구별하기에는 16S 리보솜 RNA 염기서열사이에는 충분하지 않은 차이가 있으며 현재 균주간의 DNA-DNA 혼성화가 균주들의 종으로의 지정에서 선택방법이라는 것이 분명하다. 이 방법은 완전한 유전체들 간의 상동성 수준을 측정한다. 이 방법에 의한 종의 계통학적인 정의는 "약 70% 이상의 DNA-DNA 상동성이 있고 5℃이하의 $\triangle T_m$을 가지는 균주들. 두 수치들이 고려되어야만 한다." (출처: Wayne, L.G., et al. (1987). Report of the ad hoc committee on the reconciliation of approaches to bacterial systematics. *International Journal of Systematic Bacteriology*, 37, 463–46). T_m은 열에 의한 단계적인 변성에 의해서 측정되는 혼성화 DNA 이합체(DNA duplexes)의 융해온도이다(그림 1.9를 참고하라). $\triangle T_m$은 정상 조건하에서 형성된 동종과 이종 이합체 (duplexes) 간의 온도에서의 차이이다.

플라스미드들과 세균의 분류

세균세포의 유전정보는 본 염색체뿐만 아니라 **플라스미드**들이라고 불리워지는 염색체외 DNA 인자들에도 포함되어 있다. 플라스미드들은 세포내에서 자기복제가 되며 많은 플라스미드들은 한 세균세포에서 다른 곳으로 이동할 수 있게 하는 유전자들 덩어리를 가지고 있다.

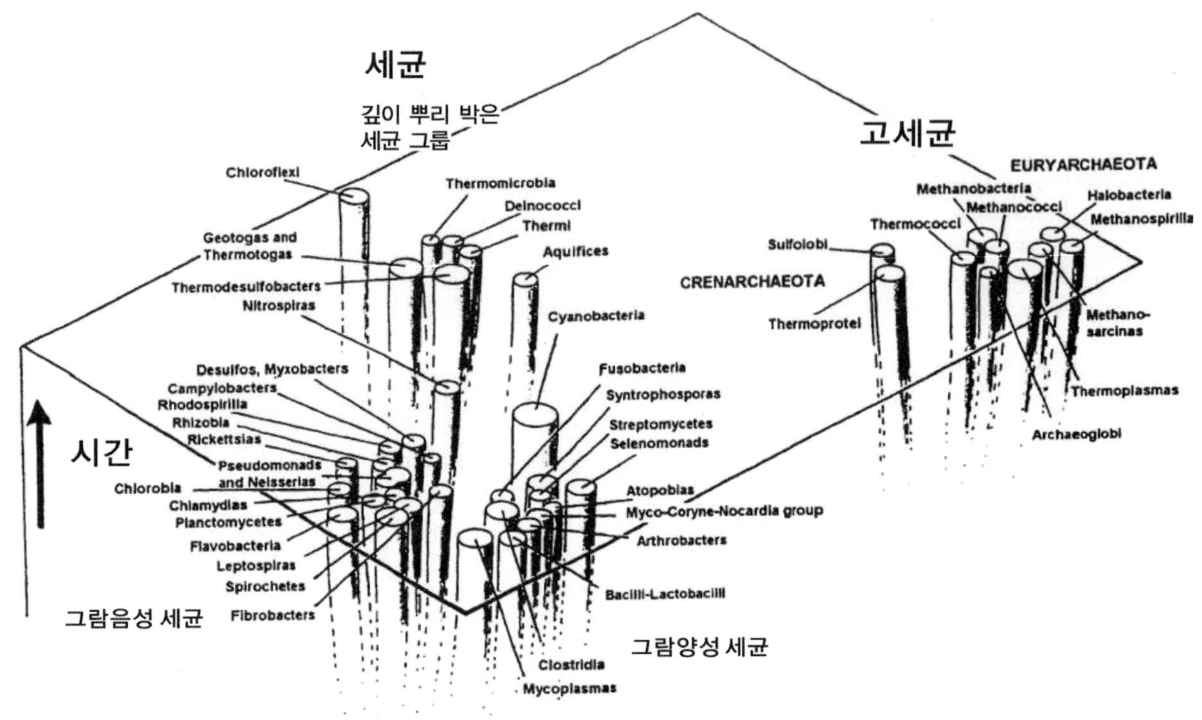

그림 1.6

주요 원핵생물 그룹들의 계통수의 2차원 투영도. 함께 가깝게 놓여 있는 그룹들이 잘 분리되어 있는 것들 보다는 최근의 공통조상을 가지는 것이 보다 그럴 듯하다. 표 밑의 시간 차원에 *대시로 표시된 라인*들은 이들 그룹들의 아직 불확실한 진화적인 기원을 나타내고 있다. 이러한 유전체 염기서열의 2차원 투영도를 만드는데 사용된 컴퓨터조작 절차는 G. M. Garrity and J. G. Holt (2001) in *Bergey's Manual of Systematic Bacteriology*, 2nd Edition, Volume 1, Garrity, G. M. (ed.), pp. 119–123, New York: Springer-Verlag. (Peter H. A. Sneath의 호의에 의하여)에 개관되어 있다.

이들 플라스미드들의 상실은 세균세포의 필수적인 기능들에는 아무런 영향이 없다. 따라서 세포는 플라스미드들에게 **숙주(host)**로서 활동하는 것으로 보인다. 세균염색체와 유사하지만 훨씬 작은 플라스미드들은 환상의 이중사슬의 DNA 분자들이다. 플라스미드 DNA는 종종 다른 속도로 복제하며 때로는 염색체 DNA와 다른 일정으로 복제하며 세포들은 특정 플라스미드들의 배수의 사본을 포함할 수도 있다. 어떤 플라스미드들은 항생제들 또는 중금속 이온들 또는 UV조사 등에 대한 저항성을 암호화하고 있다.

다른 것은 놀랍게도 숙주 종들을 특정지운다고 생각해오던 기능들을 암호화하는 유전자들을 가지고 있다. 예를 들면 형광성 *Pseudomonas*의 가장 특정적인 성질(아래를 참고하라)은 광범위한 유기화합물들을 분해하는 능력이라고 간주되고 있다; 그러나 이러한 분해를 가능하게 하는 많은 유전자들은 플라스미드에 존재하고 있다. 지구상의 생물학적 질소고정의 대부분을 수행하고 있는 종–*Rhizobium*–에서 질소고정을 하는 유전자들과 많은 병원성 세균에서 질병을 일으키는 인자들(독소들, 프로테아제들 또는 용혈소; 즉, 적혈구와 다른 동물세포들을 용해하는 단백질들)의 유전자들에서도 동일하다. 플라스미드들은 때때로 그들의 숙주들에게 매우 인지할 수 있는 표현형 특성들을 나타내므로, 그들은 숙주생물의 분류에 영향을 미칠 수 있다. 예를 들면 *S. lactis* subsp. *diacetylactis*로 분류된 *Streptococcus lactis*의 어떤 균주들은 그들로 하여금 시트르산을 이용하게 하는 플라스미드로 가지고 있다. 이들은 우유에 있는 시트르산을 발효할 때 이들이 생산하는 diacetyl로부터 기인하는 배양된 버터의 특징적인 향기의 원인균주이다.

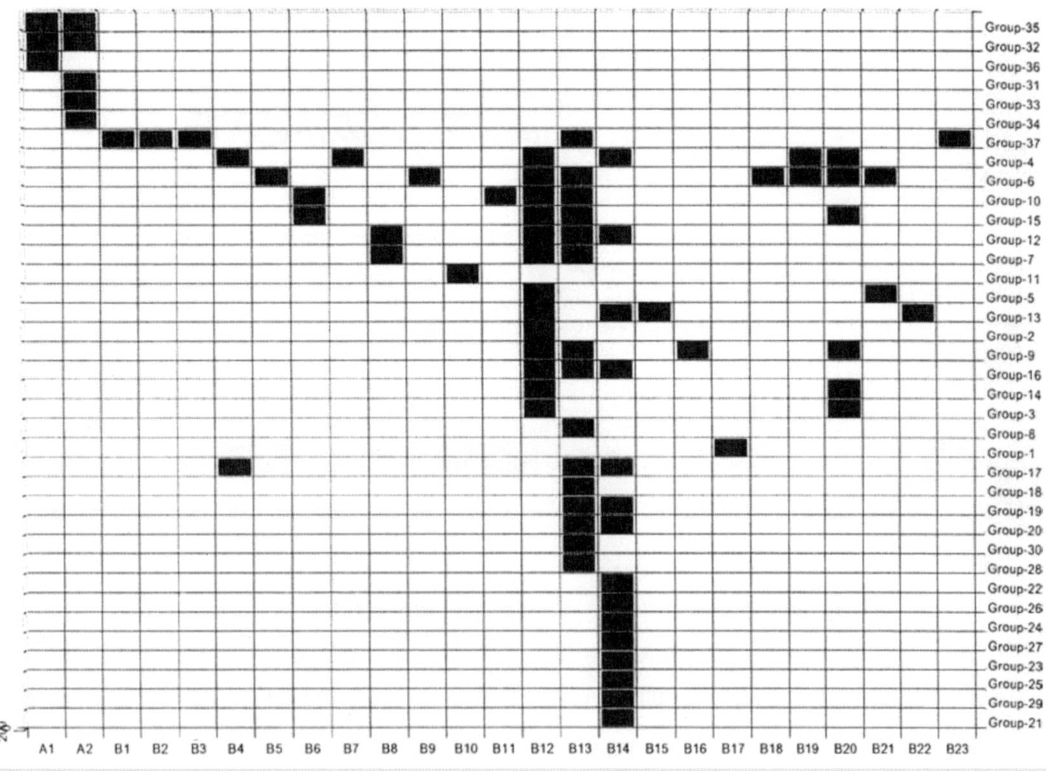

그림 1.7

25개의 원핵생물문 내에서의 주요 표현형 그룹의 출현. 이 그림은 *Bergey's Manual of Systematic Bacteriology*의 최신판(9판)에서 분류의 기초로 선별된 원핵생물들의 주요 표현형 그룹들과 이들 문들과의 관계를 예시하고 있다.(Garrity, G. M., and Holt, J. G. (2001), The road map to the Manual. In *Bergey's Manual of Systematic Bacteriology*, 2nd Edition, Volume 1, Garrity, G. M. (ed.) p. 124, New York: Springer-Verlag으로부터 허락 하에서 전제함)

원핵생물문[1]

A1 *Crenarcheota*
A2 *Euryarcheota*
B1 *Aquificae*
B2 *Thermotogae*
B3 *Thermodesulfobacteria*
B4 *"Deinococcus–Thermus"*
B5 *Chrysiogenetes*
B6 *Chioroflexi*
B7 *Thermomicrobia*
B8 *Nitrospirae*
B9 *Deferrobacteres*
B10 *Cyanobacteria*
B11 *Chlorobi*
B12 *Proteobacteria*
B13 *Firmicutes*
B14 *Actinobacteria*
B15 *Planctomycetes*
B16 *Chlamydiae*
B17 *Spirochaetes*
B18 *Fibrobacteres*
B19 *Acidobacteria*
B20 *Bacteroidetes*
B21 *Fusobacteria*
B22 *Verrucomicrobia*
B23 *Dictyoglomi*

원핵생물의 주요표현형 그룹들[2]

Group 1 Spirochetes
Group 2 Aerobic/microaerophilic, motile, hellcal/vlbrlold, Gram negative bacteria
Group 3 Nonmotile or rarely motile, curved Gram–negative bacteria
Group 4 Gram–negative aerobic/microaerophilic rods and cocci
Group 5 Facultatively anaerobic Gram–negative rods
Group 6 Anaerobic, straight, curved, and helical Gram–negative rods
Group 7 Dissimilatory sulfate–or sulfite–reducing bacteria
Group 8 Anaerobic Gram–negative cocci
Group 9 Symbiotic and parasitic bacteria of vertebrate and Invertebrate species
Group 10 Anoxygenlc phototrophic bacteria
Group 11 Oxygenic phototrophic bacteria
Group 12 Aerobic chemolithotropic bacteria and associated genera
Group 13 Budding and/or appendaged bacteria
Group 14 Sheathed bacteria
Group 15 Nonphotosynthetic, nonfruiting, gliding bacteria
Group 16 Fruiting gliding bacteria: the myxobacteria
Group 17 Gram positive cocci
Group 18 Endospore–forming Gram–positive rods and cocci
Group 19 Regular, nonsporulating, Gram–positive rods
Group 20 Irregular, nonsporulating, Gram–positive rods
Group 21 Mycobacteria
Group 22 Nocardioform actinomycetes
Group 23 Actinomycetes with multilocular sporangia
Group 24 Actinoplanetes
Group 25 *Streptomycetes* and related genera
Group 26 Maduromycetes
Group 27 *Thernomonospora* and related genera
Group 28 *Thermoactinomycetes*
Group 29 Other actinomycete genera
Group 30 Mycoplasmas
Group 31 The methanogens
Group 32 *Archaeal* sulfate reducers
Group 33 Extremely halophilic *Archaea*
Group 34 *Archaea* lacking a cell wall
Group 35 Extremely thermophilic and hyperthermophilic S–metabolizing *Archaea*
Group 36 Hyperthermophilic non–S–metabolizing *Archaea*
Group 37 Thermophilic and hyperthermophilic bacteria

[1] 두 문(A1과 A2)는 고세균, B1–B23은 세균안에 출현한다. 이 두 원핵생물 도메인들은 DNA 염기서열 주로 16S와 23S 리보솜 DNA 데이터에 기초하여 이들 문들로 세분되고 있다. 최근의 원핵생물의 분류는 약 590속을 주요 표현형 그룹(위에서 그룹 1–37으로 제시된)으로 세분하여 취급하고 있다. 이러한 표현그룹들에의 지정 종은 잠정적으로 동정하는데 사용될 수 있는 실제로 인지할 수 있는 표현형 또는 대사적인 성질들에 기초하고 있었다[Holt, J. G. et al. (eds.) (1994). *Bergey's Manual of Determinative Bacteriology*, 9th Edition, Baltimore: Williams & Wilkins를 참고하라].

[2] 그룹번호는 *Bergey's Manual of Determinative Bacteriology*, 9th Edition에서 사용된 표현형 그룹을 참고하고 있다.

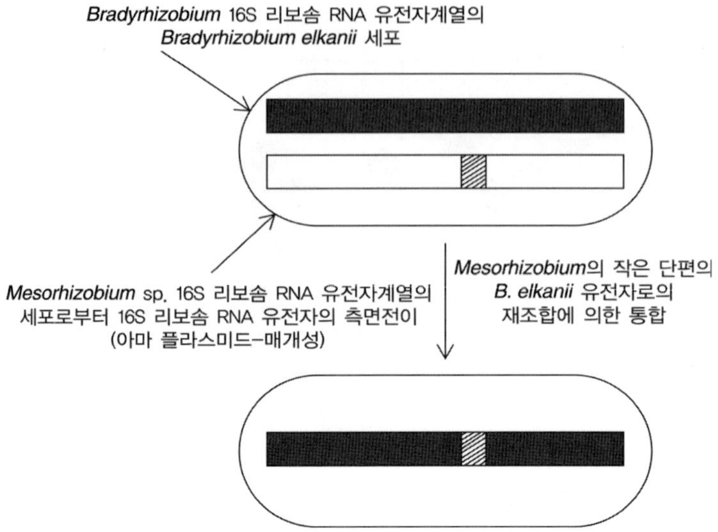

그림 1.8

Mesorhizobium mediterraneum 16S 리보솜 RNA 유전자의 *Bradyrhizobium elkanii*의 16S 리보솜 RNA 유전자로의 측면 유전자 전이와 작은 단편의 통합에 이르는 오늘날의 *B. elkanii* (USDA 76) 16S 리보솜 RNA 유전자를 생성하는 재조합 사건의 모식도 [van Berkum, P., et al. (2003). Discordant phylogenies within the *rrn* loci of Rhizobia, *Journal of Bacteriology*, 185, 2988– 2998로 부터의 테이타에 기초하여]

어떤 플라스미드들은 그들을 한 세균 숙주세포에서 다른데로 전이시킬 수 있는 능력을 가지고 있다. 때때로 숙주는 다른 종 또는 속이다. 한편 플라스미드 유전자들은 숙주의 염색체에 통합될 수 있어 영구적으로 유전되는 세포의 유전적인 구성의 일부분이 된다. 다른 세균그룹으로의 **유전정보의 "측면"이동**은 이것이 자주 일어난다면, 매 세균을 많은 다른 출처들로부터 온 유전자들의 극도로 복잡한 뒤범벅으로 만들 것이다. 그러나 실험적 연구는 측면교환이 다양한 생명체들 자손의 계통학적 계열들을 무효화하는 정도까지 확실히 일어나지 않는 다는 것을 보여주고 있다.

플라스미드들이 자기 복제하는 능력은 클로닝 벡터들의 제조에 이용되어 왔고, 많은 클로닝 벡터는 플라스미드들로부터 기인한 복제기능을 가지고 있으므로 숙주세균의 세포질에서 무한히 유지될 수 있다. 그러나 많은 경우에 플라스미드들의 복제는 숙주기능들의 참여를 역시 필요로 한다. 이것이 플라스미드들이 단지 제한된 범위의 숙주들에서만 생존 가능한 이유들 중의 하나이다. 광범위한 숙주들에서 복제할 수 있는 벡터를 제조하는 한 방법은 광범위한 숙주범위를 가지고 있는 플라스미드로부터의 복제 유전자들을 사용하는 것이다. 여기서 다시 계통학적인 관계들에 대한 지식이 그러한 벡터들의 복제를 지탱할 수 있는 숙주세균의 범위를 예측하는데 도움이 될 것이다. 예를 들면, "홍색 세균" 그룹의 그람음성 세균으로부터 분리된 많은 광범위 숙주 범위 플라스미드들은(아래를 참고하라) 이들 그룹의 대부분의 구성원들에서 또는 적어도 같은 subgroup의 구성원들에서는 복제할 것이다.

생물다양성은 예상되는 것보다 훨씬 거대하다는 것이 분명해지고 있다. *Xanthomonas*에서와 같이 무수한 균주들이 다양한 방법들에 의하여 분석되어 묶여질 때, 이 속은 생태학적으로 보다 성공적인 타입들을 나타내는 분명하지 않은 농축된 결절들을 가진 유전과 표현형들의 연속체를 구성하고 있는 것이 분명해진다. 그리하여 현행의 분류체계에서 그러는 것처럼 생물학적 집단들을 분명한 분류군으로 나눌려는 어떤 시도들도 생물다양성의 진짜 연속적인 성질과 이들의 불일치 때문에 언제나 다소 인위적이게 될 것이다. 이러한 상황은 다른 속보다 한 속에서 보다 분명하게 언급될 것이다.

출처 : Vauterin, L., and Swings, J. (1997). Are classification and phytopathological diversity compatible in *Xanthomonas*? *Journal of Industrial Microbiology & Biotechnology*, 19, 77–82.

Box 1.4

자연환경에서의 미생물 군집들의 분석

16S 리보솜 RNA 염기서열이 어떻게 원핵생물들을 분류하고 계통학적인 유연관계를 지정하는데 이용되는지를 앞에서 알아보았다. 이 분자 마커의 일반적인 수용은 매우 많은 수의 16S 리보솜 DNA 염기서열의 결정으로 귀결되었다. 2007년 3월 현재, 리보솜 데이터베이스 프로젝트는 광범위한 원핵생물 분류군으로부터의 335,800개 이상의

작은 소단위 리보솜 RNA 염기서열들을 제공하고 있다. 알려져 있지 않은 생명체의 16S 리보솜 DNA를 증폭하고 염기서열을 결정함으로써, 원핵생물의 알려진 속들의 특징적인 16S 리보솜 DNA 염기서열들에 대한 이들의 계통학적인 관계를 결정하는 것이 현재 가능하다.

2007년 3월 20일 현재, 관리되고 있는 Swiss-Prot 데이터베이스는 생명체들의 모든 계로부터의 1,500,000개 이상의 별개의 단백질 서열들을 가지고 있다. 2007년 1월 현재, 480개 이상의 원핵생물 유전체들의 완전한 염기서열들이 결정되었고, 이러한 데이터베이스의 전체 용량에 근본적으로 기여하고 있다. 단백질 암호화 유전자들에 관한 비교적인 염기서열 정보는 16S 리보솜 DNA와는 다른 분자마커들의 이용을 가능하게 하여 보완적으로 원핵생물들의 분류학, 계통학, 그리고 기능적인 다양성을 탐구하게 하며, 자연환경들에서의 미생물 군집들의 강력한 원위치 분석(*in situ* analysis)에의 길을 열어주고 있다.

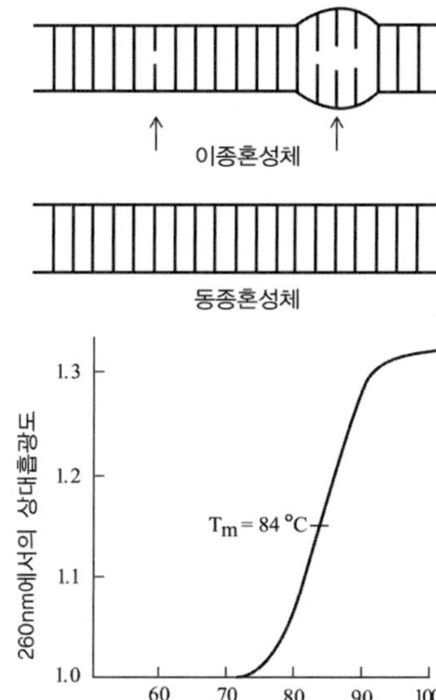

그림 1.9

260 nm에서의 완전히 상보적인 DNA 혼성이중가닥(hybrid duplex)용액의 흡광도(A_{260})의 온도 의존성.
두 가닥들의 분리(DNA의 "녹음(용해함)"이라고도 함)는 260 nm에서 흡광도의 증가를 수반한다. A_{260}에서의 변화가 50% 완성된 온도를 용해(녹는) 온도(T_m)로서 부른다. T_m은 완충액의 pH와 온도강도에 민감하다. 이종혼성체(위 모식도)에서 화살표는 두 DNA 서열에서의 비상보적인 위치들을 나타내고 있다. 그러한 혼성체는 용해곡선이 여기 제시된 완전히 상보적인 혼성체 이중가닥보다 T_m이 훨씬 낮을 것이다.

환경미생물학에서의 핵산 염기서열에 기반을 둔 방법들

자연미생물 군집들의 연구에서의 많은 염기서열에 기반을 둔 접근법들 중에서 3가지 강력한 방법들을 조사하고자 한다. **표식된 핵산 탐침들**(labeled nucleic acid probes)은 혼합군집에서 특정 핵산 염기서열을 가지고 있는 세포들의 민감한 탐지와 계수를 가능하게 한다. 관심의 대상인 DNA 염기서열의 측면 영역의 염기서열들이 알려져 있으면 **중합효소연쇄반응**(polymerase chain reaction; PCR)이 핵산의 혼합액으로부터 완전하게 선택적인 이들 염기서열의 증폭을 가능하게 한다. 마지막으로 미생물 군집들의 DNA의 **전유전체 샷건 염기서열 결정법**(whole-genome shotgun sequencing)은 존재하고 있는 미생물들 일부의 기능들과 자연 미생물 군집들의 복잡성 양쪽에 대해 독특한 통찰을 제공한다. 더불어 이들 방법들은 환경시료들에서 생명체들의 미생물학적 다양성, 유전정보량, 그리고 상대적인 풍부함에 대한 정보를 제공한다.

핵산탐침들

3개의 관련된 올리고뉴클레오타이드 탐침들과 표적 DNA 염기서열간의 상호작용은 그림 1.10에 예시되어 있다. 사례1에서는 탐침과 표적사이에는 완전한 상보성을 보이며, 사례2와 3에서는 탐침과 표적사이에는 다른 부위들에서 1개의 미스매치가 있다. 예시되어 있는 대로 적절한 조건하에서 이들 탐침들 각각은 변성된 표적 DNA와 염기쌍을 형성할(**혼성화**)할 수 있다. 그러나 미스매치들이 있는 혼성체들은 완전히 상보적인 탐침을 가지고 있는 것보다는 덜 안정적일 것이며, 그림 1.10의 아래 구획에 제시된 것 같이 완전히 매치된 탐침 보다는 보다 낮은 온도(T_m)에서 해리될 것이다. 혼성체의 안정성은 위치와 미스매치의 성질 양쪽에 의하여 영향을 받는다. 혼성화 완충액의 조성과 온도의 적절한 선택이 혼성화의 **엄중함**(stringency)을 최적화하는데 결정적이다. 즉 완전히 매치된 탐침은 고정된 표적 핵산에 붙어 있는 채로 남아 있을 것이나 미스매치들을 가고 있는 혼성체들은 형성되지 않거나 또는 탐침이 포함되지 않은 혼성화 완충액에 의한 세정으로 해리될

1. 탐침과 표적사이의 완전 매치

탐침 3'–5' GAGAACGGUAGCCUACAC•

표적 5'–3' ---CGGGCCUCUUGCCAUCGGAUGUGCCCAGAU---

2. 탐침과 탐침의 5' 말단 근처의 표적사이의 1개의 미스매치

탐침 3'–5' GAGAACGGUAGCCUACAC•

표적 5'–3' ---CGGGCCUCUUGCCAUCGGAU**C**UGCCCAGAU---

3. 탐침과 표적사이의 내부적인 미스매치

탐침 3'–5' GAGAACGGUAGCCUACAC•

표적 5'–3' ---CGGGCCUCUUGC**G**AUCGGAUGUGCCCAGAU---

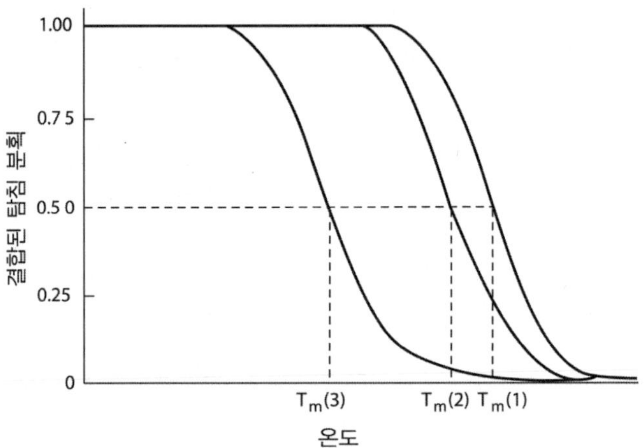

그림 1.10

표적 DNA 염기서열에의 올리고뉴클레오타이드의 혼성화.
탐침 1의 염기서열은 표적 DNA의 그것과 완전히 상보적이나, 올리고뉴클레오타이드 탐침 2와 3의 각각에서는 1개의 미스매치(표적 DNA 염기서열에서 굵은 글씨로 표시된 위치)가 존재한다. 각각의 탐침의 5'말단에서의 검은 점은 공유결합으로 부착된 형광표식을 나타내고 있다. 아래 구획은 각각의 혼성체들의 해리분석표를 나타내고 있다. T_m이 높으면 높을수록 혼성화가 더 엄중해진다.

조건들의 선택이 중요하다. 그러므로 혼성화를 위한 최적온도는 T_m보다 조금 아래이다. 그림 1.10에 제시된 탐침들은 매우 높은 감도로 광학적인 탐지가 가능하게 하는 형광표식들을 가지고 있다는 것에 유의하라.

16S 리보솜 DNA 염기서열의 거대한 데이터베이스는 다른 세트의 표적 염기서열들에 대한 상보적인 PCR 올리고뉴클레오타이드 탐침들의 설계를 안내한다. **보편적인 탐침들(universal primers)**은 모든 16S 리보솜 DNA 유전자들에서 완전히 보존되어 있는 16S 리보솜 DNA 염기서열의 영역에 상보적인 것으로 선택될 수 있다. 같은 접근방법을 이용하여, **고세균과 진핵생물 염기서열에 특이적인 탐침들(primers unique to archaeal and eukaryal sequences)** 또는 **세균의 염기서열들(bacterial sequences)에만 상보적인 탐침들**이 선발될 수 있으며, 이들 염기서열들 세트들의 선택적인 증폭이 가능하게 된다. 그러한 PCR 탐침들의 어느 한 개는 fluorophore(또는 다른 표식)로 표시될 수 있으며 표적 염기서열의 탐침으로서 이용될 수 있다. 16S 리보솜 DNA 염기서열이 완전히 알려져 있다면, 가장 높은 수준의 선택성으로 올리고뉴클레오타이드 표식이 합성되어 이 특이적인 표적 염기서열에 배타적으로 매우 엄중하게 결합할 것이다.

16S 리보솜 DNA 염기서열의 카탈로그(catalogs); 자연환경들에서 미생물 다양성의 측정

전 DNA는 다양한 자연환경들로부터 쉽게 얻을 수 있다. 그리고 위에서 서술된 것 같이

선발된 PCR 탐침들은 DNA시료에 존재하는 16S 리보솜 DNA 염기서열들의 증폭을 위하여 이용된다. 증폭된 염기서열들은 다음에 클로닝되며 염기서열이 결정되며, 그리고 16S 리보솜 DNA의 결과적인 **카탈로그(catalogs)**는 연구 중인 환경에 존재하는 생명체들에 대한 분자 특징(signatures) 세트이며 군집의 다양성의 척도이다. 개별적인 16S 리보솜 DNA 염기서열들은 역시 이들 생명체들과 잘 연구된 미생물들 간의 분류학적인 유연성과 계통적인 유연관계에 대한 정보를 제공한다. 어느 자연환경에 존재하는 미생물들의 극히 작은 부분이 순수배양으로 이용가능하다. 환경으로부터 얻은 16S 리보솜 DNA 염기서열들의 catalog는 실제적인 미생물집단의 개체적인 복잡성에 대한 폭로적인 일별을 제공한다. 광범위한 자연환경들의 그러한 분석은 순수배양으로 사용가능한 미생물들은 자연에 존재하고 있는 것의 극소수 몇 %를 나타냄을 보여주고 있다. 더구나 많은 자연환경에서 가장 풍부한 미생물들이 아직 배양되어야만 한다.

원위치 RNA분석에 의하여 예측되는 초고온 고세균의 분리: 사례기록

이 사례기록은 뜨거운 연못시료의 분석에서 유래한 특정 16S 리보솜 DNA 염기서열에서부터 원인 생명체의 순수배양에 이르는 길을 더듬어 보게 한다(문헌인용은 이 장의 마지막에 있는 참고문헌에서 제공되고 있다).

새로운 16S 리보솜 DNA 염기서열의 발견은 새로운 생명체의 존재를 나타낸다. 리보솜 DNA 염기서열 그 자체는 알려진 생명체들에 대한 원인생명체의 유연성에 대한 정보를 제공하지만 이들의 형태, 생리 또는 생화학에 대한 정보는 제공하지 않는다. 그러나 우리가 알 수 있는 것처럼 독특한 16S 리보솜 DNA 염기서열에 대한 지식은 순수배양으로 원인생명체를 분리하는데 있어서 충분하다.

표적 염기서열을 가지고 있는 세포들의 탐지에서의 16S 리보솜 DNA 염기서열에 상보적인 표식탐침의 이용에 대하여 생각해보자. 원핵생물 세포들은 많은 리보솜들과 상응하는 작은 리보솜 소단위 16S 리보솜 DNA 염기서열의 많은 사본들을 가지고 있다. 따라서 침투할 수 있게 되어있는 세포가 표식된 탐침에 노출되면, 세포내의 많은 표적분자들과 탐침은 혼성화될 것이며, 다수에 걸쳐서 표식된 세포는 형광현미경으로, 유체세포측정기(flow cytometry)로 또는 다른 방법으로 용이하게 탐지될 것이다.

이 사례-기록은 미국 Yellowstone 국립공원의 흑요암 뜨거운 연못에서의 시료들에서 16S 리보솜 DNA 염기서열의 원위치 분석으로 시작한다. 이 연못은 pH 6.7이고 온도는 위치에 따라 73℃에서 93℃이다. 이미 분리된 종들의 것과는 상이한 다수의 고세균 염기서열들의 존재가 분석으로 밝혀졌다. 순수배양으로 한 개의 이러한 새로운 고세균 염기서열들의 원인 생명체를 분리하기 위하여 다음 단계들이 밟아졌다.

- 물과 퇴적물의 호기성과 혐기성 시료들이 연못의 다른 위치들에서 채취되었다.
- 실험실에서 얻은 호기성과 혐기성 농화배양은 길이와 반경이 다른 구균, 간균, 접시모양의 세포들의 혼합체를 포함하고 있었다.
- 16S 리보솜 RNA내의 **고세균 특이적인 영역(archaea-specific region)**을 표적으로 하는 형광표식 탐침들로 이들 배양물들과 전체 세포 혼성화를 한 결과 농화배양들의 절반

이상에서 고세균 세포들이 존재하였다.

■ 처음 원위치 분석으로 인지된 1개의 새로운 고세균 16S 리보솜 DNA 염기서열들(pSL91로 지정됨)에 대하여 특이성이 있게 형광표식 탐침을 설계하였다. 탐침에 의한 전 세포 혼성화로 농화 배양들 중 한 개에서 양성 신호가 나타났다. 이 배양물은 외부 에너지원으로써 세포 추출물들을 사용하여 83℃에서 혐기적으로 배양되었다(정상적으로는 원천 자연환경에 존재하는 필요로 하는 영양분들이 존재할 확률을 최대화하기 위하여 처음 농화배양물의 혼합 세포집단으로부터 이러한 세포 추출물들이 준비되었다). 형광현미경으로 표식이 육지 온천들에서 전에 보이지 않았던 드문 포도모양의 구균집단에 한정되어 있다는 것을 알게 되었다. 이 농화 배양 내에서 우점적인 세포들은 *Thermophilum*과 *Thermoproteus* 종의 세포들과 닮은 사상의 세포들이었다. 이들은 표식된 구균보다 4배 이상으로 보다 많았다. 평판법으로 관심대상 세포들의 통상적인 분리는 적합하지 않다.

■ 관심대상 세포들의 형태를 안내삼아 "optical tiweezers"기법으로 표식되어 있지 않는 농화배양으로부터 그들은 분리되었다. 미생물은 강력한 초점 적외선 레이저를 장착한 컴퓨터제어 전도 현미경의 미세조작에 의하여 클론화되었다. 세포들은 멸균된 주사기에 연결된 10 ㎝길이의 square capillary로 농화배양으로부터 분리되었다. 단일세포들은 멸균된 혐기성 배양배지에 주입되었다.

■ 83℃에서 혐기적인 조건에서 배양함으로써 클론된 세포들의 약 30%가 포도모양의 집합체들로 순수배양되었다.

■ 분리균의 16S 리보솜 DNA의 염기서열은 pSL91의 그것과 구별이 되지 않았다. 연구자들은 "이렇게 하여 우리들은 자연 서식지로부터 배양하지 않고 결정한 염기서열의 동일성을 순수배양의 그것과 비교하여 처음으로 밝혔다."라고 언급하였다.

"환경유전체" 샷건 염기서열 결정법

전 유전체 샷건 염기서열 결정방법에서는 연구중인 생명체의 전 유전체가 잘라져서 염기서열결정용 벡터에 단편들이 클로닝되며 결과로 생긴 플라스미드 클론들은 양말단에서 염기서열이 결정되고 염기서열들은 조립된다. 이 방법은 세균 *Haemophilus influenzae* Rd 유전체의 완전한 뉴클레오타이드 염기서열(1,830,137 염기쌍[bp])결정에 대한 보고로 1995년 7월 첫 걸음을 내디뎠다. 그 당시 이것은 자유생활 생명체로부터의 최초의 전 유전체 염기서열이었다. 이 방법은 많은 다른 원핵생물들과 다수의 진핵생물들에 성공적으로 적용되어, 2001년 2월 보고된 이들의 궁극적인 업적은 인간유전체의 진정염색질 부분의 29억1천 염기쌍 공통염기서열(consensus sequence) 염기서열의 결정이었다.

이 강력한 방법은 현재 자연환경에서 미생물 군집들의 유전체학적 복잡성을 조사하는 데에 이용되고 있다. 최초의 그러한 연구를 위한 시료들은 버뮤다 근해의 Sargasso해로부터 채집되었다. 이는 빈영양(oligotrophic) 해수대이다. 미생물 군집들은 170에서 200 L의 표층 해수시료들로부터 0.1~3.0 ㎛ 필터를 통해서 채집되었다. 이 초기연구는 원핵생물들에 집중되어 있었기 때문에 유전체 DNA 분석은 0.2~0.8 ㎛의 크기 분획으로부터 채집된 물질에 초점에 맞추어져 있었다. 약 1500 L 해수로부터 추출된 DNA로 10억 4500

염기쌍의 풍부하지 않은 염기서열들이 분석되었다. 이들 염기서열 데이터 분석은 연구지역 해수에 살고있는 미생물 군집의 복잡성에 대한 냉정한 한 가지 지식을 제공한다. 알려진 염기서열들과 비교는 DNA가 적어도 1800개의 다른 유전체들로부터 유래되었다는 것을 보여주고 있었다. 이들 중에서 148개는 알려진 원핵생물들과 유연성이 없었다. 120만개 이상의 유전자들이 시료들에서 동정되었다. 이 연구 당시 Swiss-Prot 데이터베이스의 전 등록수가 약 140,000이었다. 데이터세트는 특정 단백질들의 다양성과 분류학적인 분포에 대한 귀중한 새로운 정보를 가지고 있다. 예를 들면 782개의 새로운 proteorhodopsin-like 단백질들이 동정되었다. proteorhodopsin-like 단백질들은 이들 단백질의 일부 family가 이 장의 앞에서 서술한 바와 같이 광영양(phototrophy), 광포집 의존적 에너지 형성에 관여되어 있기 때문에 특히 관심의 대상이다. 여기에서 빈번히 사용되는 염기서열 결정 접근법은 특정 생물학적 기능을 가지고 있는 단백질을 암호화하고 있는 유전자를 계통적인 정보마커에 연결하기 때문에 그러한 생물학적 기능을 가지고 있는 유전자를 포함하고 있는 생명체들의 계통적인 다양성에 관한 정보를 제공한다. 프로테오로돕신 같은 유전자들의 경우에서는 그들의 분포가 선행연구들에 의하여 제시된 것보다 훨씬 광범위함이 밝혀졌다.

샷건 염기서열 결정에 의한 접근방법에 의해서 생성된 데이터 재산은 다른 이점들도 주고 있다. 리보솜 RNA 유전자들 사본의 수는 원핵생물들내에서 한 자릿수 이상으로 변화하기 때문에 환경시료들에서 종의 다양성과 그들의 상대적인 풍부함의 척도로서 오로지 16S 리보솜 DNA에만 의존하는 것은 불가능하다(표 1.5). 이 연구에서는 실제적으로 모든 알려진 세균에서만 한 개의 유전자에 의하여 암호화되고 있는 6개의 단백질들(AtpD, GyrB, Hsp70, RecA, RpoB, TufA)이 종의 풍부성을 결정하는 계통학적인 마커들로써 사용되었다.

이 연구로 분석된 군집에서 개별적으로 매우 풍부하지 않게 존재하는 생명체들의 일부에 관한 추정에 의존하여 Sargasso 해 시료에서의 전 원핵생물 다양성은 약 47,700종 보다는 높을 것이다.

원핵생물들의 배양

연구자들은 대양과 해저화산 분출구에서부터 흰개미들의 창자, 소의 혹위, 그리고 논에 이르는 광범위한 다양한 자연환경들로 부터의 시료들에 16S 리보솜 DNA염기서열에 기초한 올리고뉴클레오타이드 탐침들을 적용하였다. 모든 이들 자연환경들과 많은 다른 것들에서, 탐침들은 16S 리보솜 DNA에 기반을 두고 있는 계통수에서 서로 넓게 분리되어 있는 다수의 상이한 원핵생물들의 존재를 보여주고 있다. 특정 16S 리보솜 DNA 염기서열을 암호화하고 있는 생명체들은 "**ribotypes**"이라고 부른다. 올리고뉴클레오타이드 탐침들로 탐지된 ribotypes의 99% 이상이 순수배양으로 이용가능한 것과 상이한 생명체들을 나타낸다고 평가된다.

때때로 특정환경의 군집 내에서 우점적인 ribotype에 대해서도 이러한 일이 사실이다. 매우 많이 인용되는 예가 해양 SAR11으로 지정된 α(알파)-proteobacteria ribotype이다. 이 ribotype을 암호화하고 있는 생명체들은 많은 대양에서 미생물 세포들의 약 50%를 나타낸다고 평가되고 있다. SAR11은 Sargasso 해 표면으로부터 채취된 일부 시료들에서

표 1.5 다양한 세균에서의 리보솜 RNA 오페론의 사본수

세균	주요 계통학적 문	오페론 사본수
Vibrio cholerae	γ–Proteobacteria	9
Escherichia coli	γ–Proteobacteria	7
Haemophilus influenzae	γ–Proteobacteria	6
Pseudomonas putida	γ–Proteobacteria	6
Pseudomonas stutzeri	γ–Proteobacteria	4
Variovorax sp.	β–Proteobacteria	1
Agrobacterium tumefaciens	α–Proteobacteria	4
Bradyrhizobium japonicum	α–Proteobacteria	1
Bacteroides uniformis	*Cytophaga/Flexibacter/ Bacteroides*	4
Synechococcus PCC6301	Cyanobacteria	2
Borrelia burgdoferi	Spirochaetes	1
Steptomyces venezuelae	그람양성 세균 (고 G+C 함량)	7
Mycobacterium leprae	그람양성 세균 (고 G+C 함량)	1
Clostridium beijerinckii	그람양성 세균 (저 G+C 함량)	13
Mycoplasma pneumoniae	그람양성 세균 (저 G+C 함량)	1
Thermus thermophilus	고온성 세균	2
Aquifex pyrophilus	고온성 세균	6

출처 : Klappenbach, J. A., Dunbar, J. M., and Schmidt, T. M. (2003). rRNA operon copy number reflects ecological strategies of bacteria. *Applied Environmental Microbiology,* 66, 1328–1333.

1 ml당 500,000 세포들로 존재하고 있다. SAR11의 최초의 기술 이후 약 10년 후, 생명체는 순수분리되었다. 상기의 관찰들은 일부 사람들로 하여금 대다수의 자유생활 미생물들은 "배양할 수 없다"고 결론을 내리게 한다. 이 견해는 사실에 의해서는 지지를 받지 못한다. 충분한 노력으로 다양한 ribotype의 원인 생명체들이 성공적으로 배양되었다. Leadbetter(이 장 끝의 참고문헌을 참고하라)는 최근 총설에서 간단명료하게 배양에 실패한 원인들을 진술하였다: "첫째, 무엇보다 먼저 미생물들의 자연적인 세포 환경의 화학에 대한 지식 또는 상상력이 충분하지 않아서 그들을 위한 생존에 적합한 실험실 조건들을 창조할 수 없기 때문에 많은 미생물들은 실험실에서 생육할 수 없을 것이다. 두 번째로, 분명한 탁도 또는 콜로니들이 발생하지 않기 때문에 생명체가 바로 그의 시계에 의하여 실제로 생육한다는 사실을 인내심이 부족한 실험실 과학자들은 간과한다." SAR11에서는 이 생명체가 하루에서 이틀의 배가시간

(doubling time)으로 매우 느리게 생육했으며 배양은 단지 약 10^4/ml 농도까지 생육했다는 인지와 함께, 적은 양의 암모늄과 인산염으로 보충된 멸균된 해수 배지에서 배양이 성공적으로 달성되었다. 그러한 낮은 농도까지로 배양물의 생육을 제한하는 요인(들)은 아직 결정되어 있지 않다.

넓은 다양성을 가진 원핵생물들의 순수배양으로 분리와 배양을 하기 위해 서술된 일반적인 방법은 대규모의 병행 접근법을 사용한다. 이 절차에서 미생물 세포들은 처음 밀도구배 원심분리에 의하여 환경시료들(해수, 토양)로부터 분리된다. 그들은 다음 작은 방울당 한 개의 세포가 되게 아가로스 겔 미세소적(microdroplets)에 캡슐화된다. 겔 미세소적은 growth column에 채워지며, 여기에서 영양이 낮은 배지의 상향흐름이 유리 세균세포들을 세정해 버리며 겔 미세소적내의 세포들의 생육을 촉진한다(그림 1.11). 콜로니들을 가지고 있는 겔 미세소적은 유체 세포측정기(flow cytometry)에 의하여 탐지되어 풍부한 유기배지를 함유하고 있는 96-well microtiter plates로 분리된다(그림 1.12). microtiter plate well 내에서 콜로니성 배양이 이루어진다.

생물공학에서 이용되고 있는 세균의 분류학적 다양성

그림 1.6과 1.7에 보이는 주요 원핵생물 그룹들의 분류학적 개요에서 정식의 subdivision 각각의 범위 내에 막대한 다양성과 복잡성이 최근에야 밝혀진 미생물들의 세계가 존재한다. 아래에서 생물공학에 특별히 중요한 원핵생물 그룹들의 일부를 소개한다.

유용한 세균의 분류학적 다양성

이 장의 서두에서 언급한 대로, 도메인으로서의 세균은 엄청나게 큰 대사적인 다재다능함을 보여준다. 극한적인 환경에 빈번히 적응되어 있으며 종종 다소 예측되지 않는 방법으로 에너지를 획득하더라도 고세균은 그들의 대사의 다양성에서는 덜 다재다능하다.

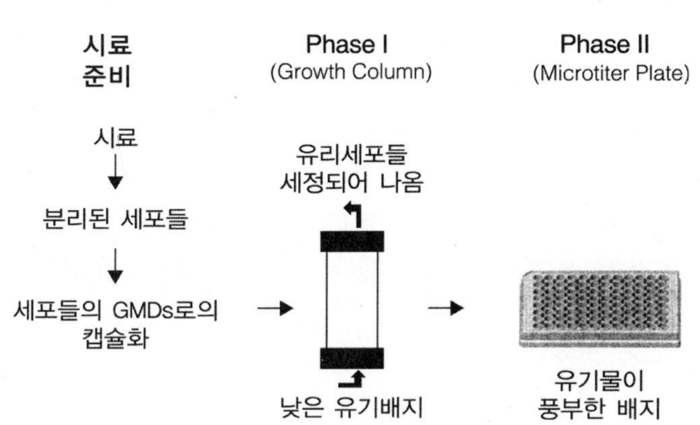

그림 1.11

환경시료들에서 획득한 세포들은 겔 미세소적들(gel microdroplets; GMDs)로 캡슐화되어 growth columns에서 배양되었다(phase Ⅰ). 콜로니들을 가지고 있는 GMDs들은 유체 세포측정기(flow cytometry)로 탐지되어 풍부한 유기배지를 함유하고 있는 96well microtiter plates안으로 분리되었다(phase Ⅱ). (Zengler, K., Toledo, G., Rappe, M., Elkins, J., Mathur, E. J., Short, J. M., and Keller, M. (2002). Cultivating the uncultivated. *Proceedings of the National Academy of Sciences U.S.A.*, 99, 15681– 15686으로부터 허락 하에서 재작성됨)

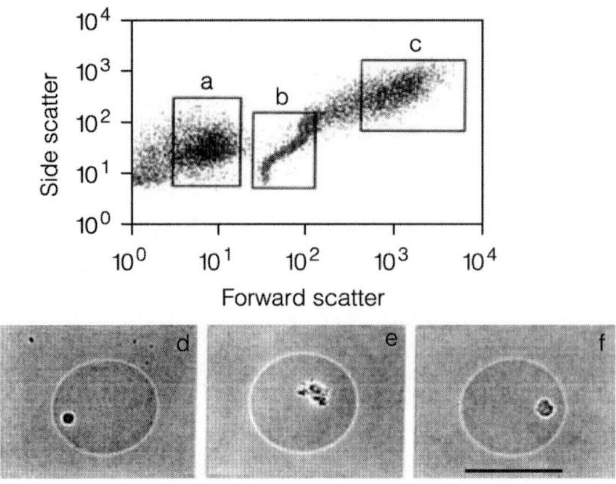

그림 1.12

(A) 자유생활 세포들, (B) 단독으로 자리잡고 있는 또는 빈 GMDs, 그리고 (C) 마이크로콜로니들을 가지고 있는 GMDs 간의 구분은 forward와 side light-scatter mode로 유체 세포측정기(flow cytometry)에 의하여 완수되었다. (D, E와 F) 마이크로콜로니들을 가지고 있는 분리된 GMDs의 위상차 현미경사진들.
Bar=50 ㎛. [Zengler, K., Toledo, G., Rappe, M., Elkins, J., Mathur, E. J., Short, J. M., and Keller, M. (2002). Cultivating the uncultivated. *Proceedings of the National Academy of Sciences U.S.A.*, 99, 15681-15686으로부터 허락 하에서 재작성됨]

따라서 현재까지 생물공학적 응용을 위해 이용되고 있는 대부분 원핵생물들은 세균에 속한다. 아래에서 생물공학에서 특히 중요한 세균 그룹들 일부에 대한 목록을 작성하여 독자들에게 그들의 이름들과 성질들을 친숙하게 하며 생물공학에서의 세균 다양성의 중요성을 논증할 것이다. 언급한 생명체들 개개에 대하여 그림 1.7에서 제공된 지정을 이용하여 이들이 속하는 문을 제시한다.

Deinococcus-Thermus(문 B4)

Deinococcus-Thermus문은 두 강으로 나누어지며, 이들 각각은 단일 과를 가진다. 첫 번째 과의 대표인 *Deinococcus*는 이온화 방사선에 극도로 높은 내성을 보이는 일반적이지 않은 생명체이다. 그람양성 화학종속영양생물인 *Deinococcus*는 토양, 분쇄된 고기 그리고 먼지로부터 분리되었다. 세포들은 그들의 높은 카로티노이드 함량 때문에 밝은 적색 또는 핑크색이며 그람양성 세균에서는 보통 없는 외막층에 의하여 둘러싸여 있다. 그러나 이들 외막은 그람음성세균의 외막들에 특징적인 지질다당질을 함유하고 있지 않다는 점에서 화학적으로 독특하다. 두 번째 과의 유일한 속인 *Thermus*는 그람음성 직간균 또는 사상체로 구성되어있다. 이들 생명체들은 고온성, 절대호흡대사를 하는 호기성 종속영양생물들 또는 화학종속영양생물들이다.

***Thermus* 속**, *Thermus* 균주들 세포들은 비운동성이다. 생명체는 1969년 온천에서 처음 발견되었으며 그때 알려진 가장 고온성 세균의 하나이었다. 대부분 종들은 70℃에서 72℃의 생육 최적온도를 가지며 중대하게 보다 높은 온도에서도 생육할 수 있다. 그들의 서식처는 온천들에 국한되어 있지 않으나, 한 연구자가 가장 좋은 분리원이 가정과 시설들의 뜨거운 물탱크들이라는 것을 발견했다.

Thermus aquaticus는 PCR에 의해 유전자들을 증폭하는데 유용한 고온 안정성 DNA 중합효소(Taq중합효소)의 원천으로서 현재 사용되고 있다. 이 효소는 클로닝되어 *E. coli*에서 발현되어 대규모로 제조되고 있다.

Proteobacteria(문 B12)

Proteobacteria의 감마아문. 이 아문은 장내세균(잘 알려진 *E. coli*를 포함하는)과와 가장 잘 알려진 *Pseudomonas* 종들 일부 양쪽을 포함하고 있다. 이들은 넓게 분포되어 있는 화학독립영양세균으로 구성된 Acidithiobacillaceae과를 역시 포함한다.

E. coli

고등동물들의 장관의 이들 서식자는 가장 집중적으로 연구된 살아있는 생명체이다. 이들은 대부분이 주모성 편모(**주모성**(**peritrichous**)은 세포표면위로 다소 균일적으로 편모들이 분포되어 있는 것을 나타낸다)를 가지는 막대모양의 그람음성 세균인 장내세균 또는 장내세균과라고 불리워지는 매우 유연성이 높은 생명체들로 구성되어 있는 과의 한 구성원이다. *E. coli* 대사의 특징은 공기가 존재할 때는 유기화합물의 산화적 분해에 의하거나 또는 혐기적인 조건들 하에서는 단순 당들의 발효에 의하여 ATP를 형성할 수 있다는데 있다. 장내 세균은 숙주동물에 의하여 섭취된 종류의 음식만 마주치기 때문에 예측되는 대로 그들이 대사할 수 있는 화합물들의 범위는 제한적이다. 그러나 그들의 대사는 극도로 잘 조절되고 있다. 그들은 잔치(풍족한 상태) 또는 기아 상태에서 살며 제한된 환경에서 다수의 다른 생명체들과 경쟁해야 하기 때문에 이러한 대사 조절은 역시 장내세균에게는 필수적이다. 이들이 중요한 점이다: 대사조절에 있어서의 우리 지식의 많은 것은 *E. coli*에서 유래되었으며 *E. coli* 모델을 전적으로 다른 방식으로 살고 있는 다른 생명체들에게 적용하는 것을 종종 옳지 않게 생각하는 경향이 있다(9장 아미노산 생산의 토론을 참고하라).

이는 잘 명시된 단순 배지 위에서 신속하게 생육하기 때문에 그리고 이들의 유전, 생화학 그리고 생리학에 대한 정보가 풍부하기 때문에 *E. coli*는 재조합 DNA 기술에 의하여 외래 단백질들의 생산을 위한 인기있는 선택이었다. 인간 인슐린과 성장호르몬이 중요한 예들이다(2장을 참고하라).

형광 pseudomonads

전에는 ***Pseudomonas*** 속으로 분류되었던 생명체들의 매우 이질적인 종들에 대한 분자계통학적 연구로 현재는 그들을 proteobacteria의 α, β 그리고 γ subgroup으로 나누고 있다. Proteobacteria의 γ division에 속하는 *Pseudomonas* 속에 포함되어 있는 그람음성 세균(*Pseudomonas aeruginosa*, *Pseudomonas putida*, *Pseudomonas fluorescens* 그리고 *Pseudomonas syringae* 종 같은)은 많은 점에서 *E. coli*와 상이하다. 그들은 *E. coli*와 같이 역시 막대모양이지만 그들의 편모는 극모(끝에 존재)이다. 형광 pseudomonad들은 배지에 연노란 녹색형광물질들을 분비한다. 그들은 발효로 ATP를 만들지 못한다; 그들은 절대 호기성균이다. *E. coli*와 뚜렷하게 대비되게 종들의 일부는 에너지원으로 넓은 범위의 어떤 경우에는 백 종류 이상의 유기물들을 이용하는 것으로 유명하다. 이러한 성질들은 토양과 물에서의 "만능선수"로써의 pseudomonad의 존재에 이상적으로 적합하다.

형광을 띄는 그룹의 많은 구성원들은 할로겐화 방향족 화합물들과 같은 인간에 의해 만들어진 어떤 물질들 뿐만 아니라 캄파, 톨루엔 그리고 옥탄 같은 화합물들을 분해한다.

그러므로 자연적으로 발생한 그리고 실험실에서 조작된 형광을 띄는 균주들은 높은 수준의 독성 유기화합물들로 오염된 장소들의 재생을 위한 가능성 있는 후보자들로써 능동적인 연구의 대상이다. 흥미롭게도, 카테콜의 2개의 하이드록실(hydroxyl)기 사이의 카테콜 환을 여는데 관여하는, "고전적인" 또는 "ortho cleavage"경로를 통하여 방향족 화합물들을 분해하는 효소들은 분명히 염색체 유전자들에 의하여 암호화되어 있지만 캄파 또는 옥탄을 분해하는 효소 유전자들은 보통 플라스미드들에서 발견된다.

형광을 띄는 그룹은 한 개의 식물병원균인 *P. syringae*를 포함하고 있다. 이 pseudomonad의 외막은 얼음 결정들의 형성에 핵이 되는 단백질 복합체를 가지고 있다. 이들 생명체들은 빙점의 조금 밑의 온도에서만, −10℃ 보다는 −3℃에서 오히려 잎 위에 서리가 생기게 하며, 외부조직을 손상시켜 세균이 식물에 침입할 수 있게 한다. 작물의 결과적인 손상이 미국에서만 연간 10억 달러를 넘는 것으로 추산된다. 이러한 손상을 줄이기 위하여 *P. syringae* "ice−" 균주들이 빙핵 복합체형성에 필수적인 유전자들 중 한 개 유전자를 불활성화하기 위하여 재조합 DNA 방법들을 이용하여 만들어 졌다. 돌연변이 생명체들이 식물들 위에 뿌려지면 그들은 야생형과 경쟁하여 얼음 형성의 기회를 감소시킨다. 한편 야생형 *P. syringae* 균주들은 냉각 비용의 상당한 절감을 위하여 스키리조트들에서 눈을 제조하는데 실제적으로 이용되고 있다. 유전공학은 심지어 보다 놓은 온도에서도 얼음 결정들을 형성할 수 있는 균주들을 만들어 내었다; 그러므로 과학은 미생물들의 능력들을 증대시키기 위하여 그리고 무력화하기 위하여 양쪽에서 방법을 모색하고 있다.

Xanthomonas 속

이 식물병원균은 형광을 띄는 pseudomonad와 관련 있으며, 이 속에 이름을 부여한(그리스어 xanthos는 "노란색"을 의미함) 특징적인 노란 색소들을 생성한다. 많은 다른 동물과 식물 병원균들과 같이 이 생명체는 배지에 다당류를 분비한다. *Xanthomonas campestris* 다당류, xanthan,은 유류 회수의 향상뿐만 아니라 식품 공업에서도 많이 이용되고 있다(8장을 참고하라).

Acidithiobacillus 속

이 속의 종들은 작은 호기성, 그람음성 간균들이며, 에너지 형성을 위하여 환원된 유황화합물들 또는 Fe(II)을 산화하는 절대 호산성 세균이다(최적 pH〈4.0). *Acidithiobacillus thiooxidans*(전에는 *Thiobacillus thiooxidans*)는 생육을 위해 환원된 유황화합물들을 이용하지만 Fe^{2+}를 산화하지는 못하나, *Acidithiobacillus ferrooxidans* (전에는 *Thiobacillus ferrooxidans*)는 유일 에너지 기질로서 Fe^{2+}에서 생육한다. 산소가 없는 데서 이 생명체는 대체 전자수용체로써 이가 철 이온을 이용하여 환원된 형태의 유황을 산화할 수 있다. *Acidithiobacillus* 종들은 금속원광들의 퇴적침출에서 널리 이용되고 있다.

Proteobacteria의 α(알파) division. α(알파) division은 몇몇의 진귀한 성질들을 가진 생명체들을 포함하고 있다. subgroup 중 하나는 진핵생물 숙주들과 밀접하게 모두 상호작용을 하는 *Agrobacterium, Rhizobium* 그리고 *Rickettsia*, 처음 2개는 식물들과 나머지 한 개는 동물세포들과 상호작용을 하는, 3개의 구성원으로 구성되어 있다. 흥미롭게도 리보솜 RNA 염기서열 데이타는 동물세포들의 미토콘드리아의 선조는 홍색세균 분지의 α(알파) division에 속하는 생명체라고 제시하고 있다.

Rhizobium 속

이들 세균들은 편모가 있는 그람음성 간균들이다. *Rhizobium* 균주들은 토양에 살며 콩과식물들의 뿌리털들에 침입하여 그곳에서 그들이 주로 식물의 편의를 위하여 그 안에서 질소를 고정하는 뿌리혹들을 형성하는 호기성 화학종속영양생물들이다. *Rhizobium* 종들과 그들 식물 숙주간의 인식은 매우 특이적이며 6장에서 토의할 것이다. 이 속의 실용적인 중요성은 도합 약 1억 미터톤의 합성 질소비료들이 매년 생산되지만 질소 고정 미생물들은 매년 약 2억 톤의 질소를 암모니아로 변환하며, 이러한 생물학적 질소고정의 주요부분은 *Rhizobium*같은 공생 질소고정 생물들에 의하여 행하여진다는 사실로부터 명백하다.

Agrobacterium 속

이들 편모를 가지고 있는 그람음성 간균들은 역시 토양에 풍부한 호기성 화학종속영양생물들이다. 그들은 소위 T-DNA라는 플라스미드 DNA의 작은 부분의 식물세포로의 전이에 필요한 다양한 기능들을 암호화하고 있는 Ti 플라스미드라는 큰 플라스미드를 가지고 있다. T-DNA는 식물 염색체 DNA에 통합되어 식물 성장호르몬의 합성을 자극하여 숙주식물에서의 혹들(galls) 또는 종양들의 생육의 원인이 된다.

유전자들을 식물 세포들로 전이하는 이들 균주들의 능력은 현재까지 원핵생물들과 진핵생물간의 자연 유전자전이의 유일한 알려진 예이다. 외래유전자들을 작물들에 안정적으로 전이할 수 있는 문을 열었기 때문에 이들은 생물공학에서 막대하게 잠재적인 중요성이 있는 현상이다. 유전공학으로 저장 단백질들을 조작하고 곡류에 어떤 필수아미노산들을 강화하기 위하여 유전자들을 도입하며, 질소고정을 위하여 유전자들을 전이하며 또는 특정질병들 또는 제초제들에 대한 내성유전자들을 식물들에 도입하기 위하여 Ti 플라스미드가 사용되는 것을 상상할 수 있을 것이다. Ti 플라스미드계는 6장에서 상세히 서술될 것이다.

Zymomonas 속

이들 극모성 편모를 가지고 있는 그람음성 간균들은 야자와인(야자수액으로 만든), 사탕수수 추출물, 그리고 사과즙등과 같은 당이 풍부한 발효하고 있는 식물 추출물들에서 발견된다. 그들은 발효 또는 호흡 중 하나로 생육할 수 있다. 그러나 당들은 장내세균 종들이 이용하는 Embden-Meyerhof 경로로 발효되지 않고, 젖산, 에탄올, 포름산, 초산 그리고 다른 최종 산물들의 혼합물보다 오히려 유일 최종산물로서 에탄올을 생성하는 Entner-Doudoroff 경로로 발효된다. 13장에서 토의되는 어떤 점에서는, *Zymomonas*가 대규모 에탄올 생산에서는 효모들을 넘어서 강점을 제공한다.

Gluconobacter 속

이 속의 세포들은 타원형에서 막대모양이며 많은 균주들은 극모성 편모를 가지고 있는

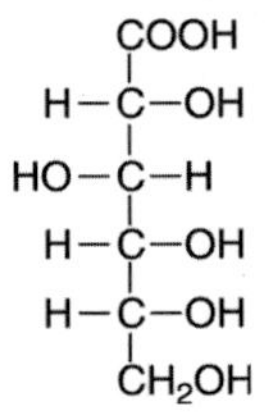

$$\begin{array}{c} COOH \\ | \\ H-C-OH \\ | \\ HO-C-H \\ | \\ H-C-OH \\ | \\ H-C-OH \\ | \\ CH_2OH \end{array}$$

그림 1.13

글루콘산(Gluconic acid)

운동성이다. 그들은 에탄올을 아세트산으로 산화함으로써-그러나 아세트산은 더 이상 산화되지 않는다-특징적으로 에너지를 획득하는 절대 호기성 화학종속영양생물들이다. 다른 생명체들에서 거의 모든 산화적인 분해경로에서 기질들은 언제나 CO_2로 완전히 산화되기 때문에 이러한 성질은 주목할 만하다. 이 성질로 감사하게도 *Gluconobacter*는 식초제조에 매우 유용하다. 이들은 포도당을 상당히 상업적으로 중요한 산물인 글루콘산으로 역시 산화할 수 있다(그림 1.13).

Firmicutes (문 B13)

이 문은 낮은 DNA 몰% G+C함량을 가지고 있는 그람양성 세균을 포함하고 있다. 이 문내에서의 많은 분지들은 내생포자를 형성하는 전통적으로 그람양성 ***Clostridium*** 속으로 분류된 절대 혐기성 균들을 포함하고 있다. 내생포자는 세균 세포내에서 형성된 두꺼운 막으로 둘러싸인 포자들이다(그리스어 *endon*는 "안쪽에서"를 의미함). 내생포자 형성은 극도로 복잡한 과정이며 그람양성 분지에서만 발견되기 때문에 생물학적 진화과정에서 한번만 "창조된"것으로 보인다. 그러므로 이들 분지의 선조들은 내생포자를 형성할 수 있는 절대 혐기성 화학종속영양생물이었으며 이후 일부 구성원들이 혐기성 생명양식에 적응하였으며 일부는 포자형성 능력을 상실하였다고 가정하는 것이 합리적이다. 다른 흥미있는 관찰은 리보솜 RNA 염기서열에 기반을 두고 정의 할 때 이 분지는 그람음성형의 세포벽들을 가지고 있는 두 개의 sub-branches를 가지고 있음이 밝혀졌다는 것이다. 그람음성 세포벽들은 역시 모든 다른 세균의 분지들에 존재하므로 조상세균은 그람음성형의 세포벽을 가지고 있었으며 그람양성 세포벽은 외막구조를 상실함으로써 나타냈다고 역시 추정될 수 있을 것이다.

문 B13은 3개의 강: Clostridia, Mollicutes 그리고 Bacilli로 세분된다. *Clostridium* 속은 극도로 이질적이다. *Clostridium* 한 종과 다른 종사이의 진화거리는 동물과 식물사이의 거리만큼 클 것이다. 아래에서 서술하는 낮은 GC 생명체들의 다른 라인은 *Bacillus*, 젖산균 그리고 *Staphylococcus*같은 대개 통성 호기성 생명체를 포함하고 있다.

***Clostridium*.** 언급한 바와 같이 *Clostridium* 속은 절대 혐기성이며 불리한 조건들 아래에서는 내생포자들을 형성하는 막대모양이며 보통 편모가 있으며, 그람양성 세균이다. 계통학적 데이타들은 이 속의 선조 생명체들이 오래전에 나타났으며 이들 중 일부는 지구의 대기가 주로 산소가 없었던 때 일반적이었던; 그 이후는 다른 분지들의 생명에서는 없어진 발효경로를 보존하고 있다는 것을 보여주고 있다. 이들 경로들은 비교 생화학자들에게 분명히 흥미있는 일이다. 일부는 그들이 에탄올, 아세틸메틸카비놀(acetylmethylcarbinol), 부탄올(butanol) 그리고 아세톤(acetone)과 같은 유용한 산물을 최종적으로 생산하기 때문에 생물공학적인 이용에 유용하다.

세계1차대전의 발발로 야기된 상황들은 clostridial 발효에 실용적인 관심을 가지게 하였다. 그 당시에는 아세톤이 무연화약(코르다이트 폭약)제조를 위한 중요한 성분이었으며 1914년 전에는 아세톤은 목재로부터 출발하여 마련되었다. 목재의 건조증류(열분해)로 다른 휘발성 산물들 뿐만 아니라 10%초산을 함유한 액체 증류액이 산출되었다. 초산은 증류에 의하여 수산화 칼슘용액으로 분리되어 초산칼슘을 형성하였다. 건조된 초산칼슘은 다음 열로 분해되어 아세톤과 탄산칼슘을 생산하였다. 아세톤의 전시수요는 이런 과정으로 사용가능한 공급을 훨씬 초과하였다. 영국 맨체스터의 Strange and Graham Ltd 회사 화학자인 Chaim Weizmann이 고무제조를 위한 부탄올을 얻기 위하여 전분의 세균 발효에 의하여 아세톤과 부탄올의 미생물학적 생산에 관한 일을 우연히 하고 있었다. 탐색된 생명체들 중에서 Weizmann은 100톤의 당밀에서 12톤의 아세톤을 생산하는 뒤에 *Clostridium acetobutylicum*이라 명명된 세균을 발견하였다. *C. acetobutylicum* 발효는 1916년까지 아세톤의 주요 공급원이 되었다. 이후 석유공업에 의한 유기용매들의 생산이 서서히 발효생산물 시장을 잠식하였고, 1982년에는 남아프리카의 마지막 가동 Clostridium 발효공장이 문을 닫았다. 그러나 유전공학의 대두로 clostridial 발효가 아세톤의 중요 공급원으로 복귀될 수 있는 가능성이 높아지고 있다.

***Lactobacillus–Staphylococcus–Bacillus* 클러스터**. Clostridia과 다르게 이 클러스터에 속하는 생명체 대부분은 산소의 존재 하에서 뿐만 아니라 산소가 존재하지 않는 데에서 생육하는 통성 혐기성균들로 분류될 수 있다. 그러나 그들의 산소와의 관계는 산소존재에 내성을 보이나 산소의 존재유무에 관계없이 당의 동일한 혐기적인 대사를 행하는 젖산세균의 그것에서부터 산소레벨에 반응하여 발효에서 호흡적인 대사로 전환하는 *Staphylococcus*와 *Bacillus*의 그것에 이르기까지 다양하다. 이들 가운데에서 *Bacillus*만이 아직 내생포자를 형성하는 예측되는 선조의 능력을 유지하고 있다. 4개의 주요그룹들이 발견되고 있으며 이들 모두 생물공학자들에게 관심의 대상이다.

***Lactobacillus, Pediococcus* 그리고 *Leuconostoc* 속**

이들 속들은 "젖산균"이라고 보통 불리워지는 그룹의 일부를 구성하고 있다. 그들은 포도당 같은 단순 당들의 발효에 의하여 에너지를 획득하며, 일부 *Lactobacillus* 종과 *Pediococcus*에서는 젖산을 생성하며 *Leuconostoc*과 소위 *Lactobacillus*의 이형발효(heterofermentative) 종들에서는 젖산, 에탄올 그리고 이산화탄소를 생성한다. 모두 편모를 가지지 않는다. *Lactobacillus* 세포들은 막대모양이나 *Leuconostoc*과 *Pediococcus* 세포들은 원형이다. 세포 형태가 전통적인 분류 체계에서의 기본 분류 척도들의 하나이지만, 16S RNA 연구로 이들 속들의 생명체들이 매우 밀접한 유연 관계임이 밝혀졌다. 그들은 용해성 당들, 펩타이드들, 퓨린들, 피리미딘들 그리고 비타민들이 풍부한 서식처들에서 산소분압이 낮은 곳에서 가장 잘 생육한다. 이들 세균들은 산성환경들에서 잘 견디며 포도당의 젖산으로의 전환에 수반하는 pH의 하락에 의하여 저해받지 않는다. 많은 다른 세균들의 생육은 pH가 낮을 때 늦어지며 그래서 산성 환경하에서 lactobacilli에 대한 그들의 경쟁력이 최소화된다.

이들 속들의 다양한 균주들은 적절한 *Streptococcus*(이하를 참고하라)균주들과 함께 치즈, 그리고 버터, 버터밀크와 요구르트 같은 발효유제품을 생산하기위한 종균으로 사용되고 있다.

***Streptococcus* 속**

연쇄구균 세포들은 구형이며 포도당을 2분자의 젖산으로 전환함으로써 ATP를 생산한다. *Leuconostoc*과 *Pediococcus*와 다르게 이 속은 *Lactobacillus* 속과 먼 유연관계를 보인다. 일부 연쇄구균은 고등동물과 관련되어 있으며 일부는 병원균들이다. 다른 균들은 식물과 연관되어 있다. *Streptococcus cremoris*는 Camembert와 같은 연질 치즈 뿐만 아니라 Gouda와 Cheddar 같은 경질 치즈제조에 이용되는 주요 생명체이다. 연쇄구균은 역시 다른 발효유제품들 생산에서 중요하다. *Lactobacillus*와 관련 균들과 함께 연쇄구균들은 연간 2000만 톤과 약 500억 달러 이상의 세계낙농제품 생산량을 담당하고 있다. 연쇄구균과 lactobacilli균주들은 종균생산 전문 회사들로부터 낙농과 축산회사에 공급된다.

Bacillus 속

이들은 막대모양이며 생육에 불리한 환경에서는 내생포자들을 형성하는 운동성 생명체들이다. 처음 이 속에 주목을 하게 되었던 것은 후자의 성질이였다: Robert Koch는 1876년에 정점에 이른 고전적인 연구에서 *Bacillus anthracis*가 소와 양을 죽이는 탄저병의 원인균이고 어떤 목장들에서 탄저병 감염의 장기간 존속은 토양에서의 건조와 연장된 거주에 대한 *B. anthracis* 포자들의 저항성 때문이라는 것을 밝혔다. *Bacillus* 균주의 대부분은 해없는 부생체들(부패되고 있는 유기물을 먹이로 하는 생명체들)이다.

Bacillus 균주들은 모두 화학종속영양이며 내생포자형성세균의 다른 그룹(*Clostridium*)과 대조적으로 공기의 존재하에서 생육할 수 있다. 많은 *Bacillus* 균주들은 대사의 발효양식과 호흡양식사이로 전환할 수 있으나, 다른 것들은 절대 호흡형 대사를 채용하고 있다. 많은 것들은 토양 서식체들이며, 오히려 단순 영양요구성이며, 합성배지에서 신속하게 자란다. 일부 균주들은 고온성이며 65℃에서 75℃에 이르는 온도에서 잘 자란다. 다수의 *Bacillus* 종들은 단백질들, 핵산들, 다당류들 그리고 지질들을 분해하는 세포외 가수분해효소들을 생산한다. 이들 효소들의 일부는 대량으로 상업적으로 생산된다: 단백질분해효소들은 세탁세제들에서 사용되며 다당류분해효소들은 전분분해에 사용된다(13장을 참고하라). 일부 종들은 곤충병원균들이며, 이들의 하나인 *Bacillus thuringiensis*는 생물학적 살충제로서 대규모로 활용되는 유일한 세균이다(7장을 참고하라). 일부 *Bacillus* 균주들에 의하여 합성되는 항생제들 예를 들면 *Bacillus subtilis*로 부터의 bacitracin과 *Bacillus polymyxa*로 부터의 polymyxin이 상업적인 규모로 생산된다.

Staphylococcus 속

이들 세균은 구형이며 불규칙한 클러스터로써 자라는 비운동 세포들이다. 그들은 *Bacillus*와 연관성이 있으나 내생포자들을 형성하지 않는다. 그들은 대사의 발효양식과 호흡양식 간에서 전환될 수 있으며 주요에너지원으로써 당들을 이용한다. *Staphylococcus*의 본거지는 사람과 동물들의 피부이다; 그들의 고농도의 염에 대한 괄목할만한 내성이 이를 가능하게 한다(땀의 건조가 피부위에서 염을 농축하는 것 같다). 그들은 건조에 대하여 상대적으로 내성이 있으므로 그들은 역시 육류, 가금류, 동물 사료들 그리고 먼지와 실내공기와 같은 2차적인 위치에서도 발견된다. *Staphylococcus aureus*는 심내막염과 골수염을 포함하는 다른 보다 심각한 질환들 뿐만 아니라 피부감염들을 일으키는 종이다.

*S. aureus*에 의해 생성되는 병독인자들 중의 하나가 단백질 A라고 불리워지고 있다. 잘 알려져 있는 바와 같이 세균감염에 대한 동물의 방어의 대부분은 침입하는 세균의 표면에서 발견되는 특정 구조들을 인지하고 결합할 수 있는 항원결합도메인을 가지고 있는 단백질들인 항체들의 생산에 의존하고 있다. 그러나 항원에 대한 항체 결합의 의로운 방어 결과의 많은 것은 항체분자의 다른 비특이적인 말단, 소위 Fc영역에서의 구조적인 변화를 통하여 일어난다. 단백질 A는 그들의 Fc 도메인에 단단히 결합함으로써 한 종류의 항체, 면역글로빈G가 이러한 효과들을 일으키는 것을 방해한다. 분리하기 원하는 분자에 대한 항체가 있으면 *S. aureus*의 단백질A 또는 전세포 조제품들 어느 한쪽이 항체와 표적분자에 의하여 형성된 복합체에 선택적으로 결합하는데 이용될 수 있으므로 단백질 A는 단백질 정제와 분석절차들을 위해 집중적으로 이용된다.

방선균(문 B14)

방선균들은 그들의 DNA의 GC함량이 높은 그람양성 세균문이다. 대부분은 호흡대사를 하는 필수적으로 호기성인 토양세균이다. 대부분은 편모가 결여되어 있으며, 막대모양이며 종종 가느다란 길고 불규칙적으로 나누어져 분지된 사상체를 형성하는 경향을 가진다. 이들 생명체들이 서로 꽤 밀접하게 연관되어 있다는 것이 전통적인 분류방법들을 사용하는 전문가들에게 조차 명백하다. 그럼에도 불구하고 이 문안에 포함되어 있는 다른 속들에 속하는 생명체들 간에는 중요한 차이점들이 있다. 한 클러스터는 구형세포인 *Micrococcus* 뿐만 아니라 가느다란 막대모양 세포들로 된 생명체들인 *Arthrobacter*와 *Cellulomonas* 속들을 포함하고 있다. 두 번째 클러스터는 매우 특징적인 세포벽을 (이들의 다당류, arabinogalactan이 마이콜릭산이라는 예외적으로 긴 사슬길이를 가지고 있는 지방산으로 교체되어 있다) 가지고 있는 기본적으로 호기적인 토양 생명체들인 *Corynebacterium*–*Mycobacterium*–*Nocardia* 그룹을 포함하고 있다. *Pseudomonas* 종과 함께 이들 생명체들은 토양에서 흔하지 않은 유기화합물들의 분해에서 매우 중요하다고 여겨지고 있다. 불행하게도 인간질환을 일으키는 그들 비전형적인 종을 제외하고는 이 그룹에 대한 우리 지식은 아주 제한적이다. 다른 그룹은 매우 분지되어 있는 사상체 클러스터로써 생장하는 생명체인 방선균과 그 관련 균주들을 포함하고 있다. 각 그룹들의 중요한 구성원들은 아래에서 간단하게 서술한다.

***Cellulomonas* 속.** 그들 subgroup의 일부 다른 구성원들과 같이 그들은 호흡형 대사를 하는 비정형의 간균이다. *Cellulomonas* 균주들의 주요한 생화학적으로 구별짓는 특징은 셀룰로오스를 분해하는 그들의 능력이다. *Cellulomonas*의 셀룰로오스분해효소들은 알코올과 단백질들의 생산을 위한 원료로써 셀룰로오스가 풍부한 식물재료 등의 사용에 있어서의 관심 때문에 최근 수년 동안에 면밀하게 연구되었다(13장).

***Corynebacterium* 속.** 한 종인 *Corynebacterium glutamicum*이 원료의 매우 많은 부분을 글루탐산으로 전환하며 이를 배지에 분비하는 능력을 가지고 있음이 밝혀졌을 때 유명해졌다. 비타민(비오틴)과 산소의 우연한 공급부족과 결합된 아미노산 합성경로들의 조절에서의 일부 괄목할 만한 특징들을 포함하는 이 공정은 9장에서 상세하게 서술된다.

이 세균과 관련 균들은 통상적인 환경들 하에서 아미노산 생합성을 위한 다소 보다 단순한 조절기구를 가지고 있는 것으로 나타났으며 이는 다른 아미노산들의 생산을 위하여도 활용되었다.

Streptomyces 속. *Streptomyces* 균주들은 균사체라고 불리워지는 뒤엉킨 망상조직들을 형성하는 소위 균사라 불리워지고 있는 분지된 섬유들로써 생육한다. 균사체가 성숙함에 따라 포자병(sporophore)이라는 섬유들 또는 기중균사가 콜로니 표면위로 돌출하여 형성된다. 기중균사는 내부의 횡단세포벽들을 형성함으로써 분열되며 개별적인 세포들이 성숙하여 포자들(분생자들: conidia)이 된다. 이들 포자들은 clostridia와 bacilli의 세포들 내에 형성되는 내생포자들과는 아주 다르다. 방선균들은 육안으로나 현미경적으로나 균류와 매우 유사하게 보이지만 그들은 전적으로 다른 생명체 즉, *Streptomyces*는 원핵생물이다.

*Streptomyces*는 방선균계열의 대부분 구성원들처럼 토양 서식자들이다. 다수 특징들이 이 서식처에서 그들을 성공적으로 살게 한다. 그들은 단백질뿐만 아니라 다당류들(전분, 펙틴 그리고 카이틴)같은 중합된 기질들을 분해한다. 그들은 단순한 생장요구성이 있으며 그들의 교대되는 포자–균사체–포자 생활환은 그들로 하여금 습도, 온도 그리고 통기량에서의 급격한 변화에서 생존하게 하며 그들로 하여금 바람에 의하여 최적의 장소들에서 퍼뜨려지게 한다.

1943년 Selman Waksman과 그의 동료들은 *Streptomyces griseus*에 의해 배지 중으로 방출된 강력한 항세균성 물질 **스트렙토마이신**을 발견하였다. 이것은 페니실린의 특성화 이후에 바로 특성화되어 매우 높은 이용성을 가진 두 번째 항생제이다. 이후 테트라사이클린, 에리스로마이신, 네오마이신 그리고 겐타마이신을 포함한 많은 다른 항생제들이 방선균으로부터 분리되었다. 이 주제는 10장에서 더욱 깊이 다루고 있다.

균류의 특징

균류계는 엄청나게 다양한 생명체들을, 빵곰팡이들, 효모들, 백분병균들(밀가루병균들), 찻잔버섯 그리고 해면버섯, 깜부기병균들(흑수병균들), 녹병균들, 말불버섯(puffballs) 그리고 버섯들을 포함하고 있다. 일부는 육안으로 보인다. 다른 것들은 지름이 2피트 넘게 자란다. 그러나 그들의 차이점이 무엇이든 간에 모든 균류는 어떤 중요한 공통적인 성질을 가지고 있다(Box 1.5의 용어를 참고하라).

- 그들은 진핵생물이다.
- 그들은 무성과 유성생식으로 포자들을 형성한다.
- 그들은 균사 또는 효모로써 생장하며, 균사는 정단생육을 보인다.
- 그들은 종속영양형이며 광합성을 행할 수 없다. 대부분 균류는 부생체들 또는 공생체들이나 일부는 사람의 기생체들이며 다른 것은 동물 또는 식물들의 기생체들이다.
- 그들은 그들의 세포막들을 통해서 영양분들을 흡수한다. 식세포영양(phagotrophy; 고형 음식입자들의 섭취)은 균류사이에서는 매우 드문 현상이다. 입자로 되어 있거나

고분자량의 물질들을 이용하기 위해서는 균류들은 다양한 분해성 세포외 효소들을 분비한다.

- 그들은 일반적으로 단단한 다당류가 풍부한 세포벽들을 가지고 있다.

균류의 분류

균류계의 분류로 5개의 문(병꼴균문, 글로메로균문, 접합균문, 자낭균문 그리고 담자균문)이 인정되고 있다. 균류의 70,000종 이상이 기재되어 있으나, 1,500,000보다 많이 존재할 것이라고 제안되고 있다. 18S 리보솜 DNA와 단백질 서열들에 기초한 계통학적 분석으로 균류가 식물들이나 조류들보다는 동물들에 보다 가까운 유연관계를 가지고 있다고 지적되고 있다. 동물들과 균류들의 공통조상의 정체는 아직 추측의 대상이다.

균류는 주로 분자분석에 기초하여 5개 중의 하나에 배정된다. 그들의 생식구조들의 형태, 생식단계들의 성질(그림 1.14), 그리고 전형적으로 80%~90% 다당류 고분자들 나머지 대부분은 단백질과 지질을 함유하고 있는 그들의 세포벽들의 성분에 있어서의 차이점들이 추가적으로 중요한 고려대상이다. 균류의 5개의 아문의 전형적인 특징들은 아래에서 상세히 서술한다.

병꼴균문(Chyridiomycota)

병꼴균류들은 약 1,000개의 알려진 종들로 구성되어 있는 형태적으로 다양한 그룹이다. 그들의 세포벽들은 균류의 "특징(signature)" 다당류인 카이틴(*N*–acetylglucosamine의 β–(1–4)–연결형 고분자)을 함유하고 있다. 그들의 생식세포들(배우자: gametes)은 유영하게 하는 편모들을 가지고 있다. 다른 균류들은 편모를 가지고 있지 않다. 병꼴균류들은 지배적으로 수생이며 담수나 해양환경 모두에서 발견된다. 많은 것은 부생적이다. 예를 들면 *Rhizophlyctis rosea*는 토양에서 흔히 마주치는 셀룰로오스의 분해자이다. 다른 것들은 식물, 곤충 그리고 어떤 양서류들의 기생체들이다.

글로메로균문(Glomeromycota)

수지상균근균류(arbuscular mycorrhizal (AM) fungi)가 이 문에 위치한다. AM 균류는 절대 공생 무성생명체들이다. **균근(mycorrhiza; 복수 mycorrhizas)**이라는 용어는 식물의 뿌리들과 균류의 균사체와의 밀접한 물리적 협동을 가리킨다. 균근들을 형성하는 식물들은 비옥하지 않은 토양들에서 특히 성공적이다. 균사체 네트워크는 토양 1입방미터 내에서 길이 20,000 km(~12,400마일)까지 미칠지도 모른다. 광범위한 균사체는 많은 양의 토양 또는 다른 기층으로부터 무기영양분들, 가장 중요하게 인산염을, 흡수하여 그들을 식물에게 제공한다. 반면에 후자(식물)는 탄수화물들을 균류에게 제공한다. AM 균류는 생태학적으로나 경제적으로 대단히 중요하다. 유관속 육상식물과의 80%이상이 균근에

균류 : 적절한 용어들의 용어해설

자낭과(ascocarp; 포자과(sporocarp)의 한 종류, 아래를 참고하라) – 자낭 을 가지고 있는 구조(아래 **자낭**을 참고하라) 또는 자실체(fruiting body).

자낭(ascus) – 자낭균류에서는 자낭포자들이 감수분열과 포자형성을 겪은 이배체 세포의 세포벽과 세포막사이에서 형성된다; 그 결과 형성된 자낭포자들을 둘러싸는 자루모양의 구조를 자낭이라고 한다.

무성생식(asexual reproduction) – 유사세포분열에 의한 양친과 동일한 자손의 산출

담자기(basidium) – 핵융합(그림 1.14를 참고하라)과 감수분열 후에 벽의 확장으로 말단에 한 개씩 포자들을 가지고 있는 균류세포.

분생자(conidium) – 균사(**엽상체**를 참고하라)의 분리될 수 있는 부분을 나타내는 무성포자의 한 종류.

이배체의(diploid) – 한 세트(**일배체의; haploid**) 또는 그 이상(다배체의; polyploid)의 염색체를 가지는 것과 대조적으로 두 세트의 염색체를 가지고 있는 (2x).

배우자낭(gametangium; 복수, **gametangia)** – **배우자들(gametes)**을 형성하는 세포(배우자는 다른 일반적으로 반대 교배형을 가지는 배우자와 융합하여 접합자(Zygote)를 형성할 수 있는 성 세포이다).

균독소들(mycotoxins) – 일반적으로 인간들이나 동물들에게서 독성반응을 일으킬 수 있는 저분자량 균류 대사물질들.

식세포영양형(phagotroph) – 고형 음식입자들을 섭취하는 생명체.

부생체(saprophyte) – 썩어가는 유기물질에서 생장하는 생명체.

격벽들(septa) – 균사를 분리하여 분획으로 나누는 횡단하는 벽들.

포자과들(sporocarps) – 일부 균류는 접합과정에 의하여 유성적으로 생식하여 결과적으로 **접합포자들(zygospores)**를 형성한다. 접합포자들이 불임균사들에 의해 둘러싸여 다발로 존재하는 구조들을 포자과들(sporocarps)이라 한다.

엽상체(thallus) – 성장하고 영양분들을 흡수하여 결국 생식기관, "자실체(fruiting body)"를 형성하는 균류의 한 부분. 엽상체는 분지하고 재분지하는 현미경적인 관상 영양섬유들로 구성되어 있다. 이들 영양섬유들을 **균사들(hyphae)**이라고 하며 균사들로 된 엽상체를 **균사체(mycelium)**이라 한다.

효모(yeast) – 주로 단세포인 균류.

접합포자(zygospore) – 반대성(접합형)을 가지는 두 세포들 간의 접합에서 기인하는 두꺼운 벽으로 둘러싸인 휴면포자.

Box 1.5

참여하고 있다. 일부 식물들의 경우에는 그들의 AM 균류 파트너와의 협동이 정상적인발달에 필수적이다. AM 균류는 식물의 생물다양성을 증대하며 선충류들과 균류병원균들과 같은 병해충들은 제어하는데 도움이 된다.

접합균문(Zygomycota)

접합균문의 구성원들은 포자과에서 형성된 비운동성의 무성포자들(접합포자들)을 생성한다. 엽상체는 보통 균사체이며 전형적으로 격벽이 없다. 세포벽은 키토산(불완전하게 아세틸화되거나 아세틸화되지 않는 glucosamine의 중합체)과 카이틴으로 구성되어 있다. 대표적인 생명체들은 토양 부생체인 *Mucor*와 *Rhizopus*이다. ***Rhizopus nigricans***는 구연산(citric acid)의 생산에 오랫동안 사용되어 왔다. *Entomophthora*는 집파리들과 진딧물들 같은 곤충들의 중요한 일반적인 기생체이다.

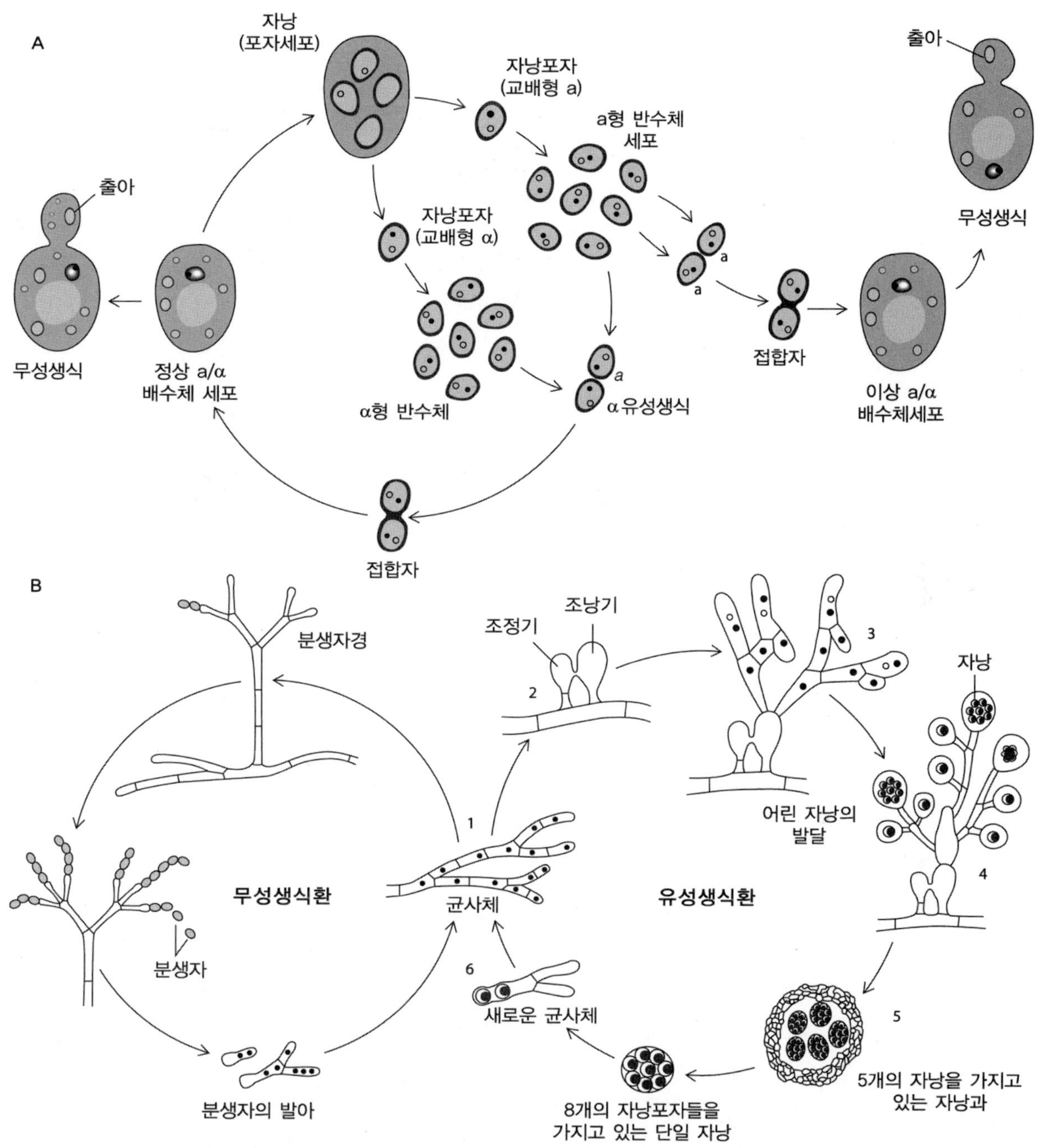

그림 1.14

(A) 효모의 생식은 세포표면에 출아를 형성함으로써 시작되는 정상적으로는 무성적이나 유성생식은 특정조건하에서 유도될 수 있다. 유성생식환에서 정상적인 배수체 세포는 감수분열과 포자형성에 의하여 4개의 반수체 자낭포자들을 가지는 자낭들 또는 포자세포들을 형성한다. 자낭포자들은 2개의 교배형 a와 α로 되어 있다. 각각 타입은 출아에 의하여 다른 반수체 세포들로 발달할 수 있다. a반수체세포와 α반수체 세포의 교배로 정상 a/α배수체 세포가 형성되다. 동일한 성의 반수체 세포들은 역시 때때로 통합되어 보통 출아에 의하여 무성적으로만 생식할 수 있는 이상 배수체 세포(a/a 또는 α/α)를 형성한다. 공업용 효모들 대부분은 출아에 의해 번식한다. (B) 고등자낭균류들 중의 하나인 다세포균류의 생식은 무성적 또는 유성적으로 이루어 질 수 있다. 상세한 것은 속과 종에 따라 상이하다. 양쪽 생식환들에 공통적인 분지된 영양구조는 균사로 구성된 균사체이다(1). 무성환에서 균사체는 바람에 의해 분산되는 분생자(conidia)라고 불리우는 포자들을 받치고 있는 분생자경(conidiophore)을 형성한다. 생식환에서는 균사체가 각각 조정기(antheridium; "+"핵을 함유하는)와 조낭기(ascogonium; "−"핵을 가지는)로 구성되어 있는 배우자낭 구조들을 발생한다(2). 핵들은 조낭기에서 쌍을 이루고 있으나 융합하지 않는다. 자낭형성 이핵 균사는 수정된 조낭기로부터 발달하며(3), 쌍으로 된 핵들은 유사분열을 하여 새롭게 쌍을 이룬 염색체들을 복제한다. 최종적으로 일부 쌍을 이룬 핵들이 자낭형성균사(ascogenous hyphae)의 끝에서 핵융합이라는 과정으로 융합한다(4). 이것은 생활환에서 유일한 배수체 단계이다. 곧 바로 뒤에 배수체 핵들(큰 점들)은 감수분열한다. 그 결과 8개의 반수체 핵들(작은 점들)이 형성되며 이들 각각이 자낭포자로 발달한다. 같은 시기에 발달된 자낭은 자낭과(ascocarp)에서 균사체 균사들에 의해 둘러 싸여진다(5). 여기에서 보여주는 예에서는 자낭과는 폐쇄된 구조인 폐자낭과(cleistothecium)이다. 자낭포자들은 발아하여 이핵 또는 다핵균사체를 산출한다(6). [Phaff, H. (1981). Industrial microorganisms. *Scientific American*, 245, 76–89].

자낭균문(Ascomycota)

자낭균문은 약 15,000종을 포함하고 있는 균류중에서 가장 큰 subdivision그룹이다. 영양구조는 단세포들(효모에서와 같이)로 또는 격벽이 있는(분할되어 있는) 섬유들, 다수의 핵들을 함유하고 있는 대부분 분절들로 구성되어 있다. 세포벽들은 카이틴과 글루칸들(많은 효모들에서는 만난)로 구성되어 있다. 유성생식은 자낭에서 포자들의 형성에 이르게 된다. subdivision의 두 생명체들, ***Neurospora*(빵곰팡이)**와 ***Saccharomyces*(빵과 양조효모들)**은 유전학자들에서 특히 친숙하다(다른 것들은 *Schizosaccharomyces*, 느릅나무 마름병의 원인인 *Ceratocystis ulmi* 그리고 곡류들에 기생하는 백분병균류인 *Erysiphe graminis*를 포함한다).

*Saccharomyces*의 40종 이상이 인정되고 있다. *Saccharomyces cerevisiae* 균주들은 포도들과 다른 당류가 풍부한 식물들 표면위에서 생육한다. 이들 단세포 생명체들은 출아로 증식한다. *S. cerevisiae* 보관균주들은 어떤 맥주들과 포도주들 발효와 빵효모의 생산 그리고 다수의 생물공학적인 이용에서 광범위하게 사용된다. 기장으로부터 만드는 아프리카 맥주인 pombe와 당밀, 쌀 또는 야자수액으로부터 만드는 아시아 맥주인 arrack는 모두 *Schizosaccharomyces pombe*에 의한 발효산물들이다. ***Schizosaccharomyces*** 효모들은 이분법에 의하여 분열하여 **분열효모들(fission yeasts)**이라는 이름으로 불리고 있다.

담자균문(Basidiomycota)

담자균류들은 **담자기(basidium)**로 알려진 특수한 세포위에 유성포자들을 형성한다. 자낭균문에서와 같이 영양구조는 단세포(효모들) 또는 격벽이 있는 균사체이다. 세포벽들은 글루칸들과 카이틴으로 구성되어 있다. 이 subdivision의 대표적인 것은 목재 부후를 일으키는 **건부균류(dry-rot fungus)**인 *Serpula lacrymans*, 잔디와 곡류들의 검은 **줄기녹병(black stem rust)**의 원인인 *Puccinia graminis*와 옥수수식물들을 괴롭히는 *Ustilago maydis*와 같은 **녹병과 흑수병(깜부기병) 균류**를 포함하고 있다. 서방세계에서 인간소비를 위해 가장 흔히 재배되는 버섯들인 양송이(*Agaricus*) 종들은 담자균문에 포함된다. 버섯들은 유기 퇴비들 위에서 상업적으로 생육한다.

불완전균류(Deuteromycetes)

이 인위적인 그룹은 그들의 무성생식 단계만으로 알려진 균류들을 수용하기 위하여 만들어졌다. 그들의 유성생식 단계는 존재하지 않거나 알려져 있지 않거나 또는 상실되어 분생자로 알려진 무성생식 구조들에 의하여 행해지는 영영생식만이 존재하기 때문에, 이들 균류들은 역시 "불완전균류(fungi imperfecti)"로써 알려져 있다. 그들의 영양구조는 자낭균류와 담자균류의 그것들과 유사하게 단세포(효모들)이거나 격벽이 있는 균사체이다. 세포벽의 다당류들은 글루칸들과 카이틴이다. 분자서열결정 데이터로써 이들 무성 형태들의 다수에 대하여 가장 가까운 유성의 공통계통이 발견되었다. *Aspergillus*와 *Penicillium*같은 상당한 경제적인 중요성을 가지고 있는 다수의 속들이 불완전균류에 포함되어 있다.

*Aspergillus niger*는 구연산과 글루콘산들의 생산에 이용된다. *Aspergillus oryzae*는 식품산업에서 쌀과 콩생산물들의 발효에 이용되며 단백질 가수분해와 전분가수분해 효소들의 공업적인 생산에 이용된다. 그러나 일부 *Aspergillus* 균주들은 예를 들어 땅콩수관부패병과 면화의 꼬투리부패병 같은 식물들의 병원균들이다. *Aspergillus flavus*에 의한 건조된 과일들, 땅콩 밀 또는 땅콩들에의 침입은 사람들과 가금류에 간암을 유도하는 것으로 알려진 균독소인 aflatoxin B(그림 1.15)의 생산으로 귀결될 수 있다. *Penicillium* 종들은 모든 종류의 썩고 있는 물질들에서 생육하며 그들은 전세계적으로 분포하고 있다. 그들의 포자들은 대기중에 거의 일반적으로 존재하며 빈번히 다른 미생물들의 배양물들을 오염시킨다. 1928년 Alexander Fleming은 포도구균을 배양하고 있는 페트리접시가 *Penicillium*의 생육에 의해 오염되었음을 발견하였다. 그는 포도구균의 생육이 균류 콜로니에 가까운 접시부분에서 저해받고 있음에 주목했다. 이 현상에 의해 자극받은 연구들은 페니실린의 분리와 정제에 이르게 되었으며 항생제요법(10장; 그림 10.1을 참고하라)의 기초를 쌓았다. 집중적인 탐색의 결과로써 이후 다른 균주들로 교체되었지만 Fleming에 의하여 분리된 *Penicillium notatum*균주가 페니실린 생산을 위해 사용된 처음 균주이었다. *Penicillium griseofulvum*은 피부 또는 손톱들의 균류 감염을 치료하기 위하여 경구로 투여되는 griseofulvin의 원천이다(griseofulvin에 감수성인 균류에서, 항생제는 tubulin의 조합에 관여하여 microtubules을 형성하게 하는 단백질에 결합한다. 이는 유사분열에서 염색체들의 분리를 방해하며 균사성장을 중단시킨다).

*Penicillium*의 다수 종들이 식품산업에서 중요하다; 예를 들면 *Penicillium camemberti*와 *Penicillium roqueforti*는 그들의 이름들을 가지고 있는 치즈들의 제조에 이용된다, 그러나 모든 *Penicillium*이 다 이로움의 원천은 아니다; *Penicillium italicum*과 *Penicillium digitatum*은 감귤류 과일의 부패병을 일으키며 *Penicillium expansum*은 사과의 갈색썩음병(brown-rot)을 일으킨다. *Penicillium*종들은 역시 균독소들의 주요 생산자들이다.

균류의 가장 잘 활용되는 효모

효모(yeast)라는 용어는 공식적인 분류학적 그룹에 특이적이지 않으나 오히려 다양한 관련성이 없는 균류들에 의하여 보여지는 생육형태를 가진 생명체들을 망라하고 있다. 매년 수십만 톤의 효모가 배양된다. 많은 이들 단세포균류들이 포도주제조, 양조 그리고 빵제조에 그리고 효모들의 원천으로써 실제적으로 이용되고 있다. 알코올 발효의 부산물로서 회수된 효모들은 동물사료용으로 팔리고 있다. *Torulopsis*와 *Candida* 균주들이 당밀 또는 종이펄프제조의 부산물인 사용된 아황산용액에서 사료용으로 특별히 배양된다. 탄화수소들과 메탄올을 이용할 수 있는 효모들은 단백질 생산을 위해 배양된다. 빵효모, *Saccharomyces cerevisiae*는 대량으로 생산된다.

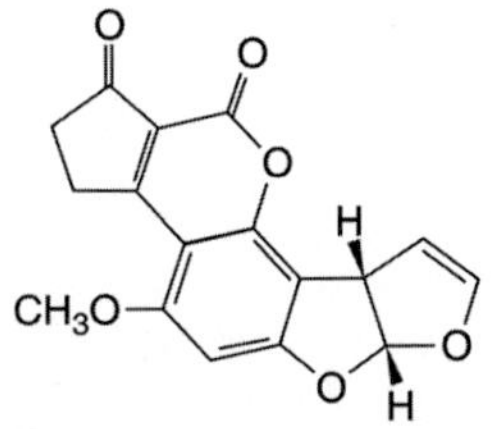

효모들은 (1) 그들의 18S 리보솜 DNA와 다른 분자마커들의 서열들, (2) 세포들의 현미경적인 형태, (3) 유성생식 형식, (4) 어떤 생리학적인 특징들(특히 대사적인 능력들과 영양적인 요구성들), 그리고 (5) 생화학적 특징들(세포벽화학 그리고 미토콘드리아의 호흡

그림 1.15

Aflatoxin B_1

전자전달계에 존재하는 ubiquinone 타입)에 기초하여 분류된다.

다른 효모들을 구분하는 생리적인 특징은 준혐기성과 호기성 조건들하에서 탄소 및 에너지원으로서 주어진 생명체가 이용할 수 있는 탄수화물들(단당류, 이당류, 삼탄당 그리고 다당류들)의 범위, 50%에서 60% (무게 대 부피[w/v]) D-포도당 또는 10% (w/v)염화나트륨 + 5% (w/v) 포도당(삼투압내성의 측정) 존재 하에서 생육하는 상대적인 능력, 그리고 지질들을 가수분해하고 이용하는 상대적인 능력을 포함한다. 이들 성질들은 특정한 응용을 위해 어느 효모 균주들이 연구될 가치가 있는 지를 결정하는데 있어서 연구자들에게 도움이 된다. 그러므로 원핵생물들과 같이 효모들과 다른 균류의 상세한 분류학적 연구는 상당히 중요하다.

효모들은 대부분 세균들에게 최적인 pH 보다 낮은 pH에서 잘 자라며 세균증식을 억제하는 항생제들에 대하여도 감수성이 없다. 따라서 효모들의 대규모 배양은 빨리 자라는 세균에 의한 오염으로부터 안전하게 유지될 수 있다. 그들의 보다 큰 크기 때문에 효모들은 세균보다는 보다 용이하게 그리고 값싸게 회수된다. 현재 사용되고 있는 공업용 효모들은 공중보건상 문제점들을 야기하지 않는다. 이들 이점들과 유전공학의 등장으로 효모의 이용범위는 급속히 넓혀지고 있다.

균주보존기관들과 미생물들의 보존

미생물들의 이용자들은 순수한 정품의 배양물들의 신뢰할 수 있는 공급원을 요구한다. 전 세계적으로 일반적으로 적정한 수수료로써 세균과 균류들을 이용가능하게 하는 500개 이상의 균주보존기관이 있다(Box 1.6). 이들 보존기관들은 대학교 또는 연구기관에서 활동하고 있는 미생물학자들로부터 그들의 균주들의 대부분을 입수한다; 다른 균주들은 더 이상 그들을 위해 이용하지 않는 산업체들로부터 들어온다. 더구나, 미생물을 이용하는 공정을 특허화할려면 미생물 배양물은 인증된 균주 보존기관에 기탁되어야 함을 법률이 현재 요구하고 있다. 영국만으로 국립균주보존기관들이 세균과 균류의 27,000이상 균주들을 보유하고 있다. American Type Culture Collection은 세균, 균류, 효모, 바이러스 그리고 플라스미드들의 35,000이상 균주들을 보유하고 있다.

단일 보존방법이 모든 생물체들에게 적절하지 않다. 사실, 단가와 편의상 다른 4가지 기본적인 방법이 있다. 미생물세포들이 적절한 영양분이 함유된 한천 사면배지와 천자배지에서 단기간 유지될 수 있으며 또는 동결건조 또는 다른 동결된 형태로써 보다 장기간 보존될 수 있다. 포자들을 형성하는 생명체들을 위해서는 후자는 고형지지체위에서 건조된 형태로 보존될 수 있다.

가장 단순한 방법은 적절한 배지로 된 신선한 고형 한천 사면배지에 배양물을 주기적으로 계대하여 타당한 생육온도에서 배양하는 것이다. 사면배양이 잘 자라고 나면 건조를 피하기 위하여 용기에 넣어 5℃로 냉장고에서 보존한다. 이 방법이 가장 비용이 적게 드는 방법이며 수 개월간 세포를 살아 있는 상태로 유지하지만, 이런 배양으로는 돌연변이체들 또는 오염균들이 축적될 수 있는 위험성이 있다.

1990년 세균규약에 따르면 새로운 분류군이 제안될 때 저자는 신속 또는 신종을 기재하는 출판물에서 특정 균주를 명명타입(nomenclatural type)이라고 지정하여야 한다. 따라서 표준균주(type strain)는 명명타입으로부터 내려온 살아있는 세포들로 되어 있다. 1999년 8월 판정위원회는 표준균주의 살아있는 배양물은 최소한 두 곳의 항구적으로 확립되어 있는 균주보존기관에 기탁되어야 한다고 명시하고 있다.
1990년 세균규약은 새로운 분류군(과, 속 또는 종)을 제안하는 출판물은 그 분류군을 위하여 특정 균주를 명명타입이라고 지정하여야 한다고 요구하고 있다. 표준균주의 살아있는 배양물은 최소한 2 곳의 항구적으로 확립되어 있는 균주보존기관에 기탁되어야한다. 미국표준균주보존기관(American Type Culture Collection; ATCC)은 유효하게 기재된 종의 3,600개 이상의 표준균주들을 보유하고 있다.
모든 실제적인 균주보존기관들은 세계균주보존기관연맹(World Federation of Culture Collections)에 속하고 있다. 이들 기관들의 홈페이지들은 http://wdcm.nig.ac.jp/hpcc.html에 등재되어 있다.

Box 1.6

■ 동결건조는 특히 편리한 보존 방법이다. 미생물세포들은 전지분유가루(20% v/v)로 또는 수크로오스(12% w/v)를 포함하고 있는 배지와 혼합하여 동결하며 이후 수분은 부분 진공하에서 승화에 의하여 제거된다. 동결건조된 시료들은 수년 동안 생존한 채로 유지되며 냉장하지 않은 채로 운송이 가능하다.

■ 세포들은 액체질소 온도에서 장기간 보존될 수 있다. 이 절차에서는 세포들은 10% 글리세롤 또는 5% dimethylsulfoxide 중 하나를 포함하고 있는 (부피로) 배지가 들어있는 앰플에 넣어지며 서서히 얼려 진다; 그들의 온도는 약 −50℃에 도달할 때까지 1분당 1℃에서 2℃씩 내린다. 그리고 앰플들은 액체질소 냉장고에서 −156℃에서 −196℃에서 보관된다. 전지분유, 수크로오스, 글리세롤 그리고 dimethylsulfoxide와 같은 첨가제들은 동결과정동안에 얼음결정들이 형성되는 것을 방지함으로써 세포들의 손상을 최소화한다.

■ 다수의 포자형성 세균과 균류들은 멸균된 토양, 실리카겔 또는 유리구슬들의 표면에서 상온하에서 서서히 포자들을 통풍 건조함으로써 보존될 수 있다.

요약

원핵생물(prokaryotes)들과 **균류**(fungi)라는 용어는 그들의 에너지원, 세포 탄소와 질소원, 대사경로, 대사의 최종산물들 그리고 다양한 자연적으로 발생한 화합물들을 공격하는 능력에서 상이한 막대한 수의 생명체들을 기술한다. 세포성 생명체들은 그들의 세포들의 기본적인 내부 조직에서 서로 다른 두 그룹으로 나누어진다. 원핵생물들은 막으로 둘러싸인 소기관들이 없으나, 진핵생물들은 유전정보를 역시 소유하고 있는 소기관들(미토콘드리아, 엽록체들) 뿐만 아니라 막으로 둘러싸인 핵들도 포함하고 있다. 세균과 고세균계의 생명체들은 원핵생물들이나, 균류는 진핵생물들이다. 많은 분자적인 특징들에서 보면 고세균은 세균들이 진핵생물들과 다른 것만큼 거의 세균과 다르다. 고세균은 극한미생물은 아니나 많은 다른 환경에서 번성하는 널리 분포되어 있는 생명체들뿐만 아니라 극한 환경들에서 발견된 3종류의 뚜렷한 세균을, 메탄생성 고세균들, 극호염성 고세균들 그리고 초고온성 호산성균들을, 포함하고 있다. 살아 있는 생명체들은 그들의 주요 대사양식들에 기초하여 4그룹으로 세분될 수 있다. 그들의 주요 세포 탄소원으로써 유기화합물들을 이용하는 것들은 **종속영양생물들**(heterotrophs)이라고 불리워진다; 주요원으로써 이산화탄소를 이용하는 것들은 **독립영양생물들**(autotrophs)들이라고 불리워진다. ATP 형성을 위해 화학결합에너지를 이용하는 생명체들은 **화학영양생물들**(chemotrophs)들이라고 하나, 이 목적을 위해 빛 에너지를 이용하는 것들은 **광영양생물들**(phototrophs)들이라고 한다. 다양한 세균은 이들 네 종류의 대사양식들 중 하나 또는 그 이상을 행한다. 대조적으로 식물들은 ATP 형성을 위해 빛 에너지를 이용하며 주요 세포 탄소원으로 이산화탄소를 이용하기 때문에 독점적으로 **광독립영양생물들**(photoautotrophs)이라고 한다. 균류와 동물들은 주요 세포 탄소원으로 유기화합물과 ATP 형성을 위해 그런 화합물들의 화학결합에너지를 이용하고 있기에 독점적으로 **화학종속영양생물들**(chemoheterotrophs)이라고 불리운다. 이미 기재된 생명체들의 의도적이지 않은 재발견과 재명명과 그들의 성질의 재결정은 불필요한 노력의 중복이므로 원핵생물들과 균류의 정확한 동정과 분류는 중요하다. 한편, 새로운 생명체를 잘 연구된 속 내에 배정할 수 있을 때 마다, 그의 유전학적, 생화학적 그리고 생리학적 특징들에 관하여 강력하고 쉽게 검사할 수 있는 예보가 이루어 질 수 있다. 미생물들의 분류는 현재 유전체 DNA의 염기서열들의 비교에 주로 의존한다. 느리게 진화하는 고분자들(리보솜 RNA들)의 서열들은 유연관계가 먼 미생물들의 분류를 허용한다. 다양한 환경들로부터의 시료들의 분자적인 분석은 원핵생물들과 균류들의 매우 적은 부분만이 배양되었음을 보여주고 있다. 새로운 일반적인 방법들이 그러한 시료들로부터 전에는 배양되지 않았던 미생물들의 분리를 위해 개발되었다. 생물공학에서 유용한 원핵생물들은 16S 리보솜 염기서열들에 기초한 계통수의 많은 다른 분지들로부터 유래하고 있다. 세균세포들 내에서 자기 복제하는 염색체외 DNA 인자들인 플라스미드들은 때때로 그들의 숙주들에게 높게 인지될 수 있는 표현형적인 특정을 제공하여 숙주 생명체의 분류를 복잡하게 할 수 있다. 분자적인 분석의 이용으로 균류의 분류는 크게 진보하게 되었다. 5개의 문들이 균류계를 이루고 있다. 효모들은 가장 연구가 된 균류이며 포도주제조, 양조 그리고 제빵에서 그리고 효소들의 공급원으로 수백톤씩 배양된다. 알려진 원핵생물들과 균류 중에서 작은 부분만이 집중적으로 연구되었으며 보다 작은 부분만이 실제적으로 사용된다. 균주보존기관들은 수만의 상이한 세균과 균류 균주들의 순수 배양물들을 이용가능하게 한다. 세균과 균류 포자들의 장기간 보존을 위하여 방법들이 개발되었다.

|참고문헌과 온라인 자료|

일반적인 배경 : 원핵생물들

The Authors. (2007) Crystal Ball – 2007. *Environmental Microbiology*, 9, 1–11.

Ingraham, J. L., and Ingraham, C. A. (2004). *Introduction to Microbiology: A Case History Approach*, 3rd Edition, Pacific Grove, CA: Brooks/Cole.

Gest, H. (2003). *Microbes: An Invisible Universe*, Revised Edition, Washington, DC: ASM Press.

Dyer, B. D. (2003). *A Field Guide to Bacteria*, Ithaca: Cornell University Press.

Madigan, M. T., Martinko, J. M., and Parker, J. (2003). *Brock Biology of Microorganisms*, 10th Edition, Upper Saddle River, NJ: Prentice Hall.

Lengeler, J. W., Drews, G., and Schlegel, H. G. (eds.) (1999). *Biology of the Prokaryotes*, Malden, MA: Thieme.

Microbiology Online Resources http://www.nature.com/nrmicro/info/links.html.

분류와 계통

Garrity, G. M. (ed.) (2001). *Bergey's Manual of Systematic Bacteriology*, 2nd Edition, New York: Springer-Verlag.

Koonin, E. V., Makarova, K. S., and Aravind, L. (2001). Horizontal gene transfer in prokaryotes: quantification and classification. *Annual Review of Microbiology*, 55, 709–742.

Achenbach, L. A., and Coates, J. D. (2000). Disparity between bacterial phylogeny and physiology. *ASM News*, 66, 714–715.

환경미생물학에서의 핵산탐침들

Amann, R., and Schleifer, K.-H. (2001). Nucleic acid probes and their application in environmental microbiology. In *Bergey's Manual of Systematic Bacteriology*, 2nd Edition, Volume 1, *The Archaea and the Deeply Branching and Phototrophic Bacteria*, G. M. Garrity (ed.), pp. 67–82, New York: Springer-Verlag.

Zhang, Z., Willson, R. C., and Fox, G. E. (2002). Identification of characteristic oligonucleotides in the bacterial 16S ribosomal RNA sequence dataset. *Bioinformatics*, 18, 244–250.

Loy, A., et al. (2002). Oligonucleotide microarray for 16S rRNA gene-based detection of all recognized lineages of sulfate-reducing prokaryotes in the environment. *Applied Environmental Microbiology*, 68, 5064–5081.

Sebat, J. L., Colwell, F. S., and Crawford, R. L. (2003). Metagenomic profiling: microarray analysis of an environmental genomic library. *Applied Environmental Microbiology*, 69, 4927–4934.

Burggraf S., Mayer, T., Barns, S. M., Rossnagel, P., and Stetter, K. O. (1995). Isolation of a hyperthermophilic archaeum predicted by in situ RNA analysis. *Nature*, 376, 57–58.

리보솜 RNA 데이터베이스 : 염기서열과 구조정보

European Ribosomal RNA Database http://oberon.fvms.ugent.be:8080/rRNA/ or http://www.psb.ugent.be/rRNA/

Ribosomal Database Project II http://rdp.cme.msu.edu/

Comparative RNA website http://rna.icmb.utexas.edu/

'환경유전체' 샷건 염기서열 결정법

Venter, J. C., et al. (2004). Environmental genome shotgun sequencing of the Sargasso Sea. *Science*, 304, 66–74.

순수배양으로 미생물 분리하기

Huber, R., Burggraf, S., Mayer, T., Barns, S. M., Rossnagel, P., and Stetter, K. O. (1995). Isolation of a hyperthermophilic archaeum predicted by *in situ* RNA analysis. *Nature*, 376, 57–58.

Leadbetter, J. R. (2003). Cultivation of recalcitrant microbes: cells are alive, well and revealing their secrets in the 21st century laboratory. *Current Opinions in Microbiology*, 6, 274–281.

Rappe, M. S., Connon, S. A., Vergin, K. L., and Giovannoni, S. J. (2002). Cultivation of the ubiquitous SAR11 marine bacterioplankton clade. *Nature*, 418, 630–633.

Sait, M., Hugenholtz, P., and Janssen, P. H. (2002). Cultivation of globally distributed soil bacteria from phylogenetic lineages previously only detected in cultivation-independent surveys. *Environmental Microbiology*, 4, 654–666.

Zengler, K., Toledo, G., Rappe, M., Elkins, J., Mathur, E. J., Short, J. M., and Keller, M. (2002). Cultivating the uncultivated. *Proceedings of the National Academy of Sciences U.S.A.*, 99, 15681–15686.

Keller, M., and Zengler, K. (2004). Tapping into microbial diversity *Nature Reviews. Microbiology*, 2, 141–150.

일반적인 배경 : 균류

Esser, K. (ed.) (2004). *The Mycota: A Comprehensive Treatise on Fungi as Experimental Systems for Basic and Applied Research*, 2nd Edition, Berlin; New York: Springer-Verlag.

Watling, R. (2003). *Fungi*, London: Natural History Museum.

Dighton, J. (2003). *Fungi in Ecosystem Processes*, New York: M. Dekker.

Alexopoulos, C. J., Mims, C. W., and Blackwell, M. (1996). *Introductory Mycology*, 4th Edition, New York: John Wiley.

Schüssler, A., Schwarzott, D., and Walker, C. (2001). A new fungal phylum, the *Glomeromycota*: phylogeny and evolution. *Mycological Research*, 105, 1413–1421.

Guarro, J., Gené, J., and Stchigel, A. M. (1999). Developments in fungal taxonomy. *Clinical Microbiology Reviews*, 12, 454–500.

Berbee, M. L., and Taylor, J. W. (1993). Dating the evolutionary radiations of the true fungi. *Canadian Journal of Botany*, 71, 1114–1127

Pennisi, E. (2004). The secret life of fungi. *Science*, 304, 1620–1622.

Wardle, D. A., Bardgett, R. D., Klironomos, J. N., Setäla, H. , van der Putten, W. H., and Wall, D. H. (2004). Ecological linkages between aboveground and belowground biota. *Science*, 304, 1629–1633.

Tree of Life Web Project http://tolweb.org/tree?group=Fungi&contgroup=Eukaryotes#TOC6.

균주보존기관과 미생물들의 보존

Smith, D., and Onions, A. H. S. (1994). *The Preservation and Maintenance of Living Fungi*, Wallingford, U.K.: CAB International.

Chapter 02

Microbial Biotechnology

미생물생물공학: 범위, 기술, 실례

반드시 미생물에 대해서 많은 것을 알고 있지 않고도 훌륭한 생물학자가 될 수 있으나 생물학의 상당한 기본 지식 없이는 훌륭한 미생물학자가 될 수 없다!

– Stanier, R. Y., Doudoroff, M., and Adelberg, E. A. (1957). *The Microbial World*. p. vii, Englewood Cliffs, NJ: Prentice-Hall, Inc.

배양되거나 또는 환경의 DNA 시료에만 존재하든지 간에 미생물들은 미생물생물공학의 천연 자원의 토대를 구성하고 있다. 수많은 원핵생물과 균류의 유전체들이 완전하게 염기 서열이 결정되었고 많은 유전자의 기능이 확립되었다. 새롭게 염기서열이 결정된 원핵생물 유전체에 대하여 해독틀(open reading frame)들의 60% 이상의 기능들이 알려진 기능을 가지고 있는 유전자와의 염기서열 상동성에 의해 잠정적으로 지정될 수 있다. 생태학, 유전학, 생리학, 그리고 수천종의 원핵생물과 균류의 물질대사에 대한 지식은 염기서열 데이터베이스에 없어서는 안되는 보충자료를 제공한다.

현재는 미생물과 그들의 유전적인 재능 둘 다 이용되는 많은 새롭고, 창조적인 방법의 발명뿐만 아니라 미생물 유전체의 조작과 분석의 폭발적인 성장의 시대이다. 미생물생물공학은 유전체학의 파도의 정점을 타고 있다.

미생물생물공학의 우산은 재조합 인간 호르몬의 생산에서부터 미생물 살충제(microbial insecticides)의 생산에 이르는 그리고 광물의 침출(mineral leaching)에서부터 유독성 폐기물의 생물 정화(bioremediation)에 이르는 많은 과학적인 활동을 덮고 있다. 이 장에서 우리는 미생물생물공학의 복합적인 영역의 개요를 기술한다. 이 장의 목적은 이 기술의 영향력, 현저하게 폭넓은 응용과 다분야적인 성질을 알리는 데 있다. 토론된 주제에 대한 공통분모는 모든 경우, 원핵생물 또는 균류가 없어서는 안 될 구성요소를 제공한다는 것이다. 이 책의 다음 장에서 서술된 화제는 간략하게 다룬다. 다른 곳에 기술되지 않는 부분은 여기서 다소 자세히 토론한다.

인간치료법

이종 단백질의 생산

유전공학의 가장 드라마틱하고 직접적인 영향의 하나는 인간의 유전자에 의해 암호화되어 있는 단백질의 세균에서의 대량 생산이었다. 1982년에, 대장균(*Escherichia coli*)에 삽입되어있는 플라스미드 위의 인간 인슐린(insulin) 유전자로부터 발현된 **인슐린**은 인간에서 임상적인 사용을 위해 승인된 최초의 유전공학적으로 만들어진 치료제제였다. 당뇨병의 치료에 널리 사용되는 세균에 의해 생산된 인슐린은 자연적인 인슐린과 그것의 구조와 임상 효능에서 구별할 수 없다. 뇌하수체에서 자연적으로 만들어지는 단백질인 **인간성장호르몬(human growth hormone, hGH)**은, 두 번째의 그러한 생산품이었다. 아이들에게 있어 hGH의 불충분한 분비는 소인증으로 귀착된다. 재조합 DNA 기술의 출현 이전에는, hGH는 인간의 시체로부터 제거된 뇌하수체로부터 조제되었다. 그런 조제물의 공급은 한정적이었고 비용이 아주 비쌌다. 게다가, 적용(투약)에서의 위험성으로 시장에서 철수되기에 이르렀다. 뇌하수체 hGH의 주입으로 치료받았던 몇몇 환자는 치매와 죽음에 이르는 슬로우 바이러스 오염에 의해 유발된 질병인 Jakob-Creutzfeldt 증후군을 나타내었다. hGH는 상대적으로 적은 비용으로 유전공학적으로 조작된 *E. coli*에서 대량으로 생산될 수 있으며 그러한 오염으로부터 안전하게 되었다.

피브린 덩어리와 친화성이 있는 단백질 가수분해 효소("serine" 프로테아제)인 인간 조직 플라스미노겐 활성인자(human tissue plasminogen activator, tPA)는 재조합 DNA 기술의 결과로서 대량으로 이용할 수 있게 제조되는 다른 치료제이다. 피브린 덩어리의 표면에서, tPA는 플라스미노겐에 있는 단일 펩티드 결합을 쪼개어 다른 세린 프로테아제인 플라스민(plasmin)을 형성하며 이들은 덩어리를 분해한다. tPA의 덩어리를 분해하는 성질은 급성 심근경색(동맥 봉쇄에서 야기되는 심근의 손상) 환자의 치료를 위한 구조약이 되게 한다.

재조합 인간 인슐린과 hGH는 유전공학적으로 조작된 미생물에 의해 만들어진 인간 단백질의 임상 효능과 안전에 대한 감동적인 증거를 제공했다. 표 2.1의 목록에 예시되어진 것과 같이, 세균 또는 균류에서 발현된 재조합 인간 유전자 산물의 목록은 계속해서 급속하게 증가하고 있다. 우리는 제3장과 5장에서 이들 생명체에서의 이종 단백질과 백신의 생산에 대해 논의하고자 한다.

DNA 백신

1990년대 초에, DNA 백신(vaccine)이 제공한 잠재적인 광범위한 기회에 주의가 집중되었다. DNA 백신은 *E. coli*에서 대규모로 조제된 적절하게 조작된 플라스미드 DNA로 구성되어 있다. DNA 플라스미드 백신의 명백한 이점은 감염되지 않고, 복제되지 않으며, 오직 관심 단백질만 암호화하고 있는 점이다. 백신의 다른 유형과는 달리, 단백질 성분이 없으므로 연속적인 면역에 대한 면역 반응의 유도가 극소화된다.

백신 플라스미드는 다음과 같은 중요한 구성요소를 포함한다: 항원 단백질(예를 들면, 바이러스 외피 단백질)의 진핵 세포에서 발현을 위한 강한 프로모터 시스템, 거대세포

표 2.1 *E. coli*에 클로닝된 인간 단백질의 예: 그들의 생물학적 기능 및 현행의 또는 예상되는 치료적 사용

단백질	기능(들)	치료적 사용(들)
α_1-안티트립신	단백질분해효소 저해제	폐기종 치료
칼시토닌	Ca^{2+}과 인산염 대사에 영향을 줌	골연화증 치료
콜로니 자극인자	조혈작용을 자극함	항암
상피세포 증식인자	상피세포생육과 치아생성	상처 치유
에리트로포이에틴	조혈작용을 자극함	빈혈 치료
인자 Ⅷ	혈액 응고 인자	혈우병 환자에게서의 출혈방지
인자 Ⅸ	혈액 응고 인자	혈우병 환자에게서의 출혈방지
성장호르몬 방출인자	성장호르몬 분비 촉진	성장발육
인터페론 (α, β, γ)	세포들에게 다양한 바이러스의 생육에 내성을 나타나게 하는 20~25개의 저분자량 단백질 그룹	항바이러스, 항종양, 항염증
인터루킨 1, 2와 3	면역계에서의 세포자극 인자	항종양; 면역질환 치료
림포독소	백혈구에 의해서 생성되는 골흡수 인자	항종양
소마토메틴 C (IGF-I)	연골에 의한 황산염 흡수	성장발육
혈청 알부민	혈장의 주요 구성성분	혈장 보충제
슈퍼옥사이드 디스뮤타제	혈액에서 슈퍼옥사이드 자유 라디칼의 분해	O_2가 풍부한 혈액이 O_2가 부족한 조직에 들어갈 때 상해 예방; 심장병 치료와 조직이식에 이용됨
종양괴사 인자	어떤 종양 세포 라인들에 독성이 있는 단핵성 식세포 산물	항종양
유로가스트론	소화기계의 분비 조절	항궤양
유로키나제	플라스미노겐 활성인자	항응고제 (혈전의 분해)

바이러스(cytomegalovirus)의 즉각적인 초기 프로모터가 자주 이용된다; 항원 단백질을 암호화하고 있는 유전자의 삽입을 위한 클로닝 부위; 그리고 적절하게 위치한 폴리아데닐화 종결 배열. 대부분 진핵 생물의 mRNA들은 mRNA의 번역 효율성과 안정성에 중요한 폴리아데닐화된(polyA) 꼬리를 3' 말단에 포함한다. 플라스미드는 또한 *E. coli*에서의 생산을 위하여 원핵생물 복제 개시점과 플라스미드를 포함하고 있는 세균 세포의 선택적 선별을 위해 암피실린 내성 유전자와 같은 선택적인 표지(marker)를 포함한다.

DNA 백신은 일반적으로 근육내 주사에 의해 도입된다. 주입 후에 세포가 DNA를 흡수하는 방법은 아직 알려져 있지 않다. 암호화하고 있는 항원은 그 뒤에 백신 수용자의 세포에서 원위치(in situ) 발현되고 면역반응을 이끌어낸다.

모든 T 세포 같이, Th 세포는 흉선에서 형성된다. Th1 세포는 세포 매개성 면역에 참여하고 있는 림프구의 $CD4^+$ 부분 집합체에 속한다. 그들은 바이러스와 어떤 세균들과 같은 세포내 병원체와-예를 들면 *Listeria monocytogenes*(리스테리아병의 원인균)와 *Mycobacterium tuberculosis* (결핵을 일으키는 원인균)-싸우기 위해 필수적이다.

Box 2.1

그러한 백신은 매력적인 특징을 가진다. 면역성 항원은 바이러스, 세균, 기생충, 또는 종양에서 유래될 수 있다. 항원은 단독으로 또는 복합적인 결합으로 발현될 수 있다. 한가지 경우에서는 DNA 백신은 매우 변하기 쉬운 유전자의, 예를 들면, HIV의 외부 표면에 존재하는 당단백인 gp 120을 암호화하고 있는 유전자, 복합적인 변종을 포함하고 있다. 다른 백신들에서는 감염성 미생물의 전체 유전체가 "샷건 클로닝"에 의해 일반적인 플라스미드 골격에 도입되었다.

DNA 백신은 **체액**(humoral) 반응(항원에 대한 혈청 항체의 출현)과 **세포성**(cellular) 반응 모두(각종 T 세포의 활성화)를 유도한다. 이들 반응들은 보호가 그런 반응에 의해 중재되는 질병의 동물모델에서 보고되고 있다.

DNA 백신이 다른 타입의 백신 옆의 정규 장소에 자리를 잡기 전에 해결해야할 중요한 문제로 남아있다. 임상 실험에서, 말라리아, B형 간염, HIV 및 유행성감기를 위한 백신은 지원자에서 알맞은 반응만을 이끌어냈다. 어떤 잘 보존된 인플루엔자 바이러스 단백질을 암호화 하고 있는 DNA 백신의 평가는 이러한 백신이 인간을 위한 유망한 백신이 되기 전에 DNA 면역에 대한 면역반응의 상당한 향상이 필요하다고 결론지었다. 더욱이, 플라스미드 DNA 자체는 보조 T 세포 1(T helper 1, Th1) 세포를 자극하므로 Th1 매개성 기관 특이적 자가 면역 질환의 발달 또는 악화에 기여할지도 모른다(Box 2.1을 참고하라). 다른 잠재적인 관심사 또한 확인되었다.

약의 원천으로서의 2차 대사산물

미생물은 **2차 대사산물**(secondary metabolites)로 광범위하게 기술되고 있는 방대한 수의 작은 분자량의 화합물을 생산한다. 새로운 자연적으로 생성되는 생리활성 분자를 발견하기 위한 전통적인 접근법은 "스크린(screens)"을 이용하는 것이다. 스크린은 특정한 활성을 찾기 위하여 수많은 화합물의 테스트를 허용하는 분석실험 절차이다. 수만의 2차 대사산물 및 다른 화합물은 다양한 생명체에서 생물학적 활성이 조사되었고 많은 것들이 **항세균 또는 항진균제**(antibacterial or antifungal agents), **항암제**(anticancer drugs), **면역억제제**(immunosuppressants), **제초제**(herbicides), **연구를 위한 도구** 등으로써 매우 귀중함이 입증되었다(표 2.2).

유전학적으로 변형된 미생물은 많은 양의 그러한 화합물을 생산하기 위하여 조작되었다. 이들 중에서, 항생제는 인간 치료법에서 가장 중요한 것으로 간주되는 2차 대사산물이며, 스크린의 가장 광범위한 사용은 세균, 균류, 또는 원생동물에 대한 선택적인 독성을 가진 화합물들을 탐색하는데 있다. 천연 미생물 항생제가 시장에 내놓아진 항균제의 75% 이상에 대한 출발점을 제공하고 있다고 추정된다. 10장은 항생제에 대한 광범위한 논의에 바친다. 뒤를 잇는 3개의 실례는 다른 중요한 치료적인 적용에 있어 천연물의 예외적인 중요성을 설명한다.

아버멕틴 (Avermectins)

많은 토양 토착 미생물, 특히 방선균 세균 및 많은 균류들은 생물학적으로 활성이 있는 2차 대사산물을 생산한다. 2차 대사산물이 풍부한 배양 상층액(일반적으로 "발효 배양액"

표 2.2 세균과 균류의 2차 대사산물

화합물	원천 생명체[a]	주해
액티노마이신(Actinomycin)	*Streptomyces chrysomallus*	액티노마이신, 블레오마이신, 글리세오풀빈, DNA 복제저해
블레오마이신(Bleomycin)	*Streptomyces verticillus*	
글리세오풀빈(Griseofulvin)	***Penicillium griseofulvum***	
리파마이신(Rifamycin)	*Amycolatopsis mediterranei*	DNA 의존적 RNA 중합효소 저해에 의한 전사저해, 결핵치료에 유용함
클로람페니콜(Chloramphenicol)	*Streptomyces venezuelae*	클로람페니콜, 테트라사이클린, 린코마이신과 에리스로마이신은 70S 리보솜에 의한 번역을 저해함
테트라사이클린(Tetracycline)	*Streptomyces aureofaciens*	
린코마이신(Lincomycin)	*Streptomyces lincolnensis*	
에리스로마이신(Erythromycin)	*Streptomyces erythreus*	
사이클로핵시마이드(Cycloheximide)	*Streptomyces griseus*	80S 리보솜에 의한 번역을 저해함
퓨로마이신(Puromycin)	*Streptomyces alboniger*	퓨로마이신과 퓨시딘산은 70S와 80S 리보솜에 의한 번역을 저해함
퓨시딘산(Fusidic acid)	***Acremonium fusidioides***	
사이클로세린(Cycloserine)	*Streptomyces sp.*	사이클로세린, 박시트라신, 페니실린, 세팔로스포린, 반코마이신과 테이코플라닌은 펩타이드글리칸 합성을 저해함
박시트라신(Bacitracin)	*Bacillus licheniformis*	
페니실린(Penicillin)	***Penicillium chrysogenum***	
세팔로스포린(Cephalosporin)	***Cephalosporium acremonium***	
반코마이신(Vancomycin)	*Amycolatopsis orientalis*	
테이코플라닌(Teicoplanin)	*Actinoplanes teichomyceticus*	
폴리믹신(Polymyxin)	*Paenibacillus polymyxa*	폴리믹신과 암포테리신은 세포막을 혼란시키는 폴리에테르계 계면활성제임
암포테리신(Amphotericin)	*Streptomyces nodosus*	
글라미시딘(Gramicidin)	*Bacillus brevis*	채널 형성 이오노포어
모넨신(Monensin)	*Streptomyces cinnamonensis*	이동성 운반 이오노포어; 콕시듐 제제
아버멕틴(Avermectins)	*Streptomyces avermitilis*	아버멕틴은 기생충과 절지동물에 대하여 높은 활성이 있음
클라불란산(Clavulanic acid)	*Streptomyces clavuligerus*	내성 병원균들에 의한 페니실린의 비활성화를 방해하는 페니실리나제 저해제, 페니실린과 함께 사용됨
카수가마이신(Kasugamycin)	*Streptomyces kasugaensis*	카수가마이신과 폴리옥신은 진균제임
폴리옥신(Polyoxins)	*Streptomyces cacaoi*	
니코마이신(Nikkomycin)	*Streptomyces tendae*	니코마이신과 스피노신은 살충제임
스피노신(Spinosins)	*Saccharopolyspora spinosa*	
비알라포스(Bialaphos)	*Streptomyces hygroscopicus*	제초제
사이클로스포린 A(Cyclosporin A)	***Tolypocladium inflatum***	사이클로스포린 A, FK-506과 라파마이신은 조직이식 수혜자들용의 면역 억제제임
FK-506 (타크로리무스, tacrolimus)	*Saccharopolyspora erythrea*	
라파마이신(Rapamycin)	*Streptomyces hygroscopicus*	
독소루비신(Doxorubicin)	*Streptomyces peucetius*	후기 종양 치료에 사용되는 항암제
맥각 알칼로이드(Ergot alkaloids)	***Claviceps purpurea***	자궁수축제
로바스타틴(Lovastatin; 메비놀린, mevinolin))	***Aspergillus terreus***	인간과 동물에서의 콜레스테롤 강하제
아카보스(Acarbose)	*Actinoplanes sp.*	인간 장내의 글로코시다아제 저해
지베렐린(Gibberellins)	***Gibberella fujikuroi***	식물성장 조절제들
지라레논(Zearalenone)	***Gibberella zeae***	동물사육에서 사용되는 동화약물

[a] 균류는 굵은 글씨로 제시되어 있다.

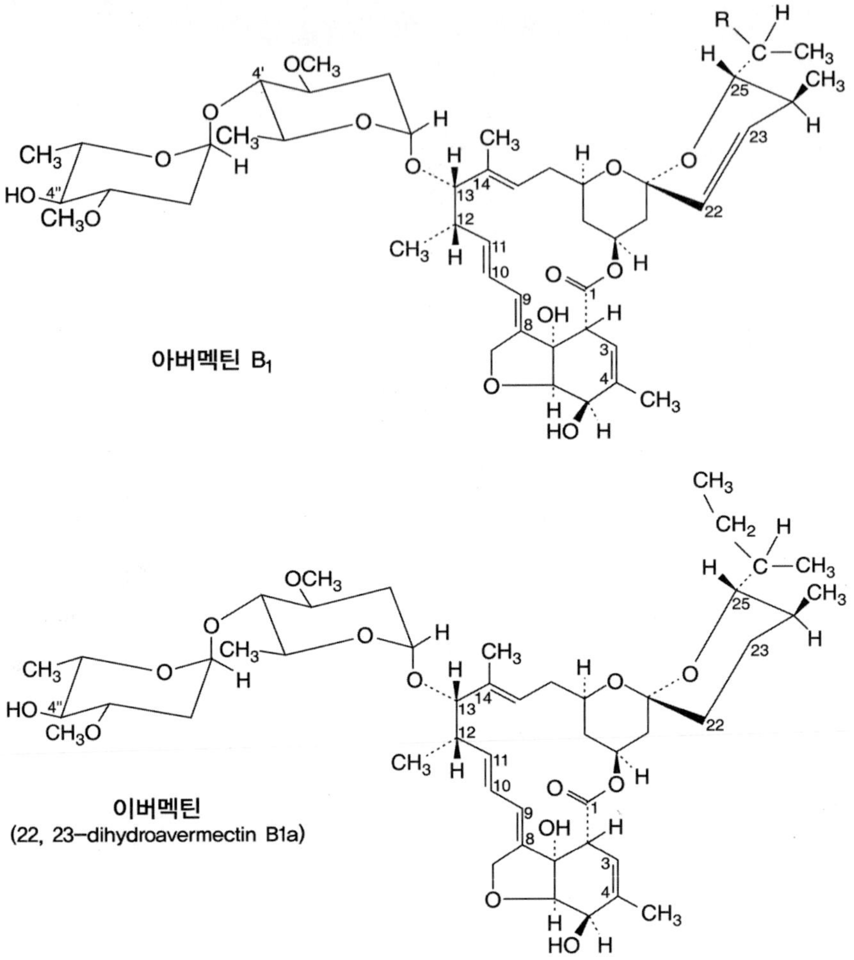

아버멕틴 B_1

이버멕틴
(22, 23–dihydroavermectin B1a)

그림 2.1

아버멕틴 B_1. 이 화합물은 *Strepto–myces avermitilis*에 의해 생성되는 주요 매크로사이클린 락톤이다. 이버멕틴은 아버멕틴 B_1의 합성 유도체이다.

이라 불리는)의 집중적인 스크리닝은 가장 유명한 예로 페니실린과 같은 임상적으로 귀중한 수많은 항생제와 그 외에 많은 다른 유형의 귀중한 화합물의 발견에 이르게 한다. 토양 미생물에서 제초, 살충, 그리고 선충 치사효과를 가지고 있는 새롭게 특성화된 화합물의 구조들이 매년 수백의 비율로 과학 문헌에서 기술된다.

아버멕틴은 토양 미생물에 의해 생산되는 구충제 화합물을 찾기 위한 계획적인 연구의 결과로써 1980년대 초기에 발견되었다. 기생충은 그들의 알을 섭취하기만 하면 불행하게도 어떤 동물의 내장을 감염시키는 기생성 벌레이다. 스크리닝 프로그램의 특히 두드러진 특징이 있다. 첫째, 미생물 발효 배양액은 선충 *Nematospiroides dubius*를 섭취한 마우스에게 식이로 투여됨으로서 조사되었다. 선충은 회충 또는 요충을 포함하는 기생충의 하위분류이다. 그런 *in vivo* 실험은 비싸기는 하지만 선충에 대한 조제물의 효능과 숙주에 대한 독성을 조사하기 위하여 동시에 시험된다. 둘째, 새로운 형태의 화합물을 발견할 기회를 증가하기 위해서 검사를 위한 미생물의 선택은 이례적인 형태학적인 특징과 영양요구성을 가지고 있는 미생물 쪽으로 치우쳐 있다. 아버멕틴의 생산자인 ***Streptomyces avermitilis***의 형태학상 특성은 다른 알려진 *Streptomyces* 종과는 상이하였다. ***S. avermitilis***는 극히 낮은 용량으로 특정 선충과 절지동물에 대하여 활성을 나타내지만,

포유동물에서는 상대적으로 낮은 독성을 나타내는 밀접하게 관련된 macrocyclic 락톤계 열을(그림 2.1) 생산한다. 소위 이들 아버멕틴과 그들의 유도체는 수의학에서 사용과 인간의 체내침입 치료에 매우 효과적이다.

아버멕틴은 무척추동물의 신경과 근육에서 글루타민산 통제 염소채널을 활성화하고, 인두 기능과 운동을 교란함으로써 무척추동물에 작용한다. 마비된 기생충은 거의 확실하게 굶어 죽는다. 그들의 선택적 독성은-척추동물에는 위해성이 없다-아버멕틴이 내성 생명체에서 결여되거나 접근하기 어려운 특정 세포 표적에 영향을 미친다는 결론에 이르게 한다. 아버멕틴은 적용된 장소로 부터 토양에서 이동하지 않으며, 급속한 광분해와 미생물학적 분해를 모두 받기 쉽다. 결과적으로 아버멕틴은 처치된 동물의 배설물에서 장시간동안 잔존할 것으로 예상되지 않는다. 비록 이들 화합물의 구조가 알려졌더라도 아버멕틴의 생물학적 활성과 선택적인 독성은 예견될 수 없었다.

바람직한 생물학적 활성을 가지고 있는 자연적으로 생성된 작은 분자의 구조는 일반적으로 향상된 활성, 선택성 및 안정성 특성을 가진 반합성 유도체의 디자인과 조제를 위한 출발점으로써 이용된다. 이것은 아버멕틴의 경우에서 입증되었다. 아버멕틴 B_{1a}의 반합성 유도체인 이버멕틴(ivermectin; IVM; 22,23-dihydroavermectin B_{1a}, 그림 2.1)은 선충에 의해 유발되고 수백만명에게 영향을 미치는 2개의 광범위한 심각한 질병, 하천실명증(river blindness; 회선사상충증, onchocerciasis)과 임파성 필라리아증(lymphatic filariasis),을 근절하기 위한 대량 치료 프로그램에서 없어서는 안 되는 약이다(Box 2.2).

하천실명증(river blindness; 회선사상충증, onchocerciasis)과 임파사상충증(필라리아증, filariasis)

1875년 처음 기술된 하천실명증(회선사상충증)은 먹파리류속 (*Simulium*)의 감염된 검은 날파리가 물므로 해서 매개되는 기생체인 필라리아 선충(*Onchocerca volvulus*)에 의해 발생한다. 회선사상충증은 아프리카, 동부 지중해 지역 그리고 라틴 아메리카에서의 눈 질병의 주요원인이다. 2002년, 1770만명이 감염되었다고 추정되었다; 이들 중에서 대략 250,000명은 실명이 되었고 또 다른 250,000명은 심각한 시각 손상을 겪었다. 이버멕틴(ivermectin)은 *O. volvulus*의 전염성 유충을 죽이나 성충은 죽이지 못한다. 이 질병은 150 μg/kg의 이버멕틴 연간 복용량에 의해서 억제된다.

임파성 필라리아증(사상충증; filariasis)은 선충 *Wuchereria bancrofti*, *Brugia malayi* 및 *Brugia timori*에 의해 발병한다. 이 질병은 남아메리카, 아프리카, 아시아 및 태평양 도서군을 포함하는 세계의 온난하고, 다습한 지역 대부분에서의 풍토병이다. 주요한 매개자는 모기이다. 감염은 급성 회귀열, 임파선염 및 혈액 장애를 포함하여 다양한 증후로 이어진다. 회선사상충증(onchocerciasis)을 위해 기술된 바와 동일한 방법으로 이버멕틴은 임파성 필라리아증을 억제한다.

뜻밖에도 세포내 공생세균이 하천실명증의 발병에 결정적으로 기여하고 있다. *Wolbachia*속 세균은 위에서 언급된 모든 병원성 선충에서 필수적인 세포내 공생체이다. *O. volvulus*에 감염된 인간에게서 성충은 피하 결절에서 14년까지 살아있고 이 시간부터 수백만의 미소필라리아충을 방출한다. 미소필라리아충은 피부 위에서 이동하며 눈에 들어간다. 몇몇의 이들 필라리아충이 죽을 때, 숙주반응은 진행성 시각상실의 원인이 되며 궁극적으로 실명에 이르는 눈염증으로 귀착될지도 모른다. 숙주 면역 반응은 하천 실명증의 발병과정과 관련된 염증반응에서 주요한 역할을 한다. 이 반응은 *Wolbachia* 세포내 공생체에서 기인하는 내독소 같은 분자들의 죽은 그리고 퇴화된 벌레에게서의 방출에 의해 개시된다. 따라서 항생제 치료에 의한 *Wolbachia*의 제거로 회선사상충증(onchocerciasis)을 방지할 수 있다.

출처: Benenson, A. S. (ed.)(1990). *Control of Communicable Disease in Man*, 15th Edition, Washington, D.C.: American Public Health Association; Cooper, P. J., and Nutman, T. B. (2002). Onchocerciasis. *Current Treatment Options in Infectious Disease*, 4, 327–335; Brown, R. K., Ricci, F. M., and Ottesen, E. A (2000). Ivermectin: effectiveness in lymphatic filariasis. *Parasitology*, 121, S133–S146; Saint André, A., et al. (2002). The role of endosymbiotic *Wolbachia* bacteria in the pathogenesis of river blindness. *Science*, 295, 1892–1895.

Box 2.2

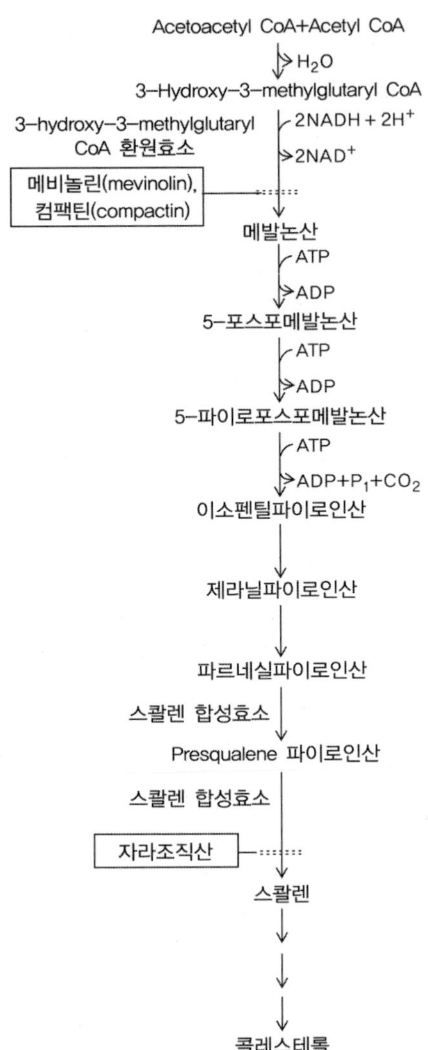

그림 2.2

인간에 있어서 콜레스테롤에 이르는 생합성 경로. Isopentenyl, geranyl, 및 파르네실 파이로인산은 스테롤뿐만 아니라 또한 몇몇 중요한 isoprenoid 유도체의 선구물질이다. 균류 발효산물 메비놀린(*Aspergillus terreus*로부터)과 컴팩틴(*Penicillium* spp. 로부터)은 인간에게서 혈청 콜레스테롤을 감소시키기 위하여 이용되는 매우 효과적인 약이다. 이들 화합물들은 3-hydroxy-3-methylglutaryl CoA 환원효소의 강력한 저해제이고 포유류 polyisoprenoid 경로의 모든 산물의 형성을 방해한다. 대조적으로, 자라조직산은 스테롤합성에서의 첫번째 구속 단계를 촉매하는 스콸렌 합성효소를 저해하며 다른 isoprenoids의 형성에는 영향을 미치지 않는다.

자라조직산(zaragozic acid; squalestatins)

인체에서 콜레스테롤의 93% 이상이 없어서는 안되는 조직학적이고 물질대사적인 역할을 수행하는 세포에 위치한다. 나머지 7%는 죽상 동맥경화증(심장, 뇌 그리고 다른 중요기관에 공급하는 동맥벽에의 침착물의 형성)의 원인이 되는 혈장에서 순환한다. 조직으로 운반을 위해 혈장 콜리스테롤은 지질단백질 입자로 포장된다; 2/3는 저밀도 지질단백질 (low-density lipoprotein; LDL)과 연관되며 고밀도 지질단백질(high-density lipoprotein)과의 균형과 관련된다.

가족성 고콜레스테롤혈증(familial hypercholesterolemia) 질환은 인구의 500명 중에 한명 발생하며, 결과적으로 콜레스테롤을 함유한 LDL의 높은 혈장 수준에 이르게 된다. 우성 가족성 고콜레스테롤혈증을 가진 남성의 이형접합체는 60세 이전에 심장 발작(심근 경색)을 일으킬 위험이 85%이다. (남성이든 여성이든 동형접합체는 심장병으로 일찍이 죽는다). 가족성 고콜레스테롤혈증을 가지고 있지 않은 훨씬 많은 사람은 정상범위의 상한계의 LDL의 혈장 수준을 가지며 죽상 동맥경화증에 대한 높은 위험 또한 있다. 이 주제에서 치료의 목표는 세포로의 콜레스테롤 운송에 손상을 끼치지 않으면서 LDL의 수준을 감소시키는데 있다. 이는 콜레스테롤 생합성의 부분적인 억제에 의해 달성된다.

콜레스테롤은 포유동물에서 isoprenoid 경로의 생성물이다. 콜레스테롤과 다른 스테로이드들에 첨가하여 이 경로는 세포에서 필수적인 중요한 대사물질 중간물-돌리콜(dolichol), 유비퀴논, 프레닐레이티드(prenylated) 단백질의 파르네실(farnesyl)과 제라닐제라닐(geranylgeranyl) 모이어티즈 그리고 isopentenyl 아데닌의 isopentenyl 곁사슬-을 생성한다. 이들 화합물들의 합성 경로는 파르네실 이인산염 분지점에서 또는 이전에서 콜레스테롤의 합성으로부터 분지된다(그림 2.2). 콜레스테롤 생합성에서의 첫번째 구속 단계는 2분자의 파르네실 파이로인산의 1분자의 스콸렌으로의 **스콸렌 합성효소(squalene synthase)** 촉매 작용에 의한 변환이다. 그러므로, 스콸렌 합성효소는 콜레스테롤 생합성의 선택적인 억제를 위한 매력적인 표적이다.

곰팡이 배양액의 스크리닝은 3개의 구조적으로 관련되는 매우 강력한 스콸렌 합성효소 저해제의 발견으로 이어졌다. **자라조직산** A (zaragozic acid A; squalestatin S1; 그림 2.3)는 스페인의 사라고사에 있는 Jalon 강에서 채취한 하천수 샘플에서 찾아낸 동정되지 않은 곰팡이로부터 얻어졌으므로 이름이 붙어졌다. 곧 이어서, 자라조직산 B 와 C는 다른 곳에 분리된 균류, 각각 애리조나의 Tucson에서 흰꼬리 토끼 분변에서 분리된 분생균류인 *Sporomiella intermedia*와 북캐롤라이나에 있는 숲의 나무로부터 분리된 *Leptodontium elatius*로부터 얻어졌다.

스콸렌 합성효소는 2단계 반응을 촉매한다. 파르네실 파이로인산은 presqualene 이인산으로 변환되고 그 후에 스콸렌으로 된다. 자라조직산은 파르네실 파이로인산과 경쟁하는 스콸렌 합성효소의 강력한 저해제이다. 그들의 저해 상수 (K_is)는 대략 10^{-11} M로 대단히 낮으며, 이전에 기술된 어떤 화합물보다도 스콸렌 합성효소의 촉매 활성의 적어도 10^3 배 더 강력한 저해제이다. 구조적인 비교는 자라조직산이 presqualene 파이로인산의 그것과

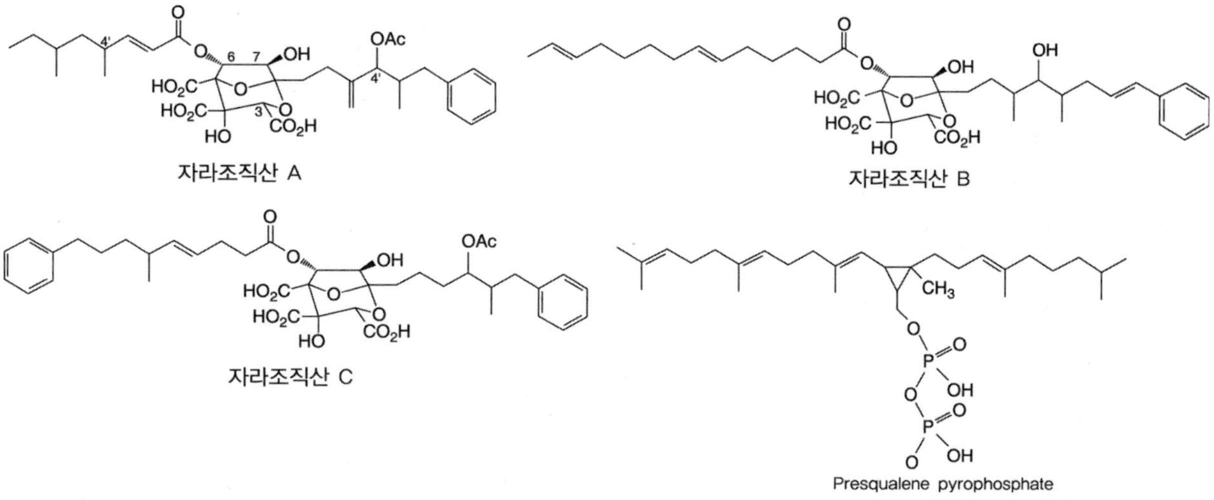

자라조직산 A

자라조직산 B

자라조직산 C

Presqualene pyrophosphate

그림 2.3

자라조직산과 presqualene 파이로인산의 구조. [Wilson, K. E., Burk, B. M., Biftu, T., Ball, R. G., and Hoogsteen, K. (1992). Zaragozic acid A, a potent inhibitor of squalene synthase: initial chemistry and absolute stereochemistry. *Journal of Organic Chemistry*, 57, 7151–7158]

유사한 방식으로 스콸렌 합성효소와 결합한다는 것을 시사한다(그림 2.2). 실험동물에서의 실험은 자라조직산이 고콜레스테롤혈증에 대한 유망한 치료제라는 것을 나타낸다. 그들은 또한 hydroxymethylglutaryl coenzyme A (CoA) 환원효소의 조절과 지질단백질 물질 대사의 다른 관점의 연구를 통해서 스콸렌 합성효소의 특이적인 저해제로서 가치가 있음을 증명하였다.

최근 연구에서 자라조직산은 다른 치료적인 이용에서 예상하지 않은 가능성을 가지고 있음이 밝혀졌다. Squalestatin은 프리온에 감염된 뉴런을 치료하고 프리온의 세포독성으로부터 보호한다고 밝혀졌다. 프리온 질병(또는 전염성 해면상뇌증)은 인간에서의 쿠루병과 크로이츠펠트야콥 질병(Creutzfeldt–Jakob disease)을 포함하는 치명적인 신경퇴행성 질환이다. 프리온 질병에서는 정상적인 세포질 프리온인, PrP^{c}는 그의 응집이 퇴행성뇌질환을 유도한다고 믿어지는 β-sheet가 풍부한 PrP^{sc}로 전환된다. 낮은 농도의 squalestatin은 뉴런의 콜레스테롤 함량을 감소시키고 PrP^{sc}의 형성을 방지했다. 이들 관찰은 squalestatin이 프리온 질병의 치료를 위한 강력한 약이다는 것을 시사한다.

택솔 (Taxol)

미생물 내부공생균(세균과 균류)은 미생물 세계의 거대하고, 매우 다양한 구성요소이다. 식물 내부공생균은 살아있는 식물 세포 사이 식물 조직에 살고 있지만 일반적으로 숙주와 독립적으로 분리되거나 배양될 수 있다. 어떤 공생균에서 유전적 교환이 식물과 내부공생균 사이에서 양방향으로 일어난다는 증거가 있다. 그러한 교환은 바람직한 생물학적 활성을 가지고 있는 복잡한 유기분자의 합성을 위한 고등식물 경로가 그들의 세포 내부공생균으로 전이될 수 있는 가능성을 높게 한다.

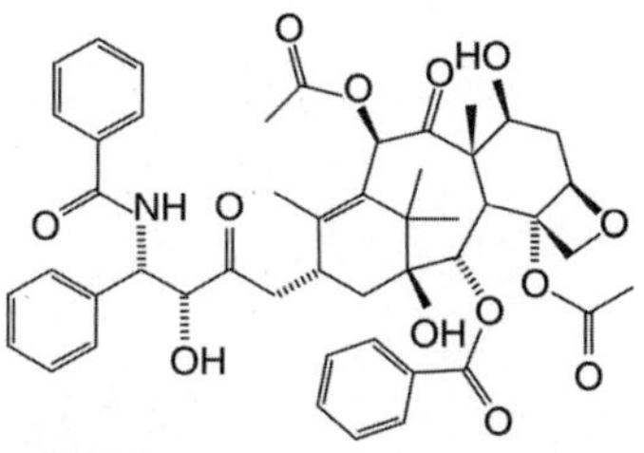

매우 효과적인 항암제인 택솔의 이야기는 이 생각의 타당성의 증거를 제공한다. 복합적인 비대칭중심을 가진 높게 치환된 디테르페노이드인 택솔(그림 2.4)은 태평양 주목(*Taxus brevifolia*)으로부터 1965년에 분리되었다. 인간 세포에서, 택솔은 세포 분열 도중 미세소관의 해중합 반응을 방해한다. 그것은 균류에서도 동일한 효력이 있다. 그 결과

그림 2.4

택솔

국립암연구소-미국농림부(NCI-USDA; National Cancer Institute-U.S. Department of Agriculture) 스크리닝 프로그램이 마지막으로 1981년에 막을 내렸을 때, 택솔은 천연물을 엄밀하게 조사한 20년 이상의 벅찬 해에 대하여 정부가 보여주어야만 하는 것의 전부였다. 1960년에서 1981년, 프로그램은 114,045개의 식물 추출물과 16,000 이상의 동물로부터의 추출물을 스크리닝 했다. 그럼에도 불구하고 자연에 의한 정교한 이들 분자 전부 중에서 진보된 검사의 세련된 방법으로 택솔 만이 우뚝 서있었다.

출처 : Stephenson, F. (2002). *A Tale of Taxol*. Florida State University Office of Research http://www.research.fsu.edu/researchr/fall2002/taxol.html.

Box 2.3

로, 자연에서, 택솔은 살균제이다.

택솔은 대단히 효과적인 항암제임이 입증되었고(Box 2.3) 수요는 **태평양 주목**으로부터 생산될 수 있는 양을 훨씬 초과하고 있다. 게다가 느리게 성장하는 이들 나무가 택솔 생산을 위해 이용되는 양으로 그들 나무는 멸종 위협을 받았다. 1989년 상업적으로 이용 가능한 택솔의 유기 합성물의 개발로 문제는 해결되었다. 2000년대 초에 택솔의 생산을 위한 식물세포 발효 공정이 화학 합성을 대체하였다. 여기에서, 특정 *Taxus* 세포 라인의 캘러스는 택솔을 생산하기 위해 단순한 합성배지에서 증식된다.

비록 그렇다고 하더라도 택솔을 비싸지 않은 미생물 발효에 의해 생산할 수 있다면, 유리할 것이다. 태평양 주목은 택솔을 생산하는 유일한 나무가 아니다. 이 화합물은 세계의 *Taxus* 종에서 실제로 발견되었다. 이후 택솔 생산 내부공생균이 *Taxus* 종에서 발견될 수 있다는 가능성이 조사되었다. 1993년 택솔을 생산하는 내부공생균류인 ***Taxomyces andreanae***가 *T. brevifolia*에서 발견되었다. 그 후에 다양한 고등식물에서의 내부공생균류가 택솔을 만드는 것이 발견되었다. 배양액에서, 이들 내부공생균류는 총 리터 당 마이크로그램 이하의 택솔을 생산한다. 미생물에 의한 택솔의 높은 수준의 생산을 달성하기 위하여 많은 연구가 행하여져야 하는 채로 남아있다.

농업

미생물생물공학에 의존적인 방법은 작물에 통합될 수 있는 유전자의 다양성을 크게 증가시키며, 새로운 식물 변종들의 생산을 위해 요구된 시간을 극적으로 단축한다. 식물 세포로 외래 유전자를 옮기는 것은 현재 가능하다. 생존 가능하고 번식능력이 있는 형질전환 식물은 이들 형질전환 세포들로부터 재생될 수 있으며, 이들 형질전환 식물로 도입된 유전자는 이 식물의 핵에 있는 다른 유전자처럼 안정하고 유전적 성질의 패턴이 정상적으로 나타난다. 형질전환 식물은 대부분 공통적으로 6장에서 자세하게 토론할 세균인 *Agrobacterium tumefaciens*에 의해 운반되는 플라스미드 벡터를 이용해서 생성된다. 1개에서 50개까지의 유전자를 운반하는 외래 DNA는 다른 식물 종, 동물 세포 또는 미생물로부터 비롯된 공여체 DNA로 이 방법으로 식물로 도입될 수 있다.

고등식물은 식물의 다양한 부위-예를 들어 식물이 발생하는 동안에 특정 시간에 그리고/또는 특정한 위치에 나타나는 잎, 꽃의 기관과 씨-에서 발현이 정확한 시간과 공간적인 조절을 보이는 또는 발현이 빛에 의해 조절되는 유전자들을 가지고 있다. 다른 식물 유전자는 식물 호르몬, 양분, 산소의 부족(anaerobiosis), 열 충격, 및 상처와 같은 다른 자극에 반응한다. 그러므로 외래 유전자의 발현을 특정한 세포기관 또는 조직에 국한하고 그런 발현의 개시와 존속기간을 결정하기 위하여 형질전환 식물로 그런 유전자로부터의 제어 서열을 삽입하는 것이 가능하다. 식물 위 또는 내에서 살아있는 미생물은 곤충 해충과 균류 질병 조절을 위해 또는 질소고정 세균과 식물사이에서와 같은 새로운 공생관계를 확립하기 위하여 조작될 수 있다.

식물 미생물생물공학의 목적과 관심사가 무엇이며, 어떻게 그들은 다루어질 수 있는가? 우리는 여기에서 개요를 제공하고 6장에서 상세한 논의로 뒤이을 것이다.

세균과 효모에서, 트레할로스-6-인산은 트레할로스-6-인산 합성효소(OtsA)에 의해 촉매되는 반응에서 UDP-포도당과 포도당-6-인산으로부터 합성된다. 그 후 트레할로스-6인산-인산 가수분해 효소(OtsB)는 트레할로스-6-인산을 트레할로스로 전환한다.

UDP 포도당 + α-포도당-6-인산 → (OtsA, UDP) 트레할로스-6-인산 → (OtsB, PO_4^{2-}) 트레할로스

비록 그들이 상당량의 트레할로스를 축적하지 않더라도 고등식물은 OtsA와 OtsB에 상동성이 있는 유전자를 포함한다.

Box 2.4

가혹한 환경에서 성장하는 능력

식물의 서식지 범위를 확장하는 것은 저온, 열, 그리고 가뭄 내성과 같은 특성; 높은 습도 또는 높은 염 농도에 견디는 능력; 그리고 아주 알칼리성 토양에서의 철 결핍에 대한 저항성을 첨가함에 따라 달성될지도 모른다. 환경 스트레스에 대한 내성은 다중 유전자적 특성일 것이므로, 결과적으로 한 종류의 생명체에서 다른 종류로 옮기는 것은 어려울지도 모른다. 그러나 다음에 서술되는 사례에 의해 설명되는 것과 같이 다소 성공적이다.

포도당의 이당류인 **트레할로스**(trehalose)는 건조 동안에 손상으로부터 세균, 균류, 그리고 무척추 동물에서 단백질과 생물막을 안정화시키고 보호하는 친화성 용질로서 작용한다. 높은 건조 내성을 가진 "부활초"를 제외하면 대부분의 식물은 검출가능한 양의 트레할로스를 축적하지 않는다. 트레할로스 생합성을 위한 *E. coli* 유전자 *otsA* 그리고 *otsB* (Box 2.4)가 **인디카**(*indica*) **벼**로 도입되었다. *otsA*-*otsB* 융합 유전자가 만들어져서 단지 한 번의 형질전환 결과만 필수적이었으며 트레할로스 형성의 더 높은 촉매 효율성을 달성할 수 있었다. 조직 특이성 또는 스트레스 유도성 발현을 얻기 위해서 2개의 다른 구조체가 만들어졌다. 하나에서는, 운반 펩티드를 갖춘 융합 유전자가, 엽록체에 유전자 산물을 보내기 위하여 ribulose bisphosphate caboxylase의 작은 소단위를 암호화하는 유전자인 *rbsS*의 프로모터 조절하에 배치되었다. 둘째는 유전자는 앱시스산(abscisic acid) 유도 프로모터의 조절하에 배열되었다. 여기에서, OtsA-OtsB 융합효소는 효소 세포질에 남아 있다. 구조체는 *Agrobacterium*를 매개로 한 유전자 전이를 이용하여 벼로 도입되었다.

비형질전환 벼와 비교하여, 여러 독립적인 형질전환 계열들은 가뭄, 염, 또는 저온의 스트레스 환경 아래에서 한결같은 식물 성장을 보여주었다. 형질전환 벼는 비형질전환 벼보다 트레할로스의 수준이 3배에서 9배 더 높게 함유되어 있었다. 그러나 놀라운 발견은 트레할로스 수준이 어떤 조건 하에서도 조직의 습중량 1g 당 1mg을 초과하지 않았다

는 것이다. 결과적으로 벼에서 트레할로스는 1차적으로 식물 세포 내의 물의 부피 성질에 영향을 미치기보다는 오히려 그들의 방어적인 효과를 간접적으로 발휘해야만 한다. 각각의 구조체를 가진 형질전환 벼의 상세한 분석은 비형질전환 벼 대조군에서 볼 수 있는 것보다 스트레스 환경에서 광합성계Ⅱ에 대한 더 적은 광산화성 손상을 보였으며(광합성의 보다 높은 능력의 유지를 허용하는), 더 높은 수준의 가용성 탄수화물을 보여주었고, 뿌리에서 K^+/NA^+ 균형을 조절하는 보다 큰 능력을 보여주었다. 이들 결과들은 벼에서 트레할로스가 탄소 물질 대사와 관련 있는 이온흡수와 연관될 뿐만 아니라 다른 과정과도 관련이 있는 유전자들의 발현에 영향을 미치는 조절 물질로서 작용한다는 것을 제시한다. 이 사례는 귀중한 교훈을 제공한다. 넓게 분지된 생명체들에 동일한 산물의 합성을 촉매하는 상동 유전자들의 존재는 산물에 대한 보편적인 동일한 역할의 보증을 제공하지는 않는다.

형질변형 벼에 대한 최초의 필드 실험은 유망하였으며 염분 토양, 또는 물의 가용성이 간헐적인 강우에 의존하는 지역에서 벼를 증식할 수 있는 가능성을 제공한다.

제초제 내성

많은 다른 효과적인 넓은 스펙트럼을 가진 제초제는 잡초와 작물을 구별하지 않는다. 작물은 특정 제초제에 내성을 가질 수 있게 조작될 수 있다. 잡초가 만연한 들판에 그런 유전적으로 조작된 식물이 적용될 때, 이들 제초제들은 선택적인 잡초 제거제로 작용한다.

표 2.3 특성에 의한 2003년에서의 형질전환 작물의 세계 면적

작물과 특성(들)[a]	면적 (백만 헥타르)
제초제 내성 콩	41.4
Bt 옥수수	9.1
제초제 내성 캐놀라 (canola)	3.6
Bt/제초제 내성 옥수수	3.2
제초제 내성 옥수수	3.2
Bt 목화	3.1
Bt/제초제 내성 목화	2.6
제초제 내성 목화	1.5

[a] *Bt*는 *Bacillus thuringiensis* 살충 단백질을 발현하는 형질전환 작물을 지정한다. 제초제 Roundup [glyphosate; N-(phosphonomethyl) glycine]은 페닐알라닌, 티로신 및 트립토판 합성 경로의 효소인 5-enolpyruvylshikimate-3-인산 synthase (EPSPS)을 저해한다. EPSPS는 식물, 균류 및 세균에는 존재하나 동물에서는 발견되고 있지 않다. Roundup에 대하여 제초제 내성을 보이는 형질전환 식물은 glyphosate에 결합하는데 있어서 낮은 친화력을 가지는 EPSPS 형을 가지고 있다. Roundup 내성 형질전환 캐놀라(canola) 식물은 Roundup을 glyoxylate와 aminomethylphosphonic acid로 전환함으로써 급속하게 불활성화하는 효소 glyphosate oxidoreductase를 역시 가지고 있다. Glyphosate oxidoreductase는 토양 proteobacterium인, *Achromobacter* sp. 균주 LBAA (*Ochrobactrum anthropi*)로부터 유래한다.

출처: 특성에 의한 2003년에서의 형질전환 작물의 세계 면적에 대한 자료의 출처는 농업생물공학 응용의 습득을 위한 국제 서비스(International Service for the Acquisition of Agri-biotech Application, http://www.isaaa.org/)이다.

해충에 대한 내성

인시류 곤충, 나방 및 나비의 애벌레 창자의 상피 세포를 침투할 수 있는 단백질 내독소가 *Bacillus thuringiensis*의 어떤 균주에 의하여 생산된다(7장). 특정 *B. thuringiensis* 내독소를 암호화 하고 있는 유전자는 담배, 목화 및 토마토로 옮겨져서 발현되었다. 농장 실험에서, 형질전환 토마토와 담배 식물은 대조군 식물의 전체 잎이 없어지게 이르는 조건에서 모충 애벌레에 의해 약간만 손상을 받았다. 살충 단백질을 암호화하고 있는 ***B. thuringiensis cry* 유전자**를 포함하는 형질전환 옥수수 및 목화는 2003년에 형질전환 작물의 세계 면적의 26% 이상에 해당하였다(표 2.3). 동일한 결과를 얻기 위한 다른 접근법은 식물내부에 정착한 *Clavobacter xyli* subsp. *cynodontis*와 같은 세균으로 *B. thuringiensis* 내독소 유전자를 옮기는 것이다. 이 생명체는 일반적으로 버뮤다잔디 식물내에서 발견되나, 옥수수와 같은 다른 외떡잎 식물 종에 의도적으로 접종하면 줄기 조직의 g 당 10^8 이상으로 초과하여 집단 크기에 도달할 수 있다. 내독소를 발현하는 재조합 *C. xyli* 균주들은 잎과 줄기를 먹는 인시류 유충의 방제에서 가능성을 보여준다.

병원성 세균, 균류 및 기생 선충의 방제

곤충과 균류같은 많은 식물병해충들의 세포벽은 주요 구조적 성분으로 카이틴(chitin; poly-N-acetylglucosamine)을 포함한다. 많은 세균들은(예를 들면, *Serratia*, *Streptomyces*, 그리고 *Vibrio* 종) 카이틴 분해효소(카이티나아제)를 생산한다. 이런 세균에 의한 몇몇 균류 질병의 방제는 카이틴분해 효소의 생산과 연관이 있다. 여러 다른 토양 세균으로부터 카이티나아제를 암호화하는 유전자들은 식물뿌리의 효율적인 정착자인 *Pseudomonas fluorescens*로 클로닝되었다. 균류병을 방제하는데 있어서 이들 재조합 균주의 효율성은 아직 알려져 있지 않다.

광범위 스펙트럼 미생물 살충제로써의 *Bacillus subtilis* 균주들

선택된 *B. subtilis* 균주들은 넓은 스펙트럼을 가진 미생물 살충제로써 넓게 받아들여지고 있다. 흔한 토양 세균인 *B. subtilis* 균주들은 항진균, 항세균, 그리고 심지어 살충 활성을 동시에 나타내는 방대한 일련의 화합물들을 분비한다. 이들은 두 개의 다른 종류의 **이트린**(iturin)과 **플리파스타틴**(plipastatin)으로 지칭되는 **리포펩타이드**(lipopeptide)를 포함하며; **설팩틴**(surfactin)이라 불리는 계면활성제; 철 킬레이트화 제제인 2,3-dihydroxybenzoylglycine; 그리고 넓은 특이성을 가진 강력한 프로테아제를 포함한다. 이트린 리포펩타이드는 1개의 α-아미노지방산 7개의 α-아미노산으로 구성된 반면 설팩틴과 플리파스타틴은 1개의 β-하이드록시지방산과 각각 7개와 10개의 α-아미노산으로 구성되어 있다(그림 2.5).

산물들의 이런 유력한 혼합물을 생산할 수 있는 대량의 *B. subtilis* 균주는 기질로써 콩비지를 이용하여 고상발효에 의해 얻을 수 있다. 이들 배양조건하에서, 세포는 대단히 높은 수준의 리포펩타이드를 생산한다. 고상발효에 의해 얻어진 세포와 대사산물의 혼합물이 직접 토양에 적용될 때 다양한 식물 병원균의 성장을 억제한다.

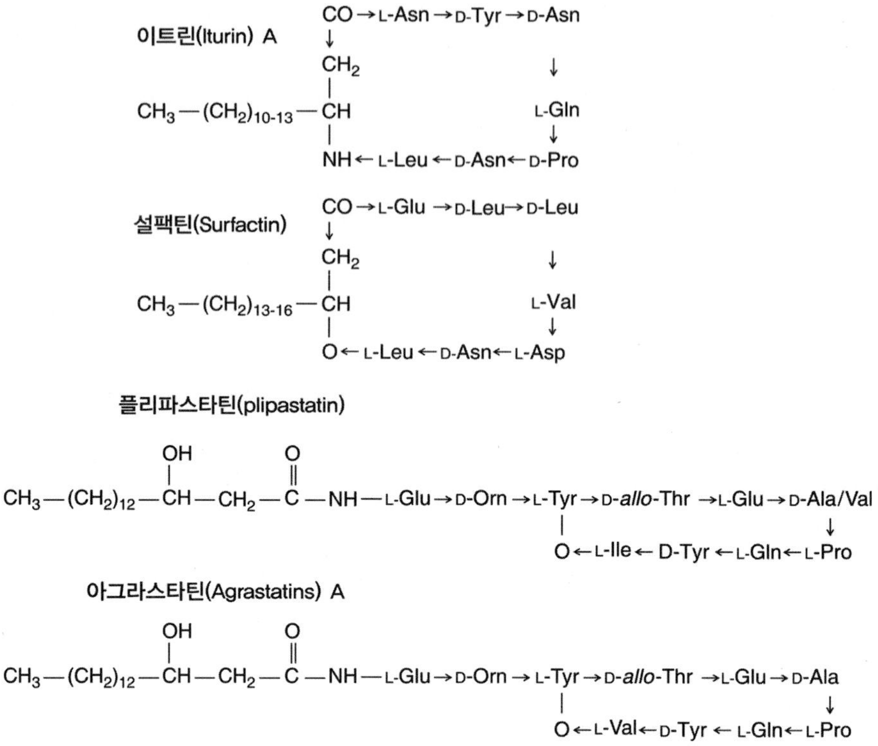

이트린(Iturin) A

CO → L-Asn → D-Tyr → D-Asn → L-Gln → D-Pro → D-Asn → L-Leu → NH

$CH_3-(CH_2)_{10\text{-}13}-CH(CH_2-CO)(NH)$

설팩틴(Surfactin)

CO → L-Glu → D-Leu → D-Leu → L-Val → L-Asp → D-Asn → L-Leu → O

$CH_3-(CH_2)_{13\text{-}16}-CH(CH_2-CO)(O)$

플리파스타틴(plipastatin)

$CH_3-(CH_2)_{12}-CH(OH)-CH_2-C(=O)-NH-$L-Glu → D-Orn → L-Tyr → D-*allo*-Thr → L-Glu → D-Ala/Val → L-Pro → L-Gln → D-Tyr → L-Ile → O (L-Tyr)

아그라스타틴(Agrastatins) A

$CH_3-(CH_2)_{12}-CH(OH)-CH_2-C(=O)-NH-$L-Glu → D-Orn → L-Tyr → D-*allo*-Thr → L-Glu → D-Ala → L-Pro → L-Gln → D-Tyr → L-Val → O (L-Tyr)

그림 2.5
Bacillus subtilis QST-713에 의하여 생산되는 리포펩타이드들

캘리포니아 과수원에서 채취한 토양으로부터 분리된 특허 균주인 *B. subtilis* QST-713은 두 개의 아그라스타틴(agrastatin; 이전에 기술되지 않은 플리파스타틴 계열의 일종; 그림 2.5)을 포함하여 30여 가지 이상의 이트린과 플리파스타틴 타입의 리포펩타이드들을 생산한다. *B. subtilis* QST-713은 고밀도까지 성장하며, 세균세포, 포자와 리포펩타이드들을 포함하는 수계 발효 배양액은 농축되어 분무 건조된다. 그 결과로 얻은 분말은 건조형태 또는 현탁액으로 생물진균제로서 판매된다. 생물진균제가 식물에 적용될 때, 그것은 잎 표면을 코팅하고 병원균의 부착을 방해한다. 3가지 형태의 리포펩타이드는 매우 낮은 농도에서(~25 ppm) 혼합된 마이셀 형성을 통하여 상호의존적인 방법으로 작용하여 그들 막에 침투함으로써 균류 세포와 포자를 파괴한다. *B. subtilis* QST-713 진균제는 상업적인 과일, 견과, 그리고 토마토, 양상추와 같은 야채, 그리고 와인 포도에서, 그리고 개인정원에서 광범위하게 이용된다.

바이러스 질병에 대한 내성

식물 바이러스 질병은 방제하기 어렵다. 1980 년대 중반 연구에서 담배 모자이크 바이러스(TMV)의 외피 단백질(캡시드; coat protein, capsid) 유전자를 발현하는 형질전환 담배는 TMV에 내성을 가지고 있는 것이 밝혀졌으며, 그것은 발현된 외피 단백질에 의해 바이러스의 언코팅이 간섭을 받은 결과라고 추측되었다. 유사한 외피 단백질의 도입유전자 매개성 보호가 다수의 다른 관련 식물 RNA 바이러스들, TMV, 오이 모자이크 바이러스, 자주개자리 모자이크 바이러스 및 다수의 감자 바이러스에서 보고되었다. 이 보호는 현재

RNA 잠재화(RNA silencing)-도입유전자에 암호화되어있는 RNA 염기서열에 의해 프로그램되어 있는 세포에 기반을 둔 염기서열 특이적 전사후 RNA 분해시스템(6장에서 기술하는)-의 결과로 알려져 있다. 하와이에서 파파야는 두 번째로 가장 중요한 과일 작물로 평가되고 있다. 이 작물은 **파파야 원형반점 바이러스(papaya ringspot virus; PRSV)**에 의해 유발되는 심각한 손상을 입기 쉽다. 1998년 PRSV 외피 단백질을 발현하는 도입유전자를 가진 형질전환 파파야 재배종의 도입으로 하와이 파파야 산업은 구원을 받았다.

최근에, 형질전환 식물은 바이러스 단백질 또는 바이러스 내성을 주는 RNAs를 암호화하는 다양한 다른 염기배열에 의하여 조작되었다.

질소 고정

콩과 같은 중요한 작물을 포함하는 콩과 식물은, 대기 중의 질소 분자를 고정하는 *Rhizobium*, *Bradyrhizobium* 및 *Frankia* 종과 공생적인 연합을 형성한다. 자유생활 리조비움들은 토양에서 발견된다. 세균에 의한 숙주 식물의 자연적인 감염은 리조비움들이 증식하는 뿌리 혹의 형성에 이르게 한다. 질소비료에 대한 필요성을 감소시키기 위해 토양에 콩과 식물의 종균제로서 상업적으로 배양된 리조비움들을 첨가하는 것이 거의 100년 간 실행되어왔다. 이런 이용의 역효과는 관찰되지 않았다. 따라서, 불리한 결과는 유전적으로 조작된 리조비움 균주의 대규모 이용에 있어 수반되지 않는다.

질소고정에 중요한 특정 유전자의 발현을 증가시키기 위해서 조작된 *Bradyrhizobium japonicum*와 *Rhizobium* meliloti 균주들은 온실조건 하에서 야생형 세균 균주들과 비교하여 각각의 숙주 식물의 보다 큰 생물자원 증가를 보여주었다. 토양에 있는 자유생활 리조비움들의 아주 높은 개체수 때문에, 새로 도입된 균주는 상주균과 경쟁하여 극복하기

표 2.4 발효된 음식과 발효미생물들의 예

산물	출발물질	발효 미생물
맥주	보리와 호프	*Saccharomyces carlsbergensis*
치즈	우유	다양함
사이다	사과	*Saccharomyces* spp.
김치	배추	젖산균
올리브	녹색 올리브	*Lactobacillus plantarum* *Pediococcus dextrinicus*
피클	오이	*Lactobacillus plantarum* *Pediococcus dextrinicus*
식초	사이다 또는 포도주	*Acetobacter* spp.
위스키	옥수수, 호밀	*Saccharomyces cerevisiae*
포도주	포도	*Saccharomyces* spp.
요구르트	우유	*Lactobacillus bulgaricus* *Streptococcus thermophilus*

"역사를 통틀어서 그리고 전 세계적으로, 복합성의 모든 수준에서의 인류 사회는 그들의 국소적인 서식지에서 사용가능한 당으로부터 발효된 음료를 만드는 방법을 발견했다. 발효된 음료 생산의 거의 보편적인 현상은 ethanol의 복합적인 진통, 살균성, 그리고 심원한 향정신효과에 의해 설명된다....화학적, 식물 고고학적, 그리고 고고학적 접근법을 결합하여 사용함으로써 우리는 고대 중국 발효음료 생산이 거의 9천 년 전으로 거슬러 확장되는 증거를 여기에서 제시한다. 더욱, Shang/서주 왕조(약 1250–1000 B.C.) 시대의 것으로 추정되는 단단히 뚜껑이 닫힌 청동 그릇으로부터의 독특한 액체 시료에 대한 우리의 분석은, 균류가 쌀과 기장의 다당류를 분해하는 특별한 당화 작용(amylolysis) 발효 체계의 발달을 포함하여 음료 생산에서 정제가 연이어 5,000 년 거쳐서 이루어졌다는 것을 제시한다.

[1]McGovern, P. E. (2003). *Ancient Wine: The Search for the Origins of Viniculture*, Princeton: Princeton University Press.

출처: McGovern, P. E., et al. (2004). Fermented beverages of pre-and protohistoric China. *Proceedings of the National Academy of Sciences USA*, 101, 17593–17598.

Box 2.5

위해서 매우 높은 농도로 도입되어야 한다. 이것은 높은 종균제 비용으로 이어진다. 감염의 메카니즘과 *Rhizobium*의 경쟁력의 생화학적인 결정인자에 대한 연구는 이 난제를 해결하기 위한 방법을 제시할 수 있을 것이다.

*Agrobacterium*에 혹 형성을 위한 유전자를 전이시키는 것은 재조합 생명체가 비콩과 식물에서 혹형성 개시를 가능하게 하며, 그것은 비콩과식물에 까지 질소고정 능력을 확장하는 것이 가능할 수 있다는 것을 제시한다. 이 목표는 세균 유전자뿐만 아니라 숙주 식물의 조작을 요구할 것이다.

농업에서 미생물생물공학의 개발은 비싼 질소비료에 과중하게 의존하는 농업 작업과 광범위한 살충제의 사용은 더 이상 유지될 수 없다는 인식에 의해 강력하게 추진된다.

식품 공학

발효식품의 준비

발효식품 생산을 위하여 미생물의 이용은 매우 오래된 역사를 가진다. 미생물 발효는 포도주, 맥주, 볼로냐(bologna), 버터밀크, 치즈, 케피어(kefir), 올리브, 살라미소세지, 사워크라우트(sauerkraut) 그리고 더욱 많은 제품의 생산을 위해 필수적이다(표 2.3; Box 2.5). 미생물에 의하여 생산된 대사 최종 생산물이 발효식품에 풍미를 곁들인다. 예를 들어 균류 숙성 치즈는 그들 특유의 풍미를 균류에 의해 생산된 알데하이드, 케톤, 그리고 짧은 사슬 지방산의 혼합에서 얻는다.

젖산균은 발효식품의 생산에 널리 이용된다. 이들 생명체들은 식품의 손상을 초래하는 바람직하지 않은 균들의 성장과 식인성 병원균들의 증식을 저해하는 펩타이드와 단백질들(bacteriocins)을 생산하기 때문에 이들은 마찬가지로 식품 발효공업에서 특히 중요하다. 후자는 *Clostridium botulinum*(보툴리누스 중독의 원인)과 *Listeria monocytogenes*(인간에서 수막뇌염, 뇌막염, 분만 전후의 패혈증 및 다른 질환을 일으키는)를 포함한다.

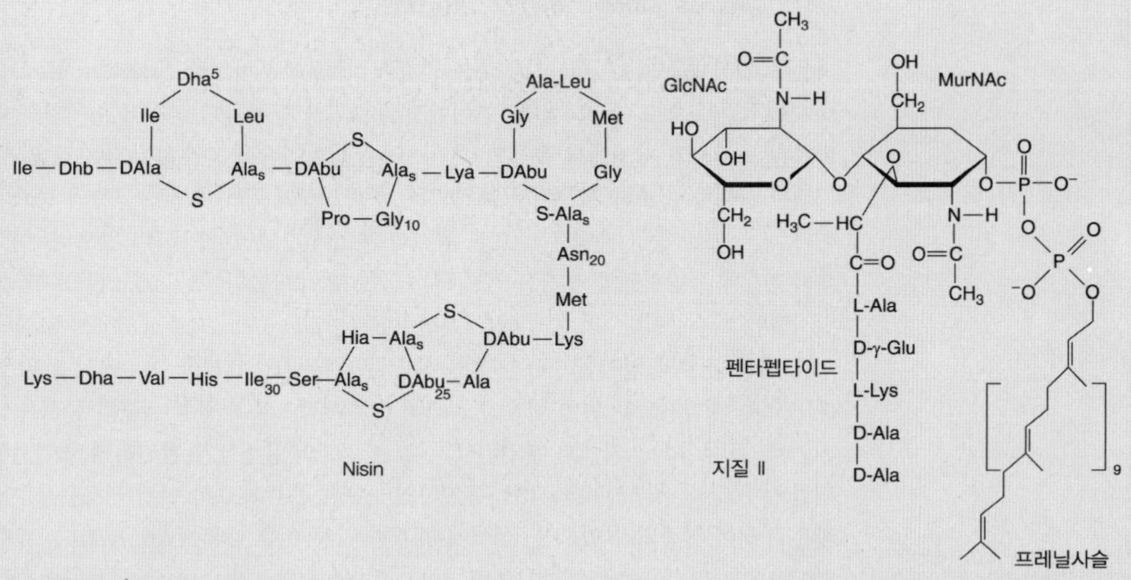

Nisin

지질 II

펜타펩타이드

프레닐사슬

니신은 *Lactobacillus lactis*에 의해 생산되는 34 잔기 양이온 펩티드이다. 선구 펩티드는 유전자에 암호화되어 리보솜에서 합성된다. 특정 세린과 트레오닌 잔기는 번역 후 수정을 통해 탈수되어 dehydroalanine (Dha)과 dehydrobutyrine (Dhb)이 된다. *Meso* lanthionine와 3-methyl-lanthionine 잔기는 각각 DAla–S–Ala_S와 DAbu–S–Ala_S로 표시한다(아미노 말단 모이어티는 D 구조를 가진다). 니신은 그들이 lanthionine를 포함하기 때문에 *lantibiotics*로 불리는 항생제 종류의 일원이다.

지질Ⅱ의 구조는 펜타펩티드(pentapeptide)를 가지고 있는 아미노당 N–acetylmuramic acid (MurNAc)가 pyrophophosphate를 통해서 붙어 있는 막에 통합된 undecaprenol (C_{55} polyisoprenol)으로 구성되어 있다. 펜타펩티드의 구성은 세균 속에 따라 다르다. 지질Ⅱ의 마지막 빌딩 블록은 *N*–acetylglucosamine (GlcNAc)이다.

중요한 첫 단계에서, 니신은 세균 세포막의 외부 표면에서 peptidoglycan 합성에서 필수적인 중간물인 지질Ⅱ에 결합하며, 공구를 형성한다. 니신은 결합부위 특이적 공구 형성에 의해 그람양성 세균을 죽이는 것으로 알려진 첫 번째 항생제였다. 이것은 나노몰 농도 범위에서 효과적이다.

Box 2.6

니신 (Nisin)

Lactococcus lactis 균주들에 의해 생산되는 항균성 펩티드인 **니신(nisin)**은, 주로 열가공된 그리고 pH가 낮은 음식에서 낮은 농도(완제품에서 250 ppm까지)로 첨가제로서 널리 이용된다. 니신은 세균, *Listeria*, *Clostridium*, *Bacillus* 그리고 enterococci를 포함하여 광범위한 그람양성 세균의 증식을 저해하나 그람음성 세균, 효모 그리고 균류에 대하여는 효과적이지 않다. 니신의 항균활성은 세균의 세포질막의 외부 부분에 있는 지질Ⅱ와의 그들의 높은 친화력 상호작용과 공구(pore) 형성을 통한 막의 투과성의 합동적인 결과이다(Box 2.6을 참고하라).

Nisin는 미국과 전세계 다른 많은 국가에서 일반적으로 안전하다고 간주되는 (Generally Regarded as Safe; GRAS) 식품 보존제로서 지정된다. 이것이 과일, 야채 또는 육류로 만들어진 저온 살균을 행한 치즈 스프레드; 액체 계란 제품; 드레싱과 소스; 신선한 환원 우유; 몇몇 맥주; 통조림; 그리고 냉동 디저트를 포함하여 많은 식품제품에서 이용된다.

Lactobacillus sakei: 유망한 생물보존제

저온성 젖산세균인 *L. sakei*는 젖산 발효에 의해 부분적으로 생산되는 일본 쌀 맥주인 sake에서 처음으로 분리되었다. 연이어서 *L. sakei* 균주들이 살라미 소세지와 다른 건조 발효된 소세지의 제조에서 육류의 자연스러운 발효작용을 좌우하는 것으로 알려져 있다. 그러한 균주들은 또한 저온에서 보관되는 가공 식품제품의 미생물 균총의 중요한 구성원이다. *L. sakei* 종균 배양은 발효된 육류의 제조에서 널리 이용되어 왔으며, 이 생명체는 부패생명체와 병원균의 성장을 방지하는 것으로 나타났다. *L. sakei*는 또한 인간 장의 일시적인 거주자이다. 다수의 다른 젖산 세균은 *Lactobacillus acidophilus*를 포함하여 인간 위장 균총의 일시적인 또는 항구적인 구성원이다. 그러한 경우에서 소위 *probiotic* 종인 이들 생명체들은 면역 반응을 자극하고 잠재적으로 병원성 세균의 증식을 억제한다. 최근에, 프랑스 소시지에서 분리된 *L. sakei* 23K의 유전체가 완전하게 염기서열이 결정되었으며 *L. acidophilus*와 43% 동일하였다. 생물보존제로서 안전한 세균을 사용하는데 많은 관심이 집중되고 있으며, 위에서 개관한 각종 이유 때문에, *L. sakei*는 우수한 후보자이다.

L. sakei 23K의 완전한 유전체의 가용성은 신선한 육류 위에서 잘 자라게 하고 육류 발효와 저장 도중 만나는 스트레스가 많은 조건에서 살아남게 하는 이 생명체의 속성에 관해서 조사할 수 있는 가설을 체계적으로 나타내게 한다. 그러한 도전은 높은 수준의 산화적 스트레스, 높은 염, 그리고 저온을 포함한다.

L. sakei 유전체는 육류의 표면에 노출된 교원질(collagen)에 결합함에 있어서와 세포 세포 상호 작용에 관여될 것이라고 예측되는 4개의 단백질을 암호화하고 있다. 그러한 단백질은 다른 유산균에는 결여되어 있다. 2개의 다른 유전자 클러스터가 육류 표면의 세균의 부착에 공헌할지도 모르는 표면 지질다당체의 생산에서 기능을 하는 것으로 예측된다. 이들 단백질과 다당류 표면 성분들은 *L. sakei*의 응집과 육류 표면에서의 biofilm의 형성을 중재하여 다른 미생물들을 배제할 지도 모른다.

육류는 자가 단백질 분해로 아미노산의 방출과 함께 숙성한다. *L. sakei*는 보통 아미노산(글루타민산과 아스파르트트를 제외하고)에 대한 영양요구성이다. 그러므로 육류표면은 우수한 생태학적 적소이다.

육류 저장은 자주 냉장과 염(9% NaCl까지)을 요구한다. *L. sakei*는 높은 염 농도에서 마주치는 저온 및 삼투압 스트레스 모두에 잘 적응된다. 이것은 다른 유산균 보다는 보다 많은 수의 추정 cold stress 단백질들을 가지고 있다. 그것에는 또한 베타인과 carnitine과 같은 삼투압과 저온보호 용질들의 효율적인 축적을 위한 유입 체계가 있다. *L. sakei*는 또한 육류 가공 도중 생성되는 superoxide 또는 유기 hydroperoxides와 같은 산소종을 해독하는 효소를 잘 갖추고 있다.

마지막으로, *L. sakei*는 육류에서 heme 그리고 철 둘 다 요구하고 받아들인다. 철에 대한 경쟁은 육류 표면에서 다른 생명체를 배제하는 *L. sakei*의 능력에서 여전히 다른 중요한 요인을 나타낼지도 모른다.

모넨신 (monensin)

모넨신은 급식 효율성을 증가시키기 위해 육우에게 먹이는 가장 광범위하게 이용되는 화합물이다. 사육장 육우에서 1일 350 mg 복용량은 대략 6%의 급식 효율에서의 개선으로 이어진다.
방목 육우에서 평균 매일 취득량은 15% 까지 증가하였다. 모넨신은 혹위의 세균 군집의 구성을 바꾸어서 이런 결과를 얻었으며, 그리하여 혹위의 발효대사의 최종 산물의 균형에 영향을 미친다.

모넨신은 세균 ***Streptomyces cinnamonensis***에 의해 생산된다. 이는 크고 중요한 polyketides 그룹의 일원이며, 폴리에테르 이온투과담체(ionophore, 표 2.5)이다. 화합물은 많은 세균, 균류, 원생동물 및 고등생물에 유독하다. 모넨신에 있는 카르복실기 그룹의 pKa는 7.95이다. 그래서 혹위의 산성 pH에서, 충전되지 않는 지질친화성 분자가 이 이온투과담체에 감수성인 세균의 세포막에 축적된다. 모넨신은 양이온에 리간드로 작용하는 6개의 산소 원자를 가지고 알칼리 금속 양이온(Na^+, K^+, Rb^+)과 고리화합물을 형성한다(Na^+에 대한 선호성을 가짐, 그림 2.6). 혹위에서 Na^+/K^+ 농도의 비는 2에서 10까지의 범위에 있다. 금속 이온의 방향과 세포막을 가로지르는 양성자 운동은 존재하는 이온농도 기울기의 크기에 의해 지시된다. 모넨신은 K^+를 받아들일 때 세포막

표 2.5 안티콕시듐(anticoccidial)과 성장 촉진 사료첨가제로써의 이온투과담체(ionophore)

이온투과담체[a]	종	적응
모넨신 (Monensin)	육우	증가된 사료 효율과 증가된 체중획득율
살리노마이신 (Salinomycin)	젖을 분비하지 않는 젖소	
	육계, 칠면조	콕시듐증 방지[b]
	육우	증가된 사료 효율과 증가된 체중획득율
라살로시드 (Lasalocid)	젖을 분비하지 않는 젖소	
	면양	콕시듐증 방지
레이드로마이신 (Laidlomycin)	육우	증가된 사료 효율과 증가된 체중획득율

[a] 이온투과담체(Ionophores)는 Na^+과 K^+와 함께 중성 복합물을 형성하는 *Streptomyces* 종에 의해 생산되는 높은 지질친화적 폴리에테르이다(그림 2.6을 참고하라).

[b] 콕시듐증(콕시디아증)은 *Eimeria* 속의 세포내 원생동물 기생충의 종에 의해 발병한다. 이는 경제적으로 가장 비용이 많이 드는 가금류 질병의 하나이다. 감염된 가금류를 생존시키는데 실패와 항생제의 예방적 투약의 전 세계적인 연간 비용은 수억 달러이다. *Eimeria*의 집중적인 정보를 위해, http://www.iah.bbsrc.ac.uk/eimeria/biology.htm를 참고하라.

그림 2.6

모넨신 A, 살리노마이신 및 라살로시드는 *Streptomyces* 종에 의해 생산되는 폴리에테르 이온투과담체이다. Na+를 가지고 있는 중성 모넨신 A 복합체의 구조도 또한 제시한다.

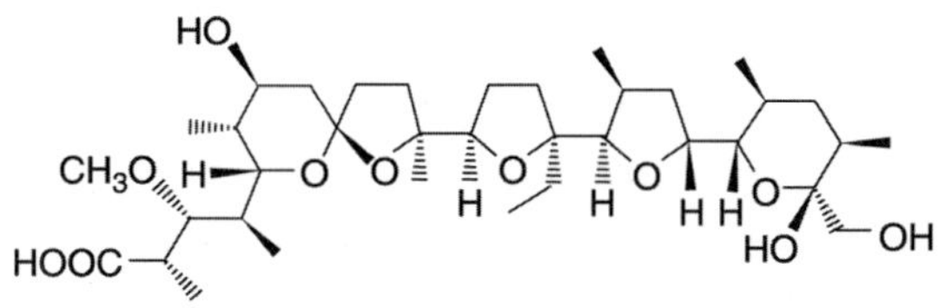

모넨신 A

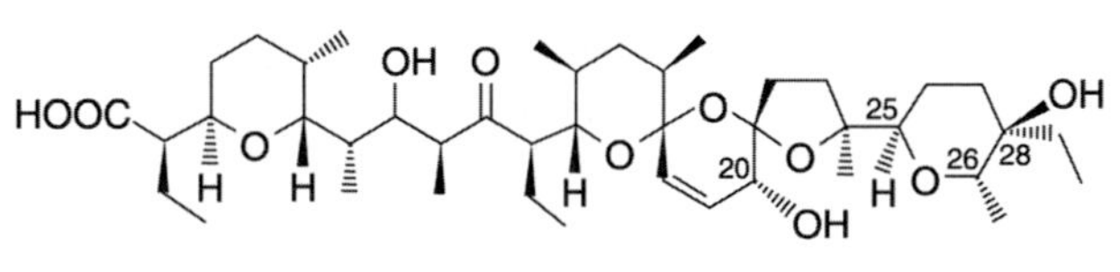

살리노마이신

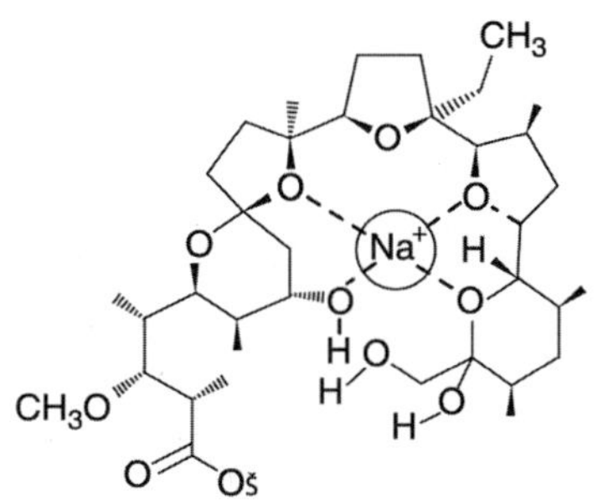

모넨신–Na+복합체

라살로시드

의 내부면에서 양성자를 방출하는 역수송체(antiporter)로서 작용한다. 세포막의 외부 면에서 그것은 K^+를 방출하고 H^+ 또는 Na^+ 어느 하나를 모은다. 이온 균형과 세포내 pH를 유지하기 위하여 세포는 그것의 Na/K와 H^+ ATPase를 이용하여 이들 이온유동에 반응한다. ATP의 고갈과 결과적인 막의 감극의 정도에 따라 세포는 성장과 재생을 정지하고, 죽을지도 모른다.

혹위의 혐기성 환경에서 혹위 미생물들은 탄수화물(주로 셀루로오스)와 단백질을 발효하여 그들의 성장을 위한 에너지와 양분을 생성한다. 중요한 결과적인 산물인 휘발성 지방산 (아세트산, 프로피온산, 그리고 부티르산)과 미생물 단백질은 축우를 위한 에너지와 영양원으로써 이바지한다. 지방산은 혈류를 통해서 혹위 벽을 통과하여 혈류로 들어간다. 축우는 이 화합물의 산화에서 그들의 에너지의 대부분을 얻는다. 위장관에서 미생물 세포의 분해는 아미노산을 제공한다. 그러나 다른 세균 발효 최종산물들, 환경에 방출되는 특히 메탄 및 암모니아는 사료의 잠재적인 에너지와 단백질원의 꽤 큰 부분의 손실을 축우에게 나타낸다.

혹위에서 그람양성 세균의 발효성 물질 대사의 중요 최종 산물들은 아세트산, 부티르산(butyrate), 포름산(formate), 젖산, 수소 및 암모니아이다. 혹위에서 메탄생성세균은 복잡한 유기화합물을 이용할 수 없다. 그들은 다음과 같이 메탄을 생성하기 위하여 포름산, 아세트산, 이산화탄소와 수소를 자화하여 에너지를 얻는다.

$$4HCOOH \rightarrow CH_4 + 3CO_2 + 2H_2O$$
$$CH_3COOH \rightarrow CH_4 + CO_2$$
$$CO_2 + 4H_2 \rightarrow CH_4 + 2H_2O$$

혹위 발효에서의 모넨신의 효과는 다음과 같다. 매우 더 적은 메탄이 생성된다. 아세트산에 대한 프로피온산의 비율은 더 높다. 더 적은 암모니아가 생성되며 축우에게 이용 가능한 단백질 N 양은 더 중대하다. 모넨신은 어떻게 혹위에서 발효성 물질대사를 조절하는가?

모넨신의 추천 매일 복용량은 350 mg이며, 모넨신-Na^+ 복합체의 질량은 693이고, 축우의 혹위 양은 대략 70 L이다. 그러므로 결합되지 않은 모넨신-Na^+의 처음 혹위 농도는 7 μM이다. 그런 낮은 농도에서 모넨신-Na^+는 급속하게 가장 감수성을 보이는 세균막으로 분할되어 들어간다. 그러나 방사선 표지된 모넨신을 가지고 한 연구는 사료입자, 원생 동물 및 이온투과담체 내성 세균에서도 결합이 또한 일어난다는 것을 보여준다. 잠재적인 결합 부위들이 이러한 모넨신 농도에서 결코 포화될 수 없다. 그람양성 혹위 세균이 그람음성 보다 모넨신에 더 감수성이다. 일반적으로 외부 막 및/또는 관련 세포외 다당류를 가지는 세균은 세포막에 대한 모넨신의 접근을 방해하기 때문에 아마 더 저항성을 나타낸다.

이런 상황에서 모넨신은 메탄생성 세균을 억제하지 않지만 메탄생성세균에게 H_2를 공급하며 또한 아세트산, 부티르산 및 포름산을 생성하는 그람양성 H_2 생성 세균을 억제한다. 결과적으로 메탄 생산에서의 감소가 일어난다. 혹위 그람음성 세균의 발효 경로는 프로피온산과 succinate에 이른다. 이들 생명체는 모넨신에 의해 저해되지 않는다. 종합적인 결과는 프로피온산 대 아세트산 비율에서의 증가, 실질적으로 축우를 위한 에너지원에 있어서의 균류 독소는 *Aspergillus*와 *Penicillium*과 같은 사상균류의 다른 속의 일원에 의하여 뿐만 아니라 *Fusarium* 종에 의해 합성된다. 균류독소는 균류의 2차 물질대사 산물이다. 따라서 그들은 균류의 에너지 생성 또는 생합성 물질대사, 또는 균류 발생에는 필수적이지 않다. 오히려, 성장을 제한하거나 또는 스트레스 조건 하에서, 그들은 균류가 경쟁할지도 모르는 다른 균류와 세균을 이길 수 있는 이점을 균류에게 주는 것처럼 보인다. 균류 독소는 거의 전부 세포독성이다. 그들은 세포막을 파괴시키고 단백질, RNA 및 DNA 합성을 방해한다. 그들의 독성은 미생물들을 넘어 인간을 포함하여 고등 식물과 동물의 세포까지 미친다. *Fusarium* 종은 trichothecenes과 fusarins의 다른 종류의 균류독소를 생산한다. Vomitoxin로도 알려져 있는 deoxynivalenol은 *Fusarium* 종과 다른 어떤 균류의 다수 종에 의해 형성되는 약 150개의 관련된 trichothecene 화합물 중의 하나이다. Deoxynivalenol은 작물이 *Fusarium venenatum*와 밀접하게 관련되어 있는 *Fusarium*의 어떤 종에 의해 침입을 받을 때 추수 전에 거의 항상 형성된다. 이들 *Fusarium* 종들은 밀에서 열마름병을 일으키는 원인이 되는 중요한 식물 병원체이다. Deoxynivalenol는 열 안정성이 있고 저장 곡물에서 존속한다.

Trichothecenes의 일반적인 구조는 위에 보여 진다. Deoxynivalenol에서, R^1는 OH이고, R^2는 H이며, R^3는 OH이고, R^4는 OH이고, R^5는 O이다.

Box 2.7

증가이다. 혹위의 절대 아미노산 발효세균은 모넨신 감수성이다. 이들 세균의 저해는 암모니아 생산에서의 상당한 관찰되는 감소를 일으킨다. 결과적으로 더 많은 단백질 N이 축우에 이용가능하다.

요약하자면, 모넨신은 특정 그룹의 세균의 대사 활성의 선택적인 저해에 의하여 혹위 발효 물질대사를 조절한다.

단세포 단백질

단세포 단백질(single-cell protein), 또는 SCP이란 용어는 동물 또는 인간의 소비를 위해서 대량으로 생육시킨 미생물들에게서 유래된 단백질이 풍부한 세포 덩어리를 기술한다. SCP는 모든 필수 아미노산을 포함하는 높은 함량의 단백질을 가진다. 미생물은 그들의 급속한 성장율, 아주 싼 원료들을 탄소원으로 이용하는 그들의 능력, 그리고 이들 탄소원을 단백질로 변환하는데 있어서의 원료의 킬로그램 당 생성된 단백질의 그램으로 표현되는 특이하게 높은 효용성 때문에 SCP의 우수한 원천이다.

이들 이점에도 불구하고, 인간 소비를 위해 승인된 단지 1개의 SCP 제품만 시장에서 팔리고 있다. 이 제품은 사상균 ***Fusarium venenatum***으로부터 가공된 세포 덩어리 조제물인 "**균류 단백질**(mycoprotein)"이다. 우리는 이 제품의 긍정적인 영양학적인 성질을 여기에서 고려하고 이 제품이 규제 승인을 얻기 전에 시험되고 처리되기 위하여 필요했던 많은 관심사를 조사한다. 원천 생명체, *F. venenatum* PTA-2684 균주는 영국 Buckinghamshire에서 얻어진 토양 시료에서 배양되었다.

표 2.6 *Fusarium venenatum* 단세포 단백질(Quorn 균류단백질[a])의 영양학적 분

영양분	건중량 100g 당 g
단백질 아미노산(N×6.22)	48
지방	12
지방산	
팔미트산(C_{16})	1.6
스테아르산(C_{18})	0.3
올레인산($C_{18:1}$)	1.4
리놀레산($C_{18:2}$)	4.3
α-리놀렌산($C_{18:3}$)	1.0
식이섬유[b]	25
탄수화물	12
물	0

[a] 단세포단백질(single-cell protein; SCP)이란 용어는 미생물에서 유래된 단백질이 풍부한 세포덩어리를 기술하는데 흔히 사용된다. 위에서 특성화된 SCP는 Quorn 균류단백질로써 시판되고 있는 Marlow 식품 회사의 제품이다.

[b] 주로 이런 불용성 분획은 *F. venenatum* 세포벽에서 유래한다. 세포벽은 카이틴 (poly-*N*-acetyl-glucosamine)과 β-글루칸 (β-1:3 과 β-1:6 글리코사이드 결합을 가지는)으로 구성되어 있다.

출처 : Miller, S. A., and Dwyer, J. T. (2001). Evaluating the safety and nutritional value of mycoprotein. *Food Technology*, 55, 42–47의 데이터로부터.

표 2.7 다른 단백질 함유 식품들과 비교한 *Fusarium venenatum* 단세포 단백질(Quorn 균류단백질)의 필수아미노산 함량

필수 아미노산	아미노산 함량 (먹는 부분 100g 당 g)					
	균류단백질	축우 우유[a]	달걀[b]	육우[c]	콩(건조)[d]	밀[e]
히스티틴	0.39	0.09	0.3	0.66	0.98	0.32
아이소류신	0.57	0.20	0.68	0.87	1.77	0.53
류신	0.95	0.32	1.1	1.53	2.97	0.93
라이신	0.91	0.26	0.90	1.6	2.4	0.30
매티오닌	0.23	0.08	0.39	0.5	0.49	0.22
페닐알라닌	0.54	0.16	0.66	0.76	1.91	0.68
트립토판	0.18	0.05	0.16	0.22	0.53	0.18
트레오닌	0.61	0.15	0.6	0.84	1.59	0.37
발린	0.6	0.22	0.76	0.94	1.82	0.59

[a] 전 유동 우유 (3.3% 지방), [b] 날 달걀, [c] 갈은 육우 (정상, 중간정도 구운), [d] 날 땅콩 (모든 타입), [e] 듀럼 밀 (Durum wheat)
출처 : Miller, S. A., and Dwyer, J. T. (2001). Evaluating the safety and nutritional value of mycoprotein. *Food Technology*, 55, 42–47.

Marlow 식품회사가 전세계에서 얻어진 3000개 이상의 생명체에서 *F. venenatum*의 이 균주를 선택했다. 균류 단백질을 위한 제조공정은 완성품에서 균류 세포의 바람직하지 않는 성분들이 확실히 결여될 수 있도록 설계했다.

*F. venenatum*은 영양 배지의 연속적인 공급과 수반하는 배양물의 제거에 의해 유지되는 정상 상태 조건 하에서 통기하여 줌으로써 성장한다. 이들 발효 조건은 매우 유독한 균류독소(mycotoxins)의 생성을 방지하기 위하여 선택되었다(Box 2.7). 성장이 영양 제한, 질소 양분에 대한 탄소 영양의 높은 비율, 낮은 산소 분압, 또는 미소 영양분의 부족에 의해 제한될 때 trichothecene와 fusarin 균류독소가 *Fusarium* 종에 의하여 생성된다.

균류독소합성을 방지하기 위하여 생산 균주는 어떤 영양적인 제한없이 높은 비율로 증식한다. 배양물에는 유일한 탄소원으로 포도당과 더불어 영양학적으로 균형 잡힌 화학합성 발효 배지가 공급된다. 배지는 세포가 시간당 적어도 0.17의 비속도(specific rate)로 성장하는 것을 허용하는 비율로 공급된다. 균류독소의 수준을 모니터링하기 위해서는, 완성품은 질량분석 탐지기를 갖춘 고성능 액체 크로마토그래피에 의해 이들 화합물들에 대하여 분석된다. 제품의 습중량 킬로그램 당 검출한계는 개별적인 fusarin 균류독소는 5 μg이고, trichothecenes에 대하여는 2 μg이다. 이 감도 수준으로, 균류독소가 최종생산품에서는 검출되지 않는다.

급속하게 성장한 세균과 균류 세포는 RNA가 풍부하다. 규정식에 있는 RNA는 분해되어 퓨린 및 피리미딘으로 된다. 퓨린은 요산으로 전환되고 내인성 퓨린의 물질 대사에서 유래된 혈청 요산에 추가된다. 증가한 요산은 걸리기 쉬운 개인들에서 통풍과 신장 결석을 일으킬 위험을 증가시킨다. 이 문제를 대처하기 위하여 인간에 의한 소비를 위해 예정된 SCPs가 일일당 2 g보다 많지 않은 RNA를 제공하도록 1972년 국제연합 단백질 자문 그룹이 추천하였다.

발효조로부터 제거된 균류 생물자원을 포함하고 있는 발효 배지는 증기의 주입에 의해

급속하게 가열된다. 급속한 가열 과정은 RNA의 부수적인 분해와 더불어 세포를 죽인다. 이어서 발효 배지는 원심 분리로 세포 덩어리로부터 분리되고, RNA 분해 산물들은 상층액과 함께 버려진다. 이들 단계들은 세포덩어리의 RNA 함량을 건중량에 기반을 두고 살아있는 세포에서 약 10%에서 균류 단백질에서는 대략 0.5% 내지 최대 2%로 경감시킨다. 건조중량에 기초하여 17에서 33 g/사람/일의 균류단백질의 식이유입의 한계를 추정한다면 균류단백질의 소비부터 RNA 유입은 0.35 내지 0.7 g/사람/일의 범위일 것이다. 이는 국제연합 단백질 자문그룹의 추천 수준 훨씬 이하이다.

표 2.6은 균류 단백질의 조성을 요약하고 있다. 매트모양의 사상균 덩어리는 균류단백질에게 육류 같은 질감을 주는 것으로 기술된다. 모든 필수 아미노산을 포함하는 단백질이 건중량 50%에 가깝게 존재한다(표 2.7). 다만 우유 카제인 또는 달걀 흰자의 단백질과 똑같이 이 단백질은 완전히 소화되기 쉽다. 건중량의 대략 25%는 세포벽 성분 카이틴 및 β 글루칸(β-glucans)으로 이루어져 있다. 이 분획은 식이섬유의 독특한 성질인 불용성이며 소화되기 어렵다. 지방은 건중량의 대략 12%를 나타낸다. 포화지방산 대 불포화지방산의 낮은 비율로(표 2.6을 참고하라), 그것은 동물성 지방보다는 야채와 더 많이 유사하다. 균류단백질은 상당량의 에르고스테롤을 함유하고 있으나 콜레스테롤은 포함하고 있지 않다.

동물 연구는 균류단백질이 만성 독성을 일으키지 않고 생식 독성물질이 아니며, 기형발생 물질도 아니고 발암성도 없다는 것을 보여주고 있다. 이는 칼슘, 철, 또는 다른 필수적인 무기 양분의 흡수를 방해하지 않는다. 어패류 또는 땅콩을 포함하는 음식과 같은 많은 일반적으로 소모되는 음식보다 균류단백질이 인간에게 매우 보다 적게 알레르기를 일으킨다는 것을 Marlow 식품회사가 보고하였다. 일화적인 보고는 보다 높은 부작용을 암시한다.

균류단백질은 1985년부터 영국에서 1991년부터는 유럽 다른 국가에서, 2002년부터 미국에서 상업적으로 이용가능하게 되었다. 유럽에서 시판되는 제품은 균류단백질이 중추적인 성분인 고기가 안 들어간 버거와 필레(fillet) 그리고 볶은 요리, 카레, 파스타와 같은 준비된 식사를 포함한다. 영국 그리고 유럽에서 다양한 음식에서 육류 대용품으로 균류단백질의 수용은 중요하다. 보고된 고객은 1500만 명이었다. 균류단백질의 이야기는 새로운 SCP 제품이 여행해야 하는 정식 승인과 고객 수용의 긴 여정을 보여준다.

미생물의 환경적인 이용

지구행성의 자연 자원을 인간이 사용함으로부터 기인하는 많은 영향을 미생물들이 완화한다. 맨 먼저, 폐수 처리에서의 미생물의 필수적인 역할은 지구에서의 생활의 복지에 결정적이다. 생물정화(bioremediation), 생물채광(biomining), 및 석탄의 미생물 탈황(microbial desulfurization)은 중요한 긍정적인 환경적인 결과가 미생물들의 자연적으로 발생한 군집들의 결합된 대사 능력을 직접 이용해서 달성되는 다른 대규모 공정이다. 그러한 이용에서, 특정 미생물 군집의 기능 수행은 조건(양분, 산소 분압, 온도, 통기량)의 조작을 통해 영향을 받을 수 있다.

표 2.8 전 세계 물 공급의 성분

성분	추정 %
바닷물	97.5
민물	2.5
민물의 분포	
빙하와 만년설 덮개	68.9
신선한 지하수	29.9
담수 호수와 하천	0.3
토양수분, 습지, 영구 동토 등	0.9

출처 : *World Water Resources at the Beginning of the 21st Century*, http://webworld.unesco.org/water/ ihp/db/shiklomanov/summary/html/summary.html.

폐수 처리

살아있는 생명체는 약 70% 물로 이루어져 있다. 인간은, 예를 들면, 생존하기 위하여 평균 1.5 L/일을 소모해야 한다. 민물은 지구행성에서의 물의 단지 대략 2.5%를 나타내며(표 2.8) 지금 세계의 많은 부분에서 부족한 자원이다. 오염된 물의 용적과 폐수를 재생할 필요성이 인구와 산업적인 이용의 증대로 증가하고 있다. 폐수는 4개의 주요 근원: 하수 오수, 산업 유출물, 농업 유출물 및 폭풍우 물과 도시 유출물로부터 유래된다. 폐수 처리는 음용수의 오염 및 병원체와 오염물질의 먹이사슬로의 유입을 방지하는데 필수적이다. 표 2.9에 목록으로 제시되어 있는 것과 같은 다수의 다양한 실제적인 오염물질들이 주어지더라도 몇몇의 순수한 물의 재생을 위한 현재의 처리에서의 성공은 경이적이기에 부족함이 없다.

하수 오수의 1차 처리는 부유고형물의 제거로 이루어져 있다. 하수 오수의 2차 처리는 생화학적 산소 요구량(Box 2.8)을 감소시킨다. 이것은 "**활성 오니**"의 불완전하게 특성화된 군집에 의한 미생물 산화를 통해 1차 처리로부터의 유출물의 유기화합물 함량을 낮춤으로써 달성된다. *Zoogloea* 종의 세균은 하수 오수처리의 호기성 2차 단계에서 중요한 역할을 한다. 이들 생명체는 풍부한 세포외 다당류를 생성하며, 그 결과로, 소위 플록(flocs)이라는 집합체를 형성한다. 그러한 집합체는 능률적으로 유기물을 흡착하며 그 후 그들 중 일부는 세균에 의해 대사된다. 플록은 침전되고 혐기성 소화자들에게로 운반되며 여기에서 다른 세균들이 흡착된 유기물의 분해를 완수한다.

물 처리 공장에서 미생물 군집은 유기탄소를 이산화탄소, 물 그리고 오니로 전환한다; 암모니아 및 질산염의 약 80%를 분자 질소로 전환한다; 세균 세포내의 다중인산(polyphosphate) 과립 또는 스트루바이트(struvite; 결정성 $MgNH_4PO_4$)로서 오니로 통합을 통해서 일부 용해성 인산염을 제거한다; 그리고 병원성 세균을 제거한다.

그러나 폐수처리에서 심각한 도전은 아직 완전히 처리되어야 한다. 잔여 고정 질소 화합물과 유출물에 있는 인산염의 수준은 아직도 충분히 높아서 받는 수역에서 부영양화(eutrophication)의 위험을 주기에 충분하다. 도시 폐수에서 존재하는 많은 널리 이용되는 조제약의 잔류물은 불완전하게 제거되고 유출물에서 나온다. 이들 화합물들의 몇몇은 리터 당 나노그램에서 생물학적으로 활성이 있으며 명백한 바람직하지 않는 환경적인 영향이 있다. 화학 공업은 거대한 양으로 수천 개의 합성 유기화합물을 사용하고 있으며, 그리고 이들 중(또는 그들의 분해산물들)의 많은 것은 제약공업에도 동일한 우려를 주고 있다.

마지막으로, 폐수 처리는 에너지를 소비하나 많은 암모니아 및 질산염을 질소가스로 전환하며, 상당량의 인산염은 유출물에 남아 있다. 고정 질소 화합물 및 인산염을 회수하는

표 2.9 도시 폐수에 금속과 유기 오염물질의 유입

중금속 (Cd, Hg, Cu, Ni, Pd, Pb, Zn, Ag, As, Se)
다환 방향족 탄화수소(polycyclic aromatic hydrocarbons)
염화비페닐(chlorinated biphenyls)
2-(2-에틸헥실)프탈레이트 (2-(2-ethylhexyl)phthalate)
노닐페놀 (nonylphenol)
니트로소아민 (nitrosamines)
음이온과 비이온성 계면활성제
지방족 탄화수소(aliphatic hydrocarbons)
단환 방향족 탄화수소(monocyclic aromatic hydrocarbons)
다중 방향족 탄화수소(polyaromatic hydrocarbons)
클로로페놀과 클로로벤젠(chlorophenols and chlorobenzenes)
폴리염화디벤조-*p*-다이옥신(polychlorinated dibenzo-*p*-dioxins) 및 디벤조퓨란(dibenzofurans)
용매(염화 또는 비염화 모두)

출처 : *Pollutants in Urban Wastewater and Sewage Sludge.* (2001). Luxembourg: Office for Official Publications of the European Communities. 도시 폐수 시스템에 오염물질의 유입은 3개의 일반적인 원천으로부터 일어난다. 가정과 상업 폐기물과 도시유출물. 위의 간행물은 중요한 근원과 여기에서 목록으로 만들어진 오염물질의 수준에 대한 자세한 정보를 제공한다.

대체공정은 에너지와 상응하는 양의 화학비료를 제조하는 경제적 비용을 절감하게 하며 물 생태계에서 높은 영양 수준과 관련된 심각한 환경 문제를 경감할 것이다. 14장은 폐수 처리와 위에서 언급한 문제점을 다소 상세하게 다룬다.

생물정화

생물정화(bioremediation)는 환경에서 흩어져있는 오염물질을 깨끗하게 하는 살아있는 생명체의 활동에 달려있다. 증발, 추출 또는 흡착과 같은 물리 또는 화학적 처리는 오염물질을 제거하기 보다는 오히려 재배치한다. 대조적으로, 생분해가 유기오염물질들을 이산화탄소, 물 및 할로겐화물 이온을 포함하는 해가 없는 비유기산물로 전환하는 많은 실례가 있다. 다른 이점은 생물정화가 일반적으로 비용이 많이 들지 않으며 환경에 거의 교란을 일으키지 않는다는 것이다. 자주 세균에 의해 지배되고 있는 자연적으로 발생하는 컨소시움은 광범위한 환경 오염물질들을 분해하는 능력이 있다.

생물학적 산소 요구량(Biological Oxygen Demand)

물 생태계에서 높은 산소 농도의 유지는 물고기와 다른 수생 생명체의 생존을 위해서 필수적이다. 유기물질의 분해는 급속하게 산소를 고갈시킬지도 모른다. 처리되지 않은 하수 오수와 같은 유기물질이 물 생태계에 추가될 때 이는 과정에서 산소를 소모하는 세균에 의해 분해된다. 생물학적 산소 요구량(BOD)은 물에 있는 유기물질의 양과 관련 있다. 보통, 산소 소비는 5일 기간 동안에 측정되고 BOD_5로 약어로 표기된다. 도시폐수를 위한 BOD_5는 일반적으로 리터당 80에서 250 mg O_2의 범위에 있다. 적절한 2차 처리는 리터당 20 mg O_2 이하로 BOD_5를 줄인다.

Box 2.8

현저하게, 그런 컨소시움은 다량의 기름 유출의 정화에 대한 책임을 진다. 심각한 환경적인 영향을 미친 기름 유출 사례는 매우 많다. 다음은 이 유형의 넓게 퍼진 오염의 많은 실례 중의 3가지이다. 1989년 3월 원유 약 4100만 리터(〉1050만 갤런)이 유조선 Exxon Valdez에서 유출되어 알래스카에 있는 바위 많은 간만사이의 해안선 2000 km 이상(~1250 마일)을 오염시켰다. 1991년, 걸프전 동안 거대한 양의 기름이 해양 환경에 유출되어 해양생물에 대한 치명적인 영향을 주었다. 1997년에, 중유 5000톤 이상이 동해에서 운항되다 침몰한 러시아 유조선 Nakhodka에서 유출되었다. 기름은 해안선 500 km 이상(~310 마일)을 오염시켰다. 시간이 지나면서 이들 사례 전부에서, 내인성 미생물 군집이 대량으로 유류를 분해했다. Exxon Valdez의 사례에서 유출 장소에서 자연적으로 발생한 탄화수소 분해 세균의 활동은 유기 질소 화합물과 무기인 화합물을 포함하는 비료의 첨가에 의해 강화되었다(14장 506 페이지).

많은 수천개의 유기와 무기 화합물들이 수십만 개의 제품에서 전 세계적으로 매일 이용된다. 이들 화합물들은 토양 및 지하수로 우연히 또는 고의로 도입된다. 환경으로 인간이 만든 오염물질의 도입에 의하여 부과되는 문제의 심각성은 2003년 덴마크 정부에 의한 다음의 선언에 의해 강조된다.

> 화학제품에 관하여 정부의 가장 중요한 목표는 2020년까지 특히 건강에 문제가 있는 또는 환경적인 영향을 가진 화학제품을 포함하는 어떤 제품 또는 상품이든지 더 이상 시장에서 팔수 없어야 한다는데 있다(참고문헌은 88 페이지를 참고하라).

그런 오염물질 중에서 **고도로 염소화된 화합물**들은 그들의 알려진 그리고 잠재적인 해로운 환경적인 그리고 건강에 대한 영향 때문에 특별한 주목을 받고 있다. 그런 화합물의 한 가지 종류는 드라이 클리닝 액체와 기름 제거용 용매로 이용되는 테트라클로로에텐(tetrachloroethene); 트리클로로에텐(trichloroethene); 1,1,1-트리클로로에텐(1,1,1-trichloroethene) 및 사염화탄소(carbon tetrachloride)와 같은 고도로 염소화된 지방족 화합물들을 포함한다. 다른 종류는 펜타클로로페놀(pentachlorophenol; 목제 보존제), 폴리클로로비페닐(polychlorobiphenyls; 절연체, 열교환제), 그리고 다이옥신(dioxins; 연소 부산물)과 같은 고도로 염소화된 방향족 화합물에 의해 대표된다. 이들 화합물들은 호기성 또는 혐기성 조건 하에서 각종 내인성 미생물의 결합된 활동에 의해 완전히 또는 부분적으로 분해된다. 대체로, 내인성 미생물 군집의 활동에 의하여 많은 다른 위치에서의 염소화된 유기화합물의 자연적인 감쇠는 호기성 또는 혐기성 조건 하에서 느리고 불완전하며, 몇몇 사례에서는 계속 유독한 산물의 형성으로 귀결된다. 이들과 다른 유기화합물의 생분해의 복잡한 주제는 14장에서 상세히 탐구한다.

방사성 핵종들(radio nuclides)에 의해 오염된 장소의 정화는 매우 중요한 도전적인 문제를 부과한다. 미국 에너지성(Department of Energy; DOE) 보고는 상황을 간결하게 요약한다.

> 90년대 초기에 냉전 위협의 종결과 미국에 있는 모든 핵무기 생산용 원자로의 연이은 폐쇄로, DOE는 방대한 양의 오염된 물 및 토양 그리고 36주와 지역의 120개 장소(7280 km^2) 이상에 퍼져 있는 7000개 이상의 건물의 정화, 휴업 그리고 오염제거에 그들의 역점사항을 두게 되었다. DOE의 유산은 5700개의 별개의 융기에서의

표 2.10 다수의 미국 에너지성 시설들 오염된 장소의 지하수, 침전물, 그리고 토양에 존재하는 수명이 긴 그리고 이동성 방사성 핵종들

원소	방사성 동위원소, 방출 및 산화 상태	비교
우라늄 (Uranium; U)	17개 방사성 동위원소: 10^5~10^9 년의 반감기를 가지고 있는 U-226에서 U-242: α, β, 및 γ 방출 산화상태: +3, +4, +5, +6	U-235는 몇몇 원자로에서 에너지원으로써 그리고 핵무기 생산을 위해 사용된다. 7.13×10^6 년의 반감기를 가짐
플루토늄 (Plutonium; Pu)	15개의 동위원소: 10^2~10^3 년의 반감기를 가지고 있는 Pu-232에서 Pu-246: α와 γ 방출 산화상태: +3, +4, +5, +6, +7	24,100년의 반감기를 가지고 있는 Pu-239는 핵연료와 핵무기의 생산에 사용된다. 흡입 또는 주사시 극단적인 방사성 독성
테크네튬 (Technetium; Tc)	25개의 동위원소: Tc-90에서 Tc-108; 212,000년의 반감기를 Tc-99가 가짐: α와 β 방출 산화상태: +7 에서 0	U와 Pu 분열에서 유래. 원자로에서 핵분열 산물로 kg 단위로 생성됨. 과산화 테크네튬이온 (Tc(VII) pertechnetate ion, TcO_4^-)은 호기상태에서 물에서 매우안정
스트론튬 (Strontium; Sr)	인공적인 동위원소인 Sr-90은 반감기가 28년임: β 방출 산화상태: +2	세슘과 화학적으로 유사하기 때문에 Sr-90은 먹이사슬에 유입되어 뼈와 치아에 농축됨
세슘 (Cesium; Cs)	20개의 세슘 동위원소: Cs-137은 반감기가 30년; β 방출, 산화상태: +1	칼륨과 화학적으로 유사하기 때문에 동일한 방법으로 생명체에 의하여 섭취됨

출처 : U.S. Department of Energy. (2003). *Bioremediation of Metal and Radionuclides. What is it and How it Works.* 2nd Edition, LBNL-42595 (2003), A NABIR Primer, Washington, D.C.: Office of Biological and Environmental Research, Office of Science, U.S. Department of Energy.

1조 7000억 갤런의 오염된 지하수와 4000만 입방미터의 오염된 토양과 잔존물 그리고 쓰레기 매립지, 참호 및 유출 장소에 매장되어 있는 300만 입방미터 폐기물을 포함한다. 출처 : U.S. Department of Energy. (2003). *Bioremediation of Metals and Radionuclides. What Is It and How It Works,* LBNL-42595, 2nd Edition, p.5, Washington, D. C.: Office of Biological and Environmental Research, Office of Science, U.S. Department of Energy.

그런 장소의 지표 밑의 생물정화는 많은 주목을 받았다. 중요한 목적은 지하수의 침출과 광범위한 오염을 방지하기 위하여 매립된 폐기물을 그 자리에서 안정화하는데 있다. 이들 폐기물들의 가장 흔한 방사성 성분은 우라늄 (U), 스트론튬 (Sr), 플루토늄 (Pu), 세슘 (Cs), 및 테크네튬 (Tc)이다. 이들 방사성 핵종의 몇몇 중요한 물리 및 화학 성질은 표 2.10에 요약되어 있다. 우라늄은 산화 상태 +3, +4, +5, 및 +6으로 존재할 수 있으며, U(IV)은 보통 물에 불용성이며, 우라니나이트[uraninite, $(UO_2)^0$], 또는 코피나이트(coffinite, 규산염 무기물)로서 침전된다. U(VI)은 수용성이고 즉시 녹는 우라닐이온[uranyl ion, $(UO)_2^{2+}$]을 형성한다. 대조적으로, U(IV) 인산염은 확실히 불용해성이다. 이러한 우라늄의 성질들이 아래에서 탐구되는 2개의 별개의 미생물 매개성 원위치(*in situ*) 부동화 접근법을 위한 기초를 형성한다.

Geobacter 종들에 의한 U(VI)의 U(IV)로의 지표 밑 환원을 통한 우라닐 이온의 부동화

Geobacter 종(δ-프로테오박테리아)는 지표 밑 생물군의 중요한 일원이다. *Geobacter sulfurreducens*의 완전한 유전체 염기서열이 알려져 있다. 이 생명체는 철 (III)(산화 제

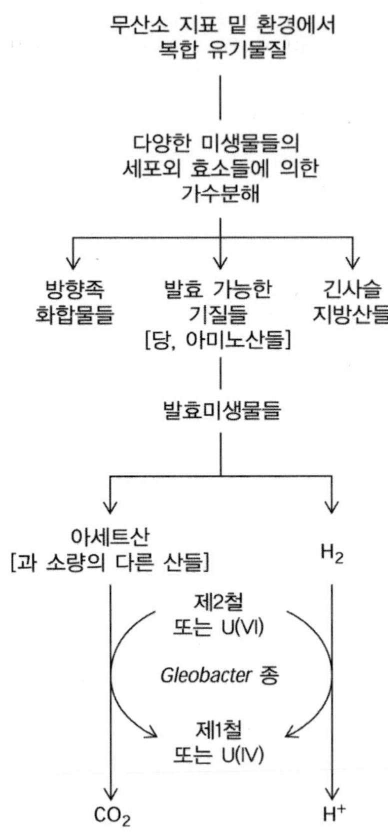

그림 2.7

Fe(III) 또는 U(VI) 같은 다른 금속들을 최종전자수용체로 이용하는 *Geobacter* 종에 의해 기질로 이용되는 수소 및 아세트산을 생성하는 무산소 조건 하에서 복잡한 유기물의 지표 밑 미생물의 물질대사

2철로서 풍족하게 지표 밑 환경에서 존재하는)을 최종 전자 수용체로 하는 전자전달 경로를 사용하여 아세트산을 이산화탄소로 산화해서 ATP를 생성한다. 아세트산은 지표 밑 생물군의 다른 일원들에 의해 생성된다(그림 2.7). 같은 방식으로, *G. sulfurreducens*는 U(VI)을 전자 수용체로서 이용할 수 있으며 그 다음에 불용성 화합물을 형성하는 U(IV)를 생성할 수 있다(위를 참고하라).

Pseudomonas aeruginosa 다중인산염(polyphosphate) 물질대사에 의하여 매개되는 우라닐이온의 원위치 부동화

사슬길이가 백개까지의 인산염 단량체로 되어 있는 **인산염 중합체(다중인산염, polyphosphate)**는 많은 미생물들에서 중금속 내성과 제거에 관여하고 있다. 그림 2.8에 보이는 것처럼, 다중인산염은 일반적으로 ATP를 포스포릴(phosphoryl)공여체로 사용하는 polyphosphate 키나아제(PPK)에 의해서 가역적이나 순역적으로 합성되며 그리고 exopolyphosphatase(PPX)에 의해 가역적으로나 순역적으로 가수분해된다.

P. aeruginosa 균주 HPN854는 유도성 프로모터의 감독하에 *ppk* 유전자를 발현하도록 조작되었다. *ppk*의 과대발현으로 이들 균주는 야생형 세포보다 100배 이상의 다중인산염을 축적하였다. 그런 다중인산염을 가득 채우고 있는 세포들이 탄소 기질이 없는 배지에 현탁되면 인산염은 효율적으로 방출된다: 중합체의 분해는 *ppk* 또는 *ppx*에 의해 매개되지 않으며, 글리코겐의 분해에 오히려 연결되어 있었다.

우라닐 질산염 1 mM이 상기 조건 하에서 조밀한 배양액에 추가될 때 우라닐 이온의 실제적인 양이 즉시 세균세포의 표면의 수산기 그룹에 결합하였다. 세포로부터 인산염의 점진적인 방출로 표면에 결합된 우라닐은 우라닐 인산염으로 변환되었다. 세포는 우라닐 인산염의 작은 결정을 형성하는 우라닐 이온의 균형을 유지하면 우라닐 이온을 그들의 건중량 40% 이상 축적하였다. 흥미롭게도 인산염의 방출의 비율은 세포가 치사량 ^{60}Co 방사선에 노출되었을 때도 변화가 없었다.

생물채광(biomining): 미생물을 이용한 중금속 추출

생물채광은 자연적으로 발생한 원핵생물 군집을 이용한다. 여기에서, 낮은 등급의 황화물과/또는 철광석으로부터 금속을, 주로 구리를 그러나 니켈과 아연도, 침출하기 위하여 미생물들이 이용된다. 공정은 에너지원으로 무기 화합물을 탄소원으로 이산화탄소를 이용하는 각종 호산성 **화학무기독립영양체**(chemolithoautotrophs)의 에너지 물질대사를 이용한다. 이들 생명체들은 제2철 또는 황산을 형성함에 있어서 제1철 또는 황화물을 전자 공여체로 산소를 전자 수용체로 이용한다. 첫 번째 경우에서는, 불용성 금속 황화물과 제2철의 연이은 반응으로 용해성 금속 황산염이 얻어진다. 두 번째에서는 금속 황화물은 금속 황산염으로 직접 산화된다. 금속들은 전기분해법에 의한 침출액에서 쉽게 회수되고, 잔여 용액은 순환된다.

금은 미생물 활동에 비활성이다. 그러나 산성 조건에서 황화금을 포함하는 광석의 생물침출은 용매에 광석 입자의 내부를 개방하게 한다. 생물침출 후에, 광석은 물로 헹궈지고 금은 시안산 용액으로 용해된다.

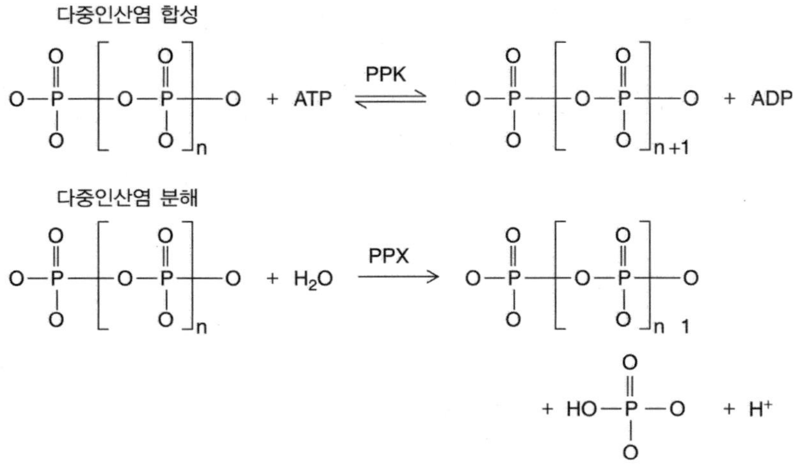

다중인산염 합성

$$O-\overset{O}{\underset{O}{\overset{\|}{\underset{|}{P}}}}-\left[O-\overset{O}{\underset{O}{\overset{\|}{\underset{|}{P}}}}\right]_n-O + ATP \overset{PPK}{\rightleftharpoons} O-\overset{O}{\underset{O}{\overset{\|}{\underset{|}{P}}}}-\left[O-\overset{O}{\underset{O}{\overset{\|}{\underset{|}{P}}}}\right]_{n+1}-O + ADP$$

다중인산염 분해

$$O-\overset{O}{\underset{O}{\overset{\|}{\underset{|}{P}}}}-\left[O-\overset{O}{\underset{O}{\overset{\|}{\underset{|}{P}}}}\right]_n-O + H_2O \xrightarrow{PPX} O-\overset{O}{\underset{O}{\overset{\|}{\underset{|}{P}}}}-\left[O-\overset{O}{\underset{O}{\overset{\|}{\underset{|}{P}}}}\right]_{n\ 1}-O + HO-\overset{O}{\underset{O}{\overset{\|}{\underset{|}{P}}}}-O + H^+$$

그림 2.8

polyphosphate 키나아제(PPK)에 의해 촉매 되는 다중인산염(polyphosphate)의 미생물학적 합성과 polyphosphate 인산 가수분해 효소(PPX)에 의해 촉매되는 이들의 분해. [Lovely, D. R. (2003). In *The Prokaryotes*, Release 3.4. *The Prokaryotes* website at http://141.150.157.117.8080/prokPUB/chaprender/jsp/showchap.jsp?chapnum=279에 기초하여]

생물채광에 대한 최근 연구는 침출과정의 미생물학에 대한 이해를 증진시키며 고온에서 성장하는 미생물의 사용을 탐구하는 데로 향하고 있다. 생물채광은 14장에서 상세히 토의한다.

석탄의 미생물 탈황

석탄은 황철광(FeS_2)과 유기 유황 화합물(우세하게 티오펜 유도체들)로 상당한 양의 유황을 포함한다. 석탄의 조성은 원천에 따라 상당히 변화한다. 예를 들면, 텍사스 갈탄은 무게로 0.4% 황철광 S와 0.8% 유기 S를 포함하는 반면에 일리노이 석탄이 1.2% 황철광 S와 3.2% 유기 S를 포함한다. 석탄이 점화될 때, 이들 황의 대부분은 SO_2로 전환된다. SO_2는 대기 중의 습기와 결합하여 산성 스모그와 산성비의 중요한 성분인 아황산(H_2SO_3)을 형성한다.

황철광을 제2철 황산염으로 전환하고 석탄에서 침출하는("생물채광"을 보다 먼저 참고하라) **석탄의 미생물 탈황(desulfurizaion)**은 이 문제를 개선하는 한 가지 방법을 제공한다. 탈황을 완결하기 위하여 거의 1주 또는 2주가 요구되며, 석탄의 침출더미(leach heap)와 보관에 많은 면적의 땅이 요구된다.

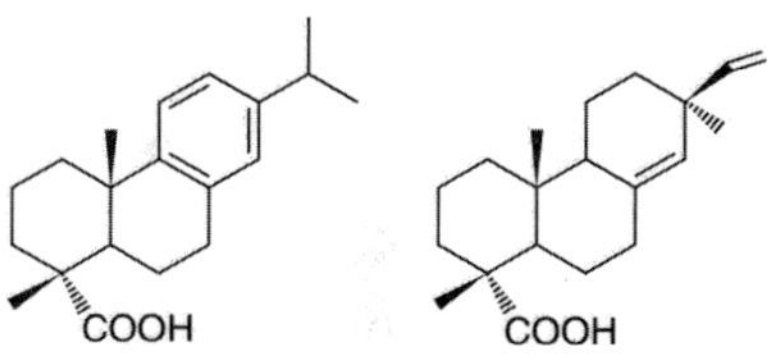

COOH　　COOH

그림 2.9

목재 추출성분에서 발견되는 수지산(resin acid)들은 abietanes와 pimeranes로 분류된다. Abietanes에는 C-13 탄소 원자에 이소프로필 곁사슬이 있는 반면에 pimeranes에는 이 위치에 비닐과 메틸치환기가 있다. 이러한 두 종류의 구성원들은 dehydroabietic acid(좌측에) 및 pimaric acid(우측에)에 의해서 위에서 예시되어 있다. 종이 제조를 위하여 섬유를 추출하는 목재 펄프화 과정에서 생산되는 폐수의 심각한 독성의 대다수는 수지산에서 기인하다.

[*출처* : Martindagger, V. J. J., Yu, Z., and Mohn, W. W (1999). Recent advances in understanding resin acid biodegradation: microbial diversity and metabolism. *Archives of Microbilology*, 172,131–138.]

종이펄프 제조에서의 균류에 의한 피치 제거

종이 제조 공업에서, 펄프화하기 전에 어떤 목재 추출성분을 분해하기 위해 특정 **백색부후균류(white rot fungi)**를 이용하여 목재를 처리함은 실질적으로 수생 생명체에 대한 펄프 공장 유출물의 독성을 감소시킨다. 유기 용매로 목재로부터 추출할 수 있는 화합물들은 연질목재(속씨식물) 및 경목(겉씨식물) 건중량의 1.5%와 5.5% 사이를 구성한다. **목재 추출성분(extractives)**이라고 불리는 이들 화합물들은 주로 트리글리세라이드, 지방산, diterpenoid 수지산(resin acid)(그림 2.9), 스테롤, 왁스 및 스테롤 에스테르들로 되어있다. 수지산은 대부분의 연질목재에서 존재하나 일반적으로 경목에서는 없거나 적은 성분

표 2.11 연질목재와 경목들에서의 목재 추출성분의 주요성분

	연질목재			경목	
	구주 소나무(*Pinus sylvestris;* pine)	독일가문비(*Picea abies;* spruce)	mg/g	구주사시나무(*Populus tremula;* poplar)	유칼립투스(*Eucalyptus globulus;* eucalyptus)
유리 지방산들	1.73	0.78		1.06	0.28
수지산들	6.65	2.85		0.17	0
탄화수소들	0.74	0.19		1.14	0.17
왁스 또는 스테롤 에스테르들	0.83	0.87		3.07	0.57
모노글리세라이드들	0.18	0.55		1.18	0.02
디글리세라이드들	0.32	0.55		0.58	0.02
트리글리세라이드들	8.74	1.94		10.37	0.13
고급 알코올 또는 스테롤	1.39	1.00		2.40	0.68

출처 : Gutiérrez, A., del Rio, J. C., Martinez, M. J., and Martinez, A. T. (2001). The biotechnological control of pitch in paper pulp manufacturing. *Trends in Biotechnology,* 19, 340–348의 데이타에서

이다(표 2.11). 목재 펄프화와 종이 펄프의 제련 도중, 목재의 추출 성분들은 방출되어, 일반적으로 **피치(pitch)** 또는 **수지(resin)**로 불리는 콜로이드성 입자를 형성한다. 이들 콜로이드성 입자는 펄프와 기계장치에서 침적물을 형성한다. 이들 침적물은 공장 폐쇄와 완성된 종이제품의 각종 질에서의 결점을 일으키는 원인이 될 수 있다. 더욱, 펄프 공장 유출물에서의 수지 성분들은 어류와 수생 생명체들에게 심각한 독성을 나타낸다.

펄프화 전에 몇몇의 목재 추출성분을 분해하기 위해 균류를 이용한 목재의 전처리는 상당히 성공적이었다. 담자균 균류와 *Ophiostoma* 종은 살아있는 그리고 최근에 죽은 나무에 정착한다. 이 속의 많은 종들은 그들이 정착화 목재를 염색하기 때문에 수액 염색 또는 청색 염색 균류라 불리워진다. 이 문제를 회피하기 위하여 상업적인 균류산물인 cartapip는, ***Ophiostoma piliferum*의 "알비노" 균주**를 이용한다. 나뭇조각 더미(우드 칩; wood chip)에 적용될 때, 이 균류는 연질목재와 경목 둘 다에서 트리글리세라이드와 지방산을 분해하는데 특히 효과적이다. 그러나 다른 피치 형성 화합물들(스테롤, 스테롤 에스테르 및 왁스) 또는 생물독성 수지산의 제거에서는 부분적으로만 효과적이다. 27℃에서 목재 습중량 기준으로 70%의 습기 수준에서 4주 처리 후, *O. piliferum*는 목재 매스의 5% 이하의 감소로 연질목재의 피치 함량에서는 50%까지 감소하게 하였다(표 2.12). 더욱, 유출물의 생물특성은 처리되지 않은 대조군과 비교하면 11~14배 감소되었다.

다수의 **백색부후 담자균류**는 스테롤 에스테르를 및 왁스들을 분해할 수 있다. 펄프 공장 유출물의 농화배양으로 분리된 다수의 다른 세균은, 수지산을 분해할 수 있다. 이들 생명체에서 유래된 효소들 뿐 아니라 균류 그리고 세균이 펄프화 공정 동안 피치 침전물을 최소화하고 실질적으로 유출물의 독성을 줄이는 것이 가능하다는 것을 증명하는 상당량의 일이 지금 남아있다.

표 2.12 상이한 펄프목재들의 2주간 건조 또는 cartapip 처리 후의 전 추출성분들(g/100g) (괄호안의 숫자는 백분율 감소를 나타냄)

	대조구	건조[a]	Cartapip 처리
로지폴 소나무 (Lodgepole pine; *Pinus contorta*)	2.3	2.3 (0%)	1.9 (17%)
북미사시나무 (Quaking aspen; *Populus tremuloides*)	3.1	2.9 (6%)	2.2 (29%)
테다 소나무(Loblolly pine; *Pinus taeda*)	2.6	2.0 (23%)	1.4 (46%)
유칼립투스 (Blue gum eucalyptus; *Eucalyptus globulus*)	1.5	1.2 (20%)	0.8 (50%)

[a] 건조(Seasoning)는 나무 조각들의 저장을 나타낸다. 건조 도중, 목재 추출성분들은 식물 효소, 산화과정과 목재정착화 생명체에 의해 가수분해를 통해 소실된다.

출처: Gutiérrez, A., del Rio, J. C., Martinez, M. J., and Martinez, A. T. (2001). The biotechnological control of pitch in paper pulp manufacturing. Trends in Biotechnology, 19, 340–348의 데이터로부터

미생물 전세포 바이오리포터

사반세기 전에서부터 계속, 발광성 세균은 수생환경에 있는 유독한 화합물의 신속한 검증을 위한 바이오센서로 소개되었다. 이들 생명체의 사용은 광범위한 범위의 독성 검사를 위하여 현재 "제도화 되어"있다. 이들 검사는 신호(생물발광)에서의 변화가 원인과 독립적인 세포의 전체적인 물질 대사에서의 변화와 직접적으로 연결되어 있기 때문에 다용도로 사용할 수 있다.

재조합 DNA 기술에 의한 유전 조작의 출현은 광범위한 특정 미생물 바이오센서를 탄생시켰다. 이들의 대다수는 프로모터-작동유전자(감지 인자)가 스트레스 상태(독성 유기 또는 무기화합물, DNA 손상 등)에 반응하여 단백질(신호)을 암호화하고 있는 리포터 유전자의 발현 수준을 변화하는 유전적으로 조작된 세균이다. 단백질은 직접적으로(예를 들면, 녹색형광성 단백질) 또는 촉매활동(예를 들면, 형광성 또는 화학형광 산물의 형성)을 통해 탐지될 수 있다.

Vibrio fischeri 세포 독성 시험

V. fischeri NRRLB-11177의 생물 발광에 의존하는 독성 분석실험은 수생 환경에 있는 오염물질을 탐지하고 폐수 처리를 모니터링하고 일반적으로 인간 활동의 직접 또는 간접적인 결과로서 환경으로 유출되는 다양한 화합물의 상대적인 세포 독성을 검증하는데 널리 이용된다.

V. fischeri 세포 독성 분석실험은 Box 2.9에 서술되며 그림 2.10에서 예를 들어 설명되어 있다. 생물 발광의 강도는 ATP와 NADPH의 세포내 수준에 의존하고 있기 때문에, 분석실험은 효과적으로 세포의 대사 상태를 모니터링한다. 그 결과로, 세포막의 손상, 세포로 대사산물을 가져오는 수송 과정과의 간섭, 전자 전달계와의 간섭, 그리고 세포막을 가로지르는 이온 구배의 다른 혼란은 모두 생물 발광에서의 감소로 귀결된다. 이 분석실험의 장점

은 또한 약점이다. 그 자체로는, 분석실험은 독성효과의 성질과 분석물에 의해 영향을 받는 분자 표적에 대한 아무 정보도 제공하지 않는다. 그러나 분석실험은 수생생명체에 대한 다양한 화합물의 독성의 유용한 지시자로 공헌하는 것으로 입증되었다.

리포터 유전자 생물검정

위에서 서술된 한계는 특정 분자를 검출하기 위하여 설계된 분석실험에 의해 다루어진다. 다음은 그런 수십개의 분석실험 중에서의 3개의 사례이다.

특정 황색포도구균(*Staphylococcus aureus*) 균주들은 오페론 *cadAcadC*를 **포함하는 플라스미드 pI258**을 가지고 있다. 이 오페론은 Cd^{2+}와 Zn^{2+}에 대한 내성을 부여하며, 그리고 Cd^{2+} 또한 유도물질로도 작용한다. *Vibrio harveyi*의 luciferase 유전자, *luxAB*가 *cadA* 프로모터의 관리하에 배치되어 있는 구조체를 가지도록 조작된 *S. aureus*의 생물발광은 1에서 100 μM의 농도 범위에 걸쳐서 Cd^{2+}의 탐지를 허용한다.

옥탄을 감지하기 위한 ***Pseudomonas oleovorans* 경로**는 C_6에서 C_{12}의 범위의 사슬 길이를 가진 선형 알칸의 존재에서 *alkB* 프로모터를 활성화하는 *alkS*에 의해 암호화 되어 있는 전사활성화인자(transcriptional activator)로 이루어져 있다. 이 활성인자 프로모터계는 *E. coli*에서 녹색 형광성 단백질(green fluorescent protein; GFP)을 발현하는데 이용될 수 있다. 야생형 GFP는 빨리 분해된다. 그래서 GFP의 특히 안정적인 돌연변이체가 조작된 옥탄 감지 *E. coli* 균주에서 이용되었다. 옥탄 감지 *E. coli*의 생물 발광은 0.01에서 0.1 μM 옥탄에 용량 의존성 반응 범위를 보여주었고 가스상을 통한 또는 미세액적(microdroplets)으로부터 물을 통해서 확산에 의한 옥탄의 물질 전달의 모니터링을 허용했다.

Vibrio fischeri NRRLB-11177는 자연적으로 생물 발광을 하는 해양세균이다. 생물 발광은 일련의 반응을 촉매하는 산화환원효소(oxidoreductase; 반응 1)와 루시페라아제(luciferase; 반응 2)로부터 기인한다.

1. $NADPH + FMN \Leftrightarrow NADP^+ + FMNH_2$
2. $FMNH_2 + RCHO + O_2 \Rightarrow FMN + RCO_2H + H_2O +$ **light,**

그리고 RCHO는 팔미트알데히드(palmitaldehyde)이다. 팔미트알데히드는 다음 반응에 의해 재생된다:

$$RCO_2^- + NADPH + 2H^+ + ATP \Rightarrow RCHO + NADP^+ + H_2O + AMP + PPi.$$

세포 독성 실험은 다음과 같이 실행된다:

1. 냉동 건조된 세포들은 완충액에서 재구성되고 원하는 분석실험 온도에서 배양된다.
2. 다른 농도로 동일한 양의 분석물 용액이 동일한 양의 세균 현탁액에 첨가된다.
3. 이들 용액과(분석물이 결여되어있는) 대조용액의 형광은 그림 2.10에서 보여준 것 같이 측정된다.
4. 퍼센트 억제 (i)는

$$I = [(I_c - I_a)/I_a] \times 100$$

에 의해 주어진다. Ic가 대조용액의 형광이고 Ia는 분석물을 포함하는 용액의 형광인 곳에서. 생물 발광의 50% 억제를 하는 분석물 농도(EC_{50}이라고 지정되는)는 이 분석실험의 조건 하에서 독성의 정량적인 척도를 제공한다.

Box 2.9

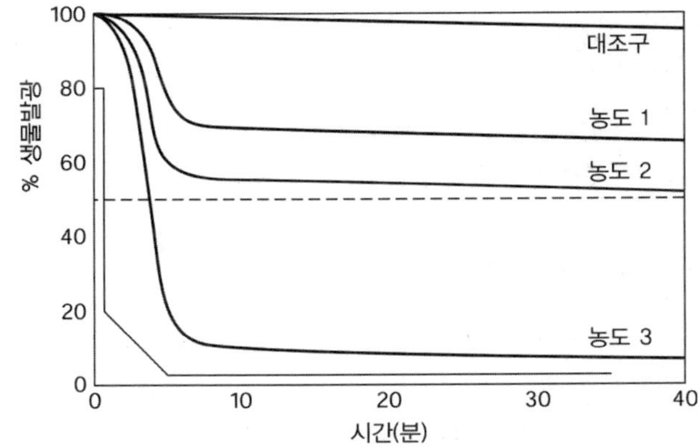

그림 2.10

측정되는 분석물의 증가하는 농도(농도1에서 농도3)의 존재하에서 *V. fischeri* 세포 독성 시험(BOX 2.9를 참고하라)의 조건에서 *Vibrio fischeri* NRRLB-11177 세포들의 생물형광발광 감소의 경시적 변화와 정도

Erwinia herbicola 299R은 식물 잎 표면의 정착자이다. 이 식물착생(식물표면서식; epiphytic) 세균은 국부적인 설탕 가용성을 탐지하는 전세포 센서로 전환되었다. *E. coli* 에서 과당 이용을 맡고 있는 오페론의 프로모터 영역이 야생형 GFP 보다는 보다 빠르게 접히고 보다 밝은 형광을 내며 매우 감소된 안정성을 가지는 GFP 변이체에 융합된 **플라스미드**(pP$_{fruB}$-gfp[AAV])로 세균은 형질전환되었다. 이들 성질이 조작된 *E. herbicola* 균주의 형광이 GFP 유전자 발현의 비율 그리고 수준을 면밀히 탐지하게 한다. 조작된 균주는 콩 식물 잎의 표면에 살포되었고 1시간 이후 24시간까지 간격으로 시료 잎은 헹궈서 모아졌다. Epifluorescence 현미경으로 측정된 개별적인 세포들에서의 형광 방출의 강도는 다양한 시간에서의 잎에 있는 설탕의 수준(정도)에 대한 정보를 제공하였다. 결과는 설탕 수준이 실험의 처음 단계에서 상대적으로 높고 그 후 세균이 증식함에 따라 감소한다는 것을 보여주었다. 그러한 단세포 센서들은 미생물들 사이의 상호작용들 뿐만 아니라 미생물과 그들의 숙주 사이의 상호 작용들의 연구에서 막대한 가능성을 가지고 있다(Box 2.10).

"2 μm 길이의 세균의 관점에서, 성냥갑의 표면은 대략 로드아일랜드, 또는 룩셈부르크 대공국 크기의 지역을 나타낸다. 동일한 세균에게, 이탈리안 에스프레소는 용적으로 지구에서 가장 큰 담수 호수인 바이칼호에 비교되며, 열기 풍선은 지구 자체의 비율을 차지한다.

출처: Leveau, J. H. J., and Lindow, S. E. (2002). Bioreporters in microbial ecology. *Current Opinion in Microbiology*, 5, 259–265.

BOX 2.10

유기 화학

화학 반응을 촉매 하는 미생물의 기능은 광대하다. 미생물 생합성 경로들의 전체적인 결과로 간단하고 복잡한, 저분자량과 중합의, 특별한 다양성을 가지고 있는 다수의 유기 화합물들이 생성된다. 더욱, 미생물들은 이들 모든 "천연산물들"을 살아있는 생명체들의 성장을 유지하는 화합물들로 분해할 수 있다. 화학 및 제약 산업은 합성 유기화합물들에 의한 지속적이고 광범위한 환경오염, 석유 기반 제품의 상승하는 비용과 연결된 재생 불가능한 석유 자원의 소모, 및 대기권에서는 온실 가스의 농도에서의 급속한 증가의 문제들과 직면하고 있다. 이들 문제에 대한 해결책을 위해, 화학자들은 대사산물들과 효소들의 미생물 도구상자를 그들이 사용하는 것을 크게 증가시켰다. 최근 개발은 심각한 환경 문제 해결의 원천적인 방법을 가능하게 하고 20세기 내내 산업에 의해 사용된 것들 보다는 더 효율적이고 더 값싼 촉매들과 공정들을 찾기 위해 유기화학이 미생물생물공학에 점점 그리고 광범위하게 의존할 것이라는 것을 보여준다.

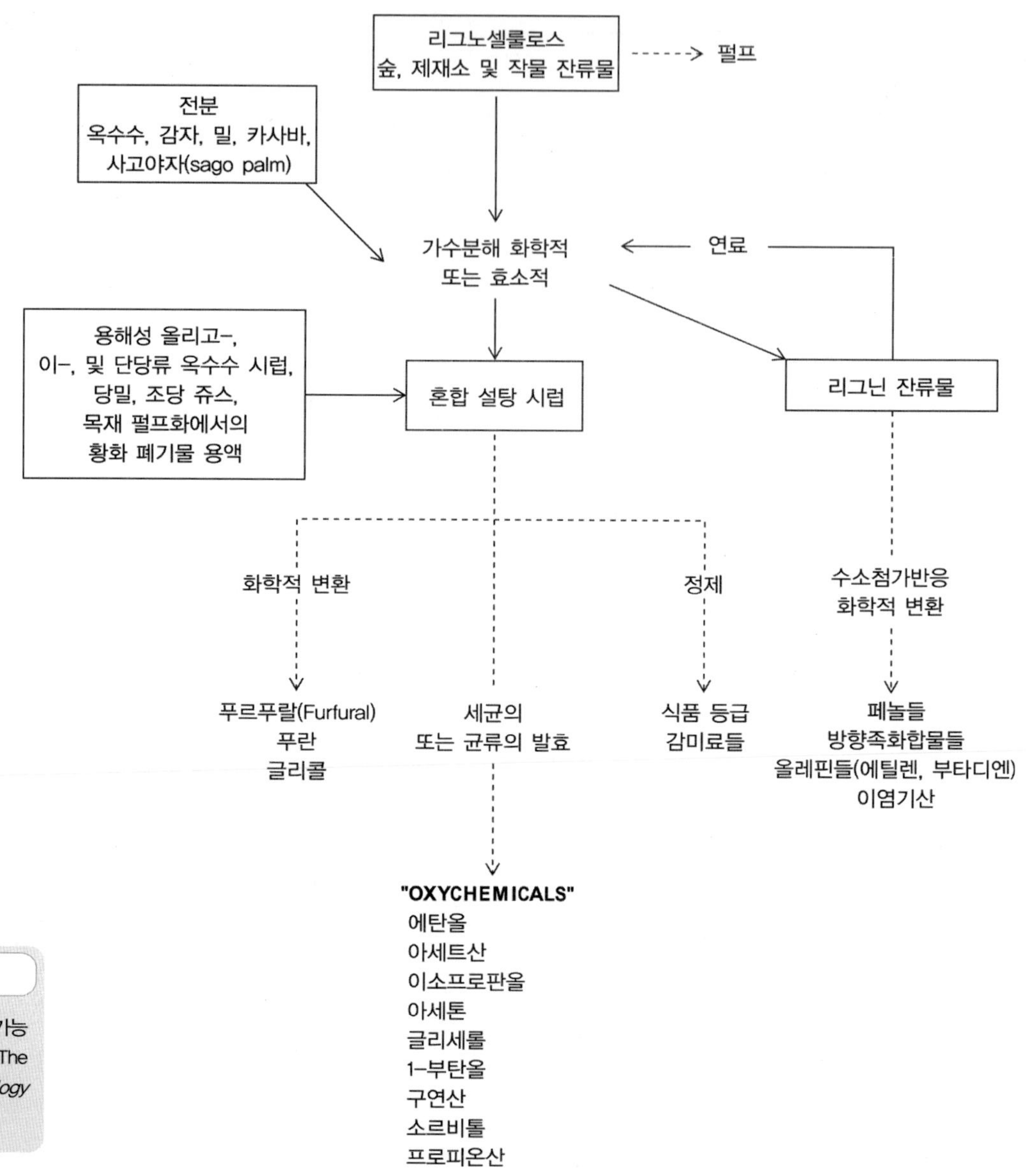

그림 2.11

중요한 원료 화학물질들의 재생가능한 원천. [Busche, R. M. (1985). The business of biomass. *Biotechnology Progress*, 1, 165-180에 기초하여]

원료 화학물질들

원료 화학물질들은 작은 분자들에서 플라스틱과 고무의 범위에 있는 다른 화학물질들을 합성하기 위하여 이용되는 원료로써 이바지하는 기초 요소이거나, 또는 그들은 다양한 산업공정에서 용매로서 이용된다. 에틸렌, 프로필렌, 벤젠, 톨루엔 및 크실렌과 같은 석유 정제의 1차 산물은 화학공업을 위한 지배적인 원료이다. 이들 화합물들과 그들의 유도체는 합성 유기 화학제품의 97% 이상에 해당한다. 미국에서의 그들의 생산은 2000억 파운드를 초과한다. 석유의 대략 7%는 화학물질들을 만들기 위하여 이용된다. 원료 화학물질들의 대체성의 재생 가능한 원천은 세계 석유 저장을 보전하기 위해 그리고 지구 온난화에 관한 관심 때문에, 대기 이산화탄소에서의 증가를 극소화하기 위하여 필요하다. 우리들이 원료 화학물질들의 풍부한 대체 원천들을 찾는 장래성은 무엇인가?

광합성 생명체들에 의해 생산되는 생물자원은 연간 2000억 톤으로 추정된다; 인간은 음식으로 또는 다른 목적으로 이들의 단지 3%에서 4%를 사용한다. 식물은 나무의 주요 구조상 성분인 리그노셀룰로스; 옥수수, 밀, 감자. 카사바 등에서의 전분 그리고 옥수수 시럽과 당밀에 있는 설탕을 포함하는 탄수화물이 풍부한 물질의 광대한 공급을 생산한다. 본질적으로 식물 물질들은 미생물 발효작용과 화학 공정을 조합하여 1차적인 원료 화학 물질들로 전환될 수 있는 유기물의 풍부하고, 값싼 공급원이다(그림 2.11). 세계 1차 그리고 2차 대전 도중 수요와 공급의 비정상적인 상태 하에서 다수 국가에서는 어떤 유기 화학물질들은 미생물 발효작용에 의해 대규모로 생산되었다. 1975년 브라질에서 높은 유가와 외환을 보전할 필요성 그리고 설탕의 매우 하락한 세계 시장 가격의 조합으로 발효작용에 의하여 에탄올을 생성하기 위한 대규모 정부 보증 기업의 탄생이 유발되었다. 그러나, 세계 전반적으로 사용가능한 생물자원의 매우 작은 부분만이 그런 목적으로 실제로 이용된다.

중요한 1차 공급 원료들(에틸렌, 프로필렌, 벤젠, 톨루엔, 크실렌, 프로판, 에탄, 에틸렌, 부타디엔, n-부탄, 시클로헥산, 이소부텐 및 이소프렌)은 모두 탄화수소이다. 생물자원의 직접적인 세균 또는 균류에 의한 분해에 의하며 얻어진 최종산물은 모든 "oxychemicals" (수소와 탄소뿐만 아니라 산소를 포함하는 화합물들; 그림 2.11)이다. 그러므로, 탈수단계가 발효산물(에탄올 같은)의 탄화수소 원료(에틸렌 같은)로의 변환에서 요구된다. 석유화학 물질들과 경쟁하기 위해서 유기물의 그러한 사용을 위해서는 발효 산물의 회수를 포함하는 발효공정과 연이은 탈수 공정의 결합된 비용이 석유화학 물질을 사용하는 비용을 초과해서는 안된다. 통용되고 있는 유류와 생물자원 원료의 가격에서 석유화학 공정이 보다 싸다.

Oxychemicals 그들 자신이 원료로 바람직할 때 경제적인 그림은 보다 호의적이다. 유용한 또는 잠재적으로 유용한 몇몇은 그림 2.11에 목록으로 작성되어 있다. 모두가 발효에 의하여 획득 가능하지만 다수의 이들 화합물들은 더 값이 싼 비용으로 석유화학 물질들로부터 생산된다. 예를 들면, 균류 *Rhizopus* 균주로 대규모 발효작용에 의해 한때 제조되었던 푸마르 산은, 벤젠 또는 부탄의 촉매적 산화를 통해, 더 싸게 생산된다. 미생물학적 공정은 몇몇 화학물질들의 대규모 산업적인 제조에서 현재 사용된다. 이들은 에탄올, 글루타민산 소다, 구연산, 라이신, 아크릴아미드, 과당, 사과산, 및 아스파르트산에 의해 예시된다. 그러나, 이들 화학물질들은 유기화학 공업의 전체 제품의 작은 부분에 불과하다.

그림 2.11에서 목록으로 만들어져 있는 화합물들과 그들의 유도체들은 무게로 보면 가장 많은 양으로 제조되는 100가지의 산업 유기화학 물질들 양의 1/2에 가깝게 나타난다. 생물자원 기반 화학 산업에 의하여 보다 많은 생산을 목표로 한 미래에서의 교체는 실행가능성 보다는 오히려 경제적인 면에 엄격히 달려 있을 것이다. 다음의 예는 현재의 상황이 미래로 약 15내지 20년간 주로 지속할지도 모른다고 제시한다.

아세트산의 산업적인 제조

아세트산은 그것의 특이한 냄새 및 신 맛을 식초에 부여한다. 식초는 대략 4%에서 8%의 아세트산을 포함하고 포도주 또는 알코올의 다른 희석 용액들로부터 제조된다. *Acetobacter*

와 *Gluconobacter*에 속하는 아세트산(초산) 세균은 높은 아세트산과 에탄올 농도에 내성을 나타내며, 산소의 존재하에서 에탄올을 아세트산으로 산화하여 식초를 생성하는 유일한 생명체이다:

$$CH_3CH_2OH + O_2 \rightarrow CH_3COOH + H_2O$$

고체 또는 액체 상태에서 순수 아세트산은 16.7℃의 높은 빙점 때문에, 빙초산(glacial, icelike)이라 불린다. 빙초산은 118℃의 비등점을 가지며 증류에 의해 순수한 형태로 식초에서 분리될 수 있다. 그러나, 산업적 이용을 위해서는 빙초산은 일산화탄소와 메탄올로부터 보다 값싸게 화학적으로 아직도 합성된다. 아세트산의 세계적인 생산은 년간 대략 800만 톤이다. 아세트산은 다양한 아세테이트 에스테르의 제조에서 1차적으로 이용된다. 많은 다른 것들 중에서, 이들은 셀루로오스 아세테이트(필름과 직물을 만들기 위하여 이용되는), 비닐 아세테이트(폴리비닐 아세테이트의 빌딩 블록), 및 아스피린(살리실산의 아세테이트 에스테르)를 포함한다. 아세트산에서 합성된 아세트 무수 화합물($CH_3C(O)$-O-$(O)CCH_3$)은, 아세테이트 에스테르 대다수의 합성에서 이용되는 시약이다.

가장 널리 이용되는 산업 화학공정에서는 아세트산은 메탄올과 일산화탄소에서 합성된다:

$$CH_3OH + CO \xrightarrow[\text{150℃～250℃, 1.0～1.5 기압}]{\text{료듐 요오드화물 촉매}} CH_3OOH$$

동부 중국에 있는 난징의 독일 화학 회사 Celanese에 의해 건설된 새로운 공장은 고속 처리량 공정에 의하여 메탄에서 년간 600,000 톤의 아세트산을 제조할 것이다. 첫 단계에서는, 산소로 메탄을 산화하여 메탄올과 일산화탄소를 산출한다:

$$2CH_4 + 2O_2 \xrightarrow{\text{350℃～500℃, 60～100 기압}} CH_3OH + CO + 2H_2O$$

두 번째 단계에서는, 앞에서 보여준 것 같이 촉매로써 로듐 요오드화물로 메탄올 그리고 이산화탄소는 반응하여 아세트산을 형성한다. 15년 협정이 공장에 메탄 공급을 위해 적절하다. 분명하게 가까운 장래에는 아세트산 생산을 위하여 미생물 공정이 화학방법을 대체할 것이라는 것은 기대할 수 없다.

녹색 화학: 패러다임 교체

열역학 법칙 제2법칙: "열은 어떤 외부 인자의 간섭없이, 스스로 더 차가운 물체에서 더 뜨거운 물체로 옮겨갈 수 없다." – Clausius, R. (1854년).

"화석 연료가 급격히 떨어져가는 세계에서 열역학 제2법칙이 21세기의 중심적인 과학적인 진실임이 충분히 드러날 것이다."
– Gutstein, D. (1994년). Chance and necessity. *Nature*. 368,598.

표 2.13 녹색 화학의 12개의 원리

1. 생성된 후에 폐기물을 처리하거나 깨끗이 하는 것 보다 폐기물을 방지하는 것이 낫다.
2. 합성 방법은 공정에서 이용되어 완성품이 되는 모든 물질의 통합을 최대화하기 위하여 설계되어야 한다.
3. 실행가능한 어느 곳에서든지 인류 보건 및 환경에 거의 또는 전혀 독성을 가지고 있지 않은 물질을 이용하고 생성하도록 합성 방법이 설계되어야 한다.
4. 화학물질들은 독성을 감소시키고 있지만 기능의 효능을 보존하기 위하여 설계되어야 한다.
5. 보조 물질(예를 들면, 용매, 분리제)의 사용은 가능한 곳에서는 어디에서든지 불필요하게 되어야 하며 사용될 때는 무해하게 되어야 한다.
6. 에너지 필요량은 그들의 환경과 경제적인 영향에 대하여 인식되고 극소화되어야 한다. 합성 방법은 실온 및 환경의 압력에서 수행되어야 한다.
7. 원료 또는 공급 원료는 기술적으로 그리고 경제적으로 실행할 수 있을 때는 언제나 다 써버리기 보다는 오히려 재생할 수 있어야 한다.
8. 불필요한 유도체화(봉쇄기, blocking groups; 보호/탈보호, protection/deprotecion; 물리/화학 공정의 임시 수정)는 가능한 언제든지 피해야 한다.
9. 촉매 시약은(되도록 선택적으로) 화학양론적인 시약보다 우수하다.
10. 화학제품은 그들의 기능이 끝나면 환경에서 지속하지 않으며 무해한 분해산물로 분해되도록 설계되어야 한다.
11. 분석적인 방법론은 위험한 물질의 형성 이전에 실시간, 제조과정에서 모니터링과 통제가 허용되도록 더 개발될 필요가 있다.
12. 화학 공정에서 이용되는 물질과 물질의 형태는 유출, 폭발 및 화재를 포함하여 화학 사고에 대한 잠재력을 극소화하기 위하여 선택되어야 한다.

출처: Anastas, P. T., Warner, J. C. (1998). *Green Chemistry: Theory and Practice*, p. 30. Fig. 4.1, New York: Oxford University Press; Oxford.

20세기의 마지막 십년간에 진입했을 때, 다수 성가신 관심사들이 합쳐져서 “**녹색화학**”이란 소학문을 잉태했다. 녹색 화학의 기초를 탐구하기 전에, 그것의 창조 이면의 조종자를 조사하자.

20세기는 기술 혁신의 전례가 없는 속도와 병행하여 급속한 인구 증가를 보였다. 인구 증가가 필요성을 창출하였고 신기술은 화학공업에서 폭발적인 성장을 가능하게 하였다. 20세기 중반까지, 석유는 유기화합물들의 대다수의 원천이 되었다. 오늘날 세계의 화학 및 제약 산업은 1000만인 이상을 고용하고 있으며 세계 무역의 대략 9% 정도 기여하고 있다.

20세기의 후반부에서는 몇몇 시급한 문제가 긴급한 관심을 요구하였다. 맨 먼저 재생불가능한 자원의 더욱 더 급속한 소모에도 불구하고 증가하는 에너지 소비율이었다. 그때 화석 연료의 연소로부터의 이산화탄소 방출에 의해 중요한 부분 강제된 세계 기후 변화가 중요한 위협을 야기하고 있다는 인식이 있었다. 또 다른 문제는 환경에 인간이 생성한 유독한 물질이 어디에나 있다는 것이었다. 동시에, 증가하는 규제 요건은 기업에 증가하는 수요를 부과한다. 석유 및 화학 공업에서, 폐기물 처리와 처분, 장소정화, 환경 보건과 안전 그리고 법률비용이 자본 지출의 15%에서 30%를 나타내도록 상승했다.

1990년, 미국에서, 오염 방지법은 가능할 때 그것의 근원에서 오염을 방지하거나 감소시키도록 국가 방침을 확립했다. 1991년에, 미국 환경청 Environmental Agency Office of Pollution Prevention and Toxics 부서는 “**오염 방지를 위한 대체 합성 경로**”로 불린

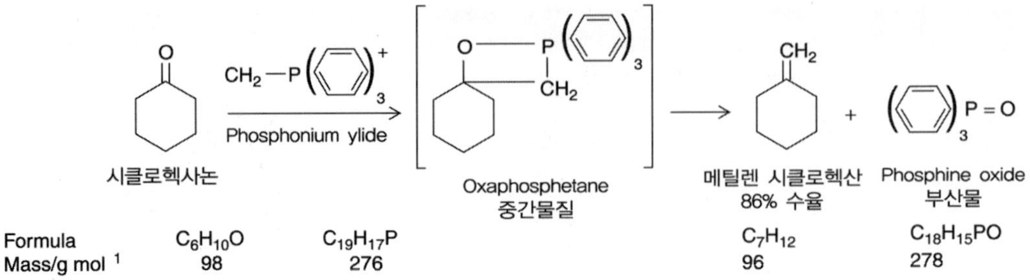

시클로헥사논 —($CH_2-P(C_6H_5)_3^+$, Phosphonium ylide)→ [Oxaphosphetane 중간물질] → 메틸렌 시클로헥산 86% 수율 + Phosphine oxide 부산물 ($(C_6H_5)_3P=O$)

	시클로헥사논	Phosphonium ylide	메틸렌 시클로헥산	Phosphine oxide
Formula	$C_6H_{10}O$	$C_{19}H_{17}P$	C_7H_{12}	$C_{18}H_{15}PO$
Mass/g mol [1]	98	276	96	278

$$
\begin{aligned}
\%\ \text{원자 경제} &= \frac{\text{사용된 모든 원자들의 formula 양}}{\text{사용된 모든 반응물들의 formula 양}} \times \frac{100}{1} \\
&= \frac{C_7H_{12}}{C_6H_{10}O + C_{19}H_{17}P} \times \frac{100}{1} \\
&= \frac{96}{98+276} \times \frac{100}{1} \\
&= 26\%
\end{aligned}
$$

그림 2.12

Wittig 반응에 의하여 시클로헥사논의 메틸렌-시클로헥산으로의 변환을 위한 원자 경제.
[Grant, S., Freer, A. A., Winfield, J. M., Gray, C., and Lemon, D. (2005). Introducing undergraduates to green chemistry: an interactive teaching exercise. *Green chemistry*, 7, 121–128.]

연구비 프로그램을 시작했다. 이 프로그램은 화합물질의 디자인과 합성에서 오염 예방을 목적으로 포함하고 있는 연구 프로젝트를 지원하였다. 이 프로그램은 녹색화학을 "위해성 물질의 사용과 생성을 감소시키거나 제거하는 화학산물들의 디자인과 공정"으로 본질적으로 정의하였다. 1998년에 출판된 영향력이 있는 책, **녹색화학: 이론 및 실제**에서, Paul Anastas와 **John Warner**는 녹색 화학의 한 세트인 12개의 원리를 공식화했다(표 2.13). 이들 원리는 급속하고 광범위한 지지를 얻었다. "**원자경제**"의 개념은 특별한 평가를 받을 가치가 있다. 그것은 제품에서 다 사용되어 버리는 모든 시작 물질의 양을 최대화하기 위하여 반응 설계의 중요성을 강조한다. 그림 2.12에서 보여주는 사례에서 Wittig 반응에 의한 사이클로헥사논의 메틸렌-시클로헥산(methylene-cyclohexane)으로의 전환은 86% 생산수율을 보여준다. 그러나 원자경제의 관점에서 보면 이 반응의 결과는 아주 빈약하다; 부산물 phosphine oxide의 화학량론적 형성은 단지 26%의 이 반응의 원자경제로 귀결된다.

녹색 화학의 원리의 광범위한 집착은 미생물생물공학의 도구의 사용을 강력하게 촉진한다. 생체촉매 반응을 개발하는 미생물 공정과 반응들은 이들 원리를 따른다. 예를 들면 이들 과정 및 반응들은 주로 실내 온도와 근방의 온도에서 그리고 대기기압으로 일반적으로 수용액에서 이루어진다. 상대적으로 낮은 양의 에너지가 필요하다. 유독한 금속이온이 채택되지 않으며, 부산물은 즉시 생물 분해성이다. 일반적으로 보호 그룹은 사용될 필요가 없다.

사실 지금 미생물생물공학의 상기의 속성을 특히, 효소 촉매 작용 반응에서 나타내는 높은 특이성을 이용하는 합성 계획과 공정을 설계하는 명확한 동향이 있다. 아래에서 우리는 산업공정에 대한 녹색 화학 영향의 2개의 사례를 제공한다.

농업 원료로부터 폴리락타이드(polylactide) 생산

유기 화학제품을 만들기 위하여 석유의 약 7%가 이용된다고 위에서 언급하였다. 대부분 이들 화학제품은 다양한 중합체를 위한 단위체 빌딩 블록을 제공하기 위하여 이용된다.

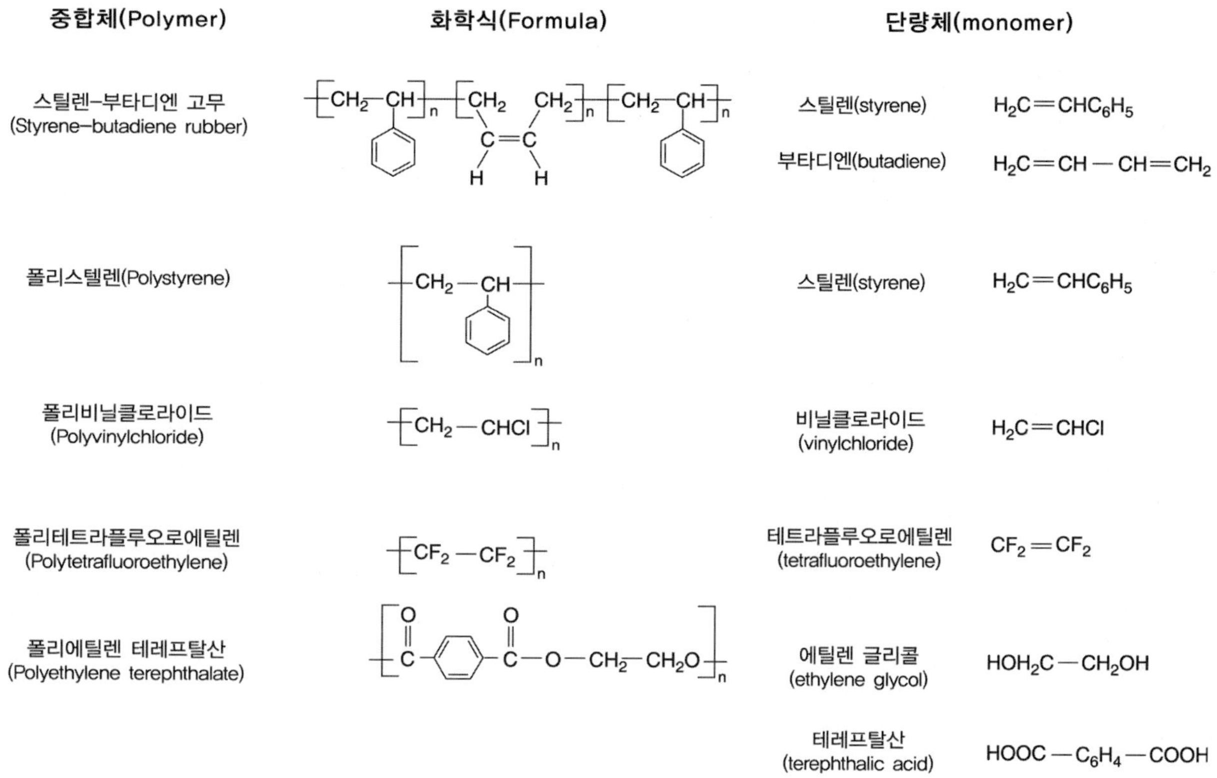

중합체(Polymer)	화학식(Formula)	단량체(monomer)	
스틸렌-부타디엔 고무 (Styrene-butadiene rubber)	$\left[CH_2-CH(C_6H_5)\right]_n\left[CH_2-CH=CH-CH_2\right]_n\left[CH_2-CH(C_6H_5)\right]_n$	스틸렌(styrene)	$H_2C=CHC_6H_5$
		부타디엔(butadiene)	$H_2C=CH-CH=CH_2$
폴리스텔렌(Polystyrene)	$\left[CH_2-CH(C_6H_5)\right]_n$	스틸렌(styrene)	$H_2C=CHC_6H_5$
폴리비닐클로라이드 (Polyvinylchloride)	$\left[CH_2-CHCl\right]_n$	비닐클로라이드 (vinylchloride)	$H_2C=CHCl$
폴리테트라플루오로에틸렌 (Polytetrafluoroethylene)	$\left[CF_2-CF_2\right]_n$	테트라플루오로에틸렌 (tetrafluoroethylene)	$CF_2=CF_2$
폴리에틸렌 테레프탈산 (Polyethylene terephthalate)	$\left[C(=O)-C_6H_4-C(=O)-O-CH_2-CH_2O\right]_n$	에틸렌 글리콜 (ethylene glycol)	HOH_2C-CH_2OH
		테레프탈산 (terephthalic acid)	$HOOC-C_6H_4-COOH$

그림 2.13

몇몇 널리 이용되는 화학적으로 합성된 중합체의 formula와 단위체 빌딩 블록들.

중합체에서 만들어진 또는 중합체를 포함하고 있는 제품들은 현대 사회에서 어느곳이든지 존재한다. 플라스틱 15000만 톤 이상은 매년 합성된다. 다음은 많은 폭 넓게 만날 수 있는 합성 중합체의 약간의 사례이다.

스틸렌-부타디엔(styrene-butadiene) 고무는 널리 이용되는 중합체의 하나이다. 그것의 용도의 부분적인 목록은 타이어 생산, 컨베이어 벨트, 브레이크와 클러치 패드, 분출 캐스킷, 경질 고무 건전지 상자 케이스, 신발 밑창과 구두 굽, 주조한 고무 상품, 절연제 및 식품 포장제를 포함하고 있다. **폴리스틸렌**(polystyrene)은 단단하고 딱딱한 고체이다. 기포 폴리스틸렌은 포장제의 생산에서 집중적으로 이용된다. 이 물질은 환경에서 지속적이며 바닷가로 밀려온 폐기물의 크게 볼 수 있는 성분이다. 폴리스티렌은 또한 사출 성형, 절연제 및 박판에서 이용된다. 널리 이용되는 플라스틱인 **폴리염화 비닐**(polyvinyl chloride)은 대략 년간 생산량 2500만 톤이 세계 염소 소비의 약 40%에 해당한다는 사실에서 주목받을 만하다. 폴리염화 비닐은 섬유, 기포, 또는 필름으로 생산된다. 그것은 물 방수성이고 밀기에 내성이 있기 때문에 옥외에서 많이 사용된다. 테플론(teflon)으로 잘 알려져 있는 **폴리테트라플루오로에틸렌**(polytetrafluoroethylene)은, 비접착 표면과 전기 절연제 제조에 이용되고 **폴리에틸렌 테레프탈산**(polyethylene terephthalate; PET)은 널리 이용되는 폴리에스터 중합체의 하나이다. 경량 재생가능한 물과 소프트 드링크 병은 PET로 되어 있다.

위 중합체의 첫 번째 4개는 산소를 포함하지 않는다는 것에 유의하라(그림 2.13). 일찍 토의한 바와 같이, 미생물이 생성한 oxychemicals는 그런 중합체의 제조를 위한 원료로써

그림 2.14

L–젖산으로부터 폴리랙타이드(polylactide; L–PLA) 중합체의 조제. L–젖산폴리랙타이드

Vink, E. T. H., Rábago, K. R, Glassner, D. A., and Gruber, P. R. (2003). Applications of life cycle assessment to NatureWorks polylactide (PLA) production. *Polymer Degradation and Stability*, 80, 403–419.에서]

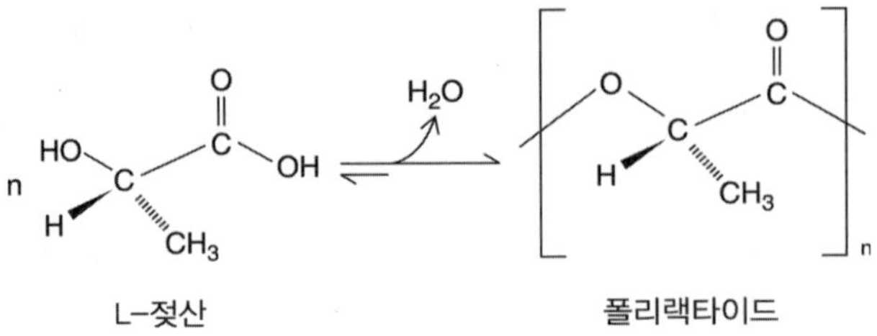

석유화학 물질들과 경쟁할 수 없다. 그러나 폴리에틸렌 테레프탈산과 같은 중합체를 현재 채택하고 있는 몇몇의 이용을 위해 사용될 수 있으며 그 위에 부분적으로 다른 종류의 중합체를 또한 대체할 수 있는 성질을 가지고 있는 새로운 중합체를 위한 oxychemical 전구물질에 도달하는 것은 가능해야 한다. 우리는 그런 관점에서 폴리락틱산(polylactic aicd; PLA)을 조사한다.

Cargill Dow PAL 제조공정을 위한 시작 물질은 옥수수 전분이다. 전분은 미생물 효소로 포도당으로 분해된다. 포도당은 산성 내성 동형젖산 발효 세균 균주로 배양함으로써 젖산으로 발효된다. 이 세균은 상업적인 옥수수 제분 시설의 옥수수 침지액으로부터 분리되었다. 탄수화물 50 g/L를 처음 포함하는 영양 배지에서는 최종 배양 pH 약 4.0에서 약 40 g/L의 젖산을 이 균주는 생산할 수 있다. 50% L과 50% D의 라세미 혼합물을 산출하였다.

중합체, L–PLA,는 L–젖산의 중합으로 만들어진다(그림 2.14). L–PLA 섬유와 필름은 방화 효력이 있고 얼룩이 생기지 않으며 포장, 서류 코팅, 의복, 가구, 인조섬유솜 그리고 양탄자와 같은 많은 용도를 가진다. 병과 다른 용기들은 주조한 L–PLA에서 제조된다. 버려진 제품은 즉시 재생될 수 있다. 더욱, 60℃에 퇴비화되면 L–PLA의 분해는 정량적인 이산화탄소 회수로부터 결정되는 것과 같이 40일에 완전히 이루어진다. 따라서, 이 중합체는 제품의 회수가 실제적이지 않은 농업용 지면피복 필름(mutch films)과 부대와 같은 많은 이용을 위해 적합하다.

L–PLA는 녹색 화학의 요구조건의 많은 것에 맞는 제품의 좋은 예가된다. 이는 완전히 재생할 수 있는 물질(옥수수, 사탕무 등에서 설탕)로부터 중합된다. L–젖산 중합에서는 물이 유일한 부산물로 생산된다(그림 2.14). 중합체는 단위체로부터 쉽게 재생되고 자연적인 환경에 있는 세균과 균류에 의해 CO_2와 물로 정량적으로 생물분해될 수 있다.

6–아미노페니실린산(6–aminopenicillanic acid)의 화학과 효소 합성의 비교

효소 촉매 작용은 유기화학에서 넓은 수용과 계속 확장되는 역할을 얻었다. 녹색 화학의 관점에서, 효소 촉매 반응은 많은 매우 바람직한 특징을 제공한다. 촉매로서의 효소는 효율적이고 일반적으로 입체 화학특이성과 위치특이성(regioselectivity)을 둘 다 보여준다. 더욱, 그들은 재조합 DNA 기술에 의해 다량으로 생산될 수 있으며 생물분해될 수 있다. 효소 촉매반응은 온건한 온도와 거의 중성 pH에서 대개 진행된다. 화학적인 기능 그룹 활성화는 일반적으로 필요하지 않고, 화학 유기합성의 특징적인 보호와 탈보호(protection and deprotecion) 단계는 피해진다. 그 결과로, 효소 촉매 반응은 몹시 놀라운

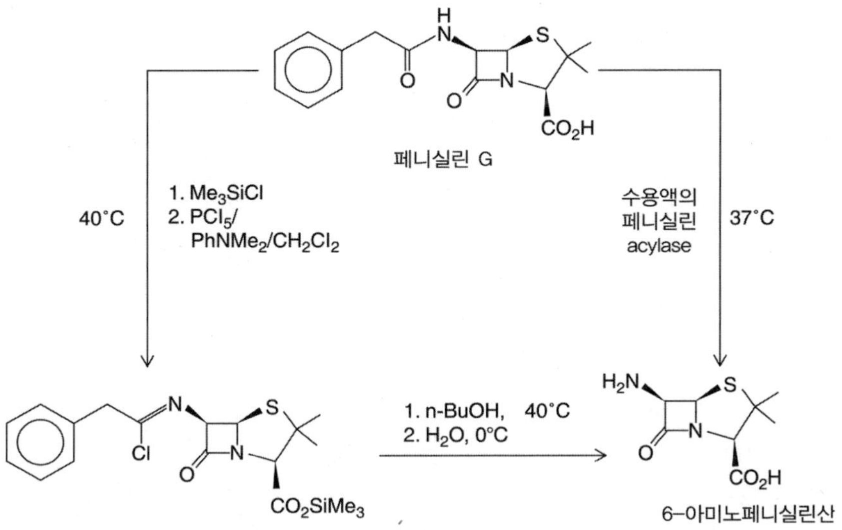

페니실린 G

40°C

1. Me_3SiCl
2. PCl_5/ $PhNMe_2/CH_2Cl_2$

수용액의 페니실린 acylase

37°C

1. n-BuOH, 40°C
2. H_2O, 0°C

CO_2SiMe_3

6-아미노페니실린산

그림 2.15

페니실린 G에서 6-아미노페니실린산(6-aminopenicillanic acid)으로의 변환을 위한 화학과 효소 공정의 비교. [Sheldon, R. A., and van Rantwijk, F. (2004). Biocatalysis for sustainable organic synthesis. *Australian Journal of Chemistry*, 57, 281-289.]

시약 절약을 보여준다. 몇몇의 이들 특징은 간단한 실례, (*Penicillium chrysogenum*으로 발효에 의해 생산된) 페니실린 G에 있는 아미드 결합의 반합성 페니실린의 합성에서 중요 중간체인 **6-아미노페니실린산** (6-APA)으로의 화학적 대 효소적 분할의 비교에 의하여 설명된다.

다단계 화학 변환은 **효소 페니실린** acylase에 의해 촉매되는 한 단계 변환과 함께 그림 2.15에 보여진다. 고도로 안정된 페니실린 acylase가 사용가능하게 되고 대량 생산되어, 고상 지지체에 효소의 재사용을 허용하기 위하여 고정화되었을 때 1980년대에 효소 촉매 반응은 화학 합성을 대체하였다. 효소 촉매 합성은 화학합성보다 훨씬 값이 쌌으며 밑에서 상술하는 바와 같이 화학적 폐기물의 인상적인 감소로 귀결되었다.

6-APA 1 kg의 화학 합성은 0.6 kg의 트리메틸실린 염화물(trimethylsilylchloride, Me_3SiCl), 1.2 kg의 펜타클로라이드인 (PCl_5), 1.6 kg의 N,N'-디메틸아닐린 ($PhNMe_2$), 0.2 kg의 암모니아 (NH_3), 8.4 L의 *n*-부탄올 그리고 8.4 L의 디클로로메틸렌(dichloromethylene, CH_2Cl_2)을 요구한다. 반응은 -40℃에 실행된다.

6-APA 1 kg의 효소 촉매 합성은 물 2 L와 0.09 kg 암모니아로 실행된다. 회수되거나 버려질 필요가 있는 화학 합성에서의 수많은 폐기산물과 대조적으로, 효소 촉매 반응의 폐기물 성분, 암모니아와 페닐아세트산(phenylacetic acid)은 즉시 살아있는 생명체에 의해 둘 다 이용된다. 화학반응이 -40℃에서 실행되는 반면에, 효소 촉매 반응은 37℃에서 진행되므로 따라서 대단히 더 작은 에너지 요구량을 부과한다.

요약

전체 유전체 샷건 염기서열 결정법의 출현으로 미생물생물공학은 새로운 가능성을 가진 세계로의 문지방을 넘었다. 원핵생물들과 균류의 완전히 염기서열이 결정된 유전체의 수는 다른 알려진 유전체들 전부의 합계를 크게 초과한다. 동일한 서술이 알려진 염기서열의 개별 유전자들의 수에 대해서도 유지된다. 환경적 또는 화학적이든지 간에 다른 도

전에 노출된 생명체에서 유전자 발현 패턴의 신속한 분석을 허용하는 기술의 출현은 유전체 정보의 데이터베이스에서의 폭발적 증가와 함께 한다.

종합적으로 미생물 물질대사의 경로와 산물들의 풍부함은 거대하다. 미생물은 고분자와 많은 특이한 작은 분자의 생산을 위한 효율적인 공장이다. 원핵생물들과 균류가 인간 치료, 농업, 식품공학, 환경 절차(폐수 처리, 생물정화, 중금속 추출 등) 그리고 유기화학에 기여하는데 있어서 그리고 독성학과 다른 분야들에서 특이적으로 다재다능한 전세포 바이오리포터로써 계속해서 보다 중요하게 되는 것은 놀라운 일이 아니다. 이들 영역의 각각을 위해 사례역사는 미생물생물공학의 다양한 중요한 기여를 설명하기 위하여 제공된다.

급속한 지구 온난화, 유독한 합성 유기화합물과 중금속들에 의한 증가하는 광범위한 환경오염과 그리고 석유 매장량의 소모의 위협에 의하여 부과되는 많은 도전들은 녹색 화학으로의 전환의 필연성을 수용하게 한다. "녹색 화학은 오염 예방을 위한 화학의 사용이다. 보다 특이적으로, 녹색 화학은 유해한 물질의 사용 그리고 발생을 감소시키거나 제거하는 공정과 화학제품의 설계이다; (http://www.epa.gov/greenchemistry/whats_gc.html). 녹색 화학의 점차적인 실시는 다수의 대규모 미생물 발효에서의 급속한 성장과 촉매로 효소를 채택하는 화학합성 부분에서 상승하는 우세로 귀결되었다.

|참고문헌과 온라인 자료|

일반적인 내용

Lederberg, J. (ed.) (2000). *Encyclopedia of Microbiology*, San Diego: Academic Press.

Ratledge, C., and Kristiansen, B. (eds.) (2001). *Basic Biotechnology*, 2nd Edition, Cambridge: Cambridge University Press.

Laird, S. A., and ten Kate, K. (1999). *The Commercial Use of Biodiversity. Access to Genetic Resources and Benefit-Sharing*, London: Earthscan Publications Ltd.

Demain, A. L., and Davies, J. E. (eds.) (1999). *Manual of Industrial Microbiology and Biotechnology*, 2nd Edition, Washington, D.C.: ASM Press.

Demain, A. L. (1999). Pharmaceutically active secondary metabolites of microorganisms. *Applied Microbiology and Biotechnology*, 52, 455–463.

인간치료법

Swartz, J. R. (2001). Advances in *Escherichia coli* production of therapeutic proteins. *Current Opinion in Biotechnology*, 12, 195–201.

Prather, K. J., Sagar, S., Murphy, J., and Chartrain, M. (2003). Industrial scale production of plasmid DNA for vaccine and gene therapy: plasmid design, production and purification. *Enzyme and Microbial Technology*, 33, 865–883.

Cordell, G. A. (2000). Biodiversity and drug discovery – a symbiotic relationship. *Phytochemistry*, 55, 463–480.

Ikeda, H., Nonomiya, T., Usami, M., Ohta, T., and Omura, S. (1999). Organization of the biosynthetic gene cluster for the polyketide anthelminthic macrolide avermectin in *Streptomyces avermitilis*. *Proceedings of the National Academy of Sciences USA*, 96, 9509–9514.

Ikeda, H., et al. (2003). Complete genome sequence and comparative analysis of the industrial microorganism *Streptomyces avermitilis. Nature Biotechnology*, 21, 526–531.

Strobel, G. A. (2002). Rainforest endophytes and bioactive products. *Critical Reviews in Biotechnology*, 22, 315–333.

Orr, G. A., Verdier-Pinard, P., McDaid, H., and Horwitz, S. B. (2003). Mechanisms of taxol resistance related to microtubules. *Oncogene*, 22, 7280–7295.

농업

Slater, A., Scott N. W., and Fowler, M. R. (2003). *Plant Biotechnology: the Genetic Manipulation of Plants*, Oxford: Oxford University Press.

Garg, A. K., et al. (2002). Trehalose accumulation in rice plants confers high tolerance levels to different abiotic stresses. *PNAS*, 99, 15898–15903.

Gonsalves, D. (1988). Resistance to papaya ringspot virus. *Annual Review of Phytopathology*, 36, 415–437.

Gonsalves, D. (2002). Coat protein transgenic papaya: "acquired" immunity for controlling papaya ringspot virus. *Current Topics in Microbiology and Immunology*, 266, 73–83.

Lindbo, J. A., and Dougherty, W. G. (2005). Plant pathology and RNAi: a brief history. *Annual Review of Phytopathology*, 43, 191–204.

Russell, B. J., and Houlihan, A. J. (2003). Ionophore resistance of ruminal bacteria and its potential impact on human health. *FEMS Microbiology Reviews*, 27, 65–74.

식품공학

Twomey, D., Ross, R. P., Ryan, M., Meaney, B., and Hill, C. (2002). Lantibiotics produced by lactic acid bacteria: structure, function and applications. *Antonie van Leeuwenhoek*, 82, 165–185.

Hansen, J. N. (1994). Nisin as a model food preservative. *Critical Reviews of Food Science and Nutrition*, 34, 69–93.

Breukink, E., Wiedemann, I., van Kraaij, C., Kuipers, O. P., Sahl, H.-G., and de Kruiff, B. (1999). Use of the cell wall precursor lipid II by a pore-forming peptide antibiotic. *Science*, 286, 2361–2364.

Hsu, S-T., et al. (2004). The nisin-lipid II complex reveals a pyrophosphate cage that provides a blueprint for novel antibiotics. *Nature Structural and Molecular Biology*, 11, 963–967.

Eijsink, V. G. H. (2005). Bacterial lessons in sausage making. *Nature Biotechnology*, 23, 1494–1495.

Chillou, S., et al. (2005). The complete genome sequence of the meat-borne lactic acid bacterium *Lactobacillus sakei* 23K. *Nature Biotechnology*, 23, 1527–1533.

단세포 단백질

Quorn™ International website http://www.quorn.com.

Miller, S. A. and Dwyer, J. T. (2001). Evaluating the safety and nutritional value of mycoprotein. *Food Technology*, 55, 42–47.

Hoff, M., Trüeb, R. M., Ballmer-Weber, B. K., Vieths, S., and Wuetrich, B. (2003). Immediate-type hypersensitivity reaction to ingestion of mycoprotein (Quorn) in a patient allergic to molds caused by acidic ribosomal protein P2. *Journal of Allergy and Clinical Immunology*, 111, 1106–1110.

미생물의 환경적인 이용

Wackett, L. P., and Hershberger, C. D. (2001). *Biocatalysis and Biodegradation: Microbial Transformation of Organic Compounds*, Washington, D.C.: ASM Press.

Hurst, C. J. (ed.). (2002). *Manual of Environmental Microbiology*, 2nd Edition, Washington, D.C.: ASM Press.

Atlas, R. M., and Philp, J. C. (eds.) (2005). *Bioremediation: Applied Microbiology Solutions for Real-World Environmental Cleanup*, Washington, D.C.: ASM Press.

The Danish Government. (2003). Making markets work for environmental policies – achieving cost-effective solutions, http://www.mst.dk.

Watanabe, K., and Baker, P. W. (2000). Environmentally relevant microorganisms. *Journal of Bioscience and Bioengineering*, 89, 1–11.

Wilsenach, J. A., Maurer, M., Larsen, T. A., and van Loosdrecht, M. C. M. (2003). From waste treatment to integrated resource management. *Water Science and Technology*, 48, 1–9.

Bosecker, K. (2001). Microbial leaching in environmental clean-up programmes. *Hydrometallurgy*, 59, 245–248.

Watanabe, K., and Baker, P. W. (2000). Environmentally relevant microorganisms. *Journal of Bioscience and Bioengineering*, 89, 1–11.

미생물 전세포 생물리포터

Farré, M., and Barceló, D. (2003). Toxicity testing of wastewater and sewage sludge by biosensors, bioassays and chemical analysis. *Trends in Analytical Chemistry*, 22, 299–310.

Köhler, S., Belkin, S., and Schmid, R. D. (2000). Reporter gene bioassays in environmental analysis. *Fresenius Journal of Analytical Chemistry*, 366, 769–779.

Belkin, S. (2003). Microbial whole-cell sensing systems of environmental pollutants. *Current Opinion in Microbiology*, 6, 206–212.

Leveau, J. H. J., and Lindow, S. E. (2002). Bioreporters in microbial ecology. *Current Opinion in Microbiology*, 5, 259–285.

Yoon, K. P., Misra, T. K., and Silver, S. (1991). Regulation of the *cadA* cadmium resistance determinant of *Staphylococcus aureus* plasmid pI258. *Journal of Bacteriology*, 173, 7643–7649.

Jaspers, M. C. M., Meier, C., Zehnder, A. J. B., Harms, H., and van der Meer, J. F. (2001). Measuring mass transfer processes of octane with the help of an *alkS-alkB::gfp*-tagged *Escherichia coli*. *Environmental Microbiology*, 3, 512–524.

Leveau, J. H. J., and Lindow, S. E. (2001). Appetite of an epiphyte: quantitative monitoring of bacterial sugar consumption in the phyllosphere. *PNAS*, 98, 3446–3453.

유기화학

Zeikus, J. G. (2000). Biobased industrial products: back to the future for agriculture. In *The Biobased Economy of the Twenty-First Century: Agriculture Expanding into Health, Energy, Chemicals, and Materials*, A. Eaglesham, W. F. Brown, and R. W. F. Hardy (eds.), Ithaca, NY: National Agricultural Biotechnology Council.

Warner, J. C., Cannon, A. S., and Dye, K. M. (2004). Green chemistry. *Environmental Impact Assessment Review*, 24, 775–799.

Trost, B. M. (1995). Atom economy – a challenge for organic synthesis: homogenous catalysis leads the way. *Angewandte Chemie International Edition English*, 34, 259–281.

Jenck, J. F., Agterberg, F., and Droescher, M. J. (2004). Products and processes for a sustainable chemical industry: a review of achievements and prospects. *Green Chemistry*, 6, 544–556.

Zaks, A. (2001). Industrial biocatalysis. *Current Opinion in Chemical Biology*, 5, 130–

136.

Böschen, S., Lenoir, D., and Scheringer, M. (2003). Sustainable chemistry: starting points and prospects. *Naturwissenschaften*, 90, 93–102.

Prust, C., et al. (2005). Complete genome sequence of the acetic acid bacterium *Gluconobacter oxydans*. *Nature Biotechnology*, 23, 195–200.

Vink, E. T. H., Rábago, K. R., Glassner, D. A., and Gruber, P. R. (2003). Applications of life cycle assessment to Nature Works™ polylactide (PLA) production. *Polymer Degradation and Stability*, 80, 403–419.

Drumright, R. E., Gruber, P. R., and Henton, D. E. (2000). Polylactic acid technology. *Advanced Materials*, 12, 1841–1846.

Microbial Biotechnology

Chapter 03

세균과 효모에서의 단백질 생산

호르몬, 림포카인, 인터페론, 효소 등 다양한 종류의 생리활성 펩티드와 단백질을 꼭 필요한 양만큼 생산해야 우리 몸은 건강을 유지할 수 있다. 이들 고분자 중에서 부족한 것이 있으면 우리 몸은 심각한 질병에 걸리게 된다. 1982년까지만 해도 질병치료용 펩티드와 단백질 의약품을 분리해낼 수 있는 재료는 동물자원에 국한되었기 때문에 그 가격이 매우 비싸서 널리 사용하기 어려웠다. 생리활성 펩티드와 단백질은 동물조직 속에 낮은 농도로 포함되어 있어서 의약 용도로 사용할 수 있을 만큼 충분한 양을 분리해내기 어렵다. 뇌하수체 성장호르몬 같은 물질은 동물과 사람의 경우에 차이가 커서 동물유래의 물질을 사람에게 사용해도 효과가 전혀 없다. 게다가 일부 불안정한 고분자는 사람과 동물조직으로부터 분리하는 과정에서 바이러스 입자나 바이러스 핵산에 오염될 위험성을 갖고 있다.

재조합DNA 기술(recombinant DNA technology)이 개발되면서 이러한 물질을 생산하는 데에 획기적인 전기가 마련되었다(2장). 단백질을 코딩하는 DNA 단편을 클로닝한 후, *Escherichia coli* 또는 *Saccharomyces cerevisiae* 등의 미생물에 집어넣는다. "변형" 미생물은 값싼 배지를 먹고 자라면서 펩티드와 단백질을 대량으로 생산하는 "생물 공장"으로 작용한다. 그리고 순수배양 미생물로부터 물질을 얻는 경우에는 인체에 해로운 바이러스의 오염가능성을 배제할 수 있다.

세균에서의 단백질 생산

여러 가지 측면에서 초기부터 박테리아가 "생물 공장"으로 선정되었다. 이것은 박테리아 유전학, 생리학, 생화학이 많이 연구되어 왔기 때문이다. 실제로 박테리아 *E. coli*가 사람(*Homo sapiens*) 다음으로 가장 많이 연구된 생물체이다. 게다가 박테리아는 값싼 배지를 사용한 대량배양이 가능하며 매우 빠르게 생장한다. 예를 들어 *E. coli*는 영양배지에서 20분마다 생물자원이 두 배로 증가한다. 박테리아는 크기가 매우 작아서 직경 10 cm인 페트리접시 한 개에 십억 개의 세포를 키울 수 있다. 우리는 이 점을 이용해서 매우 많은 개수의 세포를 배양하면서 빈도가 매우 낮은 돌연변이유발 현상 또는 재조합현상을 찾아낼 수 있다. 바로 이것이 유전자 조작이나 재조합 DNA

제조의 핵심기술이다.

박테리아 내부로의 DNA 전달

외부 DNA를 박테리아 안으로 효율적으로 전달하는 기술 개발을 바탕으로 20세기 중반에 박테리아유전학 분야가 급격하게 성장했다. 박테리아 간에 유전정보를 교환하는 방식을 기초로 해서 앞으로 설명하게 될 세 가지 기본적 접근방법이 개발되었다. 한편, 유전자 교환은 다음과 같이 두 단계로 나누어진다: (1) DNA가 공여세포(donor cell)를 떠나서 (2) 수용세포(recipient cell)로 들어간다. 이때, 두 번째 단계인 DNA가 세포에 들어가는 과정이 생물공학 연구자에서 가장 중요한 관심분야이다.

형질전환에 의한 직접 전달

형질전환(transformation)은 박테리아에서 처음으로 밝혀진 유전자 전달기작이다. 1928년에 Frederick Griffith는 살아있는 **비캡슐형**(noncapsulated) **폐렴구균**(*Streptococcus pneumoniae*)를 열처리로 죽인 **캡슐형**(capsulated) **폐렴구균**과 함께 쥐에 주사하고 관찰한 결과, 비캡슐형 균이 캡슐형 균이 갖고 있던 캡슐 형성능력을 획득하였음을 확인하였다. 이 실험을 통해 유전정보가 죽은 공여세포로부터 살아있는 박테리아세포로 전달될 수 있음을 알게 되었다. 1944년에 Oswald T. Avery와 Colin M. MacLeod 및 Maclyn McCarty의 연구를 통해 형질전환과정에서 유전정보를 전달하는 물질이 DNA임이 확인되었다. 이러한 발견을 통해 현대분자생물학의 발전기반이 갖추어지게 된 것이다.

몇몇 종의 박테리아, 즉, *Bacillus subtilis*, *Neisseria gonorrhoeae*, *Haemophilus influenzae* 균이 폐렴구균처럼 형질전환능력을 갖고 있다는 사실이 알려졌다. 이들 균 중에서 일부는 수용세포가 지닌 정교한 분자기구에 의해 DNA가 안으로 들어가는 것이 밝혀졌는데 이것은 DNA 통과가 능동적인 과정임을 보여준다. **수용능**(competence)이라고 부르는 이러한 DNA 수용능력은 대부분 특수 환경에서 생성된다.

그러나 *Bacillus subtilids*를 제외하면, 자연적으로 형질전환능력이 있는 박테리아종의 유전학과 생리학이 잘 연구되어 있지 않다. 가장 연구가 많이 진행된 박테리아인 *E. coli*가 인공적인 방법으로 외부 DNA를 수용할 수 있다는 사실은 생물공학의 활용측면에서 매우 다행스런 일이다. 고전적인 방법으로 *E. coli* 세포는 0℃에서 고농도(30 mM) 염화칼슘용액에 현탁되면 수용능 상태로 전환된다. 칼슘이온은 고농도의 산성 지질로 구성된 세포막 이중층에 작용해서 탄화수소 내부를 “결빙”하게 만든다. 이것은 아마 지질의 음전하를 띤 머리부위에 칼슘이온이 강하게 결합하기 때문이다. *E. coli*와 같은 그람음성세균의 외막은 많은 양의 산성그룹(지질다당류 lipopolysaccharide, LPS)을 고농도로 갖고 있어서 막이 결빙되어 깨어지기 쉽다(그림 1.3B 참조). DNA와 같은 고분자가 갈라진 틈으로 통과할 수 있게 된다. DNA를 현탁액에 넣은 후, 세포를 42℃로 열처리하고 냉각하면 세포는 DNA단편을 세포막을 통해 받아들이게 된다. 하지만 이 과정에 대한 분자기작이 아직 명확하게 밝혀지지 않았다.

일부 다른 박테리아에서도 유사한 방법으로 형질전환이 가능하다. 그러나 대부분의 종에서 이 방법이 작용되지는 않는다. 대신에 많은 생물체(*E. coli* 포함)에서 널리 작용하는 방법으로서 **전기천공법**(electroporation)이 있다. 이 방법에서 고전압의 전기 펄스를 순간적으로 가하면 전하를 띤 비대칭 막 성분의 방향이 바뀌어져서 막 구조에 순간적으로 구멍이 형성된다. 이때 DNA단편이 자발적인 확산이나 전기적 전하에 의해서 통로를 통해 세포 안으로 들어가게 된다.

접합(conjugation)에 의한 전달

앞에서 이미 언급한대로 일부 박테리아의 경우, DNA를 직접 넣어주는 것이 쉽지 않다. 하지만 1차적으로 DNA단편이 형질전환을 통해서 DNA를 수용할 수 있는 생물체에 (예를 들면, *E. coli*) 들어가면, 이후에 DNA 단편은 접합이라는 유전물질 교환방식에 의해서 *E. coli*로부터 다른 종에게 전달될 수 있다.

박테리아에서 유전자의 **접합 전달**(conjugational transfer) 방식은 1946년 Joshua Lederberg와 Edward L. Tatum에 의해 발견되었다. 계속된 연구를 통해서 정해진 방향으로 즉, 섹스 플라스미드 또는 **F (fertility) 플라스미드**를 지닌 세포로부터 플라스미드가 결핍된 세포로 전달되는 것이 밝혀졌다. 드물게, 일부 공여세포에서는 섹스 플라스미드가 염색체에 삽입되어 있으며, 접합을 통해 염색체 DNA가 함께 전달되는 일이 벌어진다. 공여세포의 F 플라스미드가 수용세포로 전달되는 기작은 거의 100% 효율로 진행된다(그림 3.1). 접합의 초기과정에는 공여세포와 수용세포가 반드시 필라멘트 형태의 구조물(sex pilus)을 통해 안정한 짝을 이루며 결합되어야 한다.

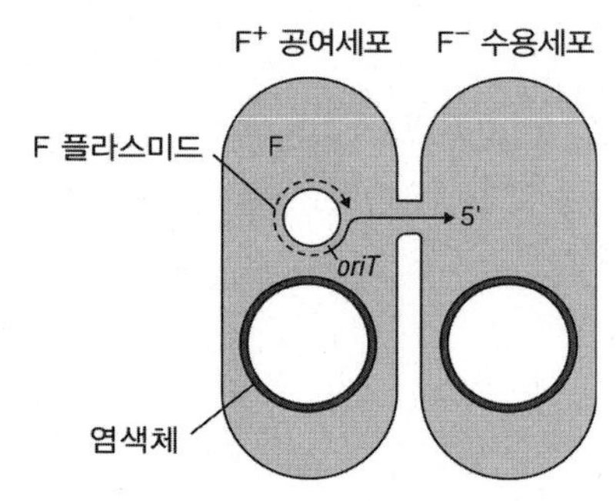

그림 3.1

F 플라스미드의 접합 전달. F 플라스미드 한 가닥의 특정 위치(oriT, "origin of transfer")에서 절단된다. 이 가닥이 회전환 모형 복제(점선)를 통해 연장되면서 점차 원래 가닥을 치환하게 된다. 원래 가닥은 5'말단부터 F^-세포로 들어간다. 수용세포 세포질에서 상보적 가닥이 합성되고 플라스미드가 원형을 띠게 된다. 수용세포(수용체)는 F^-상태에서 F^+로 전환된다.

W.H. Freeman이 출판한 제1판(1995년)의 그림을 바탕으로 재구성.

우리가 알다시피, DNA 단편의 클로닝 초기 단계는 DNA를 적당한 벡터 DNA에 삽입하는 과정인데 이때 플라스미드가 가장 널리 이용되는 벡터이다. 그러나 원래 상태의 섹스 플라스미드를 벡터로 이용하지 않는다. 만약 이용한다면, 전달과정에 필요한 모든 단백질 정보가 플라스미드 자체에 들어있기 때문에 재조합 플라스미드를 다른 균주 및 다른 종에 전달하는 일이 쉽게 된다. 그렇지만 만약 플라스미드를 지닌 균주가 주변 환경에 오염되면 상상컨대 외부 DNA를 갖는 재조합 플라스미드가 다른 모든 박테리아로 퍼져 나가게 되기 때문에 이 과정은 매우 위험스럽다. 그렇기 때문에 현재 **비접합성**(nonconjugative) **플라스미드** 또는 **자체전달성이 없는** (non- self-transferring) 플라스미드(세포간 전달을 위한 정보가 결핍된 플라스미드)를 벡터로 사용하고 있다. 이러한 플라스미드가 접합으로 전달되기 위해서는 다른 플라스미드로부터 결손된 정보를 얻어야 한다. 이 과정을 **플라스미드 가동화**(plasmid mobilization)라고 부른다. 형질전환 방법으로는 고효율로 DNA를 받아들이지 못하는 균주에 DNA를 삽입하고자 하는 경우에 이 방법을 유용하게 사용한다.

박테리오파아지 DNA 삽입과 형질도입(transduction)

형질전환과정의 문제점은 낮은 효율에 있다. *E. coli*를 수용균으로 사용한 일반적인 형질전환의 경우, 수십만 개의 외부 DNA 중 한 개정도가 세포 안으로 들어간다. 반면에, 박테리오파아지가 박테리아 세포에 감염하는 경우, 모든 바이러스 입자가 감수성 숙주세포에 부착하고 거의 100%에 가까운 높은 효율로 바이러스 헤드에 들어있는 DNA를 숙주세포에 넣어준다.

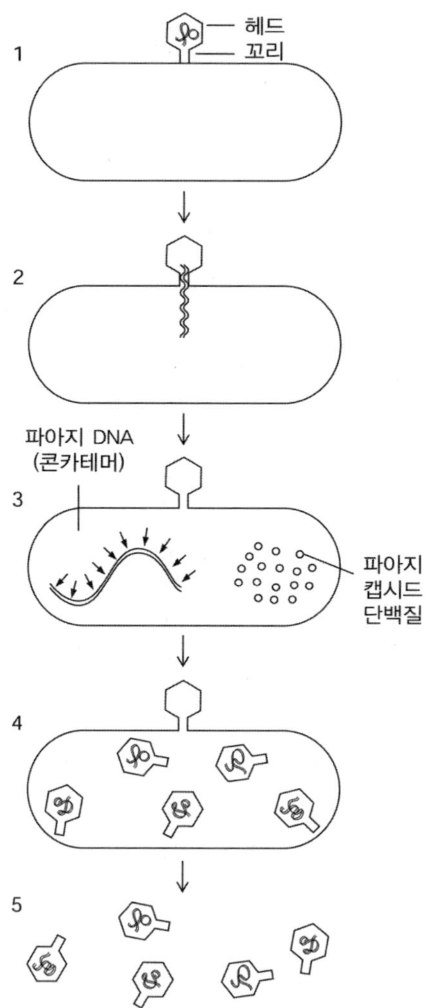

그림 3.2

악성 박테리오파이지의 박테리아 세포내 증식. 박테리오파아지는 세포 표면에 있는 특정구조에 부착한다(1단계). 꼬리덮개의 수축에 의해 파아지 DNA가 세포질로 들어간다(2단계). 세포질에서 파아지 DNA와 파아지 캡시드(꼬리와 헤드)단백질이 각각 합성된다(3단계). 대부분의 경우, 유전자 서열이 여러 번 반복적으로 나타나는 콘카테머(concatemer) 형태로 합성된다. 마지막으로 DNA가 하나의 파아지 유전체에 해당되는 크기로 절단(3단계의 화살표시)되고 파아지 헤드에 포장된다(4단계). 세포가 용해된다(5단계). 따라서, 파아지와 다량의 숙주 박테리아 세포 혼합액을 고체배지 표면에 도말하면, 하나의 세포에서 용해되어 빠져나온 파아지가 인접한 세포에 감염된다. 용해와 감염 사이클이 반복되면 대부분의 숙주세포가 용해된 작은 투명환(용균반, plaque)을 만든다. 이 과정은 용균성 감염을 일으키는 악성 파아지가 유발한다. λ 또는 P1같은 **잠재성(temperate) 파아지** 감염 시, 용원성 반응이 나타난다. 파아지 DNA가 용균반응에 의한 복제를 수행하지 않고 숙주 유전체와 함께 복제된다. 잠재성 파아지는 일부 숙주세포가 용원성 박테리아로 생존하고 있기 때문에 탁한 플라크를 형성한다.

W.H. Freeman이 출판한 제1판(1995년)의 그림을 바탕으로 재구성.

(박테리오파아지 복제 사이클에 대한 일반적인 특징이 그림 3.2에 나타나 있다.) 즉, 과학자들은 형질 도입이라는 박테리아의 세 번째 유전물질 교환방식을 이용해서 외부 DNA를 박테리아에 집어넣는다.

일반 형질도입(generalized transduction)에 의해서 박테리아 염색체 일부가 박테리오파아지에 의해 수용균에 전달된다. 그림 3.3에 설명된 기작대로 염색체 DNA가 파아지 헤드에 들어간다. DNA단편은 파아지 DNA와 동일한 방법으로 새로운 숙주세포의 세포질로 들어간다. 파아지 헤드는 DNA의 특성이나 기원에 상관없이 운반하고 있는 모든 DNA를 주입한다. 재조합 DNA기술은 재조합 DNA를 파아지 헤드에 시험관 내(*in vitro*) 방법으로 집어넣음으로써 바이러스 감염과정의 특성을 이용한다. 이와 같은 전달방식에 널리 사용되는 파아지 λ와 코스미드(cosmid)에 대해 다음에 더 자세히 설명하고자 한다.

그림 3.3

형질도입 파아지 입자 생산. (A) 일반적 감염 사이클에서 p22와 같은 파아지 DNA는 긴 콘카테머(concatemer) 형태로 만들어진다. 이것은 파아지 유래의 엔도뉴클레아제(endonuclease)에 의해서 특정한 위치인 *pac*부위에서 절단된다. 새로 어셈블된 파아지 헤드는 일정한 길이의 DNA를 포장한다. (B) 만약 염색체 DNA가 *pac*부위와 유사한 서열을 갖고 있어서 엔도뉴클레아제에 의해 절단되면 염색체 DNA는 새로 어셈블되는 파이지 헤드 안에 들어가게 된다. **일반 형질도입(generalized transduction)**의 경우, 이런 형질도입 입자는 숙주 DNA단편을 다른 박테리아에 도입하고, DNA는 수용균의 염색체에 재조합되어 **형질도입체(transductants)**가 만들어지게 된다.

W.H. Freeman이 출판한 제1판(1995년)의 그림을 바탕으로 재구성.

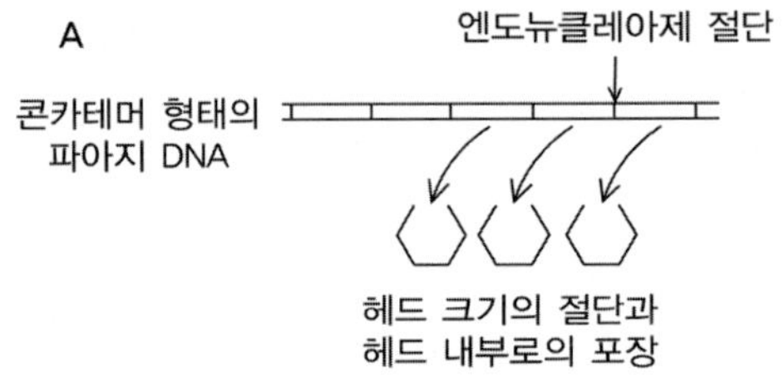

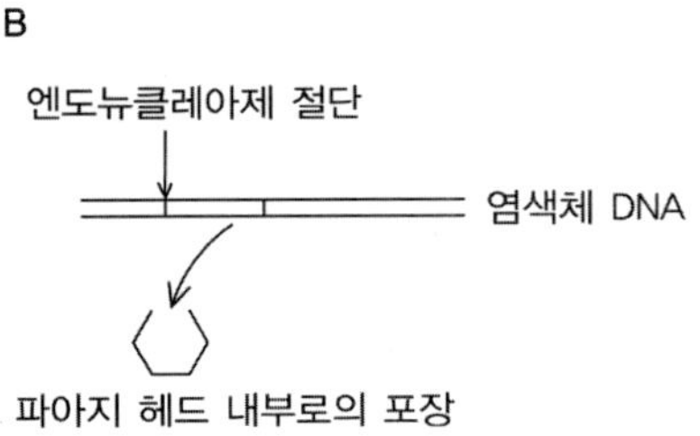

벡터 이용

우리가 상업적으로 중요한 단백질 유전자를 분리하고 이 단백질을 대량으로 생산하는 세포 공장으로써 *E. coli*를 이용하려 한다고 가정하자. 우리는 우선 지금까지 설명한 방법 중 하나로 외부 DNA단편을 직접 *E. coli* 세포에 주입할 것이다. 불행히도 이 접근방법은 실패로 끝날 것이다. 세포질에 들어간 대부분의 DNA단편은 복제되지 않는다. 특이적 **복제기원**(replication origin) 또는 복제기점(replication origin)(생물학용어사전 참조) 서열을 지닌 DNA만이 *E. coli*에 의해 인식되고 복제된다. 외부 DNA단편이 우연히 복제원점서열을 지닐 확률은 거의 없다. 사실 외부 DNA가 박테리아 염색체에 통합되어 염색체 일부가 되면 복제될 수 있다. (우리는 외부DNA를 고등식물과 고등동물에 주입하여 **형질전환** 식물과 동물을 생산할 때 유사한 통합 과정을 이용한다.) 그러나 박테리아의 경우, 상관없는 DNA단편과 염색체간의 통합은 거의 일어나지 않는다. 비록 DNA단편이 박테리아 염색체 일부에 통합되어도, 단편 속의 유전자는 세포 속에 한 번만 들어있게 되고, 강력하게 발현되지는 않는다. 게다가 염색체 사이즈가 크기 때문에 우리가 **서브클로닝**(subcloning)을 위해 DNA절단 등의 조작을 수행할 수가 없다.

이러한 이유 때문에, 일반적으로 클론된 외부 유전자를 벡터에 삽입하는 것이 필요하다. 주로 플라스미드 또는 파아지 DNA와 같이 박테리아 염색체에 비해 크기가 작으며, 숙주 미생물에서 자발적으로 복제되며 삽입된 외부 DNA의 운반자로 작용한다. 현재 수백 종류의 클로닝용 벡터가 이용가능하며, 각각 장단점을 갖고 있다. 우리는 클로닝벡터의 특성에 대해 이야기하기 전에 클로닝 과정 자체에 대한 일반적인 내용을 설명하고자 한다.

샷건(shotgun) 클로닝 전략

우리는 *E. coli* 이외의 다른 생물체가 지닌 단백질 X를 코딩하는 유전자 X를 클로닝하려 한다. 원핵세포 유전자 코딩부위의 평균 길이는 1~2 kb이다. 반면에 박테리아 유전체의 길이는 수천 kb이고, 고등 진핵세포의 경우에는 수백만 kb이다. 따라서 유전자 X는 유전체의 극히 일부분을 차지한다(1/10^3 ~ 1/10^6). 보통 클로닝의 첫 번째 과정에서는 재료 생물체 유전체의 단편을 무작위로 클로닝하게 된다(이것을 **shotgun cloning**이라 부른다.). 이후에 유전자 X를 지닌 클론을 분리하고 확인하게 된다(그림 3.4). 이 과정에서는 긴 단편의 DNA를 수용할 수 있는 벡터를 사용하는 것이 효과적이다. 왜냐하면 유전자 X를 포함하는 클론을 찾기 위해 조사해야 되는 재조합 DNA의 클론 수를 줄일 수 있기 때문이다(Box 3.1).

1차 클로닝 과정을 통해 얻은 단편에는 유전자 X 이외에도 수많은 유전자를 포함하고 있다. 그와 같이 복잡한 DNA단편은 유전자 발현, 염기서열 분석, 위치 특이적 변이 실험에 이용하기 어렵다. 이것 때문에 DNA의 작은 단편 즉, 유전자 X보다 약간만 큰 단편을 얻어야 된다. 이 중요한 과정을 **서브클로닝(subcloning)**이라 부르며, 여기에는 여러 종류의 벡터가 사용될 수 있다.

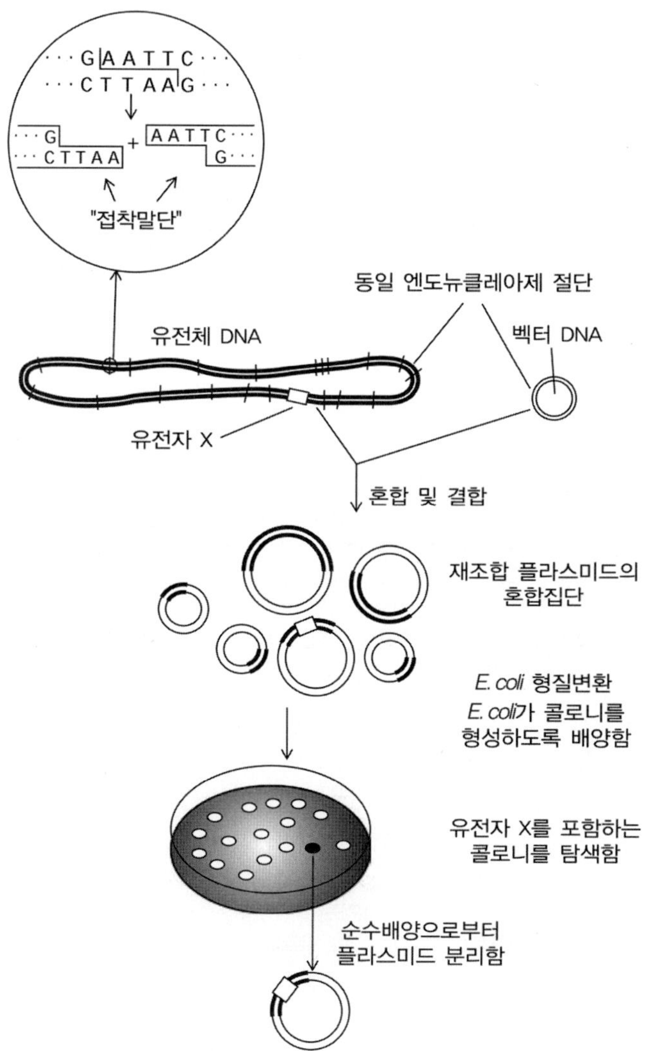

그림 3.4

***E. coli*에서 유전체 DNA의 샷건 클로닝(shotgun cloning)**

첫 단계에서 한 종류의 제한효소를 사용하여 벡터 플라스미드 DNA를 절단하고 유전체 DNA의 단편을 만든다. 대부분의 엔도뉴클레아제(endonuclease)는 이 과정에서 상보적인 접착말단을 만든다(제한효소 *Eco*RI에 의해 만들어진 말단을 설명하는 확대부분을 참조할 것). 이 부분이 돌기구조(hanging protrusion)의 상보적 결합을 통해 DNA 단편의 말단 간의 부착을 촉진한다. 두 번째 단계에서, 열린 벡터 DNA를 공여 DNA단편과 섞는다. 많은 공여 단편의 말단이 상보적인 오버행(overhanging) 서열로 인해 벡터 DNA의 열린 말단과 결합할 것이다. DNA 리가아제 첨가에 의해 DNA 가닥의 말단간 공유결합이 형성되고 재조합 DNA 라이브러리가 만들어진다. 다음 단계에서, 재조합 DNA단편은 *E. coli*에게 주입하고 박테리아는 적당한 생장배지를 포함한 한천배지에 도말된다. 각각의 박테리아가 다른 콜로니와 분리된 콜로니(순수클론)를 형성한다. 벡터가 항생제 내성 유전자를 포함하고 있을 때, 항생제를 배지에 넣어주면, 재조합 플라스미드(또는 재결합된 벡터 플라스미드)를 지닌 *E. coli*세포만이 생장하며 콜로니를 형성한다. 형질전환은 드문 일이기 때문에 각 클론은 오직 하나의 플라스미드를 갖게 된다. 본문에서 언급된 방법에 의해 원하는 유전자를 포함하는 콜로니를 확인한다. *E. coli* 균으로부터 수 십억개로 증폭된 재조합 플라스미드를 순수하게 분리할 수 있다. 발현, 염기서열 분석, 변이 유도 목적으로 DNA단편을 다른 벡터에 서브클로닝(subclonning)한다.

W.H. Freeman이 출판한 제1판(1995년)의 그림을 바탕으로 재구성

고등 진핵세포의 유전자는 일반적으로 하나 이상의 사이에 낀(intervening) 서열 즉 **인트론(intron)**을 갖고 있다. 이것은 단백질의 아미노산을 코딩하지 않는다(그림 3.5). 약간 극단적인 예로, 티로글로블린(thyroglobulin) 유전자는 300 kb 크기를 갖고 있다. 하지만 그 안에 36개의 인트론이 들어있다; 실제 코딩 부위는 전체 유전자 길이의 3% 밖에 되지 않는다. DNA서열로부터 RNA전사물이 합성될 때, 여전히 인트론에 해당되는 서열을 포함한다. 이 서열은 **접합(splicing)**에 의해 전사물로부터 제거된다. 핵을 빠져 나와서 세포질로 들어가는 완성형 mRNA분자는 사이에 낀 서열을 갖고 있지 않으며 또한 3'말단에 폴리아데닌(polyadenine) 꼬리를 붙이는 변형이 일어난다(그림 3.5).

특정 유전자의 뉴클레오티드 서열을 결정하기 위해서 (유전병에서 유전적 결함을 알아내기 위한 목적으로) 인트론 서열이 포함된 유전체 DNA로부터 유전자를 클로닝하는 것이 필요하다. 인트론이 포함된 유전자 클로닝은 3장의 뒷부분에 언급된 특수 벡타를 필요로 한다; 다행스럽게도 대부분의 생명 공학 분야에는 그 필요성이 크지 않다. 박테리아 DNA는 인트론을 포함하지 않으며 따라서 RNA 접합반응을 수행하지 않는다. 효모와 같은 진핵 미생물도 고등 동식물 유전자의 RNA 전사물에서 관찰되는 모든 RNA 접합 신호를 인식하지 못한다. 따라서 이런 진핵세포 유전자는 미생물에서 정상적으로 발현되지 못한다. 결과적으로 이런 경우에는 사이에 낀 서열을 지니고 있지 않는 완성형 RNA가 클로닝을 위해 더 좋은 주형이 된다. 그 과정에서 mRNA는 RNA바이러스 산물인 **역 전사효소(reverse transcriptase)**의 작용을 통해(그림 3.6) 두 가닥 DNA로 전환된다. 진핵세포 RNA는 보통 한 개의 단백질에 대한 코딩 정보를 갖고 있기 때문에 cDNA라 불리는 이러한 DNA는 또한 한 개의 단백질을 코딩한다. 이러한 이유로 cDNA분자는 서브클로닝을 수행하지 않아도 직접 발현 벡터와 같은 특수 벡터에 삽입가능하다. 중요하게도, 수천 종의 생물체 유전자 서열에 관한 막대한 정보로부터 가능해진 PCR 기반 유전자 증폭기법도 고전적인 샷건(shotgun) 클로닝 방법을 쉽게 건너뛰게 해주고 있다.

DNA 단편 길이와 목적유전자 발굴 확률

우리가 4,000 kb 크기의 박테리아 유전체 DNA 단편을 클로닝하기 위해 40 kb 크기의 DNA를 삽입할 수 있는 벡터를 사용한다고 가정하자. 빈도가 낮은 인식부위를 갖는 제한효소를 사용하여 유전체 DNA를 평균적으로 40 kb 크기를 갖는 100개 단편으로 절단한다고 가정하면, 이 중에 하나의 단편(예를 들어 29번 단편)이 유전자X를 포함한다. 우리가 클론을 무작위로 조사할 때, 유전자X를 포함하는 단편을 찾을 가능성이 얼마나 될까? 만약 상자 속에 한 마리의 박테리아 염색체로부터 얻은 100단편이 모두 들어있다면, 그 상자 속에 29번 단편이 반드시 포함되어 있을 것이다. 그러나 우리는 실제로 수 십 억 개의 박테리아로부터 얻은 수많은 DNA 혼합물로부터 만들어진 단편을 사용한다. 따라서 우리가 무작위로 100개 단편(100개 클론)을 뽑으면, 어떤 단편은 여러 개 들어 있고 다른 단편은 하나도 들어있지 않을 것이다(아마도 29번 단편). 통계적 계산에 따르면 확률 P로 X를 포함하는 단편을 뽑기 위해서는 N개의 클론을 조사해야 된다.

$$N = \ln(1 - P)/\ln(1 - R)$$

여기서 R은 유전체 사이즈(4000 kb)에 대한 단편 길이 (40 kb)의 비율을 의미한다. 만약 당신이 99% 확률(P = 0.99)로 29번 단편을 선택하고자 하면, 465개 클론을 조사해야 한다. 이 계산식에 따르면 만약 벡터에 클로닝되는 단편의 길이가 1/10로 줄어들면 (4 kb), 조사해야하는 클론의 수는 4500개로 증가한다. 따라서 일차 클로닝(즉, 유전체 라이브러리 제조)에서는 긴 DNA단편을 삽입할 수 있는 벡터를 사용하는 것이 유리하다.

Box 3.1

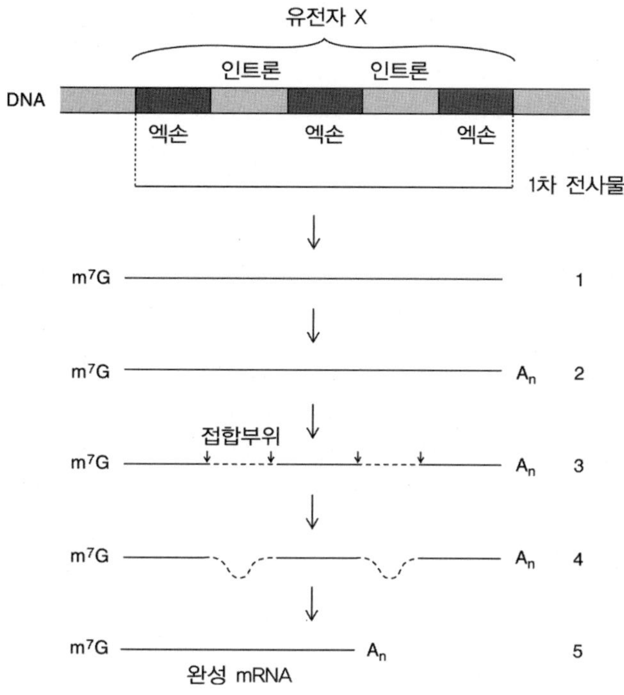

그림 3.5

진핵세포에서의 RNA전사체(transcript)의 프로세싱. 고등동물 유래의 진핵세포 유전자는 많은 사이에 낀(intervening)서열 즉 **인트론(intron)**을 갖고 있다. 진핵세포 유전자의 일차 전사물은 5'-5'결합을 통해 5'말단에 7-메틸구아노신 인산(methyl-guanosine monophosphate)를 붙인 캡핑에 의해 변형된다. 그리고 3'말단 수축에 의해 변형된다(스테이지 1). 3'말단에 폴리A 꼬리(poly A tail)를 붙인다(스테이지 2). 마지막으로 DNA상에서 인트론에 해당되는 RNA서열은 제거되고 완성 mRNA로 된다(스테이지3).

W.H. Freeman이 출판한 제1판(1995년)의 그림을 바탕으로 재구성.

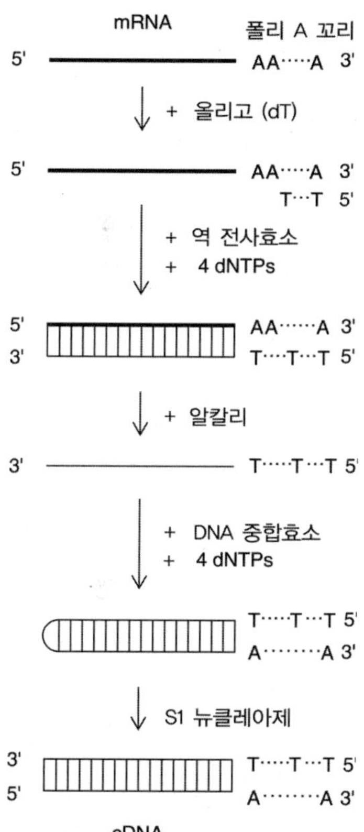

그림 3.6

mRNA로부터 cDNA생산. 역전사효소(reverse transcriptase)는 올리고(dT)를 프라이머로 사용하여 DNA 한 가닥을 합성할 수 있다. 주형 mRNA는 알칼리에 의해 분해되고 첫 번째 가닥에 상보적인 DNA 서열을 합성하는데 DNA중합 효소가 사용된다. 마지막으로 S1 뉴클레아제(nuclease)가 작용하여 DNA 고리형태의 끝부분을 절단하면 두 가닥 cDNA가 만들어진다.

W.H. Freeman이 출판한 제1판(1995년)의 그림을 바탕으로 재구성.

클로닝 벡터

일부 클로닝 벡터는 1차 클로닝과 코딩 부위의 확인과 같은 일반적 목적의 클로닝에만 사용된다. 플라스미드는 주로 그런 목적으로 사용된다. 반면에 파아지 λ유래의 벡터와 코스미드(cosmid)는 길이가 긴 DNA단편을 클로닝 하는데 유리하다. 단일 가닥 DNA 파아지 유래의 벡터는 특수 목적에 사용된다. 우리는 앞으로 이런 벡터의 일부 특성을 설명할 것이다. 클로닝된 유전자를 대량 발현하는 데 사용되는 발현 벡터는 3장의 뒷부분에서 다루어진다(115페이지).

플라스미드. 제1세대 플라스미드 벡터는 pBR322이다(그림 3.7). 이것은 아직도 자주 이용되며 이것으로부터 유용한 특성을 추가한 또 다른 벡터가 많이 만들어졌다. 우리는 계속적으로 pBR322를 예로 들 것이고 이것을 일반 목적 클로닝 벡터로 사용할 때 얻을 수 있는 여러 장점을 설명할 것이다.

pBR322와 이것으로부터 유래된 여러 클로닝 벡터의 첫 번째 주요 특징은 자연에서 발견된 **콜리신(colicin)** 플라스미드에서 유래된 복제 원점(그림 3.7에서의 *ori*)을 갖고 있다는 점이다. 복제원점은 벡터의 복제를 시작하는 (외부 삽입 DNA와 함께) *E. coli*

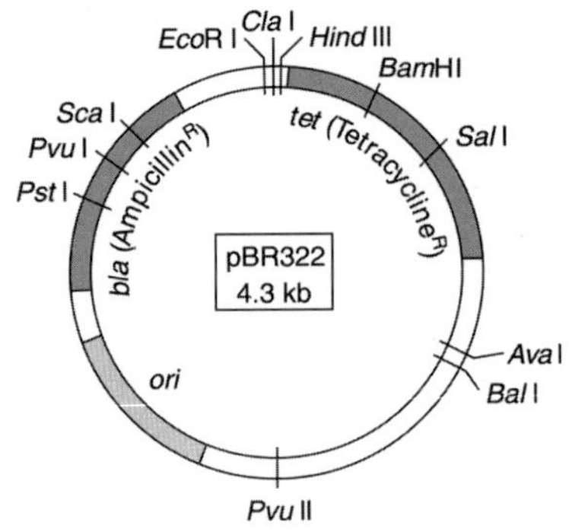

그림 3.7

플라스미드 벡터 pBR322의 구조. 벡터가 *Eco*RI 또는 *Bam*HI과 같이 널리 사용되는 제한효소에 대해 오직 한 개의 절단부위를 갖고 있다.

W.H. Freeman이 출판한 제1판(1995년)의 그림을 바탕으로 재구성.

DNA 복제 분자기구에 의해 인식된다. pBR322와 모든 플라스미드의 두 번째 특징은 항생제 내성 유전자를 지니고 있다는 점이다. 실제 pBR322에는 두 개의 유전자가 있다: *bla*는 **β-락탐아제(β-lactamase)**를 코딩하며, 페니실린 (암피실린 포함)과 세팔로스포린을 분해함으로써 이들 항생제에 대해 내성을 부여하며, *tet*는 막단백질을 코딩하며 테트라사이클린의 배출 펌프로 작용하여 테트라사이클린과 유도체에 대해 내성을 부여한다. 플라스미드 DNA가 형질전환에 의해 *E. coli*에 주입되었을 때, 수만 개 세포 중에서 1개만이 플라스미드를 갖는다. 만약 선택을 촉진해 주는 유전자 표지가 없다면 (Box 3.3) 플라스미드를 획득하지 못한 수많은 세포로부터 이와 같이 극히 드문 세포를 분리하는 것은 실제로 불가능하기 때문에 이러한 내성 표지가 필요하다. 우리가 형질변환 이후에 적당 농도의 항생제를 포함하는 배지에 세포를 대량으로 도말하기만 하면 되기 때문에 항생제 내성은 이상적인 양성 선택표지이다(그림 3.8). 살아남은 세포는 내성 유전자와 함께 플라스미드를 지닌 것이다.

항생제 내성 유전자는 pBR322에서 두 번째 목적을 수행한다. 외부 DNA를 제한효소로 절단한 벡터DNA에 삽입하는 과정에서(그림 3.8) 벡터DNA는 종종 외부DNA를 포함하지 않은 채 재 원형화(다시 닫힘)된다. 이것은 재 원형화되기 위한 단일 분자(unimolecular)반응이 다른 DNA단편을 삽입하기 위해 필요한 이 분자(bimolecular) 반응보다 더 쉽게 진행되기 때문이다. 절단된 벡터를 인산분해효소(phosphatase)로 처리하면 벡터 DNA 재결합을 막을 수 있다(그림 3.9). 그러나 재원형화를 완전히 막을 수는 없다. 따라서 형질전환된 균주의 표현형으로부터 플라스미드가 외부 DNA를 포함하는지 여부를 빠르게 판별하는 방법이 필요하다. pBR322의 내성 표지가 필요한 정보를 제공해준다. 예를 들어, 만약 당신이 *Bam*HI 또는 *Sal*I 제한 효소(절단 부위가 테트라사이클린 내성 유전자 안에 위치)를 사용하여 벡터DNA를 절단하면, 클론 DNA삽입은 유전자를 파괴하고 테트라사이클린에 감수성을 갖는 형질변환 균주를 만들게 된다(그림 3.8). 그러한 형질변환 균주의 탐색은 복제평판법(replica plating)(Box 3.4)으로 쉽게 달성할 수 있다(암피실린 내성을 선택함으로 플라스미드를 가지는 형질전환균주를 여전히 선택할 수 있다.)

pBR322를 클로닝벡터로써 유용하게 만드는 세 번째 특징은 자주 이용하는 제한효소에 대해 절단 부위를 단 한번 갖는다는 점이다. (pBR322 전구체 플라스미드는 일부 효소에 대해 절단 부위를 여러 개 갖고 있었으나, 이것들이 제거되었다.) 이것은 널리 이용되는 대부분의 클로닝 벡터에서 관찰되는 매우 중요한 특징이다. 만약 벡터가 제한효소 *Eco*RI에 대해 3개의 부위를 지니면, 벡터에서 유래된 3단편과 외부 DNA 1단편 혼합물의 재결합(religation)은 많은 종류의 재조합 산물을 생산할 것이다(그림 3.10). 반면에, *Eco*RI 부위를

콜리신(colicin) 플라스미드. 많은 *E. coli* 균주는 다른 박테리아를 죽일 수 있는 콜리신(colicin)이라 불리는 세포외 단백질을 생산한다. 이러한 콜리신을 생산하는 대부분의 균주에서는 콜리신 단백질을 코딩하는 유전자가 콜리신에 대한 면역력을 부여하는 유전자와 함께 플라스미드(콜리신 플라스미드)에서 관찰된다.

Box 3.2

선택과 탐색

박테리아 유전학에서 두 가지 단어는 전혀 다른 의미를 갖고 있다. 수많은 콜로니를 대상으로 특이적 성질의 유무에 대해 –예를 들어 특정 물질을 가수분해하는 능력에 대해– 조사하는 것을 **탐색(screening)**과정이라고 부른다. 반면에 생장하여 콜로니를 형성하도록 해주는 특징을 갖는 세포를 수 백 만 개의 세포 중에서 고르는 과정을 **선택(selection)**과정이라고 부른다. 한 가지 예는 항생제 내성 세포를 선택하기 위해 특정 항생제가 포함된 배지에 수많은 박테리아를 도말하는 것이다. 한 번의 실험으로 수많은 세포를 조사할 수 있기 때문에 선택과정이 탐색과정보다 훨씬 효율적이다.

Box 3.3

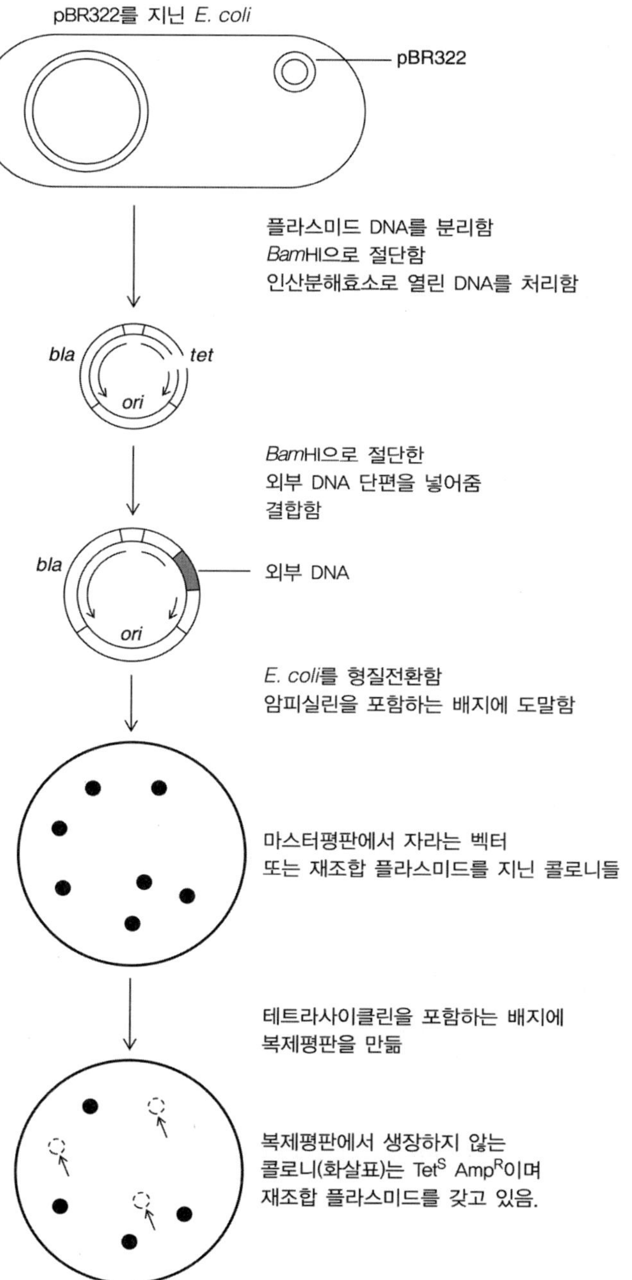

그림 3.8

pBR322에서의 외부 DNA 클로닝. 벡터 DNA를 제한효소로 절단하고 결합(ligation)을 막기 위해서 인산분해효소(phosphatase)로 처리한다(그림 3.10). 동일 제한효소로 자른 외부 DNA를 넣어주면 외부 DNA가 벡터의 상보적 말단에 결합한다. 결합(ligation)과 *E. coli*로의 형질변환 후에 세포를 적당한 선택배지에 도말한다. 예로 보여준 것처럼 외부DNA는 *Bam*HI 부위에 삽입되어 *tet* 유전자를 파괴한다. 플라스미드를 포함하는 세포는 암피실린 포함 배지에서 선택된다(암피실린 내성 Amp^R 이용). 플라스미드내의 외부DNA 존재는 일부 콜로니가 테트라사이클린 포함 배지에서 생장하지 못하는 것으로 확인된다(테트라사이클린 감수성 Tet^S 이용). 이러한 탐색은 복제평판법(replica-plating)에 의해 가능하다(Box 3.4). *bla* 유전자내의 특정 부위 (예로 *Pst*I 또는 *Pvu*I)가 클로닝에 사용되면, 재조합 플라스미드를 지닌 테트라사이클린 내성(Tet^R) 세포를 선택하고 외부유전자의 존재는 암피실린 포함 배지에서 확인 가능하다.

W.H. Freeman이 출판한 제1판(1995년)의 그림을 바탕으로 재구성.

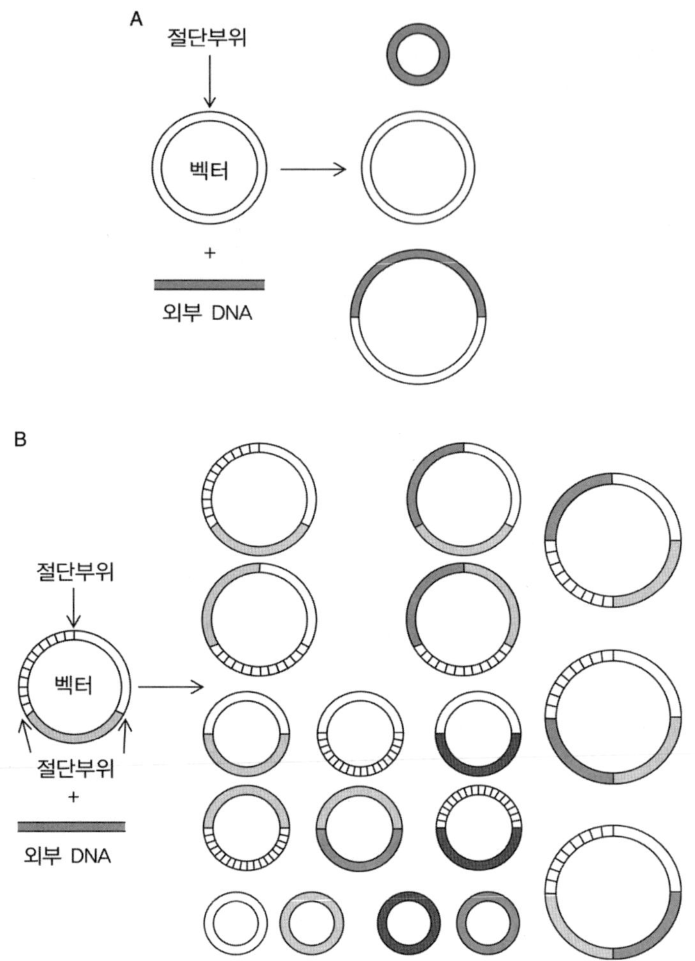

그림 3.10

제한효소에 대한 단일 또는 다수의 절단 부위를 지닌 벡터들. **(A)** 만일 벡터가 제한효소에 대해 단일 절단 부위를 갖고 있다면, 외부 DNA와의 두가닥복원(생물학용어사전 참조)과 결합(ligation)을 통해서 3종류의 원형 DNA를 만들게 되며, 이 중에 하나는 외부 DNA와 벡터서열을 갖는 원하는 재조합 DNA이다. **(B)** 만일 벡터가 제한효소에 의해 3군데에서 절단되면 외부 DNA와의 두가닥복원(annealing)(생물학용어사전 참조)과 결합(ligation)을 통해 많은 종류의 원형 DNA를 생산한다. 이 중에서 극히 일부가 원하는 재조합DNA이다. 그림에서는 단일 분자 내에 동일 단편이 여러 번 들어있는 것을 생략했으며 실제 상황은 더 복잡하다. 벡터가 일반적으로 사용되는 제한효소에 대해 1개 이상의 절단 부위를 가지면 불리하다.

W.H. Freeman이 출판한 제1판(1995년)의 그림을 바탕으로 재구성.

이렇게 만든 재조합 DNA와 파아지 캡시드를 형성하는 단백질 혼합액을 섞으면, *시험관 내(in vitro)*에서 캡시드가 어셈블되고 DNA는 자발적으로 λ 입자 내부에 포장된다. 포장이후에, 재조합 DNA를 포함하는 새로운 파아지가 숙주 박테리아를 감염시킨다. 이 과정에서는 거의 100% 효율로 DNA가 박테리아 안에 들어간다(전형적인 형질변환 과정의 0.001%와 비교할 것). 일부 벡터의 경우, 재조합 DNA는 프로파아지(prophage) 형태로서 숙주 염색체에 삽입된다. 용해 사이클(lytic cycle)을 시작하도록 유도할 때까지 프로파아지가 안정하게 유지된다. 그러나 숙주염색체로의 통합에 필요한 파아지 유전체의 일부가 결손된 경우 (EMBL3의 경우, 그림 3.11), 모든 감염과정은 파아지 증식으로 연결되고 세포 용해가 진행된다.

일부 외부 유전자 산물은 숙주에 매우 해롭기 때문에 비록 세포 안에 들어있는 플라스미드 개수가 적더라도(적은 사본수, copy number) 플라스미드 벡터를 사용해서 유전자를 클로닝하는 것이 매우 어렵다. 이러한 이유로 인해서 플라스미드가 여러 세대 동안 숙주 박테리아에 유지되는 경우에만 플라스미드를 지닌 박테리아 균주를 분리하고 확인할 수 있게 된다. 유해 유전자를 클로닝하는 경우에는 비통합 타입의 λ 파아지 벡터가 적합하다; 감염된 숙주세포가 즉시 죽게 되기 때문에 클로닝된 단백질의 독성이 큰 영향을

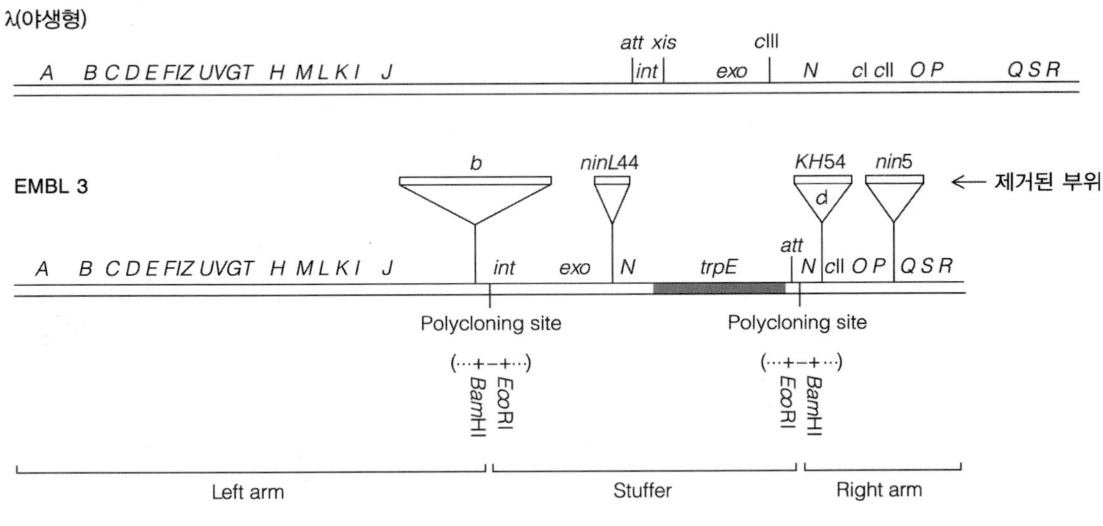

그림 3.11

파아지 λ와 EMBL3 벡터. λ유래의 벡터는 벡터 자체 DNA와 재조합 DNA가 λ 파아지 헤드에 효과적으로 들어갈 수 있어야 된다. DNA가 일반 λ 파아지 DNA길이의 78%에서 105%사이의 길이를 갖아야 포장된다. 그래서 EMBL3 같은 **치환 벡터(replacement vectors)**는 동일한 크기 또는 약간 큰 외부 DNA단편에 의해 대체되는 **스터퍼(stuffer)**부위를 갖는다. 좀 더 구체적으로 설명하면, EMBL3를 만들기 위해 λ 유전체 상에서 여러 부위가 삭제되고 한 부위가 삽입되었다(*trpE* 유전자). 두개의 폴리클로닝(polycloning)부위 사이에 있는 스터퍼 서열은 벡터DNA의 사이즈를 증가시켜서 파아지 헤드에 효과적으로 포장되게 해주며 파아지 형태로 벡터를 전파함으로써 연구자들이 충분한 양의 벡터 DNA를 확보할 수 있게 해준다. 클로닝은 2개의 폴리클로닝(polycloning) 부위에서 –주로 *Bam*HI으로– 벡터 DNA를 절단하여 스터퍼 단편을 제거하고 두 개의 폴리클로닝(polycloning) 부위 내에 외부 DNA를 삽입하여 수행한다(*Bam*HI과 동일한 오버행 말단을 생성하는 *Sau*3A로 부분 절단함). 외부 DNA가 벡터의 스터퍼 단편을 대체함으로써 파아지 헤드에 포장할 수 있도록 재조합 DNA를 길게 만들어준다. 전기영동방법으로 벡터에서 스터퍼 단편을 물리적으로 제거하기보다는 벡터 DNA 세 단편을 *Eco*RI으로 절단할 수 있다(벡터에는 또 다른 *Eco*RI부위가 없음). *Eco*RI 말단을 갖게 된 스터퍼가 벡터에 결합(ligation)되는 것을 막는다. 염색체 DNA로의 용원삽입에 필요한 서열(*att*, *int*)은 스터퍼 부위와 함께 재조합 DNA에서 제거된다. 따라서 재조합 DNA를 갖는 파아지 입자는 숙주의 용균 감염만을 유도한다. [*출처*: Sambrook, J., Fritsch, F. F., and Maniatis, T. (1989). moledular Cloning: A Laboratory Manual, 2nd Edition, Cold Spring Harbor, NY: Cold Spring Harbor Laboratory Press.]

끼치지 못한다. λ 유전체에 있는 일부 프로모터는 매우 강력하며 람다는 항종결 단백질 *N*(antiterminator protein N)을 생산하여 rho–의존적 전사종결이 저해 받도록 만들기 때문에(Box 3.6) λ 유래의 벡터는 외부 유전자를 발현하는 데에 매우 효과적이다. 파아지 λgt11은 클론의 탐색이 외부 유전자의 발현에 의존적인 경우에 유용한 벡터의 한 예이다.

코스미드(cosmid). λ DNA는 감염세포의 세포질에서 λ 유전체가 수차례 반복되는 콘카테머(concatemer) 형태로 합성된다. λ 유래 단백질은 *cos* (cohesive site)서열을 인식한다.

*E. coli*에서 mRNA 전사종결

두 가지 기작에 의해 mRNA의 합성이 종결된다. **rho-의존적 종결(rho-dependent termination)**에서는 rho 단백질이 복잡한 뉴클레오티드 서열을 인식하고 DNA 나선으로부터 RNA중합효소를 떨어지게 한다. rho-비의존적 종결에서는 mRNA 상에서 짧은 고리와 연속된 우리딘(uridine) 뉴클레오티드 서열을 RNA중합효소가 종결신호로 인식한다.

Box 3.6

이 서열은 유전체의 정확한 말단에 해당되며 이곳에서 DNA는 절단되며 헤드에 포장되도록 준비된다(그림 3.12). **코스미드(cosmid)벡터**는 λ 유래의 다른 부위는 거의 없이 λ *cos* 부위만을 포함하는 벡터이다. 외부 DNA는 2개의 *cos*서열 사이에 들어간다. 그러면 코스미드(cosmid)와 삽입 DNA로 구성된 재조합 DNA가 세포외에서 λ 파아지 헤드 속으로 포장되기 시작한다. 코스미드(cosmid)도 플라스미드처럼 복제될 수 있도록 복제원점을 갖는다. 또한, 코스미드(cosmid) 함유세포가 선택될 수 있도록(그림 3.13) 항생제 내성 표지를 지닌다. 코스미드(cosmid) 벡터가 작아서(주로 수 kb) 외부 DNA를 40 kb까지 코스미드(cosmid)에 클로닝 할 수 있고 세포 외에서 포장된 파아지 유사 입자를 통해서 재조합 DNA를 매우 효율적으로 전달할 수 있다. 매우 큰 외부 DNA를 포함할 수 있는 능력 때문에 고등 진핵 세포의 유전체 DNA를 클로닝하는 데에 코스미드(cosmid)가 λ 파아지보다 훨씬 유리하다. 그러나 코스미드(cosmid)는 플라스미드처럼 전파되기 때문에 *E. coli* 숙주에 해로운 단백질을 코딩하는 유전자를(또는 cDNA) 클로닝하기 어렵다.

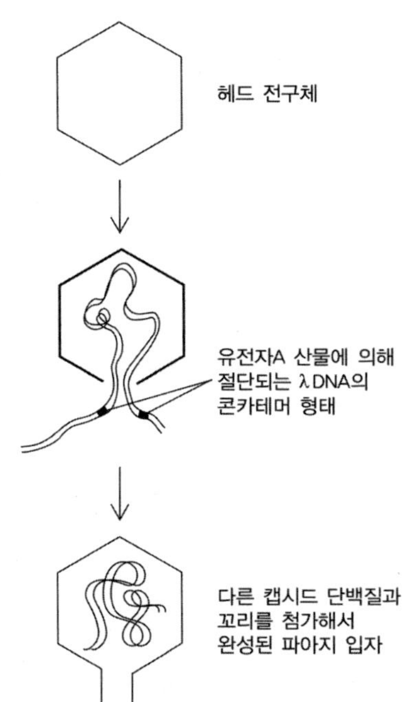

그림 3.12

파아지 헤드의 DNA 포장. 일반적으로 λ DNA는 콘카테머(concatemer)로 만들어진다. 파아지 헤드에 붙어있는 효소가(유전자 A 산물) *cos* 위치에서 DNA를 절단하고 선형 DNA는 따로 어셈블된 꼬리와 함께 파아지 입자를 구성한다.

W.H. Freeman이 출판한 제1판(1995년)의 그림을 바탕으로 재구성.

세균 인공염색체(Bacterial artificial chromosome). 코스미드(cosmid)는 40 kb까지의 DNA서열을 클로닝할 수 있다. 그러나 많은 인트론을 포함하는 고등진핵세포의 일부 유전자는 더 길다. 게다가 고등 동식물의 유전체 서열을 분석할 때에는 수백 kb를 포함하는 매우 긴 DNA 클론단편을 갖고 시작해야 한다. 효모 인공염색체, 즉 YAC(이 장의 뒷부분에 설명함)이 이런 목적으로 이용되는 표준 벡터이다. 그러나 최근에, 세균 인공염색체(BAC)가 벡터로서 더 자주 이용되고 있다. BAC은 F인자 복제원점과 플라스미드를 자손세포로 정확히 분배하는 유전자를 지닌 플라스미드 벡터이다. BAC는 F인자와 마찬가지로 매우 낮은 사본수를 갖는다(세포 당 1~2개). 이 점이 BAC 유래의 벡터가 *E. coli*에서 안정적으로 유지되도록 한다. 다른 세포로 퍼지지 않도록 F인자의 접합을 통해 세포 간 이동하도록 하는 대부분의 유전자가 제거되었다. YAC DNA는 다른 효모 염색체와 동일하게 행동하기 때문에 효모 염색체 DNA로부터 분리하기 어렵다. 반면에, BAC 플라스미드는 박테리아 염색체로부터 쉽게 분리할 수 있다. BAC 시스템의 또 다른 장점은 YAC 기반 플라스미드는 매우 빈번하게 키메라(chimeric) 형태의 외부DNA를 포함하지만 BAC 기반 재조합 플라스미드는 클론 DNA를 1개 이상 갖는 경우가 드물다는 것이다.

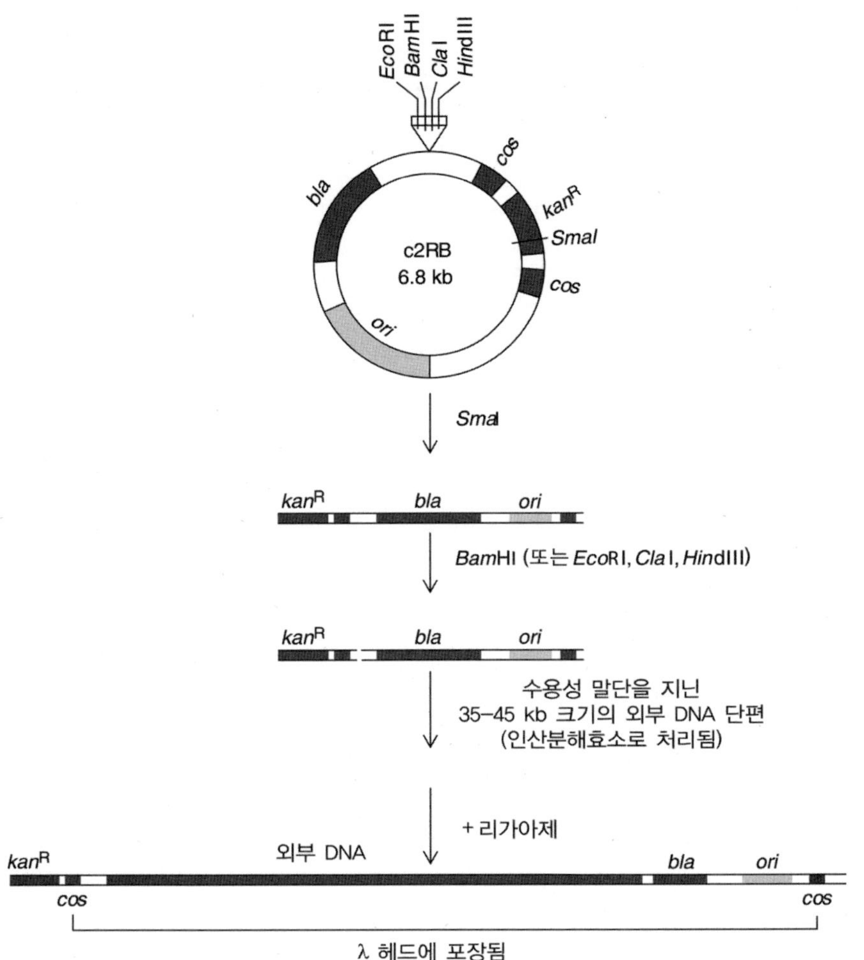

그림 3.13

코스미드(cosmid) 벡터 클로닝. 그림에서 보여준 코스미드(cosmid)벡터 c2RB는 2개의 *cos* 부위, 플라스미드 복제원점, 폴리클로닝(polycloning) 부위(여러 제한 효소의 절단부위를 포함하는 DNA서열), 2개의 항생제 내성 마커(Amp^{R}과 Kan^R)를 지니고 있다. 코스미드(cosmid)를 *Sma*I과 *Bam*HI으로 절단하면 2개의 코스미드(cosmid) 단편으로 나누어진다. *Mbo*I또는 *Sau*3A로 부분 절단된 외부 DNA 40 kb단편과 결합(ligation)하면 (*Bam*HI에 의해 생성된 것과 상보적인 말단을 만듦) 그림에서 보이는 구조가 만들어진다. 이것은 시험관 내(*in vitro*)에서 포장되어 *E. coli*에 주입된다. 재조합 DNA를 포함하는 균주는 암피실린 내성(*bla* 유전자)과 카나마이신 감수성을 갖는다. 왜냐면 포장 과정에서 카나마이신 내성 유전자를 파괴되기 때문이다. 이런 특징은 벡터 단편이 여러 번 반복된 플라스미드를 제거하는데 유용하게 사용된다. [출처 Sambrook, J., Fritsch, F. F., and Maniatis, T. (1989). *Molecular Cloning: A Laboratory Manual*, 2nd Edition, Cold Spring Harbor, NY: Cold Spring Harbor Laboratory Press.]

단일가닥 DNA파아지 유도체. 유사하게 연관된 일부 파아지 (f1, fd, M13)는 F 인자를 포함하는 *E. coli* 세포에만 감염한다. 이들 파아지의 주목할 특징은 성장하는 숙주세포 속에서 숙주의 용해와 사멸을 유도하지 않고 계속적으로 자손 파아지를 생산하는 것이다. 이것들은 *E. coli* 세포 속에서 이중가닥의 플라스미드처럼 복제되는 6.4 kb크기의 원형 단일가닥 DNA를 포함한다. 파아지 입자는 필라멘트 형태이고, 파아지 DNA 유전자 사이에 외부 DNA가 삽입되면 파아지 입자의 길이가 늘어나게 된다.

이런 벡터가 만들어지면, 디데옥시 사슬 종결(dideoxy chain termination) 방법에 의한 DNA 서열분석에 중요하게 이용된다(Box 3.7). 그러나 요즈음에는 대부분 이중가닥 DNA를 사용해서 서열 분석이 수행된다. 또한 이전에는 단일가닥 DNA파아지 벡터는 위치 특이적 돌연변이 유발용 벡터로 이용되었지만 이제는 두 가닥 DNA를 이용하여 수행된다(그림 3.14). 단일 가닥 벡터가 아직도 유용하게 사용되는 분야는 변이 단백질의 **파아지 디스플레이(phage display)** 분야이다(그림 3.15). 이 경우에 외부 단백질을 코딩하는 DNA서열을 단백질III을 코딩하는 파아지 유전자의 5'말단 도메인에 삽입한다. 이 단백질은 필라멘트성 파아지의 끝에 위치하며 N말단 도메인은 바깥쪽으로 향한다. 위치 특이적 변이방법 또는 무작위적 돌연변이유발 방법에 의해 외부 DNA가 변이되면

디데옥시 사슬 종결(dideoxy chain termination)방법에 의한 서열분석

Frederick Sanger에 의해 개발된 방법으로 상당히 긴 DNA단편의 서열분석이 가능하다. 첫 단계는 올리고 뉴클레오티드 프라이머를 서열을 분석하고자하는 단일가닥 DNA에 결합시키는 것이다. DNA 중합효소가 프라이머의 3'연장으로 상보적 가닥을 합성한다. 2-데옥시리보오스(deoxyribose) 대신 2,3-디데옥시리보오스(dideoxyribose)를 포함하는 뉴클레오시드 삼인산을 낮은 농도로 네 개의 반응액에 각각 첨가한다. 이러한 인조 뉴클레오티드가 DNA가닥에 연결되면 DNA 합성이 멈추게 된다. 만약 주형가닥이 50, 55, 60번 위치에 C를 갖고 있다면, 디데옥시구아노신 인산(dideoxyguanosine phosphate)이 해당되는 위치에 연결되면 상보적 가닥의 합성이 멈춘다. 따라서 디데옥시구아노신 삼인산(dideoxyguanosine triphosphate)를 첨가한 반응액에서 길이가 50, 55, 60인 뉴클레오티드가 만들어진다. 젤 전기영동으로 길이에 따라 반응산물을 분석하면 DNA 염기 서열 분석이 가능하다.

Box 3.7

각 파아지 입자는 한 종류의 특이적인 변이 단백질을 발현한다. 파아지는 타깃에 대한 친화력으로써 선택된다. 따라서 외부 유전자가 항체를 코딩하면, 높은 친화도를 갖는 항체를 발현하는 파아지를 수백만 개의 파아지로부터 선택할 수 있으며 원하는 변이 단백질을 코딩하는 유전자가 파아지 안에 들어있기 때문에 쉽게 확보할 수 있다. 변이 단백질과 코딩 유전자가 물리적으로 연결되었다는 점에서 무작위 변이 방식으로 원하는 방향으로 단백질 진화를 수행하는 과정에서 이 방법이 유용하게 사용된다. 최근에는 단백질 합성 리보솜과 mRNA사이의 물리적 연결을 이용하는 **리보솜 발현방식(ribosome display)**이 개발되었다.

M13벡터에 처음으로 도입된 2개의 편리한 특성이(그림 3.16) 현재 다른 형태의 많은 벡터에도 도입되었다. 첫 번째는 재조합 클론과 원래 벡터의 차이를 구분하는 방식이다. 그것은 LacZ 단백질의 N말단 1/5에 해당되는 부분을 코딩하는 *lacZ* 조각 유전자로 구성된다. 유전자의 5'말단 부분이 결손된 *lacZ* 유전자를 지니는 숙주세포에서 이러한 LacZ 부분단백질이 발현되면, 두 단백질 단편은 자발적으로 결합하여 기능을 수행하는 효소로 된다(α-상보성, α-conplementation). 따라서, 이런 벡터 파아지를 가지는 세포는 5-브롬-4-염화-3-인독실-β-D-갈락토피라노시드(5-bromo-4-chloro-3-indoxyl-β-D-galactopyranoside, X-gal)을 가수분해하여 인독실(indoxyl)을 생산하고 이것은 인디고(indigo)로 산화되어 콜로니가 파랗게 변화된다. 외부 DNA단편이 클로닝 부위에 삽입되면, *lacZ* 유전자의 코딩서열이 끊어지고 N말단 LacZ단편이 만들어지지 않게 되어 콜로니는 하얀색을 띤다. (사실, *lacZ* 유전자 전체를 벡터에 삽입해도 동일한 효과를 얻을 수 있다. 하지만, *lacZ*는 긴 유전자이기 때문에 긴 DNA단편을 넣게 되면 재조합 M13 벡터가 불안정하게 된다.) 두 번째 특징은 *lacZ* 유전자의 시작부위에 많은 종류의 제한 효소에 대한 절단부위를 갖는 **폴리연결자(polylinker)** 또는 **복합 클로닝부위(multiple cloning site)**라고 부르는 DNA 서열의 삽입이다. 이 서열이 외부 DNA를 편리하게 삽입할 수 있도록 해준다. 유전자가 올바른 방향으로 위치하기만 하면, 효율적인 *lac* 프로모터의 작용으로 클론 유전자의 발현이 가능케 된다(유전자 발현에서의 이점을 발현 벡터를 다루는 부분에서 더 자세히 설명할 것이다).

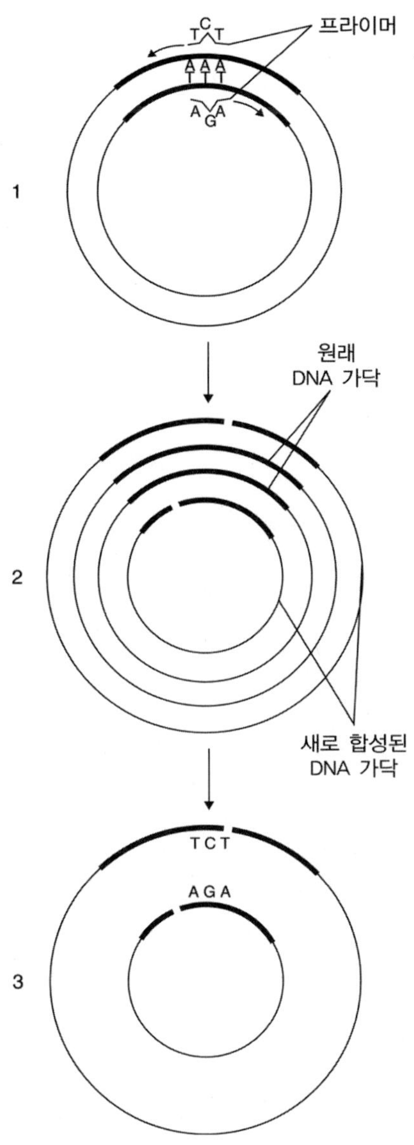

그림 3.14

위치 특이적 돌연변이유발. 그림은 Stratagene에서 개발된 Quick Change 방법을 설명한다. 목표 유전자(굵은 선)를 포함하는 재조합 플라스미드의 동일 부위에서 겹치는 2개의 프라이머를 사용한다. 만약 당신이 단백질의 라이신(AAA코돈)을 아르기닌(AGA코돈)으로 바꾸고 싶다면, 프라이머는 각각 1개의 짝이 맞지 않는 뉴클레오티드를 갖는다(AGA와 TCT). 이것들은 스텝1에서 돌출부(protrusion)로 표시하였다.
PCR이 프라이머의 연장과 DNA의 증폭뿐만 아니라 플라스미드 전체를 합성하는데 이용된다. 변이를 포함하지 않는 원래 가닥뿐만 아니라 원하는 변이를 포함하는 새로 합성된 가닥을 포함된 스텝2에 나타낸 구조를 형성하게 된다. 전자는 *E. coli*세포에서 만들어졌으며 따라서 일부 염기가 메틸화되어있다. 6-methylated guanine을 포함하는 DNA를 특이적으로 절단하는 제한효소 *Dpn*I으로 처리하면 원래가닥을 절단하고 따라서 시험관 내(*in vitro*)에서 합성된 원하는 변이를 포함하는 메틸화되지 않은 가닥이(스텝3) 남게 된다.

파아지미드(phagemid)는 이런 벡터의 변종이다. 이 키메라 벡터는 플라스미드와 f1 또는 다른 파아지로부터 유래된 2개의 복제 원점을 지닌다. 이 벡터는 파아지 DNA로서의 복제에 필요한 유전자와 파아지 입자의 어셈블리에 필요한 유전자가 결손되었기 때문에 숙주세포에서 플라스미드처럼 증식된다. 그러나 헬퍼 파아지(helper phage)를 숙주를 감염시켜서 결손된 파아지의 기능을 보완하면, 파아지 DNA처럼 복제되고, 포장된 후, 입자처럼 배지로 빠져나온다.

원하는 단편을 포함하는 클론 탐색

유전체 DNA단편을 클로닝하는 것은 어려운 일이 아니다. 다양한 제한효소가 상업적으로 이용가능하고 우리가 앞에서 설명했듯이 많은 유용한 벡터가 있다. 많은 클론 중에서

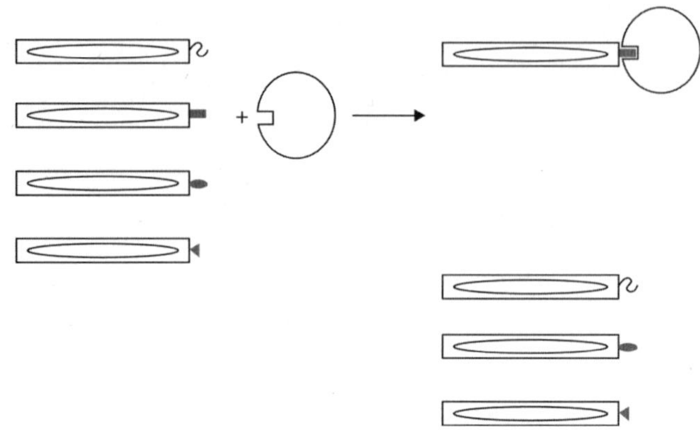

그림 3.15

파아지 발현 기술. 이 접근 방법에서, M13같은 필라멘트성 파아지 말단에 위치한 단백질III(PIII)의 노출 도메인에 변이를 일으킬 단백질을 코딩하는 DNA서열을 삽입한다. 이 서열을 무작위로 변이시킨다(DNA 화학 합성 시, 서열상 주어진 위치에서 1개 보다는 4개의 데옥시뉴클에오시드 삼인산을 사용함으로써). 복제 가능한 형태의 DNA를 *E. coli*에 형질전환시킨다. 숙주세포에서 다양한 변이 형태의 단백질을 생산하는 파아지의 어셈블리가 나타난다. 파아지 말단 단백질과 작용하는 것으로 기대되는 단백질을 사용해서 혼합물의 친화적 선택과정을 거친다. 선택에 사용한 단백질과 들어맞는 말단 단백질 도메인을 갖는 파아지만 붙는다. 부착된 파아지 유전체로부터 유전자 변이를 회수된다.

원하는 단편을 포함하는 클론을 탐색하는 것이 샷건(shotgun) 클로닝에서 가장 힘든 작업이다. 이 작업량을 쉽게 계산할 수 있다. 우리가 20 kb 크기를 삽입할 수 있는 벡터와 박테리아 유전체(5000 kb)를 재료로 이용해서 한 종류의 원하는 유전자를 지닌 클론을 99% 확률로 찾기 위해서는 약 1000개의 클론을 조사해야 한다(Box 3.1). *E. coli* 유전체에 비해 거의 1000배 이상 길이가 긴 고등 진핵 세포 유전체에 대해서 동일한 작업을 수행한다면, 생각만 해도 기가 죽는다. 목적 유전자를 찾을 확률이 99%로 되려면, 백 만 개의 재조합 클론을 조사해야 한다. 따라서 목적 클론을 발굴하는 데에 효율적인 전략이 요구된다.

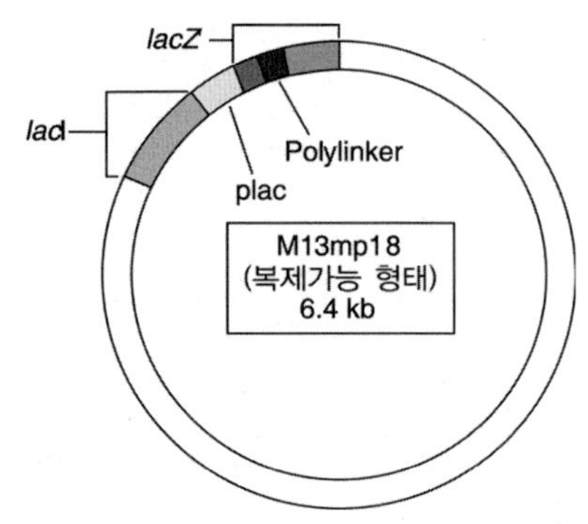

그림 3.16

M13 유래 벡터. M13mp18 벡터는 lacZ' 라고 부르는 *lacZ* 유전자 단편을 코딩하는 5'말단 서열 근처에 폴리연결자 서열을 갖는다. 프로모터 부위의 정확한 서열과 폴리연결자는 그림 3.21에 나타나 있다.

W.H. Freeman이 출판한 제1판(1995년)의 그림을 바탕으로 재구성.

좋은 주형(template) 사용의 중요성

만약 진핵세포 단백질을 RNA접합(splicing) 반응을 수행하지 못하는 박테리아에서 발현하고자 하면, 앞서 설명했듯이 인트론 서열에 해당되는 부분이 이미 접합된 mRNA를 주형으로 이용해야 한다. 이 경우에는 목적 유전자가 강하게 발현되는 특정 타입의 세포로부터 분리한 mRNA를 유전정보 자원으로 이용하는 것이 일반적인 과정이다. 이것은 목적 유전자 서열이 대량으로 증폭된 재료를 이용하고자 하는 것이다. 이 경우에는 재조합 DNA 준비시료 내에 목표 유전자 서열이 매우 풍부해지고, 원하는 유전자를 분리하기 위한 탐색과정을 최소화시켜 준다. 다량의 안정한 RNA (리보솜 RNA, 전달 RNA 등)도 모든 세포 내에 들어있다. 그러나 진핵세포 mRNA 분자는 3' 말단에 폴리 A 꼬리(poly A tail)를 갖는다는 점을 이용해서 다량의 안정한 RNA를 쉽게 제거할 수 있다. 일단 mRNA 분획을 분리하면, 목적 서열이 풍부한 분획을 얻기 위해서 RNA 크기에 따라서 분리한다. 이후에 mRNA는 클로닝벡터에 넣기 위해서 앞서 설명한대로 2가닥 cDNA로 전환한다(그림 3.6). 동물과 사람 펩티드와 단백질 생산을 위한 유전자 서열은 대부분 mRNA를 이용하여 클로닝 되었다.

PCR 증폭으로 만들기 위해서는 재조합 준비시료 속에 원하는 DNA 단편이 들어 있어야 한다; 이것은 클론 확인과정과 샷건(shotgun) 클로닝의 모든 과정을 생략하게 해준다.

단백질 산물 기반 클론 확인법

클론 유전자가 숙주 박테리아 내에서 전사되고 해독되는 경우에(발현 벡터에 대한 내용 참조) 정확한 클론을 지닌 세포를 확인하고 선택하는 작업이 매우 분명해진다(Box 3.3). 클론 유전자에 의해 만들어지는 단백질의 기능을 테스트하는 것이 가장 간단한 경우이다. 만약 우리가 어떤 생물체로부터(생물체A) 중요한 아미노산의 산업적 생산 목적으로(9장) 트립토판 합성에 관여된 효소인 안트라닐레이트 합성효소(anthranilate synthase) 유전자를 클로닝한다고 가정하자. 대부분의 박테리아와 마찬가지로 *E. coli*는 단순한 탄소원과 암모니아로부터 모든 아미노산을 합성할 수 있으며 안트라닐레이트 합성효소를 코딩하는 *trpE* 유전자를 갖고 있다. 우리는 우선 *E. coli trpE* 유전자에 변이를 도입하게 된다. 변이 균주는 트립토판을 합성하지 못하며 배양배지에 트립토판을 넣어 주지 않으면 생장하지 못한다. 우리는 이제 형질 전환 방법으로 이 균주에 생물체 A의 DNA단편을 함유한 재조합 플라스미드를 넣고 많은 수의 형질 전환 세포를 트립토판을 넣지 않은 고체배지에 도말한다. 대부분의 세포는 플라스미드가 없거나 상관없는 DNA단편을 지닌 플라스미드를 갖고 있기 때문에 생장하지 못한다. 생물체 A의 *trpE* 상동 유전자를 포함한 재조합 플라스미드를 갖는 세포만이 생장하고 콜로니를 형성한다. 이런 방법으로 우리는 드문 플라스미드를 효과적으로 선택할 수 있다.

앞에서 다룬 예는, 목표 유전자가 많은 미생물에서 요구되는 기능을 갖는 경우이다. 그러나 목표 유전자가 생물체A에서는 중요한 기능을 갖지만 *E. coli*에서는 그렇지 않은 경우도 있다. *Pseudomonas putida*로부터 자일렌(xylene) 분해 경로의 효소 중 하나를 코딩하는 유전자를 클로닝하는 것을 예로 들 수 있다. 많은 균주가 방향족 탄화수소인 자일렌을 완전히 산화하는 일련의 효소를 지니고 있다. 그러나 이들 효소 중 어느 하나는 이 대사과정의 나머지 효소를 갖고 있지 않은 *E. coli*에서 유용한 기능을 수행하지 못한다. *E. coli*와 다른 미생물의 복제 원점을 동시에 갖는 **셔틀 벡터(shuttle vector)**가 그런 경우에 유용하게 이용된다. 우리는 이 기능이 상실된 변이 생물체 A에서 목적 기능을 발현하는 클론을 탐색할 수 있다. 왜냐면 재조합 플라스미드가 이 생물체에서 복제되기 때문이다. 동시에 서브클로닝과 다른 작업을 더욱 쉽게 수행할 수 있는 *E. coli*로 이 플라스미드를 옮길 수 있다.

이미 설명한 **상보성 측정법(complementation assay)**은 수행하기 어렵거나 불가능한 경우가 많다. 예를 들어, 유사단백질이 없는 진핵세포의 호르몬 유전자를 박테리아에는 클로닝하려 하면, 상보성 탐색 방법을 사용할 수 없다. 이런 경우에 특정 항체와의 반응성을 측정하여 목적 단백질을 탐색하는 방법이 종종 사용된다. 불행히도, 이것은 재조합 클론의 '선택(selection)'이 아니고 '탐색(screening)' 과정이다. 하지만,

만약 수 백 개의 콜로니를 포함하는 평판에서 탐색이 수행되면, 수 만 개의 재조합 클론을 테스트하는 것이 그리 어렵지 않다. λ 파아지 벡터가 이 경우에 편리하다. 왜냐면 재조합 파아지의 용해 감염 또는 재조합 파아지의 용원(lysogenic) *E. coli*의 유도 용해에 의해서 만들어진 각 플라크(plaque)(그림 3.2 설명 참조)에는 세포가 이미 용해되고 재조합 단편으로부터 발현된 단백질이 용해된 세포로부터 배지로 분비되어 있기 때문이다. 게다가, 한 개의 용해 세포는 클론 단편을 지닌 수 백 개의 파아지 유전체를 갖고 있기 때문에 클론 유전자의 발현이 크게 증가된다. λgt11발현 벡터는 이런 타입의 탐색을 위해 만들어졌다.

DNA서열 기반 클론 확인

우리가 살펴본 방법은 클론 유전자가 성공적으로 발현된 경우에만 적용할 수 있다. 하지만 이것이 언제나 들어맞는 것은 아니다. 특히, 클론 DNA가 계통분류적으로 박테리아 숙주와 다른 생물체로부터 온 경우에는 더욱 그렇다. 숙주 박테리아의 RNA중합 효소는 진핵세포 유전자의(심지어는 관계가 먼 박테리아의) 프로모터와 조절 인자를 인식하지 못한다. cDNA단편은 상류부 조절서열이 아예 없고 진핵세포의 유전체 DNA는 인트론의 존재 때문에 전체 단백질의 생산이 불가능하다.

이런 문제점 때문에 DNA서열로써, 목적 유전자 단편을 포함하는 클론을 확인하는 것이 필요하다. 방사성 동위원소 또는 형광처럼 비 방사성 방법으로 검출될 수 있는 화학 대체재로 표지된 적당한 DNA탐침을 이용한 혼성화(hybridization)를 통해 클론의 평가를 수행한다. 클론의 정확한 서열이 밝혀지지 않은 상태에서 필수적인 DNA 탐침을 찾는 것이 이 방법의 최대 어려움이다. 그러나 이것이 해결 불가능한 문제는 아니다. 만약 유사 생물체에 찾는 유전자와 유사한 유전자가 들어 있고 그 서열이 밝혀져 있다면 비교서열상 가장 잘 보존된 부위에 해당되는 탐침을 디자인할 수 있고 혼성화(hybridization)시, 엄격성이 낮은 조건을 이용할 수 있다. 사실, 진핵세포로부터 유전자와 cDNA를 클로닝 하는 데에 이 방법이 가장 많이 사용된다. 왜냐면 고등 진핵세포간의 진화적 변화는 원핵세포간의 변화에 비해 상대적으로 적게 일어났기 때문이다. 한편 단백질의 일부 서열이 알려져 있으면 아미노산 서열을 코딩하는 DNA서열을 유추할 수 있고 가능한 모든 DNA서열의 혼합물을 포함하는 **변질탐침(degenerate probe)**을 사용할 수 있다. 이 접근 방법은 많은 코돈을 갖는 로이신 또는 아르기닌같은 아미노산을 포함하지 않는 펩티드 서열을 사용하는 경우에 특히 유용하다.

실제로, 평판마다 수백 개의 콜로니를 갖도록 재조합 플라스미드를 포함하는 세포를 새로운 평판에 도말한다. 콜로니를 복사필터(replica filter)에 부착시키고 이것을 새로운 평판에 얹는다. 세포가 생장한 후에, 필터를 들어내서 세포를 용해하고 DNA를 변성시키기 위해 수산화나트륨(NaOH)용액을 처리한다. 프로테아제로 단백질을 분해하고 80℃에서 구워 DNA를 필터에 고정시킨다. 필터를 표지된 탐침 DNA (probe DNA)와 반응시킨다. 적당한 세척 후에 필터상의 DNA에 결합하는 탐침을 검출한다(그림 3.17). 이 탐색방법을 이용해서 짧은 시간 내에 많은 콜로니를 테스트할 수 있다.

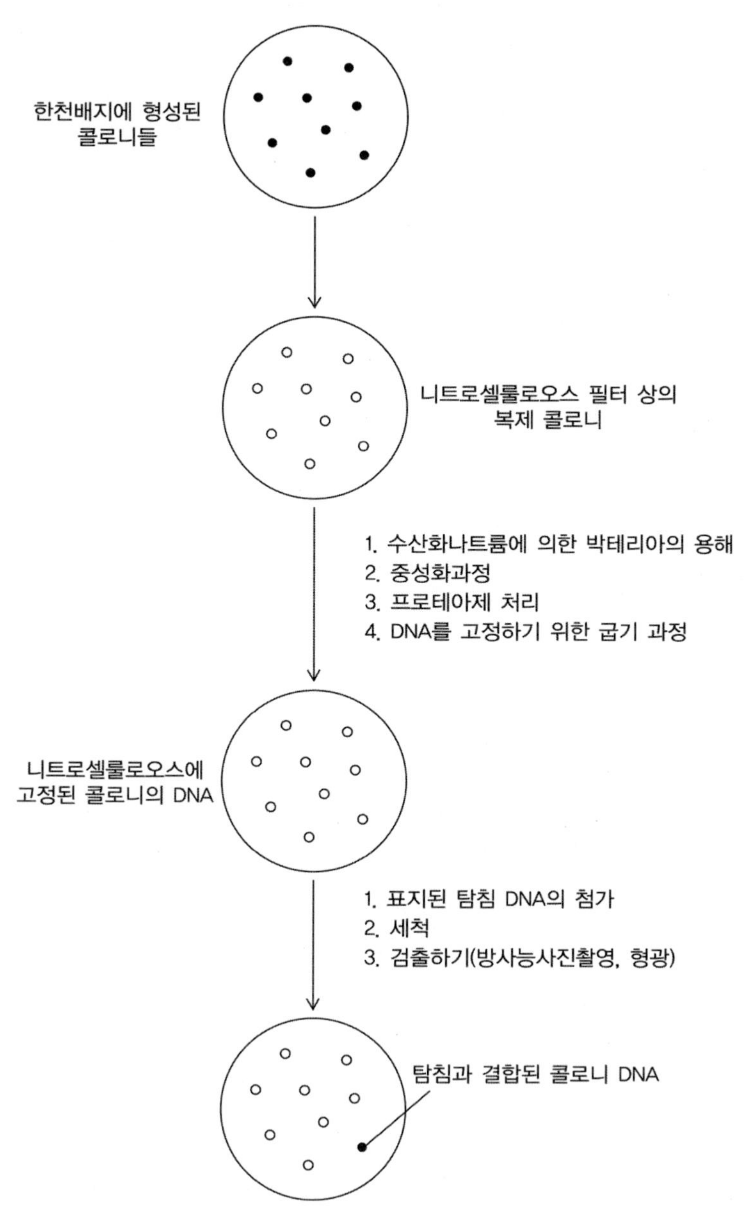

그림 3.17

목표 재조합 클론을 찾기 위한 DNA 탐침 사용.

W.H. Freeman이 출판한 제1판(1995년)의 그림을 바탕으로 재구성.

DNA서열과 단백질 산물의 복합 검출

우리가 설명한 두 가지 방법을 함께 수행하는 것이 필요할 때도 있다. 예를 들어 *E. coli* 와 연관성이 낮은 어떤 박테리아로부터 유전자 *X*를 클로닝하기 위해서 우리는 유전자 *X* 를 포함하는 박테리아 염색체 내에 **전이인자(transposon)**를 무작위로 삽입할 수 있다(Box 3.8). 만약 전이인자가 유전자 *X*에 삽입되면 이 유전자는 불능화되고 표현형이 바뀌게 된다. 변이 생물체의 유전체 DNA를 플라스미드 벡터에 클로닝하고 재조합 플라스미드를 형질 전환 방법으로 숙주 *E. coli*에 주입한다. 전이인자는 대부분 항생제 내성 또는 수은 같은 독성 물질에 대한 내성을 지닌 표지를 갖고 있다(그림 3.18). 게다가, 전이인자는 다양한 박테리아 종에 전파되는 "이기적 DNA (selfish DNA)"이기 때문에(Box 3.8), 많은

전이인자(Transposons)

전이인자는 자신복제품을 유전체 상에 무작위로 삽입할 수 있는 능력을 지닌 DNA 단편이다. 전이인자는 적합한 환경에서 자신복제품의 개수를 증가시키는 자연적 경향을 갖고 있는 이기적(selfish) DNA의 한 예로서 간주된다. 양끝에 역방향 반복(inverted repeat)서열을 갖고 있으며 항생제 내성 유전자를 갖는다. 상류부 삽입을 촉매하는 효소 유전자를 포함한다. 이런 특징 때문에 전이인자는 많은 항생제에 대한 내성을 갖는 R 플라스미드 형성에 중요한 역할을 수행한다. 전이인자는 유전적 도구로써 매우 유용하다. 예를 들어, 새로운 세포에 전이인자를 주입하면 염색체 상의 다양한 위치에서 전이인자 복제품이 삽입된다. 유전자의 중간에서 그와 같이 큰 단편이 삽입되면 유전자가 불활성화 되기 때문에 **전이인자 돌연변이유발(transposon mutagenesis)** 방법은 제로(null) 변이주(유전자 기능이 완전히 제거된 변이 주)를 만드는 편리한 방법이다. 게다가, 변이는 유전적으로 분석하기 쉬우며 전이인자 서열내의 항생제 내성 마커의 존재로 유전형질(allele)은 쉽게 클로닝된다.

Box 3.8

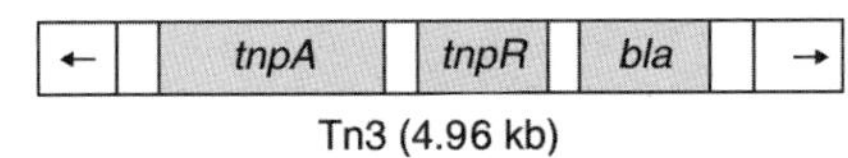

그림 3.18

전이인자 Tn3의 예. *tnpA*와 *tnpR* 유전자는 전이인자를 DNA 상 새로운 위치로 삽입하는 데에 필요한 두 가지 효소인 전이효소(transposase)(cointegrase)와 해리효소(resolvase)를 코딩한다. [기작에 대해서는 다음 문헌을 참고할 것. Findley, N. D. F.,m and Reed, R. R. (1985). Transpositional recombination in prokaryotes. Annual Review of Biochemistry, 54, 863-896.] *bla* 유전자는 암피실린과 세팔로스틴(cephalothin) 같은 β-락탐 항생제 내성을 제공하는 β-락탐아제(β-lactamase)를 코딩한다. 전이인자 양 끝에는 역방향 반복(inverted repeat) 서열을 포함한다(화살표시).

W.H. Freeman이 출판한 제1판(1995년)의 그림을 바탕으로 재구성.

박테리아 종에서 내성 유전자가 효율적으로 발현되도록 되어있다. 이와 같이 재조합 플라스미드의 전이인자가 지닌 내성유전자가 *E. coli* 숙주에서 발현되기 때문에 이 플라스미드를 선택하는 것이 가능하다.

유전자 *X* 클론이 플라스미드 내에 두 단편으로 나누어진 채로 전이인자 측면에 위치한다. 플라스미드에서 클론 DNA를 절단한 후에 유전자 *X*의 DNA단편을 다음 단계에서 탐침으로 사용한다. 우리는 전이인자를 포함하지 않은 자연형 유전체 단편을 플라스미드 또는 벡터 내에 무작위로 클로닝한다. 앞에서 언급한 유전자 *X*의 DNA 탐침으로 재조합 클론을 탐색함으로써 전이인자 서열에 의해 변형되지 않은 자연형 유전자를 포함하는 클론을 찾아낼 수 있다. 이와 별도로, 역PCR (inverse PCR) 방법으로 자연형 유전자 서열을 얻을 수 있다(아래 참조).

PCR과 유전체 데이타베이스 활용

목표 유전자 내부 또는 유전자 양옆의 짧은 뉴클레오티드 서열을 아는 경우에는 앞에서 설명한 어려운 샷건(shotgun) 클로닝과정을 거치지 않고 목표 클론을 분리할 수 있다. 이것은 **PCR(polymerase chain reaction)**로 알려진 방법으로 수행된 발명가인 Kary Mullis는

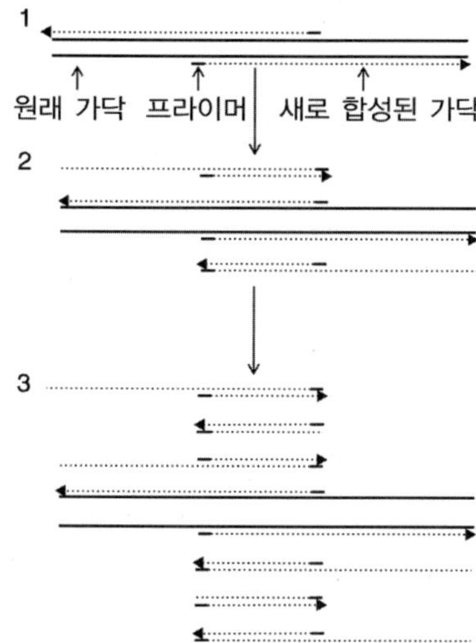

그림 3.19

PCR을 이용한 정해진 유전체 단편의 증폭. 단계1에서, 프라이머(짧은 실선)는 유전체 DNA(긴 실선)의 상보적인 서열에 결합한다. DNA 중합효소와 데옥시뉴클레오티드 삼인산(deoxynucleotide triphosphate)의 첨가에 의해 프라이머가 연장된다(점선). 단계 2에서, 반응물은 열 변성되고 일부 프라이머가 새로 합성된 가닥에 다시 결합된다. 연장과정에서 새로운 가닥이 합성된다. 프라이머 서열에 해당되는 위치에서 끝나는 한정된 길이를 갖는 2개 가닥이 만들어진다. 3차 사이클에서, 변성, 재 결합, 연장을 거치면, 16개 가닥 중에서 8개가 제한된 길이를 갖는다. 계속 사이클을 진행하면, 새로 만들어지는 DNA는 모두 일정한 길이를 갖게 된다.

W.H. Freeman이 출판한 제1판(1995년)의 그림을 바탕으로 재구성.

1993년에 PCR을 고안한 공로로 노벨 화학상을 수상했다. 이 방법에서, 먼저 DNA의 반대가닥에 상보적인 짧은 올리고 뉴클레오티드를 합성한다(그림3.19). 과량의 프라이머(primer)를 변성시킨 유전체 DNA 또는 cDNA와 섞으면 프라이머가 상보적 서열에 결합하게 한다. 열에 안정한 DNA중합효소와 데옥시뉴클레오시드 삼인산(deoxynucleoside triphosphate) 혼합액을 넣으면 그림 3.19 1단계처럼 DNA 상보적 가닥에서 프라이머 연장(elongation)이 진행된다. 그다음 혼합액에 열을 가해서 DNA를 다시 변성시키고 빠르게 냉각시킨다. 이 과정에서 긴 DNA가닥 사이에 결합이 느리게 형성되지만 프라이머와 DNA가닥 간에 결합이 빠르게 이루어진다(일부는 새로 합성된 DNA가닥이다). 중합효소가 열에 대해 안정하기 때문에 DNA합성이 프라이머를 사용해서 다시 시작된다. 첫 번째 DNA합성에서 만들어진 DNA가닥의 말단은 일정하게 끝나지 않는다. 두 번째에는 프라이머가 앞서 합성된 DNA 가닥에 결합하기 때문에 2개 프라이머에 해당되는 서열에서 시작과 끝을 갖는 가닥이 더 많아진다. DNA합성과 DNA변성/결합과정이 여러 번 반복되면, 새로 합성된 가닥은 대부분 정해진 길이를 갖게 되고 만약 유전자 바로 옆 부위에 해당되는 프라이머가 사용되었으면 2개 프라이머 사이의 정해진 DNA부위 즉, 목표유전자에 해당될 것이다.

PCR 성공을 위한 중요한 요인은 여러 번의 가열과 냉각을 견딜 수 있는 열안정성 DNA 중합효소를 발견하는 것이다. 이론적으로 열에 약한 효소는 매 사이클 초기에 새로

넣어 주면 된다; 그러나 대량 증폭에 많은 사이클이 요구되고 효소를 넣어줄 때마다 불순물이 들어가서 반응을 저해시킬 것이다. 일반적으로 사용되는 열안정성 효소(taq 중합효소)는 70℃와 80℃ 사이에서 최적 생장하는 고온성 그람음성 진정세균인 *Thermus aquaticus*로부터 유래했다. 최근에 98℃에서 104℃ 사이의 온도를 갖는 해양 열수분출구에 사는 원시세균유래의 DNA중합효소가 PCR 반응에 널리 사용되고 있다.

PCR 증폭산물을 벡터에 클로닝하는 여러 가지 방법이 있다. **Taq중합효소**는 3'말단에 데옥시아데노신 1개가 추가된 PCR 산물을 만든다. 따라서 이것은 3'말단에 상보적으로 데옥시티미딘을 지닌 벡터의 절단부위에 삽입된다. 반면에, DNA중합효소의 크레나우(klenow)단편의 3'-5' 엑소뉴클레아제 활성이 PCR산물의 3'-오버행(overhang)을 제거하여 평면(blunt) 말단을 만든다. 이것은 평면 말단을 생성하는 것으로 알려진 엔도뉴클레아제(endonuclease)로 절단된 벡터에 클로닝되며 이것을 "평면말단결합(blunt end ligation)"이라 부른다. 아마도 가장 효과적인 방법은 제한효소의 절단부위에 해당되는 5' 연장을 포함하는 프라이머를 사용하는 것이다. 추가적 서열이 PCR과정을 방해하지 않는다. 산물을 제한효소로 절단하고 동일한 효소에 의해 만들어지는 벡터의 접착말단에 상보적으로 결합하는 접착말단을 만든다.

Taq 중합효소를 사용할 때의 한 가지 문제점은 새로 합성되는 가닥을 교정하는 데에 필요한 3'-5'엑소뉴클레아제(exonulease) 활성이 없다는 것이다. 따라서, DNA합성 과정에서 오류가 발생하고 초기 사이클에서 오류가 발생하면 증폭된 DNA는 원래 주형과 다른 서열을 갖게 된다. 그러나 3'-5'엑소뉴클레아제 활성을 갖는 새로운 원시세균 효소를 사용함으로써 오류율을 크게 줄일 수 있게 되었다(11장).

PCR 과정은 많은 이점을 제공한다. 우리가 살펴본 것처럼 복잡한 클로닝과정과 목표유전자를 포함하는 클론을 탐색하는 과정을 피할 수 있다. 게다가 증폭량이 매우 많기 때문에 이 방법은 매우 민감하다. 이론적으로, 이 방법은 1개의 유전자까지 증폭할 수 있으며 많은 실험에서 이것이 확인되었다. 이것은 많은 진단 방법을 개발하게 했다: 환자에 감염하는 병원균을 배양하고 동정하는 데에는 수일(또는 수주)이 걸리지만 병원균의 특이적 DNA서열을 증폭하여 병원균의 존재를 확인하는 데에 수 시간밖에 걸리지 않는다. 결핵을 일으키며 매우 느리게 성장하는 *Mycobacterium tuberculosis*를 검출하는 식품의약품안정청(FDA)에서 허가받은 상업용 방법이 몇 가지 있다. 진단 PCR은 병원균 검출에 한정되지 않는다. 일부 암세포는 유전체 상 특징적 변화를 동반하며, 이것은 PCR에 의해 민감하게 검출된다.

PCR은 목표유전자 내부 또는 주변 서열을 알아야만 가능하다. 이 요구를 만족하는 방법은 단백질산물을 분리한 후, N말단과 단백질을 효소적 또는 화학적으로 절단함으로 얻어지는 내부펩티드의 아미노산 서열을 결정하는 것이다. 이런 아미노산 서열을 기준으로 프라이머를 만든다. 이런 프라이머는 다양한 변질(degenerate) 코돈을 포함하는 혼합물이다.

그러나 최근에, 유전체 서열에 대한 우리의 지식이 폭발적으로 증가했다. TIGR(http://www.tigr.org)의 CMR 웹페이지는 400개 이상의 미생물에 대해 완전한 또는 거의 완전한 유전체 서열을 저장하고 있다. 또한, Genbank와 다른 데이터베이스에 저장된 개별 유전자와 유전자단편의 서열이 유전체 상의 서열을 양적으로 능가한다. 두 가지 타입의 서열을 합하면 2005년 8월 현재, 100기가베이스(Gb) 즉 10^{11} 베이스에 도달했다. 다양한 생물체의 막대한 양의 유전자 정보는 거의 모든 기능을 코딩하며, 거의 모든 유전자의 프라이머를 제조할 수 있게 해준다. 상상컨대 우리가 쉽게 생분해 되지 않고 환경을 오염시키는 가솔린 첨가제인 MTBE(methyl tert-butylether)의 생물학적 산화에 관심이 있다고 가정하자. 이 물질을 분해하는 생물체와 효소를 찾는 과정에서 우리가 *Mycobacterium vaccae*의 프로판 모노옥시게나아제(propane monoxygenase)가 MTBE를 산화해서 해가 없는 물질로 전환한다는 문헌을 찾았다. 그러나 모든 *Mycobacterium*종은 잠재적 인체 병원균으로 분류되어 있어서 우리가 이 박테리아 종을 환경정화에 사용할 기회가 없다. 당신은 *M. vaccae*로부터 이 효소를 코딩하는 유전자를 클로닝해야만 한다. 그러나 이 유전자의 서열이 알려져 있지 않다. 당신은 연관된 속 *Gordonia*로부터 프로판 모노옥시게나아제(propane monoosygenase) 유전자 서열이 분석된 것을 알고 있다. 그런 경우에, DNA서열에 관한 우리의 엄청난 지식을 이용할 수 있다. *Gordonia* 단백질 서열에 가장 연관된 단백질 서열을 뽑아낼 수 있다(뉴클레오티드 서열은 진화를 통해 빠르게 변하기 때문에 상동유전자를 찾기 위해서는 단백질 서열을 의존하는 것이 더 유용하다). 이것은 NCBI(http;//www.ncbi.nlm.kih.gov) 웹사이트에 있는 BLAST프로그램을 사용하여 수행한다. 당신은 *Gordonia* 효소의 서열과 다른 속에 속하는 여러 개의 유사 효소의 서열을 비교 배열할 수 있다. 적어도 5개의 아미노산 서열이 완전히 보존된 2개의 내부 부위를 찾을 수 있다. 당신은 이 서열로부터 코돈변질(codon degeneracy)를 고려해서 프라이머를 디자인 할 수 있으며 *M. vaccae*로부터 목표 유전자의 내부 단편을 증폭할 수 있다.

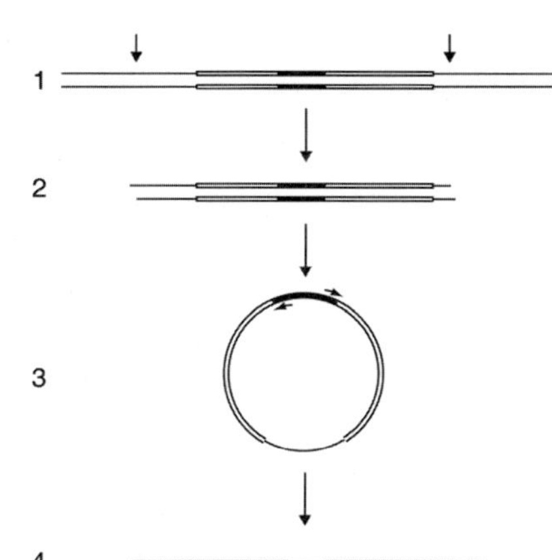

그림 3.20

역PCR (inverse PCR). 만약 우리가 목표 유전자의 일부 단편의 서열(단계 1의 검정색 부분)을 알고 있다면(유전자의 나머지는 흰 박스로 표시함), 유전체 DNA로부터 유전자의 나머지를 얻을 수 있다. (알려진 서열이 유전자에 삽입된 트랜스포전 서열일 수 있다. p112). 우리는 먼저 유전체 DNA를 제한효소를 사용하여 절단한다(단계 1의 화살표시). 상보적인 오버행 말단을 지닌 단편들을 만든다(단계 2). 말단을 부착시키고 결합(ligation)을 수행해서 원형 DNA 단편을 만든다(단계3). 이런 원형 DNA를 복제원점이 없기 때문에 세포내에서 복제 될 수 없다. 그러나 선형 DNA는 시험관 내(*in vitro*)에서 PCR을 이용하여 복제할 수 있다. 이 목적으로 우리는 유전자의 밝혀진 서열에서 바깥으로 향하는 프라이머를 사용할 수 있다(단계 3의 짧은 화살표시). 일반 PCR과정에서는 서로 향하는 정방향(forward) 프라이머와 역방향(reverse) 프라이머를 사용하기 때문에 이 방법을 역(*inverse*) PCR이라고 부르며 목표유전자의 양옆 부분을 얻게 된다. 이 접근 방법에 대해 많은 변형방법이 고안되었다.

이상의 예에서, PCR과정은 목표 유전자의 단편만을 증폭한다. 역 PCR (inverse PCR) 이라 불리는 과정이 전체 유전자를 클로닝 하는 편리한 출발점이다. 그림 3.20에 보인대로, 당신은 제한효소로 염색체를 절단하고 단편들이 원형을 형성하도록 자체결합(self-ligation) 시킨다. 이미 클로닝 된 작은 단편으로부터 역 방향 프라이머를 사용하여 큰 염색체 단편의 전체 서열을 증폭하게 된다. 전체 유전자의 5'과 3'말단의 정확한 서열을 밝히기 위해 이것의 서열을 분석하고 전체 유전자 증폭용 프라이머 디자인에 사용한다.

마지막으로, 긴 DNA(40 kb까지)의 화학 합성이 가능하다. 프로모터, 오퍼레이터, RBS, 코딩서열(적당한 코돈사용법), 적당한 위치의 종결서열, 그리고 때때로 많은 유전자를 포함하는 전체 DNA 서열을 합성할 수 있다. 합성 비용이 경쟁력을 갖는다면, 이런 방법이 대부분의 클로닝과 PCR방법을 대체할 것이다.

클론유전자의 발현

유전자를 클로닝하는 일반적 이유는 충분한 양의 단백질 산물을 얻고자 하는 것이다. 그 경우가 아니더라도 클론을 정확히 확인하기 위해서는 클론 유전자를 발현하는 것이 필요하다. 그러나 일반목적 클로닝 벡터는 클론 유전자를 대량 발현하도록 고안되어 있지 않다. 예를 들어 pBR322에 클론된 유전자가 낮은 수준으로 발현되는 이유가 몇 가지 있다.

공통(consensus) 서열. 여러 가지 유전자의 프로모터는 약간의 차이만을 지닌 공통적인 뉴클레오티드 서열을 갖는다. 이 상동 서열을 공통서열(consensus sequence)이라고 부른다. 실제 서열은 이상적인 서열과 크게 다를 수도 있다: 예를 들면, *E. coli trp*오페론과 *lac*오페론의 전사 개시부위로부터 10개 앞쪽은 TATAAT와 유사하지만 완전히 일치하지는 않는 서열을 갖는다.

Box 3.9

종종, 다른 생물체 유래의 DNA 단편에 들어 있는 외부 프로모터가 *E. coli* RNA 중합 효소에 제대로 인식되지 않는다. 전사가 성공하려면 *E. coli*에 의해 잘 인식되는 프로모터로부터 전사가 시작되고 재조합 플라스미드의 클론 부분까지 계속돼야 한다. 중간에 전사 종결을 결정하는 서열이 있다면 문제가 된다. 성공적으로 mRNA가 만들어졌어도, 적당한 위치에 리보솜 결합 서열이 포함되지 않을 수도 있다. 이런 어려움은 외부 유전자를 재현성 있게 대량 발현시키기 위해 다른 배열이 필요하다는 것을 보여준다.

발현벡터(expression vector)라고 불리는 특수 벡터는 이런 목적으로 고안되었다. 플라스미드가 세포 속에 대량으로 들어 있을 수 있기 때문에 대부분의 발현 벡터가 플라스미드로부터 만들어진다. 각각의 유전자가 독립적으로 전사되기 때문에 목표유전자를 지닌 플라스미드 개수가 많을 수록 특정 mRNA를 대량 생산한다.이 원리를 **유전자 용량효과**(gene dosage effect)라고 부른다.

발현벡터는 강력한 프로모터를 지녀야 한다. *E. coli* 프로모터는 두 개의 공통서열을 갖는다(Box 3.9): 전사 시작점에서 35개의 뉴클레오티드 앞 쪽에 있는 TTGACA와 10개의 뉴클레오티드 앞쪽에 있는 TATAAT. 이 두 서열은 16에서 18개 bp만큼 떨어져 있다. 벡터의 프로모터가 숙주 박테리아의 프로모터와 매우 유사한 서열을 가지면, 해당 유전자가 대량으로 발현된다. 파아지 유전체에서도 강력한 프로모터가 발견된다, 왜냐면, 파아지 생활사는 짧은 파아지 감염 시간에 대량으로 생산되는 단백질에 의존하기 때문이다. 파아지 T7 프로모터를 이용하는 시스템이 3장 후반부에 설명되어 있다.

하지만 강력한 프로모터는 또 다른 문제를 야기한다. *E. coli* 세포가 세포성장과 무관한 단백질을 대량 생산한다면, 그런 상황은 해롭기 마련이다. 따라서 플라스미드를 잃어버린 세포 또는 플라스미드가 변형되어서 단백질 합성을 중단한 세포가 경쟁 우위에 있게 되고 결국 미생물 집단의 대부분을 차지하게 된다. 스케일-업(Scale up)과정에서 *E. coli*가 많은 세대를 거쳐야 되며, 비생산 세포가 나타날 가능성이 매우 커지기 때문에 이런 불안정성이 산업적 규모의 생산에서 심각한 문제로 등장한다. 이런 이유 때문에 고농도로 배양될 때까지 단백질 생산이 억제될 수 있도록 발현 조절이 가능한 프로모터를 사용한다. 일반적으로 *E. coli*에서 사용되는 조절 프로모터에는 pLac (락토오스 오페론유래), pTrp (트립토판 오페론유래), pTac (pLac과 pTrp로부터 만들어진 혼성화 프로모터), pAra (아라비노스 오페론유래)를 포함한다. 락토오스 프로모터는 유도하기 쉽지만 비유도 전사의 수준이 상당히 높기 때문에 발현된 외부 유전자 산물이 *E. coli*에 해로울 때 문제가 된다. 따라서 일반적으로 $lacI^q$ 유전자와 함께 이 프로모터를 이용한다. 그것은 비유도 전사의 수준을 효과적으로 줄이기 위해서 *lacI* 프로모터의 변이를 통해 LacI 억제인자(repressor) 생산을 증가시킨다. 더 나아가, 널리 사용되는 락토오스 프로모터는 UV5라고 부르는 변이를 갖는데 이것은 이화대사산물 억제현상(catabolite repression)을 해지하여 클론 유전자가 영양배지에서 발현되도록 해준다.

좋은 발현벡터는 Shine-Dalgarno 서열을 가질 필요가 있다. 즉 리보솜 결합서열(RBS)로서 16S rRNA의 3'말단 부위와 상보적인 AAGGA서열이며 이런 상보성은 mRNA가 *E. coli* 의 30S 리보솜 서브유닛과 결합하게 만든다. RBS와 유전자의 첫 번째 코돈 ATG 사이의 거리가 단백질 합성의 시작에 중요하다: 한 가지 예로, 적당한 거리로부터(7개 뉴클레오티드) 뉴클레오티드가 2개 짧아지면 발현이 90%이상 감소한다. 진핵세포

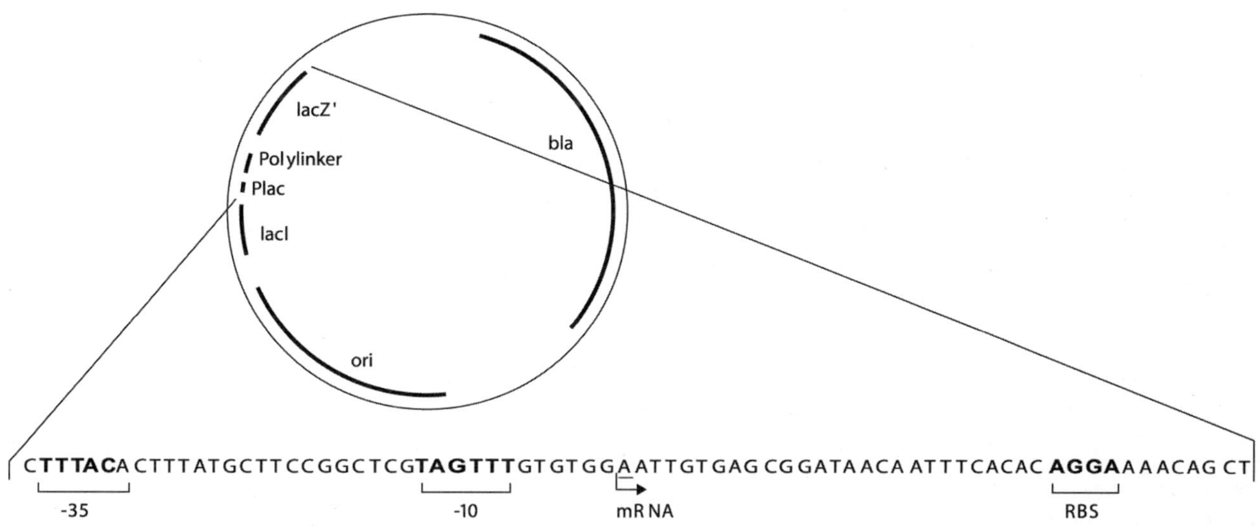

ATG AC CATGATTACGA ATTCGAG CTCG GTAC CCGGGG ATCCTCTAGAGT CGAC CTGCAG GCATGCA AGCTTGGCACT G...
Met Thr Met Ile Thr Asn Ser Ser Ser Val Pro Gly Asp Pro Leu Glu Ser Thr Cys Arg His Ala Ser Leu Ala **Leu**

폴리연결자 부위

그림 3.21

E. coli 발현벡터 pUC18의 구조. 이 벡터는 복제 원점(*ori*)와 항생제 내성 마커(*bla*)외에 *E. coli lac* 오페론의 일부를 갖고 있다. 이곳에는 억제인자(repressor) 유전자(*lacI*), 프로모터 부위(Plac), 약 60개의 아미노산을 코딩하는 *lacZ* 유전자의 5'말단부분을 포함한다. 아래에 나타난 것처럼, *lacZ* 유전자 안에 폴리연결자(polylinker) 부분이 삽입되었다(10개 이상의 제한효소에 대한 절단 부위를 포함). LacZ 단백질에 있는 아미노산은 굵은 글씨로 나타냈다. 벡터가 18개 아미노산을 추가적으로 포함한 LacZ N말단 단편을 코딩하도록 폴리연결자에는 종결(nonsense) 코돈이 없고 phase에 맞게 삽입되었다. 프로모터의 −35, −10 부위와 RBS는 별도로 표시되었다. 이들 서열은 공통서열로부터 약간 벗어나 있다. 여기서 보이는 서열의 앞쪽에 *lac* 프로모터의 대사물 활성자(catabolite activator) 단백질(CAP 또는 cAMP 결합 단백질)의 결합 서열이 위치한다.

mRNA에는 Shine-Dalgrno 서열이 없다. 클론 단편이 그런 생물체로부터 왔다면, *E. coli* RBS를 벡터에 삽입하고 클론 유전자의 5'말단을 RBS에 근접하게 위치시킴으로써 mRNA의 효과적인 해독을 가능케 한다.

pUC 계열 벡터에 이러한 특징이 들어있다(그림 3.21). *E. coli*의 락토오스 오페론에서 조절 프로모터 pLac와 *lacZ* 유전자의 5'말단 부위를 포함하는 단편을 그대로 가져왔다. 따라서 프로모터는 전사 시작점으로 부터 적당한 거리에 위치한다. Shine-Dalgrno 서열이 *lacZ* 유전자의 개시코돈으로부터 원래 거리에 위치한다. M13 계열벡터를 위해 만든 폴리연결자(polylinker)가 *lacZ* 유전자의 시작부위에 많은 클로닝부위를 제공한다(106페이지 참조). 이런 배열 덕분에 클론 단백질을 LacZ의 N말단 일부 아미노산을 포함하는 융합 단백질 형태로 발현하는 것이 가능하다. 마지막 특징은 클론 단편에 의해 *lacZ* 유전자의 5'말단이 분리됨으로써, M13 벡터와 연결해서 설명한 바와 같이 재조합 클론을 포함하는 세포와 재결합 벡터만을 갖는 세포를 구분할 수 있다.

F. William Studier가 수행한 T7 파아지 연구를 기반으로 Novagen이 개발한 pET계열이 널리 사용되는 발현벡터의 또 다른 예다(그림 3.22) 발현하고자 하는 유전자는 매우 강력한 T7 프로모터 다음의 폴리연결자 안에 클로닝된다. 이 프로모터는 T7 RNA 중합효소에 의해 인식되지만 *E. coli* 중합효소에 의해서는 인식되지 않기 때문에 비유도 발현 수준이 매우 낮다. 배양이 고농도로 진행되고 클론 유전자의 발현이 준비되면 IPTG에 의해 숙주 균주의 pLacUV5 프로모터 다음에 클로닝된 T7 RNA 중합효소 유전자가 유도된다. 만약 발현하고자 하는 단백질이 숙주세포에 해롭다면, T7 라이소자임을 소량 발현하는 숙주균주를 사용한다. 라이소자임은 다른 파아지 유전자의 전사가 필요하지 않는 파아지 감염의 마지막 단계에서 숙주 세포를 용해시키는데 필요하기 때문에, T7 라이소자임은 T7 RNA중합효소의 천연 저해제로 작용한다. 따라서 IPTG가 없어도 기초 수준의

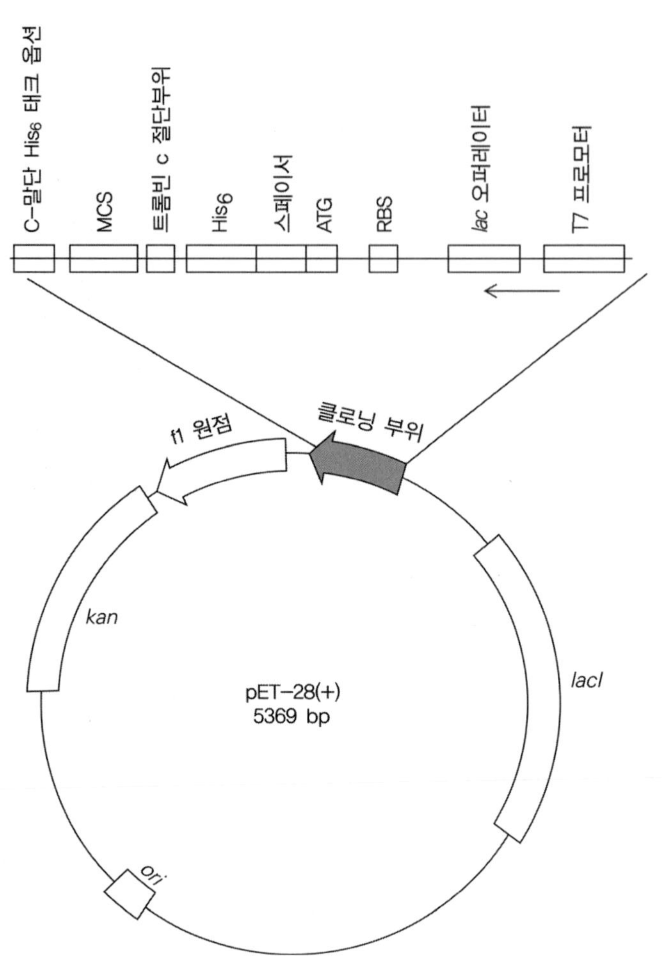

그림 3.22

E. coli 발현 벡터 pET28a(+)의 구조 클로닝 부위(굵은 검정색 화살표시)는 T7프로모터와 lac 오퍼레이터 및 RBS를 포함하는 lac오페론의 앞부분(pUC18과 유사, 그림 3.21), 개시코돈 ATG, 3개 코돈 스페이서(spacer), 여섯 개의 히스티딘(6x His) 태그서열, 트롬빈 절단부위, 복합 클로닝 부위를 포함한다. 따라서 목표 단백질은 N 말단에 6x His 태그를 갖고 만들어지며(p119참조) 친화성(affinity)분리 후에 트롬빈을 처리해서 제거한다. (클로닝 부위에는 C말단 태그를 붙이는데 이용되는 또 다른 6x His서열을 지닌다.) 플라스미드는 가나마이신 내성을 나타내는 항생제 내성 마커 *kan*과 함께 파아지 f1에 대한 복제 원점을 갖는다. 따라서 이것은 **파아지미드(phagemid)**(본문참조)이고 헬퍼 파아지 감염으로 단일가닥 DNA로 회수할 수 있다. 이 플라스미드는 IPTG가 없는 경우에 클로닝 부위의 lac 오퍼레이터 부위에 결합하여 목표 유전자의 누수(leaky) 발현을 막는 락토오스 억제인자(repressor)를 생산하는 *lacI* 유전자를 갖고 있다.

유전자 전사에 의해 만들어지는 소량의 T7 중합효소에 의한 클론 유전자의 전사는 완전히 억제된다. pET 시리즈로 전체 세포단백질의 40%–50%에 달하는 클론 단백질의 발현이 종종 보고된다.

마지막으로, 클론 유전자가 *E. coli*와 밀접하게 연관되지 않는 생물체로부터 유래 되었다면, 코돈 사용법에 주의해야 한다. 예를 들어, Arg 코돈인 AGA와 AGG는 진핵세포에서는 빈번하지만 *E. coli*유전자에서는 잘 사용되지 않는다. 그런 유전자를 *E. coli*에서 발현하면 해독 정지에 이르게 되고 결국 mRNA가 분해된다. *E. coli*에서의 해독을 증가시키기 위해서는 위치특이적 돌연변이유발(site-specific mutagenesis)로 코돈은 바꾸어야만 한다.

발현 단백질의 회수와 분리

클론 유전자가 박테리아 숙주에서 성공적으로 발현되었어도 단백질 산물의 회수가 언제나 간단하지는 않다. 발생 가능한 문제점과 그것을 해결하는 접근 방법을 설명하고자 한다.

표 3.1 특이적인 절단 반응

절단 활성인자	절단부위
산성 pH	–Asp↓Pro–
히드록실아민	–Asn↓Gly–
CNBr	–Met↓Xaa–
트립신	–Arg(또는 Lys)↓Xaa–
클로스트리페인(Clostripain)	–Arg↓Xaa–
콜라겐나아제	–Pro–Xaa↓Gly–Pro–Yaa↓
Xa 인자	Ile–Glu–Gly–Arg↓Xaa–
엔테로키나아제	–Asp–Asp–Asp–Asp–Lys↓Gly–
Tobacco etch virus (TEV) 프로테아제	–Glu–Xaa–Xaa–Tyr–Xaa–Gln↓Ser(또는 Gly)

Xaa와 Yaa는 아미노산을 의미하며, 수직 화살표는 절단되는 펩티드결합을 지시한다.

융합 단백질(fusion protein)의 발현

짧은 펩티드가 *E. coli*에서 발현될 때, 박테리아 세포질에 있는 다양하고 많은 펩티다제에 의해 빠르게 분해된다. 단백질 산물을 보호하기 위해서 단백질을 코딩하는 DNA서열을 *E. coli*에 원래부터 있는 단백질을 코딩하는 유전자에 융합된다. 융합 단백질을 발현하면, 작은 외부 펩티드는 큰 내부 단백질의 일부분으로 접히고(folding) 단백질 분해과정을 피할 수 있게 된다.

이 펩티드를 운반 단백질로부터 분리하는데 융합 단백질의 위치 특이적 절단이 필요하다. 특정한 위치에서 단백질을 절단하는데 사용되는 반응 조건과 시약을 표 3.1에 나열하였다. 펩티드가 트립신, CNBr, 산에 의해 잘리는 결합을 포함하지 않으면, DNA서열을 변경해서 펩티드–운반체 연결 부위에서 이들 시약에 대한 절단 부위를 만드는 것이 안전하다. 충분히 큰 펩티드는 그런 시약에 의해 절단되는 취약한 부위를 갖기 쉽다; 이 경우에는 원하는 부위를 절단하는 데에 매우 엄격한 아미노산 서열 특이성을 갖는 Xa인자와 같은 프로테아제가 사용된다.

펩티드와 단백질을 융합 산물로 발현하는 또 다른 이점은 산물을 쉽게 분리할 수 있다는 점이다. 예를 들어, 외부 유전자가 *Staphylococcus aureus* 단백질 A의 면역 글로불린 G (IgG) 항체 결합도메인 코딩 서열과 융합되면, 세포 추출액을 고정화된 IgG컬럼을 통과시킴으로써 융합 단백질을 회수할 수 있다. 또 다른 방법은 산물을 글루타티온 S–전이효소(glutathione S–transferase, GST)에 결합시키는 것이다. 이것은 고정화된 글루타티온(glutathione)의 친화성 컬럼으로 산물을 분리하게 한다(Box 3.10). 또는 산물을 연속된 히스티딘에 융합하고 히스티딘과 금속 이온 결합을 이용해서 분리한다. 또한, 융합 단백질 생산은 발현 단백질의 뭉침을 피하는 중요한 전략이다.

친화성 컬럼(affinity column)

단백질 분리의 전통적 방법은 전기적 전하(이온교환 크로마토그래피), 크기(겔 여과크로마토그래피), 소수성(소수성 크로마토그래피)과 같은 단백질의 물리화학적 특성을 이용한다. 만일 출발물질이 복잡한 혼합물이라면 그와 같은 분리과정으로 얻은 단일 분획은 여러 단백질을 포함한다. 반대로 친화성 크로마토그래피는 단백질과 특이적 리간드 분자간의 *특이적인(specific)* 상호작용에 의존한다. 예를 들어, 효소를 분리하기 위해서 효소의 기질 또는 기질 유사체를 과립 매트릭스 물질에 공유결합으로 연결하고 과립을 컬럼에 채워 넣는다. 수 백종류 단백질 혼합물이 친화성 컬럼을 통과하면 컬럼에 고정된 기질에 특이적으로 결합하는 효소만 부착된다; 모든 다른 단백질은 지체없이 컬럼을 빠져나온다. 효소 구조를 변경시켜서 기질에 대한 효소의 친화성을 감소시키는 방법으로 컬럼을 용출하면 목표 효소를 단번에 분리할 수 있다.
재조합 DNA기술을 통해 대상 단백질에 여러 가지 가능한 태그를 붙일 수 있다. 예를 들어, 6x His 태그는 니켈(Ni^{2+})컬럼에서, 말토오스 결합 단백질 태그는 아밀로오스 컬럼에서, 글루타치온 S-전이효소(glutathione S-transferase, GST) 태그는 고정화된 글루타티온 컬럼에서 해당 단백질을 분리하게 해준다.

Box 3.10

봉입체(inclusion body) 형성

많은 외래 단백질 특히 진핵세포 유래의 단백질은 *E. coli* 세포질에서 대량 발현되면 봉입체(inclusion body)로 불리는 불용성 집합체를 형성한다. 고농도로 생산된 초기 단백질이 불완전하게 접히면 소수성 부위의 분자 간 상호 작용에 의해서 단백질 집합체가 형성된다(그림 3.23).

초기 단백질이 고농도로 생산되는 것은 많은 사본수(copy number)를 갖는 유전자와 강력한 프로모터를 지닌 대량 발현 시스템의 결과이다. 또한, *E. coli*의 원핵세포 구조 때문이기도 하다. 사람과 동물 단백질은 전형적인 진핵세포의 합성 조건하에서 대부분 소포체(endoplasmic reticulum)의 내부 등 세포질로부터 분리된 구역으로 나누어 들어간다. 그러나 *E. coli*에서는 새로 합성된 대부분의 단백질은 박테리아 세포질에 구분되지 않은 채로 남아 있다. 게다가, *E. coli*에서 외부 단백질의 접힘을 지체하게 만드는 여러 요인에 의해 분자 간 결합과 집합의 기회가 증가된다: (1) *E. coli*세포질의 조건이 –예를 들어 pH, 이온세기, 산화환원전위차 – 이들 단백질이 최종 구조로 접히는 원래 환경과 다르다. 소포체 내부의 산화적 환경에서 형성되는 이황화결합이 *E. coli*의 환원상태 세포질에서 만들어지지 않기 때문에 진핵세포 유래의 분비 단백질은 폴딩될 수 없다. (2)다양한 헬퍼 단백질에 의해 많은 단백질의 정확한 접힘이 추진된다(Box 3.11). 이중에는 두 가지 형태의 프롤린 상호 전환을 촉진하는 **펩티드-프롤린 시스/트랜스 이성화 효소**(peptide-proline cis/trans isomerase), 단백질의 이황화결합의 교환을 촉매해서 정확한 이황화결합 짝을 갖도록 해주는 **단백질 이황화결합 이성화 효소**(protein disulfide bond isomerase), 접힘과정을 가속시키고 변성단백질의 미성숙 집합체 형성을 막아주는 **분자 샤페론**(molecular chaperone)이 포함된다. *E. coli*에서의 헬퍼 단백질의 특성과 농도는 진핵세포의 각 구역에서의 농도와 다르다.

다음 섹션에서 설명하듯이 일부 봉입체 형성을 피할 수 있다. 그러나 이것이 불가능한 경우에는 재조합 단백질을 분리하기 위해 봉입체를 이용할 수도 있다. 세포를 용해하고 추출물을 원심분리하여 봉입체를 회수한다. 침전물이 막 성분을 포함하기 때문에 그것을 세척용액에서 다시 원심 분리하여 씻어준다. (막 성분을 녹이고 제거한다). 이 방법으로

폴다아제(Foldase)와 분자 샤페론

1957년 Christian B. Anfinsen그룹은 완전히 변성된 리보뉴클레아제 A(ribonuclease A)가 시험관 내(*in vitro*)에서 자발적으로 원래 구조를 형성하며 4개의 이황화결합(disulfide bond)이 정확하게 짝을 맞추어 형성되는 것을 증명하였다. 이 유명한 발견을 통해 대부분의 과학자는 모든 단백질은 세포내 다른 성분의 도움 없이 자발적으로 접힐 수 있다고 생각하게 되었다. 하지만 어떤 반응이 자발적으로 진행 된다하더라도, 세포가 그 과정을 촉진하기 위해서 헬퍼 단백질을 사용하지 않는다는 것을 의미하지는 않는다. 최근에 두 그룹의 단백질이 새로운 단백질의 폴딩을 돕는 것으로 밝혀졌다.

그중 한 그룹의 단백질은 고전적인 의미에서 효소 활성을 가지며 때때로 폴다아제(foldase)로 불린다. 이것들은 펩티드 프롤린 *시스-트랜스* 이성화효소(peptidyl prolyl *cis-trans* isomerase), 이황화결합(disulfide bond)의 형성과 이성화에 관여하는 효소를 포함한다. 앞의 효소는 프롤린의 질소 원자와 직전 아미노산의 카르복실 그룹을 연결하는 펩티드 결합의 시스(cis)와 트랜스(trans) 상호 전환을 촉진함으로써 폴딩을 돕는다. 실제, 단백질의 모든 펩티드 결합은 트랜스 구조를 갖는다. 하지만 프롤린이 포함된 결합은 예외이다. 그 결합의 자발적인 *시스-트랜스* 이성화과정은 느리게 진행된다. 이황화결합의 형성과 이성화과정을 촉진하는 효소는 그 결합을 포함하는 단백질의 폴딩에서 중요하다. 만약 폴딩과정에서 이황화결합이 형성되지 않거나 시스테인의 잘못된 짝 사이에서 형성되면 단백질이 잘못 폴딩된다.

접힘 과정을 도와주는 두 번째 그룹의 단백질은 분자 샤페론이다. 이것이 더 예민하고 복잡한 기능을 수행한다. 이 샤페론의 구조는 진화과정에서 강하게 보존되었으며 대부분 Hsp70 또는 Hsp60그룹의 **열충격단백질(heat shock protein)**에 속한다. (많은 생물체가 고온에 노출되면 대량 생산되기 때문에 그것들은 열충격단백질로 불린다; 이 단백질들은 열 변성단백질의 변성과 정확한 폴딩을 촉매한다.) *E. coli*에서 대부분의 초기 폴리펩티드는 방아쇠인자(trigger factor)라고 부르는 리보솜 결합 단백질의 도움으로 폴딩된다. 이것은 프롤린 시스-트랜스 이성화 활성을 갖는 샤페론이다. 소수성 패치와 함께 천천히 폴딩하는 단백질은 Hsp70에 속한 Dnak에 결합된다.

DNA가 초기 단백질의 소수성 패치를 감싸서 다른 초기 단백질과 작용해서 불용성 집합체 즉 봉입체를 형성하는 것을 막아준다. Dnak는 다른 두개의 단백질 즉, DnaJ와 GrpE와 작용해서 초기 단백질의 방출이 ATP 가수분해와 시간이 맞추어지도록 해준다. 만일 단백질이 여전히 불완전하게 폴딩되었으면, DnaK에 다시 결합해서 동일과정이 반복된다. 가장 폴딩이 어려운 단백질은 샤페로닌(chaperonin)이라 부르는 Hsp60에 속하는 GroEL에 의해 처리된다. *E. coli*에서 GroEL은 14개 단백질 서브유닛으로 구성되었으며 2개의 큰 공간을 지닌 2개의 도너스 구조이다. 불완전하게 폴딩된 단백질이 하나의 공간에 들어가고 7개의 단백질 서브유닛으로 구성된 GroES 단백질에 의해 공간이 덮인다. 이 안에서 다른 초기 단백질과의 해로운 작용 없이 폴딩하게 해준다. 이 과정은 많은 ATP분자의 가수분해에 의해 시간이 조절된다.

Box 3.11

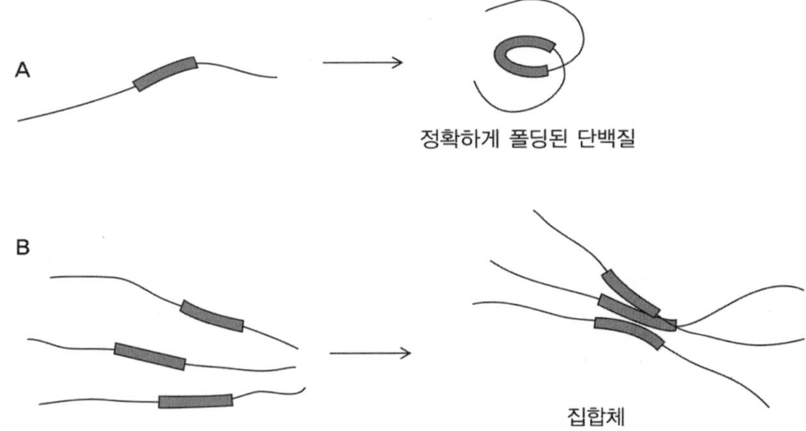

그림 3.23

대량 발현된 단백질의 집합체 형성 기작. **(A)** 일반적으로 초기 폴리펩티드는 소수성 부위(굵은 실선)가 내부에 감추인 구형구조를 형성한다. **(B)** 그러나 초기 폴리펩티드의 농도가 매우 높으면, 각 체인이 정확하게 폴딩할 기회를 갖기 전에 분자의 노출된 소수성 부위가 다른 분자와 작용할 가능성이 증가한다. 초기 단백질 사이의 이러한 분자간 상호작용은 단백질 집합체를 형성하고 비가역적인 잘못된 폴딩을 유발해서 봉입체를 생산한다.

W.H. Freeman이 출판한 제1판(1995년)의 그림을 바탕으로 재구성.

이황화(disulfide)결합을 포함하는 단백질의 재생. 만일 단백질이 이황화결합을 갖고 있으면, 결합이 끊어져야 완전히 변성된다. 이것은 환원반응에 의해 가능하다(디치오트레이톨 dithiothreitol 또는 머르캅토에탄올 mercaptoe thonol). 이 경우에 수용성 변성 단백질을 환원제 존재 하에서 분리해야 한다. 다르게는 나트륨아황산염(sodium sulfite)의 첨가로 시스테인의 황 원자를 S-술폰산염(sulfonate)으로 전환하여 이황화결합을 절단할 수 있다. S-술폰산염은 중성 또는 산성 pH에서 안정하기 때문에 샘플의 알칼리화에 주의하면서 수용성 단백질을 분리할 수 있다. 분리 후에 머르캅토에탄올(mercaptoethanol)을 첨가해서 S-술폰산염을 술프히드릴(sulfhydryl) 그룹으로 전환시킬 수 있다. 두 가지 과정에서 단백질 재생은 환원제와 변성제를 제거함으로 달성된다. 공기에 노출하여 시스테인의 이황화물(disulfide)로의 산화과정을 진행한다. 최근에 폴다아제(foldase)와 샤페론을 첨가하며 재생을 촉진하는 시도가 성공되었다; 그러나 추가하는 단백질의 고비용이 해결할 문제점이다.

Box 3.12

복잡하고 힘든 단백질 분리과정을 단숨에 건너뛸 수 있다. 마지막으로, 봉입체는 6M 요소 또는 8M 구아니디움 염산염(guanidium hydrochloride)와 같은 단백질 변성제로 녹이고 변성제를 점차적으로 제거함으로써 단백질을 다시 접히게 한다(Box 3.12). 이 과정을 통해 많은 단백질을 분리하는 데에 성공하였다. 이론적으로 시험관 내 재접힘은 분자 간 상호작용을 최소화하기 위해서 낮은 단백질 농도에서 진행되어야 하지만, 실제로 일부 시스템에서는 상당히 높은 농도에서도 진행된다. 그 이유는 과 생산 세포와 비교해서 여전히 낮은 농도이기 때문이다.

봉입체 형성 방지

비록 봉입체가 단백질 분리를 위한 좋은 출발물질이지만, 변성과정과 재생과정에 비용이 많이 든다. 보통 비용을 증가시키고 수율을 떨어뜨리는 조건인 낮은 단백질 농도에서 재생 과정이 잘 이루어지는 것이 문제이다. 재생단계의 고비용이 조직 플라스미노겐 활성인자(tissue plasminogen activator)와 인자VIII(factor VIII)와 같은 큰 단백질의 상업적 생산이 *E. coli*가 아닌 동물세포 배양에서 수행되는 이유를 보여준다. 동물세포 배양에서, 재조합 단백질은 자발적으로 자연형 구조로 접히기 때문에 봉입체가 만들어지지 않는다.

미생물 숙주에서 자연형 구조로 생산되면, 이들 단백질의 생산비용은 크게 줄어든다. *E. coli*에서 봉입체 생성량을 감소시키는 조건을 찾고자 많은 노력이 행해졌다. 봉입체를 완벽하게 감소시키는 기술이 아직 발견되지 않았다. 생장 온도를 낮추는 것이 시도한 방법 가운데에는 가장 효과적이었다. *E. coli*에서 정확한 단백질 접힘을 증가시키기 위해 샤페론과 폴다아제(foldase)를 동시 발현시키는 것도 성공적이었다. 만약 *E. coli*를 낮은 에탄올 농도(2–3%) 하에서 배양하면 일부 외래 단백질의 접힘이 개선되었다. 에탄올이 *E. coli*에서 "**열충격 단백질**(heat shock protein)"을 유도하고 이것이 폴다아제(foldase)와 샤페론의 생산을 증가시키기 때문이라고 설명된다. 또 외부 단백질의 코딩서열을 *E. coli* 티오레독신(thioredoxin) 또는 말토오스결합단백질 같은 "수용화" 단백질을 코딩하는 유전자 3'말단에 융합시키는 방법이다. 융합단백질은 전부 수용성 단백질로 생산되는 것이 많은 경우에 알려졌다(Box 3.13).

분비 벡터

재조합 단백질이 숙주 박테리아의 세포질에서 봉입체를 형성하거나, 수용성 형태로 남아 있거나 상관없이 단백질 분리는 항상 어렵다. 재조합 단백질을 매우 많은 숙주 단백질로부터 분리하는 작업을 쉽게 하는 방법은 재조합 단백질을 배양 배지로 분비시키는 것이다. 박테리아는 단백질이 없는 간단한 배지에서 자라기 때문에 이 후의 분리과정은 매우 간단하다. 이런 이유 때문에 **분비 벡터**(secretion vector)를 개발하기 위해 많은 연구가 진행되었다.

원핵세포와 진핵세포에서 세포로부터 분비될 예정인 단백질들은 N말단에 약 20여개 아미노산의 **리더(신호)서열**(leader sequence)을 갖고 합성된다. 이 서열이 초기 단백질을 세포질 막에 있는 분비 기구에 인도하고 폴리펩티드가 막을 통과한 후에 리더 펩티다아제에 의해 분리되어 떨어진다. 리더서열의 존재는 분비에 필요하지만 충분조건은 아니다:

리더서열이 수용성 세포질 단백질에 융합된 일부 인공단백질은 분비되지 못한다. 이것은 단백질이 빠르게 접혀서 안정한 구형 구조를 형성하여 막을 통과하지 못하기 때문이다. 단백질산물이 빠르게 접혀서 견고하고 안정된 구조를 형성하지 않는 경우에만 분비벡터 전략이 적용될 수 있다.

실제로 생물공학 초기시기에 약 70개 아미노산으로 구성된 인슐린 유사 성장인자 I (IGF-1)의 생산에 이 전략의 유용성이 입증되었다. *S. aureus* 유래의 분비단백질이며 IgG결합 단백질인 단백질A (protein A)의 리더 서열을 코딩하는 염기서열 뒤에 IGF-1에 대한 cDNA를 클로닝하였다. 플라스미드를 *E. coli* HB101에 형질전환하였다. 또한 분리를 촉진하고 단백질 분해를 저해하기 위해서 단백질A의 IgG결합 도메인을 코딩하는 서열의 복사본 2개를 리더서열과 IGF-1의 cDNA사이에 삽입하였다(119 페이지 참조). 단백질이 분비되면, 매우 큰 부피의 배양 상등액으로부터 분리되어야 하기 때문에 이와 같은 "친화성 핸들"은 중요하다. 친화성 핸들이 원하는 산물을 빠르고 효과적으로 농축하는 방법을 제공한다(Box 3.10). 이 경우에, 배양 상등액을 IgG결합용 단백질A 서열을 지닌 분비 단백질과 흡착하는 IgG-Sepharose 컬럼에 통과시킨다. 융합단백질은 IGF-1서열 바로 앞에 있는 Asn-Gly 서열이 히드록실아민(hydroxylamine)에 민감한 점을 이용해서 히드록실아민으로 절단한다. 그 이후에 IGF-1 펩티드는 일반적인 컬럼 크로마토그래피 방법으로 분리한다.

분비 벡터가 유용하지만 모든 경우에 쉽게 접근할 수 있는 방법이 아니다. 일부 단백질은 앞서 언급했듯이 리더 서열과 융합되어도 분비되지 않는다. 불행히도 *E. coli* 세포는 외막에 싸여 있고 세포질로부터 분비되어도 또 다른 세포 공간인 외막과 내막사이에 있는 주변 세포질에 분비된다. 앞에 언급한 경우에는, 단백질A 프로모터를 유도하는 온도 증가(44℃)가 많은 주변세포질 단백질이 배지로 빠져나가도록 외막의 투과성을 높이게 된다. 그러나 이것은 드문 현상이고, 물질이 새어나가면서도 동시에 건강하게 생장하는 *E. coli* 균주는 아직 개발되지 않았다. 이런 사실은 *B. subtilis*와 같은 그람양성 박테리아를 재조합 단백질 생산 숙주로 이용하도록 만들었다: 이 박테리아에 의한 강력한 단백질분해효소의 분비가 지금까지 이 노력을 막고 있다. 어쨌든 주변세포질은 외부 단백질의 정확한 폴딩을 위한 좋은 특성을 갖고 있다. *E. coli*세포질은 환원적 환경인 반면에 주변세포질(periplasmic space)은 산화적 환경일 뿐만 아니라 이황화결합(disulfide bond)을 형성하고 이성화하는 효소시스템을 갖고 있다. 또한 비록 Hsp60과 Hsp70 같이 ATP를 필요로 하는 고전적인 샤페론이 없지만 샤페론과 펩티드-프롤린 이성화효소로 작용하는 단백질을 갖고 있다. 따라서 호르몬과 같이 포유동물 유래의 분비단백질인 외부 단백질이 주변세포질 공간으로 분비되면 봉입체가 적게 만들어지는 것이 일반적인 현상이다.

치오리독신(thioredoxin)과 말토오스-결합단백질 융합. *E. coli* 치오리독신(thioredoxin)은 근접하게 위치한 2개의 시스테인을 지닌 작은 단백질이다(분자량 11,675). 대량 발현되어도(*E. coli* 전체 단백질의 40%까지) 봉입체를 형성하지 않는 것으로 볼 때, 효과적으로 폴딩하는 것 같다. 외부 유전자가 치오리독신 유전자의 3'말단에 융합되면, 치오리독신 도메인의 초기 폴딩이 연결된 외부 단백질의 폴딩을 촉진하기 때문에 외부 단백질을 단독으로 발현 되는 것보다 융합단백질이 훨씬 잘 폴딩된다. 유사한 방식으로 외부 단백질을 *E. coli* 말토오스 결합단백질 서열과 융합하면 많은 경우 발현에 성공하였다. 이 경우에, 결합단백질의 리간드 결합 홈(groove)이 불완전하게 폴딩된 외부 단백질을 잡아주는 샤페론으로 작용한다.

Box 3.13

예: *E. coli*에서의 키모신(chymosin, 레닌, rennin) 생산

키모신은 소의 제 4위(주름위, abomasum)에서 생산되는 주된 단백질분해 효소이다. 소가 우유로 영양을 공급받는 수 주 동안만 생산이 진행된다. 키모신은 점액 세포에서 프레프로키모신(preprochymosin)으로 생산된다(pre 신호서열, 활성화 과정에서 제거되는

원핵세포와 진핵세포에서의 단백질 분비 경로

원핵세포에서 분비 단백질은 N말단 신호서열을 갖고 만들어지며 세포질막에 있는 SecYEG(DF) 단백질 복합체에 의해 분비된다. SecA 단백질이 신호서열을 분비기구까지 전달하는 것으로 알려졌다. 신호서열과 완성 서열의 연결점이 세포질막의 바깥쪽에 노출되었을 때 신호서열이 절단된다(그림 A).

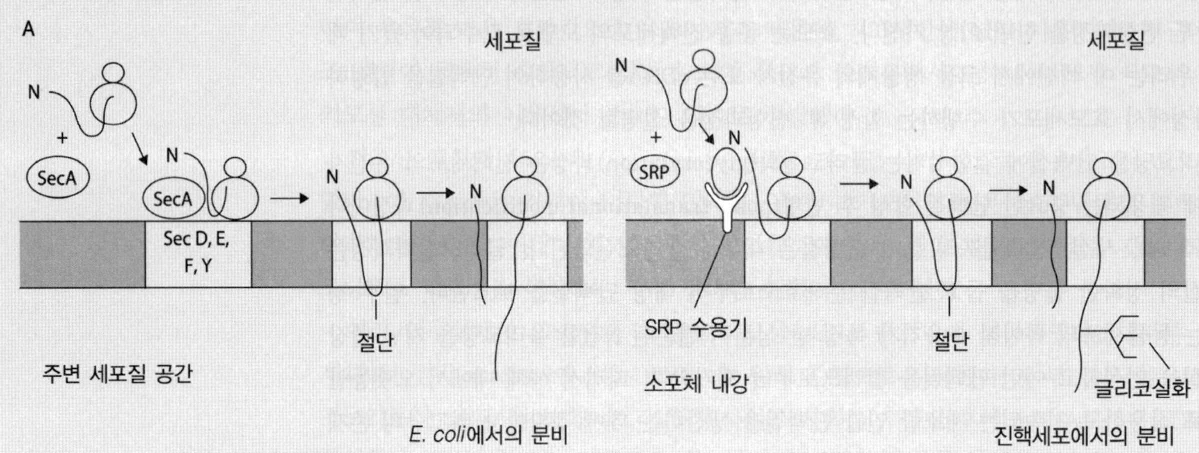

진핵세포에서 만들어지는 분비 단백질도 N말단 신호서열을 갖는다. 그러나 신호서열이 작은 RNA에 의해 6개의 단백질이 결합된 신호인식인자(signal-recognition particle, SRP)라는 복잡한 구조에 의해 인식된다. SRP는 막에 연결된 SRP 수용기에 결합한다. 이 과정에서 초기 단백질을 *조면소포체(rough endoplasmic reticulum)* 막에 위치한 분비 기구에 인도한다. SRP에 있는 단백질 중 하나가 분비기구와의 '도킹'이 이루어질 때까지 단백질 합성을 중지시킨다. 이것이 세포질 환경에서 잘못 폴딩되는 것을 막아준다. 단백질은 연장 형태로 막을 통과해서 조면소포체의 내강(lumen)으로 들어간다. 단백질 일부가 막을 통과하면 신호서열은 바로 절단되어 떨어진다. 내강(lumen) 환경은 세포질에 비해 덜 환원적이며 단백질의 접힘 직후에 이황화결합이 형성된다. 시스테인의 잘못된 짝 간에 이황화결합이 형성되면 잘못 폴딩된 단백질 생산되기 때문에, 내강에는 이황화결합을 끊고 재형성하여 단백질이 자연형 구조를 형성하도록 해주는 이황화결합 이성화 효소가 들어있다(Box 3.11).

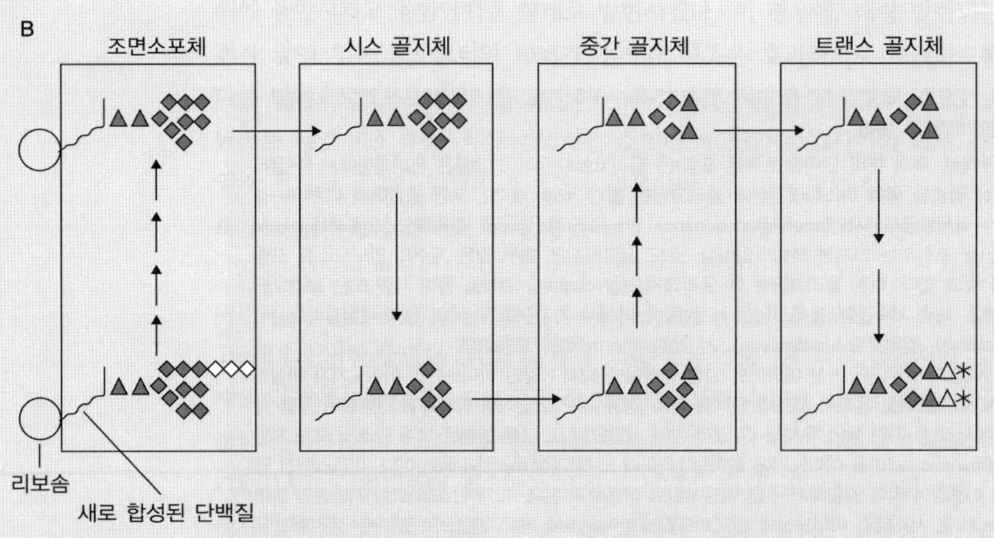

폴리펩티드가 막을 빠져나오는 동안에도, 분비 단백질의 일부분이 글리코실화된다. 그림B가 동물세포에서 단백질에 복합타입의 *N*-결합 올리고당이 형성되는 것을 보여준다(다양한 경로가 있다.) 소포체 안에서, 2개의 *N*-아세틸글루코사민(acetylglucosamine), 9개의 만노오스(mannose), 3개의 글루코오스(glucose)로 구성된 중심 올리고당이 단백질의 적당한 위치에 결합한다; 이후에 모든 글루코오스와 1개의 만노오스가 떨어진다. 당 단백질은 작은 막 소낭(vesicle)을 통해 또 다른 막으로 구성된 세포소기관인 골지체로 운반된다: 우선, *시스(cis)* 골지소낭(Golgi vesicle)에 들어가며 3개의 만노오스가 제거된다. 다음 구역에서 중간(medial) 골지소낭에서 만노오스가 추가적으로 떨어지고 2개의 *N*-아세틸글루코사민이 추가된다. 마지막으로 *트랜스(trans)* 골지체에서 *N*-아세틸글루코사민에 2개의 갈락토오스가 추가되고 갈락토오스에 시알산이 더해진다. 당 단백질을 포함하는 소낭이 원형질막과 융합되면서 완성된 당 단백질이 세포로부터 분비된다.

W.H. Freeman이 출판한 제1판(1995년)의 그림을 바탕으로 재구성.

Box 3.15

글리코실화는 진핵세포에서 매우 중요하기 때문에, 효모와 같은 진핵 미생물이 고등 진핵세포의 단백질을 생산하는 데에 좋은 숙주가 된다. 효모세포는 많은 단백질을 신호인식인자를 이용한 소포체-골지체 경로를 통해 분비하고 이 과정에서 단백질의 글리코실화를 수행한다. 그밖에도 효모세포는 단백질 합성 후에 *N*-아세틸화(*N*-acetylation)와 미리스트산(myristic acid) 결합반응을 수행한다(Box 3.14 참조).

우리는 효모가 진핵세포이기 때문에 포유동물 유전자의 초기 RNA 전사체의 접합(splicing)을 수행할 수 있으리라 기대할 수 있다. 하지만 효모에는 인트론이 거의 없고 포유동물의 인트론 서열을 제대로 제거하지 못한다. 따라서 포유동물 단백질을 발현하는 경우에는 인트론이 없는 유전자를 사용해야 한다. 즉 대상 유전자의 완성 mRNA의 cDNA 복사본을 만들고 이것을 주형으로 사용해야 한다.

효모는 단순하고 값싼 배지에서 고농도로 배양할 수 있다. 더 중요한 것은 효모 세포의 성분과 대사산물이 인체에 해롭지 않다는 점이다(*E. coli* 외막의 성분인 LPS는 내독소(endotoxin)로 알려진 독성분자이다). 이제 우리는 외부 DNA를 효모세포(*S. cerevisiae*, baker's yeast)에서 발현하는 방법에 대해 공부할 것이다.

효모세포로의 DNA전달

DNA는 다양한 방식으로 박테리아에 전달된다. 그러나 효모의 경우에는 형질전환(transformation)방법이 유일한 DNA 전달 방식이다. 첫 번째 방법에서는 효소로 효모의 세포벽을 분해하고 이렇게 만들어진 스페로플래스트(spheroplast, 세포질막으로만 둘러싸인 세포)를 칼슘이온(Ca^{2+}) 및 폴리에틸렌글리콜(polyethylene glycol)과 함께 DNA와 섞는다. 칼슘이온과 폴리에틸렌글리콜은 세포막의 융합을 촉진하는 물질로서 스페로플라스트 간의 융합을 유도한다. 이런 스페로플라스트의 융합과정에서 DNA가 효모세포로 들어가는 것으로 보인다. 하지만 융합과정이 DNA가 통과되는 데에 꼭 필요한 과정인지는 아직 분명하게 밝혀지지 않았다. 두 번째 방법에서는 손상되지 않은 효모세포(세포벽 포함)를 리튬이온(Li^{+})으로 처리하고 DNA와 폴리에틸렌글리콜과 함께 섞는다. 이 경우에도 DNA의 통과기작은 명확히 밝혀지지 않았다. 세 번째 방법에서는 순간적으로 세포 현탁액에 고전압을 흘리는 방법을 사용한다. **전기천공법(electroporation)**이라고 부르는 이 방법은 3장의 초반부에서 설명했듯이 세포벽과 세포막에 순간적으로 구멍을 만들어 준다.

효모 클로닝 벡터

여러 형태의 클로닝 벡터가 효모에서 재조합 DNA를 제조하는 데에 사용된다. 대부분이 "셔틀벡터(shuttle vector)"이다: 이들 벡터는 *E. coli*에서 뿐만 아니라 효모에서도 복제된다. 셔틀벡터가 많이 사용되는 이유는 *E. coli*에서 재조합 DNA 제조과정을 쉽게 수행하고 만들어진 DNA분자를 효모에 전달함으로써 당 단백질의 발현과 같은 효모숙주의 장점을 살릴 수 있기 때문이다. 셔틀벡터는 *E. coli*에서 인식되는 복제원점(replication origin)과 *E. coli*에서 유용한 선별 마커(selection marker)를 갖고 있으며 효모세포에서도 복제될 수 있는 특성을 동시에 갖고 있기 때문에 두개의 숙주세포 사이에서 모두 사용할 수 있다. 다섯 종류의 효모 클로닝 벡터가 개발되어 있다: 효모 통합 플라스미드(yeast integrative plasmid, YIp), 효모 복제 플라스미드(yeast replicating plasmid, YRp), 효모 에피솜 플라스미드(yeast episomal plasmid, YEp), 효모 중심절 플라스미드(yeast centromeric plasmid, YCp), 효모 인공염색체(yeast artificial chromosome, YAC).

효모 통합 플라스미드

YIp(그림 3.24)는 원래 박테리아 플라스미드 벡터이었으나, 효모에서 선발될 수 있는 유전자 마커를 추가로 갖고 있다. 우리가 이미 살펴본 것처럼 항생제 내성 유전자가 박테리아 벡터에서 선택마커로 이용된다. 하지만 많은 항생제가 효모에 대해서는 효과가 없다. 따라서 효모에서의 선택과정에서는 아미노산, 퓨린, 피리미딘의 생합성에 결함이 있는 숙주균주와 결함기능을 회복할 수 있는 효모 유전자를 지닌 벡터를 이용하고 있다. 영양분 마커로 많이 사용하는 효모 유전자에는 *LEU2*(로이신 생합성유전자), *URA3*(우라실 생합성 유전자), *HIS3*(히스티딘 생합성유전자)가 포함된다. 예를 들면 *leu2* 숙주균주는 필수미네랄과 탄소원만을 포함한 최소배지에서 자라지 못한다. 그러나 *LEU2*를 포함한 플라스미드를 지닌 숙주세포는 로이신을 생합성할 수 있기 때문에 생장할 수 있다.

YIp는 효모 DNA합성 단백질분자에 의해 인식되는 복제원점이 없다. 그래서 효모염색체에 통합되었을 때에만(효모 마커 유전자 또는 벡터에 들어있는 효모서열의 상동재조합에 의해서) 세포 속에서 지속적으로 유지될 수 있다. 일단 통합되면, 효모 유전체의 한 부분으로서 안정적으로 유전된다. 그러나 통합과정은 드문 현상이기 때문에 이 플라스미드에 의한 형질 전환 빈도는 매우 낮다(1~100 형질전환/μg DNA, 반면에 *E. coli* 경우에는 100,000 형질전환/μg DNA). 상동재조합을 증가시키기 위해 효모 상동부위에서 플라스미드를 절단하면 통합의 빈도는 어느 정도 증가한다(Box 3.16). 이 플라스미드의 또 다른 단점은 사본수가 적다는 것이다. 기껏해야 하나의 반수체 효모 세포에 한 개가 통합된다. 이것 때문에 클론된 유전자의 발현이 제한받는다. 이 문제를 해결하는 한 가지 방법은 플라스미드가 효모 염색체에 여러 번 반복적으로 통합하도록 디자인하는 것이다. 예를 들면 효모세포에는 rRNA를 코딩하는 유전자가 100 복사체 이상 들어 있다. 이곳에

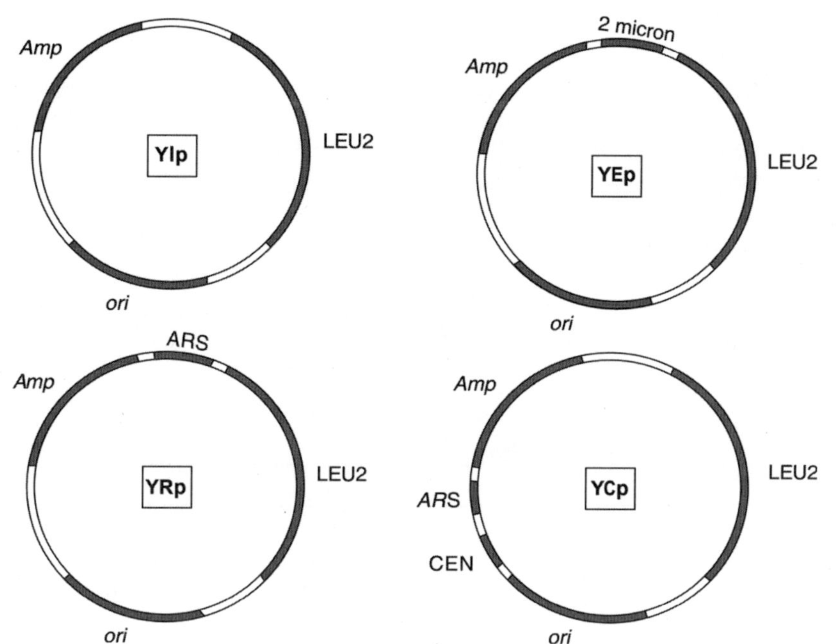

그림 3.24

효모에서 클로닝에 유용한 플라스미드 벡터. 네 종류의 벡터 예를 보여준다. 약자: *ori*, *E. coli*의 복제원점; *Amp*, *E. coli*에서의 선택용 암피실린 내성 유전자; *LEU2*, 효모에서의 선택용 로이신 합성 유전자. 효모에서 복제, 분열을 조절하는 부분, 즉 ARS, CEN, 2 μm 플라스미드 서열은 본문에서 설명하였다.

W.H. Freeman이 출판한 제1판(1995년)의 그림을 바탕으로 재구성.

통합된다면 많은 개수의 클론 유전자를 갖는 세포 유전체를 만들 수 있다. 또한 특정 조건에서 효모가 생존하기 위해서는 많은 수의 복사체로 있어야 되는 유전자를 YIp벡터 상의 선별 마커로써 이용할 수도 있다. 예를 들면 중금속과 결합하여 효모세포를 보호하는 메탈로티오닌(metallothionein)을 코딩하는 *CUP1* 유전자를 플라스미드가 갖고 있으면, *CUP1*의 많은 복사본이 유전체에 통합되었을 때, 즉 유전자가 증폭되었을 때, 구리이온(Cu^{2+})이 들어있는 배지에서 효모세포는 생존할 수 있다. 플라스미드 안정성이 다른 효모 벡터의 중대한 단점이기 때문에 YIp는 사본수가 적음에도 불구하고 상대적으로 매우 유용하게 사용된다(아래 참조).

효모 복제 플라스미드

효모에서 유용한 선택마커 외에 YRp(그림 3.24)는 **ARS(autonomously replicating sequence)**라고 부르는 효모 염색체 유래의 복제 원점을 갖고 있다. 이 복제 원점 덕분에 플라스미드가 염색체에 통합되지 않아도 복제될 수 있다. 그러나 효모세포는 주로 출아법(budding)이라는 비대칭방법으로 분열한다. 이 과정에서 모세포에 들어있는 플라스미드의 작은 개수만이 아상돌기(bud)에 들어가기 때문에 많은 자손세포는 플라스미드를 하나도 갖지 못하게 된다. 따라서 선별 압력을 지속적으로 제공하지 않으면 YRp플라스미드가 빠르게 소실된다. 결과적으로 이러한 YRp는 클론 유전자의 재현성 있는 발현에는 별로 효과적이지 못하다.

효모 에피솜 플라스미드

일부 *S. cerevisiae*균은 2 μm 플라스미드라고 부르는 내생적이며 독립적으로 복제하고

상동 재조합 과정

상동 재조합은 2개의 DNA 이중가닥이 상동부위에서 배열되면서 시작한다. DNA 이중가닥 중 한 가닥의 절단(nicking)과 "수염(whisker)"구조가 만들어진다(1단계). 수염구조가 다른 이중 가닥으로 이동하고 상보적 가닥과 Watson–Crick쌍을 형성한다(2단계). 마지막으로 수염구조의 끝이 다른 이중 가닥의 한 가닥과 공유결합으로 연결되며 교차(crossing over)과정이 완성된다(3단계). 이것은 초기에 DNA의 한 가닥 또는 두 가닥의 절단을 필요로 한다. 결과적으로 상동부위가 이미 절단된 플라스미드를 이용하면 재조합 빈도가 증가한다. 재조합 전체과정의 보다 구체적인 설명이 제안되었다. [Orr–Weaver, T. L., Szostak, J. W., and Rothstein, R. J. (1981). Yeast transformation: a model system for the study of recombination. *Proceedings of the National Academy of Sciences U.S.A.*, 78, 6354–6358].

W.H. Freeman이 출판한 제1판(1995년)의 그림을 바탕으로 재구성.

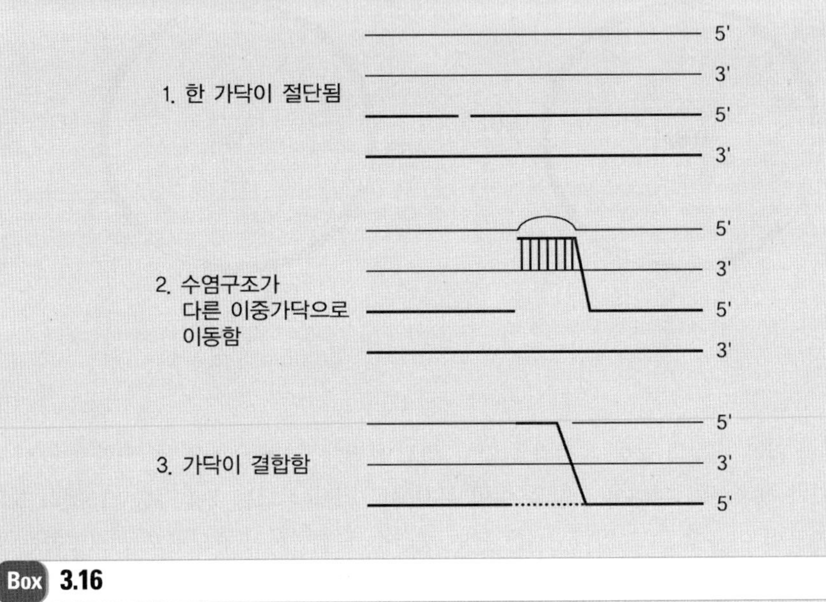

Box 3.16

사본수가 큰 플라스미드를 갖고 있다. 이 플라스미드를 YIp에 삽입하여 YEp를 제조하였다(그림 3.24). 이것은 사본수가 크다(30~50복사체/세포). (**에피솜**은 플라스미드처럼 자유롭게 존재하거나 세포 염색체의 일부로 존재할 수 있는 유전 물질이다.) YRp와 마찬가지로 YEp는 자손세포로 고르게 분배되지 못한다. 그러나 사본수가 크기 때문에 상대적으로 안정적으로 유지된다. 만일 전체 2μm DNA (6.3 kb)을 YIp플라스미드에 삽입하고 자체 2 μm 플라스미드가 없는 효모세포에 넣어주면, 특정 조건에서 세포 당 200개 이상의 사본수를 갖는다. 이런 종류의 플라스미드는 외부 유전자의 대량 발현이 필요할 때 적합하다. 이 종류의 벡터 중 하나인 pJDB219는 완전한 *LEU2*유전자를 갖고 있지만 프로모터가 없다. *leu2-d*라고 부르는 이것은 프로모터가 없기 때문에 LEU2단백질을 충분히 발현하지 못한다. 그럼에도 불구하고 RNA 중합효소의 비특이적 결합에 의해서 또는 앞에 있는 유전자로부터 "읽고-지나감(readthrough)전사" 때문에 적은 양의 발현이 진행된다. 이와 같이 낮은 발현에 의해 생산되는 적은 양의 효소로 로이신을 생산할 수 있기 때문에 감지할 수 있는 표현형이 나타난다. 하나의 플라스미드에 의해 생산되는 효소량이 충분하지 않기 때문에 플라스미드가 충분히 많아서(세포당 200~300개) 숙주의 결손 *leu2*$^-$형질을 완전히 상보하지 못하면 플라스미드 내재 세포가 최소배지에서 빠른 속도로 자라지 못한다. 다시 말해서 이 플라스미드는 많은 사본수가 요구되도록 디자인되어 있다.

효모 중심절 플라스미드

YCp(그림 3.24)는 YRp 또는 YEp에 효모 중심절(centromere) 서열을 추가적으로 삽입시켜 만든 것이다. 중심절 서열은 세포분열 시, 플라스미드가 일반 염색체처럼 이동하게 해준다. YCp는 자손세포에 정상적으로 분배될 뿐만 아니라 특별한 선택방법을 쓰지 않아도 세포 내에 안정적으로 유지된다. 그러나 이와 같은 "유사염색체(chromosomelike)"행동은 플라스미드의 사본수가 매우 낮음을 의미한다(반수체 세포당 1-3개) 비록 유도성이 큰 프로모터를 사용하여 발현을 증가시킬 수 있다 할지라도 이러한 점이 이 플라스미드를 이용하여 클론 유전자를 발현할 때의 문제점이다.

효모 인공 염색체

YAC는 ARS, 중심절 서열, 양끝에 위치한(그림 3.25) 종결절(telomere)(Box 3.17)을 포함하는 선형 플라스미드이다. 이런 특징으로 인해서 이 플라스미드는 염색체처럼 행동한다. 플라스미드가 선형이기 때문에 클로닝할 수 있는 외부 DNA의 크기에 제한이 없다. 이것이 YAC의 가장 중요한 특징이다. 동물 유전자는 많은 인트론을 갖고 있으며 길이가 100 kb가 넘는 경우도 있다. 그런 유전자는 YAC를 제외한 다른 벡터에 클로닝할 수 없다(BAC, 우리가 이장의 앞부분에서 설명함.). 그러나 외부 유전자의 대량 발현이 주된 연구목적인 경우에는 YAC를 이용하는 것이 최선은 아니다.

효모에서 외부 유전자 발현의 증대

효모에서 외부 유전자 발현시스템을 디자인할 때, 다음 몇 가지 사항에 주의해야 된다.

플라스미드 사본수

많은 사본수를 갖는 YEp계열의 플라스미드는 클론 유전자의 대량 발현을 위한 최적 플라스미드이다. 그러나 발현된 외부 단백질이 종종 효모세포에 독성을 나타내는 경우가 있다. 주된 이유는 외부 단백질이 세포질에서 잘못 폴딩되면 효모 자체 단백질의 올바른 폴딩과 기능을 위해 필요한 샤페론 분자를 모두 사용해버리기 때문이라고 추정된다. 이런 상황에서는 사본수가 적은 YEp 또는 YIp가 사본수가 많은 플라스미드보다 오히려 높은 수율을 보이게 된다.

일부 플라스미드의 불안정성이 상업적 생산과정에서의 또 다른 문제점이다. 생물체는 상업적 발효 시, 실험실의 소규모 실험에서 필요로 하는 것보다 훨씬 많은 세대를 지속해야 된다. 따라서 플라스미드 안정성이 약간만 떨어져도 중대한 문제를 유발하게 된다.

프로모터 서열

외부 유래의 프로모터는 효모세포에서 효율적으로 사용되지 못하기 때문에 외부 유전자의

종결절(telomere)

DNA는 언제나 5'→3'방향으로 합성되기 때문에 염색체와 YAC와 같은 선형 DNA 이중가닥의 말단은 정확하게 복제될 수 없다: 한 가닥은 RNA프라이머의 연장으로 만들어지는 짧은 부분(Okazaki 단편)으로 복제된다. DNA의 말단에 상보적인 RNA프라이머는 분해되며 이것을 대신해서 DNA를 합성되는 기작이 없다. 결과적으로 선형 DNA는 매 복제 사이클마다 짧아진다. 진핵세포 염색체는 끝부분에(인간 염색체에 있는 종결절은 [TTAGGG]서열을 갖는다.) 반복적인 올리고뉴클레오티드 서열(종결절)을 가짐으로 이 문제를 해결한다. 종결절이 짧아지면, 주형이 필요 없는 효소 기작에 의해 다시 연장된다.

W.H. Freeman이 출판한 제1판(1995년)의 그림을 바탕으로 재구성.

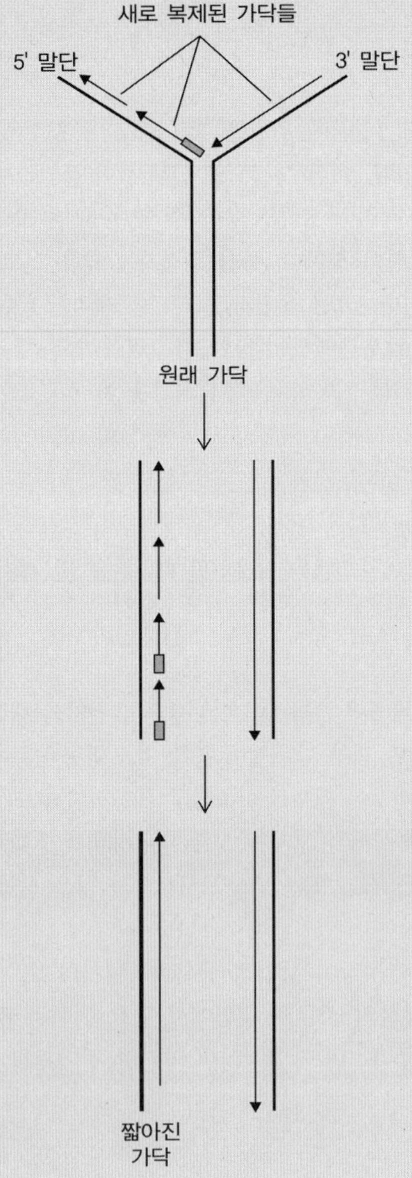

Box 3.17

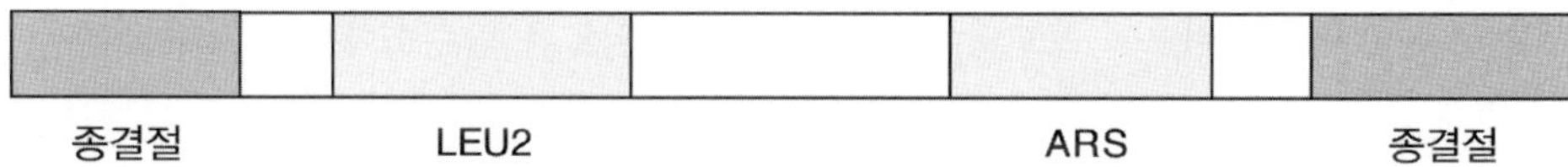

그림 3.25

YAC 벡터의 예. 효모에서 *LEU2* 유전자는 선택용으로 필요하고 ARS는 복제에 필요하며 종결절(telomere)은 안정적인 유지에 필요하다.

W.H. Freeman이 출판한 제1판(1995년)의 그림을 바탕으로 재구성.

코딩 서열을 강력한 효모 프로모터 뒤에 삽입해야 한다. 효모 프로모터는 박테리아 프로모터와 크게 차이가 난다. 두 가지 경우 모두 RNA 중합효소가 잘 작용하도록 AT가 많은 인식서열(효모의 경우 TATATAA, *E. coli*의 경우 TATAAT)을 갖고 있지만 효모에서의 'TATA서열'은 mRNA의 합성 시작위치로부터 멀리 떨어져있다(40~120염기). *E. coli*의 경우에는 'TATAAT' 또는 Pribnow box가 전사 시작부위로부터 10개 베이스 앞에 위치한다. 또한 효모 프로모터는 상류부 활성인자 염기서열(UAS, upstream activator sequence)을 필요로 한다. 이것은 유사 증폭자(enhancer) 서열이며 전사 시작부위로부터 훨씬 앞에(100~1000베이스) 위치한다. UAS의 위치 때문에, 대부분의 효모 발현 벡터는 길이가 긴 천연 '프로모터 서열'을 포함한다(보통 1 kb정도). 많이 사용되는 두 종류의 프로모터에는 **알코올 탈수소효소(alcohol dehydrogenase)** 유전자(*ADH1*)과 **삼탄당 인산 탈수소 효소(triose phosphate dehydrogenase)** 유전자(*TDH3*)의 상류부 서열이 포함된다. *ADH1*은 대량으로 그리고 지속적으로 유전자를 발현하며 한때 널리 이용되었다. 그러나 우리는 배양이 고농도로 진행되었을 때, 알코올 탈수소 효소의 발현이 억제되는 것을 알게 되었다. 현재 이것의 사용이 크게 줄어들었다. (반면에, 알코올 탈수소효소의 또 다른 이성화 효소인 *ADH2*는 배지의 포도당이 다 소모되면 억제가 풀리게 된다. 나중에 다시 설명하겠지만, 이 효소의 프로모터는 종종 조절용 프로모터로 사용된다.)

만일 외부 단백질의 발현이 효모세포의 생장을 저해하면 조절이 가능한 프로모터를 사용하고 배양이 고농도로 진행되었을 때 외부 유전자의 발현을 시작하도록 유도하는 것이 필요하다. 예를 들면, **갈락토오스 이화작용(galactose catabolism)**에 관여된 유전자들 *GAL1*, *GAL7*, *GAL10*이 포도당에 의해 저해되고, 배지에 갈락토오스를 첨가하면 유도되기 때문에 클론 유전자의 조절용 프로모터로 이용된다. 양성 활성인자 *GAL4*가 *GAL1*, *GAL7*, *GAL10*의 상류부(upstream) 서열에 결합하여 이 유전자의 조절을 수행한다. 따라서 이들 유전자를 포함하는 재조합 DNA가 세포 내에 다수의 복사체로 들어있고 *GAL4*가 염색체상의 단일 복사체로부터 발현되면, 세포내의 GAL4 단백질은 모든 재조합 유전자가 활성화되기 전에 전부 소모될 것이다. 그러나 만약 *GAL4*가 벡터로부터 전달되고 세포내에 *GAL4*의 많은 복사체가 만들어지면 이런 제약점이 해결된다. 이 시스템의 약점은 갈락토오스가 없어도 클론 유전자의 발현이 증가하기 쉽다는 점이다. 따라서 단백질 산물이 효모세포에 독성을 나타내면 세포는 위험하게 된다. 다른 조절 프로모터로서 ADH2 (에탄올과 포도당에 의해 조절되는 알코올 탈수소화효소), PHO5 (인산에 의해 조절되는 산성 인산화효소)를 들 수 있다. 또 다른 흥미로운 조절 프로모터로서 CUP-1의 경우를 들 수 있다. 이것은 구리이온(Cu^{2+}) 결합 단백질인 메탈로티오닌(metallothionein)을 코딩하며, 구리이온(Cu^{2+}), 아연이온(Zn^{2+}) 같은 금속이온을 배지에 첨가해서 유도한다. 온도 상승을 통해 발현을 유도하는 조절시스템도 실험실 수준에서 성공하였다. 그러나 대규모 발효 탱크에서 온도를 짧은 시간 내에 빠르게 변화시키는 일이 쉽지 않다.

일부 혼성화 프로모터(hybrid promoter)가 사용되기도 한다. 이것들은 (1) 유전자의 발현 수준을 조절하기 위해 조절용 프로모터의 UAS 부위와 (2) 최대 발현량을 증가시키기 위해 강력하고 지속적인 프로모터의 TATA 박스 부위를 함께 갖고 있다. 예를 들어, ADH2의 UAS 서열과 TDH3 프로모터의 후위(downstream)서열 (TATA 박스 포함)을 포함하는 혼성화 프로모터가 일부 외부 단백질을 효모 전체 단백질의 10%를 초과하는 수준까지 생산할 수 있었다.

전사 종결과 mRNA의 폴리아데닐화(polyadenylation) 과정

고등 동물에서, 전사 종결은 코딩 서열에서 멀리 떨어진 후위에서 진행된다. 종결 이후에, 초기 RNA 전사체(transcript)는 전사체의 3' 말단으로부터 수 백개의 뉴클레오티드 앞에 위치한 절단신호 AAUAAA 근처에서 끊어진다. 새로 생성된 3' 말단은 폴리아데닐화된다. 즉 A가 연속적으로 더해진다. 효모는 이 과정에서 약간 다른 패턴을 보인다. 폴리아데닐화 과정이 전사체의 3' 말단에서 진행된다. 불행히도, 효모 종결서열의 정확한 구조가 아직 밝혀지지 않았다. 이런 불확실성으로 인해 효모에서 유전자 발현을 수행하기위해 재조합 DNA를 제조하는 경우, 전사가 효율적으로 수행되는 효모 유전자의 후위 서열로부터 취한 길이가 긴 종결 서열을 발현하고자 하는 유전자의 후위에 붙이게 된다.

mRNA 안정성

효모 mRNA는 종류에 따라서 안정성에 차이가 크다. 분해 속도를 결정하는 서열이 mRNA의 3' 비해독(noncoding) 부위와 코딩부위에 위치한다. 하지만 효모에서 외부 유전자 전사체의 안정성을 향상시키기 위해 이 정보를 이용하기가 쉽지 않다.

만약 유전자 후위에 효과적인 종결 서열(termination sequence)이 오지 않으면, 적합한 3' 말단이 없게 되고, 폴리아데닐화에 의해 보호받지 못하기 때문에 불안정한 mRNA를 만들게 된다. 여러 번의 반복실험을 통해서 그런 상황이 효모에서 외부 단백질의 수율을 크게 떨어뜨린다는 사실을 알게 되었다. 따라서 외부 유전자의 코딩서열 후위에 효과적인 효모 종결 서열을 붙이는 것이 반드시 필요하다.

AUG 개시 코돈의 인식

효율적인 mRNA 합성 그 자체만으로써 단백질의 대량생산을 확실하게 보장하지는 못한다. 효과적인 단백질 합성과정이 또 다른 요구사항이다. 이것을 위해서 정확한 AUG코돈이 개시 인자와 리보솜에의해 인식되어야만 한다. 박테리아에서는 Shine-Dalgarno서열과 16S rRNA의 상보적인 서열이 결합하는 과정을 거친다. 진핵세포에서는 이에 해당되는 인식 서열이 없지만 해독개시의 효율은 AUG코돈 주변의 서열에 의해 결정된다(주변서열을 종종 *콘텍스트*라고 부른다.). 효모에서 유전자 서열을 분석한 결과, 콘덱스트의 공통 서열은 AXXAUGG임이 알려졌다(Kozac 규칙이라 부름).

만약 mRNA의 5'비해독 부위가 염기쌍 고리를 형성하면, 해독과정이 심하게 저해된다. AUG코돈의 상류부 20~40염기 중에는 G가 드물게 나타난다(약 5%정도); 이 부위에 G염기가 많이 나타나면 해독 개시가 저해 받는다. 이런 사실은 mRNA의 5' 말단 부위를 코딩하는 DNA서열을 디자인할 때 충분히 고려해야 한다.

폴리펩티드 연장

외부 유전자는 종종 효모에서 거의 사용되지 않는 코돈을 지니는 경우가 있다. 이것 때문에 해독과정이 느리게 진행된다. 드문 코돈이 연속적으로 나타나면 더욱 문제가 된다. 그런 경우에는 외부 유전자의 발현을 증가시키기 위해서 위치 특이적 변이 과정을 통해 효모가 드물게 사용하는 코돈을 효모가 선호하는 코돈으로 대체하게 된다. 효모가 선호하는 코돈은 해당과정 효소의 유전자처럼 효모에서 지속적으로 대량 발현되는 내생 유전자의 코돈을 분석해서 결정할 수 있다.

외부 단백질의 접힘

많은 외부 단백질이 효모 세포에서 대량으로 발현되고 정확하게 폴딩되었다. 예를 들면, B형 간염 바이러스 중심핵 단백질, 주혈흡충(schistosome)의 방지항원 P-28-1, 인체 **초과산화물 불균등화효소(superoxide dismutase)**는 효모 전체 단백질의 20~40%에 해당되는 양까지 발현되었다. 이 단백질들은 잘못 폴딩되거나 봉입체를 형성하지 않는다. 외부 단백질이 박테리아의 세포질에서 발현되었을 때에 집합체 또는 봉입체를 형성하는 것과는 큰 차이를 보인다(이 장의 앞부분 참조할 것). 효모에서도 집합체가 형성되는 경우가 더러 보고되었지만 자주 일어나지는 않는다. 이것은 효모세포의 세포질에 많은 종류의 샤페론(열충격단백질)이 들어있기 때문일 것이다.

단백질 분해

진핵세포의 많은 단백질은 **유비퀴틴(ubiquitin)** 경로에 따라서 분해된다. 이 단백질은 N말단에 유비퀴틴이라고 부르는 작은 단백질에 인식되는 특정 아미노산을 갖고 있다. 이곳에 유비퀴틴이라는 단백질 분해용 꼬리표(tag)가 붙게 된다. 모든 진핵세포 단백질은 초기에 N말단에 메티오닌을 갖고 만들어진다. 그러나 N말단 아미노산이 제거되고 '불안정한' 아미노산이 노출되면 단백질 분해가 진행된다. 클로닝 시, 이 문제가 발생하면, N말단 아미노산 서열을 변경함으로써 이 문제를 해결할 수 있다. 또 다른 방법은 이 경로에 의해 분해되지 않는 효모 유래의 다른 단백질의 N말단 부위와 외부 단백질을 융합시키는 것이다.

향, 효모 유전자의 코딩서열이 클론 외부유전자는 없는 유사 증폭자(생물학용어사전 참조) 서열을 포함할 가능성.

전사 종결 및 mRNA 폴리아데닐화. 제1세대 플라스미드인 pHBS-16과 pRIT10764 중에서, 후자가 HBsAg을 고효율로 생산하는 것으로 보고되었다. 즉, 배양 1리터당 200 μg으로 보고된 반면에 pHBS-16의 경우에는 1리터당 25 μg 미만으로 보고되었다. 이것은 서로 다른 실험실에서 서로 다른 정량방법을 사용함에 따른 차이에 기인 할 수도 있지만, 두 종류의 플라스미드 간에는 분명한 차이점이 있으며 이것이 pRIT10764를 지닌 균주가 HBsAg를 고효율로 생산하도록 만들었다. 이 플라스미드에는 HBsAg 서열 뒤에 ARG3 유전자의 후위서열에서 취한 종결서열을 연결한다. 반면에, pHBS16에는 별도의 종결서열이 없다.

AUG 개시코돈의 인식. pHBS-6과 pRIT10764 간의 또 다른 차이점으로 AUG 코돈 상류부의 G 염기의 함량을 들 수 있다. 우리는 이 부위에 G 염기의 개수가 많으면 해독 개시가 방해를 받는다고 언급했다. pHBS-16의 경우에는 이 부위의 25염기 중에 9개가 G염기이다(36%). 이것은 효모의 일반 프로모터 서열에서 발견되는 비율에 비해 매우 높은 수치이다. 반면에, 높은 수율을 보이는 pRIT10764의 경우에는 3개의 G 염기를 갖고 있으며, 이 값은 효모의 일반 프로모터에서 나타나는 수치와 유사하다.

글리코실화, 폴딩, 아세틸화. 사람세포에서 만들어진 HBsAg는 *N*-글리코실화되어 있다. 이것은 N 말단에 전형적인 절단 신호서열이 없음에도 불구하고 소포체와 골지체 경로를 거쳐 세포 표면까지 전달되는 것을 보여준다. HBsAg가 효모세포에서 만들어질 때, 글리코실화 되지 않는다. 이 단백질은 소포체-골지체 경로로 들어가지 않고 세포질에 축적된다. 아마도 클론서열만으로는 불충분하기 때문이다. B형 간염 바이러스에서 HBsAg 서열은 상류부에 "preS" 서열을 갖는다. 사람 세포에서의 전사과정은 분비 신호를 포함하는 preS 서열부터 시작되는 것 같다(B형 간염 바이러스는 배양세포에서 자라지 않기 때문에 RNA 전사체 분석이 어렵다). HBsAg 서열이 상류부 연장서열과 함께 클로닝되고 발현되면, 산물은 효모에서 글리코실화 된다. 이것은 preS 서열이 분비신호를 포함한다는 가정과 일치하는 결과이다.

글리코실화 과정이 없음에도 불구하고, HBsAg는 올바로 폴딩된다. 이 단백질이 모여서 22 nm 입자를 형성함으로써 항원의 대량 생산이 달성되었다; 만약 HBsAg가 잘못 폴딩되고 세포질에서 단백질 봉입체로 만들어지면, 효모의 주요 단백질 폴딩에 필요한 폴다아제(foldase)와 샤페론을 다 사용해 버리게 되고 결과적으로 숙주세포의 생장을 저해하게 된다.

HBsAg의 N 말단은 인간세포에서 생산되면 아세틸화 된다; 효모에서도 일부 HBsAg는 아세틸화 된다.

발효조건. 발효조건을 약간만 개선해도 수율에 큰 효과를 얻을 수 있다. Smith-Kline RIT 균주의 경우, 초기 재조합 플라스미드 pRIT10764는 HBsAg를 효모 전체단백질의

0.06%까지 생산할 수 있었다. 2년 후, 같은 회사의 연구자들이 같은 플라스미드를 이용해서 0.4% 수율을 얻었다. 아마 배양 조건을 정교하게 맞춤으로 개선되었다. 그러나 ARG3 프로모터는 여전히 효모세포의 생장을 1g/L 로 제한하였다. 생산균주에 사용되었던 pRIT12363의 경우, TDH3 프로모터를 사용해서 발현량을 효모세포 단백질의 1% 까지 증가 시켰다. pRIT10764는 아르기닌 생합성 이 결손된 변이주를 숙주로 사용해야 되지만, pRIT12363은 독립영양생물 균주를 숙주로 사용할 수 있어서 훨씬 고농도의 효모세포(60-70g/L)를 배양할 수 있는 것이 가장 획기적인 개선점이다.

외부 유전자 산물의 분비 발현

박테리아 숙주 경우처럼, 효모세포가 외부 유전자 산물을 배지로 분비한다면 여러 측면에서 유리하다. 첫째, *S. cerevisiae*는 일반적으로 세포외 단백질을 많이 생산하지 않기 때문에 단백질 산물의 분리가 간단하게 진행된다: 당신은 수천 종류의 세포질 단백질 혼합액으로부터 단백질 분리를 시작할 필요가 없다. 둘째, 분비단백질은 **소포체-골지체 경로**를 통과하게 된다. 이곳에서 소포체의 내강(lumen)에 들어있는 이황화이성화효소의 도움으로 이황화 결합이 형성된다. 실제, 효모세포에 의해 분비된 α-인터페론은 사람 세포에서 만들어진 α-인터페론과 같은 위치에 이황화 결합을 갖고 있는 것으로 밝혀졌다. 반면에 동일한 단백질이 세포질에서 만들어지면 대부분 잘못 폴딩된다. 세 번째, 단백질이 소포체와 골지체를 통과하는 동안에 글리코실화된다. 네 번째, 호르몬 전구체는 효모에서 분비되는 동안, 프로테아제에 의해 최종 완성형태로 만들어진다.

단백질은 분비경로의 구성성분들이 **분비신호서열(secretion signal sequence)**을 인식했을 때, 소포체-골지체 경로로 들어가게 된다(Box 3.15 참조). 분비신호서열을 코딩하는 DNA와 단백질 서열을 코딩하는 DNA를 융합하도록 재조합 플라스미드를 디자인함으로써 단백질이 이 경로에 들어가게 만들 수 있다. 분비신호서열을 코딩하는 DNA 서열을 자체적으로 갖고 있는 발현벡터는 그와 같은 재조합 플라스미드를 생산하는 데에 유리하다. 분비되는 자당효소(invertase, SUC2)와 산성 인산분해효소(acid phosphatase, PHO5)의 분비서열이 이런 용도로 사용되며 여러 종류의 동물 단백질의 분비에 성공적으로 사용되었다. 그러나 일부 경우에 분비되는 많은 외부 단백질이 효모 세포벽 내에 포집된다. 이것은 배지에 자유롭게 분비되지 않는 일부 효모 단백질의 흔적으로 보인다. 우리는 세포벽을 분해함으로써 이 단백질을 배지로 분비시킬 수 있다. 이것은 이것들이 원형질막에 붙어 있지 않음을 분명히 보여준다; 세포질막과 세포벽 사이의 공간에 잡혀 있는 것이다. 이런 문제점을 해결하기 위해서, 주변 배지로 펩티드를 분비하는 효모의 본래 기작을 탐구하게 되었다.

*S. cerevisiae*에서, 그와 같은 기작으로 13개 아미노산 펩티드인 교배인자(mating factor) *α*가 생산되고 분비된다. 구조 유전자 *MFα1*의 산물은 N말단 분비신호서열과 4번 반복되는 *α* 인자 서열을 지닌 165개 아미노산의 폴리펩티드이다. *α* 인자 서열은 Lys-Arg-(Glu-Ala)n (n은 2 또는 3) 서열의 스페이서(spacer)에 의해 떨어져 있다(그림 3.27). 소포체 내강에서 분비신호서열이 절단되고 분비과정의 마지막 단계에서 단백질 분해과정이 추가적으로 진행된다. 먼저 KEX2 프로테아제가 Lys-Arg 서열 다음에

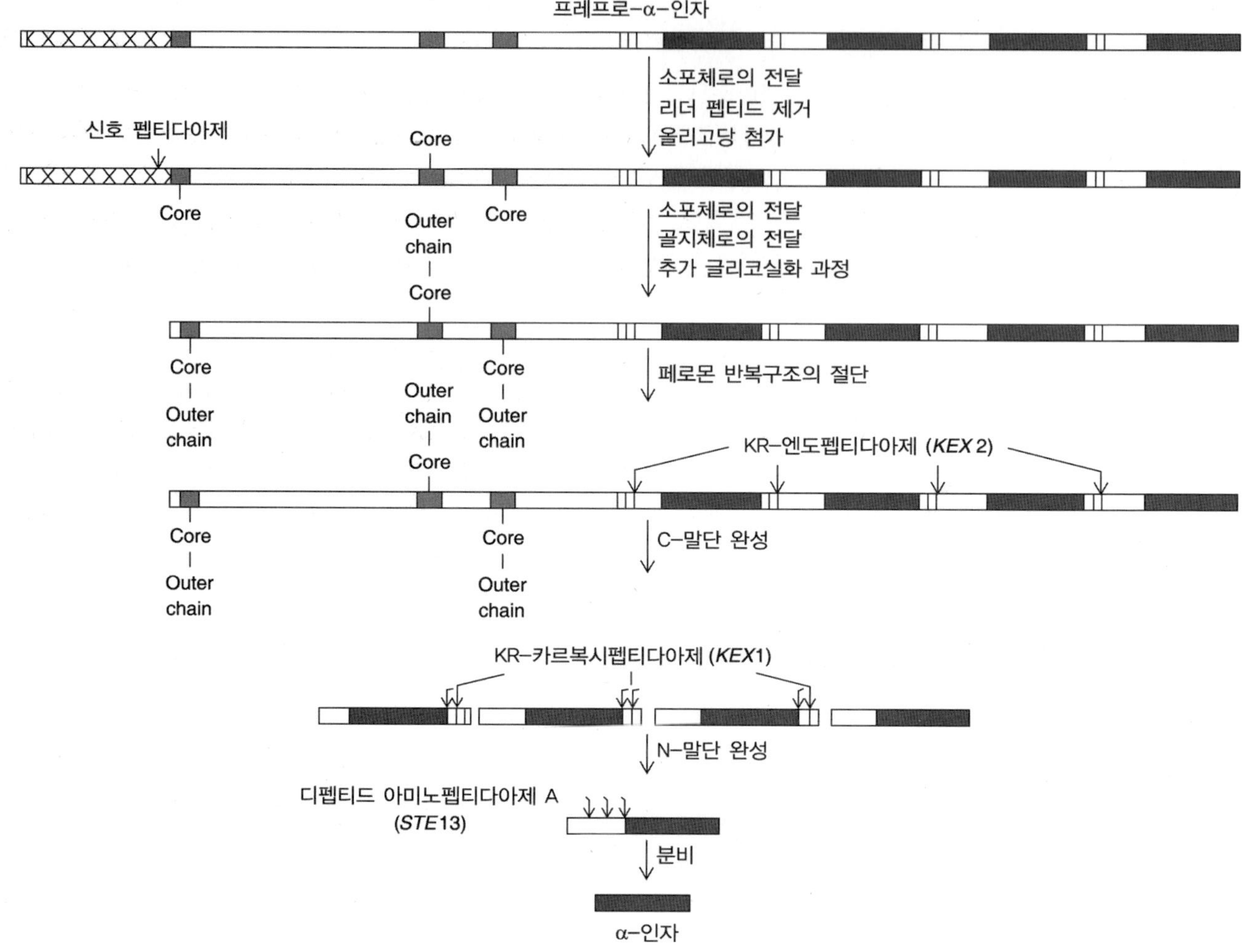

그림 3.27

분비경로에서 α-인자의 프로세싱.
[출처 : Fuller, R. S., Sterne, R. E., and Thorner, J. (1988). Enzymes required for yeast prohormone processing. Annual Review of Physiology, 50, 345-362; Annual Reviews사로부터 허락받음.]

오는 결합을 끊는다. 이후에 펩티드는 양끝으로부터 짧아진다. KEX1 카르복시펩티다아제(carboxypeptidase)가 C말단으로부터 Arg와 Lys 아미노산을 제거하고 STE13 디펩티드 아미노펩티다아제(dipeptidyl aminopeptidase)가 N말단으로부터 Glu-Ala을 제거한다. 이런 복잡한 과정이 융합점을 디자인하는 데에 많은 유연성을 제공하기 때문에 생물공학 연구자에게 유리한 점을 제공한다. 동물과 식물 유전자를 코딩하는 유전자는 MFα1 유전자의 N말단 “프레프로(prepro)” 부위에 융합된다. 많은 경우에서 성공적인 분비가 관찰되었다. 게다가, 이 방법이 비전통적인 효모 종에서 단백질을 대량 생산하는 실험에서 표준적인 접근 방법이 되었다. 인간 프로인슐린을 1.5 g/L 까지 달성한 것이 보고되었다.

효모에서 외부 단백질의 *N*-글리코실화 부위에 결합된 Asn-중심 올리고당은 때때로 긴 바깥사슬을 통해 많은 만노오스(mannose)타입 올리고당을 지닌다. 이와 같이 긴 올리고당은 동물유래 단백질의 정확한 폴딩과 단백질의 기능을 방해한다. 따라서 바깥 만노오스 사슬을 첨가하는 기능이 결손된 mnn9 돌연변이체를 사용하는 것이 효과적이다. 예를 들면, *S. cerevisiae* mnn9 변이주로부터 분비되는 사람 α1-안티트립신

(antitrypsin)은 사람 단백질에 부착된 것과 크기가 유사한 3개의 N-올리고당을 지니고 있다. 마지막으로, 최근에는 효모에서 포유동물 타입의 글리코실화에 많은 진전이 있었다(136페이지).

효모 분비시스템에서의 일반적인 문제점으로 낮은 수율을 들 수 있다. 그러나 분비 플라스미드를 갖는 변이 효모세포를 발굴함으로써 고 분비 변이주를 만들 수 있게 되었다. 한편, 2개의 변이를 조합함으로써 합성된 프로키모신의 80%를 분비하는 균주를 개발하였다. 또 다른 전략은 단백질 분비 효율이 높은 비전통적인 효모 종을 사용하는 것이다.

효모에서 프로키모신 분비

이 장의 앞에서 설명한대로, 송아지 프로키모신이 *E. coli* 세포질에서 발현되면 봉입체로 만들어진다. 효모에서는 봉입체가 잘 만들어지지 않기 때문에 단백질을 효모세포에서 발현하면 이 문제가 해결될 것으로 생각되었다. 여러 종류의 YEp 타입 발현벡터의 효모 프로모터 뒤에 프로키모신 유전자를 클로닝하였다. 그러나 대량 생산되었을 때, 주로 불용성 단백질이 축적되었다.

효모분비벡터를 사용하면 동물세포에서와 마찬가지로 단백질이 소포체-골지체 경로를 통해 분비되기 때문에 좋은 결과를 기대할 수 있다. 테스트용 재조합 플라스미드에는 (1) 인산글리세린산 키나아제(phosphoglycerate kinase) 유전자의 프로모터처럼 강력한 효모 프로모터와 (2) 효모 분비단백질인 자당효소(invertase)의 분비신호서열과 N말단 아미노산을 코딩하는 DNA 서열 (3) 자당효소(invertase) 일부단편에 융합된 프로키모신 서열을 포함하고 있다. 이러한 YEp 타입 플라스미드는 프로키모신의 분비를 유도할 수 있었으나, 분비 비율이 5%에도 미치지 못했다. 숙주균주의 돌연변이 유발과 탐색을 통해서 합성된 융합단백질의 80%가 효모세포로부터 분비되도록 만들었다. 그러나 보고된 수율은 여전히 매우 낮았다. 즉, 최적 숙주와 플라스미드를 사용해도 효모 전체 단백질 1 g 당 1 mg 밖에 생산하지 못했다. 이에 대한 설명으로 *S. cerevisiae*가 세포단백질의 소량만을 세포질막을 통해 분비한다는 점을 들 수 있다; 야생균주에서 분비 자당효소(invertase)는 전체 세포단백질의 0.1%에 훨씬 미치지 못한다. 이런 이유로 최근에는 분비능이 우수한 효모를 발굴하는 연구가 활발히 진행되고 있다.

한편 유당을 이용하는 효모종인 *Kluyveromyces lacis*의 강력한 LAC4 프로모터와 LAC4 종결서열 사이에 프로키모신 코딩 서열을 넣은 재조합 플라스미드를 제조하였다. 이 플라스미드를 선형화하고 *Kluyveromyces* 유전체에 삽입하였을 때, 프로키모신이 낮은 수준으로 발현되었다. 그러나 대부분의 프로키모신이 신호서열을 코딩하는 서열이 없어도 배지로 분비되었다. 프로키모신 유전자가 자신의 신호서열을 코딩하는 서열과 함께 클로닝되면 프로키모신 생산량이 50~70 배로 증가하였으며, 산물의 95%가 정확하게 가공된 형태로 배지에서 관찰되었다. 수율은 약 100 enzyme unit/mL로 보고되었으며, 이것은 대략 1리터당 1 g에 해당되며 전체단백질의 10%에 해당되었다. *S. cerevisiae* 보다 높은 수준으로 외부 단백질을 생산하는 효모종은 *Pichia pastoris*와

*Hansenular polymorpha*가 포함된다. 둘 다 메틸영양생물(methylotroph) 효모이다(메탄올을 탄소원으로 사용할 수 있는 효모). 또한, 알칸을 이용해서 자랄 수 있는 *Yarrowia lipolytica*도 포함한다. 예를 들면, *P. pastoris*는 HBsAg를 전체 세포단백질의 50%까지 생산한다.

또한, 비 효모 곰팡이 종이 단백질을 대량으로 분비하는 것이 알려졌다; 예를 들면, *Trichoderma reesei*와 *Aspergillus awamori*는 리터당 20 g 이상의 단백질을 분비한다. 이 종들은 외부 단백질을 대량으로 분비하는 데에 훨씬 숙달된 것으로 생각된다. 프로키모신 유전자를 발현 벡터에 클로닝 한 후에 얻은 초기 수율은 별로였지만 여러 번의 최적화과정을 통해 수율을 급격히 증가시킬 수 있었다. 이 과정에는 프로키모신 분해 프로테아제를 코딩하는 유전자의 불활성화와 *A. awamori*에서 대량 생산되는 효소인 글루코아밀라아제(glucoamylase) 코딩 서열의 3' 말단에 프로키모신 서열을 융합시키는 작업이 포함되었다. 그와 같은 변형과정을 거쳐 수율을 1리터당 100 mg까지 증가시켰다. 마지막으로 숙주 *A. awamori* 균주의 무작위 돌연변이유발과 탐색을 통해서 수율을 1리터당 1 g까지 증가시켰다. 이것으로 경제성이 있는 생산이 가능하게 되었다. 중요한 것은 프로키모신 생산을 기준으로 찾은 고생산 변이균주가 다른 외부 단백질도 고효율로 분비할 수 있다는 점이다.

생산성 문제를 해결하기 위한 다양한 도구로써 일부 연구실에서는 위치특이적 돌연변이 유발을 통해서 프로키모신 분자 자체의 구조를 변형시키고자 시도하고 있다. 최근, 글리코실화 효율을 증가시키기 위해서 글리코실화 부위의 주변 아미노산을 변형함으로써 *A. swamori*에서 생산하는 프로키모신 양을 두 배로 증가시킬 수 있었다.

요약

의약용 단백질 펩티드는 사람과 동물로부터 충분한 양을 분리하기 어렵다. 재조합 DNA 방법이 이들 물질을 생산하는 데에 획기적으로 사용되었다. 이들 단백질과 펩티드를 코딩하는 DNA 서열이 미생물에서 복제되고 증폭되면 미생물은 값싼 생산을 위한 "생물 공장"으로서 기능을 수행한다. 박테리아, 특히 *E. coli*는 숙주 미생물로 이용된다. "외부 DNA단편"은 유전체 DNA의 절단 또는 역전사효소를 이용하여 mRNA에 상보적인 DNA 서열을 합성함으로써 얻게된다. 이것들은 박테리아 숙주에서 복제될 수 있는 정보를 갖고 있는 벡터 DNA에 삽입된다. 일반 목적의 클로닝 벡터로 사용되는 플라스미드 외에도 박테리아에서 클로닝할 수 있는 여러 형태의 벡터가 있다. λ 파아지 벡터, 코스미드(cosmid), BAC 벡터가 긴 DNA 단편을 클로닝하는 데에 유용하다. 단일가닥 DNA 파아지 벡터는 원하는 특징을 지닌 단백질을 생산하는 변이주를 분리할 수 있게 해주는 파아지 발현기술에 적합하다. 외부 DNA를 포함하는 벡터 DNA인 재조합 DNA는 형질전환법 또는 파아지 헤드에 넣은 후에 유사파아지 입자의 주입을 통해 전달된다. 원하는 유전자 서열을 지닌 클론은 이 서열을 갖고 있지 않은 수많은 클론 중에서 DNA 서열 자체 또는 유전자의 단백질 산물을 마커로 이용해서 선발한다. 그러나 어떤 경우에는 PCR기법이 DNA 서열의 시험관 내 증폭을 통해서 1차 클로닝과 탐색의 단계를 거치지 않도록 해준다.

박테리아에서 단백질 산물을 최대로 생산하기 위하여 유래와 상관없이 원하는 단백질 산물을 코딩하는 서열을 발현 벡터에 삽입할 수 있다. 그러나 박테리아에서 외부 단백질의 대량 생산은 이들 단백질의 잘못된 폴딩과 집합체를 형성하게 만든다. 집합체가 형성되는 것을 피하기 위해 몇 가지 전략이 이용 가능하다. 그러나 어느 것도 모든 단백질에 완벽하게 작용하지는 못한다. 그러나 집합체 형성이 완전한 실패를 의미하지는 않는다. 왜냐면 단백질 집합체는 쉽게 분리될 수 있고 완전히 변성시킨 후, 조절된 조건에서 재폴딩할 수 있기 때문이다.

*S. cerevisiae*와 다른 효모종은 외래 단백질 특히, 동물유래의 단백질 생산용 숙주 생물체로서의 이용 가능성이 크다. 많은 다양한 벡터가 사용가능하다. 대부분 재조합 DNA 조작이 *E. coli*에서 편리하게 수행되며 최종 재조합 DNA 산물이 효모에 전달되는 셔틀 벡터이다.

효모에서 발현하는 최대 장점은 효모에서는 외부 단백질이 박테리아 숙주에 비해서 잘못 폴딩될 경향이 적다는 점이다. 이것은 효모세포가 효율적인 샤페론과 폴다아제(foldase)를 갖고 있기 때문이다. 더 나아가서, 단백질이 소포체-골지체 단백질 분비 경로로 전달되면 효모세포에서 글리코실화될 수 있다. 글리코실화는 일부 단백질의 정확한 폴딩을 촉진할 뿐만 아니라 동물체내에서의 분해를 막아줌으로써 의약용 제품으로 사용될 때의 반감기를 늘려준다. *S. cerevisiae*는 단백질을 대량으로 분비하는 기작이 잘 갖추고 있지 않아서 *P. pastoris*와 *K. lactis*와 같은 비전통적인 효모종이 종종, *S. cereviseae* 교배인자 α 전구체의 "프레프로(prepro)" 서열을 이용한 분비벡터의 숙주로 사용된다.

HBsAg와 프로키모신은 효모에서 성공적으로 생산된 2개의 동물유래 단백질이다. HBsAg는 분비 경로에 들어가지 않고 글리코실화되지 않는다. 왜냐면 클론 DNA 단편이 신호서열을 코딩하는 부위를 갖지 않기 때문이다. 그럼에도 불구하고 그것은 정확히 폴딩되고 바이러스 껍질과 유사한 구조로 어셈블리된다. 프로키모신의 cDNA를 *E. coli*에서 발현하였을 때, 재폴딩되지 않은 봉입체로 생산되었다. 반면에 *S. cerevisiae* 숙주에서 분비벡터를 이용하여 발현하였을 때, 이 단백질은 소포체-골지체 경로로 들어간다. 비록 수율이 낮지만 정확하게 폴딩되고 글리코실화되어 분비된다. 단백질을 대량으로 분비하는 non-*Saccharomyces* 효모와 비효모 곰팡이를 숙주로 사용하면 프로키모신을 상업적으로 경쟁력 있게 생산할 수 있다.

|참고문헌과 온라인 자료|

재조합 DNA기술에 관한 일반적인 참고문헌

Primrose, S. B., and Twyman, R. M. (2006). *Principles of Gene Manipulation and Genomics*, 7th Edition, Oxford, UK: Blackwell Science.

Sambrook, J., and Russell, D. W. (2001). *Molecular Cloning: A Laboratory Manual*, 3rd Edition, Cold Spring Harbor, NY: Cold Spring Harbor Laboratory Press.

벡터

Balbas, P., Soberon, X., Merino, E., Zurita, M., Lomeli, H., Valle, F., Flores, N., and Bolivar, F. (1986). Plasmid vector pBR322 and its special-purpose derivatives – a review. *Gene*, 50, 3–40.

Casali, N., and Preston, A. (eds.) (2003). *E. coli Plasmid Vectors: Methods and Applications* (Vol. 235, Methods in Molecular Biology), Clifton NJ: Humana Press.

Shizuya, H., Birren, B., Kim, U.-J., Mancino, V., Slepak, T., Tachiri, Y., and Simon, M. (1992). Cloning and stable maintenance of 300-kilobase-pair fragments of human DNA in *Escherichia coli* using an F-factor-based vector. *Proceedings of the National Academy of Sciences U.S.A.*, 89, 8794–8797.

Kehoe, J. W., and Kay, B. K. (2005). Filamentous phage display in the new millennium. *Chemical Reviews*, 105, 4056–4072.

Lipovsek, D., and Plückthun, A. (2004). In-vitro protein evolution by ribosome display and mRNA display. *Journal of Immunological Methods*, 290, 51–67.

PCR

Shamputa, I. C., Rigouts, L., and Portaels, F. (2004). Molecular genetic methods for diagnosis and antibiotic resistance detection of mycobacteria from clinical specimens. *APMIS*, 112, 728–752.

클론유전자의 발현

Makrides, S. C. (1996). Strategies for achieving high-level expression of genes in *Escherichia coli*. *Microbiological Reviews*, 60, 512–538.

Baneyx, F. (1999). Recombinant protein expression in *Escherichia coli*. *Current Opinion in Biotechnology*, 10, 411–421.

Baneyx, F. (ed.) (2004). *Protein Expression Technologies: Current Status and Future Trends*, Norfolk, U.K.: Horizon Bioscience.

단백질분해과정

Enfors, S.-O. (1992). Control *of in vivo* proteolysis in the production of recombinant proteins. *Trends in Biotechnology*, 10, 310–315.

단백질 폴딩, 폴다아제(foldase), 분자샤페론

Baneyx, F., and Mujacic, M. (2004). Recombinant protein folding and misfolding in *Escherichia coli*. *Nature Biotechnology*, 22, 1399–1408.

Thomas, J. G., Ayling, A., and Baneyx, F. (1997). Molecular chaperones, folding catalysts, and the recovery of active recombinant proteins from *E. coli:* to fold or refold. *Applied Biochemistry and Biotechnology*, 66, 197–238.

Schmid, F. X. (2002). Prolyl isomerases. *Advances in Protein Chemistry*, 59, 243–282.

Bader, M. W., and Bardwell, J. C. A. (2002). Catalysis of disulfide bond formation and isomerization in *Escherichia coli. Advances in Protein Chemistry*, 59, 283–291.

Hartl, F. U., and Hayer-Hartl, M. (2002). Molecular chaperones in the cytosol: from nascent chain to folded protein. *Science*, 295, 1852–1858.

Kapust, R. B., and Waugh, D. S. (1999). *Escherichia coli* maltose-binding protein is uncommonly effective at promoting the solubility of polypeptides to which it is fused. *Protein Science*, 8, 1668–1674.

Terpe, K. (2003). Overview of tag protein fusions: from molecular and biochemical fundamentals to commercial systems. *Applied Microbiology and Biotechnology*, 60, 523–533.

단백질 분비

Georgiou, G., and Segatori, L. (2005). Preparative expression of secreted proteins in bacteria: status report and prospects. *Current Opinion in Biotechnology*, 16, 538–545.

Mergulhão, F. J. M., Summers, D. K., and Monteiro, G. A. (2005). Recombinant protein secretion in *Escherichia coli. Biotechnology Advances*, 23, 177–202.

Miot, M., and Betton, J.-M. (2004). Protein quality control in the bacterial periplasm. *Microbial Cell Factories*, 3, 4.

프로키모신(prochymosin)

Beppu, T. (1988). Production of chymosin (rennin) by recombinant DNA technology. In *Recombinant DNA and Bacterial Fermentation*, J. A. Thomson (ed.), pp. 11–21, Boca Raton, FL: CRC Press.

효모에서의 클로닝

Guthrie, C., and Fink, G. R. (2002). *Guide to Yeast Genetics and Molecular and Cell Biology, Parts B and C* (Methods in Enzymology, volumes 350 and 351), New York: Academic Press.

Goffeau, A., Barrell, B. G., Bussey, H., et al. (1996). Life with 6000 genes. *Science*, 274, 546–567.

Kumar, A., and Snyder, M. (2001). Emerging technologies in yeast genomics, *Nature Reviews Genetics*, 2, 302–312.

Spencer, J. F. T., Ragout de Spencer, A. L., and Laluce, C. (2002). Non-conventional yeasts. *Applied Microbiology and Biotechnology*, 58, 147–156.

Liti, G., and Louis, E. J. (2005) Yeast evolution and comparative genomics. *Annual Review of Microbiology*, 59, 135–153.

Cereghino, G. P. L., Cereghino, J. L., Ilgen, C., and Cregg, J. M. (2002). Production of recombinant proteins in fermenter cultures of the yeast *Pichia pastoris. Current Opinion in Biotechnology*, 13, 329–332.

Gerngross, T. U. (2004). Advances in the production of human therapeutic proteins in yeasts and filamentous fungi. *Nature Biotechnology*, 22, 1409–1414.

Li, H., Sethuraman, N., Stadheim, T. A., et al. (2006). Optimization of humanized IgGs in glyco-engineered *Pichia pastoris*. Nature Biotechnology, 24, 210–215.

Kjeldsen, T. (2000). Yeast secretory expression of insulin precursors. *Applied Microbiology and Biotechnology*, 54, 277–286.

Mohanty, A. K., Mukhopadhyay, U. K., Grover, S., and Batish, V. K. (1999). Bovine chymosin: Production by rDNA technology and application to cheese manufacture. *Biotechnology Advances*, 17, 205–217.

van den Brink, H. M., Petersen, S. G., Rahbek-Nielsen, H., Hellmuth, K., and Harboe, M. (2006). Increased production of chymosin by glycosylation. *Journal of Biotechnology*, 125, 304–310.

Chapter 04

"체학"의 세계 : 유전체학, 전사체학, 단백질체학, 대사체학

유전체학

유전체들의 염기서열 결정

제 3장에서 언급했듯이, 우리는 현재 많은 생물들의 유전체의 완전한 염기서열들을 알고 있다. 전에 없이 많은 양의 이 데이터의 유용성은 우리에게 개별적인 유전자나 효소를 생각하게 하던 것을 생물, 혹은 생명체의 조합으로 "**포괄적(globally)**"으로 생각하도록 유도하고 있다. 우리는 이 장에서 어떻게 유전체 염기서열들이 결정되었는지를 아주 간단히 기술하고자 한다.

바이러스들의 유전체의 염기서열결정은 1970년대 후반에 시작되었다. 기본 기법은 Fred Sanger와 그의 동료들이 성공적으로 사용한 방법, 즉 Sanger의 dideoxy 종결법을 사용해서 행한 단편들의 무작위 서열결정은, 특히 1980년에 λ 파아지의 완전한 염기서열이 결정된 것과 같은, 박테리오파지 DNA의 염기서열결정과 같은 것들이다(그림 4.1의 무작위 샷건 방법의 원리 참조).

역사적으로 **세포를 가진(cellular)** 생물의 완전한 유전체 염기서열을 얻고자 하는 시도는 사람 이외에 가장 연구가 잘된 *Escherichia coli*였다. 이 과제는 1989년도에 시작되었고 "**직접적(directed)**" 접근법이 사용되었다. 세균 유전학자들의 지속적인 노력 덕분으로 아주 자세한 *E. coli*의 유전자 지도를 얻을 수 있었기 때문에 20 kb 이상의 DNA를 가지고 있고 말단이 중첩된 λ 기반 클론들을 처음으로 만들 수 있었다. 여기서부터 샷건 염기서열결정으로 넘어간다. λ 벡터에 삽입된 단편들을 몇 킬로베이스(kb) 정도로 아주 작은 단편으로 무작위로 절단하여 이들을 M13 벡터에 클로닝하여 염기서열을 결정하였고(염기서열 결정반응은 Box 4.1 참조), 이 염기서열들의 중첩된 부위들을 찾아 조립하였다. 플라스미드 벡터에 있는 큰 삽입체의 말단들은 염기서열이 끝났을 때 이들과 중첩되는 가공되지 않은(raw) 염기서열을 위치시키는데 유용하다[그림 4.1에서 "**원천** DNA (source DNA)"는 λ 벡터에서 20 kb 삽입체에 해당한다]. 이 2단계 접근법[또한 "**클론별 염기서열 결정법(clone-by-clone shotgun)**"으로도 부른다]은 샷건 접근법은 큰 단편들의 DNA나 전체 유전체에는 사용할 수 없다고 생각했었기 때문에 여기에 사용되었다.

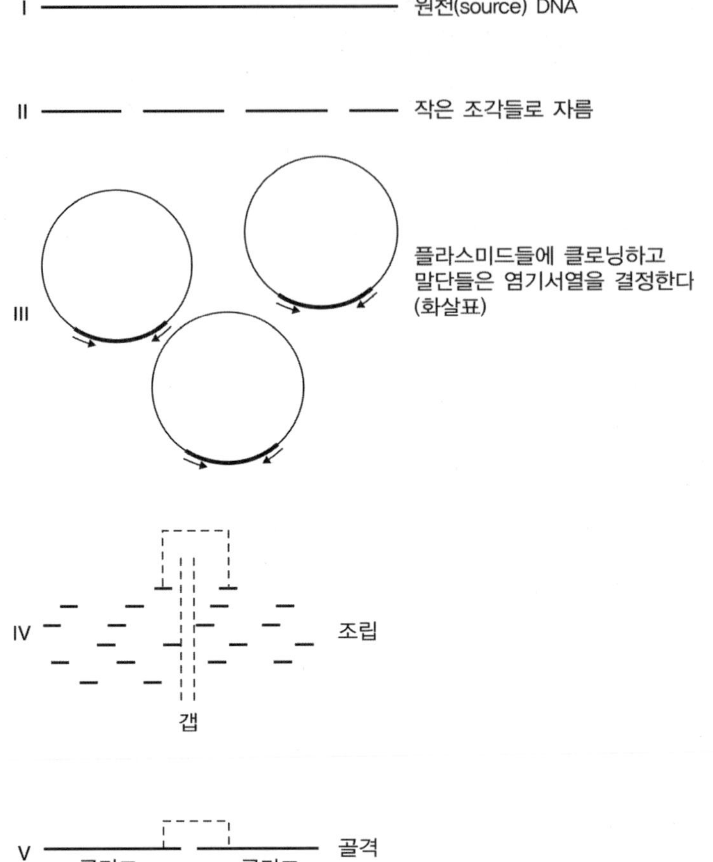

그림 4.1

샷건 염기서열결정법의 원리. 원천 DNA(Ⅰ단계)는 약 2~5 kb의 무작위 절편으로 자르고(Ⅱ단계) 이들을 플라스미드 벡터에 클로닝한다(Ⅲ단계). 삽입체의 말단(두꺼운 선)은 "보편적 프라이머(universal primer)"(화살표) (이것은 벡터/삽입체 경계에 있는 벡터의 염기서열에 상응한다)를 사용하여 결정한다. 이렇게 하여 얻어진 염기서열은 중복 부분을 찾아서 정렬하고 연속되는 스트레치 또는 콘티그로 조립한다(Ⅳ, Ⅴ단계). 이렇게 하면 대개 갭이 생기지만 같은 삽입체들로부터 온 두 개의 단편들을 이용하여 콘티그들은 연결될 수 있다(Ⅳ에 있는 점선에 의해 연결). 갭을 가지고 있는 이러한 콘티그들을 골격이라 부른다(Ⅴ단계).

그러므로 J. Craig Venter와 그의 동료들이 유전체 연구소(The Institute of Genomic Research)에서 1.8 Mb (megabase)인 *Haemophillus Influenza*유전체를 일단 직접 클로닝하고 큰 삽입체의 순서를 정함이 없이[그림 4.1에서 이 경우에는 "**원천 DNA (source DNA)**"가 세균 염색체 전체가 된다.] *E. coli* 유전체 염기서열을 발표하기 2년 전인 1995년에 성공적으로 무작위 샷건 방법을 사용한 것은 대단한 일이었다. *H. influenza* 유전체 염기서열을 결정하는데는 24,000개의 "**읽은 것(read)**"을 포함하고 있었는데 각 "읽은 것"의 평균 길이는 400 base 또는 이보다 약간 긴 것이었다. 그러므로 조립에 사용된 전체 염기서열의 길이는 거의 12 Mb이었으며 이것은 유전체의 각각의 단편들은 염기서열결정 반응을 6번 이상 행했다는 것을 의미한다[이것을 "**적용범위의 깊이(depth of coverage)**"라 하고 이 장의 뒤편에서 "**메타지노믹스(Metagenomics)**"에서 언급할 것이다]. 조립에는 새로 개발된 컴퓨터 프로그램이 필요했다.

우리 대부분에게, 유전체 염기서열결정 사업의 최고의 절정은 *H. influenzae*의 유전체 보다 1600배나 큰 3 Gb의 사람 유전체 사업이었다. 국제 인간 유전자 서열 결정 연합(The International Human Genome Sequencing Consortium)은 클론별 염기서열결정법(샷건)을 사용했고 "**초안(first draft)**"은 2001년에 발표되었다. 포유동물 유전체는 아주 많은 양의 반복염기서열이 존재하므로 무작위 염기서열을 조립하는 것은 어렵다고 생각했기 때문에 이 방법을 채택하였다. 그러므로 첫 단계에서 100-200 kb DNA 단편들을 BAC(bacterial artificial chromosomes, 세균인공염색체) 벡터에 클로닝 하였고 이미 알려진

DNA 염기서열 결정

거의 모든 염기서열 결정은 현재 Sanger가 개발한 dideoxy 사슬종결법을 사용해 이루어진다(Box 3.7). 초기에는 합성된 DNA 사슬들을 폴리아크릴아마이드겔 전기영동으로 분리하였다. 샷건 염기서열 결정에서 가장 중요한 분석 속도는 겔을 쓰지 않고 모세관 전기영동법을 사용하여 분리함으로써 현저히 증가하였다(모세관 전기영동에서는 대개 선상 폴리아크릴아마이드가 가교를 형성한 것과 같은 폴리머로된 기질을 사용한다. 이것은 완충액이 아니다). 방사선동위원소를 사용하는 것이 아니라 형광 색소들을 표시자들로 사용함으로써 검출 속도와 정량의 정확도를 높였다. 방법상으로 계속 개선함에 따라 280만 염기/일의 기계를 만들어 냈다; 이 속도를 1995년에 세포를 가지고 있는 생물인 *H. influenzae*의 유전체의 염기서열을 결정했을 때는 단지 약 1,000염기/일 이었던 것과 비교해 보라.

제 3장에서 언급한 것과 같이 단일 염기가닥 DNA를 생산하는 M13을 기반으로 하는 벡터들과 이중염기가닥 DNA를 생산하는 일반적인 플라스미드 벡터들이 염기서열결정에 사용된다. 이 두 가지 모두에서 염기서열 결정을 위한 프라이머는 벡터-클로닝된 DNA 접속점의 벡터의 바로 다음이 사용되는데 이를 때로는 보편적 프라이머라 부른다. M13을 기반으로 한 벡터들은 좀 더 깨끗한 "판독(read)"을 생산한다고 할 수 있고 플라스미드 벡터들은 클로닝된 단편들의 양 말단의 염기서열을 알 수 있기 때문에 "콘티그(contig)" 또는 이웃하는 단편들의 염기서열을 조립할 때 아주 유용하게 사용할 수 있다는 장점을 가진다.

Box 4.1

유전적 표시자와 기타 부위 등을 서로 연관시켰다. 중복 말단을 가진 BAC 조립체들을 선발하였고 각 삽입체들은 무작위로 약 2–5 kb 정도의 단편을 만들어 플라스미드에 보통처럼 클로닝하였으며 삽입체 말단의 염기서열을 결정하였다[그림 4.1에서 "**원천 DNA(source DNA)**"는 여기서 BAC 벡터에 있는 큰 삽입체이거나 때로는 cosmid 같은 다른 벡터에 클로닝한 단편들이었다]. 초안에서는 유전체의 약 10%를 차지하는 약 150,000개의 틈새를 가지고 있었다. 그러나 그 후 2004년에 발표된 개선된 안에서는 틈새가 단지 341개였고 수많은 소소한 잘못이 바로 잡혔다.

흥미롭게도 Venter와 그의 동료들은 사람 유전체처럼 정말로 큰 규모의 염기서열결정도 역시 유전체 전체를 샷건 방법으로 짧은 시간 안에 성공할 수 있다고 제안했다. 사실 큰 용량을 가진 염기서열결정 기계를 많이 사용하여 단지 몇 년 안에 2,700만개의 원 염기서열(각 500–700 염기 길이)을 얻고 조립할 수 있었다. 그러나 이 방법도 작은 조각(약 2 kb) 뿐만 아니라 이보다 훨씬 큰 조각(10 또는 50 kb)들의 말단도 클로닝하고 염기서열을 결정하여 이 원 염기서열을 연결함으로써 확실한 "**골격(scaffold)**"을 만들었다는 것을 아는 것이 중요하다(그림 4.1참조).

이 두 접근법들 간의 장점과 단점에 대하여 열띤 논쟁이 있었다. 직접법을 사용하여 어느 정도 큰 유전체들인 *Saccharomyces cerevisiae* (16 Mb; 1996), 모형 식물인 *Arabidopsis thaliana* (115 Mb; 2000), 벌레인 *Caenorhabditis elegans* (97 Mb; 1998), 그리고 벼(390 Mb; 2005년에 염기서열결정이 끝남)의 염기서열 결정이 성공하였다. 전 유전체 샷건 염기서열결정법은 많은 원핵생물의 작은 유전체 염기서열결정에 기본적으로 사용되었는데 복어 유전체(365 Mb; 2002), 닭 유전체(1,000 Mb; 2004) 등등에도 성공적으로 사용되었고 특히 위에서 본 것과 같이 사람 유전체에도 사용되었다. 그러나 이 두 접근법은 서로 배타적인 것이 아니다. 사실 두 가지가 혼합된 방법이 가장 효율적이라는 것이 일반적으로 받아들여지고 있다. 여기서부터 큰 삽입체를 가진 라이브러리-예를 들면 BAC 라이브러리-를 만들고 샷건법으로 삽입체들의 염기서열을 결정한다. 동시에 무작위적인 짧

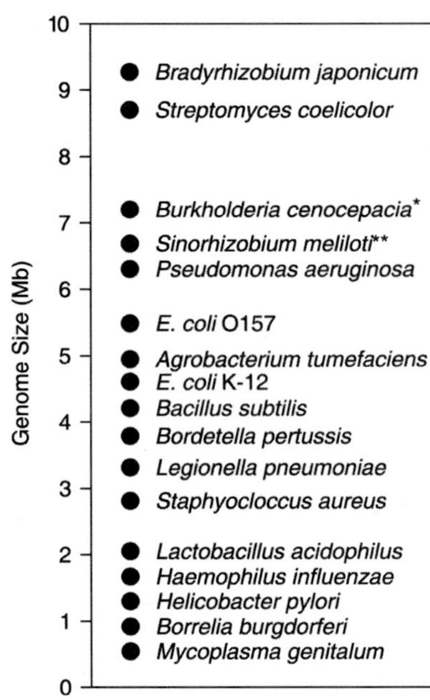

그림 4.2

유전체 염기서열이 끝난 몇몇 세균의 유전체들의 크기

*유전체 DNA는 3개의 염색체에 나누어져 있다.

**이 크기는 2개의 큰 플라스미드들에 있는 DNA를 포함한다.

은 단편을 가진 큰 라이브러리도 전 염색체로부터 만들어지고 삽입체들의 염기서열이 결정된다. 이 외에도 부분적으로 중복된 BAC 구성물로부터 "읽혀진(read)" 염기서열만을 사용하여 조립에 사용한다. 이 방법으로 전 유전체에서 만들어진 단편들의 엄청난 복잡성이 감소하고 조립이 쉬워지고 오류가 생길 확률은 아주 감소한다. 혼합된 이 방법이 생쥐 유전체(~3,000 Mb; 2002)와 쥐 유전체(~3,000 Mb; 2004) 염기서열 결정에 사용되었다. *Drosophila melanogaster* 유전체(120 Mb; 2000)의 염기서열결정에는 마지막 단계에서 클론–클론 정보가 사용되었기 때문에 이것도 혼합된 방법의 한 형태로 간주된다.

비교 유전체학 개관

현재 300가지 이상의 세포를 가진 생물의 유전체가 염기서열이 결정되었고 첫 항목으로 이들의 염기서열을 비교해 보자.

원핵생물 유전체들

세균 유전체의 크기는 아주 다양하다(그림 4.2). *H. influenzae* 유전체(1.8 Mb)와 비교해 보면 절대기생인 *Chlamydia trachomatis* (1.0 Mb)와 *Mycoplasma genetalum* (0.6 Mb)은 작은 유전체를 가졌다. 한편 *E. coli* 유전체(4.6 Mb)는 상당히 크며 *Pseudomonas aeruginosa* (6.3 Mb), *Streptomyces coelicolor* (8.7 Mb) 그리고 *Bradyrhizobium japonicum* (9.1 Mb) 등이 이보다 큰 유전체를가지고 있다(대부분의 고세균들은 1.5~3 Mb 정도의 약간 작은 크기의 유전체를 갖는다). 원핵 유전체에서는 고등 동물들이나 식물들과 달리 DNA의 대부분이 암호화 염기서열이거나 유전자이다. 그러므로 이러한 커다란 차이는 우리에게 두 가지 질문을 던진다. 첫째, 단순한 세포로 된 생물의 증식과 복제에 필요한 최소 유전자는 얼마인가?

여기에서 우리는 상동성에 기초하여 유전자들과 이 유전자들에 암호화되어 있는 단백질들을 분류해 보자. 상동성은 공통 조상으로부터 유래한 것을 의미하며 대개 BLAST 같은 컴퓨터 프로그램을 사용하여 염기서열을 비교해서 알 수 있다. 우리는 두 종류의 동족체(homolog)로 나눈다. 서로 독립적으로 발생한 2개의 서로 다른 생물에 존재하는 상동단백질을 **이종상동(ortholog)**이라 한다. 이에 반하여 아마도 근본적으로 유전자 중복에 의하여 만들어지고 가끔 기능이 변경되어 같은 종에 존재하는 상동단백질을 **동종상동(paralog)**이라 한다. 이종상동으로써 *M. genitalium* (468개의 단백질을 코딩)과 *H. influenzae*의 유전체를 비교하면 약 300개 유전자의 "**최소 유전자 세트(minimal gene set)**"의 정의에 이르게 된다[이 일람표는 전이인자를 이용한 유전자 분열 실험에 의해 2006년에 382 유전자로 증가되었다(Box 3.8 참조)]. 이 세트에는 DNA 복제와 수선, 전사, 번역에 필요한 유전자들(샤페론 유전자 포함), 그리고 뉴클레오티드들, 코엔자임들, 지질 합성에 필요한 유전자들, 또한 해당과정과 F_1F_0ATPase에 필요한 유전자들 포함되어 있다. 그러나 펩티도글리칸을 가지고 있지 않은 Mycoplasma를 기본으로 삼았기 때문에 이 일람표는 펩티도글리칸 합성에 필요한 유전자는 포함하고 있지 않으며 아미노산, 퓨린들과 피리미딘들의 생합성에 필요한 유전자들도 포함하고 있지 않다. 일반 환경에서 세균이 독립적으로 생존하는데 필요한 유전자 세트는 일반적으로 약 1,500개의 유전자라고 생각하고 있다.

유전체 크기가 다름으로써 일어나는 두 번째 의문은 큰 유전체가 앞에 언급한 최소 세트에 다른 유전자를 더 필요로 하는가이다. 동물의 상기도(upper respiratory tract)라는 근본적으로 한정된 환경에 존재하는 *H. influenzae*의 유전체와 이보다 훨씬 큰 *E. coli* 유전체를 비교하면 *E. coli*는 이미 지적한대로 대장에 존재할 때 **"향연 또는 기근(feast-or-famine)"**을 만나게 되고 일반적인 물에서 살아야 되므로(짧은 기간일지라도) 다른 형태의 환경에 적응하기 위한 많은 유전자들(대개 동종상동)을 가지고 있다. *E. coli*는 또한 이러한 적응을 위해 복잡한 조절 반응에 필요한 유전자도 필요하다. 이와 동일한 사실들이 계속 발견되고 있다. 근본적으로 토양과 물에 살지만 사람에게 가혹한 감염을 일으키는 *P. aeruginosa*는 좀 더 복잡하게 배열된 유전자들이 채워진 큰 유전체를 가지고 있는 것으로 알려졌다. 이러한 경향은 몇 가지 항생제를 생산하고 기포자(aerial spore)로 분화하는 *S. coelicolor*에서 최고점에 이른다. 이것의 유전체는 앞에서 본 것처럼, 예를 들면, 시그마 인자(sigma factor, 이것은 가장 기초적인 수준에서 전사 특이성을 조절한다)의 경우 *E. coli*는 단지 7개인데 비해 55개로써 아주 복잡한 조절 반응을 하도록 갖추어져 있다. 많은 효소들을 생산하는 유전자들이 복합적인 동종상동 세트로 나타나며 각 유전자는 단지 특정 조건에서만 발현되는 것으로 알려졌거나 그렇다고 생각되고 있다. 예를 들면 지방산 생합성에 필요한 첫 번째 효소를 암호화하고 있는 5개의 동종상동 *fabH*가 *S. coelicolor*에서 발견된다. 이 중 1개는 주된 지방산 합성 오페론에 존재하고 필수적이다. 3개는 항생제와, 아마도 다불포화(polyunsaturated) 지방산을 생합성하는 유전자군에 존재하고 세포의 주된 **"지속발현(housekeeping)"** 대사를 간섭함이 없이 이러한 특수 경로를 위한 기능을 하는 것으로 추정된다.

원핵생물 유전체의 크기를 증가시킨 또 다른 중요한 기작은, 아마도 다른 생물로부터의 수평적 전달로, 커다란 유전체학적 섬(genomic island)의 첨가이다. *Salmonella*에서 **"병원성 섬(pathogenic island)"** 1~5는 원형 지도(100분으로 된 원주)의 63, 31, 82, 92, 20분 위치에 자리 잡고 있다. 이들의 크기 범위는 수 kb (킬로베이스)로부터 40 kb까지이고, 포유동물세포에 직접 독성 단백질을 주입하는 제 Ⅲ형 분비계 같은 병원성 유발에 필요한 단백질을 암호화하고 있다. 이러한 섬들은 GC 함량 같은 유전체의 내부 염기서열이 완전히 다른데 이는 **"외래(foreign)"** 기원임을 나타낸다. 섬들의 기능은 병원성에만 한정된 것이 아니다. 예를 들면, 콩 뿌리의 N_2-고정 공생체인 *B. japonicum*의 염색체는 공생에 필요한 많은 기능을 암호화하고 있는 아주 낮은 GC 함량의 아주 큰(610 kb) **"공생섬(symbiosis island)"**을 가지고 있다. 원핵생물 유전체를 분석해 보면 유전체는 가끔 다양한 기원을 가지고 있고 진화 중에 수평적 유전자 전달이 여러 번 일어났다는 것을 보여준다.

한정된 환경에 사는 생물의 유전체는 어떻게 작아졌을까? 다시 한 번 유전체가 그 실마리를 제공한다. *Salmonella typhi*는 사람에게는 감염되나 다른 동물들에게는 중요한 질병을 일으키지 않는 병원체이다. 이것의 유전체는 많은 동물에 감염을 일으킬 수 있는 *Salmonella typhimurium*과 아주 유사하다. 그러나 *S. typhi*에서는 20개 이상의 유전자가 위유전자(pseudogene)로 전환되었으며 유전자 기능이 없다. 유전자 퇴화의 좀 더 극단적인 예는 나병을 일으키는 미생물인 *Mycobacterium leprae*의 유전체에서 발견되는 경우이다. 여기에서 단지 유전체의 50%만이 단백질을 암호화하는 유전자들이고, *Mycobacterium tuberculosis*에서는 이종상동으로 기능을 가지고 있으나 이 균에서는 27%를 점하는 1116개의 위유전자가 차지하고 있다. 나머지(23%)의 대부분은 아마도 원형을 찾아볼 수 없을 만큼 변화된 유전자 자투리일 것이다. 사실 *M. leprae* 유전체는 *M. tuberculosis* (4.4 Mb)보다 훨씬 작은 3.3 Mb 크기를 가지고 있으므로 수축 중에 있는 것으로 보인다. 호흡에 의한 전자전달 같은 중추적 에너지 생성계를 암호화하고 있는 유전자들에게서도 불활성화가 일어났고 이 불활성화는 이 균이 나병환자, 아르마딜로, 쥐의 발 볼록살에서만 증식하고 여기에서도 2배로 증식되는 시간은 약 2주로서 아주 느리게 증식한다는 것을 설명할 수 있다.

고등동물들의 비교 유전체학

진핵 유전체의 크기는 다양한데 *S. cerevisiae*는 12 Mb, 벌레인 *C. elegans*는 97 Mb, 파리인 *D. melanogaster*는 120 Mb, 사람, 생쥐, 쥐 등은 약 3000 Mb이다. 더 큰 유전체도 있다: 어떤 원생동물들은 600 Gb 이상이고, 어떤 식물들은 반수체 유전자가 125 Gb 이상인 것으로 생각되고 있다(이 값은 염기서열결정에 의한 것이 아니라 염색된 핵을 정사(精査)하여 결정한 것이다). 포유동물의 유전체가 선충이나 파리보다 훨씬 큰 것은 엄청나게 많은 양의 반복염기서열 때문이라는 것이 얼마 동안은 의심받았지만 염기서열을 결정함으로써 이것을 확실히 증명했다. 사람 유전체는 반복염기서열이 50% 이상이며 이들의 대부분은 산재된 반복서열(interspersed repeat)이다. 이러한 반복서열들이 파리와 벌레의 유전체에서 각각 3%와 6.5%를 차지한다. 사람 유전체에서 이러한 산재된 반복염기서열의 대부분은 전이인자(transposon)이다. 제 3장에서 기술한 것처럼 (Box 3.8), 전이인자는 유전체에 자기의 염기서열을 무작위로 삽입할 수 있는 유전자를 암호화하고 있는 이기적(selfish) DNA 조각이다. 세균에 존재하는 전이인자와는 달리 이 전이인자들은 RNA를 중간체로 해서 역전사효소를 사용하여 만든 것을 삽입하는 **"역전사전이인자(retrotransposon)"**이다. 이들은 항생제 내성 유전자를 갖고 있지 않다. **"알루 인자(Alu element)"**, 즉 제한효소 Alu에 의해 인식되는 염기서열(AGCT)을 가지고 있기 때문에 이런 이름이 붙여진 짧은(약 300 뉴클레오티드) 단편은 사람 유전체에 백만 카피(copy) 이상 존재한다.

사람 유전체 염기서열결정에서 주의를 끄는 질문 중의 하나는 단백질을 암호화하고 있는 유전자들의 개수였다. 추정치는 15만개 이상이었고 이 추정치는 제약회사의 잠재적 표적이 될 수 있으며, 지금까지 알려지지 않은, 정말로 수십만 개가 존재할 것이라는 희망에 들뜨게 했다. 그러나 Venter 등의 결과는 단지 26,500개의 유전자들 및 **"계산에만 의한 (computationally derived)"** 12,000개의 유전자들이 존재한다는 것을 보여주었다. 국제인간 유전자 서열 결정 연합(International Genome Sequencing Consortium)의 초벌염기서열은 30,000~40,000개의 단백질을 암호화하는 유전자들이 존재한다고 예측하였으나 이 숫자는 2004년 염기서열결정이 끝났을 때 단지 25,000~30,000개로 줄어들었다. 이 숫자들은 쥐와 생쥐에서 발표된 것과 비슷하였으나 사람이 하등 벌레인 *C. elegans* (19,000개의 유전자를 가지고 있는 것으로 추측)보다 단지 약간 많은 유전자들을 가지고

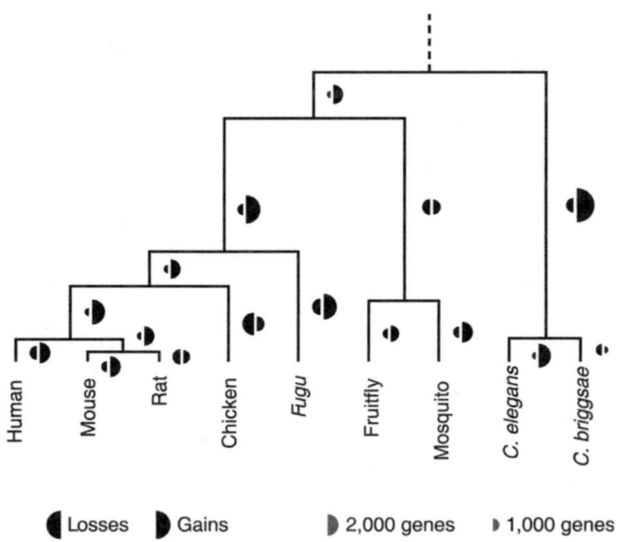

그림 4.3

여러 동물 그룹의 진화과정 동안에 일어난 유전자의 소실과 획득의 추정. 단지 동종상동 유전자들의 그룹만 고려하였고 지도는 축약적이며 유전자들의 수평적 전달은 없다고 가정하여 그렸다. 왼쪽과 오른쪽 반구는 각 분지의 발생 동안의 유전자의 획득과 소실을 나타내며 반구의 넓이는 변화된 유전자들의 수에 비례한다. *Caenorhabditis briggsae*는 C. elegans와 멀리 연관된 선충 종류이다. [After International Chicken Genome Sequencing Consortium (2004). Nature, 432, 695–716; with permission.]

있다는 것이 많은 사람들을 혼란에 빠뜨렸다. 그러나 여러 유전체들에 있는 이종상동을 조사해 본 결과 고등생물의 어떤 계통의 진화에서 어떤 유전자들은 소실되고 다른 것들이 획득되었다는 것을 보여 주었다(그림 4.3).

포유동물 유전자들은 벌레나 파리의 유전자들과 구조적으로 다를까? 사실 맞는 말이며 이것이 왜 사람 유전체에 존재하는 유전자 개수를 합리적으로 추측하는 것이 그렇게 어려운지를 설명해 주는 것이다. 엑손들은 대개 평균적으로 50개의 아미노산들을 암호화하고 있을 만큼 아주 짧다. 엑손들을 분리하고 있는 인트론들은 사람의 것이(평균 길이는 >3,300 bp) 벌레의 것(평균 길이는 267 bp인데 가장 많은 것은 47 bp)보다 훨씬 길다. 이것이 유전자 전체 길이(엑손들+인트론들)를 증가시키는 것이고 인간 유전체의 길이가 긴 이유이다. 그럼에도 불구하고 유전자들의 암호화 부위는 인간 유전체 염기서열의 단지 1.2%만을 차지하고 있는 것으로 추측되고 있다.

벌레들과 파리들에 존재하는 단백질 암호화 유전자들보다 사람의 단백질 암호화 유전자들이 좀 더 복잡한 기능을 갖는데 사람의 것은 몇 가지 특징을 가지고 있다. 첫째, 선택적 전사와 선택적 스플라이싱(splicing)으로 같은 유전자에서 다른 단백질들을 생산하고 이것은 인간 유전자들의 발현에서 좀 더 일반적이다. 둘째, 발현조절이 인간에서 좀 더 복잡하게 일어난다고 생각되고 있다. 마지막으로 인간 단백질들은 다른 생물에서 발견되는 것보다 새로운 방법들로 대개 좀 더 많은 도메인과 결합한다. 예를 들면 트립신 유사 세린 단백질 도메인(trypsin-like serine protease domain)은 효모의 같은 단백질에서 1개의 다른 도메인과 결합하고 벌레들에서는 5개의 다른 도메인과 결합하지만 사람들에서는 18개의 다른 도메인과 결합할 수 있다.

메타지노믹스

생물공학에서 기본적인 조작(operation)은 *E. coli*나 효모 같은 적당한 숙주 생물에서 유용한 산물을 암호화하고 있는 외래 유전자를 발현시키는 것이다. 제 3장에서 살아있는 생물들로부터 이런 유전자들을 클로닝하는 방법을 배웠다. 그러나 클로닝된 것이 DNA 조각이기 때문에 이것은 환경으로부터 직접 취할 수도 있다. 이러한 **직접 클로닝(direct cloning)** 방법이 아주 유용한데 그 이유는 환경에 존재하는 대부분의 생물들은 아직 배양할 수 없고 다양한 범주의 환경에서 채취한 시료(예를 들면 토양 시료들)들을 사용하는 것은 광범위하게 다른 특징을 가진 단백질들을 암호화하고 있는 유전자들을 공급할 수 있을 것이기 때문이다. 그러므로 우리가 제 11장에서 보게 될 것처럼 회사는 이러한 유용한 유전자들의 직접 클로닝을 위한 시료들을 보관하는 것이 표준적인 접근법으로 되어가고 있다.

단지 하나의 유전자 또는 유전자군을 클로닝하는 대신에 우리는 이러한 접근법을 확대하여 이용할 수 있고 환경에 존재하는 DNA 시료로부터 아직 배양할 수 없는 생물들의 전체 유전체를 재조립할 수 있다는 희망을 가질 수 있다. 그래서 우리는 단일 종으로 배양할 수 있는 생물의 유전체뿐만 아니라 현재 배양할 수 없는 많은 종의 전체 군집의 유전체를 다룰 수 있을 것이다. 이것은 종종 **메타지노믹스(metagenomics)**라고 일컬어진다.

한 가지 예는 산성인 광산 배수로부터 바이오필름(biofilm)에 관한 Jillian Banfield 등의 연구이다. 폐광에서 황철광(FeS_2)의 표면은 공기와 물에 많이 노출되고 이것이 Fe(II)-산화 세균에 의한 산화로 대규모로 금속이 녹아 나온다. 제 15장에 자세히 기술한 것처럼 이 활성이 많은 황산을 생성하고 실험한 곳의 방출수의 pH는 0.83이었고 온도는 42℃였다. 이러한 극단적 조건하에서는 미생물 군집의 종류는 굉장히 단순할 것이고 이 단순함이 분석에 도움을 줄 것이다. 무작위로 삽입하여 만든 라이브러리(library)를 이용하여 염기서열을 결정하였고 76-Mb 염기서열을 얻었다. 이 염기서열들은 GC함량에 따라 "범위들(bins)"로 대부분이 나누어졌고 *Leptospirillum* group II (2.23 Mb, 진정세균, 높은 GC)와 *Ferroplasma* (1.82 Mb, 아키아, 낮은 GC), 그리고 2개의 다른 생물과 일부만 일치하는 유전체 등으로 거의 완전한 유전체를 조립할 수 있었다. 대사경로를 사용해 추측해 보면 *Leptospirillum* group II는 탄소를 고정할 수 있고 *Ferroplasma*는 아마도 *Leptospirillum* group II에서 만들어진 유기화합물을 이용할 수 있을 것으로 추측되었다. N_2-고정 유전자들은 이 두 균에 존재하지 않았으나 군집 중에 소수로 존재하는 *Leptospirillum* group III에서는 발견되었다. 이러한 예들은 최소한의 군집이 상당히 단순할 때는 균의 배양 없이도 유전체를 재구성할 수 있고 구성성분 간의 생화학적 상호작용을 추측할 수 있다는 것을 보여준다.

미생물의 아주 더 복잡한 조립은 Sargasso해의 지표수를 이용한 J. Craig Venter 그룹에 의하여 이루어졌다. 이 연구에서, 이미 제 1장에서 서술한 것처럼, 크기가 0.1~3.0 ㎛의 미생물들을 여과법으로 모으고 혼합된 DNA 표본들을 2~6 kb 절편으로 무작위로 자르고 클로닝하여 양 말단의 염기서열을 결정하였다. 읽은 원 염기서열은 총 크기가 1.36 Gb였다. 원핵생물 평균 유전체 크기보다 1,000배 이상 큰 전체적인 인간 유전체의 무작위 샷건 염기서열 결정에는 단지 이보다 10배 크게(14.9 Gb) **"읽을 것(read)"**이 필요하다는 것으로부터 1.36 Gb나 읽은 노력이었다는 것을 주목하라. 샘플 중에 수천~수만 종의 서로 다른 생물들이 있었음에도 불구하고 가장 많이 존재하는 몇몇 생물의 유전체는 범위의 깊이(depth of coverage)(왜냐하면 좀 더 많이 존재하는 생물로부터 온 절편들은 좀 더 많이 포함되거나 염기서열이 결정되기 때문에), 연속적인 뉴클레오티드의 빈도, 알려진 염기서열과 유사도 등으로 우선 염기서열을 배열하여 "**범위들**(bins)"로 만들어 조립할 수 있었다. 이 선도적 연구는 군집의 복잡성 때문에 우점종 생물들이라 할지라도 유전체들을 조립하기 위해서는 좀 더 많은 염기서열 결정이 필요하다는 것을 보여주었다. 그럼에도 불구하고 이 연구가 복잡성이 증가한 생물을 다루었고, 우점종 생물들의 본질[놀랍게도 식물과 동물 병원균인 *Burkholdersia* 연관 종과 오염된 물에는 살지만 외양(open ocean)에는 살지 못하는 *Shewanella*가 가장 풍부한 생물이었다]을 연구했으며, 16S rRNA 유전자들의 PCR 증폭을 사용한 일반적인 접근법을 넘어선 이 방법의 신뢰도 등을 보였다는 것은 중요하다.

전사체학

유전체에 유전자가 존재한다는 것은 이 유전자가 mRNA로 만들어지고 결과적으로 단백질로 발현된다는 것을 단정적으로 의미하는 것은 아니다. 더욱이 대사조절은 가끔 다양한 유전자들의 발현을 변화시키기 때문에 세포의 생리를 이해하는 데에는 그들의 발현 수준을 아는 것이 중요하다. 유전체 염기서열이 알려지기 전에는 유전자 발현은 하나하나씩 실험해야만 했다. 여기에 사용된 기법들은 기원이 같은 DNA 조각과 분획된 mRNA를 어닐링시키는 노던블롯, mRNA를 주형으로 사용하여 cDNA를 만들고 이것이 그 후 PCR로 증폭되는 역전사효소-PCR 방법이 포함된다. 이 방법들은 이미 아주 소상히 조절기작을 알고 있거나 어떤 유전자들의 발현 수준을 알고자 할 때 아직도 사용된다. 그러나 조절 기작이 완전히 알려지지 않았을 때, 수천 개의 유전자에서 단지 몇 개의 선택한 유전자의 발현 수준을 실험하는 것은 순전한 추측일 뿐만 아니라 많은 틀린 결론들을 내리게 된다.

유전체 염기서열들이 알려졌을 때, 1995년에 유리나 플라스틱 슬라이드에 많은 유전자 단편을 "**인쇄**(print)"하는 방법이 개발되었고 mRNA가 **마이크로어레이**(microarray)에 결합하는 것을 시험할 수 있게 되었다. 이러한 "**칩**(chip)" 기술은 처음으로 편향됨이 없이 "광범위한(global)" 규모로 전체 세포의 유전자 발현을 실험할 수 있게 되었다.

mRNA와 기원이 같은 DNA 단편의 친화성은 확실히 길이, 염기 조성, 탐침의 특성 등에 영향을 받으며, 결합 그 자체는 균형 잡힌 표지로 사용할 수 없다. 그러나 우리는 대개 전사 형태의 **변화**(change)에 흥미를 가지고 있고 서로 다른 형광 염료들로 2개의 표본(시험물과 참고물)의 mRNA 들을 표지하여 비교할 수 있었다. 1997년, 이 방법은 생리적 적응을 행하고 있는 효모 세포의 유전자 발현 형태의 변화를 확인하는데 성공적으로 사용되었고 우리가 세포의 생물학을 분자적 기본으로 접근하도록 하는 혁신적 변화를 가져왔다. 이 방법이 효과가 크다는 것은 이 방법이 도입되어 10년이 되기 전에 이 기술을 사용하여 출판된 논문 수가 10,000개 이상 된다는 것으로 알 수 있다. 한 예를 그림 4.4에서 볼 수 있다.

마이크로어레이를 만드는 데는 두 가지 방법이 사용된다. 한 가지 방법은 대개 100~300 bp 길이의 유전자 단편을 PCR로 증폭하고 유리 슬라이드에 위치시키는 것이다. 다른 한 가지는 아주 짧은(20~25 뉴클레오티드) DNA 조각을 칩 위에서 바로 합성하여 Affymetrix로 제작하는 것이다. 두 방법 모두에서 위양성 신호를 감소시키도록 해야 한다.

마이크로어레이 방법의 중요한 특징은 생물학자가 지금까지 만나보지 못했던 엄청난 양의 데이터를 생산해내고 이 데이터에는 "**소음(noise)**" 뿐만 아니라 많은 양의 통계학적 변분(variation)도 포함하고 있다. 그러므로 통계학적으로 옳은 방법으로 이 데이터를 다루는 것이 굉장히 중요하다(Box 4.2).

이러한 "**전사체(transcriptome)**" 또는 "**유전자 발현 프로파일**(gene expression profile)"을 연구해서 어떤 형태의 결과를 얻었는가? 그것은 생물학의 거의 모든 부분을 다루었기 때문에 그 목록은 굉장히 크다. 가장 많이 연구된 분야의 한 가지는 암과 같은 인간 질병에서 유전자의 전사 양식이다. 2000년에 행한 인간 유방암 연구에서 많은 유전자군이 환자들에서 과발현되는 것이 발견되었다. 2002년, 한 그룹의 과학자들이 유방암에서 이 유전자의 발현이 예후 표시 인자로 사용될 수 있는 "**표지(signature)**" 유전자로 지정코자 하였다. 진단 시 림프결절로 전이되지 않은 1기 유방암 환자로부터 생체 조직 절편 검사법으로 표본에서 RNA를 추출하였다. 이 실험의 목적이 정상조직에서 암조직의 변화를 발견하는 것이 아니라 각 종양 간의 변화를 실험하는 것이므로 표본이 모두 혼합된 것이 표준(reference)으로 사용되었다. 25,000개의 사람 유전자를 가지고 있는 마이크로어레이를 사용하여 실험한 결과 사용된 78개의 종양 조직에서 약 5,000개의 유전자 발현이 아주 다른 것으로 나타났다. 이 5,000개 유전자의 각각에서, 상관계수는 그 유전자와 예후(이후 5년 내에 전이가 일어나더라도)의 유전자 발현 수준으로부터 계산하였다. 대부분의 유전자는 단지 유의성이 없는 상관관계를 나타내었고 그 다음의 분석에서는 제외하였다. 그러나 231개의 유전자는 유의성 있는 상관관계를 보였다. 이러한 잠재력 있는 표지 유전자들이 유방암의 결과를 성공적으로 예측할 수 있다면 이 유전자들은 더 많이 사용될 것이며 이러한 목적으로 사용될 때에는 가장 높은 상관계수를 가진 70개 유전자를 사용하면 충분하다는 것이 밝혀졌다. 이 방법은 약 90%의 나쁜 예후 그룹을 정확히 분류할 수 있었고 이렇게 함으로써 환자의 신체에 큰 짐을 지우는 화학요법이나 방사선 요법 같은 "**보조(adjuvant)**" 요법을 받도록 할 수 있었고 좋은 예후 그룹은 이러한 요법으로부터 벗어날 수 있었다. 이러한 예측 과정은 일련의 295 환자를 대상으로 유용성을 확인하였고 2006년에는 국제적으로 여러 곳의 연구로 확인되었다.

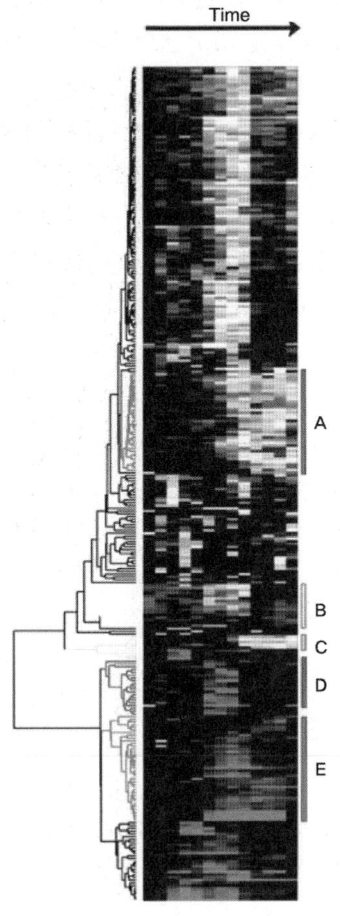

그림 4.4

혈청으로 자극한 후의 섬유아세포 유전자들의 발현 수준. 섬유아세포들은 48시간 동안 혈청 없이 보관한 후 혈청을 가한다. 각 세로줄(좌에서 우로)은 0, 15분, 30분, 1시간, 2시간, 3시간, 4시간, 8시간, 12시간, 16시간, 20시간, 24시간 후의 전사체 양식을 나타낸다. 제일 오른쪽 세로줄은 동조화시키지 않은 시료로서 표준이다. 가로줄은 8,000개 이상의 사람 유전자들의 발현 수준을 보여주며 발현 변화 양식으로 구획하였다. 콜레스테롤 합성에 관여하는 A 그룹은 내림 조절을 받고(백색으로 보이는데 원본 그림에서는 초록에 상당한다) 상처 치료와 조직 재형성에 관여하는 E 유전자 그룹은 강하게 올림 조절한다(회색으로 보이는데 원본 그림에서는 적색에 상당한다). [From Eisen M. B., Spellman P. T., Brown P. O., and Botstein D. (1998). Cluster analysis and display of genome-wide expression patterns. ***Proceedings of the National Academy of Sciences***, U.S.A., 95, 14863–14868; with permission.]

전사 양식 연구의 또 다른 초점은 의약품의 새로운 표적을 발견하기 위해서 대부분이 제약회사에 의해 연구되었다. 비록 전사체는 유전자가 전사된 것을 단지 보여주지만 생물정보학을 이용하여 많은 유전자의 기능을 추측할 수 있다. 만약 기관이나 병적인 조직이, 즉 암세포 같은, 어떤 유전자들을 과발현 시킨다면 이 유전자들은 선택 요법의 매력적인 후보가 될 것이다. 사실 다발성 경화증 병변에 대한 유전자 발현 어레이 분석은 지금까지 의심하지 않았던 유전자들이 많이 발현되도록 조절되고 표적으로 사용할 수 있다는 것을 보여주었다. 그래서 제약회사는 우선 전사체학을 택했으며 아주 단 시간에 아주 많은 새로운 표적이 발견되고 새로운 의약품이 개발될 것으로 기대 했었다. 그러나 이렇게 하기 위하여 수많은 연구가 이루어졌음에도 불구하고

마이크로어레이 데이터의 처리

마이크로어레이 분석으로 얻어진 원 데이터는 의미 있고 믿을 수 있는 정보를 생산하기 위해서 조심스럽게 처리해야 한다. 첫째, 데이터는 ***정규화(normalized)***시켜야 한다. 가장 단순한 수준에서 데이터는 2가지 출처(조회와 표품)의 RNA의 서로 다른 양을 수정하고 RNA 분자를 검출하는데 사용한 동위원소 표지나 형광 검출의 효율 및 기타 등등을 수정해야 한다. 그러나 이러한 단순한 정규화에 더하여 마이크로어레이는 두 신호들의 비율(조회/표품)이 신호의 강도에 따라 구조적인 편차를 나타내므로 좀 더 복잡하고 미세한 정규화가 필요하다. 이 목적으로 Lioness (locally weighted linear regression) 정규화가 가장 많이 사용되는 방법이다[1].

정규화한 다음에도 우리에게 세포 주기의 각 단계, 수백 명의 환자들과 같은 많은 서로 다른 조건들에 놓여 있는 수천 개의 유전자들의 발현 수준에 대한 데이터들이 남아있다. 이러한 조직화되지 않은 데이터의 바다에서 어떤 패턴을 알아낸다는 것은 불가능하다. 그러므로 비슷한 패턴을 보이는 유전자들의 **"무리화(clustering)"**는 어레이 데이터를 더욱 분석하기 위해서는 필수불가결한 것이다. 이 목적으로 여러 방법들이 알려져 있다[2,3].

1. Quackenbush, J. (2002). Microarray data normalization and transformation. ***Nature Genetics***, 32, 496–501.
2. Eisen, M. B., Spellman, P. T., Brown, P. O., and Botstein, D. (1998). Cluster analysis and display of genome-wide expression patterns. *Proceedings of the National Academy of Sciences U.S.A.*, 95, 14863–14868.
3. Tamayo, P., Slonim, D., Mesirov, J., et al. (1999). Interpreting patterns of gene expression with self-organizing maps: methods and application to hematopoietic differentiation. *Proceedings of the National Academy of Sciences U.S.A.*, 96, 2907–2912.

Box 4.2

이 방법에 의해 개발된 새로운 의약품의 홍수는 없었으며 완전히 새로운 표적에 대한 의약품 승인은 1년에 몇 건 정도로 평소와 같은 비율을 유지하고 있다. 아마도 이것은 제약회사들이 어떤 의약품을 어떻게 개발할지를 이미 알고 있는 G 단백질–짝지움 수용체들(G protein–coupled receptor), 세린/트레오닌 키나아제들, 티로신 키나아제들, 전사 인자들, 핵 수용체들, 세린 프로테아제들, 또는 이온 채널과 같이 대부분이 **"진정한 의약품으로 만들 수 있는(drugable)"** 표적이 아니었기 때문이다. 어떤 과학자들은 전사체학적으로 측정한 mRNA의 정상 상태의 발현 수준과 생산된 단백질 간의 빈약한 상관관계 때문이라고도 주장한다. 어떤 경우에는 유전자 프로파일(profiling)은 모르핀과 같은 형태의 의약품은 여러 유전자들의 상승과 하강 조절과 같은 특징적인 양식으로 작용하는 것과 같은 의약품의 작용 형태와 효율을 예측하는데 유용한 도구로 사용된다(이와 연관된 예로서 섬유아세포 유전자의 발현에 대한 혈청의 효과는 그림 4.4와 같다). 더욱이 개발 중인 의약품의 독성을 예측하는데 이와 유사한 기법이 사용된다. 장래에는 이와 똑같이 여러 의약품의 개인에 대한 특정 반응을 예측할 수 있을 것이고 그럼으로써 약학 유전체학의 최종 목표인 각 개인에 대한 의약품들을 주문형으로 사용할 수 있을 것이다.

기초연구분야에서 발현 프로파일은 이미 언급한대로 조절 과정의 분자적 기작을 이해하려는 노력에 현재 필수적이다. 여기에 더하여 만약 유전자 산물들이 합동하여 작용한다면 어떤 조건에서는 유전자들이 동시에 유도되거나 억제될 것이기 때문에 포괄적인 유전자 발현 프로파일은 어떤 단백질들의 **"미지의(unknown)"** 기능에 대하여 힌트를 줄 수 있을 것이다. 2000년에 *S. cerevisiae*의 276개의 결손 돌연변이체와 13개의 필수 유타일링 어레이. 보통의 어레이에서 어떤 유전자에 대한 올리고뉴클레오티드 탐침은 유전자의 다양한 부위들로부터 만들 수 있다. 반면에 타일링 어레이들에서의 탐침은 "기와를 붙이는(tiled)" 것처럼 하여 각각이 겹쳐지도록 만들어진 연속된 탐침들이다. 만약 각 탐침이 25 뉴클레오티드를 포함하고 있다면 5개의 뉴클레오티드 간격의 어레이 첫 번째 지점(spot)은 1에서 25 뉴클레오티드의 염기서열을 가지고 두 번째 지점은 6~30, 등등을 갖는다.

Box 4.3

전자 돌연변이체(조절 프로모터를 사용한)를 사용한 광범위한 연구에서 많은 발현 양식들이 발견되었고 아직까지 특성이 밝혀지지 않은 8개의 열린 번역틀이 이러한 것들을 기초로 그 기능이 추측 되었다. 또한 고등 동물을 사용한 최근 연구에서 mRNA 전구체의 선택적 스플라이싱, 대체 프로모터의 사용, 대체 폴리(A) 형성 부위 등으로 1개의 유전자로부터 많은 mRNA 종류들을 만들어 낸다는 것을 보여주었다. 복합적으로 mRNA 종류를 만들어내는 이러한 기작은 아주 많이 사용되고 기관 특이적, 또는 조직 특이적 형태로 가끔 나타난다.

많은 전사체 연구의 도움으로 생물학에서 발견된 한 가지 중요한 사실은 유전체에서 전사되지 않은 부분이 세포 생리에서 중요한 역할을 한다는 우리들의 깨달음이다. 세균에서도 작은 전사되지 않은 RNA (현재 *E. coli*에서 50개 이상이 존재한다고 알려져 있다)가 많은 메시지들을 번역하는 것을 조절하는 중요한 역할을 한다. 고등 동물들과 식물들에서 소형 간섭 RNA (small interfering RNA, siRNA)는 다이서(Dicer)라 불리는 복합체에 의해 2중 사슬 RNA로부터 만들어지며 mRNA를 분해하여 유전자 발현을 저해하는 것으로 알려져 있고(Box 6.3 참조), 주로 이중사슬 RNA 바이러스들에 대한 방어기작으로 사용된다. 고등생물들에서 siRNA와 크기가 유사한(18~24 뉴클레오티드 길이) 수백 개의 미세RNA (microRNA)가 mRNA의 번역을 저해하거나 mRNA의 분해를 유도하는 중요한 역할을 하는 것으로 알려져 있다. 미세RNA 종류들은 우선 커다란 1차 전사체로 전사되고 이것이 자발적으로 접혀서 2중 사슬구조를 형성하고 다이서를 포함한 핵산 분해효소에 의해 가공 처리되어 최종적인 짧은 단일 사슬 형태가 만들어진다. 어떤 종류의 미세RNA의 발현이 암으로 변화된다는 것이 알려져 있다. 미세RNA 수준은 일반적인 DNA 어레이들로는 검출할 수 없다. 그러나 최근에 특수하게 고안된 어레이와 비드(bead)들을 사용하여 200개 이상의 미세RNA 종류의 수준을 조사한 결과 인간의 암에서 아주 다양한 수준의 변화를 보였으며 이것은 암을 일으키는데 중요한 역할을 한다는 것을 보여주었다. 비암호화 DNA 부위의 중요성은 미세RNA 생산에만 국한되는 것이 아니다. 5개의 뉴클레오티드 간격으로 한 타일링어레이(Box 4.3)를 이용한 10명의 선택된 사람 염색체의 전사에 대한 최근의 연구는 탐침의 9%가 어떤 전사체들과 혼성화하는 것을 보여주었다. 이 놀라운 발견은 폴리(A)가 형성된 세포질의 RNA 분획을 사용했더라도 이들 중 반 이상은 이미 알려진 유전자들(엑손들)로부터 온 것이 아니라 여러 군데에서 온 것이라는 사실이다. 일부는 인트론들에서 왔지만 이보다 많은 것들은 아직까지 **"쓰레기 DNA (junk DNA)"**라고 여겨졌던 염색체의 개재 부위(intervening region)에서 왔다. 개재 부위에서 온 이러한 전사체의 일부는 세포질의 폴리(A)가 되지 않은 RNA에서 온 것이 훨씬 많았고 전체의 48%에 달했다. 어떤 기능이 이러한 신기한 전사체들을 만드는지는 알려져 있지 않지만, 어레이 분석 능력과 고등생물들의 유전체가 어떻게 진정으로 발현되는지에 대하여 잘 모른다는 것을 이 분석이 보여준다.

단백질체학

앞에서 기술한 바와 같이 전사체학적인 접근법으로 유전체에 있는 많은 유전자들의 발현을 전사체로서 정량하는데 많은 노력을 행하였다. 그러나 mRNA는 번역되어야만 하고 유전정보의 발현에는 번역 조절이라는 중요한 단계가 존재 한다. 더욱이, 특히 고등 진핵 생물들에서, 많은 단백질은 주로 분해에 의해서 가공되고, 다양한 번역 후 수식 단계가 존재한다. 이러한 단계들이 **"단백질체(proteome)"** (어떤 생물, 어떤 조직 또는 기관 등에서 발현되는 단백질들의 조화)의 복잡성을 증가시키는 것으로 생각된다. 인간 유전체는 단지 25,000~30,000개의 단백질 암호화 유전자만을 가지고 있다는 놀라운 발견이, 어떤 과학자들이 백만 가지 또는 그 이상의 단백질(또는 펩타이드들)이 사람 신체에 존재할 것이라는 추측과 유전자 개수 사이의 차이에 주목하게 되었다. 이 차이의 얼마간은 유전체 분석에서 못보고 넘어가는 암호화 염기서열에 의한 것일 수도 있다. 절대다수는 선택적 전사 개시, 선택적 스플라이싱, 번역된 단일 폴리펩타이드가 다듬기와 수식에 의해 많은 단백질들이 만들어진다는 것은 의심할 여지가 없다.

이러한 고려들은 어떻게 생명체가 기능들을 하는지를 이해하기 위하여 우리는 번역체 분석이 필요하다는 것을 깨달았다. 그러나 단백질들은 자기 복제를 할 수 없고 핵산들에 부착될 수 없다. 그러므로 수천가지의 단백질들의 발현을 측정하는데 사용되는 어레이(array)나 칩을 쉽게 만들 수 없다. 우리는 우선 동시에 발현되는 많은 단백질들의 실험에 사용되는 기법을 알아보고 그 다음에는 단백질-단백질 간의 상호작용 분석으로 단백질체적 접근법의 응용을 알아본다.

단백질체학과 질량 분석법

단백질체의 분석은 우선 수천 개의 단백질이나 단백질 절편을 분리한 다음 그것들을 확인해야 한다. 이렇게 많은 단백질들과 절편들을 확인해야 하므로 특정 항체들과의 반응성이나 기능적 특징 같은 전통적인 접근법을 사용하는 것은 불가능하다. 그러므로 물질 동정에 거의 모두 일반적으로 사용되는 질량 분석법의 발달이 단백질체학을 가능케 하는 주요 인자이다. 앞에서, 진공에서의 이온들의 질량 대 전하율을 측정하는 질량분석법(Box 4.4)은 샘플 분자를 절편화하는 **"강한(hard)"** 이온화 방법들을 필요로 한다. 질량 분석법은 두 가지의 **"약한 이온화법(soft ionization)"**, 즉 매트릭스-보조 레이저 탈착/이온화[matrix-assisted laser desorption/ionization (MALDI)]와 전자 분사 이온화[electrospray ionization(ESI)] (Box 4.4) 방법이 개발되어 단백질들의 연구에 아주 유용한 방법이 되었다. 이 방법들은 높은 감도와 정밀도로서(절편으로 되지 않은) 펩타이드들과 단백질들의 분석을 가능케 하였다. 이러한 진보의 중요성은 이러한 방법들을 개발하는데 공헌한 두 사람에게 2002년 노벨화학상을 수여한데에서도 볼 수 있다.

단백질들과 펩타이드들의 분리를 위해서 두 가지 중요한 방법이 사용된다. 그 하나는 단백질을 2차원적 폴리아크릴아마이드겔 전기영동으로 분석하는 것인데 대개 1차원에서는 등전점에 의해서 분리하고 2차원에서는 Sodium dodecylsulfate (SDS)-폴리아크릴아마이드겔 전기영동에 의해서 분리한다(그림 4.5). 단백질 반점(spot)들을 염색하여 대략적으로 정량한다. 각각의 단백질 반점은 트립신으로 분해하고 질량분석법으로 분석한다. 일반적으로 MALDI는 이온화시키는 방법이고, 측정에는 비행시간[time-of-flight (TOF)]형 검출법이 사용된다(Box 4.4). 다양한 절편들의 분자량은 유전체 데이터베이스에서 얻은

질량 분광학 개론

질량 분광학은 이온의 질량 대 전하율을 측정하는 것이다. 그러므로 유기화합물들은 휘발성 이온들로 우선 전환시켜야 한다. 두 가지 약한 이온화 방법이 최근에 개발되었고 이 방법들은 대개 프로톤화한 형태들로 안정한 이온들을 생산하며, 이 이유 때문에 질량 분광기를 단백질 확인(때로는 정량)에 응용할 수 있게 되었다. MALDI 기법에서 펩타이드(일반적으로 단백질이 트립신에 의해 분해되어 생성된 절편)를 3,5-dihydroxybenzoic acid 같은 과량의 광흡수 유기화합물(매트릭스)과 혼합하면 공결정체(co-crystal)가 생성된다. 여기에 짧은 진동의 레이저 광선을 쪼이면 열이 급작스럽게 생성되고 펩타이드는 이온 상태로 가스상으로 유리된다. ESI 기법에서 용매(50% 아세토니트릴 같은)에 녹은 펩타이드는 고전압에서 바늘의 끝으로 밀려나온다. 양전하를 띤 방울들은 용매의 증발로 인하여 작아지고 양 전하를 띤 것들 간의 정전기적 반발력은 증가하고 결국 양전하를 띤 분자상 이온을 만들며 이것이 질량 분광학적 분석기기에 들어간다. ESI는 쉽게 액체크로마토그래피 분석법과 짝지을 수 있고 이것이 "단백질체의 겔 없는(gel-free)" 분석의 커다란 장점을 가진다.

분석기기로서 MALDI의 진동 본질 때문에 TOF 분석기를 이상적으로 사용할 수 있는데 TOF는 전기적 전위 기울기(electrical potential gradient)에 의해 가속되어 이온이 정해진 거리에 있는 검출계에 도달하는 시간을 측정하는 것이다. ESI에서 이것은 사중극자(quadrupole) 분석계인데 이온 유동을 가로지르는 전압을 변화시키면 이온 통로에 영향을 미치는데 이것을 이용하여 *m/z*를 결정하며 많이 쓰이는 장비이다. ESI는 가끔 m/z 정보를 얻기 위해서가 아니라 펩타이드의 구조에 관한 정보를 얻기 위해서 직렬 질량 분광계를 사용한다. 이를 위해 사중극자 이온 덫 분석기(quadrupole ion trap analyzer)를 사용하는데 이것은 첫 단계에서 원하는 이온들을 축적시킬 수 있으며 축적된 이온들은 충돌-유도 해리(collision-induced dissociation, CID; 예를 들면 중성가스 분자들의 충돌을 통한)에 의해 단편화할 수 있고 단편화 양식은 두 번째 분석기기로 시험 한다.

Box 4.4

그들의 실제적 크기 및 단백질 확인에서 얻어진 결과와 비교한다. TOF 분석기는 이러한 결과를 얻는데 충분한데 그 이유는 동정은 단일 단백질로부터 만들어진 여러 단편들의 크기를 비교할 수 있기 때문이다. 이 방법의 약점은 고도로 발현된 단백질들만이 가능한데 그 이유는 2차원 겔의 해상도가 한계를 가지고 있어 약하게 발현된 단백질들은 고도로 발현된 단백질의 반점보다 불명확하기 때문이다.

두 번째 "**겔 없는(gel-free)**" 방법으로서, 단백질들의 혼합물을 트립신으로 분해하고 수많은 펩타이드로 구성된 이 혼합물을 액체 관 크로마토그래피로 분리한다. 한 개의 관으로는 이 혼합물을 분리할 수 없으므로 다단계 방법을 사용한다. 예를 들면 1개의 관에서 상부는 이온교환수지를 가지게 하고 하부는 역상 매트릭스(reverse phase matrix)를 갖도록 하여 아세토니트릴(acetonitrile) 같은 물-유기용매 혼합물의 기울기(gradient)를 통과시킨 후 염 용액을 주기적으로 주입하여 용출시킬 수 있다. 이 방법의 장점은 MALDI를 위해서 관에서 용출된 것에서 겔 반점을 잘라내지 않으며 이어진 분해 과정 없이 ESI를 사용하여 직접 질량분석계에 도입할 수 있다(Box 4.4). 그러므로 이 방법은 대용량 분석에 적합한 방법이다. 바람직한 검출계는 직렬 질량 분석계이며(MS/MS), 여기에서 분리된 이온은 부딪힘에 의해 절단이 된 후 더 분석하게 된다(Box 4.4). 이러한 장치는 펩타이드 크기만으로, 거의 비슷한 크기를 갖는 많은 다른 종류의 펩타이드들을 포함하고 있는 초기 혼합물을 충분히 확인할 수 없기 때문에 필요하다. 그러므로 두 번째 단계에서 결정하는 각 펩타이드의 절편화 형태가 중요하다. 이 방법의 또 다른 장점은 전체 시료를 한 번에 질량 분석계로 주입할 수 있기 때문에 감도가 높다는 것이다. 약 50개의 단백질들을 포함하고 있는 시료를 이 방법으로 총 0.2 μg의 단백질로서 성공적으로 분석할 수 있다.

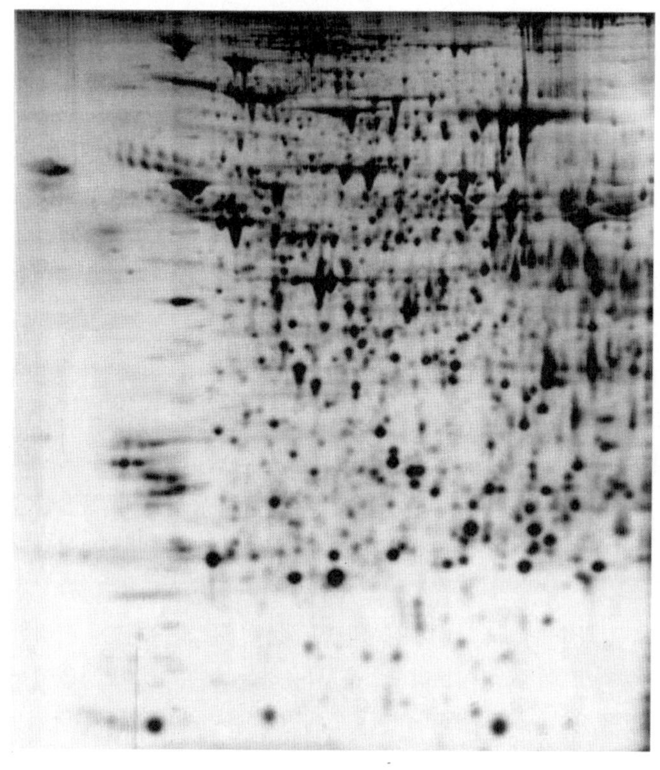

그림 4.5

간 단백질들의 2차원적 분리. 첫째로 수평 방향으로의 분리는 등전점들에 기본을 둔 등전 집중에 의한 것이고 그 다음은 수직으로 SDS-폴리아크릴아마이드 전기영동에 의한 분자량에 따른 분리이다 [From Cutler P. (2003). Protein arrays: the current state-of-the-art. *Proteomics*, 3, 3-18; with permission.]

다음은 몇 가지 예이다. Samuel Miller 등은 인간에게서 기도의 낭포성 섬유증을 일으키는데 중요한 역할을 하는 *P. aeruginosa*의 단백질 발현 수준을 실험코자 하였다. 그들은 배지에서 낮은 Mg^{2+} 농도의 영향과 낭포성 섬유증 환자에게서 분리한 균주들을 실험하였다. 그들은 위에 언급한 것 중 두 번째 방법을 택하였고 ESI/이온화를 시킨 후 트립신으로 분해하여 액체크로마토그래피를 행하였고 MS/MS 분석을 행하였다. 질량 분석법은 본래부터 정량분석은 할 수 없다. 그래서 그들은 시스테인 잔기들의 sulfhydryl 그룹과 공유결합을 형성하는 가벼운 것과 무거운 방사선 동위 원소를 이용한 꼬리표 달기 방법[isotope-coded affinity tag (ICAT)]을 사용하여 두 세트의 단백질들을 표지하였다. ICAT는 비오틴 성분을 갖고 있기 때문에 아비딘(avidin) 컬럼을 사용하여 (Box 3.10 참조) 단지 표지된 펩타이드만 회수할 수 있으므로 분석을 단순화할 수 있다. 그들은 1,337개의 단백질들을 실험 하였는데 145개의 단백질들의 발현이 낮은 농도의 Mg^{2+}의 영향을 받았고 낭포성 섬유증 환자로부터 분리한 균주들도 비슷한 변화를 보였다.

두 번째 예는 말라리아 기생충인 *Plasmodium falciparum*에서 발현되는 단백질의 분석이다. 이 기생충은 유주자(sporozoit) 단계(모기들의 침샘에 존재), 분열소체(merozoit) 단계(적혈구 세포에 침투), 영양형(trophozoit, 적혈구에서의 증식형), 그리고 마지막으로 생식모세포 [gametocyte, 유성 단계(sexual stage); 그림 5.16 참조] 등의 발육 단계에서 극심한 형태적, 생화학적 변화를 겪는다. 수집된 기생충 시료는 어떤 단계의 것은 아주 적고 어떤 시료는 사람이나 모기 단백질들로 심하게 오염되어 있었다. 이런 점들이 몇 μg의 mRNA가 필요한 DNA 어레이로 유전자 발현을 분석하는 것을 방해한다; 단백질들은 대개 mRNA 보다 수천 배 이상 많이 존재한다. MS/MS와 연결한 2차원 모세관 크로마토그래피가 사용되었고 단계적으로 특이하게 발현되는 많은 단백질들에서 보이는 결과들이 밝혀졌으며, 이 결과들은 백신들이나 치료제들을 개발하는데 최고로 필요한 자료가 될 것이다.

단백질 상호 작용들

많은 단백질들은 다른 단백질들과의 상호작용으로 그 기능을 나타낸다. 예를 들면 효모의 RNA 중합효소 II 개시 전 복합체는 적어도 68개의 다른 단백질들을 포함하고 있다고 생각된다. 진핵세포(또한 원핵세포)의 많은 신호 전달계는 단백질-단백질 상호작용들의 연쇄(cascade)를 포함한다. 만약 기능이 알려지지 않은 단백질이 기능이 알려진 단백질과 상호작용을 나타낸다면 이것은 기능이 알려지지 않은 단백질의 기능을 이해하는데 중요한 단계가 될 것이다. 이외에 어떤 과학자들은 고등동물들의 복잡성은 유전자 개수가 아니라 단백질-단백질 상호작용에 의한 복잡성의 증가에 의한 것이라고 주장한다.

이런 모든 이유들 때문에 단백질-단백질 상호작용의 연구는 아주 중요하다. 이러한 연구를 위한 전통적인 방법은 효모 이중 하이브리드법을 사용하는 것이다. 이 방법에서 연구할 두 단백질들은 효모의 유전자 전사 활성자의 두 도메인과 융합체가 형성된다. 만약 두 단백질들이 서로 연합되어 있다면 활성자의 두 도메인들은 모이고 지시 유전자의 전사는 일어난다. 비록 이 방법으로 효모의 6000개 유전자의 3천6백만 조합을 실험한다는 것은 불가능한 것처럼 들리지만 과학자들은 수십 개의 유전자 풀들을 만듦으로써 이 어려움을 극복하였다. 그러나 이 방법에는 잠재적인 문제점들이 있다. 첫째 우리는 전사 활성자를 사용했기 때문에 단백질-단백질 상호작용이 핵에서 일어나야만 하고, 예를 들면, 세포질막 단백질에는 이 방법을 사용할 수 없다. 둘째, 두 개 이상의 단백질들의 상호작용 등을 포함한 고도의 상호작용을 다루는 것은 어렵다. 마지막으로 우리는 융합 단백질들을 다루기 때문에 융합할 때 단백질의 적당한 접힘이 간섭 받을 가능성이 항상 존재한다.

질량 분광법에 의한 단백질 확인법은 단백질 상호작용 연구에 이상적인 방법이다. 초기의 한 예는 진핵 세포에서 초기전사체로부터 인트론을 제거하는 스플라이세오솜(spliceosome)들에서 발견되는 약 20여 가지 단백질들의 확인이었다. 대규모로 효모의 1,500개 이상의 단백질들의 C-말단에 꼬리표들을 붙였을 때 이중 1,200개 이상이 적당한 수준 이상으로 발현되었다. 꼬리표가 붙은 단백질들을 뽑아냈을 때 적어도 230개의 단백질 복합체들이 효모에 존재한다는 것을 보여주었다. 질량 분광기로 이러한 복합체들에 존재하는 구성성분 단백질들을 확인하였고 이들의 대부분은 기능성이 밝혀지지 않은 1개 또는 1개 이상의 단백질들을 포함하고 있는 것이 발견되었다. 이미 기술한 바와 같이 이것은 기능이 알려지지 않은 단백질들의 기능을 이해하는 중요한 첫 단계이다.

단백질 복합체들을 정제하는데 한 가지 중요한 문제점은 어떤 단백질들은 복합체들이 본래 가지고 있는 구성 성분이 아니라 오염물질이라는 것이다. 그러나 낮거나 높은 ICAT로 분별 표지하는 방법을 사용하는 것이 제안되었고, 이 방법은 복합체들의 형성이 실험적으로 조절할 수 있을 때 사용할 수 있다.

단백질 어레이들

유전자 어레이들을 만드는 것과 같이 단백질 어레이들도 만들 수 있을까? 사실 이것은 가능하다. 어떤 연구에서 효모 유전체의 5,800개의 열린 번역틀이 클로닝 되었고 GST와 6개의 히스티딘 꼬리표를 갖도록 하여 발현시켰다(Box 3.10 참조). 단백질들은 글루타티온-아가로스로 정제했고 6개의 히스티딘 꼬리표의 친화력을 이용하여 니켈이 발라진 유리 슬라이드에 붙였다. 이 "**칩(chip)**"의 이용성에 대하여는 비오틴화시킨 칼모듈린(calmodulin) 용액을 사용하여 설명하였다. 비오틴 꼬리표의 결합은 형광 표지된 스트렙트아비딘(streptavidin)으로 검출했는데 39개의 단백질이 칼모듈린 단백질과 결합했고 이중 단지 6개만이 이미 알려진 칼모듈린 결합 단백질들이었다(그림 4.6). 이와 유사한 접근법이 의약품 후보들을 포함한 많은 약품들에게서 가능하며 단백질 어레이들은 장래에 대규모로 특정 기능을 갖는 단백질들을 찾아내는 표준 방법이 될 것이다.

대사체학과 구조 생물학

이미 우리는 총체적 수준에서 단백질들의 발현 수준을 배웠으며 이것은 많은 대사물질들의 수준들을 아는데 중요하다. 이 대사물질은 효소들과 조절자들을 포함하는 단백질의 활성에

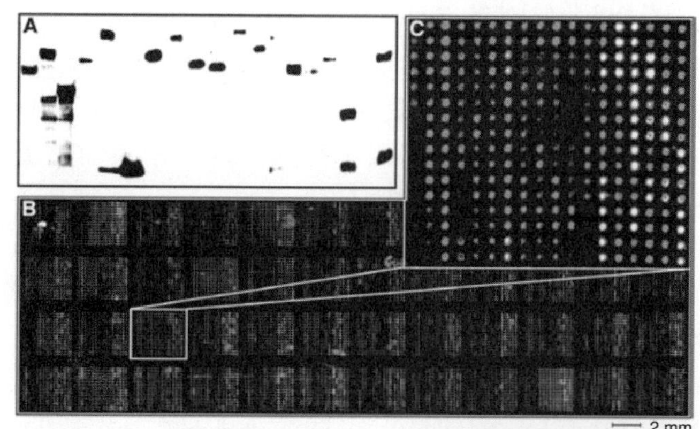

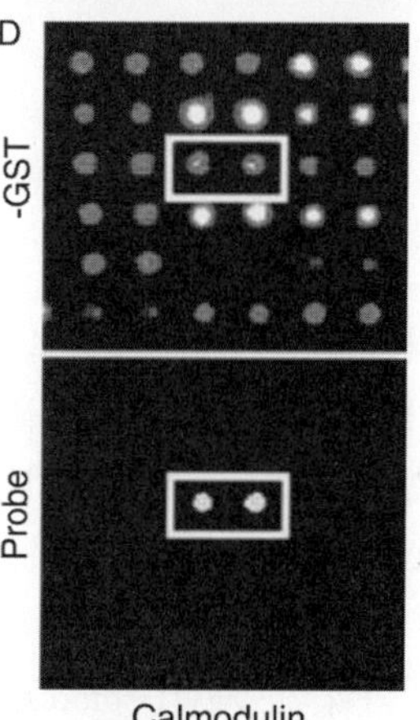

그림 4.6

칼모듈린과 상호작용하는 단백질을 확인하기 위해서 사용한 단백질 어레이. 4천8백 개의 효모 유전자들이 6개의 히스티딘 꼬리표 달린 GST와 융합되어 발현되었고 니켈 바른 슬라이드들에 고정시켰다. **(A)** 대부분의 단백질들은 안전하게 융합될 수 있을 정도로 발현되었고 단백질들은 항-GST 항체로 잘 염색되었다. **(B)** 항-GST 항체와 반응했을 때 단백질 어레이는 모든 반점들이 충분한 단백질들을 가지고 있다는 것을 나타낸다. **(C)** 작은 점을 확대한 것. **(D)** 이 어레이는 형광 스트렙트아비딘으로 염색하였는데 스트렙트아비딘은 어레이(탐침)에 있는 특정 단백질들과 결합하는 비오틴화 칼모듈린과 특이적으로 반응한다.
[From Zhu H., Bilgin M., Bangham R., *et al.* (2001). Global analysis of protein activities using proteome chips. Science, 293, 2101–2105; with permission.]

의해 만들어진 결과물들을 일컫는다. 총체적인 이러한 분석-"**대사체학**(metabolomics)"-은 최근에 가능하게 되었는데 질량 분광학과 핵자기공명(NMR)의 기술 발달에 기인한다. 아주 많은 양의 데이터가 생성되므로 이들의 수학적 분석이 아주 중요하게 되었다. 대사체학 그 자체가 임상진단분야에서 많은 가능성을 가지고 있다; 예를 들면 환자 혈청 조성물에 대한 값싸고 비침투성 NMR 분석은, 비록 그 후의 연구에서 데이터 통계적 처리에 문제가 있었음을 발견했지만, 관상동맥 질환의 진단에 사용될 수 있다. 또한 이 경우에서 NMR 분광의 육안검사는 환자와 건강한 사람 사이의 차이는 없었으며 수학적 분석은 필수적인 것이었다. 그러나 생물공학의 견지에서 대사체학은 전사체학 및 단백질체학과 결합했을 때만 중요성을 갖게 된다. 이 방법으로 우리는 모든 "**~체학**(omics)" 정보들을 모두 종합할 수 있고, **구조생물학**(system biology)의 입장에서 우리는 세포들, 조직들 등등의 모든 조성물들을 고려하려 노력해야 하고 유전자들의 발현에 대한 대사체들의 수준, 그리고 통합된 전체를 고려해야 한다.

예를 들면, 효모의 돌연변이 균주에서 전통적인 실험법은 표현형의 변화를 나타낼 수 없었으나 대사체학은 돌연변이 균주에서 변화하는 대사를 아주 민감하게 표현형의 척도로서 보여줄 수 있었다. 대사체학은 또한 다양한 화합물들을 생산하는 식물들을 연구하는 과학자들에게 필수적으로 사용할 수 있도록 하였다.

여기에서 우리는 생물공학에 관련이 있는 분야에 사용되는 미생물들의 대사체적 접근법의 두 가지 예를 들고자 한다. 라이신이라는 아미노산을 다량 생산하는 *Corynebacterium glutamicum*에서(제 9장), 라이신은 배양 중에 대수증식기의 끝에서 증식률이 감소하기 시작할 때 갑자기 분비되기 시작한다. 대사체적 분석은 이때에 대사체들의 흐름이 갑자기 변하는 것을 나타내었으나 유전자 전사 양식은 거의 변화가 없었으며 단지 글루코스-6-인산 탈수소 효소만 감소되었다. 비록 이 데이터는 대사체의 교대가 어떻게 일어나는지를 보여주는 것은 아니지만 이것들은 장래의 연구의 시작점을 알려주는 것이다. 콜레스테롤 감소 의약품인 로바스타틴(lovastatin)을 생산하는 *Aspergillus terreus*에서 유전적으로 잘 알려진 약 10여개의 균주가 만들어졌고, 로바스타틴 생산과 유전자 발현 프로파일(profile)이 결정되었다. 유전자들의 발현 수준은 로바스타틴 생성과 서로 상관관계를 가지고 있었고 발현 수준이 증가되도록 변화시키면 로바스타틴 생성을 증가시켰다. 비록 측정된 대사체의 수가 아주 적지만(그럼으로써 이 연구가 대사체 연구라고 말하기는 아주 어렵지만), 이 접근법은 대사체학과 전사체학의 결합은 장래에 어떤 결과를 가져올 것이라는 것을 암시한다.

요약

DNA 염기서열에 대한 우리의 지식은 폭발적으로 증가하였고 그 중에서도 가장 중요한 것들은 수백 가지의 미생물들, 많은 식물들, 사람을 포함한 동물들의 완전한 전사체에 관한 것이다. 이 지식은 과학을 어떻게 할 것인가 하는 근본적인 방향을 바꾸어 놓았다. 수천 개의 유전자중 임의적으로 선택한 몇몇 유전자들의 전사나 번역, 그리고 유전자 산물의 기능을 우리가 생각하는 것이 아니라 이런 것들을 "**총체적**(globally)"으로 생각하게 한다. 이 장은 이러한 새로운 과학, "**~체학**(~omics)"의 세계를 훑어보았다.

처음에, 우리는 유전체의 염기서열을 얻어야만 했다. 많은 반복 염기서열을 가지고 있는 고등 식물들과 동물들의 큰 유전체들은 처음에는 무작위 샷건 방법으로 염기서열을 결정하는 것은 어렵다고 생각하였다. 그러나 이 방법은 사람 유전체의 염기서열을 결정하는데 성공적으로 사용되었다. 특히 환경에 존재하는 DNA 시료[메타지노믹스(metagenomics)]의 염기서열 결정에도 성공적으로 사용되었다. 현재 가장 좋은 방법은 전체 유전체를 무작위 샷건 염기서열분석법과 단계적 방법인 클론-클론법을 결합하여 사용하는 것이다. 비교유전체학은 이미 유전체의 진화에 대한 많은 흥미로운 식견을 갖도록 했다.

DNA 칩들을 이용하여 수천 개의 유전자들의 발현 수준을 조사할 수 있는 능력은 세포생물학에서 혁명적인 변화를 초래했다. 현재 우리는 병적인 조직들뿐만 아니라 의약품 후보 약물들을 투여한 세포들에서 어떤 유전자들이 발현되거나 억제되는지를 알아볼 수 있다. "**전사체(transcryptome)**" 연구도 비전사 RNA(microRNA에 한정되는 것이 아닌)가 조절 과정에서 아주 중요한 역할을 한다는 것을 깨닫게 했다.

세포에서 궁극적으로 기능을 나타내는 것은 mRNA가 아니라 대개 단백질들이다. 번역과정 조절은 어떤 세포들에서 중요한 역할을 하기 때문에 우리는 수천가지의 세포 단백질들(단백질체학)을 확인하고 정량하는 것이 필요하며 이것들은 질량 분광계의 발달에 의하여 가능하게 되었다. 단백질들은 폴리아크릴아마이드겔 2차원 전기영동으로 분리하고 각 반점은 다른 방법으로 분석한다. 이 방법은 수천가지의 단백질들의 혼합물을 트립신 같은 단백질 분해효소로 절단하고 이때 만들어진 분해 단편들로 아주 복잡한 혼합물을 MS/MS 분석하기 전에 "**2차원적(two-dimensional)**" 액체 크로마토그래피로 분리한다. 이 방법의 전례 없는 감도는 말라리아 기생충의 생활환의 여러 단계에서의 유전체를 분석하는데 성공적으로 사용되었다. 단백질 어레이도 유용한데 총체적인 단백질-단백질 상호작용을 분석하는데 사용되는 것이 그 예이다.

마지막으로 총체적인 대사적 중간체들의 정량적 분석(대사체학)은 다른 형태의 "**체학(omics)**" 분석과 통합하여 우리에게 세포들, 조직들, 기관들의 완전한 형태를 알려주는, 즉 **구조생물학**(systems biology)의 목표에 이르도록 한다.

|참고문헌과 온라인 자료|

일반적인 내용

Sensen, C. W. (ed.) (2005). *Handbook of Genome Research*, Volumes I and II, Weinheim, Germany: Wiley-VCH.

Genome Sequencing

Green, E. D. (2001). Strategies for the systematic sequencing of complex genomes. *Nature Reviews Genetics*, 2, 573–583.

Fleischmann, R. D., Adams, M. D., White, O., et al. (1995). Whole-genome random sequencing and assembly of *Haemophilus influenzae* Rd. *Science*, 269, 496–512.

Blattner, F. R., Plunket III, G., Bloch, C. A., et al. (1997). The complete genome sequence of *Escherichia coli* K-12. *Science*, 277, 1453–1462.

International Human Genome Sequencing Consortium (2001). Initial sequencing and analysis of the human genome. *Nature*, 409, 860–933.
International Human Genome Sequencing Consortium (2004). Finishing the euchromatic sequence of the human genome. *Nature*, 431, 931–945.
Venter, J. C., Adams, M. D., Myers, E. W., et al. (2001). The sequence of the human genome. *Science*, 291, 1304–1351.

Prokaryotic Genomes

Mushegian, A. R., and Koonin, E. V. (1996). A minimal gene set for cellular life derived by comparison of complete bacterial genomes. *Proceedings of the National Academy of Sciences U.S.A.*, 93, 10268–10273.
Glass, J. I., Assad-Garcia, N., Alperovich, N., et al. (2006). Essential genes of a minimal bacterium. *Proceedings of the National Academy of Sciences U.S.A.*, 103, 425–430.
Bentley, S. D., Chater, K. F., Cerdeño-Tárraga, A.-M., et al. (2002). Complete genome sequence of the model actinomycete *Streptomyces coelicolor* A3(2). *Nature*, 417, 141–147.
Dobrindt, U., Hochhut, B., Hentschel, U., and Hacker, J. (2004). Genomic islands in pathogenic and environmental microorganisms. *Nature Reviews Microbiology*, 2, 414–424.
Cole, S. T., Eiglmeier, K., Parkhill, J., et al. (2001). Massive gene decay in the leprosy bacillus. *Nature*, 409, 1007–1011.

Metagenomics

Riesenfeld, C. S., Schloss, P. D., and Handelsman, J. (2004). Metagenomics: genomic analysis of microbial communities. *Annual Reviews of Genetics*, 38, 525–552.
Handelsman, J. (2004). Metagenomics: application of genomics to uncultured microorganisms. *Microbiology and Molecular Biology Reviews*, 68, 669–685.
Allen, E. E., and Banfield, J. F. (2005). Community genomics in microbial ecology and evolution. *Nature Reviews Microbiology* 3, 489–498.

Transcriptomics

Stoughton, R. B. (2004). Applications of DNA microarray in biology. *Annual Review of Biochemistry*, 74, 53–82.
DeRisi, J. L., Iyer, V. R., and Brown, P. O. (1997). Exploring the metabolic and genetic control of gene expression on a genomic scale. *Science*, 278, 680–686.
van't Veer, L., Dai, H., van de Vijver, M. J., et al. (2002). Gene expression profiling predicts clinical outcome of breast cancer. *Nature*, 415, 530–536.
van de Vijver, M. J., He, Y. D., van't Veer, L., et al. (2002). A gene-expression signature as a predictor of survival in breast cancer. *The New England Journal of Medicine*, 347, 1999–2009.

Proteomics and Mass Spectrometry

Speicher, D. W. (ed.) (2004). *Proteome analysis: Interpreting the genome.* Amsterdam: Elsevier.
Domon, B., and Aebersold, R. (2006). Mass spectrometry and protein analysis. *Science*, 312, 212–217.

Baldwin, M. A. (2005). Mass spectrometers for the analysis of biomolecules. *Methods in Enzymology*, 402, 3–48.

Yates, J. R. (2004). Mass spectral analysis in proteomics. *Annual Review of Biophysics and Biomolecular Structure*, 33, 297–316.

Ong, S.-E., and Mann, M. (2005). Mass spectrometry-based proteomics turns quantitative. *Nature Chemical Biology*, 1, 252–262.

Link, A. J., Eng, J., Schieltz, D. M., Carmack, E., Mize, G. J., Morris, D. R., Garvik, B. M., and Yates, J. R., III. (1999). Direct analysis of protein complexes using mass spectrometry. *Nature Biotechnology*, 17, 676–682.

Guina, T., Purvine, S. O., Yi, E. C., Eng, J., Goodlett, D. R., Aebersold, R., and Miller, S. I. (2003). Quantitative proteomic analysis indicates increased synthesis of a quinolone by *Pseudomonas aeruginosa* isolates from cystic fibrosis airways. *Proceedings of the National Academy of Sciences U.S.A.*, 100, 2771–2776.

Florens, L., Washburn, M. P., Raine, J. D., et al. (2002). A proteomic view of the *Plasmodium falciparum* life cycle. *Nature*, 419, 520–526.

Protein Interactions

Figeys, D. (2003). Novel approaches to map protein interactions. *Current Opinion in Biotechnology*, 14, 119–125.

Borch, J., Jørgensen, T. J. D., and Roepstorff, P. (2005). Mass spectrometric analysis of protein interactions. *Current Opinion in Chemical Biology*, 9, 509–516.

Gavin, A.-C., Bösche, M., Krause, R., et al. (2002). Functional organization of the yeast proteome by systematic analysis of protein complexes. *Nature*, 415, 141–147.

Butland, G., Peregrin-Alvarez, J.M., Li, G. et al. (2005) Interaction network containing conserved and essential protein complexes in *Escherichia coli*. *Nature*, 433, 531–537.

Protein Arrays

Cutler, P. (2003). Protein arrays: the current state-of-the-art. *Proteomics*, 3, 3–18.

Zhu, H., Bilgin, M., Bangham, R. et al. (2001). Global analysis of protein activities using proteome chips. *Science*, 293, 2101–2105.

Metabolomics

Griffin, J. L. (2006). The Cinderella story of metabolic profiling: does metabolomics get to go to the functional genomics ball? *Philosophical Transactions of the Royal Society, Series B*, 361, 147–161.

van der Werf, M. J., Jellema, R. H., and Hankemeier, T. (2005). Microbial metabolomics: replacing trial-and-error by the unbiased selection and ranking of targets. *Journal of Industrial Microbiology and Biotechnology*, 32, 234–252.

Weckwerth, W. (2003). Metabolomics in systems biology. *Annual Review of Plant Biology*, 54, 669–689.

Vemuri, G. N., and Aristidou, A. A. (2005). Metabolic engineering in the -omics era: elucidating and modulating regulatory networks. *Microbiology and Molecular Biology Reviews*, 69, 197–216.

Krömer, J. O., Sorgenfrei, O., Klopprogge, K., et al. (2004). In-depth profiling of lysine-producing *Corynebacterium glutamicum* by combined analysis of the transcriptome, metabolome, and fluxome. *Journal of Bacteriology*, 186, 1769–1784.

Askenazi, M., Driggers, E. M., Holtzman, D. A., et al. (2003). Integrating transcriptional and metabolite profiles to direct the engineering of lovastatin-producing fungal strains. *Nature Biotechnology*, 21, 150–156.

Chapter 05

재조합 백신들과 합성 백신들

개발도상국들에서 감염성 질병들이 모든 사망원인의 30~50%를 차지한다. 이 이유는 단지 개발도상국들에 유행하는 많은 질병에 효율적인 화학요법제들이 존재하지 않고, 존재하는 많은 약품들은 너무 비싸 사야할 많은 사람들이 사지 못하기 때문이다. 그래서 백신들은 이 지역에 사는 사람들이 감염성 질병들과 싸우는데 가장 중요한 무기가 되고 있다.

선진국들의 상황은 아주 다른데 감염성질병들에 의한 사망률은 전체 사망자들의 단지 4~8%이다. 그러나 선진국들에서 백신이 중요하지 않다는 것은 아니다. 선진국 국민들이 감염성질환에 적게 걸리는 이유는 주로 광범위하게 백신접종을 한 결과이다(그림 5.1). 백신접종으로 질병을 완전히 근절시키는데 성공한 잘 알려진 천연두 백신의 예 이외에 다른 백신들도 여러 가지 무서운 질병들의 발생빈도를 획기적으로 감소시켰다. 예를 들면 20세기 초에 디프테리아(세균인 *Corynebacterium diphtheria*에 의하여 발병)는 선진국들에서 어린이 백만 명 당 약 3000명이 감염되었다. 특히 디프테리아는 어린이가 표적이므로 이 발생빈도는 감수성 있는 나이의 어린이들의 몇 %에 해당하는 것이고 감염된 어린이의 거의 1/10이 죽었다. 현재는 대규모의 면역프로그램 덕분에 미국의 디프테리아 발병은 백만 명당 0.2명 수준이고 천배이상 감소한 것이다. 면역효과는 소련연방의 붕괴 후의 발틱국가들에서 일어난 디프테리아 유행에서 극적으로 보여주었는데 소련연방이 붕괴하자 공중보건정책이 실행되지 않았고 많은 어린이들은 백신을 맞지 못했거나 질이 낮은 백신들을 맞았기 때문이었다. 다른 예는 소아마비(RNA를 가지고 있는 바이러스에 의하여 발병)에 대한 접종이다. 1955년 이전에 미국과 캐나다의 소아마비 발병은 인구의 백만 명당 200명이었다. 그러나 백신들이 개발되자 4000배 이상 감소했고 최근에는 백만 명당 0.05명 이하이다. 1950년대와 1960년대에 홍역과 풍진의 백신이 도입되자 이와 비슷하게 발병이 급격히 감소하였다. 현재 미국정부는 어린이들이 11가지 백신들을 맞도록 권고하고 있다(표 5.1).

효과를 떠나서 선진국들에서 백신이 중요하게 여겨지는 두 번째 이유는 비용효과 때문이다. 백신접종은 이미 질환을 앓고 있는 사람을 치료하는 것보다 훨씬 싸다. 현대 항생물질들과 다른 화학요법제들은 아주 값이 비쌀 뿐만 아니라 질병에 따른 생산성의 감소를 가져오고 의료보험자원의 배분액을 증가시켜야 하기 때문에 환자를 치료하는 비용이 아주 많이 든다.

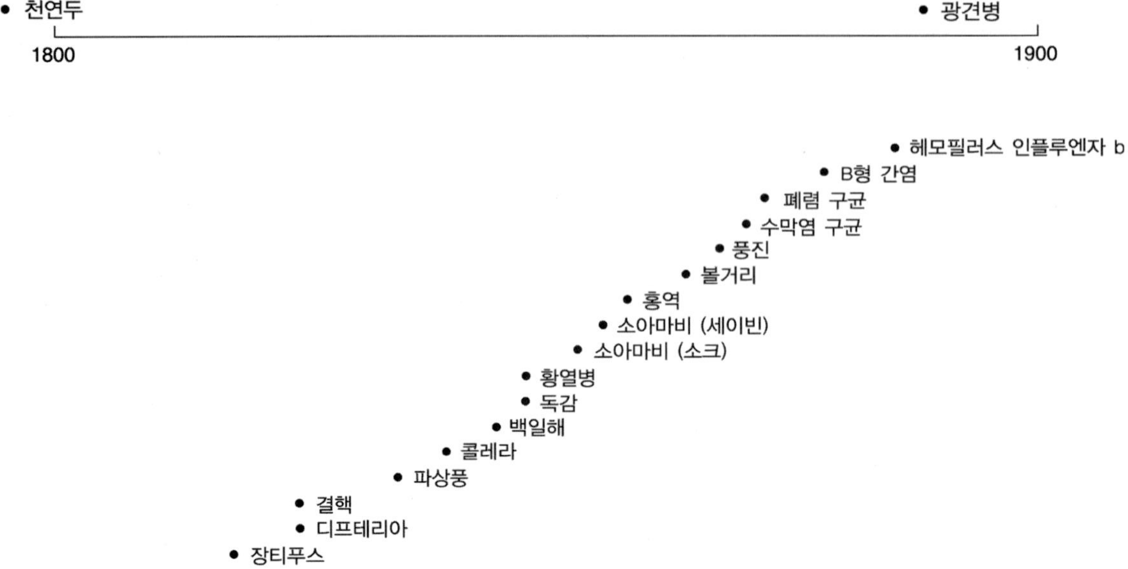

그림 5.1

젠너의 천연두백신 발견 이후 백신들이 도입되었다. 이중 가장 최근의 것은 폐렴접합백신, 수두백신, 그리고 B형 간염 표면항원백신이다. [From Warren, K. S.(1983). New scientific opportunities and old obstacles in vaccine development. *Proceedings of the National Academy of Sciences* U.S.A., 83, 9275–9277; with permission.]

마지막으로 백신은 수의학 분야에서 중요한 역할을 계속할 것인데 그 이유는 경비가 많이 들기 때문에 농장동물들을 촘촘한 우리에서 기르게 되고 실제로 이러한 사육은 교차감염기회를 엄청나게 증가시키기 때문이다.

백신생산의 전통적인 방법들이 중요한 백신들을 생산하기 위해 지금도 사용되고 있다. 그러나 이러한 방법으로 생산한 어떤 백신들은 중요한 문제점들을 가지고 있다. 재조합 DNA기법과 합성유기화학을 사용한 새 방법들은 완전히 새로운 부류의 백신 또는 탁월한 대용제를 만들었다. 이 방법들은 현재까지 백신이 존재하지 않는 질병에 대한 백신 개발에도 사용될 것이다.

전통백신들의 문제점들

전통백신들은 두 가지 형태가 있는데 살아있는 것이거나 죽은 것이다. 대부분의 **생균 백신**(live vaccine)들은 바이러스나 세균들을 약화시킨 것들로 구성되어 있는데 대개 최적이 아닌 조건들에서 보관 기간을 늘리거나 배양하는 것 같은 완전히 경험적인 과정들로부터 얻어졌다. **사균백신**(killed vaccine)들은 죽은 완전한 세균세포 또는 **톡소이드**(toxoid)라고 불리는 불활성화된 독소 단백질을 말한다. 많은 전통백신들은 아주 효과적이지만, 새로운 백신들과 백신생산을 위한 새로운 기법들이 절대적으로 필요하다. 많은 중요한 질병들의 백신들은 아직 개발되지 않았다(표 5.2). 더욱이 어떤 전통백신은 효과가 충분하지 않거나 완전히 안전하지 않다.

전통생균백신에서 만날 수 있는 가장 큰 문제점들은 독성상태로 전환될 위험성이다. 예를 들면 경구(Sabin)백신은 일반적으로 안전한 것으로 여겨졌고 1960년 중반부터 미국과 유럽에서 소아마비에 대한 1차 접종 수단으로 사용되었다. 그러나 백신균주들의 뉴클레오티드 염기서열이 밝혀졌을 때 백신생산균주들 중 하나는 병원성을 가진 모 균주들에서

표 5.1 미국보건복지부 질병통제예방센터가 모든 어린이에게 접종하도록 권고한 백신들(2002)

백신	조성
약독화 생 병원체	
홍역	약독화 생 바이러스
볼거리	약독화 생 바이러스
풍진	약독화 생 바이러스
수두	약독화 생 바이러스
불활성화 전 병원체	
소아마비	불활성화 바이러스
병원균의 수식된 조성물	
디프테리아	변성독소
파상풍	변성독소
백일해	변성독소와 기타 단백질들을 함유한 무세포 백신
Haemophillus influenza type b	전달단백질에 접합시킨 피막다당체
Streptococcus pneumonia	전달단백질에 접합시킨 피막다당체
재조합 DNA 유래 소단위백신	
B형 간염	효모세포들에서 생산한 표면항원

단지 두 개의 뉴클레오티드가 치환된 것을 보여주었다. 이렇게 약간의 변화만 가진 돌연변이 균주들은 때때로 병원균으로 전환되고 실제 경구(Sabin)백신을 사용했을 때 매 52만 접종 당 1건(case)의 소아마비(VAPP, 백신관련 마비성 소아마비, Vaccine-associated paralytic poliomyelitis)가 나타나는 것으로 추정되고 있다. 그림 5.2와 같이, 야생형 바이러스에 의해 감염되어 발병한 소아마비는 1981년경에 근본적으로 근절되었고 그 후에 나타난 새로운 발병사례는 모두 백신접종에 의한 것이다. 이러한 상황을 고려하여 2000년에 미국 보건복지부에서는 모든 어린이에 대한 소아마비 백신접종은 불활성화 시킨 소아마비 백신을 사용하도록 권고하였다(이것은 생균 소아마비 백신이 발견되기 전에 사용했던 백신과 유사하다 : 표 5.1 참조).

전통적 생균백신들을 만들 때 사용되는 바이러스들의 또 다른 위험성은 조직배양세포에서 증식시킨다는 것이며 이 세포들은 감추어진 다른 바이러스들을 가지고 있을 위험이 있다는 것이다. 한 가지 잘 알려진 예는 소아마비 백신을 생산할 때 사용되는 세포계가 실험동물들에게서 종양들을 형성할 수 있는 바이러스를 가지고 있다는 것이 발견되었다. 현재까지 계속 문제가 되는 것은 비록 병원성들을 약화시켰다고 하더라도 면역계 결핍을 가진 개인들에게는 심각한 질병들을 일으킬 수 있다는 것이다. 이 문제는 개발도상국들에서 중요한 문제인데 거기에는 많은 영양상태가 나쁜 어린이들이 면역계 결핍으로 고통을 받고 있기 때문이다.

전통적인 사균백신의 가장 중요한 문제는 사균백신 그 자체가 무서운 반응들을 일으킨다는 것이다. 예를 들면 백일해 "**전 세포(whole-cell)**" 백신은 그람음성세균인 백일해균의 전체를 사멸시킨 세포들을 포함하고 있다. 이 제품들은 내독소라고도 부르는 세균

표 5.2 현재까지 효과적인 백신들이 없는 질병의 예들

질병	병원	전 세계의 새로운 감염건수들[a] (백만/년)	전 세계의 사망자 수[a] (천/년)
AIDS	바이러스	8.4	2,800
설사질병들	대개 세균	4,500	1,800
결핵b	세균	7.6	1,600
말라리아	원생동물	408	1,300
C형 간염	바이러스	0.7	54
리슈만편모충증	원생동물		51
트리파노소마증	원생동물		48
주혈흡충증	흡충류		15
샤가스병	원생동물	0.2	15

[a] 이 숫자들은 2002년 세계보건기구에 의해 예측된 것이면 WHO 통계정보체계들(WHOSIS)에서 얻었다.

[b] 결핵에 사용되는 유일한 약화 생백신인 BCG는 일반적으로 어른에게는 효과가 없고 어린이에 대한 효과도 역시 논쟁거리이다.

외막의 지질다당류(lipopolysaccharide, LPS)를 포함하고 있다. 비록 적은 양의 내독소라도 강력한 독성반응을 나타낼 수 있다. 토끼들 같은 감수성을 가진 동물들에서, 체중 1 kg당 1 ng이하의 내독소도 뚜렷한 체온증가를 가져오며 내독소를 주사하면 열만 증가시키는 것이 아니라 다른 부작용도 가져올 수 있다. 천연 그대로의 사균세포 제품들은 또한 독성물질들도 포함하고 있다. 이러한 사세균세포 제품이 일으키는 부작용에 대한 두려움이 광범위하게 퍼져있기 때문에 많은 국가의 정부들은 유아들에 대한 백일해 예방 주사를 강제적(또는 적극권유)으로 놓는 것이 아니라 자발적으로 맞도록 변경하였다. 두 번째 문제점은 대량의 백신들을 만들 때 위험한 병원균들을 배양하는 근로자들이 감수하는 직접적 위험이다. 세 번째는 백신에 존재하는 생물이나 독소들이 완전히 죽었거나 불활성화 되지 않았을 수도 있다는 것이다. 사멸이나 불활성화과정은 대개 약하게 행하는데 그 이유는 특이면역을 나타내는 능력은 파괴하지 않고 생물이나 독소만 불활성화 되도록 고안되었다. 몇 가지 널리 알려진 예들에 있어서 집단적 감염과 독성효과들이 접종된 많은

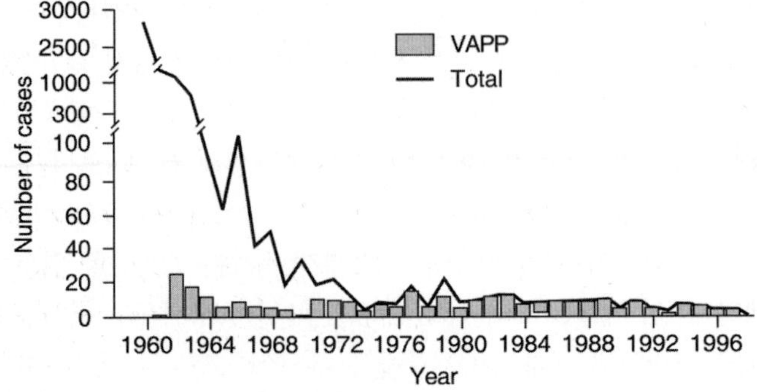

5.2

미국에서 일어난 모든 소아마비와 백신과 관련된 마비성 소아마비(VAPP) 발병 건수. [From Centers for Disease Control (2000). Poliomyelitis prevention in the United States. MMWR, 49 (no. RR-5).]

사람들을 사망하게 했는데 그 이유는 바이러스 백신이 우연히 살아있는 바이러스를 포함하고 있었고 톡소이드 기반 백신은 불완전하게 불활성화된 독소들을 포함하고 있었기 때문이었다. 마지막 문제는 충분한 양의 감염력을 가진 물질들을 생산하는 것이 항상 가능하지 않다는 것이다. 예를 들면 사람 혈구세포들을 사용하여 말라리아 원충을 대규모로 증식시키는 것은 아주 비싸고 백신생산에 원치 않는 바이러스들을 포함하고 있을 큰 위험성을 가지고 있다. 다른 예는 B형간염바이러스들에 관한 것인데 이것은 조직배양 세포에서 증식할 수 없다.

Box 5.1

항원. 항원은 (1)항원에 상보적인 결합부위를 가진 항체단백질들을 생산토록하거나 (2)항원에 상보적인 특정한 표면 수용체들을 가진 림프구들(T효과기 세포들)의 증식 중 하나를 행하여 특정 면역반응을 일으키는 분자이다; 위에 기술한 면역반응(생산이나 증식)을 역시 일으킨다면 어떤 분자라도 이를 면역원이라 부를 수 있다.
어떤 생물에서 일어난 면역반응이 항원을 포함하고 있는 병원균에 의해 그 후에 감염된 동물을 보호한다면 이 항원을 보호적이라 말할 수 있다.

백신개발에 대한 생물공학의 영향

생물공학의 발달은 새로운 종류들의 백신들을 생산하도록 하였다. 이들 중 어떤 것들은 새로운 표적에 관한 것이다; 그 이외의 것들은 단지 전통백신들보다 단순히 좀 더 효과적이거나 안전한 것이다.

일반적으로 전통백신들은 온전한 병원생물 또는 이 생물들을 불완전하게 정제한 것들로부터 만들어졌다. 이에 반하여 새로운 백신들은 병원생물들의 정제된 성분들 또는 구성물들에 기반을 둔 것이다. 일단 연구자가 병원성 미생물이 가지고 있는 수천가지의 구성물 중에서 특이면역을 생성할 수 있는 **분자**(molecule) – **방어항원**(protective antigen)으로 사용될 수 있는 분자(Box 5.1) – 를 확인하면 전통적 정제법이나 재조합 DNA법을 사용하여 항원의 면역원적 양(immunogenic quantity)을 생산하는데 사용할 수 있다. 재조합 DNA법을 사용하는 것은 *Escherichia coli*나 효모같은 비병원성 생물을 사용하여 항원을 안전하게 생산하기 때문에 전통적인 방법을 사용하는 것보다 확실히 바람직하다. 더욱이 재조합 DNA기법은 배양이 어렵거나 불가능한 병원균들일 때도 백신을 생산하게 한다. 새로운 백신들이 원래의 병원균에서 발견되는 하나 또는 몇 개의 분자들만 포함하고 있기 때문에 이들을 가끔 **소단위 백신**(subunit vaccine)이라 부른다. 다음 항목들에서, 대부분 비재조합 DNA 방법으로 생산되는 소단위 백신들인 비세포성 백일해 백신과 접합된 다당류백신들을, 재조합 DNA기법을 통하여 개발된 B형간염 소단위 백신과 비교할 것이다.

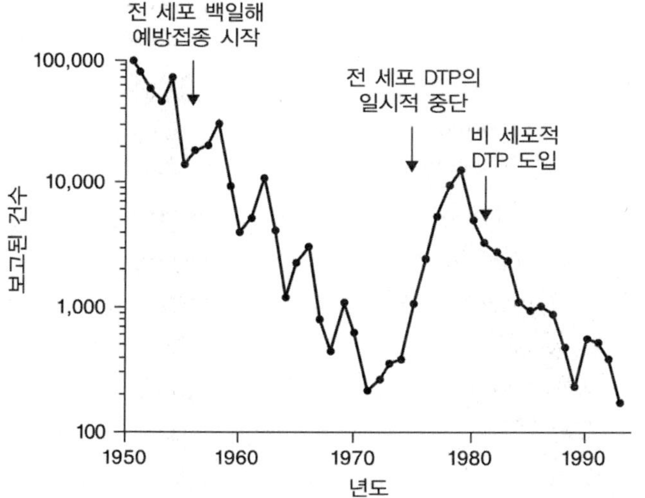

그림 5.3

일본에서 보고된 백일해 발병 건수. [From Aoyama T. (1996). Acellular pertussis vaccines developed in japan and their application for disease control. Journal of Infectious Diseases, 174(Suppl 3), S264–269; with permission from the University of Chicago Press.]

비세포성 백일해 백신

백일해는 백신이 도입되기 전에 미국에서 매년 27만 건이 발생하여 1만 명이 죽은 어린이 질병이다. 국제보건기구[World Health Organization(WHO)]는 현재에도 세계적으로 4500만 건이 발생하여 40만 명이 죽는 것으로 추측하고 있다. 전 세포백신은 개발도상국들에서 이를 획기적으로 감소시켰다(그림 5.3). 그러나 이 백신은 열로 죽인 것이며, 배양 상등액을 화학적으로 불활성화 시킨 전세포 그람양성 세균들(원인균인 *Bordetella pertussis*)은 많은 독성구성성분들을 가지고 있어서 이 백신은 때때로 바람직하지 않은 반응들을 나타낸다. 이 반응에는 열, 반점, 부풀음(백신주사를 맞은 어린이의 거의 50%가 나타난다) 등을 나타낸다. 1970년대에 이 백신은 급성 뇌장애와 어린이 돌연사의 원인이라고 하여 일본과 스웨덴에서 예방접종이 급격히 줄었는데 이 나라들에서는 백일해가 급격히 증가하였다(그림 5.3). 이 때문에 일본 과학자들은 무세포 백신을 개발했는데 이것은 화학적으로 불활성화 시킨 백일해 독소와 방어항원들로서 기능한다고 생각되는 *B. pertussis*의 몇 가지 정제단백질 등을 포함하고 있다. 미국을 포함한 많은 나라에서는 이와 유사한 조성으로 허가 받아 생산하고 있고 광범위하게 쓰인다(표 5.1 참조). 이 조성물들은 효과적이고 부작용들이 없고 최근 일본에서 백일해가 감소하는 것에서 보이는 것처럼 일반적인 지지를 받고 있다(그림 5.3).

비록 전세포 백신보다 바람직하긴 해도 재조합 DNA기법이 개발되기 전에 개발된 이 무세포 백신들은 결코 완벽하지 않다. 예를 들면 비록 열과 국부적 부풀음이 전세포 백신보다 그 빈도가 낮다고 하더라도 여전히 일어나고 있다. 현재 카이론(미국제약회사: 역자주)은 현재 재조합 DNA유래 백일해독소 백신을 생산하고 있고 유럽에서 허가 받았으며 이것은 독소의 아미노산서열에 두 개의 특별한 변환을 도입함으로써 불활성화시킨 것이다. 도입된 변화가 아주 정밀하기 때문에 면역을 일으키는데 필요한 전체단백질의 입체구조의 변화 없이 독소활성만 파괴한 것이다. 이러한 조성물들은 어떤 비특이적으로 불활성화에 의한 것보다 면역생성이 좀 더 효율적일 것이다. 즉 독소를 포름알데히드로 처리하여 불활성화 시키면 많은 분자들이 그들의 입체구조에 많은 변화를 가져오므로 독소에 대한 면역을 생성할 수는 없다.

접합다당류 백신들

효율적인 백신들이 만들어지기 이전에, 미국에서 *Haemophilus influenzae* type b는 모든 연령에서 10만 명당 약 800건의 "**침입성 질병(invasive disease)**"이 일어났고 5세 이하 어린이들에게서는 150건이 일어났으며 *Streptococcus pneumonia*는 매년 10만 명당 200건이 일어났다. 이 미생물들은 어린이에게 가장 많이 감염되는 미생물이었고 가끔 수막염, 폐렴, 균혈증 같은 침입성 감염이 가장 많이 감염되는 미생물일 때도 있었다. 두 균에서 방어항원은 다당체 캡슐이다. 다당류는 어른들에게서 효과적인 면역이 생성되나 유아에서는 생성되지 않는다; 그러나 정제한 다당류가 "**운반체(carrier)**"단백질과 공유결합을 형성하면 이 접합 다당류는 유아들에게서 아주 효율적인 백신들로 작용한다(운반체 단백질은 순수 다당류에는 없는 T세포 항원결정기를 공급하기 때문이다; 아래의 "**면역생성기작**" 참조). 미국에서 첫 번째 접합 *H. influenzae* 백신은 1990년에 유아들에

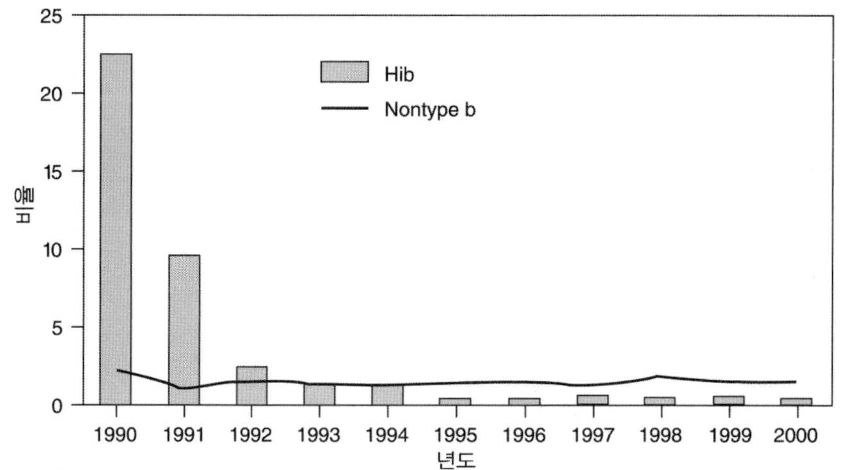

그림 5.4

미국의 5세 이하 어린이 10만 명당 침입성 *Haemophilus influenzae* 질병 발생건수. 세로막대들은 침입성 b형 *H. influenzae*에 의한 발병건수를 나타내고 가로선은 다른 형에 의해 일어난 건수를 나타낸다. [From the Centers for Disease Control ad Prevention (2002). Progress toward elimination of *Haemophilus influenzae* type b invasive disease among infants and children – United States, 1998–2000. ***MMWR***, 51, 234–237.]

대한 예방주사가 허가되었고 접합폐렴백신은 2000년에 허가되었다. *H. influenzae* type b 백신은 미국에서 놀랄만한 성공을 거두었는데 위에 인용한 5세 이하의 어린이들이 백신접종 이전에 침입적인 감염건수가 급격히 감소하여 1년에 10만 명당 단지 0.3건으로서 99%가 감소하였다(그림 5.4).

이러한 접합 백신들의 일부는 단백질 성분으로서 유전적으로 불활성화된 형태의 CRM197로 불리는 디프테리아 독소를 사용한다. **"안전한(safe)"** 숙주들에서 재조합 DNA 방법으로 생산된 이러한 유전적으로 변화된 독소들은 언젠가는 현재 사용하는 화학적으로 불활성화시켰고 때로는 순수하지 못한 톡소이드들 대신에 사용될 것이다. 현재 사용되는 디프테리아 톡소이드는 가끔 약한 역작용을 일으키는데 그 이유는 아마도 순도 문제가 아닌가 한다(단지 약 60%의 순도이다); 더욱이 완전히 불활성화 되어있지 않기 때문에 항상 위험성을 가지고 있다.

B형 간염용 재조합 소단위 백신

오염된 주사바늘과 성적접촉에 의해 감염되는 B형 간염 바이러스는 매년 미국인 중 약 20만 명이 감염된다. 결국 보균자가 되는 2만 명 중에서 5명중 1명은 간경화증으로 사망하고 20명 중 1명은 간암으로 진행된다. 놀랍게도 이 바이러스는 조직배양세포에서는 자라지 않고 최근까지 보균자들의 혈장에서만 얻을 수 있었다. 백신들은 바이러스 표면항원을 정제하거나 살아있는 바이러스를 화학처리(포름알데히드들)로 불활성화하여 만들었다. 바이러스 원료는 아주 적었으며 사균백신의 사용은 항상 모든 바이러스들이 불활성화 되지 않는 위험성을 가지고 있었다. 다행스럽게도 바이러스의 표면항원(표면 당단백질)은 효율적인 백신으로 알려져 있다. 소단위 백신생산의 첫 단계는 바이러스 게놈으로부터 이 단백질을 만드는 유전자를 클로닝 하는 것이었다.

B형간염 바이러스 게놈은 코어단백질과 주 표면단백질(S 단백질)을 암호화하고 있는 주로 2중쇄 DNA(그림 5.5)로 구성되어 있다; 대부분의 바이러스 외피를 만드는 단백질 소단위는 S단백질 분자들이다(226잔기들). S단백질을 암호화 하고 있는 DNA는 YEp 플라스미드 벡터의 효율적인 효모 프로모터 끝부분과 터미네이터 앞부분 사이에 삽입한다(1세대 재조합 플라스미드의 형성은 그림 5.6과 같다; 이후에 만들어진 플라스미드는 그림 3.26 참조).

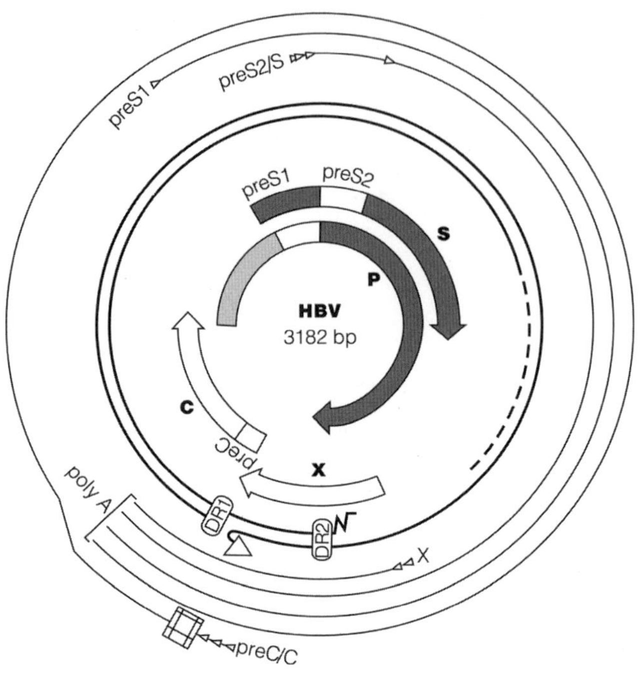

그림 5.5

B형간염바이러스의 유전체. 이 그림은 부분적 이중쇄 유전체(내부원)와 RNA전사체들(외부원)을 보여준다. 4개의 단백질 – P, X, C, 그리고 S (PreS2와 PreS1과 함께) – 의 열린번역틀 역시 중앙에서 볼 수 있다. 단백질 P는 DNA중합효소인데 이것은 가장 긴 mRNA (그림의 PreC/C)를 역전사로 한 사슬의 DNA를 합성하고 여기서 만들어진 DNA사슬을 주형으로 다른 사슬을 만든다. 아주 적게 존재하는 단백질 X의 기능은 알려지지 않았다. 단백질 C는 내부껍질의 중요한 구성물이고 단백질 S는 주표면(껍질)단백질이다. 약간의 전사산물들이 단지 S부위만 덮고, B형 간염 표면항원인(HBsAg) 226개의 아미노산잔기로 된 단백질을 합성하고, 다른 전사산물들이 PreS2, 또는 PreS1과 PreS2 부위 두 곳을 덮고 커다란 단백질산물들을 만든다. 이들 중 후자, PreS2와 PreS1–PreS2를 포함한 덜 풍부한 산물들은 비리온의 작은 표면단백질들이다. 비록 B형간염바이러스는 배양세포들에는 감염하지 않지만 이 DNA는 형질전환법으로 세포에 도입될 수 있고 유전체의 전사형태를 분석할 수 있다. [From Nassal, M., and Schaller, H. (1993) Hepatitis B virus replication. *Trends in Microbiology*, 1, 221–228]

숙주로써 효모가 선택된 이유는 아마도 외피단백질을 당쇄화 할 수 있다는 기대감 때문이었다(제 13장 참조). 그러나 당쇄화 되지 않았음에도 불구하고 단백질은 적당하게 접혀졌다; 그것은 직경이 22 nm인 빈 바이러스 외피를 닮은 형태로 자발적으로 조립되었고 환자들의 혈장에 발견되는 외피와 거의 구별할 수 없었다(그림 5.7). (재조합 단백질의 생산을 증가시키는 방법은 3장, 136페이지에서 다루고 있다) 이 효모에서 생산된 백신은, 비록 올리고당들이 없어도, 사람 혈장에서 유래한 백신만큼 효율적이었고, 1986년에 미국에서 첫 번째 재조합 기반 백신으로 허가받았다. 옛 방법으로 하면 약 40 L의 감염된 사람 혈청이 B형 간염 백신으로서 1회 투여량을 만드는데 필요하였다; 현재 우리는 동량의 효모 배양액으로부터 많은 투여량의 재조합 백신을 얻을 수 있다.

처음 만든 재조합 B형 간염백신은 아주 성공적이었지만 개선의 여지가 많았다. 새로운 세대의 백신들은 S단백질에 추가하여 PreS2와 PreS1 부위들(그림 5.5 참조)을 암호화하고 있는 DNA를 사용하여 생산하고 있는데, 이 부위의 단백질의 N–말단들이 면역을 형성

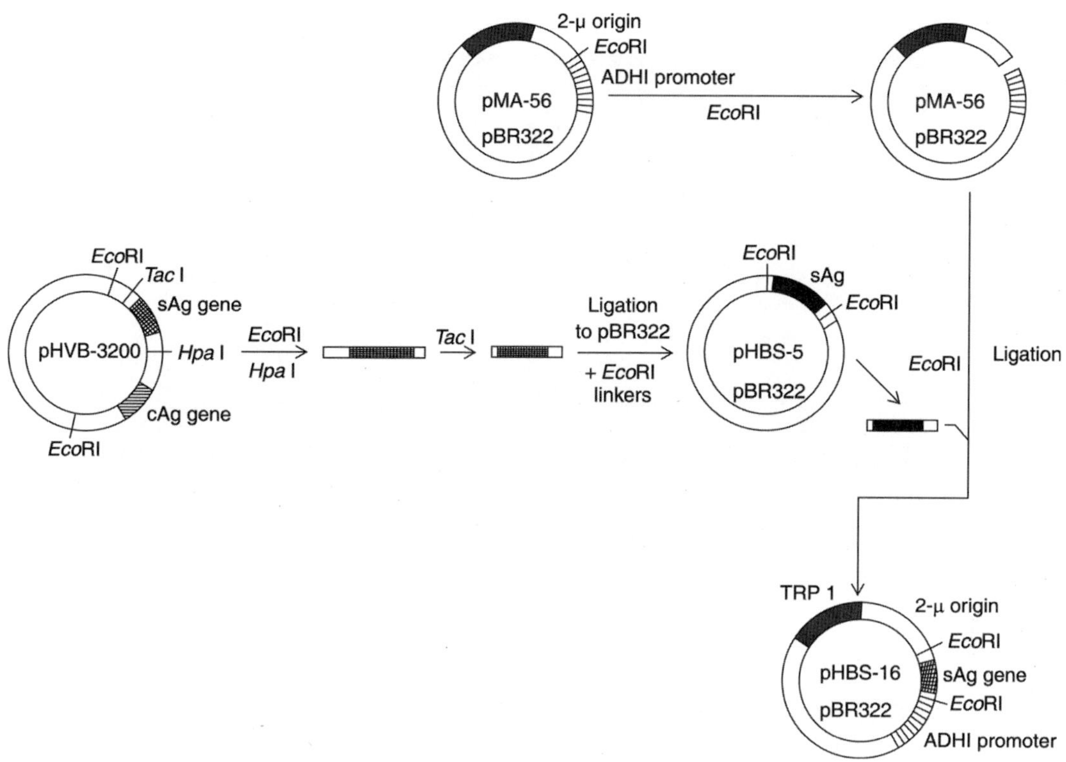

하는데 도움을 주는 것으로 나타났기 때문이다. 또한 동물세포들에서 효율적인 프로모터를 갖고 있는 플라스미드도 포유동물 세포계(대개 Chinese hamster ovary line)에 도입할 수 있다. 이 조건에서 번역은 소포체에 부착되어 있는 리보솜에서 일어나고 만들어진 단백질(약간의 PreS2와 PreS1 도메인들을 포함한다)은 자연적 분비계인 소포체-골지체에 의해 분비되는데 이 단백질들은 정상형태와 같이 글리코실화 되고 빈 소포로써 배지에 분비된다. 어떤 연구는 이 백신들이 효모에서 생산된 옛날 백신에 의해 면역력이 생기지 않은 사람의 5~10%가 면역을 형성한다고 보고하였다.

그림 5.6

HBsAg를 효모에서 발현하는 플라스미드의 구성. B형 간염바이러스의 표면항원 유전자(sAg)와 중심항원(*cAg*) 유전자를 가지고 있는 플라스미드(pHVB-3200)로부터 단지 sAg 유전자를 가지고 있는 클론인 pHBS-5가 만들어졌다. *sAg* 유전자를 플라스미드 pMA-56에 있는 알코올탈수소효소(ADH1)프로모터 뒤에 삽입하여 pHBS-16을 만들었다. 최종적으로 만들어진 플라스미드는 *E. coli*에서 기능할 수 있는 복제기점(플라스미드 pBR322로부터)과 효모세포들에서 복제될 수 있는 염기서열(pMA-56으로부터 기원한 2-μ 플라스미드)을 포함하고 있음을 주목할 것. [From Valenzuela, P., et al. (1982). Synthesis and assembly of hepatitis B virus surface antigen particles in yeast. ***Nature***, 298, 347–350; with permission.]

재조합 소단위 백신들의 잠재적 문제들

재조합 DNA 소단위 백신들이 효과를 갖고 나타낼 때는 전통적 백신보다 많은 장점을 가진다. 이 백신들은 쉽게 생산할 수 있고 안전하고 값싸며 바람직하지 않은 부작용을 병원균의 모든 이질의 성분들로부터 피할 수 있다. 더욱이 소단위 백신에는 살아있는 병원균이 절대적으로 있을 수 없다.

그런데 재조합 DNA기법으로 생산된 소단위 단백질들이 정말 효과가 좋고 유리하다면 왜 아직 전통적 백신들을 대체하지 못할까? 중요한 이유는 과학적인 것이 아니라 경제적인 것이다. 화학적으로 불활성화시킨 디프테리아톡소이드를 예로 들면 이 전통백신이 효과를 나타내고 **"중대한(major)"** 부작용을 나타내지 않으면 백신제조자는 비록 **"유전적으로 불활성화(genetically inactivated)"**시킨 독소들이 좀 더 안전하고 대개 효과가 더 좋다고 알려졌다고 하더라도 재조합 DNA 유래의 백신을 만들기 위한 개발 및 실험에 필요한

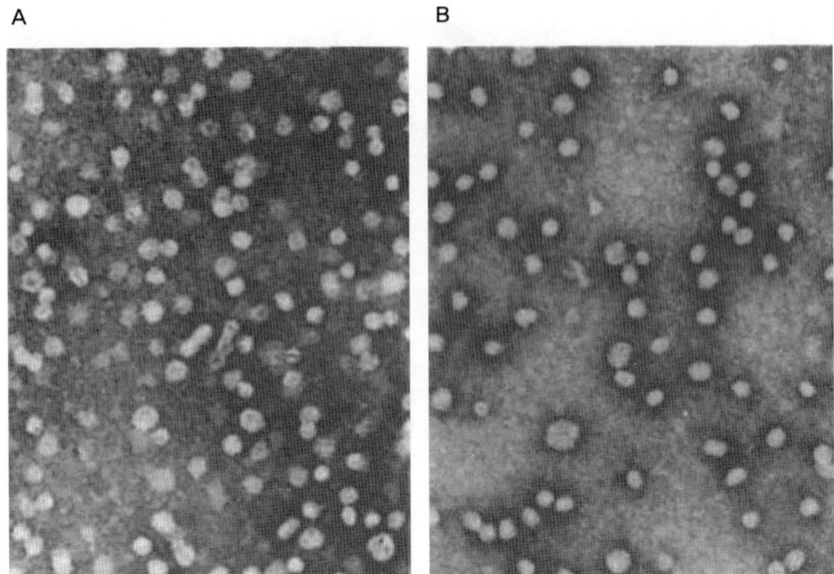

그림 5.7

음으로 염색된 (A)플라즈마에서 만든 HBsAg 백신들과 (B)효모에서 만든 HBsAg 백신들의 전자현미경 사진. [From Hilleman, M. R. (1988) Hepatitis B and AIDS and the promise for their control by vaccines. ***Vaccine***, 6, 175–179; with permission.]

자금을 쓰지는 않을 것이다. 또한 과학적인 이유도 있다 : 재조합 DNA 방법은 아직 어떤 기술적 문제들 때문에 방해를 받고 있다. 어떤 유전자들은 발현율이 낮다. 어떤 단백질들은 포유류 숙주가 아닌 곳에서 부적당하게 접히거나 비정상적으로 많이 생성되거나, 또는 번역 후 다듬기가 필요하기 때문이다(3장). 닭 페스트 바이러스들, 수포성구내염 바이러스들, 포진 바이러스들의 단백질을 포함하여 많은 바이러스 단백질들이 *E. coli*에서 성공적으로 발현되었었다; 그러나 불행하게도 부적당한 접힘이 이들 뿐만 아니라 이 이외의 다른 많은 단백질들의 생산을 방해하고 있다.

배양한 포유동물세포들이 알맞게 수식되고 접혀진 방어 항원들을 생산할 것이라는 희망 하에 이 항원들을 발현시키기 위해 배양한 포유동물세포들이 사용되었다. 이 방법은 종양세포들이 하는 것처럼 끊임없이 증식하는 세포주들을 필요로 한다. 사실 이 계통의 많은 세포들은 감수성 있는 숙주들에게 주사했을 때 종양을 일으키는 것으로 알려졌다. 이 시스템을 사용할 때 종양을 일으키는 DNA가 백신으로 들어가는 것을 막기 위하여 모든 숙주세포 DNA는 백신에서 제거되어야 하는데 이것은 어려운 과정이다(위에서 언급한 새 세대 B형 간염백신에서는 HBsAg입자를 배지에 분비시켜 쉽게 해결한다).

많은 소단위 백신에서 부정확한 접힘보다도 더 큰 문제는, 생성된 면역이 약하거나 기간이 짧은 것이다. 사실 *Borrelia burgdorferi*(라임병)의 재조합 DNA 기반 백신은 이 스피로헤타의 표면단백질을 가지고 있는데 미국에서 1986년에 재조합 HBsAg를 첫 번째로 승인한 이래, 새로운 재조합 DNA 기반 소단위백신으로 허가받은 것은 이것이 유일하지만 아마도 한정된 효력 때문에 제조자에 의해 몇 년 후 시장에서 철수하였다. [그러나 2006년 FDA는 자궁경부암을 일으키는 사람 유두종바이러스의 몇 가지 형에 대한 백신을 승인했다. 이 백신은 효모에서 바이러스 캡시드 항원 유전자를 클로닝하여 발현시켜 만들었다. 이 단백질은 자발적으로 구형의 바이러스 닮은 입자를 형성하고 (HBsAg와 똑같이), 이것이 백신으로 사용된다.] 추측컨대 우리의 면역체계는 천연 병원균들과 반응하도록 진화하여 왔고 그럼으로써 병원균과 비슷한 전통백신이 잘 반응하고 천연 병원균들과 근본적으로 다른 소단위 백신들은 가끔 약하게 반응하는 것이라고 생각할 수 있다. 그러므로 전 세포백신들을 개발하는 데는 면역기작에 관한 자세한 지식은 필요하지 않으나 만약 소단위 백신들의 작용을 개선하는 방법을 알기 원하는 사람은 면역방어들에 대하여 좀 더 깊은 이해를 가질 필요가 있다. 이러한 기작에 대한 현재까지의 연구결과들을 다음 절에서 간단히 살펴보도록 한다.

면역 생성 기작들

척추동물에서 병원성 미생물들에 대한 제 1선의 방어는 비특이적이다. 감염한 미생물은 조직들에서 항 미생물 물질들에 의해 죽거나 조직들에 있는 대식세포에 의해 섭취당하거나 다형핵 백혈구에 의해 혈류에서 감염조직으로 이동된다. 대부분의 감염들은 아마도 이 단계에서 차단된다. 최근에 식균세포들의 톨유사수용체들(Toll-like receptor)의 발견(이 장의 뒷부분에 다시 언급한다)은 **"내재면역(innate immunity)"**의 이해를 증가시켰다. 병원체들이 이러한 초기 방어에서 살아남았을 때만 신체의 특정 면역반응이 활성화 된다.

특정 항체들의 생산

많은 경우에, 면역을 일으키는 외부 항원의 구조에 상보적으로 결합하는 단백질인 **"항체들(antibodies)"**을 생산함으로써 면역을 얻게 된다(그림 5.8). 많은 백신들은 백신들과 병원체들의 여러 구성성분들에 결합하는 항체들의 합성을 자극한다. 가끔 이러한 항체들은 병원체가 생산하는 단백질 독소들에게도 결합하며 결과적으로 독소를 불활성화(중화)시킨다. 이것은 디프테리아와 파상풍 백신이 작용하는 방법이다. 디프테리아와 파상풍 세균이 분비하는 단백질 독소들이 이들 질병들의 주요 증상들을 나타내는데, 불활성화 독소백신들로 예방접종하면 독소들과 결합하여 이들을 중화시키는 항체들을 만드는 것을 자극한다. 비록 독소들이 이 질병을 일으키는데 중요 역할을 하지 않더라도 항체들은 여전히 이 병들을 방지하는데 효과적일 수 있다; 즉 항체들이 침입한 병원체의 표면에 결합했을 때 이것들은 침입자를 섭취하고 죽이는 식균세포들에 의해 인지된다(그림 5.9). 항체의 이 기능을 **"옵소닌화(opsonization)"**라 한다. 결합한 항체들은 또한 중요한 다른 효과들을 갖는다: 그 하나는 **보체연쇄반응(complement cascade)**을 시작하는 것인데 보체연쇄반응이란 혈류 밖으로 식균세포들을 이동시키는 역할을 하는 많은 혈청단백질들이 관여하는 연속반응을 말한다; 다른 하나는 식균작용 없이 침입한 그람 음성균을 직접 죽이는 것이다(그림 5.9 참조).

백신들을 포함한 모든 항원들은(Box 5.1 참조) **클론선택(clonal selection)**이라 부르는 과정을 통하여 항체를 생산한다. 이 방법에서 항원은 우선 특정 림프구 (B세포)의 표면에 존재하는 항체에 결합하는데 특정한 B세포는 이미 존재하는 림프구 형들의 하나이며 각 형마다 다른 항체를 생산한다(그림 5.10). 항체는 항원의 구조 중 어떤 부분에 상보적으로 결합할 수 있는 부위를 가지고 있기 때문에 항원은 정해진 항체와 결합한다. B세포 표면에 결합한 항원-항체는 B세포들의 그 계통이 증식되도록 하고 이때 만들어진 클론들은 특정항체를 많이 분비하는 플라스마 세포들로 분화된다(그림 5.10 참조). 이 결과는 예방접종을 통하여 면역화되는 것과 같은 것이다.

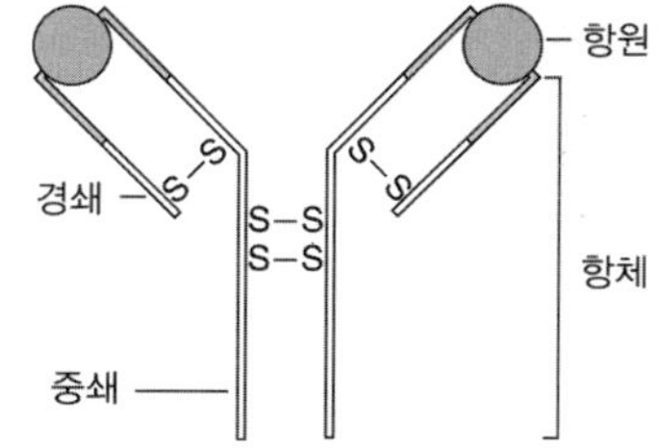

그림 5.8

면역글로불린 G (IgG)형 항체의 도식적 구조. 이 형태의 항체는 2개의 중쇄(가운데 보이는 긴 폴리펩타이드들)와 2개의 경쇄(바깥에 보이는 짧은 폴리펩타이드)로 구성되어 있는데 이들은 이황화다리들로 연결되어 있다. IgG분자에 있는 2개의 항원결합부위는 중쇄들과 경쇄들의 N-말단을 구성하고 있으며 이 부위는 항체분자들에 따라 아미노산 결합 순서가 아주다양하다[소위 과변이 부위(hypervariable region)이며 그림에서 그림자 진 부위]. W. H. Freeman에서 펴낸 제 1판(1995)의 삽화를 기본으로 하여 다시 그렸음.

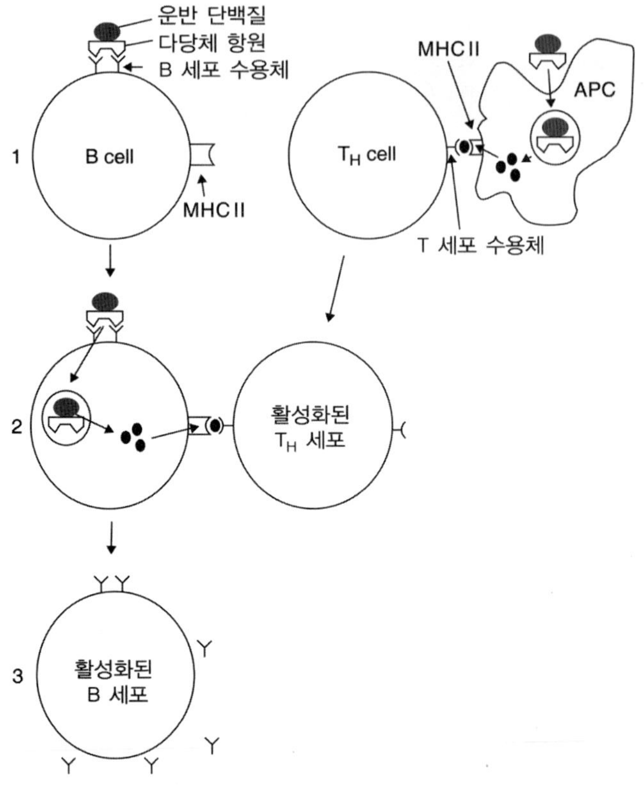

그림 5.11

항체생산에 있어서 T세포/B세포 상호작용. 백신은 복합다당류 항원을 가지고 있고 이 항원의 B세포 항원결정기들(다각형으로 표시)은 운반단백질(*검은 타원*)과 접합되어 있다. 백신은 APC(수지상 세포 또는 대식세포)에 들어가고 여기에서 운반단백질은 펩타이드들로 분해되고 이것들은 결국 APC 표면에 있는 MHC분자들과 복합체를 이루어 존재하게 된다(단계 1, 오른쪽). 보조 T세포들의 집단에서 약간의 세포들은 제시된 펩타이드에 맞는 수용체를 가지게 되고(T세포 항원결정기는 작은 검은 점으로 표시) 그럼으로써 활성화된다. 첫째, 항원은 특히 B세포 항원결정기가 가지고 있는 다당류에 맞는 정확한 항체들(세포표면에 존재할 때 이를 "B세포 수용체들"이라 부른다)을 생산하는 드문 B세포들에 결합할 것이다. 항원에 의한 두 개의 B세포 수용체들의 교차결합은 1차 신호로 작용한다(단계 1, *왼쪽*). B세포들이 항원을 내부로 받아들이고 항원의 단백질부위를 분해한 후 이것을 B세포표면의 MHCⅡ분자들에게 펩타이드들을 제시한다. 활성화된 T세포들에 의한 펩타이드들(T세포 항원결정기)의 인식은(단계 2) 2차 신호로 작용하여 B세포들의 활성화를 가져와서 이들을 증식하고 항체들을 분비한다(단계 3).

항원제시세포들의 역할

CD8 T세포들을 포함한 모든 형태의 T세포들에 의한 항원성 항원결정기들의 인식의 한 가지 중요한 특징은 – 그리고 이 과정은 결국 T세포를 자극하는 것을 요구한다. – 특히 "**항원제시세포들[antigen-presenting cell(APCs)]**" 같은 다른 세포에 의해 분자들이 부분적으로 분해되거나 "**처리(processed)**"되어질 때까지 T세포들은 항원분자들을 인식하지 못한다는 것이다. 비록 B세포들도 아래에서 설명하는 것과 같이(그림 5.11 참조) T세포/B세포 상호작용으로 APCs 같이 작용하지만 초기감염에 중요한 역할을 하는 APC 부류들은 "**수지상세포(dendritic** cell)"(이 세포는 많은 줄기같이 생긴 돌기를 가지고 있기 때문에 이 이름을 갖게 되었다)와 대식세포들이다. 적당한 "제시(presentation)", 또는 T세포가 인식을 못하게 하기 위해서는 항원의 단편(항원결정기)을 주 조직적합복합체{major histocompatibility complexes [MHCs], 사람에서는 사람 백혈구항원들[human leukocyte antigens(HLAs)] 이라 부른다}라 부르는 특정부류의 단백질에 끼어들어가야만 한다. 조직적합복합체들은 개체마다 다르며 면역세포들이 외래세포들로부터 자신의 세포를 구분하게 한다.

이 항원제시과정은 면역반응이 특정경로로 가도록 하는 기작이다. 바이러스들의 단백질이 숙주세포들의 세포질에 방출되면 이것들은 프로테오솜이라 불리는 거대한 단백질분해 복합체들에 의해 분해되고 이 단편들은 제 I 형 MHC와 복합체를 형성하여 APC표면에 제시된다. 세포독성 CD8 T세포들은 제 I 형 MHC과 배타적으로 상호작용하여 활성화되고 세포매개 면역을 유도한다. 이에 반하여 가용성 독소들은 APCs의 산성 소포들 속으로 식작용되고 소포단백질 분해효소들에 의해 분해된 후 이 단편들은 제 II 형 MHC와 복합체를 이루어 APC 표면에 제시된다. 이와 유사하게, 병원성 단백질들은 똑같은 대식세포들의 산성 소포에 식작용되고 제 II 형 MHC와 복합체를 이루어 대식세포표면에 제시된다(분해된 후). 이 항원들은 T세포들의 다른 하위클래스인 CD4 T세포들(보조 T세포들이라고도 한다)에 의해 인식되는데 이것은 항체를 생산하도록 하거나 식균작용의 활성화 등을 포함하는 여러 반응들을 일으킨다.

T세포/B세포 상호작용

B세포의 클론선택기작은 그림 5.10에 있는 것보다 좀 더 복잡하다. CD4 T세포들(보조 T세포들, 또는 T_H세포들)의 표면에 존재하는 수용체들은 T세포 수용체라고도 불리는 항체유사단백질들인데 이들은 특히 항원의 특정부위에 결합하고 이렇게 함으로써 활성화된 T_H세포들은 B세포들의 활성화에 필수적이다(그림 5.11).

T세포들의 여러 가지 하위클래스 세포들은 아주 다른 기능들을 수행한다. 항체반응에서 B세포들과 합작으로 작용하는 세포들은 대개 T_H2세포라 불리며 T_H세포의 하위클래스 세포이다. 효율적인 항체반응이 일어나기 위해서는 항원분자들이 T_H2세포 표면의 수용체에 결합해야만 한다(그림 5.11). 대개 항원의 일부가 B세포들에 존재하는 항체에 의해 인식되는 부위(B세포 항원결정기)는 T세포들에 의해 인식되는 항원의 부위(T세포 항원결정기)와는 다르다. 항체들의 효율적인 생성은 백신이 B세포와 T세포의 항원결정기들을 거의 대등하게 가지고 있을 때 일어난다.

T_H1/T_H2 분기(dichotomy)

최근에 면역학자들의 사고에 영향을 준 또 하나의 개념은 T_H1/T_H2 분기이다. 이 견해에 따르면 어떤 항원들을 어떤 방법들로 투여하면 T_H1이라 불리는 보조 T세포의 하위클래스 세포를 활성화시키고 이 세포는 사이토카인인 인터페론-γ를 분비하는 반면에 어떤 항원들은 T_H2를 활성화시키고 이것은 특이하게 인터루킨4를 분비한다. 이 두 형태의 T세포들은 각각 세포매개반응과 체액성반응들을 조절한다고 흔히 기술되어있고 어느 한

항체들(면역글로불린들)은 여러 형태들, 즉 동종형(isotype)으로 만들어지는데 이것들은 중쇄들의 불변부의 구조가 다르다(그림 5.8 참조). 동종형에는 IgG, IgA, IgD, IgM, 그리고 IgE가 있다. 이들 중 IgA와 IgM은 반복 항원결정기들과 항원들로 단단히 결합된 소중합체들을 형성한다. IgG는 주로 옵소닌 작용을 한다. 어떤 IgG의 하위부류들과 IgM은 보체연쇄반응에 중요한 역할을 한다. IgA는 점막면역을 행하고 IgE는 비만세포들에 결합하여 알레르기반응을 일으킨다. 사람에게서 IgD는 막 결합 형태로만 존재하지만 IgM을 분비하는 B세포들의 성숙에 역할을 한다.

Box 5.2

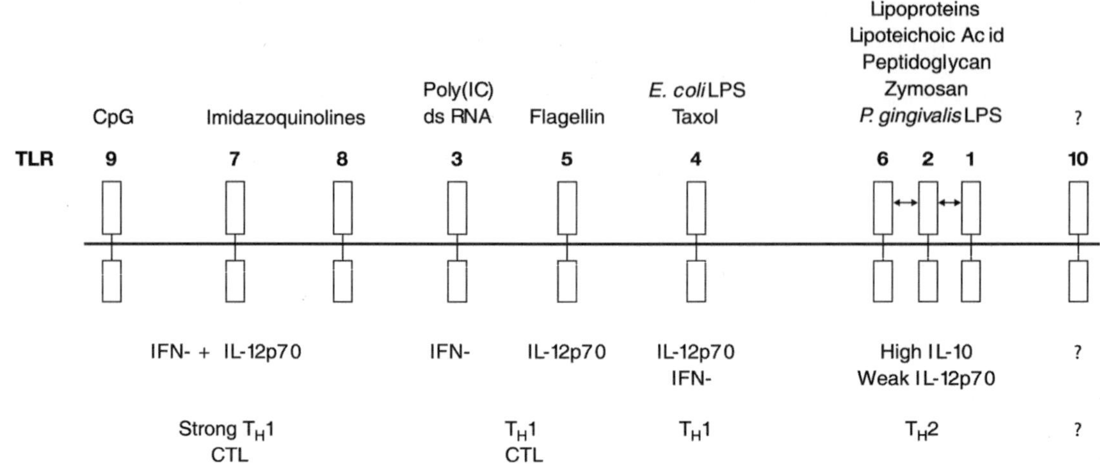

그림 5.12

사람세포들에 있는 톨유사수용체들과 이러한 수용체들에 결합하는 리간드(ligand)들. 그림과 같이 대부분의 공급원들로부터 유래한 LPS는 TLR- 4를 자극하고 세균 DNA에 풍부한 메틸화되지 않은 CpG의 2개 뉴클레오티드로 된 염기서열들이 인터페론-알파(IFN-α)와 인터루킨12 (IL-12p70)를 분비하도록 하는 TLR-9를 자극하고 세포독성 림프구(CTLs)들의 활성화와 TH1 경로를 자극한다. TLR-7 (그리고 사람들에서 TLR-8)은 자연적 리간드들이 알려져 있지 않으나 합성 imi- dazoquinoline 화합물들의 역할을 한다. 이에 반하여 지방단백질들, lipoteichoic acid, Porphyromonas gingivalis LPS는 TLR-1 또는 TLR-6과 작용하여 복합체처럼 작용하는 TLR-2를 자극한다(작은 이중머리 수평 화살표 참조); 이것은 염증억제 사이토카인인 인터루킨 10 (IL-10)의 분비를 가져오고 또한 TH2반응을 자극한다. [이것은 Pulendran B.(2004)의 그림 2를 단순화시킨 것이다.

Modulating vaccine responses with dendritic cells and Toll-like receptors. *Immunological Reviews*, 199, 227-250.]

전문가는 "적지 않은 혼란의 근원이었다."라는 말로 얼버무리고 있다. 일반적으로 T_H1자극은 대식세포들의 활성을 포함한 국부적 염증반응을 가져오고 보체고정과 옵소닌화 항체들을 생산하는 것으로 받아들여진다. T_H2 경로들은 독소들을 중화시키는 기능들을 하는 IgG항체의 하위클래스를 생산하고, 또한 비만세포들과 상호작용 하여 히스타민과 세로토닌을 분비하도록 하기 때문에 알레르기에 중요한 면역글로불린 E(IgE)를 생산한다. T_H2 매개는 가끔 상피장벽 밖에서 발견되는 항원들에 반응하여 일어나고 대부분의 알레르겐들과 큰 기생충들(즉, 벌레들)에 존재하는 알레르겐은 아주 가끔 이 장벽을 통과한다. 이 경로는 또한 호산구백혈구들을 활성화시키고 이 과립들에는 기생충들에 독성을 나타내는 단백질들을 가지고 있다.

이들이 이러한 다른 반응들을 나타내기 때문에 이 두 경로를 약리학적으로 조절하는 것이 중요할 것이다. 예를 들면 알레르기환자들의 증상을 경감하기 위하여 우리는 주어진 알레르겐이 T_H1 반응을 하기를 원할 것이다.(사실 우리는 이미 그림 5.12에서 본 것처럼 T_H1을 자극하는 어떤 부류의 작은 합성약품들, 즉 이미다조퀴놀린들에 대하여 알고 있다.)

만약 T_H1과 T_H2 두 가지 세포들에 의해 T세포 항원결정기들이 인식되어 세포들이 APC표면 제Ⅱ형 MHC를 요구한다면 우리 몸은 어떻게 T_H1반응과 T_H2반응을 생성하는 가운데에서 어떤 결정을 할까? 최근 연구들에 따르면 "**톨유사수용체(Toll-like receptor)**"(초파리에서 Toll 이라고 알려진 수용체 클래스와 연관이 있기 때문에 이렇게 불린다)를 통한 신호가 크게 작용할 것이다. 톨유사수용체들은 대식세포들과 수지상세포들의 표면에서 발견되고 현재까지 일반적으로 병원체 세포들에서 발견되는 여러 구성성분들에 결합하는 것으로 알려진 톨유사수용체들은 10가지이다(그림 5.12). 이러한 구성성분들의 결합(즉 LPS는 톨유사수용체4, lipoteichoic acid는 톨유사수용체2)은 결국 T_H1 반응, 또는 T_H2반응을 선택하는 적응면역반응들 또는 특정면역반응들을 자극하는 신호연쇄반응을 생산한다. 우리가 T_H1과 T_H2반응을 조절할 수 있도록 하기 위한 방법들을 발견하고 사용하기 위하여 많은 노력을 기울이고 있다. 사실 CpG DNA와 이미다조퀴놀린(imidazoquinoline)은 백신들에 있는 항원들의 강력한 T_H1반응을 생산하기 위하여 활발히 연구하고 있다.

소단위 백신들의 개선된 효과들

방어면역의 기작에 대한 지식들은 과학자들이 소단위백신들의 효능을 개량하는데 사용되는 여러 가지 전략을 고안하는데 사용할 수 있게 되었다.

항원주입 전략들

이미 본 바와 같이 백신에 반응하여 항체를 생산할 때는 백신 안에 B세포와 T세포의 항원결정기가 존재해야만 한다. 소단위 단백질백신들을 사용할 때 방어항원은 큰 단백질이기 때문에 대개 두 가지 항원결정기를 가지고 있어 문제가 되지 않는다. 그러나 예방접종에 다당체가 사용되면 여기에는 T세포 항원결정기들이 없기 때문에 문제점을 나타낸다. 이것은 T-비 의존 B세포들을 통하여 어른에서는 항체를 생산할 수 있으나 이 반응은 어린이들에게서는 일어나지 않는다. 그래서 *H. influenzae*와 *S. pneumoniae*의 협막 다당체들을 운반체 단백질들에 부착시켜 어린이들에게 접종할 수 있는 접합백신들을 만든다.

사람의 면역반응기작들은 진화과정에서 굉장히 전문화되었기 때문에 진짜 병원체들에 대한 효율적인 면역반응을 장착하고 있다. 그래서 사람조직으로부터 유래한 항원과 비슷하게 보이는 것에 대하여는 갑자기 공격을 하지 않는다. "**병원체와 관련된 분자 패턴 (pathogen-associated molecular pattern)**"이 이러한 구별능력에 큰 역할을 한다. APCs를 포함하여 내재면역과 적응면역 두 가지에 관여하는 세포들은 톨유사수용체들(그림 5.12)을 사용하여 LPS, 펩티도글리칸, CpG DNA같은 일반적 병원 구성성분들을 인식한다. 항원분자들이 바이러스입자나 세균세포의 표면에 있는 것 같은 농축된 형태로 존재할 때 강한 면역반응이 일반적으로 일어난다는 것은 이러한 농축된 배열이 APCs에 의한 식균작용/음세포작용을 용이하게 하고 B세포 활성화(그림 5.11 참조)의 첫 신호인 B세포 수용체간의 교차연관을 일으킨다는 것을 의미한다. 보강제는 부분적인 고농도의 면역원을 갖고 있거나 톨유사수용체들에 결합하거나 활성화시키는 것 같은 비 특이적 방법으로 면역반응을 자극하는 분자들이다.

순수한 소단위 백신은 전체 병원체가 나타내는 반응보다 거의 항상 약한 반응을 나타내는데 소단위 백신은 바로 앞에서 언급한 전형적인 병원체와 관련된 분자 패턴이 없기 때문이다. B형간염 바이러스들과 사람 유두종 바이러스들의 표면항원들은 이 예에 다행히 해당되지 않는데 이들은 바이러스 입자와 비슷한 크기의 빈 바이러스 입자를 조립하여 바이러스의 표면에 존재하는 것과 같은 높은 농도의 항원들을 노출시키기 때문이다. 그러므로 간염바이러스와 사람 유두종바이러스 백신은 천연바이러스를 감쪽같이 흉내 내는 것이고 적어도 위에서 언급한 것들 중 다른 대부분의 소단위 백신에서 성공할 수 없는 강한 면역반응을 일으킨다는 조건을 만족시킨다.

단백질들의 농축된 배열을 만들기 위하여, 특별한 운반체의 표면에 아주 많은 항원단백질을 고정시키는 여러 방법들이 고안되었다. 예를 들면 실질적으로 모든 소단위백신들(형태가 비재조합 또는 재조합이든 간에)은 보강제로서 알루미늄 염들을 포함하고 있는데 이들은 국소적으로 높은 면역원 농도를 유지시킬 뿐만 아니라 표면에 항원단백질들을 흡착하여

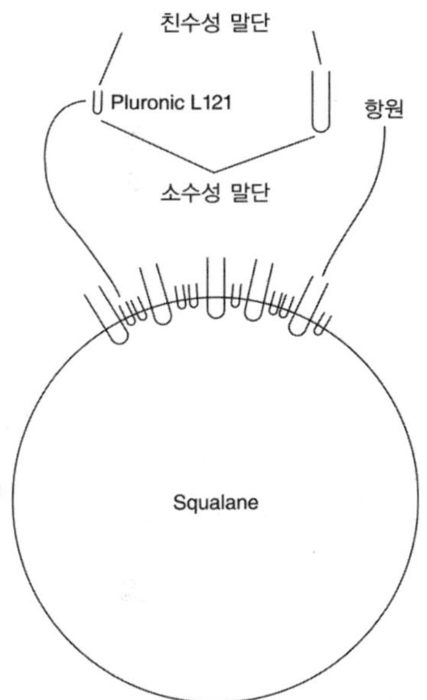

그림 5.13

항원단백질분자들이 스쿠알렌-Pluronic L121 시스템에 박혀있다. 양친매성분자를 가지고 있는 Pluronic L121은 이것의 소수성말단들을 완전히 소수성인 화합물인 스쿠알렌 방울표면에 삽입한다. Pluronic L121의 친수성 말단들은 복합체의 모든 표면에 내밀어져있어 전체적인 구조는 안정화된다. 항원분자들도 그들의 일부를 이 복합체의 표면에 삽입되어 있어 면역세포들에 의하여 잘 인식되는 촘촘한 2차원적 배열을 하게 된다. [Modified from Allison, A. C., and Byars, N. E. (1987) Vaccine technology: adjuvants for increased efficacy. Bio/Technology, 5, 1041–1045.]

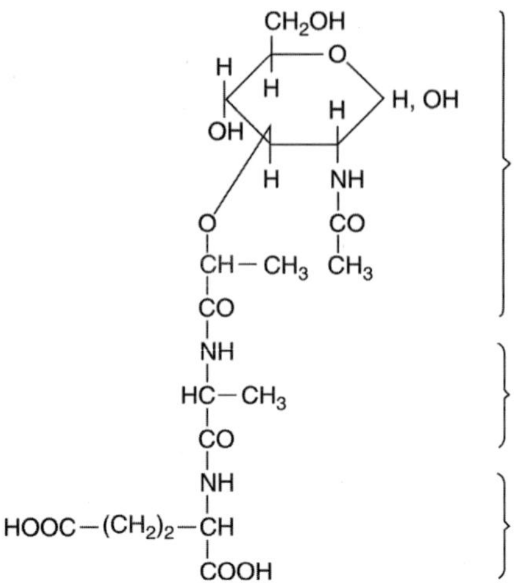

그림 5.14

Muramyldipeptide의 구조

항원이 고농도배열을 갖도록 한다. 미국에서 허가된 하나의 새로운 보강제는 스쿠알렌과 MF59라 불리는 어떤 계면활성제를 포함하고 있는 수중유형유제(oil-in-water emulsion)이다. 아마도 양친매성(amphiphilic)면역원들이 기름/물 경계면에 농축되는 것 같다. 이 보강제는 어떤 상업적 독감백신들에 사용되는데 이것은 주로 바이러스 표면단백질들을 포함하고 있고 전통적 비 재조합방법으로 생산된다. 이와 비슷한 수중유형보강제는 그림 5.13과 같다.

소단위 항원의 작용을 증가시키기 위한 다른 방법은 B형간염 표면항원의 자발적 조립 특성을 이용하는 것인데 다른 소단위 항원들의 중요한 부위들을 재조합 DNA기법으로 이 단백질과 융합시킨다.

톨유사수용체들과 상호작용하는 보강제들도 역시 사용된다. 어떤 방법에서 천연보강제인 세균의 펩티도글리칸의 단편인 muramyldipeptide (MDP)(그림 5.14)의 130개 이상의 합성 유사체들을 시험하였고 이들 중 MDP의 L-알라닌 잔기가 L-트레오닌으로 바뀐 한 가지가 MDP의 바람직하지 않은 부작용들이 없이 면역반응의 유력한 자극제임이 발견되었다. 이 MDP를 재조합 DNA법으로 생산된 바이러스 항원들과 조합하여 스쿠알렌으로 만든 소수성 미소구 표면에 분산하여 사용했을 때 모형 동물들에서 아주 효율적인 예방접종결과를 얻었다. 톨유사수용체들과 상호 기능들을 나타내는 또 다른 형태의 보강제는 monophosphoryl lipid A와 이것의 유도체들이다. 이 화합물들은 구조적으로 LPS(또는 이것의 지방질부위인 lipid A)를 닮았지만 독성은 거의 가지고 있지 않다.

약독화 생벡터의 이용

어떤 경우에 있어서 강한 면역반응을 위해 생 바이러스들, 약독화 바이러스들, 또는 세균에 소단위 항원들을 삽입한다. 이렇게 하는 것들은 장점들과 단점들을 가진다.

어떤 고효율 전통백신들은 생균백신들이다(표 5.1 참조), 이들이 **"자연적(natural)"** 방식(즉 가끔 효율적인 보강제 같은 역할을 하는 것도 포함하고 농축된 형태로)으로 신체 방어기작들에 항원들을 공급하기 때문에 대부분 사균 백신들보다 강력한 면역을 주며 때로는 좀 더 길게 면역을 나타낸다. 더욱이 생균백신들은 숙주에서 적기는 하지만 증식할 수 있기 때문에 적은 분량을 주사한다. 어떤 생균백신들의 또 다른 장점은 비경구적으로 투여할 필요가 없다는 것이다.

생벡터에 방어항원을 만드는 유전자를 도입하는 것은 이러한 모든 장점들을 가진 재조합 DNA 백신을 만드는 것이다. 여기에 더하여 이러한 백신들은 앞에서 언급한 소단위백신들보다 아주 싼데 그 이유는 생산 공장에서 항원단백질의 생산과 정제가 필요 없기 때문이다. 그러나 앞에서 언급한 것처럼 생백신은 독성을 가진 것으로 전환될 수 있고 약한 면역시스템들을 가지고 있는 숙주들에서 독성균주들로 작용할 수 있다는 위험성을 기억해야 한다.

바이러스 벡터들

백시니아(우두에 관련된)벡터는 바이러스 벡터로서 장래에 가장 유망한 후보로 생각되는데 그 이유는 상당히 안전하고 큰 게놈을 가지고 있어서 아주 많은 외래 DNA를 수용할 수 있기 때문이다. 커다란 백시니아 바이러스 DNA는 시험관에서 다루기 어렵지만 연속 개발된 탁월한 기법들은 이러한 어려움이 극복되도록 고안되었다. 대표적인 예로 외래유전자들을 보통의 플라스미드들에 존재하는 짧은 백시니아 DNA조각에 클로닝하고 *E. coli*를 숙주로 사용한다. 그 후 플라스미드 DNA를 분리하고 동물세포들에 도입하는데 이때 백시니아 바이러스도 동시에 감염시킨다. 외래유전자는 상동재조합으로 백시니아 DNA에 삽입된다(그림 5.15).

이 형태의 접근법은 광견병, B형 간염, 독감, Friend 쥐 백혈병, 단순포진, 그리고 이 이외의 질병에 대한 백신들을 생산하는데 사용되었다. 많은 것들이 동물실험에서 아주

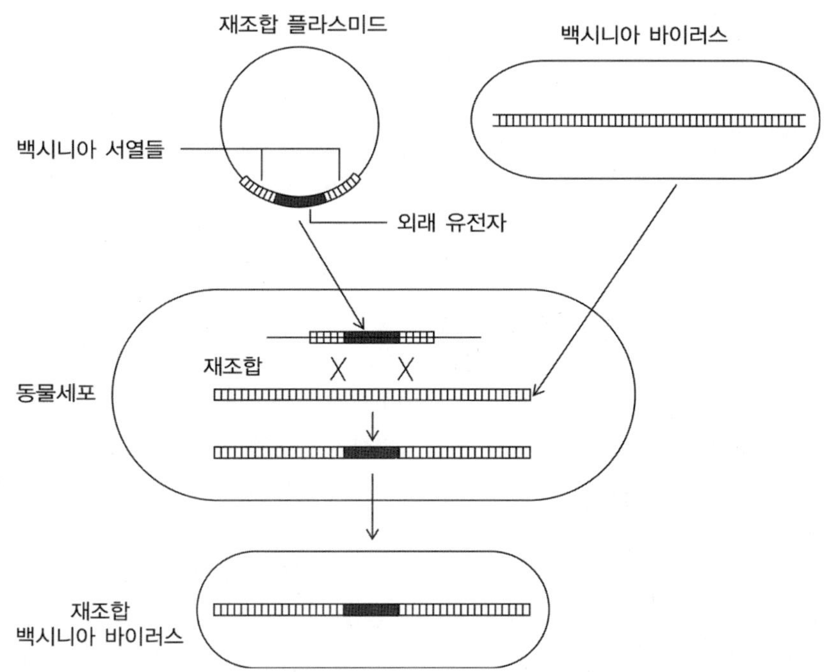

그림 5.15

외래 DNA의 백시니아 바이러스로의 클로닝. 외래 DNA 조각은 우선 플라스미드에 있는 백시니아 바이러스 사이에 클로닝한다. 다음에 이 플라스미드를 백시니아 바이러스와 동시에 배양 동물세포들에 도입한다. 바이러스 DNA와 플라스미드에 있는 백시니아 염기서열간의 상동재조합은 잡종 백시니아 DNA를 만들고 피낭이 형성될 때 재조합 백시니아 바이러스 입자가 된다.

W. H. Freeman에서 펴낸 제 1판(1995)의 삽화를 기본으로 하여 다시 그렸음.

효과 있는 것으로 증명되었고 몇몇은 실제 실험을 했다. 광견병 바이러스의 당단백질 유전자를 가지고 있는 재조합 백시니아 바이러스를 야생동물들에게 투여(미끼에 감추어서)했고 대부분의 서유럽에서 광견병은 사실상 근절되었다. 이것은 중요한 성취인데 왜냐하면 살아있고 약독화시킨 광견병 백신을 사용했을 때는 몇 종류의 야생동물에서 질병을 일으켰고 또한 독성 상태로 전환되었다는 것이 알려졌기 때문이다.

그러므로 백시니아 벡터는 아주 촉망되는 벡터이다. 아마도 10여 종류 이상의 외래단백질의 유전자들을 게놈 속으로 삽입할 수 있는데 이것은 (아직 이론적이지만) 한번 주사로 많은 다른 질병들에 대하여 면역을 가져올 가능성을 의미하기 때문이다. 비록 변형시키지 않은 백시니아 바이러스는 때에 따라서 중대한 부작용을 일으키는 것으로 알려졌지만 많은 돌연변이들과 절제된 부위를 가진 균주(*Ankara*)는 유용하고 안전한 벡터라고 생각할 수 있다.

세균 벡터들

최근까지 위장관에 감염을 일으키는 세균 감염원들에 대한 효율적인 방어는 단지 약독화시킨 세균을 구강 투여하여 국부적 점막면역을 일으키는 것이었다. 특이하게도 사균백신은 효과가 없었다. 예를 들면 사멸한 *Salmonella* 백신을 비경구적(주사)으로 투여했을 때 장티푸스에 대하여 단지 보통정도의 면역을 생성하였으나 내독소(LPS)에 의한 독성은 아주 중대한 부작용들을 아주 가끔 일으켰다. 그러나 현재 경구 투여하는 살아있으나 약독화시킨 균들이 개발되었는데 좀 더 효과적이고 동물들과 사람에게서 중대한 부작용을 덜 일으킨다.

몇 가지 형태의 *Salmonella* 돌연변이체들을 이 목적으로 실험하였다. 한 부류는 *p*-aminobenzoic acid를 포함하는 방향족 화합물들을 합성하는데 필요한 효소들이 결핍된 것이다. 이 돌연변이는 동물조직들에서 세균의 증식이 방해받는데 그 이유는 다른 세균들처럼 *Salmonella*는 *p*-aminobenzoic acid로부터 중요한 보조인자인 엽산을 만들지 못하고 동물들에서 발견되는 조립된 엽산을 사용할 수 없기 때문이다. 다른 부류는 adenylcyclase와 cyclic adenosine monophosphate (cAMP)—결합 단백질을 만드는 유전자가 결핍된 것이다; 이러한 결핍들은 독성이 없는 돌연변이체를 만드는데 cAMP 의존 조절은 아마도 특히 영양물 고갈과 스트레스 같은 조건에서 세균이 필요한 단백질의 생합성을 조절하기 때문인 것으로 추측된다. 또 다른 부류의 결핍은 갈락토스 합성에 필요한 uridine diphosphate (UDP)-galactose-4-epimerase (*galE*)의 결핍이다. 갈락토스는 *Salmonella typhi*와 *Salmonella typhimurium*을 포함하는 많은 *Salmonella*혈청형의 LPS의 주요 구성성분이며 이 돌연변이체들은 독성을 나타내는데 필요한 완전한 LPS를 합성하지 못한다. 그러나 이 돌연변이체들은 숙주조직에 있는 적은양의 갈락토스를 이용하여 적은 수의 완전한 LPS분자들을 합성하는데 이것이 숙주에서 천천히 증식하도록 하여 아주 효과적인 면역을 준비한다. *S. typhi*의 *galE* 돌연변이 균주인 Ty21a는 화학적 돌연변이 유발법으로 만들어졌고 실제 적용실험들에서 많이 연구되었다. 이것은 부작용들이 없는 안전한 백신이다. 이집트에서의 실제 적용실험에서 아주 효과적이었으나 이어진 칠레에서의 실험은 신빙성이 떨어지는 결과를 얻었다.

어떤 문제들은 아직까지도 이러한 살아있는 백신 균주들을 사용하는 것을 복잡하게 한다. 예를 들면 *p*-aminobenzoic acid와 퓨린을 생산하지 못하는 *S. typhi* 이중 돌연변이체는 사용하는데 아주 안전하지만 이들이 이끌어내는 항체반응은 약한데 그 이유는 아마도 영양결핍이 세균 증식을 너무 강하게 방해하는 것이라고 생각된다. 한편 단지 *galE* 유전자만이 결손된 *S. typhi*균주들이 재조합 DNA방법들을 사용하여 만들어졌고 이 균주들은 사람들에게 고도의 독성을 나타내었다. 이는 Ty21a의 독성결핍은 강한 화학돌연변이과정 중에 알지 못하는 또 다른 돌연변이가 도입되어 생긴 결과가 아닌가 추측된다. 이 발견은 Ty21a와 전통백신들에 대한 여러 논쟁을 일으켰다.

아직까지 국소적 점막면역을 자극하는 효과를 가지기는 했어도 모든 부위에 알맞은 면역을 일으키는 약독화된 백신균주들은 개발되지 않았다. 현재 노력하는 것들은 이 균주들을 벡터로서 사용하려는 것이다. 즉 이들에게 다른 병원체들의 방어 항원들을 결합하는 것이다. 이것들에는 *E. coli* 연관종으로써 설사를 일으키는 *Shigella*의 항원들과 충치를 일으키는데 관계가 있는 Streptococci의 항원들을 결합시키는 것 등이다.

합성 펩타이드 백신들로 사용되는 항원 소단위 단편들

소단위 백신들은 병원생물의 거대분자 구성성분들의 1개 또는 몇 개만을 사용한다. 단지 이러한 거대분자의 적은부분(항원결정기)만이 항체 또는 T세포 수용체에 결합하기 때문에 이 방법은 장래에도 계속 사용될 것이다. 많은 경우에 있어서 연구자들은 항원결정기에 일치하는 단지 작은 펩타이드에 의해 면역반응이 일어난다는 것을 밝혔다. 이 펩타이드를 우선 거대분자 "**운반체**(carrier)" 단백질에 붙이고 동물들에게 투여한다.

펩타이드 백신(peptide vaccine)은 몇 가지 장점을 가지고 있다. 가장 뚜렷한 장점은 화학합성으로 만들어질 수 있다는 것이며 재조합 DNA기반 소단위 백신들을 생산하는데 꼭 필요한 정제과정을 거치지 않는다. 이러한 정제과정은 대개 까다롭고 경비가 많이 든다. 결과적으로 펩타이드 백신들은 단백질 함유 소단위 백신들보다 덜 비싸고 순수하며 좀 더 나은 안정성을 갖는다.

항원결정기의 동정

펩타이드 백신 생산의 첫 단계는 항원 단백질의 표면에 존재하는 항체결합 항원결정기들을 동정하는 것이다. 항원결정기들의 동정 그 자체는 그렇게 어렵지 않다; 항원결정기가 백신으로 사용될 때 병원성 생물에 대한 공격으로부터 예방 접종된 사람과 동물을 보호할 **정확한**(correct) 항원결정기를 선발하는 것이 어렵다.

어떤 바이러스 종들의 항원단백질들은 균주마다 아주 다양하기 때문에 한 균주의 감염이 다른 균주에 대한 면역을 항상 생산하는 것이 아니다. 독감 바이러스가 이런 현상을 나타내는 잘 알려진 예이다. 바이러스 표면 단백질들이 이러한 빠른 변이를 나타내기 때문에 어떤 해에 이 바이러스에 감염된 사람들은 다음해의 유행에 대하여 면역을 갖지 못한다. 동물병원균인 구제역 바이러스[foot-and-mouth disease virus(FMDV)]의 외피단백질들도 이와 유사한 변화를 보인다. 다행스럽게도 자발적인 자연적 변이는 가끔 이러한 경우에 항원결정기들의 위치에 대한 실마리를 제공한다 : 핵산염기서열들의 분석은 항원단백질 분자에 있는 고도의 변이를 나타내는 몇 개의 부위를 대개 정확하게 알아낸다. 변이체들의 이러한 부위들이 신체의 면역반응에 의해 분화되는데 이것들은 항체들과 반응하고 특정 계통의 B세포들의 증식을 자극할 수 있음을 나타낸다. 다른 말로 표현하면 이 부위들은 **면역원적 항원결정기**(immunogenic epitope)들이다.

항원결정기들의 동정에 사용되는 또 다른 전략은 특별한 종류의 항체를 *in vitro*에서 생성하여 사용하는 것이다. *In vivo*에서, 다양한 항체는 항체 폴리펩타이드 사슬의 다양한 단편들을 암호화 하고 있는 유전자들이 무작위로 결합하여 만들어진다. 그럼으로써 동물이 전에 항원에 노출됨이 없이도 동물 신체에는 백만 가지 이상의 서로 다른 종류의 B세포들이 존재하고, 많은 B세포들이 서로 다른 친화력을 가진 어떤 특정 항원의 다종다양한 항원결정기들에 결합할 수 있는 항체들을 생산한다. 어떤 B세포는 성숙되도록 자극받을 것이고 어떤 항원이 결합할 수 있는 B세포에 도입되면 이 세포는 증식할 것이다. 그러므로 사람이나 동물에 예방 접종된 한 종류의 항원에 반응하여 생성된 항체들은 사실상 항체생산 세포들의 많은 독립된 서로 다른 클론들이 생성한 혼합물이다; 즉 항체들은 "**다중 클론**(polyclonal)"이다. 다중 클론 항체들이 항원을 만나면 항원 분자의 서로 다른 부위에 서로 다른 항체들이 결합하기 때문에 항원결정기들의 동정은 곤란하고 복잡하게 만든다.

그러나 실험실에서, 개별적 B세포 클론들은 종양 세포주와 융합하여 "**영생화**(immortalized)" 시킬 수 있다(그래서 이러한 특별한 클론들은 영구히 배양할 수 있다). 단지 하나의 항원결정기에만 동일한 친화력을 가지는 균질한 항체[**단일클론항체**(monoclonal antibody)라 한다]를 생산하는 각 클론을 분리할 수 있다. 그럼으로써 각각의 단일클론항체는 항체를 인식하는 부위의 분자적 구조(항원결정기)를 동정하는데 사용할 수 있다. 면역원들로서 단백질들을 사용하여 항체들을 만들었을 때 이 항체들의 많은 부분(대개 50%이상)은 단백질이 완전하고 적당히 접혔을 때만 잘 결합한다. 이들은 단백질들의 1차 구조에서는 서로 간에 많이 떨어져 있지만 3차원적 입체구조로는 근접해 있도록 형성되는 항원결정기들에 상응하는 항체들이다. 이 부위들은 **조립된 지형부위**(assembled topographic site) 또는 **비연속성 항원결정기**(discontinuous epitope)라 한다. 반면에 어떤 단일클론항체들은 – 이들을 **연속성 항원결정기**라 정의한다 – 면역주사에 사용된 어떤 단백질의 연속된 단편들에 잘 결합한다. 연속성 항원결정기가 병원균에서 동정되면 이에 상응하는 합성 펩타이드를 만들 수 있다. 사람이나 동물들에게 합성 펩타이드를 면역주사 했을 때 이것들이 이 항원결정기들에 결합하는 항체들을 생성하여 병원균에 대하여 보호되는 것을 기대한다.

1차구조로부터 항원결정기들의 추정

연속성 항원결정기들을 좀 더 효율적으로 연구하기 위한 미래 전략이 개발되었다. 어떤 것은 항원결정기라고 가정되는 1차 배열의 유망한 부위들을 정확하게 나타낼 수 있고 다른 것들은 펩타이드의 면역력을 예측할 수 있게 한다.

1차 구조만을 기초로 하여 좋은 항원결정기들이며 면역력을 가진 "**짧은 배열**(short sequence)"을 가끔 인지할 수 있다. 항원결정기는 항체의 항원결합부위와 결합되기 위해서 단백질의 표면에 존재해야 되기 때문에 이들은 노출되어 있어야 하고 단백질의 친수 부위에 있어야 한다. 따라서 아미노산 서열을 따라서 이러한 부위를 동정하는 "**친수성 구획**(hydrophilicity plot)"은 예측을 위한 일반적인 방법이 되었다.

비록 친수성이고 노출된 단편들이 좋은 항원결정기들이 될 가능성이 크지만 이들의 많은 것들은 짧은 펩타이드들로 만들어 투여했을 때 좋은 면역력을 나타내지 않는다. 이것에 대한 그럴듯한 이유는 펩타이드의 3차원적 입체구조의 갑작스런 변동이라는 것이다. 짧은 펩타이드들은 대게 물에서 안정한 입체구조를 이룰 수 없는 반면에 어버이 단백질에 존재하는 이에 상응하는 짧은 단편들은 다른 입체구조로 존재하고 단백질들의 다른 부분들과의 상호작용에 의해 안정화되어 존재하는 것 같다. 그러므로 짧은 펩타이드들의 반응으로 생성되는 대부분의 항체들은 단백질의 상응하는 부위에 결합하지 못한다. 과학자들은 이것들이 효과를 나타내려면 연속성 항원결정기 단편은 단백질에서 높은 유동성(유연성)을 가져서 항체의 항원결합부위에 맞아야 한다고 추측하였다. 사실 TMV 단백질의 여러 부위에 상응하는 펩타이드들의 면역성을 조사한 결과 높은 면역성 생성부위들은 단백질의 유동성 부분에 상응하는 곳이라는 것을 X-선 회절법이 보여주었다.

면역력과 단편의 이동성과의 상관관계는 펩타이드가 커져가면서(14개에서 20개의 잔기들로) 약해진다. 놀랍게도 좀 더 면역원성이 강한 친화력을 가진 항체를 생산하는 긴 펩타이드들은 안정한 2차 구조를 가진 단백질 부위에 상응하는 것으로 나타났다. 이러한 펩타이드들의 중요한 부위는 물에서 명확한 구조들을 갖는 것 같다. 이러한 형태의 펩타이드를 사용하여 실험적으로 백신을 성공적으로 생산한 사례는 아래에 기술했다.

FMDV 백신 : 실험적 펩타이드 백신

실용면에서 구제역은 농장동물들의 가장 중요한 질병이다. 이 질병은 북미와 오스트레일리아를 제외한 세계의 소, 양, 염소, 돼지들을 괴롭힌다. FMDV의 확산의 공포가 미국 농무성이 세계 여러 나라로부터 조리되지 않은 고기 제품들의 수입을 금지시킨 중요한 이유이다.

현재, 수의사들은 이 질병에 대해 죽은 바이러스입자를 가지고 있는 전통백신을 접종한다. 그러나 이 백신은 냉장고 온도에 보관하지 않으면 빨리 불활성화 된다. 아마도 이것이 서유럽을 제외한 나라에서 예방접종에 의해 획기적으로 발생빈도를 감소시키지 못하는 이유인 것 같다(유럽에서 많은 나라들이 여러 해 동안 질병이 없었기 때문에 예방접종을 중단하였다; 이 때문에 2001년에 영국에서 일어난 이 질병이 폭발적으로 발생했다는 것이 기억에 새롭다). 더욱이 사멸시킨, 또는 불활성화시킨 백신들은 이미 얘기한대로 어떤 바이러스들은 불활성화 과정에서 살아있을 수 있기 때문에 위험하다. 이러한 것이 FMDV 백신의 생산의 한 배치(batch)에서 일어나 1981년에 서유럽에서 이 질병이 돌발적으로 일어난 원인이었다.

FMDV는 4개의 주요한 껍질단백질들을 가지고 있다. 구제역에서 살아남은 동물들의 혈청은 껍질단백질인 VP1과 반응하는 항체들을 가지고 있기 때문에 소단위 백신을 생산하기 위한 첫 번째 시도는 재조합 DNA기법들을 이용하여 VP1 생산에 초점을 맞추었다. 과학자들은 비록 VP1이 *E. coli*에서 과생산할 수 있었으나 불행히도 이것은 원래의 입체 구조를 형성하지 못한다는 것을 알았다.

이어진 연구들은 잠재력을 가진 펩타이드 백신들의 개발에 방향을 맞추었다. 위에 설명한 접근법으로 과학자들은 VP1 단백질에서 고 변이부위 몇 개를 발견하였고 이것들은 잠재력을 가진 항원결정기라는 것을 확인하였다. 펩타이드 141-160이 합성되었고 큰 매개체 단백질과 짝지어서 기니피그들에 예방접종하는데 사용했는데 구제역 바이러스 입자들을 성공적으로 불활성화시키고 이 질병에 대하여 효과적인 면역을 주는 높은 역가의 항체들이 생산되었다. 이 펩타이드는 아주 길고 안정한 2차 구조라고 생각되는 부위로부터 왔다는 것을 주목해야 한다.

불행하게도 FMDV 펩타이드 백신이 현장에서 사용되려면 넘어야할 장애물들이 있다. 첫째, 이 백신이 기니피그들에서 아주 잘 작용한다고 하더라도 가축에서는 단지 최저한의 효과일 뿐이다. 서로 다른 동물종들 간의 서로 다른 반응들은 T세포들에 의해 인식되는 문제의 결과로부터 처음부터 생각되어진 것이다(이것은 아래에서 다룬다). 두 번째, 실제적인 가치를 가지려면, 백신은 좀 더 강력하게 만들어져야 한다. 아마도 이 문제는 항원분자들을 가깝게 공간적으로 배열하거나 강화제를 개량함으로써 달성할 수 있을 것이다. 어떤 연구에서 VP1의 140-161 서열을 암호화하고 있는 DNA 염기서열을 B형간염 세포의 핵심 항원유전자에 클로닝하면 백신의 효력이 극적으로 개선되었는데 아마도 간염표면항원같이 간염 핵심항원이 특정한 구조로 자체 조립된 것으로 추측된다.

아마도 가장 중요한 문제는 - 그리고 다른 펩타이드 백신들도 마찬가지 고통을 줄 것이지만 - 백신을 주사한 숙주에서 돌연변이 바이러스들이 살아나는 것이다. 펩타이드 백신들에 반응하여 만들어진 항체들은 모두 단일 항원결정기를 겨냥한 것이고 단백질에 변화된 서열을 가지고 있는 바이러스들에게는 잘 결합하지 않을 것이다.

보조 T세포들의 보조인자 첨가

이미 기술한 바와 같이 항체생산은 B세포와 T세포 항원결정기의 항원 안에 존재해야 한다(그림 5.11 참조). 대부분의 큰 항원 단백질들은 두 항원결정기들을 포함한다. 그러나 단지 B세포 항원결정기의 동정과 클로닝으로 펩타이드 백신을 만들었을 때 펩타이드가 T세포 항원결정기도 포함한다는 것을 보증할 수 없다. 펩타이드는 대개 T세포 항원결정기들을 공급하는 커다란 운반체 단백질과 접합시키지만 T세포 항원결정기에 대한 반응은 개체마다 아주 다르다. 아마도 T세포 수용체는 특정 조직적합성 항원을 가지고 있기 때문에(그림 5.11 참조) 인식할 수 있는 항원의 범위가 한정되는 것 같다. 어떤 개체의 T세포 수용체들에 일정 범위의 조직 적합성 항원들을 가지고 있는 것들은 단지 T세포 항원결정기들의 적은 부분만 인식할 수 있다. 이것은 병원체 전체가 예방접종에 사용되었을 때는 문제가 되지 않는데 어떤 병원체는 많은 단백질들을 포함하고 있고 숙주는 이들 중 적어도 하나는 잘 반응하기 때문이다. 그러나 단일 펩타이드가 예방접종에 사용되었을 때 면역반응은 숙주의 조직 적합성 항원의 조성에 따라 크게 의존하고 접종받은 개체는 백신의 T세포 항원결정기에 중요하게 반응하지 않을 수 있다.

이와 유사한 상황은 여러 동물종에 펩타이드 백신을 주사했을 때의 반응이 가끔 뚜렷한 차이들을 나타내는 것을 설명할 수 있다. (실험적으로 만든 FMDV 백신은 기니피그에서는 훌륭한 반응을 나타내지만 가축에서는 그렇지 않다는 것을 상기할 것) 이런 것들이 다른 동물들에서 잘 기능하는 인공 **"난교성(promiscuous)"** T세포 항원결정기를 고안하도록 유도했다. FMDV VP1 B세포 항원결정기가 합성 펩타이드와 융합되었을 때 이 백신은 돼지에서 아주 효과적이었다. 그러나 좀 더 강한 실행조건들을 사용한 다른 시도는 실망스런 결과를 보였다.

세포면역을 일으키는 펩타이드들

비록 B세포들을 자극하기 위해 펩타이드들을 사용하는데는 많은 문제점들이 있기는 하지만 펩타이드들은 T세포 클론들을 선택하여 세포면역을 일으키는데 뛰어난 수단을 제공한다. 이것은 T세포 선택에서 T세포에 **"제시된(presented)"** 항원이 이미 가공된 것이 주요 이유이다(즉 단백질 분해방법으로 절단되었다); 그러므로 만들어진 구조들은 짧은 펩타이드 사슬들이고 대부분의 T세포 항원결정기들은 연속된 펩타이드들이다(조립된 형태의 수많은 B세포 항원결정기들과는 다르다).

DNA 백신들

1990년에 행한 실험에서, 동물세포들에서 강한 프로모터 활성을 나타내는 프로모터 아래에 클로닝한 외래 유전자들을 가지고 있는 나출된 플라스미드 DNA 100 ㎍을 생쥐들에게 주사했을 때 외래유전자들은 검출할 수 있을 정도로 발현되었다. 유전자요법으로서 많은 가능성을 가진 이 연구는 몇 년 동안 계속되었는데 항원들을 암호화 하는 유전자들을 포함하는 플라스미드 DNA를 비슷한 방법으로 주사했을 때 생쥐들에서 면역 생성을 유도하는 결과를 얻었다. DNA 백신들은 실험실에서 쉽게 변형시킬 수 있으므로 이러한 발견들은 비록 작은 실험실들이나 회사들에서 효과적인 백신들을 생산할 수 있다는 약속인 것처럼 보인다. 단백질의 훌륭한 발현과 정확한 접힘, 단백질 정제, 독성을 가질 수도 있는 오염물질의 제거 같은 재조합 단백질 백신들의 생산에 필요한 대부분의 단계들은 DNA 백신들에서는 필요 없는데 그 이유는 항원 유전자가 APCs안에서 발현될 수 있기 때문이다. 더욱이 APCs의 세포질에서 항원 단백질이 발현된다는 것은 면역반응이 세포에 독성을 가진 CD8 T세포를 생산하는 쪽으로 향한다는 것을 의미하고 이렇게 되는 것은 일반 백신들로는 이루기 힘든 결과이다.

그 후 사람에게 효과적인 DNA 백신들을 개발하기 위하여 많은 연구들이 행해졌다. 항체역가 증가나 T세포 증식 등이 일어난 성공사례들이 몇몇 있었지만 일반적으로 DNA백신들을 사람들에게 사용하는 것에는 대개 효능이 없었다. 현재의 노력들은 DNA 도입방법의 개선[**"전기천공법(electroporation)"**, 강화제의 사용 등]과 DNA 백신을 처음 주사한 후 다음에 재조합 바이러스 구성물들을 포함한 **"추가면역(booster)"** 주사들을 결합하는 것 같은(위의 "바이러스 벡터들" 참조) 잠재력을 증가시키는데 초점이 맞추어져 있다. 그러나 비록 이러한 추가면역을 한다하더라도 항 말라리아 DNA백신은 최근의 임상시험에서 효과가 없다는 것이 밝혀졌다(아래의 "말라리아" 참조).

왜 DNA 백신들이 생쥐에서 그렇게 효과적인데 사람에게는 효과가 없을까? 중요한 이유는 투여량 때문이다. 1990년에 처음 행한 생쥐에서의 유전자 발현에는 마리당 100 μg을 사용했고 10 μg의 DNA를 주사했을 때는 외래 유전자의 발현수준은 10배 감소하였다. 그러므로 쥐 한 마리당 100 μg의 DNA는 요구하는 최저량이고 이후 계속된 쥐에서의 DNA 백신연구들에서는 모두 동물당 이 양만큼, 또는 더 이상량을 사용하였다. 사람의 체중을 기반으로 했을 때 실험실 쥐 무게의 거의 1만 배가 되며 이 투여량은 사람 1인당 1g정도이다. 사람에게 이만큼의 DNA를 주사하는 것은 불가능하고 이 많은 양을 생산하는데는 아주 비용이 많이 든다. 그러므로 사람에게는 현재까지 1인당 1~3 mg을 투여했는데 이 양은 아주 적은 양이다. 효과적인 DNA백신들 이전에 사람들에 사용되는 것을 대체하기 위해서는 새로운 접근법이 필요할 것으로 생각된다.

투여량에 관한 문제점 이외에 실제적으로는 아주 낮지만 이론적으로 가능한 외래 플라스미드 DNA가 사람 염색체 속으로의 삽입 가능성이다. 배양된 동물세포들을 사용한 실험들은 이러한 일들은 아주 낮다는 것을 보여주었다. 그럼에도 불구하고 어떤 결과가 좋은 백신을 수백만 명 또는 수십억 명에게 접종될 것이므로 있음직하지 않은 부작용들도 신중히 다루어야 한다.

개발 중인 백신들

어떤 병원균들은 숙주의 면역방어에 대하여 비상하게 **"똑똑한(clever)"** 무기들을 개발하였기 때문에 효율적인 백신들을 개발하는데 많은 도전들이 필요하다. 이보다 더 큰 어려움은 암 같은 비 전통적 표적물들에 대한 백신들을 개발을 시도할 때 만나게 된다. 우리는 여기서 이러한 개발 분야들에 대한 한두 가지 간단한 예들을 설명하고자 한다.

"침입-체류(Hit-and-Stay)" 바이러스들의 백신들

후천성면역결핍증후군(AIDS) 바이러스 같은 바이러스들은 만성병을 일으키고 백신개발에 특별한 문제점을 나타낸다. 예를 들면 급성감염을 일으키는 바이러스들은 대개 빠른 면역반응들을 일으켜 감염된 환자들을 회복시키는데 기여하는 항체들이나 활성화된 CD8 T세포들을 만들지만 만성 질병을 일으키는 바이러스들[즉 HIV(인체면역결핍바이러스)와 C형 간염 바이러스]은 질병을 앓는 중에 강한 면역을 거의 생성하지 않고 면역시스템을 피할 수 있는 기작을 가지고 있는 것으로 생각되고 있다. 그럼에도 불구하고 HIV 연관종인 원숭이 면역결핍 바이러스에 대한 단일클론항체들로 원숭이에게 수동면역을 시킨 결과 동물들은 감염에 대하여 강하게 보호하는 것을 보였다. 그러므로 만약 강한 면역반응을 나타낼 수 있는 백신들을 개발한다면 이것들을 질병들로부터 사람을 보호하는데 사용할 수 있을 것이다. 이러한 예방백신을 개발하는데 많은 노력을 하고 있다. HIV에서, 주 외피단백질이 소단위 백신들과 펩타이드 백신들로 시험되었고, 이것의 유전자는 백시니아 바이러스 같은 생 바이러스 벡터에 클로닝 되었다. 비록 이러한 시도들은 가끔 중화항체나 세포독성 T세포들을 생성하기도 하지만, 바이러스의 RNA유전체로부터 생성된 항원들에 엄청나게 많은 변화를 나타내는 바이러스에 대하여 보호할 수 없었다. 이와 비슷한 문제가 또한 RNA 바이러스인 C형 간염 백신들을 개발하려는 노력을 어렵게 하고 있다(B형 간염 바이러스와 달리 C형 간염 바이러스는 2중쇄 DNA 바이러스이다).

말라리아

말라리아는 세계의 열대와 아열대지역의 중요한 문제이다. 비록 전 세계적인 사망자를 확인하는 것은 아주 어렵지만 WHO는 2002년에 말라리아에 의해 사망한 사람은 백삼십만 명이라고 추정하였다(표 5.2). 더욱이 말라리아를 일으키는 병원균인 *Plasmodium* 종들은 가장 효율적인 치료약인 chloroquine에 대한 저항성을 가진 것이 증가하고 있다. 그러므로 이 질병에 대한 효과적인 백신을 개발하는 것이 대단히 중요하다. 말라리아 기생충들의 사육에 어려움이 있고 비용이 많이 들기 때문에 재조합 DNA기법에 의한 소단위 백신들을 개발하는 것이 말라리아 예방에 적당하다고 하겠다. 세계의 여러 실험실들이 이런 백신들을 개발하기 위해 열심히 연구했지만 결과들은 아직 만족할만하지 못하다.

확실히, 하나의 중요한 문제점은 *Plasmodium*의 복잡성이다. 이것의 생활환은 척추동물 숙주에서 적어도 3개의 완전히 다른 단계들을 포함하고 있고 이것들은 완전히 다른 항원구조를 가지고 있다. 잘 알려진 대로 말라리아 감염은 **아노펠레스(Anopheles)** 모기에 물림으로서 시작된다. 이 경로로 혈류에 들어간 병원균은 **유주자(sporozoite)** 단계에 있게 된다. 유주자는 간세포들에 들어가고 여기서 증식한다. 1~2주 후에 병원균들은 다시 혈류에 방출되는데 이것이 **분열소체(merozoite)**시기이다. 말라리아의 많은 증상들이 분열소체가 적혈구세포들에 감염한 결과인데 이들은 적혈구에서 증식하고 2, 3일에 한 번씩 유리되고 적혈구세포들에 재감염 된다(그림 5.16 참조). 분열소체의 적은 부분은 결국 **배우자 모세포(gametocyte)**라고 불리는 성세포로 발생한다. 이것들이 모기의 소화관에 들어가면(즉 모기가 물때 말라리아에 감염된 숙주의 피를 섭취한다), 그들은 증식하여 배우자가 되고 결국에는 유주자를 형성하여 다시 주기를 시작하는 **오키네트(ookinete)**를 형성한다. 백신개발은 사람 숙주에서 일어나는 각 단계들을 표적으로 한다.

말라리아 원충감염을 방지하기 위한 백신은 유주자들을 상대로 면역을 생성해야만 한다. 그러므로 현재까지 대부분의 노력들은 유주자 항원들을 사용했다. 소단위 백신들을 생산하는데 사용한 표준방법 다음으로, 과학자들은 사멸시킨 전 유주자로 실험동물을 면역시켰고 대부분의 항체들을 생산하도록 한 항원을 동정하였다. 이 방법으로 유주자의 표면에 존재하는 단백질 성분인 circumsporozoit(CS)단백질이 우세 항원으로 동정되었다. 이 단백질의 중심부위는 몇 번의 반복으로 된 아미노산 4개로 이루어진 펩타이드인 Asn-Val-Asp-Pro와 함께 많은 반복(*Plasmodium falciparum*의 어떤 균주는 37번, 어떤 다른 균주는 43번)의 4개의 아미노산으로 이루어진 펩타이드인 Asn-Ala-Asn-Pro로 구성되어 있다(그림 5.17). 사멸시킨 유주자로 예방접종하여 생성된 항체들의 많은 부분이 이 부위에 대한 것이기 때문에 첫 번째 소단위 백신들은 단백질 운반체에 접합시킨 이러한 반복염기서열을 포함하는 합성 펩타이드로 구성되었다. 이러한 백신들을 맞은 사람들은 좋은 항체역가를 일으켰으나 이 사람들의 일부만이 이 질병에 대하여 면역되었다.

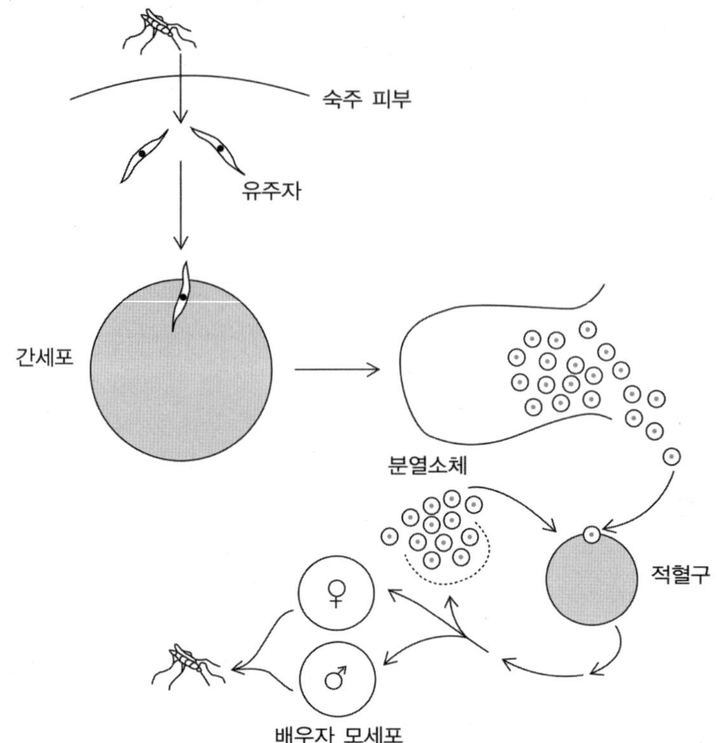

그림 5.16

단순화시킨 말라리아 원충의 생활환. 여기에서 보인 3개 단계(유주자, 분열소체, 그리고 배우자 모세포)이외에 원충이 적혈구세포 안에서 증식하는 것을 대개 영양체단계라 한다.

W. H. Freeman에서 펴낸 제 1판(1995)의 삽화를 기본으로 하여 다시 그렸음.

이후의 연구들은 반복부위가 어떤 T세포 항원결정기들도 포함하지 않는다는 것을 밝혔다. 이미 언급한대로 효과적 면역반응이 일어나기 위해서는 항원이 B세포와 T세포 항원결정기들을 포함하고 있어야만 한다. T_H세포들에 의해 인식되는 우세 항원결정기는 CS 단백질의 C-말단부위의 비 반복부위에 존재한다. 이 T세포 항원결정기를 포함하고 있다고 생각되는 소단위 백신들이 효모에서 재조합 DNA의 발현에 의해 만들어졌을 때 실험동물들에서의 면역반응은 뛰어났다.

현재 개발최고단계에 와 있는 말라리아백신 후보는 RTS, S/AS02A라 불리는 백신이다. 이 백신을 생산하기 위하여 CS단백질의 207~395 잔기들에 해당하는 폴리펩타이드(반복도메인과 T세포 항원결정기 도메인을 포함)를 HBsAg에 융합시켰다. 이 융합체는 수식되지 않은 HBsAg와 함께 발현되었고 이렇게 함으로써 말라리아 항원은 HBsAg로 구성된 소포의 표면에 배열함으로써 제시된다. 이 제품은 면역반응을 더 증가시키기 위해 이 장의 앞에서 언급한 것과 같이 보강제인 monophosphoryl lipid A를 포함하는 수중유화유제로 되어있다. 이를 감비아에서 실증시험을 행했는데 어른들에게서 일부분 보호하는 것을 보였고 모잠비크에서 어린이를 대상으로 대규모 이중맹검법을 행했을 때 *P. falciparum* 유병율은 37%, 중증 말라리아는 58% 낮아졌다. 이것은 완전한 예방은 아니지만 말라리아에 대한 예방접종은 확실히 가능하다는 것을 보여주는 것이다.

이러한 재조합 폴리펩타이드 백신을 사용하는데 중요한 문제점은 높은 비용이다. 이 관점에서 합성펩타이드 또는 DNA 백신이 좀 더 매력적이다. 그러나 재조합 백시니아 바이러스를 사용한 "**보강(booster)**"과정과 함께 행한 최근의 DNA 백신의 심증실험은 통계적으로 중요한 예방력을 거의 보여주지 못했다.

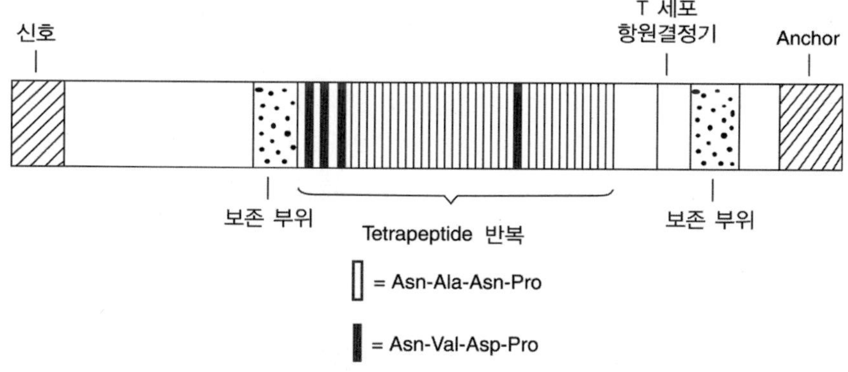

그림 5.17

Plasmodium falciparum 어떤 균주의 CS항원의 도식적 구조. 단백질의 N-말단들(이 그림의 *왼쪽*에 있는)은 배출을 위한 신호서열로서 시작되고 C-말단들(오른쪽에 있는)은 소수성 서열들인데 아마도 세포표면의 단백질과 결합되어 있는 것 같다. 단백질의 중간부위는 tetrapeptide 반복(37개의 Asn-Ala-Asn-Pro의 반복과 4개의 Asn-Val-Asp-Pro의 반복)으로 되어 있다. T세포 항원결정기는 반복부위의 C-말단 쪽에 위치한다. [Based on Kemp, D. J., Coppel, R. L., and Anders, R. F. (1987). Repetitive proteins and genes of malaria. *Annual Review of Microbiology*, 41, 181–208.]

이와 다르게 어떤 연구는 말라리아 원충들이 가장 잘 증식하는 분열소체 단계를 표적으로 한다. 일반인들 중에 헤모글로빈의 돌연변이형, 즉 겸상 세포 헤모글로빈을 가진 이형접합인 사람은 이 증식을 저해하게 된다. (말라리아 저항성의 연관관계는 비록 동형접합인 사람에게서 겸상 적혈구 빈혈증이라는 중증 질병을 일으키지만, 아프리카 어떤 지역에서는 40%의 사람이 왜 이 돌연변이 대립인자를 가지고 있는지를 설명하는 것이다.) 만약 백신이 분열소체에 작용하는 높은 수준의 항체를 생산할 수 있다면 분열소체는 어떤 적혈구세포에서 다른 세포로 이행되는 동안에 공격받을 것이고 말라리아 증상들은 완화될 것이다(항체들은 세포막을 통과하지 못하기 때문에 적혈구 안에서 증식하는 원충들을 공격할 수 없다). 콜롬비아 보고타의 과학자들은 3개의 분열소체 항원들로부터 잠재력 있는 항원결정기들을 포함하고 있는 45개의 아미노산으로 된 펩타이드를 합성하여 이 펩타이드들을 이황화결합을 사용하여 고분자로 중합시켰다. 불행하게도 이 백신은 첫 실험에서는 아주 희망적으로 나타났지만 아프리카에서 행한 엄격한 야외실지실험에서는 효과가 없었다.

마지막으로, 때때로 일어나는 항원 변이의 문제가 있었는데 앞에서 언급한 CS항원의 우세 T세포 항원의 변이가 그 예이다. 어떤 백신들은 실험실에서 배양한 감염균주들을 사용한 실험연구에서 좋은 효과를 보였으나 야외 실험에서는 항원 변이가 빨리 일어나기 때문에 비관적인 결과가 나오기도 했다.

자가면역질환들과 암에 사용되는 치료백신들

백신과학에서 가장 새로운 선구적인 것은 비감염성 질병들에 대한 치료백신을 생산하는 것이다. 예를 들면 제 1형 당뇨병들, 다발경화증, 몇 가지 형태의 관절염들 같은 많은 사람 질병들은 환자가 자신의 신체구성물에 대하여 항체들이나 세포독성 T세포들을 만들어내는 자가면역질환들로 생각되고 있다. 동물들에서 면역반응들은 여러 가지 서로 다른 형태들을 가지므로, 항원들을 사용해서 적당한 예방주사를 하면 위험한 면역반응이 해가 적은 것으로 전환될 수 있다고 생각할 수 있다. 대부분의 경우에 있어 이것은 T_H1 반응에서 T_H2반응으로 전환되는 것을 포함하고 있다.

사람의 다발성 경화증은 아주 복잡한 질병이지만 신경세포를 감싸는 여러 겹의 막으로 된 껍질인 myelin의 myelin 염기 단백질과의 자가면역반응을 포함하고 있는 것으로 알려졌다. 정해진 비율로 글루탐산, 라이신, 알라닌, 티로신을 섞어서 만든 무작위 혼성 중합체를 글라트리머(glatrimer)라 하며 다발성 경화증의 진행을 늦추는데 사용되고 미엘린 염기단백질의 항원결정기들을 흉내 냄으로써 면역반응 방향을 조절하는 것으로 생각된다. 제 1형 당뇨병과 기타 질병들에 대하여 비슷한 치료용 예방접종을 개발하기 위하여 많은 연구들이 진행되고 있고 동물들의 실험에서 T_H1에서 T_H2 반응으로 전환되는 것이 몇 가지에서는 성공하였다. 그러나 T_H2 반응 역시 알레르기반응들에 포함되는 IgE 항체를 만들었다; 그러므로 항원들의 반복된 주사는 사람치료에서 중요한 문제를 일으킬 수 있는 갑작스럽고 맹렬하고 아마도 치명적인 반응["**과민성 반응(anaphylactic reaction)**"]을 일으킬 수 있다.

암세포들은 가끔 세포의 표면에 특징적인 항원분자들을 생성한다. 이 분자들에 대한 표적치료법은 암세포들과 정상세포들을 모두 표적으로 하는 보편적 화학요법보다는 훨씬 좋은 결과들을 나타낸다. 사실 면역학적 접근법은 암세포 표면들의 항원에 대해 현재 많이 사용하는 단일클론항체의 사용 – 어떤 형태들의 유방암에 사용되는 tratuzumab (Herceptin)같은 – 에 의해서 이미 알려졌다. 비록 종양 특이적 항원들에 대한 면역기작은 암 환자들에서 대개 억제되지만 인공적 자극은 주목할 만한 면역반응들을 생성할 수 있다. 광범위한 연구가 암에 대한 치료용 백신들을 생산하려고 행해지고 있고 이미 흑색종 치료분야에서 좋은 결과들을 얻었다. 사람 흑색종 세포들의 추출물을 강력한 보강제(마이코박테리아의 세포벽 단편들과 monophosphoryl lipid A로 구성된)와 함께 주사하는 것이 1988년 이래로 연구되어 왔다. 최근의 연구는 이 치료용 백신에 대한 반응은 특히 환자들이 발현하는 MHC(또는 좀 더 정확히는 HLA)형태들에 따라 다르다는 것을 밝혔다. HLA형태 또는 C3를 발현하는 환자들에서 백신치료는 효과적이어서 5년간의 결과에서 재발없는 생존율이 비교군에서 59%를 보인 반면에 실험군에서는 83%를 나타냈다. 이러한 결과들은 면역치료가 악성종양들을 효율적으로 치료(그리고 예방도 가능)할 수 있으리라는 희망을 준다.

요약

전통백신들은 약독화된 독성을 가진 살아있는 생물들, 죽은 생물들, 또는 불활성화 독소들의 한 가지를 가지고 있다. 대개 단지 약간의 유전적 변화가 약독화된 백신균주들과 독성균주들을 구분하는 것인데, 그러므로 약독화된 백신균주들은 독성균주들로 전환될 가능성을 가진다. 사멸 또는 불활성화 백신들은 불활성화가 불완전할 수도 있다는 위험성이 항상 존재한다. 더욱이 방어적 면역을 생산하는데 필요치 않은 부작용을 일으킨다.

전통백신들의 위와 같은, 또는 이 이외의 단점들은 대개 병원생물의 단일 단백질 성분인 면역을 주는 "**방어항원(protective antigen)**" 만을 포함하는 소단위 백신들을 사용하여 회피할 수 있다. 이런 항원은 무세포 백일해 백신, *H. influenzae*와 폐렴균 접합 복합다당체백신을 만들 때 쓰는 것 같은 전통기술에 사용되는 병원균들로부터 생산할 수 있다. 이것은 또한 *E. coli*나 효모 같은 해가 없는 생물들에서 적당한 유전자를 가진 재조합 분자들을 도입시켜 안전하고 값싸게 생산할 수 있다. 재조합 B형 간염백신은 이 바이러스의 중요 껍질단백질로 조성되어 있는데 그 다음세대법에 의한 성공적인 상업적 생산물이며 현재 광범위하게 사용된다.

그러나 소단위 백신들은 전통백신만큼 효과적이지 못한데 그 이유는 척추동물 면역계는 병원균의 표면에 있는 여러 개의 같은 항원이 존재해야하며 숙주세포들에는 없고 외부에서 침입한 생물들은 일반적으로 가지고 있는 LPS나 펩티도글리칸 같은 성분들이 전 병원(whole pathogen)의 특징을 인식하는데 최적화되어있기 때문이다. 그러므로 소단위 백신으로 좀 더 좋은 백신반응을 얻기 위해서는 전 병원균에 존재하는 항원과 닮은 것 또는 보강제들처럼 반응하는 화학물질들과 백신들을 결합하여 주사하는 전략이 필요하다. 어떤 경우들에 있어서, 자연면역반응과 똑같은 면역반응을 나타내는 약독화된 생 병원체들은 백신의 소단위를 운반하는 효과적인 벡터로 사용된다(그러므로 광견병 바이러스의 껍질 당단백질을 암호화하는 유전자를 운반하는 백시니아 바이러스는 현재 야생동물들의 광견병들에 대한 예방주사로 현재 성공적으로 사용되고 있다). 복잡한 생활환들을 통하거나 (즉 말라리아 원충들) 정상적 면역반응을 회피하는 것(즉 만성질병들을 일으키는 바이러스들) 등에 관한 병원균들에 대한 소단위 백신의 개발은 특히 어렵다. 소단위 백신들은 동물들과 사람들에게 인공적인 항원을 제시하기 때문에 효과적인 소단위 백신들을 생산하는데에는 전통백신들을 생산하는 것보다 미생물들에 대한 훨씬 많은 면밀한 지식과 면역세포들의 기능을 필요로 한다. 예를 들면 연구자들은 그들의 면역학에 대한 지식이 항원과 아주 강력한 보강제들을 결합하도록 할 때까지는 성공적으로 말라리아 백신을 생산하지 못할 것이다.

항체에 의해 인식되는 항원단백질의 부분들은 아주 작기 때문에 전체 소단위 또는 항원 대신에 작은 펩타이드들(대개 운반단백질과 접합되어)도 면역을 생산할 수 있다. 펩타이드 백신들은 화학합성으로 많은 양을 순수하고 안정하게 생산할 수 있기 때문에 매력적이다. 좀 더 야심찬 전략은 DNA백신들을 개발하는 것이다. 이것은 척추동물세포들에서 효율적으로 발현될 수 있는 프로모터 뒤에 방어적 항원을 암호화하는 유전자들을 가지고 있는 플라스미드들이다. 비록 DNA백신들이 생쥐에서 효과를 나타내었지만 사람에 대한 시도들에서 거의 방어 작용을 나타내지 못했는데 그 이유는 아마도 사람이기 때문에 강한면역에 필요한 투여량을 투여하는 것이 어렵기 때문일 것이다.

백신 연구의 대부분은 현재 감염 이외의 사람 질병들을 표적으로 한 치료용 백신개발에 초점이 맞추어져있다. 여기에는 자가면역질환들과 암 등인데 어떤 유망한 결과도 얻어져 있다.

|참고문헌과 온라인 자료|

일반적인 내용

Plotkin, S. A., and Orenstein, W. A. (eds.). (2004). *Vaccines*, 4th Edition, Philadelphia: W. B. Saunders.

Plotkin, S. A. (2005). Vaccines: past, present, and future. *Nature Medicine*, 11(Suppl.), S5–S11.

Subunit Vaccines Made with Traditional Technology

Sato, Y., and Sato, H. (1999). Development of acellular pertussis vaccines. *Biologicals*, 27, 61–69.

Decker, M. D., and Edwards, K. M. (2000). Acellular pertussis vaccines. *Pediatric Clinics of North America*, 47, 309–335.

Robbins, J. B., Schneerson, R., Trollfors, B., Sato, H., Sato, Y., Rappuoli, R., and Keith, J. M. (2005). The diphtheria and pertussis components of diphtheria-tetanus-toxoids-pertussis vaccine should be genetically inactivated mutant toxins. *Journal of Infectious Diseases*, 191, 81–88.

Mäkelä, P. H., and Käyhty, H. (2002). Evolution of conjugate vaccines. *Expert Review of Vaccines*, 1, 399–410.

Subunit Vaccines Made with Recombinant DNA Technology

Valenzuela, P., Medina, A., Rutter, W. J., Ammerer, G., and Hall, B. D. (1982). Synthesis and assembly of hepatitis B virus surface antigen particles in yeast. *Nature*, 298, 347–350.

Michel, M.-L., Sobczak, E., Malpièce, Y., Tiollais, P., and Streeck, R. E. (1985). Expression of amplified hepatitis B virus surface antigen genes in Chinese hamster ovary cells. *Bio/Technology*, 3, 561–566.

Shouval, D. (2003). Hepatitis B vaccines. *Journal of Hepatology*, 39, S70–S76.

Roden, R., and Wu, T.C. (2006). How will HPV vaccines affect cervical cancer? *Nature Reviews Cancer*, 6, 753–763.

Techniques for Delivery of Vaccines

Abbas, A. K., Murphy, K. M., and Sher, A. (1996). Functional diversity of helper T lymphocytes. *Nature*, 383, 787–793.

Petrovsky, N., and Aguilar, J. C. (2004). Vaccine adjuvants: current state and future trends. *Immunology and Cell Biology*, 82, 488–496.

Stills, H. F. (2005). Adjuvants and antibody production: dispelling the myths associated with Freund's complete and other adjuvants. *ILAR Journal*, 46, 280–293.

Persing, D. H. (2002). Taking toll: lipid A mimetics as adjuvants and immunomodulators. *Trends in Microbiology*, 10(Suppl.), S32–S37.

Krieg, A. M. (2006). Therapeutic potential of Toll-like receptor 9 activation. *Nature Reviews Drug Discovery*, 5, 471–484.

Live, Attenuated Vectors

Brochier, B., et al. (1991). Large-scale eradication of rabies using recombinant vaccinia-rabies vaccine. *Nature*, 354, 520–522.

Antoine, G., Sceiflinger, F., Dorner, F., and Falkner, F. G. (1998). The complete genomic sequence of the modified vaccinia Ankara strain: comparison with other orthopoxviruses. *Virology*, 244, 365–396.

Drexler, I., Staib, C., and Sutter, G. (2004). Modified vaccinia virus Ankara as antigen delivery system: how can we best use its potential? *Current Opinion in Biotechnology*, 15, 506–512.

Kochi, S. K., Killeen, K. P., and Ryan, U. S. (2003). Advances in the development of bacterial vector technology. *Expert Review of Vaccines*, 2, 31–43.

Synthetic Peptide Vaccines

Sobrino, F., et al. (2001). Foot-and-mouth disease virus: a long known virus, but a current threat. *Veterinary Research*, 32, 1–30.

Rodriguez, L. L., Barrera, J., Kramer, E., Lubroth, J., Brown, F., and Golde, W. T. (2003). A synthetic peptide containing the consensus sequence of the G-H loop region of foot-and-mouth disease virus type-O VP1 and a promiscuous T-helper epitope induces peptide-specific antibodies but fails to protect cattle against viral challenge. *Vaccine*, 21, 3751–3756.

Celada, F., and Sercarz, E. E. (1988). Preferential pairing of T-B specificities in the same antigen: The concept of directional help. *Vaccine*, 6, 94–98.

Davis, M. M., and Bjorkman, P. J. (1988). T-cell antigen receptor genes and T-cell recognition. *Nature*, 334:395–402.

Mechanism of Immune Response

Goldsby, R. A., Kindt, T. J., Osborne, B. A., and Kuby, J. (2003). *Immunology*, 5th Edition, New York: W. H. Freeman.

Janeway, C. A., Jr., Travers, P., Walport, M., and Shlomchik, M. J. (2005). *Immunobiology*, 5th Edition, New York: Garland Publishing.

Takeda, K., Kaisho, T., and Akira, S. (2003). Toll-like receptors. *Annual Review of Immunology*, 21, 335–376.

Netea, M. G., van der Meer, J. W. M., Sutmuller, R. P., Adema, G. J., and Kullberg, B.-J. (2005). From the Th1/Th2 paradigm towards a Toll-like receptor/T-helper bias. *Antimicrobial Agents and Chemotherapy*, 49, 3991–3996.

Holmgren, J., and Czerkinsky, C. (2005). Mucosal immunity and vaccines. *Nature Medicine*, 11, S45–S53.

DNA Vaccines

Wolff, J. A., et al. (1990). Direct gene transfer into mouse muscle in vivo. *Science*, 247, 1465–1468.

Donnelly, J., Wahren, B., and Liu, M. A. (2005). DNA vaccines: progress and challenges. *Journal of Immunology*, 175, 633–639.

Moorthy, V. S., et al. (2004). A randomised, double-blind, controlled vaccine efficacy trial of DNA/MVA ME-TRAP against malaria infection in Gambian adults. *PLoS Medicine*, 1, 128–136.

Vaccines in Development

Berzofsky, J. A., Ahlers, J. D., Janik, J., Morris, J., Oh, S.-K., Terabe, M., and Belyakov, I. M. (2004). Progress on new vaccine strategies against chronic viral infections. *Journal of Clinical Investigation*, 114, 450–462.

Good, M. F. (2005). Vaccine-induced immunity to malaria parasites and the need for novel strategies. *Trends in Parasitology*, 21, 29–34.

Balou, W. R., et al. (2004). Update on the clinical development of candidate malaria vaccines. *American Journal of Tropical Medicine and Hygiene*, 71 (Suppl. 2), 239–247.

Alonso, P. L., et al. (2004). Efficacy of the RTS,S/AS02A vaccine against *Plasmodium falciparum* infection and disease in young African children: randomised controlled trial. *Lancet*, 364, 1411–1420.

Malkin, E., Dubovsky, F., and Moree, M. (2006) Progress towards the development of malaria vaccines. *Trends in Parasitology*, 22, 292–295.

Deen, J. L., and Clemens, J. D. (2006). Issues in the design and implementation of vaccine trials in less developed countries. *Nature Reviews Drug Discovery*, 5, 932–940.

Kooij, T. W. A., Janse, C. J., and Waters, A. P. (2006). *Plasmodium* post-genomics: better the bug you know? *Nature Reviews Microbiology*, 4, 344–359.

Hohlfeld, R., and Wekerle, H. (2004). Autoimmune concepts of multiple sclerosis as a basis for selective immunotherapy: from pipe dreams to (therapeutic) pipelines. *Proceedings of the National Academy of Sciences U.S.A.*, 101, 14599–14606.

Finn, O. J. (2003). Cancer vaccines: between the idea and the reality. *Nature Reviews Immunology*, 3, 630–641.

Sondak, V. K., and Sosman, J. A. (2003). Results of clinical trials with an allogeneic melanoma tumor cell lysate vaccine: Melacine. *Seminars in Cancer Biology*, 13, 409–415.

Stevenson, F. K., et al. (2004). DNA vaccines to attack cancer. *Proceedings of the National Academy of Sciences U.S.A.*, 101, 14646–14652.

Banchereau, J., and Palucka, A. K. (2005). Dendritic cells as therapeutic vaccines against cancer. *Nature Reviews Immunology*, 5, 296–306.

Lollini, P. L., Cavallo, F., and Nanni, P., et al. (2006). Vaccines for tumor prevention. *Nature Reviews Cancer*, 6, 204–216.

Chapter 06

식물-미생물 상호작용

인간은 생존을 위해 식량을 필요로 하며 현 세계에서 대부분의 식량은 농업의 산물이다. 1798년에 Thomas Robert Malthus는 유명한 에세이를 출간하였는데 여기에서 그는 인류의 인구수는 기하학적으로 증가하지만, 식량생산은 단지 산술적으로 증가한다고 주장하였다. 그 당시에 그는 과학이 식량생산의 증가에 얼마나 공헌하는지에 관하여는 예측하지 못하였다. Malthus가 예견했던 것처럼, 세계의 인구는 대단히 놀라울 정도도 증가해왔다. Malthus시대에 12억 5천만에서 1950년에 25억으로 두 배가 되는 데는 100년 약간 넘게 걸렸다. 그러나 그 다음 50억으로 두 배가 되는 데는 그림 6.1에서 보는 바와 같이 40년도 덜 걸렸다. 그러나 단위면적당 주요 식량작물의 생산량이 세배에 도달하는 데는 40년 조금 더 걸렸다. 이러한 증가에 기여한 주요 요인 가운데 하나는 고 수확 작물품종의 개발을 들 수 있는데 예를 들어, 밀과 벼의 반-난쟁이 품종의 경우 에너지의 대부분을 식물생장보다는 종자 (곡립) 생성에 사용하기 때문이다. 이러한 품종 개발은 1960-1970년대에 이루어졌으며 "'녹색혁명"으로 불린다. 이러한 생산성 증가 덕분에 비록 식량생산용 경작지가 꾸준히 감소하였음에도 불구하고 그림 6.1의 곡류 부분에서 나타나는 바와 같이 세계 식량생산량은 인구증가의 속도보다 더 빠른 속도로 증가하였다. 이러한 모든 사실에도 불구하고 개발도상국에서 대두되는 영양실조와 기아와 같은 심각한 문제들은 대부분 식량의 불공정한 분배에 그 기원을 두고 있다.

농업은 지구경제의 매우 커다란 부분을 차지한다. 그리고 화폐 가치로 정확히 산정하는 것은 매우 어렵다. 표 6.1은 대강의 산정치를 보여주고 있지만 다양한 이유 (정보의 희소성을 포함) 때문에 수치들이 정확치는 않다. 표에 나타난 값은 국제 수입 가격에 기초한 것이지만 이러한 가격은 국내 가격과 다른 것처럼 보이는데 그 이유는 한 국가의 수출 품목의 질은 국내 소비용 품목의 질과 다를 수 있으며 또한 가격도 역시 수출에 대한 정부 법규에 의해 영향을 받을 수 있기 때문이다. 그럼에도 불구하고 이러한 부정확한 추정치는 농업이 인류의 주요 경제 활동 가운데 하나라는 것을 설명해주고 있다. 그러므로 농업의 발전은 경제에 주요한 영향을 끼친다. 본 장에서는 생물공학의 방법을 통해 이룰 수 있는 발전의 형태들을 기술하고 있다.

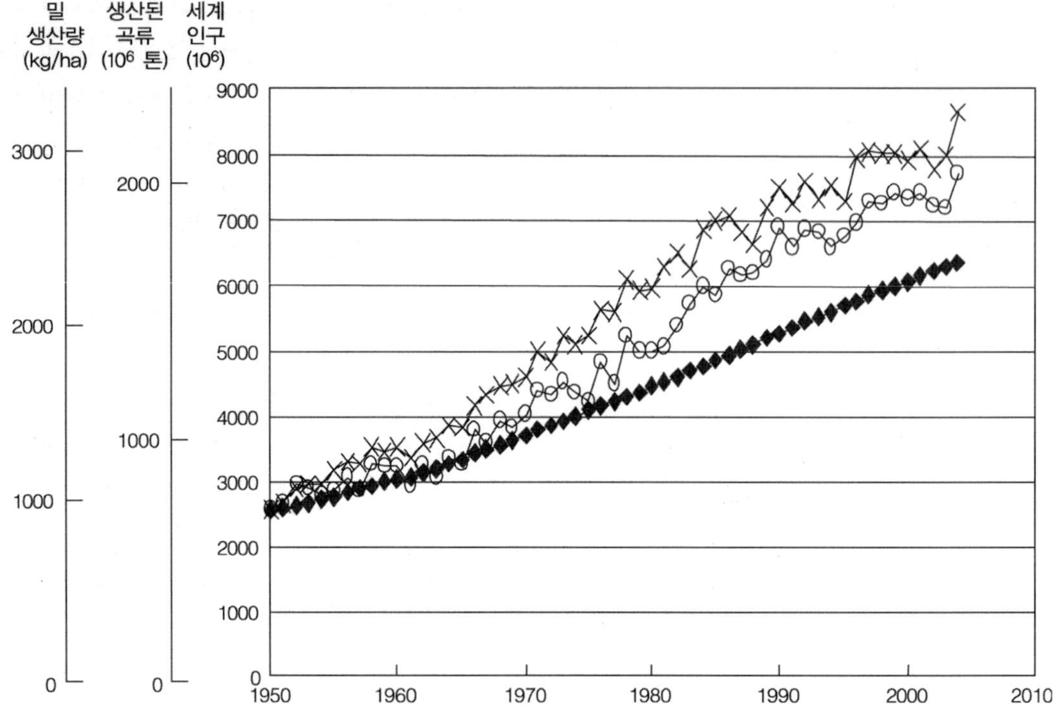

그림 6.1

세계인구와 식량생산의 증가. 세계인구 (다이아몬드형)는 계속 증가한다. 그러나 전 세계 곡류생산 (*o's*)뿐만 아니라 밀의 면적당 농업 생산의 증가 (*x's*)가 인구의 증가를 초월하는 비율로 증가해왔다. 인구수는 미국인구통계국 (U.S Census Bureau)의 추정치이다. 곡류생산 그림은 1948–1985년 사이의 세계작물축산통계 (World Crop and Livestock Statistics) 자료, 1950–1960년 사이의 UN의 식량농업기구 (FAO) 자료 및 1961–2003년 사이의 FAO website (http://www.fao.org) 자료에 기초한다.

공생체의 이용

우리가 아는바와 같이, 최근의 농업 연구에서의 많은 노력들은 잠재적으로 유용한 왜래 유전자를 식물주로 도입하는 것에 맞추어져 있다. 그러나 많은 종류의 공생세균은 일반적으로 다양한 식물의 특정 기관과 연관되어 있기 때문에 더욱 단순한 방식을 통해 이러한 세균을 변형시키고 식물과의 상호작용을 이용하여 변형된 특질을 적절한 위치에 도입시킬 수 있다. 이러한 대안적인 접근 방법은 기술적으로 상당히 쉬운데 그 이유는 식물의 DNA를 조작하는 것이 아직 완벽하지 않지만 재조합 DNA 방법을 통해 세균의 DNA를 공학적으로 이용하는 것은 지금은 일상적인 것이 되었기 때문이다.

공학적인 공생체 세균을 이용한 서리피해로부터 식물의 보호

공생세균을 성공적으로 유전자변형한 사례 가운데 가장 최초의 것은 다양한 식물 잎에서 높은 농도로 발견되는 *Pseudomonas syringae*를 대상으로 수행된 것이다. 이 세균의 많은 균주들은 분명히 세균세포의 표면에 빙핵단백질을 생산한다. 그리고 그 단백질이 존재함으로써 영하가 조금 덜 되는 온도에서 얼음이 형성되어 중요한 작물에 결빙피해가 일어나고 세균에 의한 계속적인 침입이 용이하게 이루어진다.

Steven Lindow와 그 동료들은 코스미드 벡터를 이용하여 *P. syringae*의 빙핵유전자를 최초로 클론화 하였다. 재조합 DNA를 함유하고 있는 *Escherichia coli* 세포를 대상으로 −9℃에서 빙핵형성 여부를 검정하였다. 그리고 나서 재조합 DNA 방법으로 그

표 6.1 주요 농업 산물의 전 세계의 추정치 (2003)

	생산량/년 (10^6 톤)	단위 가격 ($/kg)	추정 값 (10^9 $)
곡물	2075	0.167	346
뿌리 작물[a,b]	679	0.164	111
채소[c,d]	842	0.64	539
과실[e]	626	0.77	482
기름 작물[f]	330	0.26	89
설탕 (원료)	146	0.25	37
커피 (녹색)	7.2	1.24	8.9
코코아	3.3	1.93	6.4
차	3.2	2	6.4
채소 섬유[g]	23	1.05	24
담배	6.2	7.4	46
고무	7.4	1	7.4
육류	253	2.03	514
우유	600	0.51	306
달걀	56	1.3	73

출처 : 농산물 생산 그림은 FAO (Food and Agriculture Organization of the United Nations) 웹사이트 (http://www.fao.org)로부터 인용하였다. 단위 가격은 동일 웹사이트에서 인용하였으며 평균 국제 수입 가격을 나타낸다.

[a] 감자는 이 범주의 약 반을 차지한다(중량에 의해).

[b] 단위 가격은 감자의 50%가격이 되는 비 감자 뿌리 작물의 가격을 추산하여 계산되었다.

[c] 몇 가지 사례에서 비록 채소생산량이 전체 생산량의 40%에 해당되는 양으로 추정된다 할지라도 소형 경작지에서의 채소 생산은 많은 나라의 통계에서 포함하지 않았다. 이러한 범주는 또한 멜론도 마찬가지이다.

[d] 채소의 많은 개별 범주에 대한 통계는 FAO 연감에서 이용 가능하지만, 이것도 여전히 전체 채소 생산의 절반 정도의 통계를 다룬다. 이러한 범주가 극히 다양하고 복잡하기 때문에, 단위 가격을 –토마토, 수박, 양배추, 양파, 오이, 가지, 멜론, 당근, 칠리, 그리고 상추의 단위 가격의 평균 중량 (가장 많이 생산되는 10개 채소)– 최대 단순화시켰다.

[e] 사과, 바나나, 감귤, 그리고 포도는 전체 과실 생산의 3분의 2를 차지한다. 이 단위 가격은 이 품목들의 가격을 평균 내어 책정되었다.

[f] 콩은 이 범주에서 가장 주요 부분을 차지한다.

[g] 이 범주의 75%는 목화이다; 약 20%는 황마이다.

유전자를 결손시켰으며 형질전환에 이어 상동염색체 재조합 과정을 통해 *P. syringae*의 염색체도 재 결실시켰다. 이러한 결과로 만들어진 Ice^- 균주는 모든 특성에서 모계 Ice^+ 균주와 동일하며, 딸기 잎 표면에 상당량의 돌연변이체를 처리함으로써 야생형 세균과 성공적으로 경쟁하여 정착하도록 함으로써 서리피해로부터 식물을 보호하였다. 더욱 최근에 식물보호를 위해 다양한 빙핵형성 생물에 대항하여 경쟁하는 야생형 *Pseudomonas fluorescens* 균주가 상업적으로 생산되고 있다.

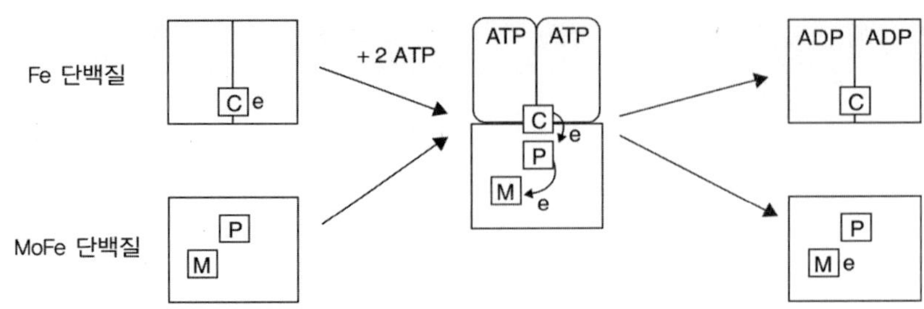

그림 6.2

효소적 질소고정. 최근의 Mo 질소고정 효소의 X-레이 결정 그래픽 연구는 동종 이중체 (homodimer)로 존재하는 Fe 단백질이 2개의 ATP 분자와 결합하고 있다는 것을 보여주고 있다. 이 효소는 Fe 단백질에 의한 MoFe 단백질의 결합을 이끄는 구조적 변경을 만든다. ATP 결합은 또한 MoFe 단백질의 환원을 촉진하도록 8Fe-7S 센터 (*P*로 보여짐)에 근접한 Fe 단백질에서 4Fe-4S 산화환원 센터 (*C*로 보여짐)를 밀어낸다. 이러한 과정은 MoFe 단백질의 8Fe-7S 센터로부터 한 개 전자 (*e*)의 이동으로 표시된다. 이 전자는 그리고 나서 MoFe 단백질의 Mo-7Fe-9S 센터 (*M*)로 이동하고, 그 곳에서 질소의 환원이 일어난다. ATP 가수분해는 그 다음에 MoFe 단백질과 Fe 단백질의 해리를 가져오고, 그리고 Fe 단백질은 다음 과정이 시작되기 전에 페레독신 또는 플라보독신에 의해 환원된다. N_2의 환원 (그리고 두 양성자를 수반한)에서, 최소 8번의 이러한 주기가 필요하다. 모델 화합물과 관련한 최근 연구에서 환원은 전자나 양성자가 서서히 기질에 첨가됨으로써 발생하는 것으로 제안되고 있다.

작물 생산량을 증가시키기 위한 질소고정세균의 이용

최근 연구 (잠재적으로 더 넓은 영향력을 가진)의 또 다른 초점은 질소고정과정에 맞추어져 있다. 모든 동물과 식물, 대부분의 세균은 그들의 환경에서 복합질소(combined nitrogen) 또는 활성질소(reactive nitrogen), 즉 어떤 형태의 질산염(NO_3^-), 암모니아(NH_3) 또는 아미노산과 같은 질소를 함유한 유기화합물의 이용성에 의존하고 있다. 대기 중에 존재하는 거대한 양의 질소 (N_2)는 질소고정 과정을 통하지 않고는 생물계에서는 이용이 불가능하다.

질소는 고정화되거나 또는 20세기 초 이래로 산업 공정(예를 들면, Haber-Bosch 과정)에 의해 비료의 형태로 복합 질소 (대부분 암모늄염)로 전환되어 왔다. N_2는 대단히 안정한 화합물이기 때문에, NH_3로 전환되려면 매우 극한 조건 -예를 들어, 500℃ 정도의 온도와 200 atm 이상의 압력- 이 요구된다. 따라서 화학비료의 생산은 전 세계적으로 상당한 양의 에너지가 소비된다. 게다가, 경작지에 이용되는 상당한 양의 비료는 강, 연못, 심지어 바다로 씻겨 들어가, 물을 오염시키며 원치 않는 미세조류와 미생물의 생장을 촉진시키기도 한다.

이와는 대조적으로, 적은 수의 원핵생물 종에 의해 수행되는 질소고정의 **생물학적** 과정은 화학 연료 또는 전기의 소비를 필요로 하지 않으며, 주어진 환경(관련된 유전자의 발현이 과잉 암모니아와 질산염에 의해 억제되기 때문임)에서 필요 이상의 질소를 생산하지 않기 때문에 오염을 유발하지 않는다. 따라서 생물학적인 질소고정을 향상시키는 것은 생물공학의 중요한 목표가 되어 왔다.

질소와 수소 분자를 NH_3로 전환하는 것이 열역학적으로 선호되고 있다. 그러나 질소의 생물학적 고정은 복잡하며, 거대한 양의 ATP 분자를 소비하는데 그 이유는 질소고정과 연관된 효소들이 거대한 활성화 에너지 장벽을 극복해야 하기 때문이다. 두 종류의 효소: MoFe 단백질(component I 또는 질소고정화효소라고도 명명됨)과 Fe 단백질(component II 또는 질소고정화효소 환원제라고도 명명됨)이 요구된다. Fe 단백질이 강력한 생물학적 환원제(페레독신 또는 플라보독신)에 의해 환원된 후 ATP 분자들은 가수분해되어 MoFe 단백질의 환원을 완수하고, 그 다음으로 N_2에서 NH_3 두 분자로의 환원이 이어진다(그림 6.2). 질소고정화효소 반응에 관한 전체 등식은 다음과 같다.

$$N_2 + 16ATP + 8e^- + 8H^+ \rightarrow 2NH_3 + 16ADP + 16Pi + H_2.$$

질소고정은 강력한 환원반응이며 연관된 효소들은 산소에 노출될 때 대부분 비가역적으로 비활성화 된다. 아래에서 설명하였듯이, 이러한 산소 민감도는 N_2-고정 미생물의 생물학을 이해하는데 중요하다.

질소를 고정하는 능력은 세균과 고세균(그러나 진핵생물에선 예외)의 군에서 드물게 발견된다. 몇 개의 질소-고정 속(屬) 균은 다른 속 균과 거리적으로 매우 먼 관계에 있으며, 이러한 기능은 진화과정에서 아마도 "측면으로 (laterally)" 즉, 서로 다른 생물체 사이에서 전이되었다는 것을 암시한다. 몇 개의 그룹은 자유생활 생물체로서 질소를 고정한다. 이들 중에서, *Clostridium*과 *Klebsiella*는 단지 혐기적 조건에서 질소를 고정하는 것으로 알려져 있으며 이들 효소의 산소 민감도가 일치한다. 또 다른 자유생활 세균은 호기적 조건에서도 질소를 고정할 수 있는데 그 이유는 이들 생물체 각각은 산소에 대해 질소고정 장치를 보호할 수 있는 복합 장치를 발달시켜왔기 때문이다. 따라서 산소 발생 광합성을 수행하는 시아노세균은 산소를 생성하지 않는 이질낭(heterocyst)으로 불리는 특정 세포에서 질소고정을 수행한다. *Azotobacter*는 매우 빠른 속도로 산소를 소비하여 질소고정 장치를 보호하는 것으로 보인다. 다른 그룹의 세균은 식물과 공생적 관계 속에서만 질소를 고정한다. 공생적 질소고정 생물 가운데 가장 연구가 잘 이루어진 그룹은 종종 *Rhizobium*이라 불리는 그룹인데 (오늘날 많은 종들은 *Sinorhizobium*, *Mesorhizobium*, 또는 *Bradyrhizobium* 속 이름으로 바뀌었지만 여기 모든 종들은 일반명인 뿌리혹세균(rhizobia)으로 기술할 것임), 이들은 자주개자리, 완두, 클로버 그리고 대두와 같은 콩과 식물의 뿌리 조직에 침입하여 세포내 액포에 살며 그곳에서 소위 "박테로이드(bacteroid)"로 분화한다. 이러한 박테로이드는 식물세포 보다 대부분 매우 크고 때로는 영양세포 보다 더 복잡하고 비규칙적인 모양(예를 들면, Y-형)을 갖기도 한다. 무엇보다 박테로이드는 식물세포가 할 수 없는 질소고정의 임무를 수행한다. 이러한 박테로이드는 또한 식물에 의해 공급된 에너지원의 산화작용의 임무를 수행한다. 따라서 자유 산소 수준을 소모시켜 질소고정에 적합한 환경을 만들어 준다. 액포에는 또한 식물에 의해 생산된 산소 결합 단백질인 근립헤모글로빈이 가득 채워져 있다. 이러한 단백질은 산소가 세균으로 이동하는 것을 용이하게 해주는 것으로 생각된다.

질소고정과 관련된 유전자의 구성체는 *Klebsiella*에서 최초로 밝혀졌다. 주목할 만한 것은 이 속에서 매우 많은 수의 유전자가 단일 *nif* 유전자 클러스터 안에 구성되어 있다는 것이다. 1970년대 초에 이루어진 이러한 발견은 이러한 클러스터를 클로닝하고 그 클론을 목적하는 작물에 넣어줌으로써 화학비료를 필요로 하지 않는 식물주를 생산할 수 있는 (만약 실현된다면 농업에 혁명을 가져다줄지도 모를 가능성이 있다) 아이디어를 제공하는데 일조하였다. 물론 그러한 상황은 매우 복잡하다. 만일 필수 보호 메커니즘이 제공되지 않는 질소고정 장치가 식물세포 내에 만들어 진다면 그 장치는 산소에 의해 급속하게 비활성화 될 것이다. 더욱이 공정에 필요한 많은 양의 ATP 분자가 공급되어져야 할 것이다. 콩과 식물은 뿌리혹세균과 함께 진화해왔고 20개 이상의 유전자를 그 목적에 맞게 특이적으로 발현시킴으로써 성공적으로 공생하는데 상당한 기여를 해왔다. 이러한 기주식물이 기여한 것 가운데 한 가지는 세균에 에너지원을 공급하는 디카르복실산과 같은 물질을 지속적으로 공급하는 것이었다. 요약하면, 단순히 *nif* 유전자를 도입하는 것이 식물에게 질소를 고정하는 능력을 부여하지는 않는다.

이러한 고려 사항들로 인해 과학자들은 공생 N_2-고정 세균을 개량시키려는 시도에서 더욱 신중한 연구를 하게 되었다. 이러한 노력들은 자주개자리 공생체인 *Sinorhizobium meliloti*, 클로버 공생체인 *Mesorhizobium loti* 그리고 대두 공생체인 *Bradyrhizobium japonicum*의 완전한 유전체 서열을 알게 됨으로써 도움을 받게 될 것이다. 그것은 세 개의 레플리콘(*S. meliloti*)으로 분산된 6.7 Mb의 크기에서부터 단일 염색체(*B. japonicum*)에서의 9.1 Mb의 범위에 걸쳐 분포한다. 이러한 거대한 크기의 유전체는 아마도 이러한 공생체의 복잡한 생활환을 반영해주고 있다.

개량을 위한 한 가지 가능한 표적은 질소고정율이다. 이들 세균에서는 이론적으로 단지 6개의 전자가 필요한 공정인 N_2의 환원을 위해 적어도 8개의 전자가 필요하다. 나머지 2개의 전자 (아마도 뿌리혹에선 더 많을지도 모름)는 H_2를 생산하기 위한 양성자의 환원을 위해 사용된다. 어떤 뿌리혹세균은 "섭취 탈수소화효소(uptake hydrogenase)"를 생산하여 수소를 O_2로 산화시켜 H_2를 재이용하여 ATP를 발생시킨다. 이러한 효소가 없는 돌연변이체는 실제로 N_2 고정에서 효율이 떨어진다. 섭취 탈수소화효소의 과발현은 N_2 고정의 효율을 증가시키는 것으로 추측된다. 탈수소화효소는 매우 복잡한 효소이며 그 생성과 조립은 20개 정도의 유전자가 필요할 지라도 그 유전자는 함께 클러스터를 이루고, 알려진 모든 유전자를 함유하는 전이인자(transposon)는 원래는 그 효소를 가지고 있지 않은 균주에게 탈수소화효소 활성을 성공적으로 가져다주기 위하여 이용되어 왔다.

개량을 위한 또 다른 잠재적 영역은 기주-세균간 상호작용에 관한 것이다. 뿌리혹세균과 그 기주 간 상호작용이 매우 복잡할지라도 이와 관련된 많은 유전자가 발견되었다. 어떤 뿌리혹세균류에서는 기주식물을 인식할 뿐만 아니라 그 안에서 일련의 모든 반응을 유도하여 뿌리수염을 꼬이게 하고, 감염사를 생성하게 하며, 감염사가 막으로 발달하도록 하여 세균을 에워싸게 한다. 뿌리혹세균은 또한 식물이 근립헤모글로빈을 분비하도록 유도하기도 하며, 세균 주위의 공간을 채워주고, 디카르복실산과 같은 많은 양의 에너지원을 세균에 지속적으로 공급해 주기도 한다. 예를 들어, *nodD* 세균 유전자 산물은 식물에 의해 생산된 특정 플라보노이드 화합물에 반응하며 뿌리혹과 연관된 타 유전자들을 활성화 시킨다. *nodD*의 염기서열을 바꿈으로써 어떤 계통의 기주 특이성을 바꾸거나 때로는 넓히는 것이 가능해졌다. 뿌리혹 형성 과정의 후기 단계에서 뿌리혹세균의 *nodH*와 *nodQ* 유전자는 특정 기주식물에 의해 인식되는, 따라서 꼬인 뿌리수염 등에 반응하는 저분자량의 신호분자들을 합성한다. 이들 유전자 대신에 다른 종의 뿌리혹세균의 유전자를 사용함으로써 기주범위를 성공적으로 변경할 수 있었다.

이러한 결과는 매우 인상적이지만 흔히 "개량" 균주가 포장 조건에서 오히려 잘 발현되지 못하는데 그 이유는 그들이 자연 토양에서는 경쟁적이지 못하기 때문이다. 비록 뿌리혹세균의 N_2 고정 효율성이 유전공학적으로 새롭게 개발된 균주의 것보다 경쟁력이 없을지 몰라도 통상적으로 생장하는 콩과 식물의 재배 포장에서 토양은 특정 환경에서 생존하는데 특이적으로 잘 적응할 수 있는 뿌리혹세균 균주를 풍부하게 지니는 경향이 있다. 아마도 N_2를 효율적으로 고정할 수 있는 뿌리혹세균 균주가 포장에 도입될 때 그들은 토착균주와의 경쟁압력을 좀처럼 극복하지 못한다는 연구결과들이 있다. 유전공학적으로 생산된 뿌리혹세균 균주를 도입하려는 어떠한 희망도 더 나은 생존체와 정착자를 만들 수 있느냐에 달려있다. 그러나 불행히도 우리의 지식은 아직 불완전한 단계에 머물러 있다.

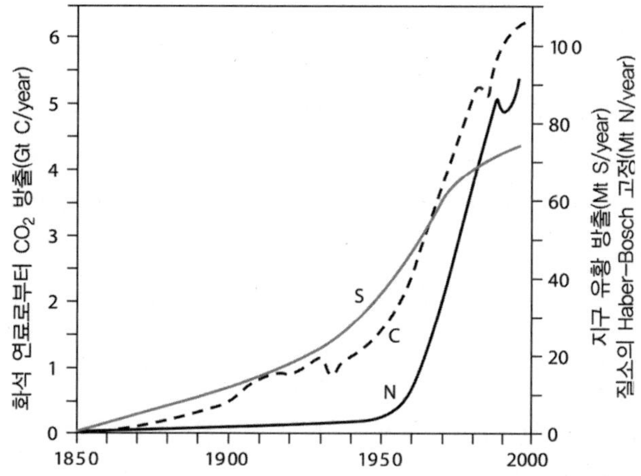

그림 6.3

황, 탄소 및 질소 인자의 지구적 순환에서의 인류의 간섭 [From Smil, V. (2001). *Enriching the Earth: Fritz Haber, Carl Bosch, and the Transformation of World Food Production*. Cambridge, MA: MIT Press, Figure 9.1, p. 179; with permission].

뿌리혹세균의 기주범위를 비 콩과 식물로 넓히려는 노력이 진행되고 있다. 특히, 벼와 밀에 필요한 공생적 N_2 고정 생물을 찾으려는 노력과 관련하여 많은 비관적인 전망들이 있어왔다. 그러나 과학자들은 클로버와 벼가 고대 이래로 이집트에서 윤작으로 재배되어 왔으며, 특별하게 적응된 *Rhizobium leguminosarum* 균주는 벼의 뿌리와 밀접하게 관련되어 발생한다는 것과, 종자에 균주를 접종함으로써 화학비료 없이도 50% 가까이 벼 생산을 증가시킨다는 것을 발견하였다. 대부분의 세균은 뿌리혹을 형성하기보다는 뿌리에 부착하는 것으로 보이며 생장 촉진은 *Rhizobium* 세포에 의한 식물호르몬 생성에 의한 결과로 보인다. 또 다른 질소고정세균인 *Klebsiella pneumoniae*는 밀의 뿌리에 들어가는 것으로 발견되었고, 이 세균은 식물의 질소고정에 의한 식물생장에 기여한다. 이러한 결과는 우리에게 이 방면의 연구에 새로운 희망을 부여해 주고 있다.

또 다른 접근은 "연합적(associative)" 질소고정 생물을 사용하는 것인데, 이들의 식물과의 공생 관계는 그리 친화적이지 않다. 예를 들어, *Azospirillum* 종은 중요한 단자엽 작물과 연합하여 자라는데, 기주식물과 단지 느슨하게 연합하기도 하고, 대부분의 시간을 뿌리의 표면에 머무른다. 그러나 상호작용의 느슨함에 따른 대가를 치러야 한다. 왜냐하면 식물은 그러한 조건에서 세균에 영양원을 빠르게 공급할 수 없고 그러한 시스템에서 질소고정의 효율성은 높을 수가 없기 때문이다.

결국, 질소고정을 향상시키려는 이러한 시도들이 그만한 가치가 있는가를 질문하는 것이 중대한 일이 되었다. 현재로선, 그 답은 '아니다'이다. 왜냐하면 화학비료 가격이 매우 비싸기 때문이다. 그러나 긴 안목에서 보면 지구 환경보존의 측면에서 이 노력은 매우 중요하다. 그림 6.3에서 보여지는 것처럼, 오늘날 인류의 활동은 인간 이외의 생물체에 의해 거의 대부분 수행되었던 원소의 지구적 순환에 영향을 끼친다. 이산화탄소와 산화 황화합물의 공기로의 방출은 최근 아주 놀랄만한 속도로 증가했고, 지구 온난화와 산성비와 같은 문제를 야기했다. 화학비료의 제조와 사용 또한 20세기 후반부에 걸쳐 급격히 증가하였다. 인류의 활동이 없을 경우에, 질소고정 원핵생물에 의한 생물학적 질소고정은 육상 환경에서 일 년에 약 100×10^6 톤의 질소를 전환시키는 것으로 추정된다(해양에서의 질소고정은 산정하기 어렵고 논쟁의 소지가 많은 주제로 남아있음). 이것과 비교할 때, 인류는 현재 80×10^6 톤의 질소를 화학비료 형태로 사용하고 있고 거기에 질소고정 공생체를 함유하고 있는 작물의 경작을 통해 40×10^6 톤의 복합 질소뿐만 아니라 더 나아가 화석 연료의 연소를 통해 20×10^6 톤의 활성질소가 더해지고 있다. 따라서 질소순환에서의 인류의 활동은 현재 자연적인 순환과정에 따른 흐름을 뛰어넘고 있고, 증가하는 세계 인구를 먹여 살려야 하기 때문에 이러한 인류의 활동은 급속히 증가할 것이다. 화학비료의 약 절반이 공기나 수중으로 흘러들어가고 화석연료로부터 발생한 거의 모든 활성질소가 공기나 수중으로 흘러 들어가기 때문에, 이러한 거대한 양의 질소 화합물은 질소 함유 물질의 온실가스 효과와 산소 고갈로 인한 해안의 부유화와 같은 막대한 환경문제를 일으켜 수역에 "dead zone"을 야기할 것이다. 생물학적 질소고정은 이러한 과잉을 일으키지 않기 때문에, 대량의 화학비료를 사용하기보다 이러한 과정을 통해 작물을 키우는 것이 미래에는 더욱 권장되고 있다.

형질전환 식물의 생산

개량화된 식물주는 인류 역사의 긴 시간 동안 매우 느리고 고된 선별 과정과 무작위 돌연변이의 교배를 통해 생산되어 왔다. DNA 재조합 방법의 도입은 "외래" 기원을 둔 목적하는 유전자를 식물에 삽입하는 것이 가능해짐으로써 그 진보에서 혁명적인 변화를 가져왔다. 2004년의 자료에서처럼, 이러한 혁명의 영향으로 인해 경작지의 8천만 헥타르 이상에서 "형질전환" 또는 유전적으로 변형된 작물 (지난 10년간 이러한 식물군의 채택에서의 폭발적인 증가는 그림 6.4에서 볼 수 있다)이 심어졌으며 전 세계의 대두 작물의 절반 이상 (56%)이 형질전환 식물로 심어졌다.

우수한 특질을 지닌 클론화된 유전자를 식물로 도입하는 일은 단순한 문제가 아니다. 식물세포는 두껍고 견고한 세포벽으로 둘러싸여있고, DNA는 세포벽이 제거되지 않는 한 도입될 수 없다. 심지어 DNA 단편을 식물세포에 성공적으로 옮길 수 있다 할지라도, 그러한 DNA 조각이 다음 세대에서 복제되지 않을 수 있기 때문에 성공하기에는 아직 많은 장애물들이 놓여 있다. 이러한 어려움을 극복하기 위한 표준 전략은 클론화된 DNA 조각을 플라스미드에 넣음으로써 그 플라스미드는 기주세포에서 무한적으로 복제될 수 있다.

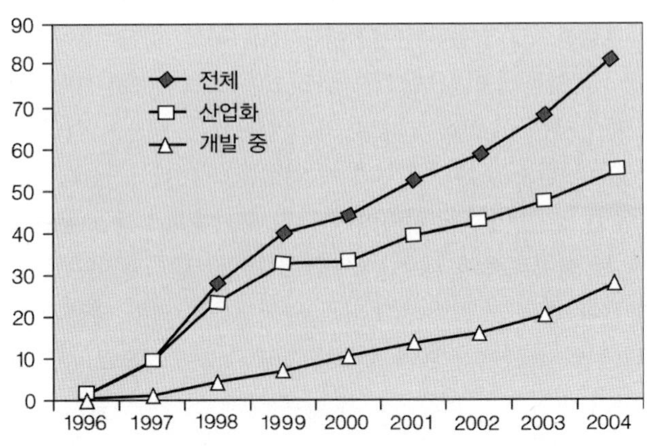

그림 6.4

형질전환 식물주로 심겨진 전 세계 작물 재배 면적 (백만 헥타르) [From ISAAA (International Service for the Acquisition of Agri-biotech Applications, www. isaaa.org) Brief 32-2004; with permission].

효모와 같은 하등 진핵생물은 때로는 플라스미드를 가지고 있으며 이것은 셔틀벡터를 구축하는데 사용될 수 있다. 하지만 대부분의 식물세포는 어떤 플라스미드 DNA를 가지고 있는지는 잘 알려져 있지 않다. 대안적으로, 만일 클론화된 DNA가 기주의 염색체와 합쳐진다면 기주 세포내에서 생존할 수 있지만 그런 과정이 높은 빈도로 일어난다는 보장은 할 수 없다.

형질전환 식물을 생산하기 위한 중요한 단계는 클론화된 유전물질을 식물세포의 핵 내로 효과적으로 도입하는 것이며, 그 다음으로 이러한 클론화된 유전자와 식물 염색체간 통합이 용이하게 이루어지는 것이다. 이것을 수행하는 데 가장 좋은 방법으로 이미 자연계에 존재하는 시스템을 사용한다는 것은 매우 흥미로운 일이다. 이 시스템에 의해 식물-병원성 세균인 *Agrobacterium tumefaciens* 플라스미드 DNA의 일정 부분이 식물체로 도입되고, 식물 유전체로 삽입된다(이것은 세균-식물의 상호작용에 관한 "자연사" 연구의 실용적 중요성을 다시금 강조하고 있다).

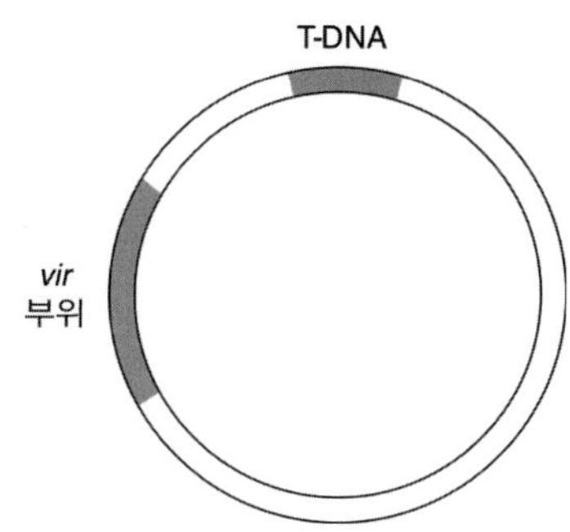

그림 6.5

vir 부위와 T-DNA를 갖는 Ti 플라스미드의 구조, 또한, 플라스미드는 복제 개시와 기주식물에 정착을 돕는 몇 개의 유전자 (옥토핀과 노팔린을 분해시키는 효소를 위한 유전자)를 함유한다.

W. H. Freeman에 의해 처음 출간(1995)된 도판에 기초하여 재구성.

*A. tumefaciens*를 이용한 클론화된 유전자의 식물체로의 도입

*A. tumefaciens*는 그람-양성 세균으로 기주식물에서 "형질전환된", "종양유사" 세포의 비조절 증식 (기주식물에서 근두암종으로 잘 알려진 병) 병을 일으킨다. 흥미롭게도, rRNA의 상동성은 *A. tumefaciens*가 *Rhizobium*과 매우 밀접히 관련되어 있다는 것을 보여준다. 그러나 *A. tumefaciens*는 또한 거대 (200-kb 또는 그 이상의) "암종 유도" 플라스미드인 Ti 플라스미드(그림 6.5)를 지니고 있다. 이 플라스미드의 작은 부위인 *vir* (병원성) 유전자 부위의 유전자는 대강 24개의 유전자를 가지고 있으며 식물의 감염과 이 플라스미드의 작은 부위가 식물체로 전이되는 것과 관련되어 있다(그림 6.5). 이러한 매우 복잡한 과정을 이해하는 데 괄목할 만한 진전이 최근 수 년 동안 이루어져 왔다.

vir 부위의 유전자 (그림 6.6) 들은 상처 입은 식물조직에서 유출되는 물질에 반응하면서 활성화된다. 따라서 이러한 물질은 식물이 상처를 입어 외부로부터 침입받기 쉬운 식물이 옆에 있다는 것을 "신호"로서 *A. tumefaciens*에 제공한다. 이러한 신호를 인식하고 신호에 반응하는 단백질인 VirA와 VirG는 흔히 2-구성요소 시스템으로 불리는 원핵생물 조절단백질의 거대 군에 속해있다. 이 시스템은 다양한 생물체로 하여금 삼투현상, 질소원 이용성 및 화학유인물질의 존재와 같은 환경 조건의 변화에 적절히 반응하도록 해준다(그림 6.7).

그림 6.6

Ti 플라스미드의 바이러스성 부위의 구조와 기능. 커다란 열린 화살표는 전사의 방향을 나타낸다. *C*와 *M*은 각각 유전자 산물의 원형질 및 막의 위치를 나타낸다 [Based on Zambryski, P. (1998). Basic processes underlying *Agrobacterium*-mediated DNA transfer to plant cells. Annual Review of Genetics, 22, 1-30, and Kuldau, G. A., et al. (1990). The virB operon of *Agrobacterium tumefaciens* pTiCSS encodes 11 open reading frames. Molecular and General Genetics, 221, 256-266].

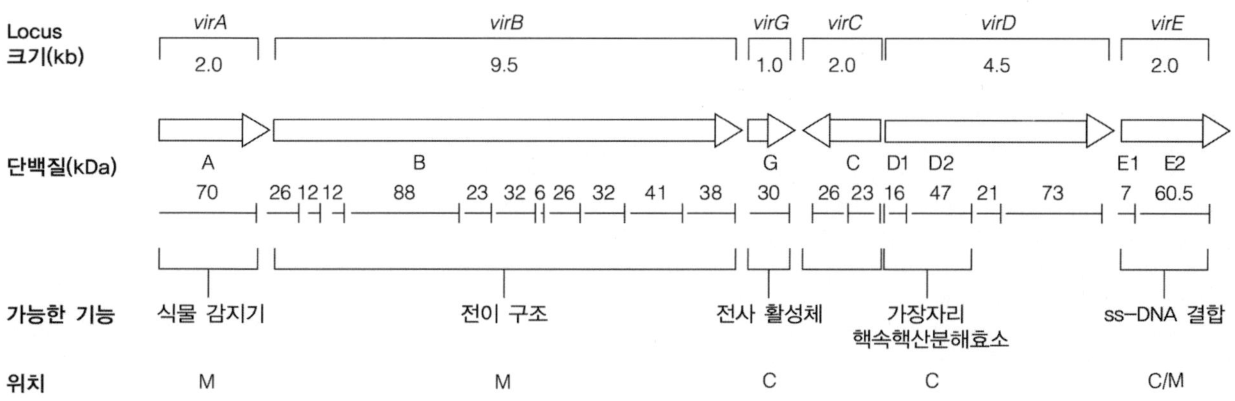

이러한 2-구성요소 시스템은 전형적으로 세포질 막에 위치한 센서단백질을 함유하고 있다. 신호분자들은 센서 단백질인 키나제의 기능을 활성화하며, 2차 구성요소인 반응조절물질 또는 전환 단백질(transducer protein)의 인산화를 유도한다. 이러한 인산화 작용은 반응조절물질을 활성화하며 그리고 예를 들어, 딱 들어맞는 (pertinent) 유전자의 전사를 활성화 시킬 수 있다.

VirA-VirG 시스템에서 막 단백질인 VirA는 분명히 신호로서 역할을 한다. 그것은 손상된 식물 조직에서 누출되는 아세토시링곤(acetosyringone) (그림 6.8)과 같은 페놀성 물질이 존재할 경우 상승적으로 활성화되고, D-글루코오스, D-갈락토오스, L-아라비노스, 또는 식물에서 흔히 발견되는 다른 당에 의해서도 활성화 된다. 당은 주변세포질(periplasm)에서 결합단백질과 결합하고, 결합단백질은 VirA의 주변세포질 영역(periplasmic domain)과 상호작용한다. 아세토시링곤은 분명히 VirA와 직접적으로 상호작용한다. 활성화된 VirA는 자신의 세포질 영역을 인산화 시키며, 인산 그룹은 세포질 내에 있는 VirG로 전이된다. 그러면 인산화된 VirG는 다른 *vir* 유전자의 프로모터 부위와 결합하고 전사를 활성화 시킨다.

이러한 과정의 다음 단계는 *VirD1*과 *VirD2* 유전자에 의해 암호화되는 "가장자리 핵산분해효소"에 의해 특정 위치에서 Ti DNA를 틈생성(nicking) 시키는 것이다. T-가닥으로 불리는 대략 22 kb의 단일가닥 DNA 조각이 풀림 반응(unwinding response)에 의해 풀어지고, 동시에 대체가닥이 합성된다(그림 6.9). VirD2 단백질은 T-가닥의 5' 말단에 붙어 있고, DNA를 식물세포로 이동시키는 "파일럿"으로서의 역할을 하는 것으로 여겨진다. 이것은 "우측(right)" 가장자리에서 시작되는 순서에 따른 전이이다. 그 과정 자체, 즉 두 가닥 DNA의 틈생성 그리고 단일가닥 절편의 풀림과 주입 과정은 세균의

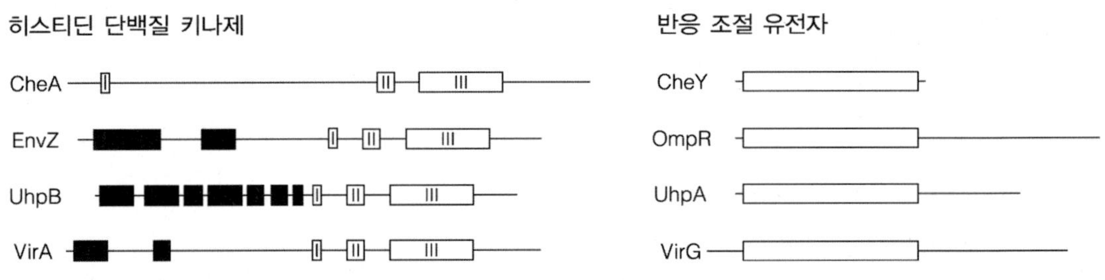

그림 6.7

세균의 2-구성요소 조절시스템. 한 시스템은 두 단백질 즉, 히스티딘 키나아제와 반응조절체로 이루어져있다. 모든 히스티딘 키나아제가 관련되어 있으며, 상동성의 세 부위를 공유한다(I, II, III에서 보여 짐). 그리고 모든 반응조절 염기서열은 그들의 N-말단 부위에서 확실한 유사 염기서열을 갖고 있다(*Box*에서 보여 짐). 많은 경우에, 히스티딘 키나아제는 막 단백질 (추정되는 투과막 영역은 *검정 box*에서 보인다) 이며, 외부 환경의 어떤 요인, 예를 들어, 삼투압(EnvZ), 육탄당 인산염(UhpB), 또는 아세토시링곤(VirA)과 같은 식물 상처 신호의 존재와 같은 요인들을 감지한다. 히스티딘 키나아제의 활성은 이런 단백질의 부위 I에 남아있는 히스티딘 잔기의 인산화를 유발하는데, 그 후에 인산염은 반응 조절 염기서열 단백질에 남아있는 아스파르트산 잔기로 이동한다. 이것은 반응 조절 염기서열을 활성화 시키며 이는 전형적으로 관련된 유전자 (EnvZ에 의해 인산환된 OmpR은 포린 유전자들을 조절한다; UhpB에 의해 인산화 된 UhpA는 헥소오스 인산 전이유전자의 발현을 조절한다; 그리고 VirA에 의해 인산화된 VirG는 *vir* 유전자들의 전사를 촉진시킨다)에 영향을 준다. 그러나 어떤 시스템들은 cytosolic 히스티딘 키나아제를 갖고 있다- 예를 들면, 화학주성에서 CheY를 인산화 함으로써 편모 회전의 자극을 결정하도록 작용하는 CheA가 알려져 있다 [For reviews on two-component systems, see Parkinson, J. S., and Kofold, E. C. (1992). Communication modules in bacterial signaling proteins. Annual Review of Genetics, 26, 71-112, and Chang, C. and Stewart, R. C. (1998). The Two component system. Regulation of diverse signaling pathways in prokaryotes and eukaryotes. *Plant Physiology*, 117, 723-731].

접합에서 일어나는 것과 상당히 유사하며, 그리고 두 현상은 공통의 진화적 기원을 갖고 있는 것으로 여겨진다.

이러한 주입은 11개의 *virB* 유전자와 *virD4* 유전자 산물에 의해 촉매 된다. 이 유전자들은 오늘날 type IV 분비 시스템 (Box 6.1에서 기술된 대로, 그람-음성 세균에서 단백질의 세포외 분비를 위한 장치)의 상동성 유전자로 알려져 있으며 이 시스템은 *Bordetella pertussis*와 *Helicobacter pylori*와 같은 병원균에서 단백질들을 동물세포로 방출할 뿐만 아니라 주입하기도 하고 플라스미드-매개 접합 과정에서 추정 DNA-단백질 복합체를 다른 세균으로 주입시키기도 한다. 실제로, *E. coli* (3장)내 플라스미드와 염색체 DNA 둘 다의 전이를 촉매 하는 F-인자 시스템은 type IV 분비 시스템을 통해 이 과정을 수행한다. VirB1은 펩티도글리칸에 구멍을 만드는 글리코시다제(glycosidase)로서 작용하여 방출장치(export apparatus)의 조립과 기능을 가능케 한다. 세가지 단백질(VirB4, VirB11 및 VirD4)은 수송 과정에 에너지를 균형적으로 제공하는 ATPase로 여겨진다. VirB6, VirB8 및 VirB10은 외막의 내부 표면에 도달하는 방출 채널을 형성하는 것처럼 보인다. 이 막은 또한 VirB9의 저중합체 조립(oligomeric assembly)에 의해 구멍이 나게 되는데, VirB9은 type II와 III 분비 시스템에서 단백질 방출을 위한 외부 막 채널을 만드는 다른 "시크레틴(secretin)" 단백질과 닮았다. 이러한 장치는 VirB2와 VirB5로 구성된 특정 접합용 섬모를 분비하고 조립한다. 비록 이러한 섬모가 *A. tumefaciens* 세포를 식물세포 가까이로 접근하도록 해준다 할지라도 VirD2-T-DNA 복합체를 주입시키는데 절대적으로 필요한 것은 아니다.

이 복합체가 식물세포로 주입된 후에는, T-가닥은 단일가닥 DNA를 위해 아마도 *A. tumefaciens*에 의해 주입되는 VirE2 결합단백질과 연합된다. 두 VirD2와 VirE2 단백질의 카르복시 말단에 근접한 유전자 염기서열은 "핵 전좌 신호(nuclear transportation signal)"로서의 역할을 하고, T-DNA 복합체가 핵공 (nuclear pore)을 통해 세포핵으로 들어가는 것을 돕는다. 상보적 가닥은 어느 지점에서 합성이 되어야 하고, 이중가닥 산물인 "T-DNA"는 식물 유전체로 통합되어야 한다. VirE2와 상호작용하는 식물 단백질이 히스톤과 상호작용한다는 것이 밝혀졌으나, 후자의 과정은 대부분 밝혀지지 않았다.

T-DNA가 식물 염색체 중 하나와 통합 되면, 그 단편내의 다양한 유전자가 발현된다. 이 유전자들은 오핀(opine)과 식물호르몬의 합성을 암호화한다. 단지 동료 *Agrobacterium* 세포에 의해서만 사용되는 아미노산 유도체인 오핀(그림 6.10을 참고하라)은 더 많은 *Agrobacterium* 세포에 의한 식물의 침입을 조장하고 그 호르몬(옥신: 인돌아세트산, 시토키닌: N^6-isopentenyladenine)은 식물세포의 성장과 분화를 촉진하고, 특정 종양 또는 혹을 생산한다.

Agrobacterium Ti 시스템은 생물공학자가 이용하도록 거의 재단사가 만든 것과 같다. T-DNA의 전이는 25-bp "가장자리"의 반복서열에 의해 기본적으로 결정된다. 반복서열 사이의 DNA는 염기서열에 상관없이 전이되고 통합된다. 따라서 외래의 유전물질을 플라스미드 T-DNA 단편의 중간 부위에 삽입하는 것은 그 단편을 식물세포로 전이시키고 통합시키는 데 부정적인 영향을 끼치지 않는다.

불행이도, Ti 플라스미드는 너무 커서 시험관내에서 쉽게 조작하기가 어렵다. 따라서 클론화되는 외래 DNA 조각은 대부분 항상 더 작은 벡터 플라스미드로 먼저 도입된다. 그러고 나서 두 전략중의 하나가 클론화된 서열을 식물로 전이시키는데 사용된다.

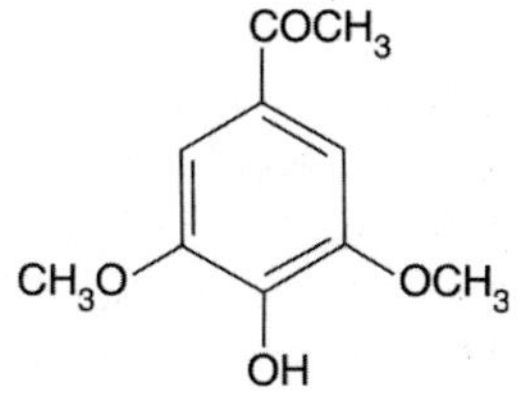

$COCH_3$ / CH_3O / OCH_3 / OH

그림 6.8

아세토시링곤 (acetosyringone)의 구조

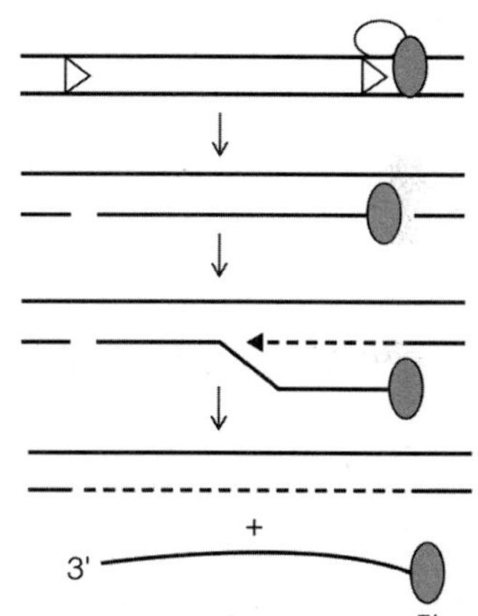

그림 6.9

T-DNA의 틈생성과 전이. 위의 그림에서 열린 화살머리는 VirD1(아마도 VirC1의 도움을 받음)에 의해 인지되는 25-bp 직접 반복 가장자리 염기서열을 나타내고 특정 핵속핵산분해효소 VirD2에 의해 잘려진다. VirD2 단백질 (회색 타원)은 절단된 단일가닥의 T-DNA 단편의 5'-말단에 붙어 남아 있다. 대체 가닥 (점선)의 합성은 식물세포로 삽입되는 단일가닥 (T-가닥)으로서 T-DNA의 방출을 일으킨다.

W. H. Freeman에 의해 처음 출간(1995)된 도판에 기초하여 재구성.

그람음성 세균에서 세포외 공간으로 단백질의 분비.

그람음성 세균의 세포는 세포질막 뿐만 아니라 외막으로 둘러싸여 있다. 원형질주변 공간으로의 세포질막을 통한 분비는 대부분 SecYEG (DF) 복합체를 통해 일어난다(Box 3.15를 참고하라). (그러나 최근에 생물공학자들은 매우 매력적인 "쌍 아르기닌 수송"[TAT] 경로의 사용에 대한 가능성을 탐구해 왔는데 그 이유는 그것이 접혀진 (folded) 단백질 분자를 수송하는 것처럼 보이기 때문이다). 이와는 대조적으로, 두개의 막을 통한 세포외 공간으로의 단백질 분비는 복합적인 장치가 요구된다. 아래 그림에서 보는 바와 같이, 그것은 type I에서 IV의 분비 시스템을 통한 4개의 경로 중 하나를 사용하면서 일어나는 것 같다.

몇 몇 콜리신(colicins)과 헤모라이신(hemolysin)의 수송에 이용되는 가장 간단한 시스템인 type I 분비 시스템에서, 내부막내 ABC(ATP-결합 카세트) 계통의 ATP-에너지화된 수송체는 단백질을 방출한다. 그러고 나서 이 단백질은 TolC 단백질의 채널을 통해 외부 막으로 통과한다. 이러한 복합체는 막 융합 단백질 군 (Membrane Fusion Protein family)의 일원인 원형질막 주변 단백질(periplasmic protein)과 서로 결합되어 있다.

Type II 분비 시스템에서, 단백질들은 전형적인 SecYEG 시스템에 의해 내부 막을 통과하며, D 단백질의 소중합체에 의해 만들어진 채널을 통해 외부 막을 거쳐 수송된다. 12개 이상의 단백질은 외부 막을 통한 2 단계 방출 과정을 만드는 것과 연관되는데, 아마도 E 단백질에 의한 ATP 가수분해로 에너지를 얻는 것으로 여겨진다. 이 경로는 SecYEG 복합체가 관련되기 때문에, 때때로 "일반 분비 경로(General Secretory Pathway)"의 "주요 종결 가지(Main Terminal Branch)"로 불리나 이러한 명명은 Tat 경로에 의해 방출되는 단백질이 type II 시스템에 의해 분비되고 몇 몇 "자동운반체(autotransporter)" 단백질들은 SecYEG를 통해 분비되고, type II 시스템(이 시스템은 때때로 type V 분비 시스템이라고 불림)과 연관되지 않고 자동 촉매 메커니즘에 의해 분비된다는 것이 알려지게 됨으로써 비판받게 되었다[1].

Type III 분비 시스템은 침모양의 추진체를 갖는 세균 편모의 기저 부위와 형태적으로 유사한 복합조립단백질을 이용한다. 이 단백질은 SecYEG 시스템을 사용하지 않아도 방출된다. 이 시스템은 동물의 시토솔(cytosol)과 식물기주 세포로 (때론 독성의) 단백질을 직접 주입시키는 많은 병원균들이 사용한다.

Type IV 분비 시스템 또한 복잡하다. 가장 잘 연구된 시스템은 *Agrobacterium tumefaciens*의 VirB 시스템인데, 그것은 단백질로 코팅된 DNA를 식물세포에 주입하는 시스템이다. 이와 유사한 시스템은 인간 병원균 *Bordetella petussis*에서 독소 분비와 관련되고 세균 세포 사이에서 플라스미드 DNA의 전이와도 관련된다. 백일해 (pertussis) 독소는 신호 서열로 만들어지며, 따라서 그것이 SecYEG 시스템을 통해 내부 막을 통과할 가능성이 있고, 이것은 type II 시스템에서의 상황과 매우 비슷하다.

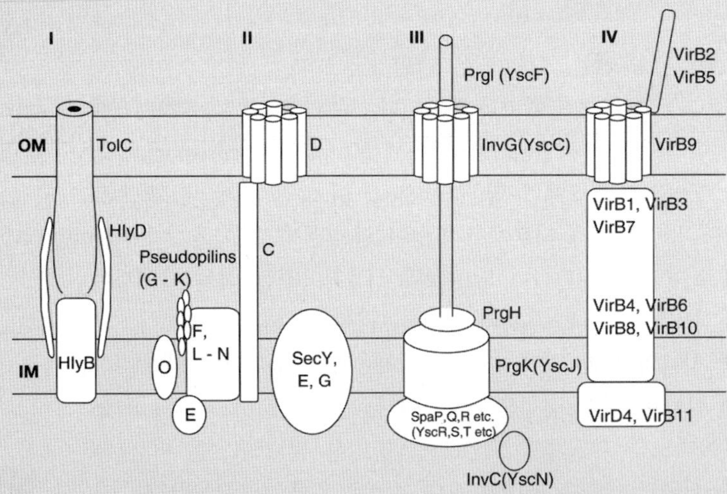

그람음성 세균의 type I에서 IV의 분비 시스템. 여기에서 보이는 type I 시스템은 한 예로 *E. coli*의 용혈소의 분비 시스템을 사용한다. Type II 시스템은 *Klebsiella oxytoca*의 풀룰란아제 (pullulanase) 분비 시스템을 보여준다. 이 시스템에서 *pulE, pulO* 등의 유전자 기호를 *gspE, gspO* 등과 같은 일반 분비 시스템 기호로 전환할 것을 제안하고 있다[2]. 여기에서 우리는 마지막 기호의 글자를 보고 있다. Type III 분비시스템의 경우, *Shigella* 단백질(Prg, Inv, Spa)과 *Yersinia* 단백질 명명은 괄호 안에서 볼 수 있다. Type IV 분비시스템은 *A. tumefaciens* 단백질 명명을 보여주고 있다[이 그림은 Nikaido, H (2003) Molecular basis of bacterial outer membrane permeability revisited. Microbiology and Molecular Biology Reviews 67: 593-596의 그림 7을 기초로 만들어 졌다].

[1] Desvaux, M., Parham, N. J., Scott-Tucker, A., and Henderson, I. R. (2004). The general secretory pathway: a general misnomer? ***Trends in Mycrobiology,*** 12, 306-309

[2] Francetic, O., and Pugsley, A. P. (1996). The cryptic general secretory pathway (gsp) operon of *Escherichia coli* K-12 encodes functional proteins. ***Journal of Bacteriology,*** 178, 3544-3549.

Box 6.1

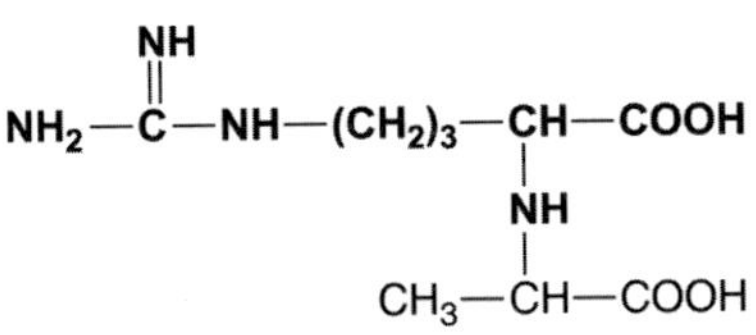

$NH_2-C(=NH)-NH-(CH_2)_3-CH(-NH-CH(CH_3)-COOH)-COOH$

Octopine

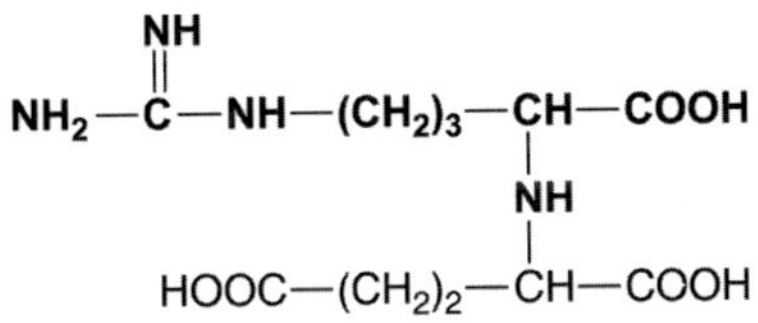

$NH_2-C(=NH)-NH-(CH_2)_3-CH(-NH-CH(COOH)-(CH_2)_2-COOH)-COOH$

Nopaline

그림 6.10

오핀, 옥토핀, 노팔린의 구조. 이 화합물은 아르기닌 잔기 (진한 글자)로 만들어지며 산성 물질에 결합한다. *Agrobacterium*은 또한 비슷한 화합물 군을 생성하며, 아르기닌 잔기가 또 다른 기본 아미노산으로 대체된다.

공동삽입(cointegrate) 매개체의 이용

이 방법은 초기에 개발되었고 더욱 최근에 사용된 방법이다. 외래 유전자는 pBR322의 유도체(흔히 *E. coli*에서 클로닝 하는데 주로 사용됨; 3장을 참고하라)와 같은 작은 벡터로 삽입되며 대부분 유전자 재조합 기술의 일반적인 시험관내 방법에 의해 이루어진다. 그러면 암종을 생성하지 않는 변형된 Ti 플라스미드를 함유하고 있는 *A. tumefaciens* 세포는 이러한 재조합 플라스미드로 형질전환된다. 이러한 변형된 Ti 플라스미드는 또한 T-DNA 부위의 왼쪽과 오른쪽 가장자리 사이에 펼쳐진 pBR322 서열을 함유하고 있다. pBR322 레플리콘과의 이러한 상동성 때문에, 재조합을 통해 좌우측 T-DNA 가장자리 사이에 더 작은 플라스미드의 전체 염기서열을 지니는 공동삽입체 플라스미드(cointegrate plasmid)가 만들어 진다(그림 6.11). 만일 그 개체군이 pBR322 플라스미드 상에 항생제 내성 유전자와 같은 표지유전자로 선발된다면, 단지 공동삽입체를 가진 세포만이 선택되어 생존할 것이다. 이러한 공동삽입체는 그러고 나서 외래 유전자를 가진 두 가장자리 사이의 염기서열을 식물체내로 주입시킨다.

공동삽입 방법에는 몇 가지 결점이 있다. 그러나 주입된 DNA의 조각은 비교적 크고 많은 외래 정보를 갖고 있어서, 정확하게 유전자 전이 과정을 제어하기가 어렵다. 종종 DNA의 작은 단편만이 식물 유전체내로 통합된다. 더 나아가, 항생제 내성 "표지" 유전자들은 상동성 재조합에 의해서 보다는 다른 메커니즘에 의해 Ti 플라스미드로 전이된다. 따라서 공여체인 *Agrobacterium* 세포가 원하는 공동삽입체를 함유하게 되리라는 보장을

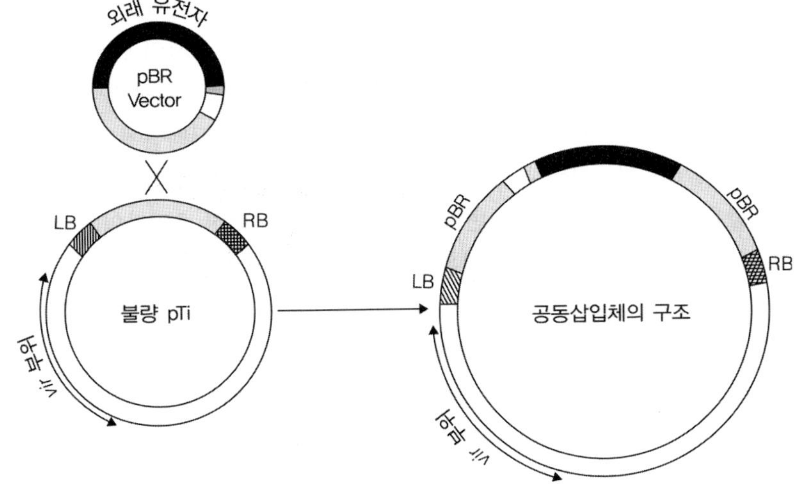

그림 6.11

플라스미드 공동삽입체의 구조물을 경유하는 T-DNA의 전이. pBR 플라스미드는 적절한 항생제내성 표지인자와 같은 *A. tumefaciens*에서 선택 가능한 표지인자를 함유한다(open box). 외래 DNA는 pBR 플라스미드에서 클론화되고, 이 합성 (composite) 플라스미드가 *A. tumefaciens*로 도입되고, *A. tumefaciens*는 암종 생성과 관계되는 유전자들이 제거됨으로써 "무장 해제된" T-DNA의 중간에 pBR 염기서열의 작은 단편이 합병됨으로써 더욱 변형된 Ti 플라스미드를 이미 함유하고 있다. pBR 플라스미드에서 복제 개시는 *E. coli*에서 잘 기능하지만, *A. tumefaciens*에서는 전혀 못할 수도 있다. 따라서 항생제 선별은 Ti 플라스미드와 pBR 플라스미드 사이에서, 상동성 재조합에 의해 형성되어 상동성 pBR 염기서열을 이용하는 공동삽입체를 함유하는 세포만이 잘 자라도록 한다. 공동삽입체는 vir 유전자를 지니고 있기 때문에, 외래 유전자는 변형된 T-DNA의 한 부분으로서 식물에 전이된다 [From Lurquin, P. F. (1987). Foreign gene expression in plant cells. *Progress in Nucleic Acid Research*, 34, 143–188; with permission].

그러나 유전자총 발사를 사용하는 방법에는 몇 가지 결점이 있다. 그 중에서 가장 중요한 것은 클론화된 DNA 단편이 종종 식물 염색체로 손상되지 않은 상태로 통합되지 않거나 또는 복합 근접 펼침(multiple contiguous stretch) (종종 여러 다스의 사본을 포함) 법으로 통합되는 것이다. 후자는 잠재적 유전자 침묵의 견지에서 특별한 단점을 가진다. 또 다른 한계는 오히려 왜래 DNA의 도입과 통합시 성공률이 낮다는 것이다.

형질전환식물의 예

Agrobacterium 시스템은 왜래 유전자를 식물의 염색체로 도입하기 위한 유용한 시스템이다. 이러한 식물세포로의 유전자 이동은 고빈도로 발생한다. 이러한 T-DNA는 흔히 구조적 변화 없이 고빈도로 식물 염색체로 통합된다. T-DNA를 받은 세포들은 네오마이신 내성 표지인자와 같은 항생제 내성을 사용함으로써 쉽게 선발된다. 따라서 잠재적으로 바람직한 특성을 갖는 현존하는 많은 형질전환 식물은 이러한 방법에 의해 얻어진다. 가장 간단한 경우에, 원하는 특성은 형질전환 식물에서 왜래 유전자의 계속적인 발현을 통해 나타난다. 그러한 형질전환 식물은 상업화되어 있고 그림 6.4에서 보는 바와 같이 지난 수십 년간 세계의 많은 지역에서 농부들에 의해 급속히 채택되어 왔다. 이미 전 세계적으로 콩을 심은 경작지의 반 이상 (56%)에서 형질전환 콩이 재배되고 있다는 것을 이 책에서 기술한바 있다. 기타 작물의 경우형질전환 식물은 현재 목화, 카놀라, 옥수수가 각각 28, 19, 14%를 차지하고 있다. 형질전환 벼의 경우 중국에서 앞으로 수년간 허가받을 수 있을 것으로 예측되고 있으며 이러한 허가를 통해 형질전환 작물의 비율이 증가될 것으로 예측하고 있다. 아래에서 중요한 형질전환 식물의 대강을 논의하겠다.

제초제내성 식물

제초제에 내성을 가지는 농작물을 만듦으로써 얻는 이득은 상당하다. 그 이유는 농업에서 잡초를 방제하는 데 많은 노력이 요구되어 왔기 때문이다. 다만 이러한 내성으로 인해 화학 제초제의 사용이 결국 증가할 것이라는 두려움이 있지만, 형질전환된 식물을 사용함으로써 좀 더 적은 양의 안전하고 더욱더 분해되기 쉬운 제초제의 사용이 증가할 것으로 기대하는 이유 또한 있다. 한 가지 예로, 제초제인 glyphosate는 phosphoenolpyruvate (PEP; 그림 6.13을 참고하라)의 구조적 유사체로 작용함으로써 방향족 아미노산의 생합성과 관련된 한 효소인 5-*enol*pyruvylshikimate 3-인산염 합성효소를 저해한다. 이 효소는 농작물로부터 정제되었고 서열이 밝혀졌으며 그리고 그 효소의 아미노산 서열에 대응하는 DNA 탐침이 합성되었다. 이러한 탐침은 5-*enol*pyruvylshikimate 3-인산염 합성효소를 과다하게 생산하는 것으로 알려진 한 식물세포 계열의 cDNA library로부터 효소 합성을 위해 cDNA를 분리하는데 사용되어지곤 하였다. 이러한 cDNA는 강한 CaMV 35S 프로모터 뒤와 노팔린 합성효소 종결암호 앞에서 클론화되었고, 그 유전자 복합체는 무장 해제된 Ti 플라스미드 벡터를 경유하여 식물세포(예; 페튜니아)로 도입되었다. 이러한 형질전환 식물은 더 높은 수준의 표적효소를 생산함으로써 glyphosate에 상당한 내성을 갖는다(그림 6.14). 이러한 결과는 glyphosate가 동물에게 매우 낮은

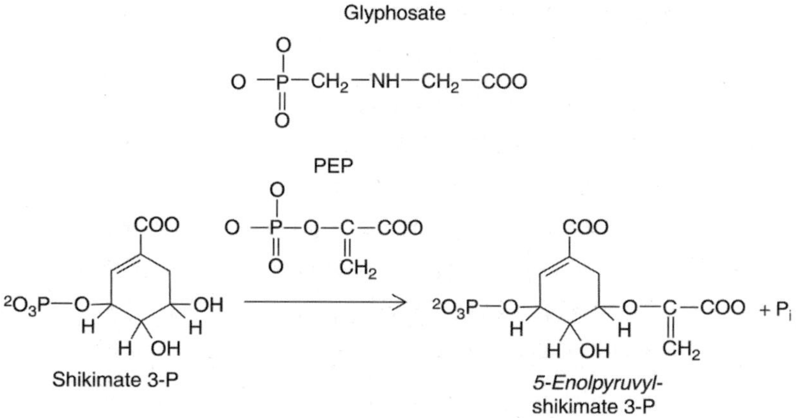

Glyphosate

$O - \overset{O}{\underset{O}{P}} - CH_2 - NH - CH_2 - COO$

PEP

Shikimate 3-P + PEP ($O - \overset{O}{\underset{O}{P}} - O - \underset{CH_2}{C} - COO$) → 5-*Enolpyruvyl*-shikimate 3-P + P_i

그림 6.13

Glyphosate와 그 작용기작. Phosophoenol–pyruvate의 유사체로 활동하는 glyphosate는 방향족 아미노산의 전구체인 5-*enol*pyruvylshikimate 3-인삼염의 형성을 저해한다.

독성을 나타내고 토양에서 빠르게 분해되기 때문에 장려되었다.

확실한 개량을 위한 전략으로는 형질전환 식물의 구축을 위해 glyphosate 내성 돌연변이 효소 생성을 암호화하는 DNA를 사용하는 것이다. Glyphosate-내성 돌연변이 균주의 유전자를 사용한 초기 실험에서는 생성된 효소가 엽록체 ("엽록체 운송 펩티드")로의 이동을 도와주는 N-말단 서열이 없었기 때문에 장려되지 않았다. 방향족 아미노산의 합성은 주로 엽록체에서 일어나고 초기 실험에 사용된 식물효소는 이러한 서열을 함유하고 있으며 따라서 효율적으로 엽록체로 이동되었다. 최종 상업적인 제품은 강화된 CaMV 35S 프로모터, 엽록체 운송 펩티드를 위한 암호화 효소, 노팔린 종료암호, glyphosate 내성 효소를 위한 암호화 염기서열을 간직한 DNA를 도입하여 만들었다. 효소를 암호화하는 유전자는 *Agrobacterium*의 야생형 균주로부터 나왔으며 그 효소는 식물효소와 유사한 친화성을 가진 기질과 결합하지만 glyphosate에 대한 친화성은 500배 더 낮다. 세균 또는 식물로부터 정상적으로 glyphosate에 감수성인 효소의 돌연변이체 어떤 것도 자연적으로 발생하는 효소와 필적할 만한 내성을 보이지 않았다는 것은 매우 흥미로운 일이다. 제초제 내성 콩은 2004년도에 거의 4억 8천만 헥타르의 면적에서 심어졌다. 이는 전 세계적으로 심어진 형질전환 식물의 60%를 차지한다고 한다. 이들 가운데 glyphosate 내성 식물은 아마 압도적으로 다수를 차지한다.

그림 6.14

Glyphosate-내성 식물체의 생산. 강한 프로모터 뒤에서 클론화된 5-*enol*-pyruvylshikimate 3-인산염 합성효소 유전자는 본문에서 기술된 것처럼 페튜니아 식물로 도입된다. 형질전환된 페튜니아 식물 (위)과 형질전환 되지 않은 대조구 식물 (아래)에 Roundup (glyphosate를 함유한 농약)을 살포한 3주 후에 대조구 식물은 죽었으나 형질전환된 내성 식물은 완전히 온전하였다 [From Shah, D. M., et al. (1986). Engineering herbicide tolerance in transgenic plants. Science, 223, 478–481; with permission].

제초제들에 의해 표적이 되는 효소의 수준이나 성질을 변화시키는 것은 제초제 내성 식물을 생산하기 위한 효과적인 접근 방법이다. 그러나 이러한 접근은 몇 가지의 한계가 있다. 첫째로, 이론적으로 절대적 수준의 제초제 내성을 생산해 낼 수 없는데 그 이유는 더 많은 양의 제초제는 여전히 과다 생산된 효소 또는 덜 감수성인 효소를 여전히 저해할 것이기 때문이다. 둘째로, 내생적인 효소의 과다 생산은 바람직하지 않거나 예상치 않은 결과를 초래할 수 있기 때문이다. 예를 들면, glyphosate 내성 콩은 뜨거운 날씨에 줄기의 분열이 생겨 상처를 입는 것으로 알려져 있는데 그것은 이들 식물이 높은 함량의 리그닌을 함유하고 있기 때문인 것으로 생각되고 있다. 과잉 생산된 효소는 리그닌에서 현저한 구조 조각을 이루는 방향족 화합물의 합성을 촉매 한다(12장). 셋째로, 복잡한 경로에서 한 효소의 과잉 생산은 경로의 균형을 깨뜨릴 수 있으며 생장의 저하를 초래할 수 있다. 식물에서 제초제 내성을 개발하기 위한 대체 방법의 탐구가 빠른 속도로 이루어지고 있다.

내성 형질전환 식물을 생산하는 하나의 기술은 제초제를 해독화하는 효소를 암호화하는 유전자를 도입하는 것이다. 이러한 접근을 통한 glyphosate 내성 식물의 개발에 관한 것은 410 페이지에 기술했다. 또 다른 중요한 예는 글루타민합성효소를 억제하는 글루탐산의 유사체인 포스피노트리신(phosphinothricin)과 관련되어 있다(그림 6.15).

포스피노트리신은 원래 *Streptomyces* 균주에 의해 생산된 항생제인 bialalphos의 활성성분으로 원래 발견되었다. 10장에서 기술하였듯이 항생제를 분비하는 미생물은 자주 그들 자신을 보호하기 위해 항생제를 해독화 하는 효소를 생산한다. Bialaphos를 생성하는 *Streptomyces*는 실제 bialaphos와 phosphinothricin과 같은 항생제를 아세틸화로 불활성화 시키는 효소를 생성한다. 이 효소를 암호화하는 유전자가 *Streptomyces*로부터 클론화되었고, CaMV 35S 프로모터 뒤에 위치하며, 감자와 같은 농작물에 도입되었다. 형질전환 식물은 포스피노트리신에 강한 내성을 보여주었다. 최근에 유사한 과정으로 생산된 형질전환된 옥수수, 카놀라, 콩, 기타 작물이 상업적으로 이용되고 있다. 2004년에 포스피노트리신-내성 벼가 텍사스에서 개발되어 실험적으로 재배되었다.

유전공학적으로 생산된 식물이 환경적으로 어떤 영향을 주는 가에 관한 논쟁은 다음 장에서 좀 더 집중적으로 다뤄질 것이지만 glyphosate-내성과 포스피노트리신-내성 식물에서 동일 또는 관련 종의 교차 수분(cross pollination)의 가능성이 실제로 우려되고 있다. 화분이 옥수수처럼 긴 거리를 이동하지 않을 경우에는 문제가 되지 않는다. 그러나 카놀라의 경우에 그 화분은 1 마일의 거리를 이동하고 다른 식물과 교차 수분을 한다.

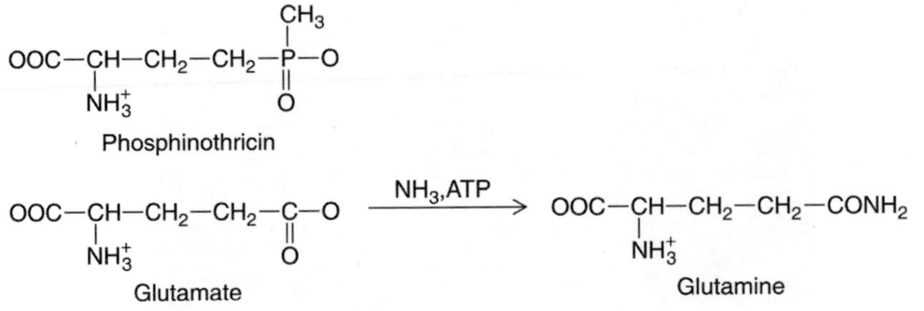

그림 6.15

포스피노트리신과 그 작용기작. 포스피노트리신은 글루탐산의 유사체이다. 글루타민 합성을 저해하기 위하여 글루타민 합성효소와 결합한다. Streptomyces 종에 의해 생성된 항생제인 Bialaphos는 트리펩티드(Phosphinothricinyl-ala-nyl-alanine)이고, 이는 식물 펩티다아제에 의해 포스피노트리신으로 전환된다.

$$OOC-\underset{NH_3^+}{CH}-CH_2-CH_2-\underset{O}{\overset{CH_3}{P}}-O$$

Phosphinothricin

$$OOC-\underset{NH_3^+}{CH}-CH_2-CH_2-\underset{O}{C}-O \xrightarrow{NH_3,ATP} OOC-\underset{NH_3^+}{CH}-CH_2-CH_2-CONH_2$$

Glutamate → Glutamine

따라서 제초제 내성 카놀라를 심는 것은 인근 포장에서 유기농으로 농사짓는 농부들에게 심각한 문제를 초래한다. 그러나 제초제 내성 유전자가 관련 식물 종으로 전이되는 것은 비교적 드물게 일어나는 것으로 보인다. 화분은 엽록체를 함유하고 있지 않기 때문에 제초제 내성 유전자를 엽록체로 도입함으로써 이런 문제를 피할 수 있을지 모른다.

곤충내성 식물

*Bacillus thuringiensis*는 모충(caterpillars)의 생물학적 방제에 사용되었는데 그 이유는 포자를 형성하는 세포가 독성 단백질을 함유하고 있기 때문이다(7장). 초기에 독성 단백질 (Cry1A) 중 한 종류의 단백질에 대한 전 유전자가 클론화되었고 식물체로 전이되었으나 그 발현 수준은 상당히 낮았다. 다음 단계에서 약 650 개의 아미노산의 N-말단 독소 부분(7장)을 암호화하는 일부 유전자는 프로모터와 종료암호 사이에서 클론화되었고 Ti 플라스미드 벡터를 통해 식물세포로 도입되었다. 이것은 발현 수준을 높였고 담배 잎의 해충인 *Manduca sexta*(담배 박각시나방)와 같은 좀 더 감수성인 곤충 종에 독성을 보이는 식물을 생산하였다. 여전히 독소 단백질의 발현 수준이 너무 낮아 옥수수의 큰 담배나방(corn earworm)의 유충 혹은 파밤나방(beet armyworm)과 같은 곤충 종의 경우 독성에 조금 더 강한 내성이 있으므로 죽이기 힘들다. 무작위로 반복 프로모터 염기서열(7장을 참고하라)을 갖는 “향상된” CaMV 35S 프로모터의 사용으로 비록 내생 식물 유전자의 발현이 10배 증가되었다 하더라도 mRNA의 수준은 여전히 증가하지 않았다. 따라서 1991년도에 몬산토의 과학자들은 독소 유전자의 암호 염기서열을 광범위하게 변경하는 것이 중요하였으며 독소의 발현 수준을 거의 100배 증가시키는데 성공했다. 그들은 산물의 아미노산 서열을 변화시키지 않고 GC 함량을 37%에서 49%로 증가시키기 위해 세 번째 코돈 부위를 A/T에서 G/C로 변경하였다. 이 과정에서 18개의 잠재적인 폴리아데닐화 신호 염기서열(AATAAA 또는 AATAAT) 중에서 17개 뿐만 아니라 동물에서 mRNA를 불안정화 하는 것으로 보고된 ATTTA 염기서열의 13개 모두를 제거하였다. 이러한 변형된 유전자(복제된 증폭자 부위를 갖는 CaMV 프로모터 뒤에 위치함)가 식물체로 제공될 때 이들은 비변형 식물체에 피해를 주는 일반 인시목 곤충에 대해 현저한 내성을 보였다. 계속되는 형질전환 식물 모두는 *B. thuringiensis* 독소를 암호화하는 염기서열을 유사하게 변형시킨 것 들이다(상세한 시범 연구의 예시는 7장에서 제공된다).

비록 독소를 암호화하는 유전자 염기서열의 전환이 실험적으로 성공했을 지라도 증가된 독소 생성에 관한 작용기작은 확실히 알려져 있지 않다. 단지 ATTTA 염기서열 또는 희귀 코돈을 제거하려는 노력은 오히려 모순된 결과를 낳았다. 그러나 암호화하는 염기서열의 대량 전환은 mRNA를 안정화함으로써 대부분 작동하는 것으로 보인다. 이러한 연구가 이루어지는 시기에 알려지지 않은 요인 가운데 유전자 침묵에 관한 것이 있다. 사실상, 심지어 완전히 변형된 유전자를 가진 많은 식물세포도 거의 독소를 생산하지 않았는데 이러한 경우는 전사 후 유전자 침묵과 연관되었을 것으로 보인다.

독소를 함유한 작물의 안전에 대한 이슈와 환경적인 영향에 대해 더 많은 관심이 집중되고 있다. 주요 이슈에 대해서는 7장에 기술했다. 거기에는 *B. thuringiensis* 독소의 독성은 수십 년에 걸쳐 분무방법으로 사용할 경우 인간이나 척추동물에 전혀 독성이 없다는 많은 자료가 있다. 그러나 수많은 네오마이신 인산전이효소 (*nptII*) 유전자의 사본을 생산하는 것은 권장할 만하지 않다. 따라서 미래의 유전자 변형 농작물은 약제내성 표지 유전자 없이 만들어져야 한다. 알레르기 유발성에 대한 논쟁은 StarLink 옥수수의 운명에 의해 가장 많이 부각되었다. Cry9C 독소를 생산하는 품종은 단지 동물사료로 판매되었으며 그 이유는 알레르기 실험이 아직 완료되지 않았으며, CryC 독소가 다른 곤충 내성 균주에서 생산되는 독소보다 산성 조건 (인간 위의 함유물과 닮은) 하에서 더 안정하기 때문이다. StarLink 옥수수의 극소량이 인간의 음식에서 검출되었을 때 사회적 대소동이 일어나고 다양한 옥수수 제품의 회수를 야기하였다. Cry9C 단백질이 다른 Cry 독소보다 더 알레르기 유발성을 일으키는 지의 여부는 아직 밝혀지지 않았지만 이러한 사례는 식량 작물에서 발현된 외래 단백질이 알레르기 유발성을 초래할 수 있다는 사실에 각별한 관심을 가져야 한다는 것을 보여준다.

몇 몇 종자는 높은 농도의 단백질분해효소(protease) 억제물질을 함유하고 있으며 이는 곤충 내 소화과정을 방해하는 것으로 생각된다. 트립신 억제물질 관련 유전자는 다수의 곤충에 내성을 갖는 아프리카 광저기(African cowpea) 종으로부터 클론화되었다. 이 유전자를 담배식물로 전이시키는 것은 심지어 포장조건에서 잎을 갉아 먹는 다양한 곤충종에 대해 높은 내성을 가지도록 하였다. 이러한 경우에 단백질 발현에는 문제가 없었다. 이는 전체 식물단백질의 1% 정도의 수준에 도달하였다. 이는 아마도 클론화된 유전자가 식물체에 기원을 두고 있기 때문이다. 유사하게도, 탄수화물과 결합하는 단백질인 렉틴은 흔히 종자에서 높은 농도로 존재하며, 이 단백질을 소화하는 곤충을 저해한다. 따라서 이러한 렉틴 중의 어떤 것은 또한 식물에서도 발현된다. 그러나 단백질가수분해효소 억제물질 또는 렉틴을 발현시키는 형질전환 식물은 단지 신중한 수준에서 주로 보호되고 있기 때문에 어떤 것도 아직 상업화된 것은 없다.

바이러스내성 식물

바이러스 내성 식물의 생산을 위해 가장 빈번히 사용되는 방법은 거의 비병원성 바이러스에 의해 감염된 식물들이 강력한 병원성 바이러스에 연관된 중복 감염에 내성을 갖는다는 관찰에서 비롯되었다. 다양한 관찰을 통해 이전에 감염된 식물세포에 바이러스 외피 단백질이 존재하기 때문에 바이러스 간의 교차 내성이 발생한다는 것이 밝혀졌다. 사실, 담배 모자이크 바이러스(TMV) 외피 단백질 유전자를 함유한 형질전환 식물은 TMV 감염에 내성을 보여준다. 그러나 심지어 해독되지 않고 식물보호에 효과적이었던 돌연변이된 외피 단백질 유전자가 발견 되었을 때, 외피 단백질의 존재가 내성을 부여한다는 가설은 폐기되어야 했다. 따라서 외피 단백질 유전자를 식물로 도입하여 생긴 내성은 대부분 유전자 침묵의 결과로 추정되고 있다(Box 6.3). 대부분의 식물 바이러스는 양성-가닥 RNA 바이러스이다. 외피 단백질 유전자가 식물에서 전사될 때 다음의 mRNA는 다소 "돌연변이적(aberrant)"으로 인식되고, 이러한 인식은 이중가닥 RNA를 생성하도록 하며, 이는 쪼개져 아마도 짧은 조각의 siRNA가 만들어진다. 이러한 siRNA는 차례로 바이러스 RNA 분자를 포함한 상동성 단일가닥의 RNA 분자의 분해를 시작할 것이다.

바이러스 외피 단백질 유전자를 함유하는 형질전환 식물은 여름호박과 주키니(서양호박) 바이러스내성 주로서 상업화되었다. 이러한 내성 식물은 곤충 내성 품종 또는 제초제 내성 품종에서처럼 농민들에 의해 열광적으로 채택되지는 않았는데 그 이유는 아마도 수많은 현존 바이러스 모두에 내성을 갖는 식물을 만드는 것이 어렵기 때문이다. 그러나 유전자총 발사에 의해 바이러스의 피막단백질 유전자를 도입하여 구축한 파파야 원형반점(ringspot) 바이러스에 내성을 갖는 형질전환 파파야 식물의 형질전환은 매우 성공적이었으며 사라질 하와이 Big Island 파파야 산업을 구해주었다. 이러한 성공은 이 지역에서 파파야에 병을 일으켰던 중요한 단 한 가지 바이러스 계통이 존재한다는 것과 관련되어 있다.

곰팡이와 세균에 대해 내성을 갖는 식물

미국 전역에서 진균성 (더 작은 범위의 세균성) 병에 의해 연간 100억에서 330억 달러의 손실이 발생하는 것으로 예상된다. 이러한 피해를 줄이기 위해 연간 살균제의 사용으로 7억 달러가 소비된다. 지난 2세기 내에 감자 역병(곰팡이병)에 의해 발생한 아일랜드 기근은 아직도 기억되고 있다. 따라서 곰팡이나 세균의 공격에 내성을 갖는 식물주를 개발하는 것은 매우 가치 있는 일이다. 미생물-식물간 상호작용을 이해하는데 있어서 최근의 발전은 합리적인 접근이 가능할 것이라는 희망을 우리에게 주고 있다.

식물병리학자들은 병원균의 Avr ("비병원성") 유전자 산물과 식물 R ("내성") 유전자 산물 사이의 상호작용에 의해 미생물 감염의 최종 결과가 결정된다는 것을 오랫동안 알고 있었다. Avr 단백질은 병원균의 많은 다양한 그러나 필수 단백질과 대응한다. 그리고 한 가지 부류는 type III 분비 경로 (Box 6.1을 참고하라)에 의해 식물세포로 주입되는 것으로 알려져 있다. 그것이 식물의 동족 R 단백질에 의해 특이적으로 인식될 때, 국부적인 "과민반응"이 잇따라 일어나고 이 반응은 식물 전체에 걸쳐 방어 수준을 증가시키도록 전달되어 결국 공격으로부터 살아남게 된다. Avr 혹은 R 단백질 가운데 하나를 잃을 때, 전신 병의 발생이 초래된다. 최근 연구에서의 확실한 결론은 어떤 R 단백질은 동물 세포의 톨유사수용체 (5장을 참고하라)를 연상케하는 전체 도메인 구조를 가지며 이러한 수용체는 LPS가 존재하는 것과 같이 병원균의 덜 특이적인 특성을 인식하는데 사용된다. 따라서 식물과 동물은 침입 병원균의 구성 성분을 인식하기 위해 동일 형태의 단백질을 사용하는 것으로 보인다. 어떤 경우에, 작물은 병원균을 인식하는 부가적인 R 단백질을 만드는 유전자를 도입하여 무장시킴으로써 부가적인 병원균에 내성을 나타낼 수 있다. 이런 접근은 적어도 실험실 조건에서는 성공적이었다. 그러나 내성을 상업적으로 이용할 수 있을 정도의 생산을 위해서는 많은 다양한 R 유전자의 식별, 클로닝, 식물로의 도입이 요구되나 그렇게 쉽지만은 않다.

과학자들은 광범위한 병원균에 내성을 갖는 작물을 생산해 내려고 노력해 왔다. Avr과 R간의 상호작용을 통하거나 또는 다른 작용기작을 통하여 식물이 병원균을 인식함으로써 보통 살리실산과 같은 신호분자가 방출된다. 이것은 반응의 케스케이드를 만들어 피토알렉신(phytoalexin)과 같은 다른 전신 신호분자의 합성뿐만 아니라 식물방어에 필요한 단백질 배열의 발현을 증가시킨다(Box 6.4). 초기의 시도는 이러한 방어 단백질의 과다발현에 초점이 맞추어 졌다. 그러나 이러한 접근은 종종 식물의 생장을 저해시켰다. 이러한 반응의 폭포내 중앙 조절단백질인 NPR1을 과다 발현시키는 연구를 통해 다수의 곰팡이와 세균에 대한 광범위한 내성을 갖지만, 생장에는 저해받지 않는 식물을 생산하였다.

피토알렉신 (Phytoalexin).

고등 동물과 다르게 식물은 침입한 미생물과 대항하기 위한 특별한 항생제를 만들어 내지 못한다. 대신 많은 식물은 미생물 감염에 대한 반응으로써 침입한 미생물의 생장을 저해하는 저분자량의 2차 대사산물인 피토알렉신을 생성한다. 피토알렉신의 구조는 이를 생산하는 식물 종에 대해 특이적이다. 여기에서 두 가지의 예, 즉 파세올린(녹색 콩에 의해 생산된 이소풀라보노이드 화합물)과 리시틴 (감자에 의해 생산된 노르세퀴터펜)의 구조를 볼 수 있다.

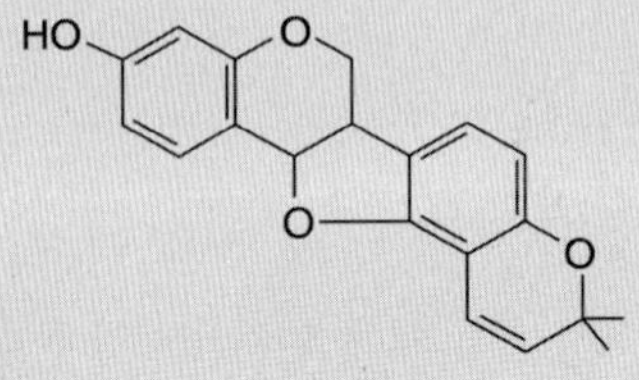

Phaseollin

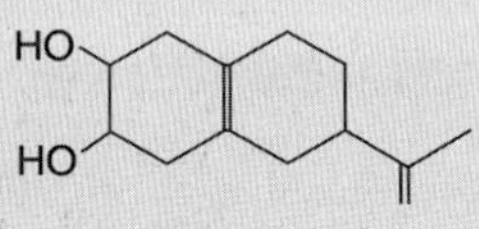

Rishitin

Box 6.4

후자의 특성은 아마도 식물이 병원균과 접촉할 때 까지는 방어 케스케이드의 활성이 발생하지 않는다는 사실로부터 유래하였다.

한 가지 재치 있는 접근은 병원균으로부터 온 *avr* 유전자를 "병원균-유도 프로모디" 아래에 위치시킨 다음 작물 유전체로 클론화하는 것이다. 식물은 이러한 프로모터를 활성화하는 어떠한 병원균에 의해 침입을 받을 때 Avr 단백질이 생성되고 방어반응을 활성화하기 위하여 동족 R 단백질과 상호작용한다. 이러한 연구의 어려움은 적절한 프로모터 염기서열을 찾는 것이지만, 이 일은 현대 어레이 기술 덕분에 더욱 쉽게 이루어지고 있다 (4장을 참고하라). 요약하면, 분자 상호작용 경로에 관한 지식에서의 커다란 발전은 형질전환적인 연구를 통해 식물이 병원성 미생물에 대한 광범위한 내성을 획득할 수 있다는 희망을 우리에게 제공하고 있다.

스트레스내성 식물

식물은 가뭄, 뜨거운 날씨, 추운 날씨와 같은 조건과 같은 여러 가지 스트레스에서 살아남아야 한다. 염이나 가뭄 내성은 캘리포니아 Central Valley에서처럼 높은 염분(수년간 관개에 의한 결과)이 농경지의 30%에서 곡물 생산량을 제한시키기 때문에 지대한 관심을 끌었다. 이러한 생존을 위해 사용된 전략은 매우 복잡하다. 첫째, 식물은 조절 단백질의 방어 케스케이드를 활성화 시키는 신호분자(앱시스산; 그림 6.16)를 생산하고 이는 많은 effector 단백질의 발현을 초래한다. 둘째, 이들 단백질의 어떤 것은 제4기 아미노 화합물(글리신베타인; 그림 6.17), 당, 당알콜(오노니톨; 그림 6.18)과 같이 양립할 수 있는 삼투질을 생산하고 이는 시토솔(cytosol) 내에서 단백질의 구조를 교란하지 않고 높은 삼투압을 유지한다. 마지막으로, 나트륨 이온들은 Na^+/H^+ 역수송체(antiporter)를 사용하여 시토솔로부터 멀리 떨어져 액포 속으로 격리된다.

이러한 염 내성 반응의 복잡성 때문에, 지금까지 수행된 많은 일들은 외래 유전자의 도입을 통해 양립성 삼투질을 생산해 내는 간단한 방법을 이용했다. 이러한 연구는 단지 제한적으로 성공하였는데 그 이유는 삼투질의 과다생산 수준이 항상 낮고, 그러한 방어작용이 보통으로 이루어졌기 때문이었다(트레할로오스-생성 형질전환 벼에 대한 예시는 그림 6.17을 참고하라). 그러나 최근에 형질전환된 당근은 엽록체 속으로 베타인 알데히드 탈수소화효소를 암호화하는 유전자가 엽록체로 도입되어 생산되었다(그림 6.17을 참고하라). 엽록체 클로닝에 의해 얻어진 강력한 증폭 효과 때문에, 식물은 좀 더 높은 수준에서 글리신베타인을 생산했고, 400 mM NaCL의 농도에서도 자랄 수 있었다. 비록 염-내성 식물의 자연적 반응과 연관된 많은 다른 요인들이 관여되지 않고 궁극적인 내성을 얻을 수 있을 지는 여전히 불명확하긴 하지만 이러한 것들은 매우 유망한 결과이다.

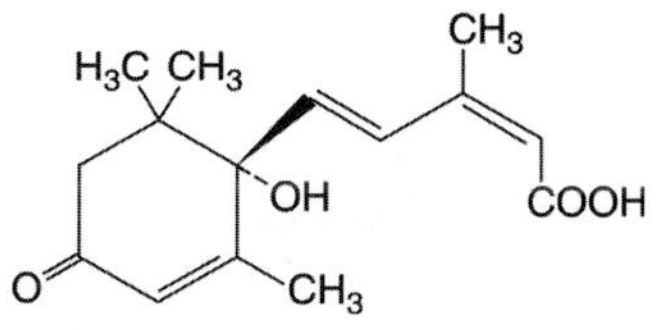

H3C CH3 CH3 OH COOH O CH3

그림 6.16

엡시스산. 이러한 식물의 신호분자는 주로 식물이 탈수에 의해 스트레스를 받을 때 주로 생성된다.

생산물의 질과 수량의 향상

우리가 토의한 예시에서, 작물의 주요 개량은 주로 농부들이 중요시했던 특질을 개량함으로써 이루어졌다. 최근에는 생산물의 품질과 같은 특질을 개량하며 고객들에게 더욱 직접적으로 흥미를 줄 수 있는 개량에 중점을 두어 왔다. 대단한 관심을 끈 한 가지 예로, 스위스와 독일 대학교 과학자들의 상호 노력으로 개발한 “황금 벼”가 있다. 이 황금 벼는 비타민 A의 전구체인 베타카로틴을 함유하고 있다. 그들은 *Agrobacterium* Ti 시스템을 사용하여 두 가지 플라스미드로부터 각각 피토엔(phytoene) 합성효소, 피토엔 디세튜라제(phytoene desaturase), 리코펜 β-시클라제(lycopene β-cyclase)를 암호화하는 세 가지 유전자를 벼에 도입하였다. 첫 번째와 마지막 번째의 유전자는 식물로부터, 그리고 두 번째의 유전자는 세균 종으로부터 가져왔다. 때문에 이 효소는 고등 진핵생물에서 별개의 두 효소에 의해 정상적으로 촉매화된 불포화반응 단계를 연속적으로 촉매할 수 있다. 이러한 유전자 가운데 두개는 내배유-특이적 발현을 만드는 벼 프로모터 뒤에 위치하고 모든 유전자는 발현된 단백질을 엽록체로의 수송을 유도하는 “엽록체 운송 펩티드”를 암호화하는 유전자를 함유하고 있다. 한 개 이상의 유전자를 형질전환 식물로 도입시키기는 어려우며 이러한 노력이 성공으로 연결되는 데는 8년의 시간이 걸렸다. 마지막 생산물로 베타카로틴을 함유한 벼가 개발되었으며, 연간 100만 명 이상을 죽게 만드는 비타민 A의 결핍으로부터 현재 고통 받고 있는 몇 개 나라의 어린이들에게 혜택을 줄 것으로 예상된다. 비록 1999년도에 황금 벼가 실험실에서 개발되었지만, 유전자 변형 작물로서의 많은 난관들을 제거해야 했기 때문에 2009년까지는 농부들에게 공급되지는 않을 것으로 예측된다. 유사한 전략으로는, 철 결합 단백질인 페리틴(ferritin)을 발현하는 형질전환 벼가 개발되어 철과 아연이 풍부한 벼 곡물이 생산되었다.

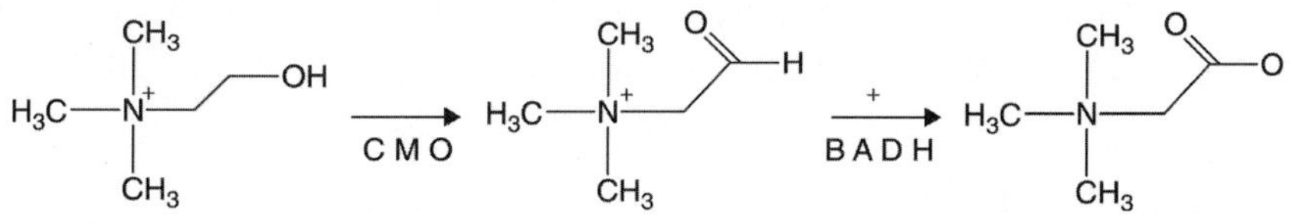

CH3 H3C—N+—OH CH3 → CMO → CH3 O H3C—N+—H CH3 → BADH → CH3 O H3C—N+—O CH3

그림 6.17

식물에서 글리신베타인의 생합성. 합성은 콜린 (왼쪽)으로부터 시작하는데 콜린 단일산화효소 (CMO)에 의해 베타인 알데히드 (중간)로 변환되고, 연이어 베타인 알데히드 탈수소효소 (BADH)에 의해 글리신베타인 (오른쪽)으로 변환된다. *E. coli*는 평범한 NAD^+에 연결된 탈수소효소에 의해 가수분해 된 첫 번째 과정을 제외하고 같은 과정을 사용한다. 그램 양성 세균인 *Arthrobacter*는 첫 번째 과정에서 콜린 산화효소에 의해 콜린을 글리신베타인으로 전환한다.

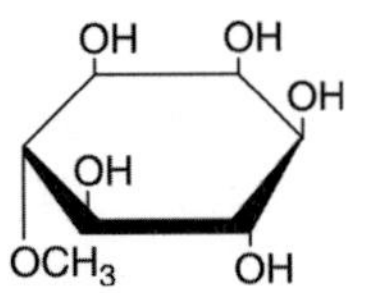

그림 6.18

D-오노니톨 (1D-4-메틸-미오이노시톨).

곡류는 많은 개발도상국에서 단백질(아미노산)의 주요 원천일 뿐만 아니라 에너지원으로서 제공된다. 그러나 곡류 단백질은 라이신을 함유하는 수개의 필수 아미노산 함량이 매우 낮다. 이러한 이유로 라이신은 인간과 동물 식품에 흔히 첨가되곤 한다(9장을 참고하라). 더 많은 아미노산을 함유하는 종자를 생산하는 곡류 작물을 제조할 수 있다면 더욱 좋을 것이다. 그러나 저장 단백질은 복잡한 방출과 분리 경로를 통과하여, 소포체의 루멘(lumen)으로 분비를 시작하고, 일련의 공유 결합적 변형과 소중합체 조립 과정이 이어지고, 마지막으로 액포-유사 구조에 격리됨으로써 끝나게 된다. 이들 대부분은 단백질분해효소를 함유하고 있으며, 만약 그들의 염기서열이 좀 더 많은 라이신 도입으로 인해 변경된다면 이러한 저장 단백질은 분해될 것으로 예측된다. 이러한 이유 때문에 곡류 단백질의 아미노산 성분의 개량은 매우 어렵다. 한 가지 성공적인 실험에서, 콩 글리시닌 cDNA는 벼 글루텔린(glutelin) 프로모터 뒤에 도입되었다. 비록 글리시닌 (5%) 가운데 라이신 성분이 글루텔린 (2.5%)의 함량 보다 약 2배가 되지만 이들 단백질은 종자 성분과 같은 "11S 글로불린" 군에 포함된다. 아마도 글리시닌은 글루텔린과 같이 동일 경로를 통하여 방출되고 분리되기 때문에, 글리시닌을 함유하는 벼 곡류를 얻을 수 있다. 그러나 글리시닌의 함량은 형질전환 벼의, 심지어 확보된 최상의 원종에서, 전체 단백질 중 단지 5%를 차지하였다. 그리고 전체 곡물의 라이신 함량의 관점에서 보면 이것은 거의 차이가 없었다. 대안적인 전략으로, 라이신처럼 UGA 정지 코돈을 해독하는 tRNA의 한 유전자가 벼에 도입되었다. 벼 곡물의 라이신 함량은 증가 되었지만, 증가의 범위는 최상의 변형체에서 4.55%에서 비변형체에서 4.27%까지 매우 작았다.

작물의 수량을 증가시키기 위한 노력이 진행되고 있다. 수량은 분명히 광합성의 효율성과 관련되어 있다. C_3 식물로 일컬어지는 밀, 감자, 벼를 포함하는 많은 식물에서 CO_2 고정이 리불로즈-1,5-이인산 카르복실화효소 (루비스코) (ribulose-1,5-bisphosphate carboxylase) (RuBisCo) 단계에서 일어난다. 그리고 C_4 식물로 일컬어지는 옥수수를 포함하는 어떤 식물에서는 CO_2 고정은 PEP 카르복실라아제를 사용하여 먼저 발생하며, C_4 산물은 근접한 유관속초세포(bundle sheath cell)로 들어가 CO_2를 재 발생시키고, 마지막으로 루비스코에 의해 고정된다. 이러한 두 단계의 과정은 에너지학적인 면에서 좀 더 비싸나, 식물로 하여금 산소나 이산화탄소 유사체에 의한 루비스코의 저해를 회피할 수 있도록 하는데 그 이유는 루비스코가 기능을 하는 곳에서 실제 기질인 이산화탄소를 국부적으로 상당히 높은 농도로 발생시킬 수 있기 때문이다(그림 6.19). 많은 노력을 통해 옥수수 PEP 카르복실라아제를 벼에서 강하게 과다 발현시킬 수 있었으나, 바람직한 수량의 증가는 얻지 못하였다. C_4와 C_3식물 간의 차이는 PEP 카르복실라아제의 활성뿐만 아니라 다른 효소들의 수준과 조절 및 세포구조가 관련된다. 따라서 수량을 높이려는 목표는 현재 이용할 수 있는 기술로는 얻기가 매우 어렵다.

지금까지 논의한 형질전환 식물의 모든 예는 다른 기관으로부터 유전자를 식물체로 도입하여 만들었다. 그러나 내생적 식물유전자의 전환도 역시 가능하다. 이런 방법을 통하여 이미 성공한 예로는 꽃 색깔을 변형한 경우가 있다. 꽃 색소의 생화합 경로는 자세하게 알려져 있고, 꽃의 외형을 극적으로 변화시키는 비자연적인 색을 만들어 내기 위해 내생유전자(다른 식물 종으로부터 유전자를 가져오는 것뿐만 아니라)를 불활성화 시키거나 과다발현 시키는 것이 가능하다.

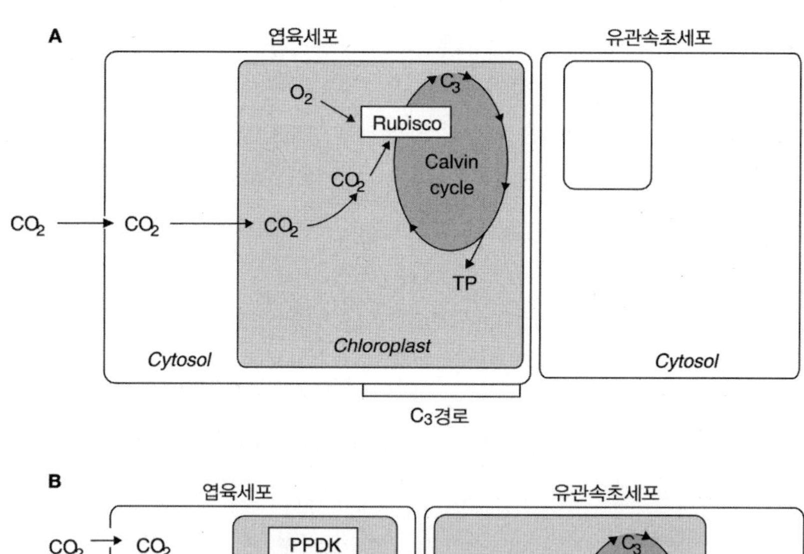

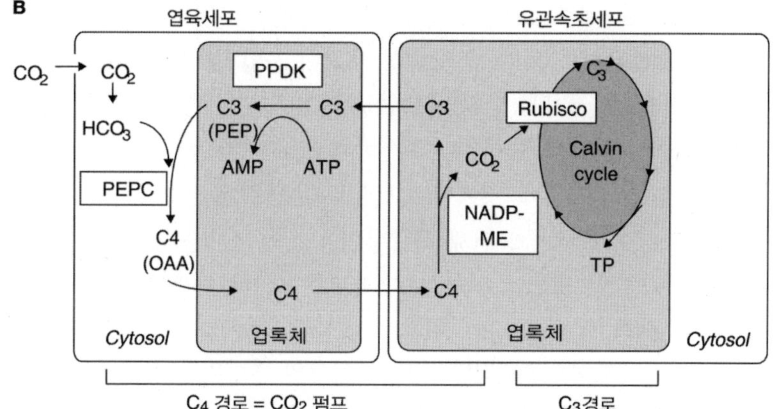

그림 6.19

C_3 (A)와 C_4 (B) 식물에서 광합성 과정의 대표적인 도식. C_3식물에서 CO_2는 루비스코에 의해 고정되어 삼탄당 인산염 (TP) 산물을 발생시킨다. 반대로 C_4식물에서 CO_2는 PEP 카르복실라아제 (PEPC)에 의해 처음으로 고정되고 oxaloacetate (OAA)가 발생되며 이는 또 다른 C_4 산 (능금산염)으로 변환되어 유관속초세포로 들어간다. 능금산염은 $NADP^+$가 관여되면서 사과산효소 (ME)에 의해 CO_2를 방출하여 국부적으로 높은 농도의 CO_2를 축적한다. 다른 산물인 피루빈산염 (C_3)은 다시 엽육세포로 되돌아와 피루빈산염 오르토인산염 디키나제 (PPDK)의 작용을 통해 PEP를 발생시킨다 [From Miyao M. (2003). Molecular evolution and genetic engineering of C_4 photosynthetic enzyme. *Journal of Experimental Botany*, 54, 179–189; copyright © 2003 Oxford University Press, with permission].

다른 흥미 있는 연구는 토마토와 같은 과일의 무름병을 지연시키려는 노력이다. 무름병의 발생을 지연시키는 것은 명백하게 과일의 저장 수명을 연장하거나 운송을 용이하게 해준다. 폴리갈락투로나제(polygalacturonase) 효소에 의한 과일 세포벽의 다당류 구성성분인 폴리갈락투로나제의 가수분해는 토마토가 무르는 것과 관련되어 있다는 증거가 있다. 이러한 효소를 암호화하는 유전자가 클론화 되었고, 이 유전자는 강력한 CaMV 35S 프로모터 뒤에 **반대** 방향(inverted orientation)에 위치한다. 이러한 조립체가 *Agrobacterium* Ti 플라스미드를 경유하여 토마토 식물로 도입되었다. 이러한 형질전환 식물은 낮은 수준의 폴리갈락투로나제를 생산할 수 있었다. 그 이유는 반대방향에서 유전자를 읽음으로써 생산된 "antisense mRNA"가 정상적인 mRNA의 해독을 방해하거나 mRNA에 두가닥복원(annealing)이 이루어짐으로써 전사 후 침묵을 일으키기 때문이다. 이러한 기술을 사용하여 만든 토마토의 한 가지 버전은 FDA에 의해 승인된 첫 번째 유전적으로 변형된 작물로서 미국에서 상업화 되었다. 그러나 상업적인 성공이라고 할 수는 없다. 어떤 사람들은 이러한 형질전환체의 구축에 사용된 그 특정 품종의 토마토가 매력적이지 않았다고 주장하고 있다.

많은 식물의 특질이 우리에게 혜택을 주기 위해 변형되고 있다. 특질은 무수히 많지만 식물 크기와 꽃피는 계절은 분명한 특질에 속한다. 녹색혁명이 난쟁이 작물의 개발에 기인하고 있다는 것을 고려할 때 식물 크기를 변화시키는 것은 중요할 것이다. 만약 꽃피는 시기를 변화시킴으로써 일 년에 두 차례 혹은 세 차례 농작물의 수확이 가능하다면 단위 면적 당 농작물 수량에 있어 상당한 증가를 불러올 것이다. 대부분의 특질은 복합 유전자에 의해 지배되고 있으며 그 생산물은 복잡한 방법에서 상호작용 한다. 그러나 전사와 해독 수준을 밝히는 배열 방법을 이용함으로써 너무 멀지 않는 장래에 이러한 목표를 이룰 수 있게 될 것이다.

요약

많은 종의 미생물은 식물과 공생작용 혹은 병원균으로서 상호작용을 한다. 과학자들은 생물공학 기술을 통하여 농업생산성을 향상시키기 위한 노력에 있어 이러한 밀접한 관계를 이용해 왔다. 예를 들어, 빙핵유전자와 같은 병원성에 필수적인 유전자의 정교한 결실을 통해 불활성화 된 식물 병원성 세균이 자연 병원균에 대항하는 경쟁자로서 성공적으로 사용되어 왔다. 이와 유사한 노력이 미생물의 특성을 향상시키기 위하여 이루어져 왔는데, 예를 들어, 질소고정세균과 같은 유용 공생체의 기주범위의 특성을 향상시키기 위한 노력들이 그것이다. 그러나 이 경우 플라스미드 DNA, T-DNA의 일부를 식물세포로 도입시키기 위해 식물병원균인 *A. tumefaciens*의 자연적 능력을 이용해 왔다. 이와 같은 방법으로 다른 식물 혹은 미생물로부터 외래 유전자를 식물에 도입함으로써 제초제, 해충, 바이러스에 내성인 식물을 생산할 수 있었으며 이러한 식물은 지금 전 세계적으로 8천만 헥타르 이상의 광범위한 지역에 심어졌다. 염에 대해 내성을 갖거나 병원균에 광범위한 내성을 갖는 형질전환 식물은 이미 실험실 차원에서 성공적으로 얻어지고 있다. 다음 세대의 형질전환 식물은 농업 생산물의 품질 향상에 좀 더 집중될 것이며, 더 높은 영양가의 곡물을 생산하는 벼가 이미 실험실에서 개발되고 있다. 저장 수명이 향상된 과일, 채소와 새롭고 비상한 색상의 꽃이 성공적으로 생산되고 있다. 높은 수확량을 갖는 작물 생산은 아직 목표에 도달하지 않았다. 그러나 이러한 목표에 도달하기 위해서는 식물 유전자의 조절에 있어 좀 더 진전된 이해가 필수적이다.

|참고문헌과 온라인 자료|

일반적인 내용

Slater, A., Scott, N., and Fowler, M. (2003). *Plant Biotechnology: The Genetic Manipulation of Plants.* New York: Oxford University Press.

Jauhar, P. P. (2006). Modern biotechnology as an integral supplement to conventional plant breeding: The prospects and challenges. *Crop Science*, 46, 1841–1859.

공생미생물의 이용

Lindow, S. E., and Leveau, J. H. J. (2002). Phyllosphere microbiology. *Current Opinion in Biotechnology*, 13, 238–243.

Gage, D. J. (2004). Infection and invasion of roots by symbiotic, nitrogen-fixing rhizobia during nodulation of temperate legumes. *Microbiology and Molecular Biology Reviews*, 68, 280–300.

Maier, R. J., and Triplett, E. W. (1996). Toward more productive, efficient, and competitive nitrogen-fixing symbiotic bacteria. *Critical Reviews in Plant Science*, 15, 191–234.

Yanni, Y. G., et al. (2001). The beneficial plant growth-promoting association of *Rhizobium leguminosarum* bv. trifolii with rice roots. *Australian Journal of Plant Physiology*, 28, 845–870.

Dobbelaere, S., Vanderleyden, J., and Okon, Y. (2003). Plant growth-promoting effects of diazotrophs in the rhizosphere. *Critical Reviews in Plant Sciences*, 22, 107–149.

Iniguez, A. L., Dong, Y., and Triplett, E. W. (2004). Nitrogen fixation in wheat provided by *Klebsiella pneumoniae* 342. *Molecular Plant-Microbe Interactions*, 17, 1078–1085.

Galloway, J. N., Schlesinger, W. H., Levy, H., II, Michaels, A., and Schnoor, J. L. (1995). Nitrogen fixation: anthropogenic enhancement-environmental response. *Global Biogeochemical Cycles*, 9, 235–252.

Agrobacterium Ti 시스템

Christie, P. J. (2004). Type IV secretion: the *Agrobacterium* VirB/D4 and related conjugation systems. *Biochimica Biophysica Acta*, 1694, 219–234.

Zupan, J., Muth, T. R., Draper, O., and Zambryski, P. (2000). The transfer of DNA from *A. tumefaciens* into plants: a feast of fundamental insights. *Plant Journal*, 23, 11–28.

Cascales, E., and Christie, P. J. (2004). Definition of a bacterial type IV secretion pathway for a DNA substrate. *Science*, 304, 1170–1173.

Gelvin, S. B. (2003). *Agrobacterium*-mediated plant transformation: the biology behind the "gene-jockeying" tool. *Microbiology and Molecular Biology Reviews*, 67, 16–37.

Bent, A. F. (2000). *Arabidopsis* in plant transformation. Uses, mechanisms, and prospects for transformation of other species. *Plant Physiology*, 124, 1540–1547.

Broothaerts, W., Mitchell, H. J., Weir, B. , et al. (2005). Gene transfer to plants by diverse species of bacteria. *Nature*, 433, 629–633.

직접적인 유전자 전이

Taylor, N. J., and Fauquet, C. M. (2002). Microparticle bombardment as a tool in plant science and agricultural biotechnology. *DNA Cell Biology*, 21, 963–977.

Maliga, P. (2004). Plastid transformation in higher plants. *Annual Review of Plant Biology*, 55, 289–313.

식물유전체로 DNA의 통합

Somers, D. A., and Mararevitch, I. (2004). Transgene integration in plants: poking or patching holes in promiscuous genomes? *Current Opinion in Biotechnology*, 15, 126–131.

Koohli, A., Twyman, R. M., Abranches, R., Wegel, E., Stoger, E., and Christou, P. (2003). Transgene integration, organization and interaction in plants. *Plant Molecular Biology*, 52, 247–258.

유전자 침묵

Baulcombe, D. (2004). RNA silencing in plants. *Nature*, 431, 356–363.

Waterhouse, P. J., Wang, M.-B., and Lough, T. (2001). Gene silencing as an adaptive defence against viruses. *Nature*, 411, 831–842.

Voinnet, O., Rivas, S., Mestre, P., and Baulcombe, D. (2003). An enhanced transient expression system in plants based on suppression of gene silencing by the p19 protein of tomato bushy stunt virus. *Plant Journal*, 33, 949–956.

제초제내성 식물

CaJacob, C. A., Feng, P. C. C., Heck, G. R., Alibhai, M. F., Sammons, R. D., and Padgette, S. R. (2004). Engineering resistance to herbicides. In *Handbook of Plant Biotechnology*, Volume 1, P. Christou and H. Klee (eds.), pp. 333–372, Chichester, U.K.: John Wiley & Sons.

Légère, A. (2005). Risks and consequences of gene flow from herbicide-resistant crops: canola (*Brassica napus* L) as a case study. *Pest Management Science*, 61, 292–300.

곤충내성 식물

Perlak, F. J., Fuchs, R. L., Dean, D. A., McPherson, S. L., and Fischhoff, D. A. (1991). Modification of the coding sequence enhances plant expression of insect control protein genes. *Proceedings of the National Academy of Sciences U.S.A.*, 88, 3324–3328.

Diehn, S. H., De Rocher, E. J., and Green, P. J. (1996). Problems that can limit the expression of foreign genes in plants: lessons to be learned from B.t. toxin genes. In *Genetic Engineering*, New York: Plenum Press, Volume 18, J. K. Setlow (ed.), pp. 83–99.

Prieto-Samsónov, D. L., Vásquez-Padrón, R. I., Ayra-Pardo, C., González-Cabrera, J., and de la Riva, G. A. (1997). *Bacillus thuringiensis*: from biodiversity to biotechnology. *Journal of Industrial Microbiology and Biotechnology*, 19, 202–219.

Bernstein, J. A., Bernstein, I. L., Bucchini, L., Goldman, L. R., Hamilton, R. G., Lehrer, S., Rubin, C., and Sampson, H. A. (2003). Clinical and laboratory investigation of allergy to genetically modified foods. *Environmental Health Perspectives*, 111, 1114–1121.

Murdock, L. L., and Shade, R. E. (2002). Lectins and protease inhibitors as plant defenses against insects. *Journal of Agricultural and Food Chemistry*, 50, 6605–6611.

바이러스내성 식물

Gonsalves, D. (1998). Control of papaya ringspot virus in papaya: a case study. *Annual Review of Phytopathology*, 36, 415–437.

진균과 세균에 대한 식물내성

Dangle, J. L., and Jones, J. D. G. (2001). Plant pathogens and integrated defence responses to infection. *Nature*, 411, 526–533.

Campbell, M. A., Fitzgerald, H. A., and Ronald, P. C. (2002). Engineering pathogen resistance in crop plants. *Transgenic Research*, 11, 599–613.

Gurr, S. J., and Rushton, P. J. (2005). Engineering plants with increased disease resistance: what are we going to express? *Trends in Biotechnology*, 23, 275–282.

스트레스내성 식물

Zhang, J. Z., Creelman, R. A., and Zhu, J.-K. (2004). From laboratory to field. Using information from *Arabidopsis* to engineer salt, cold, and drought tolerance in crops. *Plant Physiology*, 135, 615–621.

Flowers, T. J. (2004). Improving crop salt tolerance. *Journal of Experimental Botany*, 55, 307–319.

Kumar, S., Dhingra, A., and Daniel, H. (2004). Plastid-expressed betaine aldehyde dehydrogenase gene in carrot cultured cells, roots, and leaves confers enhanced salt tolerance. *Plant Physiology*, 136, 2843–2854.

Umezawa, T., Fujita, M., Fujita, Y. , et al. (2006). Enginnering drought tolerance in plants: discovering and tailoring genes to unlock the future. *Current Opinion in Biotechnology*, 17, 113–122.

생산물 질과 수확량의 향상

Ye, X., Al-Babili, S., Klöti, A., Zhang, J., Lucca, P., Beyer, P., and Potrykus, I. (2000). Engineering the provitamin A (β-carotene) biosynthetic pathway into (carotenoid-free) rice endosperm. *Science*, 287, 303–305.

Bajaj, S., and Mohanty, A. (2005). Recent advances in rice biotechnology – towards genetically superior transgenic rice. *Plant Biotechnology Journal*, 3, 275–307.

Katsube, T., Kurisaka, N., Ogawa, M. Maruyama, N., Ohtsuka, R., Utsumi, S., and Takaiwa, F. (1999). Accumulation of soybean glycinin and its assembly with the glutelins in rice. *Plant Physiology*, 120, 1063–1073.

Poletti, S., Gruissem, W., and Sautter, C. (2004). The nutritional fortification of cereals. *Current Opinion in Biotechnology*, 15, 162–165.

Miyao, M. (2003). Molecular evolution and genetic engineering of C4 photosynthetic enzymes. *Journal of Experimental Botany*, 54, 179–189.

van Camp, W. (2005). Yield enhancement genes: seeds for growth. *Current Opinion in Biotechnolology*, 16, 147–153.

Chapter 07

Bacillus thuringiensis(*Bt*)독소: 미생물살충제

살충제 개발비용의 지수적 증가, 새로운 살충성 물질의 상업화율의 감소, 살충제가 완전히 상업화되기 전에 신규 살충제군에 대한 교차 또는 복합 내성의 대두와 같은 복합적인 영향으로 인해 해충내성은 응용곤충학이 당면한 가장 커다란 문제로 대두되었다. 해충내성을 지연시키거나 피할 수 있는 희망은 살충제에 대한 의존을 낮춤으로써 유전적 도태의 빈도와 강도를 낮추고, 그리고 대안으로 천적, 곤충병, 경종적 조절, 기주식물 내성에 의해 해충 밀도를 복합적으로 저해할 수 있는 해충종합방제 (IPM) 프로그램 등에 달려있다.

– Metcalf, R. L.(1980). Changing role of insecticides in crop protection. *Annual Review Entomology*, 25, 219–256.

인간과 곤충 간의 작물에 대한 경쟁은 농업만큼 오래 되었으나, 곤충에 대한 화학전쟁은 역사가 매우 짧다. 농부들은 1800년 중반부터 해충방제를 위해 화학물질을 사용하기 시작했다. 놀라울 것도 없이, 살충제의 발전은 화학의 발전과 평행을 이루어 왔다: 초기 살충제는 주로 무기화합물과 유기비소화합물계 이었으며, 다음으로 유기인계, 카바메이트계, 피레쓰로이드계, 포름아미딘계와 같은 유기염소계 화합물로 이어졌고 그 가운에 몇가지는 오늘날에도 여전히 사용되고 있다. 2001년에 화학살충제의 전 세계 판매량은 활성성분 기준으로 123만 파운드 이상을 차지하였으며 연간 91억불에 달했다.

단지 화학살충제에만 의존하는 것은 많은 단점이 있다. 단일 화학물질의 광범위한 사용은 해충 새끼로 하여금 그 물질에 대한 내성을 획득하도록 도태 진화적 이점을 널리 제공한다. 예를 들면, 집파리 계통(*Musca domestica*)의 경우 이 해충 방제를 위해 사용된 사실상 모든 살충제에 대해 전 세계적으로 내성이 대두되어 왔다. 두 번째 문제는 어떤 살충제는 비표적곤충 종에 피해를 주어 재앙을 초래하는 것이다. 바람직한 포식자 곤충이 전혀 의도와 상관없이 제거되는 것은 2차 해충의 폭발적인 증가를 초래할 수 있다. 세 번째 우려는 많은 농약의 환경적인 영속성과 독성에 관한 것이며 이는 많은 화학농약을 포기하도록 하였고, 새롭고 안전한 살충제 개발을 위한 비용을 증가시켰다. 이러한 불이익이 점진적으로 노출됨으로써 해충을 방제하기 위한 대체 방법을 찾기 위한 강한 동기들이 부여되고 있다.

모든 살아있는 생물에서와 같이, 곤충은 병원성 미생물(세균, 곰팡이, 원생동물)과 바이러스에 감염되기 쉽다. 이러한 많은 생물학적 제제는 좁은 기주범위를 가지며 결국, 유용곤충에 대해 무작위한 피해를 주지 않으며, 척추동물에는 독성을 보이지 않는다. 이러한 매력적인 특성에도 불구하고 미생물을 이용한 해충방제제는 전체 살충제 판매량의 1% 이하를 차지하고 있다.

*Bacillus thuringiensis*는 1920년대 이후로 해충방제에 사용되어 왔으며 여전히 생물학적 방제제와 관련된 살충제시장의 점유율에서 90% 이상을 차지한다. 또한, 1996년대 이래로 *B. thuringiensis*의 살충성 단백질을 발현하는 형질전환 작물(주로 콩, 옥수수, 목화)이 널리 채택되어 왔다. 2002년에 세계적으로 형질전환된 목화와 옥수수가 3천 5백만 에이커 이상의 면적에서 재배되었다. *B. thuringiensis*와 이 균이 생성하는 독소의 사용이 광범위하게 증가함으로써 이러한 토양세균과 살충성 단백질에 대한 집중적이고 복합적인 조사가 이루어지는 계기가 되었다. 본 장에서는 이러한 연구를 통해 얻어진 최근의 지식을 종합하여 다루고 있다.

Bacillus thuringiensis

*B. thuringiensis*의 발견은 Shigetane Ishiwata에 의해 이루어졌다. 1901년에 일본에서 그는 누에 애벌레(*Bombyx mori*)의 질병인 무름병을 유발하는 미생물을 분리했으며 이를 *Bacillus sotto*라 불렀다(Sotto는 영어로 limp에 해당되는 일본어이다. 이런 병에 의해 죽은 유충은 연해지고, 흐늘흐늘해지고, 결국 검게 변한다). 유사한 *Bacillus*균이 1991년에 Ernst Berliner에 의해 지중해밀가루명나방(*Anagasta kűhniella*) 병에 걸린 유충으로부터 분리되었다. Berliner는 그 세균이 발견된 Thűringen 지역의 이름을 따서 *Bacillus thuringiensis*로 명명하였다. *B. thuringiensis*의 많은 계통들은 그 당시 이래로 기술되어 왔으며 각 계통들은 기주 곤충에 대해 자신들의 뚜렷한 병원성의 활성범위를 갖는다.

1976년까지는 *B. thuringiensis* 계통은 인시류에만 병원성이 있는 것으로 알려져 있었다. 이들 균주는 진디등에, 모기, 딱정벌레의 유충에 대해 낮은 활성을 보였다. 그러나 지속적인 조사를 통해 쌍시류(파리, 작은 날벌레, 모기), 딱정벌레목(딱정벌레) 해충에 대해 병원성을 갖는 균주를 분리하였다. 이러한 병원균은 희귀하지도 않았고 분리하는데 어렵지도 않았다. 인시류 병원형과 쌍시류 및 딱정벌레 병원형을 발견하는데 60년 이상의 차이가 나는 것은 연구에 대한 강한 동기 부족의 결과였다. 이러한 동기는 결국 해충병을 방제하기 위한 새로운 생물제제를 찾기 위한 절실한 필요성에 대한 인식에서 출발하였다. Joel Margalit는 쌍시류에 병원형인 *B. thuringiensis* var. *israelensis* 균주의 최초 발견에 대한 생생한 설명을 하였다.

> 1975년과 1976년에 Tahori와 Margalit박사는 모기를 방제하기 위한 생물제제 개발을 위해 이스라엘에서 조사를 수행하였다. 이 조사 (1976년 8월) 과정에서 이 논문의 주 저자는 Kibbutz Zeelim 인근의 북중앙에 위치한 네게브 사막 (Negev Desert) 하상의 작은 연못을 우연히 찾게 되었다. 이러한 모기 번식 지역은 15×60m 면적의 최대 깊이는

30cm 이었으며 거의 리터당 900 mg Cl 염분의 부패한 유기물이 쌓여있는 좀 짠 물이 있는 지역이었다. 죽거나 죽어가는 유충의 매우 높은 밀도의 *Culex pipiens* (모기의 일 종) 군집이 단독적으로 동물유행병적 상태(epizootic은 한 종류의 많은 동물에 동시에 일으키는 병; 인류병과 관련하여 ***유행성***으로 통함)로 물 표면에 “두꺼운 양탄자(thick carpet)” 형태로 발견되었다. 또한, 번데기 집으로부터 빠져나오려는 번데기와 가라앉은 성충들이 물 표면 위에 떠 있었다.
죽고 부패한 유충, 물, 침니 진흙을 함유하고 있는 연못의 가장자리로부터 수집한 시료를 실험실로 가져와 냉장 보관하였다. 세균은 실험실에서 L. H. Goldberg씨에 의해 시료로부터 단일 집락으로 분리되었다. 현재 사용되는 모든 알려진 *B.t.i.* 배양체는 ONR 60A로 명명된 그 단일 집락으로부터 비롯되었다.

– Margalit, J., and Dean, D. (1985). The story of *Bacillus thuringiensis* var. *israelensis* (B.t.i). *Journal of the Amercian Mosquito Control Association*. 1, 1-7.

B. thuringiensis var. *israelensis*의 잠재적, 실실적 중요성이 즉각적으로 인정받았다. 모기, 진디등에와 같은 흡혈성 쌍시류 곤충은 광범위한 동물병을 매개한다. 이들이 옮기는 혈액전염 병원균으로는 바이러스, 세균, 원생동물, 기생충 등이 있다. 예를 들면, 모기는 해마다 2-3억 명에 발생하는 말라리아의 원인이 되는 원생동물을 전파하는 매개체이다. 모기와 진디등에 곤충에 대해 독성을 보이는 *B. thuringiensis* 계통을 이용한 살충제는 해충에 의해 심각한 문제가 발생하는 모든 나라에서 생물학적 방제제로서 성공적으로 사용되고 있다.

딱정벌레목의 유충에 대해 효과적인 병원형인 *B. thuringiensis* var. *israelensis*는 1993년에 기술되었다. 이 균주는 유럽과 북아메리카에서 감자에 가장 커다란 피해를 입히는 콜로라도감자잎벌레(Colorado potato beetle)에 효과가 있다. 이런 딱정벌레의 집단은 단일 식물 상에 수백 마리의 곤충 밀도에 도달할 수 있다. 많은 화학살충제에 대한 내성이 출현하였고 방제하는데 매우 어렵다. 다행이도 1998년도 미국의 광범위한 지역으로부터 분리한 850 개의 *B. thuringiensis* 중에서 55 개 균주가 딱정벌레목에 대한 활성을 보였다.

*B. thuringiensis*는 죽은 미생물(부생적 대사)로부터 유래된 유기물질을 분해하거나 살아있는 곤충(기생적 대사) 내에 정착하여 자라는 그람양성 토양세균이다. 이 세균은 일본의 한 누엣간 안쪽의 먼지와 그리고 인근 토양으로부터 분리되었다. *B. thuringiensis*에 의한 감염의 대 발생은 인공 분홍면화씨벌레(pink bollworm) 사육실과 곡물 저장 통에 서식하는 유충에서 발견되었다. 비록 *B. thuringiensis*는 Margalit에 의해 기술된 것처럼 곤충이나 동물유행병적 발생지역에서 일상적으로 발견되지만 자연계에서는 드물게 발견된다. 이러한 생물체는 곤충군집을 통하여 퍼뜨리는 능력이 별로 없다. 한 연구는 *B. thuringiensis*에 의해 감염된 유충을 지닌 배추흰나비(*Pieris brassicae*)와 건강한 유충의 지중해밀가루명나방에 대해 이루어졌다. 대부분의 병에 걸린 유충은 며칠 이내로 죽었고 곤충 사체는 우리 안에 남게 되었다. 그럼에도 불구하고, 초기에 건강한 지중해밀가루명나방은 *B. thuringiensis*에 의한 감염이 이루어지지 않았고, 180개의 배추흰나비의 유

충 중에 3개의 유충만이 *B. thuringiensis*에 의해 감염되었다. 따라서 *B. thuringiensis*는 감염성 제제 (infective agent)로서 보다는 화학살충제로서 작용한다.

B. thuringiensis 균주는 최근에 편모 항원에 기초하여 다양한 혈청형 또는 변종(아종)으로 분류된다. 이러한 분류는 특정 계통을 동정하는 데 중요하나, 특정 계통에 의해 생성된 살충성 단백질 (아래를 참고하시오)의 특이성과 활성을 예측하는 데는 별로 의미가 없다.

*B. thuringiensis*의 계통은 그들의 살충활성 범위에 기초하여 여섯 가지 병원형으로 분류된다: (a) 인시류–특이적 (예로, var. *berliner*); (b) 쌍시목–특이적(var. *israelensis*); (c) 딱정벌레목–특이적(var. *tenebrionis*); (d) 인시류와 쌍시목에 대한 활성(var. *aizawai*); (e) 인시류와 딱정벌레목에 대한 활성(var. *thuringiensis*); (f) 곤충에 대해 알려진 독성이 없는 것 (var. *dakota*). 심지어 각각의 이러한 병원형 내에, *B. thuringiensis*의 다양한 계통은 다양한 곤충에 대한 활성과 특이성에서 뚜렷하게 구별된다.

결정 봉입체

1915년에 연화병에 관한 초기 연구에서 포자를 형성하는 *B. thuringiensis* 균 배양체가 누에 유충에 독성이 있다는 것이 발견되었다. 이러한 관찰의 중요성에 대해 40년간 간과하였다. 포자 형성 과정 동안에 특이적으로 생성되는 몇 종류의 분자물질은 지금은 분명히 독성물질이었을 것으로 보여진다. 이러한 관련성은 1950년대에 알려졌으며 독성물질을 동정하는 것은 어렵지 않았다. 다른 *Bacillus*와 달리 *B. thuringiensis*는 포자형성 동안에 부포자 결정(parasporal crystalline) 봉입체를 생성하며, 광학현미경으로 쉽게 관찰할 수 있다. *B. thuringiensis* var. *israelensis*의 포자 형성 단계는 그림 7.1에 도식적으로 나타냈다. 포자 형성 과정은 약 8시간이 걸리며 거대 양추 결정(bipyramidal crystal)과 작은 입방형 결정(cuboidal crystalline) 봉입체가 무성 세포 내에서 발달한다.

화학적 분석은 봉입체가 고도로 특이적인 살충활성을 갖는 단백질로 구성되어 있음을 보여주었다. 활동적으로 자라는 세포는 결정 봉입체가 없으며 따라서 곤충에 대해 독성을 나타내지 않는다.

B. thuringiensis 살충제의 작용 메커니즘

상업적인 살충제인 Dipel™은 *B. thuringiensis* 살충제가 어떻게 작용하는지를 설명해준다. 이러한 특별 제품은 *B. thuringiensis* var. *kurstaki*의 포자 세포로 구성되어 있는 건조한 분말가루로 만들어 졌으며 분무 방법에 의해 곤충의 증식조직에 적용된다. 활성 성분은 거대 단백질을 함유하는 결정 봉입체이며 포자는 처리된 잎을 소비하는 유충에 의해 섭식된다. 봉입체는 5개의 다른 살충성 결정 단백질을 함유하고 있다.

결정은 δ–내독소로 알려진 불활성의 전독소(protoxin) 분자로 구성되어 있다. 유충의 염기성 중장 액이 그 결정을 용해한 후에 유충의 장 프로테아제가 전독소를 깨뜨린다. 따라서 활성 단백질 독소가 만들어지는 것이다. 많은 종류의 곤충은 짧은 소매형의

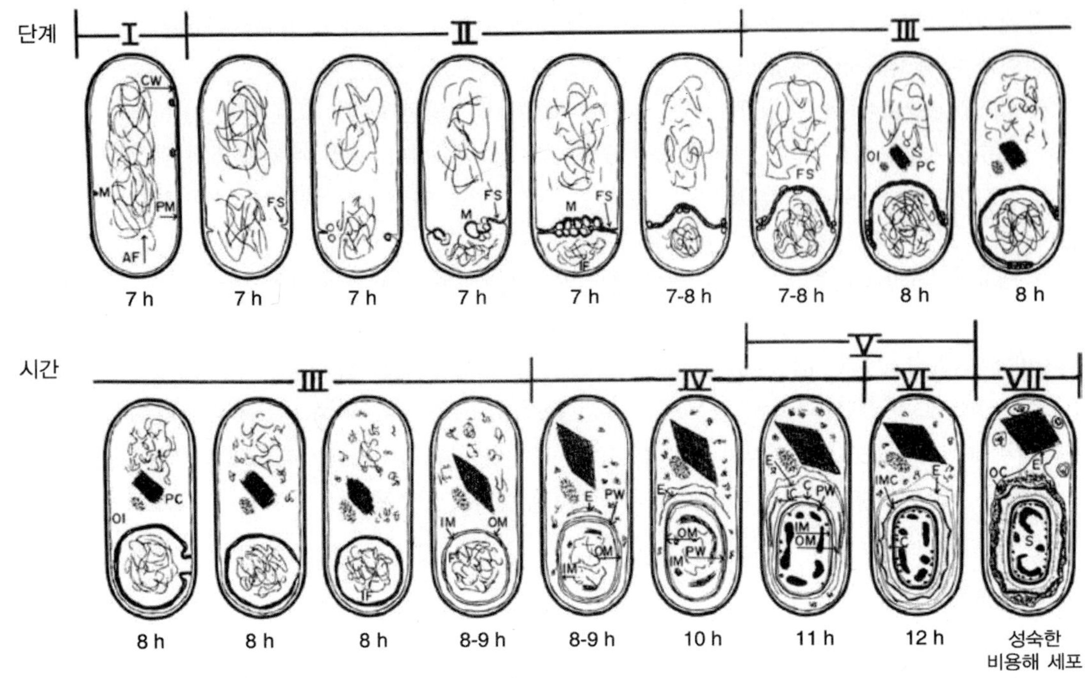

그림 7.1

*Bacillus thuringiensis*에서 포자형성의 도식 체계. 약어: M, 메소좀; CW, 세포벽; PM, 원형질막; AF, 축섬유; FS, 전포자 격벽; OI, 난형 봉입체; PC, 부포자 결정; F, 전포자; IM, 내막; OM, 외막; PW, 원시세포벽; E, 포자외막; LC, 라멜라 포자 외피; C, 피층; UC, 하외피; OC, 외포자 외피; S, 용해되지 않는 모세포에서의 성숙 포자 [Reproduced with permission from Bechtel, D. B., and Bulla, L. A., jr. (1976). Electron microscopic study of sporulation and parasporal crystal formation in *Bacillus thuringiensis*. *Journal of Bacteriology*, 127, 1472–1481].

비세포성 반투과막인 장내막(peritrophic membrane)을 가지고 있어 중장 부위가 층이 되도록 만들며, 중장 벽의 소화상피세포로부터 장 루멘의 함유물을 분리시킨다. 성숙한 단백질 독소는 상피 막을 통하여 확산되며, 직경 10–20 Å의 양이온–전도성 구멍 속으로 주입되어, 세포로 하여금 이온과 양성자가 투과되도록 한다. 이온이 장내세포로 들어가는 것을 수반하는 수분 유입은 세포를 부풀게 하고 녹게 한다(그림 7.2와 7.3). 이온조절이 안됨으로써 장과 입 부분의 근육 마비증세가 발생한다. 결과적으로 결정을 먹은 후에는 섭식을 멈춘다.

결정 봉입체로 인한 조직파괴 및 마비 이외에도, 포자에서 발아하는 영양생장의 *B. thuringiensis* 세균은 손상된 장의 상피조직이나 번식을 통하여 유충의 혈림프로 들어간다. 그 결과로 균혈증이 생겨 1–3일 이내에 중독과정이 촉진되어 치사케 된다. 염기서열에서 각각의 단계는 본 장에서 아주 자세히 기술하였다.

단일 *B. thuringiensis* 균주에서 다른 특이성을 갖는 복합 δ-내독소

어떤 *B. thuringiensis* 계통은 단지 한 가지 δ-내독소를 생성한다. 다른 계통은 특이성이 다른 몇 종류의 δ-내독소를 가진다. Dipel™과 같은 모충의 방제를 위한 가장 최근의 제품에서는 *B. thuringiensis* var. *kurstaki* HD-1 계통을 사용한다. 이러한 계통은 두 종류의 결정 봉입체, 즉 대형 양추형의 결정구조와 보통 양추형 결정구조의 정점에 흔히 위치하는 소형 입방형 결정을 생성한다. 양추형 결정은 몇 종류의 135–145 kDa의 전독소 단백질을 함유하고 있으며 인시목에 대해 살충활성을 갖는다. 입방형 결정은 인시목과 쌍시목에 대해 살충활성을 갖는 65 kDa의 단일 전독소를 함유하고 있다.

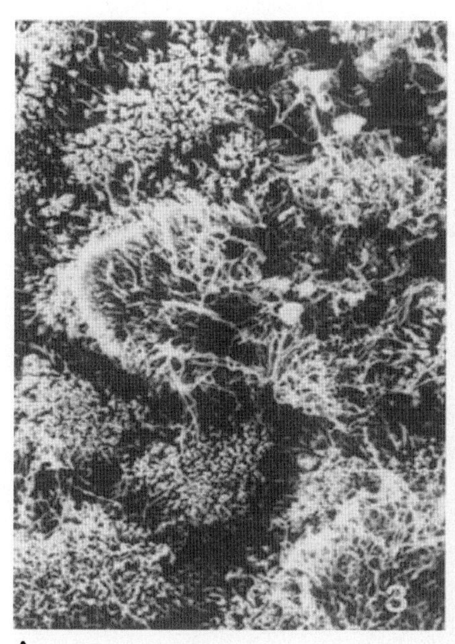

A

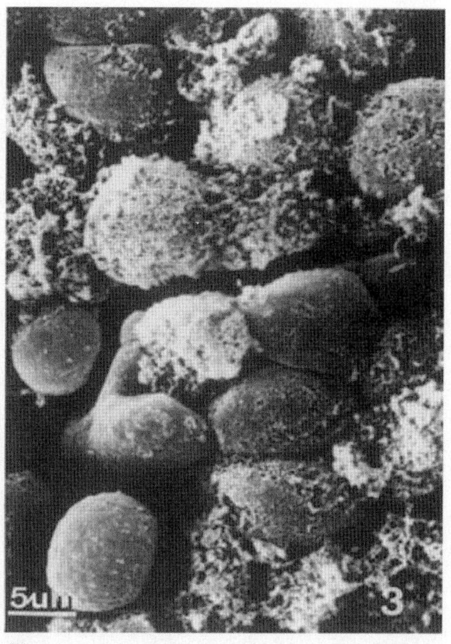

B

그림 7.2

(**A**) 배추흰나비 (*Pieris brassicae*) 유충의 건강한 중장내 상피조직의 주사형 전자 현미경 사진. (**B**) δ-내독소 5 μg을 섭취한 지 15분 후 해부된 유충의 중장 상피조직에서의 주사전자현미경 사진 (미세융모가 상피세포에서 사라진 것을 주목하시오) (Dr. Peter Lüthy 제공).

67-kbp의 플라스미드에는 135-kDa 단백질 유전자가 존재하는 반면 174-kbp의 플라스미드에는 140-kDa의 내독소를 암호화하는 유전자와 65-kDa 단백질 유전자가 존재한다. 67-kbp의 플라스미드는 HD-1 균주로부터 다른 *B. thuringiensis* 균주로 쉽게 매개될 수 있다. 174-kbp의 플라스미드는 자체적으로 매개되지 않는다.

B. thuringiensis 결정 단백질의 명명

*B. thuringiensis*의 결정 단백질 유전자는 *B. thuringiensis*의 유전자가 암호화하는 단백질 서열에 근거를 두거나 또는 단백질의 살충 스펙트럼에 기초하여 여러 종류로 분류된다. 많은 경우에, 그 두 가지 분류 방법은 잘 일치하지 않는다. 살충특이성에 기초하여 예를 들면, 결정(Cry) 단백질 유전자는 인시목 특이적, 쌍씨목 특이적, 인시목과 쌍시목 특이적, 딱정벌레목 특이적, 인시목과 딱정벌레목 특이적으로 분류된다. 그러나 단백질 서열 상동성에 근거한 분류는 이러한 활성과 정확하게 맞지 않는다. *B. thuringiensis* var. *israelensis*에서, 한 가지 결정 구성물은 소형 단백질(CytA로 표시함)로 무척추동물과 척추동물의 다양한 세포에 대해 세포질 용해활성을 나타내지만 염기서열에서 *cry* 유전자와 완전히 일치하지 않는다. *B. thuringiensis* 계통의 병원형은 그 계통이 발현하는 특정 내독소 유전자 또는 유전자들의 반영체이다.

B. thuringiensis 살충성 단백질에 적용하는 새로운 명명은 전적으로 서열에 기초하고 있다. 살충성 단백질은 *B. thuringiensis* 계통의 결정 단백질 유전자를 두 가지 계통으로 분류하기 위해 사용되었다. (1) Cry 단백질이 부포자 봉입체 단백질로 표적 생물체에 명백한 독성 효과를 보이거나, 또는 이전에 알려진 Cry 단백질과 유전자 염기서열이 확실히 비슷한 단백질을 말한다. (2) Cyt 단백질이 부포자 봉입체 (결정) 단백질로 용혈성 (세포분해) 활성을 나타내거나, 또는 알려진 Cyt 단백질과 유전자 염기서열이 확실히 유사한 단백질을 말한다.

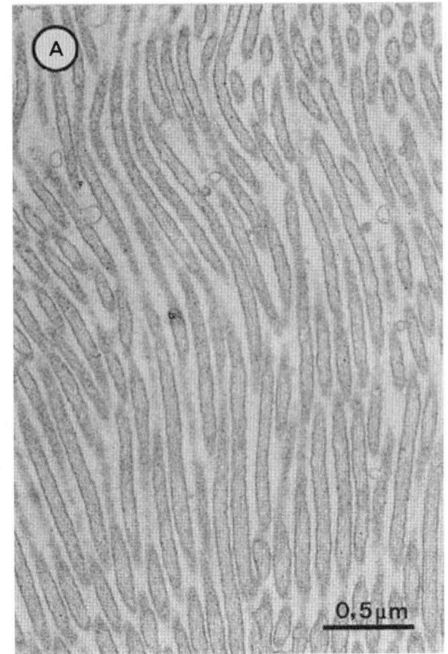

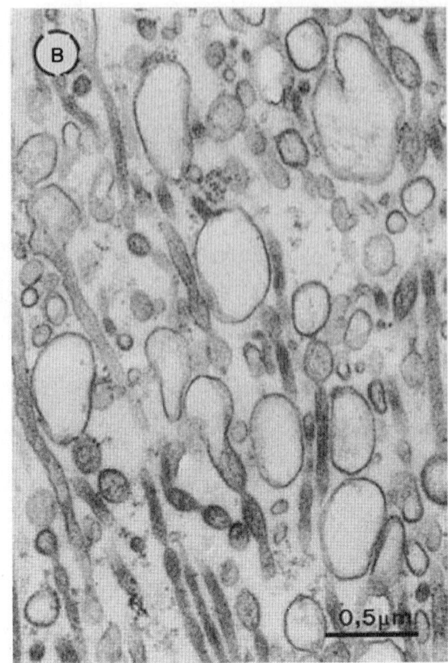

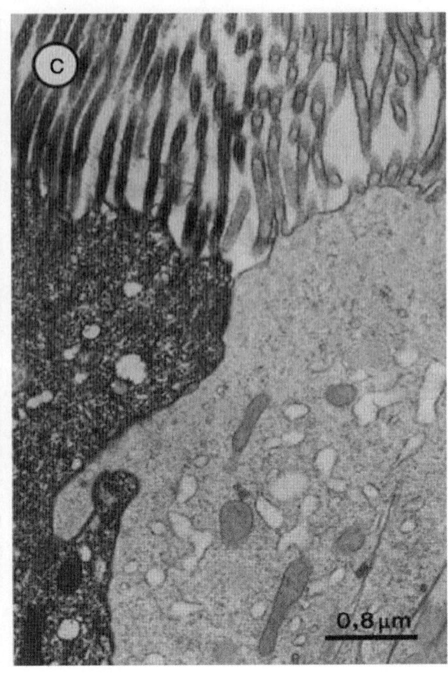

그림 7.3

(A) 배추흰나비 (대조구)의 장 상피조직으로부터 원주형 세포의 온전한 미세융모 (B) δ-내독소 섭취 10분 후 미세융모의 모습 (C) δ-내독소의 섭취 10분 이내에 중장 상피조직의 세포는 투과성을 조절하는 능력을 잃기 시작하고, 따라서 지시염색약인 ruthenium red로 투과된다. 왼쪽에 있는 세포는 염색이 이루어진 것이며, 반면에 오른쪽에 있는 세포는 여전히 투과성의 조절을 유지하고 있어 염색되지 않는다 [Reproduced with permission from Lüthy, P., and Ebersold, H. R. (1981). Bacillus thuringiensis delta-endotoxin: histopathology and molecular mode of action. In *Pathogenesis of Invertebrate Microbial Diseases*, E. W. Davidson (ed), P. 244, Totowa, N. J: Allanheld, Osmun Publishers].

Cry와 Cyt 단백질의 명명은 이들 두 개 과의 단백질의 전체 독소 유전자 염기서열 길이의 복합정렬(multiple alignment)과 거리지수(distance matrix)로부터 만들어진 계통수에 기초를 두고 있다. 그림 7.4에서 보는 바와 같이, 명명은 계통수의 분지된 패턴에 기초한 Cry단백질 사이의 관계를 반영하여 45%, 76%, 95%의 백분율 아미노산 서열의 세 가지 수준으로 배치된 경계선에 따라 분류하였다. Cry1Ab 또는 Cry1Hb와 같은 특정 단백질에 주어지는 명칭은 단백질이 이러한 경계에 비례하여 계통수로 들어가는 마디(node)의 위치에 달려있다.

B. thuringiensis β-외독소

활발한 영양생장 단계 동안에는 *B. thuringiensis*의 어떤 종은 β-외독소라고 불리는 열에 안정한 저분자량의 독소를 생성한다. 이 독소는 뉴클레오티드와 비슷한 구조를 가졌으며(그림 7.5), 세균과 포유동물 세포 모두의 DNA 의존적 RNA 중합효소의 활성을 저해한다. 미국에서 콜로라도감자잎벌레를 방제하기 위해 이 독소의 잠재성을 조사하였다. 그러나 뉴클레오티드와의 유사성, 곤충에 대한 기형 발생적 영향, 그리고 포유동물에 주입시 독성 여부 등은 이들이 생물학적 방제제로 사용될 때 논쟁거리가 되어 왔다. 현재 β-외독소를 함유하는 *B. thuringiensis* 제품은 북아메리카와 서유럽에서 사용이 금지되어 있다. 동유럽과 아프리카의 일부 나라에서는 β-외독소 제품은 척추동물에 피해를 주지 않는 농도에서 돼지우리, 화장실, 퇴비더미에 있는 파리 유충을 효과적으로 방제하기 위해 사용되고 있다.

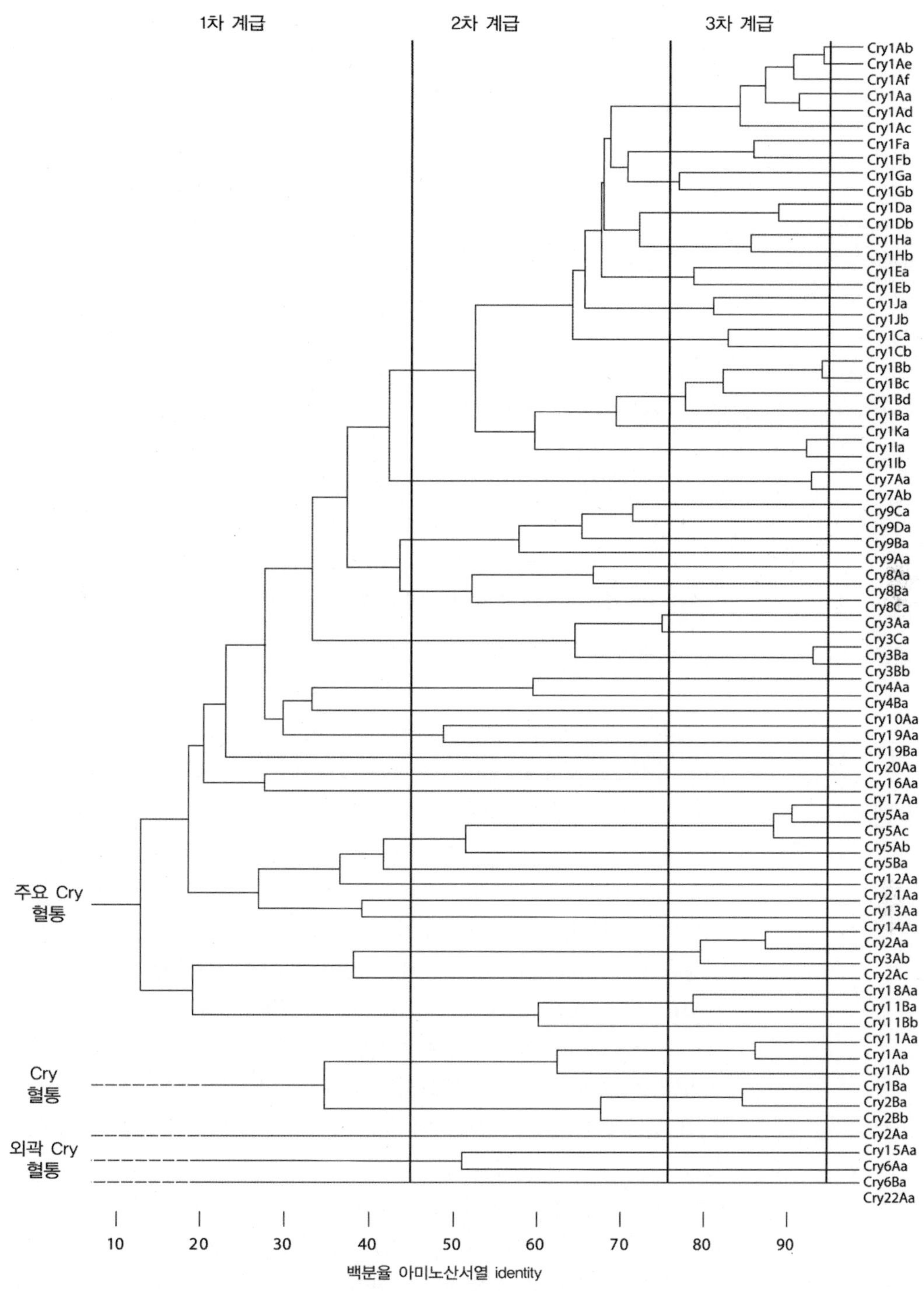

그림 7.4

Cry와 Cyt 단백질의 아미노산 서열의 유사성에 기초한 계통도. 이 계통수는 출처 참고문헌에서 기술된 것처럼 복합정렬(multiple alignment)과 전체 길이의 독소 서열의 거리지수 (distance matrix) 분석으로부터 구축되었다. 이 ***세로막대***는 네 개의 명명 수준을 보여 준다. 하부의 네 개의 Cyt 계열은 낮은 백분율의 동일 잔기를 공유하며, 그리고 Cry 단백질과 어떠한 안정적으로 보존된 서열 구역을 공유하지 않으며, 따라서 별개의 군으로 여겨진다[Reproduced with permission from Crickmore, N., et al. (2004). Revision of the nomenclature for the *Bacillus thuringiensis* pesticidal crystal proteins. *Microbiology and Molecular Biology Reviews*, 62, 807–813].

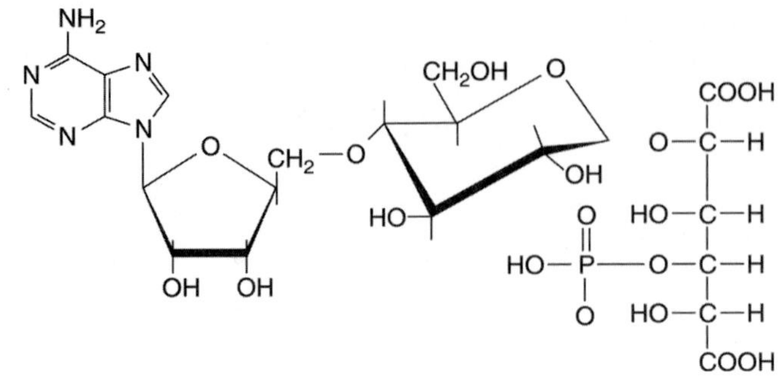

그림 7.5

*B. thuringiensis*의 β–외독소.

δ– 내독소의 작용기작

B. thuringiensis 살충 작용의 기작을 상세히 설명하기 위해 그 메커니즘을 4단계로 나누었다.

1단계: 활성화된 독소 단편에 의해 발생하는 곤충 내장에서의 전독소 단백질 분해

전독소의 분자량은 약 70~145 kDa의 범위에 있다. 전독소의 분자량 또는 살충 특이성에 상관없이, 곤충 내장에서의 단백질 분해는 60–70 kDa 정도의 작은 크기의 활성 독소 단편을 발생시킨다. 130~135 kDa의 다양한 전독소에 관한 여러 유전자 형태의 결실지도 작성(deletion mapping)을 통해 각각의 경우에 성숙한 독소가 62~70 kDa 정도의 전독소의 아미노말단 (아미노–말단) 안에 존재하고 있다는 것을 알게 되었다. 특정 전독소에 따라서 활성 조각의 아미노말단 가장자리는 29–39개의 잔기 범위에 있고, 카르복실 말단 가장자리는 607~677개의 잔기 범위에 있다(그림 7.6). 딱정벌레목(Coleoptera)에 대한 특이성을 암호화하는 전독소인 *cry3Aa* 유전자는 72 kDa 크기의 단백질 합성을 결정하고, 이 단백질은 57개의 아미노말단 잔기를 제거하는 내생포자 관련 단백질가수분해효소에 의해 66 kDa 크기의 독소로 전환된다(그림 7.6). *cry3Aa* 유전자는 130~135 kDa 크기의 전독소의 독성을 특징짓는 유전자의 암호 영역과 상동성을 갖는다. 그러나 이러한 유전자의 3' 위치에 대응되는 부위는 결핍되어 있다. 유전자 결핍에 대한 분석은 3' 끝 부분에서 *cry3Aa* 유전자의 절단이 독성의 소실로 연결된다는 결론을 확고히 해주었다.

약 700 여 잔기에서 시작되는 전독소 염기서열을 암호화하는 대형 *cry* 유전자의 3' 부분은 높은 수준의 염기서열 상동성을 보여준다. 이러한 발견으로 전독소 카르복실 말단 부분이 결정성 전독소 봉입체의 형성에 중요한 역할을 한다는 것이 제시되었다.

성숙 Cry 단백질이 생산되기 전에 곤충의 중장에서 결정 봉입체의 용해에 이은 단백질 분해가 이루어져야 할 필요성 때문에 중장의 pH에서의 변이와 곤충의 다양한 목(order)과 이러한 목 안의 과(family) 곤충들의 단백질가수분해효소의 변이에 대한 관심이 모아졌다. 단백질가수분해효소의 중장에서의 pH와 특이성은 특정 Cry 전독소의 선택 독성의 중요한 결정인자가 될 것이다. 나비목(Lepidoptera)의 중장에서 내용물의 pH는 pH 9.5~10.5의 범위로 높은 알칼리성을 보인다. 그리고 단백질가수분해효소는 일반적인

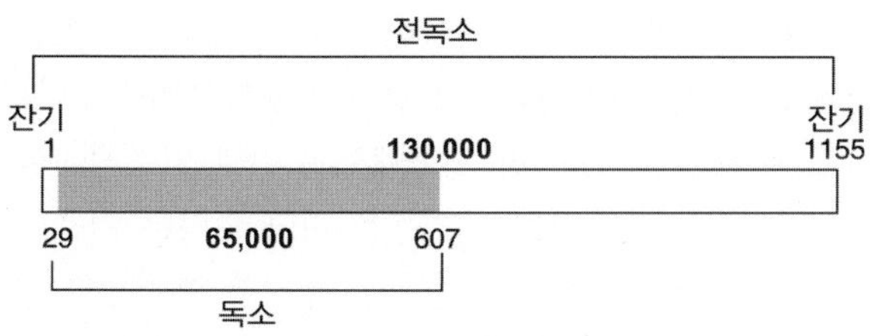

B. thuringiensis var. *berliner* 내독소 (인시목)

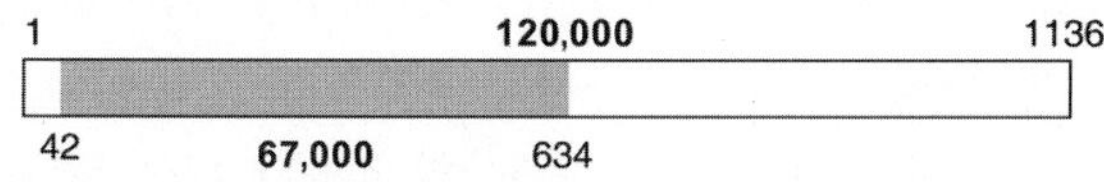

B. thuringiensis var. *israelensis* 내독소 (파리목)

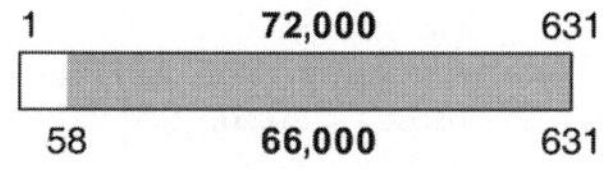

B. thuringiensis var. *tenebrionis* 내독소 (딱정벌레목)

그림 7.6

B. thuringiensis 살충성 결정 단백질의 구조적 특징. 막대 위의 굵은 글씨체의 숫자는 전독소 (protoxin)의 분자량이다. 막대의 아래는 독소의 분자량을 나타낸 것이다.

W. H. Freeman에 의해 처음 출간(1995)된 도판에 기초하여 재구성.

중장 pH에서 적정 pH를 갖는 트립신과 키모트립신이 있다. 대부분의 딱정벌레목에서 중장 내용물의 pH 범위는 5.5~8.0이고 단백질 가수분해효소는 트립신과 키모트립신의 폴리펩티드가 절단되어 매우 다른 서열 특이성을 갖는 효소로는 아스파틱(aspartic)과 시스테인 단백질 가수분해효소가 있다. 파리목(Diptera)의 중장 내용물의 pH는 다양하다.

2단계: 중장의 상피조직 세포에서 특이적 수용체와 Cry 독소와의 결합

B. thuringiensis Cry 독소의 독성과 특이성은 중장의 상피조직 세포상의 수용체와 결합하는 고도의 친수성과 관련된다. 당단백질과 당지질의 특정 부류(class)는 이들의 상피조직 세포의 표면 수용체로 알려져 왔다.

담배박각시나방(*Manduca sexta*)과 누에나방(*Bombyx mori*)에서, 특이적 세포 부착 분자인 카데린(cadherin)은 장 상피조직에서 Cry 독소 수용체로 작용한다. 카데린은 세포와 세포간의 부착을 연결해주는 칼슘 의존성 막관통(transmembrane) 당단백질의 대형 과의 한 군이다. Cry 독소의 카데린 수용체와의 결합으로 인해 상피세포의 분열과 전체 중장 조직에 심한 손상이 시작된다. 그것은 *M. sexta*에서 Cry1A 독소 수용체로 작동하는 특이적 카데린이 곤충의 생활사 중 유충 단계에서 특이적으로 발현되며 다른 단계에서는 발현되지 않는다. 담배나방(*Heliothis virescens*)에서는, 특정 카데린 유전자가 역전이인자(retrotransposon)에 의해 파괴됨으로써 Cry1Ac 독소에 대한 내성이 초래되었다. 이러한 관찰은 특이적인 중장 상피조직의 카데린과 독소간의 상호작용이 곤충병원성균인 *B. thuringiensis* 균주의 기주범위를 결정하는데 있어서 중요한 역할을 한다는 것을 보여준다.

*M. sexta*의 중장 상피조직 표면에서 발견되는 Cry1Ac와 몇 가지 다른 Cry 독소에 대한 또 다른 수용체의 종류로는 편재하는 중장 단백질가수분해효소인 아미노펩티다제 N (APN)이 있는데 이는 글리코실 포스파티딜 이노시톨 장치(glycosylphosphatidylinositol anchor)를 갖는 120 kDa 크기의 당단백질이 있다. *N*-아세틸-D-갈락토사민 부위는

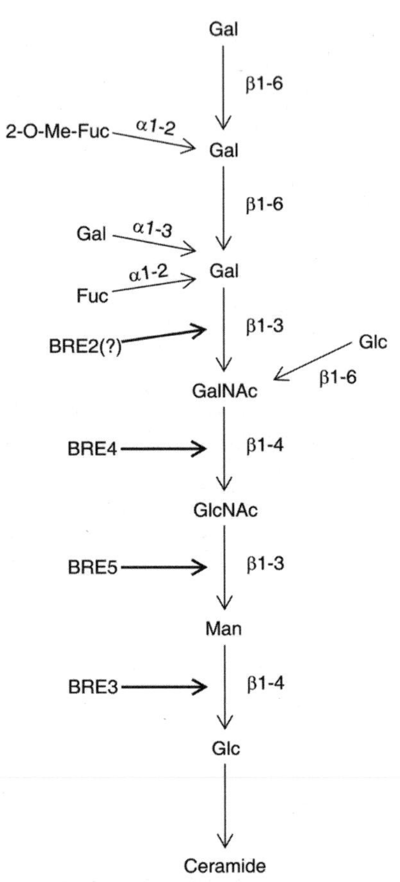

그림 7.7

Cry5B의 *Caenorhabditis elegans* 글리코스핑고지질 (glycosphingolipid) 수용체의 구조. Cry5B와 결합하는 모든 *C. elegans* 글리코스핑고지질은 일반적인 핵심 다당류 구조: GalNAc (β 1–4) GlcNAc (β 1–3) Man (β 1–4) Glc를 공유한다. BRE 효소에 의해 촉매되는 것으로 생각되는 글리코시드 결합은 굵은 화살표로 표시하였다.

약어 : Glc, glucose; GlcNAc, *N*-acetylglucosamine; Gal, galactose; Fuc, fucose; Man, mannose; 2-O-Me-Fuc, 2-*O*-methylfucose [Griffitts, J. S., et al. (2005). Glycolipids as receptors for *Bacillus thuringiensis* crystal toxin. *Science*, 307, 922–925].

Cry 독소에 의해 인식되는 일정 부위를 형성하고 높은 친화성 결합에 기여한다.

어떤 종류의 *B. thuringiensis* Cry 단백질은 선충을 표적으로 한다. 꼬마선충(*Caenorhabditis elegans*)을 주제로 한 훌륭한 연구에서는 이런 기주체에서 당지질이 Cry5B와 Cry14A의 특이적인 수용체로서 기능을 하고 있다는 것을 보여준다. Cry14A는 선충과 곤충을 표적으로 하고, Cry5B는 선충을 표적으로 한다. 수용체로서 기능을 수행하는데 필수적인 당지질의 최소 부분은 세라미드와 연결된 핵심 4당류(N-아세틸갈락토사민 β1-4 N-아세틸갈락토사민 β1-3 만노스 β1-4 글루코오스)이다. 이러한 핵심체는 척추동물에는 존재하지 않지만 선충과 곤충과같은 무척추동물에 보존되어 있는 특정 탄수화물의 징표가 된다. Cry 단백질은 최소 중심에 결합한 것보다 영향 받지 않은 수용체(그림 7.7)에 좀 더 견고하게 결합한다.

*C. elegans*에서의 연구결과를 통해 당지질이 곤충에서 수용체로서 역할을 한다는 것이 제시되었다. 실제로, Cry1Aa, Cry1Ab, Cry1Ac와 같은 단백질은 모두 *M. sexta*의 중장으로부터 추출된 동일한 당지질과 특이적으로 결합한다. 이러한 결과는 곤충세포에서 특이적인 당지질이 Cry 독소의 수용체로 작용한다는 제안이 설득력을 얻고 있다. 왜 이러한 독소들의 작용기작에서 두 종류의 수용체, 즉 당지질과 당단백질에 대한 수용체가 존재하는가? 선호되고 있는 가설로는 당지질과 당단백질 수용체 둘 다 독소를 이중층(bilayer)으로 삽입하는 것을 용이하게 하는 방법으로 세포질막의 바깥 면에 연속적으로 또는 동시에 Cry 단백질을 배열하거나 모으는 역할을 하고 있다는 것이다.

3단계: 막관통 관공의 형성

수용체에 Cry 독소가 결합한다는 것은 두 가지의 결론을 유도한다. (1) 독소는 중장 털 경계 부분 막의 상피조직 세포의 세포질막의 바깥 표면에 위치하게 되고, (2) 이러한 결합은 세포막 삽입에 필요한 독소의 배치 변화를 유도한다. 수용체와 독소의 초기 상호작용은 가역적이지만 이어지는 막 삽입 단계는 비가역적이다. 막으로의 삽입에서, 독소는 소중합체가 되며 막관통 양이온-선택적 관공(transmembrane cation-selective pores)을 생성한다. 이러한 관공은 막을 통해서 양이온 농도가 균형을 이루도록 만든다. 물의 동반 유입과 함께 나트륨 이온의 유입은 세포를 팽창시키고 결국에는 파열되게 된다.

4단계: 세균혈증

섭취된 내생포자로부터 발아되는 *B. thuringiensis*의 영양세포는 손상된 상피조직 세포층을 통하여 혈림프로 들어갈 수 있지만 거기에서 증식하지는 않는다. 굶주림과 결부된 세균혈증은 유충을 죽게 만든다. 놀랍게도, 집시 나방(gypsy moth)에 관한 연구에서는 토착 미생물인 *Enterobacter* sp. 중장 서식 세균이 없을 경우에는 *B. thuringiensis*는 유충을 죽이지 않는다는 것을 보여주었다. *B. thuringiensis*가 혈림프에서 죽는 것으로 보인 반면에 *Enterobacter* sp.는 혈림프에서 높은 개체군을 형성하였다. 요약하면, *B. thuringiensis*에 유도되는 치사율은 장내 토착 세균에 의해 결정된다.

살충성 결정 단백질에서의 구조-기능 관계

알려진 Cry 독소의 결정 구조에서는 딱정벌레목-특이적 Cry3Aa와 Cry3Bb1, 나비목-특이적 Cry1Aa와 Cry1Ac, 나비목-특이적 및 파리목-특이적 Cry2Aa가 포함된다. 곤충 특이성이 주는 특성 이외에, 이러한 모든 구조는 세 도메인으로 구성된 일반적인 위상(topology)을 공유한다(그림 7.8). 서열과 구조 데이터베이스의 중요한 가치는 그러한 자료가 이들 도메인 각각의 역할에 대해 무엇을 의미하는지를 분석함으로써 설명된다.

긴 양쪽 친매성 나선을 가진 7중나선 다발인 아미노 말단 영역(그림 7.8의 도메인 I)은 막관통공의 부분을 형성한다. 두 개의 나선형들은 충분히 길어 전형적인 이중 막의 30-Å 두께의 간격을 갖는다. 이러한 관공의 형성은 몇 가지 독소 분자의 소중합체와 연관되어 있다는 것을 보여준다. 도메인 I은 헤모리신(hemolysin) E, 콜리신 Ⅰa 및 N과 같은 관공을 형성하는 세균성 독소와 많은 구조적 유사성을 공유한다. 도메인 I 에서 돌연변이가 일어난 독소는 수용체와 결합하지만, 흔히 막에 들어갈 수 없다.

도메인 II (그림 7.8)은 수용체 결합에 크게 기여하고 그 결과로서 독소의 곤충 특이성에 주요한 기여를 한다. 이러한 도메인은 세가지 비관련 결합 단백질, 렉틴물질인 자칼린(jacalin)과 Mpa, 그리고 비텔리너(vitelliner) (각각 64, 65, 75%의 잔기의 중첩을 하고

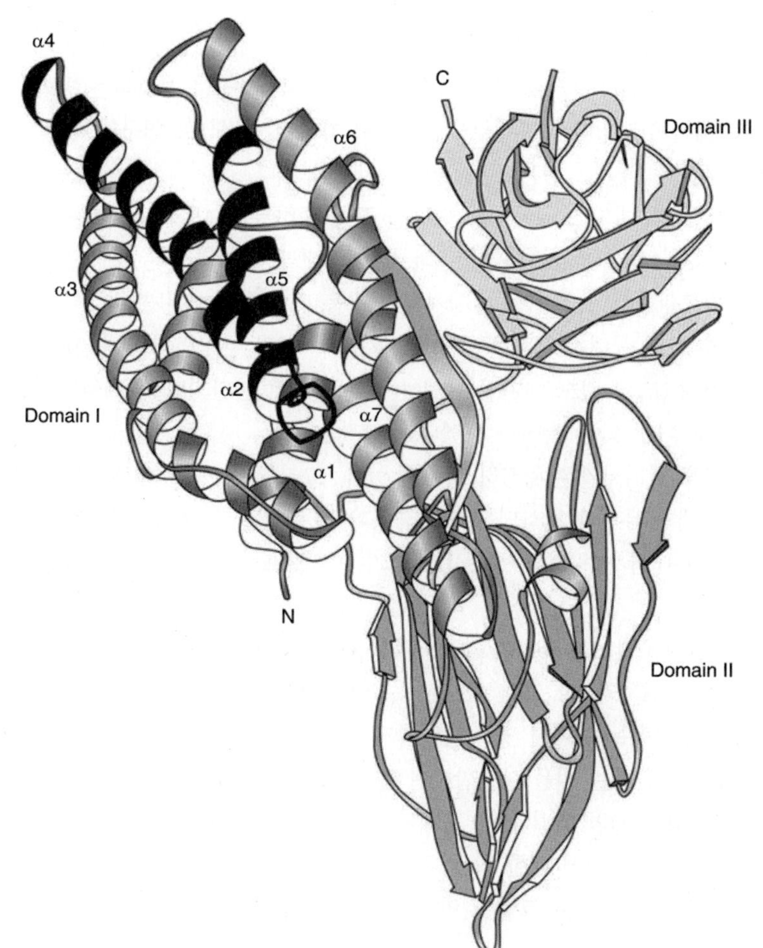

그림 7.8

Cry3A δ-내독소 (Protein Data Base code 1 dlc)의 644개의 잔기 활성 형태의 리본 모형도. 콜로라도감자잎벌레에 독성을 나타내는 이 단백질은 3개의 도메인 Cry 단백질을 대표한다. ***어두운 그림자 부분***은 도메인 I 의 잠정적으로 막관통 부위를 가리킨다 [Reproduced with permission from Parker, M. W., and Feil, S. C. (2005). Pore-forming protein toxins: from structure to function. Progress in Biophysics and Molecular Biology, 88, 91–142].

있음)에서 보이는 구조와 현저히 유사한 *β*-prism을 형성하는 3개의 역평행의 *β*-시트로 이루어진다. 탄수화물 리간드 복합체에서 자칼린의 구조 결정은 그 리간드가 도메인 II의 정점과 닿는 위치에서 노출된 고리에 결합되어 있다는 것을 보여주었다. 이러한 고리에 돌연변이가 발생한 Cry 독소는 곤충 중장 털 경계 막 피낭과의 결합 역학에서 커다란 변화를 보여주었다. 이러한 연구결과는 살충 특이성이 도메인 II 렉틴 접힘의 탄수화물 리간드 특이성에 의해 결정된다는 추론으로 이어졌다.

카르복시기말단 도메인 III는 두 개의 꼬인 역평행 시트에 끼워져 있다(그림 7.8). 이 도메인은 *Cellulomonas fimi* *β*-1,4-글루카나제 C(유사 잔기의 75%가 중첩)로부터 셀루로스 결합 도메인과 몇 개의 다른 탄수화물 결합 단백질의 구조와도 구조적 유사성을 가졌다. 도메인 III는 APN에서 *O*-당화 (O-glycosylation) 부위에 부착된 *N*-아세틸갈락토사민 부위와 결합되어 있는 것으로 믿어진다. 그렇다면, Cry 독소의 살충 특이성은 독특한 수용체와 두 개의 다른 렉틴-유사 도메인의 상호작용의 결과일지 모른다. 이러한 도메인들이 독립적으로 기능을 하고 있는지 또는 협력적으로 기능을 하는지에 관하여는 앞으로 밝혀야 할 내용들이다.

유전자 전사 자료 분석에 의한 세균성 독소-표적 기주간 상호작용에 관한 연구

토양세균인 *B. thuringiensis*는 토양에 서식하고 세균을 먹는 많은 종의 선충과 근접하여 살고 있다. 이것은 *B. thuringiensis* 독소가 선충으로부터 세균을 보호하는 방법으로 진화해 온 것으로 제시되고 있다. 모든 유기체 중에서 가장 집중적으로 연구되고 잘 알려진 것 중 하나는 세균을 먹이로 삼는 *C. elegans* 선충이 있다.

*C. elegans*에 대한 세 개의 도메인 Cry 단백질 군에 속하는 δ-내독소의 효능 검정에서 Cry5B, Cry6A, Cry14A, Cry21A와 같은 네 개의 단백질 각각이 높은 독성을 보여주는 것으로 나타났다. 새끼의 크기가 어미 창자의 건강을 반영해주는 것처럼 자손 생산에 대한 독소의 효과를 통해 상대적 독성을 측정할 수 있다. 이런 분석법에 의해 Cry14A는 16 ng/ul의 50% 저해 (IC_{50}) 값으로 가장 독성이 높은 것으로 판단되었고, Cry6A는 230 ng/ul의 IC_{50} 값으로 가장 낮은 독성을 보였다.

C. elegans 유전체 염기서열은 완전히 알려져 있다. 그리고 마이크로어레이는 다양한 조건하에서 전 유전체의 유전자 전사의 분석정리를 위해 준비될 수 있다. 적절한 실험이 계획됨으로써 해충에 대한 병원성을 향상시키고 기주를 보호하는 기주 인자들을 알 수 있다.

그러한 연구에서, 재조합 *Escherichia coli* 계통은 Cry5B를 발현하도록 만들어졌다. 이러한 재조합된 *E. coli*를 먹는 *C. elegans*는 중독의 징후를 보여주는 반면에 야생형 *E. coli*를 먹은 선충의 경우에는 어떠한 병도 발생하지 않았다. 연구자들은 재조합 대장균과 야생형 *E. coli* 세포를 원하는 비율로 혼합하여 독소의 생성량을 조절하였다.

그 결과로서, *C. elegans*의 에틸메탄설포네이트(ethylmethanesulfonate)-유도 돌연변이체는 *C. elegans*가 Cry5B에 대한 획득 내성을 갖는지를 확인하기 위해 검정되었다. 중독을 위해 요구되는 유전자는 그림 7.9에서 설명된 탐색방법에 의해 확인되었다.

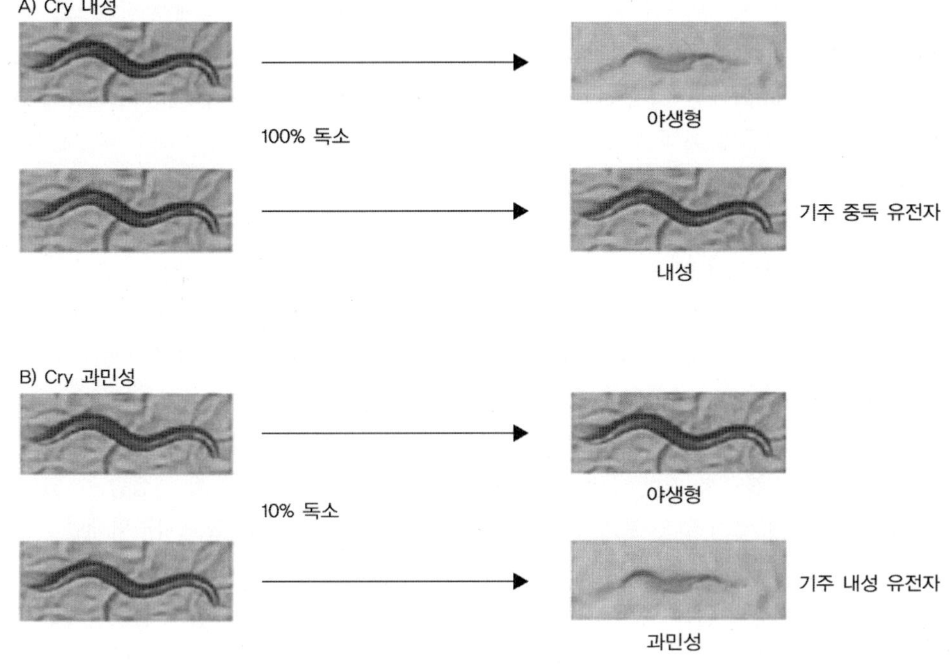

그림 7.9

Cry 독소와 꼬마선충 (*C. elegans*) 사이의 상호작용의 이해를 위한 접근. (**A**) 기주 내성에 대한 검정. 100%의 세균이 Cry 단백질을 발현하는 *E. coli*를 먹이로 하는 야생형 선충은 작은 크기와 핏기 없는 색깔로 표시된 바와 같이 중독되게 된다. 반면에 내성 돌연변이된 선충은 그렇지 않다. 내성 선충에서 돌연변이체의 대립인자가 확인됨으로써 Cry 독성에 필요한 기주 구성 성분이 들어날 것이다. (**B**) 기주 과민성에 대한 검정. 10% 세균이 Cry 단백질을 생산하는 *E. coli*의 혼합물을 먹이로 하는 야생형 선충은 중독되지 않는다. 과민성 선충은 Cry 단백질에 대한 감수성을 증가시켰고 이렇게 낮은 양에도 중독된다. 과민성 표현형을 나타내는 대립인자를 확인함으로써 독소 방어에 필요한 기주의 구성성분을 알게 될 것이다 [Reproduced with permission from Huffman, D. L., Bischof, L. J., Griffitts, J. S., and Aroian, R. V. (2004). Pore worms: using *Caenorhabditis elegans* to study how bacterial toxins interact with their target host. International Journal of Medical Microbiology, 293, 599–607].

이러한 검정을 통해 검출된 *bre-2*에서 *bre-5*에 이르는 네 종류의 유전자에서의 돌연변이체들이 Cry5B에 내성을 가지는 것으로 보였다. 야생형 *C. elegans*에서와는 대조적으로 이러한 돌연변이체들은 Cry5B를 장세포로 흡수할 수 없었다. 더 많은 분석을 통해 이 유전자가 중독에 필요한 단일유전자 경로에서 기능을 하는 당화전이효소(glycosyltransferase)를 암호화한다는 것을 보여주었으며, 이 경로는 유전자와 복합 세라미드 연결 다당류내에 일반 다당 핵심체의 생합성을 유도한다는 것이 밝혀졌다(그림 7.7). 이러한 연구는 이들 당지질이 Cry 독소의 수용체로서 선충과 적어도 곤충에서 기능을 한다고 하는 초기에 토의된 결론에 대한 확고한 기초를 제공해주고 있다.

기주 내성에 관여하는 유전자들은 독소에 과민성 반응을 보이는 돌연변이체를 찾음으로써 검출될 수 있다. 그러한 분석은 그림 7.9B에서 설명된다. 이 실험에서, *C. elegans*가 야생형 *E. coli*와 재조합 *E. coli* 혼합체를 먹음으로써 꼬마선충에 의해 섭취된 독소의 양은 10배 감소하였다. 그림에서 보여주듯이 이러한 독소 양에서, 야생형 *C. elegans*는 영향을 받지 않았지만 과민성 반응성의 돌연변이체는 중독되었다. 과민성 반응성 표현형을 가지는 대립유전자를 확인함으로써 그 독소에 대한 방어에 관여하는 기주의 구성성분을 파악할 수 있다. 유전자 전사 자료 분석 실험은 *C. elegans* 유전체의 5% 이상이 Cry5B와 반응하여 전사적으로 조절된다는 것을 보여줌으로써 그 경우의 복잡성을 설명해주고 있다.

Bt 세포분해 독소

이전에 설명했듯이, δ-내독소는 두 개의 복합유전 군(muligenic family) 즉, *cry*와 *cyt*(그림 7.4)로 구성되어 있다. Cyt 단백질은 *B. thuringiensis* subsp. *israelensis*와 소수

의 다른 아종에 의해 생성되어진다. Cry 단백질이 나비목과 딱정벌레목에 우점적으로 독성이 있는 반면에 Cyt 단백질은 각각 뎅기(dengue) 열과 말라리아를 옮기는 각다귀와 학질(말라리아) 모기와 사상충증(river blindness=onchocerciasis)을 옮기는 진디등에의 유충과 같은 파리목에 대해 생체 내 독성이 있다.

Cyt 단백질은 Cry 단백질보다 훨씬 짧은 폴리펩티드이며 그들과 어떠한 아미노산 서열 상동성도 보이지 않는다. *B. thuringiensis* subsp. *kyushuensis*의 부포자 (parasporal) 성 세포 봉입체에서 발견되는 245-아미노산의 δ-내독소인 Cyt2Aa의 구조는 그림 7.10에서 보는 바와 같다. 세 개의 도메인 Cry 단백질과는 달리, Cyt2Aa는 삼중층의 핵을 가진 α/β 단백질이다. 아미노산 서열의 비교를 통해 Cyt2Aa의 구조가 일반적으로 Cyt 독소 군의 구조를 확실히 대표하고 있다는 점을 뒷받침한다.

Cyt δ-내독소들의 수용체는 인지질이다. 주어진 인지질의 극성 머리부분의 성질과 *syn*-2에 위치한 불포화 지방 acyl 사슬의 필요에 따라 독소가 인지질과 결합할 수 있는지 또는 없는지가 결정된다. 포스파티딜콜린(phosphatidylcholine), 포스파티딜에탄올아민(phosphatidylethanolamine), 스핑고미엘린(sphingomyelin)은 모두 독소와 결합한다. 파리목 곤충의 지질은 다른 곤충의 것들보다 포스파티딜에탄올아민과 불포화지방산이 더 풍부하다. 돌연변이적 분석은 분자(그림 7.10에서 보이는 방향)의 하부에 있는 고리가 독성 및 지질결합과 관련되는 단백질의 일부라는 것을 나타내준다.

Cyt 독소들이 세포막을 투과하는 방식에 관한 대안 가설 중에는 관공모델(pore model)이 포함된다. 막의 외부 지질 소엽과 상호작용한다는 이 모델은 Cyt2Aa가 배좌의 변화를 이루며, 그림 7.10에서 보이듯이 그 안에서 분자의 좌측면의 나선쌍이 병풍으로부터 떼어져 막 표면에 놓여지는 반면에 그 병풍 부위는 재 배열하여 다른 막-결합 독소 분자의 병풍 부위와 결합하여 소중합체 막관통을 형성한다는 가설을 포함하고 있다. 이러한 대안 모델은 막 표면에 결합된 Cyt2Aa 집합체가 지질 포장(lipid packing)에서 거대 비특이적 결합을 일으켜 세포내 분자가 누출될 수 있기 때문에 계면활성제-유사 작용을 예상케 한다. 여기에 설명된 각각의 모델에 대한 실험적인 지지가 있지만 어느 한쪽을 지지할 만한 명확한 증거는 아직 없다.

살충제로서의 *B. thuringiensis* subsp. *israelensis*

B. thuringiensis subsp. *israelensis* (*Bti*)의 부아포 봉입체는 파리목의 유충에 독성이 있는 네 개의 단백질을 함유하고 있다. Cry4A (128kDa), Cry4B (134kDa), Cry11A (72kDa) δ-내독소는 세 개의 도메인 Cry 단백질 군의 일원들이다. 네 번째 단백질은 세포분해 독소인 Cyt1Aa1 (27kDa)이다. 유충에 이들 단백질이 동시에 존재하는 것은 개별적인 단백질이 단독으로 가지는 것보다 훨씬 독성이 크다. *Bti*로부터 유래하는 살충성 결정 봉입체는 말라리아(모기)의 파리목 매개체의 번식지와 사상충증(진디등에; Box 2.2를 참고하라)의 살유충 처리에 사용된다. *Bti*는 이러한 결정 봉입체 생성을 위해 대규모로 배양된다. 내생포자 (위에 설명된 Dipel로서)와 함께 Cry 단백질만을 함유하는 독소 제품과는 대조적으로 *Bti* 내생포자의 첨가가 살충율의 현저한 증가로 나타나지 않는다. 따라서 내생포자는 상업적인 *Bti* 조제품에 포함되지 않는다.

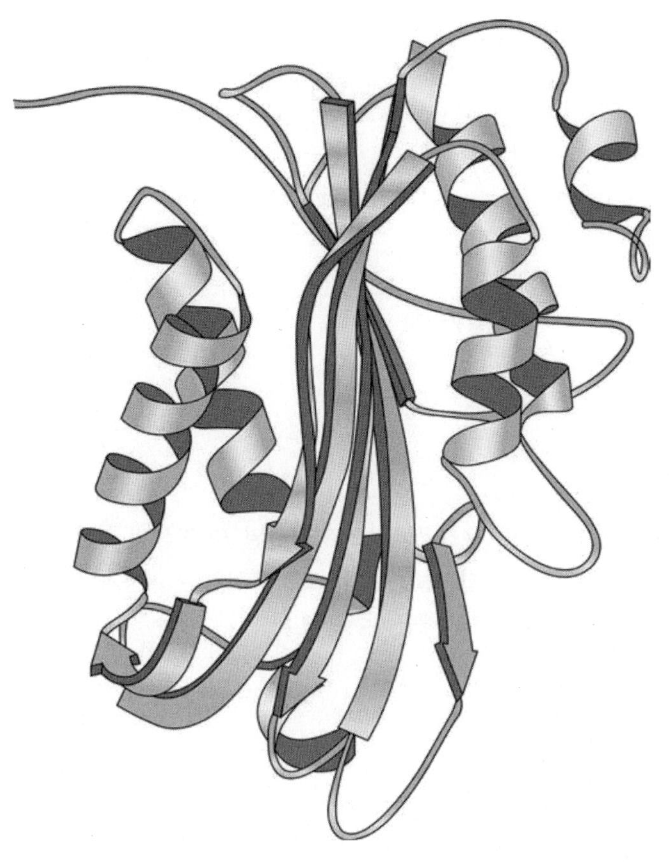

그림 7.10

세포분해성 *Bacillus thuringiensis* 살충효과가 있는 δ-내독소 (Protein Data Base code 1cby)인 Cyt2Aa1 구조의 리본 모형도. [Reference: de Maagd, R. A., Bravo, A., Berry, C., Crickmore, N., and Schnepf, H. E. (2003). Structure, diversity and evolution of protein toxins from spore-forming entomoathogenic bacteria. Annual Review of Genetics, 37, 409–433].

모기 번식 서식지는 홍수, 자연 그대로의 연못, 염습지, 논, 관개, 도로변의 도랑, 심지어는 나무아귀와 화분접시에 고인 작은 양의 물도 포함된다. 세계적으로 1년에 70~270만 명의 사람들이 말라리아로 사망한다. 이들의 75%이상이 아프리카의 어린이들이다. *Bti* 제품은 서직지에 입자로 또는 공중에 분말로 퍼뜨릴 수 있다. 특히, 아프리카에서 매우 널리 사용된다.

11개국의 서아프리카 나라들에서 WHO의 사상충증 방제 프로그램의 중심은 진디등에의 강-번식 지역을 방제하는 것이다. 이 프로그램의 일부로서 매년 IPM (해충종합방제) 전략은 필요한 량을 최소화하기 위해 강 유수가 낮을 때 건기 동안에 *Bti*를 이용한다. 그러고 나서 유기인계 살충제인 클로로폭심(chlorphoxim)은 우기의 시작에서 8주 동안 사용하고 나서 물 수위가 높아지는 6주 기간 동안 신경독성 살충제 퍼메트린(permethrin)을 사용한다(그림 7.11). 매년 교호방식(alternation regime)의 살포방식은 해충내성의 발생을 막는다.

곤충내성 형질전환 작물

전 세계적으로 3천만 에이커 이상의 면적에서 *Bt* 살충제 유전자가 들어있는 유전공학적 형질전환 작물이 재배되고 있다. 현재 옥수수, 목화, 감자가 주요 *Bt* 작물이지만, 곧 중국과 인도산 *Bt* 벼가 추가될 것이다. 표 7.1은 위의 작물들을 섭식하는 특정 *Bt* Cry 독소에

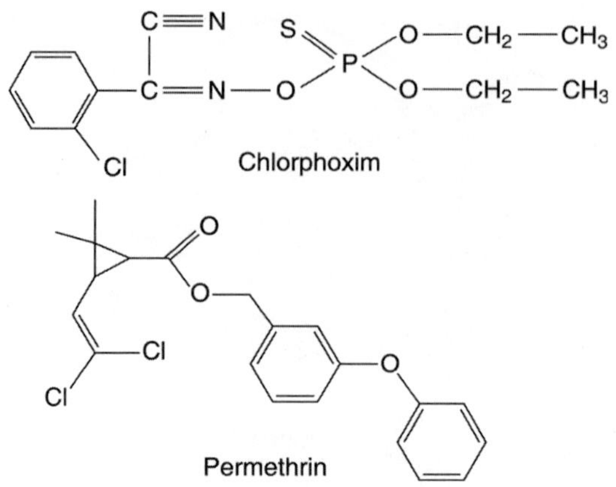

Chlorphoxim

Permethrin

그림 7.11

살충제인 클로르폭심 (chlorphoxim)과 퍼메트린 (permethrin)의 구조.

민감한 몇 가지 중요 해충들을 열거하였다. 유전공학적으로 변형된 *Bt* 작물의 역사는 식물유전체로 새로운 유전자를 옮겨주는 재조합식물을 대규모로 도입하는 이득과 위험을 평가하는데 따른 어려움에 대한 소중한 전망을 제공해주고 있다.

곤충내성 식물 계열의 개발

외래 DNA를 식물세포로부터 도입시키기 위해 세 개의 다른 방법들이 고안되었다: (1) 원형질체의 전기천공(electroporation), (2) 목적 유전자의 삽입을 암호화하는 DNA로 싸여진 입자를 식물세포에 유전자총 발사, 그리고 (3) 다양한 "무장 해제된" 그리고 변형된 *Agrobacterium tumefaciens* Ti 플라스미드를 이용한 형질전환(무장 해제된 Ti 플라스미드는 6장에서 제시된 *A. tumefaciens*-매개의 형질전환에 대한 자세한 논의에서 설명되었던 것처럼 암종 유발 유전자가 결실되어 있다). *Bt* 작물(표 7.2)은 방법 2와 3에 의해 형질전환된 세포 계열로부터 생산되었다.

GM 곤충-내성과 제초제-내성 목화와 옥수수 식물에 대한 다음의 설명은 표면적인 고려사항으로 과도할 정도로 상세히 제시되고 있는 것처럼 보일지 모른다. 그렇지만 형질전환 식물 계열을 생산하는데 사용된 벡터를 만드는 것과 외래 DNA를 특정 작물에 도입하여 안정하게 유지시키는 이러한 상세한 것들이 이러한 GM 작물의 도입에 대한 많은 반대를 야기해 왔다. 그러므로 그것들은 여기에서 논의할 가치가 있다.

현재까지 연구된 모든 유전체에 대해 알져진 많은 것들은 유전적 변형을 위한 벡터를 구축하는데 적용되고 있다. 따라서 식물의 형질전환을 위한 벡터내로 조립된 DNA 단편은 다양한 세균 유전체, 플라스미드, 바이러스, 그리고 식물로부터 꺼내졌다. 지식기반이 성숙하면서, 벡터 구성 요소의 선택 또한 진화할 것이며 그리고 그 선택은 전이유전자 도입을 위해 선택한 특질의 수와 종류만큼이나 될 것이다. 결과적으로, 중요한 많은 방법론적인 세부사항은 확실히 변하게 될 것이다. 그럼에도 불구하고, GM 식물이 생산되는 방법을 제공하는 광범위한 원리들은 다가오는 오랜 시간동안 중요한 주제로 남아있을 것 같다.

표 7.1 특정 *Bacillus thuringiensis* Cry 독소에 감수성을 갖는 옥수수, 목화, 감자의 주요 표적 해

작물	해충의 일반명	해충의 학명
옥수수	Black cutworm (검거세미나방)	*Agrotis ipsilon* (Hufnagel)
(*Zea mays*)	Corn earworm (큰담배나방)	*Helicoverpa zea* (Boddie)
목화	Common stalk borer (천공충)	*Papaipema nebris* (Guen.)
(*Gossypium hirsutum*)	European corn borer (유럽조명나방)	*Ostrinia nubilalis* (Huebner)
	Fall armyworm (밤나방)	*Spodoptera frugiperda* (J. E. Smith)
감자	Southern corn stalk borer (옥수수천공충)	*Diatraea crambidoides* (Grote)
(*Solanum tuberosum*)	Southwestern corn borer (서남부조명나방)	*Diatraea grandiosella* (Dyar)
	Cotton bollworm (면화씨벌레)	*Helicoverpa zea* (Boddie)
	Pink bollworm (분홍면화씨벌레)	*Pectinophora gossypiella* (Saunders)
	Tobacco budworm (회색담배나방)	*Heliothis virescens* (Fabricius)
	Colorado potato beetle (콜로라도감자잎벌레)	*Leptinotarsa decemlineata* (Say)

출처 : U. S. Environmental Protection Agency (2001). Biopesticides Registration Action Document-*Bacillus thuringiensis* Plant-Incorporated Protectants, http://www.epa.gov/oppbppd1/biopesticides/pips/bt_brad.htm.

*Cry1Ac*를 발현하는 GM 목화 계열 531의 특성화와 개발

1992년에 Monsanto는 주요 나비목 해충에 대해 내성인 GM 목화의 포장 실험을 시작하였다. 아래에 설명된 것처럼 상업적으로 널리 재배되어온 Monsanto Technology LLC Bollgard Cotton Event 531로 명명된 목화 계열은 해충과 제초제에 모두 내성을 가지는 새로운 GM 목화 계열을 생산하기 위해 전통적인 교배에서 사용되어 왔다.

계열 531의 개발은 병원성이 제거되고 변형된 *A. tumefaciens* Ti 플라스미드를 집어넣은 이원체 플라스미드 벡터로 목화 조직을 형질전환 시키는 것으로 시작되었다. 그림 7.12는 이러한 PV-GHBK04 벡터의 지도를 보여주고 있다. 이 구성체의 역할은 그림의 상단에서 시계의 반대방향으로 진행된다.

***Ori322/rop* 부위.** PV-GHBK04의 공학과 증폭은 *E. coli*에서 수행되었다. Ori322는 *E. coli* 플라스미드인 pBR322에서 유래된다. Ori322를 가진 플라스미드는 *E. coli*에서 자동적으로 복제할 수 있다. Rop는 플라스미드 복제 시작과 플라스미드 수의 조절과 연관된 소형 단백질들을 암호화한다. 이 부위는 또한 *E. coli*에서 *A. tumefaciens*로 옮겨주는 접합 플라스미드의 전이에 필요한 *oriT*를 가지고 있다.

***OriV*.** *OriV*는 광범위한 수용체-범위를 가진 RK2 플라스미드로부터 유래된다. *OriV*를 가진 플라스미드는 *A. tumefaciens*에서 자동적으로 복제할 수 있다.

P-35S, *npt II* 및 NOS3'. 다음의 세 요소, P-35S, *npt II* 및 NOS3'는 *npt II* 유전자 발현 카세트를 구성한다. P-35S 염기서열은 꽃양배추 모자이크 바이러스(cauliflower mosaic virus (CaMV))에서 35S 프로모터 부위이다. *Npt II*는 가나마이신 내성을 갖는 네오마이신 인산전이효소 type II를 암호화한다. *Npt II* 유전자는 *E. coli* 전이인자 Tn5로부터 유래한다. *NptII*는 *cry1Ac*의 경우와 같이 관심의 유전자를 역시 포함하고 있을 것으로 기대되는 재조합 식물세포를 선별하기 위해 사용되어진다. NOS3'은 *A. tumefaciens*에서

표 7.2 *B. thuringiensis (Bt)* 살충성 단백질을 발현하는 식품과 동물 사료에 사용하는 작물들

작물	단백질	출처	기대 효과
목화	Cry1Ac	*Bt* subsp. *kurstaki*	목화회색담배나방, 분홍면화씨벌레, 회색담배나방, 유럽조명나방에 대한 내성
목화	Cry1Ab	*Bt* subsp. *kurstaki*	유럽조명나방에 대한 내성
목화	Cry2Ab와 Cry1Ac	*Bt* subsp. *kumamotoensis*	나비목 해충에 대한 내성
옥수수[a]	Cry9C	*Bt* subsp. *tolworthi*	몇 가지 나비목 해충에 대한 내성
옥수수	Cry1F	*Bt* subsp. *aizawai*	몇 가지 나비목 해충에 대한 내성
옥수수	Cry3Bb1	*Bt* subsp. *kumamotoensis*	옥수수 뿌리 해충을 포함하는 딱정벌레목 해충에 대한 내성
옥수수	Cry34Ab1와 Cry35Ab1	*Bt* subsp. PS149B1	딱정벌레목 해충에 대한 내성
감자	Cry3A	*Bt* subsp. *tenebrionis*	콜로라도감자잎벌레에 대한 내성

[a] 동물사료로만 사용됨.
출처 : http://cfsan.fda.gov/_lrd/biocon.html.

노팔린 합성효소(NOS) 유전자의 3'비해독 부위이다. 이 염기서열은 전사를 종결하며 전령 RNA의 폴리아데닐화를 유도한다.

Aad. *Staphylococcus aureus*로부터 유래하는 *aad* 유전자는 3''(9)-*O*-아미노글리코시드 아데닐일(aminoglycoside adenylyl) 전이효소를 암호화한다. 이 효소는 항생제인

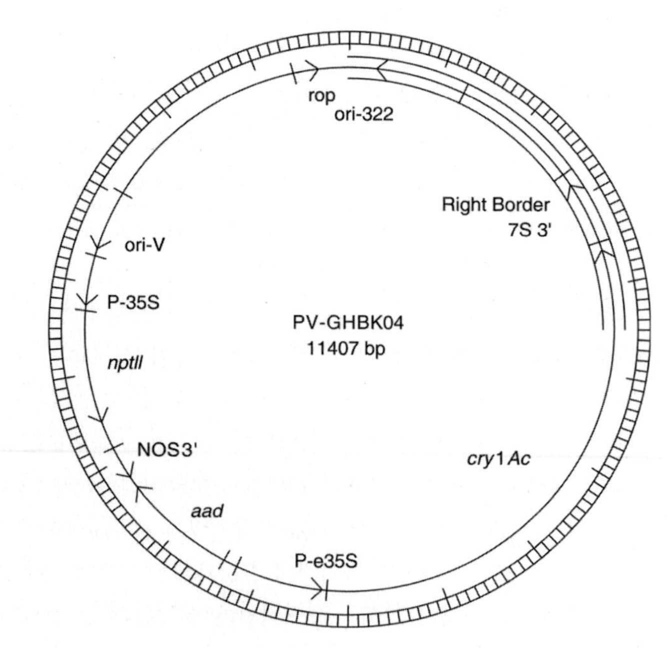

그림 7.12
플라스미드 벡터 PV-GHBK04의 지도 [Monsanto Company (2002). Safety assessment of Bollgard Cotton Event 531. http://www.monsanto.com/monsanto/sci_tech/product_safety/bollgard/es.pdf (accessed 07.17.05)].

스펙티노마이신과 스트렙토마이신에 내성을 가진다. *aad* 유전자는 세균 프로모터에 의해 조절된다. 그것은 PV-GHBK04에 포함되는데 이 플라스미드를 가진 *A. tumefaciens* 세균은 스펙티노마이신과 스트렙토마이신을 함유한 배지 상에서 생장할 수 있는 능력에 의해 확인할 수 있다.

P-e35S, *cry1Ac*, 7S 3'. 다음의 세 가지 요소, 즉 P-e35S, 변형된 cry1Ac와 7S 3'은 *cry1Ac* 유전자 발현 카세트를 구성한다. P-e35S의 염기서열은 CaMV로부터 유래하는 복제된 증폭자의 35S 프로모터 부위이다. 변형된 *Cry1Ac* 단백질과 *B. thuringiensis* var. *kurstaki*으로부터 야생형 단백질 간 서열의 차이는 아미노-말단에 한정되고, 이들 유전자들은 식물에서 발현되는 수준을 촉진시키기 위하여 도입되었다. *Cry1Ac* 유전자는 G-C 쌍 비율이 더 높은 식물 DNA와 비교하였을 경우, A-T 뉴클레오티드 쌍 구성이 더 높은 비율을 가진다. *cry1Ac*를 변형할 경우, A-T 쌍을 G-C 쌍으로 치환하는 것은 Cry1Ac의 아미노산 서열에서의 변화를 최소한으로 줄이기 위한 방법으로 이루어졌다. 전체적으로, 야생형 단백질과 변형된 단백질의 아미노산 서열 상동성의 수준은 99.4%이다. 변형된 Cry1Ac는 야생형 단백질처럼 동일한 살충활성과 특이성을 보여준다. 7S 3'은 콩 *β*-콘글리시닌 (*β*-conglycinin) 유전자의 *α* 소단위의 3' 비해독 부위이다. 이 염기서열은 *cry1Ac*의 전사를 종결하고 mRNA의 폴리아데닐화를 유도한다.

Right (우측) 가장자리. Ti 플라스미드 pTiT37로부터 유래하는 노팔린-형의 T-DNA의 24bp의 우측 (right) 가장자리 염기서열을 함유하는 DNA 서열은 *A. tumefaciens*에서 식물유전체로 T-DNA의 전이를 위한 시작점이 된다.

계열 531을 만들기 위해, 연구자들은 *A. tumefaciens*-매개의 형질전환 시스템을 사용하여 플라스미드 벡터인 PV-GHBK04의 T-DNA 부위를 목화품종 Coker 512의 배축으로 도입하였다. 형질전환 식물은 가나마이신을 함유한 배지에 배양하여 선발하였다.

T-DNA는 식물 DNA 염기서열과의 상동성을 요구하지 않는 비전통적 재조합 메커니즘을 통해 식물 유전체로 통합된다. 이러한 *Agrobacterium*-매개의 DNA 통합은 직접 그리고 전도 반복서열(inverted repeats)을 포함하는 복잡한 통합 형태가 된다. 이러한 T-DNA는 단일사본 혹은 반복 그리고 복합사본이 들어가게 된다. 그리고 복합 삽입은 연결되었거나 연결되지 않은 부위에 발생한다. 식물 유전체 안으로 특정 T-DNA 구성체가 통합되는 부위 또는 삽입된 DNA의 안정성을 예견하는 것은 불가능하다. 염색체 재배열은 식물 DNA로 삽입된 부위에서 발생하기 때문에, GM 식물은 포괄적인 유전체 분석을 받아야 하며 상업화 목적의 GM 계열은 전통적으로 재배되는 비 GM 품종과 실질적으로 동등해야 한다.

계열 531 유전체의 특성화 연구는 위에서 언급한 *Agrobacterium*-매개의 형질전환의 몇 가지 복잡성을 보여준다. 계열 531 유전체는 2개의 DNA 삽입체를 함유하였다(그림 7.13). 대규모의 삽입은 전체 길이의 cry1Ac 유전자, *nptII* 유전자, add 항생제내성 유전자의 단일사본을 포함하였다. 이러한 T-DNA의 삽입은 또한 3' 전사 말단 염기서열과 융합된 *cry1Ac* 유전자의 892bp의 3' 말단 부위를 포함하였다. 후자의 DNA의 조각은 전체 길이의 cry1Ac 유전자 카세트에 인접해 있고 역방향으로 삽입체의 5' 말단에 위치해 있으며 프로모터를 가지고 있지 않다. 두 번째 T-DNA의 삽입은 *cry1Ac* 유전자의 말단으로부터 7S 3'-폴리아데닐화 염기서열의 242 bp 부분을 포함하고 있다. 계열 531은

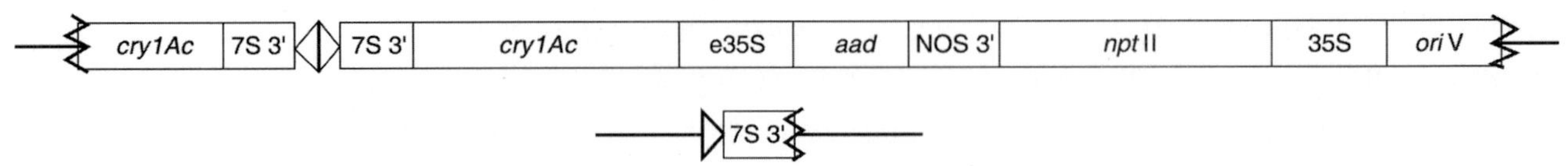

그림 7.13

PV-GHBK04 벡터로 *A. tumefaciens*-매개 형질전환에 의해 생산된 GM 목화 계열 531의 유전체내로 삽입된 DNA 단편 지도. 본문에 자세히 설명되어 있음 (그림 7.12를 참고하라).

활성화된 Cry1Ac와 NPTII를 발현시킨다. 위에서 설명한 것처럼, *aad* 유전자는 세균 프로모터에 의해 조절되며, 기대한 것만큼 목화에서 발현되지 않는다.

Bollgard Cotton Event 531에서 *cry1Ac* 유전자는 안정한 멘델 유전 형태를 가진다. 다른 목화 품종과의 교배는 여러 세대에 걸쳐 기능적 삽입의 지속적인 전이를 보여준다. 요약하면, *cry1Ac* 유전자는 목화 유전체에 안정적으로 통합된다. 8년 이상 다양한 시도로부터 얻은 종자 분석을 통해 Cry1Ac와 NPTII 단백질의 유사한 수준을 보여주었다.

GM 작물의 안정성 평가는 GM 식물의 화학적 구성성분이 관행적인 육종에 의해 생산된 식물의 자연적 돌연변이 수준 안에 존재하기를 요구하고 있다(위에서 설명한 GM 목화 계열에서 Cry1Ac와 NPTII 단백질과 같은 고의로 부가된 변형의 경우는 제외). 계열 531과 다른 목화 품종간 포괄적인 비교에서는 단백질, 지질, 탄수화물, 재 혹은 수분; 지방산 성분; 아미노산 구성성분; 혹은 열량 값에서 특별한 차이를 보이지 않았다. 몇 종류의 시클로프로페노이드(cyclopropenoid) 지방산, 고시폴(gossypol), 아플라톡신 그리고 α-토코페롤의 수준은 부계 목화 품종에서의 수준과 유사하였다. 시클로프로페노이드 지방산은 스테아린에서 올레인산으로의 포화도 저하를 억제하고 식품과 동물사료의 바람직스럽지 않은 성분이다. 고시폴은 목화 종자에 존재하는 터페노이드 알데히드이며 인간과 동물에 독성이 있다. 아플라톡신은 강력한 독소이며, 동물의 발암물질이며, 인간에게도 발암원으로 작용하는 것으로 믿어졌다. 나비목 곤충에 대한 내성을 제외하고는 계열 531은 "실질적 동등성"의 요구를 만족시켰고, 1996년에 상업화되었다.

*Cry1AC*와 *cry2AC*를 발현하는 GM 목화 계열 15985의 개발과 특성화

Cry1Ac와 Cry2Ac 모두를 함유하고 있는 해충방제용 Bollgard II 목화 계열인 15985는 계열 531 보다 인시목 해충에 대해 더 광범위한 내성을 갖는다. Cry1Ac는 목화에 손상을 입히는 해충, 회색담배나방(tobacco budworm), 분홍면화씨벌레(pink bollworm), 면화씨벌레(cotton bollworm)에 대해여 살충활성을 보인다. Cry2Ac도 또한 이들 해충에 대해 활성을 갖는데다가 Cry1Ac에 거의 감수성이 없는 밤나방(fall armyworm), 파밤나방(beet armyworm), 콩밤나방(soybean looper) 등의 해충에 대해 활성을 보인다.

계열 15985의 세대에서 첫 번째 단계는 Cry1Ac와 NPTII가 안정적으로 유전되고 발현되는 DP50B를 생산하기 위해 계열 531과 목화품종 DP50 사이에서의 전통적인 교배를 실행하는 것이다.

플라스미드 벡터인 PV-GHBK11(그림 7.14)는 *cry2Ab* 발현 카세트와 *uidA* 발현 카세트를 함유하도록 제작되었다. *E. coli* 플라스미드인 pUC19에서 유래하는 *uidA*는 형질전환 식물세포에서 조직염색에 의해 검출되는 표지효소인 *β*-글루쿠로니다제를 암호화한다. 이 벡터는 *E. coli*에서 대량으로 생성되고 PV-GHBK11L을 만들기 위해 제한효소 KpnI으로 잘려진다(그림 7.14). *uidA*와 *cry2Ab* 유전자 카세트들을 나르는 DNA 조각은 정제되고, 금 입자상에 침전되고, 입자가속에 의해 수용체 목화 품종인 DP50B의 분열조직(meristem)으로 도입되었다. 염색 후, 비형질전환 조직은 점차적으로 제거되었고, 도입된 DNA를 함유하는 분열조직의 생장이 향상되었다. 결과적으로 GUS-positive 식물체에서 얻은 종자의 Cry2Ab 단백질 생성여부가 검정되었으며, 상업적인 개발을 위하여 해충방제 Bollgard II 목화 계열 15985로 일컫는 형질전환체의 선별로 이어졌다. 이 형질전환체의 삽입은 안정한 멘델 유전 형태를 보여준다. 계열 15985는 Cry1Ab, NPT II, AAD, Cry2Ab 및 GUS를 암호화한다. 계열 531에 대해 상기의 방법으로 분석할 경우, 계열 15985는 인시목 해충에 대한 내성을 제외하고는 "실질적 동등성"의 요구를 만족시켰다.

해충-방제와 제초제 내성 bollgard II 목화 계열 15985X1445

계열 1445와 계열 15985간 전통 교배를 통해 널리 사용되고 있는 해충-방제와 제초제-내성 Bollgard II 목화 계열 15985X1445를 생산하였다. 목화 품종 Coker 312의 *A. tumefaciens*-매개의 형질전환에 의해 생산된 GM 목화 계열 1445는 다음의 유도유전자: *Cp4-epsps* (*A. tumefaciens* CP4로부터 CP4-*enol*pyruvylshikimate-3-인산염 합성효소를 암호), *add*와 *npt II*를 발현하였다. 계열 1445에서 형질전환된 DNA는 안정적으로 유전된다.

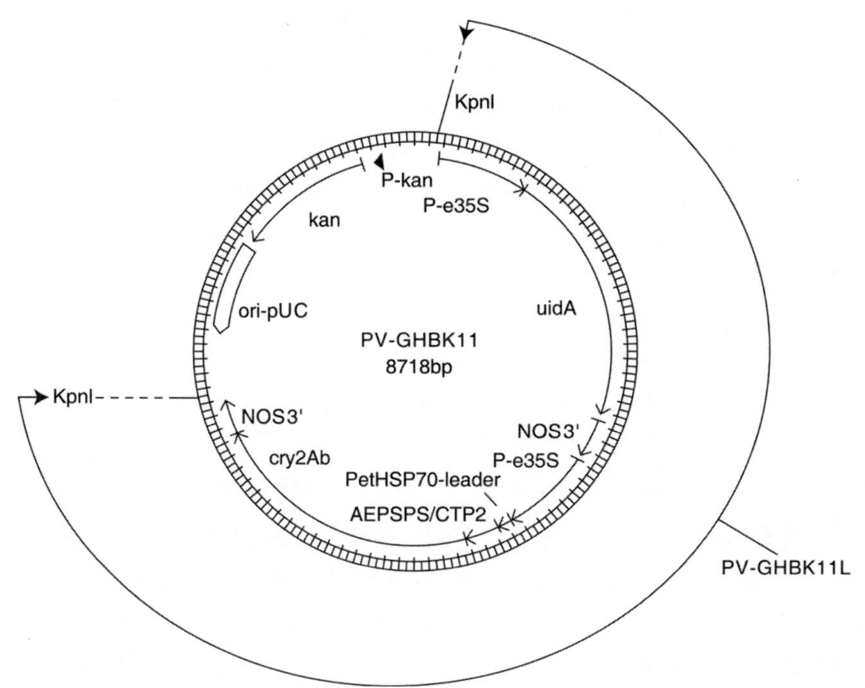

그림 7.14

GM 목화 계열 15985의 유전공학에 사용된 플라스미드 벡터 PV-GHBK11의 지도. 교과서에 자세히 설명되어 있음 [Ministry of the Environment. Japan Biosafety Clearing House. http://www.bch.go.jp/download/en_lmo/15985_1445enRi.pdf (accessed 07.17.05)].

5-Enolpyruvylshikimate-3-인산염 합성효소(EPSPS)는 방향족 아미노산(Phe, Try, Trp)의 시킴산(shikimate) 생합성 경로에 작용하는 효소 중 하나이며 엽록체 혹은 색소체에 존재한다. 이 효소는 비선택적 제초제인 Roundup의 활성성분인 glyphosate에 의해 특이적으로 억제되어 결과적으로 glyphosate가 처리된 식물은 죽게 된다. *Cp4 epsps* 유전자는 Roundup에 내성을 부여하기 때문에 glyphosate는 *Agrobacterium* CP4 EPSPS를 효과적으로 저해하지 않는다. 정상적인 대조구와 비교할 때 EPSPS에 비해 40배 이상을 합성하는 식물은 방향족 아미노산의 구성성분에서 어떠한 변화도 보여주지 않았다. 이러한 발견은 EPSPS가 시킴산 경로에서 비율-결정 효소(rate-determining enzyme)가 아니라는 것을 나타낸다.

요약하면, Bollgard II 목화 계열 15985x1445는 살충성 단백질인 Cry1Ac와 Cry2ab, 제초제 내성 효소인 CP4 EPSPS 그리고 효소인 NPT II(네오마이신과 가나마이신에 내성을 가짐), β-D-글루쿠로니다제를 발현한다. 이러한 모든 단백질은 비 GM 목화에는 존재하지 않는다.

5-enolpyruvylshikimate-3-인산염 합성효소와 *Bt Cry3Bb1*을 발현하는 제초내성 및 살충내성 옥수수 계열 생산과 특성화

마지막 사례로서, 상기에서 기술한 GM 목화 계열과 똑 같은 방법으로 생산된 곤충내성 및 glyphosate-내성 옥수수 계열인 MON 88017을 생각해 볼 수 있다.

Bt Cry3Bb1 옥수수 계열인 MON 88017은 무장 해제된 *A. tumefaciens* Ti 플라스미드인 PV-ZMIR39(표 7.3)를 이용하여 *A. tumefaciens* 매개 옥수수 세포를 형질전환시켜 생산하였다. 식물 유전체로 삽입된 염기서열은 좌측 및 우측 가장자리 염기서열 사이의 연속 염기서열로 조립되었다. 이 부분은 딱정벌레목에 특이적으로 작용하는 살충 단백질인 CP4 5-epsps를 암호화하는 *c4 epsps* 유전자와 *Cry3Bb1*을 암호화하는 *cry3Bb1* 유전자를 함유하고 있다. 이러한 EPSPS 유전자는 *Agrobacterium* CP4 계통으로부터 분리되었고, 합성 판이 생산되었다. 이러한 *c4 epsps* 합성유전자는 5' 말단 부위에서 *Arabidopsis thaliana* EPSPS로부터 엽록체 수송 펩티드(chloroplast transit peptide)를 암호화하는 부위와 융합되고, EPSPS 암호 부분의 코돈이 식물체내에서 *c4 epsps* 유전자의 발현을 촉진하기 위해 변형되었다. 식물에서 *c4 epsps*의 발현은 벼 액틴 1(rice actin 1) 유전자(p-ract1-ract1 인트론)의 5' 부분을 구성하는 유전자의 5' 말단에 혼합된 비암호 DNA 조절 인자 카세트에 의해 조절된다. 3' 말단에서 이 유전자는 전사를 종결하고 mRNA의 폴리아데닐화를 명령하는 노팔린 합성효소 (*nos*) 유전자의 3' 비해독 부위로부터 유래하는 염기서열과 융합된다.

합성한 CP4 EPSPS는 glyphosate에 내성이며, 이러한 내성관련 효소를 갖고 있는 유전자로 안정적으로 형질전환된 식물은 Roundup에 내성을 갖는다. 결과적으로, 합성한 CP4 EPSPS는 형질전환 식물세포에 대한 선택가능한 표지인자로서 사용된다.

Cry3Bb1 유전자는 *B. thuringiensis* subsp. *kumamotoensis* EG4691로부터 분리되었다. *cry3Bb1* 유전자를 암호화 하는 염기서열의 합성 판이 생산되었으며 거기에서 코돈 사용은 옥수수에서 발현을 향상시키기 위해 변형이 이루어졌다. 옥수수에서 *c4 cry3Bb1*의

표 7.3 옥수수[a]의 *Agrobacterium tumefaciens*–매개 형질전환에서 이용된 플라스미드 벡터 PV-ZMIR39의 T-DNA 부위 내에 조립된 DNA 서열

DNA 염기서열	설명
Left border	옥토핀 Ti 플라스미드로부터 좌측 가장자리 염기서열은 T-DNA 전이에 필수적임
p-ract1	*cp4 epsps* 발현을 시동하는 벼 액틴 유전자 프로모터
rac1 intron	벼 액틴 유전자 첫 번째 인트론은 *cp4 epsps* 발현을 촉진함
CTP2	*Arabidopsis thaliana*로부터 엽록체 수송 펩티드를 암호화하는 서열은 엽록체에 단백질 발현을 표적으로 함
CP4 *epsps*	*Agrobacterium* sp. strain CP4로부터 CP4 EPSPS[b] 단백질을 암호화하는 서열
NOS 3'	노팔린 합성효소 (NOS) 암호 서열의 3' 비해독 부위는 전사를 종결하며, 폴리아데닐화를 명령함
p-e35S	CaMB로부터 이중의 증폭자 부위를 갖는 프로모터임
wt CAB leader	밀 엽록소 a/b-결합 단백질로부터 5' 비해독 선도유전자
ract 1 intron	벼 액틴 유전자 첫 번째 인트론은 *cry3Bb1* 발현을 촉진
Cry 3Bb1	*B. thuringiensis* subsp. *kumamotoensis*로부터 단백질 합성 변이를 암호화하는 서열
tahsp17 3'	밀의 열 충격 단백질 17.3의 3' 비해독 부위는 전사를 종결하며 폴리아데닐화를 명령함
Right border	노팔린 Ti 플라스미드로부터 우측 가장자리 염기서열은 T-DNA의 전이에 필수

[a] *Agrobacterium tumefaciens* 이원체 형질전환 벡터인 PV-ZMIR39는 병원성이 제거되었다(본문을 참고하라). 이 플라스미드는 consensus T-가장자리 사이에 식물 유전체로 삽입을 위한 전이 유전자를 지닌다. PV-ZMIR39 플라스미드의 틀은 3"(9)-O-아미노글리코시드 전이 효소를 암호화하는 세균 선택적 표지유전자 *aad*를 가지고 있으며 스펙티노마이신과 스트렙토마이신 항생제에 내성을 갖는다. 이 유전자의 존재는 클로닝을 용이하게 하며 세균 기주에서 형질전환 벡터의 유지를 용이하게 한다. PV-ZMIR39 플라스미드의 틀로부터 어떤 서열도 형질전환 옥수수 계열로 통합되지 않는 것으로 보고되었다.

[b] *epsps* 유전자는 토양세균인 *Agrobacterium* sp. strain CP4로부터 분리되었다. 이 유전자는 제초제 glyphosate (N-phosphonomethylglycine; Roundup) 저해에 대한 내성을 갖는 5-*enol*pyruvylshikimate-3-인산염 합성효소를 암호화 하도록 변형되었다.

출처 : U. S. Food and Drug Administration. Office of Food Additive Safety. (2005). Biotechnology Consultation Note to the File BNF No. 000097, January 5, 2005. Subject: *Bacillus thuringiensis* Cry3Bba corn line MON 88017. http://www.cfsan.fda.gov/.

발현은 5'-말단 (CaMV로부터 프로모터, 밀 엽록소 *a/b*-결합 단백질로부터 5' 비해독된 선도 염기서열, 벼 액틴 유전자로부터 첫 번째 인트론)의 유전자로 융합된 비암호화 DNA 조절 인자에 의해 조절된다. 3' 말단에서, 이 유전자는 전사를 종결하며 전령 RNA (표 7.3)의 폴리아데닐화를 명령하는 밀의 열 충격 단백질 17.3의 3' 비해독 부위에서 유래하는 염기서열로 융합된다. Cry3Bb1 δ-내독소는 옥수수 뿌리벌레(*Diabrotica* spp.) 유충의 침입으로부터 옥수수를 보호해 준다.

PV-ZMIR39 플라스미드를 옮기는 *A. tumefaciens*를 이용한 유합조직 (callus)의 형질전환을 통해 최상의 GM 옥수수 계열 MON 88017이 고안되었다. PV-ZMIR39 플라스미드의 중추는 세균성 선택가능 표지 유전자 (detectable marker gene)인 aaa (하단을 보시오)를 운반한다. 이러한 유전자의 존재는 클로닝과 세균기주에서 형질전환 매개체의 유지를 용이하게 한다. Ti 플라스미드의 왼쪽과 오른쪽 가장자리 사이에 놓인 염기서열 (T-DNA) 만이 전이되기 때문에 PV-ZMIR39 플라스미드 중추의 어떤 염기서열도 형질전환된 옥수수 계열에 통합될 수 없음을 예상할 수 있다. MON 88017 유전체 DNA의 southern blot 분석은 *cp4 epsps*와 *cry3Bb1* 카세트 둘 모두를 옮기는 T-DNA 염기서열의 손상되지 않은 사본의 통합을 암시하였지만 PV-ZMIR39 벡터의 토대로부터 (*aad*로부터 염기서열을 포함하는) 염기서열은 관찰되지 않았다.

식물세포는 분화 전능하다. 식물의 어떠한 부위로부터 단일 세포가 나누어질 수 있고 완전한 식물이 될 수 있다. GM 옥수수 식물의 제1세대는 형질전환된 세포로부터 새로운 식물을 재배하여 얻었다. 그러고 나서 이러한 식물은 같은 품종의 고품질 식물로 육종되었다. 그 결과로 만들어진 우수 교배종계열은 서던법과 유전자 분리(segregation) 분석에 의해 *cry3Bb1*과 *cp4 epsps* 유전자의 유전적 안정성에 대해 10 세대에 걸쳐 조사되었다. 이러한 연구는 T-DNA의 통합이 안정하고 멘델유전 형태로 유전된다는 것을 보여주었다.

옥수수는 음식과 동물사료의 원료로서 세계적으로 재배되고 있다. 옥수수 전분은 당과 에탄올의 주요 원료이다. 비 GM 옥수수와 GM 옥수수 계열 MON 88017간의 낟알을 철저하게 비교할 경우 미네랄, 아미노산, 지방산, 2차 대사산물 혹은 비타민 구성요소나 섬유 구성물에서 특별한 차이점을 보이지 않았다. 따라서 GM 옥수수 계열인 MON 88017은 최근에 식품과 동물사료로 소비되는 비 재조합 옥수수에 대한 "실질적 동등성"의 요구를 충족하였다.

옥수수에서 CRY 단백질 조직 발현 수준

GM 옥수수 계열은 모든 조직에서 *Bt* 전이 유전자를 발현시킨다. 몇 가지 계열의 발현 수준을 보여주는 표 7.4에 따르면 *Bt* 단백질의 거의 90%는 잎 조직에 존재한다. Cry1Ab를 발현하는 Bt11 옥수수를 대상으로 한 세트의 포장시험 결과에서 생체조직으로 83,300 파운드를 생산하는 옥수수 1 에이커에서 0.57 파운드의 *Bt* 독소가 생성되었다. 개략적으로 비교하면, 옥수수의 에이커 당 적용된 화학살충제 양의 1994년도 추정치는 거의 1 파운드에 달한다. 분자기준으로 하면, 그러한 양의 살충제는 0.57 파운드의 *Bt* 독소의 양보다 500배 이상 더 높다.

Bt 작물의 혜택과 위험성 평가

변형된 다양한 *Bt cry* 유전자를 암호화하는 유전자의 도입으로 식물체가 갖게되는 해충 내성은 제초제 내성 다음으로 상업적인 GM 작물에서 두 번째로 가장 널리 도입되는 특성에 속한다. 오늘날 비록 목화와 옥수수가 상당수의 *Bt* 작물로 재배되고 있지만, 최근 *Bt* 벼가 매우 성공적으로 시도되고 있는 것은 가까운 미래에 대 규모로 상업화될 것이라는 것을 암시하고 있다.

일상의 종자와 해충내성 벼 종자를 비교하는 실험에서, GM 종자의 흥행은 매우 인상적이었다. 표 7.5의 결과는 *Bt* 벼를 재배하는 농부들은 농약사용을 80% 이상 줄였으며 반면에 그들의 벼 수확량이 수% 증가하였음을 보여준다. 표 7.5에 요약된 자료의 부분을 보면 2003년에 이 마을에서의 실험에서 10.9%의 가정에서 농약 사용에 의해 피해를 받았지만 GM 벼를 재배한 어느 농민도 피해를 받지 않았다. 중국에서 *Bt* 목화품종의 상업화 전후의 작물생산을 비교해보면 해충피해로 인한 작물손실이 실질적으로 감소하고 농약 사용량이 40% 감소하였음을 나타내준다(표 7.6). 이러한 자료가 기술되던 시기에, *Bt* 목화가 비 GM 품종의 60% 정도를 밀어냈었다는 것은 매우 인상적이다.

표 7.4 다양한 GM 옥수수 계열에서의 Cry 단백질 조직 발현

활성 요소	잎, ng/mg	뿌리, ng/mg	화분	종자, ng/mg	전체 식물, ng/mg
Cry1AB *Bt*11 (006444)	3.3	2.2–37/단백질	<90/g	1.4 건물중 (낟알)	–
Cry1Ab MON810 (006430)	10.34	–	<90/g 건물중	0.19–0.39 (곡립)	4.65
Cry 1F (006481)	56.6–148.9 전체 단백질	–	31–33 ng/mg	71.2–114.8 전체 단백질	803.2–1572.7 전체 단백질
Cry1Ac (006445)	2.04	–	11.5 ng/g	1.62	–
Cry3A (006432)	28.27 ng/mg	0.39 (괴경)	–	–	3.3

출처 : U. S. Environmental Protection Agency (2001). Biopesticides Registration Action Document – *Bacillus thuringiensis* Plant-Incorporated Protectants, pp. 11A4–11A5. http://www.epa.gov/oppbppd1/biopesticides/pips/bt_brad.htm.

비형질전환 목화와 옥수수를 재배하는데 사용되는 해충방제법들은 환경에 대한 악영향을 끼치는 것으로 알려져 있다. 최근의 검토 자료에서 지적하듯이, "*Bt* 작물의 사용과 이들의 가능한 환경적 피해를 평가하는데 있어서, 일반적으로 농업에서 살충제의 사용에 의해 발생하는 환경적인 피해를 고려하는 것이 매우 중요하다. 살충제 사용으로 인해 매년 미국에서만 유해할 수도 유익할 수도 있는 (꽃가루와 생물학적 방제제를 포함) 수십억 마리의 곤충과 수백만 마리의 새가 죽어가는 것에 대한 논쟁이 이루어지고 있다." *Bt* 작물의 도입으로 인해 가능해진 살충제 사용의 현저한 감소는 앞으로 초래될지 모를 역 효과에 대한 긍정적인 변화로 보여 줄 수 있을 것으로 기대되고 있다. 그러나 이러한 관점은 보편적으로 받아들여지고 있지 않다. GM 작물을 불신하는 나라들이 많고 어떤 나라에서는 이를 금지하고 있다. 이러한 염려에 대해서는 다음에 다시 다루고자 한다.

"실질적 동등성"의 신뢰성

인간을 위한 식량 혹은 동물 사료로 사용하기 위한 특정 GM 작물을 승인할 수 있느냐는 실질적 동등성을 증명할 수 있는지에 달려있다. 따라서 GM 식량 생산물이 비 GM 생산물과의 구성성분에 있어서 근본적으로 동등하다고 보이면 관행적인 것만큼 안전하다고 여겨질 수 있다. 그러나 형질전환 식물 유전체의 세대로 이어지는 과정에서 비검출 돌연변이를 초래하여 구성성분 분석에 의해 검출되지 않는 미묘하지만 중대한 변화로 이어질 수 있다는 염려가 있어왔다. 돌연변이는 *Agrobacterium* 매개를 통하거나 유전자총을 사용하든지간에 유전자전이 방법에 의해 그리고 외래 DNA 조각의 삽입을 통하여 즉, 두 방법 모두 전이 유전자와 다른 유전자를 옮기는 조직 배양 과정을 통해 일어난다. T-DNA의 삽입 부분을 분석한 결과 3/1 이상이 유전자 서열 내에 있다는 것을 보여

표 7.5 중국에서 2002–2003년에 생산개시이전 시험에서 해충–내성 GM 벼[a]의 채택자와 비채택자간의 살충제 사용과 작물 생산량 (평균 ± 표준편차)[b]

매개변수	채택자	비채택자
살충제 살포 (횟수)	0.50 ± 0.81	3.70 ±1.91
살충제 소비량 (yuan/ha)	31 ± 49	243 ± 185
살충제 사용 (kg/ha)	2.0 ± 2.8	21.2 ± 15.6
살충제 살포 일 (days/ha)	0.73 ± 1.50	9.10 ± 7.73
벼 생산량 (kg/ha)	6364 ± 1294	6151 ± 1517

[a] 해충–내성 GM 벼로는 GM Xianyou 63 (유전공학적으로 *Bt* 유전자가 도입됨)과 GMⅡ–Youming 86 (변형된 광저기 트립신 저해 유전자, *cpTI*가 도입됨)의 두 품종을 포함하고 있다.

[b] 채택자는 해충내성 GM 종자만을 사용한 반면, 비채택자는 비 GM 벼 종자를 사용한다. 본 실험은 7개 농가에서 GM Xianyou 63을 1개 농가에서 GMⅡ–Youming 86 벼를 사용하는 총 8개 농가에서 수행되었다.

출처 : Huang, J., Hu, R., and Pray, C. (2005). Insect–resistant GM rice in farmers' fields: assessing productivity and health effects in China. *Science*, 308, 688–690.

준다. 이러한 삽입이 식물 유전체내의 한 서열을 분열시키는지를 DNA 염기서열 분석 한 가지에 기초하여 인지하는 것은 때때로 어렵기 때문에 과소평가될지도 모른다.

이러한 염려에 대한 일부의 답은 유전자도입 식물 품종의 개발이 잘 작동하지 않는 돌연변이체의 클론을 검정하는 것이다. 여기에서 예를 들면, 곤충 내성과 같은 도입된 특질뿐만 아니라 클론의 선별은 식물생장, 생장 서식지, 생산량, 작물의 질과 병에 대한 감수성의 평가에 달려있다. 이러한 검정 과정은 농경법의 성능에 초점이 맞추어져 있고 잠재적 건강이나 환경에 대한 영향에 대해 직접적으로 언급하고 있지 않다.

형질전환식물로부터 전이 유전자의 야생 근연종 또는 세균으로의 이동

형질전환식물은 야생근연종과 육종되어 적응성의 증가를 부여해주는 전이 유전자를 지니게 된다. 해충을 죽이는 능력을 가진 *cry* 유전자가 그 예가 될 수 있다. 이러한 특질은 사육된 형질전환식물에서는 매우 가치 있는 반면에 형질전환된 야생식물은 익충과 토양 생물체를 죽임으로써 환경에 부정적인 영향을 끼치게 된다.

실험실에서 실시되는 연구에서 해바라기가 유전공학적으로 조작되어 해바라기 해충을 방어하는 능력을 가진 *Bt* 유전자를 소유하게 되었으며, 형질전환 식물은 다른 야생 해바라기와 교배되었다. *Bt* 유전자는 교배종에서도 활성화능력을 가지며 그 교배종이 다른 야생 해바라기와 교배될 때 발현되기 시작하였다. *Bt* 유전자는 이렇게 교배된 자손에 커다란 적응성의 이점을 제공하는데 기여하였다. *Bt* 유전자가 존재함으로써 곤충에 의한 포식을 줄였고 야생 해바라기 교배종은 더 많은 꽃과 종자를 생성하였다.

GM 식물에서 항생제 내성 유전자가 존재하게 됨으로써 다양한 염려가 발생하였다. GM

표 7.6 중국 목화의 주요 절지동물 해충과 *Bt* 목화의 상업화[a] 전과 후에 추정한 작물 손실에 대한 영향

해충	작물 손실 추정치 (%), 1994	작물 손실 추정치 (%), 2001
면화씨벌레[b]	6.60	2.47
목화 진딧물	1.03	0.52
분홍면화씨벌레	0.85	0.27
거미	0.63	0.59
미리드 (Mirids)	0.15	0.28
기타 해충	0.29	0.24
총	9.55	4.37

[a] *Bt* 목화는 2003년에 전체 목화 재배 면적의 58%인 4800만 헥타르에서 재배되었다. 2001년의 정확한 재배 부분은 여기에 제시되지 않았다. 상업화된 *Bt* 목화는 변형된 전이 유전자인 *cry1A*, *cry1Ac*, *cry1A* + *cpTI*을 지니고 있다.

[b] 면화씨벌레는 중국에서 가장 중요한 목화 해충이다. *cry1A*와 *cry1A* + *cpTI* 목화 사이의 면화씨벌레에 대한 내성 효과에서 차이점이 없었다. 면화씨벌레의 방제를 위한 년간 살충제 처리 횟수는 1994년에 8.5에서 2001년에 3.7회로 감소하였다.

출처 : Data from Wu, K. M., and Guo, Y. Y. (2005). The evolution of cotton pest management practices in China. *Annual Review of Entomology*, 50, 31–52.

목화는 동물사료로 사용되고 있다. 유위 세균, 구강 연쇄구균과 토양에 서식하는 생물들은 모두 나상 DNA(naked DNA)로 형질전환될 수 있으며 이러한 방법으로 취한 유전자를 발현할 수 있다. 위에서 상세히 기술한바 있는 해충보호 및 제초제 내성을 가진 Bollgard 목화 계열은 *aad* 유전자를 가지고 있다. *aad* 유전자에 의해 수여받은 스펙티노마이신과 스트렙토마이신 내성은 인테그론(integron)과 연관되어 있다(10장). *aad* 유전자를 함유한 막대한 양의 유전자도입 식물이 주어지고, 측면적 유전자 전이가 가능한 복합적 잠재 경로가 주어진다면 거기에는 지속적 전이에 대한 우려가 발생한다. 이러한 유전자는 결국 임질균(*Neisseria gonorrhoeae*)에 도달할 것이다. 스펙티노마이신은 현재 다른 항생제에 내성을 가진 *N. gonorrhoeae* 감염의 치료에 사용된다. 인류에게 이러한 생물체는 신생아의 심각한 감염뿐만 아니라 감염성 관절염, 심내막염, 골반염증성 질환 등을 포함하는 질병을 일으킨다.

현재 GM 식물에서 항생제 내성 유전자가 지속적으로 사용할 수 없다는 것이 일반적인 여론이다. 건강에 위협을 주지 않는 다른 선택할 수 있는 표지인자가 이용될 수 있다.

자연계에서 *Bt* 독소의 역할

Bt 독소에 대한 연구에서 가장 압도적인 분야는 특정 해충 종에 대한 특정 Cry 단백질의 독성에 관한 것이다. 이에 비해, *Bt* 단백질의 생태학적 역할에 대해서는 거의 주목할 만한 관심을 받지 못하였다. *B. thuringiensis*는 토양서식 생물체이고 섭식 나비목과 딱정

벌레목 유충과는 접촉하지 않는다. 더욱이, 부포자 결정과 내생포자로 주로 구성되는 *B. thuringiensis* 살충제에 대한 안정성 연구에서 식물 잎에 뿌렸을 때 이들 구성성분은 직접적인 태양광의 자외선에 의해 빠르게 불활성화 된다. 결과적으로, *Bt* 분무 살포에 의해서나 또는 GM 작물에 의해 발현되는 *Bt* 독소에 의해 표적이 되는 해충은 자연계에서 *B. thuringiensis* 기주 가운데에서는 일상적이지는 않는 것 같다. 이러한 결과는 *Bt* 독소의 생태적 역할에 대한 의문을 갖게 한다. *Bt* 독소는 포자를 형성하는 *B. thuringiensis* 세포에서 전체 단백질의 10% 정도를 차지한다는 사실은 이들 단백질이 세균의 번식 적응성에 중요한 기여를 한다는 가능성을 높여 준다.

*B. thuringiensis*는 토양 무척추동물의 다양한 그룹중의 하나인 선충과 토양 서식지를 공유한다. 선충은 세균을 먹는다. 우리는 *Bt* 계열과 선충간의 공진화(coevolution)를 통해 세균이 피식자에서 포식자로 바뀌는 과정에서 특정 선충에 대해 특이적인 *Bt* 독소로 진화되었음을 추론할 수 있다. 이러한 가설을 강하게 뒷받침하는 것은 이전 장에서 기술한 *C. elegans*에 활성을 갖는 *Bt* 독소의 연구에서 비롯되었다. 이들 고려사항들은 토양에 서식하는 절지동물 군집에 대한 지속성 *Bt* 독소의 잠재적 장기간 영향과 지상부 먹이사슬에 대한 지속적인 영향에 대해 세심한 주의를 기울여야 한다는 것을 제시하고 있다.

몇 가지 연구들은 *Bt* 독소의 실질적 수준에 노출될 경우 토양 생물상의 변화로 이어질 수 있다는 것을 보여주지만 그 결론은 아직 확실하지 않다.

비표적 생물에 대한 영향

GM 작물에 의해 발현된 매우 비슷한 *Bt* 단백질의 독성은 꿀벌 유충과 성충, 무당벌레(ladybird beetle), 풀잠자리(green lacewing), 지렁이(earthworm), 톡토기(springtail), 물벼룩(Daphnia), 짧은 꼬리 메추라기, 그리고 쥐와 같은 비표적 분류군을 대상으로 조사되었다. 어떠한 부정적인 영향도 관찰되지 않았다. 이러한 결과는 이들 생물체에서 *Bt* 독소의 특정 수용체가 존재하지 않을 것으로 예견되었다.

놀랍게도, 해충에 대한 독성 정보는 제한적이다. 한 보고서에서는 옥수수(*Zea mays*)를 먹이로 삼는 376 개 나비목 종을 목록화했다. 이들 가운데, 15개 이하의 종을 대상으로 GM 옥수수에서 발현된 *Bt* 독소에 대한 감수성 실험이 진행되어 왔음을 보여준다. 기주식물에서 옥수수에 의존하거나 옥수수 화분을 먹는 비표적 곤충 종은 꽃가루 매개자로서 중요하다. 이러한 해충 종의 군집에 대한 부정적인 영향에 대해서는 쉽게 알 수 없다.

요약

많은 화학적 살충제는 환경에 바람직하지 않은 영향을 끼친다. 게다가, 많은 해충은 널리 사용되고 있는 화학적 살충제에 대해 내성을 가진다. **병충해 종합방제 프로그램(Integrated pest management programs)**은 해충방제의 종합적인 여러 수단을 적용하여 내성 해충 돌연변이종의 유전적 도태의 빈도와 강도를 감소시킨다: 살충제, 미생물 또는 바이러스 병원균, 다른 천적, 그리고 식물기주의 내성, 자연적 또는 유전공학적인 생물체 등이 사용된다.

많은 세균과 바이러스는 병을 일으키거나 해충을 죽게 만든다. *B. thuringiensis* (*Bt*)는 이러한 생물체 가운데 가장 널리 사용된다. *Bt*는 그람 양성균으로, 호기성이며, 막대 모양의 편모를 가진 세균으로 포자형성 동안 살충 효과를 갖는 부포자 결정을 합성한다. Bt 계열의 부포자 결정 단백질(δ-내독소)은 그들의 아미노산 서열에 기초하여 Cry와 Cyt(후자는 혈림프활성을 갖는다)와 같은 두개의 뚜렷한 군으로 분류된다. δ-내독소는 포자형성 세포 건중량의 30%를 차지한다.

특정 *Bt* 계통은 나비목 (나비와 나방), 파리목 (파리, 작은 날벌레와 모기) 혹은 딱정벌레목 (딱정벌레)에 대해 활성을 갖는 독소를 생성한다. 상업적인 *Bt* 살충제는 포자화된 *Bt* 세포로 구성된 건조 분말이다. 분말가루 내의 활성 성분은 결정 봉입체와 내생포자를 포함하는 거대 단백질이다. 가루는 살포에 의해 영양체에 작용한다. 처리된 잎을 섭식한 유충은 단백질성 결정과 내생포자를 섭취한다. 유충이 섭취한 후, δ-내독소는 활성독소로 변환된다. 활성독소는 막에 작은 구멍 형성을 야기하는 유충의 장 상피조직 세포의 원형질막 위의 특정 수용체와 결합하고, 이온 투과벽을 파괴한다. 유충의 장 상피조직의 파괴로 인해 섭식이 멈추게 되고 유충의 장내 토착 세균이 혈림프로 들어가는 길이 열린다. 세균혈증이 뒤따라 발생하고 결국에는 죽게 된다.

B. thuringiensis subsp. *israelensis* (*Bti*)의 부포자 봉입체는 파리목의 유충에 독성이 있는 세 개의 Cry 단백질과 한 개의 세포용해 독소를 포함하여 네 개의 단백질을 함유한다. *Bti*는 대규모로 성장하여 말라리아(모기)와 사상충증(진디등에과 곤충)의 파리목 매개체들의 번식 지역에서의 살유충 처리를 위해 사용되는 결정 봉입체를 생성한다. Cry 단백질만을 함유하는 독소 제품과는 달리, *Bti* 내생포자는 특이적으로 치사량을 증가시키지 못하며 상업적인 *Bti* 제품에는 내생포자가 없다.

토양에 서식하는 생물체인 *Bt*는 원칙적으로 섭식형 나비목 혹은 딱정벌레목 유충과는 접촉하지 않는다. 그것은 세균을 먹는 선충과 서식지를 공유한다. 이는 *Bt* 계열과 선충간의 공진화가 먹이에서 포식자로 바뀐 세균과 함께 특정 선충에 특이적인 *Bt* 독소의 진화로 이어졌다는 추론을 할 수 있다. 이러한 관점을 뒷받침하는 것으로 어떤 *Bt Cry* 단백질은 선충을 표적으로 하는 것을 보여주었다.

세계적으로 3천만 에이커 이상의 면적에서 *Bt* 살충성 유전자가 유전공학적으로 작동하는 작물로 심어져 있다. *Cry* 유전자에 기초한 해충내성은 제초제 내성 이후에 상업적인 GM 작물에서 두 번째로 가장 널리 도입된 특성이다. 옥수수, 목화, 감자는 현재 주요 *Bt* 작물이다. 해충내성 작물 계열을 생산하기 위해, 식물세포는 전이 유전자가 유전공학적으로 도입된 다양한 "무장 해제된" 그리고 변형된 *A. tumefaciens* Ti 플라스미드로 형질전환 되거나 또는 목적하는 삽입부분을 암호화하는 DNA를 감싸는 입자를 이용하여 식물세포에 충격을 주어 형질전환 시킨다. 상업적으로 인정받기 위해서는 GM 계열은 전통적으로 재배되는 비 GM 품종과 실제적으로 동등하다는 것을 보여주어야 한다. GM 작물의 사용은 살충제 사용을 현저하게 줄였고 농부들 가운데 살충제로 인한 병 발생을 현저히 감소시켰다.

높은 수준의 *Bt* 독소를 발현하는 GM 작물에 대한 걱정은 다음과 같은 잠재적 부정적인 결과에 초점을 맞추고 있다: 토양 미생물에 대한 독성, 비표적 곤충에 미치는 영향,

GM 식물로부터 전이 유전자의 야생식물 또는 세균으로의 바람직하지 못한 전이를 들 수 있다. 대 규모로 사용되고 있는 GM 식물계열의 3'' (9)-O-아미노글리코시드 전이 효소를 암호화하는 *add*를 포함하는 몇 개의 항생제내성 유전자는 스펙티노마이신과 스트렙토마이신에 대한 내성을 가진다. 특히, 내성 유전자가 *N. gonorrhoeae*와 같은 항생제에 감수성을 가지는 병원세균에 이동함으로써 이 병원균에 의해 발생하는 감염을 치료하기 위한 어떠한 선택들을 제한할 수 있다.

|참고문헌과 온라인 자료|

일반적인 내용

Steinhaus, E. A. (1975). *Disease in a Minor Chord.* Columbus: Ohio State University Press.

Broderick, N. A., Raffa, K. F., and Handelsman, J. (2006). Midgut bacteria required for *Bacillus thuringiensis* insecticidal activity. *Proceedings of the National Academy of Sciences U.S.A.* 103, 15196–15199

Gill, S. S., Cowles, E. A., and Pietrantonio, P. V. (1992). The mode of action of *Bacillus thuringiensis* endotoxins. *Annual Review of Entomology*, 37, 615–634.

Casida, J. E., and Quistad, G. B. (1998). Golden age of insecticide research: past, present, or future? *Annual Review of Entomology*, 43, 1–16.

Navon, A. (2000). *Bacillus thuringiensis* insecticides in crop protection – reality and prospects. *Crop Protection*, 19, 669–676.

명명

Crickmore, N., et al. (1998). Revision of the nomenclature for the *Bacillus thuringiensis* pesticidal crystal proteins. *Microbiology and Molecular Biology Reviews*, 62, 807–813.

B. thuringiensis δ -내독소의 기주특이성

Terra, W. R., and Ferreira, C. (1994). Insect digestive enzymes: properties, compartmentalization and function. *Comparative Biochemistry and Physiology*, 109B, 1–62.

de Maagd, R. A., Bravo, A., and Crickmore, N. (2001). How *Bacillus thuringiensis* has evolved to colonize the insect world. *Trends in Genetics*, 117, 193–199.

Wei, J-Z., Hale, K., Carta, L., Platzer, E., Wong, C., Fag, S-C., and Aroian, R. V. (2003). *Bacillus thuringiensis* crystal proteins that target nematodes. *PNAS*, 100, 2760–2765.

Cry δ -내독소에 대한 곤충 및 선충의 수용체

Knight, P. J. K., Crickmore, N., and Ellar, D. J. (1994). The receptor for *Bacillus thuringiensis* Cry1A(c) delta-endotoxin in the brush-border membrane of the lepidopteran *Manduca sexta* is aminopeptidase-N. *Molecular Microbiology*, 11, 429–436.

Stephens, E., Sugars, J., Maslen, S. L., Williams, D. H., Packman, L. C., and Ellar, D. J. (2004). The N-linked oligosaccharides of aminopeptidase N from *Manduca sexta.* Site localization and identification of novel N-glycan structures. *European Journal*

of Biochemistry, 271, 4241–4258.
Griffitts, J. S., et al. (2005). Glycolipids as receptors for *Bacillus thuringiensis* crystal toxin. *Science*, 307, 922–925.

Cyt 단백질내 구조-기능 관계

Morse, R. J., Yamamoto, T., and Stroud, R. M. (2001). Structure of Cry2Aa suggests an unexpected receptor binding epitope. *Structure*, 9, 409–417.
Galitsky, N., Cody, V., Wojtczak, A., Ghosh, D., Luft, J. R., Pangborn, W., and English, L. (2001). Structure of the insecticidal bacterial δ-endotoxin C3Bb1 of *Bacillus thuringiensis*. *Acta Crystallographica*, D57, 1101–1109.
Tuntitippawan, T., Boonserm, P., Katzenmeier, G., and Angsuthanasombat, C. (2005). Targeted mutagenesis of loop residues in the receptor-binding domain of the *Bacillus thuringiensis* Cry4Ba toxin affects larvicidal activity. *FEMS Microbiology Letters*, 242, 325–332.
Boonserm, P., Davis, P., Ellar, D. J., and Li, J. (2005). Crystal structure of the mosquito larvicidal toxin Cry4Ba and its biological implications. *Journal of Molecular Biology*, 348, 363–382.
Parker, M. W., and Feil, S. C. (2005). Pore forming protein toxins: from structure to function. *Progress in Biophysics & Molecular Biology*, 88, 91–143.

Cyt 단백질내 구조-기능 관계

Li, J., Koni, P. A., and Ellar, D. J. (1996). Structure of the mosquitocidal δ-endotoxin CytB from *Bacillus thuringiensis* sp. *kyushuensis* and implications for membrane pore formation. *Journal of Molecular Biology*, 257, 129–152.
Butko, P. (2003). Structure-function relationships in Cyt proteins. Cytolytic toxin Cyt1A and its mechanism of membrane damage: data and hypotheses. *Applied and Environmental Microbiology*, 69, 2415–2422.

내성

Forcada, C., Alcácer, E., Garcerá, M. D., Tato, A., and Martinez, R. (1999). Resistance to *Bacillus thuringiensis* Cry1Ac toxin in three strains of *Heliothis virescens*: proteolytic and SEM study of the larval midgut. *Archives of Insect Biochemistry and Physiology*, 42, 51–63.
Loseva, O., Ibrahim, M., Candas, M., Koller, C. N., Bauer, L. S. and Bulla, L. A., Jr. (2002). Changes in protease activity and Cry3Aa toxin binding in the Colorado potato beetle: implications for insect resistance to *Bacillus thuringiensis* toxins. *Insect Biochemistry and Molecular Biology*, 32, 567–577.
Ferré, J., and Van Rie, J. (2002). Biochemistry and genetics of insect resistance to *Bacillus thuringiensis*. *Annual Review of Entomology*, 47, 501–533.
Griffitts, J. S., et al. (2003). Resistance to a bacterial toxin is mediated by removal of a conserved glycosylation pathway required for toxin-host interactions. *Journal of Biological Chemistry*, 278, 45594–45602.

곤충내성 형질전환 작물

Entwistle, P. F., Cory, J. S., Bailey, M. J., and Higgs, S. (eds.) (1993). *Bacillus thuringiensis, an Environmental Biopesticide: Theory and Practice*, New York: John Wiley & Sons.
U. S. Environmental Protection Agency (2001). *Biopesticides Registration Action Docu-*

Entwistle, P. F., Cory, J. S., Bailey, M. J., and Higgs, S. (eds.) (1993). *Bacillus thuringiensis, an Environmental Biopesticide: Theory and Practice*, New York: John Wiley & Sons.

U. S. Environmental Protection Agency (2001). *Biopesticides Registration Action Document – Bacillus thuringiensis Plant-Incorporated Protectants*. http://www.epa.gov/oppbppd1/biopesticides/pips/bt_brad.htm.

Metz, M. (ed.) (2003). *Bacillus thuringiensis: a Cornerstone of Modern Agriculture*, New York: Haworth Press. [Co-published as *Journal of New Seeds*, Volume 5, Numbers 1 and 2/3, 2003.]

Miki, B., and McHugh, S. (2004). Selectable marker genes in transgenic plants: applications, alternatives and biosafety. *Journal of Biotechnology*, 107, 193–232.

Zhao, J-Z., et al. (2005). Concurrent use of transgenic plants expressing a single and two *Bacillus thuringiensis* genes speeds insect adaptation to pyramided plants. *PNAS*, 102, 8426–8430.

Bt 작물의 혜택과 위험성 평가

National Research Council (NRC) (2000). *Genetically-Modified Pest-Protected Plants: Science and Regulation*. Washington, DC: National Academy Press.

National Research Council (NRC) (2002). *Environmental Effects of Transgenic Plants: the Scope and Adequacy of Regulation*. Washington, DC: National Academy Press.

Dale, P. J., Clarke, B., and Fontes, E. M. G. (2002). Potential for the environmental impact of transgenic crops. *Nature Biotechnology*, 20, 567–574.

Cellini, F., et al. (2004). Unintended effects and their detection in genetically modified crops. *Food and Chemical Toxicology*, 42, 1089–1125.

Wu, K. M., and Guo, Y. Y. (2005). The evolution of cotton pest management practices in China. *Annual Review of Entomology*, 50, 31–52.

O'Callaghan, M., Glare, T. R., Burgess, E. P. J., and Malone, L. A. (2005). Effects of plants genetically modified for insect resistance on nontarget organisms. *Annual Review of Entomology*, 50, 271–292.

Huang, J., Hu, R., Rozelle, S., and Pray, C. (2005). Insect-resistant GM rice in farmers' fields: assessing productivity and health effects in China. *Science*, 308, 688–690.

Chapter 08

Microbial Biotechnology

미생물 다당류와 폴리에스테르

산업적 공장으로서 녹색 식물들의 이용은 잠재적으로 "녹색화학"의 중요한 부분이 될 것이다. 이 기술이 실현되기 위해서는 다단계 경로의 대사공학과 식물유래의 많은 1차 대사산물들의 이용이 필요하다.

– Slater, S. et al.(1999). 폴리(3-하이드록시뷰티레이트-co-하이드록시바레레이트)중합체 생산을위한 Arabidopsis와 *Brassica*의 대사공학,. Nature Biotechnology,17,1011-1016.

이 장에서는 생물 고분자들인 다당류와 폴리에스테르의 두 분야를 다룬다. 다당류는 생물권에서 식물유래 다당류, 셀룰로오스, 그리고 헤미셀룰로오스와 같은 풍부한 탄소성분 뿐 아니라, 이보다는 무척 적지만 한천(agar)과 카레지난과 같은 유용한 조류유래 중합체를 포함하고 있다. 또한 세균과 균류도 세포건조중량의 50% 이상의 상당한 양의 매우 다양한 형태의 다당류를 생산한다. 높은 분자량의 폴리에스테르는 주로 원핵생물에 의해 생산되었고 오랫동안 미생물생리학 전공 관련 학생들에게 흥미를 주어왔다.

다당류는 유체에서의 유동 특성의 개질, 현탁 안정성, 입자들의 응집, 물질의 캡슐화 그리고 유탁액(emulsion)을 생산하는데 이용되고 있다. 여러 다른 예를 보면 이온교환물질로써, 분자를 거르는 체로써, 그리고 수용액에서는 소수성 분자를 위한 물질로 사용된다. 또한 다당류들은 유류 회수를 향상시키며 선박의 항력감소제로도 이용된다.

플라스틱 제조에 쓰일 수 있는 높은 분자량을 가진 많은 양의 생분해성 폴리에스테르 중합체를 합성하는 많은 세균들은 상당히 흥미롭다. 수 백 가지의 합성플라스틱이 있고 이들의 이용성은 너무 많아 나열하기 힘들다. 현재 생산되는 이러한 물질들의 연 생산량은 미국에서만 300억 파운드가 넘는다. 플라스틱은 석유화학으로부터 제조되며 자연환경에서 매우 천천히 분해된다.

이 장에서, 우리는 미생물 다당류 일부와 폴리에스테르의 구조, 이들의 생합성과 기능 그리고 이러한 중합체 들의 활용에 대해서 알아보기로 한다.

1. Bactoprenol-**P** + UDP-Glc → Bactoprenol-**P**-**P**-Glc + UMP

2. Bactoprenol-**P**-**P**-Glc + UDP-Glc → Bactoprenol-**P**-**P**-Glc-(4← 1)-β-D-Glc + UDP

3. Bactoprenol-**P**-**P**-Glc-(4← 1)-β-D-Glc + GDP-Man → Bactoprenol-**P**-**P**-Glc-(4← 1)-β-D-Glc + GDF
3
↑
1
α-D-Man

4. Bactoprenol-**P**-**P**-Glc-(4← 1)-β-D-Glc + UDP-GlcUA → Bactoprenol-**P**-**P**-Glc-(4← 1)-β-D-Glc + UDP
3 3
↑ ↑
1 1
α-D-Man β-D-GlcUA-(1→ 2)-α-D-Man

5. Bactoprenol-**P**-**P**-Glc-(4← 1)-β-D-Glc + GDP-Man → Bactoprenol-**P**-**P**-Glc-(4← 1)-β-D-Glc + GDF
3 3
↑ ↑
1 1
β-D-GlcUA-(1→ 2)-α-D-Man β-D-Man-(1→ 4)-β-D-GlcUA-(1→ 2)-α-D-Man

6. Bactoprenol-**P**-**P**-Glc-(4← 1)-β-D-Glc + Acetyl-CoA → Bactoprenol-**P**-**P**-Glc-(4← 1)- -D-Glc + CoA
3 3
↑ ↑
1 1
β-D-Man-(1→ 4)-β-D-GlcUA-(1→ 2)-α-D-Man → β-D-Man-(1→ 4)-β-D-GlcUA-(1→ 2)-α-D-Man-6-O

7. Bactoprenol-**P**-**P**-Glc-(4← 1)-β-D-Glc + PEP Bactoprenol-**P**-**P**-Glc-(4← 1)-β-D-Glc + **P**
3 3
↑ ↑
1 1
β-D-Man-(1→ 4)-β-D-GlcUA-(1→ 2)-α-D-Man-6-OAc β-D-Man-(1→ 4)-β-D-GlcUA-(1→ 2)-α-D-Man-6-OAc
/ \
4 6
\ /
C
/ \
H_3C COOH

8. Bactoprenol-**P**-**P**-[Glc-(4← 1)-β-D-Glc-. . .]$_n$ + Bactoprenol-**P**-**P**-Glc-(4← 1)-β-D-Glc
3 3
↑ ↑
1 1
β-D-Man-(1→ 4)-β-D-GlcUA-(1→ 2)-α-D-Man-6-OAc β-D-Man-(1→ 4)-β-D-GlcUA-(1→ 2)-α-D-Man-6-OAc
/ \ / \
4 6 4 6
\ / \ /
C C
/ \ / \
H_3C COOH H_3C COOH
↓
Bactoprenol-**P**-**P**-[Glc-(4← 1)-β-D-Glc-. . .]$_{n+1}$ + Bactoprenol-**P**-**P**
3
↑
1
β-D-Man-(1→ 4)-β-D-GlcUA-(1→ 2)-α-D-Man-6-OAc
/ \
4 6
\ /
C
/ \
H_3C COOH

9. Bactoprenol-**P**-**P** Bactoprenol-**P** + **P**

그림 8.7

박토프레놀이 결합된 크산탄 중합체의 형성을 위한 생합성 경로. 단계 1에서 5까지는 특정 글리코실트랜스퍼라아제에 의해 촉매되고, 단계 6은 아세틸라아제에 의해, 단계7은 케탈라아제, 단계 8은 폴리머라아제에 의해 촉매된다.*약어 : Glc, 글루코오스; Man, 만노오스; GlcA, 글루쿠론산; Ac, 아세틸; P, 무기인산염; UDP–Glc, 유리딘–5'–다이포스포글루코오스; GDP–Man, 구아노신–5'– 다이포스포만노오스; PEP, 포스포에놀파이루베이트.

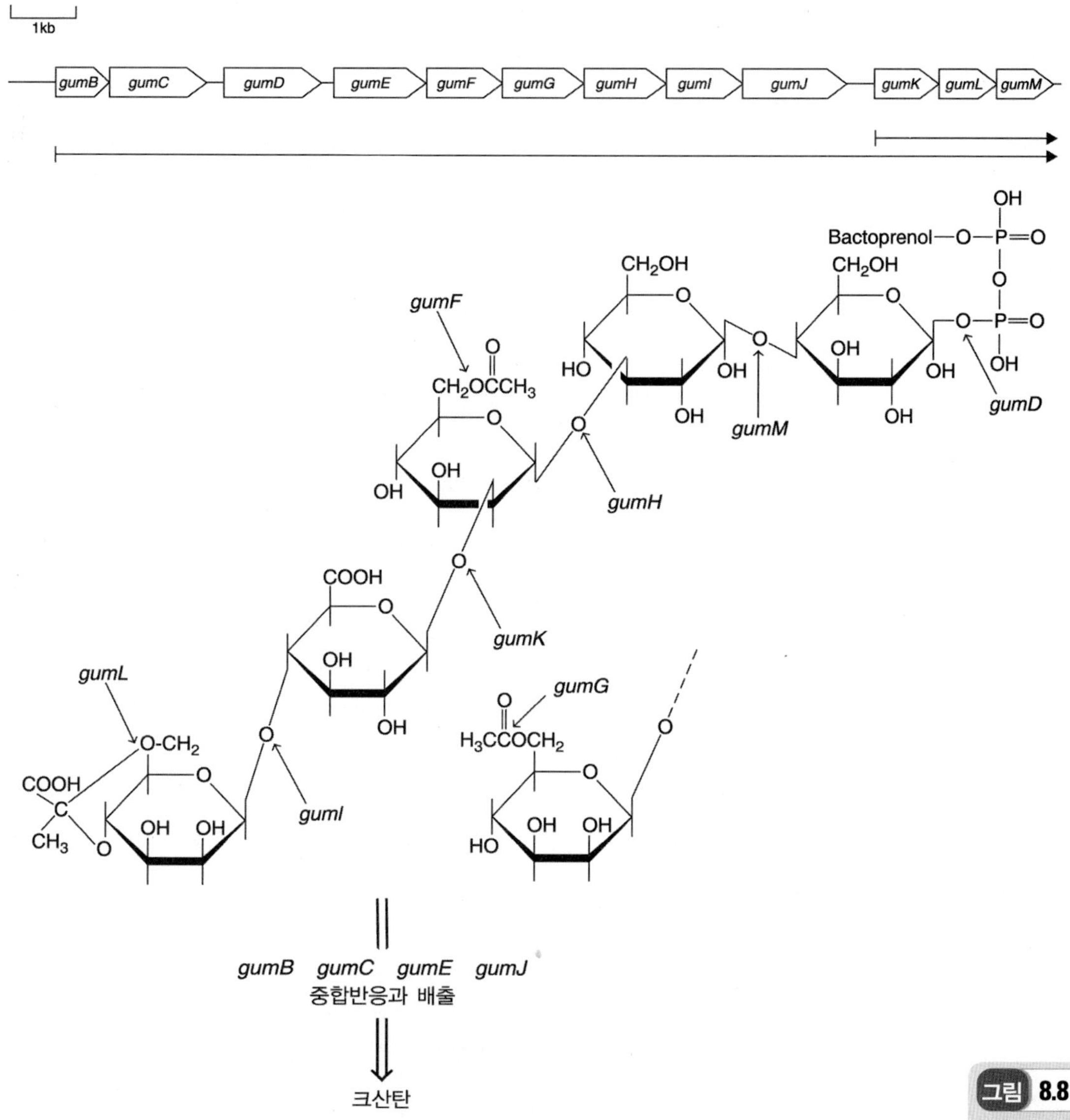

그림 8.8

생합성을 위해 필요한 단백질을 암호화한 *Xanthomonas campestris* pv. *campestris* 검(gum) 오페론의 유전자 지도와 크산탄의 배출과 이러한 유전자 기능을 필요로 하는 결합(또는 중합화와 배출 단계)을 보여주는 그림. GumD, GumM, GumH, GumK 그리고 GumI는 그림 8.7에서 보여준 1에서 5의 반응을 촉매한다. GumL은 외부의 만노오스에 피루빌(pyruvyl)의 첨가를 촉매한다. GumF는 내부의 α-만노오스의 아세틸화를 촉매하고 GumG는 바깥쪽 β-만노오스의 아세틸화를 촉매한다. 크산탄 중합체의 합성과 이것의 배출은 *gumB*, *gumC*, *gumE* 그리고 *gumJ*에 의해 암호화된 기능들을 필요로 한다.

크산탄 검은 단순한 배지에 탄소원으로써 포도당, 수크로오스 또는 전분을 이용하여 *X. campestris*의 액침 호기성 회분식 발효에 의해 상업적으로 생산된다. 발효 동안에 산이 생산되지만 수산화 나트륨의 주기적 첨가에 의해 pH는 거의 중성으로 유지된다. 크산탄 검의 생산이 pH 5 이하에서는 멈추기 때문에 이러한 pH의 조절은 필수적이다. 식품 등급의 검(gum)의 생산에서 발효는 배지의 탄수화물이 고갈되었을 때 멈추고, 배양액은 끓는점 온도 부근에서 저온 살균된다. 이소프로필 알코올은 크산탄 검을 침전시키기 위해 배양액에 첨가되고, 침전물은 건조되고 분쇄된다.

저가의 기질을 이용한 고체발효(SSF, Solid-state fermentation)는 식품산업 폐기물을 이용한 실험실 규모의 연구에서 보여주듯이, 액침 호기성 회분식 발효에서 얻어진 수율(30 g/L까지)과 비교할 만큼의 크산탄 수율을 제공한다. 식품산업 폐기물로서 맥아류 곡물 찌꺼기, 사과즙 찌꺼기, 밀감 껍질 등을 포함한다. 기질로써 폐기물을 이용하는 또키모스탯(chemostat)은 미생물의 연속 배양을 위한 장치이다. 멸균된 배지는 일정한 비율로 배양기 속으로 공급된다. 배양 부피는 세포와 사용된 배지를 제거하면서 동시에 새로운 배지를 서로 일정한 비율로 첨가하여 유지하게 된다. 키모스탯은 다른 필수 영양분을 필요이상 공급하는 반면 하나의 필수 영양분을 제한해서 공급함으로써 성장 속도를 제어한다.
희석속도(dilution rate)는 시간당 새로운 배지가 첨가되는 부피이고 반응기의 부피의 비율로 표현된다.

Box 8.3

다른 접근은 유전자 조작을 통한 젖산 활용 *X. campestris* 균주를 확립함으로서 저렴한 발효배지로써 유장(whey)의 사용을 가능케 했다.

크산탄 구조의 변형

구조가 변형된 크산탄은 몇몇 다른 방법을 통해 얻어져 왔다. 우선 다른 *X. campestris* 균주들은 매우 다른 숫자의 아세틸과 피루빌기를 가진 크산탄을 합성한다. 또한 환경조건과 배지를 적절하게 조절하면 다양한 치환기들을 가진 크산탄을 합성해 낸다. 트랜스포손을 가진 삽입 돌연변이체(Box 3.8)는 곁가지들을 잘라낸 크산탄 중합체를 생산하는 *X. campestris* 돌연변이 균주를 만드는 데에 사용되어 왔다.

아세틸 및 카르복시에틸(피루베이트)기 함량의 변화

크산탄의 탄수화물 구조의 조성은 *X. campestris*에 공급되는 탄소원의 변화에 의해 영향을 받지 않는다. 그러나 곁사슬 당의 변형은 탄소 기질의 선택에 의해서 강하게 영향을 받는다. 예를 들면, 카르복시에틸기는 글리세롤이 탄소원으로 사용되었을 때 크산탄 건조중량의 8%를 나타내지만, 알라닌을 탄소원으로 이용했을 때에는 5%만이 존재한다. 기질로써 포도당을 이용할 때 피루베이트는 7.1%를 나타내고, 기질로서 피루베이트를 이용했을 때 10.6%가 존재한다.

크산탄의 아세틸기와 카르복시에틸기는 입체구조적 성질과 용액 내에서 크산탄의 결합 거동에 영향을 미친다. 아세틸기는 크산탄의 규칙적인 형태를 안정화 시키는데, 이는 특히 희석된 수용액의 이온세기를 증가시킴에 의해 유도될 수 있다(칼슘이온의 첨가에 의해). 카르복시에틸기는 규칙적인 형태에 강한 불안정화 효과를 가지고 있는 것으로 알려져 왔다. 이것은 음전하의 작용기들 사이의 반발력에 따른 정전기에 의한 결과일 가능성이 크다. 크산탄 용액의 광회전은 부분적으로 크산탄의 형태에 의존한다. 이 의존도는 그래서 크산탄 검의 경우는 구조와 물리화학적 성질 사이의 상호작용이 어떻게 상당한 산업적 가치를 갖는 특정한 세포외 다당류에 기여를 하는지에 대한 좋은 예이다.

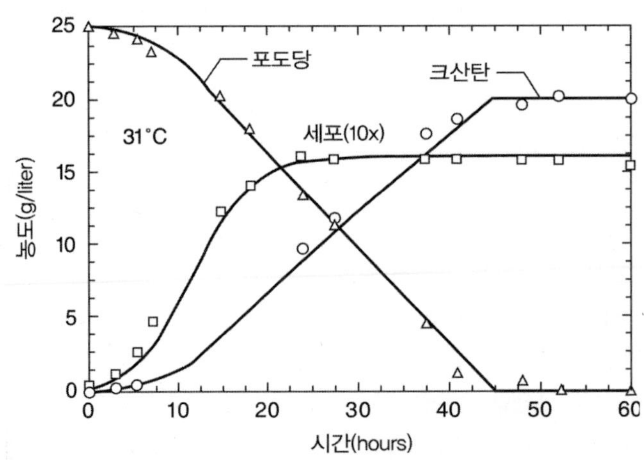

그림 8.9

*X. campestris*의 액침 통기 회분식 발효기에서의 포도당의 소비, 세포 성장, 그리고 크산탄검의 형성.

출처 : Shu, C-H, and Yang, S-T.(1990). Effects of temperature on cell gwth and xanthan production in batch cultures of *Xanthomonas campestris*. Biotechnology and Bioengineering, 35, 454–468, Figure 1(a).

많은 다른 미생물 유래 세포외 다당류에서도 유사한 설명이 가능하다. 표 8.1에 언급한 세포외 다당류들과 그 밖의 미생물 유래 세포외 다당류들에 관한 연구들은 구조-성질 관계에 관련된 많은 정보를 제공한다. 이러한 정보는 높은 수율의 변형된 다당류를 얻기 위해 미생물 균주들을 유전자 조작하는 능력과 결합되어 가치 있는 성질을 갖는 새로운 바이오 중합체를 만들어 낼 수 있다.

Polyester(폴리에스테르)

세균은 영양분 공급이 불균형한 상태에서 성장을 할 경우 **비축하는 저장물질**의 형태에 있어 서로 다르다. 저장물질의 특성은 생명체의 유전자형과 제한성에 의존한다. 만약 탄소와 질소의 비율이 높고, 그리고 질소, 인 또는 산소가 제한되어 있다면 많은 세균은 글리코겐이나 지방족 폴리에스테르, 폴리하이드록시알카노에이트(PHA)를 세포건조중량의 약 80% 또는 그 이상을 축적한다.

자연에서 폴리하이드록시알카노에이트의 출현

1926년에 M. Lemoigne은 Bacillus megaterium에서 폴리하이드록시알카노에이트로 분류되는 폴리-(R)-(3-하이드록시부티레이트)(P[3HB])라는 최초의 화합물의 특성을 언급하였다.

(P[3HB]): 구조식

$$\left[-O-\overset{\overset{\large CH_3}{|}}{C^*}H-CH_2-\overset{\overset{\large O}{\|}}{C}- \right]_n$$

별표는 비대칭 중심을 의미한다.

1950년대 후반까지, P(3HB)는 많은 그람 음성 세균의 세포 안에 존재하는 것으로 알려져 있었고, 탄소와 에너지의 저장원으로서 기능을 한다는 실질석인 증거가 축적되어 왔다. 그 후 15년 이내에 천연적으로 생기는 PHA는 화학적으로 상당히 복잡하다는 것을 알게 되었다. 1974년에 활성하수 오니의 추출물에서 PHA를 검사했을 때 3HB뿐만 아니라 PHA 단량체는 주요 성분으로써 3-하이드록시발레레이트(3HV)와 일부 성분으로 3-하이드록시헥사노에이트(3HHx)를 포함하고 있음을 보여주었다. 1983년에는 해양 침전물에서 PHA를 분석했을 때 주요 성분으로써 3HB와 3HV를 포함하고 있었고, 그 밖에 다른 11가지의 하이드록시알카노에이트(HA) 단량체들도 포함하고 있음을 알 수 있었다. 1983년에 또 다른 연구에서는 물과 *n*-옥탄이 50%(부피)씩 섞인 배지에서 *Pseudomonas oleovorans*를배양했을때구성단위인 3-하이드록시옥타노에이트(3HO)로 구성되는 내포체를 세포내에 형성함을 보여주었다. 추가적인 분석에서 소량의 3HHx이 존재하였고, 3HB는 없다는 것을 보여주었다.

유기용매에 의해 추출된 다른 세균으로부터 생산된 PHA는 2×10^6까지의 분자량을 갖고 있는데, 이는 약 20,000정도의 중합도에 상응하는 값이다. 이 중합체는 수천의 중합체 사슬을 포함한 각각의 과립을 갖고 있는 100개 속이 넘는 원핵생물의 세포질에서, 전형적으로 0.2에서 0.5μm 직경의 상당히 굴절률이 높고 분리되어 있는 이 과립에 축적된다. 이들은 호기성 또는 혐기성 종속영양세균(예를 들어 *Azotobacter beijerinckii*, *Zoogloea Ramigera*, *그리고 Clostridium butylicum*); 많은 메틸영양균; *Ralstronia eutropha*와 같은 화학무기영양균; 호기성 및 혐기성 광영양균(*Chlorogloeafritschii*, *Rhodospirillumrubrum*, *Chromatiumokenii*); 그리고 고세균(예를 들어 *Haloferax mediterranei*) 등을 포함한다. PHA의 최대값(건조중량의 백분율로서)은 생명체에 따라 광범위한 값을 갖는데, 포도당에서 배양한 질소고정 호기성균인 *Azotobacter* 의 경우는 25%이고, 메탄에서 배양한 메탄영양균인 ***Methylocystis***는 70%, 아세테이트에서 배양한 광영양혐기성균인 *Rhodobacter* 는 80%까지도 얻을 수 있다. 요약하면, 세포 대사과정의 생산물이나 성장배지에 첨가한 다른 전구체 기질에서부터 유도된 125개가 넘는 하이드록시알카노에이트 단위들이 다양하게 생합성된 PHA로 존재한다. 이 단위들의 일부 구조들은 그림 8.10에서 보여준다.

흥미롭게도 1980년대 중반까지 PHA는 세균에서 탄소와 에너지의 저장물로서 포괄적으로 기여하는 것으로 알려져 있었다. 130에서 170의 단량체 단위를 만드는 짧은 사슬 P(3HB)는 현재 원핵세포와 진핵세포 막(동물과 식물 모두)을 구성하는 것으로 잘 알려져 있는데, 이 안에서 폴리 음이온 염(특히 폴리포스페이트)의 수송, 형질전환, 칼슘 시그널링(calcium signaling)에 참여하는 것으로 추정된다. 이러한 낮은 분자 질량의 용해성 중합체는 세포 건조중량의 0.001%보다 적다.

PHA 다양성의 생화학적 기초

다른 미생물들은 다양한 부분에서 다른 단량체를 포함하는 PHA 공중합체를 생산한다. 그러나 순수한 단일중합체인 PHA는 예외라는 것을 조심스런 분석에서 보여준다. 바람직한 성질을 가진 새로운 중합체 PHA는 세포에 의해 섭취되어 (R)-하이드록시알카논산으로 전환될 수 있는 유기 혼합물을 배양 배지에 첨가함으로써 생산될 수 있다. 중합체의 에스테르 골격도 다양하다. *R. eutropha*는 산소에스테르나 티오에스테르 연결을 통해 결합된 단량체를 갖는 폴리(3-하이드록시부티레이트-*co*-3-머캅토프로피오네이트)를 형성하기 위해 3-머캅토프로피오닐 단량체(첨가된 3-머캅토프로피온산으로부터 유도된)를 활용할 수 있다.

다음은 배지에 첨가되는 유기화합물이나 내생의 기질로부터 특정한 미생물에 의해 형성되는 PHA의 조성에 영향을 주는 주요 요인들이다.

(a) *PHA신타아제(PhaC)의 기질 특이성 범위.* 다른 원핵생물에서 얻은 PHA 신타아제는 소단위체 성분과기질 특이성 측면에서 다양하다. 이러한 PHA 생합성에서의 주요 효소들은 기질로써 하이드록시알카논산의 (R)-이성질체의 CoA 티오에스테르를 이용하고, CoA의 방출과 함께 PHA로의 중합반응을 촉진한다. 그들의 구성단위의 구조에서 폭넓게 다양한 PHA를 합성하는 다양한 원핵생물의 능력은 다양한 종류의 PHA 신타아제의 특유한 기질 특이성에서 유래한다. Type1 신타아제는 선택적으로 단지 3~5개의 탄소 원자를 포함하는 다양한 단량체의 CoA 티오에스테르(HA_{SCL})를

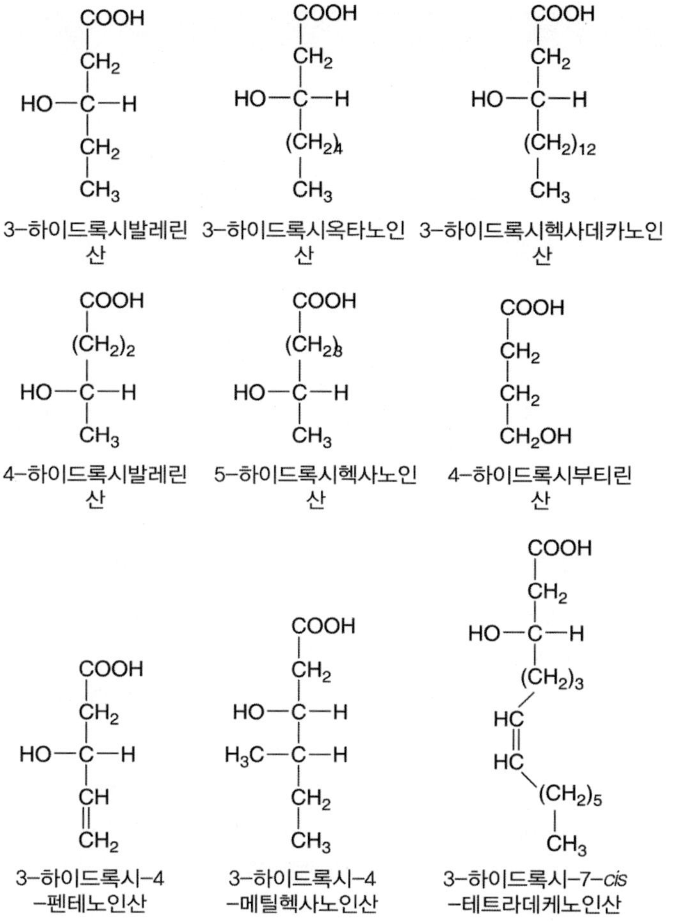

3-하이드록시발레린산 3-하이드록시옥타노인산 3-하이드록시헥사데카노인산

4-하이드록시발레린산 5-하이드록시헥사노인산 4-하이드록시부티린산

3-하이드록시-4-펜테노인산 3-하이드록시-4-메틸헥사노인산 3-하이드록시-7-*cis*-테트라데케노인산

그림 8.10

원핵생물의 PHA에서 발견된 다양하게 생합성된 폴리하이드록시알카노에이트 단량체는 PHA 합성의 낮은 기질의 특이성을 설명해 준다.

출처: Steinbuchel, A., and Valentin, H.E. (1995). Diversity of bacterial polyhydroxyalkanoic acids. *FEMS microbiology Letters*, 128, 219–228.

활용한다. Type2 신타아제는 적어도 5개의 탄소원자를 가진 단량체의 CoA 티오에스테르($3HA_{MCL}$)를 활용한다. Type3 신타아제는 $3HA_{MCL}$과 $3HA_{SCL}$의 CoA 티오에스테르를 함유하는 다양한 기질 범위를 가지고 있다(표 8.5). 4-HA 또는 5-HA와 같은 하이드록실 베어링 카본의 위치가 다른 단량체는 다양한 PHA 신타아제에 의해 기질로써 사용될 수 있다.

(b) *전구체의 공급과 생명체에서 가능한 대사반응의 목록.* PHA로 합성된 단량체에 내생 전구체는 세포의 에너지 생산 경로와 중심적인 생합성에서 중간체이다. 그림 8.11과 8.12에서 보여주듯이, PHA 생합성은 트리-카르복실산 사이클과 아세틸-CoA를 위한 지방산 생합성과, 그리고 다양한 길이의 사슬을 가진 3-하이드록시알카노에이트를 위한 지방산 생합성 또는 분해 경로와 경쟁한다.

폴리(3-하이드록시부티레이트-*co*-3-하이드록시바레레이트의 생합성; *R. eutropha*에서 P(3HB-*co*-3HV))은 생명체에 가능한 대사 반응에 기여하는 좋은 예이다. *R. eutropha*는 유일한 탄소원으로 포도당을 이용하여 적절한 조건하에서 배양될 때 P3(HB)를 생산한다. 그러나 포도당에 적절한 양의 프로피온산을 첨가했을 때 무작위의 P(3HB-*co*-3HV)

표 8.5 PHA 신타아제: 유전자와 생화학적 물성

미생물	구조적 유전자	CoA 티오에스테르 기질 특이성
Ralstonia eutropha	*phaC*(1767 bp)	$3HA_{SCL}$
Ralstonia eutropha	*phaC1*(1777 bp); *phaC2*(1680bp)	$3HA_{MCL}$
Chromatium vinosum	*phaC*(1063 bp) and *phaE*(1074bp) 단일 PHA신타아제의 하위단위체들의 암호화	$3HA_{SCL}$
Thiocapsa pfennigii	*phaC*(1074 bp) and *phaE*(1104bp) 단일 PHA신타아제의 하위단위체들의 암호화	$3HA_{SCL}$ and $3HA_{MCL}$

출처 : Rehm, B. H. A., and Steinbuchel, A. (1999). Biochemical and genetic analysis of PHA synthases and other proteins required for PHA *synthesis.InternationalJournalofBiologicalMacromolecules,*25,3–19.

공중합체가 형성되는데, 여기에는 예측가능한 분율의 무작위로 분배된 3HV단위를 포함한다. 이 결과는 *R.eutropha*에서 2개의 다른 3-케토티올라아제의 존재에 의존한다. 하나는 *phbA* 유전자로 암호화되어 있고, 아세틸-CoA에 높은 특이성을 가지고 있다. 다른 하나는 *bktB* 유전자로 암호화되어 있으며, 프로피오닐-CoA에 더 높은 특이성을 가지고 있다. BktB 3-케토티오라아제는 프로피오닐-CoA와 아세틸-CoA를 축합하여 3-케토발레릴-CoA를 형성하는 반응을 효율적으로 촉진한다. 하나의 아세토아세틸-CoA리닥타아제(PhbB)는 3-케토발레릴-CoA와 3-아세토아세틸-CoA를 각각 3-하이드록시발레릴-CoA와 3-하이드록시부티릴-CoA로 환원을 촉진한다. P(3HB-*co*-3HV)을 형성하기 위한 바로 다음의 중합반응은 PHA 신타아제(PhbC)에 의해 촉진된다. *R.eutropha*에서 PHA 생합성을 위한 효소를 암호화하는 유전자는 처음 언급되었고, 폴리-3-하이드록시부티레이트 생합성에서 그들의 역할을 인식하여 *phbA*, *phbB* 그리고 *phbC*로 명명되었다. 다른 생명체에서 이에 상응하는 효소들은 각각 *phaA*, *phaB* 그리고 *phaC*로 표시된다. 몇몇의 pseudomonad가 과당, 글리세롤, 아세테이트 또는 젖산과 같은 다양한 탄소원에서 배양되었을 때, 주된 단량체로서 3-하이드록시데카노에이트를 포함하는 PHA를 축적한다. 이러한 균주들은 *phaG* 유전자에 의해 암호화된 3-하이드록시아실-아실 운반체 단백질-CoA 트랜스퍼라아제를 소유하고 있으며, 지방산 생합성의 새로운 경로로부터 3-하이드록시아실 단량체를 유도한다(그림 8.11). 이 효소는 (R)-3-하이드록시아실-아실 운반체 단백질(ACP) 중간체를 (R)-3-하이드록시아실-CoA로 전환한다. 결과물인 PHA의 단량체 조성은 더 긴 사슬의 기질에 대해 pseudomonad PHA 신타제가 선호함을 반영한다.

알카노익산이 배지에 첨가되어 박테리아에 의해 섭취되었을 때, 이들은 지방산 β-산화 경로에 들어가기 위해 CoA 에스테르로 전환된다. R-이성질체로의 전환은 이러한 혼합물이 기질로써 PHA 신타아제에 의해 활용되기 위해 필요하다. *Pseudomonasoleovorans*같은 생명체들은 3-하이드록시아실-CoA(그림 8.12)의 S와 R 이성질체를 서로 전환하는 능력을 가진 에피머라아제를 가지고 있다. 다른 생명체들은 트랜스-Δ^2-에노일-CoA를 바로 (R)-3-하이드록시아실-CoA로 전환시키는 R-특이적 에노일-CoA 히드라타아제(PhaJ; 그림 8.12)를 가지고 있다.

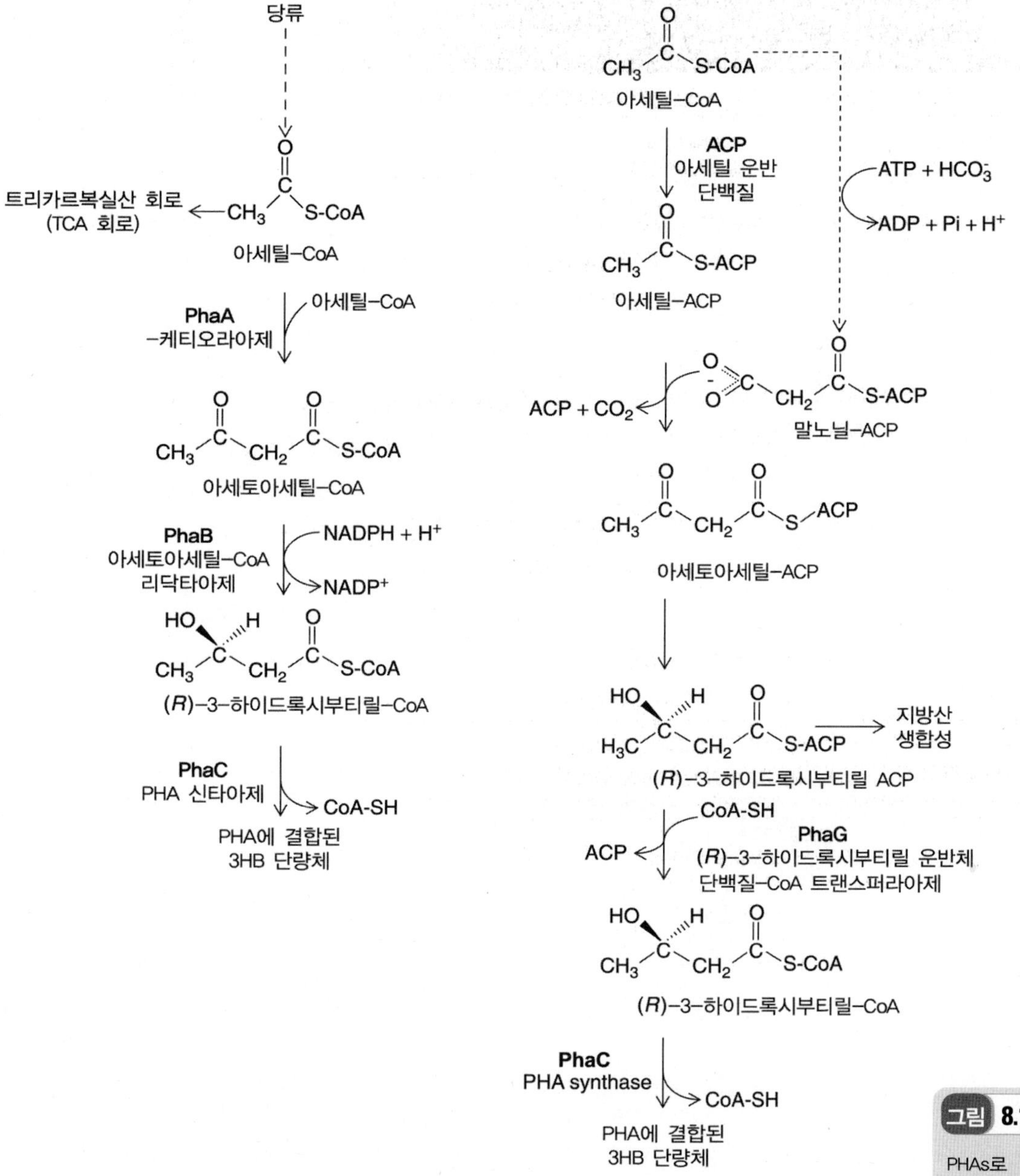

그림 8.11

PHAs로 하이드록시알카노에이트 단량체가 합병되는 생합성 경로에서 당의 이화작용에서의 아세틸-CoA와 지방산 생합성 경로로부터의 중간체의 이용.

단일 기질로부터 혼성폴리에스테르의 생합성

*R. eutropha*는 3HB-*co*-3HV공중합체를 합성하기 위해 두 개의 기질, 즉 글루코오스와 프로피오네이트를 필요로 한다. 다른 미생물들은 단일 기질에서 성장할 때 다양한 비율의 3HB와 3HV의 공중합체를 합성한다. 이러한 사실은 다른 탄소원에서 성장한 *Rhodococcus ruber*에 대해서 표 8.6에 설명되어 있다. 중합체의 3HV 함유량은 발레레이트(펜타노에이트)에서 성장한 *R. ruber*의 경우 99% 이상으로부터 말레이트에서 성장한 세포의 경우인 약65%에 까지 다르다.

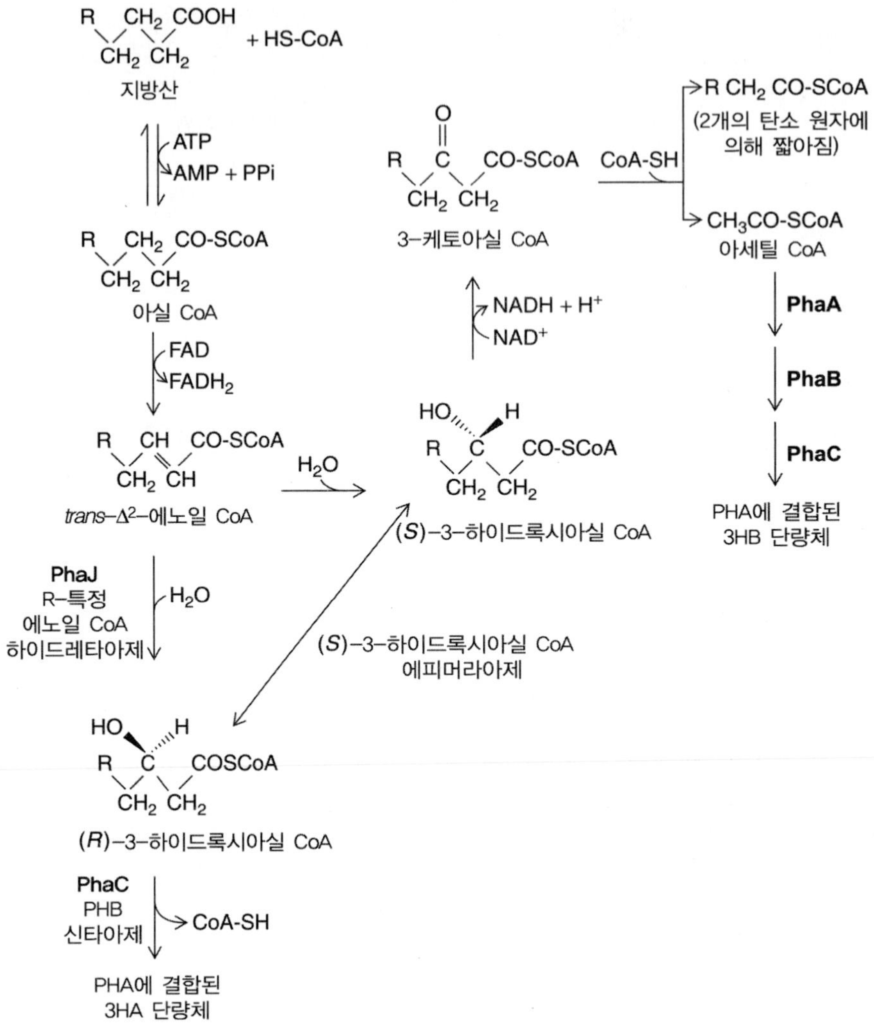

R CH$_2$ COOH / CH$_2$ CH$_2$ + HS-CoA
지방산

ATP → AMP + PPi

R CH$_2$ CO-SCoA / CH$_2$ CH$_2$
아실 CoA

FAD → FADH$_2$

R CH CO-SCoA / CH$_2$ CH
trans–Δ^2–에노일 CoA

H_2O

PhaJ
R–특정
에노일 CoA
하이드레타아제

H_2O

HO H / R C CO-SCoA / CH$_2$ CH$_2$
(*S*)–3–하이드록시아실 CoA

NAD$^+$ → NADH + H$^+$

O / R C CO-SCoA / CH$_2$ CH$_2$
3–케토아실 CoA

CoA-SH

R CH$_2$ CO-SCoA
(2개의 탄소 원자에 의해 짧아짐)

CH$_3$CO-SCoA
아세틸 CoA

PhaA

PhaB

PhaC

PHA에 결합된
3HB 단량체

(*S*)–3–하이드록시아실 CoA
에피머라아제

HO H / R C COSCoA / CH$_2$ CH$_2$
(*R*)–3–하이드록시아실 CoA

PhaC
PHB
신타아제

CoA-SH

PHA에 결합된
3HA 단량체

그림 8.12

PHAs로 하이드록시알카노에이트 단량체가 합병되는 생합성 경로에서 지방산 분해경로의 중간체의 활용. 이 경로의 주요부분이 PHA안에서 PhaA, PhaB,그리고 PhaC에 의해서 아세틸–CoA의 3HB 단량체로의 전환을 위해 촉매되는 것을 그림 8.11에서 보여준다.

새로운 세균 유래 폴리에스테르를 생산하기 위한 성장 조건 제어: 예

자연에서 *P. oleovoran*은 성장을 위한 단일탄소원으로 *n*–알칸과 *n*–알카노익산을 이용한다. 제한적인 영향조건에서 과도한 탄소원의 조건을 제외하고는 *P. olevorans*는 많은 양의 폴리(3–하이드록시알카노에이트)를 이러한 기질로부터 형성하게 된다. *P. oleovorans*는 단일 탄소원으로 인공기질인 5–페닐발레레이트(그림 8.13)를 이용할 수 있다. 이러한 기질을 과잉으로 공급하면서 영양결핍의 조건 아래 *P. oleovorans*는 순도 높은 폴리에스터와 폴리(3–하이드록시–5–페닐펜타노에이트)를 형성한다.

공동대사를 통한 새로운 세균 유래 폴리에스터의 생합성

공동대사로 알려진 현상은 또한 세균이 다양한 **공중합체**를 합성하는 과정에서 볼 수 있다. 공동대사는 메탄–산화세균의 연구에서 1960년에 처음 보고되었다. 이 세균들이 메탄과

표 8.6 다른 기질에서 생장한 *Rhodococcus ruber*에 의해 형성된 3HB-co-3HV 공중합체의 조성과 수율

기질	물농도비 3HV : 3HB	세포 건조중량 백분율로의 PHA 수율
말레이트	1.3	7.1
아세테이트	2.5	40.4
피루베이트	3.6	9.0
글루코오스	3.8	31.1
락테이트	5.1	32.2
썩시시네이트	12.0	7.1

출처 : : Anderson, A. J., Wiliams, R. D., Taidi, B., Dawes, E. A., and Ewing, D. F.(1992). Studies on copolyester synthesis by Rhodococcus ruber and factors influencing the molecular mass of polyhydroxybutyrate accumulated by *Methylobacterium extorquens and Alcaligenes eutrophus*. *FEMSMicrobiologyLetters*,103,93-102.

같은 성장에 도움을 주는 탄화수소 기질을 대사할 때, 만약 한 종류의 세균만이 존재한다면 그러한 탄화수소들이 이용되지 못하더라도 다른 탄화수소를 섭취하여 산화시킬 수 있다. 우리는 이러한 현상들을 유기 화합물의 환경적인 분해를 다루는 14장에서 다시 볼 수 있다.

공동대사의 예들은 *P. oleovorans*의 PHA대사에서 보여준다. *P. oleovorans*가 탄화수소 기질에서 성장할 때, 탄화수소는 PHA형성을 위해 단량체 단위를 공급할 수 있는데, 비 중합체 생산 기질또는 비 성장 생산 기질을 중합체로 합성할 수 있다. 그래서 이러한 세균들은 자연상태에서 찾을 수 없는 화합물로부터 폴리에스테르를 형성할 수 있다. 공동대사에 의해 생산된 공중합체에서 각각의 구성 단위의 비율은 배양 배지에서 초기물질의 비에 의해 결정된다. 표 8.7은 노나노익산(천연기질)과 11-시아노운데카노익산(*P. oleovorans*의 성장은 지원하지만 스스로 중합체 합성은 할 수 없음)의 공중합체에 대한 데이터를 보여준다.

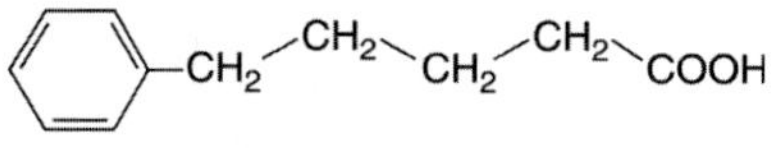

폴리(3-하이드록시알카노에이트)의 세포내와 세포외에서 생분해

성장배지에서의 탄소원이 고갈되었을 때, P(3HB)는 세포내 P(3HV) 디폴리머라아제(PhaZ)에 의해서 단량체 하이드록시 산으로 분해된다. 이 디폴리머라아제는 엑소 형의 가수분해효소이다. D-(-)-하이드록시부티릭 산은 이 때 니코틴아미드 아데닌 디뉴클레오티드(NAD)-특이 탈수소화효소에 의해 아세토아세테이트로 산화된다. 이 아세토아세테이트는 아세토아세틸-CoA 합성효소에 의해 아세토아세틸-CoA로 전환된다. 그래서 아세토아세틸-CoA는 P(3HB)의 생합성과 분해에 있어서 공통적인 중간체 물질이다. 다른 PHA의 분해에 관여하는 세포내 디폴리머라아제는 P(3HB)에서의 기작처럼 비슷하게 작용한다.

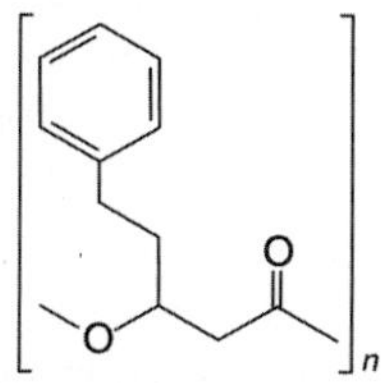

$C_6H_5-CH_2-CH_2-CH_2-CH_2-COOH$

5-페닐발레린산
(5-페닐펜타노인산)

폴리(3-하이드록시-5-페닐펜타노에이트)

그림 8.13

5-페닐발레린산(5-페닐펜타노인산)과 폴리(3-하이드록시-5-페닐펜타노에이트)의 구조

표 8.7 노나노산과 11-씨아노언데카노산의 혼합물에서 생장한 *P. oleovorans*에서 생산된 공중합체의 조성과 수율

성장 배지에서 11-씨아노언데카노산에 대한 노나노산의 몰농도비	공중합체의 수율, 생물자원의 백분율	11-씨아노언데카노산 a에서 유도된 단위체들의 공중합체에서의 몰백분율[a]
1:1	19.6	32
7:5	30.5	25
2:1	36.3	17

[a] 11-씨아노언데카노산에서 유도되어서 폴리에스테르로 합성되는 a단량체들은 9-씨아노-3-하이드록시노나노에이트와 7-씨아노-3-하이드록시헵타노에이트이다.

출처: Lenz, R. W., Kim Y.B. and Fuller, R. C.(1992). Production of unusual bacterial polyesters by *Peudomonas oleovorans* through cometabolism. *FEMS Microbiology Letters*, 103, 207–214.

세포외 PHA를 분해하는 능력은 미생물들 사이에 광범위하게 분배되어 있는데, 이 중에는 약 100 종류의 균류를 포함한다.PHA 분해 미생물들은 땅이나 물 등의 자연계에 산재해 있다. P(3HB) 분해 세균은 특히 공통적이다. 세포외 PHA를 분해하는 능력을 가진 미생물들은 특정한 PHA 디폴리머라아제를 분비하거나 이러한 효소들을 세포표면에 발현한다. 이러한 디폴리머라아제는 PHA를 세포표면에서 단량체나 소중합체로 가수분해한다. 이들은 계속해서 물과 메탄 또는 이산화탄소로 생분해된다.

생분해성 열가소성 수지나 탄성체로써 폴리하이드록시알카노에이트

탄소 3~5개의 지방족 단량체를 가진 PHA는 열가소성 수지이다. 열가소성 물질은 가열했을 때 부드러워지고 냉각시켰을 때 다시 단단해진다. 실질적으로 이러한 중합체들의 특성을 변화시키는 전이 온도는 높다. 가열-냉각 순환은 수없이 반복될 수도 있다. 폴리에틸렌, 폴리프로필렌, 폴리비닐 클로라이드, 폴리스티렌, 폴리카보네이트, 그리고 나일론 같이 잘 알려져 있는 열가소성 물질들은 매일 사용되는 수백 종류의 플라스틱 제품을 제조하는 데 이용된다. 폴리(3-하이드록시옥타노에이트-*co*-3-하이드록시헥사노에이트) 같은 중간 길이의 탄소 곁사슬을 가진 PHA들은 탄성체들이다. 이들은 상대적으로 부드럽고 변형이 가능하며 비결정성의 연질 중합체들이다. 유리전이 온도 아래에서 이들은 단단해지고, 부서지기 쉬워진다. 이들의 특성은 마치 고무의 특성과 닮았다. 좀더 긴 곁사슬을 가진 PHA들은 마치 왁스와 같은 거동을 나타낸다. 그들의 구성단위의 일정 비율과 자연계에 다양한 단일중합체와 공중합체를 만드는 능력은 실질적으로 매우 중요하다.

폴리(3HB)는 광범위하게 사용되는 중합체인 폴리프로필렌과 분자 구조 및 물리적 특성에 있어서 유사성을 보인다. 폴리프로필렌은 포장, 끈, 단열 전선, 파이프 및 이음새, 병 그리고 가전제품 등에 사용된다. 두 중합체들은 **동일배열** 형태로, 즉 각 중합체에서 주사슬에 붙어 있는 메틸기가 전체 사슬을 통해 단일 배열로 존재한다. 폴리(3HB)와

표 8.8 폴리프로필렌과 폴리[3-하이드록시부티레이트, P(3HB)]의 일부 물성의 비교

물성	폴리프로필렌	P(3HB)
분자량	(2.2–7) × 10^5	(1–8) × 10^5
녹는점(℃)	171–186	171–182
유리전이온도(℃)	–10	4
결정성(%)	65–70	65–80
밀도(g/cm^{-3})	0.905–0.94	1.23–1.25
휘어짐 계수(Gpa)[a]	1.7	4.0
인장강도(Mpa)[b]	39	40
파괴신장률(%)	40	좋음
자외선 파장에 대한 저항성	나쁨	좋음
생분해성	매우 나쁨	우수함

[a] 휘어짐계수: 물질의 탄성 경직의 측정 계수. 적용된 스트레스에 따른 휘어짐을 측정한다. GPa=10^9파스칼 또는 뉴톤/m^2

[b] 인장강도: 물질의 인장강도는 물질이 버틸 수 있는 최대 스트레스의 측정이다. (MPa=10^6파스칼)

출처 : brandl, H., Gross, R. A., Lenz, R. W., and Fuller, R. C.,(1990). Plastics from bacteria and for bacteria: Poly(beta-hydroxyalkanoates) as natural, biocompatible, and biodegradable polyesters. *Advances in Biochemical Engineering/ Biotechnology*, 41, 77–93, Table6.

폴리프로필렌의 물리적 특성들과 이들의 분해성은 표 8.8에서 비교한다. 폴리프로필렌은 생분해가 잘되지 않지만, 폴리(3HB)는 궁극적으로 다양한 환경에서 분해된다. 폴리프로필렌과 P(3HB)가 비슷한 녹는점을 가지고 있다 하더라도, P(3HB)는 약 177℃의 녹는점은 점차적으로 떨어진다. 플라스틱의 결정화도 백분율은 80% 이상의 P(3HB)로부터 보다 약 10℃ 높은 온도에서 분해되기 때문에 가공하기 힘들다. 더구나, P(3HB)의 파괴 신장도

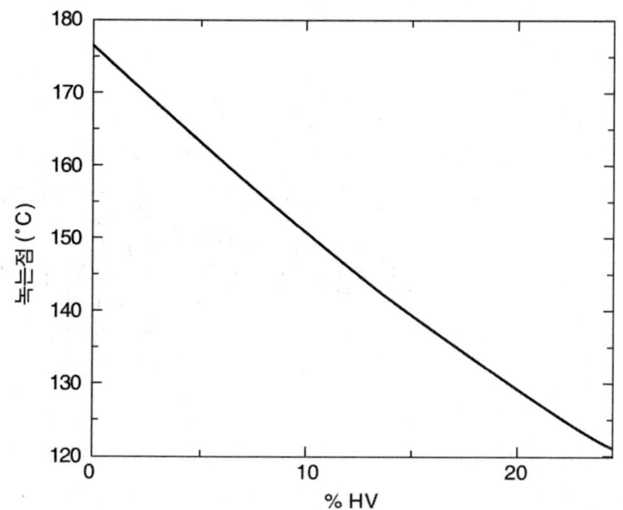

그림 8.14

3HV 함량의 3HB-co-3HV 공중합체의 녹는점에 대한 영향.

출처 : Luzier, W.D.(1992). Materials derived from biomass/biodegradable materials. *Proceedings of the National Aademy of Sciences, U.S.A.*, 89, 839–842.

표 8.9 다양한 환경에서 3HB와 3HV의 불규칙 공중합체의 분해 속도

환경	100%중량 감소에 필요한 시간(주)
혐기성 오물	6
강 하구의 퇴적물	40
호기성 오물	60
토양	75
해수	350

출처 : Luzier, W. D.(1992). Materials derived from biomass/biodegradable materials. *Proceedings of the National Academy of Sciences U.S.A*, 89, 839-842.

(<10%)는 폴리프로필렌(40%)보다 훨씬 낮다(표 8.8). 결과적으로, P(3HB)는 폴리프로필렌 보다 딱딱하고 더 부서지기 쉬운 플라스틱 물질이다. 3HB-*co*-3HV공중합체들로 구성된 플라스틱은 더 좋은 특성을 가진다. 3HB-*co*-3HV중합체들의 물리적 성질은 3HV의 몰분율에 매우 민감하다. 이것이 증가할수록(표 8.14) 분해 온도는 변하지 않고 25%의 3HV 몰분율까지 30%이하까지 감소한다. 마찬가지로, 공중합체들은 유연성과 질김도에서 여러 배까지 향상됨을 보여준다.

폴리(3HB-*co*-3HV)는 1990년대에 폴리에틸렌의 생분해성 대체물질로서 바이오폴(Biopol)이라는 이름으로 Imperial Chemical Industries에 의해 시장에 소개되었다. 바이오폴은 유전자 배열이 명확히 알려진 *R. eutropha*의 발효에 의해 생산되었다. 바이오폴로부터 만들어진 초기 생산물은 바이오폴 섬유와 셀룰로오스 섬유를 혼합해서 만든 샴푸나 화장품 용기, 자전거 헬멧 이었다. 이러한 제품들은 방수가 되었고 산소 불침투성이었다. 쓰레기매립지 실험에서는 19주가 넘는 기간에 산소가 존재하지만 약 80%정도가 산소가 없는 조건에서 땅에 묻힌 바이오폴 병이 대략 30%의 중량 감소를 보여줬다. 이러한 결과들은 쓰레기 매립지의 환경에서는 산소가 매우 희박하거나 없다는 사실에 비추어 봤을 때 희망적이다(표 8.9). 그러나 바이오폴의 가격은 석유화학제품인 폴리에틸렌의 가격보다 10배정도 더 비쌌고, 생산은 수 년 내에 멈추게 되었다.

표 8.10 생분해성 PHA 중합체의 응용

식품산업에서 1회용 식기도구나 접시로 사용
플라스틱 랩
수분 차단 필름
종이제품의 코팅
직물 공업에서 섬유의 재료
비료나 농약에서 내용물의 느린 방출을 위한 제재화
뼈에 박는 나사, 핀, 수술도구, 스턴트, 패치, 조절된 약물 전달 장치a와같은의료기구

[a]폴리(4HB)로부터 만들어진 의료기구의 장점에 대한 논의를 위해 다음을 참조하시오. Martin, D.P., Skraly, F., and Williams, S. F. Polyhydroxyalkanoate compositions having controlled degradation rates. U.S. Patent 6,878,758, issued April 12, 2005. 이러한 물질들은 격렬한 통증 반응이나 조직을 망가뜨리는 반응을 보여주지 않는다. 이러한 중합체들의 분해속도는 효과적인 상처보호물질로 적용될 수 있다.

PHA는 포장용기, 병, 포장필름, 가방들과 같은 제조업에 응용할 수 있음을 보여주었다. 이들은 또한 수술 핀, 스테이플, 상처 드레싱, 인공 뼈 교체, 인공 치아 그리고 장기간의 의약품 방출 운반체(표 8.10) 등으로 쓰여 의학적인 용도로도 중요하게 사용된다. 이러한 중합체들의 제어 가능한 생분해성은 많은 응용분야에서 매우 중요하다.

전 세계에서 생산되는 750억 파운드의 플라스틱 중 약 40%가 매립지에 매몰되는 것으로 추산되고 있다. 방대한 플라스틱들은 하천이나 바다에 버려진다. 폴리에틸렌과 폴리프로필렌은 물보다 밀도가 낮고 분해가 잘되지 않는다. 바다나 강에 버려졌을 때 이러한 물질들은 물에 뜨게 되고 긴 시간동안 그 환경에서 없어지지 않는다. 반면에, 훨씬 높은 밀도의 PHA는 침전층 바닥까지 가라앉아 분해될 것이다.

매년 2.7억 톤 이상의 기름과 가스가 플라스틱을 제조하는 데에 쓰인다. 신재생 자원으로부터 생산되는 생분해성 대체 제품 생산의 전망은 녹색화학의 관점으로 볼 때 매우 매력적이다. 이러한 전망은

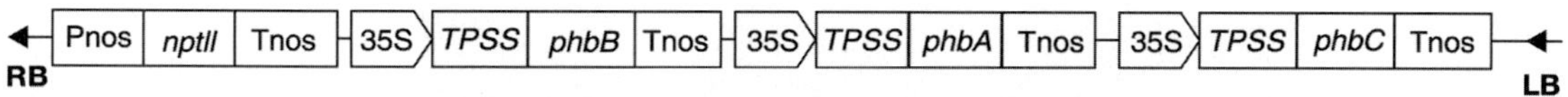

전통적인 플라스틱들을 세균이나 작물에서 생산된 PHA로 교체하는 공정들을 개발하는 강렬한 노력을 자극하는 촉매가 된다.

그림 8.15

2성분 벡터의 T-DNA는 A. thaliana 식물을 형질전환시키는데 이용되었다. 약어: LB 와 RB, 왼쪽과 오른쪽 T-DNA 경계들; Pnos와 Tnos, *A. tumefaciens* 노팔린 신타아제 유전자의 프로모터와 터미네이터 영역; *nptII*, 네오마이신 포스포트랜스퍼라아제 유전자; 35S, 컬리플라워 모자이크 바이러스(CaMV) 35S 프로모터; TPSS, 엽록체로 융합되는 단백질의 이동에 필요한 *Pisum sativum* 리불로오스 바이포스페이트 카아복실라아제의 작은 소단위의 트랜짓 펩타이드를 코딩한다; *phbA*, *phbB*와 *phbC*, *R. eutropha*의 3-케토티오라아제 유전자, 아세토아세틸-CoA 리덕타아제 유전자, 그리고 PHB 신타아제 유전자.
출처: Bohmert, K. et al. (2000). Transgenic *Arabidopsis* plants can accumulate polyhydroxybutyrate up to 4% of their fresh weight. *Planta*, 211, 841-845.

폴리(3-하이드록시알카노에이트)의 생산을 위한 식물의 유전자조작

폴리에틸렌과 같은 석유화학 유래 플라스틱의 가격과 경쟁하기 위해서 세균 유래 폴리에스테르는 저렴한 비용으로 많은 양을 생산할 수 있어야 한다. 일반적으로 폴리에스테르를 생산하는데 세균의 생물자원은 식물 바이오매스보다 훨씬 더 비싸다. 중합체의 생산자로써 식물의 잠재성을 평가하기 위해서, 전분을 고려해 보아야 한다. 감자 밭에서의 수율은 전분 1헥타르(10,000m^2)당 20,000 kg 정도이다.

위에서 자세히 논의 했듯이, 125개가 넘는 다른 단량체를 갖는 다양한 PHA들은 미생물 발효를 통해 가능하다. 이러한 다양성은 식물에서는 얻을 수 없는데, 식물에서는 훨씬 제한된 단량체가 보통의 식물의 대사과정에서 중간체의 전환을 통해 유도될 수 있다.

형질전환 *Abrabidopsis thaliana*에서 폴리(3-하이드록시부티레이트) 발현

1994년에 P(3HB)에 관한 보고서를 시작으로 *A. thaliana*의 다양한 형질전환균주가 식물에서의 P(3HB)합성의 연구를 위한 모델로써 공급되어왔다. 가장 성공적인 연구들을 여기에 자세하게 언급하였다.

아세틸-CoA에서부터 P(3HB)형성의 경로를 암호화한 세 개의 *R. eutropha* 유전자(phbA, phbB 그리고 phbC)를 운반하는 T-DNA는 *A. tumefaciens* 중개 전달에 의해 *A. thaliana*에 도입되었다. 유전자 구조는 플라스티드에 단백질을 삽입하기 위해 디자인되었다(그림 8.15). T-DNA에서 카나마이신에 저항성을 수여하는 *nptII* 유전자는 선택적 마커로 작용한다. 형질전환된 씨앗들은 카나마이신을 포함한 배지에서 성장한 식물들로부터 선별되었고, 형질전환 세포라인의 원천으로써 사용된다. 이러한 각각의 세포라인으로부터 직접 얻은 잎사귀 물질 중에 포함된 3-하이드록시부티레이트 단량체의 함량은 질량 분광측정법을 기준으로 정량화되었다.

라인 6은 가장 많은 양의 P(3HB)를 축적하였는데, 이는 잎사귀 물질 건조중량 그램당 40% 정도로서 저해 성장을 보여주었고 어떠한 씨앗도 생산하지 않았다. 2세대 식물들인 라인 1, 2, 그리고 3은 P(3HB) 양이 1세대와 비교하여 변하지 않았고, 잎사귀 물질 건조중량 그램당 각각 3%, 5% 그리고 28%를 생산하였다. 이러한 라인들이 번식을 한 반면 이 세 라인 모두는 성장이 저해되거나 엽록소가 결핍된 잎으로 성장하였다. 형질전환된 **Arabidopsis** 식물의 잘 발육한 잎사귀의 TEM(Transmission Electron Microscopy)은 플라스티드(색소체)의 스트로마(엽록대)에서 축적된 P(3HB)의 과립들을 보여주었다.

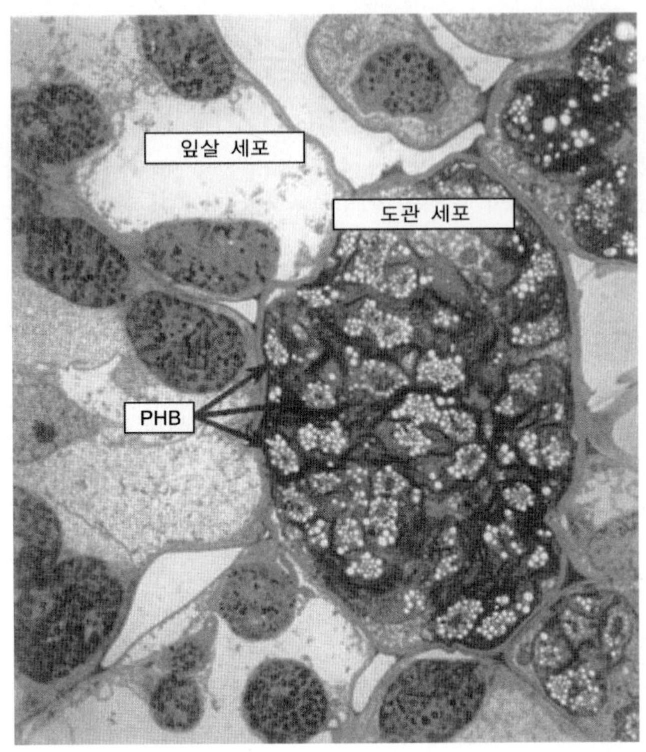

그림 8.16

색소체에서 생합성 경로를 보여주는 형질전환 옥수수에서 폴리(3-하이드록시부티레이트)(PHB) 내포체의 축적. 잎살세포의 주변과 비교해 도관세포 구획의 색소체에서 훨씬 더 풍부한 PHB 내포체를 보여준다.[Photograph from Kenneth J. Gruys, Monsanto company (Davis, CA).]

P(3HB) 생합성 단백질은 세포 기관에서 중합체의 생합성이 매우 생산적인 지방산 생합성 경로를 희생하여 일어나기를 기대하여 색소체를 목표로 하였다. 그러나 형질전환 라인에서 자세한 대사물의 분석을 보면 지방산의 성분 및 양에는 변화가 없었지만, 푸마레이트와 이소시트레이트의 양은 심각하게 감소하였는데, 이것은 아세틸-CoA 풀의 고갈이 트리카르복실산 사이클 활성의 감소를 이끌어낸다는 것을 제안하고 있다. 이것은 P(3HB)를 생산하는 세포 라인들의 성장저해를 설명해 주고 있다.

*A. thaliana*에서 이용된 세균 유래 P(3HB) 생합성 유전자의 적당히 변경시킨 구조는 또한 옥수수의 색소체를 목표로 하였다. 잎 내부세포의 색소체는 아주 적은 양의 폴리하이드록시부티레이트 과립들을 포함하고 있었고, 반면에 관다발 조직과 연결되어 있는 관다발 엽초세포(bundle sheath cell)의 색소체는 과립들로 채워져 있었다(그림 8.16). 이러한 관찰은 PHB 합성에 필요한 아세틸-CoA의 양은 식물세포 종류에 따라 광범위하게 다르다는 것을 의미한다.

형질전환 *A.thalinana*와 *Brassica*에서 폴리(3-하이드록시부티레이트-Co-3-하이드록시발레레이트)의 발현

P(3HB) 플라스틱은 표 8.10에 있는 대부분의 응용에 이용하기엔 너무나 깨지기 쉽고 딱딱하다. 그러나 바이오폴의 상업화는 P(3HB-*co*-3HV)로 만들어진 이 생산물이 상업적 플라스틱에 필요한 유연성과 충격 저항성을 가지고 있음을 예증한다. 앞에서 언급하였듯이, *R. eutropha*의 발효에 의한 P(3HB-*co*-3HV)의 생산은 발레릴-CoA의 전구체인 프로피오닐-CoA의 형성을 위해 필요한 기질을 제공하기 위해 프로피오네이트를 성장 배지에

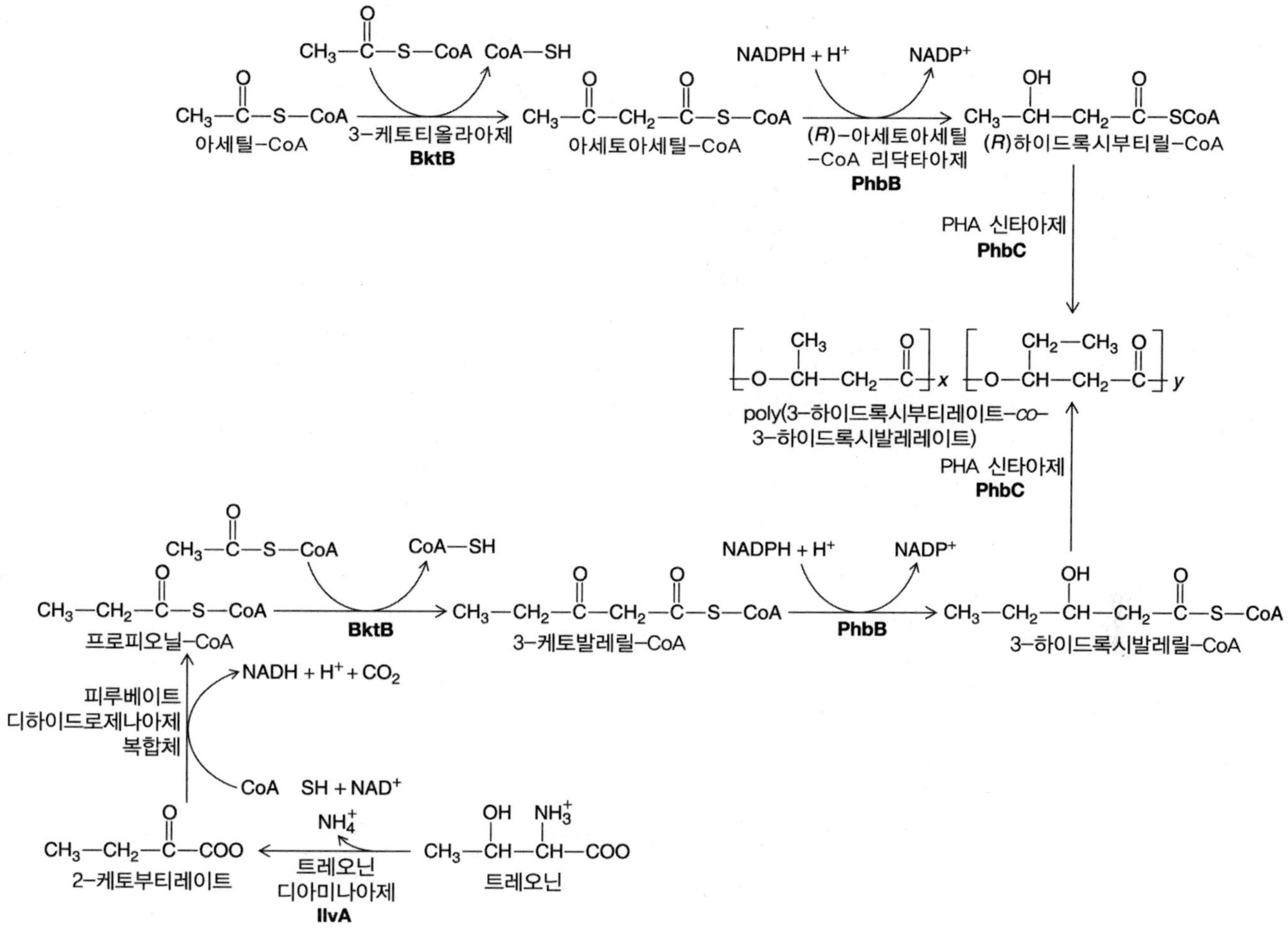

첨가함으로써 얻을 수 있었다. 식물에서 이러한 작업은 적당한 양의 프로피오닐-CoA를 생성시키기 위한 대사경로의 조작 기술이 필요하다. *A. thaliana*와 *Brassica napus*(유자씨)에서 수행되는 필요한 대사공학 기술은 프로피오닐-CoA를 생성시키기 위해 분로(shunt)를 분기되어진 아미노산 생합성 경로에 도입하는 것이었다.

이 식물은 네 가지의 다른 유전자(*ilvA*, *btkB*, *phbB* 그리고 *phbC*)로 형질전환 되었다. *ilvA*유전자는 *E. coli*로부터얻을수있으며트레오닌디아미나아제를암호화한다. *E. coli*에서 트레오닌 디아미나아제는 트레오닌으로부터 이소루이신의 생합성에서 첫 번째 단계를 촉매한다. 식물에서, 아스파테이트는 이소루이신과 트레오닌의 동화작용의 전구체이다.

조작된 경로에서 트레오닌 디아미나아제는 트레오닌을 2-케토부티레이트로 전환시키는데, 이 물질은 식물 피루베이트 디하이드로제나아제 복합체에 의해 프로피오닐-CoA로 다시 전환된다(그림 8.17). 각주로서 1.5 mM의 2-케토산 농도에서 2-케토부티레이트에 대한 피루베이트 디하이드로제나아제 복합체의 비활성도는 피루베이트에 대한 비활성도보다 10배 정도 낮다. 이소루이신에 의해 되먹임 저해에 대한 민감도가 많이 떨어진 *ilvA*의 돌연변이형은 형질전환된 식물에서 과잉 발현되었다. *BtkB*, *PhbB* 그리고 *PhbC*는 그 다음에 프로피오닐-CoA와 아세틸-CoA를 P(3HB-*co*-3HV)로 전환하기 위해 요구되는

그림 8.17

*A. thaliana*의 엽록체와 *Brassica napus*의 종자에서 3HB-co-3HV의 합성 경로. *E. coli* 트레오닌 디아미나아제 유전자(*ilvA*), 3-케토티올라아제와 아세토아세틸-CoA 리닥타아제, 그리고 PHB 합성효소 유전자를 각각 암호화하는 *R. eutropha* 유전자들인, *phbA*, phbB 그리고 *phbC*를 적절히 조립하여 형질전환에 의해 이러한 식물들 안으로 도입된다.

출처 : Slater, S. et al. (1999). Metabolic engineering of *Arabidopsis* and *Brassica* for poly(3-hydroxybutyrate-co-3-hydroxyvalerate) copolymer production. *Nature Biotechnology*, 17, 1011-1016.

남은 반응들을 촉매한다. 앞에서 논의했듯이, 이 BtkB 3-케토티오라아제는 프로피오닐-CoA와 아세틸-CoA에 높은 친화성을 갖고 있고, 3-케토발레릴-CoA와 아케토아세틸-CoA를 효과적으로 합성한다(그림 8.17).

A. thaliana 에서 BtkB, PhbB, 그리고 PhbC는 엽록체를 목표로 한다. *B. napus*씨앗에서 중합체 생산을 위해 효소들은 백색체를 목표로 한다. 후자의 경우 모든 네 개의 유전자가 단일 벡터로부터 발현되고 씨앗의 특정 발현을 가진 프로모터에 의해 유도된다. 많은 형질전환 *A. thaliana*라인들을 분석했을때 P(3HB-*co*-3HV)를 생산하였다. 공중합체의 농도는 분맥에서 4~17몰%의 3-하이드록시발레산의 혼성폴리에스테르 함량과 함께 물질의 건조중량당 0.08%에서 0.84%의 범위에 걸친다. 3-하이드록시발레산 함량은 P3(HB-*co*-3HV)의 가장 낮은 양을 축적하는 라인에서 가장 높다. *B. napus*에서 혼성중합체는 3몰% 3-하이드록시발레산과 함께 씨앗의 건조중량당 1.5%까지 축적했다. 유독한 표현형의 특성은 시종일관 이식유전자 라인에서 보여 지지 않았다. 그러나 이러한 데이터들은 결정적이지 않다. 핵 자기공명 분석은 이식유전자 *A. thaliana*와 *B. napus*라인에서 3-하이드록시부틸산과 3-하이드록시발레산 단량체가 무작위로 혼성중합체 안에서 분포하고 있음을 보여주었다.

식물에서 플라스틱의 상업적 생산의 걸림돌

이러한 위에서 언급한 연구들의 결과는 매우 유망하다. 일부의 형질변환 된 식물라인들은 비록 낮은 수율이긴 하나 박테리아 발효에 의해 생산된 상업화된 바이오폴(biopol) 공중합체에 해당하는 비율과 비슷한 단량체 비율로 P3(HB-*co*-3HV)공중합체를 생산했다. 더구나 PHA생산을 궁극적으로 식품으로 사용되는 생산품과 타협할 필요 없이 농작물에서 이루어 낼 수 있다는 것을 기대 할 수 있다. 예를 들어, 형질전환 캐놀라(canola)에서 공정은 PHA의 추출과 정제 전에 기름을 추출하도록 설계될 수 있다. 옥수수의 경우 PHA생산은 잎사귀와 줄기를 목표로 할 수 있다. 이것은 옥수수 곡물을 수확할 수 있도록 한다. 옥수수 줄기와 잎은 이후 PHA생산을 위해 수확될 수 있다. 그러나 그러한 목표들이 이루어지기 이전에 아직 중요한 목표들이 있다.

가시적인 상업적 생산은 적어도 건조중량 15%의 수율로 식물에서 적절한 조성의 혼성폴리에스테르의 생산을 필요로 한다. 현재의 수율은 매우 낮다. 아마도 이 수율은 더욱 정교한 대사공학과 방향적 진화에 의해 최적화된 효소를 암호화하는 형질전환 유전자의 사용에 의해 개선될 수 있다. 최근 주목할 만한 중요한 성공은 PHA합성으로 성취되었다. 다양한 외부 유전자 발현의 제어를 위해 개선된 방법은 또한 수율을 높이는 데에 기여할 것이다.

성장을 저해하거나 잎사귀 백화 현상 같은 변형된 식물의 표현형은 PHA를 높은 수준으로 생산하는 식물에서 관찰되어 왔다. 이러한 현상들은 많은 양의 1차 대사물을 PHA 생산을 위해 전환하는 것이 보통 식물의 기능에 나쁜 영향을 줄지도 모른다는 것을 알려준다. 또 다른 중요한 것은 형질전환 된 식물 라인에서 형질전환 유전자의 안정성이 보장되어야 한다.

전체 노력의 아킬레스건은 식물에서 순수 PHA를 생산하기 위해 많은 에너지가 필요할

전과정 평가는 주요 구성 요소를 포함한 창조로부터 소멸까지의 수명에 걸쳐 한 시스템의 영향에 대한 분석이다 - 예를 들면 에너지, 환경, 또는 경제적 영향
자료 : 미국 에너지국,
Pacific Northwest Laboratory
(http://energytrends.npl.gov/glosi_m.htm)

Box 8.4

지도 모른다. 식물에서 순수 PHA 생산을 하면 주요한 장점들이 있다: 화석연료의 절약을 기대할 수 있고, 그 결과 이산화탄소 배출을 줄일 수 있으며, PHA로 만들어진 플라스틱의 생분해성을 기대 할 수 있다. 박테리아 발효에 의해 재생 가능한 탄소원으로부터 PHA생산의 환경 전과정에 대한 비교들을 고려할 때 조심스런 낙관론을 제공한다. P(3HB-*co*-3HH$_X$)로 만들어진 시장제품에 대해 프록터(Procter)와 겜블(Gamble Co.) 그리고 카네타 코포레이션 간의 파트너쉽은 2004년에 결성되었고, 독일의 작은 회사인 바이오머(Biomer)는 연간 수 톤의 P(3HB)를 생산하고 있다.이러한 두가지 중합체는 박테리아 발효에 의해 만들어졌다. 그러나 형질전환 옥수수의 전과정 평가(Box 8.4)의 결과는 PHA 생산이 생산공정의 환경적 영향 측면이나 에너지 소비 측면에서 석유화학제품으로부터 폴리에틸렌이나 폴리스티렌을 생산하는 것에 비해 장점을 보여주지 못하고 있다. 형질전환 식물에서 PHA의 대규모 생산을 수 년간 수행해온 몬산토 회사(Monsanto Company)는 1998년에 이 프로그램을 중단했다.

요약

식물과 조류는 전분, 셀룰로오스, 구아고무(guar gum), 아라비아 고무(gum arabic), 한천(agar), 케라게닌(carrageenan)과 같은 가장 공통적으로 쓰이는 다당류의 원천이다. 박테리아와 곰팡이는 또한 적당한 조건 아래 세포 건조중량의 50% 이상의 다당류를 생산한다. 많은 미생물 유래 다당류들은 조성, 구조 그리고 특성에 있어서 매우 다양하지만, 오직 크산탄만이 널리 이용된다. 크산탄은 식물 병원성 박테리아 *X. campestris*에 의해 생산된다. 크산탄의 주사슬은 베타(1→4)결합으로 연결된 D-포도당으로 구성되어 있고, 포도당 단량체의 3번 위치에 하나씩 걸러서 한개의 글루크론산과 두개의 만노오스 잔기를 포함하는 3탄당 곁사슬을 갖는다. D-만노오스 단위는 아세틸과 카르복시에틸 치환기를 가지고 있다. 용액에서 크산탄은 5중의 대칭으로 두개의 사슬이 서로 반 평행으로 달리며 빽빽한 오른쪽으로 도는 이중 나선을 형성한다. 크산탄은 강력한 화학적 안정성을 가지고 있다. 강산이나 강염기에서 크산탄의 수용액은 상온에서 여러 달 동안 안정하다. 희석된 크산탄 용액의 높은 점도는 0~100℃의 범위에 걸쳐 일정함을 보인다. 그러나 크산탄은 특이한 유체거동을 보인다. 전단응력이 없는 상태에서 크산탄 용액은 점성이 있다. 전단응력이 어떤 낮은 최소값을 넘어 적용되었을 때 점도는 전단속도에 따라 급격히 감소한다. 이러한 특이한 거동 때문에 크산탄은 안정제(stabilizer), 증점제(thickener) 또는 겔화제(gelling agent), 또는 식품에서 침강방지제(suspending agent), 페인트에서 침강방지제로 그리고 유정시굴의 굴착에서 물-증점 중합체로 광범위하게 쓰인다.

많은 박테리아는 영양분이 불균형하게 공급된 환경에서 성장할 때 다량의 폴리하이드록시알카노에이트 중합체 과립을 축적한다. 단일폴리에스테르와 공폴리에스테르는 성장배지에 공급된 영양분에 의존하여 형성된다. 공대사는 비천연적인 구성단위를 포함한 공중합체를 형성시킨다. 예를 들면 *p. oleovorans*가 노나노익산(천연기질)과 11-시아노언데카논산(*P. oleovorans*의 성장을 돕는 탄소원이지만, 그 자체로 중합체 합성은 하지 않음)에서 성장할 때, 공폴리에스테르가 축적이 되는데, 수율과 조성은 배지에서 위의 두

물질의 몰비에 의해 결정된다.

미생물 유래 폴리하이드록시알카노에이트의 일부는 열가소성이고 또 다른 일부는 탄성 중합체이다. 열가소성 중합체들은 어느 정도 온도까지 가열하면 녹고, 냉각하면 다시 굳어진다. 생분해성 폴리하이드록시알카노에이트는 플라스틱 물질의 제조에 이용되는 폴리에틸렌, 폴리프로필렌, 폴리염화비닐, 폴리스티렌, 폴리카보네이트, 그리고 나일론과 같은 잘 알려져 있는 난분해성 열가소성 물질들을 대체할 수 있는 잠재성이 있다. 적당한 배양 조건에서 박테리아 균주들은 매우 높은 농도의 다양한 폴리하이드록시알카노에이트 단일중합체와 공중합체를 생산하는데, 이들 중의 일부는 작은 규모로 상업화되어 있다. 이러한 폴리에스테르의 미래는 대량으로 싸게 이러한 물질들을 생산하는 능력에 달려있다. P(3HB)와 P(3HB-*co*-3HV)는 캐놀라, 옥수수, 그리고 콩을 포함한 형질전환 농작물에서 성공적으로 발현되어 왔다. 그러나 전과정 평가는 현재 농작물에서 이러한 물질들을 생산하기 위한 에너지 비용과 환경영향이 석유화학제품으로부터 폴리에틸렌이나 폴리스티렌을 생산하는 것 보다 훨씬 크다는 것을 보여 준다.

|참고문헌과 온라인 자료|

일반적인 내용

Robyt, J. F. (1998). *Essentials of Carbohydrate Chemistry*, New York: Springer-Verlag.

Turner, N., and Johnson, M. (eds.) (2004). *Low Environmental Impact Polymers*, Ontario, Canada: ChemTech Publishing, Inc.

Gerngross, T. U., and Slater, S. C. (2000). How green are green plastics? *Scientific American*, 282, 36–41.

Moire, L., Rezzonico, E., and Poirier, Y. (2003). Synthesis of novel biomaterials in plants. *Journal of Plant Physiology*, 160, 831–839.

Scheller, J., and Conrad, U. (2005). Plant-based material, protein and biodegradable plastic. *Current Opinion in Plant Biology*, 8, 188–196.

미생물 유래 다당류

Sutherland, I. W. (1999). Microbial polysaccharide products. *Biotechnology and Genetic Engineering Reviews*, 16, 217–229.

Sutherland, I. W. (2002). A sticky business. Microbial polysaccharides: current products and future trends. *Microbiology Today*, 29, 70–71.

Dumitriu, S. (ed.) (2005). *Polysaccharides: structural diversity and functional versatility*, 2nd Edition, New York: Marcel-Dekker.

Xanthomonas 속

Starr, M. P. (1981). The genus *Xanthomonas*. In *The Prokaryotes*, Volume 1, M. P. Starr, H. Stolp, H. G. Trüper, A. R. Balows, and H. G. Schlegel (eds.), pp. 742–763, Berlin: Springer-Verlag.

Palleroni, N. J. (1985). Biology of *Pseudomonas* and *Xanthomonas*. In *Biology of Industrial Microorganisms*, A. L. Demain and N. A. Solomon (eds.), pp. 27–56, Benjamin/Cummings.

Swings, J. G., and Civerolo, E. L. (1993) *Xanthomonas*, London: Chapman and Hall.
Qian, W., et al. (2005). Comparative and functional genomic analyses of the pathogenicity of phytopathogen *Xanthomonas campestris* pv. *campestris*. *Genome Research*, 15, 757–767.

크산탄 검

Okuyama, K., Arnott, S., Moorhouse, R., Walkinshaw, M. D., Atkins, E. D. T., and Wolf-Ullish, Ch. (1980). Fiber diffraction studies of bacterial polysaccharides. In *Fiber Diffraction Methods*, A. D. French and K. H. Gardner (eds.), ACS Symposium Series Volume 141, pp. 411–427. Washington, DC: American Chemical Society.
Tait, M. I., Sutherland, I. W., and Clarke-Sturman, A. J. (1986). Effect of growth conditions on the production, composition and viscosity of *Xanthomonas campestris* exopolysaccharide. *Journal of General Microbiology*, 312, 1483–1492.
Garcia-Ochoa, F., Santos, V. E., Casas, J. A., and Goméz, E. (2000). Xanthan gum: production, recovery, and properties. *Biotechnology Advances*, 18, 549–579.
Camesano, T. A., and Wilkinson, K. J. (2001). Single molecule study of xanthan conformation using atomic force microscopy. *Biomacromolecules*, 2, 1184–1191.

폴리하이드록시알카노에이트

Lemoigne, M. (1926). Produits de déshydratation et de polymérisation de l'acide β oxybutyrique. *Bulletin de Sociéte Chimique et Biologique*, 8, 770–782.
Brandl, H., Gross, R. A., Lenz, R. W., and Fuller, R. C. (1990). Plastics from bacteria and for bacteria: poly(β-hydroxyalkanoates) as natural, biocompatible, and biodegradable polyesters. *Advances in Biochemical Engineering/Biotechnology*, 41, 77–93.
Huisman, G. W., Wonink, E., Mima, R., Kazemier, B., Terpstra, P., and Witholt, B. (1991). Metabolism of poly(3-hydroxyalkanoates) (PHAs) by *Pseudomonas oleovorans*. Identification and sequences of genes and function of the encoded proteins in the synthesis and degradation of PHA. *Journal of Biological Chemistry*, 266, 2191–2198.
Steinbüchel, A., and Valentin, H. E. (1995). Diversity of bacterial polyhydroxyalkanoic acids. *FEMS Microbiology Letters*, 128, 219–228.
Rehm, B. H. A., and Steinbüchel, A. (1999). Biochemical and genetic analysis of PHA synthases and other proteins required for PHA synthesis. *International Journal of Biological Macromolecules*, 25, 3–19.
Sudesh, K., Abe, H., and Doi, Y. (2000). Synthesis, structure and properties of polyhydroxyalkanoates: biological polyesters. *Progress in Polymer Science*, 25, 1503–1555.
Jendrossek, D. (2001). Microbial degradation of polyesters. *Advances in Biochemical Engineering and Biotechnology*, 71, 293–325.
Tsuge, T. (2002). Metabolic improvements and use of inexpensive carbon sources in microbial production of polyhydroxyalkanoates. *Journal of Bioscience and Bioengineering*, 94, 579–584.
Lütke-Eversloh, T., and Steinbüchel, A. (2003). Novel precursor substrates for polythioesters (PTE) and limits of PTE biosynthesis in *Ralstonia eutropha*. *FEMS Microbiology Letters*, 221, 191–196.
Pohlmann, A. et al. (2006). Genome sequence of the bioplastic producing "Knallgas" bacterium *Ralstonia eutropha* H16. *Nature Biotechnology*, 24, 1257–1262.
Stubbe, J., and Tian, J. (2003). Polyhydroxyalkanoate homeostasis: the role of the PHA synthase. *Natural Products Reports*, 20, 445–457.
Steinbüchel, A., and Lütke-Eversloh, T. (2003). Metabolic engineering and pathway construction for biotechnological production of relevant polyhydroxyalkanoates in microorganisms. *Biochemical Engineering Journal*, 16, 81–96.

Taguchi, S., and Doi, Y. (2004). Evolution of polyhydroxyalkanoate (PHA) production system by "enzyme evolution": successful case studies of directed evolution. *Macromolecular Bioscience*, 4, 145–156.

식물에서 폴리하이드록시알카노에이트의 생산

Slater, S., et al. (1999). Metabolic engineering of *Arabidopsis* and *Brassica* for poly(3-hydroxybutyrate-*co*-3-hydroxyvalerate) copolymer production. *Nature Biotechnology*, 17, 1011–1016.

Bohmert, K., et al. (2000). Transgenic *Arabidopsis* plants can accumulate polyhydroxybutyrate up to 4% of their fresh weight. *Planta*, 211, 841–845.

Snell, K. D., and Peoples, O. P. (2002). Polyhydroxyalkanoate polymers and their production in transgenic plants. *Metabolic Engineering*, 4, 29–40.

Poirier, Y. (2002). Polyhydroxyalkanoate synthesis in plants as a tool for biotechnology and basic studies of lipid metabolism. *Progress in Lipid Research*, 41, 131–155.

Matsumoto, K., et al. (2005). Enhancement of poly(3-hydroxybutyrate-*co*-3-hydroxyvalerate) production in the transgenic *Arabidopsis thaliana* by the *in vitro* evolved highly active mutants of polyhydroxyalkanoate (PHA) synthase from *Aeromonas caviae*. *Biomacromolecules*, 6, 2126–2130.

박테리아와 형질전환 식물에서 폴리하이드록시알카노에이트 생산의 에너지 비용 및 환경적 영향

Gerngross, T. U. (1999). Can biotechnology move us towards a sustainable society? *Nature Biotechnology*, 17, 542–544.

Akiyama, M., Tsuge, T., and Doi, Y. (2003). Environmental life cycle comparison of polyhydroxyalkanoates produced from renewable carbon resources by bacteria and fermentation. *Polymer Degradation and Stability*, 80, 183–194.

Kurdikar, D., Fournet, L., Slater, S. C., Paster, M., Gruys, K. J., Gerngross, T. U., and Coulron, R. (2001). Greenhouse gas profile of a plastic material derived from a genetically modified plant. *Journal of Industrial Ecology*, 4, 107–122.

Kim, S., and Dale, B. E. (2005). Life cycle assessment study of biopolymers (polyhydroxyalkanoates) derived from no-tilled corn. *International Journal of Life Cycle Assessment*, 10, 200–210.

1차 대사산물 : 유기산과 아미노산

미생물은 1차 대사산물의 공업적인 규모의 생산을 위한 효과적인 공장의 그 기능을 한다. 이들 중 에탄올은 13장에서 설명하고, 다른 1차 대사산물은 현재 표 9.1에서 나타낸 바와 같이 발효에 의하여 생산된다. 몇 가지 유기산과 아미노산은 이 범주에 속하는 가장 중요한 산물이다.

시트르산

표 9.1에서 보는 바와 같이 약 10억 파운드(약 4.5억 kg)의 시트르산이 곰팡이인 **Aspergillus niger**의 야생균주 발효에 의하여 생산되어지고 있다. 시트르산은 식품이나 음료수에서 향료로 사용되거나 지방이나 오일의 산화나 산패를 방지하기 위하여 사용된다. 효율적인 발효과정에 의하여 설탕의 80% 이상이 시트르산으로 변환된다. 1916년 이래 가동되면서 이 과정이 곰팡이 대사에서 다른 어떤 과정보다도 많이 연구되었고, 글루탐산 발효를 포함한 1차 대사산물 발효과정을 위한 표본으로 판단되기에 더욱 상세히 알아보기로 한다.

시트르산은 에탄올과 달리, 에너지 대사의 전형적인 부산물은 아닌데, 시트르산 회로의 과정을 통하여 이산화탄소와 물로 대개는 완전히 분해된다. *A. niger*에 대한 포도당이나 설탕에서 시트르산으로의 당의 효과적인 변환은 예상 밖인데, 특히 *A. niger*의 미토콘드리아는 시트르산 대사의 모든 효소를 보유하고 있기 때문이다. 시트르산 생산은 대부분 정지기에 일어나는데 몇 가지의 특별한 상태를 필요로 한다. (1) 배지가 강한 산성이고, pH는 1.6-2.2 사이이며, (2) 당 농도가 매우 높고(120-250 g/L), (3) 배지는 Mn^{2+}를 포함하여야 하며, (4) 배지는 고농도의 NH_4^+를 함유해야 한다. 이 상태 아래에서 포도당은 빠르게 해당과정에 의하여 발효된다. 대개는 핵심적인 제단계인 **포스포프럭토키나제**(phosphofructokinase 1; PFK1)가 시트르산에 의하여 저해된다. 여하튼 이 시트르산 저해는 NH_4^+의 농도가 높아지면 사라진다.

더우기 고농도의 당은 PFK1의 강력한 활성제인 프럭토스-2,6-이인산(fructose-2,6-biphosphate)의 농도를 증가시킨다. 이 인자는 아마도 피루브산의 최고조의 생산에 관여하면서 해당과정의 회로를 통하여 흐름을 증가시키는데 기여한다. 피루브산 분자의

표 9.1 전 세계적으로 미생물에 의해서 생산되는 1차적인 대사산물의 연간 추정되는 생산량.

대사산물	생산(톤)	시장가치(백만 달러)
아미노산		
글루탐산	1,000,000	3,000
라이신	800,000	915
트레오닌	20,000	100
아스팔틱산	13,000	198
이소루이신	400	43
뉴클레오타이드		
5'-IMP+5'-GMP	2,500	350
유기산		
시트르산	400,000	1,400
비타민		
비타민B_{12}	3	100
비타민C[a]	60,000	71
리보플라빈	2,000	60

[a] 부분적으로 합성제품.
IMP, 이노신 일인산; GMP, 구아노신 일인산.
Demain, A.L. (2000). Biotechnology Advances, 18, 499-514에서 인용

일부가 미토콘드리아에 들어가서 **피루브산 탈수소 효소**(pyruvate dehydrogenase)에 의하여 활성화된 보통의 과정에 의하여 아세틸 코에이(acetyl CoA)로 변환된다. 아세틸 코에이는 옥살로아세테이트(oxaloacetate)와 뭉쳐지는데 여하튼 이 흐름은 시트르산 회로의 나머지에 의하여 조종될 수 있는 것보다도 더 높다. 왜냐하면 **아이소시트르산 탈수소 효소**(isocitrate dehydrogenase)가 글리세롤에 의하여 저해되는데, 고농도의 설탕에 대하여 고삼투반응(Box 9.1)을 하기 때문이다.

그래서 시트르산은 시트르산/말릭산의 **안티포트**를 통하여 미토콘트리아의 바깥으로 빠져나오게 되고 그로 인해서 말릭산의 흐름이 옥살로아세테이트로 변화되는데 시트르산 합성의 다음 단계인 옥살로아세테이트로 변하게 된다. 그리고 해당과정을 통하여 생성된 피루브산 분자의 나머지들은 피르브산 탄산효소에 의해서 옥살로아세테이트로 변환된다. 세포질 내에 있는 옥살로아세테이트는 그 다음에 세포질에 말릭산 탈수소효소에 의해서 말릭산으로 감소하게 되고, 그리고 말릭산은 위에서 처럼 미토콘드리아로 들어가게 된다. 피루브산에서 말릭산으로 변환되는 것은 해당과정의 회로의 연속적인 과정을 통해서 일어나게 되고 적어도 부분적으로는 ATP와 NADH에서 ADP와 NAD^+로 재생됨으로 인해서, 피루산으로 당을 전환되는 동안에 생성된다.

최근까지 이와 같은 많은 부분이 알려지지 않았다. 그것은 세포질로부터 바깥으로 시트르산이 나온다는 것인데 시트르산은 3가의 음이온을 가지고 있는데 이 시트르산은 자발적으로는 세포막 속으로 통과할 수 없고 바깥으로 빠져나오는 것은 수송 단백질에 의해서 활성화된다. 더욱이 세포 내에 있는 시트르산 농도는 밀리몰 단위이고, 0.5 M

미생물의 고삼투압 및 저삼투압에 대한 반응

미생물의 세포에서 삼투압은 위에서 처럼 유지되는데, 이 조건은 세포질이 깨어지지 않고 작은 외부의 압력에 의해 지속적으로 딱딱한 세포벽에 적용되려면 환경의 삼투압에 많이 유지가 되는데 그래서 미생물 세포는 작은 용기에 있는 고무풍선과 같다고 이야기 할 수 있다. 환경이 매우 낮게 되면 미생물은 세포질 내에서 삼투압에서 작은 차이를 유지하기 위해서 용질의 농도를 증가시킨다. 여하튼, 미네랄 염 농도에 있어서 많은 증가는 종종 단백질이나 세포소기관의 기능을 퇴화시킨다. 그래서 이와 같은 상황에서 단백질에 독성이 적은 프로린, 베타인, 트레할로스, 글리세롤 등을 축적하게 된다. 환경이 갑자기 삼투압에 매우 낮게 되면 용질이 특수한 이온 통로나 트랜스포터를 통하여 밖으로 빠져나오게 된다. *Corynebacterium glutamicum*에 있는 아미노산 엑스포터는 확실히 펩타이드의 흡수와 그것이 세포질에서 가수분해가 되면 세포질의 삼투압이 증가되므로 이럴 때 역할을 한다.

Box 9.1

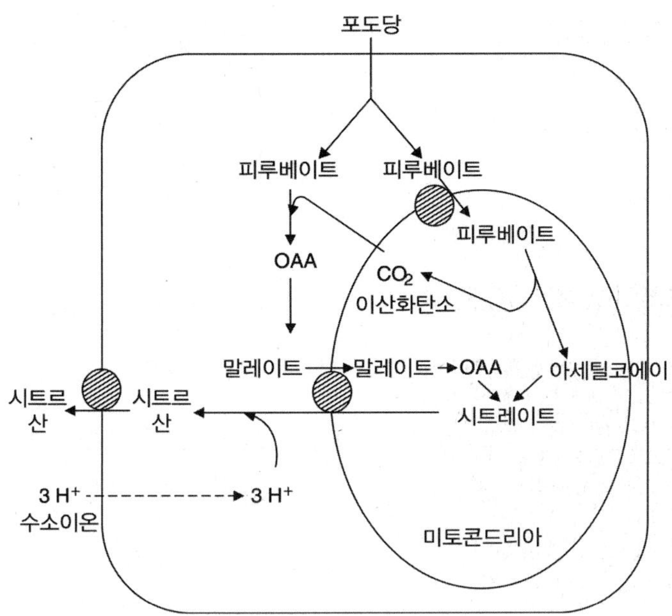

그림 9.1

*A. niger*에 의한 시트르산의 생산에 관련된 대사경로. 빗금친 원은 특수한 수송 단백질을 나타낸다. 해당과정을 통하여 생성된 피루베이트 한 분자는 포도당으로부터 해당과정을 통하여 미토콘드리아를 통하여 피루베이트/수소 양성자 심포트라는 것을 통해서 들어올 수 있고, 이것이 피루베이트 탈수소효소에 의해서 아세틸코에이로 변환될 수 있다. 그리고 다른 피루베이트 분자는 피루베이트 탄산효소에 의하여 옥살로아세트산으로 변환된다. 어쨌든 미토콘드리아에는 옥살로아세트 수송체가 없기 때문에 말레이트로 환원되어야만 한다. 그리고 그 다음에는 반드시 특수한 이동체를 통하여 미토콘드리아 안쪽으로 들어가서 재생된다. 말레이트 이동체는 α-케토글루타르산과 말레이트의 교환을 촉매시키는 것으로 알려져 있는데 이 경우에서는 미토콘드리아 내에서 생성된 시트르산을 말레이트와 교환을 촉매한다. 시트르산은 특수한 이동체를 통하여 세포외부로 나가게 되는데 이것은 이동체가 시트르산의 방출을 활성화 시키고 그것으로 인해서 세포질의 산성화를 막는 것으로 추측되어진다. 여하튼 이 경로는 가정이고, 3가 음이온화된 시트르산이 어떤 에너지의 투입을 하지 않고 바깥으로 나올 가능성도 존재한다.

이상을 배지에 유지되게 하는 것은 열역학적으로 에너지가 필요한 방향이기 때문에 에너지를 소비하게 되는 과정이다. 실제로 *A. niger*로부터 시트르산이 배출되는 것은 1997년도에 처음으로 밝혀지게 됐는데 이것은 소듐 아자이드나 양성자 유도제라고 알려져 있는 카보닐시아나이드(CCCP)에 의해서 저해된다고 알려져 있다. 능동적으로 배출시키는 단백질이 존재하리라는 것은 *A. niger*에 망간을 결핍시킨 배지로 배양을 하게 되면 이 과정을 활성화시키는 것이 필요한데, 이것은 아마도 망간 2가 이온의 억제 효과 때문인 것으로 추정되어 진다. 만약 기질이 수소 이온이 붙어있는 형태라면 시트르산은 아마도 바깥으로 유출될 때는 세포질에 있는 양성자 농도를 감소시키게 되고 그로 인해서 아주 강력하게 산성 환경에 있는 *A. niger*의 생존을 돕게 된다. 그러므로 배지로부터 양성자가 빠져나오는 것은 세포질의 산성화를 나타내게 된다. 그래서 이와 같은 가정을 그림 9.1에 나타냈는데 이 균주에 의해서 강력하게 산성 조건 아래에서 시트르산이 생성되는 것은 생리학적으로 큰 의미가 있는 과정이다.

달리 이야기 한다면 만약 수송체가 3가 음이온화된 시트르산의 흐름을 활성화한다면 배지에 있는 시트르산의 축적은 결국은 3가의 음이온이 대부분이 변환된 결과라고 설명할 수 있겠다. 이 흐름은 세포 외로 양이온을 띠는 세포막의 전위에 의해서 촉진되어 질 것이다. 음이온으로 전하를 띠지 않는 시트르산에 3가 음이온의 대부분이 변환되는 결과로 설명되어 지고, 이 흐름은 세포 바깥쪽에 플러스와 같은 세포막 전위에 의해서 촉진되어 질 수 있다고 생각하면 된다.

아미노산: L-글루탐산

개요

아미노산의 공업적인 생산 중에서도 L-글루탐산(자연계에서는 대부분 L 타입이므로 글루탐산으로 통일함)은 1908년으로 거슬러 올라가게 되는데 일본의 농화학자인 이께다 박사가 글루탐산이 아주 특징적인 맛에 관여한다는 것을 발견했다. 그런데 이것은 식품이나 여러 가지 콘푸라고 하는 말려져 있는 켈프(해초의 일종)로 요리하는 식품에 많이 함유되어 있다. 처음 50년 동안은 모노소듐 L-글루타메이트 (MSG)의 화학적인 공정에 의해서 생산되었는데, 이 기반은 단백질의 산 가수분해에 의해서 거의 대부분 생성되는 화학적 방법에 의해서 생산되어 졌다. 그 이유는 이 가수분해 과정이 비싸며 또한 D와 L 글루탐산의 혼합물로 생성되고, D 이성체는 맛이 없어서 이를 제거하여야 하기 때문이다. 1957년에 일본의 쿄와하코(협화발효)의 과학자들이 토양 미생물을 발견하게 되었는데 배지 속으로 많은 글루탐산을 분비하는 미생물을 발견하였다. 유사한 박테리아도 다른 회사에서 많이 분리를 하였는데, 아미노산 발효라든지 미생물에 의해서 아미노산이 생산되는 공업적인 기술이 속속 나오게 되었다. 에탄올을 제외하고 다른 유기용매, 비타민, 글루탐산 같은 것은 공업적인 규모로 미생물의 발효 기술에 의해서 생산되는 유기 분자가 되었다. MSG라는 것은 향기를 증진시켜주는 물질로 매우 많은 양이 표 9.1과 같이 사용되는데 이것은 야생균주를 사용하여 발효과정에 의해서 생산되는 첫 번째 아미노산이었다. 단백질의 조립을 위한 받침으로 아미노산이 중요하게 사용되기 때문에 이것의 합성은 견고하게 제어된다. 왜냐하면 에너지와 탄소 같은 것은 이들 물질이 과량임에도 불구하고 합성에 대해서는 전혀 폐기물로 되지 않게끔 해주기 때문이다. 그래서 글루탐산의 야생균주에 의한 과다 생산은 아주 놀랄만한 일이고 그 기전은 많은 연구에도 불구하고 아직까지는 투명하게 밝혀져 있지는 않다. 발효에 의한 MSG 과다생산은 **Corynebacterium glutamicum**이라는 세균에 의해서 생산된다. 많은 회사가 글루탐산을 생산하는 미생물로 이름을 지었는데 예를 들면 *Brevibacterium*, *Arthrobacter*인데, 이 모든 균주들은 *C. glutamicum*의 변형균으로 판단되어진다. 획기적인 관찰은 글루탐산 발효 기술의 개발 초기에 이 균주들이 바이오틴을 요구하는 **영양요구주**이었는데, 글루탐산 생산을 위해서는 바이오틴을 줄여주는 노력이 필요했다(그림 9.2).

바이오틴 결핍의 필요성

왜 글루탐산의 분비에 대해서 **바이오틴**을 줄여야 하는가? 가장 중요한 바이오틴의 기능은 아세틸 코에이 카복실레이즈라는 효소가 지방산 합성을 위해서 필요한 첫 번째 효소

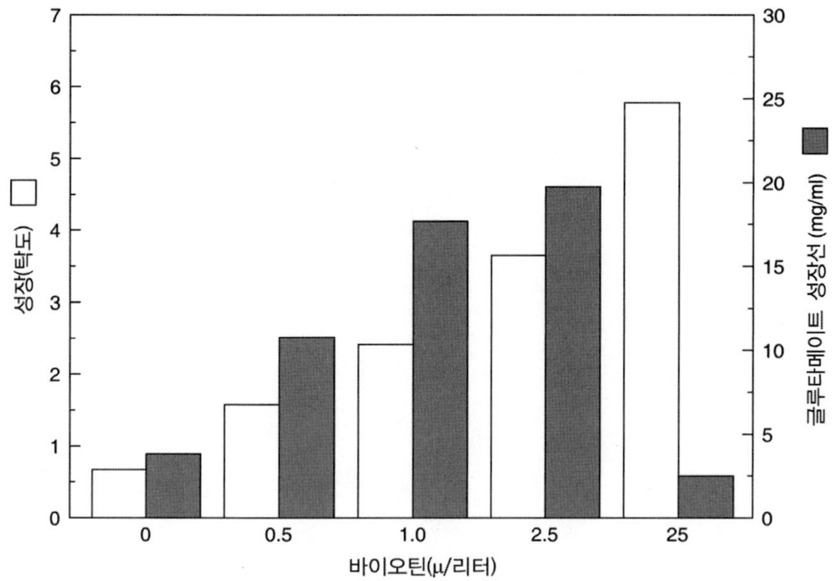

그림 9.2

*C. glutamicum*에 의한 글루탐산 생산에 대한 바이오틴의 영향. 다나카 등. (1960), 일본 농예화학잡지, 34, 593–600

인데 이 효소의 보결분자족으로 사용되기 때문이다. 지방산의 부족으로 인하여 세포막의 **투과성**이 증가하게 되는데 이 경우에 글루탐산의 분비와 관계가 있으리라는 가정이다. 세포막 보전에 영향을 미치는 다른 처리, 예를 들면 세제를 배지에 첨가시키거나 트윈60 또는 다른 베타락탐 항생제(세균의 **펩티도글리칸** 층을 약하게 하는)를 낮은 농도로 첨가시켜 주거나, 불포화 지방산의 영양요구주에서 외부에 첨가하는 오레익산의 양을 제한함으로써 과량의 바이오틴이 존재하는 데도 글루탐산을 생산할 수 있는 것으로서 알 수 있다. 이 현상은 실제적으로 중요하다고 할 수 있는데, 왜냐하면 이런 것들이 글루탐산 생산 배지 바깥으로 분비시키는 것을 활성화 시켜주는 방법이기 때문이다. 값싼 탄소원 예를 들면 **당밀**(바이오틴을 많이 함유)을 가지고 세균을 키우기 때문에 공업적으로 중요한 의미가 있으며, 석유 같은 것이 값 비싸지 않을 때 이와 같은 것을 탄소원으로 하려는 노력을 많이 했다. 불포화 지방산의 영양요구주는 글루탐산을 많이 생성하지 않는다는 것을 발견했는데 세포막을 약하게 하는 다른 방법을 찾으려고 했다. Glycerophosphate에 대한 조건적인 영양요구주를 만들면 glycerophosphate에서 인지질의 합성은 어떤 조건에서는 일어나지 않았는데, 이 **돌연변이주**는 glycerophosphate의 공급량을 제한함으로서 글루탐산이 생산되었다. 위에서 말한 결과는 다음과 같은 가설을 지지할 수도 있는데 그 가설이란 글루탐산의 분비를 위해서는 세포막이 어느 정도는 느슨한 것이 필요하다는 것이다. 만약 세포막이 느슨하게 된다면 세포들이 어떻게 살아있는 상태로 유지되느냐는 질문이 있을 수 있다. 다른 말로 하면 필요한 대사산물과 이온이 분비되는 것을 어떻게 막을 수 있느냐 하는 문제이다. 그리고 글루탐산의 생산을 위해서 필요한 이 처리는 왜 필요한가 그리고 다른 아미노산의 경우에서는 그런 처리가 필요하지 않느냐 하는 것은 이 다음 장에서 이야기한다. 1990년도 초반에서 *C. glutamicum*과 유연균이 특수한 익스포터라는 것을 생산한다고 알려져 있는데, 이것은 아미노산을 유일하게 분비시키는 기능을 가진 단백질이다. 그래서 라이신과 같은 것을 과량을 분비할 수 있는데 이런 특수한 아미노산을 밖(배지)으로 많이 분비하는데 관여하는 게 특수한 **익스포터**이다. 이 익스포터를

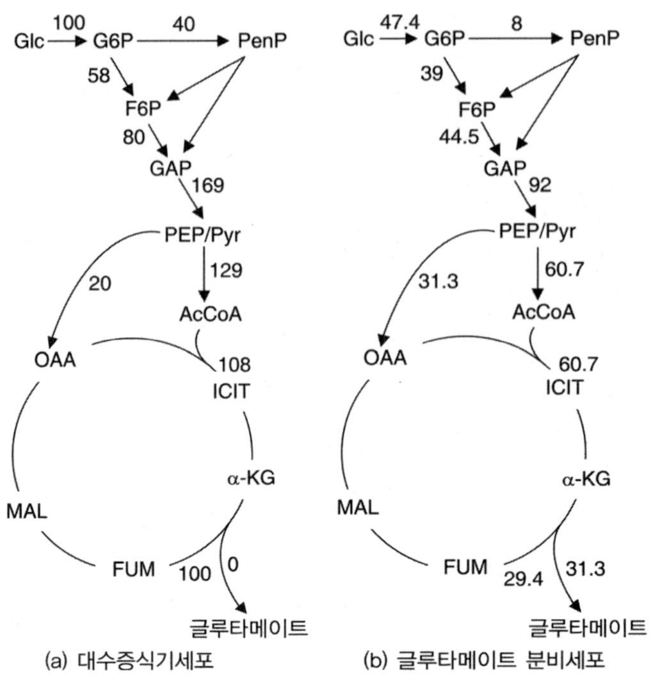

그림 9.3

*C. glutamicum*에서의 탄소 대사. 오래된 모델에서는 시트르산 회로는 α-케토글루타레이트 탈수소효소의 활성이 낮거나 존재하지 않고 절단되어 있다고 생각되어졌다. 하지만 최근에 연구에서는 대사의 유지는 ^{13}탄소를 사용해보면 α-케토글루타레이트 탈수소효소가 상당히 활발하다고 알려져 있다. **(A)** 바이오틴이 많이 함유되어 있는 배지에서 *C. glutamicum*에서 대사의 전체 흐름치(글루탐산이 분비 안 되는 조건). **(B)** 바이오틴이 결핍된 조건에서 자라는 *C. glutamicum*의 흐름치(글루탐산이 분비되는 조건). 순수 흐름치(몰 단위)는 글루탐산을 분비하지 않는 세포에서 포도당의 흐름의 %를 100으로 나타내었다. 글루타메이트가 분비되는 세포에서는 성장은 느린데(포도당의 유입은 대수적으로 자라는 세포에서 보이는 것보다 반 정도도 안된다), 5탄당 인산화 경로는 최소화되고, 피루브산/PEP로부터 옥살로아세테이트의 생산은 많이 증가하며, α-케토글루타레이트의 반 정도는 글루타메이트로 빨려 나가게 되어, 포도당 1몰당 글루타메이트 0.66 몰 정도의 생산량을 나타낸다. 그리고 어떤 단계에 있어서는 쌍방향 흐름(교환)이 있는데 여기에서는 단순하게 나타내기 위해서 그림으로는 나타나 있지 않다. 두 경우에 있어서, 글라이옥실레이트 회로는 무시할 정도이다.

약어: G6P, 포도당 6-인산; F6P, 과당 6-인산; PenP, 5탄당 인산; GAP, 글리세르알데히드 3-인산; PEP, 인산에놀피루베이트; Pyr, 피루베이트; AcCoA' 아세틸 CoA; OAA, 옥살로아세테이트; ICIT, 아이소시트레이트; α-KG, α-케토글루타레이트; FUM, 푸마레이트; MAL, 말레이트. 흐름치는 Sonntag 등(Appl. Microbiol. Biotechnol., 44, 489-495, 1995)에 근거하였다.

다른 말로 하면 방출하는 **트렌스포터**(수송체)라고 말할 수 있는데 이 수송체는 세포질이 아미노산으로 넘쳐날 때 아주 유용하다고 생각되어 진다. 그래서 배지로부터 펩타이드의 세포 내 가수분해 후 빠른 흡수의 결과로서 이와 같은 것이 생길 수 있다고 판단되어 진다. 세포 내에 있는 글루탐산의 농도는 대개 아미노산 중에서도 굉장히 높은데 보통 200 밀리몰 정도인데 다른 아미노산에 비교해 보더라도 흔히 밀리몰 정도는 아주 특이하다고 할 수 있다. 특수한 글루탐산 수송체의 관여는 글루탐산의 분비를 잘 설명할 수 있는데 이것은 세포막의 긴장 변화에 의해서 활성화된다고 말할 수 있다. 글루탐산 수송체는 여전히 동정되지 않고 있는데 *C. glutamicum*의 유전체 배열이 벌써 완전히 밝혀졌는데도 불구하고 수송체는 밝혀지지 않고 있는 실정이다.

시트르산 싸이클(TCA cycle)은 절단되어 있는가?

다른 글루탐산 발효의 초기 시기의 중요하다고 생각되는 요소는 절단된 시트르산 회로의 존재이었다. 그것은 글루탐산의 많은 양의 분비는 반드시 대사회로에 있어서 특정적인 글루탐산의 대사상 전구물질은 α-케토글루탐산이고 이것은 그림 9.3A에 나타난 바와 같이 시트르산 회로의 중간체이다. 시트르산 회로의 효소가 처음으로 연구되었을 때 글루탐산 생산균주는 α-케토글루타레이트 탈수소효소를 제외한 그 회로의 모든 효소를 가지고 있다고 보고되었다. 더욱 최근에는 α-케토글루타레이트 탈수소효소는 존재한다고도 밝혀지고 있다. 그러나 이것은 우리가 *in vitro*에서 정량되었는 효소 활성으로부터 어떻게 그렇게 많은 기질 흐름(유입량)이 효소를 인텍트한 세포에서 활성화시키는지는 아직까지도 결정하기가 아주 힘든 점이 있다. 이와 같은 점에서 최근에 아주 자세한 기질 흐름은 Box 9.2에 나타난 바와 같이, 기질 흐름의 명확한 해명은 아주 중요하다.

대사 흐름 분석.

중심되는 대사회로도의 각각 과정을 통한 대사물질의 흐름의 양적인 정량은 다음과 같은 이유에 의해서 매우 중요하고 필수적이다. 그 이유는 우리가 아미노산의 합성과 같은 그런 공정을 이해하는 것에 있어서도 중요하고 또 그와 같은 공정을 위하여 이상적인 증진을 고안하기 위해서도 필요하다(Box 9.3 참조). 여하튼 그와 같은 양적인 정량은 우리가 세포가 그대로 살아있는 상태에서는 어렵게 되는데 제일 초기에는 효소 활성이나 또는 그들의 역학 특성 이런 것이 세포추출물에서 측정이 되었고, 측정된 효소의 활성이나 역학 특성 같은 것이 그 모델을 만드는 데 사용되어 졌다. 그러나 종종 효소라는 것은 굉장히 가변성이 있고, 그리고 생체 외에서 측정된 활성은 손상되지 않은 상태의 세포에서의 활성과는 조금은 거리가 있다고 볼 수 있다. 다른 시도는 대사조절분석[1]이라는 시도인데, 이 수학적인 접근방법에 의하면 우리가 어떤 효소의 양의 변경에 의해서 일어난 흐름 변경과 흐름제어상수의 결정이 정량적이고 역동적인 경로로 된다는 것이다. 한 유전자의 증폭은 플라스미드 벡터에서 클로닝에 의해서 쉽게 할 수 있기 때문에, 이와 같은 접근이 여러 과학자들에 의해서 강력하게 제창되고 있다. 경로의 분절이 산물이나 중간체에 의하여 조절되는 효소를 가지지 않을 때 이 방법은 작용한다. 그러나 실질적으로는 모든 중요한 대사 경로는 그와 피드백 조절 효소를 가지고, 이런 경우에는 간단한 컴퓨터 시뮬레이션[2]에 의해서 충분히 알 수 있듯이 이와 같은 시도는 실패할 것이다. 이 같은 문제는 MCA 제창자들 의해서는 적절하게 다루어 지지 않았고, MCA 유도의다른 모델을 만들 수 있다.

가장 신뢰받을 수 있고 유용한 모델이 대사 균형 분석(Metabolic Balancing Analysis)의 시작으로 만들어졌다. 여기에서는 탄소 즉 포도당과 에너지 급원의 소비나 락테이트, 아세테이트, 아미노산과 같은 산물의 분비와 축적을 측정할 수 있다. 그리고 이 모든 산물의 합성을 하는 세포 속으로 포도당의 흡수를 균형되게, 중심적인 이화 및 동화 경로의 지식을 사용하여, 노력한다. 여하튼 대사의 많은 부분에서 수평적인 경로나 양방향 흐름의 존재는 더욱 이 간단한 분석을 불가능하게 한다. 그래서 우리는 소위, 글루코스의 1위치에 ^{13}C을 표지하여 해서 자라는 세포에 의한 다양한 산물의 방사성 동위원소의 표지 패턴으로 균형 분석을 결합한다.평형경로에 대하여 해당과정에 의하여 생성된 피루베이트의 C-3은 50% 정도는 ^{13}C으로 표지되나, 5탄당인산 경로로부터 오는 피루베이트의 C-3은 ^{13}C를 가지지 않는다. ^{13}C의 위치와 농도는 NMR이나 질량분석기에 의하여 정량될 수 있고, 다양한 산물에서 방사성동위원소 표지에서 패턴은 컴퓨터에 의하여 모의실험을 할 수 있다. 대사의 각 단계를 위한 자세한 흐름도로 된 모델이 최종 결과가 된다.[3,4]

[1]Fell D. (1997). Understanding the control of metabolism, London: Portland Press.

[2]Atkinson, D.E. (1990). An experimentalist's view of control analysis. In control of metabolic processes, A. Cornish-Bowden and M.L. Cardenas (eds.), pp.413–429, New York: Plenum Press.

[3]Sahm H., Eggeling, L., and de Graaf, A.A. (2000). Pathway analysis and metabolic engineering in Corynebacterium glutamicum. Biol. Chem., 381, 899–910.

[4]Weigert, W. (2001). ^{13}C metabolic flux analysis. Metabolic engineering, 3, 195–206.

Box 9.2

왜냐하면 그것은 1-위치에 포도당의 C를 NMR에 기인한 결정 산물을 라벨링하는 방식으로 결정을 해 보면, α-케토글루타레이트 탈수소효소 단계 후 회로의 부분이 분비하지 않는 세포에 있어서 완벽한 활성을 가지고 있는 것으로 나타났고(그림 9.3a), 심지어 글루타메이트를 분비하는 세포에서도 흐름의 활성의 반 정도는 가지고 있었다. 즉 시트르산 회로는 *C. glutamicum*에서는 절단되어 있지 않고 시트르산 회로를 통하여 기질의 흐름에서의 변화와 글루탐산 분비 동안에 관찰되었고 이런 것들이 이 과정에 있어서 원인이라기보다 결과로 나타났다.

가장 단순한 가정은 우리가 세포막을 긴장시켜줌으로써 글루탐산 수송체의 활성이 시작된다는 가정이다. 그래서 세포막을 긴장시켜주는 것은 다음 섹션에서 토론하겠지만 글루탐산의 세포질 농도를 낮출거라고 보고 있는데, 왜냐하면 시트르산 회로에서 α-글루타레이트 둘레에 안정된 상태의 흐름을 바꿔줄 수 있다는 가정 하에 낮게 해 준다는 것이다. 옥살로아세테이트의 불충분한 양이 그 회로의 끝지점에서 생성될 때 생성되는 것은 그림 9.3B에 나타난 것과 같이 α-케토글루타레이트 외에 많은 양을 싣고 있기 때문에 회로의 끝에 생성되는 옥살로아세테이트의 불충분한 많은 양이 있다면 다시 재보충해 주는 반응, 즉 탄소 3개로부터 탄소 4개 화합물을 생성시키는 즉 피루브산과 포스포엔올피루베이트가 생성되는 것은 아주 중요하다. 실제로 피루베이트 카볼실레이즈 과다 생성은 글루탐산 생산량을 증진시켜준다고 보고되었다. 시작의 특성에 상관없이 글

대사공학

대사공학이라는 것은 좁은 범위에서 재조합DNA방법의 응용이라고 할 수 있다. 왜냐하면 그것은 세포에서 우리가 대사산물의 흐름을 바꾸게 하거나 또는 우리가 아주 새로운 산물을 생산하기 위해서 또는 원하는 최종산물의 생산을 증가시키게 하기 위해서 필요하다. 그래서 이와 같은 접근은 종종 우리가 중심 대사경로에서 탄소의 흐름에 대한 지식을 요구한다.

Box 9.3

루탐산 발현은 NADPH의 소비가 필요하게 된다. 글루탐산 탈수소효소에 의해서 NADPH의 소비로 이어지게 되는데 그림 9.3A에 나타나 있다. 사실 글루탐산 발효는 산소를 요구하는 것으로 나와 있는데 그렇다고 해서 고농도의 용존산소가 필요한 건 아니다. 차라리 글루탐산보다는 α-케토글루타레이트의 분비를 촉진시켜 주기 위해서 약한 농도의 용존산소가 필요하게 된다. 그리고 명확하게 그 과정은 고농도의 암모니아를 요구하게 된다. 산소의 분압과 암모니아의 농도는 산업적인 과정에서도 아주 자세히 제어되어야 한다고 알려져 있다.

글루탐산 생산에 대한 생리적인 역할

과학자들은 보통 대사에서 몇몇 스텝이 완전하게 저해되었기 때문에 시트르산과 글루탐산 발효가 일어난다고 가정을 했다. 대사의 흐름 연구는 이제는 그와 같은 저해가 존재하지 않고, 1차 대사산물이 많이 분비되는 것은 단지 중심부에 이 중심 대사경로에 있어서 아주 적절한 조정의 결과로써 일어난다고 알려져 있다. 이것은 주요한 대사 경로에 대한 어떤 새로운 지식이 된다. 이것이 바로 대사 공학의 떠오르는 중요한 필드라고 생각하는데 Box 9.3에 그런 설명이 있다. 이와 같은 것으로 인해서 주요 경로에 흐름의 변화라던지 어떤 보통의 1차 대사산물이 아닌 생성물들이 관련된다.

1차 대사산물을 생산하게 되는 공정은 종종은 과다흐름 대사로 설명이 된다. 이런 오래된 생각은 미생물세포가 과다한 탄소를 소비한다고 생각되어지는데, 그래서 이런 것을 과다흐름이라고 하고, 이럴 때에는 세포 성장이 다른 영양분에 의해서 제한을 받는다고 하는데, 예를 들면 *A. niger*의 시트르산 발효 과정에서 2가 양이온의 필요가 그 예가 된다. 그래서 우리는 대사 분해되는 이화작용은 우리가 많은 조절 과정을 통하여 동화작용에 아주 밀접하게 연결되어 있다. 여러 가지 대사산물의 과대생산은 단순히 과다흐름이 아니라, 아마도 생리적인, 생태학적인 여러 가지 문제점이 반드시 연결되어 있다고 판단되어지고, 그와 같은 생리적인 글루탐산 분비반응의 생리적인 목적이라는 것은 평가하기가 굉장히 힘들다. 여하튼 *C. glutamicum*과 그것의 근연균들은 자연적으로 바이오틴 영양요구주로 되어있는데, 이와 같은 *C. glutamicum*과 근원균들은 자연 생태계에서 바이오틴이 결핍되어 있다. 그래서 세포막 지질의 생합성이 저해되어 있는 이런 것들은 예를 들면 세포질막의 기계적인 손상을 유발시킨는데, 왜냐하면 세포 내에 있는 삼투압이라는 것은 대개는 세포 바깥의 배지의 삼투압보다 높기 때문이다. 여기서 중요한 점은 세포 내의 글루타메이트 농도가 약 2배 때로는 3배 정도의 크기가 되는데 다른 아미노산의 농도보다도 더 높다. 따라서 세포질의 주요 음이온 성분인 글루타메이트 유출은 세포막을 통하여서 삼투압의 차이를 감소시킴으로 인해서 세포막의 긴장을 감소시키도록 디자인되어 있다고 볼 수 있다(Box 9.1). Glutamate의 분비에 의해서 기인된 대사흐름의 재편성과 성장률의 감소는 그림 9.3b에서 보는 것과 같이 특징적인 패턴으로 나타난다. *C. glutamicum*에 대해서는 우리가 글루타메이트의 바깥으로 분비를 통해서 세포막 스트레스를 감소시키는 것 외에도 글루타메이트 생성 공정이 아세틸CoA의 피루베이트 산화를 통하여 부가적인 ATP를 생성하고 순수한 발효(포도당 1 몰 당 락테이트 2몰)에 비하여 조금 덜 산성의 산물(포도당 1몰 당

0.66몰의 글루타메이트를 생성)을 생성하게 되고, 그래서 중성 pH에 가까운 환경을 유지한다.

균형을 이루고 서로 연결된 주요한 대사 반응으로써의 글루타메이트 생산 시스템의 가동은 *C. glutamicum*의 ATP 합성효소 돌연변이주의 예에서 설명될 수 있다. ATP 합성효소(또는 H^+-ATPase)의 오직 25% 정도만 활성을 나타내는 이 균주에서, 바이오틴의 결핍 상태가 적당하게 남아있는 상태일 때, 대신에 젖산은 분비될 때, 글루탐산의 분비가 전적으로 없어진다. ATP가 시트르산 회로를 통하여 변화된 흐름에서 얻어지는 NADH로부터 만들어지는 것은 아니고, 낮은 ATP 합성효소 활성을 가지고 있어서 나타나는 것이어서, 그래서 해당과정(ATP를 직접 생산)은 대신 높아지고, 결과적으로 젖산이 분비된다.

그러므로 *C. glutamicum*은 환경적인 조건의 특별한 장치 아래에서 이화작용의 폐기 산물로서 글루타메이트를 생성하는 것으로 보인다. 이것은 글루타메이트 탈수소효소가 생합성 효소로서 밀접하게 조절되지 않을지도 모른다. 효소가 이 과정에서 필요하게 되는데 이것은 생합성에 필요한 효소로 알려져 있다. 이것이 사실이라는 증거는 다음에 나타나 있다.

글루탐산 합성에 관련되어 있는 효소의 제어

대부분의 미생물에 있어서는 글루탐산 합성에 주요 경로는 GS-GOGAT 이다.

(1) L-글루탐산 + 암모니아 + ATP → L-글루타민 + ADP + P_i
(GS: 글루타민 합성효소)

(2) L-글루타민 + α-케토글루타레이트 + NADPH + H^+ → 2 L-글루탐산 + $NADP^+$
(GOGAT: 글루타민 옥소글루타레이트 아미노전이효소)

합계 (1)+(2):

α-케토글루타레이트 + 암모니아 + ATP + NADPH + H^+ → L-글루탐산 + ADP + P_i + $NADP^+$

비록 이 경로가 합성된 L-글루탐산 각 분자에 대해서 1개의 ATP를 소모하지만 그러나 이 경로는 대신할 수 있는 아래 경로보다는 훨씬 좋다. 그 이유는 낮은 **미켈레스 상수** (K_m; 1 mM 보다 낮음)를 가지게 되고 특히 암모니아를 효과적으로 이용할 수 있기 때문이다. 두 번째 경로는 글루탐산 탈수소경로이다.

α-케토글루타레이트 + 암모니아 + NAD(P)H + H^+ → L-글루탐산+NAD(P)$^+$ + 물

암모니아에 대하여 약간 높은 K_m치 때문에 이 경로는 암모니아 농도가 높을 때에 의미가 있다. 대부분의 미생물에 있어서는 이 효소의 돌연변이에 의한 불활성화는 글루탐산을 위한 영양요구주를 만들지는 못하는데, 우리가 대부분의 종에 있어서 글루탐산 합성을 위한 경로의 상당히 적은 역할을 확인한 발견이다. GS-GOGAT 경로는 굉장히 중요하기 때문에 이 효소는 상당히 제어되어 있고, 필수적으로 생합성에 관련되어 있는 매우 전형적인 예이다. 한편 글루탐산 탈수소효소의 활성은 상당히 느슨하게 되어

있다.

*C. glutamicum*에서 글루탐산 탈수소효소의 조절은 예외적으로 느슨한데, 효소의 50% 억제가 거의 세포추출물의 0.2 M 글루탐산 첨가를 필요로 하고, 반면에 *Alkaligenes eutrophus*의 유사한 저해에서는 단지 20 mM 정도만 필요한 것을 보면 이 사실을 잘 알 수 있다.

이런 고찰은 *C. glutamicum*에서 글루탐산의 과다 생산은 단지 몇몇의 요소들의 우연한 조합의 결과라고 볼 수 있겠다. 여러 가지 진화적인 시간을 감안해 볼 때, 이 그룹의 미생물들은 특별하게 효소의 조합이 잘 발달되어 있다고 볼 수 있겠고, 이런 것들은 생태학적인 요소를 잘 다루면서 구비하고 있기 때문에 이와 같이 나타난다고 볼 수 있다. 또 이것은 우리가 실험실이나 산업체에서 사용되고 있는 발효 조건이 글루탐산의 합성을 자극하고, 분비하게끔 유도했기 때문이다.

글루탐산 이외의 아미노산

글루탐산 이외의 아미노산에 대한 필요

글루탐산은 아주 넓게는 향기 증진제로 사용된다. 그러나 다른 아미노산 또한 전 세계적으로 많은 양을 필요로 하는데, 이들 아미노산의 어떤 것들은 중요한데, 특히 인간이나 동물 사료의 첨가제로 사용된다. 이것은 인간이나 대부분의 고등 동물에서 라이신, 쓰레오닌, 트립토판, 페닐알라닌, 아이소로이신, 로이신, 발린, 메치오닌, 히스티딘과 같은 필수 아미노산을 생합성하지 않기 때문에 이것들은 우리가 음식의 단백질로부터 얻을 수가 있다. 여하튼 값 비싸지 않게 우리가 식품 단백질의 급원으로 이용하는 곡물의 씨앗은 이들 필수 아미노산이 많이 결핍되어 있는데 특히 라이신, 메치오닌, 트립토판이 많이 결핍되어 있다(표 9.2). 이 아미노산은 특히 자라고 있는 어린이나 나이가 어린 동물에게서 많은 양이 요구된다. 그럼에도 불구하고 밀가루나 옥수수 단백질에서의 라이신 함량은 단지 21~27% 밖에 되지 않는다(표 9.2). 이들 곡물 단백질의 영양가는 만약 씨앗에 부족한 아미노산이 증강될 수 있다면 상당히 상승할 것이라고 생각되어진다. 라이신은 이제 발효를 통하여 연간 800,000톤의 비율로 생산되어지며, 그것의 생산은 연간 10% 정도의 비율로 증가하고 있다. 라이신은 인간의 음식이나 동물의 사료에 첨가되어 질 수 있고, 유사하게 L-쓰레오닌은 발효를 통하여 연간 20,000톤이 생산될 수 있다. 그리고 이것들은 대부분은 사료 첨가제로 사용된다. 영양학자들은 동물의 불어나는 몸무게와 섭취되는 단백질의 양 사이의 비율을 계산함으로 인해서 식품 단백질을 평가하게 된다. 그래서 그것을 단백질 효율비(PER)로 나타내기도 하는데, 옥수수 단백질은 특히 라이신과 트립토판 함량이 낮기 때문에 옥수수 단백질은 0.85의 PER로 굉장히 낮다(표 9.2). 그러나 이 수치는 만약 0.4% 라이신과 0.07% 트립토판을 옥수수에 첨가함으로 인해 약 2.55 내지는 3배 정도 높일 수 있다.

표 9.2 곡물과 동물 육단백질에서 필수 아미노산의 수준[a].

	곡물단백질			육단백질	
	옥수수	밀가루	수수	소고기	돼지고기
라이신	167	130	126	556	625
쓰레오닌	225	168	189	287	319
트립토판	44	67	76	70	85
메치오닌	120	91	145	169	188

[a] 아미노산 양은 단백질 질소의 그람 당 밀리그람으로 표시 UN의 *FAO*의 자료(1970).

돌연변이 균주로 글루타메이트 이외의 다른 아미노산의 발효

바이오틴을 제한한 *C. glutamicum*의 불안정한 산화 과정의 최종 산물로 생산된 글루탐산 이외의 다른 아미노산들도 생화학적인 합성 경로의 최종 산물들인데, 이 아미노산으로는 순수한 에너지의 사용으로 단백질의 구조체로 합성되어 질 수 있다. 이것은 그들이 원하는 것보다 더 많은 아미노산을 생산함으로써 에너지를 소비하지 않고 세포의 이점을 얻을 수가 있다. 결과적으로, 아미노산 생산은 대개 효과적으로 제어되어 진다.

그와 같은 제어되는 과정은 대개 *Escherichia coli*의 연구를 통해서 많이 알려져 있다. *E. coli*의 제어기전은 매우 교묘해서 많은 토양 미생물과 마찬가지로 덜 복잡하지만 안정할 것으로 판단되어 진다.

*E. coli*에서 대부분 아미노산의 생합성은 두 가지의 다른 수준으로 제어되게 되는데 (1) 이미 존재하는 효소의 활성을 제어하는 방법, (2) 새로운 효소분자의 합성을 조절하는 방법이다. 이미 존재하는 효소의 활성을 제어하는 것은 *E. coli*의 반응을 잘 제어하는 것이고, 아미노산의 생합성은 많은 양의 화학적인 에너지를 소모하게 되는데 바깥에서 안으로 들어오는 아미노산의 공급이 유용할 때, 자신의 생합성 경로를 중지시키고 유입되는 아미노산을 사용하기 시작하는 것이 세균에게는 이익이 된다. 여하튼 세포는 아미노산의 형성에 관여하는 효소의 여러 가지 부속품들을 가지게 된다. 이와 같은 환경조건 하에서는, 세포를 위한 가장 좋은 반응은 이미 존재하는 효소의 활성을 낮추어 주는 것이다. 이것은 대부분 **피드백 저해**에 의해서 수행되게 되는데, 이 과정은 아미노산의 경우 최종 산물이 과량 생합성되는 경로의 첫 번째 효소 활성을 억제시키는 것이다(그림 9.4).

피드백 저해는 환경에서 아미노산의 공급에 아주 빠르게 남아도는 과잉의 변동을 잘 처리하는데 필요한 아주 이상적인 기전이다. 그러나 이것은 아주 오랜 기간 적응을 해야 하기 때문에 비효율적이라고 볼 수 있다. 만약 세균이 어떤 환경에서 계속 산다면, 세균이 트립토판 생합성을 위해서 필요한 모든 효소를 생합성한다고는 볼 수 없다. 그리고 그럴 때에는 오히려 과정에서 많은 에너지를 사용하게 되며, 피드백 저해의 시스템을 이용해서 이들 효소의 모든 것을 가질 수 있게 된다. 이것은 불필요한 효소의 합성을

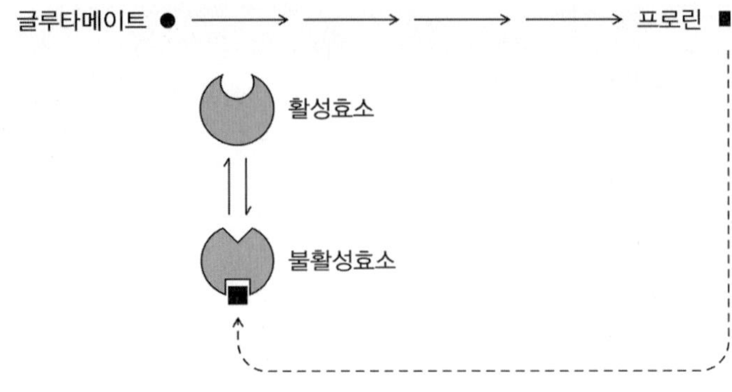

그림 9.4

피드백 저해에 의한 프로린 생합성의 조절. 이 예에서 아미노산 프롤린의 생합성은 경로의 첫번째 효소 글루탐산 인산화 효소의 활성을 변경함으로서 조절한다. 이 효소는 allosteric 효소로서 기질 글루탐산을 위한 결합장소 뿐만 아니라, 저해제 프롤린에 대한 분리된 결합장소도 가진다. 과다한 프롤린이 존재할 때마다, 글루탐산 인산화 효소의 조절 장소에 결합하고 이로 인하여 불활성화한 형태로 효소를 변환시킨다. 이것은 내재적인 프롤린 합성을 즉시 억제한다.

도중에 끊음으로 인해서 매우 경제적이다. 그래서 효소 합성의 수준에서의 제어는 매우 중요하고, 비록 환경이 갑자기 변하는 것에 적응하는 그런 유기체에는 도움이 안 되는 것이 있을지도 모르지만 굉장히 중요하다.

효소의 합성은 두 기전 중 한 가지에 의해서 제어될 수 있다. **억제**(repression)에서는 아미노산 경로의 최종 산물은 **보조억제인자**(corepressor)로서 특수한 **억제인자**(repressor) 단백질에 결합되어서 그것의 구조를 바꾸게 된다. 그래서 결합되지 않은 억제인자는 효소 합성에 영향을 못 미치게 되고, 보조억제인자-억제인자 복합체는 유전자나 오페론의 상류부 염기서열에 결합하게 되어 mRNA 전사를 방해하게 된다(그림 9.5). **약화**(Attenuation)는 다른 기전으로 mRNA 전사 동안에 RNA 체인 종결의 빈도를 조절하는 작용이다. 이 기전에서는, mRNA의 5' 말단이 두개의 상호보완적인 **stem-loop (hairpin)** 구조(그림 9.6)를 형성할 수 있다. 그래서 수소 결합된 stem-loop의 분절 3과 4의 구조는 RNA 중합효소의 rho-비의존 종결신호에 의해 형성될 수 있다(Box 3.6). GC가 풍부한 stem은 U 잔기의 연속적인 스트레치에 의해서 따라 나오기 때문에 그들의 구조가 rho에 비의존적인 종결 신호로 작용하게 된다.

그러나 stem-loop가 종결신호로 작용되지 않기도 하는데 왜냐하면 거기에는 헤어핀 뒤에 따르는 U의 스트레치가 없기 때문이다. 약화는 분절 1이 특별한 아미노산을 위한

그림 9.5

억제에 의한 아미노산 생합성의 조절. *E. coli* K12에서 아르기닌 생합성(오페론을 형성하는 argC, argB, argH)에 대한 유전자의 RNA 중합효소에 의한 전사는 억제인자 단백질(ArgR)에 의해서 조절된다. 아르기닌이 세포질에 존재하지 않을 때, ArgR은 오페론의 상류부위에 결합하지 않고, 전사가 일어난다. 아르기닌이 존재할 때는 ArgR에 결합하여 ArgR의 리간드 형태가 프로모터 바로 뒤의 DNA 영역에 결합하는데, 아마도 전사과정을 개시하는 것으로부터 RNA중합효소를 방해한다. 억제는 경로의 모든 효소의 생합성에 영향을 미친다는 것을 주시하라(아르기닌 생합성의 다른 유전자 염색체의 다른 곳에 존재하나, ArgR에 의하여 유사하게 조절된다). 반면에, 피드백 저해는 대개 경로(또는 분지된 경로에서 분지)의 첫 번째 효소의 활성에 영향을 미친다.

W.H. Freeman에 의하여 출판된 1판(1995)으로부터 다시 그림

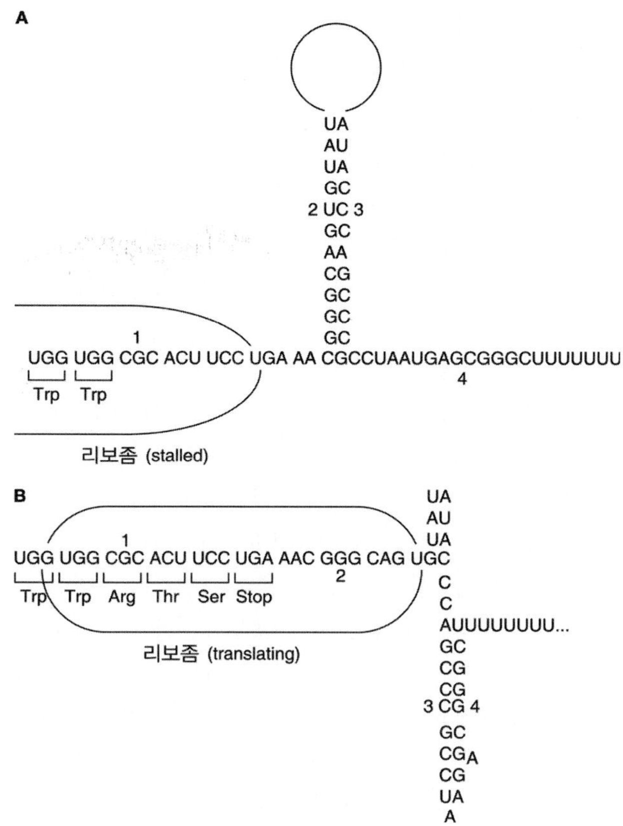

그림 9.6

약화에 의한 아미노산 생합성의 조절. *E. coli* K12에서트립토판 생합성에 관여하는 효소의 수준은 약화에 의하여 우세하게 조절된다. *trp* 오페론의 mRNA의 5'-터미널 부분은 2개의 선택적인 루프 형태의 구조를 형성할 수 있다. (A) 한 개는 영역2와 3이 짝을 포함하고 (B) 한 개는 영역3과 4의 짝을 포함한다. mRNA의 이 스트레치의 시작에 가까이 트립토판에 대한 2개의 연속적인 코돈이 있다. 트립토판(그리고 트립토판-tRNA)이 적으면, 번역과정은 트립토판 코돈에서 멈춰선다. 이 상태(A)에서, 영역1은 전적으로 리보좀에 덮여지고 2, 3 스템루프가 생기고 전사는 계속된다. 트립토판이 쉽게 얻어지면, 리보좀은 구조(B)를 형성하는 대신에 2-3 스템루프의 형성을 저해하고 트립토판 코돈을 을 지나서 움직인다. 영역 3과 4의 짝지음에 의하여 생성된 스템루프 구조는 전형적인 rho 비의존적인 종결인자인데 U의 스트레치에 의한 루프를 지닌다(Box 3.6)그것의 존재로, mRNA의 전사는 종결되고 트립토판 생합성 효소는 생성되지 않는다.

[Yanofsky, C. (1981), Attenuation in the control of expression of bacterial operons. Nature, 289, 751-758.]

복합적인 코돈을 가지게 되어 작용한다. 만약 트립토판-tRNA를 인식하는 분자가 존재하지 않는다면 번역과정은 분절 1에 멈춰 설 것이다. 분절 2는 분절 3와 같이 헤어핀 구조를 형성하게 되고 전사과정은 계속되게 된다. 트립토판을 이끌고 있는 tRNA가 충분하다고 한다면 계속되는 번역과정은 분절 2, 3 사이에 stem 구조의 형성을 저해하게 된다. 그리고 체인을 종결시키는 헤어핀은 분절 3, 4 사이에 있는데, 이것이 대신 생성되게 되고, 트립토판을 합성하는데 필요한 효소의 생산을 중지시키게 된다.

*E. coli*에서는 많은 아미노산의 생합성이 효소 합성의 수준에 의해서 제어가 되는데 이때는 억제와 약화 두 가지 경로에 의해서 제어된다. 이런 현상은 명확하게 *E. coli*가 반응할 수 있는 아미노산의 농도의 범위를 크게 벌려놓으면 배지에서 아미노산 농도가 고농도이고, 그리고 아미노산이 결핍되어 있을 때 약화가 더 중요하다는 증거이다.

영양요구 변이주 이용에 의한 생산

*E. coli*에서 여러 조절 기전을 연구하는 것은 아미노산을 대량생산하는 돌연변이주를 만드는 것과 같이 매우 의미있는 일이다. 이것은 실질적으로 아미노산 생합성의 중간체를 대량 생산하는 균주를 만드는 것이다. 모든 조절 기전은 즉 피드백 저해(feedback inhibition), 억제(repression), 약화(attenuation)들은 최종 산물을 생산하기 위해 필요

한 기능들이다. 그런데 만약 아미노산 생합성에 있어서 어떤 단계의 하나가 방해된다면 조절 기전이 제대로 작용하지 않게 되고 세포는 중간체를 과다하게 생성하게 된다. 이것은 방해된 단계 바로 앞에 놓여 있는 중간체가 많이 생성되게 되는데, 이와 같은 돌연변이체들은 영양요구주라고 하는데 왜냐하면 생육에 필요한 인자인 아미노산, 퓨린, 피리미딘, 비타민 등이 필요하기 때문이다. 하지만 이것들은 생합성이 방해되었을 때 아미노산이 없이는 생존할 수 없다. 영양요구주는 만약 중간체 그 자체가 유용한 산물이거나, 그것이 화학반응에 의해서 필요한 아미노산으로 쉽게 변환될 수 있다면 이런 것들은 매우 유용할 것이다.

아미노산 생합성에서 결핍되어 있는 돌연변이주를 분리하기 위해서는 그것들이 생존에 이점을 가질 수 있는 어떤 환경을 반드시 만들어 주어야 한다. 고전적인 방법으로는 '페니실린 선택'인데 이때는 **친주**(parent strain)가 아미노산의 모든 것을 생합성 할 수 있다고 가정한다면, 이것은 'prototrophic'이라고 하고 이것은 세포의 탄소와 에너지의 주요 구성원으로서 한가지의 유기화합물을 포함하는 최소배지에서 자랄 수 있다. 우리가 **L-아르기닌**을 생합성 할 수 없는 돌연변이주를 선택하기 위해서는 돌연변이원에 야생주를 노출시키고 난 후, 세균을 동일 무기염이 함유된 배지 즉 탄소원을 가지는 배지에서 키우게 되나, 이때 반드시 L-아르기닌을 첨가시켜 주어야 한다. 세포의 농도가 적당한 농도에 도달했다면 세포를 수확, 수세하고 그 다음에 L-아르기닌이 결핍되어 있는 배지에 넣어야 하며, 페니실린을 배양액에 넣었을 때 단지 아르기닌 영양요구주만 살아남을 수 있다. 페니실린은 자라는 세균을 죽이게 되는데 새로이 생합성되는 세포벽을 cross-linking해서 저해하기 때문에 결국에는 세포를 용해시키게 된다. 이것은 아주 전적으로 자라지 않는 세균에는 영향이 나타나지 않게 되고, 새로운 펩티도글리칸을 가지는 것에는 작용을 한다. 'Prototrophic' 세포는 그것들이 아르기닌이 없는 배지에서는 생육이 가능하기 때문에 죽게 되고 돌연변이 세포들은 생육이 불가능하기 때문에 살아나는 것이다. 아르기닌 영양요구주는 페니실린이 없고 L-아르기닌만 가지는 배지에서 도말함으로써 회복시킬 수 있다.

L-오르니틴은 유능한 생합성 중간물질의 한 예이다. L-아르기닌은 L-시트룰린으로부터 만들어지기 때문에 L-오르니틴에서 **L-시트룰린**으로 변환되는 단계에 아르기닌 생합성 경로를 방해시키는 돌연변이주에 의해서 대량 생산될 수 있다. 빠르거나 느린 단계에서 방해된 돌연변이주는 쓸모가 없다. L-오르니틴 생산 돌연변이주에서 여러 과학자들은 아르기닌 영양요구주를 분리했고 배지에서 시트룰린 첨가 후에는 자랄 수 있지만, 오르니틴 첨가 뒤에는 자라지 못하는 것을 선별하게 되었다. 그와 같은 돌연변이주는 오르니틴 트랜스카바밀레이즈가 결핍된 돌연변이주인데 이것은 오르니틴에서 시트룰린으로의 변환을 활성화시키는 효소이다. 음성적인 조절을 통해서 그것을 작동하지 않게 하면, 오르니틴의 많은 양을 축적하게 된다. 1957년에서 아미노산 발효의 첫 시기이었는데, 과학자들은 *C. glutamicum* 생산 균주를 처음으로 발견하게 되었다.

영양요구성 돌연변이는 또한 어떤 분지된 경로에 의해 합성되는 아미노산의 생산에 굉장히 유용하다. 만약에 어떤 아미노산 A, B, C, D가 분지된 경로로 생산된다고 하면 그 미생물에서 B, C, D로 되는 분지를 끊음으로 인해서 A의 생산을 증가시킬 수 있다. 그래서 B, C, D의 마이너스적인 조절효과 때문에 이것이 1차적으로 제거되고 2차적으로는 절단된 분지의 탄소의 흐름이 감소되었기 때문이라고 판단되어 진다. 그래서 이와 같은 경우에는 분지된 경로의 조절적인 돌연변이주의를 자세히 알아야 한다.

영양요구주 돌연변이주의 사용에 대한 결점은 합성되지 못한 아미노산 영양요구주는 배지에 첨가되어야만 한다는 것이다. 만약 너무 많이 첨가되면, 이로 인하여 생합성 경로에 마이너스적인 조절 작용을 나타나게 된다. 그래서 돌연변이주는 제한적인 배지 (어떤 때는 값 비쌀 수도 있다)에서 자라야만 하고, 필요한 아미노산은 조절된 양을 주의 깊게 넣어주어야 한다(이 과정은 fed-batch 발효라 불려진다). 결과적으로 영양요구성 돌연변이주는 대개는 아미노산 생산을 위해서 아주 이상적인 균주는 아니다.

분지되지 않는 경로의 조절 돌연변이주에 의한 아미노산 생산

아미노산 생합성의 마이너스적인 조절에서 결함이 있는 돌연변이주들은 아미노산을 과량 생산하게 된다. 영양요구 변이주와는 달리, 이 조절 돌연변이주들은 값 비싸지 않는 복합배지에서 자랄 수 있는데, 그들은 생육조건의 조심스러운 조절을 요구하지 않는다.

대부분 경우에, 이 조절 돌연변이주는 **최소배지**에서 친주의 생육을 저해하는 아미노산 유사체 사용을 통하여 분리된다. 어떤 아미노산 유사체는 매우 독성이 있는 것으로 오래전부터 알려져 있다. 일찍부터 이 유사체는 단백질로 이입됨으로 인해서 생육이 저해되는데 그로 인해서 기능을 하지 못하는 단백질을 생산하게 된다. 이것은 어떤 경우에 잘 일어나는데, 저해의 주요 원인은 유사체가 아미노산이 자신의 생성을 조절하는 방식으로 흉내 내는 것으로 보인다. 그래서 이 유사체는 합성경로의 첫 번째 효소의 allosteric site에 결합되거나 억제인자에 효과적으로 결합되거나, 특별한 아미노산의 합성을 방해를 하게 된다. 세포가 아미노산을 고갈시켜버리기 때문에 성장은 저해가 된다. 연구자들은 아미노산의 다양한 유사체를 합성함으로써 조절 돌연변이주를 선별하는데 이용한다. 선별한 유사체는 효과적으로 최소배지에서 야생주의 생육을 저해하며, 이들 유사체로 생육가능한 돌연변이체를 선별할 수 있다.

많은 돌연변이주가 억제인자나 경로의 첫번째 효소가 변경되어 있는데 이것은 아미노산 합성이 유사체가 있음에도 진행되고 그리고 아미노산 자체가 존재해도 일어난다.

이와 같은 접근은 생합성 경로가 한 단계보다 더 많이 조절될 때에는 잘 작동하지 않는다. 돌연변이는 아주 희귀하게 일어난다. 그래서 한 균주에서 두 개의 돌연변이가 일어난 균주를 분리할 가능성은 굉장히 낮다. *E. coli*에서는 여러 가지 경로가 세가지 단계 즉 피드백 조절, 억제, 그리고 약화에서 조절된다. 운 좋게도, 많은 수생 및 토양 미생물은 아미노산 생합성을 조절하게 되는데 *E. coli*보다 더 단순하게 아미노산 생합성을 조절한다. 아마도 *E. coli*와 다르게 이 토양이나 수생 미생물들은 아미노산이 결핍된 환경에서 살기 때문일 것이다. 이 미생물에서 아미노산 생합성의 주요 기능은 미생물이 환경에서 아미노산의 공급에 적응하게 하는 것이 아니고, 세포의 단백질 생합성 기구의 요구를 맞출 수 있도록 아미노산 생합성 비율을 조절하는 것이다.

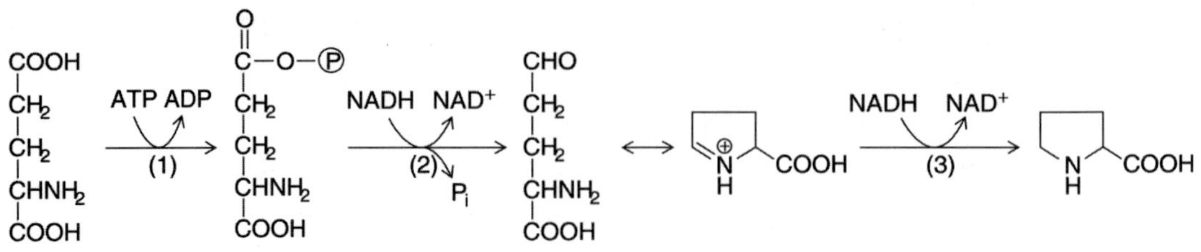

L-글루탐산 —(1) ATP ADP→ —(2) NADH NAD+ Pi→ ↔ 비효소적 —(3) NADH NAD+→ L-프로린

그림 9.7

프롤린 생합성 경로. 효소는 (1) 글루탐산 인산화 효소, (2) 글루탐산 감마-세미알데하이드 탈수소 효소, 및 (3) 델타[1]-피롤린 5-카복실레이트 환원 효소.

앞서 말한 요지는 물과 토양의 서식자 Serratia marcescens의 어떤 돌연변이주가 프롤린을 과잉생산하는데 이에 의하여 잘 설명된다. 프롤린은 분비되지 않은 경로의 최종 생산물이다(그림 9.7). *S. marcescens*에서 프롤린의 합성은 거의 피드백 억제에 의해 조절되며, 시스템이 완벽하게 아미노산 유사체의 이용과 맞도록 되어 있다. Thiazolidine-4-carboxylic acid나 3,4-dehydroproline(그림 9.8)과 같은 프롤린 유사체는, 경로의 첫 번째 효소 글루탐산 인산화 효소가 더 이상 프폴린에 의한 피드백 저해에 감수성이 없도록 바뀌게 하는 돌연변이주를 선별하도록 도와주었다. 예상했듯이, 이 돌연변이주는 프롤린을 과잉 생산하였는데, 두 가지 추가된 변화로 생산을 최대화하였다. 첫 번째, 대분분의 *S. marcescens*의 야생주는 프롤린을 분해하는 효소를 생산한다. 이 효소는 이 미생물이 탄소와 질소의 급원으로 프롤린을 이용하게 하는데, 그렇게 함으로 인해서 프롤린의 수율을 감소시킨다. 그래서 이 프롤린 옥시다제를 코드하는 유전자를 불활성화시키는 것이 필요하다. 두 번째, 프롤린은 삼투압 억제 용질로 작용한다. 박테리아 세포는 고농도의 삼투성 배지에서 키웠을 때, 프롤린을 축적함과 동시에 과량생산하고, 배지로부터 수송되어 세포질에서 높은 염 농도(Box 9.1 참조)의 위해적인 영향을 피하려 한다. 이 부가적인 조절 기작 때문에 고농도의 염류 배지에서 박테리아의 성장 중에 프롤린의 양이 증가된다. 이 두 가지 개량으로 인하여 L-프롤린이 60~70 g/L의 수율로 생산되며, **L-프롤린**의 매년 세계적인 생산량이 350 톤으로 추산된다.

하나 이상의 단계에서 경로가 조절될 때, 생산균주는 각기 다른 수준으로 변이를 가지게 된다. 유사체로 선별된 돌연변이주는 조절기전의 오직 하나만이 변형되어 있다. 반면, *E. coli*와 계통발생적으로 연관되어 있는 *Serratia*종의 돌연변이는 세균 유전학의 고전적인 방법을 통하여 연결시킬 수 있다. 이 원리는 *S. marcescens*의 히스티틴 생산 변이의 구축에 의해 설명된다. *Serratia*는 탄소와 질소의 급원으로 히스티딘을 이용하는데, 첫 번째 단계로 histidase 효소를 불활성화시키는 돌연변이주를 만드는 것이다. 이 돌연변이로부터 시작하여 연구자들은 독성이 있는 히스티딘 유사체 2- 메칠히스티딘과 1,2,4-트리아졸-3-알라닌 각각을 넣어주어도 자랄수 있는 돌연변이주를 선별하였다(그림 9.9). 표 9.3에 요약되어 있듯이, 하나의 트리아졸-3-알라닌 (TRA) 내성 돌연변이주 142는 히스티딘 생합성경로의 효소를 과다생산하였고(그림 9.10), 이와 같은 히스티디놀 탈수소효소는 더 높은 비활성을 나타내었다. 이 경로의 첫 번째 효소는 포스포리보실포스페이트 아데노실 전이효소로 피드백 저해의 감수성에는 영향을 미치지 않는다. 대조적으로 2-메칠히스티딘-내성 돌연변이주 581은 히스티딘에 의한 피드백 억제에 내

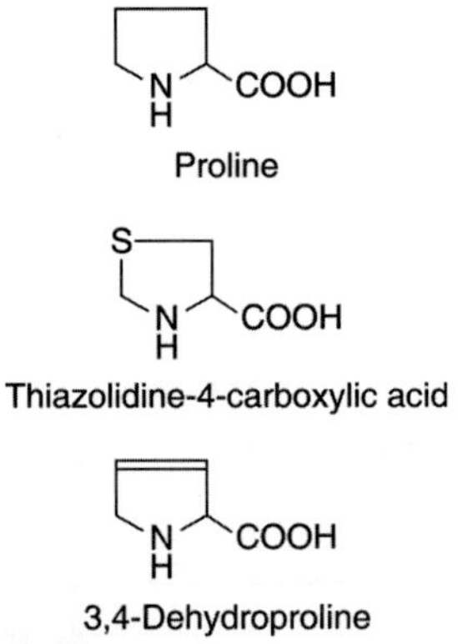

Proline

Thiazolidine-4-carboxylic acid

3,4-Dehydroproline

그림 9.8

L-프롤린과 2개의 독성 유사체.

표 9.3 *Serratia* 균주에서 히스티딘 생합성[a].

	1	2	3
	억제량 (히스티디놀피드백 저해량, 탈수소효소의 비활성)	첫번째 효소의(10 mM 히스티딘 PRPP 아데닐 U/mg 단백질) 전이효소의 저해, (%)	히스티딘 생산(g/L)
Sr41(야생주)	1.1	100	0
Hd-16 (히스티다제$^-$)	0.9	100	0
581 ($2MH^r$)	1.6	0	0.8
142 (TRA^r)	12.4	94	1.3
2604 (142x581)	14.7	0	12.9

[a] 이 표는 *S. marcescens*의 다양한 균주에서 히스티딘 생합성의 2가지 조절기전의 효용성을 나타낸다. 칼럼1에서, 그 경로의 한 효소의 비활성을 나타낸다. 활성은 억제가 유전자의 발현을 저해하는 균주에서 낮으나, 이 조절기전이 변경된 균주에서는 높게 된다. 칼럼2에서, 피드백 조절의 효율이 나타나 있다. 야생주에서 경로의 첫 번째 효소 PRPP 아데닐 전이효소는 완전히 최종산물에 의하여 저해되나, 581 돌연변이주에서는 조절기전은 실질적으로 제거된다.

2MH, 2-메칠히스티딘; TRA, 1,2,4-트리아졸-3-알라닌.

출처 : Kisumi, M., Komatsubara, S., Sugiura, M., and Takagi, T. (1987). Transductional construction of amno acid hyper-producing strains of **Serratia marscecens.** Critical Reviews in Biotechnology, 6, 233–252.

성을 지니는 아데닐전이효소를 생산하였다. 각 돌연변이주는 오직 하나의 조절 기전에서 변형되어 있기 때문에, 돌연변이주가 대량의 히스티딘을 생산하지는 않았다(표 9.3 칼럼 3). 반면에 Tanabe의 과학자들은 형질도입을 통하여 두 개의 조절 돌연변이를 조합할 수 있었다. 형질도입주 2604 (표 9.3)는 억제와 피드백 저해과정에 대한 양쪽의 민감성을 없애고, 대량의 히스티딘을 생산하였다.

대사산물을 과잉생산하는 시스템을 만드는 것은 1차적인 유전자 산물을 과잉생산하는 것을 만드는 것보다 더 복잡하다. 대사경로를 통하여 흐름의 증가는 예상치 못한 방법으로 국한될지도 모른다. 이것은 재조합 DNA 기술의 직접적인 응용이 이 분야에서 좋은 결과를 항상 생산하지 못하는 이유 중 하나이다. 위에서 말한 예로, 균주 2604와 이와 유사한 히스티딘 생산 균주는 아데닌 결핍이 나타나는데, 이는 히스티딘 경로의 첫 번째 단계에서 ATP의 소비와 연관이 있는 것 같다. 비록 아데닌의 일부분은 5-아미노이미다졸-4-카복사마이드 리보뉴클레오타이드로부터 재생되지만 (AICAR; 그림 9.10), 이 과정은 히스티딘 생합성의 빠른 속도를 따라가지 못한다. Tanabe 과학자들은 이 문제를, 이번에는 독성이 있는 아데닌 유사체 6-메칠퓨린을 이용하여, 다른 선택회로를 통하여 돌연변이 균주를 둠으로서 이 문제를 해결하였다. 결과는 아데닌을 과잉생산하는 내성 균주로 배지에 adenine의 첨가를 요구하지 않고, 증가된 수준(23 g/L)으로 히스티딘을 생산할 수 있다. 히스티딘은 현재 발효공정을 통해 세계적으로 연간 약 400톤 정도가 생산된다.

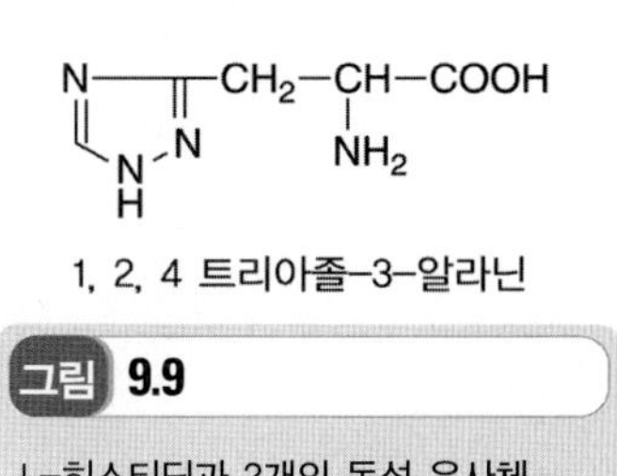

히스티딘

2-메틸 히스티딘

1, 2, 4 트리아졸-3-알라닌

그림 9.9

L-히스티딘과 2개의 독성 유사체.

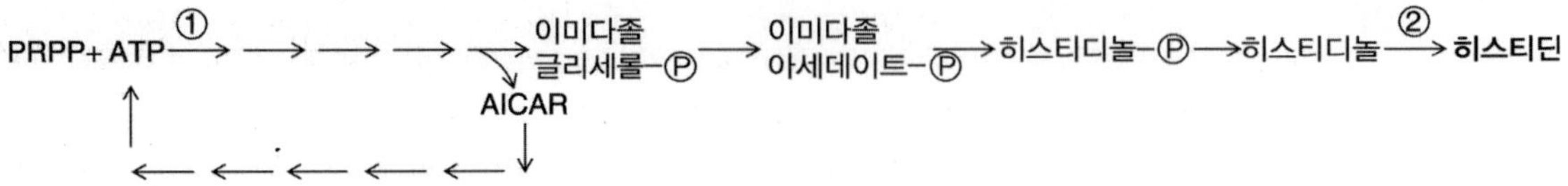

PRPP+ATP →① → → → 이미다졸 글리세롤-Ⓟ → 이미다졸 아세데이트-Ⓟ → 히스티디놀-Ⓟ → 히스티디놀 →② 히스티딘
AICAR

그림 9.10

히스티딘 생합성 경로. 단계1과 2는 PRPP 아데닐 전이효소와 히스티디놀 탈수소효소에 의하여 각각 활성화 된다. 약어: PRPP, 5-인산리보실 2인산; AICAR, 5-아미노이미다졸-4-카복사마이드 리보뉴클레오타이드.

W.H. Freeman에 의하여 출판된 1판으로부터 다시 그림.

분지된 경로의 조절 돌연변이주에 의한 아미노산 생산

이미 서술된 프롤린과 히스티딘은 분지되지 않은 생합성 경로의 산물이지만, 다수의 아미노산은 분지된 경로로 생산된다. 아스팔틱산 계열의 아미노산(라이신, 메치오닌, 쓰레오닌, 아이소루이신 등 필수 아미노산)은 하나의 분지된 경로에서 생산되며, 피루브산 계열(발린, 루이신)은 또 다른 분지 경로, 방향족 계열(트립토판, 페닐알라닌, 타이로신)은 이 경로를 포함하는 또 다른 경로를 가진다. 이러한 경로들의 조절은 더 복잡한데, 왜냐하면 하나의 생산물이 과도하게 생산되면 그 완전한 경로가 우연하게 멈추어 작동하지 않는 시스템은 요구하지 않기 때문이다. *E. coli*의 분지된 경로의 조절 메커니즘은 실제로 매우 복잡하다. 예를 들면, 아스팔틱산 경로(그림 9.11)에서, 각각의 생산물은 일반적인 경로의 첫 번째 효소인 아스팔틱산 인산화 효소를 저해, 그리고(또는) 억제한다. 여하튼, 하나의 생산물은 모든 인산화효소의 활성을 정지시키지는 않기 때문에, 아스팔틱산 인산화 효소 3종의 서로 다른 이성화 효소(다른 효소는 촉매와 같은 화학반응) 즉, 라이신 저해에 민감한 1종, 쓰레오닌 저해에 민감한 1종, 메치오닌의 과잉에 의해 억제되는 1종이 각각 생산된다. 추가적으로, *E. coli*는 경로상의 생산물의 혼합물이 섞여 있더라도 현재의 상태에 적응할 수 있다. 예를 들면 메치오닌이 과잉이고 다른 생산물(라이신, 아이소루이신, 쓰레오닌)의 낮은 상태와 만나게 되면, 아스팔틱산 인산화 효소 독자적인 조절로 메치오닌의 다른 3종의 아미노산에 대한 메치오닌의 적절한 비율로 되지 못하게 한다. 그래서, 각각의 아미노산은 자신의 특별한 분지의 첫번째 효소를 조절한다. 메치오닌과 아이소루이신 조절경로는 피드백 저해와 억제 기전을 통하여 경로를 조절하고, 반면 라이신과 쓰레오닌은 더 복잡한 조절 패턴을 가진다.

이것과 같은 시스템 내의 조절에 대한 다양한 유형을 제거하는 것에 많은 노력을 하고 있다. 그 중에서도 *E. coli*에서 적용되었을 때, 세균 유전자와 재조합 DNA 조작에서 기술의 개발 상태를 보면, 이런 것이 불가능 하지는 않다. 실제 *E. coli* 종에 대해 적어도 9개의 돌연변이를 지니고, 쓰레오닌 생산은 거의 100 g/L의 수준까지 도달했다고 보고되어 있다.

여하튼, 더 쉬운 접근은 더 단순한 조절기전을 가지고 있는 미생물의 사용일 것이다. 아마도 이 미생물은 종종 그들의 환경에서 불균형의 조성에 의해서 아미노산의 혼합물을 만나지는 않는다. 만약 이 미생물이 대개 아미노산이 없는 그런 환경에서 자란다면 이 아미노산 생합성 조절의 주요 기능은 미생물이 성장률에 대응하여 그것의 균의 성장 비율을 조절하는 것이다. 그래서 생성된 다양한 아미노산의 비율은 조절할 필요는 없게 된다.

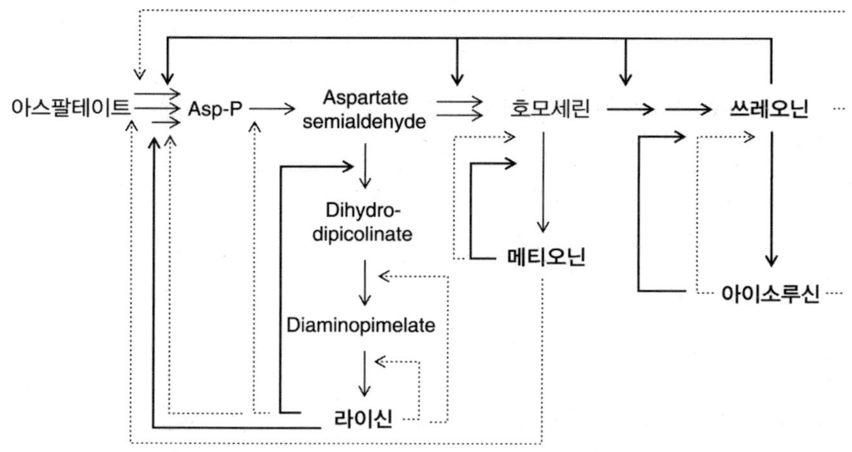

그림 9.11

대장균에서 아스팔틱산 계열의 아미노산의 합성 조절. 경로는 축약된 형태로 나타냄. 예를 들어서 쓰레오닌에서 아이소루신까지 한 개의 화살은 5개의 연속적인 효소 활성화 단계를 나타낸다. 진한 화살은 피드백 저해에 의한 조절을 나타내고, 점선으로 된 화살은 억제 또는 약화 조절을 나타낸다. 억제 또는 약화는 한 분지의 모든 효소에 영향을 미치나, 여기서는 분지의 첫번째 효소에 대한 영향만 나타내었다. 단계1은 아스팔틱산 인산화 효소의 3가지 이성화 효소에 의하여 활성화 된다.

Tosaka, and Takinami (1986). 라이신. Biotechnology of amino acids production, Aida et al., pp152–172, Tokyo, Kodansha로부터 변형.

그와 같은 어떤 한 미생물이 라이신을 과량으로 생성할 때(즉 성장이 매우 느리기 때문에), 과량의 메치오닌, 쓰레오닌, 아이소루신을 또한 생성할 것 같다. 분지된 경로의 주요 조절은 단지 한개 또는 몇 개의 산물이 첫 번째의 일반 효소를 저해하는 그런 시스템에 의해서 이루어 질 수 있다. 이와 같은 단순한 조절 계획은 *C. glutamicum*이나 또는 그의 근연균 같은 토양 미생물에서 실제로 발견된다(그림 9.12).

라이신 생성은 이들 미생물에 의해서 잘 연구가 되어 있는데, 왜냐하면 라이신은 곡물 단백질에서 아주 적은 양이 나타나는 아미노산 중의 하나이다. *C. glutamicum*의 조절시스템의 단순함은 다른 아미노산에 이르게 하는 분지를 잘라버림으로써 단순히 라이신의 많은 양을 상대적으로 얻는 것이 가능하다. 예를 들면, 배지의 리터당 34그램에 해당하는 라이신이 메치오닌이나 쓰레오닌과 아이소루신에 이르게 하는 분지가 결핍된 돌연변이주에서 얻어졌다. 다른 아미노산을 만들어 가는 대사산물의 전환이 라이신의 과잉생산에 기여하지만, 라이신과 쓰레오닌 둘다 요구하는 아스팔틱산 인산화 효소의 효과적인 피드백 저해가 근원적인 이유이다. 그러나 이 형태의 라이신 생성 영양 요구주는 연속적으로 메치오닌, 쓰레오닌, 아이소루이신을 공급해 주어야 되는데, 그것들이 과량으로 존재하지 않게끔 주의깊게 양을 측정을 해야 한다. 결과적으로 이와 같은 돌연변이주는 라이신의 상업적인 생산을 위한 바람직한 형태는 아니다.

상업적인 용도로 더 적합한 *C. glutamicum*의 조절적인 돌연변이주는 S-아미노에칠시스테인(AEC)이라는 라이신 유사체(그림 9.13)를 사용함으로서 얻어졌다. 라이신과 같이 이 유사체는 아스팔틱산 인산화 효소의 활성을 저해하고, 그래서 야생주 세균의 생육을 저해한다. AEC-내성 돌연변이주는 아스팔틱산 인산화 효소에 변경을 가지는 것 같이 보이는데, AEC에 대하여 낮은 친화도를 가지는 변화된 이성화 조절부위를 가진다. 이 돌연변이주의 낮은 친화도를 가지고 라이신에 결합되는 것 같이 보이는데, 라이신 생합성 피드백 조절에 있어서 결함을 가지고 있다. 리터당 32 그램의 라이신 수율이 그와 같은 돌연변이주에 의해서 보고된 바 있는데, 부가적으로 아주 정교하게 조절된 돌연변이주를 사용하여 리터당 60그램 까지 올렸다. 그와 같은 발효과정에서 소비된 포도당 1몰로부터 라이신의 0.3 몰 이상이 생산된다.

그림 9.12

*C. glutamicum*에서 아스팔틱산 계열의 아미노산의 합성 조절. 진한 화살은 피드백 저해에 의한 조절을 나타내고, 점선으로 된 화살은 억제 조절을 나타낸다.

Tosaka, and Takinami (1986). 라이신. Biotechnology of amino acids production, Aida et al., pp152–172, Tokyo, Kodansha.

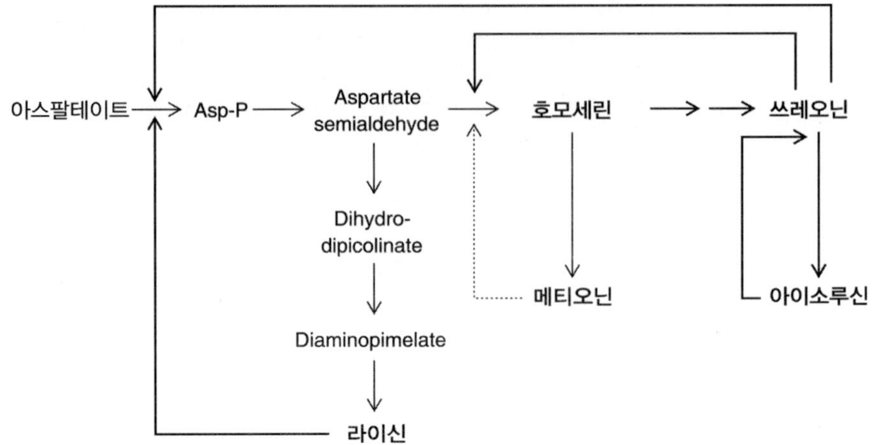

*C. glutamicum*의 라이신 생합성 경로는 최근에 많이 연구가 되고 있는데, 중간체의 흐름의 방법 중에서, 특히 ¹³탄소–NMR(Box 9.2)에 의하여 분석된 포도당의 1위치의 ¹³탄소가 어떻게 대사되는가를 대사흐름균형에 맞추어 정량이 되었다. 또 다른 중요한 발견은 라이신 E라는 특별한 배출수송체에 의하여 라이신을 바깥으로 많이 분비하는 것인데, 이것은 *C. glutamicum*의 유전체의 염기서열분석이 부가적인 여러 정보를 제공하였다.

중심적인 대사흐름의 상당한 부분이 라이신에 합성과 분비로 전환되기 때문에, 대부분의 과학자들은 가장 좋은 접근은 대사공학법(Box 9.3)이라고 말한다. 이 방법은 대사흐름에 대한 정보를 기반으로 하는 재조합 DNA방법을 적용하는 것이다. 여기에서 대사의 다른 부분에 대한 영향은 고려하지 않고 말단 경로의 분리된 단계를 확장하는 것은 원하지 않는 효과를 가져 오게 될지도 모르는데, 예를 들면, *lysC*의 증폭을 통하여 첫 번째 효소인 아스팔틱산 인산화 효소의 수준을 증가시킴으로써 미생물의 생육을 저해시켰을 때, 중심 대사산물의 많은 흐름은 아스팔틱산 경로로 빠져 나가버리고 이로 인하여 라이신의 생산률은 크게 증가되지 못하게 된다(표 9.4). 또 다른 *lysC* 증폭은 라이신의 생산을 증가시켰는데(표 9.4), 특수 분지(그림 9.12)에서 첫 번째와 두 번째 효소를 코드하는 유전자의 증폭과 결합되었다. 라이신 생합성은 옥살로아세테이트의 아미노화에 의해서 만들어지는 아스팔틱산으로부터 시작된다. 그래서 피루브산 카복실라제 유전자(*pyc*)의 증폭에 의하여 세포 내에서 옥살로아세테이트 생산을 증가시키는 것이 시도되었고, 실제로 약 50% 정도 배지에서 라이신의 최종농도를 증가시키는 것이 발견되었다.

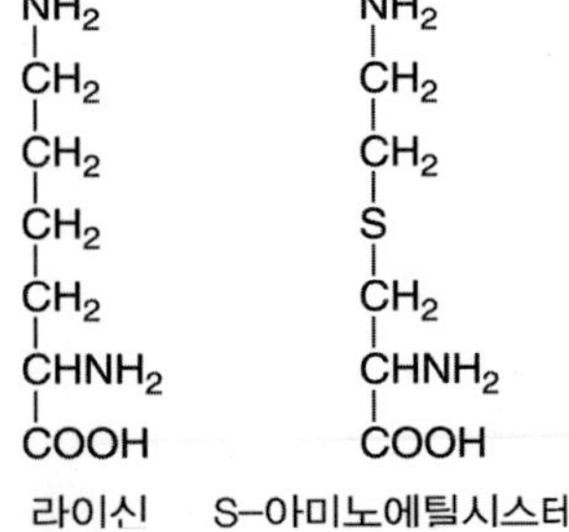

그림 9.13

라이신과 S–아미노에틸시스테인의 구조.

위에서 토론한 실험 결과, 유전자 증폭은 재조합 플라스미드를 사용함으로서 이루어졌음이 나타났다. 이와 같은 전략은 공업적인 여러 가지 아미노산 생산을 위해서는 적합하지 않는데, 왜냐하면 항생제 첨가는 값이 비싸고, 항생제 내성 유전자는 식품이나 사료 첨가제로 사용될 최종 산물로서는 좋지 못하기 때문이다. 그리고, 효모 플라스미드(3장)에서 행해진 선택적인 마커로서 아미노산, 퓨린, 피리미딘 생합성 유전자의 사용은 생육배지에 사용된 값비싼 탄소원이 그와 같은 영양분에 포함되기 때문에 실질적이지 않다. 최근에 혁신적인 것이 *dlr* 변이주 숙주의 사용인데, 이것은 알라닌 라세마제가

표 9.4 *C. glutamicum*에서 라이신 생산에 대한 유전자 증폭의 영향.

플라스미드에 도입된 생산된 균주나 유전자[a]	라이신(g/L)		생육 (OD_{562})
	40 시간	72시간	
AJ11082	22.0	29.8	0.450
+*lysC*[fbr]	16.8	34.5	0.398
+*lysC*[fbr] *dapA*	19.7	36.5	0.365
+*lysC*[fbr] *dapB*	23.3	35.0	0.440
+*lysC*[fbr] *dapA dapB*	23.0	45.0	0.425

[a] AJ11082균주는 *C. glutamicum*의 AEC 내성 돌연변이주이며, 피드백 내성 Lys C 단백질(아스팔틱산 인산화 효소)를 생산한다. 피드백 내성 lysC 유전자(lysC[fbr])는 multicopy 플라스미드에서 이 균주로부터 클런되었다. 그 플라스미드는 +lysC[fbr]로 균주에 부가되었다.

OD_{562}, 562 nm에서 광학밀도.

Otsuna et al., WO 96/40934특허로부터 데이터.

결핍되어 있는 것이다. 이것은 선택적인 마커로서 플라스미드 벡터가 *dlr*을 보유하고 있는 것이다. 여기서 플라스미드 벡터를 가지는 세포는 세포벽 구성성분인 펩티도글리칸을 만드는데 필요한 D-알라닌을 합성 할 수 있고 생존할 수 있는 장점이 있다. 그 결과, 항생제 선별의 방법을 피할 수 있다.

다른 접근으로, **재조합 플라스미드**는 세균 염색체에서 변형을 만드는 것에 이용될 수 있다. 라이신 과잉생산 균주는 더 나은 특성을 가진 돌연변이주의 연속적인 분리에 의해서 증진시킬 수 있다. 대다수의 돌연변이주들은 일반적이고 그리고 특수하지 않은 방법에 의해서 돌연변이되었기 때문에, 이 다중단계는 원하지 않은 돌연변이를 일으킬 수 있고, 그리고 그런 것들은 생산균주의 활력에 까지 영향을 미치게 되었다. 그 결과 *C. glutamicum*의 완전한 유전체는 얻을 수 있고, 야생주로 이 유전체를 도입함으로서 아스팔틱산 인산화 효소(*lysC*), 호모세린 탈수소효소(*hom*, 쓰레오닌 분지의 첫 번째 단계를 활성화), 그리고 피루브산 카복실라제(*pyc*)에서의 돌연변이와 같이, 최고의 라이신 생산 능력을 가지는 균주를 만들 수 있게 되었다. 6-인산글루코네이트 탈수소효소의 돌연변이 대립형질유전자의 도입을 통하여 NADPH를 퇴화시킴으로 인해서 라이신의 수율 증가를 가져왔다.

효소를 사용한 아미노산 생산

비록 많은 아미노산이 발효에 의하여 생산되지만, 종종 효소를 이용하는 것이 장점이 된다. 가장 좋은 예는 L-아스팔틱산 생산인데 이것은 감미료 아스파탐의 화학 합성에 대한 출발 물질로 사용된다. L-아스팔틱산은 1969년 일본에서 대장균 효소인 아스파르타제를 연구하면서 처음으로 생산되기 시작하였는데 이 효소는 L-아스팔틱산을 푸마릭산과 암모니아로 변환하는 효소이다.

L-아스팔틱산 → 푸마릭산 + 암모니아

아스파르타제는 대장균이 생육을 위해서 쉽게 이용할 수 있는 탄소원이나 질소원으로 외부의 아스팔틱산을 분해하기 위한 이화적인 효소이다. 생리학적인 조건에서는 이 반응 평형은 오른쪽으로 진행된다. 더 자세히 말하자면, 위 반응의 평형상수(K_{eq})는 20 mM 정도이기 때문에 만약 초기 농도가 1 mM이라면 이것의 거의 95퍼센트는 푸마르산과 암모니아로 변환되어 질 것이다. 그래서 처음에 이 효소는 아스팔틱산을 합성하는 것으로는 매우 힘든 것처럼 보인다. 그러나 반응물의 농도가 높을 때, 질량작용의 법칙은 아스팔틱산 합성으로 촉진되는데, 이것은 아미노산의 공업적인 생산을 위해서 사용되는 조건이다. 위에서 언급한 K_{eq}에 근거하여 2몰의 푸마르산과 2 M의 암모니아로부터 반응은 왼쪽으로 진행되어 반응물의 90%가 **L-아스팔틱산**으로 전환될 때 평형으로 가는 것을 계산할 수 있다. 그래서 아스파르타제는 비록 분해시키는 효소이지만 아스팔틱산의 산업적인 생산을 위해서는 이상적이다. 대조적으로, 손상 받지 않은 세포에서 생합성 반응을 활성화시키는 대부분의 효소는 아미노산의 공업적인 생산을 위해서는 적합하지 않은데 그 이유는 복합적이고 값 비싼 기질을 사용하고, 그리고 이 효소들은 NADPH나 ATP와 같은 값비싼 코팩터를 요구하기 때문이다.

아미노산이 단순한 효소 반응에 의해서 생산될 때, 그와 같은 공정은 많은 이점을 가지게 된다.

1. 아미노산은 회수가 쉬운 고농도에서 생산되어 질 수 있다(아스팔틱산의 경우에는 1 M).
2. 용액이 반응물을 많이 가지고 있지 않기 때문에 생산물의 정제가 단순하다. 대조적으로 발효의 상등액은 생육배지를 포함하고 있기 때문에 성분이 아주 복잡하여 제거하는 것이 어렵다.
3. 발효 과정과 비교해서 단위 체적 당 생산률은 아주 높다. 발효는 큰 탱크를 필요로 하고 생육배지를 위한 물질이 필요하지만, 효소적인 생산은 작은 공간에서 이루어질 수 있다. 결과적으로 필요한 자본의 투자가 굉장히 적다.

효소 생산은 용액상태의 효소에 의하여 쉽게 이루어지지만 이것은 지지체에 붙어서 부동화로 될 때 더욱 효과적이다. 부동화 효소의 분리와 회수는 더욱 간단하기 때문에 효소는 경제적으로 재사용할 수 있다는 이점이 있다. 때때로 부동화가 효소의 안정성을 더 증가시키게 해줌으로써 그 효과는 더욱 증대된다. 이때 **부동화 효소** 제조는 칼럼 속으로 충진시키기 때문에 공간과 시간을 절약해 주는 형식이다.

고농도의 아스팔틱산 생산은 특히 부동화 아스파르타제의 컬럼을 사용함으로 성공하였다. 초기에 아스파르타제는 대장균으로부터 정제를 해서 불용성 매질로 공유결합시켜서 붙인 것이다. 이것은 정제가 필요치 않고 손상받지 않은 대장균을 붙임으로서 굉장히 효과적인 칼럼으로 만들어졌다. 아스파르타제는 유도성 효소이기 때문에 대장균은 반드시 아스팔틱산이 있는 조건에서 키워야 한다. 재미있게도 효소칼럼의 활성은 37도 배양에서 하루나 이틀 동안에도 거의 10배로 증가하게 되었다. 참고로 이것은 자기소화에 의하여 세포막의 투과 장벽이 부수어지기 때문으로 생각되어진다. 심지어, **폴리아크릴아마**

이드 젤에서 포획시켜서 부동화 효소를 만드는 중간적인 방법으로 하였을 때, 배치방법보다 40% 이상 원가 절감효과가 있었다. 이것은 증진된 생산율과 배치과정에서 연관되어 있는 세포 제거 과정이 없기 때문에 나타나게 되는 것이다. 1978년 타나베 제약회사의 과학자들이 **카라지난**(해조류의 다당류)을 이용해서 더 좋은 부동화 매질을 선보였다. 이것을 적절히 사용한 칼럼은 폴리아크릴아마이드를 써서 생산하는 것보다 170%나 높은 생산을 나타냈다. 더욱이 이 칼럼에서 효소의 안정성은 매우 뛰어나서 반감기가 거의 2년 정도였다. 푸마르산과 암모니아의 신선한 혼합물을 연속적으로 첨가시켜서 1리터의 작은 체적의 컬럼에서 하루에 약 수 kg의 생산을 나타내었다. 발효에 의해서 이와 같은 양을 생산하기 위해서는 볼륨 당 수백 리터의 탱크가 필요하다.

L-알라닌이나 **L-라이신**을 포함하여 다른 아미노산도 상업적인 스케일로 효소합성에 의해서 성공적으로 생산되고 있다. 예를 들어 **L-알라닌**은 **L-아스팔틱산**의 효소적 탈탄산에 의하여 생산된다.

L-아스팔틱산 → L-알라닌 + 이산화탄소

*Pseudomonas dacunhae*의 야생주는 탈탄산 효소의 급원으로 사용되는데, 이것은 부동화 세포를 적용한 배치과정으로 리터당 400 그람을 생산하게 된다고 보고되었다.

비록 L-라이신은 대개 발효에 의하여 생산되지만 이것도 또한 다음의 효소적 과정에 의해서 생산될 수 있다.

$$\text{DL-}\alpha\text{-아미노-}\varepsilon\text{-카프로락탐} \xrightarrow{\text{가수분해 효소}} \text{L-라이신} + \text{D-}\alpha\text{-아미노-}\varepsilon\text{-카프로락탐}$$

$$\text{D-}\alpha\text{-아미노-}\varepsilon\text{-카프로락탐} \xrightarrow{\text{입체이성체 효소}} \text{L-}\alpha\text{-아미노-}\varepsilon\text{-카프로락탐}$$

이 과정은 유기합성에 의하여 생성된 값비싼 **DL-아미노카프로락탐**을 시발물질로 하며, L-라이신을 생산하기 위하여 *Cryptococcus raurentii*에서 발견되는 가수분해효소의 입체이성체 성질을 이용한다. 남아있는 D-타입의 이성체는 *Archromobacter obae*에서 발견되는 이성체 효소에 의해서 생산경로로 들어간다. 배치 형태의 생산으로 이 미생물은 아미노카프로락탐의 100 그람/리터의 라이신으로 변환된다는 보고도 있다.

페닐알라닌 아미노리아제를 이용한 L-페닐알라닌을 생산하는 시도가 있었는데, 이것은 보통의 조건에서 생리학적인 조건은 페닐알라닌 분해의 방향으로 기능을 한다.

L-페닐알라닌 → *트랜스*-신나믹산 + 암모니아

L-아스팔틱산 합성의 경우처럼 질량작용 법칙은 기질이 고농도로 존재할 때 페닐알라닌의 합성이 우세하다. 50~60 그람/리터의 **L-페닐알라닌**의 농도로 80% 이상의 수율이 부동화된 *Rhodotorula* 효모세포를 가지는 칼럼반응조에서 생산되었다. 그래서 이 공정 자체는 아무런 문제가 없다. 그럼에도 불구하고 이것은 상업적으로 성공하지 못했다. 왜냐하면 이 반응의 시발물질인 트랜스-신나믹산이 페닐알라닌처럼 비싸기 때문이다.

요약

1차 대사산물은 에너지 대사의 폐기물이 아니라 특별한 조건에서 야생균주에 의하여 과다 생산되어 질 수 있다. 그래서 시트르산은 약 1M 설탕으로부터 pH2 부근에서 *Aspergillus niger*에 의하여 생산되고, 바이오틴 결핍의 조건에서는 *Corynebacterium glutamicum*에 의하여 글루탐산이 생산된다. 최근 연구에서 과다생산 현상이 보통의 대사 경로에서 적절한 변형에 의하여 일어날 수 있고, 어떤 대사과정에서 전체적인 구획을 포함할 필요는 없다고 보고되어 있다. 다른 아미노산 중 라이신, 프로린, 트레오닌은 세균의 조절 변이주에 의하여 생산된다. 이와 같은 변이주는 아미노산 유사체에 대한 내성에 의하여 선별할 수 있는데 이 유사체는 대사과정의 첫 단계 효소를 저해하거나, 아미노산 생합성 경로 효소의 합성을 억제하는 것이다. *C. glutamicum*의 유전체 배열은 과다생산 균주의 제작에 기여하였다. 이것은 아스파라진과 같은 아미노산은 부동화 효소 칼럼을 사용함으로서 생산할 수 있다.

|참고문헌과 온라인 자료|

일반적인 내용

Demain, A. L. (2000). Small bugs, big business: the economic power of the microbe. *Biotechnology Advances*, 18, 499–514.

시트르산

Karaffa, L., and Kubicek, C. P. (2003). *Aspergillus niger* citric acid accumulation: do we understand this well-working black box? *Applied Microbiology and Biotechnology*, 61, 189–196.

Roehr, M., Kubicek, C. P., and Kominek, J. (1996). Citric acid. In *Biotechnology*, 2nd Edition, H.-J. Rehm and G. Reed (eds.), Volume 9, pp. 307–345, Weinheim, Germany: Verlag Chemie.

Burgstaller, W. (2006). Thermodynamic boundary conditions suggest that a passive transport step suffices for citrate excretion in *Aspergillus* and *Penicillium*. *Microbiology*, 152, 887–893.

아미노산 (일반)

Krämer, R. (2004). Production of amino acids: physiological and genetic approaches. *Food Biotechnology*, 18, 171–216.

Ikeda, M., and Nakagawa, S. (2003). The *Corynebacterium glutamicum* genome: features and impacts on biotechnological processes. *Applied Microbiology and Biotechnology*, 62, 99–109.

Kirchner, O., and Tauch, A. (2003). Tools for genetic engineering in the amino acid–producing bacterium *Corynebacterium glutamicum*. *Journal of Biotechnology*, 104, 287–299.

글루탐산

Kinoshita, S. (1985). Glutamic acid bacteria. In *Biology of Industrial Microorganisms*, A. L. Demain and N. A. Solomon (eds.), pp. 115–142, Menlo Park, CA: Benjamin/Cummings.

Hoischen, C., and Krämer, R. (1989). Evidence for an efflux carrier system involved in the secretion of glutamate by *Corynebacterium glutamicum*. *Archives of Microbiology*, 151, 342–347.

Kimura, E. (2003). Metabolic engineering of glutamate production. *Advances in Biochemical Engineering/Biotechnology*, 79, 37–57.

Sonntag, K., Schwinde, J., de Graaf, A. A., Marx, A., Eikmanns, B. J., Wiechert, W., and Sahm, H. (1995). ^{13}C NMR studies of the fluxes in the central metabolism of *Corynebacterium glutamicum* during growth and overproduction of amino acid in batch cultures. *Applied Microbiology and Biotechnology*, 44, 489–495.

Sekine, H., Shimada, T., Hayashi, C., Ishiguro, A., Tomita, F., and Yokota, A. (2001). H^+–ATPase defect in *Corynebacterium glutamicum* abolishes glutamic acid production with enhancement of glucose consumption rate. *Applied Microbiology and Biotechnology*, 57, 534–540.

Eggeling, L., and Sahm, H. (2003). New ubiquitous translocators: amino acid export by *Corynebacterium glutamicum* and *Escherichia coli*. *Archives of Microbiology*, 180, 155–160.

Sauer, U., and Eikmanns, B. J. (2005). The PEP-pyruvate-oxaloacetate node as the switch point for carbon flux distribution in bacteria. *FEMS Microbiology Reviews*, 29, 765–794.

라이신과 트레오닌

Debanov, V. G. (2003). The threonine story. *Advances in Biochemical Engineering/Biotechnology*, 79, 113–136.

de Graaf, A. A., Eggeling, L., and Sahm, H. (2001). Metabolic engineering for L-lysine production by *Corynebacterium glutamicum*. *Advances in Biochemical Engineering/Biotechnology*, 73, 9–29.

Pfefferle, W., Möckel, B., Bathe, B., and Marx, A. (2003). Biotechnological manufacture of lysine. *Advances in Biochemical Engineering/Biotechnology*, 79, 59–111.

Vrljic, M., Sahm, H., and Eggeling, L. (1996). A new type of transporter with a new type of cellular function: L-lysine export from *Corynebacterium glutamicum*. *Molecular Microbiology*, 22, 815–826.

Ohnishi, J. et al. (2002). A novel methodology employing *Corynebacterium glutamicum* genome information to generate a new L-lysine producing mutant. *Applied Microbiology and Biotechnology*, 58, 217–223.

Koffas, M., and Stephanopoulos, G. (2005). Strain improvement by metabolic engineering: lysine production as a case study for systems biology. *Current Opinion in Biotechnology*, 16, 361–366.

Wendisch, V. F., Bott, M., and Eikmanns, B. J. (2006). Metabolic engineering of *Escherichia coli* and *Corynebacterium glutamicum* for biotechnological production of organic acids and amino acids. *Current Opinion in Microbiology*, 9, 268–274.

Microbial Biotechnology

Chapter 10

2차 대사산물 : 항생물질과 그 외

시트르산과 아미노산을 포함하는 몇 가지의 1차 대사산물에 의한 산업적인 생산물을 이번 장에서 알아보고자 한다. 몇 가지 화합물과의 비교를 통하여 살아있는 세포의 도처에 존재하는 중요한 대사 과정이나 특정경로에 있는 기관의 특정 그룹에 의한 2차 대사물로서 이들의 화학구조는 복합적인 경향이 있는데, 특정 성장기간 동안 발생하며 종종 안정적인 기간 동안에 일어난다. 2차 대사물의 가장 중요한 기능은 **항생제**이다.

20세기 많은 과학역사 중 최초의 항생제인 penicillin(그림 10.1)의 과학적 연구는 플레밍(1928년에 발표)에 의해 진행되어 인간생활에 많은 영향을 주었다.

이 이야기는 잘 알려져 있는데, 플레밍은 난잡한 실험실에 그대로 놓아두고 휴가를 보낸 후 돌아와 보니 그의 클린벤치 내 배양배지에 박테리아 집락에 이웃의 곰팡이가 오염되어 녹아 있었다. 이 이야기는 종종 뜻밖의 과학적 발견의 중요성을 이야기 할 때 인용된다. 플레밍은 세균세포를 죽이는 새로운 천연물질을 찾기 위해 그의 모든 것을 헌신했다. 그는 사실 초기 몇 년간 라이소자임을 발견하였다. 그러나 그는 대부분의 인간이 보유하고 있는 pathogens가 세균용해 활성을 본질적으로 억제한다는 것에 대해 실망했다(pathogens가 아마도 억제 같은 진화과정의 선택일 것이라 했는데, 왜냐하면 라이소자임은 고등동물 대부분의 조직과 체액에서 나타나기 때문이다). 플레밍의 **페니실린** 발견의 또 다른 중요한 관점은 활성물질의 추출과 이를 감염에 대한 치료에 이용했다는 것이다. 플레밍 이전에 12명의 과학자들은 곰팡이와 여러 소기관을 이용한 다양한 세포 용해 물질과 박테리아의 억제에 대해 보고하였다. 아직 완전히 밝혀진 것은 아니지만 "자연적인" 분류와 "호기심"이 낳은 현상 때문으로 볼 수 있다. 페니실린의 요구는 근본적으로 산업적 범위에서의 생산과 임상에의 적용, 더 나아가 10년 후 미국제약회사간의 협력과 많은 우수한 화학자들에 의해 큰 효과를 보았으며, 플레밍의 초기효과는 보다 인상적으로, 그는 이미 그의 조형물의 배양 중 선택되어진 효과를 보았고 이는 동물 감염모델의 치료제로 자리 잡고 있다.

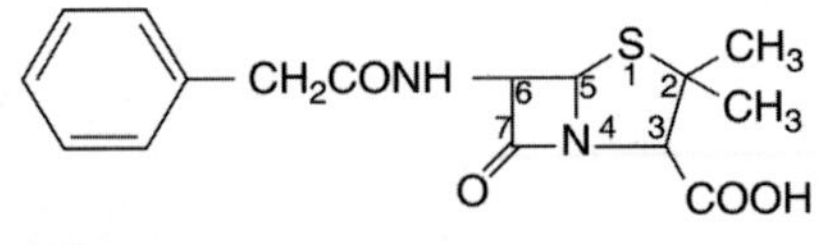

그림 10.1

페니실린 G.

항체의 많은 다른 종류들은 2차대사가 발견되는데, 자연항체는 아직 완전히 밝혀지지 않았지만, 이웃하는 것과 경쟁자들을 죽인다. 많은 화합물들이 가장자리에 항미생물 효과와 약간의 변형된 생산물을 생산하는 화학변형을 가진다. 생산물의 합성 물질은 치료에 이용되며, 더 나아가 어떤 생산물들은 매우 낮은 농도에서 작용한다. 이런 것들은 천연 항생제의 많은 종류로 생산물은 신호전달 분자 같은 것으로 한정되어 진다. 이런 가설은 많은 2차대사로 관찰되는데, 이용할 수 있는 많은 실험 방법들도 항생제 활성을 확인할 수는 없다. 반면에 페니실린 반응 물질은 자연적으로 미생물에 의한 환경에서 항생제로서 기능을 제공한다. 왜냐하면 이것이 유전자 발현 과정 중에 β-락탐을 억제하는 것을 많은 종류의 박테리아 염색체에서 발견되었기 때문이다.

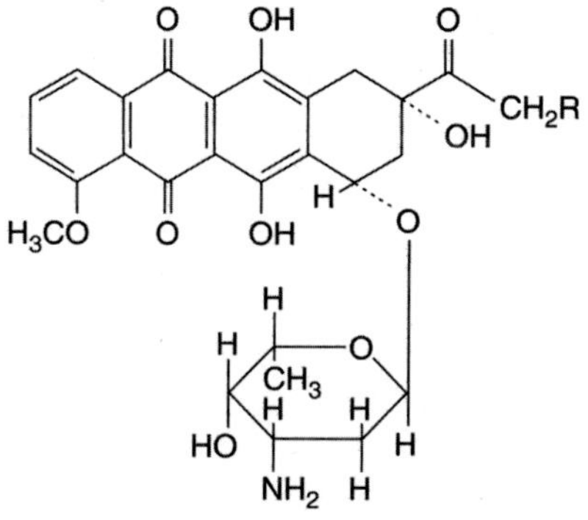

다우노마이신 R is H
아드리아마이신 R is OH

그림 10.2
다우노루비신(다우노마이신)과 독소루비신(아드리아마이신).

2차 대사산물의 활성

비항생활성을 보유한 2차 대사산물

미생물 활성의 억제뿐만 아니라 특정동물 효소나 동물세포의 표면에 있는 특정한 수용체에 대한 결합력을 억제하는 것과 같은 효과가 관찰된다. 반면에 많은 물질들이 흥미 있는 활성을 나타내는데, 예를 들면 몇몇 화합물의 일정 범위를 타깃으로 한다(2장 참조). 이러한 물질들은 항생제의 전통적인 분류로 나타내기에는 적당하지가 않다.

항암제

대부분의 중요한 암 화학치료 약물들은 미생물의 2차대사 아래에 있는 **안트라사이클린**계에 속한다. **독소루비신**과 **다우노루비신**을 포함하는 물질로 구성되는 4개의 서로 연결된 벤젠고리를 가져 나프타센 고리를 감소시킨다(그림 10.2).

이 물질들은 기본적으로 이중나선 DNA의 사이에서 topo 이성화 효소 반응 억제를 통한 행동을 한다. **닥티노마이신**을 포함하는 또 다른 그룹은 연결된 3개의 링을 가지는데(그림 10.3), 이 또한 이중나선 DNA 사이로 들어가서 전사과정과 DNA의 합성을 저해한다.

블레오마이신은 DNA와 높은 결합력을 가지며, 전반적으로 여러 구조를 가지는데, 활성산소자유기를 야기시켜 DNA를 파괴시킨다(그림 10.4).

끝으로 잘 알려진 물질인 **지노스타틴**(네오카지노스타틴, 일본에서 발매)은 크로모포어의 구성 물질로(그림 10.5), 아포단백질로의 결합을 방해한다. **크로모포어**는 단백질 방어와 글루타치온 같은 설프하이드릴제에 의해 감소하는데, 이는 자유기로의 전환과 나프탈렌 환 시스템인 이중나선 DNA 안쪽으로 들어가게 하며, 자유기 생산물인 DNA내 디옥시리보스의 산화물을 만들고, 이후 DNA 가닥이 끊어진다. 많은 물질이 방선균 종에서 생산되고, 전통적인 항생제의 가장 중요한 원료이다.

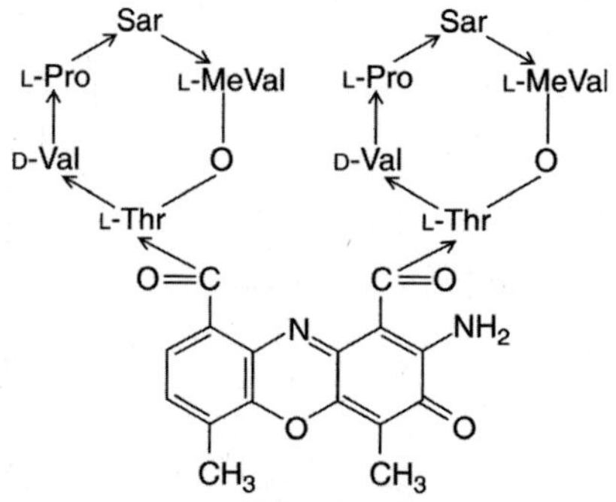

닥티노마이신

그림 10.3
닥티노마이신. 화살표는 펩타이드 결합의 방향을 가리킨다.
약어: Sar, 살코산; MeVal, N-메칠발린.

화학치료 물질은 대부분의 암치료에 이용되어지고 있다. 이것은 대사 저해제(**메토트리제이트**, **플루오로우라실**), 알킬화 제제(**사이클로포스파마이드**), DNA-cross-linking agent(**시스플라틴**) 등을 포함한다. 반면에 많은 미생물의 2차 대사를 포함하는데 예를 들면 **펜토스타틴**(방선균에서 생산된 퓨린 뉴클레오사이드 유사체, 그림 10.6),

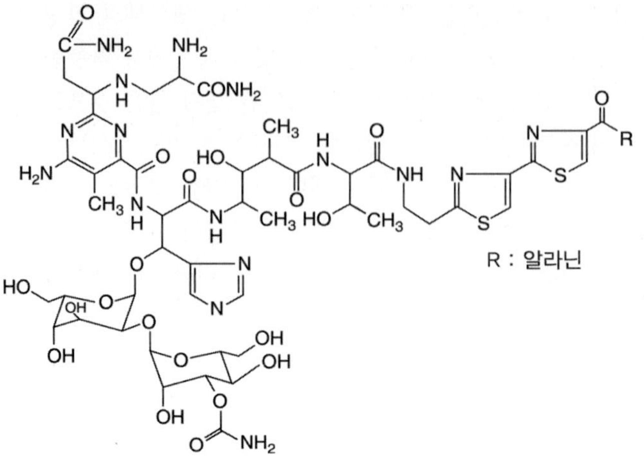

그림 10.4
블레오마이신.

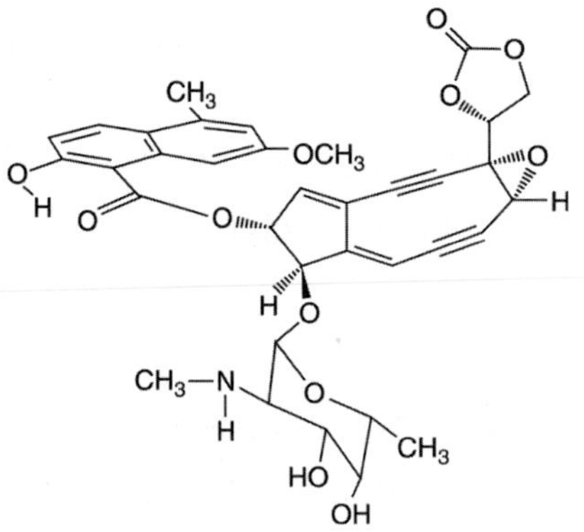

그림 10.5
지노스타틴의 크로모포어.

스트렙토조신(방선균으로부터 생산되는 알킬화 제제, 그림 10.7), **마이토마이신** C(세포 내에서 환원 후 알킬화 제제로 되는 방선균 산물, 그림 10.8) 등이 있다. 이 외에도 식물의 생산물이나 합성물질들은 구조가 기본적으로 천연 생산물인데, 예를 들면 튜불린 생성 억제제인 **빈블라스틴**, **빈크리스틴**, **패크리탁셀**(**택솔**, 2장 참조) 등과 DNA topo 이성화 효소 저해제인 에토포사이드가 있다.

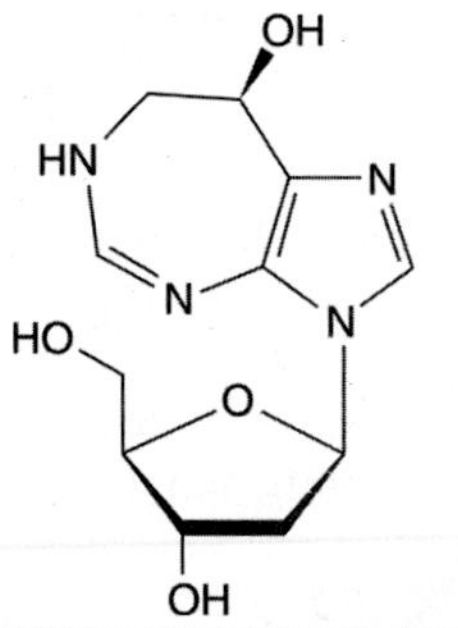

그림 10.6
펜토스타틴.

단백질 분해효소/펩타이드 분해효소 저해제

1960년 후반 하마오 우메자와는 미생물의 2차 생산물이 단백질분해효소를 억제할 것이라고 예상했다. 단백질 분해효소는 많은 생리학적 기능에 필수적이고(즉, 혈액 응고 케스케이드), 생리적인 상태유지에 중요하다(즉, 기종에서 엘라스타제). 게다가, 동물 바이러스의 증식에서 바이러스의 단백질 분해효소 합성에 의한 바이러스성 단백질 전구체의 단백질분해 과정 중에 요구된다. 방선균 배양 중 단백질분해효소 억제제의 검색은 관련된 종의 단백질분해효소의 다양한 형태의 몇몇 단백질 억제제의 발견으로 나타났다. **안티파인**, **류펩틴**, **펩스타틴** 등은 매우 유용한 물질로 많이 사용되고 있다(그림. 10.9). 어떤 것은 인간의 치료에 유용한 것으로 증명되었다. **베스타틴**(그림 10.10)은 아미노펩티다제를 억제하는데 이는 일본에서 암환자에 면역관용제로 이용된다. 또 다른 흥미 있는 예는 Eli Lilly의 과학자(Box 10.1)에 의해 발견된 A58365A는 방선균의 생산물로 레닌-안지오텐신 시스템의 중요 효소인 **안지오텐신 변환효소**를 억제하여 혈압을 조절한다.

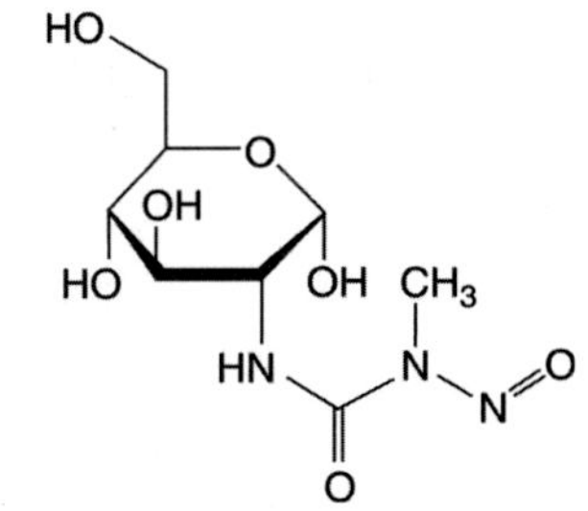

그림 10.7

스트렙토조신.

콜레스테롤 생합성 저해제

식품의 섭취 한계에 따른 혈액 내부의 콜레스테롤 수준은 각기 독자적으로 **콜레스테롤**을 낮추어 주는데, 식이량보다 많은 내부 콜레스테롤의 합성 증가는 고콜레스테롤의 결과로 나타난다. 1970년 도쿄의 산쿄의 과학자들은 쥐의 간 추출물에 의한 콜레스테롤 생합성 억제 물질을 *Penicillium*의 배양으로부터 몇 종의 새로운 생산물을 발견하였다. 더 나아가 **콤팩틴**(그림 10.11)을 포함하는 물질이 콜레스테롤 합성의 첫 번째 단계의 활성화에 관여하는 효소 HMG- CoA 환원효소를 경쟁적으로 억제하는 것을 발견했다.

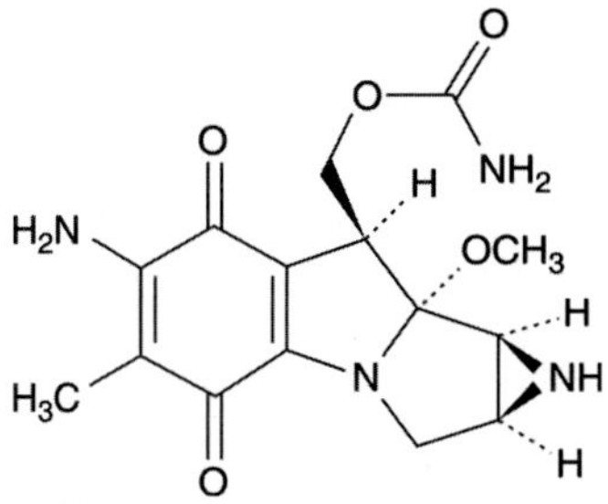

콤팩틴 또한 동물과 사람을 상대로 실험한 결과에 의하면, 콜레스테롤 수준을 낮추어 주는 효과가 있는 것으로 나타났다. 1980년 Merck, Sharpe & Dohme의 과학자들은 또 다른 곰팡이인 *Aspergillus*의 배양으로부터 **메비노린**이라는 비슷한 물질을 발견했다.

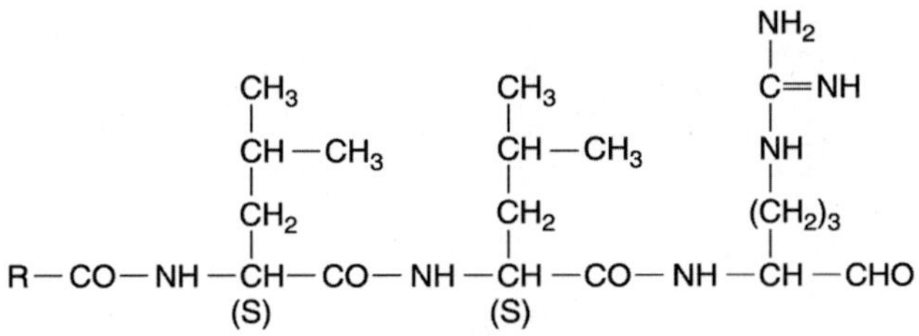

그림 10.8

마이토마이신 C.

루펩틴

R is CH_3, CH_3CH_2

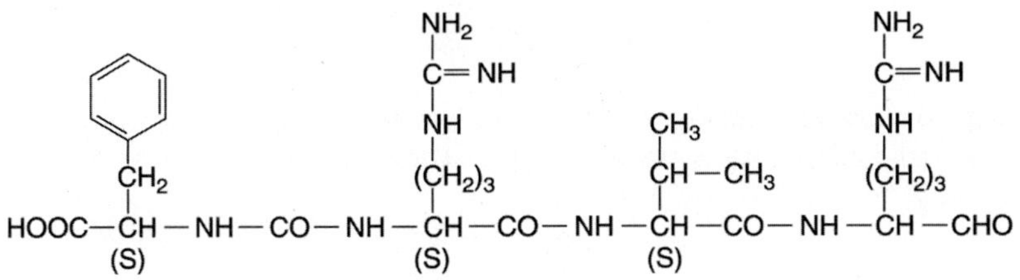

안티파민

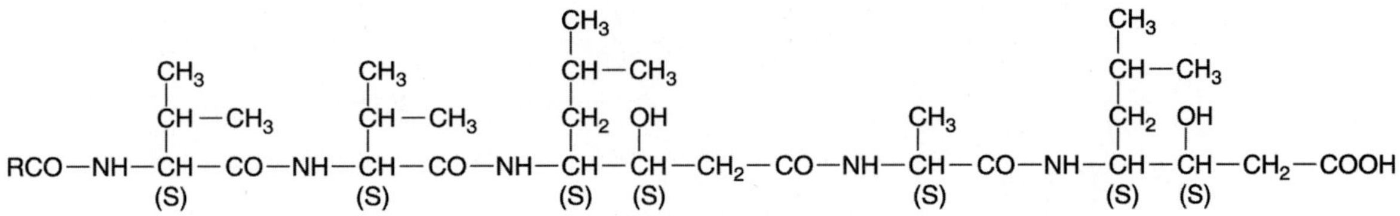

펩스타틴

그림 10.9

미생물 기원의 몇 가지 단백질 저해제. (R)과 (S)는 카이랄 센터의 입체화학을 나타낸다(11장 참조).

이 물질은 lovastatin으로 시장에서 성공하였다. 몇몇 다른 "**스타틴**"의 반합성/합성품들은 현재 이용 가능하며, 높은 시장성을 가지고 있다. 예를 들면 **아토바스타틴**(Lipitor)은 2005년 한해에 전 세계적으로 12억불 이상이 팔렸다.

안지오텐신 변환 효소(ACE)의 저해제

안지오텐신 II는 안지오텐신 I에서 C-터미널 디펩타이드가 쪼개져서 생기는 것인데, 혈관의 압축과 혈압을 조절하는데 중요한 역할을 한다.

Asp–Arg–Val–Tyr–Ile–His–Pro–Phe–His–Leu(anglotensin I)
↓ ACE
Asp–Arg–Val–Tyr–Ile–His–Pro–Phe(anglotensin II) + His–Leu

브라질 독사의 뱀독에서 관찰된 것으로 여기에 물리게 되면 혈압이 낮아지고 졸도하게 되는데, ACE 효소의 강력한 펩타이드 억제제가 포함되어 있다. 스큅 과학자들이 이 펩타이드를 확인 했을 때, 가장 강력한 물질로 Pyr–Trp–Pro–Arg–Pro–Gln–Ile–Pro–Pro 서열을 가지고 있음을 확인하였다. 그들은 다수의 합성 펩타이드를 실험하였으며, Glu–Lys–Trp–Ala–Pro가 억제활성이 있는 것을 확인하였다. 이 펩타이드는 정맥주사로 처리되었다. 그들은 펜타펩타이드 억제제의 유사한 구조를 디자인했으며, ACE에 대한 아이디어를 시작하고, 디펩타이드를 방출하는 카복시펩티다제 존재, 기질 펩타이드의 3부분의 연합 등이 있다. 그들은 C-터미널의 프롤린을 이용하였는데 억제되는 펩타이드는 모두 프롤린을 가지고 있었다. 프롤린의 앞에 석시닐 그룹을 추가 했는데 대체된 석시닉산은 췌장유래의 카복시펩티다제의 억제활성을 보여주었다. 이 시작 물질은 3-머캅토프로피오닉산 그룹을 포함한 석시닉산 변형 재조합으로 개선되었으며, 궁극적으로 고혈압의 치료제-캅토프릴로 최초의 임상제로 ACE 억제효과를 가지게 하는 것이다.

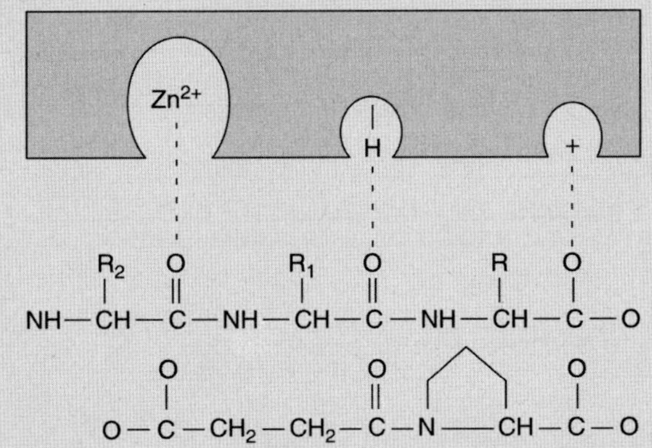

ACE 억제제 효과를 가지는 자연산물인 이상적으로 디자인된 약물 A58365A의 구조를 비교하는 것은 유익한데, 이것은 위에서 나타낸 석시닐 프롤린의 구조적으로 제한된 유사체로 판명이 났다.

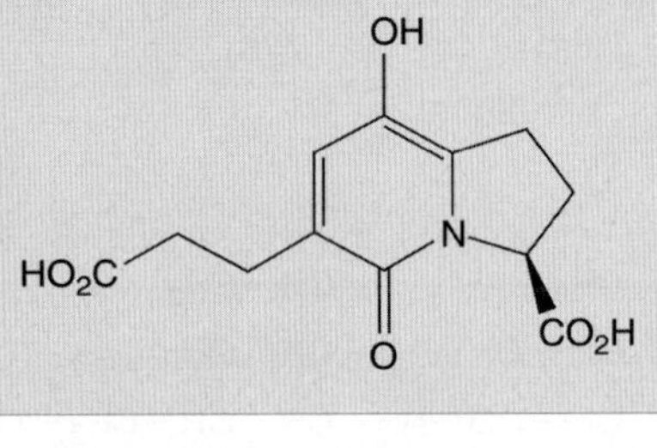

Box 10.1

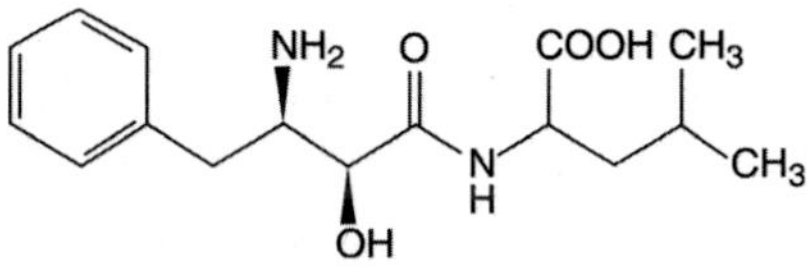

다른 저해제

비록 순수하게 정제되진 않았지만, 효소억제제와 관련된 검색에 의해서 어떤 항생제들은 이례적으로 강력하며, 중요한 효소반응을 특이적으로 억제하는 것으로 나타났다.

세루레닌(그림 10.12, 지방산 유도체의 곰팡이 유사물)을 포함하여 몇몇 물질은 생화학과 생물학의 실험적 연구에 광범위하게 사용되는데, 여러 기관에서의 지방산 억제, 당단백질의 아스파라진 결합의 탄수화물 체인의 생합성 중 **튜니카마이신**(그림 10.13)은 N-아세칠글루코사민-1-인산의 지방 운반자로의 전달을 억제한다.

그림 10.10

베스타틴.

면역억제제

어떤 미생물성 산물은 강력한 면역억제제로 작용한다. 이런 물질은 장기이식 과정 중의 환자에 처리하여 거부반응을 억제하는데 유용하게 사용된다. 가장 널리 알려진 것으로는 **사이클로스포린** A인데 곰팡이의 환상 펩타이드 생산물이다(그림 10.14A). 흥미로운 것은 이 물질이 최초 항곰팡이 활성을 가진 물질이란 것이다. 펩티딜 프로릴 시스-트랜스 이성화 효소를 포함하는 복합체로부터 나온 사이클로스포린은 **사이클로피린**으로 진핵세포의 세포질에 있다. 사이클로스포린-사이클로피린 복합체 결합은 **칼시뉴린**으로 알려져 있는 인산단백질 인산화 효소의 활성을 억제한다. 인산화 효소의 억제를 방해하는 탈인산화 과정은 T 세포에서 IL-2의 자동분비의 발현에 필수적인 전사인자로 T 세포의 활성을 억제한다.

최근에는 **라파마이신**(사이로리무스)는 항곰팡이 활성을 가지며, **FK506**(태크로리무스, 그림 10.14B)은 미생물 생산물에서 발견되었는데 IL-2 생산을 억제하는 것으로 나타났다. 두 물질 모두 임상에 중요하다.

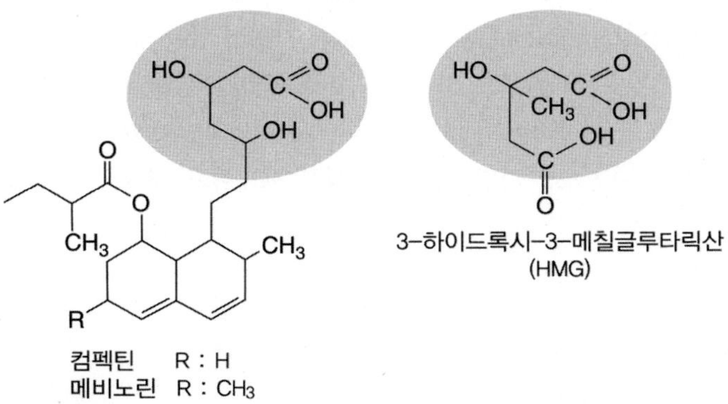

3-하이드록시-3-메칠글루타릭산 (HMG)

컴펙틴 R : H
메비노린 R : CH_3

그림 10.11

컴펙틴, 메비노린(로바스타틴), 그리고 3-하이드록시-3-메칠글루타릭산. 항생제는 락톤 형태가 아닌 산으로 그렸는데 인체 내에서는 산으로 가수분해되기 때문이다. 그래서 메비노린의 경우에는 그 구조보다 메비노릭산이 더 정확하다. 음영부분은 구조적으로 유사한 부분을 나타낸다.

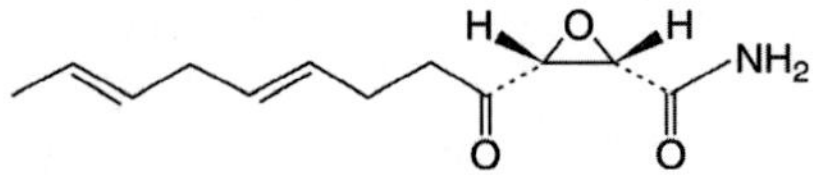

그림 10.12

세루레닌.

특정 수용체에 결합하는 화합물

특정 수용체에 결합하는 화합물의 예를 들면 머크에서 발견한 *Aspergillus* 종의 생산물인 **아스페리신**(그림 10.15A)이다. 이 물질은 수용체에 강력하게 결합한다. **콜레시스토키닌**(그림 10.15B)은 펩타이드 호르몬으로 소장조직에서 처음으로 발견되었고, 장의 운동성과 담낭(쓸개)의 수축에 관여한다. 아스페리신의 구조는 펩타이드 호르몬의 "이상적인" 형태로는 생각되지 않는다.

항생제의 개론

현재 상업적으로 판매되는 대부분의 항생제는 박테리아에 대해 활성을 가지는 물질이다. 이는 그람양성균에만 작용하는지와 그람음성균 사이에서도 작용하는지를 구별하는 것이 매우 중요하다.

그람음성균 세포의 기관은 외부막(그림 1.3 참조)에 방어기작을 가지고 있다. 작은 용질(1000 달톤 이하)은 물로 차 있는 채널을 통해 투과성장벽을 통과할 수 있는데 이 단백질을 **포린**이라 한다. 포린 채널은 매우 좁아도 통과가 가능한데, 대장균의 0.7 × 1 나노미터의 부분과 이와 연결된 부분을 통과하는데, 대장균은 큰 채널이 2 나노미터 정도로 한정되어 있다. 이러한 이유로 1000 달톤보다 큰 수용성 항생제의 외부막을 통한 확산은 몇 개로 한정되어 있다. 당연하게도, 소수성 용질의 친수 채널의 투과성 또한 빈약하다. 더 나아가 외부막의 지질층 부분은 소수 분자로 낮은 투과성을 가지는데, 그 이유는 외부층이 일반적이지 않은 지질 분자인 지다당류 (LPS)로 구성되어 있기 때문이다. 그 결과로 크거나 보다 소수성인 항생제는 그람양성 박테리아에만 활성을 가지는 경향이 있다.

베타락탐

페니실린(벤질페니실린, 페니실린 G)(그림 10.1)은 베타락탐 항생제의 일반적인 종류이다. 베타락탐은 원핵 세포벽의 합성을 저해하는데, 폴리머로 구성되어 있는 이 구조는 박테리아에서는 특이한 것으로, **펩티도글리칸**으로 불린다. 펩티도글리칸은 다당류(또는 글리칸) 고리로 구성되어 있는 네트웍을 가지는데, *N*-아세칠글루코사민과 *N*-아세칠무라믹산 부분과 교차되어 있다(그림 1.1 참조). 다당류 고리는 짧은 펩타이드 고리로 교차된

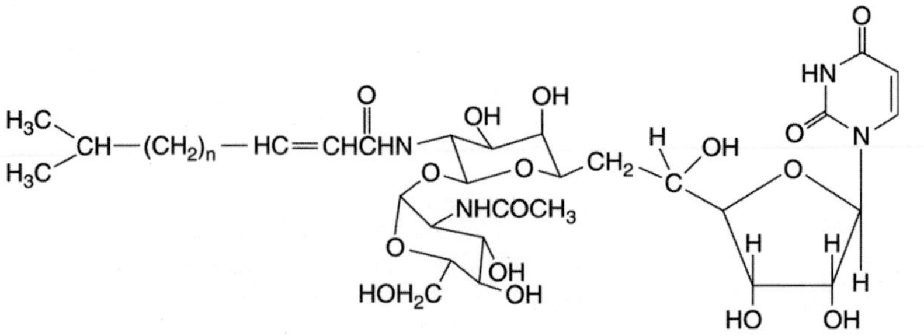

그림 10.13

투니카마이신.

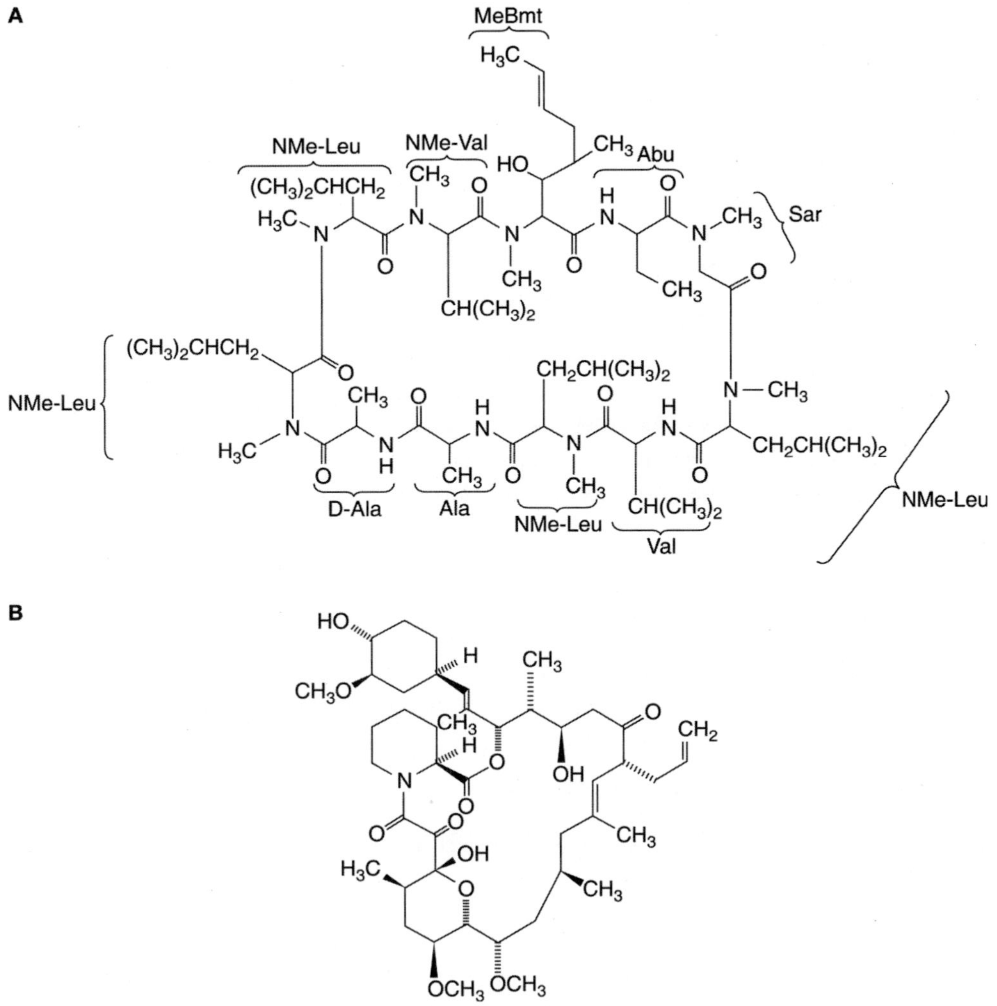

형태로 되어 있고, D-아미노산과 ***N*-아세칠무라믹산** 부분의 부착부분을 포함한다(그림 10.16). 이 구조는 펩티도글리칸의 화학적 안정성을 제외하고, 기계적인 강성과 단단함을 가진다.

성장하는 세포에서 세포벽의 새로운 글리칸 고리의 덧붙임은 펩타이드 측면 체인의 교차링크에 의해 만들어지고, 새로운 펩티도글리칸 구조를 존재하게 한다(그림 10.17). 교차링크 반응은 **DD-트랜스 펩티다제**에 의해 촉진된다. 펩타이드 결합의 효소 절단은 새롭게 만들어지는 글리칸 체인의 측면 체인에 있는 두개의 D-알라닌 부분과 기존에 존재하는 펩티도글리칸의 측면체인에 존재하는 D-아미노산 부분의 자유 아미노기에 있는 그루칸-펩티딜 복합체의 이동으로 발생하며, 이로 인해 다른 채널의 교차가 일어난다. Tipper와 Strominger에 의한 첫 번째 중요한 점은 베타락탐 고리 시스템 구조는 옆 측면 체인의 D-알라닌-D-알라닌과 비슷하다(그림 10.18). 트랜스 펩티다제와 페니실린 사이에 야기되는 페니실린 효소의 결합은 결과적으로 효소의 불활성화를 뒤집는다. 베타락탐은 예를 들면 "자살억제제"로 이것은 기질과 같은 목적하는 효소와 결합하며, 효소를 포함하는 아래 단계의 화학반응이 일어나고, 이로 인해 비활성의 원인이 된다.

그림 10.14

(A) 사이클로스포린 A. 새로운 아미노산 MeBmt는 (명확하게) 많은 N-메칠 그룹의 존재처럼 생물학적 활성을 위하여 필수적이다. 이것은 백본 잔기사이의 수소결합을 저해하고 (아마도) 특별한 구조를 가정하게 한다.
(B) FK-506 (태크로리무스).
약어: NMe, N-메칠; Sar, 살코신; Abu, 2-아미노부칠릭산; MeBmt, 4-(2-qnxpslf)-4,N-디메칠-L-쓰레오닌.

A

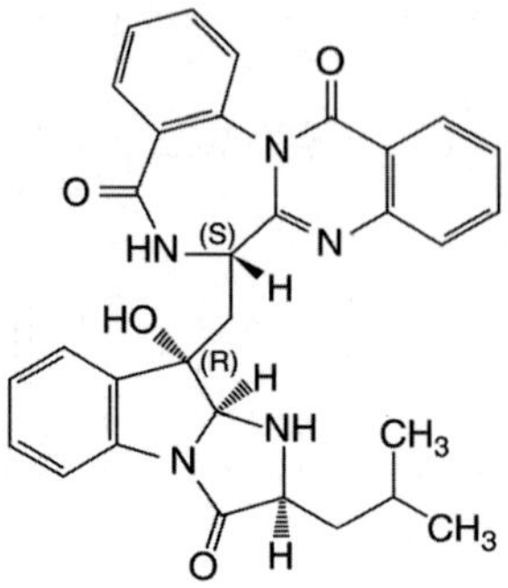

B

Lys—Ala—Pro—Ser—Gly—Arg—Met—Ser—Ile—Val—

Lys—Asn—Leu—Gln—Asn—Leu—Asp—Pro—Ser—His—

Arg—Ile—Ser—Asp—Arg—Asp—Tyr (SO_3H) —Met—Gly—Trp— Met—Asp—Phe—NH_2

그림 10.15

(A) 아스페리신. (B) 콜레사이토키닌.

자살억제제는 경쟁적 저해제보다 항생제에서 보다 바람직한데, 왜냐하면 타깃이 활성화되는 것을 완전히 억제하기 때문이다.

페니실린G는 매우 효과적으로 대부분의 그람양성균을 죽이는데, 대부분의 그람음성균에는 활성이 없다. 왜냐하면 이것은 친유성(lipophilicity)이기 때문이다. 여섯 개로 구성된 벤질 측면 체인은 다른 물질들과 화학적으로 재배치를 할 수 있다(그림 10.1). 결과적으로 어떤 화합물은 그람음성균에 눈에 띄는 활성을 보이고 이런 화합물을 "광범위" 항생제라고 한다(아래 참조).

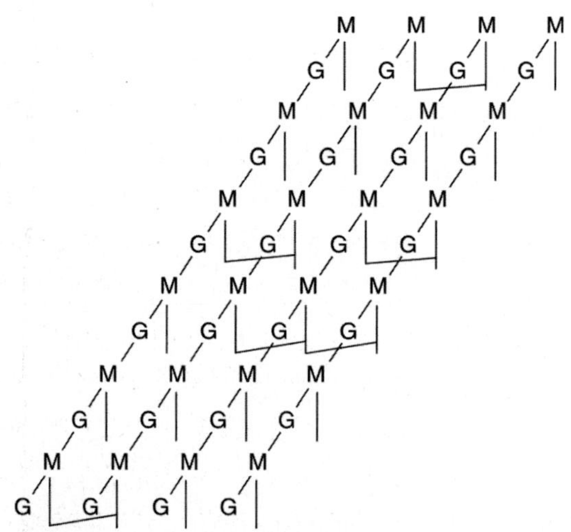

그림 10.16

그람 음성균으로부터 펩티도글리칸의 구조.

다당류 체인은 *N*-아세칠무라믹산 단위(M)과 *N*-아세칠글루코사민 단위(G)가 번갈아 가면서 만들어진다. 짧은 펩타이드(수직선)는 *N*-아세칠무라믹산 잔기에 붙어 있고 다당류 체인은 펩타이드 크로스 링크에 의하여 연결되어 있다(거의 수평선).

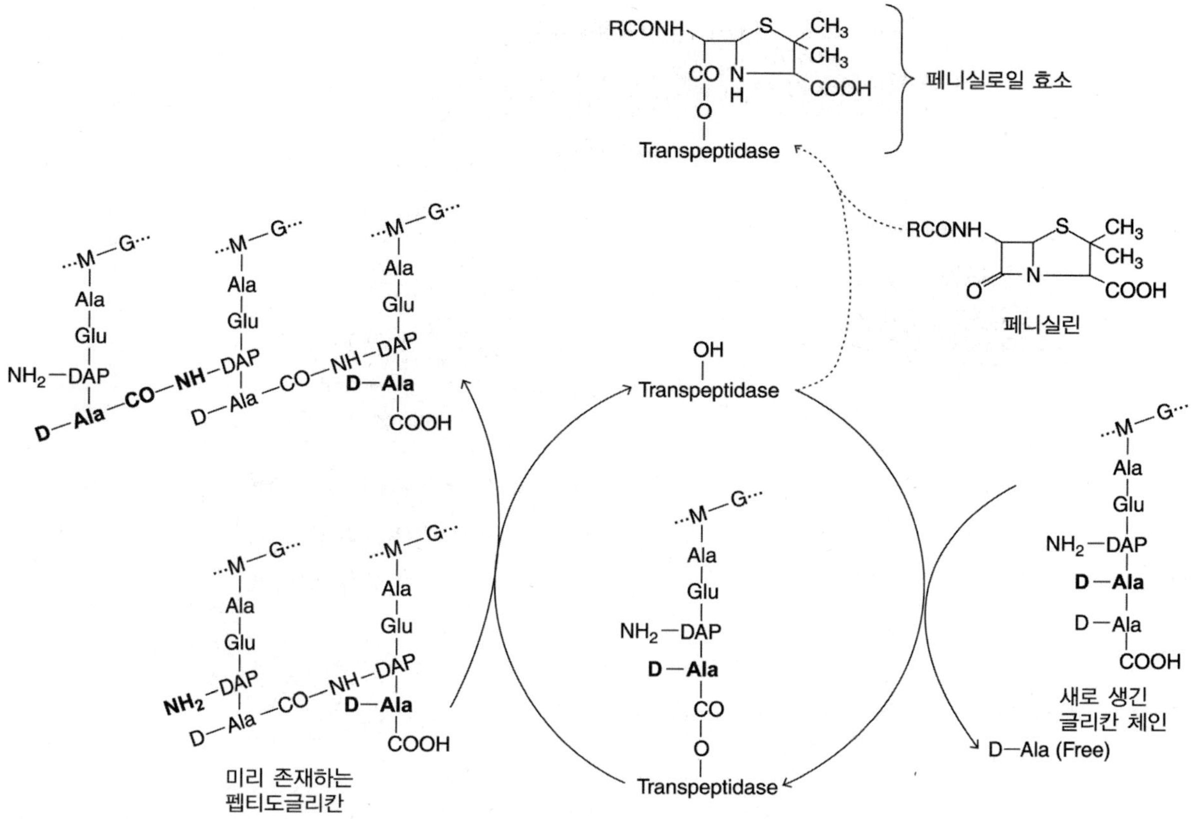

그림 10.17

펩티도글리칸에 새로운 물질의 첨가와 페니실린의 작용기전. 새롭게 만들어진 물질은 기존과 마찬가지로 펩티도글리칸(오른쪽 아래)과 교차되지 않고 공유결합으로 펩타이드의 D-알라닐-D-알라닌 결합의 분할을 야기하는 반응에 의해 트랜스펩티다제(중심부 아래)로 공유결합 된다. 새로운 펩티도글리칸 물질은 이전에 존재하는 펩티도글리칸 복합체(왼쪽 아래)내 디아미노피메릭산 부분의 아미노 그룹으로 이동되며, 트랜스펩티다제 효소(중심부)로 재조합된다. 페니실린은 또한 트랜스펩티다제(페니실로일 효소, 중심부 위쪽)와 공유복합체를 만들지만, 이 복합체는 안정하고, 효소에 영구히 불활성화 된다.

Redrawn based on artwork from the first edition (1995), published by W.H. Freeman.

마크로라이드

기본적인 마크로라이드 구조는 **에리쓰로마이신**(그림 10.19)이 그 예가 되는데, 방선균 같은 특정 종에서 합성되는 것으로, 처음부터 끝부분까지 몇 개의 C3 단위가 집중되어 있고, 거대한 락톤 고리를 만든다. 마크로라이드는 **폴리케타이드** 화합물의 하나로, 이의 합성은 다음 장에 나온다(374 페이지). 이러한 마크로라이드 화합물은 크고 소수성인데, 이들은 그람양성균에 한정적으로 광범위하게 억제한다. 보다 최근에는 부분 합성된 마크로라이드(**아지쓰로마이신**)는 항그람음성균 활성을 가지는 것으로 소개되었다.

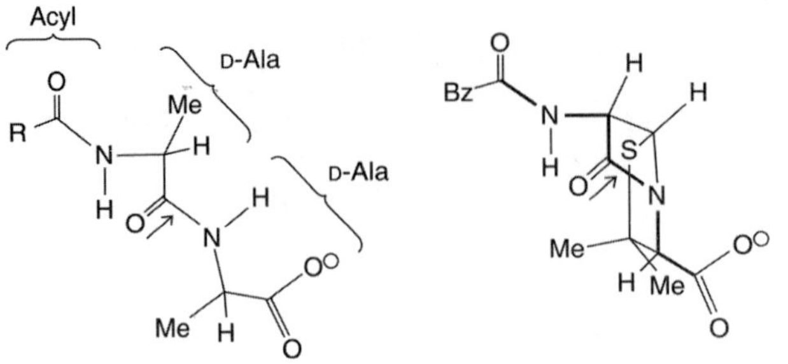

그림 10.18

펩티도글리칸(왼쪽)과 페니실린 G(오른쪽)의 아실-D-알라닐-D-알라닌 부분 사이의 구조적 유사성. Bz는 페니실린 구조의 벤질 부분의 표시이다. 페니실린 G의 결합은 아실-알라닐-알라닌 내의 펩타이드 등축에 상응하는 것으로 두꺼운 실선 부분이다. 결합은 펩티도글리칸 트랜스펩티다제에 의해 끊어진다(화살표).

[The drawing is based on Tipper, D. J., and Strominger, J. L. (1965) Mechanism of action of penicillins: a proposal based on their structural similarity to acyl-D-alanyl-D-alanine. Proceeding of the National Academy of Science U.S.A., 54, 1133–1141, but it is turned around and simplified by representing the methyl group as Me.]

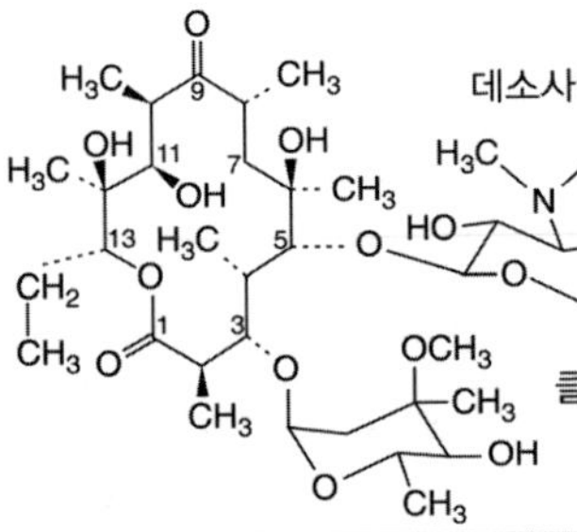

그림 10.19

에리쓰로마이신 A의 구조. 대부분 마크로라이드의 마크로사이클릭 링은 당쇄에 의하여 치환된다.

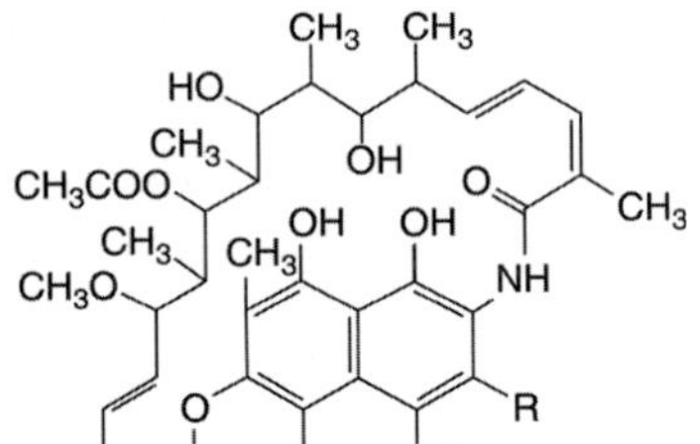

리파마이신 SV
R : H

리팜피신
R is—CH=N—N N—CH_3

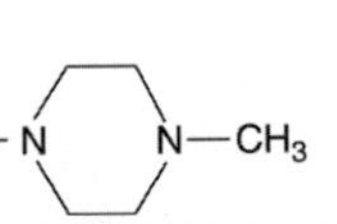

그림 10.20

리파마이신의 구조.

안사마이신

안사마이신 또한 마크로사이클릭 구조를 가지는데, 아마이드(락탐) 결합뿐만 아니라 방향족 크로모포어를 갖고 있기 때문에 고리는 마크로라이드의 그것과는 다르다(그림 10.20). 이 화합물은 *Amycolatopsis*종에서 분리되었는데, 방선균 같은 이런 종들은 eubacteria(1장 참조)의 방선균과에 속한다. 리파마이신은 원핵세포의 RNA 합성효소를 억제한다. 자연상태의 리파마이신(Rifamycin SV)(그림 10.20)은 소수성 특성과 큰 사이즈로부터 예상되듯이 오직 그람양성균에만 탁월한 활성을 가진다. 리팜피신처럼 명확하게 하전된 그룹은 더 많은 극성 분자의 화합물로 알려져 있는데, 활성은 그람음성균에도 있다. 이 화합물은 *Mycobacterium tuberculosis*(결핵의 원인)와 *Mycobacterium leprae* (나병의 원인)를 포함하는 그람음성 병원균에서 중요하다.

테트라사이클린

테트라사이클린은 *Streptomyces*의 몇몇 종에서 나오는 생산물로 융합된 네 개의 고리 시스템을 가진다(그림 10.21). 이 화합물은 진핵세포의 단백질 합성을 억제한다. 이 물질은 친수성으로써 몇 개의 하이드록실 그룹인 아마이드 잔기, 4차 아민 치환체 때문에 상당히 친수성이어서, 포린 채널을 통하여 효과적으로 그람음성균의 외막을 가로지를 수 있다. 그래서 테트라사이클린은 그람양성균과 음성균에 대한 광범위 항생제이다. 과거에는 테트라사이클린을 동물사료에 저농도로 첨가함으로 일반적인 질환을 예방하였는데, 체중을 증가시키고 가축의 감염질환을 감소시키는 효과가 있다. 반면, 영국에서는 테트라사이클린 **내성 플라스미드**를 가진 *Salmonella* 에 의한 소의 유행성 질병이 있었다. 현재는 대부분의 유럽 국가에서 수의사 처방 없이 테트라사이클린의 사용을 금지하고 있다.

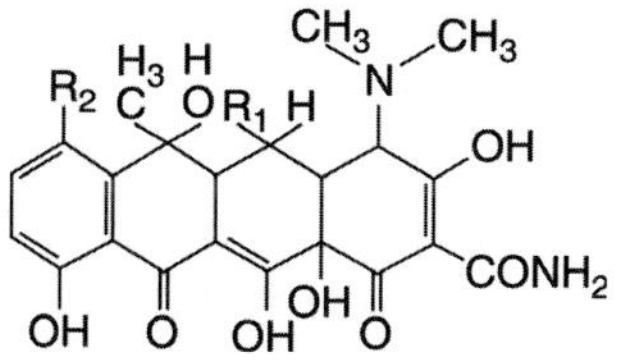

클로람페니콜

클로람페니콜(그림 10.22)은 *Streptomyces venezuela* 배양여액에서 분리되었다. 여하튼, 이것은 간단한 구조를 지닌 작은 분자이며, 발효보다 화학합성을 통해 만드는 것이 더 경제적이다. 클로람페니콜은 원핵세포의 단백질 합성을 억제한다. 이것은 크기가 작기 때문에 그람음성균의 포린채널의 외부막을 쉽게 통과하며, 광범위하게 쓰이는 항생제이다. 클로람페니콜은 진핵세포로 들어가서 미토콘드리아 단백질 합성을 억제한다. 그래서 이것은 빠르게 자라는 세포를 억제하는데 이용되고, 골수세포의 억제 같은 적어도 한 개 이상의 부작용이 있다. 이런 부작용으로 클로람페니콜은 *Salmonella typhi* (장티푸스) 같은 인간세포의 감염질환을 제외하고는 광범위하게 사용되고 있지 않다.

	R_1	R_2
테트라사이클린	H	H
클로르테트라사이클린	H	Cl
옥시테트라사이클린	OH	H

그림 10.21

테트라사이클린의 구조.

펩타이드 항생제

몇몇 펩타이드 항생제는 상업적으로 생산 중이다. 펩타이드 항생제 대부분은 *Bacillus* 종에서 생산된다(그림 10.23). 이런 펩타이드들은 D-아미노산, 오르니틴, 디아미노부칠산 같은 특이한 아미노산을 가지며, 주입시 사람에 대한 독성이 크기 때문에 국부적인 응용에만 단지 사용된다. 이들 물질의 어떤 것은 유럽에서 사람의 치료에는 사용되지 않기 때문에 사료첨가물로 이용되고 있다(테트라사이클린은 334 페이지 참조).

많은 항생제들이 그람음성균의 외막을 통과하기에는 너무 크고 소수성이기 때문에 이들의 효용성은 그람양성균에 국한된다. 두 단계로 그람음성균을 공격하는 폴리믹신이 재미있는 예외이다. 이는 다가 양이온 항생제로 작용하는데 많은 그람음성균의 외부막에 있는 LPS와 높은 반대 극성을 가지고 있어 결합할 수 있다. 그리고 이것은 외부막층의 기관 분자를 파괴시키는데, 폴리믹신이 결합해서 외부막이 붕괴되기 시작하고, 소수성 끝부분이 원형질막을 통하여 안쪽으로 침투하여 박테리아가 죽게 된다. 폴리믹신은 *Pseudomonas aeruginosa* 같은 종에 강력한 활성을 보이고, 거의 모든 항생물질에 저항성을 가지는데 이는 특이하게 외부 막에 대해 낮은 투과성을 가지기 때문이다. **폴리믹신**은 독성에도 불구하고 *P. aeruginosa*의 감염에 사용되고 있다.

반코마이신은 1,449 달톤의 당펩타이드로 그람양성균에만 작용하는데, 펩티도글리칸 전구물질의 D-Ala-D-Ala 부위에 결합하는 특이한 기작을 가지고 있다(그림 10.24). 이는 MRSA(메치실린 내성 *Staphylococcus aureus*)에 의한 감염의 약물치료에 중요하다. **답토마이신**은 소수성 펩타이드 항생물질로, 이것은 그람양성균(MRSA 포함)의 세포막에 삽입되어 Ca^{2+}를 증가시켜, 결합생산물로 그람양성균을 죽인다(그림 10.25). 주목할 만한 것은 이 물질은 고등동물의 원형질막에 외부배출물질 다수의 음이온 지질에는 포함되지 않고, 약물과 막사이에서의 Ca^{2+} 결합 상호작용에 의한 것으로 보인다.

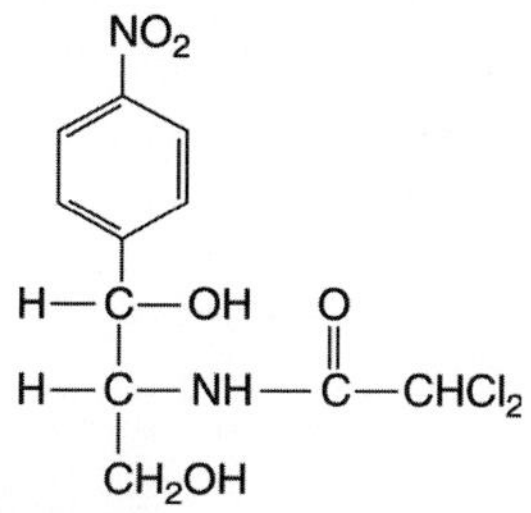

그림 10.22

클로람페니콜의 구조.

아미노글리코사이드 (아미노사이클리톨)

아미노글리코사이드는 아미노사이클리톨 부분으로 구성되는데, 아미노당이 다양한 방법으로 부착되어 있다(그림 10.26 참조). 모든 물질은 방선균 계열(*Streptomyces* 대부분, **젠타마이신** 관련 *Micromonospora*)의 미생물 산물이다. 이들 항생제는 원핵세포의 단백질

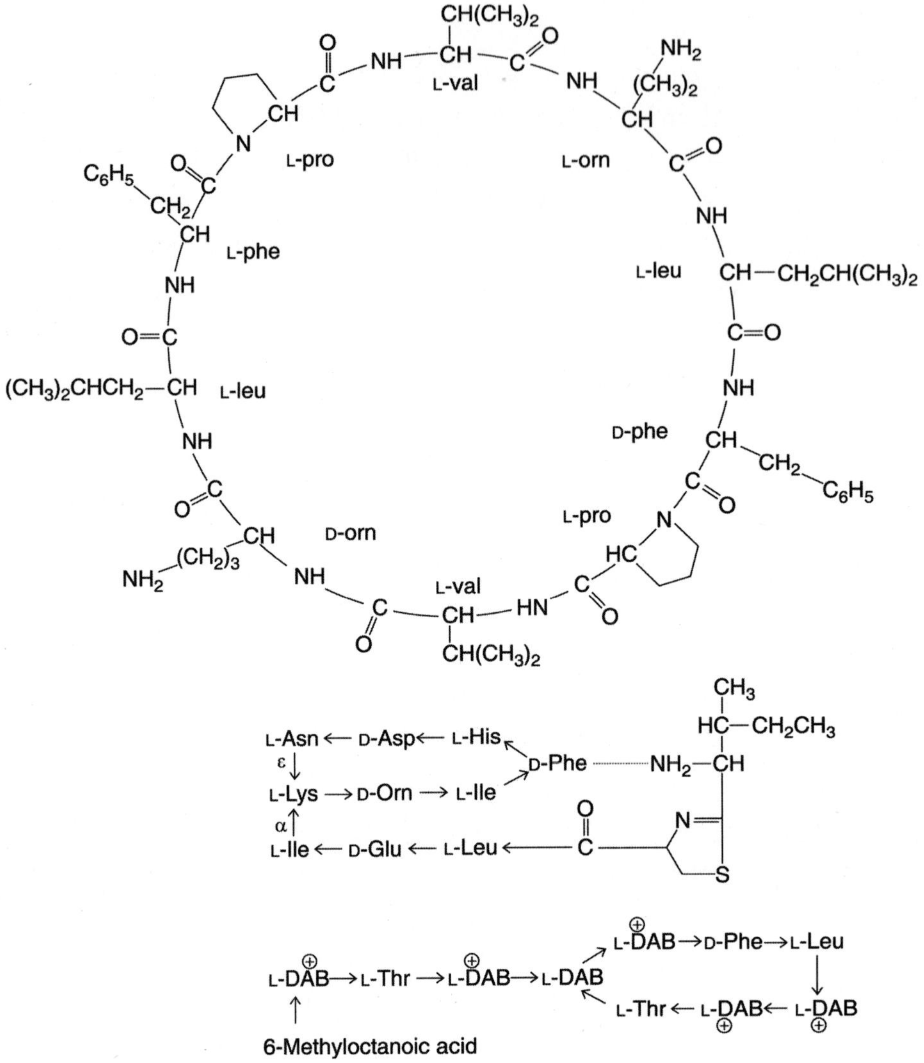

그라미디신 S

바시트라신 A

폴리믹신 B_1

6-Methyloctanoic acid

그림 10.23

펩타이드 항생제의 예. 화살표는 펩타이드 결합의 방향을 나타낸다. 폴리믹신의 구조에서 DAB는 2,4-디아미노부티릭산을 나타낸다. 이 잔기의 4-아미노 그룹에 기인한 양하전이 표시되어 있다.

합성을 억제하는데, 이들은 매우 친수성이고, 작으며, 아미노글리코사이드는 그람음성 외막의 포린채널을 통해 결합할 수 있으며, 이들 화합물은 그람양성과 그람음성균에 동일한 효과를 가지기 때문이다.

항곰팡이제 개론

곰팡이는 진핵세포이고 단백질과 관련된 비슷한 구조를 가지며 고등동물의 세포와 같은 핵산합성을 하는데, 이는 곰팡이 물질대사의 억제활성 선택을 어렵게 한다. **폴리옥신 B**는 UDP-N-아세칠글루코사민 구조를 가지고, 키틴의 합성을 저해하며, 곰팡이 세포벽에서 유일하게 다당류가 발견된다.

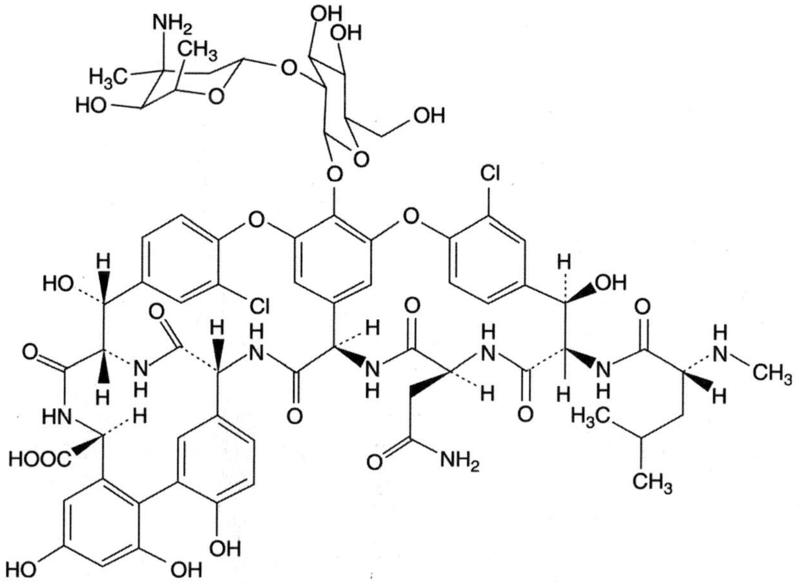

그림 10.24

반코마이신의 구조.

그리세오풀빈(생물학용어사전 참조)(그림 10.27)은 *Penicillium griseofulvum*의 생산물로서 곰팡이를 억제한다. 곰팡이에서 마이크로튜블의 튜불린의 조립 과정에 관련되어 있는 단백질에 결합하여, 세포분열을 억제한다. 이는 인체 치료 뿐 아니라 농업에도 주로 사용된다. **폴리엔**(그림 10.28)은 마크로라이드와 유사한 마이크로사이클릭 락톤 구조를 가진다. 큰 고리 구조, 적어도 26개의 원자와 최소 3개의 이중결합에 의해 구성된다.

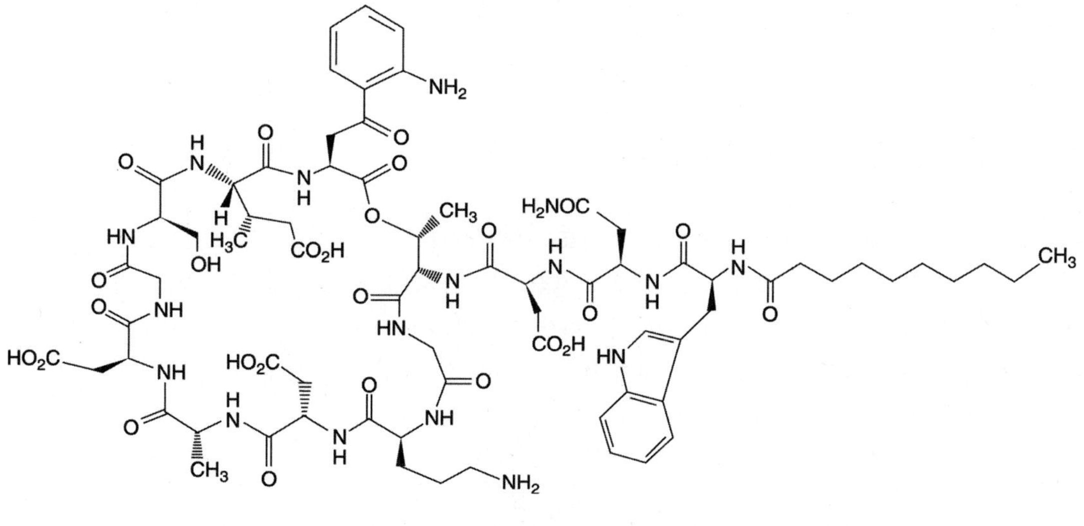

그림 10.25

답토마이신의 구조. 사이클릭 펩타이드 구조의 주요부분은 친수성과 많은 음이온으로 되어 있으나, 지방산 꼬리(오른쪽) 옆의 부분은 카복실 그룹 뿐만 아니라 소수성 인돌 구조를 지닌다. 세균 세포막으로 이 물질의 삽입은 칼슘이온의 연결작용에 의하여 매개된다.

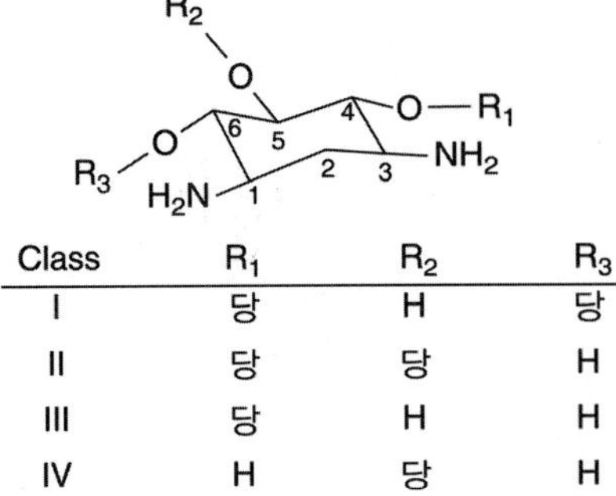

Class	R_1	R_2	R_3
I	당	H	당
II	당	당	H
III	당	H	H
IV	H	당	H

그림 10.26

2-디옥시스트렙타민을 가지는 아미노글라이코사이드의 일반적인 구조. 4-와 6-위치에 치환물질을 가지는 부류(클라스 I)은 카나마이신, 토브라마이신, 젠타마이신, 시소마이신이고, 4-와 5-위치에 치환물질을 가지는 클라스 II는 네오마이신, 파로모마이신, 리비도마이신, 리보스타마이신이다. 클라스 III은 4-위치에만 치환물질을 가지는데 아프라마이신이 속하고, 클라스 IV는 5-위치에 치환물질을 가지는데 데스토마이신, 하이그로마이신B 등이 속한다.

폴리엔(그림 10.28)은 *Streptomyces* 종에 의해 생산되며, 곰팡이 세포막에서 스테롤을 포함한 복합체로 구성되다, 이것에 의해 세포막이 교란되며, 막에서의 비특이적 투과성을 증가시키는데, 동물세포막은 스테롤–콜레스테롤–폴리엔으로 구성되는데 일반적으로 높은 독성을 가지며, 대부분 국소적인 적용에 사용된다.

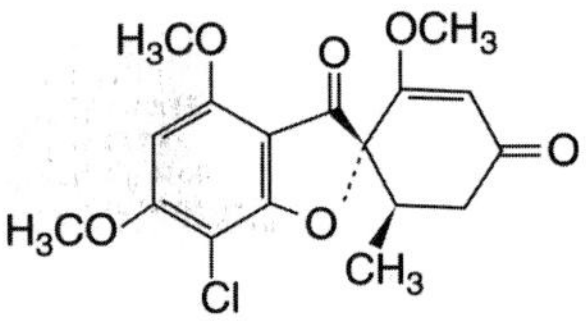

곰팡이 세포벽에 있는 다당류의 생합성 억제제는 미생물 생산물에서 확인되었으며, 치료제로 개발되었다. 소수성 펩타이드 타입의 **에치노캔딘**이 이 그룹에 속한다(그림 10.29). 항곰팡이 물질의 또 다른 중요한 그룹은 **아졸**로서 곰팡이에서 엘고스테롤의 합성을 저해하는 종합적인 합성 물질이다.

그림 10.27

글리세오펄빈.

항생제 연구의 기본 목표

항생제에 대한 연구와 개발은 생물공학의 다른 부분과 비슷한 목적을 담당하고 있다. 항생제를 통한 작용과 그 결과의 진행과정은 질적으로 개선되는 바람직한 방향을 찾는 것이다. 반면, 사람에 이용되는 항생제의 많은 연구는 목표를 찾기가 매우 어려운데, 생명을 위협하는 감염에 대해 치료를 해야 할 때 약물의 비용은 가장 중요한 요인은 아니라고 할 수 있다.

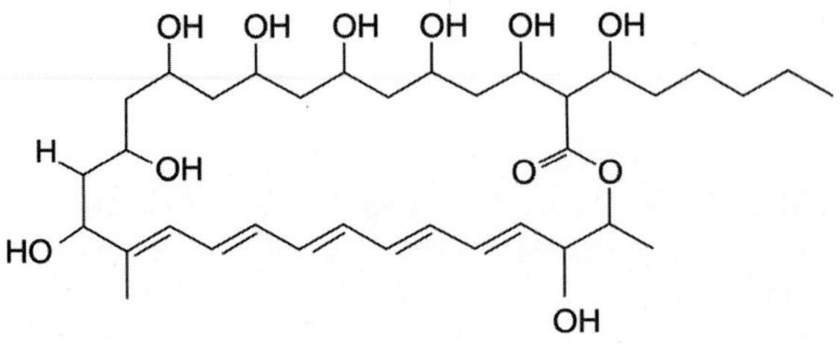

그림 10.28

폴리엔 항생물질 피리핀.

항생제 연구의 매우 큰 부분은 새로운 약물개발이다. 부작용이 없거나 아주 작으며 효과적인 약물이 없기 때문에 새로운 약물이 여전히 필요하다. 대부분의 곰팡이와 바이러스 등에 효과적인 약물이 필요하며, *P. aeruginosa* 같은 박테리아는 많은 항생제에 대해 저항성을 가진다.

약물이 널리 사용되기 전에 **저항성 균주**가 나타나는 것은 난처한 문제이다. 우리는 이 장 뒤편에서 다수의 예를 볼 것이다. 새로운 화합물이 지속적으로 개발되도록 요구하기에, 이러한 현상은 새로운 항생제의 사용에 매우 제한적이다. 어떤 현대적 병원에서는, 많은 항생제가 감염성 질환의 예방이나 치료를 위하여 사용되고 있다고 보면, 결과적으로 이 병원 환경은 이 항생제에 대한 내성이 있는 세균이 많아지게 된다. 동시에 인체의 면역이나 방어기전은 많은 입원환자에서 작용하지 않고, 이러한 내성 세균에 의한 병원 획득 감염에 대해 피해를 입기 쉽게 된다.

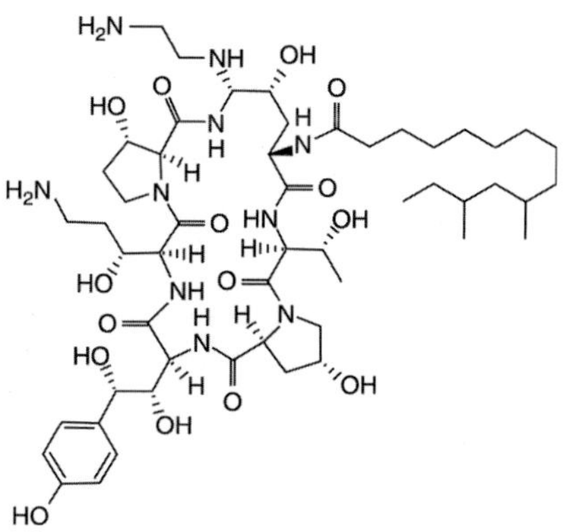

그림 10.29

에치노캔딘의 항생물질인 캐스포펀진.

비록 항생제의 많은 다른 종류가 개발되고 있지만, 기본적인 개념과 원리는 거의 모든 종류의 연구를 지배한다. 이 이유로 항생제의 두 종류, 아미노글리코사이드와 베타락탐의 개발에 대한 단계를 서술하고자 한다. 항생제의 다른 종류가 어떻게 개발되었는가에 대한 것을 원하는 독자는 이 장의 끝부분에 있는 참고문헌을 참고하시오.

아미노글리코사이드 개발

150종 이상의 아미노글리코사이드 항생제가 *Streptomyces* 종과 기타의 방선균의 여러 종의 배양액으로부터 분리되었다. 이 화합물의 특성은 아미노사이클리톨 부위를 가지고 있는 것인데, **스트렙타민**(스트렙토마이신)이나 2-디옥시스트렙타민으로 이용된다(그림 10.30).

대개 아미노사이클리톨은 당이나 종종 아미노당에 의하여 치환된다. 아미노글리코사이드 생합성에 관련된 효소는 매우 엄격한 기질특이성을 가지고 않고, 한 개의 균주가 몇 가지의 구조적으로 관련된 화합물을 생산하는 것이 발견된다. 예를 들면 한개의 젠타마이신 생산균은 20개 이상의 화합물을 생산한다.

다양한 아미노글리코사이드의 개발 역사는 매우 흥미로운데, 합리적인 합성의 접근에 의하여 영향을 받고, 어떤 점은 대부분 의약화학자에 의해서 가능한데, 상상할 수 없는 새로운 타입의 천연화합물의 발견에 의하여 영향을 받는다. 흥미로운 역사를 따라가기 위하여 아미노글리코사이드 작용기작과 아미노글리코사이드 내성기전에 대해 알아보고자 한다.

아미노글리코사이드는 단백질 합성을 억제한다. 아미노글리코사이드 활성의 주요 타겟은 진핵생물의 70S 리보솜이다. 아미노글리코사이드 분자는 2개 혹은 그 이상의 아미노 그룹으로 구성되어 있는데, 여러 양이온 특성은 리보솜과의 결합(더 정확하게는 음이온의 16S rRNA)에 중요하다는 것이 최근의 X선 연구를 통해 알려졌다. 단백질 합성을 억제(즉, 클로람페니콜, 테트라사이클린, 에리쓰로마이신)하는 항생제의 다수는 단지 세균 발육 억제에 작용하는데, 세균의 성장을 멈추게 하지만 죽이지는 않는다. 반면, 1944년 왁스만과 공동연구자들 간에 최초로 보고된 바에 의하면, 아미노글리코사이드는 특이

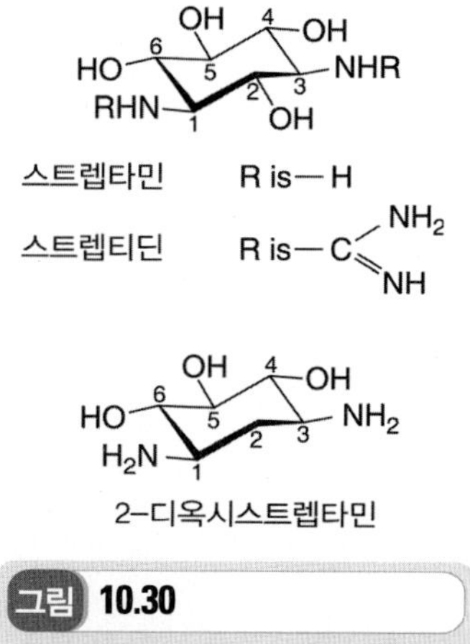

스트렙타민 R is— H

스트렙티딘 R is— C(=NH)NH_2

2-디옥시스트렙타민

그림 10.30

스트렙타민과 2-디옥시스트펩타민. 스트렙토마이신에서, 스트렙타민의 2 아미노 그룹이 스트렙티딘이라 불리는 사이클리톨을 만들며 아미디노 그룹에 치환되어 있다.

하게 항생제 중 세균을 죽이는 기능이 있다. 감수성이 있는 세균이 한번 아미노글리코사이드에 몇 분간 노출 되면 다시 살아날 수 없다.

확실히 아미노글리코사이드 작용의 불가역적 특성은 이들이 불가역적으로 세포로 들어가는 것과 연관되어 있다. 그럴듯한 시나리오는 베르나르드 데이비스에 의해 제안 되었는데 이에 따르면, 항생물질에 노출 후 세포에 들어간 적은 수의 아미노글리코사이드 분자는 리보솜과 결합하고 단백질 합성 저해 뿐 아니라 폴리펩타이드의 misreading과 절단이 일어난다. 이 비정상적인 폴리펩타이드는 막으로 삽입되고, 세포막을 새게 만든다. 이것이 아미노글리코사이드 작용에 의한 불가역적 반응이다. 아미노글리코사이드는 양이온을 많이 가지고 있고, 원형질막을 통한 실제의 막전위가 있어서, 약물의 다량은 내부에 음이온을 띄는 막전위에 의하여 새는 막의 "sucked in" 상태가 된다. 대규모 유입으로 인해 단백질 합성이 완전히 중단된다.

실험실에서 대장균 10^9개를 도말하여 대장균의 **스트렙토마이신** 내성 세균을 분리하는 것은 쉽다. 그와 같은 돌연변이주는 리보솜의 30S 서브유닛 번역부분의 단백질 하나의 위치가 바뀌어져 있다(Box 10.2에서 토의). 그래서 이 돌연변이주는 스트렙토마이신 작용의 타겟이나 그 부근이 바뀌어져 있다. 여하튼, 이런 타입의 대장균 돌연변이주는 실제 환자에서는 결코 발견되지 않는다. 대신 아미노글라이코사이드 내성 대장균은 장내 세균이 아미노글라이코사이드의 불활성화를 코드하는 유전자를 포함한 **약물억제 플라스미드**(R 플라스미드)를 운반하는 것이 모든 환자로부터 발견되었다. 장내에서 비슷한 이유로 높은 밀도로 세균이 공생하는데, 이는 서로 간의 유전자 교환에 대한 높은 상관성이 있다(대조적으로, *M. tuberculosis*의 스트렙토마이신 내성 균주는 명확하게 리보좀성 돌연변이주이다). 내성을 지닌 대장균은 효소학적으로 부착되어 있는 다양한 그룹에 의하여 약물을 불활성화시키고, 세포 내 이입과 리보좀에 작용하는데 필요한 여러 음이온의 특성을 감소시킨다. 아미노글라이코사이드 아세칠기 전이효소라 불리는 효소 그룹은 아세칠 그룹이 아미노 그룹으로 전이되고, 그로 인해 약물분자에 의해서 양전하의 수적 감소가 일어난다. 또 다른 효소 그룹은 아미노글라이코사이드 포스포릴기 전이효소로 약물에 의해 포스포릴 그룹에서 하이드록실 그룹으로 전이되며, 따라서 음전하가 더해지면서, 약물의 순수 양전하가 감소한다. 아미노글라이코사이드 아데닐기 전이효소는 아미노글라이코사이드 아데니릴기 전이효소라고도 불리는데, 비슷한 기작으로 뉴클레오타이드 그룹은 약물에 의해 하이드록실 그룹으로 더해진다. 카나마이신 분자의 기작은 다양한 효소에 의해 비활성화를 할 수 있다(그림 10.31).

아미노글라이코사이드의 독성은 아마도 여러 음이온 특성과 함께 연관되어 있다. 모든 아미노글라이코사이드는 어느 정도 사람에 독성을 가지고 있으며, 종종 내이와 신장에 손상을 준다. 이는 아미노글라이코사이드의 사용에 있어 제한적인 요인이 된다.

1. 스트렙토마이신은 *M. tuberculosis*가 원인인 폐결핵의 치료에 유효성이 검증된 최초의 약물이다. 폐결핵은 20세기 처음부터 반세기동안 많은 어린 생명에 치명적인 질환인데, 1908년 초반까지 스트렙토마이신을 포함하는 표준처방에 사용되었다. 반면 최근에는 리팜피신이 스트렙토마이신을 대처하는데, 심지어 건락성의 박테리아 까지도

아미노글라이코사이드 유도의 misreading의 분자기전.

데이비스에 의하여 제안된 가설에 의하면, 미그리딩은 아미노글라이코사이드의 세균 작용에 필수적인 요소이다. 최근 리보좀에 대한 구조 연구는 이 과정에서 전망이 밝다. 리보솜에 의한 단백질 합성은 전령RNA의 코돈과 이동RNA의 안티코돈의 사이에서 쌍의 에너지로부터 예측을 비교하면, 실수가 없다. 짧은 이중쇄 RNA 헬릭스는 안정적인 구조를 만드는(칼라그림 참조, **B**부분), 16S 리보좀RNA-A1492, A1493, G530-에서 3개 염기와 작용하는, 코돈과 안티코돈 사이에서 형성된다. 이동RNA의 코돈과 안티코돈의 미스매치가 있을 때, 16S 리보좀RNA와의 이 작용은 방해되고, 전령RNA-이동RNA 상호작용은 불안정하게 되어, 결과적으로 틀린 아미노-아실-이동RNA가 나오며, 전사과정 중에 충실도가 엄청나게 증가한다. 결정 구조는 아미노글라이코사이드가 A1492, A1493, G530과 밀접하게 결합하고 있고, 16S RNA의 구조를 안정적인 것에 닮은 것에 옮긴다(칼라그림 참조, **C**부분). 안정적인 복합체에서의 생산물의 이동하였을 때 이는 코돈과 안티코돈 사이에서의 미스매치가 있을 때, 이 이동은 더욱 복합체를 형성하고, 미스리딩의 빈도를 더욱 증가시킨다.

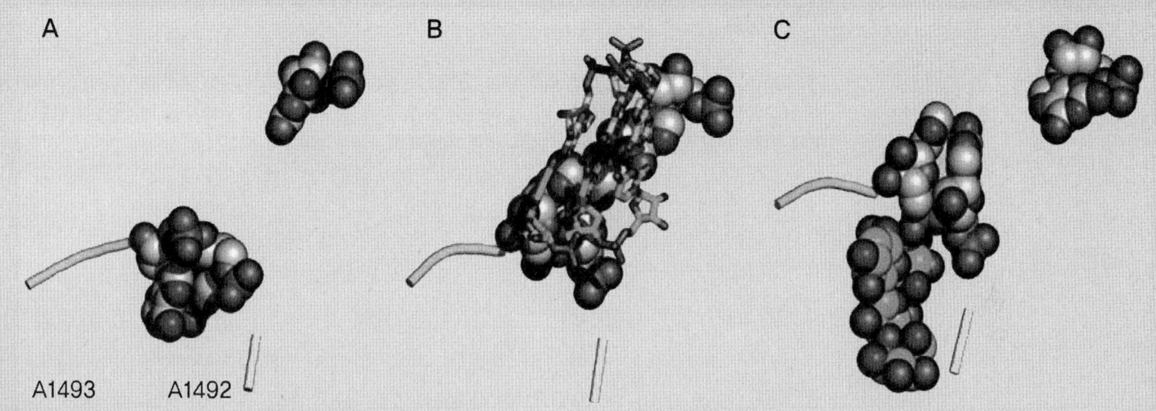

이 그림은 A-부위의 중요한 부분으로, 아미노아실-RNA가 결합하는 30S 리보좀 서브유닛상의 부분이다. **A**부분에서, 비어있는 A-부위는 3개의 뉴클레오타이드 잔기를 나타내었고 16S 리보좀RNA의 G530, A1492, A1493으로 안정적인 코돈상의 두드러진 활동 부분인데 **B**부분 내의 안티코돈 부분이다. 루프의 아랫부분(청색부분)은 A1492와 A1493에 속한 16S RNA의 백본으로 작은 일부분이다. **B**부분의, 전령RNA(녹색 막대로 탄소)의 코돈(페닐알라닌에 대한 UUU)과 페닐알라닐 전령RNA(노랑 막대로서 탄소)의 안티코돈(AAG)를 나타낸다. 코돈과 안티코돈은 왓트슨-크릭의 수소결합에 의해 만들어지는 것으로 예상된다. 이 쌍은 전사과정 중에 제거되는 것을 설명하기에는 충분하지 않은데, 이를 만드는데 에러가 없는 것은 필수적인데 코돈과 안티코돈은 **A**부분에서 보는 바와 같이 이미 3개의 뉴클레오타이드로 안정화되어 있기 때문이다. 주목할 것은 A1492와 A1495로 외부로 향하는 플립의 부분이기 때문이고, 코돈과 안티코돈 쌍의 교정을 포함하는 닮은 구조를 만든다. 전령RNA-이동RNA 복합체의 안정화 같은 입체구조의 변형 같은 전령RNA가 포함되지 않는 안티코돈이 있을 때, misreading이 종종 강하게 증가한다.

Box 10.2

죽일 수 있고 구강섭취가 가능하기 때문이다.

2. 아미노글라이코사이드는 구강으로 섭취했을 때 장내에서의 흡수율이 떨어진다. 이 의미는 아미노글라코사이드의 농도가 장내에 높은 상태로 있게 되고, 장내 박테리아를 죽이는데 유용하다. 이는 특히 개발도상국에서 위장 감염 치료에 예전부터 광범위하게 사용되고 있다. 불행히도 이의 선택적인 과잉사용은 R plasmid를 유포시키게 된다.

3. 대부분의 항생제 억제는 본질적으로 그람음성 세균에 의한 구조적 감염에 대해 치료하는 것으로, 현재 아미노글라이코사이드의 사용은 매우 중요하다. 이런 상황아래서 우리는 항생제의 원래 가진 독성에 대한 내성을 가지는데, 생명을 위협하는 감염에 대해 치료해야 하기 때문에 다른 선택권이 없다. 아미노글라이코사이드는 매우 낮은 투과성의 외막을 통과할 수 있는데, 다가 양이온이 외부막을 파괴하여 표면의 음이온과

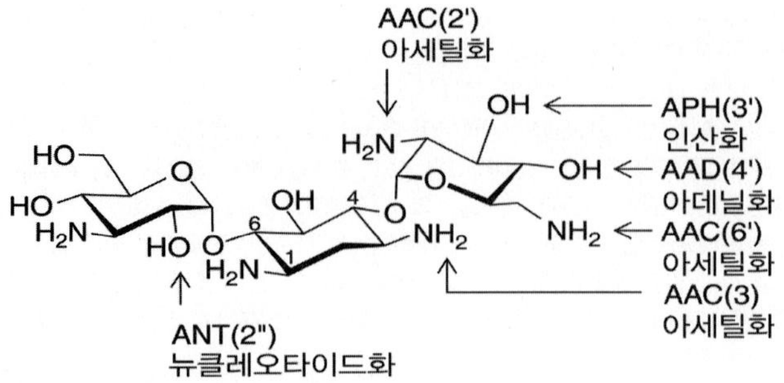

그림 10.31

카나마이신 B는 많은 다른 방법으로 불활성화될 수 있다. 효소의 이름과 변형반응의 특성을 나타내었다. 아미노사이클리톨(분자의 오른쪽 끝)의 4-위치에 연결된 당 내의 원자는 숫자에 한 개의 따옴표가, 6-위치에 치환된 당의 원자에는 숫자에 두 개의 따옴표로 되어 있다.

경합하기 때문에 가능할 것으로 보고, 이로 인해 폴리믹신 (335 페이지) 활성의 작용으로 투과성막이 파괴된다. 불활성화 효소의 존재 하에서 약물은 효과가 없어지는데, 아미노글라이코사이드 개발 중 연구의 주된 주안점은 일반적인 효소의 작용에 의한 불활성화되지 않는 물질을 찾는 것이다.

스트렙토마이신

스트렙토마이신(그림 10.32)은 왁스만에 의해 발견 되었는데, 토양미생물 학자들은 토양 미생물의 여러 그룹 간의 저해 양상에 대해 많은 관심을 가졌다. 왁스만과 공동연구자들은 *Streptomyces* 종의 산물을 연구하여, 현재 상업적으로 팔고 있는 항생제의 한가지인 페니실린 G의 대부분은 이 그람음성균에는 효과가 없는데(*Neisseria* 속은 페니실린 G에 민감한데, 이유는 이들의 포린채널이 음이온 용질을 잘 통과시키고, 이는 그람음성균에서 제외), 그람음성균에 대하여 활성을 가지는 물질을 발견하였다. 스트렙토마이신의 발견은 1944년 발표되었는데, 그람양성과 그람음성세균 뿐만 아니라 이의 살균 특성을 나타내며, 이것의 생산은 성장 배지와 성장 단계의 특성에 의하여 영향을 받는다.

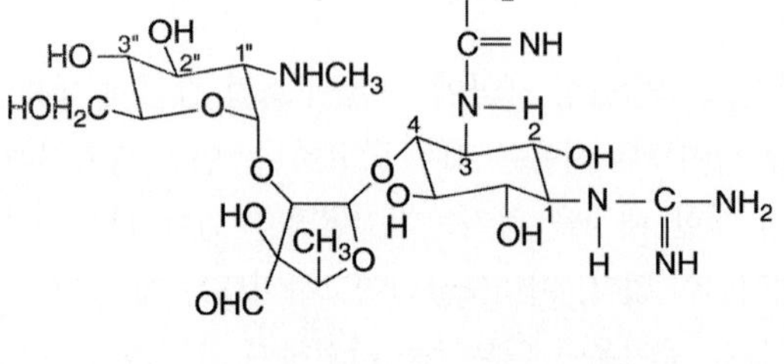

그림 10.32

스트렙토마이신.

비록 화합물의 독성이 "그람음성균 감염에 대한 페니실린"이 되는 것을 막지만, 이의 *M. tuberculosis*의 활성억제를 발견한 것은 항생제 생산에 있어서 매우 중요하다. 초반부에 언급한 바에 따라, 스트렙토마이신은 더 이상 폐결핵을 치료하는 초기 기반의 약물은 아니다. 그렇지만, *M. tuberculosis* 때문에 리팜피신, 스트렙토마이신 같은 초기 기반의 저항성 약물을 개발할 수 있었으며, 그와 같은 내성 미생물에 의해 기인된 치료에 여전히 중요한 약물로 남아있다.

활성제	R	R_1	R_2	R_3
카나마이신 A	H	OH	OH	OH
카나마이신 B	H	NH_2	OH	OH
토브라마이신	H	NH_2	H	OH
디베카신	H	NH_2	H	H
아미카신	HABA	OH	OH	OH

그림 10.33

카나마이신 A와 유사물질. 분자는 약물-16S rRNA 복합체 뿐만 아니라 X선 결정학에 의하여 결정된 3차 구조를 나타내기 위하여 그렸다.

약어: HABA, 2-하이드록시-4-아미노부틸.

[Bau, R., and Tsyba, I. (1999). Crystal structure of amikacin. Tetrahedron 55, 14839–14846 and Vicens, Q., and Westhof, E. (2002). Crystal structure of a complex between the aminoglycoside tobramycin and an oligonucleotide containingthe ribosomal decoding A site. Chemistry & Biology 9, 747–755.]

새로운 아미노글라이코사이드 개발

카나마이신

카나마이신(그림 10.33)은 아미노글라이코사이드의 2번째 상업적 생산물로서, 우메자와와 공동연구자들에 의해 1957년 또 다른 *Streptomyces* 종에서 발견되었다. 이것은 시기적으로 적당한 발견이었는데, 카나마이신은 스트렙토마이신을 불활성화시키는 효소를 생산하는 장내 세균에 활성이 있는 것으로 증명되었다. 스트렙토마이신에 대한 플라스미드 유래의 내성 연구는 항생제가 3-위치의 하이드록실 그룹의 아데닐화나 인산화를 통하여 불활성화 되는 것을 보일 때, 왜 카나마이신이 스트렙토마이신 내성 플라스미드를 가지는 균주에 대하여 전적으로 활성을 가지는 지는 명확하게 되었다. 스트렙토마이신이 있으면, 아미노당은 아미노사이클리톨 스트렙타민의 4-위치의 여러 당과 결합되지만, 카나마이신이 있으면, 아미노당의 대응부분에 직접적으로 결합한다. 이는 카나마이신이 스트렙토마이신의 3위치의 하이드록실 그룹과 일치하는 그룹이 아님을 말해준다.

초기에 언급한 바와 같이 (그림 10.30), 카나마이신 내에서 아미노사이클리톨 (2-디옥시스트렙타민)은 스트렙토마이신 내에서 하나의 다른 형태인 스트렙타민으로 나타난다. 2-디옥시스트렙타민은 카나마이신의 발견 이후 정제하거나 합성하면 대부분의 아미노글리코사이드는 아미노사이클리톨로 발견된다. 카나마이신과 대부분의 화합물에서, 비록 네오마이신, 리보스타마이신, 부티로신 (그림 10.34) 등에는 예외이어서 현재 4-, 5-위치로 대체되어 있지만, 2-디옥시스트렙타민은 4-, 6-위치의 아미노당에 의하여 치환되어 있다.

카나마이신은 스트렙토마이신보다 그람음성균에 더욱 활성이 있는 것으로 증명되었다. 반면에, *P. aeruginosa*의 억제에는 약한 활성을 보여 주는데, 부분적으로 이 미생물의 많은 균주는 카나마이신을 불활성화시키는 효소를 포함하고 있기 때문인데, 때때로 염색체 유전자에서 코드되기도 한다.

	R	R_1	R_2
리보스타마이신	H	OH	H
부티로신 A	NH_2—$(CH_2)_2$— CHOH —CO	H	OH

그림 10.34

리보스타마이신과 부티로신 A.

반합성 아미노글라이코사이드: 디베카신, 아미카신, 네틸마이신

1960년 카나마이신은 일본에서 광범위하게 사용되었으며, 장내의 박테리아 감염의 치료제로 사용되었다. 카나마이신은 저항성 유전자 코딩과 함께 저항성 플라스미드의 확장을 이끌었다. 이 플라스미드는 많은 나라에서 짧은 시간에 급격히 증가하는 현상이 발생했다. 1971년 북아메리카 보육시설에서 실시한 연구에서 대장균의 70%는 카나마이신 저항성 R 플라스미드 운반체로부터 확인된 예가 있다. 카나마이신 불활성 기작을 확인하였으며, 관련 분야의 발전은 아미노글라이코사이드의 개발을 이끌었다. 새로운 물질의 성공적인 개발은 결과적으로 임상에서 카나마이신의 사용감소로 나타났다.

일본에서 우메자와와 공동연구자들은 억제기작이 종종 약물이 APH(3')에 의한 3-위치의 인산화에 의한 것으로 밝혔다. 그람양성균은 카나마이신 내성 균주 중에 ADD(4')에 의한 4'-위치의 아데닐화가 자주 관찰된다. 우메자와의 형제인 수미오 우메자와는 하이드록실 그룹 3'와 4'로부터 변형된 방법을 타깃으로 취하는 접근법인 새로운 "이상적인" 방법을 사용했다. 이것은 카나마이신 분자에 화학적 변형을 일으켜 목표를 달성하는 것이다. 이 결과의 화합물은 디베카신 (그림 10.33)으로 카나마이신의 효과가 유지되며, 카나마이신 변형 효소를 전반적으로 억제하는데, 특히 일본 및 주변의 한국과 대만에서 주로 사용된다.

새로운 아미노글라이코사이드에 관한 여러 접근 방법 중 효소에 대한 변형 없이 탁월한 활성을 보이는 것으로 아미카신(그림 10.34)이 있다. 과학자들은 아미카신 개발 연구로 *Bacillus* 종이 생산하는 아미노글라이코사이드인 부티로신 A로 4-아미노-2-하이드록시부틸이 *Streptomyces* 종의 생산물인 리보스타마이신의 일부인 2-디옥시스트렙타민의 1-아미노 그룹으로 치환된 것이다. 특이한 형태의 1-위치에 존재하는 치환기는 *Streptomyces*의 생산물이 만들어지기 전에는 특이점이 발견되지 않고, 새로운 구조의 화합물 검색 과정은 예를 들어 볼 때 계통발생적으로 멀리 떨어진 개체 간에 이점이 있다. 어떤 경우든 겉보기에 부티로신은 쉽게 불활성화 되지 않는 APH(3') 효소에 의해 변형되지 않는다. 브리스톨-마이어의 과학자들은 활성 물질을 찾기 위해 카나마이신 A의 1-아미노 그룹에 4-아미노-2-하이드록시부틸을 치환하여, 아미카신을 만들었다. 이 치환기를 추가함으로써 탁월한 효과를 나타내었다. 첫째로 카나마이신 (ANT(2") 효소에 의한)의 2"-하이드록시 그룹의 변형은 효과가 없었다. 부티로신의 특성으로부터 이는 예상할 수 없었는데, 부티로신은 6-위치의 치환기를 가지지 않았기 때문이다. 반면, 수용액 상의 아미카신은 2"-하이드록실 그룹의 위치가 있는데 1-아미노 그룹과 매우 밀접하며(그림 10.35), 후미그룹의 거대한 치환기는 아마도 변형하는 효소의 접근에 대해 입체장해를 가지는 것으로 보인다. 두 번째 효과는, 2-디옥시스트렙타민 부분의 3-아미노 그룹의 효소 변형에 의해 생산된 아미카신 억제로 이것 또한 이해하기 어렵지만, 이는 변형된 1-아미노 그룹의 근접성 때문이다. 3번째 효과는 3'-와 6'-위치의 효소 변형 그룹으로 만들어진 아미카신 관련 억제인데, 실제로는 부티로신이 APH(3')으로의 억제로부터 기대되는데, 이런 그룹들이 1-아미노 치환기로부터 멀리 떨어져 있기 때문에 이론적으로 일부는 설명하기가 어렵다. 한 가지 가능한 설명은 aminohydroxybutyl 치환기의 4-아미노 그룹과 2-디옥시스트렙타민의 3-아미노 그룹이 아마도 카나마이신의 1-아미노와

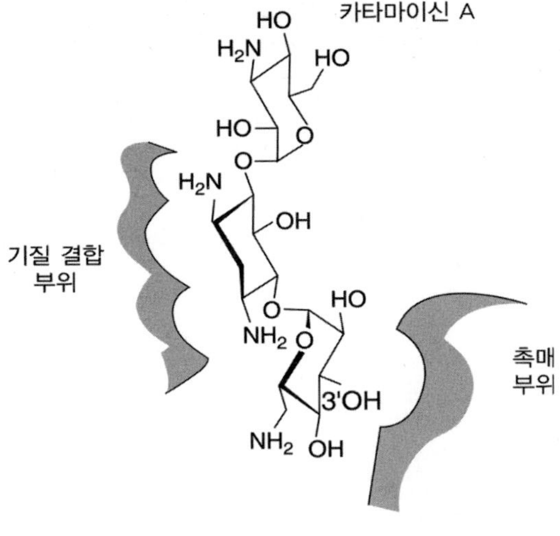

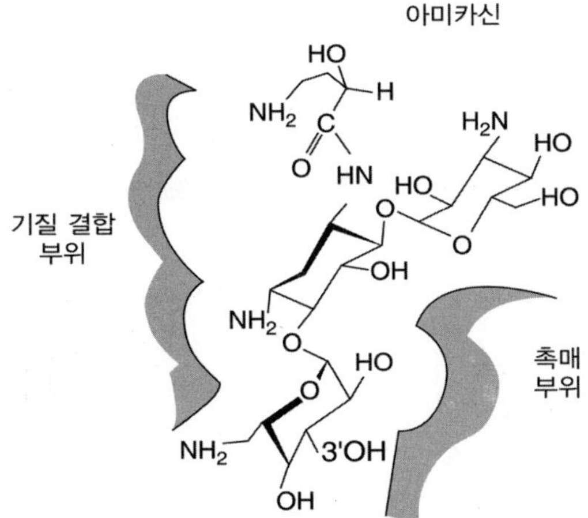

그림 10.35

아미노글라이코사이드의 3'-, 4'-, 6'-위치를 바꾸는 효소에 대한 아미카신의 안정성을 위한 가능한 기전. 카나마이신 A는 아미노 그룹 2-디옥시스트렙타민의 1-, 3-위치를 이용하여 결합한다. APH(3')의 촉매부위는 3'-OH 그룹 위에 위치하게 된다. 대조적으로 아미카신의 효소로의 결합은 비스듬하게 된다. 왜냐하면 4-아미노-2-하이드록시부티릴 치환기의 아미노 그룹은 2-디옥시스트렙타민의 1-아미노 그룹으로 연결된 상태에서 이동하게 된다. 이 비스듬한 결합은 촉매부위로부터 3'-OH 그룹 쪽으로 고정되고, APH(3') 효소로 아미카신 억제제를 만든다.

Redrawn based on artwork from the first edition (1995), published by W.H. Freeman.

3-아미노 그룹에 적당히 결합하는 효소의 결합 부위에 맞는 것으로 보이고, 이는 효소의 활성화된 부분으로부터 잠재적 변형부분을 멀어지게 움직이는 것이다. 아마도, 아미카신과 포티마이신 A는 어떤 경우에서든 현재 아미노글라이코사이드-변환 효소에 대해 전체적인 부분을 억제하는 화합물일 것이다(표 10.1).

항생제의 계속적인 사용은 화합물의 넓은 부분을 불활성화시키는 내성 인자를 퍼지게 하므로, 모든 이들 효소에 내성을 가지는 새로운 화합물의 발견은 더욱 더 어렵다. 그래서, 화학적 변형없이 필요한 원하는 특성을 모두 지닌 천연 화합물의 역할은 (부티로신과 같은) 견본이 되거나, (아미카신이나 디베카신의 생산을 위한 카나마이신과 같이) 화학적 변형을 더욱 진행시키기 위한 출발물질로 되는 것이다.

이런 현상의 예는 네틸마이신(그림 10.36)의 개발에서 나타난다. 이 경우에 출발물질은 시소마이신인데, *Streptomyces*에 의한 생산물이 아니고, 또 다른 방선균인 *Micromonospora*에 의한 생산물이다. 이 화합물은 특이하게 2-디옥시스트렙타민의 4-위치에 아미노당이 연결된 것으로 불포화된 당과 하이드록실 그룹의 3'-와 4'-위치 같은 곳의 변형된 주 타깃에 결핍이 있다.

표 10.1 보통의 변환 효소에 대한 아미노글라이코사이드의 감수성.

		아미노글라이코사이드						
효소	**발생**	**스트렙토마이신**	**카나마이신 A**	**디베카신**	**토브라마이신**	**아미카신**	**젠타마이신 C_1**	**네틸마이신**
AAC(3)−I	11%	−	(−)	[−]	[−]	(−)	+	(−)
AAC(3)−II	60%	−	(−)	+	+	(−)	+	+
AAC(3)−III	4%	−	+	+	+	(−)	+	(−)
APH(3')−I	46%	−	+	−	−	[−]	−	−
ANT(4')−I	[b]	−	+	+[c]	+	+	−	−
AAC(6')−I	60%	−	+	+	+	+	[−]	+
AAC(6')−II	[d]	−	+	+	+	(−)	+	+
AAC(6')−APH(2'')	[e]	−	+	+	+	+	+	+
ANT(2'')−I	15%	−	+	+	+	(−)	+	(−)
ANT(3'')−I	[f]	+	−	−	−	−	−	−
APH(3'')−I		+	−	−	−	−	−	−

[a] 이 칼럼은 일반적으로 적어도 1개의 아미노글라이코사이드에 내성을 나타내는 최근 임상 분리균주 중 효소를 옮기는 균주로 예상되는 특별한 형질을 지닌 그람음성균주(*Serratia*, *Acinetobacter*, 그리고 *Pseudomonas*는 제외)의 %를 나타낸다.

[b] 내성 *S. aureus* 균주의 30%에 존재

[c] 비록 디베카신이 4'−OH 그룹이 결핍되었지만, 효소는 대신에 4'−OH그룹을 변경함

[d] 내성 Pseudomonas 균주의 48%에 존재

[e] AAC(6')를 ANT(2'')로 융합시켜 만든 이 하이브리드 효소는 내성 *S. aureus* 균주의 99%에 존재

[f] 한 연구에서 다른 아미노글라이코사이드에 내성이 있는 균주의 59%는 스트렙토마이신에 또한 내성이 있고, 그것들의 56%는 이 유전자를 옮긴다.

부호: +, 내성으로 되는 변환; −, 타겟 기능 그룹이 없고, 약물은 변환이 안 된 경우; (−), 타겟 기능 그룹이 있으나 변환 안 된 경우, [−], 약물이 in vitro에서 변환되었으나, 비율(또는 친화도)은 심각한 내성을 나타내는데 불충분함.

이로 인해 **시소마이신**은 탁월한 항생제이고 상업적으로 생산된다. 반면에 1−아미노 그룹에 대량의 치환기를 더하면 2"−하이드록실 그룹의 또 다른 잠재적 변형 부분이 저지되는 결과를 나타내는데, 아미카신처럼 되는 것을 볼 수 있으며, 네틸마이신이 만들어지고, 시소마이신의 물성을 충분히 유지하고 추가하면 ANT(2")나 APH(2")에 의한 불활성화를 막는다.

그림 10.36

시소마이신과 네틸마이신.

토브라마이신과 젠타마이신 C

변형의 타겟 부위를 제거하고 큰 치환체를 도입하는 이상적인 접근은 불활성화 효소에서 견디게 하는 약물의 생산이 유일한 방법은 아니다. 비슷한 시기에 약물화학자들은 화학적 변형을 통하여 디베카신과 아미카신을 생산했는데, 자연 상태에서 미생물의 생산물을 정제한 것으로 많은 카나마이신에 저항성을 가지는 그람음성균에서 좋은 활성을 보이는 화합물을 스크리닝한 것이다. 이 물질은 토브라마이신으로 이미 3'-하이드록실 그룹이 결핍되어 있으며, 카나마이신 변형의 1차적인 타깃이다(그림 10.33). 자연적으로 오래전에 완료된 것으로 최고의 제약 과학자들이 연구한 것은 표 10.1에 나오는 것으로, 토브라마이신은 효소적인 변형이 도입된 것인데, 이는 디베카신이다. 이는 또한 *P. aeruginosa*에 대하여 활성을 보이고 있어 APH(3')에 의해 불활성화 되는 카나마이신과는 대조를 이룬다. 왜냐하면 이 자연 상태의 생산물은 부분 합성된 화합물보다 덜 비싸고, 미국에서 여전히 광범위하게 이용되기 때문이다.

또 다른 자연의 생산물로 젠타마이신 C(그림 10.37)가 있다. 만일 우리가 *Micromonospora*의 합성에 대해 알지 못한다면, 의학적 부분 합성에 의한 생산물로 의심할 여지없이 믿을 것이다. 왜냐하면 이는 3'-와 4'-하이드록실 그룹이 카나마이신으로부터 모두 결핍되어 있기 때문이다. 여전히 6-위치에 결합되어 있는 아미노당이나 아미노사이클리톨은 변형하는 효소에 매우 예민하지만, 젠타마이신 C는 4-위치에 연결된 아미노당을 변형하는 대부분의 효소에 의해서 불활성화 되지는 않는다.

젠타마이신 C는 양쪽 다 3'-와 4'-하이드록실 그룹을 가지는 젠타마이신 B와 함께 생산이 되는데, 이것은 보통 효소에 의해서 불활성화 되기가 굉장히 쉽다. 하여튼, 반합성적인

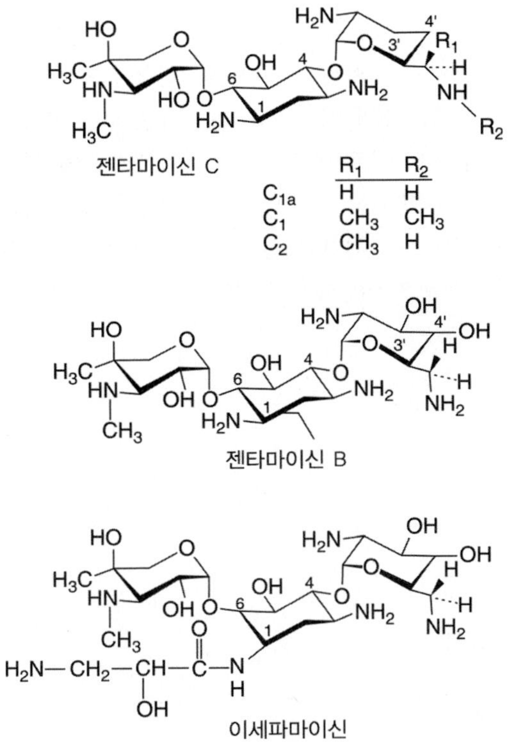

젠타마이신 C

	R_1	R_2
C_{1a}	H	H
C_1	CH_3	CH_3
C_2	CH_3	H

젠타마이신 B

이세파마이신

그림 10.37 젠타마이신과 이세파마이신.

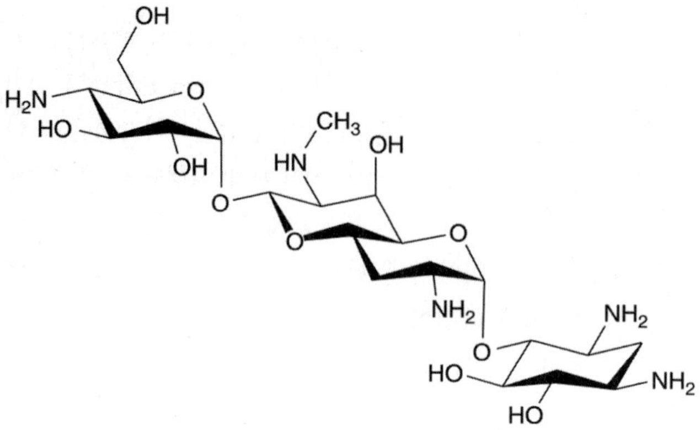

그림 10.38
아프라마이신.

유도체인 **이세파마이신**(그림 10.37)은 아미카신에 존재하는 것과 유사한 치환체 1-아미노 그룹 위에 가지고 있는데 이것은 즉 3-아미노 2-하이드록시 프록실 그룹인데 보통 나타나는 대부분의 효소에 의해서 변형되지는 않는다.

아프라마이신과 포티마이신 A

아프라마이신과 포티마이신 A는 보통의 아미노글루코사이드와는 매우 다른 구조를 가진다. 아프로마이신에서는 단지 아미노사이클리톨의 4-위치가 치환이 되어 있다(그림 10.38). 아프라마이신은 대부분의 효소에 의해서 불활성화가 일어나지 않는다. 그러나 AAC(3)는 적어도 한 타입에 의해서 여전히 불활성화 되어 진다. 많은 나라에서는 이것의 사용이 수의학적인 용도로 제한되어져 있다.

폴티마이신 A(그림 10.39)는 일본에서의 임상사용이 도입되었는데 2-디옥시스트렙타민으로부터 다른 아미노사이클리톨을 가진다. 그것은 1,4-디아미노사이클리톨에 기반을 둔 것인데, 이것은 6-위치에 아미노당이 단지 치환된 것이다. 이 화합물은 1977년에 *Micromonospora*로부터 분리되었다. 이 구조는 현재 사용되고 있는 다른 모든 아미노글라이코사이드와 아주 다르기 때문에 아미노글라이코사이드 변환 효소 대부분에 의해서는 불활성화 되지 않는다. AAC(3)-1은 아주 희귀한 예외인데 이 효소는 사이클리톨의 3-위치라기보다는 1-아미노 그룹을 변형시킨다. 폴티마이신 A는 미국에서는 사용되지 않는데, 이것은 아미카신이 그람음성균주의 90% 이상에서 활성이 있고 폴티마이신 A가

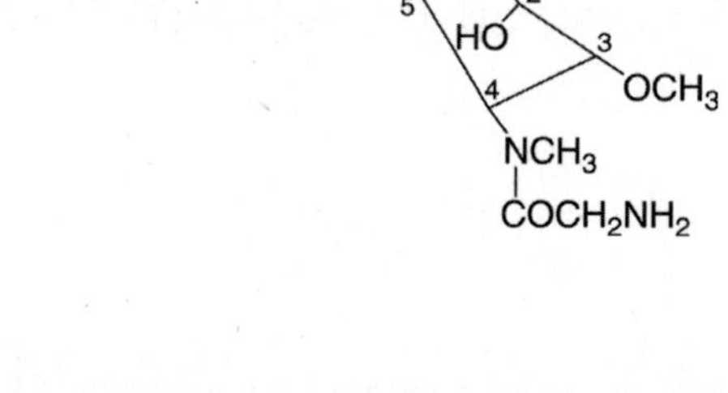

그림 10.39
폴티마이신 A.

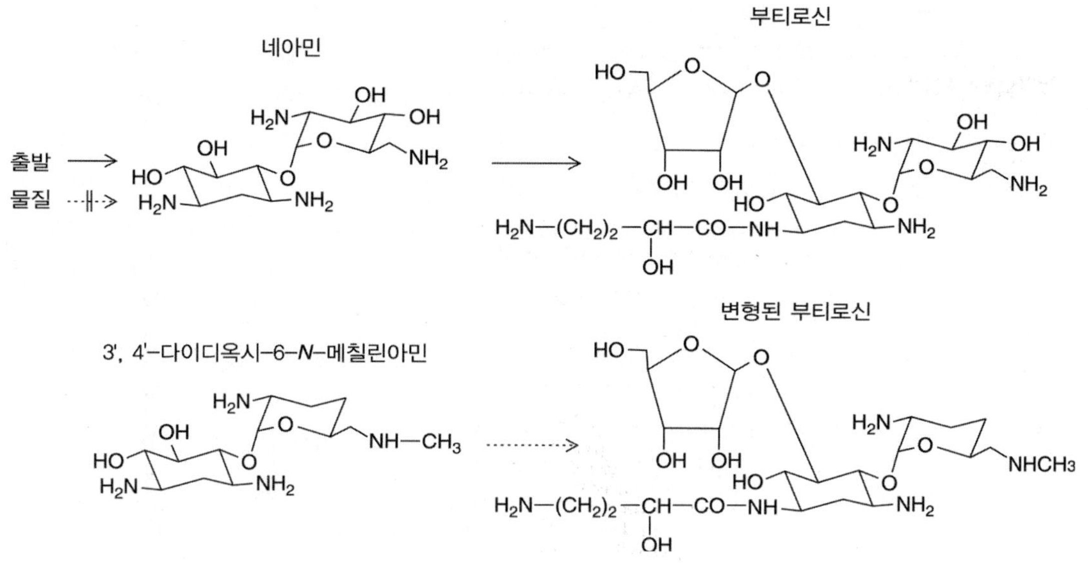

네아민

부티로신

출발 물질

3', 4'-다이디옥시-6-N-메칠린아민

변형된 부티로신

그림 10.40

돌연변이 합성에 의하여 생산된 새로운 아미노글라이코사이드. 야생주(위)에서 중간체 네아민이 부티로신으로 변환된다. 과학자들은 네아민(끊어진 화살표)의 생합성이 방해된 돌연변이 *Bacillus* 균주를 사용하였고, 네아민의 합성 유사체(아래)를 주었다. 그 결과, 세균은 몇개의 잠재적인 불활성화 부위가 결핍된 부티로신 유사체를 생합성하였다.

*Pseudomonas*에서는 활성이 없기 때문이라고 판단되어 진다. 반면에 일본에서는 매우 중요하게 되어 있는데, 아미카신이 과거에 많이 사용되었고 결과적으로 아미카신 내성 균주가 아미노글라이코사이드 내성 균주의 35% 정도를 차지하기 때문이다(아래 참조).

새로운 아미노글라이코사이드를 개발하는데 대한 돌연변이 합성의 사용

1960년에 제안된 돌연변이합성은 새로운 아미노글라이코사이드를 개발하는 한 방법인데 이것은 항생물질의 생합성에 관련되어 있는 효소가 아주 엄격한 기질 특이성을 갖지 않고 그 중간체에 구조적인 유사체를 최종 생산물로 끌어 넣는다는 것이다. 만약 야생주 미생물이 항생물질을 만드는데 사용된다면, 정상적인 대사 중간체는 세포 내에 존재하게 되고, 공급된 유도체에 대항해서 경쟁을 하게 된다. 그래서 자연적인 기질을 합성할 수 없는 돌연변이주를 사용해야 된다. 한 예로 네아민의 생합성이 결핍되어 있고, 그럼으로 인해서 아미노글루코사이드에 부티로신을 생합성 하기 위해서 배지에 네아민을 요구하는 *Bacillus* 균주에 화학적으로 합성된 3',4'-다이디옥시-6-메칠린아민을 첨가하였다. 이 균주는 결과적으로 나온 화합물 (그림 10.40)인 3'-하이드록실 그룹이 결손되어 있고 그리고 6'-위치에 아미노 나이트로젠에 큰 치환체를 가지고 있었다. 그래서 이것은 부틸로신이 감수성을 가지는 두 개의 변환효소 APH(3')와 AAC(6')에 내성을 가지게 되었다.

아미노글라이코사이드 내성의 기원과 양상

표 10.1은 아미노글라이코사이드의 변형하는 일반적인 효소를 나타낸 것이다. 여전히 이들 효소의 숫자와 다양성은 매우 혼돈된다. 일부 세균 예를 들면 *Serratia marcescens*와 *P. aeruginosa*와 같은 세균은 염색체 유래의 유전자를 가지고 있는 것으로 알려져 있지

만, 그것들의 대부분은 내성 플라스미드 위에 존재하는 유전자에 의해서 코드가 된다.

아미노글라이코사이드의 임상적인 광범위한 사용에 의해서 부가된 강력한 선택적인 압력이 그렇게 빨리 많은 효소의 진화를 설명할 것 같지는 않다. 그래서 줄리안 데이비즈는 다음과 같이 제안했다. 이 유전자의 원래 급원은 아마도 표적 항생물질을 생산하는 미생물일 것이라고 제안하였다. 그는 항생물질을 생산하는 미생물이 그들 자신의 생산물에 대항해서 그들 스스로를 보호해야 한다고 설명했다. 그래서 내성 플라스미드와 방선균주로부터 생산하는 아미노글라이코사이드 변형 효소에 대한 유전자의 클로닝과 시퀀싱은 실제로 이들 2가지 급원으로부터 어떤 유전자 AAC(3)과 APH(3')의 DNA의 서열 사이에 아주 밀접한 상동성이 있다는 것을 밝혔다. 몇 가지의 아미노글라이코사이드를 불활성화시키는 효소의 결정화는 APH(3')와 몇 개의 단백질 인산화 효소가 유사하게 접혀져 있는 패턴을 가지는데(그림 10.41), 거기에는 서열 상동성이 없지만, 변형시키는 효소는 단백질 인산화 효소로부터 유래되었음을 암시한다. AAC(3)의 폴딩 패턴 또한 히스톤 아세틸 전달효소와 같은 단백질 인산화 효소의 그것과 유사하다.

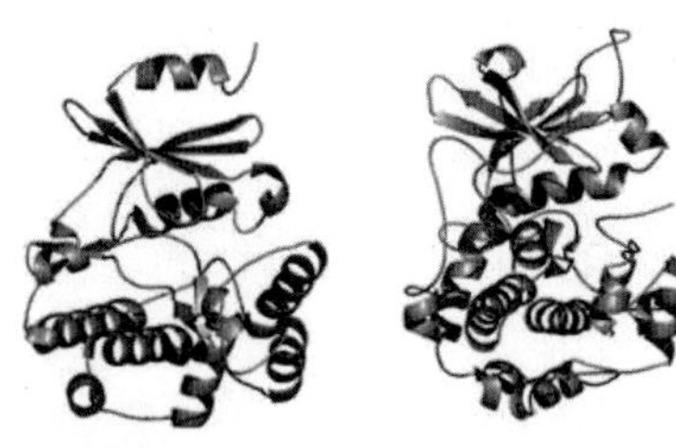

그림 10.41

APH(3')-IIIa(왼쪽)과 cAMP-의 의존성 단백질 인산화효소(오른쪽)의 3차원 폴딩 패턴의 비교. 그림은 PDB 파일 1J7L 1ATP를 사용한 PyMol로 그렸다.

아미노글라이코사이드 변형 효소에 대한 다양한 유전자의 클로닝은 연구자들이 DNA 탐침 혼성화에세이를 사용하여 유전자 수준에서 이 효소를 분류하게 되었다(3장 참조). 1987년에서 1991년 사이에 수집한 세균주를 사용한 그와 같은 연구에서 그람음성균에 가장 빈번하게 나타나는 효소는 AAC(3)-I, AAC(6')-I, 및 APH(3')-I이었다(표 10.1 참조). 효소의 활성을 측정하고 효소의 특이성을 결정하는 것은 많은 균주에서 수행하는 것으로 쉬운 일이 아니기 때문에 DNA 탐침이 얻기가 쉽지 않은 이전에는 다양한 효소의 발생에 대한 데이터는 많이 존재하지 않았다. 1970년대에 이루어진 브리스톨 마이어 연구 그룹은 미국 병원들의 아미노글라이코사이드 내성 균주에 대한 효소 패턴을 분석했다. 가장 빈번한 그람음성균으로부터의 효소는 APH(3')가 58%, AAC(6')가 38%, 그리고 AAC(3)가 18%이었다. 그래서 1990년대까지는 다양한 효소의 상대적인 빈도에 있어서는 급격한 변화는 없었다. 그러나 가장 최근의 연구에서는 아미카신 내성을 생산하는 효소 즉 AAC(6')-III, AAC(6')-IV 효소의 증가를 보였다. 연구자들은 최근에 분리된 세균은 대개 과거에는 자주 나타나지 않았던 그런 상황, 즉 아미노글라이코사이드 불활성화 효소를 한개 이상을 생성하는 균이 나타난다고 한다.

1985년에 발표된 연구에서 아미노글라이코사이드 내성 세균주는 다른 나라에서 분리되는 것과 비교해 보았다. 일본, 타이완, 한국에서부터의 균주에서는 카나마이신과 그것에 유도체 특히 디베카신과 아미카신이 많이 사용됐는데, 내성 균주의 78%가 카나마이신 유도체를 불활성화시키는 AAC(6')를 가지고 있었다. 반면에 젠타마이신이 아주 많이 사용되고 있는 미국에서 가장 많이 발견된 어떤 균주의 효소는 젠타마이신을 효과적으로 불활성화시키는 ANT(2")로 42% 정도였다. 더욱이 AAC(3)은 다른 젠타마이신의 효과적인 불활성 물질이며, 카나마이신 유도체에 대해서는 효과가 없는데, 이것은 미국에서 분리된 균주의 17%에서 존재하지만 실제적으로는 극동지방에서의 균주에서는 나타나지 않는다. 내성 패턴이라는 관점에서 분석을 해보면 극동지방에서 분리한 균주의 99%에서는 디베카신 내성을 가지고 있고, 아마도 이 지역에서 가장 잘 사용하는 아미노글라이코사이드라고 생각되어 지는데, 그러나 미국에서는 사용에 대해서 허가되어 있지 않다.

반면에 미국에서 분리된 균주에 92%는 젠타마이신에 대한 내성을 가지고 있다. 이 데이터는 항생제의 사용 패턴을 바로 지역적인 미생물 균총에 있어서 약제내성 유전자의 다양한 타입 정도에 따라 달라질 수 있다는 것을 보여준다.

아미노글라이코사이드 내성은 어느 정도로 만연되어 있나? 내과 의사들은 대개 어떤 항생제를 사용해야 될지를 결정하기 전에 동질성과 이런 병원 미생물의 내성 패턴에 대한 어떤 데이터를 얻어야 한다. 그래서 그들은 내성균주의 빈도가 종류에 따라 10%이상이 나와 버린다면 한 약물을 사용할 수 없을 것 같다. 아마도 아미노글라이코사이드 사용은 그것의 독성 때문에 생명을 위협하는 감염 치료에 대개는 국한되어 있어서 내성 균주의 빈발 빈도는 매우 낮다고 보여진다. 그래서 1979년에 미국과 유럽으로부터의 분리된 균주의 연구로 보면, 단지 *E. coli* 균주의 4% 정도만 젠타마이신에 내성이었다. 하여튼, 이렇게 발생되는 것들은 세균종 뿐만 아니라 로케일(환경변수)에 의존적이라고 할 수 있다. 그래서 같은 연구에서 젠타마이신 내성 균주는 *Klebsiella*, *Enterobacter*, *Serratia*, 및 *P. aeruginosa* 균주에서 각각 12%, 10%, 13%, 21%가 나타났다. 유럽에서 여하튼 이 결과는 일반적으로 그람 음성균 감염을 치료하는데 매우 유용한 약물인 젠타마이신은 아니라는 것을 암시한다. 더욱이 젠타마이신 내성 균주들의 획분은 1990년에 수행된 연구에서 아주 명확한 증가를 나타냈다. 1980년 수 백개의 미국 병원에서의 조사에 의하면, 젠타마이신 내성을 가지는 *P. aeruginosa*의 22% 정도가 1997년에 분리되어 단지 8%로부터 많은 증가를 나타냈다. 아주 큰 런던의 한 병원에서는 1976년에 *Acinetobacter* 균주의 3%가 젠타마이신 내성이었고, 1978~1983년의 기간에는 20~39% 사이로 빈도가 증가했다. 1980년대 미국의 어떤 병원에서는 젠타마이신 대신에 아미카신의 사용을 강조한 프로그램이 채택되었다. 재미있게도, 아미카신을 사용하고 난 몇 년 뒤에 젠타마이신 내성의 빈도가 매우 많이 증가하게 되었고, 이것은 다시 항생제를 사용하고 내성 플라스미드가 나타나는 빈번한 정도 사이에 상관관계가 있다는 것을 확인해 주는 것이다. 하여튼, 병원은 아미카신 내성의 증가를 피하기 위해서 젠타마이신 사용을 시작해야만 하고, 그리고 이와 같이 '리사이클링' 전략에 대한 결과는 아직까지는 명확하지 않다.

비의학용으로 사용되는 아미노글라이코사이드

하이그로마이신 B

하이그로마이신 (그림 10.42)은 2-디옥시스트렙타민에 근거를 둔 항생물질이다. 많은 다른 아미노글라이코사이드와는 다르게 당 치환체는 4-위치나 6-위치에서 일어나지 않고, 아미노사이클리톨의 5-위치에서 일어난다. 더욱이, 치환체는 중성 당(그림 10.42)에 결합되어 있는 6-하이드록시-6-아미노당이다. 재미있게도, 이 화합물은 원핵세포의 리보좀 뿐만 아니라 진핵세포의 리보좀도 저해한다. 이것은 강한 독성을 나타내고, 항생제의 실질적인 사용으로는 구충제로 간혹 사용되는 것 이외에는 국한되어 있다(왜냐하면 벌레들은 진핵세포이기 때문이다). 실험실에서는, 하이그로마이신은 매우 유용하다. 플라스미드가 하이그로마이신 내성 유전자를 가지면 플라스미드를 가진 세포는 그것이 원핵세포이든 진핵세포이든 간에 이 약의 사용에 의해서 선별되어 질

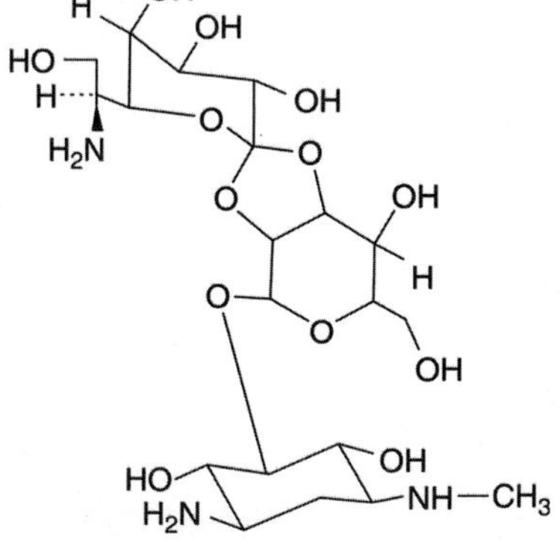

그림 10.42

하이크로마이신 B.

수 있다. 예를 들어서, 이 방법은 박테리아나 식물 세포 사이에서 셔틀 클로닝에 아주 넓게 사용되어지고 있다.

카수가마이신

카수가마이신 (그림 10.43)은 어떤 아미노사이클리톨도 가지고 있지 않고, 발견된 사이클리톨은 전하되지 않은 D-이노시톨이다. 이 항생물질의 순수한 전하는 1가의 양전하를 나타내는데, 다른 모든 아미노사이클리톨 항생물질은 다가 양이온이라서 많은 양전하를 가지고 있다. 카수스가마이신은 세균의 단백질 합성을 저해하는 것으로 알려져 있다. 그러나 명확하게 다른 아미노사이클리톨 항생제에 의해서 사용되는 전사단계의 시초를 타겟하는 것으로 알려져 있다. 이 화합물은 *Pyricularia oryzae*라는 곰팡이에 의해서 기인된 쌀의 감염을 조절하는데 중요한 물질이다.

β-락탐의 개발

β-락탐 항생제는 몇 가지 이유로 가장 중요한 항생물질이다. 첫 번째 이유는 페니실린이 바로 β-락탐 항생제이고 페니실린이 발견된 이래 많은 연구가 되어져 왔기 때문이다. 두 번째로는 고등 동물에 대해서 β-락탐의 독성이 매우 낮다는 것이다. 이 페니실린은 바로 감염된 세균을 잘 죽이는데 그 이유는 펩티도글리칸 합성을 저해하기 때문이다. 그래서 이런 β-락탐 항생제는 전 세계적으로 인간의 질환을 치료하는데 금전적인 측면에 있어서도 절반 정도 밖에 차지하지 않기 때문에 가장 많이 사용되어 지고 있다고 볼 수 있다. β-락탐 항생제에서는 페니실린과 세파로스포린이 가장 전형적인 물질이다. 그래서 최근에는 이 물질 외에 아주 희귀한 핵을 가진 화합물들이 개발되었는데 그것이 모노박탐이나 카바페넴이다.

페니실린 G

페니실린을 생산하는 균주는 플레밍의 연구실에 *Penicillium lotatum*이라는 곰팡이에 의해서 잘 알려져 있다. 2차 세계대전 중에 미국의 NRRL의 균학자들은 플레밍이 처음 발견한 균주보다도 더 많은 페니실린을 생성하는 *Penicillium chrysogenum*라는 균주를

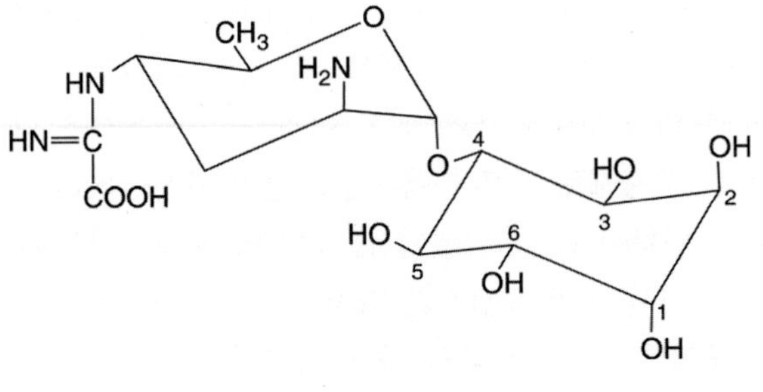

그림 10.43

카수가마이신.

발견하게 되었다. 페니실린을 생산하는 균주는 더 많이 균주 개량하는데 이 장 뒷부분에 자세히 설명되어 있다. 페니실린과 다른 항생물질들이 우리가 겪는 전염병의 본질을 아주 극적으로 바꿔놓기 때문에, 도입부에서 처음 그것을 받아들였을 그때 당시에 페니실린이 가진 영향력을 생각하면 지금으로 봐서는 쉬운 일은 아니다. 항생물질의 도입 전, *Streptococcus pneumoniae*(**폐렴**), *Streptococcus pyogenes*(**성홍열, 신장염**), *Staphylococcus aureus*(**화농성 감염, 패혈증**)와 같은 그람양성균이 주요 심각한 질병의 원인균이었다. 초기 항생물질시대에서, 가장 어려운 세균 감염의 경우는 그람음성균에 의해서 일어나는 것인데, 그런데 이것을 보면 항생제 처리에 내성이 생기는데 그 이유는 통과할 수 없는 바깥 세포막과 넓은 기질특이성의 약제내성 배출펌프 때문이다. 이 상황은 적어도 초기에 '전형적인' 세균 감염질환을 대부분 낫게 하는 항생제 요법이 거의 완전한 성공을 거두어 얻은 직접적인 결과이다. 이 경향은 1930년대 중반과 1960년대 후반에 병원에서 얻은 심각한 감염(세균질환 즉 혈류에서 세균의 증식으로 되는)의 원인균을 비교함으로서 평가될 수 있다(표 10.2). 명확하게, 항생제 이전 시대에서는 *Streptococcus* 종에서 기인된 증례는 급격히 감소되었고, 그들의 역할은 *Enterobacter*, *Klebsiella*, *Serratia*, *Proteus*, *Providencia*, 및 *P. aeruginosa*와 같은 그람음성 간균에 의하여 뒤에 차지해 버렸다. '기적의 약'으로 페니실린의 명성은 인정되었는데, 왜냐하면 그람양성균에 매우 활성이 있기 때문이다(그람음성균은 현재 패혈증에서 어느 정도 감소된 역할을 가지고 있지만, 아마도 미생물에 대항하는 효과적인 항생물질의 효용성 때문일 것이다).

표 10.2 보스턴 시내 병원에서 세균 질환에 이르는 병원 획득 감염에 관련이 있는 미생물

	연도별 모든 세균 발병 증례 (%)	
병원균	**1935**	**1969**
스트렙토코크스 균	62	12
스타피로코크스 균	19	19
엔테로코크스 균	0	7
대장균	11	11
엔테로박터/클렙시엘라/세라티아	0	22
프로테우스/프로비덴시아	4	10
녹농균	1	8
다른 그람음성균	3	3
곰팡이	0	8

출처 : McGowan(1985). Reviews of Infectious Disease, 7, S357–S370.

페니실린 연구 초기에 성장 배지의 본질은 6-위치에 치환되는 것들에 영향을 받는 것으로 나타났다(그림 10.44). 그래서 미국에서는 페닐아세틱산이 포함되어 있는 콘스팁리쿼(CSL)를 탄소원으로 사용하는 곳에서는, 주 생산품은 그것의 벤질 측쇄를 가진 페니실린 G이었다. 이와 대조적으로, 영국의 초기 생산물은 페니실린 F였는데, 이것은 2-페닐 측쇄를 지니고 있다. 많은 화합물들이 페니실린 분자로 어떻게 혼입되는가를 테스트해 보았는데 페녹시메칠 측쇄를 가진 페니실린 V는 배지에 페닐아아세틱산 보다는 페녹시아세틱산의 첨가에 의해서 생산되었다. 페니실린 V는 위장에서 산성 pH에서도 잘 견디기 때문에 경구 투여할 수 있다.

1970년 중반까지 통계를 보면, 발효에 의해 생산된 페니실린의 약 20% 정도는 페니실린 V이었고, 80%는 페니실린 G이었다. 페니실린 G의 반 정도는 변형없이 사용되었고, 나머지는 반합성 페니실린(및 세파로스포린)의 생산에 대한 출발물질로서 아래에 서술한 것과 같이 사용되었다.

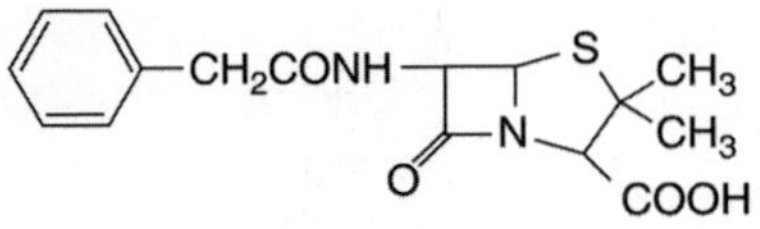

CH_2CONH S CH_3 N CH_3 O COOH

페니실린 G

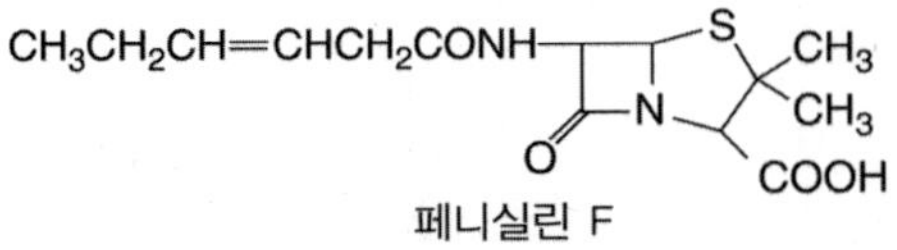

$CH_3CH_2CH{=}CHCH_2CONH$ S CH_3 N CH_3 O COOH

페니실린 F

OCH_2CONH S CH_3 N CH_3 O COOH

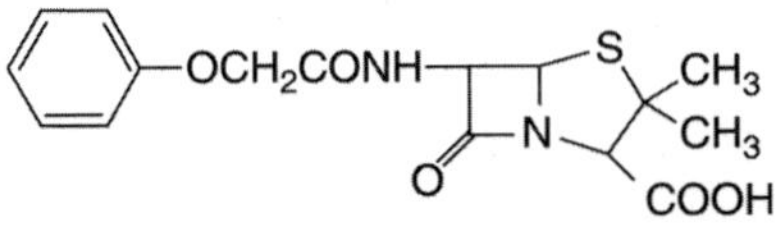

페니실린 V

그림 10.44

다른 배양 여액에 의하여 발견되는 페니실린.

반합성 페니실린

페니실린은 실로 놀라울 정도의 약효를 가진 약물이지만 두 가지 측면에서 여전히 개선해야할 점이 있다. 첫 번째로, 페니실린은 수년간 광범위하게 사용되었는데, 몇몇의 *S. aureus* 종에 대해서는 페니실린 내성을 가지는 것이다. 이들은 페니실리나제를 생산하여 페니실린을 가수분해시킨다. 플라스미드는 또 다른 종으로 쉽게 전이되지는 않지만, 포도상구균(Staphylococci) 저항성은 병원성 감염으로 잘 나타난다. 포도상구균은 건조에 의하여 억제되지만, 먼지입자에 여전히 남을 수 있다. 병원성 환경에서 포도상구균의 감염은 어느 장소에서든 페니실린 G가 처리되고 있으며, 플라스미드를 가진 종은 이에 대한 강력한 방어력을 가지고 있으며, 환자에서 환자로 쉽게 퍼진다. 이는 긴급한 페니실린의 처리를 요구하는데 포도쌍구균에서 유래된 페니실리나제는 이를 견딜 수 있게 한다. 두 번째 페니실린 G (페니실린 V)는 그람음성 내성균을 불활성화 시킨다(**임질**의 원인이 되는 *Neisseria gonorrhoeae*는 제외). 이에 대해서는 그람음성균을 포함하여 페니실린의 표적 영역이 확장되기를 기대하고 있다.

왜냐하면 페니실린 V는 페니실린 G보다 높은 산 저항성(acid-resistant)을 가지기 때문에 과학자들은 6-위치의 아실 치환기의 변형으로 가치 있는 화합물이 생산되기를 기대하고 있다. 여하튼, 잠재적인 아실 치환기의 전구체를 부가함으로서 더 유용한 항생제를 배양 배지에서 생산한다. 연구자들은 전략적으로 페니실린 G의 이중 아실화된 6-아미노페니실라닉산이 이를 대신할 것으로 본다(그림 10.45).

최초의 문제는 단계의 증가로 출발물질 생산을 6-아미노페니실라닉산으로 시작하여 접근하는 것이다. 1950년 후반에 Beecham 과학자들은 6-아미노페니실라닉산 측쇄 전구체의 잠재적 결핍이 배지의 발효작용을 가장 잘 유도하는 것을 발견 하였으며, 반합성 페니실린을 합성할 수 있을 정도로 확보하는데 성공하였다. 이후 1960년대 ~ 1970년대 다수의 기관에서 페니실린 아실라제의 생산 방법을 발견하였고, 페니실린 G와 V의 잔여 분자의 손상 없이 6-아실 측쇄를 잘라내었다. 더 나아가, 측쇄 분할에 관한 화합물 합성은 1970년대 초반에 개발되었다.

β-락타마제 분류.

대부분의 세균은 페니실린과 세파로스포린으로 억제가 되는데 이는 β-락타마제를 생산하는 표현형과 관련이 있으며, 정확하게 분류되어 있다[e.g., see Bush K., Jacoby G. A., and Medeiros, A. A. (1995) A functional classification scheme for beta-lactamses and its correlation with molecular structure. Antimicrobial Agent and Chemotherapy, 39, 1211–1233]. 우리의 제안은 어떠한 것이든 가장 유용하게 분류하는 것으로 서열 유사성을 기본으로 하는 방법이다. 이 시스템은 β-락타마제를 야기하는 일반적인 분류로서 3개의 상동그룹으로 나눈다. A부류는 포도상 구균 유래의 페니실리나제와 대부분의 β-락타마제가 발견되는 그람음성균을 포함하고, 이와 함께 TEM 효소가 발견되는 일반적인 그람음성균과 R 플라스미드 유전자에 의해 코딩된 것을 포함한다. C부류는 다수의 염색체 유래 코딩된 β-락타마제 그람음성균을 포함한다. A부류와 B부류 모두 세린 활성 부분을 가지는데(B부류 효소는 그렇지 않다), 카바페넴을 가수분해시키는 효소를 포함하고, 활성의 중간에 아연을 가진다. 효소의 3차원구조는 다음 장에서 확인 가능하다.

Box 10.3

포도쌍구균 유래의 페니실리나제에 의하여 가수분해되지 않는 페니실린

과학자들은 구조적으로 다양한 치환기를 이용하여 6-치환체의 α-탄소 상의 부피가 큰 치환체의 존재는 포도쌍구균 유래의 효소에 의하여 더 천천히 가수분해되는 화합물을 생산하였다. 메치실린과 나프실린(그림 10.46)이 이와 같은 화합물의 예인데, 이것은 구조-기능 연구에 의하여 생산되었는데, 효소학적 가수분해에 내성이 있다. 이 화합물에서 벤질페니실린의 α-메칠린 그룹은 없고, α-탄소는 부피가 크고 딱딱한 방향족 환 시스템의 한 부분이다. 덧붙여, 페니실린나제와 여러 페니실린 간의 상호작용 장해는 입체적으로 더 먼 환의 수직위치 O-CH_3 또는 O-C_2H_5 그룹 때문이다. 비슷하게 안정적으로 반대되는 물질인 포도쌍구균 유래의 페니실리나제 효소는 3-페닐-5-메칠아이소자조릴 기질을 이용함으로서 얻어지는데, 옥사실린, 클로자실린과 몇몇 아이소자조릴 페니실린 등이 있다(그림 10.46 참조).

1960년 초기에서 1980년까지, 이 약물은 효과적으로 페니실리나제를 생산하는 포도쌍구균에 대해 효과적이었으나, 최근에는 변경된 표적(즉, 변경된 페니실린 결합단백질)을 가진 메치실린-내성 포도쌍구균이 나타났다(다음 참조).

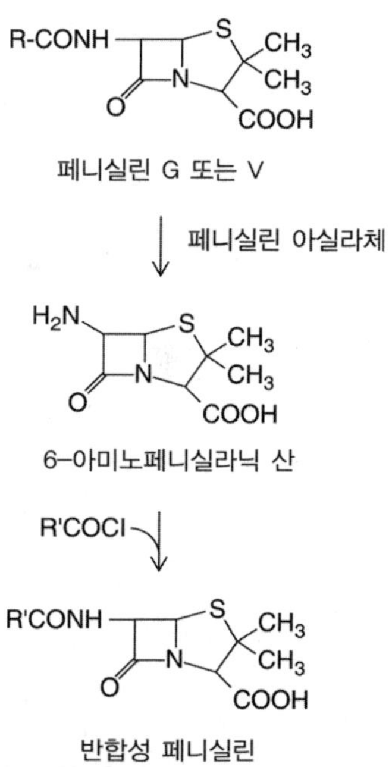

그림 10.45

반합성 페니실린의 생산. 출발물질은 페니실린 G이고 이것이 페니실린 아실라제에 의하여 분해되어 6-아미노페니실라닉산으로 된다. 이것은 다음 화학적으로 아실 클로라이드와 아실화되고 반합성 화합물을 만든다. R' 그룹이 아미노 기능을 가질 때, 이 아미노 그룹은 블록시키고, 아실화 반응 후에 블록을 풀어야 한다.

그람음성 활성을 지닌 페니실린

아미노아디필 측쇄를 지니는 천연 발효 산물인 **페니실린** N은 페니실린 G보다 낮은 그람양성 활성과 높은 그람음성 활성을 가지는 것으로 나타났다. 유사하게, 페니실린 G의 벤질 치환체의 α-탄소에 아미노 그룹의 도입은 암피실린을 생산하였다(그림 10.42 참조). 그런데 이것은 *E. coli* 같은 그람음성 간균에 10배나 더 활성이 있고, 페니실린 G의 그람양성균에 대한 페니실린 G의 활성의 절반을 보유한다(그림 10.47). 암피실린은 안전하고, 값싸고, 넓은 스펙트럼을 지닌 항생물질이다. 암피실린과 같은 부류는 아목실린(그림 10.47)인데, 구강 복용으로는 암피실린보다 매우 효과적으로 흡수된다.

암피실린이 그람음성균에 활성이 있는 이유는 외막을 가로지르는 확산율 때문이다. 이 장에서 일찍 이야기했듯이, 그람음성과 양성균에서의 가장 큰 차이점은 그람음성균이

메티실린

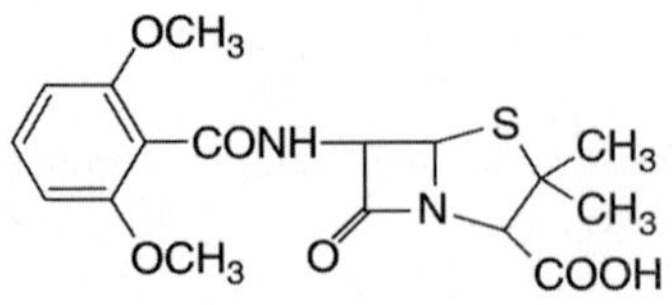

나프실린

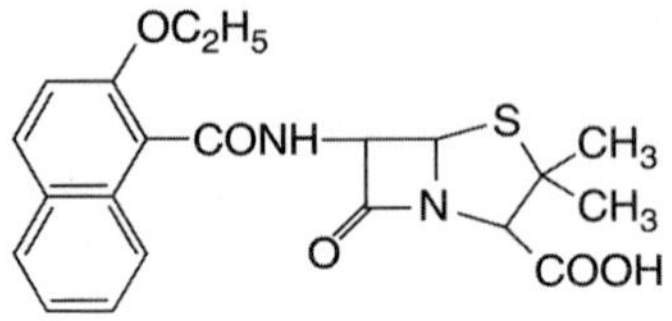

아이스자조일 페니실린

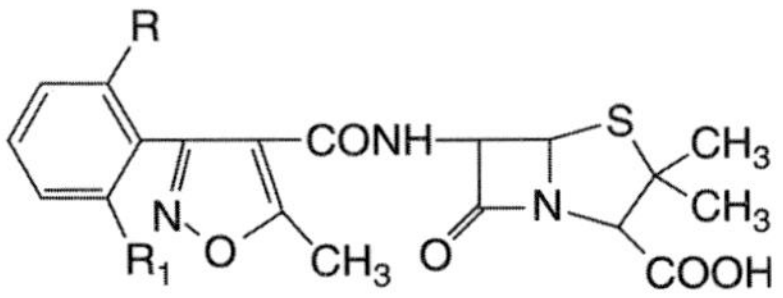

	R	R_1
옥시실린	H	H
클로작실린	Cl	H
디클로작실린	Cl	Cl
플루클로작실린	Cl	F

그림 10.46

포도상구균 유래의 페니실리나제에 영향을 받지 않는 페니실린.

추가적인 투과성 장벽, 즉 외막에 의하여 보호되는 것이다. 대부분의 항생제는 좁고, 물로 채워진 포린 채널을 통하여 투과함으로써 외막 장벽을 통과하여야 한다. 쯔비터이온 화합물에 대한 장내세균의 포린 채널을 통한 침투는 음이온 화합물에서 훨씬 빠르고 친수성 화합물의 침투는 소수성 화합물의 침투보다 빠르다. 암피실린은 쯔비터이온이며, 음이온이나 소수성을 가지는 벤질페니실린보다 더 친수성이다. 그래서 암피실린은 더 빠르게 외막 장벽을 관통할 수 있다. 여하튼 이것은 더 복잡한 상황의 피상적인 묘사이다.

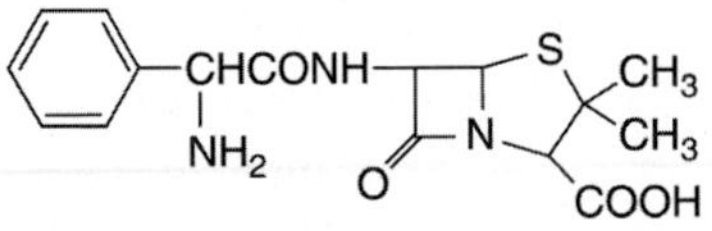

암피실린 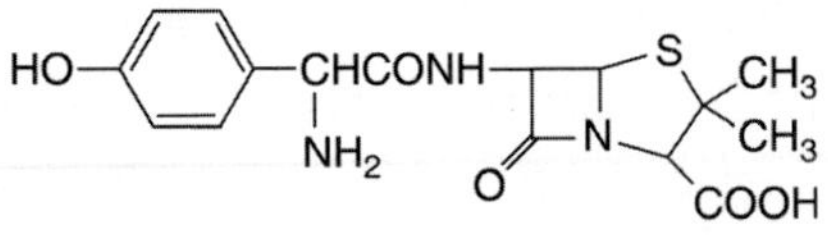 아목시실린

그림 10.47

그람음성균에 대하여 활성을 가지는 반합성 페니실린인 암피실린과 아목실린.

*E. coli*의 외부막을 통과하는 다양한 β-락탐 항생제의 침투률을 실제로 측정해 보면 매우 빠른 것으로 나타났다. 대부분의 물질은 10초 이내에 막의 양쪽 면 사이에서 중간 평형을 이룬다. 그래서 침투율에 있어서 차이는 다양한 페니실린의 효과에서 차이를 설명할 수는 없다. 여하튼, 대부분의 그람음성균(*N. gonorrhoeae*는 예외)은 심지어 어떠한 저항성 플라스미드를 그들이 가지지 않을 때 페니실린과 세파로스포린을 분해하는 β-락타마제를 생산한다. β-락타마제는 외막과 내막 사이의 좁은 공간인 페리플라즘에 위치한다. 그래서 즉시 외막을 가로지르는데 성공한 β-락탐의 작은 수는 효소분자와 만나게 되고, 그들에 의해 가수분해된다. 외막의 장벽과 페리플라스믹 β-락타마제 장벽 사이의 상승작용에서, 암피실린은 외막의 빠른 교차뿐만 아니라 페니실린 G 보다 효소적 가수분해에 더 내성이 있다.

음전하 치환체를 가지는 페니실린

암피실린은 *E. coli*와 몇몇의 그람음성균을 억제하는 활성을 가지고 있지만, 병원에서 획득한 감염의 원인균이 되는 다수의 그람음성, 간균 형태의 세균에는 약한 활성을 나타낸다. 이것은 *P. aeruginosa*, *Enterobacter cloacae*, *S. marcescens*, 약간의 *Proteus* 종을 포함한다. *E. coli*에서, 약물에 노출된 이후에도 β-락타마제의 수준이 낮게 남아있다. 여하튼, 이들 다른 세균은 배지에서 β-락탐의 존재를 인식할 때마다, 높은 수준의 효소를 생산하게 된다. 다른 말로 하면, 이 효소는 이 종에서는 유도적이다. 이것 때문에, β-락타마제에 대하여 예외적인 안정성을 가지는 β-락탐은 이들 세균을 죽일 수 있다. 그와 같이 예외적으로 안정한 β-락탐이 또한 효소의 약한 유도원이라면 더욱 바람직할 것이다.

6-치환체의 α-위치에서 음으로 하전된 페니실린 그룹은 이 조건을 만족시킨다. 카베니실린, 티카실린, 설베니실린(그림 10.48)은 *P. aeruginosa*와 *E. cloacae*와 같은 미생물에 적어도 약간의 활성을 나타낸다(표 10.3의 카베니실린 참조).

아실암피실린

반합성 페니실린 중에서, 암피실린의 아미노 그룹은 헤테로사이클릭 환으로 연결된 카복실 그룹으로 치환되어 있다(그림 10.49). 이 물질(즉 아즈로실린, 메즈로실린, 피페라실린, 아팔실린)은 안정성이 카베니실린과 유사한데 그람음성균의 염색체에 코드된 β-락타마제에 작용하며, 효소의 활성은 카베니실린이나 설베니실린보다 더 약하다. 그래서, 이들은 유사한 스펙트럼을 가지지만, 적어도 몇몇의 아실암피실린은 *P. aeruginosa*에 보다 높은 활성을 가진다(표 10.3의 아즈로실린 참조).

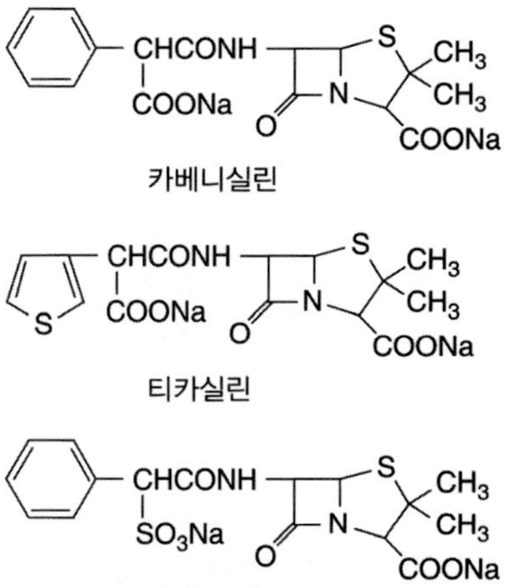

카베니실린

티카실린

설베니실린

그림 10.48

음이온 치환체를 가진 반합성 페니실린인 카베니실린, 티카실린, 그리고 설베니실린.

세파로스포린

세파로스포린에서는 β-락탐 환은 그림 10.50에 나타난 바와 같이 페니실린에서 발견되는 다섯 개 멤버의 티아조리딘 환보다는 여섯 개 멤버의 티아조리딘 환으로 된 **세파로스포린** C는 천연물질인데, 이것은 1955년에 우연하게 발견되었다. 에드워드

표 10.3 약간의 β-락탐의 전형적인 MIC 값.

β-락탐	*S. aureus* (S)	*S. aureus* (S)	*E.coli* (S)	*E. coli* (R plasmid)	*E. cloacae* (유도성)	*E. cloacae* (구성적)	*P. aeruginosa*
페니실린 G	0.02	>128	64	>128	>128		>128
메치실린	1	2	>128	>128	>128		>128
암피실린	0.05	>128	2	>128	>128		>128
카베니실린	1	16	4	>128	16	>128	64
아즈로시린	1	>128	16	>128	32	>128	4
세파로틴	0.2	0.4	4	>128	>128	>128	>128
세파로리딘	0.05	0.8	2	16	>128	>128	>128
세포지틴	4		4	4	>128	>128	>128
세포탁심	2		0.05	0.05	0.2	>128	16
세프타지딤	8		0.05	0.05	0.1	32	2
세페핌	1	1	0.05	0.05	0.1	1	2
아즈트레오남	>128	>128	0.2	0.2	0.2	16	4
이미페넴	0.01	0.02	0.1	0.2	1	1	2

"S"'와 "R"은 감수성 및 내성 균주를 지칭한다. 'R 플라스미드'는 TEM 타입의 β-락타마제를 생산하는 R 플라스미드를 가진 균주를 나타낸다. 유도적으로 또는 구성적인 방식으로 염색체에서 코드되는 β-락타마제를 생산하는 균주는 '유도적' 또는 '구성적'으로 나타내었다.

에브라함 그룹이 *Cephalosporium acremonium*에 의하여 분비된 물질을 연구하였다(*Acremonium chrysogenum*으로 불려진다). 이것은 *Penicillium*이라고 해서 전형적으로 페니실린을 생성하는 곰팡이의 다른 종류이다. 친수성 아미노아디필 측쇄를 가진 페니실린 N(그림 10.50)은 그람음성균에 굉장히 낮은 농도에서 활성이 좋기 때문에 관심의 대상이 되었다(355 페이지 참조). 이들 연구자들은 페니실린 N을 정제하려고 노력했을 때 그들은 세파로스포린 C로 나타난 두 번째 산물의 아주 작은 양을 발견했다. 그것은 너무 그람음성균에 대해서 활성이 미약했고 포도상 구균 유래의 페니실리나제에 의한 가수분해에도 내성을 가진다. 불행하게도 세파로스포린 자체는 아주 낮은 항균활성을 보이게 되는데 그러나 그것의 화학 구조는 화학 변환이 7-위치에 뿐만 아니라 3-위치에 있어서도 화학 변환이 가능해 진다는 것을 밝혀냈다. 새로운 세파로스포린 화합물을 합성하는데 대한 첫 번째 단계에는 바로 세파로스포린으로부터 7-위치 치환체를 제거

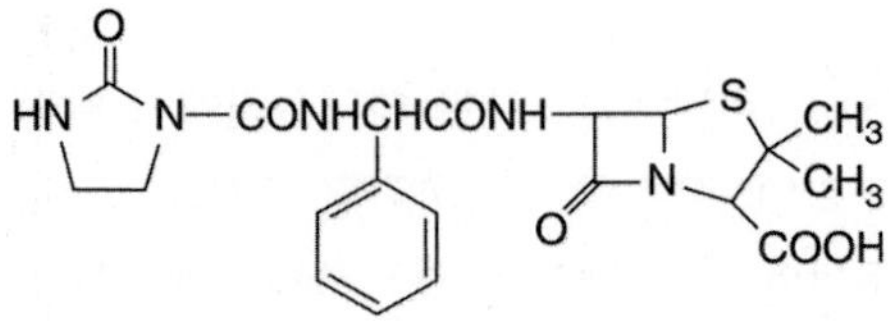

그림 10.49

아즈로시린, 아실암피실린의 예.

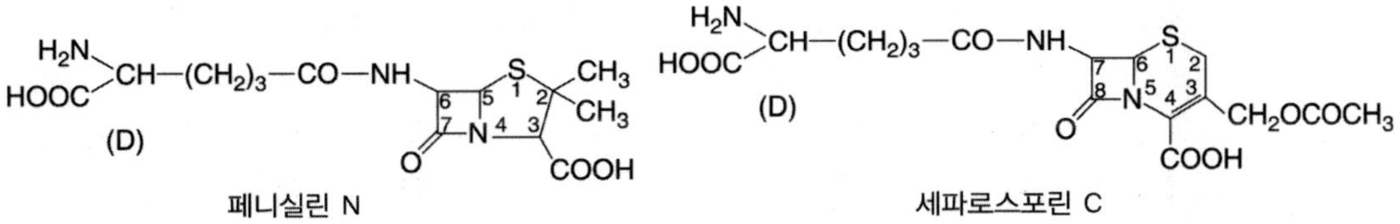

H_2N—CH—$(CH_2)_3$—CO—NH (D) HOOC 페니실린 N

H_2N—CH—$(CH_2)_3$—CO—NH (D) HOOC CH_2OCOCH_3 COOH 세파로스포린 C

그림 10.50

페니실린 N와 세파로스포린 C. 양 화합물에서 측쇄에서 α-아미노아디픽산 잔기는 D-입체를 가진다.

하는 것이다. 결과적으로 7-아미노세파로스포라닉산이 출발 물질로서 제공된다. 페니실린 G의 6-치환체를 제거시키는 효소가 많은 미생물에서 일어나기 때문에 세파로스포린 C 아실라제에 대한 많은 노력을 했으나, 놀랍게도 그와 같은 효소는 발견되지 않았다. 그래서 1962년 로버트 머린이 7-아미노디아세틸 세파로스포라닉산을 만드는 화학 방법이 반합성적인 세파로스포린의 개발에 계기가 되었다. 동시에 두개의 효소적인 과정에 의하여 세파로스포린 C의 7-측쇄를 제거하는 것이 가능하게 되었다(그림 10.52). 페니실린의 어떤 것은 상업적인 항생물질로 팔리고 있는데 이것은 자연적인 발효산물이다(페니실린 G나 V같은 것들이 그 예). 또한 팔리고 있는 각 세파로스포린은 반합성적인 화합물이다.

1세대 세파로스포린

처음 반합성적 세파로스포린 항생물질은 1962~1965년 사이에 도입되었는데 이것은 세파로틴, 세파로리딘, 세파졸린을 포함한다(그림 10.52). 이때 당시 두개의 중요한 세균그룹이 있었는데 그것은 페니실리나제를 생산하는 포도상구균과 그람음성 간균으로 페니실린 G가 약한 활성을 나타내었다. 비록 메치실린과 이것의 유사물질은 페니실리나제를 생산하는 포도상구균에 대해서 매우 활성적이었고, 엠피시린은 그람음성 간균에 활성을 나타내었다. 그러나 페니실린의 어떤 유도체들도 이들 두개 전부에는 활성을 나타내지 않았다. 세파로스포린은 양쪽 그룹에 활성을 지닌 장점을 가졌다.

그람음성 간균에 대해서 세파로스포린의 작용은 다음과 같은 장점이 있다. 세파로스포린은 포린 채널을 통과하는데 있어서 페니실린보다 이점을 가지고 있다. 세파로리딘은 쯔비터 이온의 특성에 의한 특히 외곽 세포막을 통하여 높은 확산률을 가지고 있다. 이런 타겟(페니실린-결합 단백질이나 트랜스펩티다제)에 도달하기 위해서는 이 물질들이 2차적인 장벽 즉 페리플라스믹 β-락타마제를 극복해야 한다. 이것들은 염색체에서 코드되는 대부분 그람음성 간균에 존재하는 효소(C부류, Box 10.3)를 세파로스포리나제라고 부르는데, 왜냐하면 이 효소는 페니실린보다 세파로스포린을 더 가수분해하기 때문이다. 여기서 한 역설이 있는데, 만약 세파로스포린이 효소에 의하여 쉽게 가수분해 된다면 그것들은 도대체 어떻게 그람음성균에 대하여 페니실린보다 더 효과적일까?

C부류의 효소는 세파로스포리나제가 거의 대부분인데 왜냐하면 기질로서 대개 1~5 밀리몰의 고농도를 사용해서 에세이를 수행했을 때 페니실린보다도 세파로스포린의 빠른 가수분해를 촉매하기 때문이다. 이 조건 아래에서 우리는 최대 효소의 속도 V_{max}값을 비

교 했는데 실제로 세파졸린의 V_{max}가 대장균 효소를 가진 페니실린 G에 대한 그것보다도 10배 정도 값이 더 높았다(표 10.4). 여하튼 효소의 효용성은 바로 V_{max}/K_m값으로 우리가 비교할 수 있다. 그것에 의하면 효소는 세파졸린이 가지고 있는 이것보다도 80배 이상 효과적으로 페니실린을 분해했다(표 10.4). 우리는 이 결론의 생리학적 타당성을 다음과 같이 볼 수 있다. β-락탐에 대한 타겟 페니실린 결합단백질은 낮은 농도 대개 0.1 ~ 1 마이크로몰 정도의 범위에서 비가역적으로 불활성화된다. 효소학적 가수분해는

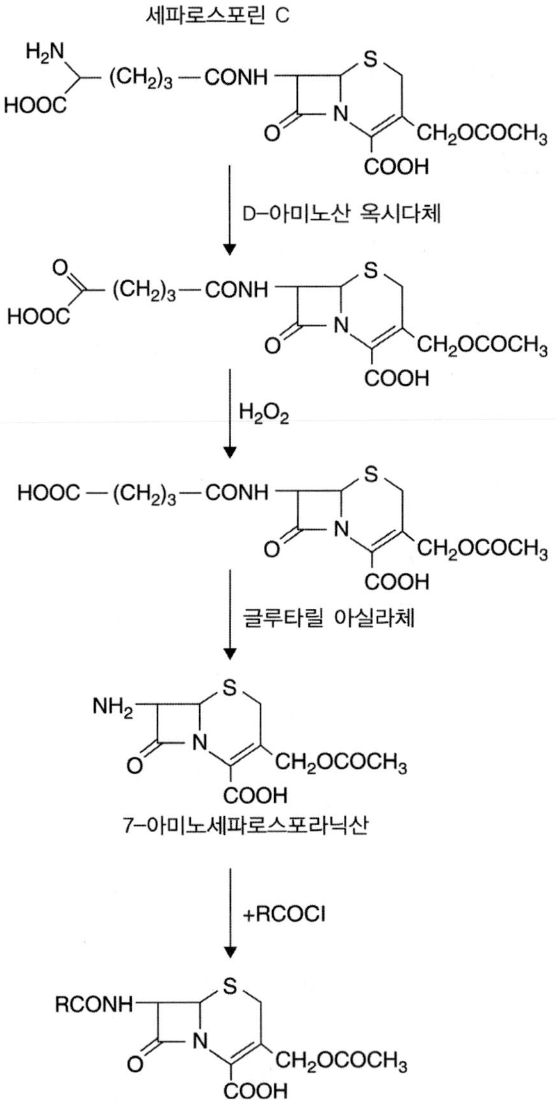

세파로스포린 C

H_2N, HOOC — $(CH_2)_3$ — CONH — (S, N, O, CH_2OCOCH_3, COOH)

D-아미노산 옥시다체

O, HOOC — $(CH_2)_3$ — CONH — (S, N, O, CH_2OCOCH_3, COOH)

H_2O_2

HOOC — $(CH_2)_3$ — CONH — (S, N, O, CH_2OCOCH_3, COOH)

글루타릴 아실라체

NH_2 — (S, N, O, CH_2OCOCH_3, COOH)

7-아미노세파로스포라닉산

+RCOCl

RCONH — (S, N, O, CH_2OCOCH_3, COOH)

그림 10.51

반합성 세파로스포린으로의 세파로스포린 C의 전환. 세파로스포린 C는 D-아미노산 산화효소에 의하여 산화되고, 케토산은 전반응에 의하여 생성된 과산화수소에 의하여 탈탄산된다. 7-글루타릴세파로스포라닉산은 탈아실효소에 의하여 아실기가 이탈되고, 7-아미노세파로스포라닉산은 다양한 측쇄의 첨가에 의하여 변형된다. 7-위치에 치환체의 첨가에서 3-위치에서 아세톡시 치환체는 쉽게 친핵체에 의하여 교체가 가능하다.

표 10.4 대장균 효소에 의한 베타락탐 항생제의 가수분해

	염색체 유래의 효소				플라스미드 유래의 TEM 효소			
		V_{max}	V(5mM)	V(0.1 μM)		V_{max}	V(5mM)	V(0.1 μM)
항생제	K_m (μM)	(상대비율)			K_m (μM)	(상대비율)		
세파졸린	1900	100	100	100	320	100	100	100
페니실린 G	1.9	7.6	10.5	7200	18	880	930	15,500
세폭시틴	0.22	0.02	0.03	120	3600	0.03	0.02	<0.001
세포탁심	0.16	0.007	0.01	51	9500	15	5.5	0.5
세페핌	80	0.001	0.01	0.2	5000	15	8	0.5

V(5 μm)와 V(0.1 μM)은 각각 5 μM과 0.1 μM 기질농도에서 가수분해의 비율을 나타낸다. V_{max}, V(5 μM), 그리고 V(0.1 μM)은 세파졸린을 100의 비율로 했을 때 상대적인 값으로 나타내었다. 세페핌에 대한 염색체 성 효소 데이터는 대장균 효소보다는 E. cloacal에서 얻어진 것이다.

출처 : Nikaido,, H. and Normark, S. (1987) Sensitivity of *Escherichia coli* to various beta-lactams is determined by the interplay of outer membrane permeability and degradation by periplasmic beta-lactamases: a quantitative treatment. molecular Mricrobiology, 1, 29–36; nikaido, H., et al. (1990) Outer membrane permeabillity and beta-lactamase of dipolar ionic cephalosporins containing methoxyimno substituents. Antimicrobial Agents and Chemotherapy, 34, 337–342.

β-락탐에 의한 공격에 대해서 미생물 세포를 보호할 수 있는지 없는지는 기질의 마이크로몰 농도에서 β-락탐이 어떻게 행동하느냐에 따라서 결정되어진다. 측정된 페니실린의 가수분해율은 표 10.4에서 볼 수 있듯이 0.1 마이크로몰에서 세파졸린에 비하여 72배 정도 높은데 이때는 세파졸린의 높은 V_{max}임에도 불구하고 이렇게 나타난다. 그래서 세파졸린의 그람음성균 활성은 바깥 세포막을 통한 확산율과 같이 β-락탐 염색체에서 코드된 β-락타마제에 대한 그들의 낮은 친화도에 기인한다.

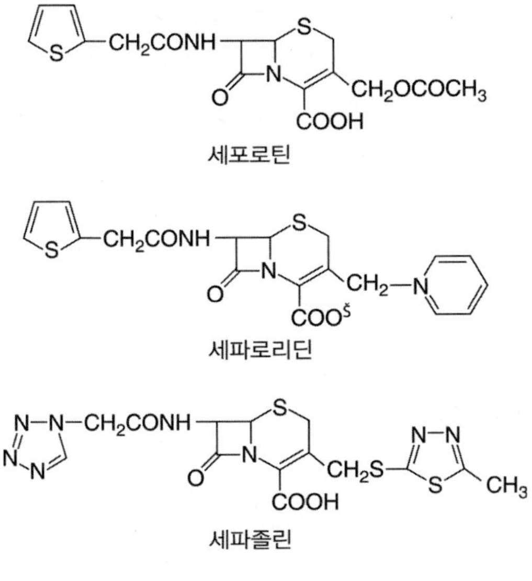

세포로틴

세파로리딘

세파졸린

그림 10.52

1세대 세파로스포린.

세파마이신의 발견

넓은 스펙트럼 때문에 1세대 세파로스포린은 아주 넓게 사용되었다. 그러나 R 플라스미드를 가지고 있는 그람음성균이 나타나기 시작했다. 이 플라스미드는 전 세계의 모든 세균에서 분리되는 A부류의 β-락타마제인데 이것을 TEM β-락타마제라고 부른다. TEM 효소는 넓은 기질 특이성을 가지는데 대부분의 페니실린과 1세대의 세파로스포린에 대한 항생제를 포함한다. 비록 그것의 세파로스포린에 대한 친화도가 특별히 높지는 않지만(표 10.4), 낮은 농도에서 효과적으로 이들 화합물을 분해시킨다. 왜냐하면 V_{max}값이 매우 높고 그리고 플라스미드의 카피수가 굉장히 많기 때문에 세포 내의 유전자들은 효소의 높은 수준을 유지하게 된다. TEM 효소 존재에서 안정한 화합물들은 그때 당시에는 세파로스포린 C의 반합성적 유도체 중에서는 발견되지 않았다. 그것은 항생제 개발에 자주 나타나는 것인데 그래서 과학자들은 어떤 영감을 얻기 위해서 β-락탐의 고전적인 생산균이 아닌 미생물로 눈을 돌렸다.

계통유전학적 용어에서 곰팡이와는 아주 먼 *Straptomyces*종의 배양여액을 통한 연구에서 세파마이신을 생산해내게 되었는데 세파마이신은 핵의 7-α-위치에 메톡시 그룹을 가지고 있다(그림 10.53). 이 화합물은 TEM 효소에 아주 내성을 가지는 것으로 발견되었다(표 10.4, 세포지틴에 대한 TEM 효소의 행동 참조).

세파마이신인 **세포지틴**은 1978년에 미국에서 상업적으로 도입되었고, 일본에서는 다른 세파마이신 유도체로 세프메타졸이라는 것으로 그 후에 도입되었다. 이 화합물들은 종종 2세대 세파로스포린으로 불려지는데, 그 물질들은 당시에 매우 중요한 것으로 인증되었는데, 이것들은 모든 타겟그룹에 대해서 매우 효과적이었기 때문이다. 특히 페니실리나제를 생성하는 포도상 구균이나 R 플라스미드를 가지고 있는 그람음성 간균에 대해서도 매우 효과적이었다(표 10.3 참조).

3세대 세파로스포린

세파마이신의 도입 후, 몇 년 이내에 내과의사는 병원에서 획득될 수 있는 감염의 원인균으로서 *E. cloacae*, *S. marcescens*, *P. aeruginosa*와 같은 병원균의 존재를 경고했다. 이들 세균은 근원적으로 세파마이신의 내성을 가지게 되지만 세파마이신의 사용이 환경에 있어서 이들 미생물에 대한 강력한 선택으로 나타났는지에 대해서는 의문이 있다. 세균의 다른 어떤 대부분 종에 의해서 일어나는 감염은 세파마이신으로 효과적으로 치료할 수 있는데 내과의사는 특히 세파마이신 내성균에 의해서 일어나는 감염을 잘 알게 되었다.

어떤 경우에, 이 내성균에 대하여 활성이 있는 세파로스포린 연구는 합성 화학으로부터 나오게 되었다. 측쇄에서 친수성 아미노티아졸 그룹의 사용뿐만 아니라 측쇄의 α-탄소

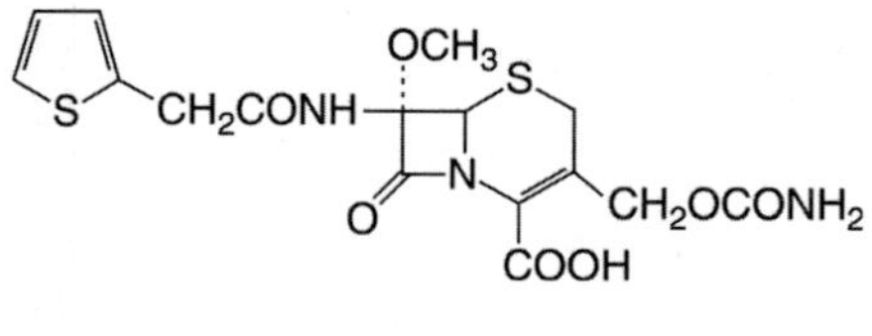

OCH_3, S, CH_2CONH, N, O, CH_2OCONH_2, COOH

그림 10.53

세파마이신의 한 종류인 세폭시틴.

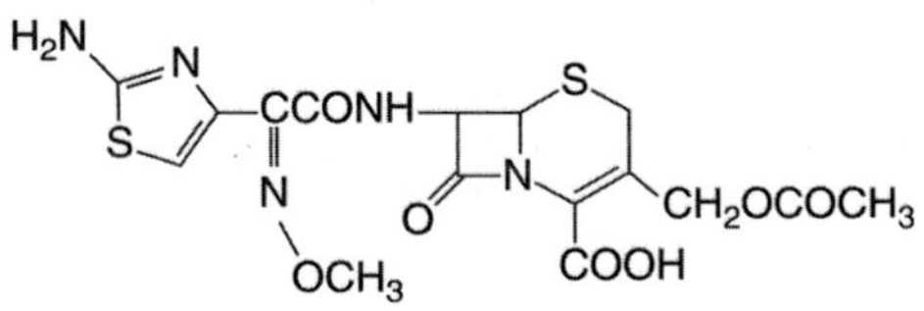

그림 10.54

3세대 세파로스포린 항생제인 세포탁심.

위의 옥심 그룹 첨가가 그람음성균에 대한 아주 혁신적인 효용성을 가진 세파로스포린을 생성한다는 것을 1980년 초기에 발견하였다. 이 화합물은 종종 4세대 **세파로스포린**이라고 하는데 세포탁심(그림 10.54), 세프티족심, 세프타지딤, 세프트리아존이 이에 속한다. 표 10.3에 나타난 바와 같이, 세포탁심과 세프타지딤은 *E. cloacae*의 야생균주에 대하여 강력한 활성을 나타내고, 세프타지딤은 *P. aeruginosa*에 대하여 우수한 활성을 나타내는데, 이들 두 미생물은 세포지틴 요법에 의해서는 잘 낫지 않는다.

4세대 세파로스포린

3세대 세파로스포린은 반합성 β-락탐의 개발에 있어서 남아있었던 모든 문제를 실질적으로 해결한 듯이 보였다. 이 세파로스포린은 그람음성균에서 플라스미드 유래의 TEM β-락타마제와 염색체 유래의 β-락타마제에 대하여 영향을 받지 않는다고 하였다. 여하튼, 이 약물의 임상 사용은 표 10.3에서 보듯이 *E. cloacae*, *S. marcescens*, *P. aeruginosa*에서 고내성균주의 출현을 야기시켰다. 이 돌연변이주는 구성적으로 유도적인 염색체 유래의 β-락타마제를 높은 수준으로 생산하였다. 어떻게 세균이 약물에 대하여 불활성화시키는 효소를 생산함으로써 약물에 내성을 가지게 될까? 이 딜레마는 몇 개의 가설을 만들어 내게 됐는데 염색체에서 코드된 β-락타마제는 3세대 화합물로서 가수분해의 낮은 V_{max} 값을 가지게 되는 것을 표 10.4를 보면 알 수 있다. 여하튼 이들 효소는 낮은 K_m치 즉 매우 강력한 친화도를 3세대 화합물에 대해서 나타내게 된다. 그래서 기질의 5밀리몰을 사용한 고전적인 에세이에서 3세대 화합물 세포탁심은 아주 완전히 염색체 유래의 효소에 의해서 영향을 안 받는다는 것을 알 수 있다. 하지만 만약 V_{max}/K_m 또는 V_{max}에 의존한다면 우리는 표 10.4에서의 세파졸린과 같이 세포탁심이 아주 빠르게 가수분해 된다는 것을 알 수 있다.

우리는 그래서 왜 β-락타마제가 구성적으로 발현되고 있는 돌연변이주는 이들 3세대 화합물에 내성의 높은 수준을 획득하는지를 이해한다. 그러나 왜 유도적인 친주는 그렇게 같은 화합물에 대해서 감수성을 가지는가라는 이 질문에 답하는 것으로서 우리는 3세대 화합물로인 세파마이신을 비교해야만 한다. 우리는 세파마이신(표 10.4 참조)에 나타난 것과 같이 염색체 레벨의 효소에 의해서 낮은 농도에서도 아주 빨리 가수분해 되는 것을 알 수 있다. 그래서 세파마이신이나 3세대 화합물 양쪽이 염색체 유래의 효소에 의해서 빠르게 가수분해 되고, 이 *E. cloacae*의 야생주는 세파마이신에 내성을 가지고 그리고 다른 3세대 화합물에 대해서는 매우 감수성을 지니는 것을 알 수 있다. 두 가지 클래스의 화합물의 다른 특성은 세파마이신이 염색체 수준의 효소의 강력한 유도원이라는 사실이다. 반면에 3세대 화합물들은 유도 활성을 가지지 않는다.

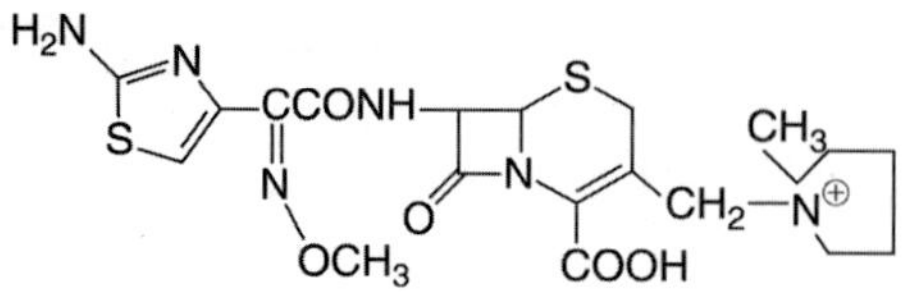

그림 10.55

4세대 세파로스포린 항생제인 세포핌.

명확히 말해서 세파마이신은 이 효율적인 효소의 유도 후에 가수분해 되어지는 반면에, 3세대 화합물들은 여전히 활성을 가지고 있는데, 이는 유도의 존재 때문에 그리고 효소 수준이 여전히 매우 낮은 것으로 되어 있기 때문이다. 구성적인 돌연변이주는 세파마이신이든지 3세대 세파로스포린이든지 간에 효과적으로 가수분해시킬 수 있다.

4세대 항생물질은 더욱 개발되어 있는데 이들 화합물 특히 **세포파임**, **세포피롬**, **세포클리딘**과 같은 이런 물질들은 3세대 화합물의 옥시이미노 치환체를 가지고 있다. 그러나 그림 10.55에 보는 바와 같이 질소원자를 가진 3-위치의 치환체를 가지고 있다.

표 10.4에 보는 것과 같이 세포파임은 염색체에서 유도되는 효소에 대해서 낮은 친화도를 가지므로 인해서 효소의 존재에 대해서 매우 안정적이다. 표 10.3에 돌연변이주에 대해서 매우 활성이 좋다.

고전적이지 않는 핵을 가진 화합물

우리가 이미 보았듯이, β-락탐 항생제의 스펙트럼은 꾸준하게 많이 증가하고 있다. 동시에 각 새로운 세대의 도입이 항생물질에 대한 내성을 나타내고 있는 균주의 출현을 야기시켰다. 사실 이와 같은 화합물에 대한 증가된 급진적으로 활성을 나타내는 TEM 효소의 돌연변이주들이 세계의 다른 부분에도 나타났기 때문에, 3세대 4세대 세파로스포린의 계속되는 효력에 대한 심각한 위협이 있다.

이 상황에 대하여, 연구자들은 계속되는 기반으로 새로운 화합물을 개발하고 있다. 약 5만~10만 정도의 반합성 항생물질이 이미 만들어져서 테스트되었는데, 그들 중에서 활성이 있는 거의 대부분은 β-락탐 항생제였다. 그래서 어떤 연구자들은 이 관점에서 단지 새로운 아주 급진적으로 새로운 구조를 가진 화합물만이 연구할 가치가 있다고 생각하고 있다. 그들은 또한 그와 같은 물질들이 내성을 가진 미생물의 빠른 출현을 야기시키지 않기를 희망하고 있다. 여하튼 세파로스포린이나 페니실린과 같은 고전적인 핵에 기반하지 않는 화합물들은 급진적으로 새로운 화합물들의 범주에 들어있기 때문에, 최근에는 이와 같은 화합물을 개발하려고 많은 노력을 하고 있다. 어떤 경우에 있어서는 핵은 전적으로 합성적인 물질인 반면, 가장 최근에 항생물질들의 많은 것들은 천연물질의 스크리닝에 의해서 개발되었다. 물론 쉽게 배양되는 미생물에 의해서 생산된 화합물의 대부분은 항균활성을 강하게 나타내는 것들은 이미 전부다 발견이 되어버렸기 때문에 성장저해 에세이를 사용한 고전적인 스크리닝법이 새로운 것을 만들어 낼 것 같지는 않다. 그래서 많은 감수성이 있고 아주 집중된 에세이가 지금은 사용되는데, 예를 들어서 무세포 시스템에서 세포벽 합성 반응의 저해에 대한 시험이라던지, β-락타마제를 저해한다든지 또는 세균의 고 민감성 돌연변이주의 저해라든지 이와 같은 에세이들이 사용되어 지고 있다. 한 희귀한 화합물이 항미생물 활성을 조금이라도 나타내었을 때, 반합성적인 접근이 바로 더 활성적인 여러 가지 유도물질을 생산할 수 있기 때문이다. 또한 최근에는 전형적이지 않는 급원의 물질이 스크리닝에 사용되었다. 곰팡이나 *Straptomyces*에 관련이 있는 그런 미생물들은 심지어 세포 분화의 어떤 징후가 보이지 않는 단세포 세균까지도 연구되고 있고, 많은 발견을 하게 되었다. 비록 이상한 환경에서 자라는 것들도 많이 연구되지는 않았지만, 단지 산성 토양의 사용으로 모노박탐의 발견을 이끌어 내었다(아래 참조).

카바페넴

카바페넴은 티에나마이신을 포함해서 *Straptomyces* 속으로부터 분리된 화합물이다. 그것들은 페니실린 핵의 한 원자 대신에 탄소 원자를 가지고 있다. 그리고 그것들은 핵의 다섯 개 멤버의 환으로 이중결합을 가지고 있다(페니실린의 핵은 페남이라고 불려지나, 이중 결합이 존재하게 되면 **페넴**이라고 불려지게 된다). 카바페넴의 어떤 것들은 세균의 세포벽의 저해제로서 스크리닝에 의해서 검색되었다. 또 다른 것들은 β-락타마제의 저해제로서 발견된 것들이다.

티에나마이신은 넓은 스펙트럼을 가진 강력한 항생물질인데 여하튼 티에나마이신은 화학적으로 불안정하고 그리고 어떤 화학적 변형 (그림 10.56)과 같이 이미페넴이라는 임상적으로 유용한 화합물로 그것을 변환시키는 것이 필요하게 되었다. 이미페넴이 인체 조직에서 존재하는 한 펩티다제에 의해서 가수분해 되기 때문에 이것은 **실라스타틴**이라는 펩티다제 저해제와 같이 투여를 한다.

비록 이미페넴 합성에 대한 출발물질인 티에나마이신은 천연물질이지만 그것의 발효에 의한 대량 생산은 낮은 수율, 화합물의 불안정성, 그리고 분리과정이 매우 복잡하게 되어 있는 몇 가지의 관련 화합물이 생산되어서 매우 어렵다. 3개의 연속적인 키랄중심이 있어서 화학 합성 또한 어렵지만, 이미페넴은 전적으로 합성공정에 의하여 상업적으로 생산된다.

이미페넴은 많은 β-락타마제에 대하여 안정하다. 다른 것과 같이, 이것은 자살 억제제로서 작용하는데, 3세대 세파로스포린에 대한 *E. cloacae*, *S. marcescens*, *P. aeruginosa* 돌연변이주의 내성을 담당하는 그람음성 간균의 C 부류의 효소를 포함한다. 그래서 이미페넴은 아주 넓은 스펙트럼을 가진다(표 10.3). 여하튼 그것은 *P. aeruginosa*에 대한 이미페넴의 아주 예외적인 활성이 특수한 염기성 아미노산의 흡수에 기능을 하는 외막 채널을 통한 빠른 침투의 결과인 것이 발견되었다. 이 채널은 돌연변이에 의해서 잃어버리기 때문에, 이미페넴 내성은 *P. aeruginosa* 군집에서 아주 빠르게 일어날 수 있다.

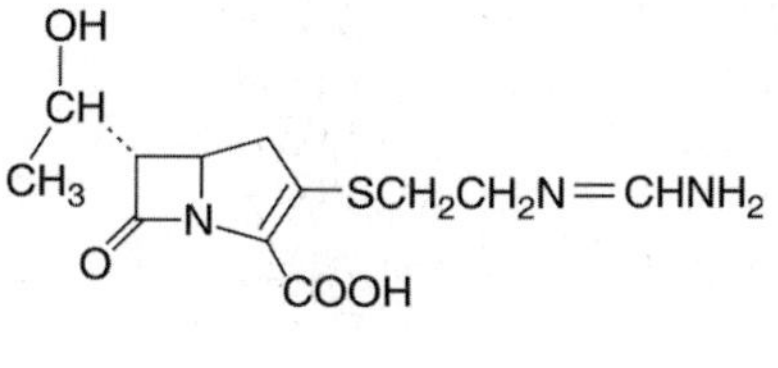

OH, CH, CH_3, N, O, $SCH_2CH_2N=CHNH_2$, COOH

그림 10.56

이미페넴.

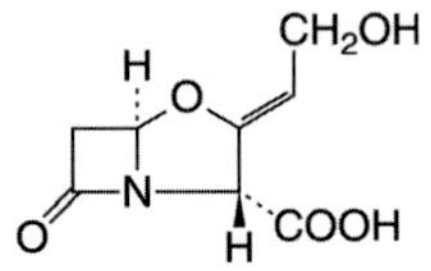

그림 10.57

클라뷰라닉산.

클라밤

클라밤은 페니실린의 6-위치에 해당하는 측쇄를 가지지 않는다. 그것들은 페니실린 핵에 황 대신에 산소를 가지고 있다. 클라밤은 β-락탐 저해제를 검색하기 위한 스크리닝 중 *Straptomyces*로부터 분리되었다. 그것들은 대개 매우 낮은 항생 활성을 가지기 때문에 항생물질을 위한 고전적인 스크리닝에서는 검색되지 않았다. 클라밤의 한 종류로써 클라뷰라닉산(그림 10.57)은 매우 효과적이고 불가역적인 저해제인데 A 부류의 β-락타마제에 대한 불가역적 저해제이다. 이것은 오그멘틴이라는 상표로 아목시실린과 함께 조합해서 팔린다.

노카디신과 모노박탐

노카디신과 모노박탐은 분리된 β-락탐 환의 구조로 인하여 아주 특이한데, 티아조리딘이나 디하이드로티아진 환이 없다(그림 10.58). 락탐 질소는 노카디신에서 탄소 원자로 연결되어 있는 반면에, 모노박탐에서는 설포네이트 그룹의 황 원자에 연결이 되어있다. 노카디신은 *Nocardia*에서 생성되어지고 모노박탐은 어떤 발생 사이클도 거치지 않는 그람음성 간균으로부터 생성된다. *Gluconobacter*, *Acetobacter*, 그리고 *Agrobacterium*는 퍼플 세균부류의 α-분열에 속한다(1장). 다른 모노박탐 생성균은 *Chromobacterium*이나 *Flexibacter* 속에 속한다고 할 수 있다(그림 1.6).

노카시딘은 아주 낮은 항균활성을 나타내고, 아직까지도 상업적으로 유용한 산물은 나타나지 않고 있다. 모노박탐은 배양액으로부터 분리되는데 이것은 매우 낮은 항균활성을 나타내고 있다. 예를 들어 SQ28,503(그림 10.58)은 *Flexibacter* 균주에서 분리됐는데 많은 병원성 세균에 대하여 50~100마이크로 그람/밀리리터의 최소저해농도 값을 나타낸다. 그럼에도 불구하고 스큅 제약회사의 화학자들은 출발점으로 염기성 모노박탐 구조를 사용했는데 그 구조와 활성의 상관관계가 합성 화합물인 아즈트레오남이라는 물질을 생산한다는 것이 연구에서 전적으로 밝혀졌고, 이것은 표 10.3에 나타난 바와 같이 그람음성균에서 아주 넓은 스펙트럼을 나타내고 있다.

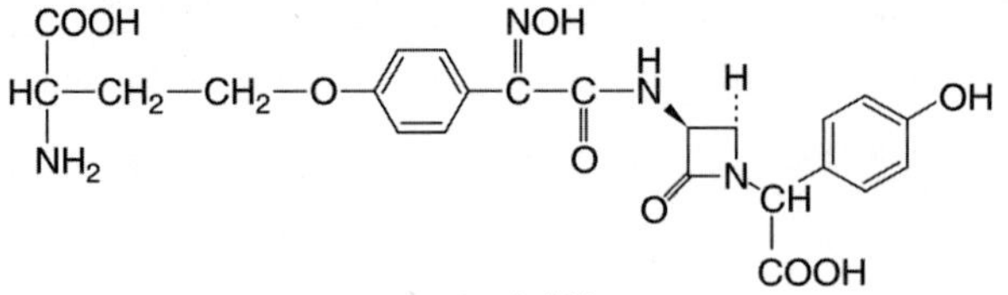

노카디신 A

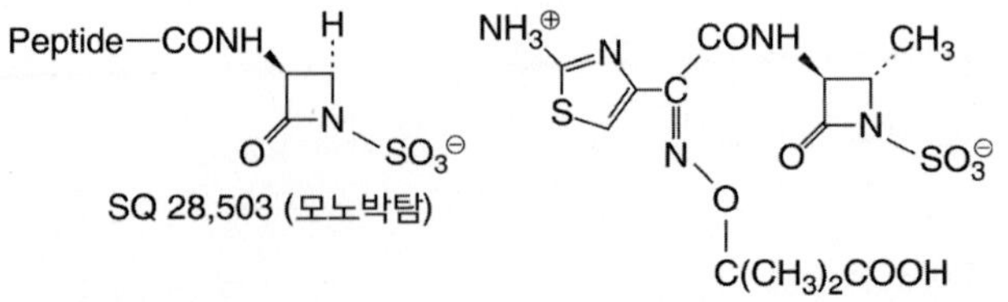

SQ 28,503 (모노박탐)

아즈트레오남(모노박탐)

그림 10.58

3세대 세파로스포린 항생제인 세포택심.

기질 유사체를 가진 효소학적 합성

항생제 생산에 있어서 중요한 단계를 활성화 하는 어떤 효소는 광범위한 기질 특이성을 가지는 것으로 나타난다. 우리는 아밀로글라이코사이드에서 이야기한 바와 같이 신규 항생제를 얻는데 이 사실을 이용할 수 있다. 이 경우에(아미노글라이코사이드의 개발을 위한 돌연변이합성의 사용 참조), 접근방법은 손상되지 않은 세포를 사용하지만, 정제된 효소를 사용한 시험관 내 방법 또한 가능하다. 후자의 경우에 많은 양의 적절한 효소의 생산이나 또는 적절한 순도 때문에 클로닝을 통한 유전자 증폭에 의해서 수행되어 질 필요가 있다.

이 접근의 한 예는 새로운 종류의 β-락탐의 생성을 위해서 아이소페니실린 N 합성효소의 사용이다(그림 10.59). 이 효소는 페니실린, 세파로스포린, 및 세파마이신의 합성에서 결정적인 환을 닫아주는 단계를 활성화하는 효소인데, 매우 다양한 급원으로부터 클론되어져 있다. 예를 들면 *A. chrysogenum*이라는 세파로스포린을 생성하는 곰팡이로부터 그것은 정제된 효소의 아미노산 서열에 기반한 합성 올리고 뉴클레오타이드를 사용함으로써 클론되었다. 그림 10.60은 이 효소를 첨가함으로써 트리펩타이드 α-아미노아디필-시스테이닐-발린의 아릴 유사체의 첨가로 인해서 β-락탐의 새로운 전 세트를 생성할 수 있는데 대부분은 그림 10.60과 같이 신규 구조의 핵을 포함하고 있다(그림 10.60에서 음영부분).

새로운 β-락탐과 β-라타마제 저해제에 대한 이상적인 디자인

많은 β-락탐과 몇 가지의 페니실린 결합단백질의 3차원적인 구조가 X선 결정학에 의하여 이루어졌다. 아미노산 서열에 아주 많은 상동성을 보이지 않는 이 단백질은 전체적으로 매우 닮은 폴딩 패턴을 나타내고(그림 10.61), 기질-결합 영역이 유사한 아미노산 잔기를 나타낸다. 그래서 분자의 오른쪽 반은 다섯 개의 스트랜드를 가지는 β-병풍 구조로 구성되어 있는데, 앞쪽에는 두개의 α-헬릭스가 있고 뒤쪽에는 몇 개의 α-헬릭스에 의해서 보호되어 있으며, 그 분자에 왼쪽 반은 α-헬릭스의 클러스터로 구성되어 있다. 우리는 이들 구조로부터 왜 β-락탐이 페니실린 결합단백질이 아닌 β-락타마제에 의해서 가수분해가 되는지를 설명할 수가 있다. 그래서 양쪽 단백질은 β-락탐에 의하여 활성부위인 세린(그림 10.61에서 구 형태로 보여지는)에서 아실화되어 있다. 그러나 클래스 A부류 β-락타마제(왼쪽)로 아실 세린은 활성화된 물분자에 의해서 가수분해되어 있다. 반면에 그와 같은 활성화된 물분자는 페니실린 결합단백질에는 존재하지 않고, 그것들은 β-락탐에 의해서 불활성화되어 있다. 이 연구의 논리적인 연장은 그와 같은 β-락탐 저해제나 또는 병원에서의 분리균주들 사이에 나타나는 β-락타마제에 의해서 분해를 효과적으로 더 많이 견뎌내는 그런 β-락탐 화합물을 생성하는 것이다. 그리고 이 연구들은 현재 몇몇 연구실에서 진행되고 있다. 세포벽을 합성하는 효소(그림 10.61)의 구조에 대한 지식 또한 β-락타마제에 의해서 잡혀지는 것을 피하고 타겟인 트랜스펩티다제에 결합하게 될 약물의 디자인이 될지도 모른다.

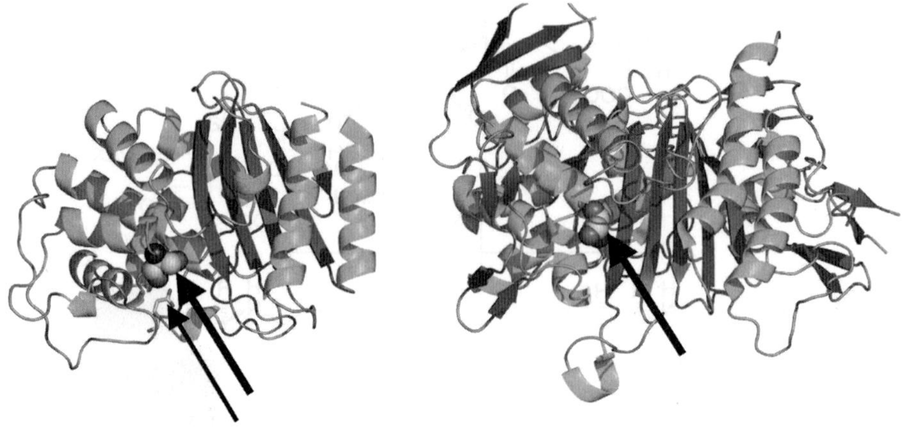

그림 10.61

A 부류의 β-락타마제(TEM; 왼쪽)와 페니실린-결합단백질(*S. pneumoniae*로부터 (PBP2X; 오른쪽) 접힘 양상. 유사한 전체적인 접힘 양상을 주시하시오. 굵은 화살표는 활성 부위인 세린잔기(CPK 모델에서 보이는)를 지적하는 것이고, 왼쪽의 가는 화살표는 아실 효소의 가수분해를 위한 활성화된 물 분자를 가리키면서, 글루탐산 잔기를 보여준다(스틱 모델에서 보이는). 이 그림은 PyMol을 사용하여 그렸다.

위해서 테스트가 필요하다. 이와 같은 불리한 점에도 불구하고 실질적으로는 모든 균주 개량은 최근까지도 상업적으로 중요한 항생물질을 생산하는 균주에 있어서 이와 같은 방법에 의해서 생산하고 있다. 페니실린을 생산하는 균주의 계통도의 일부분이 그림 10.62에 나타나 있다. 재미있게도, 초기 단계의 균주 개량에 있어서 많이 증진되었다. 최근에 발효에서의 수율은 리터당 40 g 정도라고 이야기하고 있고 그림 10.62에 나타난 것과 같이 발효 조건과 생산균주 양쪽에서 아주 지속적인 증진이 판단된다. 지금까지 알려져 있는 유전적이며 생화학적인 증진에 대한 특성은 많지가 않고, 많은 고생산 균주는 유전자 복제를 가지는 것으로 나타나 있다.

전형적인 유전학의 방법

이상적인 시나리오에서, 과학자는 항생물질의 생산을 증진시키는 다양한 유전자의 돌연변이 대립형질을 동정하고, 그것들을 한 개의 미생물로 재조합할 것이다. 불행하게도, 이 목적은 이루기가 굉장히 어려운데, 항생물질을 생산하는 미생물의 유전자에 대한 지식으로서는 매우 제한적이다. 항생물질 생성에 많은 유전자가 클로닝을 통하여 동정되어 있고, 또한 완전한 유전체 서열이 *Streptomyces*의 몇 균주에 있어서는 유용하다.

가장 효과적인 고전적인 유전학의 사용은 돌연변이주의 활력을 증진시키기 위하여 친주와 항생제를 과다하게 생산하는 균주의 역교배이었다. 균주개량에 대한 고전적인 접근은 무작위 돌연변이의 많은 과정이 관련되어 있기 때문에 각 단계는 원하지 않는 돌연변이를 도입시켜야 한다. 야생주와 역교배 후에 친주로부터 고생산 특성과 야생친주로부터 야생성과 활력을 가지는 자손을 원한다.

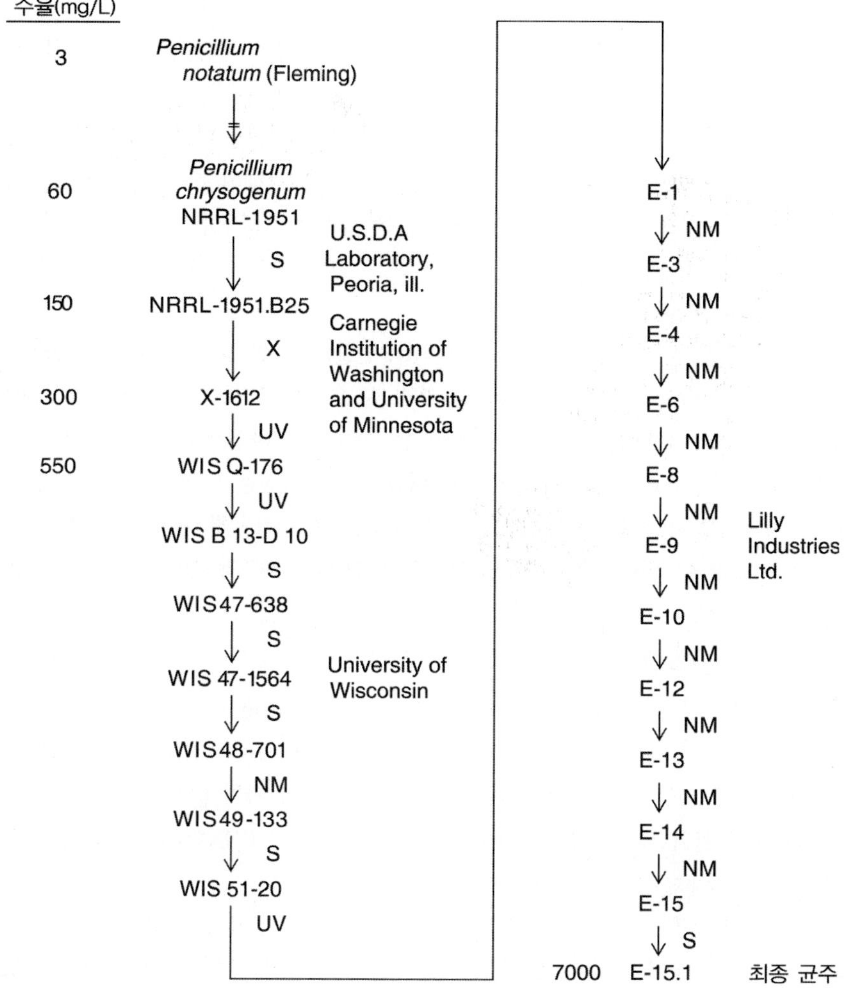

그림 10.62

페니실린 생산 균주의 개량. 각 단계에 사용된 돌연변이 과정: S, 자발적인; X, x선; UV, 자외선; NM, 질소머스타드.

처음에 이것은 *Penicillium*으로는 완전한 성사이클을 가지고 있지 않기 때문에 이와 같은 시도는 불가능한 것 같이 보였지만, 헤테로카리온의 생산을 이끄는 불규칙적인 성사이클이 1958년 페니실린에서 발견되어서 균주개량에 사용되어지고 있다.

*Streptomyces*의 어떤 균주들은 DNA의 접합 이동을 수행한다. 홉우드와 그의 연구자들은 항생물질 합성의 유전자들은 서로 몰리어 있는 것을 발견했다. 재조합 DNA 방법은 상업적으로 중요한 항생제의 생합성에 유전자들이 관련되어 있다는 것이 사실임을 보여주었다(아래 참조).

과학자들은 또한 **프로토플라스트** 융합을 사용하는데 접합을 위한 천연기전이 없는 종에 있어서 유전적인 물질의 세포 내에 이동시키는데 효과적 방법이다.

이 방법은 항생제 생산 균주에 활력을 보충하기 위하여 역교배에서 종종 사용되었다. 이 기법에서, 세균이나 곰팡이 세포는 용해효소로 세포벽을 녹임으로써 프로토플라스트로 전환한다. 두개의 프로토플라스트의 세포막은 고농도의 **폴리에틸렌글라이콜**(전형적으로 20~35%)이나 다른 물질 첨가에 의해서 서로 융합된다. 그리고 세포막은 적당한 보호배지에서 후손들로 재생된 두개의 친주 프로토플라스트로부터의 염색체들은 재조합을 하게 되고 남는 물질은 결국 연속적인 세포 분열의 과정에서 사라지게 된다. 그래서 이 과정의 끝에서 회복된 많은 자손 세포는 유전물질의 복합적이며 동량을 가지게 된다.

Streptomyces 속의 항생제 생산 유전자의 대부분은 염색체 위에 위치하게 된다. 더욱이 많은 항생제 생산 유전자는 선상의 염색체의 끝 부분에 밀착해서 존재하게 되는데 이러한 부분을 '팔'이라고 표현한다. 아주 재밌게도, *Streptomyces*의 유전체에서는 약 수백 킬로 염기를 포함하는 매우 큰 결실이 '팔' 영역에서 고빈도로 일어나는데, 이 결실은 때때로 항생제 생산 유전자를 포함하기도 한다.

항생제 생산 균주는 종종 그들 스스로 자신의 생산물의 독성 효과에 대하여 스스로 보호해야만 한다. 이 요구는 특히 항균활성을 가진 항생제를 분비하는 *Streptomyces*에 대해서 필요하다. 그래서 많은 항생제 생산균주는 항생제를 타겟으로 변형시킴으로서 불활성화시키거나 내성을 가지게 하고 외부로 배출시키는 기전을 가진다. 대부분 경우에 있어서, 내성에 관련이 있는 유전자는 항생제 생합성 유전자의 클러스터의 부분이다. 뒤에 우리가 알아보겠지만, 이와 같은 배열은 항생제 합성 유전자의 클로닝에 매우 유용하게 되었다.

표적 돌연변이

우리가 위에서 보다시피, 고전적인 균주 개량 과정에서 일어나는 주요한 문제는 적절한 유전자로 돌연변이를 도입하는 낮은 확률이고, 다른 관련되어 있지 않은 유전자에 있어서 돌연변이가 많이 일어난다는 것이다. 이 문제는 바로 적절한 DNA의 조각에만 돌연변이를 시키는 방법에 의해서 피할 수 있다.

많은 항생제 생산 유전자가 지금은 클론되어있기 때문에, 클론된 DNA의 표적 돌연변이는 시험관 내에서 수행되어 질 수 있고, 받아들이는 미생물의 형질전환에 의하여 수행되어 질 수 있다. 비록 *Streptomyces*의 손상되지 않은 세포가 형질전환이 힘들지라도, 세포벽 장벽이 없는 그들의 프로토플라스트는 쉽게 형질전환 된다.

이상적인 선별

고전적인 균주 개량의 방법에서, 돌연변이 후에 생산된 자손들은 하나씩 보면서 항생제의 많은 것을 생산하는 라인을 발견하기 위하여 스크린을 해야 한다. 만약 이 방법이 자손의 많은 집단에서 증진된 생산주의 선별에 유용하다면-즉 1억개 세포 정도, 그러면 균주 개량 과정은 매우 효과적일 것이다(스크리닝과 선별의 차이는 Box 3.3 참조). 비록 어느 누구라도 그와 같은 선별에 대한 일반적인 프로토콜을 고안할 수 없지만, 어떤 간접적인 선별 방법은 사용되어 왔다. 예를 들면, 어떤 항생물질인 페니실린이나 테트라사이클린은 이런 것들은 중금속의 킬레이트이다. 이 미생물들이 이런 항생물질을 많이 생산하면 할수록, 그것은 배지에서 중금속에 대해서 더욱 내성을 가지게 된다. 그래서 중금속에 내성을 가지는 돌연변이주의 선별이 페니실린 고생산 균주의 균주 개량에 많이 이용되기도 한다.

유전체학과 클로닝

Streptomyces coelicolor(자세히 연구된 *Streptomyces* model)와 *Streptomyces avermitilis*(항기생충약 애버멕틴의 생산균)는 완전한 유전체가 서열화 되었다. 이 서열은 *Streptomyces*의 생물학에 아주 좋은 지식을 주었다. (1) 유전체가 매우 크고 870~900만 염기쌍을 가진다. 이것은 대장균 유전체(470만 염기)의 약2배 크기이고 진핵 미생물-예를 들면 *Saccharomyces cerevisiae*의 유전체(1200만 염기) 크기와 거의 근접한다. (2) 유전자 발현이 복잡한 방법에서 조절된다. 시그마 펙터(프로모터의 다른 종류를 인식하는)의 놀랄 만한 숫자 (60에서 65)가 동정 되었고, 그리고 이것은 단지 7개를 생산하는 대장균과는 대조될 수 있다. (3) 대장균 K-12에 의해서 생산된 하나 또는 두개의 단백질에 비하면, 약 800개의 분비 단백질이 발견되었다. (4) 항생물질을 포함하여 2차 대사산물의 생성에 관련되어 있는 유전자 클러스터가 21개(*S. coelicolor*)와 30개(*S. avermitilis*)가 발견되었다.

단일 항생물질의 생성에 관련되어 있는 유전자는 밀접하게 연관되어 있는 클러스터로 함께 그룹이 되어있다. 일찍이 1984년경에 프란시스코 말파티다와 데이비드 홉우드가 한 개의 플라스미드 속으로 엑티노로딘의 생합성 경로를 위한 모든 유전자를 클로닝하는데 성공하였다. 상업적으로 많은 중요한 항생물질의 생성을 코드하는 완전한 유전자 클러스터가 클로닝되었다.

생산 유전자의 클로닝 또한 고전적인 균주개량에 의하여 생긴 변화를 명확하게 하였다. 예를 들면, *P. chrosogenum* NRRL-1951의 야생주는 페니실린 생합성에 관련되어 있는 유전자의 한 개 카피만 가지고 있으나, 페니실린-고생산 균주는 돌연변이와 선별의 많은 과정(그림 10.62)을 거쳐 개발되어서, 염색체 위에 증폭된 이들 유전자의 50 카피를 가지고 있다.

항생제 생산 유전자의 클로닝은 이 방면에서 아주 큰 영향을 미쳤다. 첫째, 이들 유전자에 클로닝과 시퀀싱은 새롭고 항생제의 어떤 본질에 대한 아주 중요한 지식을 우리에게 주었다. 대부분의 항생제와 2차 대사산물도 폴리케타이드 합성 경로에 의해서 생산되는 것으로 알려져 있고, 리보좀에서 생성되는 펩타이드성이 아닌 비리보좀성 합성경로 또는 아이소프레노이드 경로를 통해서 합성이 되는 것으로 알려져 있다. 처음 두개의 경로는 크고 다기능적인 효소에 의해서 생성되고, 이와 같은 것들은 중간 대사산물인 효소의 판테테인 그룹의 설퍼하이드릴 그룹에 치오에스테르로 결합되어 있다. 우리가 이 장 처음에서 말했듯이, 알려진 항생물질의 구조는 매우 다양하다. 여하튼 **마크로라이드**(그림 10.19), **테트라사이클린**(그림 10.21), **폴리엔**(그림 10.28), **FK-506**(그림 10.14B), **안트라사이클린**(그림 10.2)은 바로 이 폴리케타이드 합성경로에 의해서 생산되어 지고, **β-락탐**이나 **사이클로스포린** A(그림 10.14A), **반코마이신**(그림 10.24), 그리고 **답토마이신**(그림 10.29) 뿐만 아니라 전형적인 펩타이드 항생물질(**바시트라신**, **폴리믹신**, 그림 10.23)은 비리보좀성 합성경로에 의해서 주로 생성되는 것으로 알려져 있다. 예를 들면 항생물질인 **리파마이신**(그림 10.20)과 **블레오마이신**(그림 10.4)은 이 두가지 경로의 서로 협력에 의해서 생성된다. 이 경로 둘 다 항생물질이 아닌 중요한 산물 생성에도 관여하고 있는데, 예를 들면 폴리케타이드 경로는 지방산 생합성 경로의 작은 변형이고, 멜라닌과 같은 색소를 만들어 내기도 한다. 비리보좀성 펩타이드 합성은 엔테로박틴이나 페리크롬과 같은 사이드로포어를 만드는 데도 연관이 있다. 이런 것들은 대부분의 항생물질들이 대사산물을 위한 생합성 경로에서 조그마한 변화에 의해서 생성될 수 있다는 것을 보여주는 것이다.

폴리케타이드 생합성 경로

지방산 합성에 있어서 아세틸 그룹은 분지없이 아주 긴 체인을 생산하도록 합성의 각 라운드에 부가되고, 각 라운드의 축합단계에서 도입된 카보닐 그룹이 대개는 $-CH_2-$의 수준으로 환원되어 진다. 폴리케타이드 항생제 생합성에서, 그 단위는 종종 아세틸 보다 더 큰 것으로 부가되어지나, 아직 각 축합단계는 연장 주 체인에 탄소 두개 분자를 부가시키고 그 단위의 분지로서 주 체인에서 튀어 나오게 된다. 이것은 마크로라이드 구조에서도 보여지고 예를 들면 메칠 분지를 가진 주요 체인에서 각 두 번째 탄소가 메칠 그룹을 가질 수 있도록 각각의 단계에 프로피오네이트 단위가 부가된다(그림 10.19). 카보닐 그룹의 어떤 것들은 전혀 환원되지 않고 다른 것들은 CHOH 의 수준으로 환원되어 진다(그림 10.19). 이 차이에도 불구하고 마크로라이드 생합성 유전자의 클로닝과 시퀀싱이 폴리케타이드 합성 유전자와 지방산 생합성 유전자 사이의 상동성이 많음을 밝혔다.

지방산 생합성은 두 가지 타입의 시스템에 의해서 이루어지는데, 타입 1 시스템은 진핵세포에 빈번하게 있는데 모든 필요한 효소 활성과 캐리어 단백질을 가지고, 타입 2 시스템으로는 대개가 세균에서 발견이 되는데 많은 단백질로 구성되어 있고 한 개의 기능을 각각 수행하도록 되어 있다. 유사하게, 폴리케타이드 합성 효소도 타입 1 또는 타입 2인데, 타입 2 경우에는 종종 다우노마이신(그림 10.2)에 보는 것과 같이 폴리케타이드 방향족 환 구조를 가진 물질의 합성을 촉진한다.

에리스로마이신 마크로사이클릭 환의 생산은 *Saccharopolyspora erythrea*(오래된 문헌은 *Streptomyces erythreus*)라는 타입 1 모듈 시스템에 의해서 활성화되고 이것은 세 개의 큰 단백질로 구성되어져 있는데, 각각은 마크로라이드 골격의 두 개의 탄소를 뻗으면서 활성화된 두 개의 모듈로 구성되어져 있다. 그래서 전적인 효소 복합체는 여섯 개의 모듈을 가지고 있고 그 아실 캐리어 단백질, 아실 전이효소, 케토아실 ATP 합성효소 그리고 다른 어떤 생합성 과정에 필요한 다른 도메인(그림 10.63)을 교대로 각각 가지고 있다. 에리스로마이신 A에서, 단지 C7번(그림 10.19)이 CH_2의 수준으로 감소되는데 단지 모듈 4가 β-하이드록시아실-ACP 탈수효소와 에노일-ACP 환원효소의 감소를 위해 필요한 도메인을 가지고 있다. 그래서 우리는 모듈 1에서 6까지 각각에 연속적으로 C3 단위의 첨가를 활성화하고 특별한 모쥴의 효소 양에 의존하는 케토 그룹의 종말을 추론할 수 있다. 이 발견은 많은 폴리케타이드 항생물질이 비록 존재하지만 그것은 각 화합물의 특수한 구조는 기질 특이성과 각 효소 모쥴의 성분에 의해서 결정된다. 이것은 또한 다른 마크로라이드를 생성하는 유전자 클러스터 사이에 모쥴의 교환이 가능하게 되는데 이는 하이브라이드 항생물질 생산을 이끌게 한다. 이와 같은 타입의 연구로 인해서 단지 5년 내에 새로운 마크로라이드 수백 개의 구조의 생산이 가능하였다.

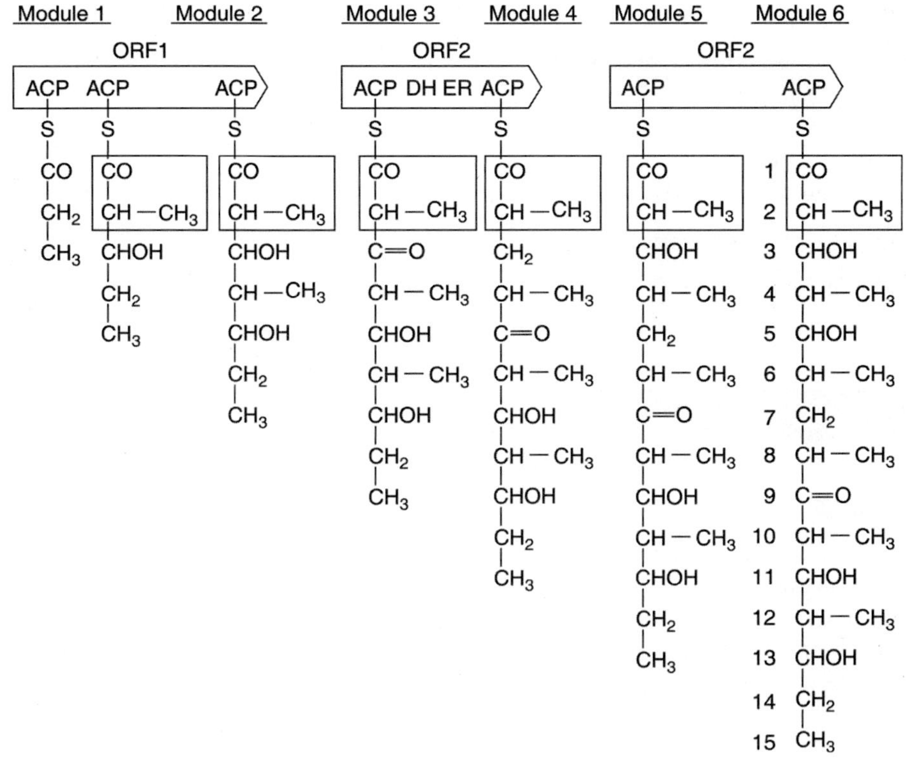

그림 10.63

*Saccharopolyspora erythrea*에서 에리스로마이신 A 생합성에 대한 유전자의 구성. 30kb의 DNA 부분은 3개의 ORF로 구분되는데, 각각은 거대한 효소분자를 코딩한다. 각 효소는 2개의 부분으로 나누어지고, 각각의 부분은 각각의 모듈 ACP을 포함하며, β-케토아실-ACP 합성 도메인이다. 각각의 모듈은 새로운 프로피오닉산 단위를 추가하여 성장한다. 모듈 3을 제외한 모든 모듈은 β-케토아실-ACP 환원효소 도메인을 포함한다. 새롭게 추가되는 케토 그룹은 모듈 3에 의해 추가되는 단위 상에서 CHOH가 제외되는 것을 감소시킨다. 모듈 4는 DH (탈수효소)를 포함하고, ER (에노일-ACP 환원효소) 도메인이 모두 4개의 도메인에 추가된다. 두 개의 도메인이 추가되어 메칠린 그룹으로의 과정 중에 프로피오닉산 일부분의 추가로 최초의 케토 그룹으로 전환된다. [Based on the results of Donadio, S., et al. (1991) Modular organization of genes required for complex polyketide biosynthesis. Science, 252, 675–679.]

이와 같은 많은 연구는 *Streptomyces*에서 수행되었다. 최근에는 에리스로마이신의 생합성 클러스터의 발현이 대장균에 의해서 수행되었다. 대장균에 의해서 만들어 지지 않는 전구체의 생합성을 대장균이 가지고 있는 플라스미드가 에리스로마이신의 마크로라이드 부분을 생산해 내게 되었다. 유전자 조작은 이 대장균 내에서 아주 수월하기 때문에 이와 같은 개발은 속력을 낼 수 있다고 볼 수 있고, 심지어 아주 희귀한 마크로라이드를 생산해 낼 수 있는데 구조의 복잡성 때문에 화학 합성에 의해서는 수행하기가 어렵다.

비리보좀성 펩타이드 생합성 경로

비리포좀성 펩타이드 합성 효소는 모쥴로 되어 있는데 각각은 한 개의 아미노산의 첨가를 활성화한다. 모쥴은 대개가 싱글로 된 큰 단백질로 되어 있는데, 폴리케타이드

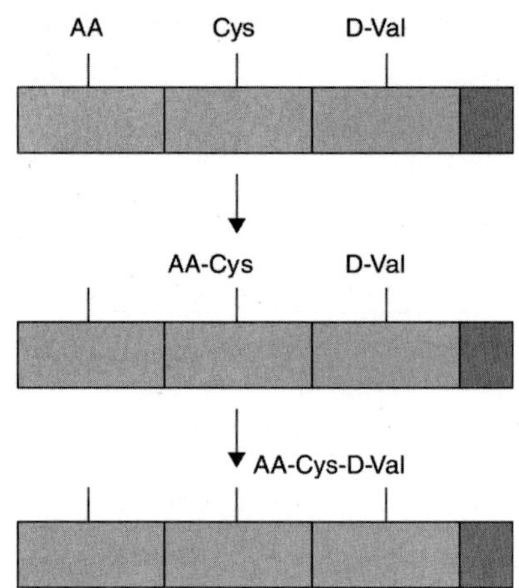

그림 10.64

ACV 합성효소의 모델. 페니실린이나 세파로스포린합성에서 중요한 단계를 촉매하는 효소인 ACV 합성효소는 L-α-아미노아디픽산(AA), 시스테인(Cys), 발린(Val)를 활성화시키는 3개 유사 도메인을 가진 거대한 단백질이다. 부가적으로 발린 활성화 도메인은 에피머화 도메인(검은 사각형)을 가지고, Val은 D-발린으로 변환된다. 3개의 아미노산은 4'-포스포판테테인의 설프하이드릴 그룹에 붙어 있다. 대부분은 그림에 나타나 있듯이, 펩타이드의 연속적인 연장이 있다.

합성 효소(그림 10.64)를 생각나게 한다. 자라나는 펩타이드는 한 개의 포스포판테테인 SH에서 다른 것으로 연속적으로 옮겨진다. 이 기전은 많은 자연적이 아닌 아미노산(D-아미노산, 오르니틴, 메칠아미노산, 아미노아디픽산, 디아미노부칠릭산)과 같은 것들이 이 타입의 효소에 의하여 합성되어 진다는 사실을 설명한다. 이 화합물(그림 10.64)을 위한 특이성을 가진 아미노산 활성 도메인이 필요하다.

원칙적으로, 비리보좀성 펩타이드 합성효소의 특이성의 변경이 신규한 구조의 펩타이드를 생성한다는 연속적인 파일럿 실험이 보고되어 있다. 여하튼 이 범위는 폴리펩타이드 합성효소의 변경에서와 같이 아주 잘 연구가 되어 있지 않은데, 왜냐하면 펩타이드는 폴리케타이드와는 같지 않게 화학적 합성에 의해서 쉽게 생성될 수 있기 때문이다. β-락탐 생합성의 처음의 두 개의 효소인 ACV **합성효소**(한 개의 유전자 즉 *pcbAB*라고 불리는데 이것은 처음의 데이터가 두 개의 분리된 생합성 과정을 의미한다)와 아이소페니실린N 합성효소(pcbC)를 코딩하는 유전자는 β-락탐을 생산하는 세균이나 진핵세포 양쪽에서 서로 옆에 존재하는 것으로 알려져 있다. 더욱이, 강력한 서열 상동성이 다양한 유기체로부터 이 클러스터의 유전자가 서로 동질하다는 것을 발견했다. 이 관찰은 β-락탐을 생성하는 능력은 수평적인 유전자 이동과정에 의해서 원핵세포에서부터 진핵세포까지 퍼진다는 것을 의미한다.

항생제 생합성 경로의 다른 효소들

대부분 항생제의 생합성에는 폴리케타이드 합성 효소와 비리보좀성 펩타이드 합성효소 외에도 어떤 효소가 관련되어 있다. 지난 10년간 이 다른 효소의 유전자에 관련되어 있는 항생제 생성 균주에서의 많은 증진을 경험했다. 예를 들면 7-아미노세파로스포라닉산은 반합성적인 세파로스포린 약재의 출발 물질로 잘 알려져 있는데, 이것은 글루타릴 그룹으로 D-아미노산 옥시다제를 가진 α-아미노아디필 측쇄를 바꾸고, 글루타릴아실라제를 가진 이 그룹을 제거함으로서 세파로스포린 C로부터 생성되어 질 수 있다(그림 10.51). 적절한 외부 유전자 도입에 의해서 생성하는 곰팡이 세포에서 이것의 변환을 이룰 수 있다.

반합성적 세파로스포린의 다른 그룹에 대한 출발 물질인 **7-아미노디아세톡시세파로스포라닉산**(7-ADOCA)은 측쇄의 제거로 인하여 페니실린 G로부터 화학적 환을 만들어서 얻어질 수 있는데 이것에 의한 측쇄의 제거에 의해서 생성될 수 있다. 여하튼 더욱 최근의 과정에서, 과학자들은 *Streptomyces*의 *cefD*와 *cefE* 유전자를 *P. chrosogenum*으로 도입하였다(그림 10.59). 그 결과 균주는 절단된 세파로스포린 생합성 경로를 가지고 적절한 조건에서 아미노아디필-7-ADOCA를 생성하였다. 아미노아디필 측쇄는 2단계의 효소적 과정에서 제거될 수 있다(그림 10.51). 이 방법은 유럽에서 공업적인 규모로 가동되는 것으로 보고되어 있다.

생산량의 증가와 생산 단가 절감

유전자 클로닝 연구는 발효의 생산을 증가시키는 방법을 밝혔다. 예를 들면, 목적하는 유전자의 카피수를 증가시킴으로서 항생제 생산을 높일 수 있는데 발현의 낮은 레벨은 경로에서 방해가 되기 때문이다. 이 접근은 세파로스포린 C를 생성하는 *A. chrysogenum*에 사용되었다. **세파로스포린**은 그림 10.59와 같은 경로에 의하여 생산된다. 이 균주는 페닐실린 N의 3분의 1 정도로 많이 세파로스포린을 생성하였기 때문에, 연구자들은 방해요인은 **익스팬다제**(디아세톡시세파로스포린 C 합성효소/디아세틸세파로스포린), 즉 페니실린 핵을 세파로스포린 핵으로 변환을 촉매하는 산화효소에 의해서 세파로스포린으로 페니실린 N의 변환에 일어난다고 가정하였다(그림 10.59). 연구자들은 클론된 익스팬다제 유전자를 미생물 속으로 도입해서 염색체 속으로 융합시켰더니 카피수가 두 배로 올라갔다. 유전적으로 조작된 균주는 세파로스포린 C의 양이 20~40%정도 증가되었다. 이것은 이 균주에 의해서 실험의 성공여부를 나타내는 척도인 페니실린 N의 급격한 분비 감소를 동반하였다.

클로닝 연구의 유익한 결과는 항생제가 비교적 단순한 경로에 의해서 생합성되어 질 때 그 경로의 효소가 클론된 유전자로부터 과량 생산되고, 항생제나 시험관 내에서 항생제 생합성의 중간체를 만들게 하는 리액터 칼럼에 두어졌을 때 가능하다. 연구자들은 생성 미생물의 조추출물을 사용한 부동화 효소 반응조에서 페니실린이나 세파로스포린을 생산함으로서 실험적인 스케일로 성공적으로 수행할 수 있게 되었다. β-락탐 생합성을 위한 출발 물질은 일반적이며 값비싸지 않는 아미노산이어서, 아이소페니실린 N 합성효소나 익스팬다제와 같은 효소의 과량생산은 미래에 상업적으로 살아있는 공정으로 만들게 될 것이다.

항생제 생산의 생리학

항생제는 적은 분자이고, 그것의 합성은 종종 많은 효소를 필요로 한다. 효소 활성은 그와 같이 복잡한 경로에서 아주 잘 조절되어야 한다. 그래서 항생제의 발효 생산을 최대화하기 위해서 생성균주의 생리학을 이해하는 것이 매우 중요하다.

2차 대사와 조절

발효의 다른 형태와는 달리 항생제의 발효생산을 결정짓는 것은 바로 항생제가 전형적인 2차 대사산물이라는 것이다. 1차 대사산물은 배양의 전적인 대수 증식기 동안에 생산된다. 따라서 연속 과정은 종종 이들 화합물에 대해서 잘 일어날 수 있다. 대조적으로, 2차 대사산물의 생산은 복잡한 양상으로 조절되고 종종은 배양이 시작될 때 또는 정지기에 들어가 있을 때 일어날 수 있다. 그러므로 일반적인 항생제 생산에서 연속 발효는 좋은 선택이 아니다(Box 10.4).

많은 항생제들은 포자를 형성하는 미생물(원핵생물은 *Streptomyces*이고 진핵생물의 경우에는 사상 곰팡이)에 의해서 생성되는데, 항생제 생산과 포자 형성은 정지기의 시초에 매우 밀접하게 일어나기 때문에 이들 두 과정은 겹치는 기전에 의해서 조절되어 진다고 가정할 수 있다. 항생물질은 생성하는 원핵생물 특히 *Streptomyces*의 분자적인 유전학적 연구는 이 과정에서 작동하는 복잡한 조절 기전에 좋은 영향을 미친다. 그래서 항생제 생산과 포자 형성능은 둘 다 세포 내 신호 분자에 의해서 조절된다. 이 신호는 펩타이드나 그람음성균에서 쿼럼-센싱 신호로서 작동하는 것으로 알려져 있는 아실 호모세린 락톤에 유사한 물질을 포함한다(그림 10.65).

여하튼, 어떤 경우에는 포자 형성과 항생제 생산 사이에는 밀접한 관련성은 없다. 이것은 포자를 형성하지 않는 미생물에 의해서도 항생물질 생산이 되기 때문이다. 예를 들면, *N*-헥사노일 호모세린 락톤(그림 10.65)은 카바페넴 생성 오페론의 억제 단백질과의 직접적인 결합에 의하여 *Erwinia carotovora*(*E. coli*와 유사한)에서 생성될 수 있다. 또한, 어떤 *Streptomyces* 종에서 락톤에 대한 세포질성 수용체는 직접 유사한 방식으로항생제 생성에 대한 유전자의 전사를 활성화한다.

대사산물 억제

확산 가능한 쿼럼-센싱 신호는 적어도 부분적으로 항생물질을 생성하고 이것은 정지기에 국한되며 이때에 세포밀도가 최고조에 달한다는 사실을 설명한다. 낮은 세포 밀도에서는 빠른 성장과 주요 대사가 우선이고, 반면에 높은 세포 밀도에서 세포 성장이 늦어지면 세포는 항생물질과 같은 2차 대사산물, 항생물질의 생성에 대한 그들의 에너지에 더 많이

연속 발효.

일반적으로 발효과정은 회분발효로 불리는데, 탱크 내에 배지를 넣은 것으로 멸균배지에 미생물을 접종한다. 배양은 정지기를 통해, 전형적인 성장 단계를 거치고, 끝으로 일정 단계에 도달하게 되고, 미생물의 밀도에 따른 증가 단계에서 멈추게 된다. 이는 폐쇄적인 시스템이며, 반대로 연속 발효를 오픈 시스템이라고 한다. 이는 새로운 방법으로, 멸균 배지를 지속적으로 추가하며, 같은 양 만큼의 배지와 미생물 및 생산물을 취한다. 지속적인 발효의 장점은 고효율의 생산성이다. 회분 발효는 생산물이 농축될 때 까지 기다리는 시간을 허비하게 된다. 이러한 장점에도 불구하고 오픈 시스템에서의 오염에 대한 통제의 어려움으로, 현재 오직 몇몇의 생산물만이 산업적인 규모로 지속적인 발효에 의해 생산된다.

Box 10.4

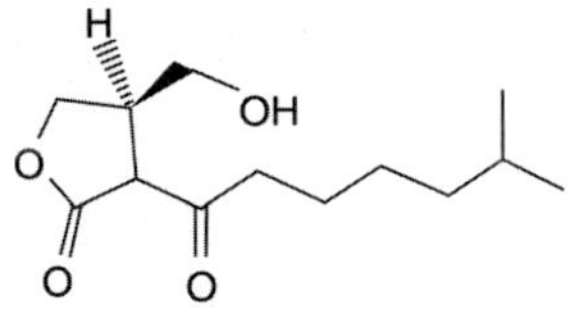

Factor A (*S. griseus*)

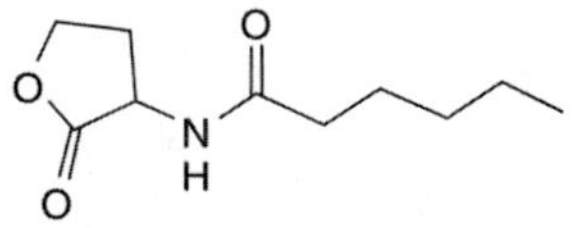

헥사노일 호모세린 박폰
(그람음성 세균)

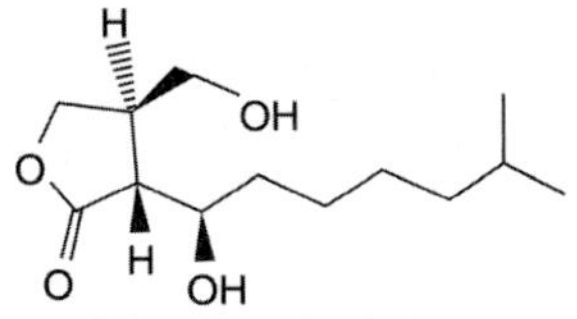

SCB1 (*S. coelicolor*)

그림 10.65

방선균(왼쪽)과 그람음성 세균(오른쪽)에서 세포내 신호로 작용하는 락톤.

이용될 수 있다. 실제로 많은 항생물질을 생성하는 미생물들이 과다한 탄소원(예를 들면, 포도당)의 존재에서 덜 분비하게 된다. 이것은 *E. coli*에서 잘 알려져 있는 대사산물 억제로 설명이 가능하다. 대사산물 억제를 극복하기 위해서는 탄소원이 주의 깊게 조절되어 작은 양으로 배지에 첨가되어야 한다.

질소 및 인에 의한 억제

많은 경우에, 과다한 질소화합물이나 인 화합물이 발효 배지에 존재할 경우에 아주 심각하게 항생물질 생산을 떨어뜨릴 수 있다. 이와 같은 조절의 생태학적인 이점은 아마도 대사산물 억제와 유사하다. 인은 항생제 생산의 유전자의 몇몇 전사를 저해하는 것으로 나타났다. 이 조절은 PhoR-PhoP 두개의 성분으로 되어 있는 조절시스템을 결실시킨 돌연변이주에서 없어진다.

피드백 조절

어떤 과학자들은 항생물질 자체가 최종 생산물로서 그들의 생산에 대해서 부정적-피드백 조절을 나타낸다고 가정하고 있다. 가정을 뒷받침하는 예로, 페니실린을 생산하는 곰팡이의 배양액에 넣어준 페니실린은 명확하게 항생물질 생성을 저해했다. 더욱이 이 저해에 대해서 필요한 외부에서 넣어주는 페니실린의 수준은 페니실린의 과대 생성하는 균주에서 매우 높았는데, 이것은 피드백 저해에 대한 내성이 이 균주에 과다생산의 한 요인이라는 것을 의미한다.

전구물질의 영향

2차 대사산물은 1차 대사산물로부터 합성되어져야 한다. 그래서 항생물질의 효과적인 생산은 그들의 전구물질의 꾸준한 흐름을 요구하게 된다. 많은 경우, 이 전구물질의 생산이 알려져 있는 기전에 의해서 조절된다.

어떻게 전구물질의 공급이 조절되어 지고, 항생물질의 생산에 어떻게 영향을 미치는가에 대한 한 재미있는 예는 β-락탐 생합성의 전구물질인 α-아미노아디픽산의 생산에 대한 배양조건의 영향에 관한 내용이다. 곰팡이에서는, α-아미노아디픽산은 라이신 생합성의 경로에 있어서 중간산물이다. 라이신이 생합성 경로에 최종 산물이기 때문에 배지에서 높은 라이신의 농도는 첫 경로의 첫 번째 효소를 저해함으로서 생합성이 멈추게 된다(피드백 저해, 9장 참조). 이 결과는 합성 경로에서 α-아미노아디픽산을 포함하여 모든 중간 물질을 부족하게 만든다. 그래서 과량의 라이신의 존재는 강력하게 *P. chrysogenum* 발효에 있어서 페니실린 생산을 저해하게 된다. 아주 대조적으로, 과량의 라이신의 첨가는 *Streptomyces*에서 세파마이신 C의 생산을 더 촉진시킨다. 이것은 α-아미노아디픽산이 라이신이 전구물질로서 전적으로 다른 경로에 의해서 합성되어 지기 때문이다(그림 10.66).

α-아미노아디픽산의 첨가에서, 페니실린이나 세파로스포린의 합성은 시스테인과 발린의 존재를 요구한다(그림 10.59). 시스테인이 만들어 지는 방법은 종에 따라 다르고 심지어는 균주마다 다르게 된다. *P. chrysogenum*에 있어서 시스테인의 황 원자는 배지의 무기태의 황으로부터 유래된다. 대조적으로, 세파로스포린 생성주 *A. crysogenum*은 황 교환반응을 통하여 메티오닌으로부터 시스테인이 유래된다(그림 10.67). 이 경우에서는, 배지에 메티오닌을 첨가해 주면 세파로스포린의 생성이 촉진되는데, 이것은 시스테인의 공급을 증가시킴으로서 부분적인 합성이 가능한 것이다. 더욱이, 세파로스포린 C의 양을 더 많이 생성하는 몇몇 균주들을 조사를 해보면, 시스테인 생산에 관련된 효소인 시스타치온-감마 리아제의 수준과 이 약의 수율의 상관관계를 알 수 있다.

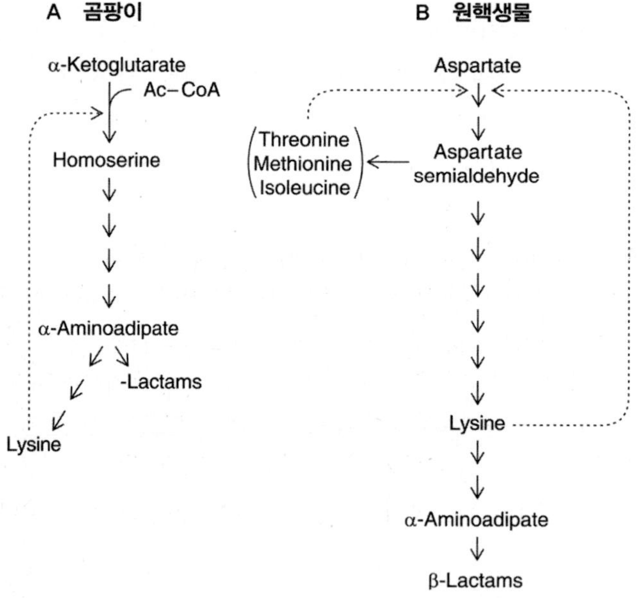

그림 10.66

α-아미노산티픽산의 합성 경로. A. 곰팡이에서, α-아미노아디픽산은 라이신의 전구체이다. 라이신은 피드백 저해에 의해 경로(점선)의 첫째 단계를 제어하기 때문에 라이신 첨가는 α-아미노아디픽산의 공급을 감소시킴으로서 β-락탐 합성을 저해한다. B. 대조적으로 방선효과 같은 세균은 라이신으로부터 α-아미노아디픽산을 만든다. 비록 라이신 첨가가 사진의 생합성(점선)을 저해하지만 외부의 라이신이 α-아미노아디픽산으로 효율적으로 변화되고, β-락탐의 합성을 촉진한다.

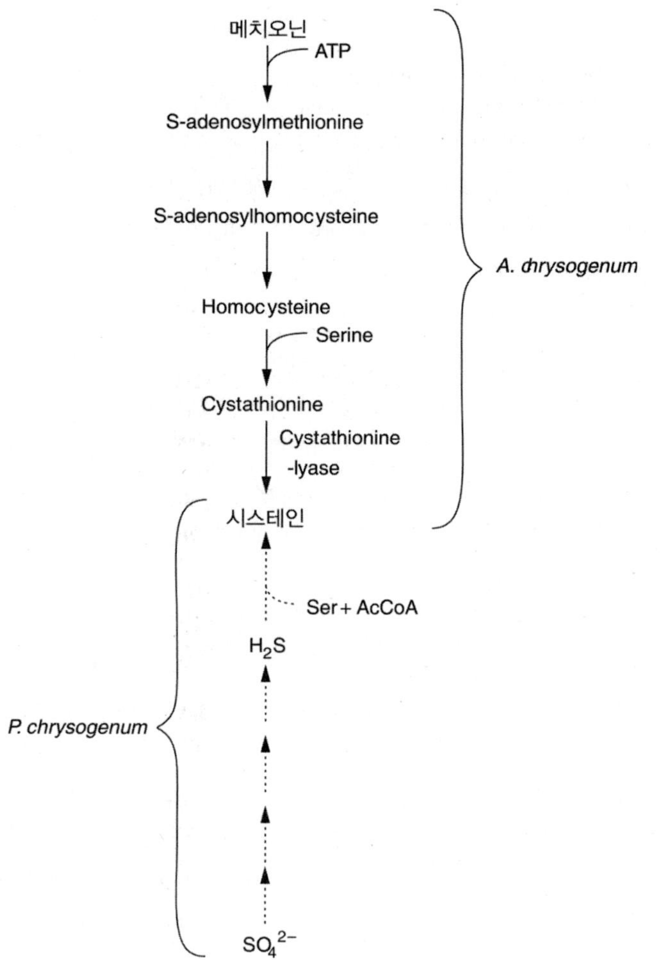

그림 10.67

β-락탐 합성에서 사용되는 시스테인의 생합성 경로. *A. crysogenum*에서 시스테인은 시스타치오닌(실선 화살표)을 통한 치화과정에 의하여 생긴다. 대조적으로 *P. chrysosenum*에서는 시스테인으로 환의 변환은 중요한 역할을 하는 것으로 보인다.

발효를 위한 조건

많은 발효 과정은 두 시기로 이루어진다. 첫 시기는 체계화 된 균주의 포자로부터 시작되는데, 항생물질 생산이 종종 불안정한 특성을 가지고 있기 때문이다. 미생물들은 침지조건에서 배양하고 충분한 호기적인 조건과 많은 영양분을 공급해주면 짧은 시간에 거의 최고조의 밀도에 도달할 수 있다. 두 번째 시기에서는, 배양이 정지기에 도달해서 생장이 멈추게 되고 그때 항생물질이 생산이 되기 시작한다. 핵심적인 영양분의 농도인 탄소원, 인, 질소원은 연속적으로 공급해 주는 과정에 의해서 아주 세심하게 조절되어야 한다. 페니실린의 발효생산은 다른 어떤 항생물질보다도 잘 설명되어져 있다. 여러 가지 출판된 데이터를 보면, 현재 얻을 수 있는 *P. chrysogenum* 균주에서 보면 포도당에서의 탄소의 대부분이 페니실린 G로 옮아가는 것을 발견할 수 있다. 특히 주목할 만한 것은 측쇄 전구물질인 페닐아세틱산의 아주 충분한 양을 공급해 주어야 되는데, 그 이유는 페닐아세틱산의 강한 독성 때문에 아주 조절된 공급 과정에 의해서 천천히 넣어주어야 한다.

항생제 내성의 문제

항생제 업계에 독특한 면모로 항생제 내성균주의 빈도의 지속적인 증가에 대처하여 새로운 항생제를 개발할 필요성도 꾸준히 증가되고 있다. 내과의사의 경우 전염성이 있는 미생물이 동정되기 전에, 그리고 약제 감수성 패턴이 결정되기 전에 항생제 요법을 반드시 시작해야 한다. 만약 어떤 주어진 전염원에 주어진 약에 대한 내성빈도가 어떤 수준 이상(약 10% 이상)을 능가해 버린다면, 의사들은 필수적으로 그 약의 사용을 중지할 것인데, 결과적으로 그 약은 '쓸모없는' 것이 될 것이다.

항생제는 매우 많은 양(연간 100,000톤/추정치)으로 제조되어 지고, 이는 20세기 중반 이래 인간의 치료나 다른 목적으로 사용되어 왔다. 이 항생제의 사용으로 인해서 지구상에서 세균의 생태학에 대해서는 아주 심각한 영향을 미치게 되었다. 주어진 종에 대해서 더 많은 균주가 항생제에 대한 내성을 획득하였다. 그림 10.68은 전형적인 전염성이 있는 폐렴균 *S. pneumoniae*에서 페니실린 내성의 한 예를 나타내었다. 유사한 추세가 대부분의 약물과 미생물에서 발견되어 질 수 있다.

이 추세의 결과, 어떤 균주는 보통 우리가 흔히 구입할 수 있는 약제에 전부 내성을 획득한다. 악명 높은 경우가 MRSA인데, 1990년 초기에 나타났으며, 이것은 메치실린(β-락탐에서 설명하였듯이, 페니실리나제를 생산하는 *S. aureus*에 대하여 항균력이 있는 것으로 개발된) 뿐만 아니라 아미노글라이코사이드, 마크로라이드, 테트라사이클린, 클로람페니콜, 그리고 린코사마이드에도 내성을 지닌다. 이와 같은 균주들은 보통 살균제에 대해서도 내성을 가지게 되어서, MRSA는 병원에서 획득한 감염의 대표적인 재료가 되었다. 한 오래된 항생제 반코마이신이 MRSA에 의한 감염의 치료를 맡게 되었다. 여하튼, 반코마이신에 대한 내성도 이제 아주 그람양성균 *Enterococcus*에서 흔하고 2002년에는 이의 방법도 발견되었다.

어떤 전문가들은 우리가 구입할 수 있는 여러 가지 항생제에 기본적으로는 모든 것에 내성을 가지는 그람음성균의 출현이 가장 심각한 위협이라고 말한다. MRSA의 위협은 결국 반코마이신 내성도 얻을 것이라는 결과도 알려지겠지만, 연구자들은 이런 위험에 대처를 하였다. 그 결과로 **반코마이신** 내성 MRSA에 대하여 사용되어질 수 있는 새로이 개발된 약제들이 있다. 이것은 **리네조리드**(단지 그람양성균에만 듣는 합성약물), **퀴누프리스틴**/

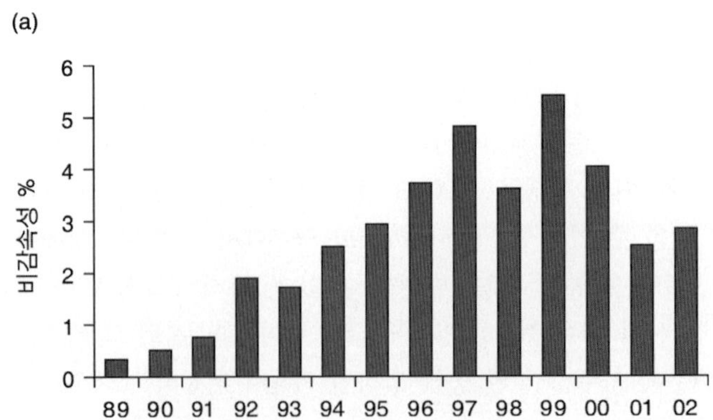

그림 10.68

잉글란드와 웨일즈에서 대부분 임상 병원에서 분리된 병원성 *Streptococcus pneumoniae*에서 페니실린 내성(또는 더 정확하게는 비감수성)의 횡행.

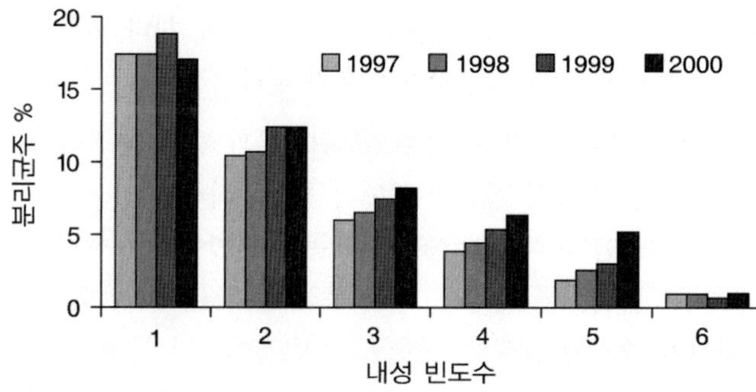

그림 10.69

*P. aeruginosa*에 대해 가장 효과적인 것 중 6가지 약제(세프타지딤, 피페라실린, 이미페넴, 아미카신, 젠타마이신, 및 사이프로플로작신)에 내성을 지니는 균주의 비율. 균주가 분리된 년도는 막대기의 음영에 나타내었다. 데이터는 TSN–데이터베이스에 250개 이상의 병원에서 보고된 것이다.

달포프리스틴(스트렙토그라민 계열의 천연항생제), **답토마이신**(이 장에서 언급)을 포함한다. 여하튼 가장 최근의 범내성적인 그람 음성균은 대부분의 주요 제약회사가 항생제를 위한 그들의 개발 프로그램을 포기한 후 극히 최근에 일어났다. 그래서 근본적으로 이와 같은 균주들을 대항해서 효과적으로 사용되어 질 수 있는 약제들은 거의 없거나 거의 떨어졌다. 숫자로 보면, *P. aeruginosa*는 병원에서 획득되는 감염의 주요 원인이다. 이 종은 근원적으로 테트라사이클린이나 클로람페니콜뿐만 아니라 이른 세대의 β–락탐에 내성을 가지고 있는데(표 10.3), 이것은 통과할 수 없는 외막과 효과적인 다제 배출펌프의 존재 때문이다(아래 참조). 부가적으로, 많은 균주가 염색체 상에 아미노글라이코사이드를 불활성화하는 효소를 코드하기도 한다. 그래서 항생제 선택은 가장 최근 세대의 β–락탐이나 불활성의 보통기전을 견디는 아미노글라이코사이드(즉 **아미카신**이나 **젠타마이신**), 그리고 플루오로퀴노론으로 국한되었다. 아주 놀랍게도, 그와 같은 유용한 6개 약물 중 4~5개에 내성을 가지는 분리균주들도 매우 급격히 증가하고 있다(그림 10.69). 비록 발생빈도에 있어서는 낮지만, 환경 미생물로 병원 획득 감염균 *Acinetobacter baumannii*도 범내성의 상태로 거의 되었다. 언젠가는 대부분의 보통의 항생제에는 내성이 생겨서 결국은 선택할 수 있는 항생제로는 **이미페넴**만 남기게 될 것이다. 여하튼, 이미페넴 내성에 대한 빈도는 이 종에서 2001년도에 약15%로 증가하였다.

내성의 생화학적 기전

자주 발견되는 내성기전은 다음과 같이 다섯 가지로 요약할 수 있다.

1. 약물의 효소적인 불활성화. 이것은 아미노글라이코사이드(효소적 **인산화**, **아세칠화** 또는 **아데닐화**)나 β–락탐(β–락타마제에 의한 효소적인 가수분해)에서 보았듯이 자연적인 기원의 항생제의 보통적인 내성 기전이다. 그와 같은 효소를 코딩하는 유전자는

플라스미드에서 유전적인 부가성분이 존재할 때 세균이 내성을 가지게 한다. 이것은 왜 그와 같은 유전자가 R 플라스미드에 많이 있는지의 이유가 된다.

2. 목적 단백질의 돌연변이성 변형. 인간이 만든 플루오로퀴노론과 같은 완전히 인간이 만든 화합물은 위에서 이야기한 효소적 기전에 의해서 불활성화하는 것 같지는 않다. 여하튼, 세균은 약물에 덜 민감한 목적 단백질을 만드는 돌연변이를 통해서 더욱 더 내성을 가지게 된다. 플루오로퀴노론 내성은 바로 목적 단백질, DNA 토포아이소머라제(비록 고수준의 내성이 증가된 배출을 필요로 하지만)에서의 돌연변이의 결과라고 할 수 있다. 염색체 유전자의 변형에 의해서 일어나게 되는 이 형태의 내성은 다른 세포로 쉽게 전달되지는 않는데, 그 이유는 받는 세포가 여전히 약제 감수성의 바뀌어 지지 않은 표적 효소를 가지고 있고, 결과적으로 감수성이 있기 때문이다. 그럼에도 불구하고, 그와 같은 돌연변이주들은 점점 선택적인 압력의 존재에서 많이 나타나게 될 것이다. 플루오로퀴노론 내성은 아주 빠르게 병원체들의 모든 그룹에서 증가하고 있는데, 그림 10.70은 그람음성균인 Enterobacteriaceae속 간의 상황을 보여준다.

3. 다른 종으로부터 감수성을 덜 가지는 표적 단백질에 대한 유전자의 획득. 과학자들은 페니실린, DD-트랜스펩티다제, 또는 페니실린 결합단백질의 표적을 코드하는 유전자를 시퀀싱함으로 인해서, 최근에는 더욱 빈번한 *S. pneumoniae*간 페니실린 내성(그림 10.68)이 부분적으로는 다른 미생물로부터 온 모자익 단백질(그림 10.71)의 생산의 결과라는 것을 발견했다. 대개 이와 같은 발전은 *S. pneumoniae*가 자연적인 형질전환(3장 참조)을 할 수 있고, 다른 미생물의 DNA를 쉽게 받아들일 수 있다는 사실에 관련이 있다. 재미있게도, 페니실린 결합단백질의 생산에 기인한 페니실린 내성은 자연적으로 형질전환이 가능한 다른 미생물, *Neisseria meningitidis*에서도 발견되었다.

이 시나리오에서 아주 희한한 경우는, MRSA의 탄생이다. MRSA 균주는 새로운 메치실린 내성의 페니실린 결합단백질, PBP-2A 또는 2'를 가지는데, 이 발현은 종종 메치실린과 다른 β-락탐에 의하여 유도된다. 이 새로운 페니실린 결합단백질에 대한 유전자는 대개의 경우에는 DNA의 큰 분절(30~60킬로 염기)에 위치해 있는데, 이는 다른 *S. aureus*에서 온 것이고 마크로라이드나 아미노글라이코사이드를 코드하는 다른

그림 10.70

횡축에 나타낸 연도에 분리된 사이프로프로작신에 내성을 지닌 *E. coli*(검정), *Klebsiella* 종(회색), 그리고 *Enterobacter* 종(흰색). 잉글란드와 웨일즈에서 대부분의 임상병원으로부터 세균성질환의 증례에 대한 영국보건성의 의 보고서에 근거.

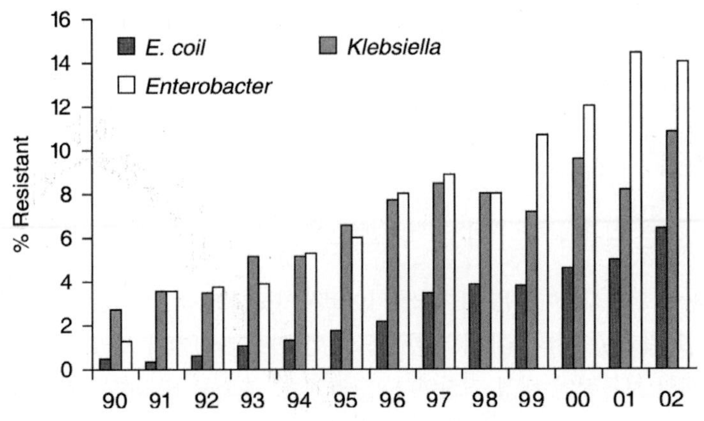

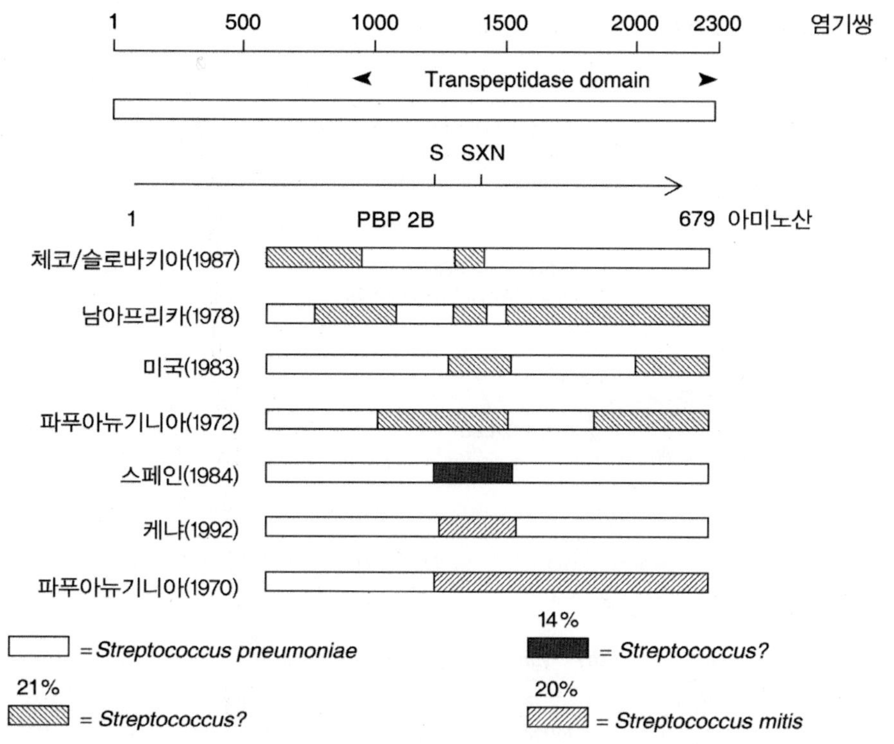

그림 10.71

*S. pneumoniae*의 페니실린-내성 임상 균주 내 PBP-2B의 트랜스펩티다제의 모자이크구조. 제일 위의 PBP-2B로 페니실린의 주 타겟으로 *S. pneumoniae*가 있는데, N-터미널 트랜스글리코시다제 도메인과 C-터미널로 486개의 잔기로 트랜스펩티다제 도메인으로 구성되어 있다. "S" 위치는 세린 활성 부분(Ser192)이다. "SNX"는 보존 모티프이다. 억제된 부분에서부터 PBP-2B의 트랜스펩티다제 도메인은 5개의 짧은 막대로 나타나는데, 이 도메인은 다양한 부분으로 *S. pneumoniae*보다는 다른 기관의 서열에 의해 재배열된다(회색 부분). 특히 232-238부분이 치환에 중요하고, 후에 세린 부분을 활성화한다. 이 효소는 페니실린에 낮은 친화력을 보인다. [From Spratt, B. (1994). Science, 264, 388-393; With permission.]

유전자 또한 가지고 있다(재래적인 β-락타마제와 테트라사이클린 내성을 코드하는 유전자를 가진 플라스미드의 존재는 이들 균주가 반코마이신을 제외한 모든 얻을 수 있는 약물에 내성을 가지게 한다). *S. aureus*의 유전체 서열이 일부 다른 미생물로부터 들어온 것을 밝혔지만, 자연적으로 형질전환될 수는 없다.

4. 표적의 우회. *Streptomyces* 속의 발효산물인 **반코마이신**은 아주 특이한 작용기전을 가지고 있다. 효소를 저해하는 대신에 그것은 어떤 한 기질에 결합하게 되는데, 이 기질은 세포벽 펩티도글리칸의 전구체인 디사카라이드 펜타펩타이드의 지질-연결형이다. 이 기전 때문에, 어떤 과학자들은 반코마이신에 대하여 내성을 만들어 내는 것은 불가능하다고 가정했다. 하지만, 반코마이신 내성은 장내구균 사이에 많이 유행하고 있다. 장내구균 때문에, 우리 장관의 보통 균총은 자연적으로 β-락탐, 아미노글라이코사이드, 마크로라이드, 그리고 테트라사이클린에 내성을 가지고, 이 장내구균의 반코마이신 내성균은 병원의 환경에 많이 존재하게 되고, 환자에게 심어지게 되어

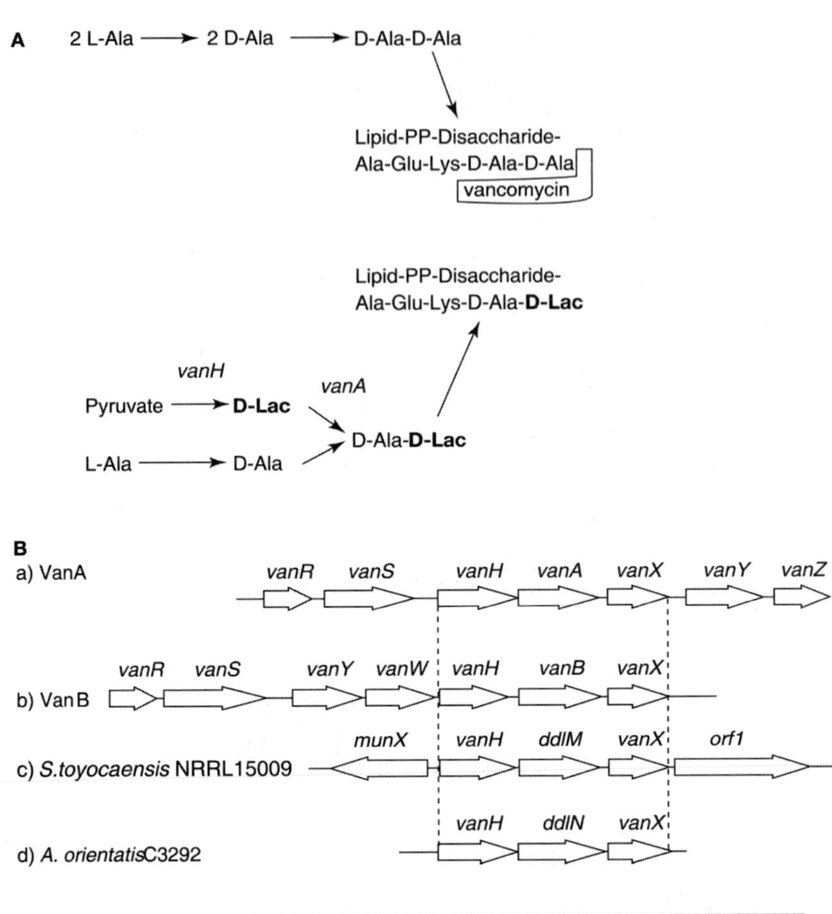

그림 10.72

반코마이신 내성 기전. (A) 생화학적 메커니즘. 야생주(윗쪽)에서 펩티도글리칸-생합성 중간 lipid-PP- disaccharide-pentapeptide의 D-Ala-D-Ala 부분 끝에 vancomycin이 결합하고, peptidoglycan의 합성을 억제한다. 이를 억제하는 종은 vanA와 vanH를 발현 하는데(아래), dipeptide 끝에 D-Ala-D-Lac 구조가 재배열 되어있으며, vancomycin이 결합하지 못하고 peptidoglycan 합성의 중간 기능은 아직 밝혀져 있지 않다. (B) 병원균에서 vancomycin 억제는 유전자로 야기되는데 상동종에서 vancomycin 억제 유전자가 약물생산 개체에서 발견될 뿐 아니라(Streptomyces toyocaensis, Amycolatopsis orientalls), 비슷하게 배열된다. [Part B is from Marshall, C. G., et al., (1998) Glycopeptide resistance gene in glycopeptide-producing organi는. Antimicrobial Agents and Chemotheraphy, 42, 2215-2220; With permission from the publisher.]

치료하기 어려운 감염을 일으킨다. 내성기전의 연구(그림 10.72A)는 반코마이신이 결합하는 펜타펩타이드의 끝 부분 D-알라닌-D-알라닌이 내성 균주에서 에스테르 구조 D-아라닌-D-락틱산에 의하여 교체되었음을 나타내었다. 이 구조는 여전히 펩티도글리칸에서 교차연결의 형태를 취하게 되나, 반코마이신에 의해서는 직접 결합되지는 않는다. 이 변형된 구조의 생산이 바로 안으로 유입된 몇 개의 유전자의 참여를 요구하게 되고, 그것은 명확하게 반코마이신을 생산하는 미생물로부터 유래가 되었다(그림 10.72B).

5. 표적에 약물 접근의 방지. 약물접근은 능동배출 과정에 의해서 감소될 수 있는데, 이것은 외막을 가로지르는 유입을 감소시킴으로서 처음에 테트라사이클린 또는 적어도 그람음성균에서 발견되었다. 이 기전은 영양분의 유입을 감소시키기 때문에 미생물 생육에 있어서는 어느 정도 이롭지 못하다. 그럼에도 불구하고, 이것은 β-락타마제의 의한 불활성화를 견뎌내는 β-락탐의 가장 최근의 버전에 '마지막 리조트'적인 내성의 형태로서 장내세균의 어떤 종에서 발견되었다.

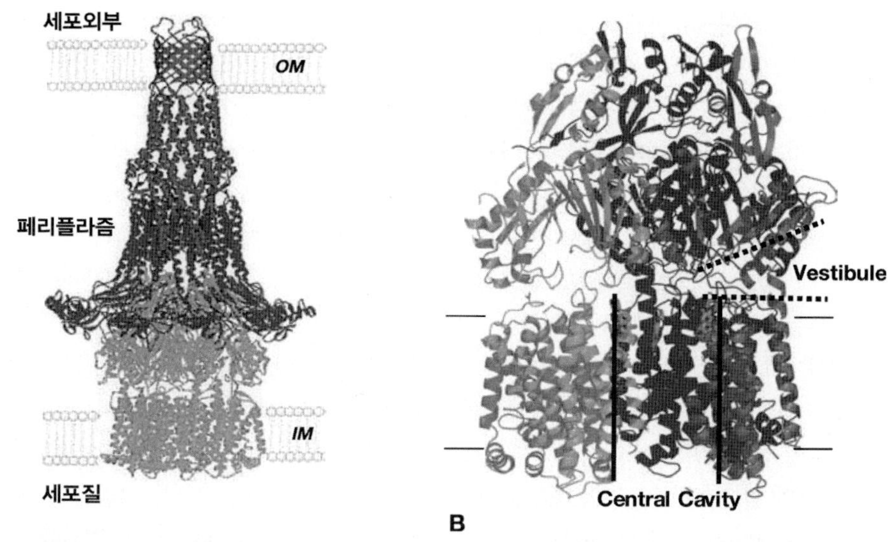

그림 10.73

(A) AceB–AcrA–TolC tripartite 복합체 모델로 배지로의 직접적인 약물방출 모델. ArcB 펌프 삼량체(녹색)의 막 부분은 원형질막 내에 둘러 싸여 있다. 반면 페리플라스믹 부분은 수많은 페리플라스믹 ArcA 링커 단백질(파란색)과 함께 TolC 채널(적색)로 연결되어 있다. [from Eswaran, J., et al. (2004) Three's company: component structures bring a closer view of tripartite drug efflux pumps. Current Opinion in Structural Biology, 14, 741–747.]

(B) 사이프로플로작신 분자에 결합된 ArcB 삼량체.
각 프로모터는 청록색, 담자색, 그리고 파란색으로 나타내었고, 사이프로플로작신 분자는 녹색 막대기 모델로 나타내었다. 큰 중심부의 내강이 프로모터사이 전방을 통하여 페리플라즘으로 연결되어 있다. 구조의 기저 부분은 연결부분의 존재로 항상 잘린 상태이고, 약물 분자는 페리플라즘으로부터 이를 통해 이동한다. 그림은 PDB coordinate 1OYE와 함께 PyMol을 이용해 그린 것이다. AcrB의 불균형적인 삼량체의 X–선 구조 설명. (Murakami S., et al. (2006) Crystal structures of a multidrug transporter reveal a functionally rotating mechanism. Nature, 443, 173–179; Seeger M. A., et al. (2006) Structural asymmetry of AcrB trimer suggests a peristaltic pump mechanism. Science 313, 1295–1298). 기질이 어떻게 AcrB 페리플라즘 부위 내에서 결합하는지와 어떻게 TolC 채널 안으로의 수송하는지를 보여준다.

배출 과정은 많은 약물의 내성에 중요한 역할을 하는 것으로 알려져 있다. 이와 같은 사실은 다제 배출펌프의 발견의 결과로서 다제 배출펌프는 처음에 *S. aureus*의 플라스미드에서 코드된 단백질로서 처음 동정이 되었고, 양이온 염료나 4가 암모늄 화합물과 같은 살균제에 내성을 지닌다. 여하튼 이와 같은 펌프는 아래와 같이 그람음성균에 중요한 역할을 한다. 그 이유는 (i) 대부분 그람음성균은 이 펌프를 코드하는 유전자는 염색체 유래의 유전자를 가지고, 그와 같은 구성적인 발현은 많은 항생물질의 본질적인 내성을 준다. 예를 들면 *E. coli*는 본질적으로 페니실린 G, 옥사실린, 클로자실린, 나프실린, 마크로라이드, 노보바이오신, 리네조이드, 그리고 푸시딕산에 내성을 가진다. 모든 내성은 만약 구성적으로 발현된 펌프 AcrB가 결실되면 512 인자에 의하여 옥사실린 MIC를 감소시킨다. (ii) RND(내성–노듈화–분열) 계열에 속하는 이 펌프의 어떤 것은 넓은 기질 특이성을 나타낸다. *E. coli* AcrB는 항생제 대부분 뿐만 아니라 염료, 세제, 그리고 심지어 용매도 배출시킬 수 있다. 비록 AcrB는 아미노글라이코사이드는 배출시키지 못하지만,

이 기능을 담당하는 유사체가 있다. (iii) 그래서, 조절기전을 통한 이 펌프가 많이 생성되면 단일 단계에서 모든 항균제에 내성을 가지게 한다. (iv) RND계열의 펌프는 세포막과 외막에 걸쳐서 다중 단백질 복합체 형태로 존재한다(그림 10.73A). 이 구조물들은 항상 약물분자들을 바깥 미디움(페리플라즘이라하기 보다는 경우에 따라서 세포막에 존재하는 단순한 펌프에 해당)으로 내몰게 한다. 약물이 다시 들어오는 것은 바깥 세포막 장벽을 통한 침입이 가능하기 때문이며, 약물 배출은 외막과 함께 아주 효과적인 과정으로 이루어진다. (v) 마지막으로, RND 펌프는 종종 페리플라스믹 공간 또는 페리플라즘과 평형을 이루는 지역에서 약물을 포획한다. 이것은 펌프가 세포질 내 약물(β-락탐)의 유입을 방지하기도 하고, 이 약물을 바깥으로 내보내기도 하는데, 페리프라즘에서 표적을 가지고 있기 때문에 세포막을 가로질러서 쉽게 확산되지 않는다.

우리는 **플루오로퀴노론** 내성이 *P. aeruginosa*에서 매우 빠르게 증가하고 있다고 언급했다. 그와 같은 내성 균주의 대부분에서 배출은 중요한 공헌을 한다. 그람음성균에서 아미노글라이코사이드 내성 균주의 아주 중요한 부분은 '감소한 투과성'의 결과라고 일찍이 분류하였다. 이와 같은 균주에서 증가된 능동배출은 그들의 내성 때문이라고 알려져 있다. 내성에 있어서 다제 배출과정의 중요성을 볼 때, 많은 과학자들은 더욱 더 비누와 같은 가정생활용품에 첨가되는 소독제의 경향에 우려를 표하고 있는데, 왜냐하면 그와 같은 화합물이 펌프를 다량 생산하는 돌연변이주에 선별되지 않을까 하는 우려 때문이다.

내성 유전자의 급원

생산 미생물

우리는 이미 아미노글라이코사이드 내성을 코드하는 많은 유전자들이 이들 항생제를 생산하는 *Streptomyces*로부터 유래되었다는 증거에 대하여 서술하였다. 그 유사한 경우가 반코마이신 내성을 코드하는 유전자이다. 여기서 내성은 몇 가지 새로운 효소의 생산을 필요로 하고(그림 10.72B), 그리고 그것은 놀랍게도 모든 효소를 코딩하는 유전자를 반코마이신으로 임상적인 사용을 하고 난 후, 불과 몇 십년 내에 일어났다는 것이다. 실제로 반코마이신 내성 장내구균의 임상적인 분리균에서 유전자는 실제로 반코마이신 생성 *Streptomyces*에서 발견된 유전자와 매우 유사함을 발견하였는데, 그림 10.72B에 나타난 것과 같이 유사한 방법으로 구성되어 있다. 이와 같은 것은 우리가 세균에서 임상적으로 관련되어 있는 종에서 내성 유전자의 기원으로서 어떤 의문도 가지지 않은 발견이다.

환경에서 특히 토양에서의 미생물

어떤 내성 유전자는 환경적인 세균의 염색체에서 발견된다. 전형적인 예가 *Enterobacter*, *Serratia*, 그리고 *Proteus*와 같은 *Enterobacteriaceae*와 토양 미생물 *P. aeruginosa*과 같은 환경 속에서 존재하는 C부류의 β-락타마제에 대한 유전자이다. 이들 유전자는 유전체와의 다른 GC량이나 코돈 사용과 같은 과거에서 수입됐다고 생각되어지는 징후를 전혀 보이지 않는다. 그래서 그런 것들은 토양과 같은 항생제를 생산하는 미생물이 가득한 환경에서 유래된 선택적인 이점의 결과로서 오랜 옛날부터 옮겨져 왔음이 틀림없다.

아니면, 광범위한 항생제 사용기간 동안에, 이들 유전자가 플라스미드 유래의 내성의 급원이 되었는지도 모른다. 실제로 β-락타마제의 플라스미드 위에 종종 발견되는 유전자가 이들 환경 미생물로부터 왔다는 것은 확실하다.

내성 유전자의 축적과 전이

내성에 관련되어 있는 많은 유전자의 궁극적인 기원에도 불구하고, 많은 그와 같은 유전자가 대개는 한 개의 R 플라스미드 위에서 서로 무리지어 있고, 병원미생물의 약제내성 임상분리주에 관련되어 있어서, 많은 약제에 대한 내성은 접합에 의하여 감수성 있는 세균으로 옮겨질 수 있다. 이것은 벌써 이미 R 플라스미드가 1950년대 일본에서 발견되었을 때 상황이었다. 많은 플라스미드의 서열의 비교가 어떻게 이 클러스터링이 일어나고 있는지를 보여 주었다.

첫 번째, 많은 내성 유전자는 인테그론이라 불리는 조직의 강력한 프로모터 아래에서 같은 (전사의) 위치를 가진 오페론에서 만들어진다. 인테그론은 인테그라제를 코딩하는 한 유전자를 가지는데, 이는 강력한 프로모터(그림 10.74)로부터 아래의 위치를 지배받는 내성유전자의 삽입을 활성화시킨다. 한번 조합되면 그 내성 유전자는 그것이 쉽게 다른 인테그론으로 조합되도록 아주 명확하게 표식된다. 아마도 그것은 내성유전자에 다른 세트를 가지고 있기 때문인 듯하다. 어떻게 최근에 인테그론이 진화되었는가는 불명확하다. 그러나 거기에는 *Vibrio cholerae*의 많은 유전자의 어셈블리를 만드는 유사한 기전이 있는데, 이것은 생활 사이클에서 환경이 매우 다른 종류에서도 가능한 것으로 알려져 있다.

두 번째로는, 이 인테그론의 대부분이 트랜스포존으로 삽입되어지는데, 이것은 내성 유전자가 플라스미드와 염색체 사이를 뛰어 넘게 하기 위해서 완전히 배열이 다른 플라스미드 사이에 삽입되어 진다.

마지막으로는, 이 유전자들은 접합 트랜스포존으로 불리는 특별한 부류의 큰 트랜스포존의 한 부분이 될 수 있다. 그것들은 람다-파지와 같은 전위와 같은 메카니즘을 사용하는데 이것은 중간체로서 (많은 파지 DNA의 복제 형태 같은) 환상 DNA를 만든다. 이 중간체는 플라스미드나 염색체 DNA에서 미리 정해진 장소에 삽입시킬 수 있으며, 그것은 또한 접합 플라스미드와 같이 행동할 수도 있고, 접합에 의해서 다른 세균으로 그것의 복제본을 옮길 수도 있다. 특이하게도, 테트라사이클린 내성 유전자를 가지고 있는 트랜스포존에서의 이동 기능은 복잡한 조절 기전을 통하여 테트라사이클린이 존재할 때 강력하게 유도된다. 그래서 이들 트랜스포존에서의 약재내성 유전자는 단지 수동적인 여행자가 아니라 접합 이동의 통합된 조절 기전의 한 부분이라 할 수 있겠다. 이 통합 트랜스포존은 아주 잘 조절된 무기와 같이 내성 유전자를 분해한다. 실제로 그와 같은 이동은 거리적으로 관련되어 있는 세균 중에서도 예를 들면 그람양성균과 음성균 사이에서 쉽게 일어난다고 알려져 있다.

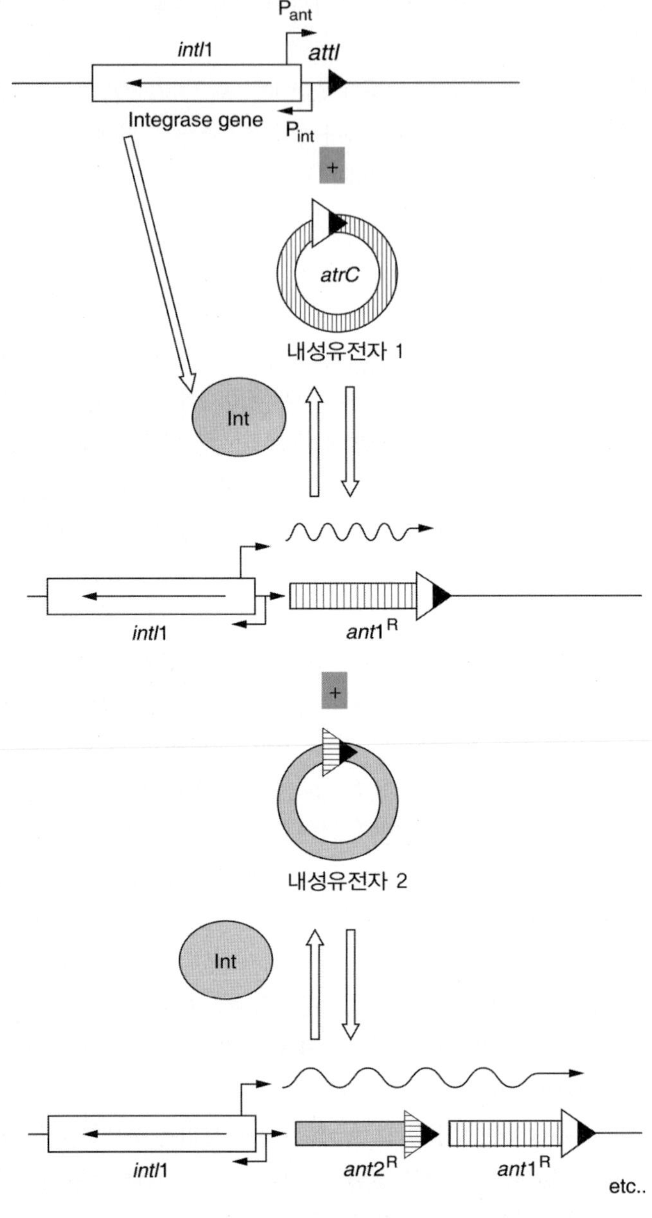

그림 10.74

인테그론에 의한 내성 유전자 포집의 가상 기전. Rowe-Magnus, P. A. and Mazel, D. (1999) Resistance gene capture. Current Opinion in Microbiology, 2, 483-488에서 인용.

약제내성에서 증가되는 것을 방지하기 위해서 어떻게 할 것인가?

약제내성을 최소화하는 것은 선택을 감소시키고, 그럼으로 인해서, 내성 균주의 출현을 감소시키는 것이다. 이것은 실제로 많은 임상에서 증명이 되었다. 많은 병원이 아미노글라이코사이드 계통의 사용을 제한하고 있는데, 그것은 병원에 내성적인 그람음성균(즉 *P. aeruginosa*)에 의한 심각한 감염을 겪는 환자들을 위한 '마지막 리조트' 약물로서 중요하기 때문이다. 제한적인 약물에 대한 내성의 빈도는 아주 감소되었다. 많은 경우에 있어서 영국에서 페니실린 내성 폐렴쌍구균의 빈도는 1999~2001년 기간에서 예상외로

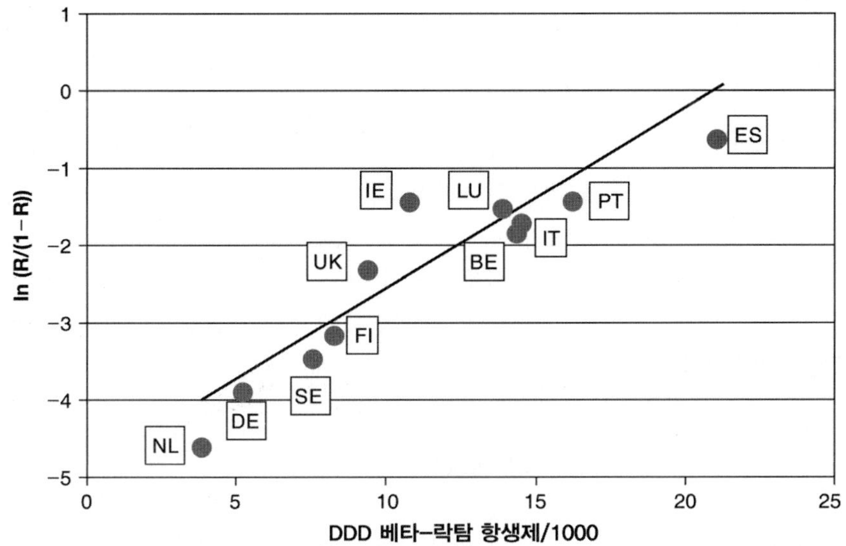

그림 10.75

1998~1999년 유럽에서의 페니실린의 사용과 페니실린 저항성 폐렴쌍구균 발생사이의 연관성. 저항성의 가능성을 나타내는 것으로 {R/(1−R)}의 수치로서 R은 폐렴쌍구균의 저항성이 발견된 수치이다. 가로 좌표는 1000명당 DDD β-락탐 항생제 처리. (BE, 벨기에; DE, 독일; FI, 핀란드; IE, 아일랜드; IT, 이태리; LU, 룩셈부르크, NL, 네델란드; PT, 포르투칼; ES, 스페인; SE, 스웨덴; UK, 영국). [From Bronzwaer, S. L. A. M., et al., (2002). A Eurpean study on the relationship between antimicrobial use and antimicrobial resistance. Emerging infectious Disease, 8, 278-282.]

감소를 보였다(그림 10.68). 이것은 병원성 세균에 있어서 증가된 약제내성에 대한 몇몇 연구보고서에 따르면, 호흡기 감염에 있어서 페니실린 처방의 감소의 결과라고 할 수 있다.

여하튼 인간의 치료에서 항생제의 사용을 없애는 것은 거의 불가능하다. 그러므로, 다른 영역에 있어서도 항생제의 사용을 제한하는 것도 무리하게 보인다. 그 영역이 바로 농업인데, 항생제는 대개 농장의 동물에 성장촉진제로 사용되어 지고 있다. EU는 인간요법에 사용되는 약들이 이와 같은 용도로 사용하는 것을 금지하였으나, 이 사용은 여전히 미국에서는 보편화 되어 있다. 동물에 대해서 사용하는 항생제의 양을 어림잡는 것은 어렵다. 믿을 만한 정보는 DNAMNP인데, 이것은 덴마크에서 처방된 모든 항생제에 대한 통계를 제공한다. 2003년에 대한 데이터는 항생제의 102톤이 동물에 사용되었고, 반면에 인간에 대해서는 단지 44톤이 사용되었다. 덴마크에서 항생제는 동물의 성장촉진으로서는 사용될 수 없다는 것을 생각하면, 이것은 세계적으로 농장에 동물을 위한 항생제 사용이 인간의 치료를 위한 사용보다 훨씬 능가한다는 것을 암시한다. 실제로 비인간용의 항생제의 사용이 이제 넓게는 농업에 사용되는 항생제로 점점 커지고 있다(한 작은 예로서는, 1987년에 6만 6천 파운드 정도의 항생제가 미국에서 과수원에 살포되었다).

유럽에서의 동물 생육 촉진을 위한 인간용 항생제 사용의 금지는 수의학적으로 특별한 항생제의 개발로 이어졌다. 이 접근은 그것 자체의 문제점을 가지고 있다. 아보팔신이라는 물질은 구조에 있어서 반코마이신과 많이 유사한데 동물용으로 유럽에서 많이 사용되었고 동물에서 아보팔신 내성 장내구균이 선별되었다. 이것은 반코마이신이 인간에 있어서 MRSA 감염을 치료하는데 가장 중요한 약물이 되기 전에 발생되었다. 지금은 아보팔신으로 선별된 내성 장내구균은 반코마이신 내성 유전자의 큰 저장고로서의 역할을 하고 있다.

인간요법의 관점에서, 명확하게 항생제의 사용을 제한하는 것이 필요하고, 특히 가능하다면 넓은 스펙트럼을 가진 것들을 제한하는 것이 필요하다. 지금까지 이것은 매우 어려운데 왜냐하면 내과 의사들이 치료가 시작되었을 때 전염성을 가지고 있는 어떤 미생물의 동질성을 알지 못했기 때문이다. 이것은 PCR에 의존해서 분자생물학적인 방법의 진보를 통하여 좀 더 빠른 진단이 가능하다(3장). 우리는 어떠한 경우에 있어서도 내성 균주가 일어나는 것을 방지하기 위한 많은 노력을 해야 한다. 예를 들면, 우리는 한가지 약물만 사용하는 요법을 권하지 않고, 한 가지 이상 많은 약의 동시 사용을 권장하여야 하는데, 이것은 결핵의 치료에 있어서 많은 해 동안 수행했던 것과 같은 방법이다. 동시에 다제 배출펌프의 저해제의 동시 사용은 그람음성균에서 다양한 약물의 MIC를 낮추고, 실제로 이와 같은 접근이 적어도 실험적인 셋팅에 있어서 내성 미생물의 출현을 방지하였다.

새로운 항생물질에 대한 지속적인 필요성

새로운 항생제에 대한 필요성은 전보다 더 시급하게 되었다. 미생물 세포에서 단지 몇 개의 단백질만이 항생제 표적이라는 사실로 볼 때, 신규 표적을 발견하기 위해서 많은 노력을 기울여 오고 있다. 특히 많은 병원체에 대한 지놈 정보를 이용함으로 인해서 새로운 신규 표적을 발견하려는 많은 노력을 해왔다. 더욱이 항생제 생합성을 코딩하는 유전자의 급원으로서 배양된 미생물을 첨가하여 직접적으로 토양 DNA로부터 클로닝하는 것이 2000년에 새로운 2차 대사산물로부터 코딩되는 유전자를 얻는데 사용되었다. 그와 같은 시도가 지금도 널리 이용되고 있다.

여하튼 천연물질로부터 새로운 화합물이 생성될 때, 거기에는 항상 이 화합물을 불활성화시키는 효소를 생산하는 미생물이 존재하고, 이들 효소를 코드하는 유전자는 플라스미드나 파지의 수평적인 이동에 의해서 병원미생물사이에서 빨리 퍼져버린다. 이것에 반해 효소적인 가수분해나 또는 불활성화에 대한 내성 메커니즘이 합성한 물질에 대해서는 나타나지 않게 된다. 이것은 클로람페니콜, 설폰아마이드, 트리메토프림 같은 것들에서는 나타나지 않게 되는데, 비록 세균이 이들 물질에 대해서 내성을 나타낸다고 할지라도 이것은 약물의 표적을 바꿈으로 인해서 종종 나타난다. 여하튼 천연물질의 많은 다양성을 비교해보면 유기 화합물 구조의 매우 제한적인 측면에 대해서만 합성이 되어있다. 이 이유 때문에 화합물의 범위를 더 넓히려고 하는 접근이 매우 중요한데, 그들의 활성을 위한 스크리닝이 초고속 프로세스를 통하여 빨리 수행되기 때문이다. 그림 7.76과 같이 조합화는 많은 양의 화합물이 동시에 합성될 수 있는 것들을 의미하는데, 이것은 합성이나 반합성에 항생제 생산에서 매우 필수적인 도구로 이용되고 있다.또한 다른 접근으로는 파지 디스플레이가 사용되는데, 가능성이 있는 병원성 미생물의 표적 단백질이 유전자 클로닝이나 과발현에 의해서 준비되고 그로 인해 이것이 한 매트릭스 위에 고정화되게 된다. 그 다음에 무작위 펩타이드가 합성 올리고부터 합성되게 되고, 그림 3.15에서 보는 것과 같이 박테리오 파지 벡터 표면 위에 융합 단백질로서 발현되게 한다. 마지막으로는 표적 단백질을 지지하는 친화성 매트릭스에 파지를 넣은 경우인데, 표적 단백질에 견고하게 결합하는 펩타이드를 발현하는 파지는 이 친화성 메트릭스에 붙게 되는데, 이 파지에 의해서 생산된 펩타이드가 바로 합성되어 펩티도미매틱 저해제의 모양으로서 단서를 우리에게 제공해 주는 것이다. 우리가 이미 본 것과 같이,

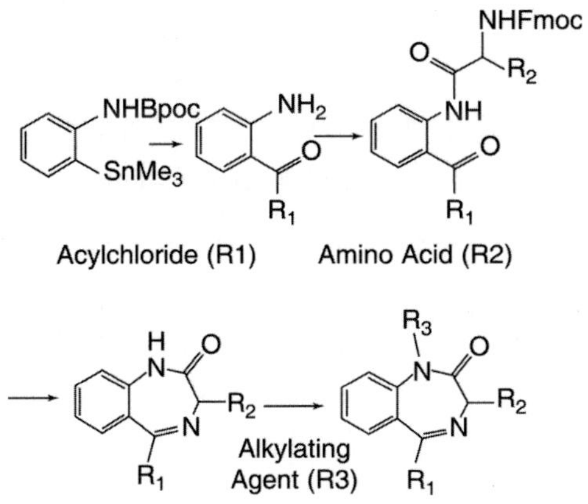
NHBpoc
SnMe3
NH2
NHFmoc
R2
NH
R1
Acylchloride (R1)
Amino Acid (R2)
H
R3
Alkylating
Agent (R3)

그림 10.76

조합화학 과정의 한 예. 이 과정은 엘레만 그룹에 의해서 개발되었는데 먼저 R1 아실클로라이드(R1, 첫 번째 화살)를 사용해서 아실화를 시작한다. 첫 번째 과정 후에 보호기가 풀렸는 아미노 그룹이 그 다음에 아미노산 에스트 R2(두번째 화살)를 사용해서 아실화시킨다. 1,4-벤조디아제핀(세번째 화살)을 생성시키기 위하여 사이클화 후에, NH그룹이 알킬화 물질에 의해서 변형된다(R3). 만약 우리가 한 스텝에서 50개의 다른 시약을 사용한다면 단지 세 스텝 후에는 12만 5천개의 다른 화합물 합성을 끝낼 수 있다. 비록 그림에는 나타나 있지 않지만, 출발 물질이 고체 지지체에 묶여져 있다면 중간체의 분리는 매우 작게 되겠다. Bpoc와 Fmoc는 NH_2기를 위한 보호 그룹이다.

비록 생성된 화합물의 범위가 매우 국한되어 있지만, 우리는 항생제의 조합 생합성을 이루기 위해서 다른 급원으로부터 유전자를 결합시키는 것이 가능하다. 그리고 병원성 미생물 사이에서 약재 내성을 극복하려는 시도들도 혁신적인 방법으로서 사용되어 지고 있다.

요약

항생물질은 미생물의 2차 대사산물로서 대개는 생육의 정지기에서 생산된다. 항생물질의 대부분은 원핵곰팡이 또는 곰팡이에 견줄만한 복잡한 생활사이클을 지닌 진핵그룹인 *Streptomycetes*로부터 생성된다. 일부분은 발생사이클을 가진 것으로 알려지지 않은 단세포 세균에 의하여 생긴다. 항생물질 생합성 유전자의 많은 것은 이미 클로닝 되었고 염기서열이 분석되었으며, 많은 경우에 이것은 클러스트로써 존재한다. 이 배열은 관련되어 있는 미생물 사이에서 진화하는 과정 중에 이들 유전자의 수평적인 이동이 있다는 것을 설명한다. 또한 유전자의 염기배열은 한 개의 항생물질 생산균이 그와 관련된 항생물질을 왜 생성하는지에 대한 이유를 설명한다. 항생물질 생성 유전자의 클로닝은 알려진 유전자의 조합에 의해서 신규한 항생제를 생성하도록 해 준다.

항생물질은 박테리아 감염에 대항하여 매우 효과적이며, 그들은 인간과 다양한 병원성 미생물 사이에서 생태학적인 평형을 극적으로 변화시킨다. 그러나 아직도 많은 임상적인 시험으로 새로운 항생물질의 도입은 내성 미생물의 출현을 동반한다. 이들 미생물들은 빈번하게 R 플라스미드를 가지고 있는데, 이것은 내성 유전자를 가지고 있어서 항생물질의 분해, 불활성화, 그리고 배출시키는 특성을 가지고 있는 것으로 알려져 있다. 내성 균주는 때때로 야생주 미생물에게 기회적인 요인이 되는데 왜냐하면 이런 항생물질의 내성을 가진 것들이 임상적으로 중요한 병원체로 생각되어 지지 않기 때문이다. 그와 같이 와일드 베타 내성을 지니고 있는 와일드 타입 균주들은 그들의 염색체상 위에 베타 유전자를 가지고 있기도 하다. 이와 같은 종은 대개 토양으로부터 존재하는 것들인데 그들의 진화학적 역사를 통해서 보면 그들의 환경에 있어서 자연적인 베타 화합물과 접촉을 해왔기 때문이다. 내성 미생물에 대항해서 유용한 새로운 미생물의 생산은 항생물질의 연구에 있어서 가장 중요한 국면 중 하나이다. 다음에 언급할 두 가지의 접근이 이러한 노력에 대하여 가장 뛰어난 역할을 한다고 할 수 있는데 첫 번째로 천연물질의 스크리닝을 통한 새로운 항생물질의 개발은 새로운 화합물의 많은 클래스를 이끌 수 있다. 새로운 화합물이라는 것은 β-락탐 항생제 중에는 세파로스포린, 세파마이신, 카바페넴, 모노박탐 같은 것과 아미노글라이코사이드로서는 젠타마이신, 토브라마이신, 포티마이신을 포함한다. 두 번째로는 천연물질의 화학적인 변형이 불활성화 기전이나 효소적 분해에 대한 안정성을 증가시켜 주는 많은 수의 화합물을 이끌게 하는 것이다. 예로서는 메치실린, β-락탐 중에 3세대 항생제와 아미노글라이코사이드 중 디베카신을 포함한다. 이러한 성공적인 노력에도 불구하고, 내성 유전자의 출현 빈도가 매우 증가하고 있고 내성에 대한 새로운 기전 표적 변형, 다제내성에 대한 배출 펌프가 임상적으로 매우 중요하게 되었다. 새로운 접근은 항생제 내성의 출현에 대항하는 우리의 싸움에서 매우 필요하다. 새로운 항생제의 생산에 대한 클론된 유전자의 조합이나 밝혀진 타겟 구조에 대한 친화도를 위한 조합라이브러리의 스크리닝이 새로운 방법의 좋은 예가 된다.

|참고문헌과 온라인 자료|

일반적인 내용

Davies, J. (1990). What are antibiotics? Archaic functions for modern activities. *Molecular Microbiology*, 4, 1227–1232.

Rehm, H.-J., and Reed, G. (eds.) (1996). Products of secondary metabolism. In *Biotechnology*, 2nd Edition, Volume 7, H. Kleinkauf and H. von Döhren (eds.), Weinheim, Germany: VCH.

Walsh, C. (2003). *Antibiotics: Actions, Origins, Resistance*, Washington, DC: ASM Press.

Bryskier, A. (ed.) (2005). *Antimicrobial Agents: Antibacterials and Antifungals*, Washington, DC: ASM Press.

2차 대사산물과 기타 항생물질

Serizawa, N., Hosobuchi, M., and Yoshikawa, H. (1997). Biochemical and fermentation technological approaches to production of pravastatin, a HMG-CoA reductase inhibitor. In *Biotechnology of Antibiotics*, W. Strohl, (ed.), pp. 779–805, New York: Marcel Dekker.

Patchett, A. A. (2002). Natural products and design: interrelated approaches in drug discovery. *Journal of Medicinal Chemistry*, 45, 5609–5616.

그람음성 세균에 대한 항생제 입문서

Nikaido, H. (2003). Molecular basis of bacterial outer membrane permeability revisited. *Microbiology and Molecular Biology Reviews*, 67, 593–650.

아미노글라이코사이드

Umezawa, H., and Hooper, I. R. (eds.) (1982). *Aminoglycoside Antibiotics*, Berlin: Springer-Verlag.

Davis, B. D. (1987). Mechanism of bactericidal action of aminoglycosides. *Microbiological Reviews*, 51, 341–350.

Wright, G. D. (1999). Aminoglycoside-modifying enzymes. *Current Opinion in Microbiology*, 2, 499–503.

Miller, G. H., Sabatelli, F. J., Hare, R. S., Glupczynski, Y., Mackey, P., Shlaes, D., Shimizu, K., and Shaw, K. J. (1997). The most frequent aminoglycoside resistance mechanisms – changes with time and geographic area: a reflection of aminoglycoside usage patterns? Aminoglycoside Resistance Study Groups. *Clinical Infectious Disease*, 24(suppl 1), S46–S62.

Schmitz, F.-J., Verhoef, J., Fluit, A. C., and the SENTRY Participants Group (1999). Prevalence of aminoglycoside resistance in 20 European university hospitals participating in European SENTRY antimicrobial surveillance programme. *European Journal of Clinical Microbiology and Infectious Disease*, 18, 414–421.

Poole, K. (2005). Aminoglycoside resistance in *Pseudomonas aeruginosa*. *Antimicrobial Agents and Chemotherapy*, 49, 476–487.

Over, U., Gur, D., Unal, S., and Miller, G. H. (2001). The changing nature of aminoglycoside resistance mechanisms and prevalence of newly recognized resistance mechanisms in Turkey. *Clinical Microbiology and Infection*, 7, 470–478.

Gerding, D. N. (2000). Antimicrobial cycling: lessons learned from the aminoglycoside experience. *Infection Control and Hospital Epidemiology*, 21(1 suppl), S12–S17.

Ogle, J. M., Carter, A. P., and Ramakrishnan, V. (2003). Insights into the decoding mechanism from recent ribosome structures. *Trends in Biochemical Science*, 28, 259–266.

Poehlsgaard, J., and Douthwaite, S. (2005). The bacterial ribosome as a target for antibiotics. *Nature Reviews Microbiology* 3, 870–881.

베타 락탐 항생제

Page, M. I. (ed.) (1992). *The Chemistry of β-Lactams*, Glasgow, UK: Blackie Academic and Professional.

Matagne, A., Lamotte-Brasseur, J., Dive, G., Knox, J. R., and Frère, J.-M. (1993). Interactions between active-site-serine β-lactamases and compounds bearing a methoxy side chain on the α-face of the β-lactam: kinetic and molecular modelling studies. *Biochemical Journal*, 293, 607–611.

Martin, J. F. (1998). New aspects of genes and enzymes for β-lactam antibiotic biosynthesis. *Applied Microbiology and Biotechnology*, 50, 1–15.

Elander, R. P. (2003). Industrial production of β-lactam antibiotics. *Applied Microbiology and Biotechnology*, 61, 385–392.

Thykaer, J., and Nielsen, J. (2003). Metabolic engineering of β-lactam production. *Metabolic Engineering*, 5, 56–69.

Nestrovich, E. M., Danelon, C., Winterhalter, M., and Bezrukov, S. M. (2002). Designed to penetrate: time-resolved interaction of single antibiotic molecules with bacterial pores. *Proceedings of the National Academy of Sciences U.S.A.*, 99, 9789–9794.

Tondi, D., Morandi, F., Bonnet, R., Costi, M. P., and Shoichet, B. K. (2005). Structure-based optimization of a non-β-lactam lead results in inhibitors that do not upregulate β-lactamase expression in cell culture. *Journal of the American Chemical Society*, 127, 4632–4639.

다른 종류의 항생제

Omura, S. (ed.) (2002). *Macrolide Antibiotics: Chemistry, Biology, and Practice*, 2nd Edition, Amsterdam: Academic Press.

Nelson, M., Hillen, W., and Greenwald, R. A. (eds.) (2001). *Tetracyclines in Biology, Chemistry and Medicine*, Basel: Birkhäuser Verlag.

Hooper, D. C., and Rubinstein, E. (eds.) (2003). *Quinolone Antimicrobial Agents*, 3rd Edition, Washington, DC: ASM Press.

항생제 생산

Embley, T. M., and Stackebrandt, E. (1994). The molecular phylogeny and systematics of the actinomycetes. *Annual Review of Microbiology*, 48, 257–289.

van Lanen, S. G., and Shen, B. (2006). Microbial genomics for the improvement of natural product discovery. *Current Opinion in Microbiology*, 9, 252–260.

Ikeda, H., et al. (2003). Complete genome sequence and comparative analysis of the industrial microorganism *Streptococcus avermitilis*. *Nature Biotechnology*, 21, 526–531.

Chater, K. F., and Horinouchi, S. (2003). Signalling early developmental events in two highly diverged *Streptomyces* species. *Molecular Microbiology*, 48, 9–15.

Bibb, M. J. (2005). Regulation of a secondary metabolism in streptomycetes. *Current Opinion in Microbiology*, 8, 208–215.

Takano, E. (2006). γ-Butyrolactones: Streptomyces signalling molecules regulating antibiotic production and differentiation. *Current Opinion in Microbiology*, 9, 287–294.

Welch, M., Todd, D. E., Whitehead, N. A., McGowan, S. J., Bycroft, B. W., and Salmond, G. P. C. (2000). N-acyl homoserine lactone binding to the CarR receptor determines quorum-sensing specificity in *Erwinia*. *EMBO Journal*, 19, 631–641.

Martin, J. F. (2004). Phosphate control of the biosynthesis of antibiotics and other secondary metabolites is mediated by the PhoR-PhoP system: an unfinished story. *Journal of Bacteriology*, 186, 5197–5201.

McDaniel, R., Ebert-Khosla, S., Hopwood, D. A., and Khosla, C. (1993). Engineered biosynthesis of novel polyketides. *Science*, 262, 1546–1550.

Baltz, R. H. (2006). Molecular engineering approaches to peptide, polyketide and other antibiotics. *Nature Biotechnology*, 24, 1533–1540.

Pfeiffer, B. A., Admiraal, S. J., Gramajo, H., Cane, D. E., and Khosla, C. (2001). Biosynthesis of complex polyketides in a metabolically engineered strain of *E. coli*. *Science*, 291, 1790–1792.

Grünewald, J., and Marahiel, M. A. (2006). Chemoenzymatic and template-directed synthesis of bioactive macrocyclic peptides. *Microbiology and Molecular Biology Reviews*, 70, 121–146.

Butler, M. J., Bruheim, P., Jovetic, S., Marinelli, F., Postma, P. W., and Bibb, M. J. (2002). Engineering of primary carbon metabolism for improved antibiotic production in *Streptomyces lividans*. *Applied and Environmental Microbiology*, 68, 4731–4739.

항생제 내성

Nikaido, H. (1994). Prevention of drug access to target: resistance mechanisms in bacteria based on permeability barriers and active efflux. *Science*, 264, 382–388.

Spratt, B. G. (1994). Resistance to antibiotics mediated by target alterations. *Science*, 264:388–393.

Courvalin, P., and Trieu-Cuot, P. (2001). Minimizing potential resistance: the molecular view. *Clinical Infectious Diseases*, 33(suppl 3), S138–S146.

Hiramatsu, K., Cui, L., Kuroda, M., and Ito, T. (2001). The emergence and evolution of methicillin-resistant *Staphylococcus aureus*. *Trends in Microbiology*, 9, 486–493.

Rice, L. B. (2006). Antimicrobial resistance in Gram-positive bacteria. *American Journal of Medicine*, 119, S11–S19.

Liebert, C. A., Hall, R. M., and Summers, A. O. (1999). Transposon Tn21, flagship of the floating genome. *Microbiology and Molecular Biology Reviews*, 63, 507–522.

Livermore, D. M. (2005). Minimising antibiotic resistance. *Lancet Infectious Diseases*, 5, 450–459.

Rowe-Magnus, D. A., Guerout, A.-M., Ploncard, P., Dychinco, B., Davies, J., and Mazel, D. (2001). The evolutionary history of chromosomal super-integrons provides an ancestry for multiresistant integrons. *Proceedings of the National Academy of Sciences U.S.A.*, 98, 652–657.

Brazas, M. D., and Hancock, R. E. W. (2005). Using microarray gene signatures to elucidate mechanisms of antibiotic action and resistance. *Drug Discovery Today*, 10, 11245–1292.

새로운 항생제 탐색

Livermore, D. M. (2004). The need for new antibiotics. *Clinical Microbiology and Infection*, 10(suppl 4), 1–9.

Brown, E. D., and Wright, G. D. (2005). New targets and screening approaches in antimicrobial drug discovery. *Chemical Reviews*, 105, 759–774.

Wijkmans, J. C. H. M., and Beckett, R. P. (2002). Combinatorial chemistry in anti-infective research. *Drug Discovery Today*, 7, 126–132.

Wang, G.-Y.-S., Grazian, E., Waters, B., Pan, W., Li, X., McDermott, J., Meurer, G., Saxena, G., Andersen, R. J., and Davies, J. (2000). Novel natural products from soil DNA libraries in a streptomycete host. *Organic Letters*, 2, 2401–2404.

Walsh, C. T. (2004). Polyketide and nonribosomal peptide antibiotics: modularity and versatility. *Science*, 303, 1805–1810.

Clardy, J., Fischbach, M. A., and Walsh, C. T. (2006). New antibiotics from bacterial natural products. *Nature Biotechnology*, 24, 1541–1550.

Chapter 11

Microbial Biotechnology

유기화학에서의 생물촉매

미생물은 대사과정을 수행하면서 다양한 유기물질을 전환시킬 수 있다. 이런 생물전환(biotransformation)과정은 효소에 의해 매우 선택적으로 또한 효율적으로 수행된다. 기질이 결합하고 촉매반응이 수행되는 효소의 활성부위는 비대칭 표면을 갖고 있으며 이런 특이 구조 때문에 효소촉매 반응을 통해 한 가지 입체이성질체가 만들어지게 된다. 화학적인 방법으로 입체선택적 또는 에난치오 선택적인 반응을 수행하기는 어렵다. 유기물질의 입체화학분야에서 다루어지는 용어의 정의를 Box 11.1에서 기술하였고 에난치오 선택성을 결정하는 계산방법을 Box 11.2에서 자세히 설명하였다.

유기물질을 화학적으로 합성할 때에는 여러 단계가 요구되지만, 효소촉매 반응은 단한 번에 최종산물을 만들 수 있다. 또한 효소는 극한 pH가 아닌 중성 환경과 실온 및 대기압 조건에서 반응을 수행할 수 있다. 화학반응에서 종종 일어나는 원치 않는 이성화반응, 라세미화반응(racemization), 에피머화반응(epoimerization), 재배치(rearrangement)반응을 피할 수도 있다. 원하는 물질이 불안정한 경우, 이와 같은 부반응이 진행되지 않는 것이 유리하다. 마지막으로 효소는 화학반응속도를 10^8에서 10^{12}배 만큼 증가시킨다. 이런 이유 때문에 미생물 또는 미생물 유래의 효소에 의한 생물전환이 유기화학반응과정에서 매우 유용하다.

유기화학반응과정에서 효소를 사용하는 데에 불리한 점도 있다. 이런 제약은 해결할 수 없는 장애물이라기보다 극복할 수 있는 도전이다. 대부분의 효소가 무수 유기용매에서 활성을 거의 보이지 않으며 높은 온도와 강산 또는 강염기에서 변성되는 것이 문제점이다. 이 경우에는 효소를 고체 지지체(support)에 고정하거나 이상(two-phase) 용매 시스템에서 반응을 수행하면 어느 정도 해결할 수 있다. 효소가 반응산물 또는 기질에 의해 저해되기 때문에 최적반응속도를 얻기 위해서 기질과 반응산물의 농도를 낮추어 반응을 수행해야 하는 것이 또 다른 제약점이다. 이 경우에도 반응액에 지속적으로 기질을 제공하면서 반응산물을 제거하는 방법이 개발되었다. 또한, 보조인자(cofactor)의 가격이 비싸거나 보조기질(cosubstrate)을 계속 보충해야 되는 경우에도 보조인자 재생법과 보조기질 보충법이 개발되었다.

유기화합물의 입체화학: 용어 해설

거울상 이성질체(enantiomer) 서로 거울상 이미지를 갖는 화합물을 거울상 이성질체라고 부른다.

광학활성 화합물(optically active compound) 화합물이 거울상 이미지 *즉 거울상 이성질체와 겹쳐지지 않으면* 편광의 편광판을 회전시킨다. 겹쳐짐을 간단하게 진단하는 방법은 대칭면 또는 대칭점의 유무를 확인하는 것이다. 대칭성이 있으면 광학활성이 없음을 보여준다; 대칭성이 없으면 광학활성을 갖게 된다.

키랄중심(chiral center) 생물학적으로 중요한 유기물의 광학활성은 네 개의 그룹에 결합된 비대칭 탄소 때문에 나타난다. 이런 원자를 ***키랄 중심(chiral center)*** 또는 ***입체형성 중심(stereogenic center)***이라고 부른다.

예비키랄중심(prochiral center) $CR_2R'R''$에 들어있는 탄소원자를 ***예비키랄센터(prochiral)***라고 부른다. 두 개의 동일한 그룹에 결합되었기 때문에(대칭면을 가지므로) 광학활성을 갖고 있지 않지만 R그룹을 화학적으로 다른 그룹으로 대체할 수 있기 때문에 키랄화합물로의 가능성이 있다.

부분입체이성질체(Diastereoisomer) 서로 거울상이 아닌 두 개이상의 키랄 중심을 지닌 이성화분자를 ***부분입체이성질체(diastereoisomer)***라고 부른다.

메조 이성질체(Meso isomer) 광학활성이 없는 광학이성질체는 내부적인 상쇄의 결과이다.

절대 분자비대칭성(absolute molecular asymmetry) 절대 분자 비대칭성은 *RS관례*를 따라 표시한다. 관례에 따르면 키랄 탄소원자 주변의 그룹은 세가지 기본적 규칙에 따라 우선권을 표시한다.

1. 반응기를 원자번호가 감소하는 순서대로 우선권을 표시한다. 동위원소의 경우, 질량이 클수록 우선된다. 예를 들면,

$$O > N > C > H$$
$$^3H > ^2H > ^1H$$
$$C\text{-}OH > C\text{-}CH_2Cl > C\text{-}CH_2OH > C\text{-}CH_3 > C\text{-}H.$$

불포화 중심에는 탄소원자가 결합된 것으로 간주한다.

2. 사면체 투영도에서 가장 낮은 우선권을 가진 치환기를 관찰자로부터 가장 멀리 두거나(a) 가장 낮은 우선권을 가진 치환기를 Fischer 투영도에서 아래쪽에 둔다(b).

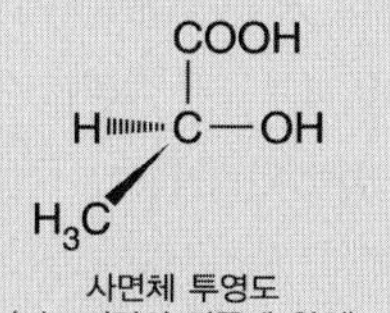

사면체 투영도
(H는 지면의 뒤쪽에 위치)

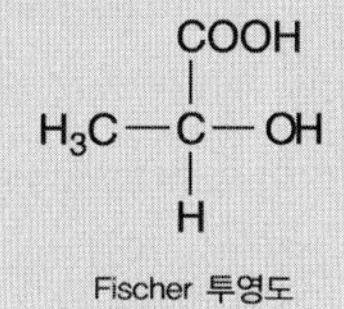

Fischer 투영도
(H는 아래쪽에 위치)

3. 우선권이 감소하는 방향으로 나머지 세 개 치환기를 돌리면서 계산한다. 만약, 세 개 치환기가 *시계방향*으로 회전하면 중심을 **R**(rectus, 라틴말로 오른손방향)로 표시하고 만약 *반시계방향*으로 회전하면 중심을 **S**(sinister, 라틴말로 왼손방향)로 표시한다.

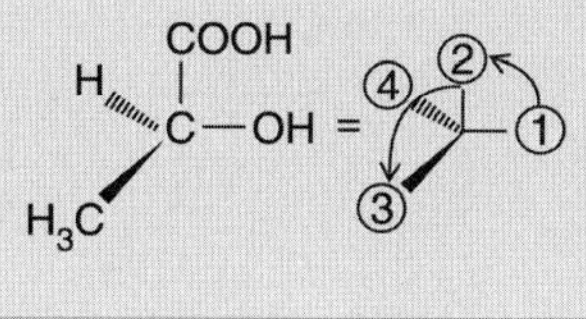

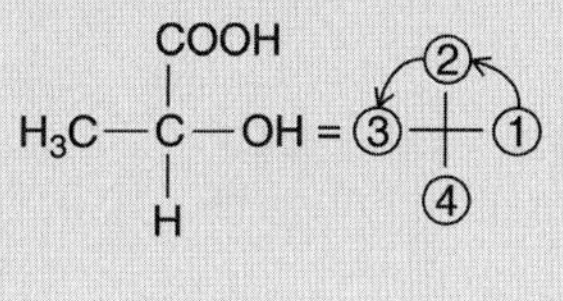

Box 11.1

거울상 이성질 익세스(Enantiomeric excess) 및 거울상 이성질체 비율(enantiomeric ratio)

화합물의 에난치오 순도는 다음과 같이 정의된 거울상 이성질 익세스(enantiomeric excess), ee 값으로 표시한다.

$$R > S\text{인 경우, } ee_R = (R-S)/(R+S) \text{ 그리고 } \%ee_R = [(R-S)/(R+S)]\times 100$$

여기서, R과 S는 각각 (R)- 과 (S)-거울상 이성질체의 농도이다.

라세믹 화합물의 경우, ee = 0 이며, 순수한 거울상 이성질체 화합물의 경우, ee = 1 (또는 100% ee)이다. E(거울상 이성질체 비율)값은 효소촉매반응의 입체선택성 또는 거울상 이성질 선택성을 의미한다. E는 순수 거울상 이성질체에 대한 촉매상수의 비율과 Michaelis-Menten 상수의 역비율을 곱한 값으로 정의한다.

$$E = \left(k_{cat}^{R}/k_{cat}^{S}\right)\times\left(K_M^S/K_M^R\right)$$

라세믹 (R,S) 기질로부터 출발하면, 에난치오선택성은 $E = \ln[(1-c)[1-ee(S)]]/\ln[(1-c)[1+ee(S)]]$식으로 계산한다. 여기서, c는 (R,S)기질 중에 산물로 전환된 비율이고, ee(S)는 ([S]-[R]/[S]+[R])이며, [S]와 [R]은 효소반응이 끝나고 남아있는 S와 R 이성질체의 농도이다. 비선택적인 반응의 E값은 0이다. 분리에 사용하려면 E값이 적어도 20 이상 되어야 한다.

Box 11.2

스테로이드와 스테롤의 미생물 변환

코티존(cortisone)과 같은 치료용 스테로이드의 효소생산 역사를 돌이켜보면, 이미 50년 전부터 생물촉매의 능력이 알려졌음을 알게 된다.

스테로이드와 스테롤 치환기의 산화환원반응은 미생물의 작용에 의한 위치특이적, 입체특이적 생물전환의 실례를 보여주며 탄화수소의 비활성 센터에서 반응을 수행하는 효소의 능력을 보여준다. 스테로이드 핵을 구성하는 탄소골격의 모든 위치에서 미생물 효소에 의해 입체선택적으로 수산화반응이 진행된다(그림 11.1). 스테로이드 수산화효소는 공격하는 고리의 위치에 따라 또는 스테로이드 핵의 측쇄에 따라서 이름이 붙여진다. 세 개의 1차 탄소원자(C18, C19, C21)가 있다. 예를 들어, C21에 수산화기를 붙이는 효소는 21-수산화효소(hydroxylase)라고 부른다. 또한 18개의 2차 탄소원자가 있다. α 또는 β라고 부르는 두 가지 다른 방식으로 고리에 있는 2차 탄소원자에 수산화(-OH)기를 붙인다.

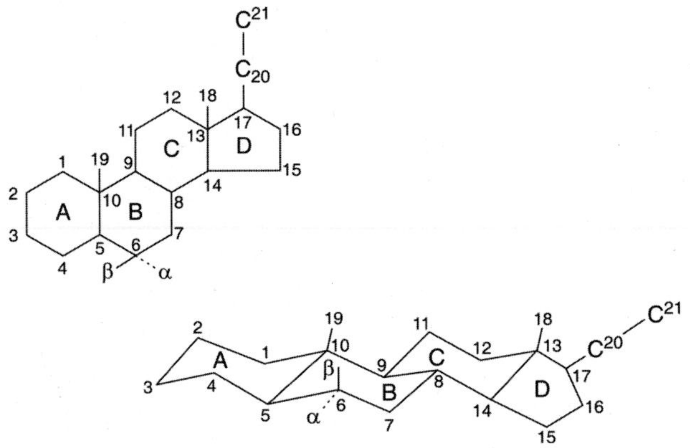

그림 11.1

부신피질스테로이드(adrenocorticosteroid) 중심원자의 구조, 입체화학, 넘버링. A부터 D까지 4개의 고리는 위쪽에 나타난 것 같은 평면에 위치하는 것이 아니라 아래쪽에 있는 것과 같은 구조를 갖는다. 스테로이드의 생물학적 활성은 고리에 결합된 반응기의 방향에 의해 달라진다. C6에 보여준 것처럼 스테로이드 평면에서 위쪽으로 뛰어나오는 반응기를 β로 표시한다. 이것과 고리와의 결합을 실선으로 표시한다. 평면 아래쪽을 향한 반응기를 α로 표시하고 고리와의 결합을 점선으로 표시한다.

표 11.1 미생물의 선택적인 스테롤 수화반응

수화반응의 위치	수산화기의 입체성	수화반응의 위치	수산화기의 입체성
1	α	10	β
1	β	11	α
2	α	12	β
2	β	13	α
3	α	14	α
3	β	15	α
4	α	15	β
4	β	16	α
5	α	16	β
6	α	17	α
6	β	17	β
7	α		
7	β		
9	α		

출처 : Davies, H. G., Green, R.H., Kelly, D. R., and Roberts, S. M. (1989). *Biotransformations in Preparative Organic Chemistry, the Use of Isolated Enzymes and Whole Cell Systems in Synthesis*, pp. 175–176, London: Academic Press

α (적도, equatorial)위치는 스테로이드 고리 평면 아래쪽에 위치하며 β (축위, axial)위치는 평면 위쪽에 위치한다. 18개의 2차 탄소원자는 여러 미생물의 수산화효소에 의해 α 또는 β 구조로 수산화될 수 있다(표 11.1과 표 11.2). 일부 미생물 효소는 수산화반응 뿐만 아니라 A고리를 방향족화하거나 고리에 있는 이중결합을 환원시키며 케톤치환기를 환원시킨다. 스테로이드와 스테롤의 미생물 변환은 (그림 11.2) 스테로이드 호르몬의 생산가격을 현저하게 낮추어 주었다.

1930년대 초기에 Mayo 재단의 Edward C. Kendall과 바셀대학(University of Basel)의 Tadeus Reichstein은 부신(adrenal gland)에서 분비되는 스테로이드 **코티존**을 분리하였다. 1949년 Mayo 재단의 Philip S. Hench는 코티존 치료가 류마티스관절염(rheumatoid arthritis) 환자의 통증을 완화시키는 것을 알아내었다. 코티존의 항염증 효능의 발견은 의약계에 큰 영향을 끼쳤으며 이 업적으로 인해 Kendall, Reichstein, Hench는 1950년에 노벨상을 수상하게 되었다.

코티존의 대규모 수요는 이 호르몬의 화학합성법 개발을 급히 진행하도록 만들었다. 그것은 31단계를 거치는 복잡한 합성과정이었으며 최종수율도 매우 낮았다. 데옥시콜린산(deoxycholic acid)(소의 쓸개에서 분리됨) 615 kg을 재료로 사용해서 초산코티존 1 kg을 생산할 수 있었다. 합성 호르몬의 시장 가격은 그램당 200달러였다.

데옥시콜린산(deoxycholic acid)를 코티존으로 전환하는 과정에서 가장 큰 어려움은 데옥시콜린산의 C12 β 수산화기를 C11 위치로 옮기는 것이다. 화학합성과정에서는 9단계가

표 11.2 곰팡이에 의한 스테로이드 수산화반응의 예

수산화 위치	기질	산물	미생물
1α	Androst-4-ene-3-17-dione	1α-Hydroxyandrost-4-ene-3-17-dione	*Penicillium* sp.
1β	Androst-4-ene-3-17-dione	1β-Hydroxyandrost-4-ene-3-17-dione	*Xylaria* sp.
3α	Androstane-7-17-dinone	3α-Hydroxyandrostane-7-17-dione	*Diaporthe celastrina*
3β	17β-Hydroxyandrostan-11-one	3β,17β-Dihydroxyandrostan-11-one	*Wojnowicia graminis*
11α	Progesterone	11α-Hydroxyprogesterone	*Rhizopus* sp.
11β	11-Deoxycortisone	Hydrocortisone	*Curvularia lunata*
12β	17β-Hydroxy-estr-4-ene 3-one	12β, 17β-Dihydroxy-est-4-ene-3-one	*Colletotrichum derridis*

출처 : Neldleman, S. L. (1991). Industrial chemicals: fermentation and immobilized cells. In *Biotechnology*. The Science and the Business, V. Meses and R. E. Cape (eds.), pp. 306-307, Chur, Switzerland: Harwood Academic Publishers.

필요하다. 그러나 1952년 Upjohn 회사의 연구원이 호기적으로 배양된 빵곰팡이 *Rhizopus arrhizus*가 프로게스테론(또다른 스테로이드이며 코티존 합성의 초기단계 물질)의 C11α에 수산화반응을 수행할 수 있음을 발견했고 Squibb 기관의 연구원도 곰팡이 *Aspergillus niger*가 동일 반응을 수행할 수 있음을 밝혀내었다. 미생물을 이용한 C11 수산화반응으로 인해 코티존의 산업적 생산과정은 31단계에서 11단계로 단축되었다. 게다가 미생물을 이용한 프로게스테론 수산화 반응은 화학반응을 단축시키는 것 이상의 경제적 이익을 가져다주었다. 생물전환은 37℃와 대기압 조건에서 수용액 내에서 진행된다. 이런 조건은 화학합성에서 요구하는 고온, 고압, 유기용매 조건보다 훨씬 비용이 적게 든다. 이런 개발 이후에 코티존의 생산가격은 그램당 6달러로 떨어졌다.

데옥시콜린산염(deoxycholate) 대신 값싼 스테롤을 출발물질로 사용함으로써 코티존의 가격이 더욱 떨어졌다. 대두유(soybean oil) 생산과정의 부산물로 나오는 스티그마스테롤(stigmasterol)과 시토스테롤(sitosterol)이 사용된 것이다; Mexican barbasco 식물 뿌리에서 얻어지는 디오스게닌(diosgenin)도 사용된다. 이런 식물 스테롤에서 스테로이드를 만들기 위해서는 C21 이후의 측쇄를 제거해야 한다. 화학적인 분해도 가능하지만 스테롤을 탄소원과 에너지원으로 이용하는 호기성 그람 양성 진정세균인 마이코박테리아(mycobacteria) 에 의해 훨씬 경제적으로 수행된다. 마이코박테리아가 스테롤을 완전히 분해하는 것을 막기 위해서 스테롤을 특정위치까지만 분해하는 변이균을 개발하였다. 이런 과정을 도입함으로써 1980년 미국에서 코티존 가격을 원래 가격에서 1/400로 줄어든 그램당 46센트까지 떨어뜨리게 되었다.

류마티스 관절염을 치료하기 위해 사용할 뿐 아니라 알레르기와 염증질환(피부질환), 피임, 호르몬 부족 등의 질병에 스테로이드를 처방한다. 이런 목적에 사용되는 다양한 스테로이드가 스테로이드 핵을 특이적으로 변형하는 미생물의 작용으로 생산될 수 있었다. 4개의 주된 스테로이드-코티존, 알도스테론(aldosterone), 프레드니손(prednisone), 프레드니솔론(prednisolone)의 전세계 시장은 연간 700,000 kg을 넘고 있다.

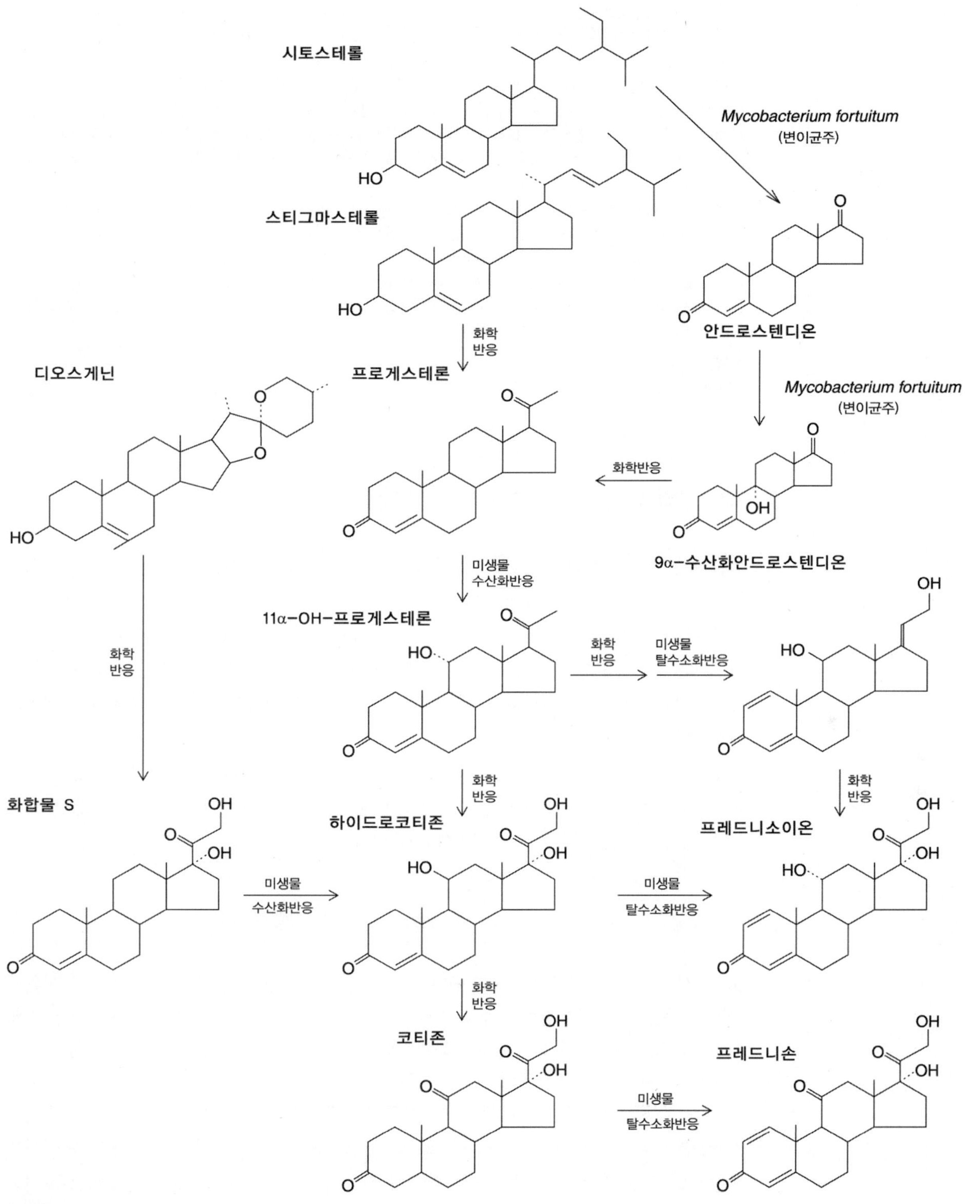

시토스테롤

Mycobacterium fortuitum
(변이균주)

스티그마스테롤

안드로스텐디온

화학
반응

디오스게닌

프로게스테론

Mycobacterium fortuitum
(변이균주)

화학반응

미생물
수산화반응

9α-수산화안드로스텐디온

11α-OH-프로게스테론

화학
반응

미생물
탈수소화반응

화학
반응

화학
반응

화학
반응

화합물 S

하이드로코티존

프레드니소이온

미생물
수산화반응

미생물
탈수소화반응

화학
반응

코티존

프레드니손

미생물
탈수소화반응

그림 11.2

유용한 치료용 스테로이드를 생산하기 위한 화학적인 전환과정과 미생물 변환과정. [Primrose, S. B. (ed.) (1987). Modern Biotechnology, p. 76, Oxford: Blackwell Scientific Publications; Hogg, J. A. (1992) Steroids, The steroid community, and Upjohn in perspective: a profile of innovation. *Steroids*, 57, 593–616.]

합성의약품의 작용과정에서 키랄성의 중요성

"Perhaps looking-glass milk isn't good to drink?" – Lewis Carroll

의약품, 제초제, 살충제는 종종 수용기, 효소, 운반분자 등과 상호작용하여 역할을 수행한다. 그와 같은 상호작용은 입체특이적으로 작동한다. 현재 사용되는 약품의 25%가량이 키랄성을 갖고 있다. 한가지 이성질체는 활성이 있고 다른 것은 활성이 없다는 암묵적 가정은 위험하다. 의약물질의 한 가지 입체이성질체는 특정 수용기와 강하게 결합하고 아래 예를 통해 알 수 있듯이 또 다른 이성질체는 다른 타깃을 가질 수도 있다.

- 결핵치료제인 에탐부톨(ethambutol), 2,2'–(에틸렌디이미노)–디–1–부탄올 이염산(2,2'–(ethylenediimino)–di–1–butanol dihydrochloride)의 우회전성 이성질체는 강력한 항결핵 효과를 갖지만, 좌회전성 이성질체는 시신경의 퇴화를 통해 맹목을 유도한다.
- 프로폭시펜(propoxyphene), α–(+)–4–(디메틸아미노)–3–메틸–1,2–디페닐–2–부탄올 프로핀산염(α–(+)–4–(dimethylamino)–3–methyl–1,2–diphenyl–2–butanol propionate)의 우회전성 이성질체는 마취약이지만, 좌회전성 이성질체는 기침억제제이다.

Box 11.3

제약산업과 농화학산업에서의 비대칭 촉매

생물촉매는 다양한 의약품, 제초제, 살충제를 만들기 위한 **키랄 신톤(chiral synthon)**(광학적으로 활성을 지닌 빌딩블록) 합성방법을 제공한다. 광학 순수 약물은 라세메이트보다 부작용이 적은 (Box 11.3) 단일 키랄의약품(homochiral drug)을 제품화하도록 제약회사에 압력이 가해지고 있다. 거울상 이성질체는 때때로 완전히 다른 생물학적 효과를 보이기도 하며 라세미 약품의 독성은 약효가 없는 다른 입체이성질체에 기인하는 경우도 관찰된다.

앞으로 다루어지는 실례는 입체형성 센터(sterogenic center)를 지닌 의약품용 키랄신톤(chiral synthon)과 널리 이용되는 제초제를 합성하는 데에 사용되는 키랄신톤을 만드는 데에 활용되는 생물촉매를 설명하고자 한다.

β_3–수용기 효능제(receptor agonist) 합성용 키랄 중간체

β_3–부신 수용기는 지방세포의 표면에서 관찰되며 지방분해, 열발생, 내장평활근 이완에 영향을 주는 신호전달 경로의 주요 성분이다. 선택적인 β_3–수용기 작용물질이 위장장애, 이형당뇨병, 비만을 치료하는 데에 효과적임이 밝혀졌다. β_3–수용기 효능제 합성을 위해 필요한 두 개의 키랄중간체의 생물촉매합성을 설명하고자 한다(그림 11.3)

처음 전환반응에서는 4–벤질–3–메탄술포닐아미노–2'–브로모아세토페논(4–benzyloxy–3–methanesulfonylamino–2'–bromoacetophenone)을 85% 이상의 수율과 98% 이상의 ee값으로 해당되는 (R)–알코올로 환원시키는 데에 *Sphingomonas paucimobilis* SC 16113 세포전체를 사용하였다. 두 번째 생물촉매 반응에서는 *Mycobacterium neoaurum* 세포의 에난치오 선택적인 아미다아제가 라세미 β–메틸–4–메톡실 페닐알라닌아미드(β_3–methyl–4–methoxyl phenylalanine amide)로부터 원하는 키랄 아미노산을 생산하는 효소분리반응에 사용됐다(그림 11.3, 화합물5)

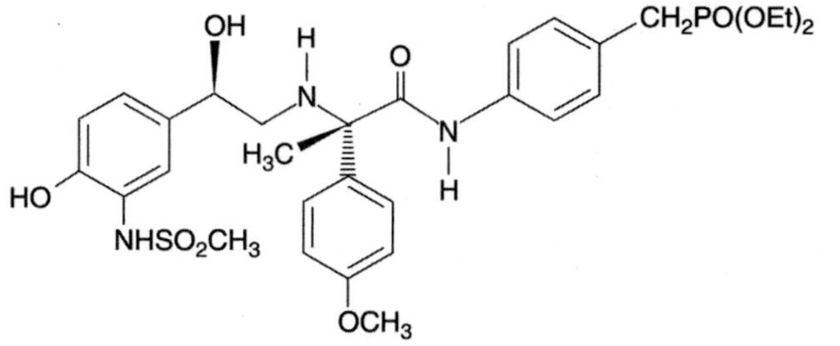

OH H O $CH_2PO(OEt)_2$ N N H_3C H HO $NHSO_2CH_3$ OCH_3

β3-부신 수용기 효능제
1

O Br *Sphingomonas paucimobilis* 세포추출물 OH Br O O $NHSO_2CH_3$ $NHSO_2CH_3$

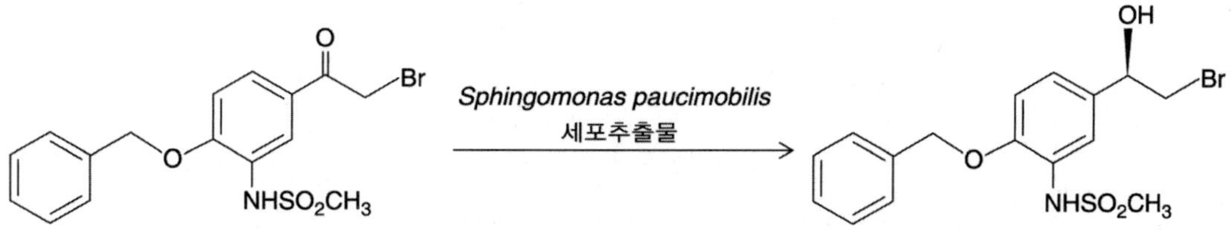

라세미 케톤
2

(*R*)-알코올
3

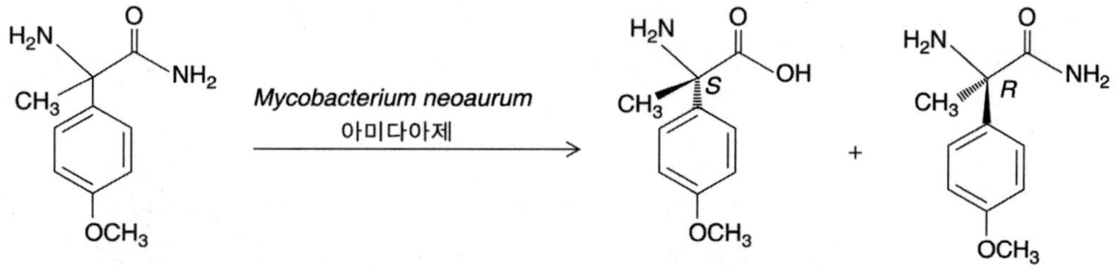

H_2N O NH_2 CH_3 *Mycobacterium neoaurum* 아미다아제 H_2N O OH CH_3 *S* + H_2N O NH_2 CH_3 *R* OCH_3 OCH_3 OCH_3

라세미 아미드
4

(*S*)-산
5

(*S*)-2-클로로프로피온산((*S*)-2-chloropropionic acid)의 생촉매 합성

(*S*)-2-클로로프로피온산은 아릴옥시펜옥시프로피온산(aryloxyphenoxypropionic acid) 유도체를 대량 합성하는 키랄 중간체로 사용된다. 이 제초제는 색소체(plastid)의 스트로마(stroma)에서 아세틸 CoA-카르복실라아제(acetyl CoA-carboxylase) 효소활성을 저해함으로써 아세틸 CoA가 말로닐 CoA(malonyl CoA) 로 전환되는 것을 막는다. 지방산 합성을 저해함으로써 이 제초제에 민감한 아세틸 CoA-카르복실라아제를 지닌 식물을 선택적으로 죽이게 된다.

(*S*)-2-클로로프로피온산을 생산하기 위한 초기과정에서 포도당은 (*R*)-젖산으로 발효된다. 발효배지에서 젖산을 추출하여 분리하고 에스테르화 시킨다. 에스테르는 염화티오닐(thionyl chloride)을 사용해서 염화물로 만든다. 에스테르화 과정은 염화반응 중에 산성기를 보호하기 위해서 필요하다.

현재 사용되고 있는 방법은 입체선택적인 가수분해 탈할로겐화 기법이다. 3800종류 이상의 유기할로겐 화합물이 생물학적 과정과 화산폭발 같은 비생물학적 과정을 통해 만들

그림 11.3

β_3-부신 수용기 효능제(1) 생산용 키랄중간체의 효소적 합성: 4-벤질옥시-3-메탄술포닐아미노-2'-브로모아세토페논(4-benzyloxy-3-methane-sulfonylamino-2'-bromoacetophenone) (**2**)을 (*R*)-알코올(3)로의 에난치오선택적 환원반응; α-메틸-4-메톡시페닐알라닌 아미드(α-methyl-4-methoxyphenylalanine amide) (**4**)를 (*S*)-산((*S*)-acid) (**5**)로의 입체선택적 가수분해.

그림 11.4

아릴옥시펜옥시프로피온산(aryloxyphenoxypropionic acid)을 기본으로 한 제초제의 중심구조를 위쪽 그림에 보여주며 에난치오선택적인 탈할로겐 효소에 의한 (*R*)-2-염화프로핀산 가수분해를 통해 (*R*,*S*)-2-염화프로핀산 분리과정을 보여준다.
Core structure of aryloxyphenoxypropionic acid-based herbicides

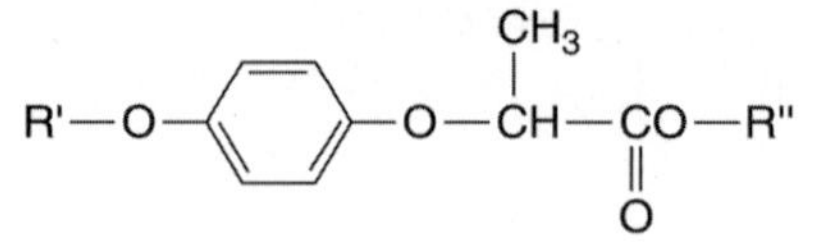

$$R'-O-C_6H_4-O-CH(CH_3)-C(=O)-R''$$

아릴옥시펜옥시프로피온산을 기본으로 한 제초제의 중심구조

$$(R,\ S)\text{-2-클로로프로피온산} + OH^- \xrightarrow{(R)\text{-특이적 탈할로겐효소}} (S)\text{-2-클로로프로피온산} + (R)\text{-젖산} + Cl^-$$

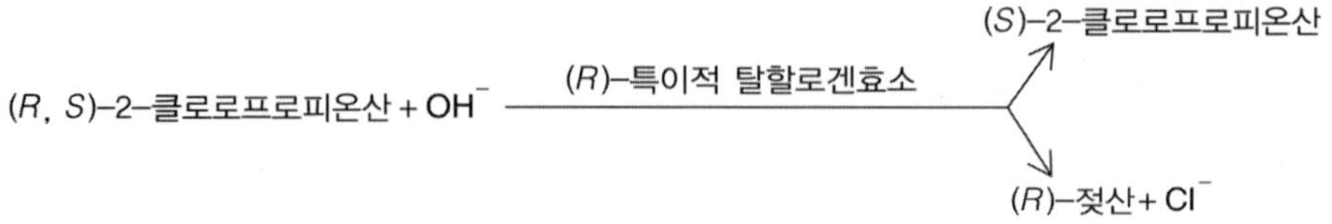

어졌다. 많은 미생물이 이런 화합물에 작용하는 다양한 효소를 갖고 있다. 이들 효소 중에 2-할로산 탈할로게나아제(2-haloacid dehalogenase)도 포함되어 있다. 생물전환과정은 값싼 공업용 화학물질인 라세미 2-클로로프로피온산에서 출발한다.

(*R*)과 (*S*)-2-클로로프로피온산 모두 탈할로겐화하는 미생물이 이 화학물질을 사용하는 공장 인근 토양에서 분리되었다. (*R*) 이성질체를 (*R*)-젖산으로 전환하지만 (*S*) 이성질체에는 작용하지 않는 변이균주를 분리하기 위해 니트로소구아니딘(nitrosoguanidine) 돌연변이유발법을 사용하였다(그림 11.4). 돌연변이균을 추가적으로 유전자 조작함으로써 (*R*) 이성질체에 대한 활성을 10배까지 증가시킬 수 있었다.

세포전체를 이용하여 반응을 수행할 수 있다. (*R*)-이성질체의 탈할로겐 반응 후에 반응액을 산성화시켜서 미생물 세포를 침전시키고 여과해서 제거한다. (*S*)-2-클로로프로피온산은 유기용매로 추출하고 증류를 통해 분리한다.

환원효소(reductase), 아미다아제, 탈할로겐화 효소, 이 세가지 종류의 효소가 앞에서 언급한 에난치오선택적 생물촉매 반응에서 사용되었다. 흥미로운 공통점은 순수하게 분리된 효소를 사용해야만 하는 필요성이 없다는 것이다. 각 단계에서 세포자체를 이용하였다. 이러한 방법은 다양한 유기 화합물을 위치특이적 또는 입체특이적으로 합성할 때에 적용된다.

미생물 다양성: 다양한 효소의 저장소

원핵세포와 곰팡이는 지구상 모든 생태적 장소에서 군락을 이루며 생장한다. 다시 말해서 온도, pH, 염분농도, 압력, 화학물질 조성, 광선의 종류와 광량 등의 조건이 특이한 극한환경에서도 많은 미생물이 발견된다. 특이적 생활권에 적응한 생물체가 생산하는 효소는 해당 생활권의 물리적 화학적 환경에서 작용하는 능력을 갖고 있다. 즉, 생물체는 특별한 환경에서 살아남기 위해 필요한 효소와 획득이 가능한 영양분을 이용할 수 있는 효소를 생산한다. 그러므로 미생물 효소는 매우 다양한 자연환경에 있는 물질과 사람이 인공적으로 생산한 유기물질을 전환하는 다양한 화학반응을 촉매할 수 있다. 순수배양된 미생물을 탐색하거나 환경 DNA 샘플에서 얻은 클론을 탐색함으로써 원하는 특성을 지닌 생물촉매를 개발할 수 있다. 거의 모든 효소를 생물계에서 얻을 수 있고 이종기원의 (heterologous) 숙주세포에서 대량으로 생산할 수 있다. 결과적으로 화학물질의 산업적 생산공정에 이용되는 미생물 효소 또는 미생물에서 생산되는 효소의 개수가 빠르게 증가하고 있다.

생물체에 따라서 특정반응을 촉매하는 효소의 물리적 특징과 촉매적 특징에 차이가 크다. 극한 환경에서 잘 자라는 생물체 유래의 효소에 대해 많은 관심이 모아지고 있다(표 11.3). 특히 Taq DNA 중합효소는 1976년에 옐로스톤 국립공원 온천에서 분리된 극한미생물 *Thermus aquaticus* 에서 얻은 매우 값진 효소이다. **Taq 중합효소**의 활성은 95℃에서 1.6 시간의 반감기를 가진다. 이 내열성 효소가 타깃 DNA를 증폭하게 해주는 PCR의 가열과 냉각의 반복과정을 견디기 때문에 PCR을 매우 빠르고 효율적으로 수행할 수 있게 해준다. 또다른 극한 미생물로부터 분리한 DNA 중합효소가 Taq 중합효소에 비해 더 나은 특징을 갖는 것으로 밝혀졌다. 예를 들어, *Thermococcus littoralis* DNA 중합효소(vent)는 95℃에서 7시간의 반감기를 갖는다. 그러나 Taq와 vent는 둘 다 3'→5' 엑소뉴클레아제 활성이 없다. 반면에 초호열성 *Pyrococcus furiosus*에서 분리한 Pfu DNA 중합효소는 3'→5' 엑소뉴클레아제 활성을 갖는다. 예상대로, 엑소뉴클레아제 활성이 없는 중합효소는 엑소뉴클레아제 활성을 갖는 효소에 비해서 높은 오류율을 갖게 된다. Taq DNA 중합효소의 오류율은 1×10^{-4}에서 1×10^{-5}/bp 사이지만 **Pfu DNA 중합효소**는 1.5×10^{-6}/bp 의 매우 낮은 오류율을 갖는다.

표 11.3 극한생물체의 특징

종류	생장조건
극고온성 생물체	>80℃
고온성 생물체	60~80℃
중온성 생물체	20~45℃
저온성 생물체	<15℃
호염성 생물체	높은 염분(예, 5 M 염화나트륨)
호염기성 생물체	pH>9
호산성 생물체	pH<3
호압성 생물체	높은 압력(130 Mpa 까지)

원하는 촉매능력을 지닌 효소를 찾기 위한 환경DNA의 고효율 탐색

유기화학에서 알돌축합반응(aldol condensation)은 탄소와 탄소 사이의 공유결합을 형성하는 반응이다. *Escherichia coli* 2-데옥시리보오스-5-포스페이트 알돌라제(2-deoxyribose-5-phosphate aldolase, DERA)는 아세트알데하이드(acetaldehyde)와 D-글리세르알데히드- 3-포스페이트(D-glyceraldehyde-3-phosphate)의 기질을 사용해서 2-데옥시리보오스-5-포스페이트(2-deoxylribose-5-phosphate)을 생산하는 가역적인 반응을 촉매하며 이런 축합반응에 대해 4.2×10^3 M^{-1}의 K_{eq}값을 갖는다(그림 11.5). DERA는 지금까지 2개의 알데히드를 축합하는 것으로 보고된 유일한 알돌라제(aldolase) 효소이다. 다른 알돌라제는 케톤(ketone)을 알돌 공여분자(aldol donor)로 알데히드를 알돌 수용분자(aldol acceptor)로 이용한다. 또한 DERA는 3개의 알데히드의 순차적인 입체선택적 축합반응을 촉매해서 2,4-데옥시헥소오스(2,4-dideoxyhexose)를 형성한다. 만들어진 락톨(lactol) 산물은 락톤(lacton)으로 전환된 후, 널리 사용되고 있는 콜레스테롤을 낮추는 의약품인 Lipitor와 Crestor, 즉, 스타틴(statin)으로 알려진 3-수산화-3-메틸글루타릴-CoA 환원효소(3-hydroxy-3-methylglutaryl-CoA reductase)

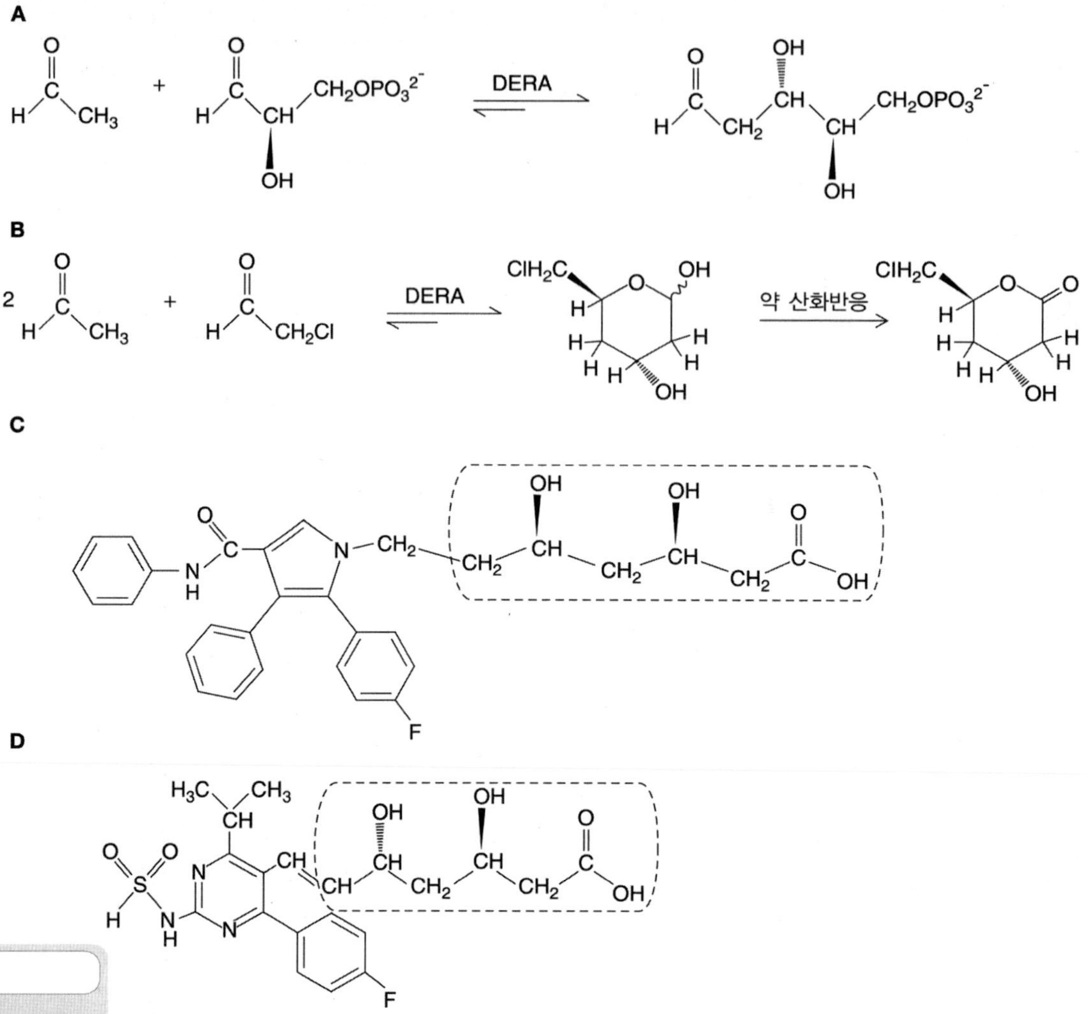

그림 11.5

콜레스테롤-저하 의약품(스타틴, statins)의 전구체 합성과정에서 **D-2-데옥시리보오스-5-포스페이트 알돌라제(DERA)**의 이용. **(A)** 천연 공여물질인 아세트알데하이드와 수용물질인 D-글리세르알데히드-3-포스페이트로부터 D-2-데옥시리보오스-5-포스페이트를 합성하는 DERA -촉매 알돌 반응. (B) 2몰의 아세트알데하이드가 계속적으로 클로로알데히드와 반응해서 락톨 산물을 생산하는 DERA- 촉매 탠덤형 알돌 반응. 이 반응산물은 적당한 산화과정을 거쳐 (3*R*, 5*S*)-6-염화-2,4,6-트리데옥시-에리스로-헥소놀락톤((3*R*, 5*S*)-6-chloro 2,4,6-trideoxy-erythro-hexonolactone)으로 99.9% 이상의 거울상 이성질 익세스(enantiomeric excess)와 96.6% 이상의 부분입체이성질체 익세스(diasteroisomeric excess)로 전환된다. 후자는 스타틴 의약품인 Lipitor (C)와 Crestor (D)의 점선으로 표시한 부분의 전구체이다.

저해제를 합성하는 2개의 입체형성센터(stereogenic center)의 전구체로 사용된다(그림 11.5).

E. coli DERA에 의한 합성은 대량 생산에는 적합하지 않다. 효소-기질의 비율이 무게기준으로 1:5로 요구된다. 염화아세트알데하이드(chloroacetaldehyde)가 100 mM 농도 이상으로 되면 효소는 저해되고 이때 반응산물은 기껏해야 85 mg/L/hour 속도로 생산되었다. 더 좋은 DERA에 대한 요구 때문에 환경 DNA를 조사하게 되었다. 다양한 생태환경에서 얻은 환경 샘플에서 DNA를 분리하고 무작위로 절단하고 발현벡터에 삽입한다. 유전자의 발현이 벡터 내에 들어있는 *cis*-작용 프로모터에 의해 조절된다. 라이브러리를 생산하기 위해서 *E. coli* 의 표준 균주에 제조된 재조합 DNA를 형질전환시켰다. 각 클론이 24시간 내에 최소한 10^4클론으로 복제되도록 37℃에서 마이크로적정 플레이트(microtiter plate) 배지에서 적당하게 희석된 배양액을 배양한다. 클론 어레이는 고효율 발현 탐색을 수행하게 되며 DERA 촉매 가수분해에 의해 형광분자 4-메틸움벨리페론(4-methylumbelliferone)을 만드는 형광기질 유사체를 사용하여 DERA 발현클론을 탐색한다.

환경DNA 라이브러리 탐색으로 *E. coli* 효소에 비해 훨씬 좋은 특성을 가진 DERA를 얻게 되었다(생물체에 대한 정보가 없음). 반응공정을 변경함으로써 염화아세트알데하이드에 의한 저해작용을 피할 수 있다. 즉, 아세트알데하이드와 염화아세트알데하이드를 2:1 비율로 천천히 공급한다. 2개의 입체형성센터를 만드는 2개의 탄소-탄소 결합형성은 99.9% 이상의 에나치오머 익세스(enantiomeric excess)와 96.6%의 부분스테레오머 익세스(diastereomeric excess)를 이루며 진행되었다. 효소-기질 비율이 1:50에서도 만족스런 반응속도를 달성했고 360배 증가된 30.6 g/L/hour의 속도로 생산물이 만들어졌다.

최적 맞춤효소 개발

원하는 생물학적 물리적 특성을 지닌 단백질을 디자인하기에는 단백질 폴딩과 구조-기능에 대한 이해가 아직도 부족하다. 하지만, 기존 효소를 원하는 효소로 만드는 출발점으로 사용해서 새로운 효소를 만드는 다양한 방법이 개발되었다. 다음에 나오는 방법을 통해서 특수 활용에 최적화된 효소를 만드는 데에 성공하였다. 자연계에서 분리된 미생물효소를 직접 이용하는 것은 거의 드문 일이다.

효소의 시험관 내 개량

3차구조 또는 반응기작에 관한 정보가 없는 효소의 물리적 또는 촉매적 성질을 최적화하는 것이 요구된다. 여러 가지 다양한 방법이 이런 필요성을 충족할 수 있는데 여기서는 3가지 방법을 설명하겠다: DNA셔플링(shuffling), 포화 돌연변이 유발(saturation mutagenesis), 오류-유발 돌연변이 유발(erro-prone mutagenesis).

DNA셔플링(shuffling)

3차 구조에 관한 정보가 없고 작용기작을 잘 이해하지 못하는 효소의 특정한 성질을 개선하는 것이 목표이다. DNA셔플링(shuffling)방법이 기질특이성, pH-활성, 비활성도(specific activity), 에난치오선택성, 열안정성, 유기용매 내성, 용해도, 결정화 등의 원하는 성질을 지닌 효소로 분자진화시키는 매우 성공적인 효과적인 접근법이다. DNA셔플링의 가장 자주 사용되는 방법에는 2개 이상의 관련 유전자를 단편내고 그림 11.6과 같이 다시 붙이는 것이다.

우선, 상동 DNA 서열 풀을 췌장 데옥시리보뉴클에아제I를 사용하여 무작위로 단편을 만든다. 이 효소은 이중가닥 DNA에서 단일가닥을 절단한다. 가까운 위치의 서로 다른 가닥에서 DNA가 절단되면 DNA 이중가닥은 단편으로 분리된다. 그런 단편은 DNA 중합효소의 주형으로 작용하는 돌출 5' 말단을 갖는다.

DNA 단편은 변성되고 다시 다른 DNA의 상동서열과 결합한다. *프라이머가 없지만* PCR 조건에서 Taq DNA 중합효소의 의해 전체 길이의 유전자로 다시 어셈블된다. 각기 다른 DNA 유래의 단편 사이의 교차가 DNA 중합효소 연장에 의해 이어 붙혀진다. 이런 조건하에서 PCR 산물의 크기는 하나의 산물이 다른 산물에 프라이머로

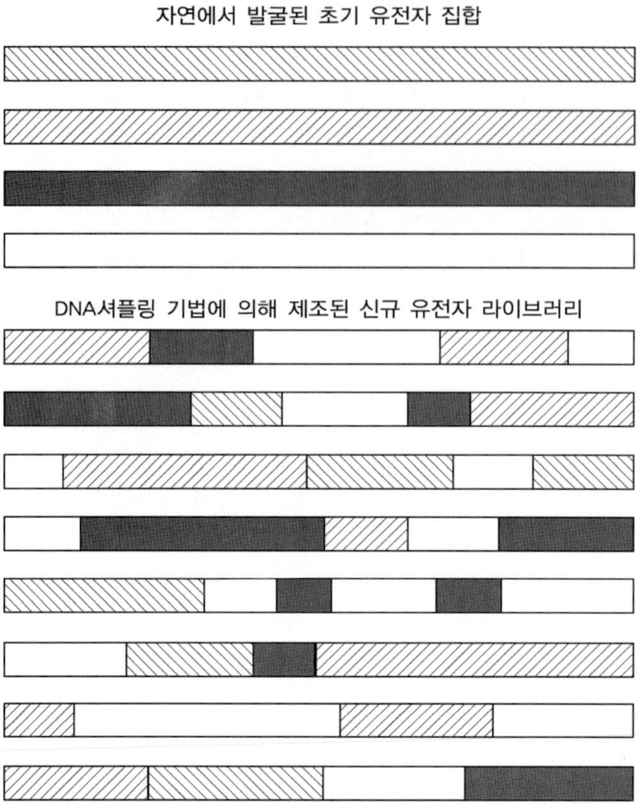

자연에서 발굴된 초기 유전자 집합

DNA셔플링 기법에 의해 제조된 신규 유전자 라이브러리

그림 11.6

DNA 셔플링에 의한 새로운 유전자 라이브러리 생산.

작용하면서 점차로 길어진다. 단편이 다시 어셈블하는 사이클이 여러 번 반복된다. 양 끝의 프라이머를 넣고 전체 길이의 유전자를 만들기 위해 추가적인 PCR 사이클을 수행한다. 결국 정확한 길이의 단일 산물이 만들어지며 이것을 통해 상동 재조합을 거친 키메라 서열 라이브러리가 만들어진다(그림 11.6). DNA 라이브러리를 발현 벡터에 삽입하고 발현을 위해 숙주세포에 형질전환시킨다. 이후에 최고의 클론들의 서열을 모아서 다시 한 번 DNA셔플링을 수행한다. 필요한 만큼 이 과정을 여러 번 반복한다. DNA셔플링 산물에 영향을 주는 주요 변수는 DNA 길이, 출발 유전자의 개수와 몰비, 서열 상동성, 교차의 개수 등이다.

글리포세이트(glyphosate) (Roundup) 내성 유전자의 방향진화를 성공적인 DNA셔플링의 대표적인 예로 들 수 있다. 유전자 변형된 곡물의 75%가 제초제 내성을 갖도록 개량되었다. 글리포세이트에 내성을 갖는 Roundup Ready 곡물은 가장 넓은 경작지를 차지하고 있다. 이 책의 다른 부분에서 언급한 것처럼 글리포세이트는 엽록체에서 방향족 아미노산 합성에 작용하는 에놀피루빅-시키메이트-3-인산 합성효소(enolpyruvyl-shikimate-3-phosphate synthase, EPSPS)를 저해한다. 글리포세이트 내성 상업용 곡물에서는 미생물 EPSPS 유전자가 제초제에 대한 내성을 제공한다. 이와 같은 곡물에서 글리포세이트는 분열조직(meristem)에 축적되며 생식 기작을 저해하고 곡물 수확량을 낮춘다.

N-아세틸글리포세이트(*N*-acetylglyphosate)는 제초제가 아니며 EPSPS의 약한

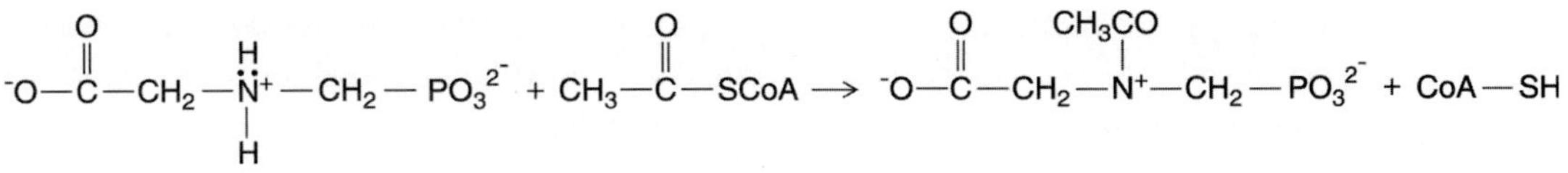

$$^{-}O-\overset{O}{\overset{\|}{C}}-CH_2-\underset{H}{\overset{H}{N^+}}-CH_2-PO_3^{2-} + CH_3-\overset{O}{\overset{\|}{C}}-SCoA \longrightarrow {}^{-}O-\overset{O}{\overset{\|}{C}}-CH_2-\overset{CH_3CO}{N^+}-CH_2-PO_3^{2-} + CoA-SH$$

그림 11.7

글리포세이트 아세틸전이효소(GAT)에 의해 촉매되는 글리포세이트의 *N*-아세틸화.

저해제이다. 글리포세이트에 대해 높은 친화도를 갖고 이런 2차 아민을 빠르게 아세틸화하는 효소는 반응산물을 축적하지 않고 내성을 제공하는 또 다른 강력한 후보이다. 그런 효소가 2004년까지 발견되지 않았다. 그해에 Castle 과 그의 공동연구자가 방향진화를 통해 맞춤효소를 개발하게 되었다. 연구자들은 글리포세이트를 아세틸화하는 능력을 찾기 위해 수백 개의 *Bacillus* 종을 탐색하였다. 정지기까지 배양하고 글리포세이트와 아세틸 CoA(acetyl CoA)를 첨가하여 배양하였다(그림 11.7). 민감한 질량 분광광도계 방법으로 상등액에서 *N*-아세틸글리포세이트를 분석하였다. 일반적인 기생 박테리아 *Bacillus licheniformis*의 3개 균주(ST401, B6, DS3)가 *N*-아세틸글리포세이트 전이효소(*N*-acetylglyphosate transferase, GAT) 활성을 보였다. 해당되는 효소를 클로닝하고 *E. coli*에서 발현하여 특성을 규명하였다. 146개 아미노산으로 구성된 이들 수용성 효소의 서열이 94% 동일하였다. 이들 효소에 의한 글리포세이트의 아세틸화 반응은 1.0에서 1.7 min^{-1} 의 속도상수(k_{cat})를 가졌다. 글리포세이트에 대한 친화도는 낮았지만 (pH 6.8, 21℃에서 K_m 1.2-1.8 mM), 아세틸CoA에 대해서는 높았다(K_m 1-2 μM). 이것은 아세틸CoA가 천연 아세틸 기질임을 보여준다. 평균 k_{cat}/K_m 은 0.81 min^{-1} mM^{-1} 이었다. 그러나 형질변환 담배 또는 애기장대(*Arabidopsis*)에서의 효소발현은 제초제 내성을 부여하지 않았기 때문에 방향 진화를 통해 GAT 촉매 특성을 향상시키고자 시도하였다.

B. licheniformis GAT 효소에 관련된 서열을 BLAST 데이터베이스에서 탐색하여 다른 박테리아에서 많은 상동단백질을 찾아내었다. 3개의 *B. licheniformis* 유전자는 11번 반복되는 DNA 셔플링을 수행하였다. DNA셔플링 과정동안, 중간에 GAT와 59%에서 28% 동일한 4개의 가상적인 *N*-아세틸전이효소(*N*-acetyltransferase) 단백질 서열을 라이브러리에 첨가하였다. 이러한 분자 방향진화를 통해 얻은 최고의 GAT 효소는 8320 min^{-1} mM^{-1}의 k_{cat}/K_m 값을 가졌다. 이것은 *B. licheniformis* ST401 GAT에 대해 10,000배 효율이 향상된 효소이다. 진화된 효소의 서열은 원래 효소의 서열과 30개 이상 차이가 났다. 진화된 효소는 *E. coli*, 애기장대, 담배에 높은 글리포세이트 내성을 부여하고 나쁜 영향이 나타나지 않았다.

위치포화 돌연변이유발(site saturation mutagenesis)

유전자 위치포화돌연변이유발 (gene site saturation mutagenesis)이란 용어는 단백질의 특정 아미노산을 19개의 다른 아미노산으로 치환하는 기술을 뜻한다. 선발된 아미노산의 코돈을 무작위로 변경하고 PCR 증폭을 수행하면 된다. 코돈의 3개 뉴클레오티드가 C, G, A, T를 골고루 갖는 프라이머를 얻기 위해서 64개의 정방향 프라이머와 64개의 역방향 프라이머를 사용한다. 원하는 경우, 코돈의 세 번째 뉴클레오티드는 G 또는 C로만 치환하게 한다. 이것을 통해 종결코돈을 줄이고 트립토판과 같이 드문 아미노산을 증가

표 11.4 다양한 박테리아로부터 밝혀진 또는 가설의 글리포세이트 *N*- 아세틸전이효소 단백질[a]	
생물체와 단백질	**% 아미노산 서열 상동성**
Bacillus licheniformis ST401 GAT	100
Bacillus subtilis YITI[b]	59
Bacillus cereus YITI	49
Listeria inocua NAT	38
Zymomonas mobilis NAT	28

[a] *B. licheniformis* ST401, B66, DS3로부터 얻은 94% 동일한 글리포세이트 아세틸전이효소 단백질 유전자와 연관성이 떨어지는 단백질 유전자를 GAT의 직접 분자진화에 사용하였다.
[b] 유전체 서열로부터 예측된 가설의 *N*-아세틸전이효소인 *B. subtilis* YITI를 재조합 *E. coli*에서 발현하였다. 이 단백질은 글리포세이트의 아세틸화를 수행하였으나 GAT보다는 효율이 떨어졌다.
출처 : Castel, L. A., et al. (2004). Discovery and directed evolution of a glyphosate tolerance gene. *Science*, 304, 1151–1154.

시키며 코돈변질(degeneracy)을 줄일 수 있다. 이 경우에 한 개의 코돈에 대해 32개의 정방향 프라이머와 32개의 역방향 프라이머를 사용하게 된다. 이론적으로 위치포화 돌연변이 유발을 통해 n개의 아미노산으로 구성된 단백질이 만들어질 수 있는 종류는 20^n 개다. 변이 단백질을 모두 포함하기 위해서 탐색해야 하는 라이브러리의 크기는 통계학적으로 계산된다.

앞으로 다룰 예는 매우 높은 에난치오선택적 효소를 만드는 데에 필요한 두 단계 과정을 기술한다. 첫 단계는 환경DNA 라이브러리에서 가장 높은 에난치오 선택적인 효소를 탐색한다. 두 번째 단계로는 향상된 변이단백질을 찾기 위해 위치포화돌연변이 유발을 수행한다.

순수하게 배양된 생물체들의 특정효소에 대한 단백질 종류는 제한된다. 환경DNA 라이브러리는 수백 개의 변이 단백질을 포함한다. 에난치오 선택적인 **니트릴라아제**의 발견과 분리과정이 환경DNA의 가치를 잘 설명해 준다. 자연계에서 니트릴라아제는 C–N 결합의 분해를 촉매함으로써 자연적으로 또는 인공적으로 만들어진 니트릴을 합성하고 분해하는 과정에서 작용한다. 별표(*)는 비대칭 중심을 의미한다.

$$\underset{(R,S)\text{-니트릴}}{R-C^*H(OH)-CN} + 2H_2O \xrightarrow{\text{니트릴라아제}} \underset{(R,S)\text{-카르복실산}}{R-C^*H(OH)-COOH} + NH_3$$

니트릴은 저렴하고 유용한 카르복실산 전구체이다. 평이한 조건에서 C–N 결합의 절단을 촉매하는 니트릴라아제의 능력과 입체선택적인 능력이 의약품의 전구체로 이용되는 순수 에난티오머를 합성하는 데에 중요하다. 그러나 안정성과 특이성의 부족함으로 인해 니트릴라아제의 사용이 제한된다.

651개 지역의 환경DNA 라이브러리를 탐색하여 이러한 문제를 해결할 수 있었다. 샘플

파아지미드(Phagemid)

파아지미드는 f1 또는 M13 헬퍼 파아지를 숙주세포에 동시감염시킴으로써 분리시킬 수 있는 플라스미드를 유전체에 삽입한 결손 파아지이다. 헬퍼 파아지는 결손 파아지에는 없지만 생활사를 완성하기 위해서 꼭 필요로 하는 단백질을 제공해준다. 파아지미드는 숙주세포의 용해과정을 일으키지 못한다. 니트릴라제 추정 클론의 분석 시, 람다 삽입 타입의 DNA 클로닝 벡터인 λZAP를 사용하였다. λZAP에서 제조된 람다 라이브러리를 *E. coli* 세포내에서 파아지미드 라이브러리로 전환시켰다. λZAP의 구조와 λZAP로부터 분리된 파아지미드 클론의 코딩서열의 발현에 대한 자세한 사항은 다음 논문에서 제공된다. Short, J. M., Fernandez, J. M., Sorge, J. A., and Huse, W. D. (1988). λZAP: a bacteriophage λ expression vector with in vivo excision properties,. *Nucleic Acids Research*, 16, 7583–7600.

Box 11.4

지역으로는 활화산, 심해 열수분출구, 산호초, 사막, 위험한 폐기장이 포함되었다. 각 환경샘플에서 고품질 고분자 DNA를 분리하고 절단 또는 제한효소작용을 통해서 1~10 kb 크기의 단편으로 만들었다. eDNA 샘플로부터 얻은 단편에 대해 **파아지미드(phagemid)** 유전자 라이브러리를 *E. coli*에서 제조하였다. 니트릴 기질을 유일한 질소원으로 첨가한 배지에서 자랄 수 있는 능력을 기준으로 클론을 탐색한다. 즉, 기질을 대사하고 암모니아를 생성하는 생물체의 능력에 의해 생장이 결정된다.

니트릴라제 유전자 유무를 확인하고 서열을 결정하기 위해서 배양으로부터 파아지미드 DNA를 분리하고 서열을 분석하였다. eDNA 라이브러리로부터 얻은 10^6~10^{10} 클론당 1~3개의 니트릴라아제가 발견되었다. 대부분의 니트릴라아제가 토양이나 수상 또는 해양 침전물의 샘플에서 얻어졌지만 샘플의 채취장소와 효소의 서열로부터 얻는 계통수에 나타난 계통분류적 관계 사이에 연관성이 없었다.

독특한 서열을 지닌 137개 니트릴라제 유전자를 발현벡터에 서브클로닝하고 단백질 산물의 효소특징을 조사하였다. 이 연구의 목적은 3-수산화글루타르니트릴(3-hydroxyglutarylnitrile)을 (*R*)-4-시아노-3-수산화부티르산((*R*)-4-cyano-3-hydroxybutyric acid)으로 에난치오선택적으로 전환하는 니트릴라아제를 찾고자 하는 것이다(그림 11.8A). (*R*)-4-시아노-3-수산화부티르산의 에틸 에스테르는 콜레스테롤 수치를 낮추는 약품인 Lipitor를 에난치오선택적으로 합성하는 중간물질이다. 137개 니트릴라제 중에서 110개가 3-수산화글루타르니트릴를 가수분해하였다. (*R*)-4-시아노-3-수산화부티르산을 만드는 가장 좋은 효소는 100 mM 기질 농도에서 95% 이상의 거울상 이성질 익세스(enantiomeric excess, ee)값을 보였다.

효과적인 생산과정을 위해 기질농도 3 M에서 효소촉매 가수분해를 수행할 필요성이 있다. 불행히도, 0.5, 1, 2, 3 M 기질에서 효소활성을 측정하면 반응 후의 enantiomeric excess 는 92.1%, 90.7%, 89.2%, 87.6%로 측정되었다. 효소 촉매반응의 경우, 매우 높은 기질 농도에서 일어나는 현상은 낮은 활성과 선택성, 기질 또는 산물에 의한 저해와 함께 효소의 불안정이 포함된다.

야생형 니트릴라아제의 단일 사이트 효소변이를 코딩하는 유전자 라이브러리를 제조하고 *E. coli*에서 발현시켰다. 원하는 입체 선택적 효소를 찾기 위해서 고효율 질량분석계와 키랄 ^{15}N- 표지 기질인 (^{15}N-(*R*)-3-hydroxyglutaryl nitrile)을 사용하였다. (*R*)-선택적인 니트릴라아제로 기질을 가수분해하면 ^{15}N가 제거된다. 반면에 (*S*)-선택적인 니트릴라아제로 가수분해하면 ^{15}N가 산물에 남아있게 된다(그림 11.8B).

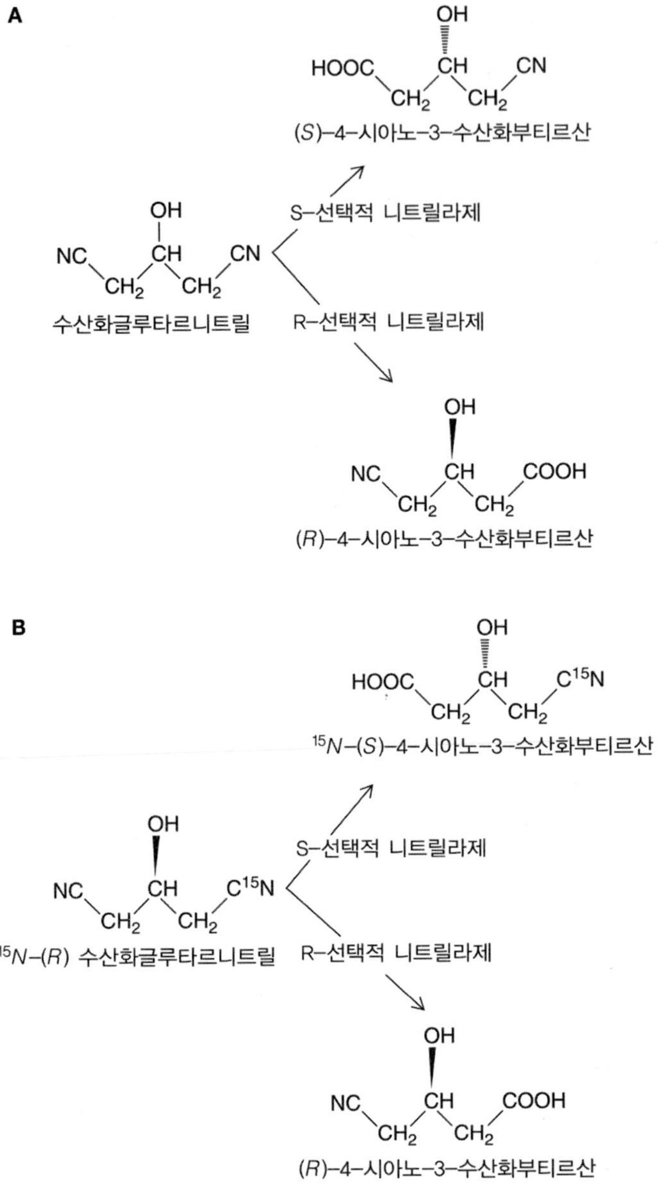

A

(S)-4-시아노-3-수산화부티르산

S-선택적 니트릴라제

수산화글루타르니트릴

R-선택적 니트릴라제

(R)-4-시아노-3-수산화부티르산

B

^{15}N-(S)-4-시아노-3-수산화부티르산

S-선택적 니트릴라제

^{15}N-(R) 수산화글루타르니트릴

R-선택적 니트릴라제

(R)-4-시아노-3-수산화부티르산

그림 11.8

(A) 니트릴라제 가설효소는 대칭 기질인 수산화글루타르니트릴(hydroxyglutaronitrile)에 대해 100% S 또는 100% R 거울상 이성질 선택성으로 (*S*)- 또는 (*R*)-4-시아노-3-수산화부티르산(4-cyano-3-hydroxybutyric acid)으로 전환. (B) 키랄 기질인 ^{15}N-(*R*)-수산화글루타르니트릴(^{15}N-(*R*)-hydroxyglutaronitrile)을 이용하여 니트릴라아제의 S 또는 R 선택성을 결정하기 위한 질량 분광계 분석. ^{15}N-(*S*)-산물은 m/z값이 130인 반면에 (*R*)-산물은 m/z 값이 129이다.

이 측정법을 사용해서 야생형 효소보다 개량된 변이 니트릴라아제(Ala190His)를 찾게 되었다. 2.25 M 기질 농도에서 야생형 니트릴라아제는 24시간 내에 87.8% ee값으로 기질을 산물로 전환하였다. 반면에 변이 니트릴라아제(Ala190His)는 98.1% ee로 산물을 생산하는 데에 15시간밖에 걸리지 않았다. 변이효소는 매우 높은 기질 농도에서도 빠른 속도로 작용해서 높은 거울상 이성질 익세스(enantiomeric excess)로 산물을 만들어냄으로써 (*R*)-4-시아노-3-수산화부티르산의 대규모 생산을 가능하게 해주었다.

오류-유발돌연변이(error-prone mutagenesis)

PCR을 이용한 DNA 증폭 시, 단백질에 여러 개의 아미노산 치환을 유발하는 방법이 개발되었다. 오류-유발 PCR (error-prone PCR, epPCR)은 효소의 방향성 진화의 첫 단계에서 사용된다. *Pseudomonas aeruginosa* 리파아제에 대해 수행된 계산으로 epPCR로 만들어진 변이단백질의 탐색에 대해 간단히 설명하고자 한다. 이 효소는 285개 아미노산으로 구성된다. 변이 라이브러리의 크기(N)은 효소 분자 당 아미노산 치환개수인 M의 함수로 다음 알고리즘을 사용하여 계산된다.

$$N = 19^M \times 285!/[(285 - M)! \times M!]$$

M=1인 경우, 이론적으로 라이브러리는 5415개의 서열을 갖는다. 그러나 유전자 코드의 변질(degeneracy)과 일부 서열의 특성 때문에 실제 개수는 훨씬 줄게 된다. M=2인 경우, 이론적 개수는 1천5백만 개이며, M=3인 경우 *P. aeruginosa* 변이균주의 이론적인 개수는 500억 개를 넘는다. 개선된 에난치오선택성, 기질특이성 변화, 안정성 변화 등의 특성을 찾기 위해서 고효율 탐색계를 사용해야만 된다는 것을 보여준다.

그림 11.9에 보여준 모델 반응을 사용하면 에난치오선택성이 향상된 *P. aeruginosa* 리파아제를 탐색하는 데에 직면한 문제에 대한 해결 방법을 찾을 수 있다. 반응산물 *p*-니트로페놀이 흡수분광계에 의해 매우 간단하게 측정될 수 있기 때문에 이 반응을 선택하였다. 야생형 효소는 매우 낮은 에난치오 선택성을 나타내었다. 변이 생성 사이클마다 효소 분자당 평균 한 개의 아미노산 치환을 일으키도록 epPCR 조건을 결정하였다; 2000개에서 3000개의 변이효소가 탐색되고 매 사이클에서 얻은 최고의 에난치오선택적인 변이 효소에 대해 이 과정이 반복되었다. 야생효소는 E=1.1을 갖고 있었으나 변이효소A (S149G)는 S-이성질체에 대해 2.1의 E값을 보였다. 추가적인 세 번의 사이클 결과는 다음과 같이 나타났다: 변이효소B (S149G, S155L)은 E=4.4; 변이효소C (V47G, S155L, S149G), E=9.4; 변이효소D (F259L, V47G, S149G), E=11.3. 흥미롭게도 대부분의 변이는 효소의 활성부위 S82에서 멀리 떨어진 위치에서 진행되었다.

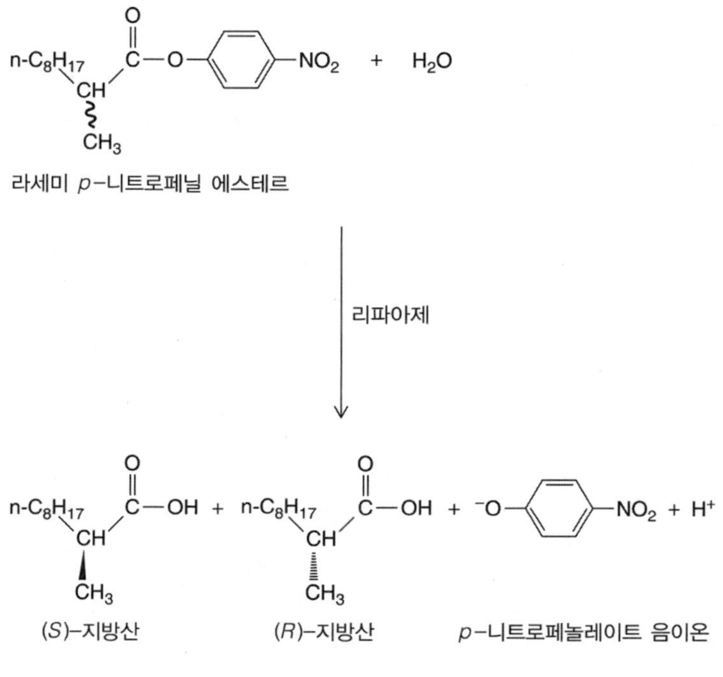

n-C_8H_{17}–CH(CH_3)–C(=O)–O–C_6H_4–NO_2 + H_2O

라세미 *p*-니트로페닐 에스테르

↓ 리파아제

n-C_8H_{17}–CH(CH_3)–C(=O)–OH + n-C_8H_{17}–CH(CH_3)–C(=O)–OH + $^-$O–C_6H_4–NO_2 + H^+

(*S*)-지방산 (*R*)-지방산 *p*-니트로페놀레이트 음이온

그림 11.9

p-니트로페닐에스테르 라세미혼합물의 가수분해 분리속도를 측정함으로써 리파아제의 에난치오선택성을 분석함. 라세미 기질의 효소-촉매 가수분해는 2개의 에난치오 지방산과 405 nm 빛을 흡수하는 *p*-니트로페놀레이트 음이온을 생산한다. 다른 리파아제의 에난치오선택성을 측정하기 위해서 (*S*)-와 (*R*)-기질로부터 *p*-니트로페놀레이트 생성속도를 각각 별도로 또는 함께 쌍으로 측정하여 분석한다.

궁극적으로 야생형 유전자를 효소분자당 3개 아미노산 치환비율로 epPCR을 수행하고 변이 유전자의 DNA셔플링을 수행하여 E>51 값을 갖는 변이단백질(D20N, S53P, S155M, L162G, T180I, T234S)을 만들게 되었다. 에난티오선택성의 증가 외에도 변이 단백질은 야생형 단백질보다 100배 이상의 활성을 갖는다. 구체적인 분자모델링과 양자역학 연구를 통해서 변이 단백질의 향상된 (*S*)-에난치오선택성은 두 개의 변이 S53P와 L162G의 협력작용에 기인하는 것으로 밝혀졌다. 이들 아미노산도 활성부위에서 멀리 떨어져 있다. 이런 변이는 간접적으로 (*S*)-에스테르를 수용하는 키랄 포켓을 형성하고, 효소의 에스테르 기질의 가수분해 촉매반응에서 전이상태의 안정화를 제공한다. 두 번째 효과는 변이효소의 향상된 활성을 나타내는 데에 기여했다. 전통적인 단백질 디자인을 통해서는 발견될 수 없었던 결과이며 방향진화를 통해서 만들어진 변이 효소의 성공적인 실례이다.

단백질공학의 추론적 방법

역학과 열역학 연구 뿐만 아니라 단백질 서열, 효소의 구조, 여러 리간드와의 3차원 복합체구조를 기반으로 해서 효소의 특이성과 보조인자, 저해제, 다른 단백질과의 상호작용, 그리고 촉매기작이 정확하게 이해된다. 여기서는 위치특이적 돌연변이유발 방법이 선택될 수 있는 방법이다. 변이 코돈을 포함하는 프라이머를 이용한 PCR에서 여러 가지 다양한 위치특이적 돌연변이유발 기법이 수행된다.

E. coli 2-데옥시리보오스-5-포스페이트 알돌라제의 위치특이적 돌연변이 유발

앞서 다룬 *E. coli* DERA 효소의 기질 특이성과 촉매 활성을 변경하고자 하는 연구에서 위치 특이적 돌연변이 유발의 효력을 알 수 있다. DERA와 2-데옥시리보오스-5-포스페이트 결합체의 결정구조가 각각 0.99Å과 1.05Å 해상도로 밝혀졌다. 이 구조를 통해 효소의 3차 구조, 기질특이성 결정요소, 촉매기작 결정요소를 자세히 알게 되었다.

야생형 DERA는 인산화된 기질에 대해 매우 높은 선호도를 갖고 동시에 제한된 기질과 결합한다. 인공적인 기질의 범위를 확장하는 것이 유기합성과정에서 이 효소의 사용도를 넓히는 핵심사항이다. DERA-기질 결합체의 1.05Å 구조가 위치특이적 돌연변이유발 연구에서 중요한 단서를 제공했다. Gly171, Lys172, Gly204, Gly205, Val206, Arg207, Gly236, Ser238, Ser239 (그림 11.10)을 포함하는 많은 아미노산이 인산기 결합 포켓을 형성한다. Ser238 잔기만이 2-데옥시리보오스-5-포스페이트의 인산기와 직접적으로 수소결합을 형성한다. 연구된 5개의 아미노산의 위치 특이적 변이 단백질 중에서 Ser238Asp 변이단백질이 가장 의미있는 것으로 밝혀졌다. 인산기와 가까운 곳에서 음전하를 띠게 되면 전기적 척력이 일어나고 기질에 대한 효소의 친화력이 감소하는 결과가 생길 것으로 예상되었다. 실제로 그런 일이 벌어졌다. Ser238Asp 변이효소에 의해 촉매되는 역반응의 경우에 D-2-데옥시리보오스에 대한 K_m값은 30% 가량 줄어들고 k_{cat} 값은 두 배로 증가되었다. 동시에 인산화된 기질에 대한 k_{cat} 값은 1/100로 감소했고 K_m 값은 50배 이상 증가하였다. 결국 Ser238Asp 변이효소는 2-데옥시리보오스에 대한

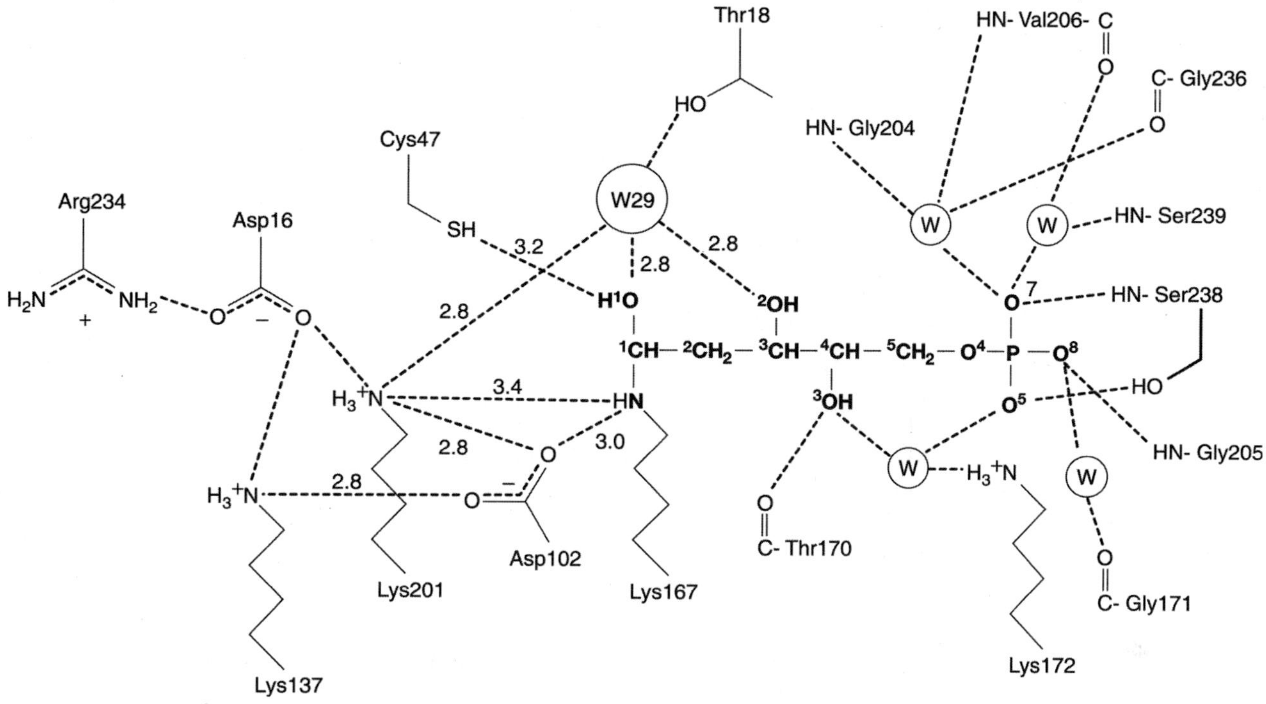

촉매반응속도가 2.5배 증가하였다. 이런 데이터가 DERA 변이효소의 합성능력을 미리 예상할 수 있음을 보여주었다. 알돌(aldol)반응 활성의 증가는 역방향-알돌 동력학 데이터와 일치하였다.

Ser238Asp 변이효소가 인공기질에 대해서도 활성을 보였다는 것이 뜻밖의 보너스였다. Lipitor를 합성하는 중간체인(그림 11.5C) 아자이도피라노스(azidopyranose)를 합성하는 과정에서 3-아자이도프로핀알데히드(3-azidopropinaldehyde)를 수용물질로 2몰의 아세트알데하이드를 공여물질로 사용하는 알돌 반응을 촉매하였다. 3-아자이도프로핀알데히드는 야생형 효소의 기질로 사용되지 않는다.

그림 11.10

효소-기질 결합구조에서 카비놀아민(carbinolamine) 공유결합 중간체를 1.05Å 해상도로 조사된 야생형 D-2-데옥시리보오스-5-포스페이트 알돌라제의 D-2-데옥시리보오스와의 상호작용. 수소결합은 점선으로 표시하였고 길이는 옹스트롬으로 나타내었다. [Heine, A., DeSantis, G., Luz, J. G., Mitchell, M., Wong, C-H., and Wilson, I. A. (23001). Observation of covalent intermediates in an enzyme mechanism at atomic resolution. *Science*, 294, 369-374.]

대규모 생물촉매 공정

다음에 주어진 예는 생물촉매공정에 의해 대량으로 생산된 산물을 보여준다. 폴리머화학과 화학산업에서 각각 1개씩, 그리고 식품산업에서 2개의 예를 들어 설명하겠다. 이런 생물전환공정은 단순함, 효율성, 부산물의 최소화로 인해 잘 알려져 있다.

고농도 과당 시럽 생산

식품산업을 비롯한 낙농, 제빵, 양조산업에서는 치즈, 빵, 맥아음료, 과일음료와 야채음료의 정화, 연육화된 고기를 생산하기 위해서 동물, 식물, 미생물 유래의 효소를 사용해 왔다(표 11.5). 부분정제되거나 정제된 미생물 효소가 제과산업, 소프트드링크 산업에서 포도당과 과당시럽 생산에 오래전부터 사용되어 왔다. **고농도 과당시럽**

은 매년 백만 톤 이상 생산되고 있으며 현재 가장 큰 규모의 생물촉매 공정을 통해 생산되는 제품이다.

녹말에서 포도당과 과당을 생산하는 공정은 저렴하고 가격 면에서도 자당과 경쟁할 만하다. 포도당은 자당 단맛의 75%이지만 이성질체인 과당은 자당의 두 배 단맛을 갖고 있다(그림 11.11). 결과적으로 무게는 절반이지만 자당의 두 배 단맛을 제공하기 때문에 과당이 저칼로리 식품의 감미료로 선호된다. 첫 번째 단계인 **액화(liquefaction)**공정은 녹말을 낮은 포도당상당(dextrose equivalent, DE)인 말토덱스트린(maltodextrin)으로 전환하는 것이다(그림 11.12, 표 11.6). 이 단계는 95℃~107℃ 온도와 중성 pH에서 짧은 시간동안 수행된다. 낮은 농도의 칼슘이온과 녹말기질의 안정화 작용 덕분에 *B. licheniformis* α-아밀라아제는 높은 온도에서 견딜 수 있고 녹말을 낮은 DE 말토덱스트린으로 전환한다. 낮은 DE 말토덱스트린을 포도당으로 전환하는 과정인 **당화(saccharification)**과정은 2개 효소 혼합액에 의해 수행된다. 곰팡이 *A. niger*의 글루코아밀라아제가 녹말 사슬의 비환원 말단에서부터 α-1,4 결합을 빠르게 끊고 포도당 분자를 떨어뜨린다. 이 효소는 α-1,6 결합도 천천히 끊을 수 있다; 하지만 두 번째 효소인 *Bacillus*의 풀루란나아제(pullulanase)가 그것을 빠르게 끊는다. psicose가 형성되는 것을 막고(알칼리 pH에서 잘 만들어짐) 고온에서 포도당의 캐러멜화에 의한 유색산물이 형성되는 것을 피하기 위해 당화과정은 약산성조건과 낮은 온도에서 수행된다.

대규모 **이성화과정(isomerization)**을 통해 포도당을 과당으로 전환하는 데에는 여러 가지 어려움이 따른다. 잘 알려진 포도당을 과당으로 전환하는 대사과정은 여러 단계에 의해 진행된다. 포도당이 포도당 6-인산으로 인산화된다; 포도당 6-인산이 과당 6-인산으로 이성화되고 후자는 탈인산화되어 과당으로 된다. 1957년 Richard O. Marshall와 Earl Kooi는 포도당을 직접 과당으로 전환하는 미생물 효소를 최초로 보고하였다. Marshall은 *Aerobacter cloacae*(현재 *Enteobacter cloacae*) 박테리아가 자일로스로 배양하면 염화비산과 염화마그네슘 존재하에서 포도당을 과당으로 전환할 수 있는 것을 관찰하였다. 이 전환은 자일로스 이성화효소에 의해 촉매되었다. 이것의 대사적 역할은 D-자일로스를 D-자일룰로스(xylulose)로 전환하는 것이다(그림 11.13: Box 11.5). 그러나 원료생물체에서 자일로스 이성화효소 합성의 유도물질인 자일로스의 고비용, 포도당에 대한 자일로스이성화효소의 낮은 친화도; 불과 33%의 과당 수율; 장시간의 반응시간을 포함하는 많은 어려움이 상업적으로 활용하는 것을 가로막았다. 게다가 식품을 만드는 공정에서 비산을 사용하는 것은 바람직하지 않았다.

다른 생물체에서 자일로스 이성화효소를 찾다가 *Streptomyces* 종으로부터 비산을 요구하지 않는 자일로스 이성화효소가 생산되는 것이 발견되었다. 방선균을 연구하면서 효소 생산용 유도물질인 자일로스의 고비용 문제도 해결되었다. *Streptomyces* 균은 세포 내부의 자일로스 이성화효소 (이제부터는 포도당 이성화효소로 부름)뿐만 아니라 세포외부의 자일란나아제(xylanase)를 생산한다. 자일란나아제는 폴리머 자일란을 자일로스로 분해한다. 자일란은 밀짚이나 나무로부터 값싸게 얻을 수 있다. 자일란을 사용함으로써 효소 생산용 유도물질의 가격이 크게 줄어들었다. *Streptomyces* 효소를 이용한 포도당으로부터 과당으로의 수율은 40%에서 50%사이였다. 42% 과당과 58% 포도당을 포함하는 시럽의 단맛은 자당의 단맛과 동일하기 때문에 이런 수율의 증가는 의미가 있다.

표 11.5 식품산업에서 산업적 규모로 활용되는 미생물 효소와 생산 미생물

효소	생산 미생물	작용	활용
α-아밀라아제	*B. subtilis* *B. licheniformis* *Aspergillus oryzae*	분자 내 α-1,4-글리코시드 결합의 가수분해	녹말 가공
글루코아밀라아제	*Aspergillus oryzae* *Aspergillus niger* *Rhizopus oryzae*	녹말의 비환원 말단에서 포도당 제거 또는 느리게 분기점에서 α-1,6 결합 분해	녹말 가공; 양조과정 또는 증류과정의 반죽
플루라나아제	*Klebsiella aerogenes*	아밀로펙틴의 α-1,6 결합 분해	녹말 가공
포도당 이성화효소	*Bacillus coagulans* *Streptomyces albus*	D-포도당을 D-과당으로 전환. 이 효소는 실제로 자일로스 이성화효소이다.	고농도 과당 시럽 생산
β-글루카나아제	*B. subtilis* *A. niger* *Penicillium emersonii*	β-(1,3) 또는 (1,4)-글루코시드 결합을 절단함으로써 β-글루칸 분해	양조
자당효소	*Saccharomyces cerevisiae*	자당을 포도당과 과당으로 분해	제과산업; 제빵
락타아제	*Saccharomyces lactis* *A. oryzae* *A. niger*	젖당을 포도당과 갈락토오스로 분해	낙농산업(우유와 유장 처리)
펙티나아제	*A. oryzae* *A. niger* *R. oryzae*	펙틴 분해(일부 카르복실기가 메틸에스테르로 전환된 α-1,4 결합의 무수갈락트로닌산)	과일쥬스와 포도주의 정화
중성 프로테아제	*B. subtilis* *A. oryzae*	단백질의 펩티드 결합 가수분해	고기와 치즈의 풍미
레닌(키모신)	*Mucor miehei* spp. *E. coli*와 곰팡이에서 생산된 재조합 효소	우유단백질의 응고를 유도하는 κ-카세인의 특정 펩티드결합의 가수분해	치즈 생산
리파아제	*A. oryzae* *A. niger* *R. oryzae*	지방의 에스테르 결합 가수분해	낙농산업

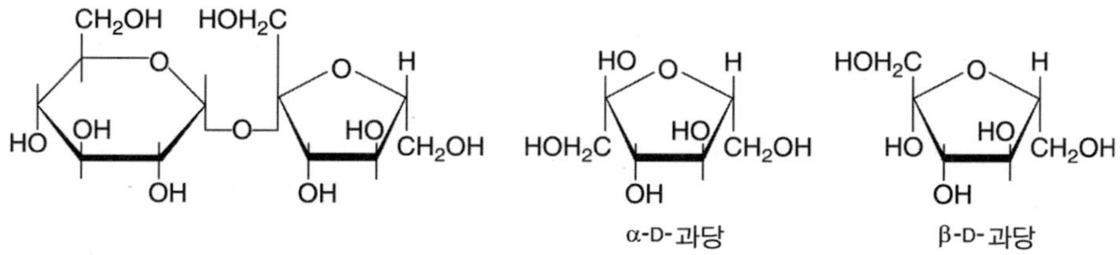

자당: α-D-glucosyl-(1→2)-β-D-fructoside

α-D-과당 β-D-과당

과당

그림 11.11 자당과 과당의 α와 β 아노머 구조.

표 11.6 녹말 가수분해산물의 특성과 산업적 활용

시럽의 종류	DE [a]	조성(%)	특성	활용
저농도-DE 말토덱스트린	15~30	1~20 D-포도당 4~13 말토오스 6~22 말토트리오스 50~80 올리고당	낮은 몰 삼투압농도	임상용 음식 구성; 효소적 당화를 위한 원료물질; 침전제, 충전제, 안정화제, 접착제, 풀
말토오스 시럽	40~45	16~20 D-포도당 41~44 말토오스 36~43 올리고당	높은 점도, 낮은 결정화도, 적당한 단맛	제과산업, 소프트드링크; 양조와 발효; 잼, 젤리, 아이스크림, 소스
고농도 말토오스 시럽	48~55	2~9 D-포도당 48~55 말토오스 15~16 말토트리오스	높은 말토오스 농도	사탕제과산업; 양조와 발효

[a] 포도당 상당(Dextrose equivalent, DE). 글루코시드 결합의 가수분해는 환원 알데히드 그룹을 노출시킨다(그림 11.12). 녹말을 모노머 당과 올리고당의 혼합물로 가수분해하는 것은 동량의 순수 포도당에 대한 화학적 환원능력을 측정하여 결정한다; 순수 포도당을 DE값 100으로 표시한다. 완전히 가수분해된 녹말 샘플은 DE값 100을 갖는다.

출처: Kennedy, J. F., Cabalda, V. M., and White, C. A. (1988). Enzymic starch utilization and genetic engineering. *Trends in Biotechnology,* 6, 184–189.

포도당을 과당으로 효소전환하는 초기 산업공정은 교반 탱크 반응기를 사용했다. 정제하지 않은 포도당 이성화효소 조제액을 효소의 낮은 기질 친화도를 보완하기 위해 대량으로 높은 DE 당에 첨가하였다. 그러나 효소 조제액은 값이 비싸고 계속된 정제과정에서 효소 활성이 낮아졌다. 나중에 효소활성을 계속 유지하기 위해 공정 개선이 고안되었다. 한 가지 해결방안은 고정화된 박테리아 세포를 포함하는 지속형 유수반응기를 사용하는 것이다. 이것은 나중에 순수 효소를 공유결합 또는 비공유결합으로 고체 지지체에 결합시키는 반응기를 만들게 했다. 1 kg의 고정화 효소를 갖는 반응기를 사용하여 18톤 이상의 42% 과당 시럽을 상업적으로 생산할 수 있게 되었다.

그림 11.12

α와 β-아밀라아제, 글루코아밀라아제, 풀루란나아제에 의해 절단되는 부위를 표시한 녹말 구조.

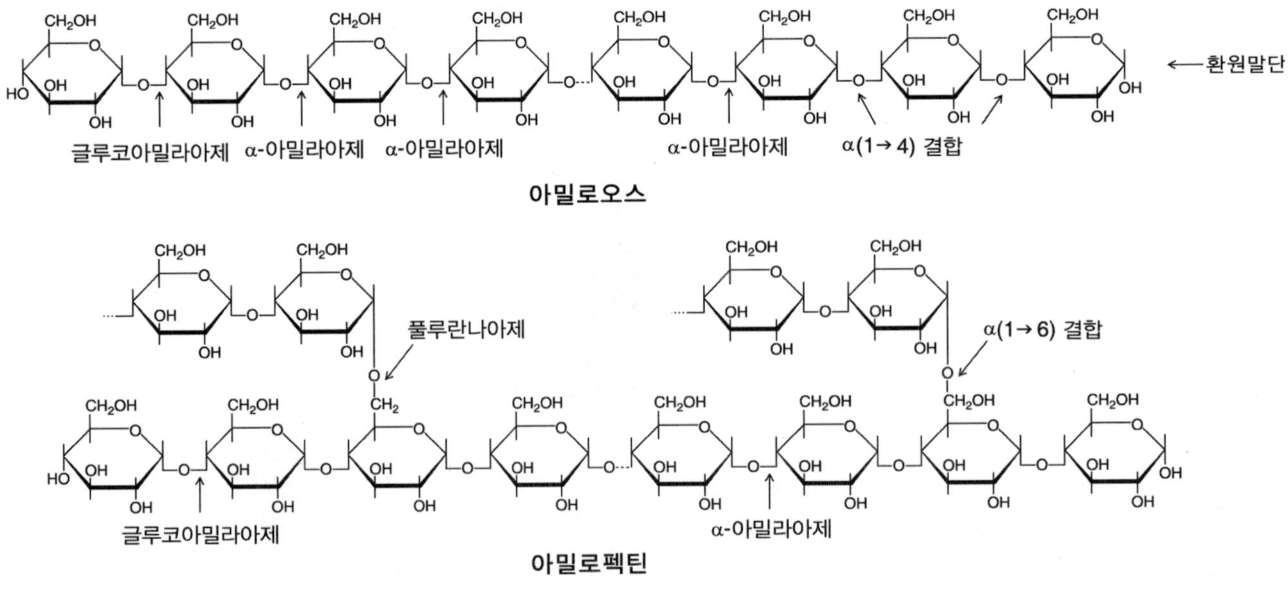

환원말단
글루코아밀라아제
α-아밀라아제
α-아밀라아제
α-아밀라아제
α(1→4) 결합
아밀로오스
풀루란나아제
α(1→6) 결합
글루코아밀라아제
α-아밀라아제
아밀로펙틴

포도당 이성화 반응의 평형은 과당 55% 농도에서 멈춘다. 실제 평형화 과정이 느리게 진행되기 때문에 과당 42%까지만 전환된다. 적당한 조건에서 양이온 교환 크로마토그래피로 높은 농도의 과당 시럽을 얻게 된다. 과당이 포도당보다 더 강하게 흡착되기 때문에 컬럼에 한번 통과하면 42% 과당을 포함하는 시럽이 85% 과당으로 농후하게 된다.

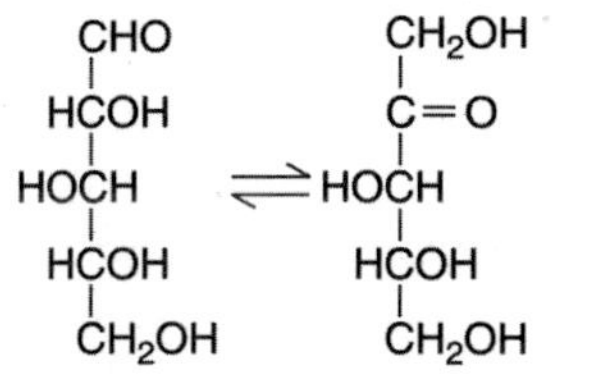

CHO / HCOH / HOCH / HCOH / CH_2OH ⇌ CH_2OH / C=O / HOCH / HCOH / CH_2OH

D-자일로오스 D-자일룰로오스

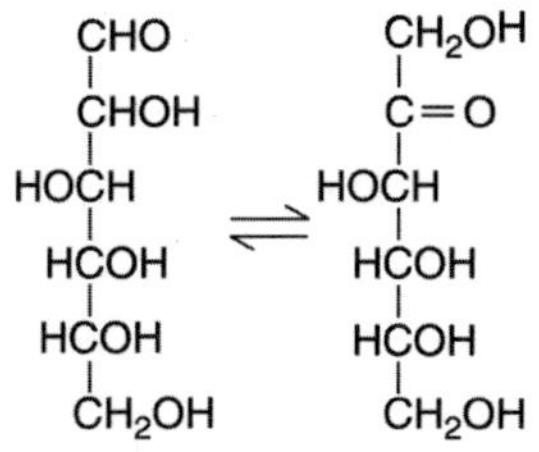

CHO / CHOH / HOCH / HCOH / HCOH / CH_2OH ⇌ CH_2OH / C=O / HOCH / HCOH / HCOH / CH_2OH

D-포도당 D-과당

그림 11.13

자일로스 이성화효소에 의해 촉매되는 이성화 반응. 이 효소는 종종 포도당 이성화효소로 언급된다.

리파아제의 특성과 활용

리파아제(트리아실글리세롤 아실가수분해효소)는 모든 생물체에 포함되어 있으며 지방의 합성과 가수분해를 촉매한다. 생물체에 따라서 이들 효소는 최적 pH, 열안정성, 위치특이성, 가수분해 또는 에스테르화반응에 사용하는 지방산 사슬의 구조와 길이에 따른 선택성이 다양하다. 일부 리파아제는 트리글리세리드의 1번과 3번에 대해 높은 위치 특이성을 갖는다(그림 11.14). 반면에 다른 리파아제는 위치선택성이 전혀 없으며 또 다른 리파아제는 중간레벨의 특성을 보인다.

리파아제는 다음 타입의 반응을 촉매한다.

1. 에스테르 가수분해와 합성

에스테르 가수분해

$$R-COOR' + H_2O \rightarrow R-COOH + R'-OH$$

에스테르 합성

$$R-COOH + R'-OH \rightarrow R-COO-R' + H_2O$$

2. **에스테르 치환반응**

산 분해에 의한 에스테르 치환반응

$$R_a-COOR' + R_b-COOH \rightarrow R_b-COOR' + R_a-COOH$$

알코올 분해에 의한 에스테르 치환반응

$$R-COOR'_a + R'_b-OH \rightarrow R-COOR'_b + R'_a-OH$$

에스테르 교환

$$R_1-COOR'_a + R_2-COOR'_b \rightarrow R_1-COOR'_b + R_2-COOR'_a$$

3. **아미노 분해반응**

$$R-COOR'_a + R_b-NH_2 \rightarrow R-CONH-R_b + R'_a-OH$$

식품산업에서는 정해진 조성의 지방을 생산하고 식품의 향미를 증가시키기 위해 리파아제 촉매반응을 이용한다. 리파아제는 라세미 혼합물을 분리하는 많은 유기합성반응에서도 사용된다.

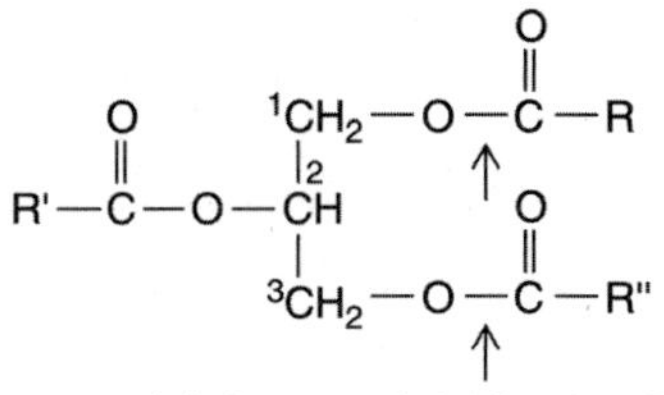

자일로스 이성화효소의 대사적 기능

많은 박테리아는 D-자일로스를 에너지원으로 이용한다. 세포막에 있는 능동 수송시스템이 당을 세포내로 전달하고 자일로스 이성화효소가 D-자일룰로스로 전환한다. D-자일룰로스는 자일룰로스 키나아제에 의해 인산화되어 D-자일룰로스-5-인산으로 된다. 이렇게 인산화된 당은 5탄당 인산 경로와 당분해 경로로 대사된다.

Box 11.5

$R'-C(=O)-O-{}^2CH$ with ${}^1CH_2-O-C(=O)-R$ and ${}^3CH_2-O-C(=O)-R''$

1, 2, 3-트리아실-sn-글리세롤(트리글리세리드)

그림 11.14

트리아실글리세롤의 구조와 전통적인 번호 매김. 화살은 1,3-위치특이적 리파아제에 의해 절단되는 결합을 보여준다.

지방과 오일의 에스테르 치환반응: 카카오기름의 생산

트리글리세리드의 가수분해반응 엔탈피는 매우 작고 에스테르 교환반응에서의 자유에너지 변화값은 제로이다. 결과적으로 리파아제를 지방 및 오일과 함께 섞어 반응시키면 트리아실글리세롤의 가수분해와 재합성이 동시에 진행된다. 트리아실글리세롤 분자 사이에 지방산 아실기의 교환을 통해 에스테르기가 치환된 반응산물이 만들어진다.

리파아제의 위치특이성이 전통적인 화학방법으로는 만들 수 없는 트리아실글리세롤을 생산하도록 해준다(그림 11.15). 박테리아 *Pseudomonas fluorescens*와 *Chromobacterium vinosum* 그리고 곰팡이 *A. niger*와 *Humicola lanuginosa*를 포함하는 많은 미생물이 1,3-위치특이적 리파아제를 배양액으로 분비하고 지질의 가수분해를 촉매한다. 이 효소들은 발효를 통해서 대량으로 생산되어 널리 사용되고 있다.

초콜렛과 카카오 분말의 제조과정에서 추출되는 카카오 빈의 식용 천연지방인 카카오기름은 제과산업에서 널리 이용된다. 이 식물성 지방의 독특한 트리글리세리드 조성은 매우 좁은 녹는 온도범위를 제공한다(표 11.7). 높은 상업적 가치의 카카오기름 대용물질을 생산하기 위한 산업공정이 개발되었다. 즉, 카카오기름의 주성분인 1,3-디스테아로일-2-올레일글리세롤(1,3-distearoyl-2-oleylglycerol)을 생산하기 위해서 팜유의 1,3-디팔미토일-2-올레오일글리세롤(1,3-dipalmitoyl-2-oleylglycerol)과 스테아린산 같은 값싼 오일의 에스테르 교환반응을 수행한다(표 11.7). 만톤 이상의 카카오기름이 매년 생산된다. 산업적인 에스테르 교환공정은 생물촉매 분야에서 두 개의 흥미로운 특징을 보인다. 첫째로 이상계(two-phase system)에서 반응이 진행된다: 반응물질과 반응산물이 물과 섞이지 않는 유기상에 포함되어 있다. 반면에 수화된 효소단백질은 소량의 수용액 상에 들어 있다. 두 번째로 이 공정에서는 가수분해 효소가 자연상태 반응의 역반응을 촉매하게 된다.

리파아제 촉매에 의한 폴리에스테르의 합성

동일한 몰 수의 diacid와 diol로부터 규칙적인 구조를 가진 선형 폴리에스테르를 합성하는 반응이 리파아제-촉매합성의 또 다른 대표적인 예이다.

폴리에스테르(polyester)란 용어는 폴리머 골격에 에스테르 반응기를 가진 모든 폴리머를 지칭한다. 폴리에스테르는 폴리머의 개발 역사에서 특별한 의미를 가진다. Wallace Hume Carothers와 듀퐁에 있는 그의 유기화학팀에 의해 1930년대에 진행된 폴리에스테르 연구가 폴리머 화학분야에서 근본적인 발전을 가져왔고 결국 나일론의 발명과 이 특별한 폴리아미드로부터 유도된 다양한 소비자 제품이 출현하게 되었다. 비활성 상태의 이중 반응기(difunctional) 모노머인 diol과 diacid의 단계적인 축합반응이 폴리에스테르의 일반 합성과정이다. Carother는 합성 실크대체물질을 생산할 목적으로 여러 가지 길이의 지방족 diol과 diacid 간의 반응 산물의 특성을 조사했다. 이런 폴리에스테르화 반응은 200℃ 이상의 높은 온도에서 진행되었다.

폴리에스테르의 다음 두 가지 특성이 그 가치를 떨어뜨렸다. 분자량이 5000을 넘지 못했으며 구조적인 규칙성이 결여됨으로 해서 결정화가 잘 진행되지 않고 기계적 특성이 떨어지는 물질을 생산하게 하였다. 폴리머화 반응을 촉매하기 위해 리파아제를 사용하면

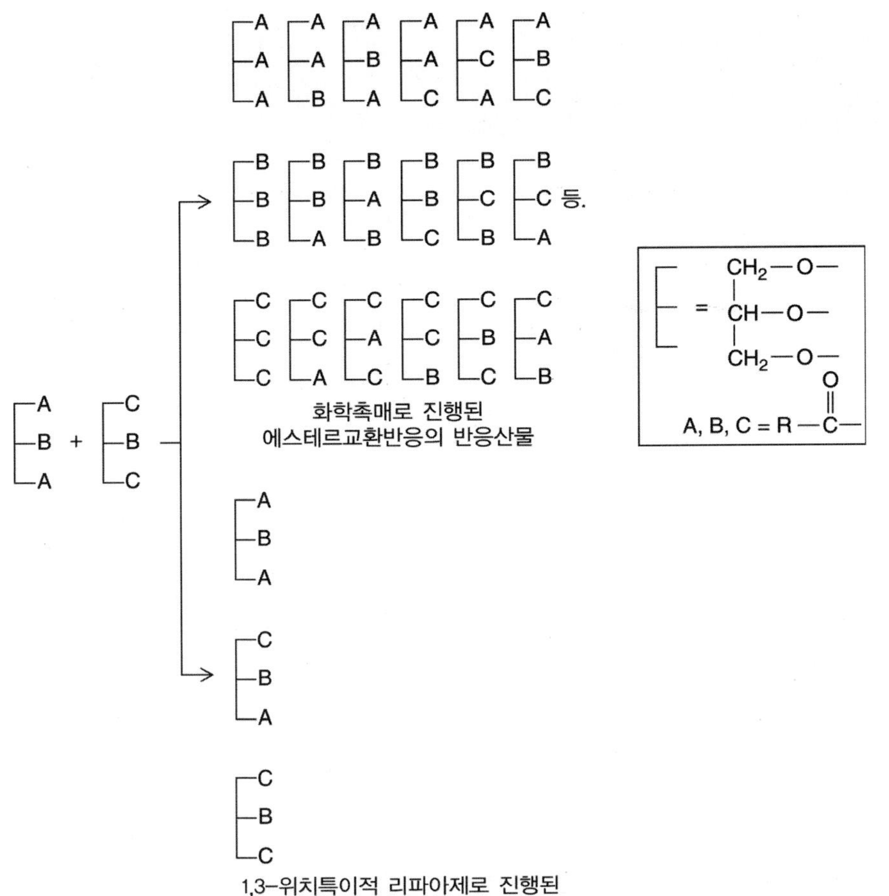

그림 11.15

두 개의 트리아실글리세롤의 혼합물로부터 진행되는 에스테르 교환반응의 화학적 촉매 산물과 효소적 촉매산물 비교. 트리아실글리세롤의 1-과 3-위치는 동일하지 않기 때문에 ABC 화합물과 CBA는 다르다. 하지만 이 그림에서는 과정을 단순화하기 위해서 이런 복잡성을 무시하였다.

이런 좋지 않은 특성을 피할 수 있다. 리파아제 촉매를 이용하고 동일한 몰수의 아디핀산(adipic acid) [HOOC-$(CH_2)_4$-COOH]와 부탄-1,4-디올(butane-1,4-diol) [HO-$(CH_2)_4$-OH]를 사용하여 폴리에스테르 합성이 연구되었다. 부탄-1,4-디올은 빌딩블록과 무수 용매로 동시에 작용했다. 다공성 아크릴 레진에 고정화된 *Candida antarctica* 리파아제(Novozym 435; 효소중량 13%)를 촉매로서 첨가하여 60℃에서 폴리머화 반응을 시작했다. 반응에서 생성된 물은 진공하에서 증발시켜 제거하였다. 반응 혼합액은 이질적이다. 즉, 아디핀산은 부탄-1,4-디올에 대한 용해도가 낮고 고정화효소도 용해도가 낮다. 이런 특별한 조건 하에서 다음과 같이 반응이 진행되는 것이 밝혀졌다.

반응 1. 아디핀산(adipic acid, A)가 리파아제의 활성부위 세린을 아실화해서 아실효소를 형성했다.

$$A + \text{리파아제} \rightarrow \text{리파아제-A} + H_2O$$

반응 2. 아실-효소를 부탄-1,4-디올(B)이 공격해서 주요 신톤(synthon)인 6-카르복시-11-수산화-7-옥사운데카논산(6-carboxy-11-hydroxy-7-oxaundecanoic acid) (AB)를 형성했다.

표 11.7 *Mucor miehei* 1,3-위치특이적 리파아제에 의한 팜유와 스테아린산의 에스테르 치환반응으로 생산되는 카카오기름 대체물질의 조성

트리글리세리드	카카오기름 내의 함량 (%)	에스테르 치환반응 산물내의 함량 (%)
SSS	1.0	3.0
POP	16.3	16.2
POS	40.8	38.5
SOS	27.4	28.5
SLnS	7.5	8.0
SOO	6.0	4.0
기타	1.0	1.0

S, stearoyl; P, palmitoyl; O, oleyl; Ln, linoleyl; POP 등, 1,2,3 위치에 특정 아실기를 지닌 트리글리세리드.

리파아제-A + B → 리파아제 + AB

반응 3. 부탄-1,4-디올로 AB의 효소촉매 에스테르화반응을 통해 BAB를 형성했다.

반응 4. B(AB)에 AB를 단계적으로 첨가해서 $B(AB)_2$, $B(AB)_3$와 같이 폴리머의 길이 연장을 진행했다.

위에 제시된 반응기작에 대한 증거로는 폴리머화 반응 동안에 생성된 올리고머 중에서 AB만이 유일한 산성말단 분자이고 다른 올리고머는 서로 AB 만큼씩 차이가 난다는 점을 들 수 있다. 반응이 끝까지 진행되고 좁은 온도범위에서 결정화되는 규칙적인 구조를 지닌 고분자 폴리머(15,000까지)가 만들어진다. 이 폴리에스테르는 규칙적인 구조로부터 제공되는 특별한 물리적 성질 덕분에 코팅과 접착제로 활용된다.

아크릴아미드의 생산

공업용 화학물질의 산업생산에서 아크릴아미드의 생산이 생물전환공정의 최초 성공사례였다. 매년 20만톤 이상의 아크릴아미드가 석유회수과정에서 사용될 뿐만 아니라 토양첨가제인 응집제(flocculant)와 합성섬유 성분으로 사용된다. 양적으로 볼 때, 생물촉매 공정의 상업적 산물 중에서 **아크릴아미드**가 고농도 자당시럽에 이어 두 번째를 차지한다.

아크릴아미드의 화학합성에서 아크릴로니트릴은 구리염에 의해 촉매되는 반응에서 다음과 같이 수화된다.

표 11.8 아크릴로니트릴을 아크릴아미드로 전환하는 과정에서의 촉매공정과 효소공정의 비교

	촉매 공정	효소 공정
반응온도	70℃	0~5℃
1회 반응수율	70~80%	99.99%
반응산물의 농도	~30%	48~50%[a]
잔존 아크릴로니트릴	>30%[b]	극소량
부산물	다양함	없음
분리	Cu^{2+} 제거; 탈색	탈색
에너지 소모량		
증기	1.6	0.3
전력	0.3	0.1

[a] 반응산물의 농도가 높아서 농축과정이 필요 없다.

[b] 반응하지 않은 아크릴로니트릴을 제거해야 한다.

[c] 아크릴산은 상당한 부산물이다. 아크릴산의 생성속도는 아크릴아미드 생성속도보다 빠르다. 기질과 반응산물의 이중결합에 부가반응을 통해 만들어지는 다른 부산물에는 니트릴로트리스프로피온아미드와 에틸렌시아노하이드린이 포함된다. 또한, 기질과 반응산물의 이중결합에서 중합반응이 진행된다.

출처 : Yamada, H., Shimizu, S., and Kobayashi, M. (2001). Hydratases involved in nitrile conversion: screening, characgterization and application. *The Chemical Record*, 1, 152–161; Organization for Economic Co-operation and Development. (2001). *The Application of Biotechnology to Industrial Susainability*, pp. 71–75, Paris: OEDC.

$$CH_2=CHCN + H_2O \xrightarrow[\text{또는 니트릴수화효소}]{Cu^{2+}\text{ 촉매}} CH_2=CHCONH_2$$

아크릴로니트릴로부터 아크릴아미드를 생산하는 생물전환공정에서는 *Rhodococcus rhodochrous* J1 니트릴수화효소를 이용한다. 니트릴수화효소는 코발트를 보조인자로 포함한다. 아크릴아미드 생산공정은 pH 7.5에서 8.5 사이 그리고 0℃에서 5℃의 조건에서 진행된다. 매우 많은 양의 니트릴수화효소를 지닌 *R. rhodochrous* J1 세포는 반응기 안에서 양이온 아크릴아미드-기반 젤에 고정화된다. 반응기를 통과하는 아크릴로니트릴은 부산물 없이 99.99%의 수율로 아크릴아미드로 전환된다. 고정화 세포는 반복적으로 재사용될 수 있다.

화학공정과 생물전환공정을 표 11.8에서 비교하였다. 이 표에 나타난 것과 같이 화학공정에 비해 효소공정이 여러 측면에서 유리할 뿐만 아니라 효소공정은 에너지를 적게 소모하고 독성 폐기물질을 거의 생산하지 않는다.

요약

원핵세포 미생물과 곰팡이는 지구상 거의 모든 생태적 위치에서 콜로니를 형성한다. 온도, pH, 염분농도, 압력, 화학조성, 광량, 광의 종류 등에서 다양한 여러 환경에서 미생물이 활발하게 생장한다. 특별한 환경에 적응한 미생물에 의해 만들어지는 효소의 특징은 그 환경의 물리화학적 조건에서 기능을 수행해야 하는 요구를 충족한다. 총체적으로 미생물효소는 매우 다양한 환경에서 수 많은 천연 및 인공 유기화합물을 전환하는 엄청나게 다양한 화학반응을 촉매한다. 순수 배양이 가능한 미생물을 탐색하거나 배양과는 무관한 환경 DNA 샘플로부터 얻은 클론의 고효율탐색을 통해서 원하는 특성을 지닌 생물촉매를 개발하기 위해 이런 막대한 효소 저장소를 이용할 수 있다.

화학적 방법만으로는 달성하기 어렵고 불가능한 위치특이적이고 입체특이적인 생물전환반응을 촉매하는 데에 효소는 매우 유용하고 효과적이다. 화학공정에서 종종 벌어지는 원치않는 이성화반응, 라세미화반응(racemization), 에피머화반응(epimerization), 재배치(rearrangement) 반응을 피할 수 있다. 마지막으로 효소는 화학반응 속도를 10^8에서 10^{12}만큼 크게 증가시킬 수 있다.

β_3-부신 수용기 효능제의 합성 및 널리 이용되는 아릴옥시펜옥시프로피온산(aryloxy-phenoxypropionic acid) 제초제를 합성하는 중간체인 (S)-2-염화프로핀산 합성 연구에서 설명되었듯이 비대칭 촉매 반응이 제약산업과 농업산업의 키랄 신톤(synthone)을 만드는 데에 매우 중요하다.

자연계에서 관찰된 효소 유전자는 특별한 반응 또는 공정에 최적화된 변이 효소를 만들기 위한 시험관 내 방향진화를 위한 출발물질로 사용된다. 종종 3차구조 정보 또는 반응기작에 대한 지식이 없는 효소에 대해서 물리적 성질 또는 촉매 성질을 최적화할 필요가 있다. 많은 접근 방법이 이런 필요를 해결해 준다. 이중에서 3가지-DNA셔플링(shuffling), 포화돌연변이유발, 오류-유발 돌연변이유발에 대해 자세한 예와 함께 설명하였다. 기질특이성, pH 활성, 비활성도(specific activity), 에난치오선택성, 열안정성, 유기용매에 대한 내성, 용해도, 결정화능력에서 원하는 변이를 지닌 효소를 만드는 데에 DNA셔플링기법이 효과적인 접근 방법이다.

동역학과 열역학적 연구뿐만 아니라 서열 및 효소와 여러 리간드와의 3차원 결합구조를 바탕으로 효소의 특이성과 보조인자, 저해제, 다른 단백질과의 상호작용 및 촉매기작이 자세히 이해되었다. 여기서 위치특이적 돌연변이유발기법이 종종 사용되는 방법이고 이 방법의 실례를 자세히 설명하였다.

유기화학자는 60년 이상 생물촉매를 이용해왔다. 생물촉매의 이용은 최근 들어 두 가지 기술 발달에 힘입어 폭발적으로 증가하고 있다. 첫 번째는 원자경제학, 독성폐기물 절감, 에너지 보존을 강조하는 녹색화학기술의 영향이다. 두 번째는 자연DNA로부터 흥미로운 효소 유전자의 막대한 라이브러리를 생산하고 이것을 매우 빠르게 탐색하는 능력과 세포외 조작으로 해당 서열을 최적화하는 능력의 효과이다.

산업에서의 생물촉매의 엄청난 활용 중에서 몇 가지 자세한 케이스연구를 선발하였다. 식품산업에서는 고농도 자당시럽이 생물촉매를 이용한 대규모 산물이다. 카카오기름 대체품을 생산하기 위한 리파아제의 지방과 오일의 에스테르 교환반응이 또 다른 예이다.

폴리에스테르의 리파아제-촉매 합성은 폴리머 화학에서 생물촉매의 가치를 보여주었다. 효소촉매에 의해 생산되는 고순도 아크릴아미드는 대규모로 사용되는 공업용 화학물질의 성공적인 제조과정의 모델을 제공하였다.

|참고문헌과 온라인 자료|

일반적인 내용

Faber, K. (2004). *Biotransformation in Organic Chemistry*, Berlin: Springer-Verlag.

Schmidt, E., and Blaser, H.-U. (2003). *Asymmetric Synthesis on Industrial Scale: Challenges, Approaches, and Solutions*, New York: Wiley-VCH.

Mattlack, A. S. (2001). Biocatalysis and biodiversity. In *Introduction to Green Chemistry*, pp. 241–289. New York and Basel: Marcel Dekker.

Organization for Economic Co-operation and Development. (2001). *The Application of Biotechnology to Industrial Sustainability*, Paris: OECD.

Liese, A., Seelbach, K., and Wandrey, C. (2000). *Industrial Biotransformations – A Comprehensive Handbook*, Weinheim: Wiley-VCH.

Straathof, A. J. J., Adlercreutz, P. (eds.) (2000). *Applied Biocatalysis*, 2nd Edition, Amsterdam: Harwood Scientific Publishers.

제약산업과 농업화학산업에서의 비대칭 촉매반응

Straathof, A. J. J., Panke, S., and Schmid, A. (2002). The production of fine chemicals by biotransformations. *Current Opinion in Biotechnology*, 13, 548–556.

Patel, R. N. (2001). Biocatalytic synthesis of intermediates for the synthesis of chiral drug substances. *Current Opinion in Biotechnology*, 12, 587–604.

Taylor, S. C. (1988). D-2 haloalkanoic halidohydrolase. U.S. Patent 4,758,518.

미생물 다양성: 다양한 효소의 보물창고

Atomi, H. (2005). Recent progress towards the application of hyperthermophiles and their enzymes. *Current Opinion in Chemical Biology*, 9, 166–173.

Robertson, D. E., et al. (2004). Exploring nitrilase sequence space for enantioselective catalysis. *Applied and Environmental Microbiology*, 70, 2429–2436.

Van den Burg, B. (2003). Extremophiles as a source of novel enzymes. *Current Opinion in Microbiology*, 6, 213–218.

유기화학에서의 생물촉매

Demirjian, D. C., Moris-Varas, F., and Cassidy, C. S. (2001). Enzymes from extremophiles. *Current Opinion in Chemical Biology*, 15, 144–151.

Greenberg, W. A., et al. (2004). Development of an efficient, scalable, aldolase-catalyzed process for enantioselective synthesis of statin intermediates. *PNAS*, 101, 5788–5793.

효소의 시험관 내 진화

Bloom, J. D., Meyer, M. M., Meinhold, P., Otey, C. R., MacMillan, D., and Arnold, F. H. (2005). Evolving strategies for enzyme engineering. *Current Opinion in Structural Biology*, 15, 447–452.

Yuan, L., Kurekl, I., English, J., and Keenan, R. (2005). Laboratory-directed protein evolution. *Microbiology and Molecular Biology Reviews*, 69, 373–392.

Otten, L. G., and Quax, W. J. (2005). Directed evolution: selecting today's biocatalysts. *Biomolecular Engineering*, 22, 1–9.

Eijsink, V. G. H., Gåseidnes, S., Borchert, T. V., and van den Burg, B. (2005). Directed evolution of enzyme stability. *Biomolecular Engineering*, 22, 21–30.

Antikainen, N. M., and Martin, S. F. (2005). Altering protein specificity: techniques and applications. *Bioorganic and Medicinal Chemistry*, 13, 2701–2716.

Reetz, M. T. (2004). Controlling the enantioselectivity of enzymes by directed evolution: practical and theoretical ramifications. *PNAS*, 101, 5716–5722.

Stemmer, W., and Holland, B. (2003). Survival of the fittest molecule. *American Scientist*, 91, 526–533.

Zhang, Y-X., Vinci, V. A., Powell, K., Stemmer, W. P. C., and del Cardayré, S. B. (2002). Genome shuffling leads to rapid phenotypic improvement in bacteria. *Nature*, 415, 644–646.

Lutz, S., and Benkovic, S. J. (2000). Homology-independent protein engineering. *Current Opinion in Biotechnology*, 11, 319–324.

Castle, L. A., et al. (2004). Discovery and directed evolution of a glyphosate tolerance gene. *Science*, 304, 1151–1154.

Ness, J. E. (1999). DNA shuffling of subgenomic sequences of subtilisin. *Nature Biotechnology*, 17, 893–896.

DeSantis, G., et al. (2002). An enzyme library approach to biocatalysis: development of nitrilases for enantioselective production of carboxylic acid derivatives. *Journal of the American Chemical Society*, 124, 9024–9025.

De Santis, G., et al. (2003). Creation of a productive, highly enantioselective nitrilase through gene site saturation mutagenesis (GSSM). *Journal of the American Chemical Society*, 125, 11476–11477.

단백질공학의 추론방법

Heine, A., Luz, J. G., Wong, C-H., and Wilson, I. A. (2004). Analysis of the class I aldolase binding site architecture based on crystal structure of 2-deoxyribose-5-phosphate aldolase at 0.99Å resolution. *Journal of Molecular Biology*, 343, 1019–1034.

DeSantis, G., Liu, J., Clark, D. P., Heine, A., Wilson, I. A., and Wong, C-H. (2003). Structure-based mutagenesis approaches towards expanding the substrate specificity of 2-deoxyribose-5-phosphate aldolase. *Bioorganic and Medicinal Chemistry*, 11, 43–52.

대규모 생물촉매 공정

Kirk, O., Borchert, T. V., and Fuglsang, C. C. (2002). Industrial enzyme applications. *Current Opinion in Biotechnology*, 13, 345–351.

Ogawa, J., and Shimizu, S. (2002). Industrial microbial enzymes: their discovery by screening and use in large-scale production of useful chemicals in Japan. *Current Opinion in Biotechnology*, 13, 367–375.

Ghanem, A., and Aboul-Enein, H. Y. (2005). Application of lipases in kinetic resolution of racemates. *Chirality*, 17, 1–15.

Binns, F., Harffey, P., Roberts, S. M., and Taylor, A. (1998). Studies of lipase-catalyzed polyesterification on an unactivated diacid/diol system. *Journal of Polymer Science: Part A: Polymer Chemistry*, 36, 2069–2080.

Yamada, H., Shimizu, S., and Kobayashi, M. (2001). Hydratases involved in nitrile conversion: screening, characterization and application. *The Chemical Record*, 1, 152–161.

Microbial Biotechnology

Chapter 12 생물자원

우리는 도시 쓰레기와 임업, 농업, 식품처리공정에서 남은 잔재물 내 셀룰로오스로부터 유용한 식품, 연료, 화학적 산물들을 다량 생산하는 것을 모두 꿈꾸고 있다. 그러한 과정들은 잠정적으로 1) 현대의 폐기물처리 문제를 해결하는 것을 도울 수 있고 ; 2) 환경오염을 감소시키고; 3) 식량과 동물사료의 부족을 완화하는 것을 도울 수 있고; 4) 에탄올 형태의 편리하고 재생 가능한 에너지원을 제공함으로서 화석연료에 대한 인간의 의존성을 감소시키고; 5) 품질이 낮은 경목(경질목재; hardwood)과 소홀히 관리된 땅에서 자란 다른 "녹색 쓰레기(퇴비)"를 시장에 공급함으로서, 산림과 목축용 경지의 관리를 증진하는 것을 도울 수 있고; 6) 먼 우주와 심해 운송수단에 대한 생명유지계의 개발 을 보조할 수 있고; 7) 특히 직업으로 기술을 개발하는 사람들의 생활의 수준을 향상시킬 수 있다. 현재 이러한 열망의 모두가 자연적인 셀룰로오스성 물질의 두 가지 주요 특성인 결정성과 리그닌화에 의해 좌절되고 있다.

– Cowling, E. B., and Kirk, T.K. (1976). Properties of cellulose and lignocellulosic materials as substrates for enzymatic conversion processes. *Biotechnology and Bioengineering Symposium*, 6, 95–123

생물자원(biomass)은 광범위한 정의가 있을 수 있지만, 생물공학적인 측면에서 그것은 일반적으로 "태양 에너지의 광합성적인 전환에 의해 자란 모든 유기물"을 의미하는 것으로 받아들여진다. 직접 또는 간접적으로 태양은 지구상의 주요 에너지원이고, 그것의 힘은 녹색식물과 조류, 광합성 세균에 의해 이용 가능한 유기적 형태인 생물자원으로 전환된다. 육상과 해양 내에서 광합성에 의해 연간 생산되는 생물자원은 해마다 전 세계 인류 에너지 소모의 약 10배인 약 4500 exajoules (4.5×10^{21} joules; Box 12.1)의 에너지를 함유한다. 주요 생물자원 자원 중에서 매년 약 7 exajoules이 전기와 증기, 바이오연료의 생산을 위한 현대적인 에너지 전환 공정에 이용되어진다.

기름(oil), 석탄, 천연가스는 광합성의 수십억 년 축적된 잔재물로 지구의 집약된 에너지 자원 자본으로 대표된다. 세계적인 석유소비의 비율예측과 찾을 수 있는 원유 매장량 추정치는 석유공급이 21세기의 언젠가에 고갈될 징조를 나타낸다. 그 사이에, 알려진 석탄과 유혈암(oil shale) 매장량은 미래 수 세기에 걸쳐 적당하고, 석탄을 액화 탄화수소

에너지 단위와 약어, 변환상수

unit	Prefixes	Unit	Abbreviations
kilo (k; 10^6)	tera (T; 10^{12})	테라 줄	TJ
mega (M; 10^6)	peta (P; 10^{15})	기가 칼로리	Gcal
giga (G; 10^9)	exa (E; 10^{18})	기름 백만톤 상당	Mtoe
		백만 영국일 단위	Mbtu
		시간당 기가와트	GWh

Energy Conversions

	Tj	Gcal	Mtoe	Mbtu	GWh
TJ	1	238.8	2.388×10^{-5}	947.8	0.2778
Mtoe	4.1868×10^{4}	10^{7}	1	3.968×10^{7}	11,680
Mbtu	1.0551×10^{-3}	0.252	2.52×10^{-8}	1	2.931×10^{-4}
GWh	3.6	860	8.6×10^{-5}	3412	1

출처 : International Energy Agency, Energy Statistics Manual, Annex 3, Units and conversion Equivalents, pp. 177–183, http://www.iea.org/Texbase/publications/free_new_Desc.asp?PUBS_ID=1461.

Box 12.1

연료로 전환하는 공정은 잘 확립되어졌다. 그럼에도 불구하고 석탄과 유혈암원의 개발은 심각하게 부정적인 환경적 영향을 가지며, 화석연료의 과대한 사용은 대기에 이산화탄소를 부가하여 소위 온실효과라 불리는 지구온난화(global warming)를 증가시킨다. 생물자원의 사용은 액체연료와 화학적 공업원료의 대량 재생자원의 부분적인 대안으로 부각되어졌다. 생물자원의 재생이 생물자원 사용과 동등하는 한, 이 자원으로부터 대기 중 이산화탄소 함량의 순 증가량은 없을 것이다.

전 세계 생물권의 유기탄소화합물 저장량은 얼마나 많으며 어디에서 발견되는가? 전체토지의 약 10%를 차지하며 매년 생물권내 순탄소고정의 약 21%를 책임지는 **산림(forests)**이 지구 생물자원 탄소의 약 90%를 포함한다(표 12.1). 열대산림이 이 합계에 가장 큰 기여를 하고 있다. **경작지(cultivated land)**는 전체 토지에서 산림과 동일한 부분(약 9%)을 차지하지만, 연평균 순 탄소고정의 약 13% 만을 차지한다. 해양원천과 열대초원, 목초지 또한 생물권에 있는 탄소매장과 탄소고정을 유지하기 위한 큰 기여자이다.

현재 식품, 연료, 식이섬유, 건축자재와 기타제품들과 같은 생물자원의 이용은 년간 지구상 생산의 조그만 부분만을 차지한다. 산림과 식림은 과잉생물자원의 특별히 풍부한 원천인 반면에 세계의 어떤 부분에선 농업이 지역적으로 소비되거나 수출되는 것보다 많은 식량을 생산할 수 있다. 이러한 여분의 용량은 그 성분이 알코올 연료나 공업적 화합물로 전환될 수 있는 "에너지 작물(energy crops)"의 경작을 허용한다(표 12.2). 에너지 작물은 많은 당(예, 사탕수수, 사탕무, 단수수)이나 전분 함량(예, 카사바)과, 높은 셀룰로오스 함량을 가진 것(예, 케나프, 부들), 높은 탄화수소 함량을 가진 것

표 12.1 세계 평균 순 1차 생산성(NPP, net primary productivity)의 분포 추정치

System	Area (million km^2)	Mean NPP (kg C/m^2/year)	Total mean NPP (kg C/year $\times 10^{-6}$)
해양	349.3	0.15	52.4 (37.5%)
내륙수	10.3	0.36	3.7 (2.6%)
산림/산림지	42.2	0.68	28.7 (20.5%)
건조지	60.9	0.26	15.8 (11.3%)
섬	9.9	0.54	5.3 (3.7%)
산악지	33.2	0.42	13.9 (9.9%)
극지	23.0	0.06	1.4 (1%)
경작지	35.6	0.52	18.5 (13.2%)
지구총계			139.7 (100%)

C, carbon.

출처: 상태 및 동향 활동모임 보고서, C. SDM 요약, 천년생태합성보고서, 2005. 1장, p. 31. http://www.milenniumassessment.org

(호호바, 밀크위드, 해바라기와 평지씨 같은 야채기름 씨앗)을 가진 식물들을 포함한다. 해양과 담수의 조류(algae)나 빠르게 성장하는 부레옥잠 같은 수상식물의 혐기적인 세균 분해는 많은 양의 메탄을 생산하여, 이 식물들을 또한 에너지 작물로 만든다.

생물자원의 현재 이용은 또한 많은 양의 유기 폐기물 즉, 밀집, 옥수수자루, 귀리 껍질과 사탕수수 찌꺼기(즙 추출 후 남는 섬유성 잔재)같은 농산폐기물; 목재 부스러기와 톱밥 같은 벌목과 목재절삭의 잔재물; 손상된 농산물이나 식품공정 폐기물; 종이, 판지, 부엌과 정원의 폐기물 같은 도시의 고체 폐기물 등을 발생시킨다. 이러한 폐기물의 연료나 단백질로의 생물전환은 식량 생산을 줄이지는 않는다.

생물자원의 연료 알코올로의 전환은 13장의 주요 주제이다. 여기서는 광합성을 통해 생산된 모든 물질의 절반을 차지하면서, 둘도 없이 중요하고 거의 모든 곳에 존재하는 생물자원 구성분인 리그노셀룰로오스의 검토를 준비한다. **리그노셀룰로오스**는 세 가지 형태의 중합체, 즉 셀룰로오스, 헤미셀룰로오스, 리그닌으로 구성된다. 각각은 물리적, 화학적 결합에 의해 다른 성분들과 밀접하게 연결되어 있고, 모든 것들은 세균과 균류(fungi)에 의해 자연적 환경에서 분해된다.

식물 생물자원의 주요 구성분

고등 경작식물의 관속조직 세포벽에는 셀룰로오스 섬유들이 리그닌과 헤미셀룰로오스의 무정형 매질 내에 끼워 넣어진다. 이러한 세 종류의 중합체들은 비공유적 힘 뿐만 아니라 공유적 상호연결에 의해 각각에 대해 강하게 결합하여 **리그노셀룰로오스**(lignocellulose)라 알려진 복합물질을 만든다.

표 12.2 다양한 작물에 대한 현재와 실현 가능한 생물자원 생산성과 에너지 비율, 에너지 수율

Crop	Yield[a] (Dry tons/hectare/tear)	Energy ratio[b]	Net energy yield (Gigajoules/hectare/year)
단기윤작			
목재농산물[c]	10~12	10:1	180~200
열대성조림[d]	2~10	10:1	30~180
목재(상업적 산림지)[e]	1~4	20~30:1	30~80
전환목초	10~12	12:1	180~200
평지	4~7	4:1	50~90
사탕수수	15~20	18:1	400~500
사탕무	10~16	10:1	30~100

[a] 생물자원 생산성은 실질적으로 관개와 비료시용, 식물유전적 변형의 증진조합에 의해 증가되어 질 수 있다.

[b] 순에너지 수율은 농업공정에 대한 생산에서 에너지 투입을 뺀 추정치를 나타낸다.

[c] 예들은 버드나무와 혼종 포플러이다.

[d] 예를 들어, 유칼립투스(오스트렐리아산 도금낭과)

[e] 경작지에 대한 생물자원 수송을 위해 사용된 에너지는 톤-킬로미터당 약 0.5 메가주울이 평균이다.

[f] 수송에 대해 소모된 에너지의 포함과 에탄올을 생산하기 위해 사탕수수를 처리하는 것은 7.9:1의 추정된 에너지 비율에 이른다.

[G] J, 기가주울(메가주울의 1,000배 또는 10조 주울과 동등함)

출처 : United Nations Development Programme (2001). *World Energy Assessment: Energy and the Challenge of Sustainability*, New York: UNDP.

그것은 식물세포 건체중량의 90%이상에 상당한다. 중합체 각각의 양은 식물의 종과 나이, 식물의 한 부분에서 또 다른 부분에 따라 차이가 난다. 일반적으로 **연목**(softwood)은 **경목**(hardwood)보다 리그닌 함량이 높다(Box 12.1; 표 12.3). 헤미셀룰로오스 함량은 목초에서 가장 높다. 나무에서, 평균적으로 리그노셀룰로오스는 45%의 셀룰로오스와 30% 헤미셀룰로오스, 25%의 리그닌으로 구성된다(표 12.4). 지구의 추정된 리그노셀룰로오스의 연간 생산량은 2~5 × 10^{12} 톤에 달한다.

셀룰로오스

셀룰로오스는 지구상에서 가장 풍부한 유기혼합물이다. 매년 식물들은 10^{11}톤 보다 많은 셀룰로오스를 만든다. 원래 셀룰로오스 중합체는 β-(1,4)-글리코시드 결합에 의해 수 천개의 포도당 분자들이 연결된 선형체이다. 기본적인 반복단위는 **셀로비오스**(cellobiose)이다(그림 12.1). 셀룰로오스 내 연속된 포도당 단위는 사슬의 축을 따라 이웃된 포도당에 대해 180°로 회전되어 있으므로, 말단 셀로비오스는 두 개의 입체적으로 다른 형의 하나로 보일 수 있다. 셀룰로오스 중합체 사슬은 내부의 수소결합에 의해 안정화된 편평하고 리본 같은 구조를 가진다. 인접한 사슬들 사이의 다른 수소결합은 모두가 같은 극성을 가지는 많은 사슬들의 평행한 배열에서 서로 다른 사슬들과 강한 상호작용의 원인이 된다.

연목과 경목

상업적 목적을 위해 나무는 경목과 연질목제로 구분되어진다. 경목은 그들이 단단하건 연하든 관계없이 쌍떡입 식물의 나무들이다. 쌍떡입 식물은 일반적으로 두 개의 떡입(종자의 잎)을 가지는 것으로 특성화된 현화식물의 부류 들이다. 연질목제는 침엽수의 나무들이다.

Box 12.2

표 12.3 관속식물 내 리그노셀룰로오스의 백분율 조성

Souce	Lignin	Cellulose	Hemicellulose
목초	10~30	25~40	25~50
연목	25~35	45~50	25~35
경목	18~25	45~55	24~40

결과적으로 생긴 매우 길고 커다란 결정 집합체들은 **미세섬유**(microfibrils)라고 불린다. 미세섬유들(폭 250Å)은 더 큰 섬유들을 형성하기 위해 조합되어 진다. 그리고 이러한 것들은 식물세포벽의 다양한 층 골격을 형성하기 위해 얇은 층(lamellae)들로 조직화된다. 셀룰로오스 섬유들은 높은 질서를 가진 **결정형 부분**(crystalline regions)과 낮은 질서를 가진 **무정형 부분**(amorphous regions)을 가진다. 결정형 셀룰로오스 단편은 원천이나 물질이 준비된 방식에 따라 다르다. 셀룰로오스는 물에 불용성이며, 높은 장력강도를 가지며, 전분과 같은 다른 포도당 중합체보다도 분해에 훨씬 더 저항적이다.

헤미셀룰로오스

헤미셀룰로오스의 조성은 1,4-linked β-D-pyranosyl 단위체로 구성된 골격을 가지기 때문에 셀룰로오스와 구조적으로 동질적인 복잡한 다당이다. 셀룰로오스는 한 종에서 다른 종에 이르기 까지 구조적으로 선형적 동형중합체인 반면, 헤미셀룰로오스는 일반적으로 고도로 분지된, 비결정형의 **이형다당류**(heteropolysaccharides)이다. 헤미셀룰로오스 내에서 발견되는 당 잔기는 오탄당(D-자일로스;D-xylose, L-arabinose)과 육탄당(D-galactose, L-galactose, D-mannose, L-rhamnose, L-fucose), uronic acids (D-glucuronic acid)을 포함한다. 이러한 잔기들은 아세틸화와 메틸화에 의해 다양하게 변형되어 진다. 헤미셀룰로오스는 셀룰로오스보다 훨씬 낮은 중합도(〈200 당 잔기)를 보여준다. 헤미셀룰로오스의 가장 일반적인 세 가지 형의 단순화된 구조는 그림 12.2에 나타나 있다.

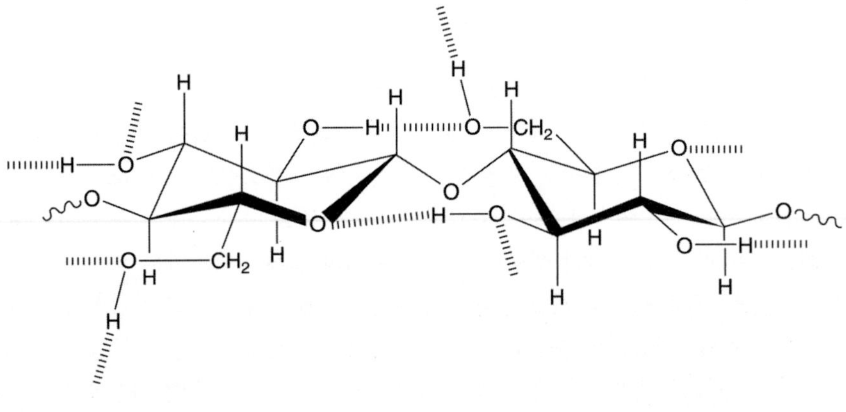

셀룰로오스 사슬에서 기본적으로 반복되는 두 개의 당(disaccharide)인 셀로비오스 단위는 의자형태에서 β-1,4-연결된 포도당 잔기들로 구성되어지고, 사슬에서 그들의 이웃에 대해 180°회전되어졌다. 보여진 형태는 각각의 사슬 내에서 분자내 수소결합(데시)에 의해 안정화되어진다. 분자간 수소결합은 미세섬유 내에서 인접한 사슬의 상호작용에 기여한다.

그림 12.1

H O H H O H O CH₂ H O O O H O O H H O CH₂ H H H O H H H O H H

표 12.4 다양한 나무종 들의 리그노셀룰로오스 조성

종	일반명	리그닌	셀룰로오스	클로코만난[b]	헤미셀룰로오스 글루쿠로노자일난[c]
연목					
Pseudotsuga menziesii	미송	29.3	38.8	17.5	5.4
Tsuga canadensis	동양솔 송나무	30.5	37.7	18.5	6.5
Juniperus communis	일반향나무	32.1	33.0	16.4	10.7
Pinus radiata	몬테레이 소나무	27.2	37.4	20.4	8.5
Picea abies	노르웨이 가문비나무	27.4	41.7	16.3	8.6
Larix sibirica	시베리아 낙엽송	26.8	14.4	14.1	6.8
경목					
Acer saccharum	사탕단풍	25.2	40.7	3.7	23.6
Fagus sylvatica	일반 너도밤나무	24.8	39.4	1.3	27.8
Betula verrucosa	은 자작나무	22.0	41.0	2.3	27.5
Alnus incana	회색 오리나무	24.8	38.3	2.8	25.8
Eucalyptus globules	청 고무나무	21.9	51.3	1.4	19.9
Ochroma lagopus	발사나무	21.4	47.7	3.0	21.7

[a] 모든 수치는 나무 건조중량의 백분율로서 주어져 있다.
[b] 연목내 galactose와 아세틸 치환체들을 포함한다(그림 12.2를 참고하라).
[c] 경목내 arabinose와 아세틸 치환체들을 포함한다(그림 12.2를 참고하라).
출처: Sjostrom, E. (1981). *Wood chemistry: Fundamentals and Applications*, Appendix, New York: Academic Press

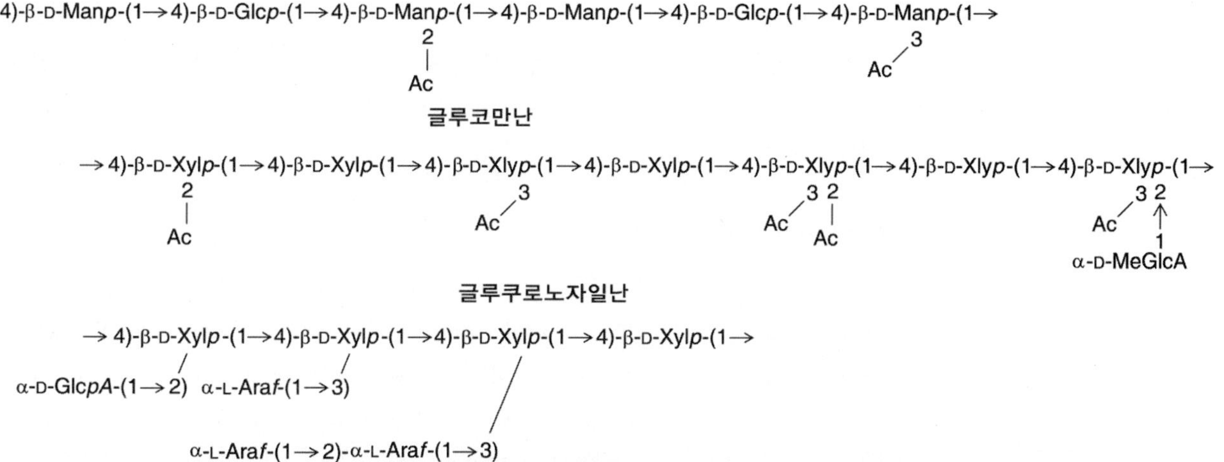

그림 12.2

Galactoglucomannans과 글루쿠로노아라비노자일란(glucuronoarabinoxylan)은 연목의 주요 헤미셀룰로오스 들이다. 글루쿠로노자일란은 경목에서 주요 헤미셀룰로오스이다. 약어 : Ac, acetyl; Ara*f*, L-arabinofuranose; Glc*p*, D-glucopyranose; Glc*p*A D-glucuronopyranose; Man*p*, D-mannopyranose; Me, *O*-methyl; Xyl*p*, D-xylopyranose.

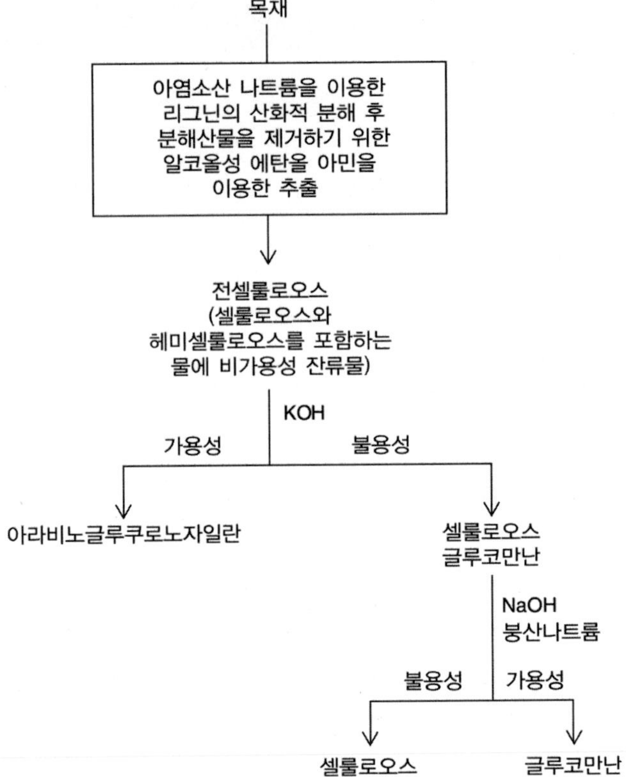

그림 12.3

연질목제 다당 구성분 들의 분리를 위한 절차. Schultze(본문을 참고하라)의 희석된 알카리 추출법은 불용성 부분에서 glucomannan 헤미셀룰로오스를 남긴다.

W.H. Freeman에 의해 출판된 첫 판(1995)으로 부터의 삽화에 근거를 두고 다시 그린 것.

헤미셀룰로오스(hemicellulose)의 명명은 1891년 E. Schultze에 의해 희석된 알칼리로서 추출 가능한 식물세포벽 다당들 부분을 기술하기 위하여 도입되었다. 불행히도, 가용성 행동은 각종 목재들의 헤미셀룰로오스 함량을 평가하기 위해서는 전적으로 부적절한 기준이다. 희석된 알칼리는 β-(1,4)-연결 자일란 골격과 galactoglucomannan을 가진 다당 들을 가용화시키지만, 양적으로 중요한 경목 헤미셀룰로오스인 glucomannan은 이 조건하에서 불용성이며, 여전히 셀룰로오스 섬유들과 강하게 응집되어 남게 된다(그림 12.3). *헤미셀룰로오스들은 셀룰로오스와 비공유적으로 연결된 다당류로 더 잘 정의되어 진다.*

연목의 헤미셀룰로오스

주요한 세 가지 연목 헤미셀룰로오스로 glucomannan과 galactoglucomannan, 아라비노글루쿠로노자일란이 있다. 두 가지 mannose 포함 중합체는 galactose 함량에서 크게 차이가 난다. 그들의 대략적인 당 조성(galactose:포도당:mannose)은 각각 0.1 : 1 : 4와 1 : 1 : 3이다. 그들의 골격은 1,4-linked β-D-glucopyransose와 β-D-mannopyranose 단위체로 구성된다. α-D-Galactopyranose 단위체들은 1,6 결합에 의해 골격에 연결되어진다. 골격당 들은 C-2 또는 C-3에서 3-4의 단위체당 하나의 아세틸기로 아세틸화되어 있다(그림 12.2).

아라비노글루쿠로노자일란은 C-2에서 4-O-methyl-α-D-glucuronic 산 잔기와 C-3에서 α-L-arabinosfuranose 단위체로 부분적으로 치환되어진 1,4-linked β-D-xylopyransose의 골격을 가지고 있다(그림 12.2).

경목의 헤미셀룰로오스

주요 경목 헤미셀룰로오스는 1,4-linked β-D-xylopyransose 단위체의 골격을 가진 글루쿠로노자일란이며, 그들의 대다수는 C-2또는 C-3에서 아세틸화되어 있다. 10개의 자일로스 단위체 마다 골격 C-2에 부착된 약 하나의 4-O-methyl-α-D-glucuronic 산이 존재한다(그림 12.2).

리그닌

리그닌은 주로 액체수송을 위해 특이화 된 관속조직을 가진 고등식물(겉씨식물과 속씨식물), 고사리, 석송의 세포벽에서 발견된다. 가도관(물관부에 특이적인 긴 관 같은 세포)이 없는 이끼류나, 지의류, 조류에서는 발견되지 않는다. **리그닌화**(lignification)에 의해 목재 조직에 수여된 증대된 기계적 강도는 목재조직을 수백피트 높이의 커다란 나무들을 우뚝 서 있도록 한다. 리그닌화는 세포벽의 가형성된 셀룰로오스 섬유와 헤미셀룰로오스 사슬사이의 공간을 채우는 리그린 분자들을 성장시키는 과정이다.

리그닌의 구성요소(building block)

지구상에서 가장 풍부한 방향족 중합체인 리그닌은 phenylpropane (C_9) 단위체로 구성된 임의적 공동중합체이다. 리그닌의 직접적 전구체는 p-hydroxycinnamic acid:에서 유도된 리그놀(lignol)이라 불리는 세가지 알코올 코니페닐(coniferyl), 시나필(sinapyl) 및 p-코우마릴(p-coumaryl) 알코올이다(그림 12.4). 리그닌은 이들 구성요소의 상대적 양을 근거로 연목 리그닌, 경목 리그닌 또는 목초 리그닌으로 기술된다. 전형적인 연목(겉씨식물) 리그닌은 주로 coniferyl 알코올과 약간의 p-coumaryl 알코올로 부터 기원된 구성요소를 가지지만, sinapyl 알코올에서 기원된 것은 없다. 경목(속씨식물) 리그닌은 coniferyl-과 sinapylpropane 단위체의 동일 양(각각 46%)과 소량 (8%)의 p-hydroxyphenylpropane 단위체(p-coumaryl 알코올로부터 기원)로 구성되어 있다. 목초 리그닌은 주로 p-coumaryl 알코올 곁가지의 말단 수산기가 에스테르화된 p-coumaric acid(리그닌의 5에서 10%)을 가진 coniferyl-과 sinapyl-, p-hydropheylpropane 단위체로 구성되어 있다.

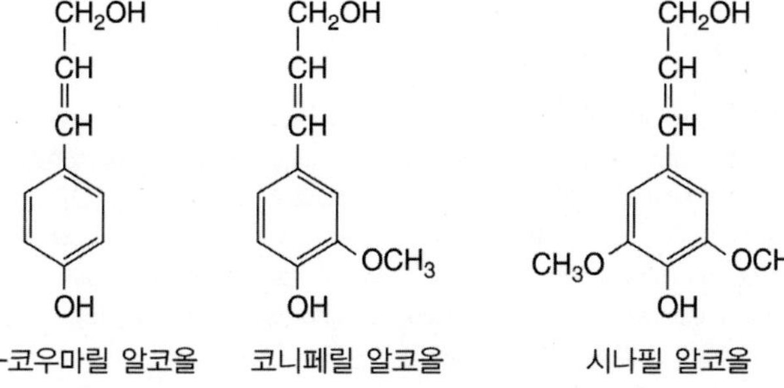

그림 12.4

세 개의 *p*-hydroxycinnamyl 알코올들(단일-리그놀)은 리그닌의 직접적 생합성 전구체들이다.

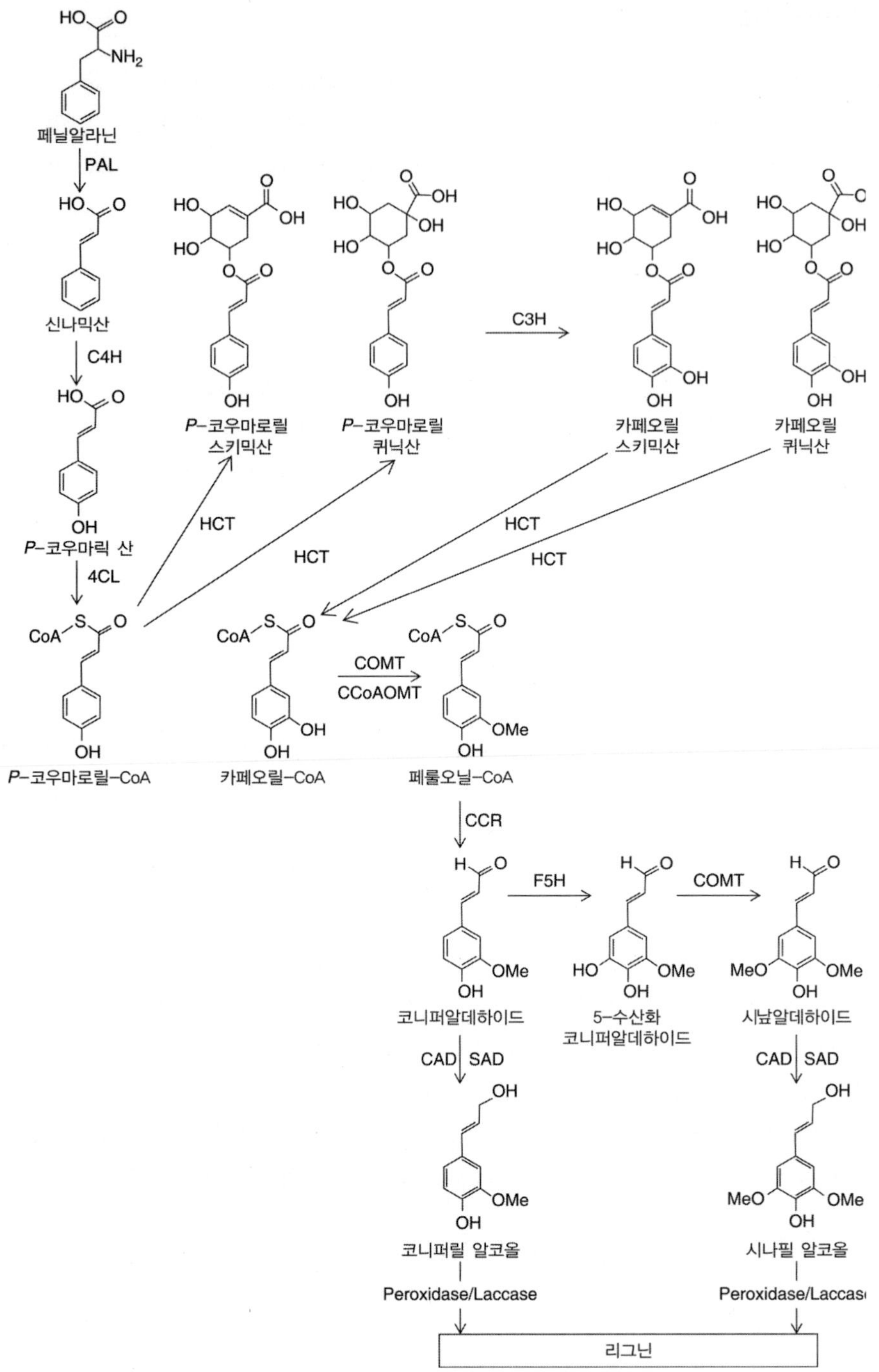

그림 12.5

속씨식물내 가장 선호되어지는 일리그놀 생합성 경로. *p*-Coumaroyl-CoA에서 *p*-caffeoyl-CoA로의 전환은 가역 acyltransferase인 *p*-hydroxy-cinnamoyl-CoA:D-quinate *p*-hydroxycinnamoyltransferase (HCT)에 의해 촉매된 shikimic 과 quinic 산을 가지고 *p*-coumaroyl esters의 형성을 통해 진행된다. 이러한 esters들은 *p*-coumarate 3-hydrxylase (C3H)에 의해 caffeoyl shikimic 산과 caffeoyl quinic 산으로 각각 수산화된다. 그리고 나서, HCT는 수산화된 ester들을 caffeoyl-CoA로 전환을 촉매한다. 다른 효소들에 대한 약어: CAD, cinnayl alcohol dehydrogenase; 4CL, 4-coumarate: CoA ligase; C4H, *p*-coumarate 4-hydroxylase; CCoAOMT, caffeol-CoA O-methyltransferase; CCR, cinnamoyl-CoA reductase; COMT, caffeic acid O-methyltransferase; F5H, ferulate 5-hydroylase; PAL, phenylalanine ammonia lyase; SAD, sinapyl alcohol dehyrogenase. [Boerjan, W., Ralph, J., and Baucher, M. (2003). Lignin biosynthesis. *Annual Review of Plant Biology*, 54, 519-546의 그림 2에 근거함]

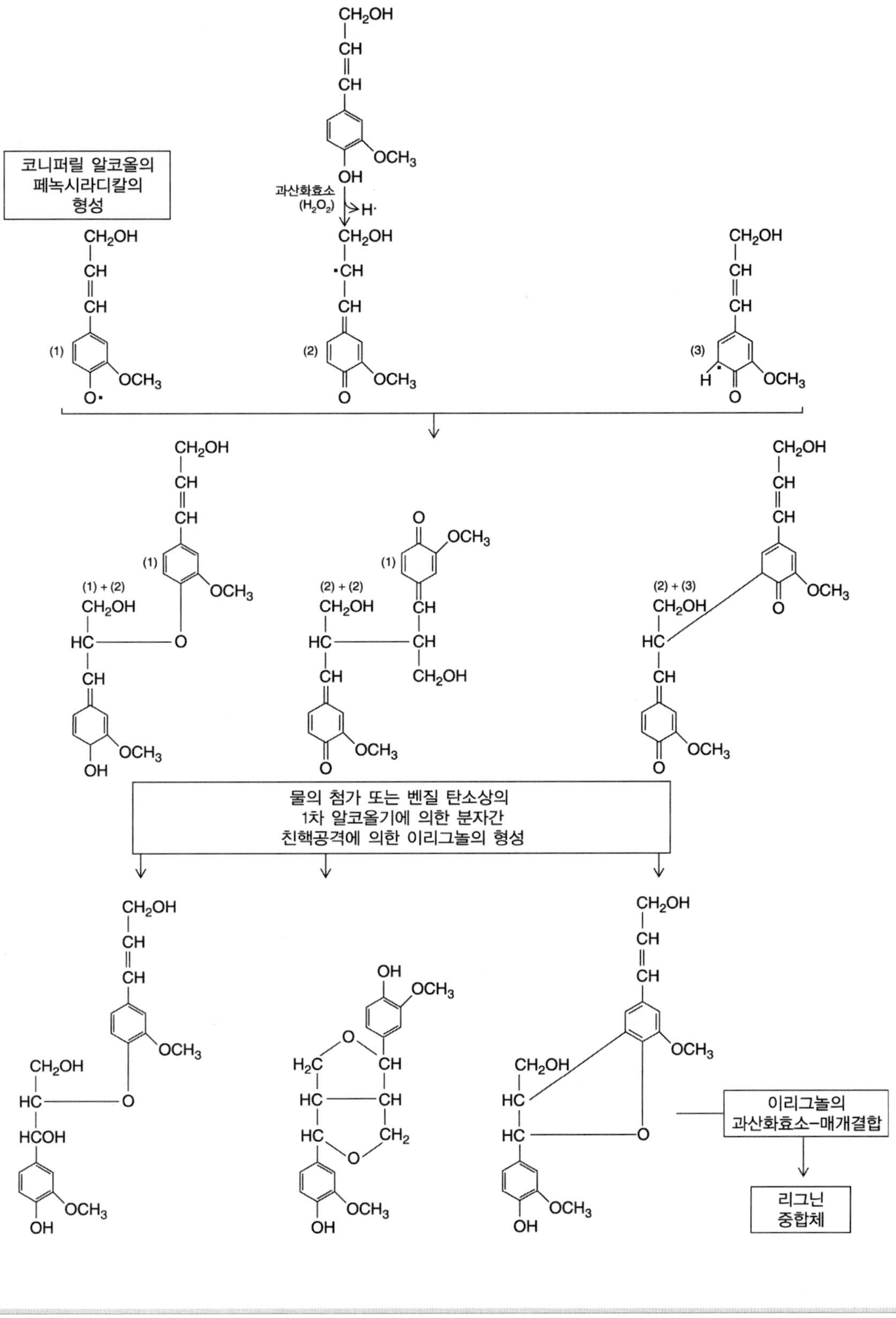
코니퍼릴 알코올의
페녹시라디칼의
형성
과산화효소
(H2O2)
(1)
(2)
(3)
(1) + (2)
(2) + (2)
(2) + (3)
물의 첨가 또는 벤질 탄소상의
1차 알코올기에 의한 분자간
친핵공격에 의한 이리그놀의 형성
이리그놀의
과산화효소-매개결합
리그닌
중합체

그림 12.6

이리그놀을 형성하기 위한 리그닌 생합성 동안 *p*-coniferyl 알코올로부터 만들어진 자유 라디칼의 결합. W.H. Freeman에 의해 출판된 첫 판(1995)으로 부터의 삽화에 근거를 두고 다시 그린 것.

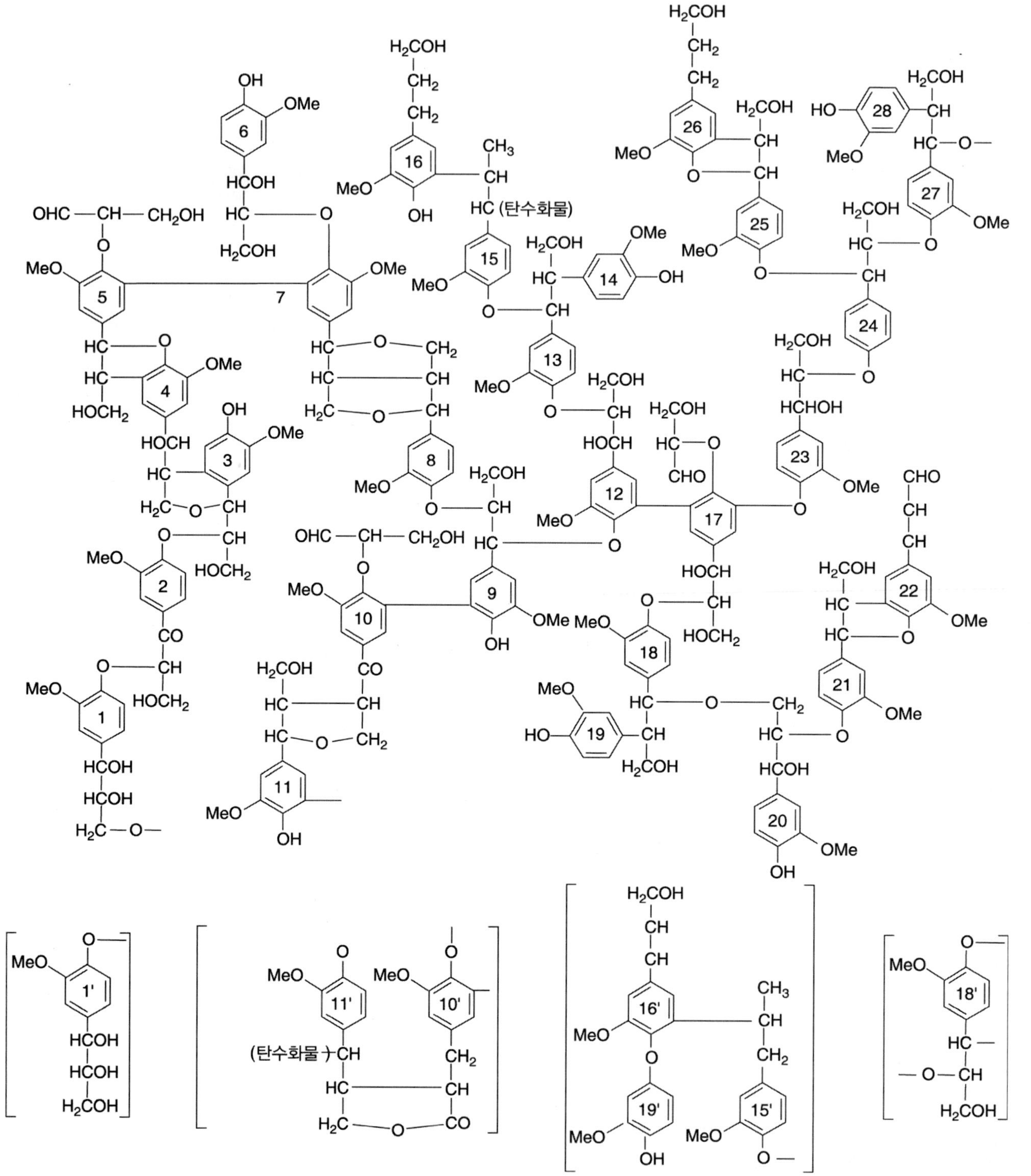

그림 12.9

연목 리그닌의 단순화된 품질 모형. 리그닌내 발견되어질 수 있는 부가적인 단위들은 그림의 하단 *괄호*안에 나타내어져 있다. [Sakakibara, A. (1983). Chemical structure of lignin related mainly to degradation products. In *Recent Advances in Lignin Biodegradation Research*, T. Higuchi, H.-M Chang, and T.K. Kirk (eds.), pp. 12–22, Tokyo: UNI Publisher]

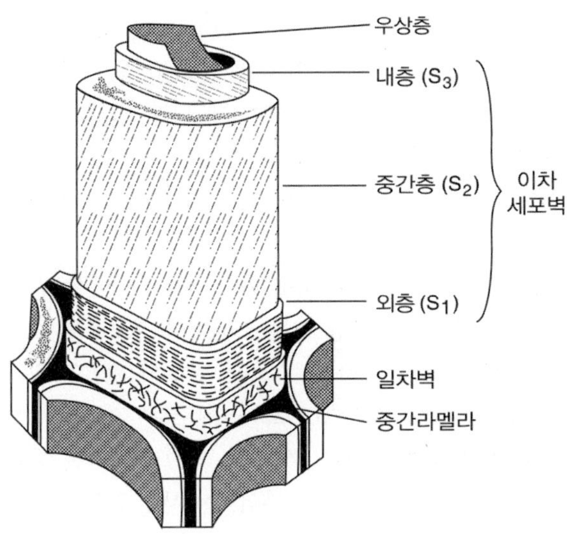

그림 12.10

목재세포 세포벽 층의 단순화된 묘사. W.H. Freeman에 의해 출판된 첫 판(1995)으로 부터의 삽화에 근거를 두고 다시 그린 것.

목재세포벽의 구조와 조성

목재 세포벽(그림 12.10)은 몇 개의 형태학적으로 뚜렷한 동심층 들로 구성되어 있고, 그들 모두는 다양한 비율로 셀룰로오스와 헤미셀룰로오스, 리그닌을 함유한다. 0.2-1.0 ㎛ 두께인 **중간 라멜라**(middle lamella)는 세포들 사이의 공간을 채우고, 그들을 서로 결합시키는 일을 한다. 성숙된 나무(춘재, *latewood*)에서, 중간라멜라는 고도로 리그닌화되어 있다. 세포 바깥쪽의 **1차벽**(primary wall)은 리그닌에 완전하게 끼워 넣어진 셀룰로오스와 헤미셀룰로오스, 펙틴, 단백질들로 구성된 단지 0.1-0.2㎛ 두께의 층이다. 그 바로 안쪽이 S_1(*외층*, 0.2-0.3㎛ 두께)과 S_2(*중간층*, 1-5㎛ 두께), S_3(*내층*, 약 0.1㎛ 두께)으로 명명된 세 개의 층으로 구성된 **2차벽**(secondary wall)이다. 다양하게 배열된 셀룰로오스 섬유들이 리그닌과 헤미셀룰로오스 매질에 묻혀 구성된 이러한 2차벽 층들은 셀룰로오스 합성단계와 본래 원형질체(protoplast)내 위치를 나타낸다. *식물 세포벽의 자연적인 구조가 유지되는 한, 세포벽 내 리그닌은 셀룰로오스 섬유에 도달하는 분해효소를 방해한다.*

균류(fungi)와 세균에 의한 리그노셀룰로오스의 분해

식물조직은 생물권내에서 유기물의 주요 저장소이기 때문에, 셀룰로오스와 헤미셀룰로오스, 리그닌으로부터 이를 분해하여 탄소와 에너지를 얻기 위한 능력이 균류와 세균에 두루 존재한다는 것은 놀랍지 않다.

균류에 의한 목재의 분해

목재부패 균류는 목재 세포벽의 고분자적 성분들을 분해할 수 있는 세포외 효소(oxidoreductases)를 분비함으로서 사실상 목재 분해에 대한 주요 기여자이다. 그들은 분해의 형태학적 관점을 근거로 **백색부후**(white rot) 또는 **갈색부후**(brown rot), **연부병**(soft rot) 균류로 분류되어진다. 세계적으로 알려진 목재부후 균류의 2000 종 이상 중에서 90% 이상이 백색부후 균류이다. 일단 한 균류가 목재를 공격하게 되면, 균류는 유조직과 관속세포의 내강 속에서 균사의 성장에 의해 영역을 확장한다. 균사는 막공을 통하거나 세포벽을 통하여 한 세포에서 다른 세포로 침투한다. 어떤 균류의 균사는 중간 라멜라 또는 2차벽 내에서 성장한다.

백색부후와 갈색부후 균류는 섬유성 균류이며, 담자균(Basidiomycetes) 아문에 속한다. 백색부후 균류는 목재 표백화의 원인이 되며, 섬유상 또는 스폰지성 견고성을 주게 된다. 어떤 백색부후 균류는 선택적으로 리그닌을 분해하여 "순차적 부패"의 원인이 되는 반면, 다른 것들은 리그닌과 다당을 유사한 속도로 분해하고, 그들 대부분은 경목을 선호한다. 갈색부후 균류는 목재의 다당 구성분을 우선적으로 분해하고, 리그닌의 적은 분해 원인이 된다. 목재의 부패는 갈색과 부서지기 쉽게 된다. 대부분의 갈색부후 균류는 연목을 공격한다.

자낭균류(Ascomycetes)와 불완전균류(Deuteromycetes)인 연부병 균류는 습기에 노출된 목재 부패의 주요원인이 된다. 연부병 균류는 셀룰로오스와 헤미셀룰로오스를 주로 분해하고, 리그닌을 조금 변형시킨다. 이러한 중합체의 상대적 분해율은 연부병 균류의 다른 종들 마다 다르다. 연부병 균류는 연목과 경목 모두에서 발견되고, 그들의 작용은 목재의 연화를 유도한다.

리그노셀룰로오스에 대한 세균들의 작용

세균은 산소 존재에서 리그닌의 하찮은 분해자이고, 혐기적인 조건하에서는 보여지는 세균적인 분해는 없다. 예를 들어, 리그닌을 ^{14}C로 선택적으로 생화학적 표지한 사시나무는 각종 토양에서 6개월 배양동안 현저하게 분해되지 않았다. 그러나 많은 세균들은 셀룰라아제(cellulase) 뿐만 아니라 헤미셀룰로오스 내의 다양한 결합을 절단할 수 있는 효소들을 생산한다. 일단 이런 다당들이 균류성 탈리그닌화에 노출되면, 균류와 세균들이 함께 진척된 분해를 수행한다.

리그닌의 분해

우리들은 위에서 리그닌이 자유 라디칼-매개 축합반응으로 형성된 불규칙적 구조의 복잡한 중합체이며 즉시 가수분해 가능한 결합이 없다는 것을 보았다(그림 12.9). 이 특별한 중합체의 분해도 마찬가지로 자유 라디칼 화학을 이용한다. 기작은 백색부후 균류에서 가장 많이 연구되어져 왔다.

Phanerochaete chrysosporium

목재-부패 균류는 일반적으로 중온균으로, 20℃와 30℃ 사이에서 성장에 대한 최적온도를 가진다. 그러나 나뭇조각의 자체적 발열 더미와 같은 환경에서 자라는 *P. chrysosporium*

은 40℃의 성장 최적온도를 가지고, 최고 50℃까지 계속해서 성장한다. 배양에서 *P. chrysosporium*에 의한 리그닌 분해는 질소제한에 의해 유발되어진다. 목재는 유기질소화합물이 낮기 때문에 그런 영양소 제한은 실제 상황을 흉내 낸다. *P. chrysosporium*은 하루에 균류세포 단백질 g당 약 3 g 비율로 목재펄프 내 리그닌을 분해할 수 있는 예외적으로 효율적인 리그닌 분해자이다.

P. chrysosporium 유전체의 조망

*P. chrysosporium*은 가장 철저하게 연구된 백색부후 균류이다. 그것은 식물세포벽의 모든 주요 성분들을 완전하게 분해한다. 염기서열이 결정된 첫 번째 담자균류 유전체인 *P. chrysosporium* 유전체는 약 30 Mb로, 11,777의 잠재적 단백질-코드 유전자들을 가진 10개의 염색체로 편성되어 있다. 유전체 염기서열은 리그린과 다른 목재성분의 효율적인 분해에 대부분 관여하는 산화와 가수분해 효소를 생산하는 유전자 군에서 폭 넓은 유전적 다양성을 나타낸다. 이러한 유전자 군들은 과산화효소와 oxidase, glycosyl hydrolase, cytochrome P450을 코드한다. 리그닌 과산화효소의 10개 동질효소(isozyme)와 5개의 망간-의존 과산화효소가 있다. 생화학적 다양성이 온도와 pH, 이온세기의 바뀌는 환경조건 하에서 최적성장을 허용할 것이라는 제안 또는, 유사하지만 동일하지 않은 효소들이 화학세부사항, 물리적 상태 또는 접근가능성에서 식물들에 따라 변하는 중합체적 구조를 분해하기 위해 필요하다는 것이 제안되어져 왔다.

리그닌 과산화효소(lignin peroxidase)

리그닌 분해 연구에서 비약적인 전진은 1983년 *P. chrysosporium* **리그닌 과산화효소**의 발견이었다. 산성의 최적 pH를 가진 이 과산화수소-요구성 세포외효소는 리그닌과 리그닌 구조의 부분을 대표하기 위하여 고안된 모형 화합물들의 산화적 분해를 촉매한다. 리그닌 과산화효소는 arylpropane 측쇄의 절단과 에테르 결합절단, 방향족 고리개열, 수산화반응을 촉매한다. 이러한 모든 반응들은 불안정한 양이온 라디칼을 형성하기 위해 리그닌 내 방향족 핵으로 부터 전자의 촉매화된 추출로 개시된 기작에 의해 적절하게 설명되어 질수 있다. 그 후에, 물과 다른 친핵성 원자(nucleophiles), 산소를 가진 라디칼 양이온의 비효소적 반응에 의해 다양한 산물들이 형성된다(그림 12.11과 12.12).

리그닌 과산화효소의 촉매 순환은 단전자 산화를 촉매하기 위한 능력을 설명한다(그림 12.13). 천연 효소는 고회전 제 2 철 즉, Fe(III)을 가진 protoporphyrin 보결분자단을 포함한다. 과산화 수소에 의한 산화는 두 개의 전자를 제거하여 효소의 보결분자단을 oxo-철(IV) porphyrin 라디칼 양이온 즉, “화합물 I”로 명명된 효소형으로 전환한다. 주게분자(예, 방향족 핵)로부터 하나의 전자를 제거한 단전자 환원은 oxo-철(IV) porphyrin을 가진 효소 즉, “화합물 II”로 명명된 형태를 만든다. 두 번째의 단전자 환원은 천연 철 함유 효소의 재생에 의해 촉매적 순환을 완성한다.

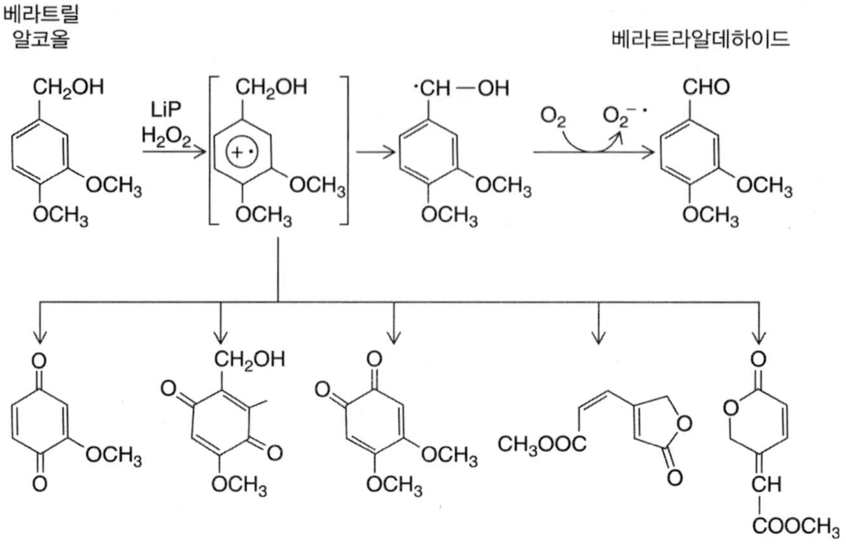

그림 12.11

리그닌 분해의 모델: H_2O_2의 존재에서 리그닌 과산화효소 (LiP)에 의한 veratryl 알코올의 산화. Veratryl 알코올은 다양한 백색부후 균류에 의해 합성되어진다. Veratryl 알코올은 LiP을 안정화시키고 H_2O_2에 의한 불활성화로부터 자신을 보호한다. 그것은 또한 그림에 설명된 것과 같이, 주로 veratraldehyde 까지 뿐만 아니라 다양한 다른 산물들로 산화되어지는 LiP의 기질이다.

W.H. Freeman에 의해 출판된 첫 판(1995)으로 부터의 삽화에 근거를 두고 다시 그린 것.

베라트릴 알코올
베라트라알데하이드
CH_2OH
LiP
H_2O_2
OCH_3
·CH—OH
O_2
O_2^{-}·
CHO
CH_3OOC
CH
$COOCH_3$

그림 12.12

P. chrysosporium 리그닌 과산화효소 (LiP)에 의한 리그닌 하부구조 성분, 4-ethoxy-3-methoxyphenylglycerol-β-vanillin-γ-benzyl diether 에 대한 모델 화합물의 분해경로와 산물들. [Higuchi, T. (1990). Lignin biochemistry: biosynthesis and biodegradation. *Wood Science and Technology*, 24, 23-63.]

리그닌 분해에서 역할을 가진 다른 효소들

위에서 언급한 바와 같이, *P. chrysosporium*의 리그닌분해 배양은 리그닌 과산화효소 이외에 리그닌의 분해나 분해된 산물의 변형에 작용하는 다른 효소들을 생산한다.

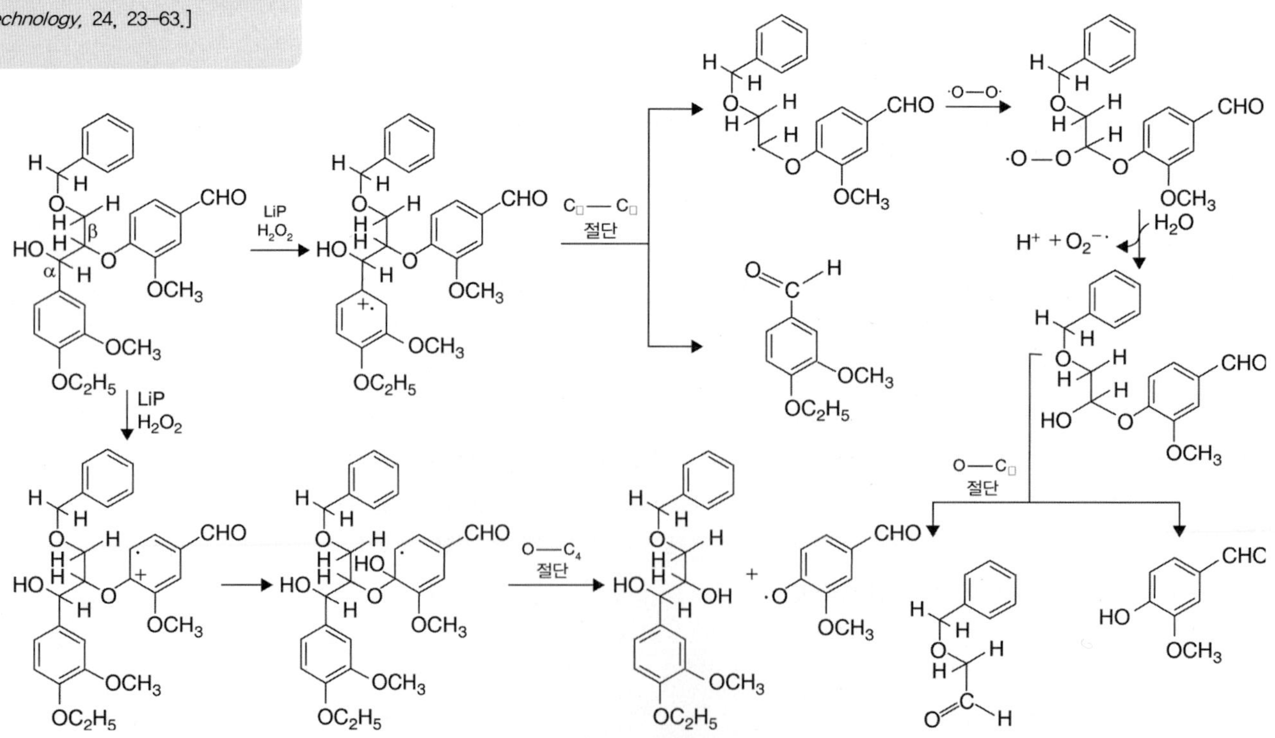

CHO
LiP
H_2O_2
OCH_3
OC_2H_5
Cα — Cβ
절단
·O—O·
$H^+ + O_2^{-}$·
H_2O
O—Cβ
절단
O—C4
절단

Mn(II)-의존 과산화효소(peroxidase)

리그닌의 성공적인 분해는 비페놀성 및 페놀성 리그닌 두 성분들에 대한 공격을 필요로 한다. 세포외 Mn(II)-의존성 과산화효소는 리그닌의 페놀성 성분들을 산화하지만, 리그닌 과산화효소의 기질들인 veratryl 알코올 또는 리그닌 하부 구조인 비페놀성 모형 화합물 같은 것들은 산화할 수 없다. 이 동질효소 군들의 보결분자단 즉, 고회전 제 2 철을 가진 protoheme IX은 리그닌 과산화효소의 그것과 동일하다. 하지만, H_2O_2 이외에 이들 효소들은 Mn(II)과 malonate 또는 oxalate 같은 유기산을 필요로 한다. Mn(II)은 화합물 II을 위한 환원제로서 일한다(그림 12.13을 참고하라). 결과적으로 생성된 Mn(III)은 유기산에 의해 킬레이트화되고, 리그닌으로 확산되어 페놀성 부분을 산화한다.

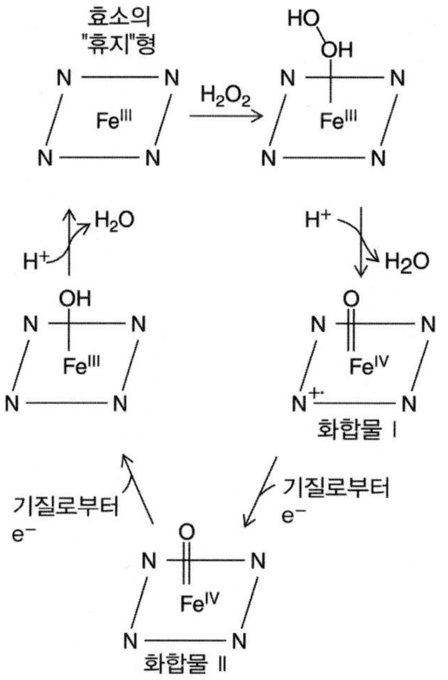

퀴논환원효소(quinone Reductase)

퀴논들은 과산화효소에 의한 리그닌 분해 산물들이고, *P. chrysosporium*은 세포내와 세포외 퀴논환원효소를 생산한다. 단지, 세포외성 셀로비오스-퀴논 산화환원효소만이 셀룰로오스의 존재 하에서 활성적이다. 이 효소는 퀴논을 수산화퀴논으로 환원하기 위한 수소주게 로서 셀로비오스를 이용한다. 세포내 퀴논 환원효소는 조효소로서 NAD(P)H를 이용한다. 균류는 수산화퀴논을 빠르게 대사한다. 아마 퀴논 환원효소의 역할은 그렇지 않으면 빠르게 재중합 할지 모를 리그닌 분해산물들을 제거하기 위한 것이다.

효소의
"휴지"형
N N
Fe^{III}
N N
H_2O_2
HO
OH
N N
Fe^{III}
N N
H_2O
H^+
H^+
H_2O
OH
N N
Fe^{III}
N N
O
N N
Fe^{IV}
N^+ N
화합물 I
기질로부터
e^-
기질로부터
e^-
O
N N
Fe^{IV}
N N
화합물 II

그림 12.13

리그닌 과산화효소의 촉매 순환과정. 화합물 I은 철 IV-porphyrin π 양이온 라디칼이며, 이 안에서 하나의 전자는 철로부터 제거되어지며, 다른 하나는 porphyrin 리간드로부터 제거되어진다. W.H. Freeman에 의해 출판된 첫 판(1995)으로 부터의 삽화에 근거를 두고 다시 그린 것.

리그닌의 대사

리그닌 생분해를 이끄는 주요반응들은 그림 12.14에 요약되어져 있다. 분해는 중합체가 올리고리그놀(oligolignol)과 그들로 부터 일(mono)-과 이리그놀(dilignol)로 산화적 분해를 촉매하는 리그닌 과산화효소와 페놀 옥시다아제에 의해 시작된다. 이러한 효소들의 반응에 의해 생산되어진 매개자들은 리그닌의 산화에 또한 기여할 것이다.

매개자(mediator)들은 Mn(II)-의존성 과산화효소로 부터 유래된 킬레이트화 된 Mn(III)이나 리그닌 과산화효소에 의해 생성된 veratryl 알코올 양이온 라디칼과 같은 반응성 저분자 종들이다. 그들은 리그닌 중합체의 내부 속으로 침투하여 반응할 수 있는 확산가능한 단전자 산화제로서 작용할 것이다. 과산화효소에 의해 촉매된 일-, 이-, 삼리그놀의 더 나아간 산화적 절단은 저분자 화합물 즉, phenylpropane 구성요소의 propane 측쇄, 방향족 산, 방향족 알데하이드로 부터 유래된 C_1과 C_2, C_3 단편들과 방향족 고리절단의 산물들, 퀴논류의 배열된 생산을 유도한다. 환원과 산화반응의 조합에 의한 이러한 화합물들의 대사가 이산화탄소와 물로 그들의 완전한 분해를 야기한다. C_2, C_3 단편들은 **글리옥살 산화효소**(glyoxal oxidase)에 대한 기질 역할을 한다. 이 세포외효소에 의한 그들의 분해는 리그닌의 과산화효소에 의해 매개된 탈중합화에 대해 필요한 과산화수소의 발생에 의해 수행되어진다. 리그닌 분해에 의해 유래된 vanillic과 syringic 산과 같은 방향족 산들은 균사에 의해 흡수되어 단순한 방향족 산의 대사에 작용하는 dioxygenase에 의해 더 분해된다. 퀴논들은 cellobionic 산의 부수적 생산과 함께 셀로비오스-퀴논

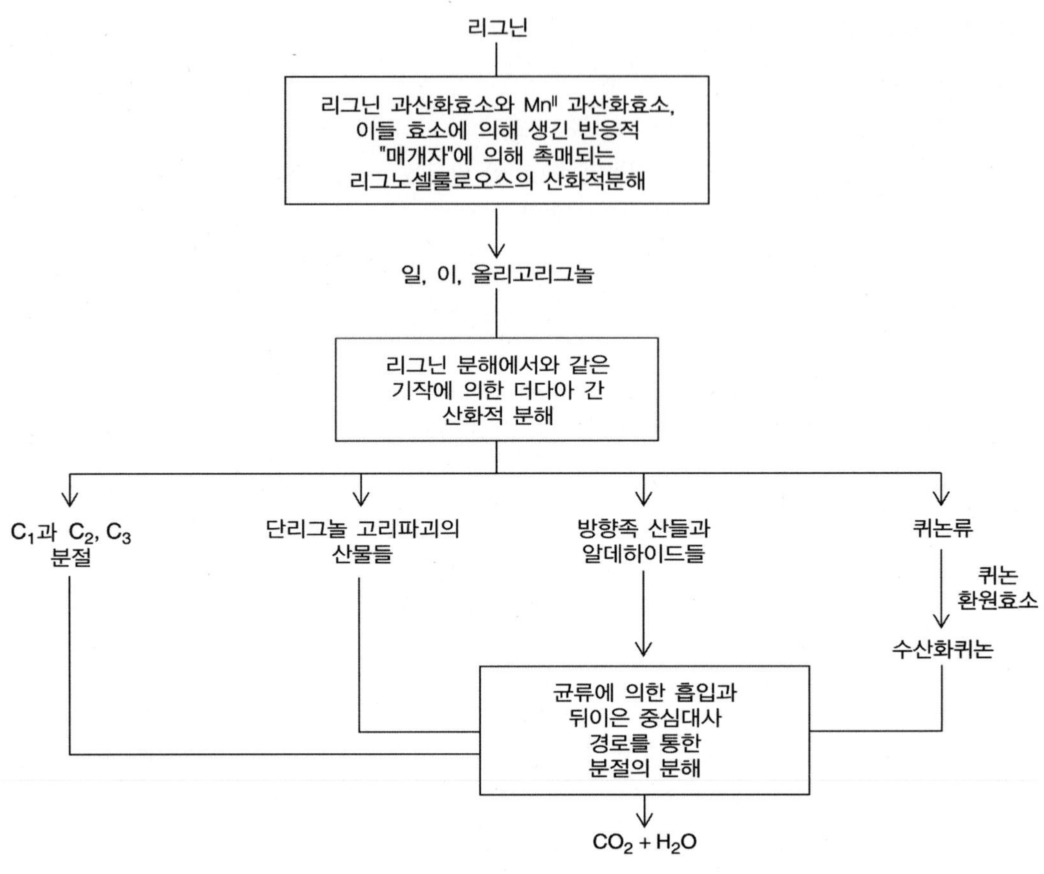

그림 12.14

균류 *P. chrysosporium* 리그닌–분해적 배양에 의한 리그닌 분해에서 주요 단계들의 도식적인 표현.

W.H. Freeman에 의해 출판된 첫 판(1995)으로 부터의 삽화에 근거를 두고 다시 그린 것.

산화환원효소에 의해 수산화퀴논으로 빠르게 환원되어진다. 수산화퀴논은 균류에 의해 빠르게 흡수되어 분해된다.

리그닌 분해의 첫 단계에서, 다양한 리그놀들은 "비자연적"인 구조의 리그닌 중합체를 만드는 역반응 즉, 과산화효소의 유도에 의한 중합반응을 겪을 수 있다. 그런 반응들은 어느 정도까지 일어나야 한다. 아마, 균류세포에 의한 작은 단편의 빠른 흡수와 환원, 분해는 반응평형이 강하게 분해를 선호한다는 것을 확실하게 한다.

셀룰로오스의 분해

수 백종의 균류와 세균들이 셀룰로오스를 분해할 수 있다. 이러한 생물체들은 호기성과 혐기성, 중온균과 호열성 미생물을 포함한다. 그들은 자연적인 환경에 두루 존재하고 풍부하다. 하지만, 비록 많은 미생물들이 셀룰로오스 상에서 자랄 수 있거나 무정형 셀룰로오스를 분해할 수 있는 효소들을 생산할지라도, *in vitro* 상에서 결정형 셀룰로오스를 분해할 수 있는 세포외 셀룰라아제들을 전부 갖추어 생산하는 것은 상대적으로 거의 없다. 후자의 생물체 중, 가장 광대하게 연구된 셀룰로오스 분해효소의 원천이 진균류인 *Trichoderma*와 *Phanerochaete*, 세균인 *Cellulomonas*(호기성균)와 *Clostridium thermocellum*(혐기성균)이였다.

썩은 탄띠

셀룰로오스 분해의 과학적 연구는 남태평양의 정글에 배치된 미군의 옷과 장비들이 놀라운 속도로 썩는 것이 발견되어진 2차 세계대전 도중 실질적인 필요성으로 시작되었다. 모든 면화 장비는–텐트, 제복, 띠, 배낭– 빠르게 품질이 저하되었다. 이런 장비의 보급은 군 보급에 요구되는 화물공간의 대부분을 빼앗았다. 피해가 균류에 의해 범해졌다는 것을 아는 것은 쉬웠지만, 특정한 범죄자가 동정되어져야만 했다.

1944년, 악화과정의 본질 결정과 원인이 되는 생명체와 그들의 작용기작 동정 및 항균류제의 사용을 필요로 하지 않는 조절법을 개발하기 위하여 열대 열화 연구실(Tropical Deterioration Research Laboratory)을 펜실베이니아주, 필라델피아에 설립하였다. 면화는 거의 대부분이 셀룰로오스로 구성되기 때문에, 이 노력의 중심은 셀룰로오스 분해에 대한 이해를 도모하기 위한 것이었다. 토양시료 혹은 피해 물질로부터 분리된 4000종 이상의 균류들이 연구의 대상이 되었다. 이러한 미생물의 선발은 힘들었다. 수천의 미생물들이 수만의 직물조각 상에서 배양되어졌고, 각 조각은 장력강도에 대한 손실을 시험하였다. 이 시험에 의해 가장 활성적인 균류들은 다음으로 기질로 셀룰로오스(가루로 만든 종이필터)를 가진 진탕 플라스크에서 배양되어졌고, 면화의 분해에 대해 원인이 되는 세포외 효소들을 생산하는 균류들의 능력이 비교되었다.

이 선별은 뉴우기니아에서 발견된 썩은 탄띠로 부터 분리된 강력한 셀룰로오스–분해균인 *Trichoderma viride* 균을 밝혀냈다. 이 균주의 배양여액은 결정성 셀룰로오스를 포도당으로 전환하는 시험능력에서 가장 활성적이었다. 이 발견으로 *Trichoderma* 균주에 대한 관심이 집중되었다. 현재까지, 알려진 세포외 셀룰라아제 생산주 중 가장 효율적인 것은 Bougainvelle 섬 면화로 만든 오리사육 텐트로 부터 분리된 균주인 *Trichoderma reesei* QM6a(전의 *T. viride* QM6a)로부터 유래된 변이주들 이다.

실험실에서 특정한 생물체의 셀룰로오스분해 활성의 연구들이 전쟁터에서 면화의 파괴에 대해 그 생물체의 중요성을 반드시 예언하지 않았다. 나빠진 면화물질 시료들은 하와이에서 뉴우 기나아 까지, 그리고 또한 중국, 버마, 인도의 지역까지 펼쳐진 남과 남서태평양 지역 내 24 곳의 군 기지 로부터 미국으로 보내졌다. 이런 노출된 면화직물에서 분리된 4500의 균류 중에서, *Trichoderma* 균주는 385(8.6%)로 헤아려 졌고, 대부분의 지역 시료에서 발견되었다. 그러나 비록 취급 중 잃어버렸을지도 모르지만, 이러한 모든 지역으로부터 온 수 백의 썩은 면화직물 시료에 대한 직접검경은 *T. viride*의 어떠한 자실체 구조(fruiting structures)도 보이지 않았다. 이런 관찰은 비록 *T. viride*가 면화 상에서 생육하지 않을지라도, 이 균주가 이러한 직물상에서 널리 존재한다(아마도 포자로서)는 것을 제안한다. 그러므로 이 균주가 전장에서 이러한 물질의 손상에 역할을 한다는 명확한 증거는 없다.

Trichoderma 셀룰라아제

*T. reesei*의 셀룰로오스 분해체계는 필라멘트성 균류들 중에서 그 체계의 본보기이다. *T. reesei*는 셀룰로오스의 분해에서 협력하는 셀룰로오스 분해효소의 세 가지 형, 즉, 엔도글루칸분해효소들 (endoglucanase; EG I에서 EG V)와 cellobiohydrolase (CBH I과 CBH

II), β-glucosidase (BGL I과 BGL II)를 생산한다. 엔도글루칸분해효소들은 셀룰로오스 섬유을 따라 무질서한 지역의 내부결합을 가수분해한다. 이러한 방식에 의해 발생한 말단은 뒤이어 cellobiohydrolase에 의한 공격을 받아 이당체인 셀로비오스를 방출한다. CBH I은 미세결정형 셀룰로오스 사슬의 환원말단에 대한 선호도를 가지고, CBH II는 비환원말단에 대한 선호도를 가진다. 가수분해가 진행됨으로서 cellobiohydrolase 또한 명백하게 셀룰로오스 섬유의 결정 지역부에서 사슬-사슬 상호작용을 파괴하기 시작한다. 마침내, 셀로비오스는 β-glucosidase에 의해 포도당으로 가수분해된다(그림 12.15)

균류성 셀룰라아제에서 기능에 대한 구조의 관계

두 개의 엔도글루칸분해효소와 두 개의 cellobiohydrolase를 코딩하는 4개의 유전자들이 *T. reesei*에서 클로닝 되어졌다. 이러한 유전자들에 의해 코딩되는 효소들은 펼쳐지고 가동 가능한 "경첩" 지역부에 의해 연결된 두 개의 현저한 도메인으로 각각 구성되어 있다(그림 12.16). CBH I과 EG I의 도메인 순서가 CBH II와 EG II에서 보여진 것과 반대인 것을 주목하라. 약 500 개의 아미노산으로 구성된 큰 도메인이 활성부위를 포함한다. Prolyl과 수산화 아미노산 잔기가 풍부하고, 고도로 당화된 24-44 아미노산 서열 길이의 경첩부분이 촉매 도메인을 약 33-잔기의 셀룰로오스 결합 도메인에 연결한다.

유연한 경첩은 셀룰로오스-결합 도메인이 촉매도메인과 셀룰로오스의 상호작용에 대한 작은 제한을 가지면서 효소를 셀룰로오스 섬유에 붙이는 것을 허용한다. 이런 방식으로 셀룰로오스-결합 도메인은 기질에 대하여 셀룰라아제를 고농도로 유지하도록 기여한다. 셀룰로오스-결합 도메인의 삼차원적 구조에 대한 연구는 도메인이 셀룰로오스내

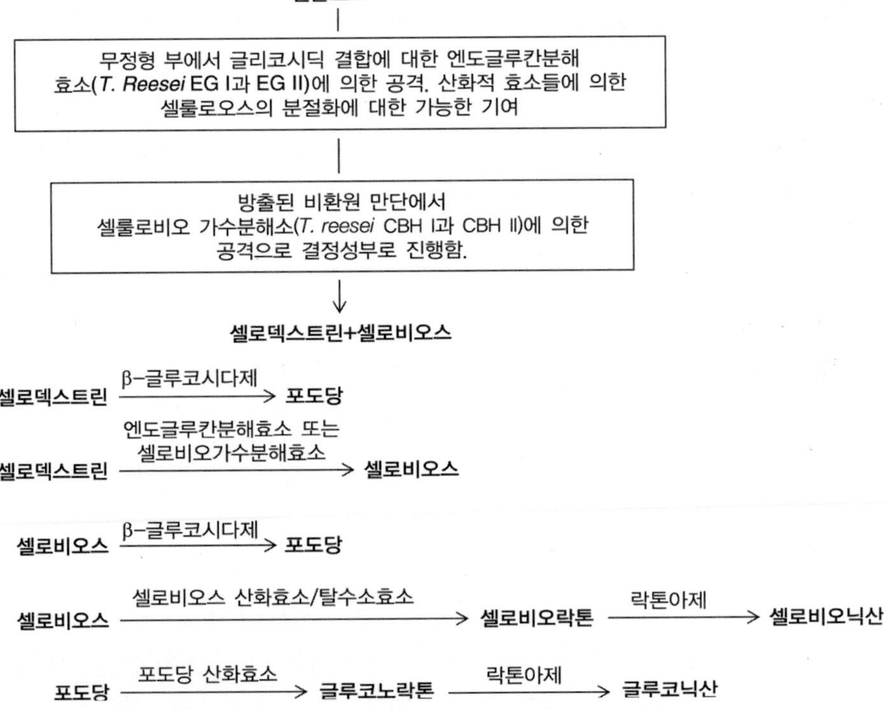

그림 12.15

균류들에 의한 셀룰로오스 분해의 제안된 기작. [Coughlan, M. P. (1990). Cellulose degradation by fungi. In *Microbial Enzymes and Biotechnology*, 2nd Edition, W.M. Fogarty and C.T. Kelly (eds.), pp. 1-36, London: Elsevier Applied Science.]

W.H. Freeman에 의해 출판된 첫 판(1995)으로 부터의 삽화에 근거를 두고 다시 그린 것.

아미노산 잔기의 수

	1. 신호 서열	2. 촉매 도메인	3. 경첩 ("연결자")	4. 셀룰로오스-결합 도메인
CBHI	17	425	26	33
CBHII	24	385	44	33
EGI	22	363	29	33
EGII	21	327	34	33

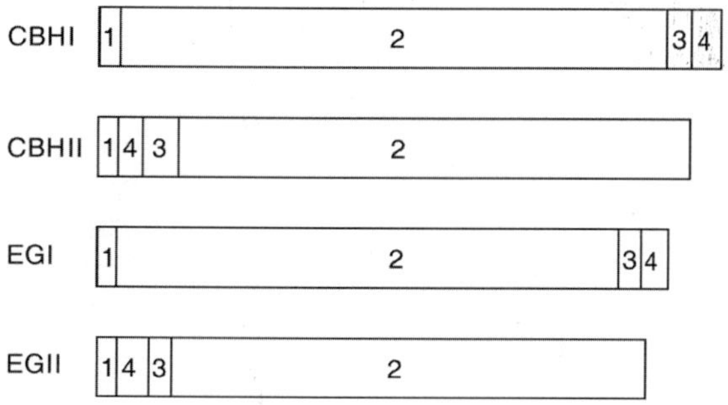

CBHI	1	2	3	4
CBHII	1	4	3	2
EGI	1	2	3	4
EGII	1	4	3	2

그림 12.16

그림의 상단부는 *Trichoderma reesei* 셀로바이오히드룬라제(cellobiohydrolases) I과 II (CBH I과 CBH II), 그리고 엔도클루칸분해효소들 I과 II (EG I과 EG II)의 예비단백질형 들에 대한 다양한 도메인 길이들의 도표를 보여준다. 하단부는 그러한 길이와 도메인들의 상대적 위치(소각 x-레이 분산에 의해 결정된)의 도식적인 묘사를 보여준다. CHB I과 EG I 에서 셀룰로오스-결합 도메인과 경첩부(연결), 촉매 도메인의 순서가 CHB II와 EG II의 그것과 반대인 것을 주목하라.[Gilkes, N.R., Henrissat, B., Killburn, DG., Miller, R.C., Jr., and Warren, R.A.F. (1991). Donmain in microbial β-1,4-glycanasesL sequence consevation, function, and enzyme families. *Microbiolgocial Reviews*, 55, 303-315로부터 얻은 데이터]

결정구조 지역에 우선적으로 상호작용한다는 것을 보여준다. 한편, 촉매 도메인은 무정형 지역부에 대한 높은 친화성을 가지고 결정성 지역부에 대해서는 낮은 친화성을 가진다. 본래 효소에서, 결정성 지역부에 대한 촉매 도메인의 낮은 친화성은 훨씬 많은 원 효소 분자가 결정성 부위 내에 결합되어 이들 지역에서 글리코사이드 결합 절단의 가능성을 증가시키는 결과와 더불어 결합 도메인의 높은 친화성에 의해 상쇄되어진다.

단백질분해에 의해 CBH I과 CBH II으로부터 작은 말단 도메인이 제거되었을 때, 불용성 셀룰로오스에 대한 두 효소들의 친화성과 활성은 현저하게 감소하는 반면, 작은 가용성 기질에 대한 그들을 활성은 변화되지 않는다. 이것은 셀룰로오스-결합 도메인이 셀룰로오스 표면에 대한 셀룰라아제의 결합과 분해에 대한 기질의 감수성을 변화시키는 것에 기여한다는 것을 제안한다. 결정형 셀룰로오스와 셀룰로오스-결합 도메인의 상호작용은 사슬들 사이의 국지적 상호작용 불안정화를 유도할 것이고, 연이은 붕괴는 결정형 셀룰로오스에 대한 본래 효소의 향상된 활성을 유도할 것이다.

효소의 특이성 연구에 대한 고전적 접근은 작은 합성 기질에 대한 그들의 작용을 조사하는 것이다. 하지만, 그림 12.17에 나타낸 바와 같은 그런 조그만 기질들은 엑소-와 엔도-셀룰라아제의 특이성을 분명하게 구별하지 못한다. *T. reesei* CBH II와 세균성 셀룰라아제의 촉매부위에 대한 고해상도의 결정구조 검사를 조합한 많은 셀룰로오스분해 효소의 비교생화학적 연구는 엑소(exo)- 대 엔도(endo)- 셀룰로오스분해 절단의 분자적 결정에 대한 많은 특이한 정보를 제공하였다. 이런 연구들은 엑소셀룰라아제(exocellulase)에서 활성부위가 하나의 둘러싸인 터널 안에 있으며, 여기를 통해 셀룰로오스 사슬을 꿰어 넣는다는 것을 나타낸다. 촉매 잔기로서 믿어지는 두 개의 아스파틸 잔기는 터널의 중앙에 위치한다. 활성부위의 구조는 생산적인 기질결합이 이당체 단위체(셀로비오스)의 방출을 유도하는 것으로 예측된 그런 것이다. 엔도셀룰라아제 내 활성부위는 셀룰로오스 사슬 내 β-1,4-글리코시드 연결절단의 위치에 대한 제한이 없는 개방된 홈에 있다.

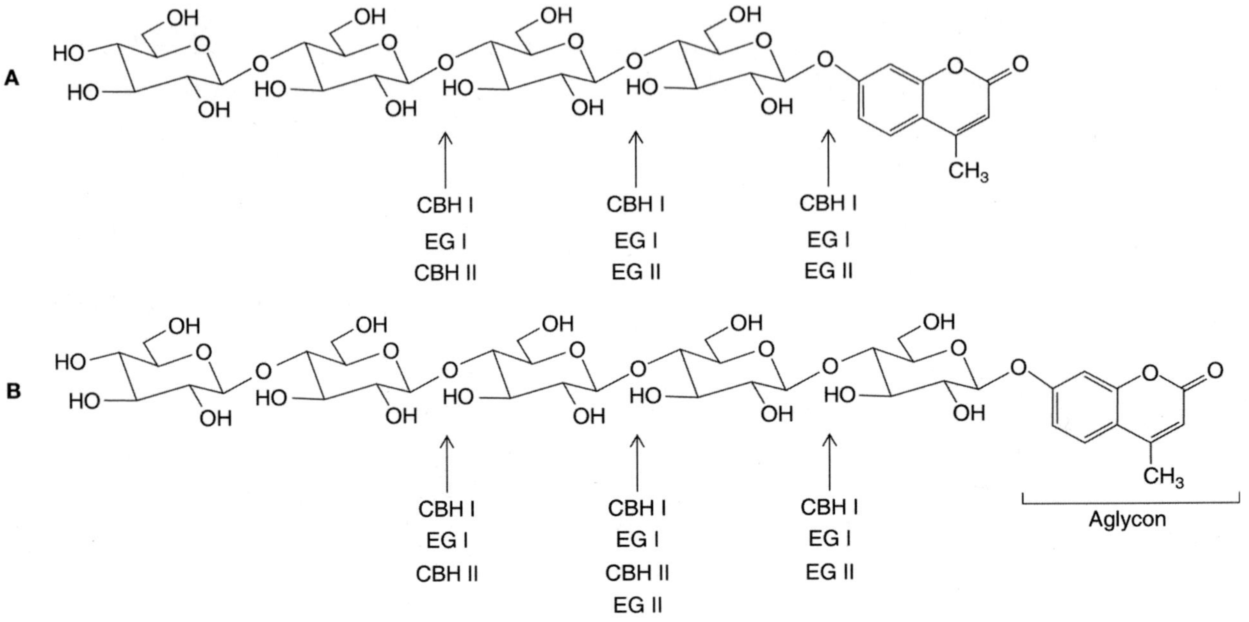

그림 12.17

Cellotertraose (A)와 cellopentaose (B)내에서 *T. reesei* 엔도글루칸분해효소들(endoglucanase; EG I과 EG II) 과 셀로바이오히드룬라제 (CBH I과 CBH II)에 의한 β-글리코시드 결합절단. 각각의 기질들에 대해, 화살표 하단의 약어들은 어느 효소들이 특이한 결합을 절단하는가를 지정한다. 4'-Methylumbelliferyl 즉, Aglycon은 흡광 또는 형광분광기에 의해 방출되는 4'-methylumbelliferone (4-methyl-7-hydroxycoumarin)의 검출에 의해 기질과 분해산물들의 검출을 용이하게 하기위해 선택되어졌다. [Data from Claeyssen, M. and Henrissat, B. (1992) Specificity mapping of cellulolytic enzymes: Classification into families of structurally related proteins confirmed by biochemical analysis. *Protein Science*, 1, 1293–1297.]

세균성 셀룰라아제

결정형 셀룰로오스를 분해하기 위한 능력은 호기성과 혐기성 세균 모두에 두루 존재한다. 예를들어 토양세균 *cellulomonas fimi* 같은 다양한 토양세균에 의해 생산되는 세포 외 엔도 및 엑소글루칸 분해효소는 *T. reesei*의 그것과 같은 일반적인 구조특성을 보여준다. 가용성 세포외 효소로 셀룰라아제를 분비하는 세균이거나 혐기적 셀룰로오스 분해 세균들은 세균 세포표면에 대해 부착된 **셀룰로좀(cellulosome)**이라 불리는 커다란 복합체로 효소들을 모은다. 이런 복합체들은 식물세포벽내 다른 형의 다당을 분해하기 위한 채비를 한다. 셀룰라아제 이외에도, 셀룰로좀은 자일란아제(xylanases)와 mannanases, arabinofuranosides와 펙틴 분해효소 같은 헤미셀룰라아제의 다른 형을 포함하고 있다.

가장 잘 연구된 호열성 혐기성 세균 *Clostridium thermocellum*과 같은 셀룰로좀은 최고 14-18 폴리펩타이드들로 각각 구성되어 있고, 약 2×10^6의 분자량을 가진다. 이 셀룰로좀은 엑소글루칸분해효소와 자일란아제 뿐만 아니라 몇 개의 엔도글루칸분해효소를 포함한다. 셀룰로오스-결합 도메인은 *C. thermocellum* 글루칸분해효소에는 없다. 셀룰로좀은 셀룰로좀의 조직화에 기여하거나 세포표면과 셀룰로오스에 대해 부착을 돕는 기능을 하는 효소활성이 없는 폴리펩타이드를 또한 함유한다. 후자의 능력은 많은 생물체가 셀룰로오스 분해의 수용성 산물에 대한 경쟁을 해야 할 환경에서 경쟁적 우위를 제공한다.

셀룰로좀의 구조

셀룰로좀은 셀룰로오스를 완전하게 분해할 수 있는 고활성 효소집합체이다. 이것은 불규칙적(무정형) 셀룰로오스보다 결정형 셀룰로오스에 대해 더 활성적인 특이한 특성을 가진

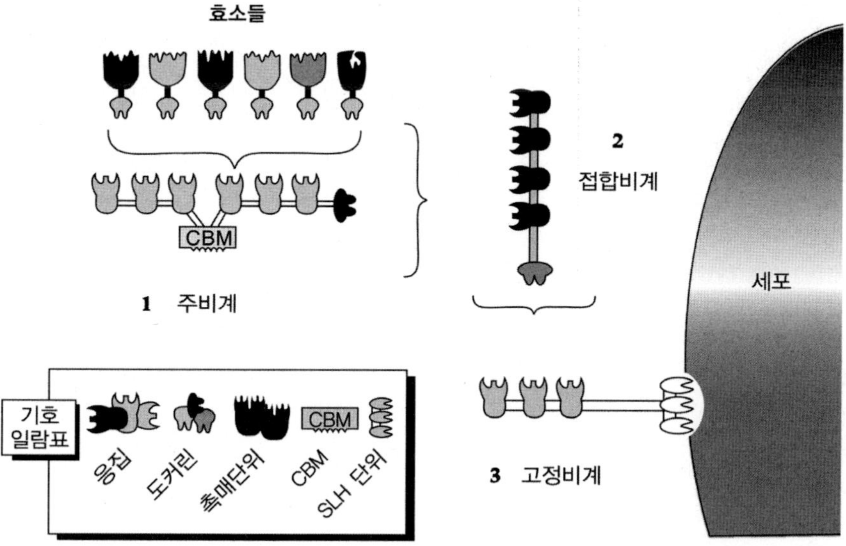

그림 12.18

Acetivibrio celluloyticus 셀룰로좀에 대해 제안된 단순화된 도식적 모형. Clostridia와 밀접하게 연관된 중온성 셀룰로오스분해 세균인 *A. cellulolyticus*는 오수 슬러지로부터 분리되었다. 이 셀룰로좀은 세 개의 비계를 가진다. Dockerin-포함 효소들은 cohesin 모듈(본문을 참고하라)과 상호작용을 통해 주비계(primary scaffoldin)에 결합되어져 있다. 4개의 cohesins과 dockerin을 가진 접합비계(adaptor scaffoldin)는 주비계와 고정비계(anchoring scaffoldin) 사이를 주비계상의 dockerin과 고정비계상의 cohesin 과의 상호작용을 통해 연결한다. 고정비계상의 S-층 상동성(SLH; S-layer homology) 모듈은 셀룰로좀을 세포표면에 붙인다. 주비계에서 단일 셀룰로오스-결합 도메인(CBM; cellulose-binding domain)은 셀룰로좀 및 그로 인하여 전체세포가 셀룰로오스 기질을 표적으로 한다. [Gayer, B.A., Belaich, J-P., Shoham, Y., and Lamed, R. (2004). The cellulosomes: multienzyme machines for degradation of plant cell wall polysaccharides, *Annual Review of Microbiology*, 58, 521- 554.내 그림 1에 근거]

다. 세균성장의 대수증식기 동안, 셀룰로좀은 세포표면에 결합되어진 채로 주로 발견된다. 세포가 정지기에 들어가면, 이 복합체들의 많은 비율이 배지로 방출된다. 세포결합 셀룰로좀에 대한 모델이 그림 12.18에 나타나 있다.

C. thermocellum 세포는 세 개의 층 즉, 세포질막과 펩티도글리칸층, 표면 단백질층(S-층)에 접경하고 있다. **비계(Scaffoldin; CipA)**라고 불리는 커다란 비촉매성 단백질이 셀룰로좀에서 조직화 단백질이고, 세포표면-고정 단백질과 상호작용하는 성분이다. CipA는 셀룰로좀과 다른 셀룰로좀 구성분에 합체된 각각 다른 효소들내 두 번 중복 보존된 23-잔기의 앞뒤 나란한 반복서열(tandem repaeat)서열을 가진 70여-잔기의 **dockerin(도커린)** 도메인에 대해 매우 고친화성으로 결합하는 9개의 반복되는 서열-**cohesin** modules(응집 모듈)-을 포함한다. Cohsine은 다양한 효소에 대한 dockerins들을 구별하지 못하기 때문에, 개별 셀룰로좀 내의 CipA는 그것에 결합된 효소들의 특유한 조합을 가질 것이다. *C. thermocellum* 유전체내에는 60개 보다 많은 dockerin-포함 단백질들이 있다. 비계는 결정형 셀룰로오스의 인식을 중재하는 탄수화물-결합 모듈(CBM)이라 불리는 셀룰로오스-결합 도메인(CBD)을 함유한다. 단일 CBM은 셀룰로오스성 기질에 대한 전체 셀룰로좀의 부착을 목표로 한다. 그림 12.18에 나타낸 *Acetivibrio cellulolyticus* 셀룰로좀의 모델은 *C. thermocellum* 셀룰로좀에 대한 상기 기술된 주요 특징들을 표시한다.

CBM의 세 가지 일반적인 분류 즉, 결정형 셀룰로오스와 같은 불용성 다당의 표면에 강하게 결합하는 A형; 수용성 글리칸 사슬에 결합하는 B형; 작은 당에 결합하는 C형이 있다. 모든 비계가 A형 CBM을 가지는 반면, 다양한 셀룰로좀성 효소들은 모효소가 적당한 기질을 표적으로 하는 모든 세 가지 부류의 CBM을 가진다. 셀룰로좀 상에서 가수분해 효소부위의 간격은 고도로 질서정연한 결정성 셀룰로오스 기질 내 결합의 거의 동시적 다중부위 절단을 허용하기 위한 것인 듯하다. 이것은 셀룰로좀이 무정형보다도 결정성 셀룰로오스를 선호한다는 것을 설명할 것이다. 이러한 분자적 특성은 셀룰로좀이 식물세포벽 다당을 분해하는데 고도로 효율적인 체계를 만든다.

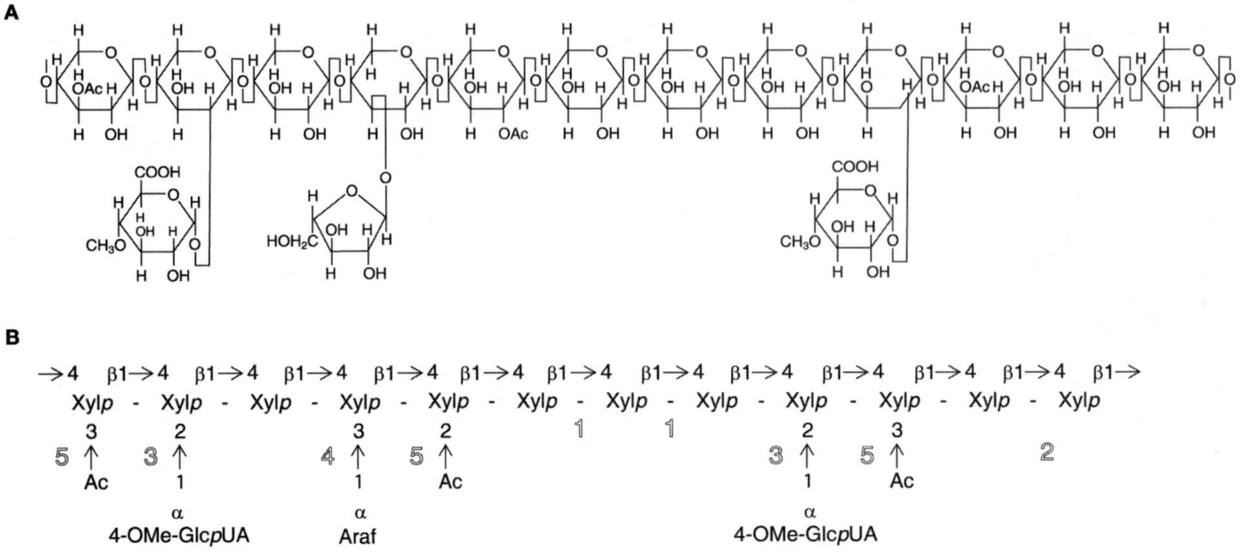

A

B

→4 β1→4 β1→4 β1→4 β1→4 β1→4 β1→4 β1→4 β1→4 β1→4 β1→4 β1→4 β1→

Xylp - Xylp - Xylp - Xylp - Xylp - Xylp - Xylp - Xylp - Xylp - Xylp - Xylp - Xylp

α 4-OMe-GlcpUA α Araf α 4-OMe-GlcpUA

그림 12.19

미생물성 자일란 분해 효소에 의한 글루쿠로노아라비노자일란의 분절에 대한 공격부위. 그림의 상단부는 글루쿠로노아라비노자일란의 화학적 구조를 보여주고, 하단부는 그림 12.2의 설명에서 정의된 전통적 약어를 이용한 구조의 표현을 보여준다. 밑줄 친 숫자들은 효소의 어느 형이 특이한 결합을 절단하는가를 나타낸다: 1, 엔도-β-1,4-자일란아제; 2, β-xylosidase; 3, α-glucuronidase; 4, α-L-arabinofuranosidase; 5, acetylxylan esterase.

헤미셀룰로오스의 분해

효소적인 헤미셀룰로오스 분해 연구의 대부분들은 galactoglucomannans과 glucomannan을 제외하고 사실상 자일란에 집중되었다. 자일란(xylan)은 속씨식물(현화식물) 유래 목재에서의 주요 헤미셀룰로오스이고, 총 건조중량의 15~30%에 해당된다. 하지만, 겉씨식물(고사리, 침엽수, 그들과 같은 계통)에서 자일란은 총 건조중량의 7~12%만을 제공한다.

리그노셀룰로오스내 자일란의 높은 함량 때문에, 경제적으로 실현가능한 알코올로의 생물자원 전환은 그들의 발효에 대한 실질적인 방법을 요구한다. 자일란 분해의 문제점은 두 개의 다른 중요한 상황을 또한 발생시킨다. 종이제조는 목재펄프와 상당량의 자일란을 포함하는 펄프공정 유출물을 생성시킨다. 이러한 폐수는 종종 개울과 강을 오염시킨다. 농산 잔여물 또한 상당한 양의 자일란을 포함하고 있다.

자일란의 구조는 복잡하고, 그들의 완전한 생분해는 몇 가지 효소의 협력적인 작용을 필요로 한다. 많은 다른 서식지로부터 분리된 세균과 균류는 다양한 자일란아제를 함유한다. *T. reesei* 셀룰라아제에 대해 기술된 도메인 형태의 구성은 자일란아제에서도 또한 보여진다.

그것의 구성요소로 글루쿠로노자일란의 완전한 전환은 α-glucuronidase와 α-L-arabionfuranosidase, acetylxylan esterase 뿐만 아니라, 엔도-1,4-β-자일란아제와 β-xylosidase의 연합된 작용을 필요로 한다(그림 12.19). 자일란을 분해하고 결과적인 자일로스의 에탄올과 다른 산물로의 전환을 할 수 있는 미생물들의 예들이 표 12.5에 주어져 있다.

효소적 리그노셀룰로오스 생분해의 전망

연료나 화학적 공급원료, 식품을 위한 생물자원 이용의 첫 단계는 리그노셀룰로오스 구조내에 고정된 탄수화물과 방향족 구성요소들을 방출시키는 것이다. 이것은 화학적 수단

표 12.5 자일란을 에탄올로 발효할 수 있는 다양한 세균들과 균류들

Microorganism	Products
Bacteria	
Clostridium thermocellum	에탄올, 아세트산, 젖산
Clostridium thermohydrosulfruicum	에탄올, 아세트산, 젖산
Clostridium thermosaccharolyticum	에탄올, 아세트산, 젖산
Thermoanaerobacter ethanolicus	에탄올, 아세트산, 젖산
Thermoanaerobium brockii	에탄올, 아세트산, 젖산
Thermobacteroides acetoethylicus	에탄올, 아세트산, 젖산
Fungi	
Neurospora crassa	에탄올
Pichia stipitis	에탄올

에 의해 달성될 수 있지만, 동시에 필요로 하지 않는 부산물과 화학적 폐기물을 생산하는 희생을 치른다.

다행히도, 우리는 리그노셀룰로오스 중합체를 분해할 수 있는 많은 세균과 균류성 효소체계를 개발할 수 있다. 이러한 효소의 상당량은 세균과 균류성 숙주세포내에 클로닝과 과발현을 통하여 즉각적으로 이용가능하다. 특이한 효소를 과량생산하거나 특이한 응용에 적합한 효소들의 혼합물을 생산하는 생물체 또한 이용가능하다. 예를 들어, 전통적인 변이와 균주선별로 부모 야생주와의 그것과 유사한 상대적 비율을 가진 셀룰라아제계 대부분 구성성분인 세포외 단백질을 최대 40g/L까지 생산하는 *T. reesei*균주를 만들었고, EG I과 EG II, CBH I, CBH II의 변형된 양과 비율을 가진 *T. reesei* 균주를 생산하는데 유전공학이 사용되어졌다.

많은 다른 미생물로부터 리그닌 과산화효소, 글루칸분해효소, 자일란아제 같은 효소군의 구성원에 대해 알려진 서열들의 이용은 이러한 효소들이 예를 들어, 생산물 저해를 최소화하거나 열안정성을 증진시키는 방향으로 이끌면서, 그들의 기능적, 물리적 성질을 증진하기 위한 유전공학의 길을 열었다. 하나의 예로서, 신선한 소의 분뇨시료로부터 얻어진 DNA library에서 발견된 자일란아제는 61.4℃의 열변성 전환 온도(T_m)를 보여주었다. 지정된 진화기법들(directed evolution technologies)이 효소에 도입되었다. 이 경우 최적 상태를 가진 단백질 변이체 동정을 허용하기 위해 고안된 단일의 유익한 아미노산 치환의 임의적 조합을 생산하는 기법인 유전자 재배치(gene reassembly)에 이은 유전자 부위 포화 돌연변이(gene site saturation mutagenesis; 11장에 언급됨)가 최적의 촉매활성을 유지하면서 증가된 열안정성을 가진 변종을 만들기 위해 사용되었다. 진화된 자일란아제 변이주의 하나는 95.6℃의 Tm을 나타냈다. 이러한 계속되는 노력이 더 많은 리그노셀룰로오스를 유용한 산물로 전환하고, 더 빠르고 더 경제적으로 하는 것을 가능하게 만들 것이다.

요약

식물세포벽은 세 가지 형태의 생체중합체, 셀룰로오스, 헤미셀룰로오스, 리그닌을 함유한다. 이러한 중합체들은 광합성에 의해 포획된 에너지와 생물권에서 유기물의 주요 저장형태이다. 셀룰로오스는 수천 개 포도당 분자들의 선형적 중합체이다. 기본적인 반복단위는 셀로비오스 즉, 포도당-β-1,4-포도당이다. 헤미셀룰로오스들은 당잔기 200개 이하의 고차적 가지를 가진 이형다당류 들이다. 헤미셀룰로오스내 당들은 오탄당과

육탄당, 요산을 포함한다. 헤미셀룰로오스내의 당들은 아세틸화나 또는 메틸화에 의해 다양하게 수식된다. 많은 다른 방법으로 연결된 산화된 C_9 (phenylpropane) 단위로 구성된 가장 큰 분자량의 불규칙적 중합체가 리그닌이다. 리그닌은 과산화효소-촉매작용 발생과 뒤이은 (methoxy-) 치환된 *p*-hydroxycinnamyl 알코올 (*p*-coumaryl과 coniferyl, sinapyl 알코올)의 phenoxy 라디칼의 반응에 의해 형성된다.

백색부후과 갈색부후, 연부병 균류는 자연에서 주요 목재 분해자들이다. 그들은 리그닌 탈중합을 매개하는 리그닌 과산화효소라는 세포외 효소를 분비한다. 균류와 세균 둘다 셀룰로오스와 헤미셀룰로오스를 분해하는 세포외 효소들을 분비한다. 명백한 혐기적 세균에 의한 셀룰로오스와 헤미셀룰로오스 분해에 대한 효소적 기구들은 이들 세균의 세포표면에 결합된 셀룰로좀이라는 복잡한 복합체내에 채워져 있다.

리그닌 퍼옥식다아제와 셀룰라아제, 다양한 헤미셀룰로오스 분해효소들에 대한 유전자들이 클론되어져 왔고, 효소들이 균류와 대장균에서 발현되었다. 게다가, 분해효소의 변형된 양과 비율을 생산하는 유전적으로 공학화된 균주들이 제조되어졌다. 이러한 진보는 에탄올 생산과 같은 발효과정에 대한 당기질의 풍부한 원천으로 리그노셀룰로오스의 효율적 이용에 대한 가능성을 보여준다.

|참고문헌과 온라인 자료|

일반적인 내용

Siu, R. G. H. (1951). *Microbial Decomposition of Cellulose,* New York: Reinhold Publishing Co.

Reese, E. T. (1976). History of the cellulase program at the U.S. Army Natick Development Center. *Biotechnology and Bioengineering Symposium,* 6, 9–20.

Sjöström, E. (1981). *Wood Chemistry. Fundamentals and Applications,* New York: Academic Press.

Fengel, D., and Wegener, G. (1984). *Wood. Chemistry, Ultrastructure, Reactions,* Berlin: Walter de Gruyter.

Rayner, A. D. M., and Boddy, L. (1988). *Fungal Decomposition of Wood. Its Biology and Ecology,* Chichester, U.K.: J. Wiley and Sons.

Jain, S. M. and Minocha, S. C. (2000). *Molecular Biology of Woody Plants,* Volumes 1 and 2, Dordrecht: Kluwer. [Series: *Forestry Science,* Volumes 64 and 66].

Lynd, L. R., Weimer, P. J., van Zyl, W. H., and Pretorius, I. S. (2002). Microbial cellulose utilization: fundamentals and biotechnology. *Microbiology and Molecular Biology Reviews,* 66, 506–577.

Rose, J. (ed.) (2003). *The Plant Cell Wall,* Oxford: Blackwell Publishing.

리그노셀룰로오스: 구조, 생합성, 분해

Wood, W. A., and Kellogg, S. T. (eds.) (1988). *Biomass. Part A. Cellulose and Hemicellulose. Methods in Enzymology,* Volume 160, San Diego: Academic Press.

Wood, W. A., and Kellogg, S. T. (eds.) (1988). *Biomass. Part B. Lignin, Pectin, and Chitin. Methods in Enzymology,* Volume 161, San Diego: Academic Press.

Boerjan, W., Ralph, J., and Baucher, M. (2003). Lignin biosynthesis. *Annual Review of Plant Biology,* 54, 519–546.

Martinez, D., et al. (2004). Genome sequence of the lignocellulose degrading fungus *Phanerochaete chrysosporium* strain RP78. *Nature Biotechnology*, 22, 695–700.

Martinez, Á., et al. (2005). Biogradation of lignocellulosics: microbial, chemical, and enzymatic aspects of the fungal attack of lignin. *International Microbiology*, 8, 195–204.

Cotinho, P. M., and Hendrissat, B. (1999). Carbohydrate-Active Enzymes server at URL http://afmb.cnrs-mrs.fr/CAZY/.

Carrard, G., Koivula, A., Söderlund, H., and Béguin, P. (2000). Cellulose-binding domains promote hydrolysis on different sites on crystalline cellulose. *PNAS*, 97, 10342–10347.

Bourne, Y., and Hendrissat, B. (2001). Glycoside hydrolases and glycosyltransferases: families and functional modules. *Current Opinion in Structural Biology*, 11, 593–600.

Davies, G. J., Gloster, T. H., and Hendrissat, B. (2005). Recent structural insights into the expanding world of carbohydrate-active enzymes. *Current Opinion in Structural Biology*, 15, 637–645.

셀룰로좀

Carvalho, A. L., et al. (2003). Cellulosome assembly revealed by the crystal structure of the cohesin-dockerin complex. *PNAS*, 100, 13809–13814.

Bayer, B. A., Belaich, J-P., Shoham, Y., and Lamed, R. (2004). The cellulosomes: multienzyme machines for degradation of plant cell wall polysaccharides. *Annual Review of Microbiology*, 58, 521–554.

Doi, R. H., and Kosugi, A. (2004). Cellulosomes: plant-cell-wall-degrading enzyme complexes. *Nature Reviews Microbiology*, 2, 541–551.

Gilbert, H.J. (2007). Cellulosomes: microbial nanomachines that display plasticity in quaternary structure. *Molecular Microbiology* 63, 1568–1576.

자일란의 지정된 진화

Palackal, N. et al. (2004). An evolutionary route to xylanase process fitness. *Protein Science*, 13, 494–503.

Chapter 13

Microbial Biotechnology

에탄올

셀룰로오스로부터 생산할 수 있는 에탄올의 잠재적 양은 옥수수로부터 생산 가능한 그것보다 10배 정도 더 많다. 옥수수에서 에탄올로의 전환과 비교하여, 셀룰로오스에서 에탄올로의 경로는 온실효과를 포함하지 않거나, 그 기여가 적고 명백하게 긍정적인 순 에너지 균형 (5배 더 좋은)을 가진다. 그런 고려의 결과로서, 최근에 셀룰로오스를 대사하는 미생물들의 중요성은 증가 되었다.

– Demain, A. L, Newcomb, M., and Wu, J. H. D. (2005). Cellulase, clostridia, and ethanol. *Microbiology and Molecular Biology Reviews*, 69, 124–154.

이전의 장에서 식물 생물자원의 주요 성분들 즉, 셀룰로오스와, 헤미셀룰로오스, 리그닌과 그들의 자연적 생분해 경로를 기술하였다. 많은 사람들이 연료 알코올의 발효적 생산을 위한 재생가능한 공급원료의 거대한 창고로서 셀룰로오스와 헤미셀룰로오스내에 당들이 갇혀 있다고 생각한다. 이 장에서는 그러한 당들의 에탄올로의 전환에 대한 토론을 시작하고 연료로서 발효 알코올의 미래적 영향에 대한 평가로 끝을 낸다.

미생물학에서, **발효(fermentation)**는 ATP 발생을 유도하는 대사적 과정이고, 그 과정상에서 유기화합물의 분해산물들이 수소받게 뿐만 아니라 수소주게로서 역할을 하는 것으로 정의된다. 산소는 발효과정에서 반응물이 아니다. Louis Pastour의 말에서, "*[l]a fermentation est la vie sans l'air*" 즉, 발효는 공기 없는 삶이다. 양조와 포도주 제조의 긴 역사는 대용량 발효와 에탄올 회수에 대한 기술들을 고도로 세련되게 했다. 음료로서 역할 이외에도, 에탄올은 연료와 아세트산, 아세트알데하이드, 부탄올, 에틸렌과 같은 화학물질(자체적으로 석유화학 공업에서 주요 중간생성물) 제조에 대한 시작물질로 공급할 수 있다.

연료와 유기 화학물질을 생산하는 현대의 공업은 원료물질로서 화석 공급원료(석유나 천연가스)를 필요로 하는 반면, 1970년 이래 석유가격의 급격한 인상과 고갈되는 비축양의 증거가 대체원의 평가를 촉발시켰다. 에탄올은 특별하게 희망적인 대안인 듯 하다. 무수에탄올은 19세기 후반에 벌써 내연연소 엔진에서 연료로 사용되었다. 사실, 1906년 농업의 기계화를 돕기 위한 시도로서, 미국 의회는 농민이 그들 자신의 엔진연료 생산을 장려하기 위하여 알코올에 대한 세금을 없앴다.

적절한 전처리로, 생물자원의 다양한 형태들이 알코올 발효에 대한 기질로 제공될 수 있다. 1975년 이래, 이제까지 알코올로 휘발유를 대체하기 위한 가장 결정적인 노력의 하나인 브라질의 알코올 계획에서는 발효에 대한 기질로서 사탕수수로부터 직접 얻은 수크로오스(sucrose)를 사용하였다. 500억 l 이상의 많은 알코올이 프로그램의 첫 실시 10년 동안 생산되어졌고, 1989년, 420만대의 자동차를 수화된 에탄올(95% 에탄올, 5% 물)과 500만대의 자동차를 78% 휘발유와 22% 에탄올로 주행할 수 있는 브라질은 년간 120억 리트의 에탄올을 생산하였다. 1996년, 브라질 에탄올 생산은 하루 136,000배럴 원유에 상당하는 에너지를 나타내는 139억 리터로 상승했다. 수송연료로서 에탄올은 휘발유에 비해 수많은 장점을 가진다. 특히, 에탄올은 고효율로 훨씬 깨끗하게 탄다.

미국은 세계 2위의 커다란 에탄올 생산국이다. 1980년, 미국 정부는 생물자원 에너지와 알코올 연료법을 포함하는 에너지보안법을 통과시켜, 알코올과 다른 생물자원 에너지 사업에 대한 보증부 대여와 대출을 제공하였다. 이 사업의 목적은 "10% 알코올을 휘발유에 첨가하여 가스올(gasohol)"을 만드는 것을 장려하기 위한 것이다. 가스올은 정규 휘발유의 연소보다 질소산화물과 일산화탄소의 양을 적게 생산하는 무연연료이다. 옥수수와 전분이 풍부한 곡물의 발효에 의해 준비된 약 8억,000만톤 캘런의 에탄올을 가스올 혼합물로 1988년 처음으로 미국 중서부에 판매하였다 이러한 혼합물은 미국 내에서 총 가솔린 판매의 7%에 상당하였다. 1990년에 통과된 대기정화법은 일산화탄소와 지상 오존의 발생을 감소시키기 위해 함산소 연료 프로그램과 재구성휘발유 프로그램을 수립하였다. 이러한 계획들은 함산소연료에 대해 무게 당 2.7%의 산소수준과 재구성 휘발유에 대해서는 2%의 산소수준을 필요로 한다. 이 필요조건들은 에탄올로 혼합한 휘발유 또는 메틸 3차 부틸 에테르(methyl tertiary butyl ether; MBTE)의 첨가에 의해 충족된다. MBTE 저장탱크로 부터의 유출이 지하수와 표면수의 지속적인 오염을 초래하는 것으로 보여 왔기 때문에 이 첨가제의 이용은 제외될 것 같다. 추정된 발암물질인 MBTE 이용의 금지는 에탄올의 이용을 증가시키게 될 것이다. 미국에서 연료 에탄올의 거의 대부분은 4% 미만의 작물을 이용한 옥수수의 발효에 의해 생산되어진다. 2003년 건조 옥수수 알갱이(12%-15% 습도)의 킬로그램 당 약 0.37 L의 에탄올을 수율로 12.5×10^9 L이상을 생산하였다.

그림 13.1은 다양한 원료물질들의 알코올로의 전환을 기술하는 공정도를 나타낸다. 첫 단계에서, 중합체 기질들은 적절하게 물리적, 화학적, 또는 효소학적 기법을 통하여 단당체로 부서진다. 두 번째 단계에서는, 미생물(주로 효모)의 발효가 당분을 알코올로 전환한다. 세 번째 단계에서, 알코올이 증류(부피로 95.6% 에탄올과 4.4% 물의 일정한 비등 혼합물로서)에 의해 회수되어 진다. 무수 에탄올을 얻기 위해서는 재증류 절차들이필요하다.

하나의 대체연료를 위해 어떤 생산과정에서 검토되어야 할 가장 중요한 문제는 에너지 균형(에너지 산출-투입비율)의 문제이다. 연료를 생산하는데 사용된 재생 불가능한 에너지보다 더 큰 에너지가 대체적 연료에서 존재하는가? 에탄올에 대해, 재생 불가능한 에너지는 옥수수를 재배하고 수확하며 수송과 건식 또는 습식제분을 하고 옥수수 내 전분을 에탄올로 전환하고, 증류와 탈수에 의해 에탄올을 회수 하기위해 필요하다.

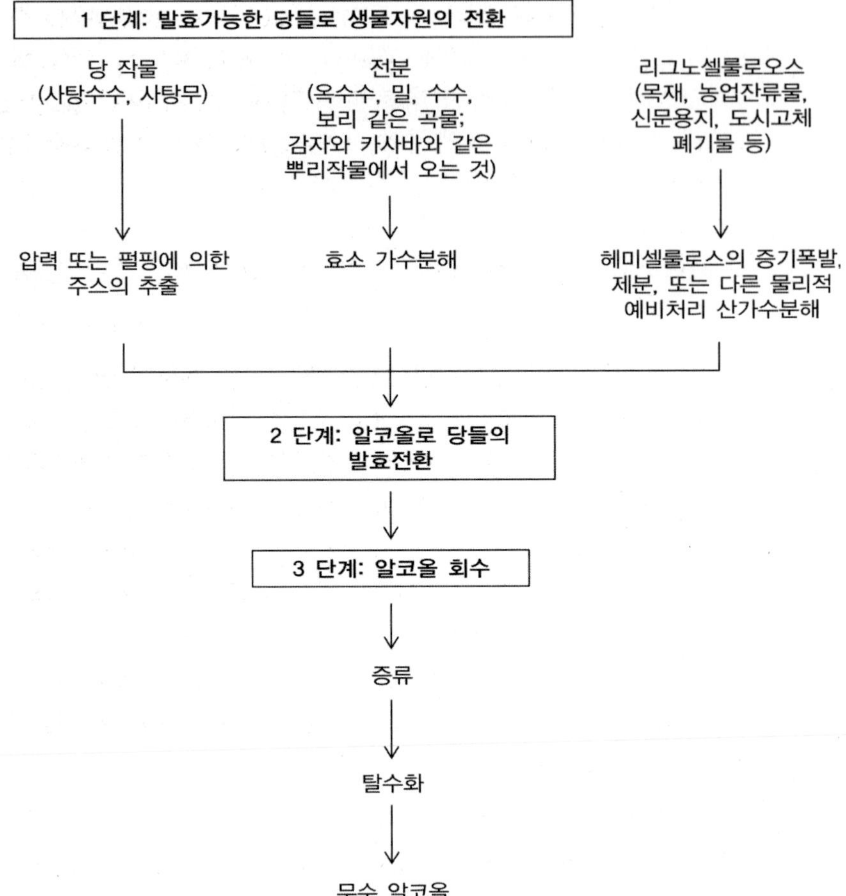

그림 13.1

생물자원으로부터 에탄올로의 전환 단계.
W.H. Freeman에 의해 출판된 첫 판(1995)으로 부터의 삽화에 근거를 두고 다시 그린 것.

옥수수에서 에탄올로의 전환에 대한 에너지 균형의 널리 사용된 2002년 추정치는 다소 긍정적이며, 1.10에서 1.34까지 범위 값을 가진다. 더 높은 값은 부산물 즉, 증류폐액(stillage; 고품질 영양 목축사료를 생산하기 위해 사용된 발효로부터 생긴 잔여물–"건조된 증류 곡물과 가용분"), 옥수수유, 옥수수 글루텐 가루, 옥수수 글루텐 사료 같은 것들에 대한 점수가 부과될 때 얻어진다. 발효 동안 방출된 CO_2는 탄산음료와 드라이아이스 제조를 위해 포획되어 판매된다.

에탄올 회수뿐만 아니라 농업적 실습에서 수많은 최근의 개선은 옥수수–에탄올 전환의 순 에너지 균형을 1.89로 증가시킨 것으로 추정된다. 나아진 옥수수 산출과 옥수수 조성은 무경운 농법과 유전적으로 변형된 옥수수, 지효성 비료, 고발효성 전분 변이종의 조합들에 의한 결과였다. 브라질에서 사탕수수로부터 에탄올 생산에 대한, 에너지 균형은 3.7에서 7.8의 범위에 있다. 브라질 증류공장에서, 작동에 필요한 모든 에너지는 즙을 추출한 후 남은 사탕수수 폐기물인 바가스(bagasse)의 소각에 의해 제공된다.

대체연료의 비용 또한 고려되어져야 한다. 만약 알코올이 다른 연료원과 화학적 공급원료들과 경쟁적이려면, 그것의 생산 내 모든 세 단계들은 시작물질과 관계없이 단순하고, 저렴해야 한다. 미국 정부는 에탄올 생산에 대해 보조금을 지급한다. 브라질 또한 1999년 까지 에탄올 생산에 보조금을 지급하였다. 공급원료의 가격은 중요하다. 리그노셀룰로오스가 풍부한 공급원료는 옥수수나 사탕수수보다 훨씬 값이 싸다. 리그노셀룰로오스 물질로부터 에탄올 생산에 대한 에너지 균형은 강력하게 긍정적이다.

이 장에서, 우리들은 생화학, 미생물학과 첫 두 단계의 기술 즉, 중합체인 당이 단당으로 파괴되고 그들의 알코올로의 전환에 대해 관련된 점들을 살펴본다. 그런 단계들에서의 방법적인 개선들은 세 번째 단계인 에탄올 회수단계에 또한 영향을 준다. 하지만, 3단계에서 사용된 기술들은 주로 공정공학(process engineering)의 영역에 속한다.

1 단계: 원료물질에서 발효가능한 당까지

그림 13.1에 나타낸 것처럼, 1 단계에서 탄수화물-함유 원료물질들은 그들이 가진 당 등을 미생물이 바로 이용 가능하도록 만드는 방식으로 전처리되어진다. 미생물발효에 의한 알코올 생산에 대한 주요 생물자원 기질은 당류, 전분류 및 셀룰로오스이다. 당류와 전분류의 화학적 구조들은 11장에, 셀룰로오스의 그것은 12장에 기술되어져 있다.

당

수크로오스(sucrose)(포도당-α-1,2-과당; 그림 11.11을 보시오)는 인간의 소비에 대해 사용되는 가장 일반적인 감미제이다. 사탕수수와 사탕무는 중량으로 최고 20%의 수크로오스를 포함하며, 다른 주요 성분으로 물(약 75%)과 셀룰로오스(5%), 무기염(약 1%)을 포함한다. 사탕수수 줄기를 기계적으로 뭉개거나 사탕무 껍질을 벗기고 펄프로 만든 후 물로서 수크로오스를 추출하여 얻은 것이 발효에 대한 기질이다. 사탕수수의 수크로오스(브라질 접근법)는 효모발효에 의한 알코올 생산을 위해 특히 선호되는 기질이다. 효모는 세포질과 분비형인 두 가지의 효소 invertase를 생산하고, 이 효소는 수크로오스를 포도당과 과당으로 가수분해하고, 가수분해 산물들은 다시 효모세포에 의해 발효된다. 다른 기질들의 알코올로의 전환은 부가적인 전처리를 포함한다. *Sacchromyces cerevisiae*와 관련 효모들은 포도당, 과당, galactose, mannose, 맥아당 (포도당-α-1,4-포도당), maltotriose을 포함하는 다른 많은 당을 또한 흡수하고 대사할 수 있다.

전분

미국에서 연료 알코올의 생산에 대한 주요 공급원료인 **옥수수 전분**은 가용성 부분인 amylose (20%)와 amylopectin (80%)이라 불리는 불용성 고분자 부분으로 구성되어 있다. 이러한 포도당 중합체의 구조는 그림 11.12에 나타나 있다. 옥수수 전분을 얻기 위하여, 건조 옥수수를 제분하여 물을 첨가하고, 그 반죽(수용성 현탁액)은 조리기로 보내진다. 반죽의 가열은 전분을 가용화하고 효소가수분해에 대한 공격에 취약하도록 만든다. 전분을 액화하기 위해 내열성 α-amylase가 첨가되어지고, 발효에 대한 마지막 준비에서는 glucoamylase가 전분 중합체를 포도당으로 가수분해하는 당화과정을 촉매하기 위해 첨가된다.

셀룰로오스

셀룰로오스는 리그노셀룰로오스의 가장 풍부한 성분이다(12장을 보시오). 리그노셀룰로오스의 전처리는 가수분해 효소들에 셀룰로오스를 더 접근가능하게 만들어, 부분적으로 최소한 셀룰로오스 섬유의 고차적인 결정구조 파괴를 시작한다. 수많은 원료물질 전처리 공정들이 이러한 목적을 성취하기 위해 고안되어져 왔다. 캐나다 Ottawa의 Iotch 유한주식회사(the Techtrol/Iotech 방법)와 미 육군 Natick 연구실에 의해 개발된 과정들이 예로서 제시된다.

Techtrol/Iotech 공정에서, 작은 나무 부스러기는 약 500°F까지 가열된 압력용기 안에 증기로 채워져 약 20초 동안 그 온도를 유지하고, 그 도달점에서 급격하게 감압시키게 된다. 용기내 압력은 방출 전 600 psi에 도달한다. 폭발적인 감압하에서 목재내의 셀룰로오스는 효소 가수분해에 대해 취약하게 된다.

이 "증기폭발" 처리는 목재내의 헤미셀룰로오스를 가용화시키는데 더 나은 효과를 가져 그것을 물로서 씻어 없앨 수 있다. 그리고 나서 셀룰로오스와 리그닌은 두 가지 방법의 하나를 이용하여 서로 분리할 수 있다. 첫 방법에서, 리그닌은 셀룰로오스가 분해되기 전에 메탄올이나 희석된 수산화나트륨을 가지고 높은 수량으로 추출되어진다. 다른 방법에서 리그닌은 불용성을 유지하고 이후 필터에 의해 제거되는 동안, 셀룰로오스는 가수분해적 효소에 의해 포도당으로 전환된다.

Natick 연구실에서 개발된 공정은 목재의 광대한 물리적 파괴에 이어 셀룰로오스의 효소적 분해가 뒤따르는 것으로 구성된다. 이 공정에서 리그노셀룰로오스는 제분에 의해 분절화 되고 물에 현탁되어진다. *Trichoderma reesei* 셀룰라아제 혼합물(12장 449-451 페이지를 보시오)은 셀룰로오스성 물질에서 자란 *T. reesei*의 대량 배양약으로부터 분리되어진다. 제분된 생물자원 반죽에 효소의 첨가로 셀룰로오스의 45%가 포도당으로 전환되는 결과를 초래한다. 부피는 포도당 10% 용액을 얻도록 맞추어진 다음, 알코올로 전환을 위해 발효용기로 이송되어진다.

2 단계: 당에서 알코올까지

알코올을 생산하기 위하여 미생물 발효의 기질로서 1 단계에서 다당으로 부터 유리된 단순당을 이용하는 것이 두 번째 단계이다.

효모류

소수의 세균과 많은 효모류는 포도당의 알코올로의 근동량적 전환을 수행한다. 공업적 공정들은 *Sacchromyces* 속의 효모를 주로 이용한다. 비록 효모들은 이상적인 에탄올 생산자로서 많은 기여를 하지만, 좁은 기질범위와 알코올에 대한 한정된 내성과 같은 중대한 제한이 있다. 아래에서, 우리들은 효모 발효들의 다양한 면들을 고려한다.

표 13.1 상당한 양의 에탄올을 생산하는 중요 효모와 세균들과 기질로서 이용되는 주요 탄수화물

효모 또는 세균들	기질들
효모	
Saccharomyces spp.	
S. cerevisiae	포도당, 과당, galactose, 맥아당, maltotriose, xylulose
S. carlsbergensis	포도당, 과당, galactose, 맥아당, maltotriose, xylulose
S. rouxii (호삼투성)	포도당, 과당, 맥아당, 수크로오스
Kluyveromyces spp.	
K. fragilis	포도당, galactose, lactose,
K. lactis	포도당, galactose, lactose,
Candida spp.	
C. peuudotropicalis	포도당, galactose, lactose,
C. tropicalis	포도당, 자일로오스, xylulose
세균	
Zymomonas mobilis	포도당, 과당, 수크로오스
Clostridiym spp.	
C. thermocellum (호열성)	포도당, 셀로비오스, 셀룰로오스
C. thermohydrosulfuricum (호열성)	포도당, 자일로오스, 수크로오스, 셀로비오스, 전분
Thermoanaerobium brockii (호열성)	포도당, 수크로오스, 맥아당, lactose 셀로비오스, 전분
Thermobacterioides acetoethylicus (호열성)	포도당, 셀로비오스, 셀룰로오스

기질범위

발효제로서 효모를 채용하는 것에서 가장 큰 제약은 그들이 이용할 수 있는 기질들의 제한된 범위이다(표 13.1). 예를 들어, 효모는 전분의 가수분해동안 생성된 대부분의 올리고당을 발효하지 못한다. 이런 저항성 화합물은 maltotriose와 isomaltose(α-1,6-연결된 포도당의 이량체)보다 긴 maltodextrin을 포함한다. 그래서 효모가 전분을 완전하게 이용하기 위해서는 glucoamylase(그림 11.12 와 표 11.5 참고하라)의 첨가를 필요로 한다. 효모세포는 셀룰로오스나, 헤미셀룰로오스, 셀로비오스, 대부분의 오탄당을 이용할 수 없다. 값싸고 즉시 이용가능한 기질을 발효할수 없는 점은 알코올 생산비용을 낮추기 위한 시도에 직면하는 중요한 장벽이다. 더 많은 기질들을 이용하기 위한 방법에 대한 탐색이 에탄올발효를 증진시키는 연구의 주요핵심이다.

*S. cerevisiae*는 이당체인 수크로오스와 맥아당을 포함하는 수많은 일반적인 기질을

발효한다. 기질들은 두 기작의 하나에 의해 다루어진다. 이당체들은 세포외 효소들에 의해 가수분해되어 단당들이 세포내로 이송되거나 또는 이당체가 세포내부로 수송된 다음 세포내 효소에 의해 가수분해 된다. 혼합물에서 다양한 기질들의 흡수와 대사는 유전자 발현 수준에서 조절된 기작에 의해 결정된 순서에 따라 나타난다. 예를 들어, 포도당이 선호되는 기질이다. 만약 포도당이 존재한다면, 맥아당과 maltoriose 같은 다른 기질들에 대한 투과효소(permease)는 포도당이 사라질 때까지 유도되지 않는다. 결과적으로, 이러한 성분들은 동시적이기 보다는 순차적으로 발효되어진다. 일단 내부로 수송되면 이당체와 삼당체들은 α-glucosidase에 의해 가수분해 된다. 발효는 효소계의 유도와 다양한 기질들의 완전한 이용을 허용하기 위해 충분히 오랫동안 지속되어져야 한다. 만일 그렇게 된다면, 마지막에 발효가능한 기질을 남김없이 완전하게 발효할 것이다.

발효에 의해 유통되고 있는 공업적 알코올 생산의 거의 대부분을 책임지고 있는 것이 *S. cerevisiae* 균주들이다. *S. cerevisiae*는 해당적 경로에 의해 포도당을 높은 수율의 에탄올과 이산화탄소로 전환한다(그림 13.2). 대사된 몰 포도당에 대해 단지 두 개의 ATP만이 생산되고, 효모 세포들은 성장을 위해 그들을 이용한다. 에탄올은 이론적 생산의 90~95%로 회수된다.

기질이용

에탄올 생산의 산술적인 이해는 1820년 효모에 의한 포도당의 에탄올로의 발효적 전환에 대한 Gay-Lussac에 의해 확립된 방정식으로 시작된다.

$$\underset{180g}{C_6H_{12}O_6} \rightarrow \underset{92g}{2C_2H_5OH} + \underset{88g}{2CO_2}$$

여기에서 포도당으로부터 알코올의 이론적 수율은 중량으로 51.1%일 것으로 계산된다. 하지만, 효모에 의한 알코올 생산은 사실상 효모 성장의 부산물이고, 기질의 일부는 더 많은 세포를 생산하기 위해 사용된다. 즉, 빠르게 성장하고 발효하는 미생물들은 그들이 합성하는 ATP의 각 몰에 대해 약 10 g의 건조세포 중량을 생산한다. 그림 13.2에 보인 것처럼, 에탄올로 발효된 포도당의 각 몰은 2몰의 ATP를 생산하므로, 세포의 이론적 수율은 건조중량 20 g이다. 이러한 미생물 세포의 탄소함량은 50%에 근접한다. 포도당이 발효배지에서 유일한 탄소원이고, 포도당의 탄소함량은 40%이기 때문에 10 g의 세포탄소를 제공하기 위해서는 25g 포도당이 필요하다. 그러므로 세포성장을 허용할 때 알코올의 최대수율은 약 86%일 것으로 예상된다. 그러면 효모발효가 어떻게 이론상 92%~97%의 높은 에탄올 수율 결과에 도달하는가?

극도로 높은 에탄올 수율에 대한 이유는 모든 ATP가 새로운 세포를 생산하기 위해 사용되지 않는다는 것이다. 일부 에너지는 세포의 성장률과 관계없이(그 이상의 좋은 용어가 없기에, "유지(maintenance)"라 불리는) 다른 세포적 기능들을 위해 간다. 이 비율은 급속한 성장 도중 더 작지만, 세포가 에탄올 또는 영양분 제한에 의해 저해되는 도중에 하는 것처럼 성장이 늦을 때는 유지-에너지 요구는 감소하지 않는다. 사실, 에탄올의 존재가 세포막을 통한 이온방출의 원인이 될 수 있기 때문에, 일부 세포의 유지 에너지 요구는 사실상 높은 에탄올 농도에서 증가될 것이다. 그리하여, 회분식 배양 동안 에탄올이 축적됨에 따라,

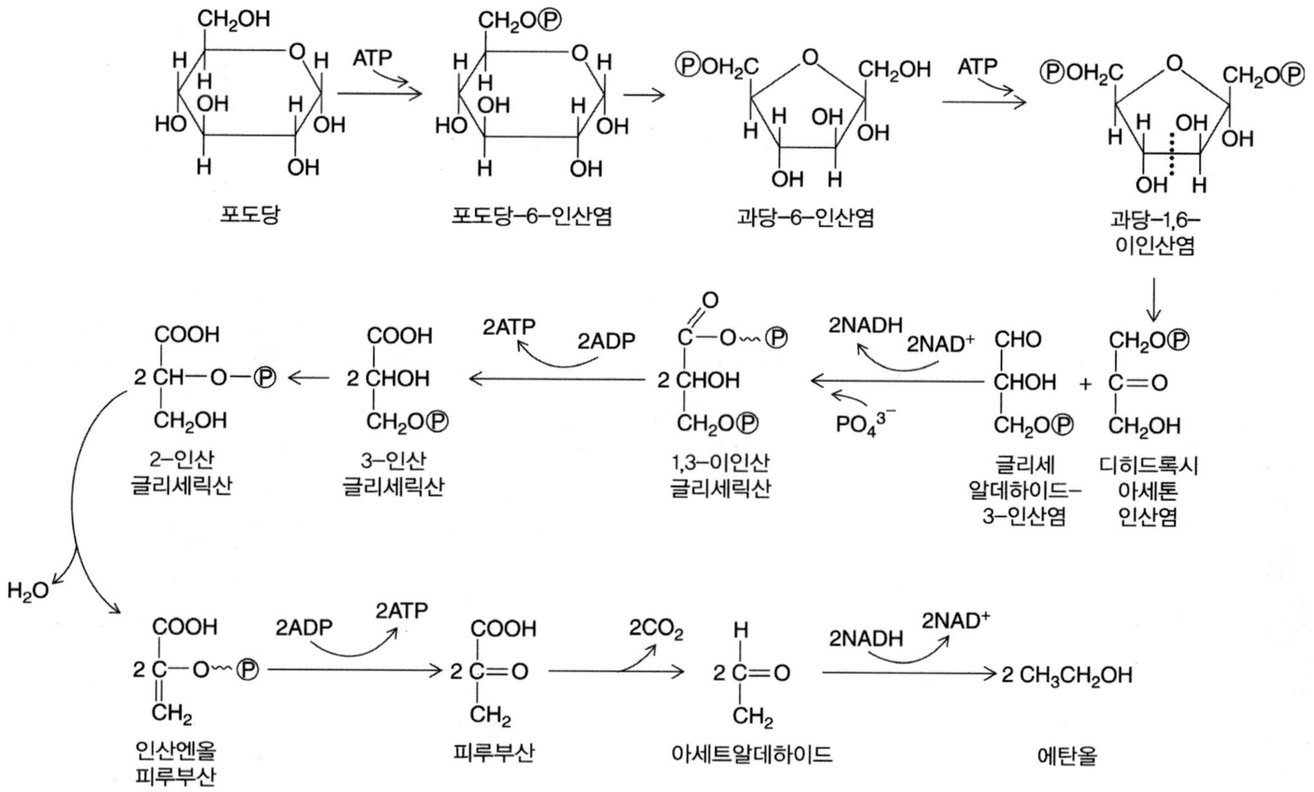

그림 13.2

해당경로(Embden-Myerhoff)에 의한 포도당으로부터 에탄올과 이산화탄소의 형성.

세포들은 증식을 희생하면서 유지를 위해 증가된 몫의 APT를 사용하고, 세포에 의해 상응하는 발효조 내의 포도당 탄소단편은 시작포도당의 10%에서 5% 또는 그 이하로 감소하고 이에 상당하는 에탄올 수율의 증가를 가진다

에탄올 생산 비용의 가장 큰 성분을 대표하는 것은 기질이다. 전환효율에서 조그마한 개선은 비용에 대한 중대한 영향을 줄 수 있다. 90%에서 92%로의 증가된 수율은 제품원가를 1% 또는 그 이상을 감소시킬 수 있다.

Gay-Lussac 방정식에 표시된 바와 같이 이산화탄소와 알코올은 동일 몰량의 포도당으로부터 생산된다. 부가적인 반응들 또한 발효조 내에서 일어나며 글리세롤, 퓨젤유, 아세트산, 젖산, 숙신산, 아세트알데하이드, furfural, 2,3-butanediol 같은 소량의 부산물을 만든다.

이들 중에서, 글리세롤은 대량으로 축적된다. 공업적 발효는 매 100g의 에탄올에 대해 최대 5g의 글리세롤을 생산한다. 글리세롤은 해당 중간체들의 환원, 즉 디히드록시아세톤 인산염 (dihydroxyacetone phosphate)(그림 13.2)이 글리세롤-1-인산염으로, 이것이 탈인산화되어 글리세롤을 형성한다(그림 13.3). *S. cerevisiae*는 발효조에서 당 용액의 높은 삼투압에 대한 반응하여, 삼투조절 대사산물로서 글리세롤을 합성한다. **삼투조절 대사산물**은 세포외의 수분활성의 변화에 대하여 그들 내부의 삼투압을 조절하기 위하여 많은 생명체에 의해 생산되고 축적되는 유기화합물이다.

Saccharomyces 에서 삼투조절 대산산물로서 글리세롤의 선택은 Embden-Meyerhof 경로처럼 글리세롤을 만드는 경로가 직접적으로 NAD를 재생한다는 사실에 부분적으로

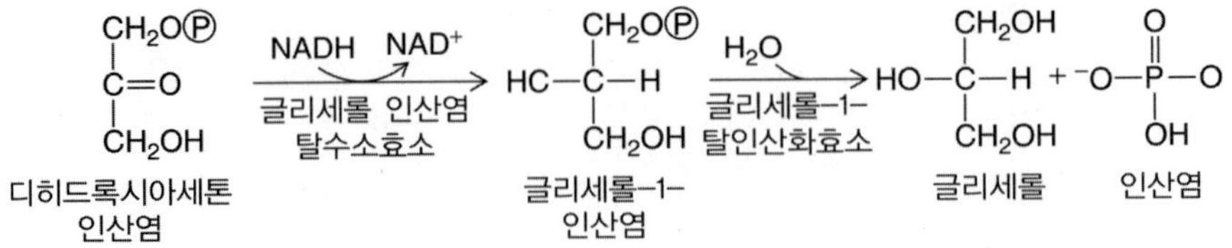

$CH_2O(P)$–$C{=}O$–CH_2OH → (NADH → NAD^+, 글리세롤 인산염 탈수소효소) → $HC{-}C{-}H$ ($CH_2O(P)$, CH_2OH) → (H_2O, 글리세롤-1-탈인산화효소) → $HO{-}C{-}H$ (CH_2OH, CH_2OH) + $^-O{-}P(=O)(OH){-}O$

디히드록시아세톤 인산염 / 글리세롤-1-인산염 / 글리세롤 / 인산염

그림 13.3

디히드록시아세톤 인산염에서 글리세롤로의 전환.

영향을 받을 것이다. *Saccharomyces*가 당 함량이 높은 배지에서 자랄 때, 에탄올에 대한 상대적인 글리세롤의 최고비율은 삼투압과 발효율이 최고인 발효초기에 생산된다. 해당 과정률이 높은 곳에서는, 해당과정 말단의 환원적 단계들이 속도 제한적인 듯하고, 이런 조건하에서 축적되는 높은 농도의 NADH는 글리세롤의 형성을 선호한다. 비록 글리세롤이 상당양 생산되고, 중요한 화합물일지라도, 순수한 형태로 공정의 끝에 남겨진 잔류물로부터의 회수는 경제적으로 실현가능하지 않다. 동시적인 당화와 발효공정 (아래에서 언급) 즉, 당의 정류상태(steady state) 농도가 상대적으로 낮거나 세포 성장률이 낮게 나타난 다른 공정들의 경우에서는 에탄올을 희생하여 형성된 글리세롤이 더 낮은 양으로 존재해야만 한다.

퓨젤유는 주로 amyl과 butyl 알코올의 다가 알코올 혼합물이다. 이러한 화합물들은 공급원료에서 단백질의 분해에서 유래된 아미노산의 분해로부터 생산된다. 공급원료가 단백질의 함량이 적을 때–사탕수수 주스가 예임– 더 적은 퓨젤유가 생산된다. 대조적으로, 퓨젤유는 곡류전분 공급원료로부터 조증류액의 0.5%에 상당하는 양만큼 나타날지도 모른다.

pH 4에서 6 범위에서 효모는 영향을 적게 받는다. 그러나 만약 발효조내 pH가 5이상 상승하는 것이 허용되면, 조건들은 *Lactobacillus*의 성장을 선호한다. 이러한 세균들은 포도당을 발효하여 에탄올 뿐만 아니니 젖산과 아세트산을 생산한다. 오염을 방지하기 위하여, 발효조내의 pH는 소량의 산 첨가에 의해 5 이하로 유지된다.

에탄올 내성

전체 생산공정에서 사용된 많은 에너지의 원인이 되는 것은 물로부터 에탄올의 분리이기 (3 단계 알코올 회수동안) 때문에, 발효조 내의 에탄올의 농도가 높으면 높을수록, 생산물의 리터당 증류비용은 더 낮아지게 된다. 그러나 에탄올은 효모균주와 배양의 대사상태에 의존하여 중량으로 8%와 18% 사이의 농도범위에서 효모세포에 대해 독성을 나타낸다(그림 13.4). 효모발효는 부피로 약 11%의 에탄올 농도에 의해 완전하게 저해된다. 그 이유를 이해하기 위하여, 우리들은 세포질 막(cytoplasmic membranes)의 특성을 고려해야만 한다.

세포질 막의 구조와 기능

효모와 세균의 세포질 막은 단백질 복합체들로 파묻힌 지질이중층으로 구성된다. 세포의 내부가 외부환경과 상호작용하는 채널로서 봉사하는 것이 일부 이런 막관통 단백질들(transmembrane proteins)이다. 다른 투과막 단백질들은 세포질 막의 내부와 외부

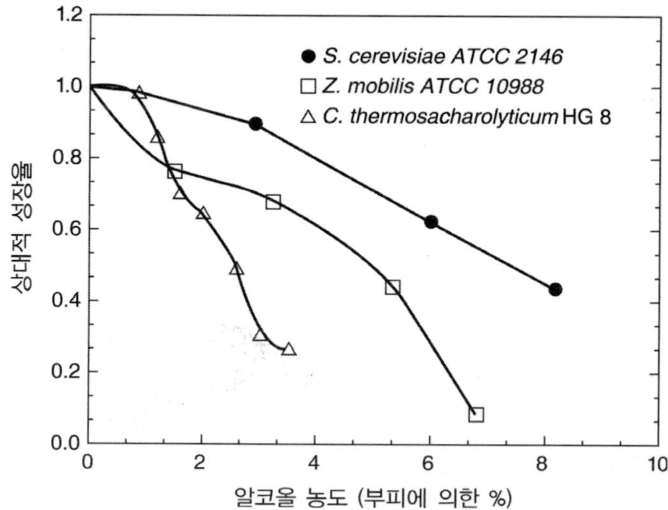

그림 13.4

세균 *Zymonmonas mobilis*와 *Clostridium thermosaccharolyticum*에 대한 효모 *Saccharomyces cerevisiae*의 에탄올 내성 비교. 성장 데이터는 에탄올이 표시되어진 농도에서 첨가되어진 정류상태의 연속배양이다. [Hogsett, D.A., Ahn, H-J., Bernaddez, T.D., South, C.R., and Lynd, L.R. (1992). Direct microbial conversion. Prospects, progress, and obstacles. *Applied Biochemistry and Biotechnology*, 34/35, 527–541에서 얻은 데이터]

사이에 양성자와 이온구배를 이루는데 책임을 지는 전자전달 복합체들이다. 한 예가 도처에 존재하는 F_0F_1 ATPase이며, 이 효소복합체는 ATP의 합성이나 가수분해를 위해 세포질 막 전역에 걸쳐 존재하는 양성자구배를 이용한다.

세포내부로 영양분 수송은 세포막을 가로질러 친수성 분자의 통과를 중재하는 막관통 단백질이나 투과효소(permease)로 불리는 단백질 복합체의 종류에 의존한다. 예를 들어, 포도당 투과효소는 "촉진확산" 과정에 의해 농도구배가 낮아진 세포 속으로 포도상의 수송을 촉진한다. 이 효소는 세포내 모든 자유 포도당을 빠르게 인산화시켜 세포내부의 포도당 수준을 아주 낮게 유지시키는 효소 hexokinase에 의존한다. 다른 투과효소들은 세포외부 배지의 농도보다 10배 이상 높은 내부의 영양소 농도에 대항하여 영양소의 능동수송을 촉매한다. 이러한 많은 능동수송 단백질들은 능동수송에 대한 에너지를 제공하기 위하여 세포질막을 따른 pH와 이온 농도구배("양성자 원동력")를 이용한다. 다른 투과효소들은 에너지원으로 ATP를 이용한다. 효모세포 속으로 맥아당과 아미노산, 암모늄 이온의 수송은 막에 파묻힌 단백질 수송체에 의한 능동수송에 의존한다.

세포질 막은 세포내부에서 바깥으로, 그리고 반대방향으로 양성자와 다른 이온들, 작은 극성분자의 확산에 대해 장벽을 제공한다. 그러한 고도의 효율적인 경계선 없이, 살아있는 세포의 생존에 필수적인 내부의 생체 항상성은 유지될 수 없다.

막 구조와 기능에 대한 에탄올의 효과

비록 세포질 막의 지질이중층이 친수성 분자들에 대한 효율적인 장벽일지라도, 에탄올과 같은 작은 양친매성 분자는 특이한 투과효소에 대한 요구 없이 자유롭게 통과하는 것을 허용한다. 결과적으로, 세포내부의 알코올 농도는 주위 배지에서와 동등하다. 알코올 농도가 증가함으로, 에탄올은 물의 구조를 파괴하고, 결과적으로 지질이중층막의 안정성에 대한 엔트로피적인 기여가 물 단독보다 알코올–물 혼합물에서 더 낮아진다. 더구나, 알코올이 막의 내부에 배분됨으로서 막–막, 막–단백질 상호작용을 방해한다. 그러므로 알코올 수준이 증가될 때 막은 점진적으로 더욱 더 새기 시작한다. 막을 따라 양성자 원동력을 일으키는 이온구배는 점차로 파괴되고, 작은 분자들이 세포에서 용출된다. 일부 효모균주에서, 부피로 4% 처럼 낮은 에탄올 농도의 존재에서 50%의 당과 이온, 아미노산들의 흡수율 감소가 관찰되었다.

에탄올 내성에 대한 막 조성의 영향

증가된 에탄올 농도에 대해 일부 효모균주들은 다른 것들 보다 더 높은 내성을 보여준다. 경우에 따라, 막 지질이중층 구조는 지질 분자 내 더 긴 탄화수소 사슬의 존재에 의해 안정화된다. 긴 탄화수소 사슬은 이웃사슬들 사이에 상호작용을 증가시킨다. 다른 경우에서, 용출은 막내 높은 스테롤(sterol) 함량 때문에 최소화되어 지는데, 그 이유는 스테롤이 인지질 이중층의 비특이적 투과성을 감소시키기 때문이다.

에탄올의 존재에서 자란 대부분의 효모세포들은 그들 막 지방산의 평균사슬길이에서 적은 양이지만 상당한 증가를 보인다. 하지만, 긴-사슬 *포화* 지방산을 가진 지질이 풍부한 막은 "동결"하기 쉽고 효모의 배양온도에서 딱딱하게 된다. 그래서 더 긴-사슬산은 *불포화* 지방산으로 생산된다. 예를 들어, 7.5% 에탄올의 존재에서 자란 효모의 막 지질은 34%의 올레익산(oleci acid; $\triangle^9$Z-$C_{18:1}$; 그림 13.5)을 포함하는 반면, 첨가된 에탄올 없이 배양된 세포의 지질은 단지 17%만을 함유한다. 이런 증가의 많은 것은 짧은 사슬 즉, 포화된 지방산 팔미테이트(palmitate; $C_{16:0}$)를 희생하여 발생한다. 산소는 에탄올 내성에 대해 필요하다. 고등 진핵생물과 같이 효모는 O_2와 NADH 이용에 의해 불포화지방산을 만들기 때문에, 효모세포는 에탄올의 존재에서 완전하게 혐기적으로 자랄 수 없다. 산소는 막의 안정성에 대해 기여하는 세포질 막 스테롤인 에르고스테롤(ergosterol)의 생산에 대해 또한 필요하다. 결과적으로, 에탄올의 존재에서 혐기적 조건하에서의 성장은 에고스테롤 뿐만 아니라 불포화된, 긴 사슬 지방산의 배지 첨가를 필요로 한다(아래를 보시오).

에탄올의 존재에서의 미호기적 배양은 에르고스테롤의 막 함량 증가를 또한 유도하게 된다(그림 13.5). 에탄올은 효모에서 란노스테롤(lanosterol)의 탈메틸화로 에르고스테롤(그리고 또한 포화에서 불포화 지방산의 전환)로의 원인이 되는 일산화효소 계(monooxygenase system) 성분인 시토크롬 P-450의 생산을 유도한다.

그러므로 미생물의 다른 종들 사이에서 에탄올에 대한 내성의 수준차이는 세포질 막의 짜임새와 증가하는 에탄올 농도에 반응하여 그들의 막 조성을 변화시키는 그들의 능력에 대부분 기인된 듯하다.

온도

포도당의 에탄올과 CO_2로의 전환은 발열반응이다: 18% 중량 포도당 용액의 완전한 발효는 20℃ 이상 배지의 온도를 상승시킬 것이다. 온도에서 매 5℃ 상승은 에탄올의 증발적 손실을 1.5로 증가시킨다. 효모 대사율은 최대 35℃ 최적온도까지 온도와 함께 또한 증가한다; 그러고 나서 대사율은 35℃와 43℃ 사이에서 점차 감소하고, 43℃ 이상에서 급격하게 떨어진다. 이러한 고려들은 발효조의 작동온도를 35℃ 이하로 유지하도록 냉각의 필요성을 부과한다.

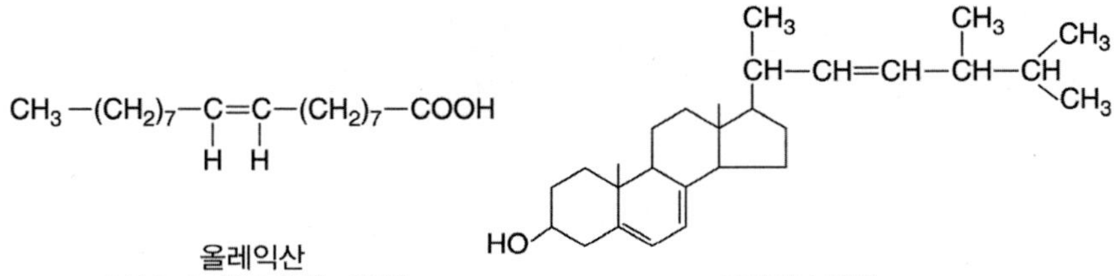

$CH_3-(CH_2)_7-C{=}C-(CH_2)_7-COOH$ (H H)

올레익산
(시스-9-옥타데세노익산)

에르고스테롤

그림 13.5
올레익산과 에르고스테롤.

양털모양 응집(flocculation)과 세포의 재생이용

발효과정의 목적은 가능한 빨리 기질을 에탄올로 전환하고, 알코올 회수비용을 감소시키며, 공정의 부산물로서 생산되는 효모세포의 양을 감소시키는 것이다. 세포 재활용과 **양털모양으로 응집**(flocculate, **덩어리**; clump)을 위한 효모세포의 경향성 개발은 이런 목적 달성에 대해 기여한다.

다음에 대한 접종물로 사용될 세포들은 회분식 발효의 끝에서 취해질 수 있다. 이러한 절차를 **세포 재활용**(cell recycle)이라고 부른다. 이러한 방식으로 회수된 많은 양의 효모세포를 이용함으로, 발효조 내 세포농도는 리터당 수 그람에서 수 십 건조중량 그람으로 높아질 수 있다. 세포농도에서 이런 증가 때문에 세포 재활용은 심지어 에탄올에 의한 저해가 개별 세포의 특이적 생산량을 감소시킬 때에도 단위 부피당 생산된 알코올의 양을 증가시킬 것이다. 하나의 제약은 적당한 영양소를 공급하여 수거과정 동안 세포가 살아 있도록 유지하는 것이 필요하다는 것이다. 원심분리나 필터에 의해 수거되는 세포들은 그런 재활용에서 기인한 절약보다 장비와 손질 면에서 비용이 더 들기 때문에, 성공비결은 발효배지로부터 효모를 분리하는 값싼 방법을 찾는 것이다. 양털모양 엉집이 부분적인 해결책을 제공한다.

양털모양 엉집은 *flo1* 유전자에 의존하는 효모의 특성이다. 이 특성을 가진 세포는 다른 세포의 세포벽 mannan에 대해 칼슘이온-의존 방식에서 결합하는 *flo1*-코드 세포벽 단백질을 가지기 때문에 서로 붙는다. 결과적으로, 세포들은 빠르게 침전하는 덩어리를 형성하고 발효 혼합물에서 세포 재활용을 위해 쉽게 분리 제거된다. 덩어리를 형성하지 않는 비응집 균주들은 "가루의(powdery)"로 부른다. 비록 Flo1 단백질 합성이 보통 혐기적 성장에 의해 억제될지라도, 발효 동안 단백질을 발현하는 변이주들이 쉽게 발견된다.

연속 고속 발효 혼합물은 세포의 일정한 현탁을 보장하기 위해 많은 교반을 요구한다. 게다가, 발효 혼합물 자체에서 높은 비율의 CO_2 생성이 많은 교반을 발생시킨다. 결과적으로, 엉집균주들 조차도 원심분리기나 교차-막 필터 같은 부가적인 장비 없이 분리하는 것이 반드시 쉽지 않다. 세포 재활용과 양털모양 응집균주의 사용에서 생긴 생산성에서의 한계향상은 일반적으로 세포분리 수행의 추가비용에 의해 상쇄된다. 이런 접근법은 자란 효모 생물자원의 양과 비례하여 생산된 알코올 양을 증가시킨다.

증류폐액 (Stillage)

증류폐액은 발효된 기질(옥수수 곤죽, 사탕수수 즙 등, 그림 13.1을 보시오)의 첫 증류에

표 13.2 발효된 사탕수수 주스로 부터 알코올 증류 후 남은 증류폐액의 주요성분

성분	잔존량 (g/L)
유기물	40~65
질소	0.7~1.0
인	0.1~0.2
칼륨	4.5~8.0

서 나온 잔여물이다. 사탕수수를 가지고, 에탄올 1 L에 대해 약 12 L의 증류폐액이 생산된다. 그런 증류폐액은 리터당 40에서 65 g의 유기물을 포함한다(표 13.2). 이것을 가지고 무엇을 했는가에 따라 증류폐액은 심각한 수질오염 폐기물이나 가치 있는 부산물원의 하나가 된다. 증류폐액 폐기의 문제는 이장의 뒤에 채택될 것이다. 낮은 증류폐액 대 에탄올 부피 비율을 생산하는 공정들은 비용을 저렴하게 한다.

Zymomonas mobilis – 대안적인 에탄올 생산자

이상적인 발효 알코올 생산자에 대한 신상명세서는 다음의 중요 특성들을 포함할 것이다.

- 광범위한 탄수화물 기질을 빠르게 발효하는 능력
- 에탄올 내성과 고농도의 에탄올을 생산하는 능력
- 산과 글리세롤과 같은 부산물의 낮은 수준
- 삼투내성 (높은 당기질 농도에서 직면될 고 삼투압에 대항력)
- 온도 내성
- 반복된 재활용에 대한 높은 세포생존성
- 세포 재활용을 촉진하기 위한 적당한 양털모양 응집과 침전특성

Saccharomyces 균주는 상기에 기술되어진 그들의 모든 결점에 대해 에탄올을 생산한다고 알려진 다른 어떤 생명체들 보다도 이러한 신상명세서를 만족시키는 것에 가깝다. 단지 두 개의 다른 에탄올 생산자들이–*Zymomonas mobilis*와 약간의 호열성 clostridia– 진지한 주목을 받았다.

Zymomonas 속의 세균은 "사이다병(cider sickness)"–발효된 사과주스의 손상–에 대한 공헌자로서 1912년 미생물학자의 주목을 받았다. 그 후에, 다른 발효된 당이 풍부한 식물주스 즉, 멕시코에서 용설난 수액, 아프리카와 아시아의 다양한 지역에서 팜 수액, 브라질에서 사탕수수 수액과 같은 것으로 부터 *Zymomonas*가 분리되었다. 이러한 발효는 플케 (용설란 수액으로 만든 술), 팜 와인 등과 같은 알코올성 음료를 생산한다. Zymomonads는 혐기성, 그람–음성 간균, 2–6 μm 길이와 1–1.5 μm 폭 편모를 가지나, 포자와 협막은 없다.

*Z. mobilis*는 이론적 최고값의 최대 97%까지의 에탄올 수율을 가지면서 포도당을 흡수하여 효모보다 에탄올을 약 3배에서 4배까지 더 빨리 생산한다. 더구나, 효모와는 달리, *Zymomonas*는 생육을 위해 산소를 요구하지 않는다. 이 생물체는 유기화합물 없이 최소배지에서 자란다. 많은 *Z. mobilis* 균주들은 38℃에서 40℃까지 자란다.

*Zymomonads*는 높은 삼투내성을 가지고, 대부분의 균주들은 40% 포도당 중량을 함유하는 용액에서 자라지만, 그들의 염내성은 낮다. 많은 효모들이 아주 높은 염농도에서 내성을 가지는 반면, 2% NaCl에서 자랄 수 있는 *Zymomonads* 균주는 없다. *Z. mobilis* 균주는 또한 알코올 내성으로, 30℃에서 부피로 최대 13% 알코올까지의 발효수율을 가진다. 그렇게 높은 알코올 수준에서 생존할 수 있는 세균은 거의 없다.

이러한 유리한 특성에도 불구하고, *Z. mobilis*는 대용량 알코올 생산자로서 효모를 대신하지 못했다. *Zymomonas*에서 탄수화물 대사의 상세한 연구로부터 몇 가지 이유들이 나온다.

*Zymomonas*에서 탄수화물 이용

*Zymomonas*는 세 가지의 탄수화물, 즉, 포도당과 과당, 수크로오스만을 이용할 수 있다. 이러한 개개 당들의 대사는 뚜렷이 구별되는 특성을 가진다. 그러므로 *Zymomonas*에서 포도당 발효의 전체적 그림을 논의한 후, 우리들은 과당이나 수크로오스가 기질일 때 활동하기 시작하는 특이한 반응들을 고려할 것이다. *Zymomonas*에서 탄수화물 대사의 경로는 그림 13.6에서 도표로 만들어진다.

포도당의 도입과 Entner-Doudoroff 경로에 의한 계속된 발효

포도당은 입체특이적, 저친화성, 고속 촉진확산 수송계에 의해 *Zymomonas* 세포로 들어간다. 구성적 발현인 포도당인산화효소(glucokinase, 그림 13.6에서 ⑩)는 포도당을 포도당-6-인산염으로 전환한 뒤, *Zymomonas*는 효모와 같이 다른 포도당 발효자들의 해당경로 특성을 벗어나, 대신에 그림 13.6과 13.7에 나타난 Entner-Doudoroff 경로를 이용한다.

이 경로에서, 포도당-6-인산염 탈수소효소(⑪)는 NAD의 NADH로의 환원을 수반하면서 포도당-6-인산염을 6-phosphoglucono-γ-lactone으로 전환하는 것을 촉매한다. 매우 높은 촉매활성을 가진 락톤라아제(lactonase; ⑫)는 락톤을 빠르게 가수분해하여, 그 뒤 결과적으로 생긴 6-phosphogluconate를 6-phosphogluconate dehydratase(⑬)가 Entner-Doudrofoff 경로의 특이한 중간체인 2-keto-3-deoxy-6-phospho-gluconate로 전환한다. 이 화합물은 특이적 알돌라아제(aldolase; ⑭)에 의해 피루브산(pyruvate)과 glyceraldehyde-3-phosphate로 절단되고, 후자는 일반적인 해당경로(그림 13.2) 부분인 일련의 반응에 의해 두 번째 피루브산 분자로 전환된다. 그 뒤 피루브산은 효모 내 효소와는 달리, 촉매활성을 위해 보조인자로 thiamine pytophosphate을 요구하지 않는 별난 pyruvate decarboyxylase(㉕)에 의해 아세트알데하이드(acetaldehyde)와 이산화 탄소로 전환된다. 마침내, 두 알코올 탈수소효소(alcohol dehydrogenase; ㉖ ADH I과 ADH II)가 NADH의 화학양론적 산화를 수반하면서 아세트알데하이드를 에탄올로 환원한다. ADH I은 일반적으로 마주치는 알코올 탈수소효소의 대부분에서와 같이, 활성부위에 아연을 가진

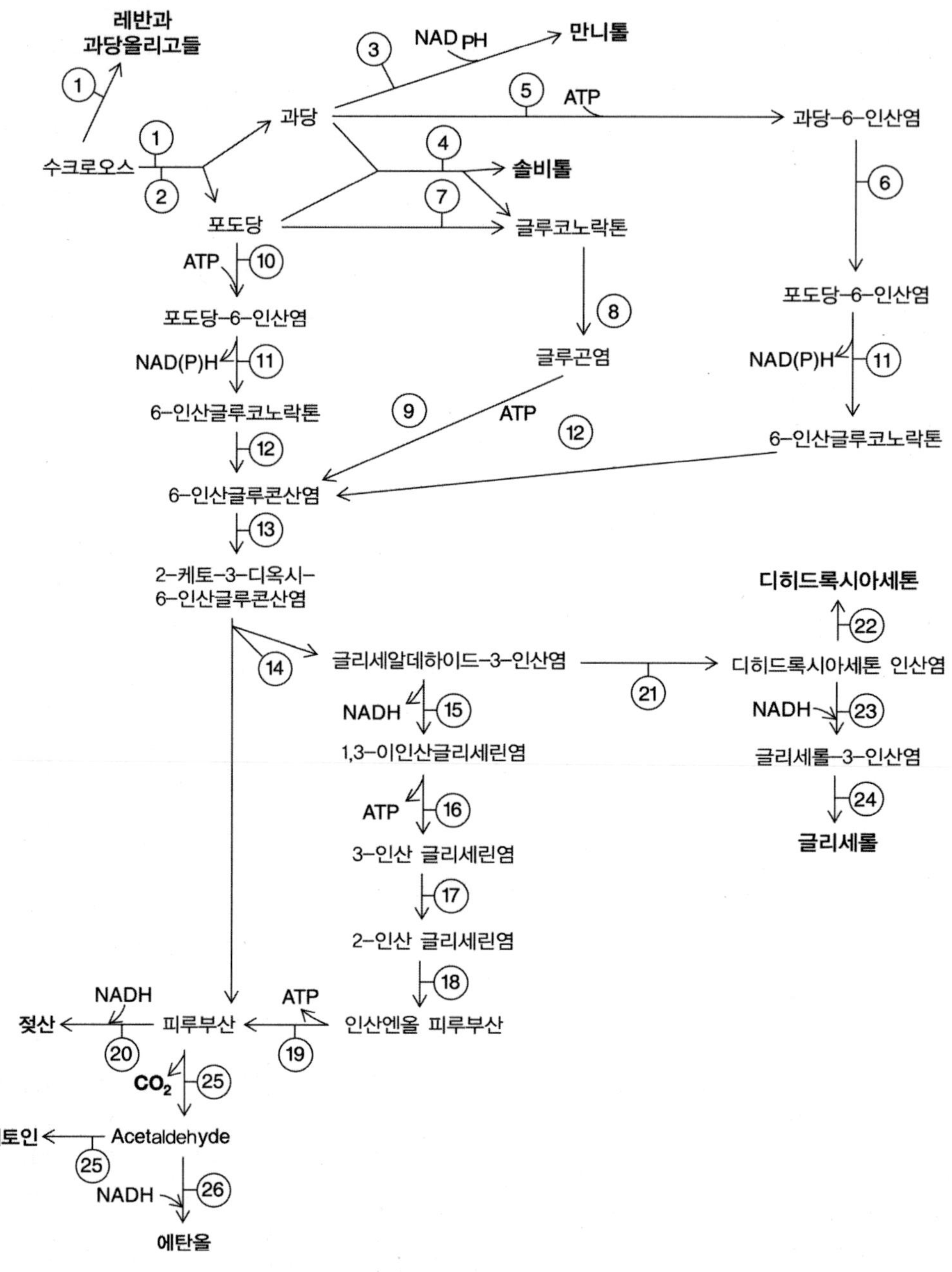

그림 13.6

*Zymonmonas mobilis*에서 수크로오스, 포도당, 과당의 대사. 효소들(원형 숫자로 표시된)은 다음과 같다: 1. levansucrase; 2, invertase; 3, mannitol dehydrogenase; 4, glucose-fructose oxidoreductase; 5, fructokinase; 6, glucose-6-phosphate isomerase; 7, glucose dehydrogenase; 8, gluconolactonase; 9, gluconate kinase; 10, glucokinase; 11, glucose-6-phosphate dehydrogenase; 12, 6-phosphogluconolactonase; 13, 6-phosphogluconate dehydratase; 14, keto-deoxy-phosphogluconate aldolase; 15, glyceraldehyde 3-phosphate dehydrogenase; 16, phosphoglycerate kinase; 17, phosphoglycerate mutase; 18, enolase; 19, pyruvate kinase; 20, lactate dehydrogenase; 21, triose-phosphate isomerase; 22, phosphatase; 23, glycerol 3-phosphate dehdrogenase; 24, phosphatase; 25, pyruvate decarbxylase; 26, alcohol dehydrogenase. [Bringer-Meyer, S., and Sahm, H. (1988). Metabolic shifts in *Zymonmonas mobilis* in response to growth conditions. *FEMS Microbiological Reviews*, 54, 131-142]

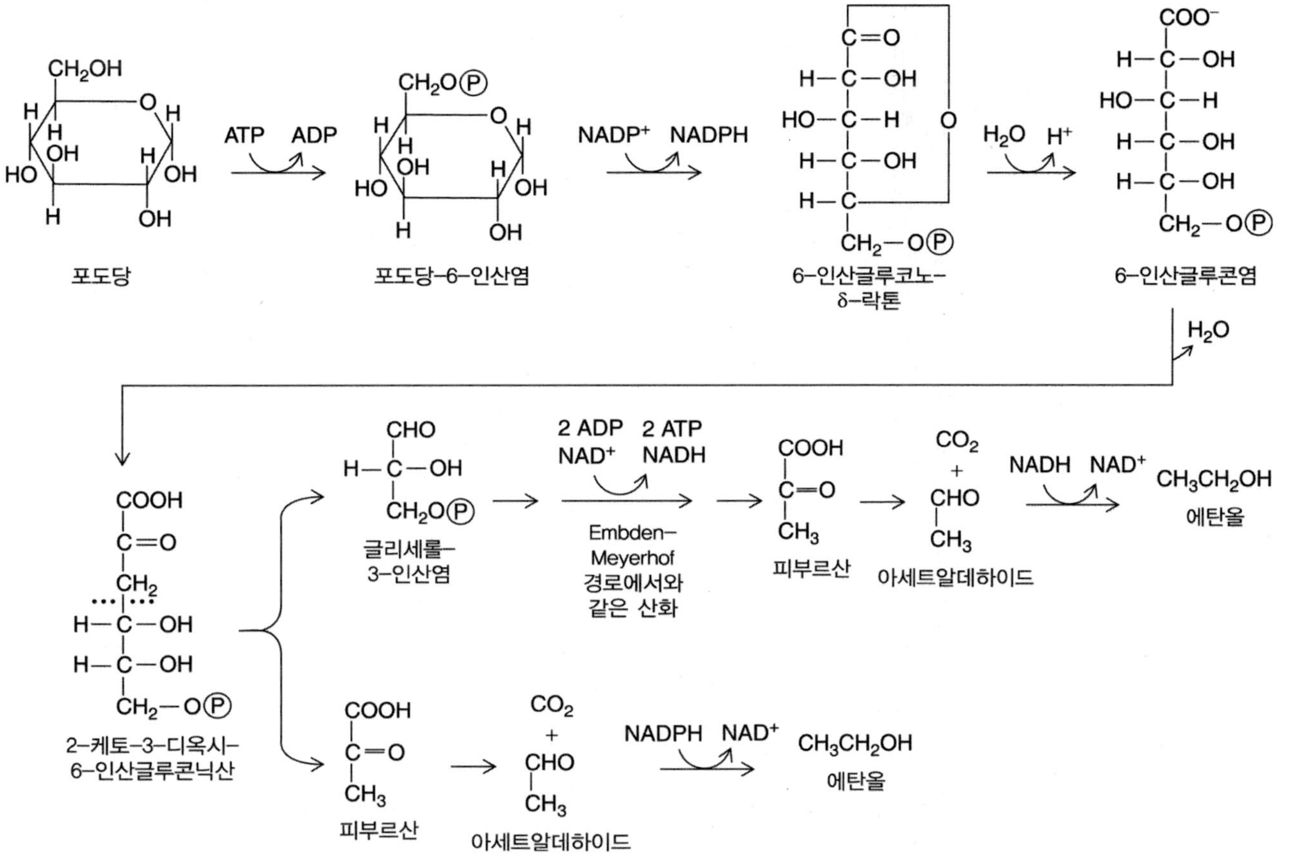

포도당 → (ATP, ADP) → 포도당-6-인산염 → ($NADP^+$, NADPH) → 6-인산글루코노-δ-락톤 → (H_2O, H^+) → 6-인산글루콘염 → (H_2O) → 2-케토-3-디옥시-6-인산글루콘닉산

2-케토-3-디옥시-6-인산글루콘닉산 → 글리세롤-3-인산염 → (2 ADP, NAD^+ / 2 ATP, NADH; Embden-Meyerhof 경로에서와 같은 산화) → 피부르산 → CO_2 + 아세트알데하이드 → (NADH, NAD^+) → CH_3CH_2OH 에탄올

2-케토-3-디옥시-6-인산글루콘닉산 → 피부르산 → CO_2 + 아세트알데하이드 → (NADPH, NAD^+) → CH_3CH_2OH 에탄올

그림 13.7 Entner-Doudoroff 경로의 발효적 모델을 이용한 Zymonmonas mobilis에 의한 포도당에서 에탄올의 형성. W.H. Freeman에 의해 출판된 첫 판(1995)으로 부터의 삽화에 근거를 두고 다시 그린 것.

사량체 효소(tetrameric enzyme)이다. ADH II는 활성부위에 철을 함유한다는 것이 유별나다. 낮은 알코올 농도에서, ADH I의 V_{max}는 알코올 산화에 비해 아세트알데하이드 환원에 대해 약 두 배정도 높은 반면, ADH II는 훨씬 높은 알코올 산화에 비율을 보여준다. 에탄올의 부재에서, 두 효소는 아세트알데하이드 환원의 효소적인 촉매에 대해 동등하게 기여한다. 높은 에탄올 농도에서, ADH I은 강하게 저해되어지지만, 에탄올 생산은 ADH II에 의한 아세트알데하이드 환원율이 이런 조건하에서 크게 증가되어지기 때문에 계속된다.

Entner-Doudoroff 경로는 소모된 각 포도당의 몰에 대해 2몰의 NADH를 생산한다. 즉, 포도당-6-인산염 탈수소효소(⑪)에 의해 촉매된 반응에서 1몰과 glyceraldehyde-3-phosphate 탈수소효소(⑮)에서 촉매된 반응에서 1몰을 생산한다. 포도당의 각 몰로부터 생산된 2몰의 피루브산은 2몰의 아세트알데하이드로 전환된다. 알코올 탈수소효소(㉖)에 의하여 촉매된 아세트알데하이드의 에탄올로의 환원은 화학양론적으로 NAD를 재생산한다.

해당경로와 Entner-Doudoroff 경로 사이의 주요 차이점은 해당경로가 발효된 몰 포도당 당 2몰의 ATP를 순생산하는 결과를 주고, Entner-Doudoroff 경로는 단지 1몰을 생산한다는 것이다. 그렇지만 ATP 생산에 대한 비효율적인 경로의 의존에도 불구하고, *Zymomonas*는 자연환경에서 다른 미생물과 성공적으로 경쟁한다. 이 균은 이들이 생산하는 매우 높은 수준의 해당적, 에탄올생성 효소들(pyruvate decarboylase㉕, 알코올 탈수소효소㉖) 때문에 잘 영위해 나가며, 그런 것들은 경로를 통해 기질의 빠

른 흐름을 보장한다. 동시에, 이러한 효소들은 *Z. mobilis* 내 세포질 단백질의 약 절반에 상당한다.

과당대사

*Zymomonas*는 포도당처럼 구성적인 촉진확산 수송계에 의해 과당을 흡수한다. 그 뒤 과당은 과당과 ATP에 고도로 특이적이고 포도당에 의해 강하게 저해되는 구성적인 인산화효소(⑤; K_i 0.14 mM; 여기서 K_i는 효소상의 기질결합부위 절반을 차지하는 포도당 농도이다)에 의해 과당-6-인산염으로 인산화 되어진다. 포도당 인산염 이성화효소(glucose phosphate isomerase; ⑥)는 과당-6-인산염을 포도당-6-인산염으로 전환하고, 이점에서 이 경로는 포도당 대사와 합병된다(그림 13.7).

포도당이 탄소원일 때, 부산물 형성에 대한 탄소의 손실은 대수롭지 않다. 과당이 탄소원일 때 결과는 매우 다르다. 회분식 발효의 유사한 조건하에서 같은 *Zymomonas* 균주를 사용한 실험은 포도당으로부터 에탄올의 수율은 이론상의 95%이고, 과당으로 부터는 이론상의 단지 90%인 것을 보여준다. 에탄올 수율의 감소가 세포성장을 위해서 더 많은 과당의 이용을 반영하지 않는다는 것을 보이면서 세포수율 또한 더 낮다. 과당의 존재에서 발생한 수많은 부반응들이 이러한 차이의 원인이 된다.

최초농도 15%에서 과당의 회분식 발효 산물들을 목록으로 만든 것이 표 13.3이다. 주요 부산물은 디히드록시아세톤과 mannitol, 글리세롤이다. *Zymomonas*는 과당에 대해 높은 K_m (0.17 mM)을 가진 NADPH-의존성 mannitol 탈수소효소(③)를 함유한다. 높은 과당농도에서, 이 효소는 포도당-6-인산염 탈수소효소(⑪; NAD에 우선하여 NADP를 이용하는)가 포도당-6-인산염을 6-phoshpogluconolactone으로 산화할 때 생성된 NADPH를 희생하여 과당에서 mannitol의 형성을 촉매한다. 결과적인 NAD(P)H의 고갈(특히 발효의 초기단계에서 급격한)은 아세트알데하이드의 축적과 간접적으로, 삼탄당 인산염 수준에서의 중간체 축적을 유도한다. 이러한 중간체의 축적과 함께, 다른 경쟁반응들이 중요한 역할을 하게 된다. Glyceraldehyde-3-phosphate과 디히드록시아세톤 인산염 사이의 평형은 후자 화합물을 선호하고, 디히드록시아세톤 인산염은 다시 탈인산화에 의한 디히드록시아세톤 또는 환원에 의한 글리세롤 인산염으로 전환된다. 글리세롤 인산염은 글리세롤로 탈인산화 된다. Entner-Doudoroff 경로를 통한 발효는 육탄당 당 하나의 ATP만을 생산하기 때문에, 이런 디히드록시아세톤이나 글리세롤 형성을 유도하는 부반응들 각각은 반응회로에서 생산된 총에너지를 낭비한다. 더구나, 디히드록시아세톤과 아세트알데하이드 모두 세포성장을 저해한다. 그러한 에너지 손실과 저해적 효과들은 아마도 과당의 회분식 발효에서 낮아진 세포수율에 대한 원인이 된다.

수크로오스대사

*Zymomonas*는 수크로오스를 포도당과 과당으로 가수분해하는 효소, levansucrase (①; β-2,6-fructan: D-glucose-1-fructosyltransferase)를 생산한다. 이 효소는 배양배지와 세포내부에서 검출되어져 왔다. 가수분해적 활성이외에도, levansucrase는

*Zymomonas*가 수크로오스에서 배양될 때 레반(levans)이라 불리는 고분자량 당 중합체(상한 10^7 달톤)의 형성을 유도하는 과당전이 활성(transfructosylation activity)을 가진다(그림 13.6). 상당한 양의 저분자량 과당올리고당(fructooligosaccharide) 또한 형성된다(그림 13.8). 이런 화합물에서 주 fructofuranosyl 연결은 2→6과 2→1이다. Levans과 과당 올리고머의 형성은 과당의 에탄올로의 발효와 경쟁한다. 다행히도, levan 형성은 고온(37℃)에서 크게 감소되어, 그러한 경쟁은 최소화 될 수 있다.

표 13.3 *Zymonmonas mobilis* 균주 VTT-E-78082에 의한 과당발효의 산물들

생산물	퍼센트 수율(무게)[a]
에탄올	45.0
세포	0.9
디히드록시아세톤	4.0
만니톨	2.5
글리세롤	1.7
아세트산	0.4
솔비톨	0.3
아세토일	0.3
아세트알데하이드	0.2
젖산	0.1

[a] 시작 과당농도는 148 g/L 이였다. 최종 알코올 농도는 66.7 g/L 이였다.
Viikario, L. (1988). Carbohydrate metaboism in *Zymomonas*. *CRC Critical Reviews of Biotechnology*, 7, 237–261 로부터 얻은 데이터

솔비톨(sorbitol) 형성

*Zymomonas*가 탄소원으로 포도당 대신에 수크로오스를 발효할 때 에탄올 수율을 낮추는 또 다른 부산물의 하나가 솔비톨이다. 그것은 풍부한 세포질 효소인 포도당-과당 산화환원효소(④)의 산물이며, 효소는 환원제로서 포도당을 이용하여 과당을 솔비톨로 전환한다. 효소는 견고하게 결합된 NADP을 함유하고 추가의 보효소를 요구하지 않는다. 포도당-과당 산화환원효소(④)에 의해 촉매된 반응의 두 번째 산물, gluconolactone(그림 13.6)은 gluconolactonase(⑧)에 의해 gluconate로 빠르게 가수분해 되고, 이어 gluconate 인산화효소(⑨)에 의해 Entner-Doudoroff 경로의 중간체인 6-phospho-gluconate로 전환된다. 포도당과 과당의 혼합물이 발효배지에 첨가되었을 때나 수크로오스 가수분해의 결과로서 과당이 배지에 나타날 때, *Z. mobilis*는 초기 탄소원의 11%와 같은 많은 양을 솔비톨로 전환하고, 솔비톨은 탄소원으로 사용될 수 없으므로 배지에 단순히 축적된다.

에탄올에 대한 내성

배양배지에서 에탄올 농도가 증가할 때, 대부분의 미생물들은 막 무결성(membrane integrity)의 작은 손상을 경험하기 시작한다. 그러나 *Z. mobilis*에서 세포막 조성의 별난 특성들은 이 생물체를 높은 수준의 에탄올(상한 16% 부피/부피 까지) 배지 내에 견디도록 한다.

비록 *Z. mobilis* 세포막은 가장 풍부한 것으로 phosphatidylethanolamine을 가진 인지질의 일반적인 종류를 가질지라도, 이런 인지질들은 단불포화 지방산 *cis*-바세닉산(vaccenic acid, 18:1; 그림 13.9를 보시오)이 예외적으로 풍부(상한 70%)하다. 게다가, 막 안 탄화수소 사슬의 평균길이가 대부분의 다른 그람음성 세균보다 약 하나의 $-CH_2-$기로 더 크다.

Z. mobilis 세포막내 호파노이드(hopanoid; 그림 13.10; Box 13.1)라 알려진 화합물의 존재로부터 또한 도움을 얻는다. 다양한 원핵생물에서 발견된 이러한 pentacyclic triterpenoids는

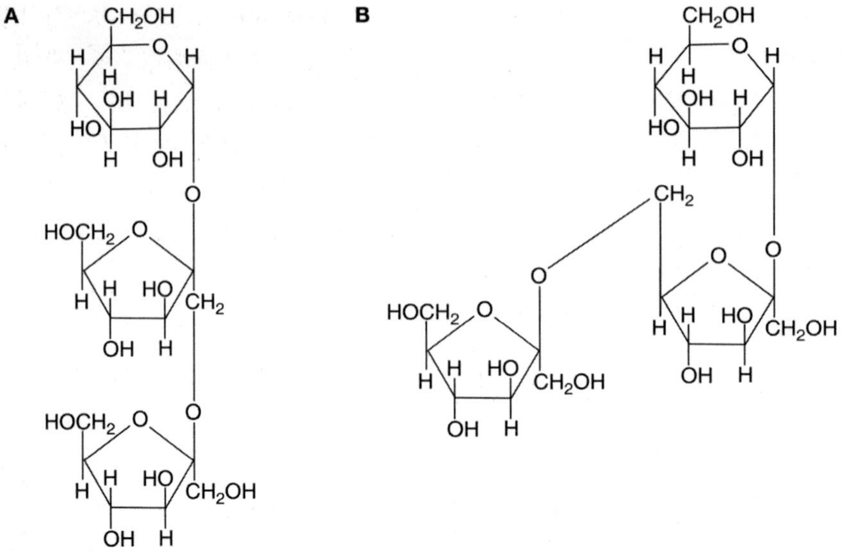

그림 13.8

수크로오스 상에서 배양 동안 *Z. mobilis*에 의해 형성된 올리고당의 구조들.

(A) 1^F–β–Fructosylsucrose–[*O*–*α*–D–glucopyranosyl–(1→2)–*O*–*β*–D—fructosfuranosyl–(1→2)–*β*–D–fructofuranoside];

(B) 6^F–β–fructosylsucrose–[*O*–*α*–D–glucopyranosyl–(1→2)–*O*–*β*–D—fructosfuranosyl–(6→2)–*β*–D–fructofuranoside].

스테롤의 기능적 유사체이지만(그림 13.11), 스테롤 생합성이 산소의존적 반응을 포함하는데 비해, 호파노이드는 그렇지 않다. 세포막에서 스테롤은 효모의 알코올 내성에 기여한다.

호파노이드에 의해 대표된 세포지질의 분획은 에탄올 농도에 의해 강하게 영향을 받는다. 다른 일정 알코올 농도에서 배양되었을 때, 박테리오호판테트롤(bacteriohopanetertrol)은 0.5% 에탄올에서 총지질의 2.5%, 6.3% 에탄올에서는 21%, 16% 에탄올에서는 36.5%를 나타냈다. 다른 호파노이드의 수준도 같은 경향을 따른다. 호파노이드는 세포막 내 인지질의 몫을 대체한다; 인지질의 절대양은 hopanoid 양의 증가에 따라 감소한다. 바로 스테롤처럼 호파노이드는 막 유동성을 감소시키고, 아마도 이러한 방식으로 에탄올의 투과성 영향을 상쇄하는 듯하다.

이런 해석은 배지온도를 올리는 것이 에탄올 농도증가에 의해 유도된 것과 상응한 *Z. mobilis* 세포막 조성변화들의 원인이 된다는 관찰에 의해 보강된다. 30℃에서 37℃ 배양온도 변화는 높은 에탄올 농도에서 관찰된 증가와 비유할 만한 상대적 호파노이드 함량에서의 증가를 유도한다. 막 단백질 농도도 알코올 농도증가나 배양온도에 반응하여 또한 증가하며, *Z. mobilis*내 에탄올 내성은 막의 안정성에 기여하는 모든 세포막 인지질, 호파노이드, 단백질의 상대적 양에서 조화된 전환에 의해 달성 된다는 것을 제안한다.

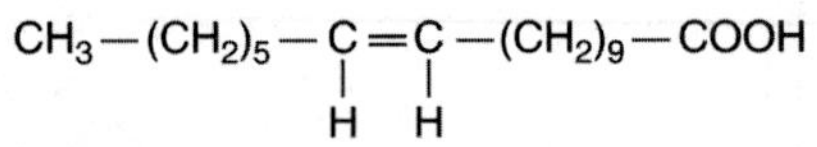

$CH_3-(CH_2)_5-CH=CH-(CH_2)_9-COOH$

그림 13.9

바세닉산(cis–11–octadecenoic 산).

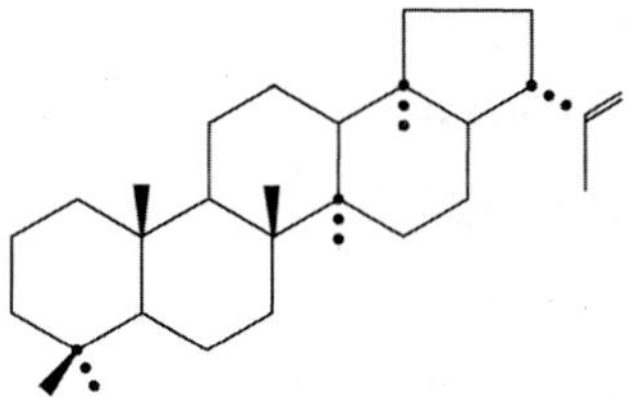

호파인

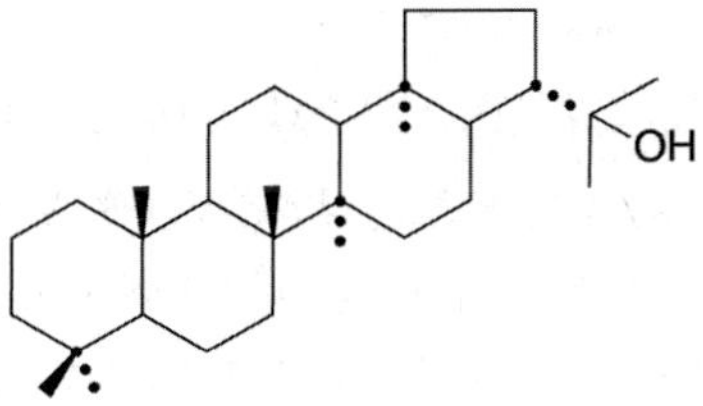

디플옵테롤

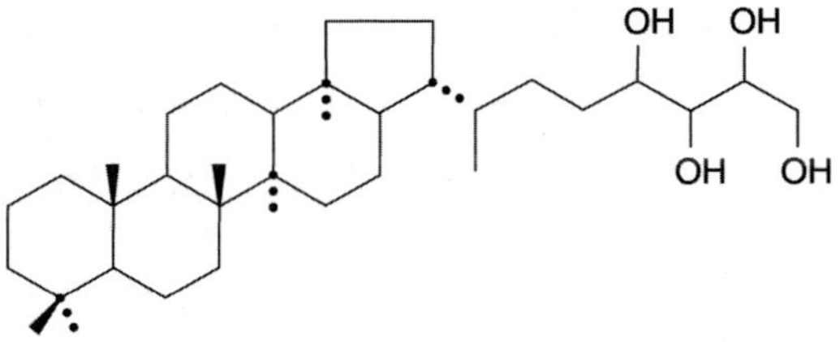

박테리오호판테트롤

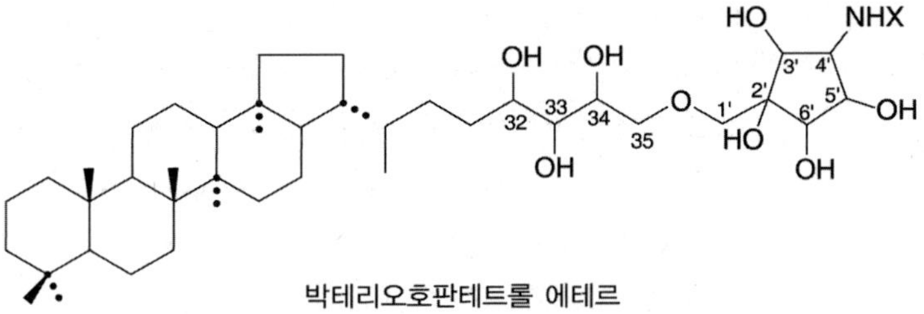

박테리오호판테트롤 에테르

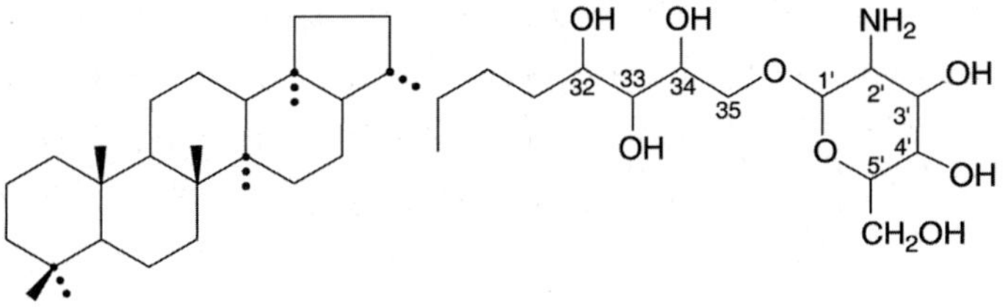

글루코사민일 박테리오호판테트롤

그림 13.10

*Zymonmonas mobilis*에서 발견되는 호파노이드

*Zymomonas mobilis*의 유전체 서열

Z. mobilis ZM4의 약 2 백만-염기쌍 환형 염색체의 완전한 DNA 서열은 1998개의 open reading frame을 보이고, 중대한 대사적 제약을 밝힌다. 6-phosphofructokinase에 대한 인식가능한 유전자가 없다. 이 효소가 없을 경우에 해당경로는 차단된다. 오탄당 인산 경로에 대한 효소의 대부분 또한 없다. Entner-Doudoroff 경로는 이 생명체에서 포도당 발효에 대한 유일한 수단임을 나타낸다.

호파노이드

세균성 지질 hopanoid 군의 존재는 1960년대에 그들의 지질화학적 변형산물들 (*geohopanoids*)이 신생과 고대 지질학적 침전물의 보편적인 성분으로서 발견되어 질 때까지 생각지도 않았다. **지질호파노이드** (geohopanoids)의 화학적 다양성은 상당하며, 무관한 침전물들은 일반적으로 다른 세트의 지질호파노이드를 포함한다. 그래서 침전물의 지질호파노이드 형에 의한 그들의 "fingerprinting"은 석유탐사에 유용하다. 지질호파노이드의 총 양은 현재 살아있는 모든 생명체내 유기탄소의 총량의 추정치와 유사양인 10^{12}톤과 비슷하다. 미생물 호파노이드 존재에 대한 조사는 이러한 polyterpenes들이 원핵생물 중에 널리 분포한다는 것을 보여주었다.

Box 13.8

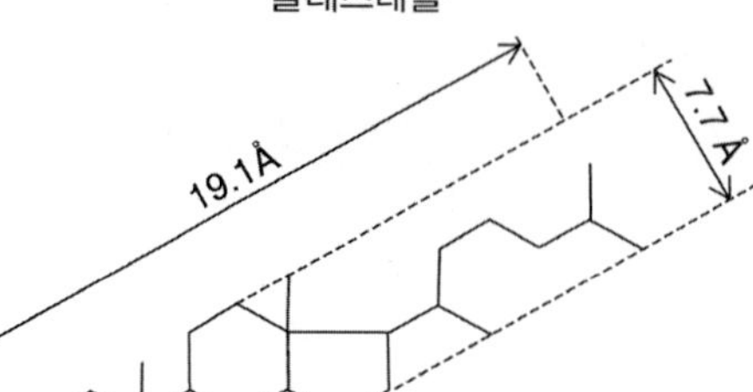

그림 13.11

콜레스테롤과 박테리오호판테트롤의 구조. [Ourisson, G., and Albrecht, P. (1992). Hopanoids. 2. Biohopanoids: a novel class of bacterial lipids. *Accounts of Chemical Research*, 25, 403–408 내 그림 2에 근거]

공업적 에탄올 생산자로서의 *Zymomonas mobilis*

Entner–Doudoroff 경로에서 포도당 몰 당 1 ATP의 낮은 에너지 수율은 *Z. mobilis*의 성장을 제한하고, 효모에 대해 95% 이하인 에탄올 수율과 비교할 때 기질로서 포도당을 가지고 97%와 같은 높은 에탄올 수율을 허용한다. *Z. mobilis*는 포도당으로부터 에탄올 생산에 아주 적합하므로 전분발효에서 *S. cerevisiae*를 대체해야 한다는 강한 주장이 몇몇에 의해 제시되었다. 산업적 규모에서의 성공적인 시도에도 불구하고, 확립된 효모의 사용은 계속되었다.

야생형 *Z. mobilis*는 포도당, 과당, 수크로오스만을 발효하기 때문에, 생물자원 공급원료로부터 에탄올 생산에 대한 이용으로 적절하지 않다. 하지만, 이 생물체의 많은 호감적인 특성들은 자일로스와 arabionse를 발효하기 위해 가공된 재조합 균주들에 간직되었다. *Z. mobilis*내 도입되어 발현된 네 가지의 대장균 유전자들(*xylA, xylB, tktA, talB*)은 재조합 균주들을이 자일로스 발효를 가능하게 했다. 자일로스 이성화효소(xylose isomerase; *xylA*)와 xylulose kinase(*xylB*)는 자일로스를 xylulose–5–phosphate으로 전환한다. Xylulose–5–phosphate는 다음에 transketolase (*tktA*)와 transaldolase (*talB*)에 의해 과당–6–인산염과 glyceraldehyde–3–phosphate으로 전환된다. 이러한 두 산물들은 Entner–Doudoroff 경로의 중간체이다. Arabinose를 발효하는 균주는 5개의 대장균 유전자(*araA, araB, araD, tktA, talB*)를 발현하는 *Z. mobilis* 균주를 제작하는데 동일한 접근법을 사용하여 설계되었다. L–arabiose isomerase (*araA*), L–ribulose kinase (*araB*),

L-ribuloose-5-phosphate-4-epimerase (*araD*)는 arabinose를 xylulose-5-phosphate로 전환하고, Entner-Doudoroff 경로의 중간산물로 이들의 전환은 위에 기술되었다. 그런 균주들은 다음 절에서 검토되어질 **동시당화와 발효(simultaneous saccharification and fermentation; SSF)**에 의한 포플러 나무 가수분해산물의 에탄올로의 전환에서 야생형 *S. cerevisiae*보다 더 나은 작용을 하는 것으로 보였다.

동시당화와 발효: 단계 1과 2의 조합

SSF 과정에서 기질의 가수분해와 단당의 에탄올로의 발효는 단일용기에서 수행되어진다. 가수분해적 효소들은 별개의 반응조에서 생산되어 기질과 효모와 함께 발효조로 도입된다. 예를 들어, 부분적으로 가수분해된 옥수수 시럽이 기질일 때, *Aspergillus* 종들의 glucoamylase가 시럽과 효모세포와 함께 발효조로 첨가된다. 전분 가수분해는 포도당을 생산하고, 포도당은 효모에 의해 즉각적으로 에탄올로 전환된다. 낮은 포도당의 정류(steady-state) 농도에서, 훨씬 더 적은 효소의 양으로 기질가수분해의 적절한 비율을 달성할 수 있으며, 이것은 glucoamylase의 생산물저해(product inhibition)가 낮은 포도당 농도에서 적당하기 때문이다. 셀룰로오스가 기질일 때, *T. reesei* 셀룰라아제의 혼합물이 glucoamylase의 대신에 사용된다. 리그노셀룰로오스가 SSF 공정의 기질일 때는, 오탄당(자일로스, arabinose) 발효가 셀룰로오스와 헤미셀룰로오스 양쪽 모두를 이용하는 것에 의한 에탄올 수율을 최대화하기 위해 편입되어야 한다. 여기서, 가공된 *S. cerevisiae*나, *E.coli*, *Z. mobilis* 균주는 포도당과 오탄당 양쪽 다 이용되어 발효할 수 있다. 우리들은 아래에서 가공된 *S. cerevisiae* 균주를 사용한 SSF 공정을 기술한다. SSF-형 공정은 에탄올 생산비용을 과감하게 감소시킨다.

포도당과 자일로스를 동시발효할 수 있는 유전적으로 가공된 효모

리그노셀룰로오스성 생물자원-경목, 목초, 쌀집과 밀집, 사탕수수 바가스, 옥수수 여물, 옥수수 섬유질 같은 농업폐기물, 축사와 목재 폐기물, 제재공장으로 부터의 폐기물-는 주요 발효가능한 당으로 D-포도당과 D-자일로스를 함유하며, 포도당 대 자일로스 비율이 2에서 3:1의 비율이다. 리그노 셀룰로오스 공급원료를 가지고 이런 두 당을 에탄올로 전환하는 것은 경제적인 이유에서 필수적이다. 포도당과 자일로스 모두를 높은 효율에서 에탄올로 동시적으로 전환하는 알려진 자연발생적 생물체는 없다. 이 발효를 수행하기 위해 유전적으로 가공된 효모균주가 인디아나주 퍼듀대학의 재활용 자원 공학연구실에서 성공적으로 제작되었다.

안정한 재조합 *S. cerevisiae* 균주, 424A(LNH-ST)는 *S. cerevisiae* xylulokinase 유전자(내생적인 활성 xylulokinase 유전자 외에)의 부가적인 복제본 뿐만 아니라, 최상의 자연발생적 자일로스 발효를 하는 비-*Saccharomyces* 효모인 *Pichia stipitis* 으로부터 자일로스 환원효소(xylose reductase)와 자일리톨 탈수소효소(xylitol dehydrogenase)-자일로스에서 xylulose로 전환을 위해-에 대한 유전자들을 전이함에 의해 자일로스를 발효하도록 공학적으로 계획되었다. 클론된 *xyl* 유전자들은 고복제수로 그들의 염색체에 안

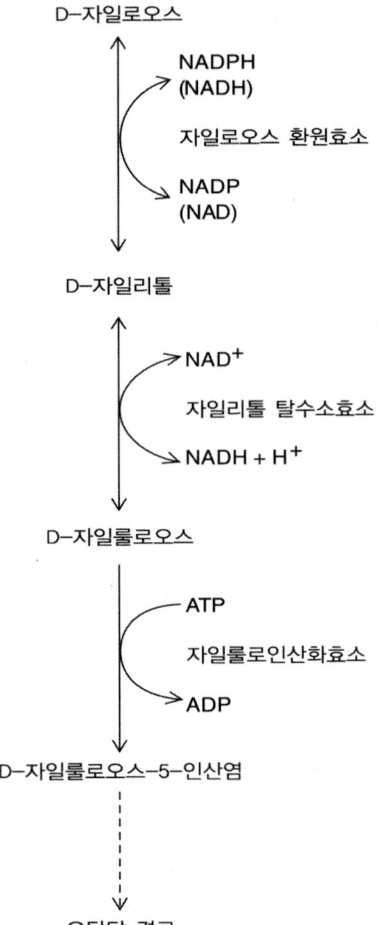

그림 13.12

Saccharomyces 균주 424A(LNH-ST)에서 제작된 자일로스 대사적 경로. 상세한 것은 본문을 보시오.

정하게 융합되었다. 그래서 *S. cerevisiae* 균주 424A(LNH-ST)는 자일로스를 에탄올로 발효하기 위해 그림 13.12에 보여진 경로를 이용할 수 있다. 몇 가지의 중요한 문제점들이 *Saccharomyces* 균주 424A(LNH-ST)의 계획상에서 성공적으로 언급되었다.

자일리톨(xylitol) 없이 에탄올을 형성하는 대사흐름 지시

*P. stipitis*와 같은 자연적 자일로스-발효 효모에서 자일리톨의 축적을 선호하는 두 가지의 요소들이 있다. 첫째, 자일로스 환원효소는 보조인자로 NADPH 또는 NADH의 하나를 이용하지만, NADPH에 대해 훨씬 더 높은 친화성을 가진다. 자일리톨 탈수소효소는 유일 보조인자로 NAD를 이용한다. 특히, 혐기적 조건하의 효모에서 NAD와 NADPH 사이에 효소적 상호전환을 지시하는 것은 없다. 둘째, 자일리톨과 xylulose의 자일리톨 탈수소효소-촉매화 상호전환에서 평형은 xyloitol 형성을 선호한다. 마지막으로, 야생형 *Saccharomyces* 종들에서 xylulokinase 활성수준은 낮다. 결과적으로, 자일로스 환원효소와 자일리톨 탈수소효소 유전자만이 과량 발현되어진 재조합균주에서, 보조인자 이용의 불균형은 에탄올 생산에 대해 자일로스로부터 자일리톨의 생산을 선호할 것이다. 이러한 제약은 xylulokinase 또한 과량 발현시키는 것에 의해 *Saccharomyces* 균주 424A (LNH-ST)에서 극복되었다. D-xylulose에서 D-xylulose-5-phosphate로의 빠른 전환 역시 오탄당 인산과 해당경로를 통해 그것의 에탄올로의 다음 전환을 가속화한다. 대사흐름에서 이런 변화는 보조인자 불균형과 자일리톨 생산에 대한 편견 양쪽 모두를 해결한다.

이화대사산물 억제(catabolite repression)의 제거

이화산물 억제에서, 다양한 효소들에 대한 유전자들의 발현은 세포들이 에너지원을 함유하는 배지에서 자라고 있을 때 저해된다. 이 효과는 우선의 에너지원으로 포도당을 가지고서 처음 관찰되었으므로 **포도당 효과**(glucose effect)라고 불렸다. 따라서, 포도당과 자일로스 모두가 배지에 존재할 때 포도당이 먼저 대사되어지고, *xyl* 유전자의 발현은 포도당 고갈 하에서만 유도된다. 더욱이, 자일로스는 *xyl* 유전자의 발현에 필요하다. 포도당과 자일로스 둘 다 포함한 공급원료에서, 자일로스가 발효되기 전에 지연이 있다. 포도당 효과와 자일로스 유도에 대한 요구의 제거는 리그노셀룰로오스 당의 에탄올로의 전환을 가속화시킬 것이다. 포도당 효과와 자일로스-의존성 유도를 매개하는 유전자 발현을 조절하는 전사와 번역신호를 포함하는 조절염기서열들은 *xyl* 유전자의 5'-말단에 있다. 이런 염기서열들은 *xyl* 유전자의 5' 비코드 염기서열을 해당경로 효소(예, pyruvate kinase 유전자)를 코드하는 구성적 발현의 *S. cerevisiae* 유전자로부터 5'-프로모터 서열로 대체함으로 *Saccharomyces* 균주 424A(LNH-ST)에서 제거되었다. 결과적으로, 재조합 균주는 포도당과 자일로스를 에탄올로 동시적으로 같이 발효한다.

산업적 에탄올 생산에 있는 *Saccharomyces* 균주 424A(LNH-ST)

연구실 실험에서, 옥수수 섬유와 여물속의 셀룰로오스와 헤미셀룰로오스가 121℃에서 한 시간 고압살균에 의해 가수분해 되었다. *Saccharomyces* 균주 424A(LNH-ST)로 뒤이은 발효는 소비된 당의 이론적 수율 75%보다도 많은 에탄올 수율을 주었다.

2004년, 캐나다 온타리오주 오타와의 Iogen 법인은 농장에서 수거된 밀짚으로부터 에탄올을 만들기 위하여 이 재조합 효모균주를 이용하여 에탄올의 산업적 생산을 시작하였다. 공급원료는 리그노셀룰로오스를 파괴하고 헤미셀룰로오스를 가용화하기 위하여 증기폭발을 겪은 뒤, 효소들이 다당 들을 가수분해하기 위해 첨가된다. *Saccharomyces* 균주 424A(LNH-ST)로 뒤이언 발효는 1톤의 밀집 당 약 75 캘론의 에탄올 생산을 가져온다. 에탄올은 이후 캐나다 석유 정제소에서 휘발유에 혼합된다.

클로스트리디움 발효: 에탄올로 셀룰로오스와 헤미셀룰로오스의 단-단계 발효

혐기적 세균에 의한 셀룰로오스성 생물자원의 에탄올로의 직접적 전환은 균류성 셀룰라아제와 알코올 생산 효모들의 작용을 결합한 공정보다 잠재적으로 저렴하다. 세 가지의 클로스트리디움 종들-*Clostridium thermocellum, Clostrium thermosaccharo-lyticum, Clostriudium thermohydrosulfuricum*-은 단-단계 전환 공정에 대한 후보 생물체로 간주하고, 그 목적에 대한 많은 노력이 기울여졌다. 이러한 세균들은 모두 고온성, 그람-양성, 절대혐기성균이다.

*C. thermocellum*은 1926년 처음으로 거름과 뒤이어 유기적 영양분이 풍부한 다른 많은 혐기적 환경으로부터 분리되었다. 균의 최적배양온도는 60℃이다. *C. thermocellum*의 셀룰로오스 분해 복합체인 셀룰로좀은 셀룰로오스상에서 세균이 자랄 때 형성되어지며 12장에서 기술하였다. *C. thermocellum* 배양 상등액 내에 알려진 셀룰라아제 활성수준은 오랫동안 가장 효율적인 셀룰라아제 생산자로 고려되었든 *T. ressei*에 의해 생산된 것들에 필적한다. *C. thermocellum* 균주는 셀룰로오스, 자일란, 단당(포도당, mannose, arabinose, 자일로스 같은)을 발효할 수 있다. 생산물들은 에탄올과, 아세트산, 젖산, CO_2, H_2이다.

*C. thermosaccharolyticum*은 상한제한 67℃이며 55~60℃의 최적 배양온도를 가진다. 이 균은 글리코겐과 전분, 펙틴을 포함한 다양한 탄수화물을 발효하여, 에탄올과 아세트산염, butyrate, 젓산염, CO_2, H_2를 생산한다. 이 생물체는 철저하게 연구되어져 왔으며, 그 이유는 통조림식품 손상의 원인이기 때문이다: 오염된 캔은 발효에 의해 생산된 가스의 압력 하에서 부풀어 열려질 수 있다. pH 7.0에서 *C. thermosaccharolyticum* 휴지세포의 회분식 배양은 포도당 몰 당 최대 1.2몰의 에탄올을 생산한다.

*C. thermohydrosulfuricum*은 1965년 처음으로 오스트리아 사탕무 공장의 추출액즙으로부터 분리되었고, 뒤이어 많은 다른 장소에서 분리되었다. 이 생물체는 *C. thermo-saccharolyticum*과 매우 유사하게 다양한 종류의 탄수화물을 발효하지만, 약 10℃ 높은 최적 배양온도를 가지며, 세포배양의 상한범위는 74~76℃이다. 적절한 조건하에서 *C. thermohydrosulfuricum* 발효는 아세트산염, 젓산염, CO_2, H_2외에 포도당 몰 당 최대 1.5몰의 에탄올을 생산한다.

클로스트리디움 종들은 효모와 *Zymomonas*에 비해 우수한 셀룰라아제 생산자인 장점을 가짐으로, 단일 생물체에 의해 셀룰로오스와 헤미셀룰로오스의 에탄올로의 전환을 허락한다. 이것은 두 번째의 생물체에 대한 요구와(셀룰라아제를 생산하기 위한 하나와 발

표 13.4 2004년 미국 에너지 소비에 대한 다양한 에너지원의 분포

에너지 원	부분적인 기여 (%)
석유	39
천연가스	24
석탄	23
핵	8
재생가능 에너지	
생물자원	3
수력전기, 지열, 풍력, 태양열	3

Perlach, R.D. et al. (2005). Biomass as Feedstock for a Bioenergy and Bioproducts Industry. The Technical Feasibility of a Billion-Ton Annual Supply. ORNL/TM-2005/66. April 2005. 로부터 얻은 데이터. http://www1.eere.energy.gov/biomass/publications.html#ethanol에서 전자적으로 이용 가능함.

효를 수행하기 위한 하나) 그것을 유지하기 위해 필요한 원료물질의 필요성을 없앤다. 하지만, clostridia가 가까운 미래에 상업적으로 중요한 에탄올 생산자가 될 것 같지는 않다. 클로스트리디움 발효의 부산물은 많은 양의 유기산을 포함한다. 보고된 최고 에탄올대 산의 몰 비율은 약 2.3이다. 이런 생물체들은 황-포함 아미노산으로부터 어느 정도의 H_2S를 또한 생산한다. 더욱이, 그들의 에탄올 내성은 효모들이나 *Zymomonas*의 그것보다도 낮다.

클로스트리디움 셀룰로좀은 셀룰로오스와 헤미셀룰로오스들의 효율적인 분해에 함께 작용하는 12개 효소들보다 많은 독특하고 복잡한 거대분자 복합체이다(그림 12.9 참조). 이런 관점에서, clostridia는 직접적인 에탄올 생산자보다는 다당의 분해에 대한 효소의 공급원으로서 미래에 더 중요하게 될 것이다.

생물자원으로부터 연료에탄올의 전망

에너지는 직접적인 연소나 1차적으로 생물자원의 다른 연료로 전환(에탄올, 메탄올 또는 메탄) 후 그것을 연소하는 것 중의 하나에 의해 생물자원으로부터 추출될 수 있다. 일반적으로, 생물자원은 열을 내기위해 단순하게 태워진다; 연소에 대한 재료로서 매년 세계적으로 소비되는 28억 톤의 생물자원 중에서 나무가 약 50%를 차지하고, 작물 폐기물이 약 33%, 나머지의 대부분이 동물 똥이다. 현재, 에탄올과 같은 다른 연료로 전환되는 생물자원의 부분은 매우 적다.

현 수송연료에 대한 미국 요구량의 1/3을 생산하기 위해 지속가능한 생물자원의 사용 가능성을 검토한 것은 미국 에너지부와 농무부에 의해 공동 후원된 2005년 연구이다. 단지 산림과 농업 경작지만을 본 것이 원하는 목적을 달성하기에 충분한 양 보다 더 많은 공급원료의 제공분인, 13억 생물자원 건조 톤보다 많은 잠재적 연간 공급량을 보였다(표 13.5). 이 양은 현재 가공되어지는 생물자원 7배 증가량보다 많은 것을 나타내별 것이다. 이런 자원의 잠재적인 완전한 이용은 대략 21세기 중반까지 완전하게 적소에 있지 않을 중요한 새로운 바이오정유소 기반시설을 필요로 할 것이다. 바이오정유소(biorefinery)는 석유 정유소와 유사한 방식으로 운영되는 것이 구상되고 있다. 석유 정유에서, 원유는 다수 제품들의 원천으로 공급된다. 유사하게, 바이오정유 개념에서, 공급원료는 다양한 제품들로 전환될 것이다. 이런 것들은 연료, 전력과 열에너지, 동물 사료 및 숙신산과 1,4-butanediol, ethyl lactate 같은 다양한 화합물을 포함할 것이며, 그것들은 다시 플라스틱, 페인트, 계면활성제 등등의 제조에 대한 전구체로서 제공될 것이다. 따라서 특별한 최종목적 제품에 대한 시장수요에 의존하면서, 바이오정유소는 다양한 방식에서 생물자원-그리고 그것으로부터 얻어진 당들-를 이용하는 총체적 능력을

표 13.5 미국 바이오에너지와 생물생산품 산업에 대한 잠재지속 가능한 삼림과 농업적 자원들의 요약

바이오 매스 자원	백만 건조 톤/년
산림 자원들	
목재와 다른 잔류물[a]	64
연료처리[b]	60
도시목재 잔류물	47
목재공정 잔류물	70
펄프액	74
연료목재	52
농업 자원들	
다년생 목초와 다년생 목재작물	377
작물 잔류물(예, 옥수수 여물, 작은 곡물짚)	446
공정 잔류물	87
에탄올화 곡물(옥수수와 대두)	87
총계	1364

[a] 전통적인 수확작업에서의 벌목 폐기물과 산림관리와 경작지 개간작업으로 부터의 폐기물.
[b] 산림지와 다른 산림지로부터 과량의 생물자원(연료 첨가제) 제거
Perlach, R.D. et al. (2005). Biomass as Feedstock for a Bioenergy and Bioproducts Industry. The Technical Feasibility of a Billion-Ton Annual Supply.ORNL/TM-2005/66. April 2005. 로부터 얻은 데이터. http://www1.eere.energy.gov/biomass/publications.html#ethanol에서 전자적으로 이용 가능함.

가진 공업단지일 것이다.

생물연료 목표 달성에서의 성공은 대규모 리그노셀룰로오스의 에탄올로의 전환에 대한 고도의 효율적인 공정들에 의존한다는 것은 2005년 연구가설의 검사에서 명백하게 나타난다. 미국에서 현재 우세한 공급원료인 옥수수전분의 아주 적은 단편적인 기여를 반영한 미래는 매우 적절할 것이라 추정되어진다(표 13.5). 에너지 산출–투입비를 증진시키고 리그노셀룰로오스성 생물자원의 에탄올로의 전환에 대한 비용을 낮추는 것에 대한 연구비는 매우 높다.

요약

미생물적 발효에 의해 에탄올로의 전환이 가능한 당들의 막대한 재생가능한 원천이 셀룰로오스, 헤미셀룰로오스, 전분들이다. 생물자원의 다당으로 부터 에탄올 생산은 3 단계로 진행된다: I 단계, 발효가능한 당으로 다당의 분해; II 단계, 발효와; III 단계, 알코올 회수이다. 리그노셀룰로오스의 물리적 구조 파괴는 셀룰로오스와 헤미셀룰로오스를 효소적 공격에 도달할 수 있도록 만든다. 이것은 증기폭발이나, 산 가수분해, 구슬제분의 하나에 의해 이루어진다. 발효에 의한 현대의 산업적 알코올 생산의 거의 대부분을 책임지

고 있는 것은 *Saccharomyces* 균주들이다. 이런 효모들은 낮은 부산물수준을 가진 고농도의 알코올을 생산하고, 높은 세포생존성과 반복된 세포 재활용에 요구되는 응집특성을 가진다. 효모들이 단지 좁은 영역의 탄수화물 기질만을 발효한다는 것이 중대한 제한이다. 이러한 제한은 포도당과 자일로스의 동시적 발효가 가능한 유전공학적 효모들에 의해 해결되었다.

당이 풍부한 식물주스 발효로 부터 분리된 세균, *Z. mobilis*는 이론적인 최대 값의 상한 97%의 알코올 수율을 가지면서, 포도당을 흡수하여 효모가 하는 것 보다 4배 정도 빠르게 에탄올을 생산한다. 하지만, *Zymomonas*는 단지 세 가지의 기질, 포도당, 과당, 수크로오스만을 이용한다. 과당과 수크로오스 상에서의 성장은 기질의 10% 또는 그 이상을 디히드록시아세톤, mannitol, 글리세롤과 같은 알코올 이외의 생산물로 전환을 초래한다. *Zymomonas*의 유전공학적 균주는 포도당과 오탄당(자일로스와 arabinose)을 발효할 수 있다. 아주 높은 알코올 내성과 이런 부가된 능력에도 불구하고, *Z. mobilis*는 고용량 알코올 생산에서 아직 일상적으로 이용되지 못하고 있다.

동시적 당화와 발효공정들은 단계 I과 II를 결합한다. SSF 과정에서, 다당기질의 효소적 가수분해와 단당의 알코올로의 발효는 단일용기에서 수행된다. 예를들어, 부분적으로 가수 분해된 전분을 가지고, *Aspergillus* 종의 glucoamylase가 효모세포와 나란히 발효조에 첨가된다. 셀룰로오스의 알코올로의 단-단계 클로스트리디움적 전환은 SSF 공정의 다른 버전을 나타낸다. 세포외 셀룰라아제를 생산하는 호열성 클로스트리디아는 셀룰로오스를 알코올로 내내 전환할 수 있다. 불행히도, 클로스트리디움적 발효들은 많은 양의 유기산과 약간의 황화수소를 또한 생산한다. 대규모 에탄올 생산자로서 이들의 채용을 허용하기 위해 유전적으로 *C. thermocellum*을 변형하기 위한 많은 노력이 진행 중이다.

대안연료로서 에틸 알코올의 미래는 리그노셀룰로오스의 알코올로의 전환 효율성과 경제성에서의 뒤따르는 개선들에 의존한다.

|참고문헌과 온라인 자료|

일반적인 내용

U.S. DOE (2006). *Breaking the Biological Barriers to Cellulosic Ethanol: A Joint Research Agenda*. DOE/SC-0095. Available electronically at http://www.doegenomestolife.org/biofuels/

Hamelinck, C. N., van Hooijdonk, G., and Faaij, A. P. C. (2005). Ethanol from lignocellulosic biomass: techno-economic performance in short-, middle- and long-term. *Biomass and Bioenergy*, 28, 384–410.

Dias de Oliveira, M. E., Vaughan, B. E. and Rykiel, E. J., Jr. (2005). Ethanol as fuel: energy, carbon dioxide balances, and ecological footprint. *Bioscience*, 55, 593–602.

Klass, D. L. (2004). Biomass for renewable energy and fuels. In *Encyclopedia of Energy*, Volume 1, C. J. Cleveland (ed.), pp. 193–212, Amsterdam and Boston: Elsevier Academic Press.

Lynd, R. R., Weimer, P. J., van Zyl, W. H., and Pretorius, I. S. (2002). Microbial cellulose utilization: fundamentals and biotechnology. *Microbiology and Molecular Biology Reviews*, 66, 506–577.

Shapouri, H., Duffield, J. A., and Wang, M. (2002). *The Energy Balance of Corn Ethanol:*

An Update, Agricultural Economic Report No. 814, Washington, DC: U.S. Department of Agriculture.

World Energy Assessment: Energy and the Challenge of Sustainability. (2001). New York: United Nations Development Programme (UNDP).

Kheshgi, H. S., Prince, R. C., and Marland, G. (2000). The potential of biomass fuels in the context of global climate change: focus on transportation fuels. *Annual Review of Energy and the Environment*, 25, 199–214.

Wyman, C. E. (1999). Biomass ethanol: technical progress, opportunities, and commercial challenges. *Annual Review of Energy and the Environment*, 24, 189–226.

Lynd, L. R. (1996). Overview and evaluation of fuel ethanol from cellulosic biomass: technology, economics, the environment, and policy. *Annual Review of Energy and the Environment*, 21, 404–465.

에탄올 생산공정에 대한 공동생산물의 관계

RFA (Renewable Fuels Association) (2004). How ethanol is made. http://ethanolrfa.org/prod_process.html.

알코올에 대한 미생물의 내성

You, K. M., Rosenfield, C-M., and Knipple, K. C. (2003). Ethanol tolerance in the yeast *Saccharomyces cerevisiae* is dependent on the cellular oleic acid content. *Applied and Environmental Microbiology*, 68, 1499–1503.

Ingram, L. O. (1986). Microbial tolerance to alcohols: role of the cell membrane. *Trends in Biotechnology*, 4, 40–44.

Curtain, C. C. (1986). Understanding and avoiding alcohol inhibition. *Trends in Biotechnology*, 4, 110.

효모

Sedlak, M., and Ho, N. W. C. (2004). Production of ethanol from cellulosic biomass hydrolysates using genetically engineered *Saccharomyces* yeast capable of cofermenting glucose and xylose. *Applied Biochemistry and Biotechnology*, 113–116, 403–416.

Ho, N. W. C., Chen, Z., Brainard, A. P., and Sedlak, M. (2000). Genetically engineered *Saccharomyces* yeasts for conversion of cellulosic biomass to environmentally friendly transportation fuel ethanol. In *ACS Symposium Series 767*, P. T. Anastas, G. H. Heine, and T. C. Williamson (eds.), pp. 143–159, Washington, DC: American Chemical Society.

Ho, N. W. C., Chen, Z., and Brainard, A. P. (1998). Genetically engineered *Saccharomyces* yeast capable of effective cofermentation of glucose and xylose. *Applied and Environmental Microbiology*, 64, 1852–1859.

Shigechi, H., et al. (2004). Direct production of ethanol from raw corn starch via fermentation by use of a novel surface-engineered yeast strain codisplaying glucoamylase and α-amylase. *Applied and Environmental Microbiology*, 70, 5037–5040.

Dien, B. S., Cotta, M. A., and Jeffries, T. W. (2003). Bacteria engineered for fuel ethanol production: current status. *Applied Microbiology and Biotechnology*, 63, 258–266.

Zymomonas

Seo, J-S., et al. (2005). The genome sequence of the ethanologenic bacterium *Zymomonas mobilis* ZM4. *Nature Biotechnology*, 23, 63–68.

Jeffries, T. W. (2005). Ethanol fermentation on the move. *Nature Biotechnology*, 23, 40–41.

Montenecourt, B. S. (1985). *Zymomonas*, a unique genus of bacteria. In *Biology of Industrial Microorganisms*, A. L. Demain and N. A. Solomon (eds.), pp. 261–289, Menlo Park, CA: Benjamin/Cummings Publishing Co., Inc.

Viikari, L. (1988). Carbohydrate metabolism in *Zymomonas*. *CRC Critical Reviews of Biotechnology*, 7, 237–261.

Swings, J., and De Ley, J. (1977). The biology of *Zymomonas*. *Bacteriological Reviews*, 41, 1–4.

호파노이드

Ourisson, G., and Albrecht, P. (1992). Hopanoids. 1. Geohopanoids: the most abundant natural products on Earth? *Accounts of Chemical Research*, 25, 398–402.

Ourisson, G., and Albrecht, P. (1992). Hopanoids. 2. Biohopanoids: a novel class of bacterial lipids. *Accounts of Chemical Research*, 25, 403–408.

클로스트리디아

Demain, A. L., Newcomb, M., and Wu, J. H. D. (2005). Cellulase, clostridia, and ethanol. *Microbiology and Molecular Biology Reviews*, 69, 124–154.

Zhang, Y-H. P., and Lynd, L. R. (2005). Cellulose utilization by *Clostridium thermocellum*: bioenergetics and hydrolysis product assimilation. *PNAS*, 102, 7321–7325.

Lynd, L. R., van Zyl, W. H., McBride, J. E., and Laser, M. (2005). Consolidated bio-processing of cellulosic biomass: an update. *Current Opinion in Biotechnology*, 16, 577–583.

생물자원으로부터 연료에탄올에 대한 전망

Perlach, R. D. et al. (2005). Biomass as Feedstock for a Bioenergy and Bioproducts Industry. The Technical Feasibility of a Billion-Ton Annual Supply. ORNL/TM-2005/66. April 2005. Available electronically at http://www1.eere.energy.gov/biomass/publications.html#ethanol.

Microbial Biotechnology

Chapter 14

환경적 응용

20세기 중반부터, 인구는 2배로 증가하였고, 물의 사용량은 3배로 증가하였다. 동시에 인류, 산업 및 농업 폐기물로 인해 물을 오염시키게 되었다.

– Ward, D. R. (2002). *WaterWars*, p. 3, NewYork: Riverhead Books.

미생물들은 방대한 양의 다양하고 복잡한 유기화합물들을 탄소, 질소, 인, 황으로 분해하여 물질들의 재순환과 에너지 생산에 기본적으로 중요한 역할을 한다. 지구에서 생물이 생존할 수 있는 것은 이러한 미생물의 활동이 있기 때문에 가능하다. 원핵생물과 곰팡이의 훌륭한 대사 응용성은 환경 미생물 분야에서 주요한 부분을 차지하고 있다. 우리는 이 장에서 하수나 폐수처리, 생체이물질과 석유화학제품의 분해와 함께 생물채광에 대해 살펴보려고 한다. 미생물 특히 화학무기영양 원핵생물은 낮은 등급의 광석이나 환경으로부터 독성이 있는 중금속을 제거하는데 효과적으로 사용될 수 있다.

미생물의 분해 능력과 유기화합물

미생물은 영양분과 에너지원으로서 천연적 또는 합성된 유기 물질들을 이용하는 우수한 능력이 있다. 이들은 계면활성제, 용매(트리클로로에탄, 톨루엔, 자일렌)와 변압기 유체(폴리클로로바이페닐) 등과 같은 합성화합물을 포함하는데, 미생물이 일반적으로 만나는 천연 화합물과 매우 다르다. 이러한 광범위한 분해능에 대한 설명은 인류의 출현 이전에 미생물은 이미 수십 억년동안 막대한 양의 다양한 유기 화합물질과 함께 존재하였다. 미생물의 생장을 위한 매우 다양한 잠재성이 있는 기질들은 많은 무관한 천연 유기화합물을 다양한 촉매기작에 의해 전환시킬 수 있는 효소들의 진화를 유도했다. 방대한 미생물 유래 효소자료는 새로운 유기화합물을 합성하고자 할 때 미래의 진화를 위한 원료로서 이용될 수 있다: 현존하는 효소들의 변이는 새로운 기질들을 이용할 수 있는 촉매들을 만들 수 있고, 이를 통해서 다른 생물들이 생장에 이용할 수 없거나 새로운 생태학적 위치를 얻을 수 없는 기질을 이용할 수 있는 효소를 가질 수 있다.

얼마나 많은 천연 유기화학물질들이 존재하고, 어떻게 이러한 물질들이 생성되는가?

석유 구성물질.

원유의 주요 구성성분은 파라핀 (30~50%), 고리형 파라핀 (20~65%), 방향족 (6~14%)로 구성되어 있다. 원유의 구성성분은 원유를 생산하는 지역마다 차이를 보인다.
파라핀은 *n*-헵탄, *n*-헥산, 2-메틸펜탄, 그리고 2,3-디메틸헥산 같은 화합물을 포함한다. 고리형 파라핀은 사이클로헥산, 메틸사이클로펜탄, 메틸사이클로헥산, 그리고 트리메틸사이클로펜탄을 포함한다. 톨루엔과 벤젠은 주요한 방향족 화합물이다. 석유는 이외에도 많은 다른 유기 화합물을 포함한다.

Box 14.1

과학자들은 이미 수많은 유기화학물질을 확인했지만, 확인된 유기화학물질의 목록은 아직 완전치 못하다. 더구나 모든 살아있는 생명체의 유기물의 구성성분은, 자연계에 존재하는 생물지구화학적 과정 또는 특정 생명체의 대사경로에 의해서 수많은 화학물질이 생성된다. 예를 들면, 석탄, 석유, 천연가스, 환원된 탄소화합물의 혼합물들은 땅속에 묻힌 식물 또는 식물성 플랑크톤이 높은 압력과 열의 작용을 받아서 생성된다.

석유는 얕은 바다에 식물성 플랑크톤이 침적되어서 만들어진다. 석유는 기체, 액체, 고체 *n*-알칸들로 복잡하게 구성되어 있다; 예를 들면 곁가지 파라핀, 고리형 파라핀, 그리고 치환된 고리형 파라핀류; 방향족 화합물; 벤조티오펜와 디벤조티오펜을 포함한 황화합물 등과 많은 다른 유기화합물을 포함한다(Box 14.1). 이러한 화합물들은 다공성 바위를 통한 분출이나 다양한 지각변동에 의해서 다시 생물권으로 들어간다. 약 100만 톤 이상의 석유가 매년 해양과 대륙을 통해서 이동되고 있으며, 미생물에 의해서도 분해된다. 미생물은 땅속의 석유 저장소에서도 생장하며, 땅속에서 석유가 유출될 때 무기물과 산소를 충분히 공급 받는다. 사실상 전세계 석유매장량의 10%가 이러한 식으로 손실되고 있다.

지상의 식물로부터 유래된 석탄은 또 다른 환원된 탄소화합물의 저장소이다. 석탄은 지방족 구조들이 연결된 작은 여러 고리형 화합물 구조와 방향족 화합물이 융합되어 있는 상태로 구성되어 있다. 방향족 고리들은 페놀, 수산기, 퀴논, 메틸기를 가지고 있다(그림 14.1) 석탄도 마찬가지로 다양한 황화합물을 가지고 있다. 많은 미생물들은 석탄에 존재하는 탄소화합물을 기질로 이용할 수 있고, 황화합물도 대사에 이용할 수 있다.

폴리클로로바이페닐(PCBs), 디클로로디페닐트리클로로에탄(DTT)와 트리클로로에탄과 같은 합성 유기할로겐 화합물은 널리 퍼져 있고 장기간 동안 파괴되지 않는 오염물질이다. 최근에 과학자들은 다양한 유기할로겐 화합물들이 세계의 많은 지역에서 자연적으로 생성되고 있음을 발견하였다. 오염되지 않은 광범위한 지역 또는 산업적으로 생산되는 화합물의 장거리의 대기이동에 의한 최소한의 오염으로부터 수집한 토양시료는 상당한 양의 유기할로겐 화합물을 포함하고 있다. 실제로 총 유기탄소에 대한 탄소와 결합한 할로겐의 비가 전 세계적으로 토양에 탄소 1 그램당 염소 0.2~2.8 mg이고, 사람에 의해 만들어지는 유기할로겐 화합물은 이 양에 비하면 적은 부분에 속한다. 다양한 해양 생물들과 많은 식물들은 할로겐을 포함하는 유기화합물을 생성한다. 또한 곰팡이도 할로퍼옥시다아제를 생산하여 리그닌 분해로부터 토양 속에 할로겐을 포함하는 유기화합물을 생성한다. 그래서 미생물들은 오랫동안 많은 천연 유기 할로겐 화합물을 파괴하려는 도전에 직면해 왔다.

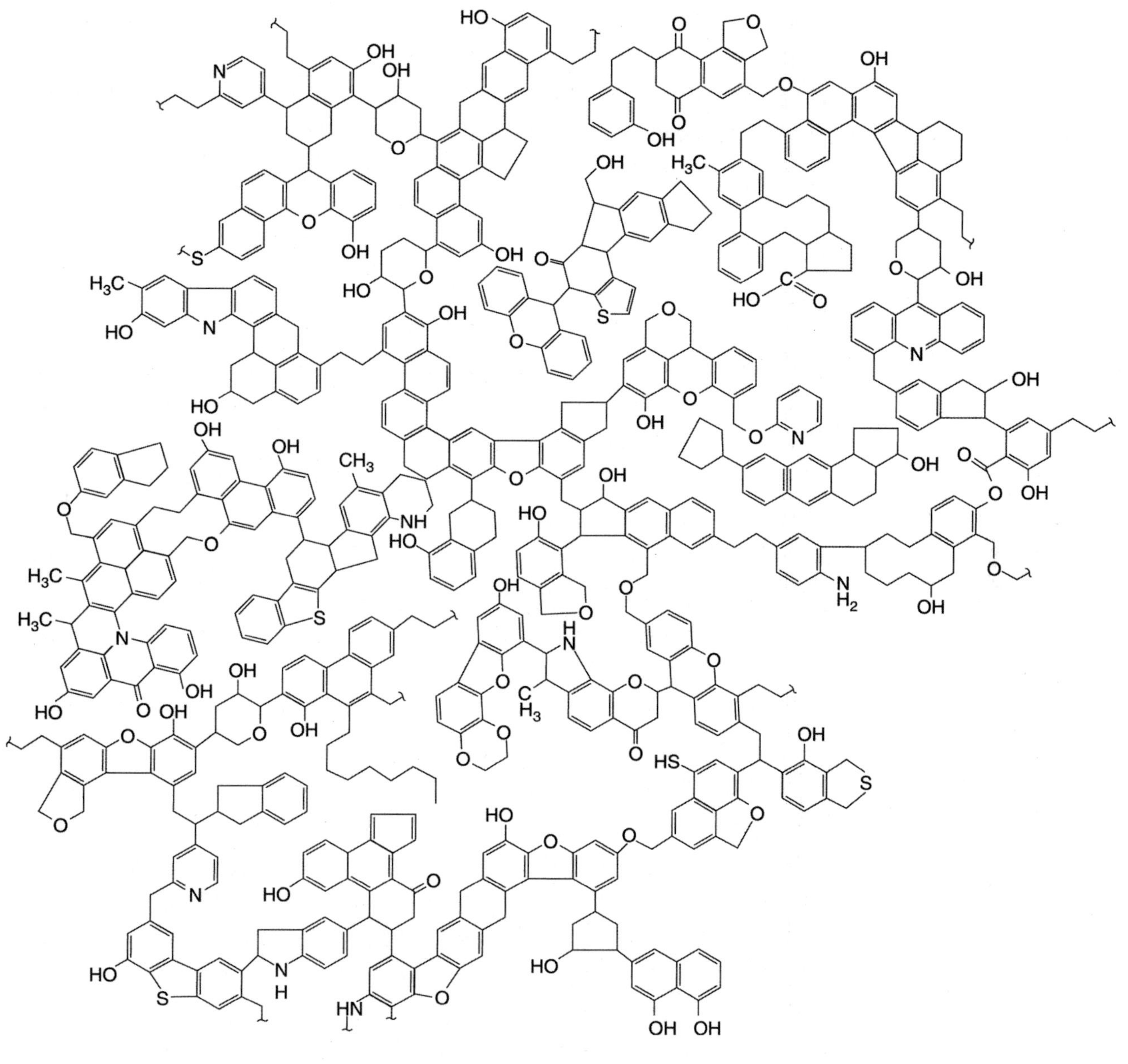

그림 14.1

유연탄 구조 모델.

출처 : Crouch, G. R. (1990). 생명공학과 석탄: European perspective. *In Bioprocessing and Biotreatment of coal*, D. L. Wise(ed), pp.29–55. New York: Marcel Dekker.

정말로 다량의 천연 유기할로겐의 발견은 할로겐화 유기합성 화합물을 분해할 수 있는 미생물들의 발견과 밀접한 관계가 있다.

환경에서의 유기화합물 반응

유기화합물들은 종종 생분해성, 지속성, 난분해성으로 분류한다. 생분해성 유기화합물은 생물학적으로 변환될 수 있는 물질이다. 지속성 유기화합물은 어떠한 환경에서도 생분해될 수 없는 물질이다. 마지막으로 난분해성 유기화합물은 다양한 환경에서 생분해에 대한 **저항성**을 가지는 화합물질이다. 생분해가 항상 바람직하지는 않다. 예를 들면, 생분해에 의해 무독성 화합물이 독성화합물로 변형될 수 있으며, 또는 유독 화합물질이 더욱 치명적인 화합물질로 변형될 수 있다.

생분해성은 어떤 특별한 분해를 의미하는 것은 아니다. 생분해에 의한 변형은 하나 또는 여러 단계의 반응으로 인한 크고 작은 효과를 포함한다. **1차적인 생분해**는 일반적으로 하나의 반응에 의해 변형되는 것을 의미하며, 반면에 부차적인 생분해는 광범위한 화학적 변환을 의미한다. 일반적인 의미로서의 사람들이 말하는 생분해는 광물화되는 것을 의미한다. **광물화**는 최종산물이 CO_2, 물, 그리고 다른 무기화합물로 완전히 분해되는 것이다.

폐수처리

만약 미생물을 하수나 폐수의 처리에 사용한다면 매력적인 일이기는 하지만 중요한 논쟁거리이다. 전 세계적으로 폐수 또는 하수에서 오염물질의 제거량은 점차 증가하고 있다. 인구증가로 인해 농업에서 사용하는 많은 양의 비료와 살충제, 그리고 더 나아가서 식품산업과 다른 산업적 공정들은 오수, 폐수, 바람직하지 않은 물질의 발생에 모두 기여하고 있다. 사람의 활동에 의한 물의 사용량은 실로 막대하다. 물의 이용은 전 세계적으로 평균 약 10%를 강 또는 호수에서 사용하고 있다. 이러한 이용은 관개용수로 70%, 산업용수로 20%, 그리고 가축, 가정 및 기타 용도로 사용되고 있다.

폐수처리는 (1) 높은 생물학적 산소요구량을 갖는 화합물 (2) 병원균과 바이러스, (3) 인간에 의해 만들어진 다수의 화학물질을 제거하는 것이다. 폐수처리를 못하거나 부적절한 곳에서는 결과적으로 환경이나 인류의 건강에 치명적인 영향을 줄 것이다. 여기에서 처리되지 않은 인간의 배설물은 강, 강어귀, 또는 근해에서 제거되어야 하고, 유기화합물이 풍부한 인간 배설물은 자연에서 세균의 급속한 번식과 하수에서의 미생물군을 폭발적으로 증가시킨다. 결과적으로 산소의 고갈과 감염으로 수중생태계를 급격히 소멸시킨다. 인간의 배설물은 다양한 인간 병원균들을 포함하고 있으며 수인성 전염병의 근원이다. 이러한 수인성 질병은 장티프스, 콜레라, 위장염 등의 세균성 질병과 바이러스에 의한 간염, 원생동물에 의한 크립토스포리디움증, 람블편모충증, 아메바성 이질 등을 포함한다. 음용수로 공급하는 물의 경우 언제나 공중위생의 관심이 된다. 질산염이나 인을 많이 포함하는 배출수에서는 시아노박테리아 또는 조류가 급격히 증가하여 부영양화의 원인이 된다. 성층화된 물에서는 연쇄적으로 미생물이 죽고, 미생물이 부패하여 심수층에서는 산소의 농도가 급격히 감소하여 어류의 폐사로 이어진다. **심수층**은 열에 의해 성층화된 호수에서 더 낮은 곳에 있는 순환하지 않는 물을 의미한다.

얼마나 많은 량의 하수를 처리해야 적절한 하수처리인가? 1984년 영국에서 선진국을 대상으로 오수와 같은 폐수처리량에 대한 통계를 발표하였는데, 당시 인구 5,600만 명, 폐수발생량 연간 65억 톤이었고, 더욱 충격적인 사실은 전 세계의 폐수발생량 중 15%만이 처리되었다는 것이다.

현대 하수처리 플랜트의 조업

여기에서는 폐수처리의 다양한 단계의 결과를 살펴보고, 그림 14.2에서는 오수처리 플랜트의 흐름도를 보여준다. 폐수처리의 첫 번째 공정은 기계적 처리공정이다. 이러한 **물리적**

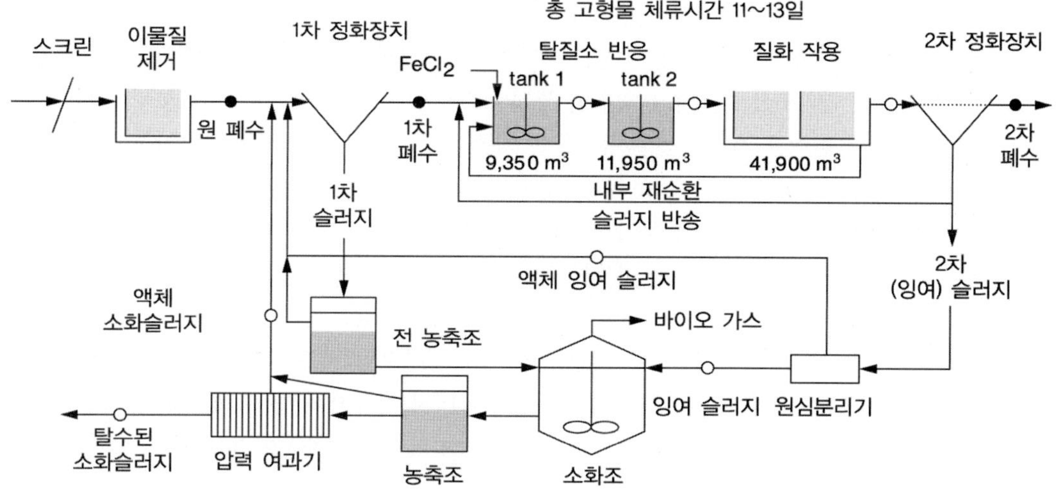

그림 14.2

독일, Wiesbaden의 하수처리 플랜트의 흐름도.

출처 : Andersen, H., Siegrist, H., Halling-Sorensen, B., and Ternes, T. A. (2003) 에스트로겐 처리를 위한 하수처리 플랜트. *Environmental Science and Technology*, 37, 4021–4026

처리는 스크린, 이물질 제거용 통기성 탱크, 1차 정화장치 등의 연속적인 단계를 거친다. 커다란 응집체들은 체에 의해서 걸러서 이물질 제거용 탱크로 옮겨진다. 고체상 부유물질은 침강시켜 1차적으로 정화하고, 오일 또는 지방의 경우는 상층부에서 제거한다. 이러한 물리적 방법을 이용하여 폐수물질의 약 30%를 제거한다.

1차 정화장치에 수집된 1차 슬러지는 중온균 소화탱크에서 분해되고, 반면에 1차 배출액은 1번 탱크로 유입된다. 이것이 활성슬러지 공정으로 **생물학적 처리**의 초기단계이다. 여기에 설명된 폐수처리 플랜트는 생물학적 질소제거를 위해 설계되었다. 탱크 1과 2는 공기가 공급되지 않아 무산소 상태로 급속히 진행된다. 다음의 연속적인 변환이 이 탱크들에서 일어난다. 폐수중의 유기물질은 $C_{18}H_{19}O_9$의 비슷한 성분을 갖고 있다. 용존산소의 농도는 2%이상으로 포화되고, 유기물질의 미생물에 의한 산화에 대한 전체적인 공정은 다음식과 같이 표현된다.

$$C_{18}H_{19}O_9N + 17.5O_2 + H^+ \rightarrow 18CO_2 + 8H_2O + NH_4^+$$

또한 이 반응식은 통기 탱크에서 전체적인 탄소기질의 산화 공정을 설명한 것이다. 용존산소의 농도가 2%이하로 고갈되면 탄소기질이 남아 전자공여체로서의 역할을 하고, 미생물들은 질산염을 최종 전자수용체로서 역할을 하여 유기물질을 산화하여 이산화탄소, 물, 암모늄 이온을 생성한다. 그러므로 대부분의 질산염이 질소로 환원되는데 이것을 **탈질화**라고 한다. 만약 질산염에 종속적인 호흡에 의한 생성된 모든 에너지가 미생물 성장에 이용되고, 이 미생물들이 암모늄을 이용하면 이 공정에 대해 다음과 같은 반응식으로 정리할 수 있다.

$$0.52C_{18}H_{19}O_9N + 3.28NO_3^- + 0.48NH_4^+ + 2.80H^+$$
$$\rightarrow C_5H_7NO_2(\text{새로운 생물자원}) + 1.64N_2 + 4.36CO_2 + 3.8H_2O$$

호기성 종속영양대사로부터 새로운 미생물 생물자원의 최대 수율은 유기물 1 kg당 0.5 kg의 생물자원이 생성된다. 최종전자수용체로서 질산염을 고려할 때, 상응하는 수율은 0.4 kg이다. 이러한 차이는 유기물질은 질산염에 비해 호기성 조건에서 더 많은 에너지를 만드는 것이 가능하기 때문이다.

인의 제거를 위해, 염화 제1철, 염화 제2철이 탈질소 탱크에서 Fe(III)로 산화되기 전에 잘 혼합되도록 초기에 투입하면 통기탱크에 인산 제2철과 같은 형태로 침전된다. 통기탱크에 들어온 폐수의 잔류 유기물은 최종전자수용체인 산소와 반응하여 이산화탄소와 물로 산화된다. 동시에 암모니아는 질산염으로 산화되며 재순환과정을 통해서 비산소탱크로 다시 투입된다(그림 14.2 - "내부 재순환").

2차 정화장치에서, 주로 미생물 생물자원, 침전물, 처리된 폐수(2차 배출액)로 구성된 활성화 슬러지는 회전슬리브를 통해서 부유물을 감소시킨 후 배출된다(이러한 처리 플랜트는 Rhine강에서 볼 수 있음). 활성화 슬러지의 일부는 1차 탈질화 탱크의 입구로 반송되고(그림 14.2 - "슬러지 반송"), 나머지 잔류물은 총 고체의 5% 정도로 원심분리기에 의해서 탈수하고 혐기성 중온균 소화장치를 이용하여 33℃에서 20일간 체류시킨다.

하수처리 플랜트는 종속영양 세균, 무기종속영양세균, 곰팡이, 조류, 목초 동물군 등의 다양하고 복잡한 미생물 군락을 형성하고 있다. 목초 동물군은 원생동물, 담륜충, 다양한 종의 수중 유충, 갑각류 등을 포함한다. 목초 동물군은 자유롭게 부유하는 박테리아 세포들을 잡아먹고, 처리된 폐수에서 대장균과 같은 많은 수의 잠재성 병원균의 농도를 낮게 유지한다. 이러한 식으로 미생물 군락에는 활성슬러지의 침전을 촉진하는 *Zoogloea* 종과 같은 응집형성 박테리아들이 많이 존재한다. 또한 슬러지에는 우위를 점하는 세균들로 균사체를 형성하는 *Leucothix*와 *Thiothrix*가 있고, 그 외에 많은 다른 종류의 박테리아들도 있다.

슬러지 재순환은 폐수처리공정에서 가장 중요한 부분중의 하나이다. 처리공정은 슬러지의 재순환과 과잉슬러지를 제거하는 공정의 균형에 의해 효율이 결정된다. 슬러지의 재순환은 높은 침강효율성을 확보할 수 있는데, 이는 빨리 침강하는 미생물들이 선택적으로 폐수처리 플랜트에 유지되기 때문이다. 또한 1번과 2번 탱크에서 활성화된 미생물 생물자원이 급격한 증가하고, 호기탱크로 유입되는 기질의 산화속도를 증가시킬 수 있다. 최종적으로 슬러지의 재순환 결과 슬러지의 미생물 군이 처리 플랜트에 수 주동안 남아 있지만, 액체의 체류시간은 12시간 미만이다.

과잉 하수슬러지는 소화장치에서 혐기성 조건으로 소화시킨다. 30~35℃에서 혐기성 소화 체류시간 3~5주 동안, 미생물 생물자원과 슬러지의 다른 생분해성 성분은 메탄이나 이산화탄소로 변환된다. 메탄과 이산화탄소의 혼합물을 **바이오가스**라고 하며 65~70% 메탄과 25~30% 이산화탄소를 포함하고 소량의 황화수소와 질소를 포함한다. 바이오가스는 소화장치의 온도 유지 또는 전기 생산에 사용된다. 남은 소화 잔류물은 여과장치에서 수분함량 20%로 탈수하여 단단한 고체로 압축하여 매립한다.

소화장치에서 일어나는 특징적인 생물화학 공정들은 산소와 질산염이 없는 상태로 소화된다. 이러한 분해와 발효 반응은 산을 형성하는 단계와 메탄을 형성하는 단계로 크게 두가지 단계로 나눌 수 있고(그림 14.3), 산을 형성하는 박테리아와 메탄을 생산하는 고세균과 같은 다양한 절대혐기성 원핵생물의 공동작용에 의해서 진행된다.

산을 형성하는 단계에서는 탄수화물, 지방, 단백질과 같은 복잡한 유기중합체가 가수분해 효소(다당류분해효소, 지방분해효소, 단백질분해효소)에 의해서 가수분해되어 지방산,

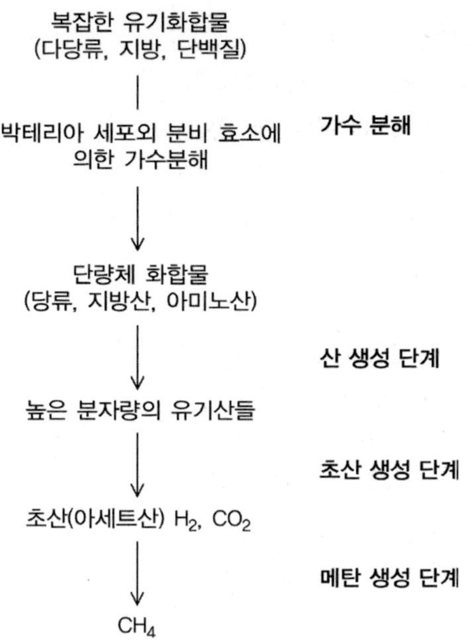

그림 14.3

혐기성 소화조에서 유기성 폐기물이 메탄과 이산화탄소로 분해되는 주요 대사 단계

알코올, 케톤과 같은 휘발성 물질으로 변환된다. 지방산은 초산, 이산화탄소와 수소로 변환된다(표 14.1). 흥미로운 것은, 표 14.1에서 보여주는 일부 반응들은 – 예를 들면 물에 의한 부티레이트가 산화되는 반응 – 큰 양수의 $\Delta G^{o\prime}$값을 갖는데, 예측하지 못한 사실이다. 이러한 특이한 발효 반응은 혐기성 슬러지에서 일어나는데, 이는 이러한 발효반응에서 생성물중의 하나인 수소의 분압이 예외적으로 낮게(10^{-4}~10^{-5}기압) 나타나기 때문이다. 이러한 현상은 이산화탄소를 환원시키는 메탄생성균들과 수소를 소모하는 초산발효세균에 의한 것이다.

메탄형성단계에서, *Methanobacterium, Methanobacillus, Methanococcus*와 *Methanosarcina*와 같은 절대 혐기성 균주들은 발효조에 의해 생산되는 초산, 수소와 이산화탄소를 메탄으로 전환한다(Box 14.2). 혐기적 소화장치에서 지배적인 메탄 발효세균은 아래의 반응식에 따라서 수소와 이산화탄소와 초산을 메탄으로 변환하여 에너지를 만든다.

$$4H_2 + HCO_3^- + H^+ \rightarrow CH_4 + 3H_2O \qquad \Delta G^{o\prime} = -32.4 \text{ kcal/reaction}, \quad \Delta G' = -7.6 \text{ kcal/reaction}$$

$$CH_3COO^- + H_2O \rightarrow CH_4 + HCO_3^- \qquad \Delta G^{o\prime} = -7.4 \text{ kcal/reaction}, \quad \Delta G' = -5.9 \text{ kcal/reaction}$$

$\Delta G'$은 37℃, pH 7의 혐기성소화탱크에서 반응물과 생성물의 농도이다(표 14.1). 이러한 반응의 첫 반응은 잘 일어나기 때문에 $\Delta G'$은 수소의 분압이 10^{-4}기압이라 하더라도 음수가 된다. 초산이 메탄과 이산화탄소로 분해되는 반응을 초산분해반응이라고 한다.

표 14.1 표준 및 전형적인 조건에서 혐기성소화조에서 일어나는 반응의 예와 자유에너지

반응	반응물	생산물	자유에너지(kcal/반응) $\Delta G^{o'}$	자유에너지(kcal/반응) $\Delta G'$
포도당을 CH_4와 CO_2로 전환	Glucose + $3H_2O$	$3CH_4 + 3HCO_3^- + 3H^+$	−96.5	−95.3
포도당을 아세테이트와 H_2로 전환	Glucose + $4H_2O$	$2CH_3COO^- + 2HCO_3^- + 4H^+ + 4H_2$	−49.3	−76.1
아세테이트로부터 메탄생성	$CH_3COO^- + H_2O$	$CH_4 + HCO_3^-$	−7.4	−5.9
H_2와 CO_2로부터 메탄생성	$4H_2 + HCO_3 + H^+$	$CH_4 + 3H_2O$	−32.4	−7.6
H_2와 CO_2로부터 아세트산생성	$4H_2 + 2HCO_3^- + H^+$	$CH_3COO^- + 2H_2O$	−25.0	−1.7
아미노산 산화	Leucine + $3H_2O$	lsovalerate + $HCO_3^- + NH_4^+ + 2H_2$	+1.0	−14.2
부티레이트가 아세테이트로 산화	Butyrate + $2H_2O$	$2CH_3COO^- + H^+ + 2H_2$	+11.5	−4.2
프로피오네이트가 아세테이트로 산화	Propionate + $3H_2O$	$CH_3COO^- + HCO_3^- + H^+ + 3H_2$	+18.2	−1.3
벤조에이트가 아세테이트로 산화	Benzoate + $7H_2O$	$3CH_3COO^- + HCO_3^- + 3H^+ + 3H_2$	+21.4	−3.8
환원적 탈염소화	$H_2 + CH_3CI$	$CH_4 + H^+ + CI^-$	−39.1	−29.0

[a] $\triangle G^o$를 계산하기 위해, 표준조건은 1 M 용질; 기체는 1atm; 25℃; pH 7. $\triangle G'$을 계산하기 위해, 혐기성 소화 탱크를 위한 전형적인 조건은 37℃, pH 7이다, 그리고 생성물과 반응물의 농도는 다음과 같다: 포도당, 루이신, 벤조에이트와 메틸클로라이드(CH_3Cl), 10μm; 아세테이트, 뷰티레이트, 프로피오네이트와 이소발레레이트 1mM; HCO_3^-: and Cl^- 20 mM; CH_4, 0.6atm; H_2, 10^{-4} atm.

출처: Zinder,S .H.(1984).Microbiology of anaerobic conversion of organic wastes to methane: recent developments. *ASM News*, 50, 294–298.

혐기성 소화의 중요한 특징은 기질에 존재하는 대부분의 자유에너지가 생산되는 메탄으로 보존된다. 에너지 생산을 위한 메탄의 사용은 하수처리공정의 비용을 상쇄시킨다.

아나목스 공정: 폐수에서 질소를 제거하는 고도처리

아나목스는 "혐기성 암모니아 산화"이다. 아나목스 박테리아는 두 가지 과정을 거친다. 처음 반응으로 산소가 제한된 조건에서 부분적인 질화작용이 일어난다.

$$NH_4^+ + 1.5O_2 \rightarrow NO_2^- + H_2O + 2H^+$$

두 번째 반응으로 아나목스 박테리아는 독립영양생장을 위해 암모니움염와 질산염의 비산소성 산화에 의해 생산된 에너지를 보존한다.

$$NH_4^+ + NO_2 \rightarrow N_2 + 2H_2O$$

아나목스 박테리아, *Kueneniastuttgartiensis*,의 두 번째 단계의 대사과정은 효소에 의해서 반응되는 것으로 추정된다. 히드라진은 이러한 연속반응의 중간체이다.

$NO_2^- + 1e^- + 2H^+ \rightarrow NO + H_2O$

(nitrite-nitric oxide oxidoreductase에 의해 촉매됨)

$NO + NH_4^+ + 3e^- + 2H^+ \rightarrow N_2H_4 + H_2O$

(hydrazine hydrolase에 의해 촉매됨)

메탄생성균

메탄은 많은 천연적인 혐기성환경에서 생산되는데, 유기성 물질들이 미생물들에 의해서 분해되고 이산화탄소는 유일하게 이용되는 전자수용체이다. 다시 말하면, 산소, 황산염 또는 질산염이 없는 상태에서 일어난다. 전기배터리로 유명한 이탈리아 물리학자 Alessandri Volta(1745–1827)는 1776년 처음으로 늪지, 호수, 강의 바닥에 유기물질이 풍부한 침전물에서 생산되는 가연성가스(메탄)를 발견하였다. 모든 메탄생성균은 고세균으로서 수소를 이용하여 메탄을 생성할 때 몇몇 C_1화합물(이산화탄소, 아세테이트, 메탄올)을 환원하여 에너지를 얻는다.

Box 14.2

$$N_2H_4 \rightarrow N_2 + 4e^- + 4H^+$$

(hydrazine dehydrogenase에 의해 촉매됨)

히드라진은 반응성이 높고, 박테리아에게 독성이 있는 화학물질이다. 어떠한 생물학적 반응의 생산물이 되는지는 알려지지 않았다. 히드라진 가수분해효소와 히드라진 탈수소효소는 아나목스 박테리아에 특이한 효소이다. 이러한 박테리아에서 히드라진을 포함하는 화학반응들은 세포내부의 아나목스좀이라 불리는 특이한 세포내 특정기관인 소낭 안에 국한되어 일어난다. 소낭의 불투과성 막은 주로 특정한 지질인 **라데란(ladderanes)**으로 구성되어 있다. 이러한 지질들은 또한 아나목스 박테리아의 특이한 점이다.

아나목스 박테리아는 도처에 존재하며, 담수, 해양 침적물, 대양, 폐수처리공장 등에서 찾을 수 있다. 이들은 Planctomycetes(수생세균)문에 속하며, 계통발생분석은 Chlamydiae문 내부의 기생충과 밀접한 연관이 있는 것으로 나타났다. 이러한 박테리아는 유일한 탄소원으로서 이산화탄소를 이용하고, 지구의 질소 순환에 매우 중요하며 해양으로부터 고정된 질소의 약 50%를 제거하는데 기여하고 있다.

아나목스 박테리아는 폐수처리에 효과적이다. 네덜란드 회사인 Paques는 2002년 네덜란드의 도시폐수처리 플란트에서 슬러지 소화에서 나오는 배출액을 처리하기 위하여 500 kgN/day의 처리용량을 가지는 효과적인 아나목스 공정을 개발하였다. 전통적인 질화/탈질소 공정에 의해 고정된 질소를 제거하는 공정과 비교하여 새로이 개발된 아나목스 공정은 산소의 공급이나 또는 유기탄소를 포함하는 에너지원이 필요하지 않다. 이산화탄소를 생산하는 대신, 아나목스 박테리아는 이산화탄소를 소비한다. 전통적인 질화/탈질소 공정보다 88%가 적은 이산화탄소를 생산한다. 결과적으로 동력소모가 60%가 감소되고, 매우 적은 양의 슬러지가 생성되어 전체적으로 90%까지 운전비를 낮출 수 있다. 아나목스 폐수처리공정은 폐수처리와 하수처리 뿐만 아니라 많은 다양한 분야에 적용이 가능하다. 많은 양의 암모니아가 포함된 폐수를 처리하는 비료공장과 석유정제공장이 좋은 예가 된다.

폐수처리 플랜트의 배출 한계성

폐수처리를 하여 담수 또는 근해에 배출하는 배출기준은 정해져 있다. 표 14.2는 유럽연합의 방류수 기준이다. 생물학적 산소요구량(BOD_5)은 폐수에 존재하는 생분해성 유기물질의농도를 측정한 것이다. 20℃에서 5일간 일정한 양의 시료에 있는 유기물질을 분해할

표 14.2 도시폐수 처리 플랜트에서의 배출기준

매개변수	처리된 물 배출 요구량	최소 감소 백분율
BOD_5	25mg O_2 I^{-1}	70~90
COD	125mg O_2 I^{-1}	75
부유물질	35mg I^{-1}	90
총 인량	2mg I^{-1b}	80
총 질소량	15mg N I^{-1b}	70~80

[a] 폐수 처리 플랜트에 대한 배출기준은 도시 폐수처리에 관련한 유럽 공동체의회에 의해 정해짐 (91/271/EFC). Official Journal of the European Communities(1991) **L135,** 21.5.1991, 40-52.

[b] 100,000 PE. 보다 더 큰 곳에 응용됨. 매일 개체당 생산된 유기물의 양은 하루에 한 개체 당 kg BOD_5로 표현 되고, population equivalent(PE)로 알려져 있다. PE=평균유동(l) X 평균 $BOD_5(mgl^{-1})/10^6$.

때 미생물에 의해 소비되는 산소의 양(mg/l)이다(그림 14.4). 화학적산소요구량(COD)는 폐수중의 생분해성 및 비생분해성 화합물의 양을 측정한다. COD 측정은 반응동안 방해가 될 수 있는 염소성분을 침전시켜 제거하기 위해 시료를 2시간 동안 촉매인 황산은을 갖는 진한 황산과 황산수은에서 일정량의 중크롬산칼륨과 함께 환류시켜 측정한다. 비록 폐수중의 모든 유기화합물이 중크롬산칼륨 방법을 이용하여 산화된다고 하더라도 벤젠, 톨루엔, 피리딘과 같은 방향족 화합물은 완전히 산화되지 않는다. 시료의 산화되는 유기물질의 양은 반응에서 소비된 중크롬산칼륨의 양과 비례한다.

도시 가정 폐기물의 BOD_5는 200에서 600 사이의 값을 갖는다. 농업이나 식품 산업의 배출 폐기물은 이보다 훨씬 높다. 예를 들면, 유장의 BOD_5는 40,000에서 50,000이다. 예상되는 COD의 값은 상응하는 BOD 값보다 훨씬 높은 값을 가진다. 예를 들면 일반적인 COD-BOD의 비는 가정오수의 경우 2:1이다. 높은 비를 갖는 경우 (>4:1) 오수에 중금속과 같이 박테리아에 독성이 있는 물질이 존재할 경우 BOD의 값이 낮아진다. 이러한 경우는 오수에 대한 조사가 필요하다.

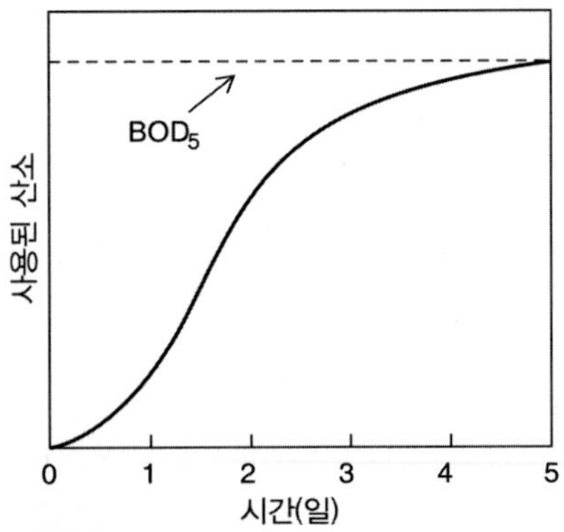

그림 14.4

BOD_5의 결정.

하수처리동안 합성 유기화합물의 분해: 알킬벤젠 설포네이트

인간에 의해 만들어지는 많은 유기화합물들은 하수처리동안 분해된다. 분해의 정도는 유기 화합물의 생분해 속도에 달려있다. 만약 생분해 속도가 낮으면 하수처리 플랜트에서 처리할 때 유기화합물이 완전히 분해되기에는 시간이 너무 짧을지도 모른다. 알킬벤젠 설포네이트 세제는 이러한 점에 있어서 하나의 예이다.

많은 사슬을 갖는 알킬벤젠 설포네이트(BAS)는 1940년대에 처음으로 가정용 합성계면활성제로 사용되었고, 1950년대 이래 세계적으로 사용되었다. BAS의 사용량은 1994년에는 약 12억 파운드였다. 환경문제로 1960년대부터 직선구조를 가지는 알킬벤젠 설포네이트(LAS)가 개발되었다(그림 14.5). 전세계적으로 LAS의 연간 사용량은 32억 파운드이다.

가정하수(하수중의 알킬벤젠 설포네이트 농도는 20 ppm)로서의 알킬벤젠 설포네이트가 호수, 강, 바다로 유입된다. 알킬벤젠 설포네이트의 수용액은 20 ppm의 농도로 하수처리공정이나

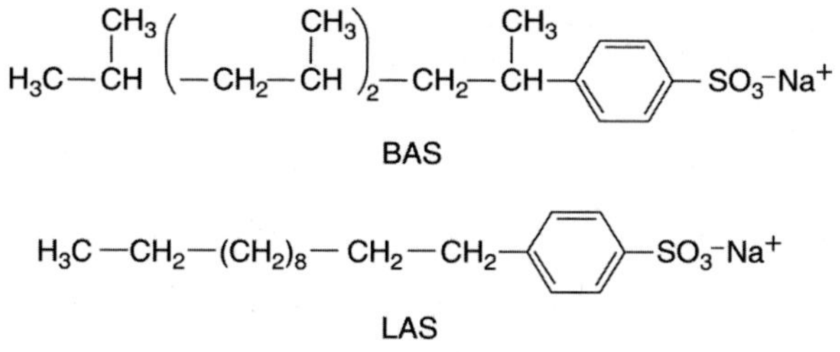

$$H_3C-\underset{CH_3}{CH}\left(-CH_2-\underset{CH_3}{CH}\right)_2-CH_2-\underset{CH_3}{CH}-C_6H_4-SO_3^-Na^+$$

BAS

$$H_3C-CH_2-(CH_2)_8-CH_2-CH_2-C_6H_4-SO_3^-Na^+$$

LAS

그림 14.5

결사슬 알킬벤젠 설포네이트(BAS)와 직선 알킬벤젠 설포네이트 (LAS) 의 나트륨 염의 구조.

관을 통해서 이동중에 교반에 의해서 거품을 형성하여 문제를 일으킨다(Box 14.3). 또한 깨끗한 물에서 1~5 ppm이 존재할 때 알킬벤젠 설포네이트와 같은 계면활성제는 일부 어류에게 독성을 유발한다. 이러한 문제는 BAS를 LAS로 치환하여 문제를 해결할 수 있다.

이러한 BAS나 LAS는 자연계 입장에서 보면 새로운 물질이지만, 이들은 생분해성이다. 이러한 세제의 미생물분해에 있어서 속도제한 단계는 벤젠설포네이트의 머리부분으로부터 알킬 사슬의 분해이다. 그 후에, 지방산의 분해는 천연적으로 나타나는 지방산들을 β-산화과정에 의해 이산화탄소와 물로 산화시키는데 이용되는 경로로 진행이 된다. 벤젠 설포네이트는 이산화탄소와 물과 황산염으로 분해된다. 알킬그룹의 곁가지치기 때문에 BAS의 초기분해과정은 LAS에 비해서 1차수 이상 느리게 진행된다. 결과적으로 2차 호기성처리시간에 하수중의 BOD를 90%이상 감소시키는 것은 BAS분해에 충분하지 않지만 LAS의 완전한 분해는 사실상 가능하다.

알킬벤젠 설포네이트의 경우 매우 중요한 두가지의 관점이 있다. 첫 번째는 혐기성과 호기성처리탱크에 존재하는 복잡하고 다양한 미생물군이 천연 또는 합성화합물을 분해할 수 있다. 사실상 페놀과 클로로벤젠과 같은 산업용 합성 폐기물과 같은 다양한 물질의 분해는 많은 양의 하수슬러지가 존재하면 충분히 처리할 수 있다. 두 번째는 현실적인 조건에서 생분해능력에 대한 연구가 중요하다. 화합물을 생분해하는 것은 현재 기술로는 충분치 않다. 화합물이 처리설비에서 충분히 빨리 분해되어 환경으로부터 제거할 수 있음을 보여주어야 한다. 많은 생산물과 공정에 있어서 천천히 생분해되는 화합물을 빨리 분해되는 물질로 대체하는 것은 가능하다. 이러한 관점에서 현재 분명한 것은, 세제에 의한 오염에 의해서 많은 거품을 생성하는 것을 인식해야 한다.

1950년대 중반 나는 처음으로 세제에 대한 문제를 알았고, 나는 군제대후 집근처의 숲으로 돌아가서 철새의 이동을 관찰하였다. 숲을 가로질러 흐르는 작은 강을 보았을 때 놀랍게도 강에서 작은 폭포가 있는 곳은 어디에서나 비누거품이 형성되는 것을 보았다. 비누거품은 백조 떼처럼 떠서 강을 따라서 흐르고, 때때로 수 제곱미터이상의 크기로 시냇물을 덮고 있었다. 수 마일의 상류에서 비누거품의 근원을 발견하였다: 강에 위치한 작은 하수처리시설의 배수구이었다. 이후에 안 사실이지만, 비누거품은 합성세제를 제조할 때 결사슬을 갖는 알킬벤젠 계면활성제를 사용한 결과이었다. 합성세제가 하수처리공정을 거치더라도 완전히 분해되지 않는다는 명백한 증거였다.

– R.T. Wright (1987). Microbial degradation of organic compounds in soil and water, in Essays in Agricultural and Food Microbiology, J. R. Norris and G. L. Pettipher (eds.), pp. 75–103, London: John Wiley & Sons Ltd.

Box 14.3

음용수의 잠재적인 오염

최근에 산업적으로 생산되는 30,000종 이상의 화학물질 1톤 이상 거래되고 있다. 이중 5,000 종 이상의 화학물질이 100 톤 이상 생산되고 있다. 식품첨가물의 수는 8,700종이다. 3,300종 이상의 화합물은 인간의 의료용 또는 의약품으로 사용된다. 이러한 화합물은 환경에 다양하게 존재하고 음용수로 유입될 수 있다.

음용수에서 검출되고 있는 많은 오염물질 중에, 특히 최근에 환경호르몬에 대한 관심이 집중되고 있다. 환경에서 발견되는 이러한 화학물질은 인간이나 동물의 호르몬 시스템을 교란한다. 화학물질중 에스트로겐 활성을 갖는 물질이 특히 많은 관심을 집중시키고 있다. 이 물질들은 천연 여성호르몬인 에스트라디올, 이의 대사전환체인 에스트론과 에스트리올, 경구피임약으로 보통 사용되는 합성 유사체인 에티닐에스트라디올 등을 포함한다(그림 14.6). 이러한 천연 및 합성 에스트로겐은 인간의 몸으로부터 분비되고 폐수처리플랜트에서 부분적으로 분해되고 나머지는 배출수로 방출된다. 합성세제 산업에서 다량으로 사용하고 있는 화학물질인 노닐페놀, 또는 플라스틱산업에서 많이 사용하는 비스페놀 A는 에스트로겐 활성을 가지고 있다. 에스트라디올, 에스트론, 에스트리올과 에티닐에스트라디올의 상대적인 에스트로겐 활성은 각각 1:0.474:0.003:1 이다. 폐수처리플랜트로부터 배출되는 에스트라디올의 평균 농도는 그림 14.2와 같이 2.0 ng/L 이다. 노닐페놀의 에스트로겐 활성은 2.5×10^{-5}이다. 그러나 노닐페놀의 배출량은 에스트라디올과 같은 화학물질의 1000배이고 결과적으로 호르몬 활성은 리터당 0.025 ng 에스트라디올이다. 이러한 예는 음용수에 존재할지도 모르는 다양한 화학오염물질들에

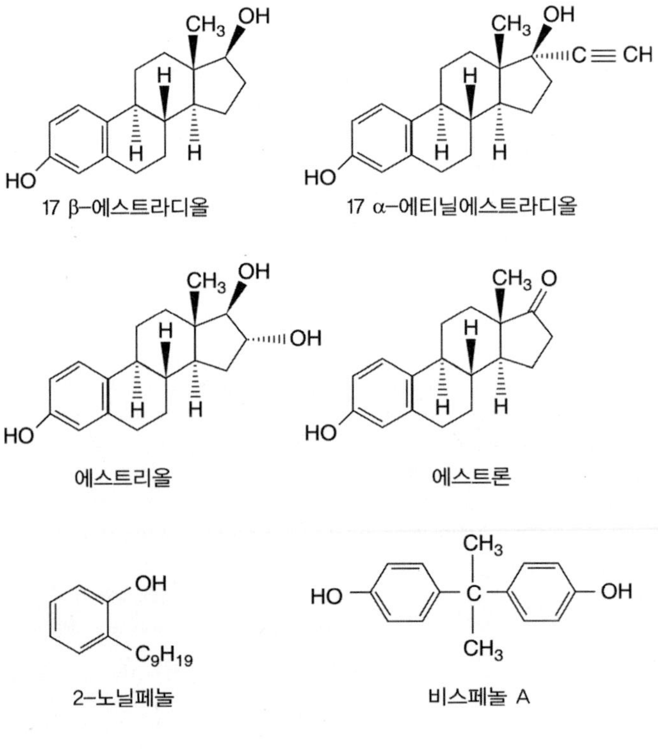

17 β-에스트라디올

17 α-에티닐에스트라디올

에스트리올

에스트론

2-노닐페놀

비스페놀 A

그림 14.6

발정활성을 가지는 천연 화합물과 합성 화합물 구조.

동시에 노출될 때 잠재적인 생물학적 결과에 대한 평가의 복잡성을 증명해 준다. 세계적으로 널리 사용되는 유기화합물에 대한 생물학적 영향의 범위가 아직까지 탐구되지 않은 상태이다.

생체이물질(제노바이오틱스)의 미생물학적 분해

이장의 서두에서 논의되었던 것과 같이 천연적인 생물학적공정과 지구화학적 공정은 엄청난 양의 다양한 구조를 가진 유기화합물질을 만들어 낸다. 이러한 화합물의 대부분은 일부 미생물들에 의해서 에너지원과 세포의 구성물을 형성하는데 이용된다. 그러나 수십만 종의 유기화합물은 산업 또는 농업의 목적으로 화학합성에 의해서 인공적으로 만들어진다. 이러한 새로운 합성물질들을 **제노바이오틱스**(생체이물질)라고 하며(제노는 그리스어로 "외래"를 의미한다), 이러한 많은 화합물들은 호기성 환경과 혐기성 환경에서 모두 안정하다.

계속적으로 증가하는 할로겐화 지방족 및 방향족 화학물질, 니트로아로마틱스, 프탈레이트 에스터스, 여러 고리 방향족 탄화수소 등과 같은 생체이물질들은 여러 경로를 거쳐 환경으로 많은 양이 유출된다. 비료, 살충제, 제초제는 환경에 직접적으로 사용된다. 이외에 여러 고리 방향족 탄화수소, 디벤조-*p*-다이옥신, 디벤조퓨란은 연소공정에 의해 환경으로 유출된다. 많은 종류의 생체이물질들은 공통적으로 사용되는 합성생산물들의 제조와 소비에 의해 생산되는 폐수 배출액에서 발견된다.

다양한 생체이물질들은 특정한 환경에서 1,000분의 일에서 10억분의 일의 농도로 존재한다. 지역에 따른 농도는 화합물이 유출되는 양, 유출되는 속도, 환경에 희석되는 정도, 특정한 환경에서 화합물의 이동(예, 토양), 그리고 생물학적 및 비생물학적 분해에 의존한다. 많은 독성을 포함하는 생체이물질들은 10억분의 1수준으로 환경에 존재하며, 이 수준은 독성을 증명할 수는 없지만, 엄격하게 규제된다. 이러한 규제는 화합물들이 먹이사슬의 각 단계를 거칠 때 점차로 농축이 되기 때문에 필요하다. 이러한 과정을 **생물농축**이라고 부른다.

생물농축을 측정하기 위한 첫 연구는 북부캘리포니아 Clear 호수에서 수행되었다. 1949년 Clear호수에 살충제인 디클로로디페닐디클로로에탄 (DDT와 유사함)을 0.01ppm ~0.02 ppm의 농도로 모기류인 *Chaoborus astictopus*를 제어할 목적으로 처리하였다. 1954년 서부의 논병아리와 오리과의 새가 호수주변에서 죽기 시작했다. 죽은 논병아리의 지방에서 DDD농도를 측정한 결과 1600ppm으로 나타났고, 일부 논병아리는 호수의 DDD농도보다 100,000배가 높게 나타났다. DDD는 점차적으로 물에서 플랑크톤으로, 플랑크톤을 먹은 물고기로, 물고기를 먹은 논병아리로 점차 높은 농도로 축적되었다. 많은 지용성 유기화합물은 먹이사슬에 의해서 농도가 증가되었다. 이에 대한 중요한 또다른 예는 프탈레이트와 PCBs가 있다.

주요한 오염물질들과 이들의 건강에 대한 영향

미국의 환경보호청(EPA)의 오염물질의 우선순위 리스트는 산업용매, 플라스틱의 구성단위들, PCBs, 살충제, 잠재적 발암물질을 수록하고 있다(표 14.3). 리스트에 수록된 물질

중의 일부는 엄청난 양이 생산되고 있다. 예를 들면, *o*-프탈렌산과 트리프탈렌산은 플라스틱이나 직물 산업에서 수십억 파운드가 사용된다. 프탈렌산에스터는 셀룰로오스와 비닐 플라스틱의 가소제로 사용되는 가장 중요한 물질이고, 방충제, 군수품, 화장품과 살충제 운반체로 사용된다. 프탈레이트 에스터는 미국에서 년간 5천만 파운드이상 고체 플라스틱폐기물과 살충제 운반체로서 직접적으로 환경으로 유입된다. 프탈레이트 오염은 플라스틱의 사용에 의해서 쉽게 오염된다. 1970년대 초반, 프탈레이트에스터는 수혈후 혈액을 보관하였던 플라스틱병에서 발견되었다.

상업적인 PCBs는 바이페닐의 부분적인 염소처리에 의해서 만들어진 혼합물이다(Box 14.4). PCBs는 넓은 범위의 물리적 성질, 화학적 안정성, 유기용매와의 혼합성을 갖고 있으며, 이는 주어진 혼합물에서 어느 정도의 바이페닐 염소화의 결과이다. 그러므로, PCB제조는 유압유, 가소제, 접착제, 윤활제, 난연제, 그리고 축전기와 변압기에서 절연체와 같은 많은 목적으로 만들어진다. 널리 퍼진 PCB오염은 1966년 DDT에 대한 환경시료를 분석하는 과정에서 처음으로 검출되었고, 1977년 PCB의 제조가 중단되었다. 1929부터 1977년 사이에 미국에서 12억 파운드의 PCB가 생산되었고, 수억만 파운드의 PCB가 환경으로 유출되었다. PCBs는 생물학적인 분해가 느리고, 수십 년 동안 환경에 잔류한다.

미국에서는 수천 개의 독성 폐기물 배출원으로부터 오염물질 리스트에 포함된 물질뿐만 아니라 다른 많은 물질들도 환경으로 유출된다. 모든 지역의 토양, 지표수, 지하수와 공기에 많은 양의 오염물질이 존재하는 것으로 조사되었다. 시민들은 많은 양의 오염물질에 노출되어 있고, 건강에 나쁜 영향을 주는 것으로 확인되고 있다. 특정 오염물질은 높은 농도로 노출되어 급성질병을 일으킬 수 있기 때문에 악명이 높다.

미래에 환경으로 유출될 화학물질을 최소화하고 이미 유출된 화학물질을 제거하는 중요한 이유들이 있다. 예를 들면 인간에게 해롭다고 알려지지 않은 화학물질이 다른 생명체들에 매우 독성이 있을 수 있다는 것이 잘 알려져 있다. 그리고 DDT의 경우, 많은 독성이 있는 화학물질이 낮은 농도로 먹이사슬로 들어가더라도 생물농축을 통해 충분히 높은 농도로 농축되어 인간이나 다른 살아있는 생명체의 건강에 영향을 미칠 수 있다. 또한 건강에 대한 영향은 노출 후에 오랜 기간이 경과한 후에 나타나기 때문에 원인-결과의 상관관계를 명확히 밝히기가 어렵다.

생분해의 미생물학적 기초

천연적인 미생물 군집은 다양한 미생물들이 서로 상호의존적으로 복잡하게 결합되어있다(표 14.4). 이러한 상호의존성은 편리공생과 공생이 높은 빈도로 관찰된다는 사실로부터 알 수 있다. **편리공생**은 함께 살고 있는 다른 두 종의 미생물에서 한 종이 다른 종으로부터 도움을 받는 반면 다른 종은 영향을 받지 않는 상호관계이다. 공생은 서로 다른 두 종의 미생물이 서로 이익을 유지하는 것이다.

편리공생은 다른 형태를 취한다. 토양으로부터 분리한 많은 미생물들은 성장을 위해 아미노산이나 비타민이 요구되지만, 다른 종들은 아미노산이나 비타민을 스스로 생산한다. 예를 들면 그러한 미생물들의 약 19%는 티아민을 외부에서 얻어야 하고, 약 36%는

표 14.3 환경보호청(EPA)의 오염물질의 우선순위[a, b]

휘발성 유기화합물		
아크로레인	1,1,2-트리클로로에탄	브로모포름
아크릴로니트릴	1,1,2,2-테트라클로로에탄	디클로로브로모메탄
벤젠[c]	클로로에탄	트리클로로플루오로메탄
톨루엔	2-클로로에틸 비닐 에테르	디클로로디플루오로메탄
에틸벤젠	클로로포름	클로로디브로모메탄
카본 테트라클로라이드	1,2-디클로로프로판	**테트라클로로에틸렌**
클로로벤젠	1,3-디클로로프로펜	**트리클로로에틸렌**
1,2-디클로로에탄	**메틸렌 클로라이드**	비닐 클로라이드
1,1,1 -트리클로로에탄	메틸 클로라이드	1,2-*trans*-디클로로에틸렌
1,1-디클로로에탄	메틸 브로마이드	비스(클로로메틸)에테르
1,1-디클로로에틸렌	1,2-*디브로모에탄*	
염기성 또는 중성 조건에서 유기용매로부터 추출 가능한 화합물		
1,2-디클로로벤젠	디-*n*-옥틸 프탈레이트	벤조(k)플루오란텐
1,3-디클로로벤젠	디메틸 프탈레이트	벤조(a)파이렌
1,4-디클로로벤젠	디에틸 프탈레이트	인데노(1,2,3-c,d)파이렌
헥사클로로에탄	**디-*n*-부틸 프탈레이트**	디벤조(a,h)안트라센
헥사클로로부타디엔	아세나프틸렌	벤조(g,h,i)페릴렌
헥사클로로벤젠	아세나프텐	4-클로로페닐 페닐 에테르
1,2,4-트리클로로벤젠	벤질 부틸 프탈레이트	3,3'-디클로로벤지딘
비스(2-클로로에톡시)메탄	플루오렌	벤지딘
나프탈렌	플루오란텐	비스(2-클로로에틸) 에테르
2-클로로나프탈렌	크리센	1,2-디페닐히드라진
이소포론	파이렌	헥사클로로씨클로펜타디엔
니트로벤젠	**페난트렌**	N-니트로소디페닐아민
2,4-디니트로톨루엔	**안트라센**	N-니트로소디메틸아민
2,6-디니트로톨루엔	벤조(a)안트라센	N-니트로소디-n-프로필아민
4-브로모페닐 페닐 에테르	벤조(b)플루오란트렌	비스(2-클로로이소프로필) 에테르
비스(2-에틸헥실)프탈레이트	3,3'-*디클로로벤지딘*	비스 (*2-클로로-1-메틸에틸) 에테르*
산성 조건에서 유기용매로부터 추출 가능한 화합물		
페놀	4,6-디니트로-*o*-크레솔	2,4-디클로로페놀
2-니트로페놀	펜타클로로페놀	**2,4,6-트리클로로페놀**
4-니트로페놀	4-클로로-*m*-크레솔	2,4-디메틸페놀
2,4-디니트로페놀	2-클로로페놀	2,3,4,6-*테트라클로로페놀*

농약, 폴리클로로바이페닐(PCBS) 및 관련 화합물		
α-엔도설판	4,4'-DDE	톡사펜
β-엔도설판	4,4'-DDD	아로클로 1016[d]
엔도설판 설페이트	4,4'-DDT	아로클로 1221
α-BHC	앤드린	아로클로 1232
β-BHC	앤드린 알데히드	아로클로 1242
γ-BHC	헵타클로	아로클로 1258
알드린	헵타클로 에폭사이드	아로클로 1254
디엘드린	클로데인	아로클로 1260
α, β, γ, δ-린돈	–	2,3,7,8-테트라클로로디
캠페클로		벤조-p-다이옥신(TCDD)
금속		
안티몬	구리	셀렌
비소	납	은
베릴륨	수은	탈륨
카드뮴	니켈	아연
크롬		
기타		
시안화물	석면(가루가 되기 쉬운 것)	

[a] EPA 의 우선순위 오염물징 목록은 1978년 6월 7일 법령에 의해 만들어 졌는데, 이는 the Federal Water Pollution Control Act (P.19. 2–500)를 만족하지 못함에 의해 여러 단체(Natural Defense Council, Inc.; Environmental Defense Fund, Inc.;Businessmen for the Public interest Inc.; National Aludubon Society Inc.; and Citizen for a Better Environment)의 고소에 의해 이루어졌다.
오염물질 중 *이탈리체로* 된 것은 1978년 이후에 산업 폐수 목록에 추가 된 것이다. 2006 3월까지의 목록이다.

[b] 우선순위의 오염물질은 산업폐수에서 이러한 화합물의 분석과 관련된 특성에 따라 나누어져 있다.

[c] **굵은 글자로** 쓰여져 있는 화합물은 1978년 8월에 분석된 32개의 다른 산업 분야로부터 얻은 2600여개의 폐수 시료에서 10% 또는 그 이상으로 검출되었다.

[d] 아로클로는 Box 14.4.에 설명되어 있다.

티아민을 생산한다. 비타민 B_{12}에 대해서는 7%는 외부에서 얻어야 하고, 20%는 미생물 스스로 생산한다. 그러므로 **교차부양**은 자연적인 미생물 군락의 특징이다. 산소의 소비와 생산을 통하여 생명체 간의 상호작용은 특히 중요하다: 혐기성 균이 토양표면에 생존할 수 있는 능력은 호기성 균에 의한 효율적인 산소의 소비에 의존한다. 곰팡이는 셀룰로오스를 분해하여 유기산을 생산하는데, 이는 박테리아에 의해 영양분으로 이용된다. 효모에 의해 과일의 당으로부터 생산된 에탄올은 Acetobacter종들에 의해 초산으로 산화된다. 다양한 유기 화합물을 이용하여 메탄생성 박테리아(**메타노젠**)의 혐기성 전환에 의해 생산된 메탄은 메탄산화 박테리아(**메틸로트로프**)에 의해 호기성 조건에서 산화된다.

폴리클로로바이페닐.

PCBs는 바이페닐에 1-10개의 염소 원자가 결합하여 209종의 다양한 합성화합물로 분류된다.

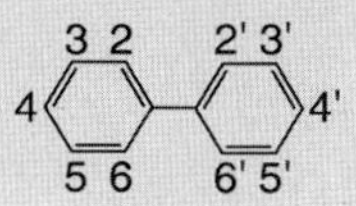

바이페놀

PCBs의 실험식은 $C_{12}H_{10-n}Cl_n$으로 표시할 수 있고, n=1-10이다. 이와 같이 밀접하게 연관 있는 화합물을 동종체라 부른다.

PCBs의 이성질체는 2',3,4-트리클로로바이페닐과 2',4,4'-트리클로로바이페닐과 같이 같은 수의 염소원자를 가진다.

PCBs평균 염소화 수준을 다르게 한 복합체 혼합물로 제조하여 판매한다. 제조자들은 PCBs 혼합물의 염소량을 중량 퍼센트로 표시한 정보를 가진 생산물의 상호를 숫자로 부착한다. 예를 들면 Aroclor 1242 (Monsanto, USA; 표 14.3)는 12개원 탄소원자와 중량 42% 염소를 의미한다. 209개의 가능한 동종체중 약 절반 정도만이 PCBs를 합성하는데 사용되는데, 이는 입체장애 때문이다.

Box 14.4

2각 종간의 생물학적인 상호관계는 다양하다. 질소를 고정하는 종들과 셀룰로오스를 분해하는 종들은 동시에 존재한다. 예를 들면, 각각의 균주는 다른 균주에 의해 생산된 화합물을 이용한다. 혐기성 Desulfovibrio는 에너지 생산 호흡경로에서 최종전자수용체로서 SO_4^{2-}를 이용하고, 황화수소로 전환한다; 자주색의 황박테리아는 태양광을 이용하여 광합성에 의해 ATP를 생산하는데, 황화수소를 전자공여체로 이용하여 SO_4^{2-}로 산화시킨다. *Lactobacillus arabinosus*와 *Streptococcus faecalis*는 서로 필요한 영양분을 공급한다. *L. arabinosus*는 *S. faecalis*에 필요한 엽산을 생산하고, *S. faecalis*는 *L. arabinosus*에 필요한 페닐알라닌을 생산한다.

일반적인 규칙으로서, 유기 화합물들은 한 종류의 미생물에 의한 분해보다는 다양한 미생물들이 존재하는 환경에서 보다 효과적으로 분해된다. 이는 다양한 요인들에 의한 결과이다. 많은 박테리아와 곰팡이가 존재하는 복잡한 군락에서 나타나는 분해능력은 단일 미생물을 사용하였을 때 보다 훨씬 높다. 둘째로, 하나의 균주에 의한 생체이물질의 부분적인 생분해의 산물은 다른 균주의 기질로 사용된다. 다양한 미생물의 공동작용은 생체이물질을 완전하게 광물화 한다. 미생물 집단은 생분해의 독성물질에 대해 좀더 저항성이 있는 것 같은데, 이는 집단중의 한 미생물이 독성물질을 비독성화 할 수 있기 때문일지 모른다.

미생물 집단은 또한 역동적이어서 환경조건에 따라 구성이 변하고, 가장 효율적인 방법으로 가능한 영양분을 이용하기 위해 적응한다. 그러므로 일정한 농도의 미생물 집단이 있을 때 새로운 생물전환이 가능한 유기 화합물이 존재하면 미생물집단은 새로운 화합물에 적응하여 급속히 증가한다. 이러한 현상은 집단 안에서 새로운 유기화합물에 대한 저항적인 균주들과 이들을 이용하고 전환할 수 있는 균주들을 위한 선택적인 질의 향상을 반영한다.

토양으로 들어간 유기 화합물의 분해는 물리적, 화학적, 생물학적 요인의 조합에 의해서 결정된다. 특정 분자는 휘발 또는 침출로 제거되거나 또는 흡착되거나 오랜 기간 동안

표 14.4 한 지역에서 같은 토양으로부터 얻은 시료에서 토양 미생물의 개체수 밀도

Organism	Cells per gram
박테리아[a]	$10^6 \sim 10^9$
방선균류	$10^5 \sim 10^8$
균사체류	$10^1 \sim 10^2$
효모균류	10^3
조류와 시아노박테리아	$10^2 \sim 10^4$
원생동물	$10^4 \sim 10^6$

[a] 방선균류 또는 시아노박테리아 이외의 박테리아

출처 : Table 11 from Yanagita, T. (1990). *Natural Microbial Communities, Ecological and Physiological Features*, Tokyo: Japan Scientific Societies Press.

투입된 토양 근처에 남아있게 된다. 토양에 남아있는 분자는 광화학반응 또는 비생물적인 산화 또는 가수분해되어 분해된다. 마지막으로 토양에 존재하는 분자는 곰팡이나 박테리아에 의해서 생물학적으로 분해된다. 예를들면, 생물학적 또는 비생물학적인 분해의 산물은 동일하다. 반면에 비생물학적 분해방법은 생물전환 방법에 비해 상대적으로 분해속도가 느리고 다른 생산물을 형성한다.

한개의 유기 화합물의 분해에 대한 실험실 연구에서 환경속에 생체이물질의 잔류의 지속성에 대한 예상은 명확하지 않다. 이것은 실제의 환경에서 미생물 집단은 유기 화합물과 중금속이 같이 존재하는 조건일 수 있기 때문이다. 곰팡이, 방선균, 그람 양성 박테리아, 그람음성 박테리아 등의 많은 균주들은 일반적으로 중금속이 있는 조건에서 생장할 수 없다. 그러므로 박테리아는 여러 고리 방향족 탄화수소 또는 잔류 유기 화합물질이나 염소화된 유기 화합물의 분해가 가능하지만, 중금속이 존재하는 환경에서는 미생물들이 사라지는 경향이 있다. 결과적으로 이러한 유기 화학물질들은 실험실에서의 간단한 실험에 의해 제시되는 것 보다는 환경에서 더 오랜 기간 동안 잔류하게 될 것이다.

생체이물질의 분해에 영향을 주는 두 가지 다른 중요한 요소는 무상생분해와 공동대사의 현상들이다. **무상생분해**는 효소에 의해서 화합물이 전환되는 상태를 말한다. 필수조건은 비천연 기질이 효소의 활성부위에 결합할 수 있고, 이러한 식으로 효소는 촉매활성을 갖는 것이다. 박테리아와 곰팡이는 그들의 대사능력이 매우 다양하기 때문에 광범위한 유기분자에 작용할 수 있는 다양한 효소를 생산한다. 반면에 **공동대사**는 생장과 관련된 물질 또는 전환 기능한 화합물이 존재하면 생장에 관계없는 기질로 전환시킬 수 있는 미생물의 능력이다. 이러한 면에서 무상생분해와 공동대사는 구별된다. 비생장 기질은 박테리아의 순수 배양시 탄소원과 에너지원으로 공급되지 못하기 때문에 세포분열을 도울 수 없다.

생물정화의 종류

생물정화는 생물학적 촉매(특히 미생물에 의한)가 오염물질에 작용하여 환경오염을 치유하거나 제거하는 자연적인 또는 임의적인 과정으로 정의된다. 생물정화는 현재 토양, 지하수, 식품공정과 화학공장으로부터의 배출액, 석유정제공정으로부터 배출되는 오일슬러지에 포함하는 폐유기화합물을 감소시키는데 사용되고 있다. 생물정화 기술은 현장처리, 퇴비화, 매립, 반응기처리 등 4가지로 분류할 수 있다.

현장 생물정화

라틴어로 *in situ*는 "최초발생지에서"의 의미를 가지고 있다. 그러므로 현장 생물정화는 지표면의 토양과 지하수의 고유 미생물군에 의존한다. 이미 오염된 지역에 존재하던 미생물들은 그 지역에 있는 폐유기화합물에 적응해 왔고, 일부 또는 모든 폐기물의 구성성분을 분해할 수 있다.

이렇게 적응된 미생물들에 의한 분해는 일부 영양물질 또는 전자 수용체가 한계농도까지 도달할 때까지 계속 진행될 것이다. 산소농도가 종종 제한 요인이 되기도 하지만 질산염 과 인산염의 제한된 농도에 의해서도 분해에 영향을 줄 수 있다. 어떤 환경에 영양분을 첨가하여 자연적으로 생물전환을 촉진하는 것을 **강화된 현장 생물정화**이라고 부른다.

알래스카에서 *Exxon Valdez* 오일 유출의 정화는 대규모의 강화된 현장 생물정화의 효율성에 대한 현장시험을 제공한다. 1989년 3월 초대형 유조선 *Exxon Valdez*는 Prince William Sound의 암초와 충돌하여 좌초되었다. 1100만 갤런의 원유가 유출되어 350 마일의 해안에 심각한 영향을 주었다. 이 사건에서는 해변의 기름을 신속히 제거하기 위하여 비료가 사용되었고, 만약 그렇게 하지 않았다면 한계농도로 감소하였을 영양분을 제공하였다. 무기물 비료의 응용은 처리되지 않은 해안에 비해서 2 – 3배 이상 빠르게 석유가 제거되었다. 또한, 이러한 속도는 영양분의 농도가 처리전의 농도로 낮아졌지만, 수주동안 유지되었다. 거의 끝 무렵 처리된 해변의 표면에서 채취한 오일 시료를 분석해 본 결과 생분해에 의해 조성이 바뀐 것이 확인 되었다. 강화된 현장 생물정화는 위험한 폐기물의 제거에 몇 가지 잠재성 있는 장점을 보여주었다. 소각에 비해서 값이 더 싸고, 작업자가 굴착과 오염된 토양의 제거와 연결된 위험성에 노출되지 않는다는 것이다. 낮은 농도의 폐기물로 오염된 넓은 지역을 처리하는데 적합한 방법이다.

석유 유출의 현장정화

자연적으로 기름이 바다로 유출되는 양 보다는 대부분 인간의 활동에 의해서 기름이 바다로 유출된다. 유조선의 사고로 많은 양의 기름이 유출되어 치명적인 환경오염을 초래한다. 이러한 기름 유출 사고는 유조선과 공정으로부터 일어나며, 그 양은 매년 130만 톤이 달한다. 유출된 기름은 토착 박테리아에 의해서 장기간 동안 서서히 분해된다. 기름으로 오염된 지역에 적절한 비료에 이용되는 질소와 인 화합물을 공급해줌으로써 몇 배 이상의 분해속도를 향상시킬 수 있다. 현장 생물정화에 주요한 역할을 하는 미생물은 동정되지 않았다. 최근에 해양에 넓게 분포하는 석유분해미생물 *Alcanivorax borkumensis* 균이 알칸을 기질로 이용하여 기름에 오염된 해양환경의 생물정화에 중요한 역할을 하는 것으로 보고되고 있다. *A. brokumensis*균은 *n*–알칸과 곁사슬 알칸, *n*–알킬클로로알칸, *n*–알킬벤젠을 포함하는 다양한 석유 성분들을 이용하며, 또한 프리스테인을 분해한다. 프리스테인은 곁사슬 알칸인, 2,6,10,14–테트라메틸펜타데칸이며, 이의 구조는 아래와

$$(CH_3)_2CH(CH_2)_3CH(CH_3)(CH_2)_3CH(CH_3)(CH_2)_3CH(CH_3)_2$$

같으며, 해양의 동물성 플랑크톤에 의해서 생성되며, *A. brokumensis*가 이용하는 중요한 천연 기질이다.

A. brokumensis 는 오염되지 않은 환경에서는 개체수가 적지만, 석유에 오염된 해양에 질소나 인의 영양분이 공급되면 개체수가 크게 증가한다. 해양과 근해에서는 석유를 분해하는 *A. brokumensis* 균주가 기름을 분해하는 균주들의 90%이상을 차지한다. *A. brokumensis*의 완벽한 유전정보가 석유분해의 중요한 단서를 제공할 것이다. 많은 해양 박테리아는 탄화수소를 분해한다. *A. brokumensis*은 알칸이 존재하는 부분에서 독점적으로 존재한다. 이 균주는 다른 해양 박테리아들에 의해서 이용되는 당과 아마노산 또는 석유의 방향족 화합물과 같이 일반적인 기질을 위해 경쟁하지 않는다. *A. brokumensis*은 다양하고 많은 알칸하이드록실라아제를 갖고 있어서 곁사슬알칸을 효과적으로 분해할 수 있다. *A. brokumensis*의 유전체는 영양분섭취시스템을 특정화하는데, 특히 유기 및 무기 질소 화합물의 섭취와 기름과 물의 계면사이의 생물막 형성 능력, 기름성분을 이용할 수 있는 생물학적 능력을 향상시키는 생물계면활성제의 생산, 특정 스트레스에 대한 적응능력과 같이 특화된 시스템 등이 있다. *A. brokumensis*의 성공적인 이용에 기초가 되는 이러한 요소들의 이해는 생물정화 효과를 향상시키는데 중요한 정보이다.

퇴비화

토양혼합물, 부분적으로 분해된 식물, 그리고 일반비료와 산업적 비료와 같은 퇴비에는 많은 미생물들이 있다. 퇴비화는 토양을 더욱 비옥하게 하고 작물을 더 많이 수확하기 위하여 농부와 원예사에 의해서 오래전부터 사용되어 왔고, 최근에 폭약물의 분해를 위한 응용에서 증명된 바와 같이 고농도의 저항성 화학 폐기물의 처리에 잠재성이 있음을 보여준다.

과거에 폭약산업으로부터 나온 폐기물이 종종 웅덩이나 유수지에 버려졌다. 그 폐기물에는 2, 4, 6-트리니트로톨루엔(TNT), 헥사하이드로-1, 3, 5-트리니트로-1, 3, 5-트리아진(RDX), 옥타하이드로-1,3,5,7-테트라니트로-1,3,5,7-테트라아조신(HMX), *N*-메틸-1, 2, 4, 6-테트라니트로아닐린(Tetryl)을 포함하고 있다(그림 14.7). 상온에서 이러한 화합물은 고체들이고, 가끔은 수용성이기 때문에 버려진 지역의 토양속에 대부분이 남아있게 된다. 현재 폭발성 물질을 함유한 토양의 정화를 위한 가장 일반적인 전략은 소각인데, 이 공정은 토양 1톤당 최소한 300달러의 처리비용이 소요된다. 정화를 필요로 하는 토양은 약 5,200,000톤으로 추정되며, 처리비용을 환산하면 15억 이상의 비용이 요구된다. 그러므로 저렴한 비용으로 처리할 수 있는 방법이 고려되고 있으며, 퇴비화는 저가의 잠재성있는 공정이다. 1970년대 혐기성 박테리아를 이용하여 RDX와 HMX를 분해하는 것이 가능하였지만 TNT는 혐기성 및 호기성조건에서 모두 분해할 수 있었다. 예를 들면 *Desulfovibrio* 종은 RDX와 HMX를 단일 질소원으로 이용할 수 있고, 반면에 *Klebsiella pneumoniae*는 RDX를 분해하여 포름알데히드, 이산화탄소와 물을 생성한다. 생분해 또는 생물전환으로 90%이상의 폭발성물질을 55℃에서 유지되는 퇴비화 공정에서 80일 안에 처리할 수 있다. 150일 후에 토양 1 kg 중의 18,000 mg의 폭발성물질이 74 mg/kg으로 감소된다.

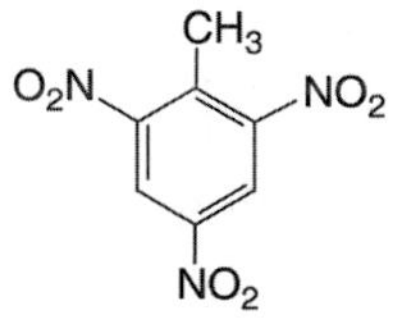

TNT(트리니트로톨루엔)

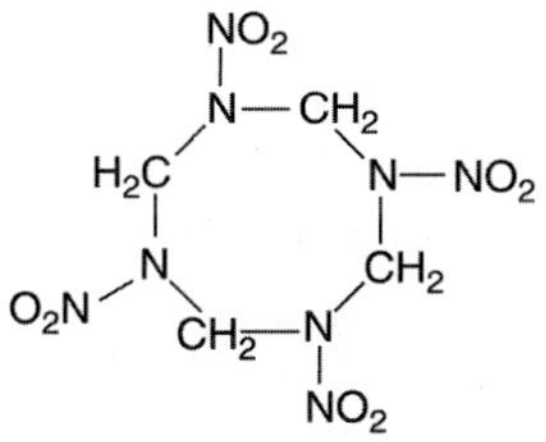

HMX(헥사하이드로-1,3,5-트리니트로-1,3,5-트리아진)

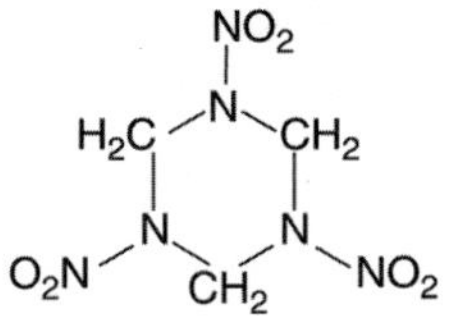

RDX(옥타하이드로-1,3,5,7-트리니트로-테트라에적사인)

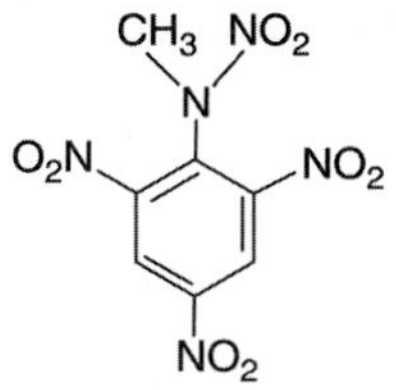

Tetryl(테트릴)

그림 14.7 폭발성물질의 구조.

매립

매립은 석유정제공정으로부터 발생하는 오일슬러지의 처리에 사용된다. 이 공정은 석유정제공정으로부터 발생하는 오일슬러지를 토양과 혼합 후에, 강화된 현장 생물정화를 이용한다. 이 오일슬러지는 전처리되거나 또는 그렇지 않을 수도 있다. 석유정제공정에서 나오는 배출액의 생물학적 전처리는 부분적으로 유기폐성분을 광물화한다; 잔류 고체폐기물(슬러지)는 고농도의 방향족 탄화수소화합물과 저 농도의 지방족 탄화수소화합물을 포함한다(슬러지무게의 5~10%). 반면에 전처리 되지 않은 침전된 고체물질은(탱크 바닥에 존재하는 고체물질 등)은 고농도의 지방족 탄화수소(30~50%)와 무기고체(침니)를 포함한다.

매립지역은 평평하여 빗물의 흐름이 최소화되고, 적절한 통기를 위해 흙은 가볍고 점토성이어야 하고, 점토질 층은 다공성 표면의 토질로 되어 누출에 의한 지하수의 오염을 줄여야 한다. 매립은 비에 의해서 모여지는 물의 침투를 방지하기 위해서 완만한 경사를 유지하고, 주위로 물이 흐를 수 있도록 만들어준다. 매립의 지형학적 위치는 침전이나 온도를 고려해야 한다. 매립용 토질의 공극은 미생물이 산소를 빨리 얻을 수 있지만, 많은 양의 비는 침수가 될 수도 있고 공극이 없어질 수도 있다. 토양의 약 20%의 물포화는 최대한의 오일분해에 충분하다. 생분해를 위한 최적온도 범위는 20~30℃이고, 5℃ 이하에서는 대부분의 생분해가 일어나지 않는다.

무기질 비료는 고정된 질소와 인을 위해 이용할 수 있고, 석회석($CaCO_3$)은 흙과 폐기물 혼합물의 pH를 약 7.8로 올리기 위해서 첨가한다. 처리되지 않은 슬러지는 토양 중에서 기름의 최대생분해 속도는 무게로 5~10%의 탄화수소를 유지할 때 얻을 수 있는데, 즉 헥타르 당 약 100~200톤의 속도이다. 권장하는 조건은 4개월마다 5%씩 반복적으로 첨가한다. 매립에서는 다음 슬러지가 첨가될 때까지 약 50~70%의 유기폐기물이 분해된다.

매립의 단점은 처리공정이 느리고 완전하지 않다는 점이다. 또한 슬러지에 중금속이 존재하면 매립지 토양에 중금속이 농축된다. 결론적으로 집약적으로 사용된 매립지는 나중에 작물의 생산이나 가축을 위한 목초지로서는 사용할 수 없다.

지상에서의 생물반응기

지상의 생물반응기들은 발효기와 같은 기술을 이용한다. 반응기는 토양 또는 많은 양의 오염물이 포함된 지하수의 처리를 위해 사용된다(예; 화학적 매립 침출수). 오염된 토양은 물과 혼합되고, 이 슬러리는반응기 안으로 유입된다. 이러한 생물반응기 안에 다공성 활성탄, 구형의 플라스틱, 유리구슬, 또는 규조토 등은 미생물 생장을 위한 넓은 표면적을 제공한다.

지지체에 형성되는 미생물 막의 넓은 표면적은 생분해 속도를 빠르게 한다. 미생물의 접종은 하수처리공장의 활성 슬러지와 같은 오염된 곳의 토착미생물로부터 또는 적절한 미생물의 순수배양에 의해 얻어진다. 반응기가 밀폐되어 있기 때문에 접종액으로 유전자 조작된 미생물을 이용할 수 있다. 몇 개의 생물반응기를 이용하여 다양한 분해를 연속적으로 진행할 수 있다. 예를 들어, 첫 번째 반응기는 혐기성 조건으로 조업되고, 그 배출수가 전달된 두 번째 반응기는 호기성 조건으로 조작된다. 어떤 화합물의 할로겐 분해와 같은 생물전환은 혐기성 조건에서 최적으로 진행되지만, 광화작용은 호기성 조건이 필요하다.

현장 생분해 평가의 과제

환경에 유입된 유기 화합물의 제거는 화합물과 오염지역에 따라서 다양한 특성을 가진다. 유기화합물은 토양에 강하게 흡착되거나, 약하게 결합되어 지하수와 토양의 심층부로 침투하거나, 광에 의해 산화되거나 다른 비생물학적 방법에 의해 분해되거나, 미생물에 의해서 전환되거나 산업적인 처리공정에 의해서 처리될 수도 있다. 이러한 모든 현상들은 실제로 오염된 지역에서 시간이 지남에 따라서 화합물을 제거하는데 기여할 수도 있다.

뉴저지에 있는 IBM Dayton 유해 폐기물 지역의 유기 화합물은 토양 입자에 강하게 고착하여 강한 수용성물질임에도 불구하고 토양을 통하여 흐르는 물로 세척하여도 추출하는 것이 어려웠다.

물은 토양 속에 높은 침투성을 가진 지역을 흐르고 낮은 침투성을 가진 지역에 존재하는 물과 천천히 평형을 이룬다. IBM Dayton 지역의 지하수는 약 400 갤런의 1,1,1-트리클로로에탄과 테트라클로로에틸렌으로 오염되어 있었다. 기록된 최대 농도는 1,1,1-트리클로로에탄은 9,600 ppb이었고, 테트라클로로에틸렌은 6,130 ppb이었다. 1978년부터 1984년 사이에, 이 지역에서 물을 이용하여 분당 평균 300 갤런을 현장 추출하였고, 추출수에 이 화합물들의 농도는 100 ppb 이하였다. 1984년에 펌프를 중단한 후에 1988년 지하수에 테트라클로로에틸렌의 농도를 측정한 결과 12,560 ppb로 증가하였다. 사실상 염화탄화수소는 토양에 흡착되었거나 작은 기공에 갇혀있어서 서서히 오염물질로부터 유출되었다.

현장 조건의 실험실 모사는 현장의 상황을 충분히 예측하기는 어렵다. 실제 환경조건과 같이 모사를 하는 방법에 대한 주요한 질문에 대한 답은 다음과 같다. 오염물의 어느 부분이 토양이나 침전물에 강하게 흡착하는가? 얼마나 많은 오염물질이 비생물학적 또는 생물학적으로 분해되는가? 오염물질이 투입되었을 때 미생물 집단의 반응은 어떠한가?

오염물질을 분해하는 미생물의 서식분포는 어떠한가? 오염물질의 전환 또는 분해는 산소가 충분한 조건에서 발생하는지, 산소가 적은 조건에서 발생하는지? 온도나 산도와 같은 자연환경 변수의 영향은 어떠한가? 주요한 오염물의 현장 제거방법에 대한 이러한 질문에 대한 조사가 거의 이루어지지 않았다. 잘 설계된 펜타클로로페놀의 분해는 미시시피강의 수로에 대한 실험으로 체계적인 분석에 대한 방법을 아래에 기술하였다.

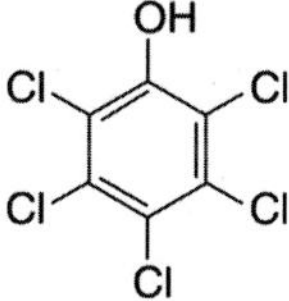

그림 14.8

펜타클로로페놀.

인공적인 담수흐름에서 펜타클로로페놀의 분해

펜타클로로페놀 (PCP ; 그림 14.8)은 보통 생명체에 유독한 화합물이다. PCP는 1930년대 처음에 산림보존제로서 도입되었고, 매우 다양한 농업과 산업에서 조류, 박테리아, 곰팡이, 잡초, 연체동물, 그리고 곤충 등을 제거하는 일반적인 목적으로 사용하였을 때 효과적인 것이 입증되었다(상업적인 목질치료가 주요한 응용으로 남아있지만).

세계적으로 PCP는 1년에 약 5,000만 kg이 생산된다. PCP는 일반적으로 강과 지하수에 리터당 마이크로그램으로 존재한다. 연구의 목적은 자연 수생 시스템에서 PCP의 농도를 예측하는 것이었다. 이것은 미국 미네소타주 둘루스에 위치한 환경보호청의 Monticello Ecological 연구소에서 1982과 1983년 여름 동안 실행했던 현장연구였다. 이 연구소는 야외에서 실험할 수 있는 수로들을 갖고 있는데, 이 수로들은 길이가 각 488m이고, 미시시피강에서 물을 끌어올려 1년 내내 물을 공급한다. 실험을 위해 사용되는 쭉 뻗은 수로들은 밑바닥에 있는 8개의 거친 자갈홈통을 대신하여 진흙을 이용한 8개의 연못으로 구성되어 있다(그림 14.9). 홈통은 수로의 표면 바로 아래 놓여 있는 바위가 많은 모래톱이다. 연못에 군락을 이루고 있는 다양한 수생식물들(대형식물)중에 지배적인 종들로 뿌리있는 수초인 Potamogeton crispus, 그리고 부유 수생식물(뿌리없는)인 Lemnaminor를 포함한다.

이런 수로들은 생체이물질의 분해에 기여하는 요인들의 연구에 알맞다. 자연적인 수원으로부터 물이 수로에 공급되고 다양한 미생물 집단을 포함한다; 수조, 연못 바닥에 있는 진흙의 미호기성 침전물표면, 무산소의 깊은 층의 침전물, 수생식물의 표면, 홈통의 바위표면에 포함한다. 이 수로들은 농축된 나트륨염 용액으로 유입된 PCP를 88일 동안 계속해서 처리하였다. 아래에 논의된 효과는 1리터의 물에 144 ㎍의 PCP를 처리한 수로에서 관찰되었다. 햇빛에 의한 PCP의 광분해 속도는 깊이를 알고 있는 수로 속에 적절한 양의 PCP용액을 포함하는 유리병을 매달아 결정하였다. 서식지가 다른 미생물에 의한 PCP 분해 속도 분석은 다음의 시료를 이용하여 수행되었다.

- 바위표면. 홈통으로부터 개인적으로 수집한 바위들은 같은 홈통에서 얻어 농도를 아는 PCP가 포함된 알고 있는 부피의 물이 들어있는 비이커에 넣어두었다.
- *침전물덩어리.* 웅덩이 밑바닥에 있는 직경이 3 cm인 덩어리를 제거하였다. 그 다음 PCP의 분해는 각기 다른 조건에서 측정하였다: 호기성(침전물 표면 위의 공기거품), 미호기성 (공기와 접촉하게 한 침전물 덩어리), 그리고 혐기성 (침전물 덩어리를 통해 높은 순도의 질소거품을 주입).
- 대형식물의 표면. *Patamogeton*식물의 상위부분은 웅덩이로부터 수집하였고, Lemna는 표면으로부터 떠왔다.그 다음 이 식물들은 같은 곳에서 얻은 PCP가 포함된 물이 들어

있는 비이커의 물속에 주의깊게 담겨졌다.

■ *수조에서 자유롭게 떠다니거나 입자에 부착한 미생물들.* 다양한 지역의 물 시료들 같은 양으로 해서 두 분량으로 나누었다. 그 중 한 부분은 부유입자를 제거하기 위해 1 ㎛ 여과지를 통과시켰지만, 여전히 자유로이 떠다니는 박테리아는 남았다; 다른 한 부분은 여과하지 않았다.

다음의 항목들이 관찰되었다:

■ 처리된 수로에서 PCP의 미생물분해는 PCP가 처음으로 유입된 후로 약 3주 동안 상당한 변화가 있었다. 그 부분은 다음과 같이 설명된다. (a) PCP가 첨가된 수로 아래 부분의 PCP농도는 급격하게 감소하였다; (b) 시료에서 미생물에 의한 PCP의 급격한 분해는 PCP를 첨가한 4주 후 없어졌지만, 대조군 수로는 그렇지 않았다; (c) 처리된 수로에서 일정하게 표지화 된 [^{14}C]PCP를 광물화하여 $^{14}CO_2$를 방출할 수있는 박테리아의 출현; (d) 3주에서 5주 사이의 침전물에서 PCP의 농도는 크게 감소하였다.

■ 실험실 연구들은 PCP분해활성이 나타나는 시기가 초기에 수로에서 PCP를 분해하는 미생물의 낮은 개체 수를 선택적으로 증가시키기 위해 필요했던 시간임을 확인하였다. 수로에서 분리된 많은 박테리아의 순수 배양 중에 PCP를 생장을 위한 단일 탄소원과 에너지원으로 사용할 수 있다. 100 mg/L 이상의 높은 PCP 농도에서도 박테리아가 생장하였고, 유기적으로 결합된 모든 염소이온(Cl^-)을 방출한다.

■ 미생물집단이 완전히 적응한 후에, 수로를 통과하는 물은 50%~60% 정도의 PCP가 사라진다. 특히 바위와 식물표면에 부착한 미생물은 대부분의 관찰된 PCP 분해에 연관되었다.

■ 침전덩어리 위의 수조에서 PCP의 소멸 속도는 혐기성 조건보다 호기성 조건에서 분해가 더 빨리 이루어졌다.

■ PCP 의 분해속도는 실질적으로 여름동안 온도에 의존하였는데, 물의 온도는 19~30℃ 범위이었다. 그러나 분해반응은 낮은 온도에서 점차 느려졌고, 4℃에서는 분해반응이 멈추었다.

■ PCP의 광분해반응은 물 표면에서 빨랐으며 아래로 내려갈수록 급격히 떨어졌는데, 이는 수로에서 현탁입자들과 물속에 녹아 있는 물질들에 의해서 빛이 약해졌기 때문이다. 태양광에 의존하는 광분해는 물이 수로 아래로 통과하는 동안 PCP 초기농도의 5%~28%를 감소시켰다. PCP의 흡착반응, 침전반응, 또는 휘발성, 그리고 살아있는 미생물들에 의한 섭취는 순응되지 않은 물 (PCP를 넣은 바로 그 때의 물)에서 5% 이하의 감소를 설명해준다.

이 연구에서 PCP는 수생 환경에서 분해되는 데 대부분 물 표면에서 미생물에 의해 분해된다고 결론을 내렸다. PCP의 생분해는 주 단위로 적응이 필요했지만 한번 미생물 집단이 적응하면 빠른 속도로 PCP를 분해하여 PCP의 반감기가 12시간 이하였다.

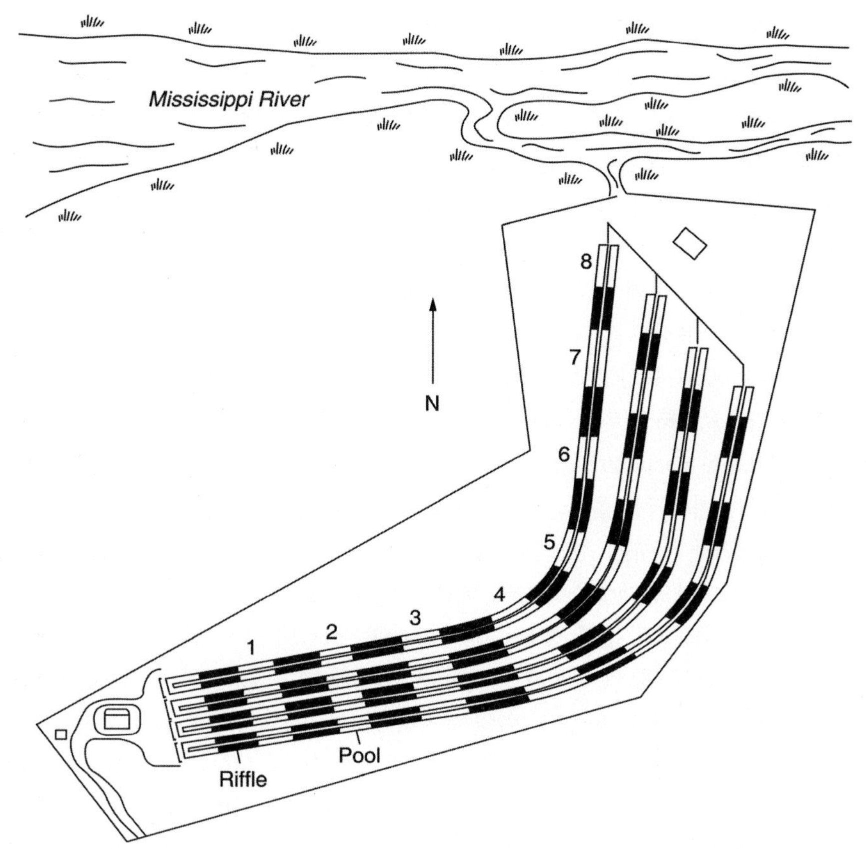

그림 14.9

미국 미네소타, 둘루스에 있는 환경보호청의 몬티셀로 생태연구소의 외부 인공수로의 위치와 구조.

출처 : Adapted from Arthur, J. W., Zischke, J. A., and Erickson, G. L. (1982). 실외 수로 실험에서의 미세무척추동물 군집의 온도상승효과. *WaterResearch*, 16, 1465–1474.

PCP 광물화 활성은 낮은 온도에서 현저히 떨어졌으며, 북쪽 기후의 증기 온도에서는 생분해 속도가 매우 느려서 그 해 동안 많이 일어나지 않았다. 다른 연구들에서는 PCP에 의한 오염은 어디에서나 일어났으며 미시시피 강의 침전물들과 대형식물, 그리고 대조군 수로의 침전물에서 낮은 농도의 PCP에 의한 오염을 발견되었다. 그러므로 수로들이 PCP 투입하기 전에 이미 준비가 되어 있고, PCP 분해자들을 증가시킴으로서 선행연구를 한다는 것은 가능한 것이다.

생분해의 유전적인 면과 대사적인 면

미생물 유전학과 대사 조절은 장에 존재하는 대장균의 광범위한 연구에 의해서 이해되어져 왔다. 이 미생물은 생장에 필요한 넓은 범위의 기질을 사용한다. 일반적으로 대장균의 특별한 대사경로를 암호화하는 오페론의 전사는 알맞은 기질이 존재할 때에만 유도된다. 이것은 다양한 공간과 시간에서 기질이 사용가능한지 그리고 어떤 유형인지 등 생태학적 영역을 수반하는 미생물들에서 평범한 조절 기작이다.

토양은 유기화합물이 존재하는 자연에서 한 지점에서 다음 지점, 그리고 한 시대에서 다음 시대까지 다양하게 존재하는 중요하고 광대한 서식지이다. 지배할 수 있는 특별한 미생물의 영역은 약간의 평방피트와 인치 깊이 또는 그 이하로 한정적이다. 성장에 필요한 단일 탄소원과 에너지원으로서 많은 다양한 유기화합물들을 이용할 수 있는 미생물들은 섭취하기 까다로운 배지로 되어 있는 것보다 더 많은 영역에서 성장할 것이다. 전통적으로 pseudomonads로 분류된 그룹인 그람 음성, 막대 모양, 편모성, 그리고 포자를 형성하지 않는 박테리아는 토양에서 다재다능한 미생물의 대표적인 예이다. 분류학적으로 pseudomonads들은 매우 넓은 이종 그룹을 형성한다(1장, Box 14.5). 그들의 특징 중 하나는 방향족 탄화수소를 포함하는 많은 유기 화합물 중 어떤 한 화합물에서 생장하는는 능력을 가지고 있다. 따라서 그러한 박테리아들은 폐수의 정화와 유출된 오일을 제거하는데 중요한 미생물이다.

토양 미생물의 다재다능한 면과 적응성은 분해경로를 특정화하는 플라스미드인 **이화작용 플라스미드**를 소유하고 있다는 것으로부터 유래한다. 이화작용 플라스미드를 운반하는 박테리아들은 주로 토양으로부터 분리되어 왔으며, 이화작용 플라스미드가 광범위하고 다양한 환경으로부터 분리된 많은 다른 속들에 속하는 미생물들에게도 발견되지만, 이들 균주의 대부분은 pseudomonas로 분류되어 왔다. 이화작용 플라스미드의 대부분은 **자가 유전**이며 많은 이화작용 플라스미드가 넓은 숙주 영역을 가지고 있다. 즉, 유전적인 이화작용 플라스미드들은 유전 정보를 내부 종들간에 전달함으로서 미생물 집단의 많은 균주들에게 공통의 대사 잠재성을 가능케 해줌을 나타낸다.

이화작용 플라스미드들의 분열 증식은 항생물질에 대한 내성이 제공되는 유전자들을 운반하는 R 플라스미드의 분열 증식과 유사하다. R 플라스미드들은 항생물질 선별 압력하에서 박테리아 집단을 통해 퍼진다. 이와 유사하게, 새로운 영양분을 사용하거나 잠재적으로 독성 화합물을 제거하는 능력은 이화작용 플라스미드의 확산을 촉진시킬 것이다. 예를 들어, 살충제의 무분별한 사용은 빈번히 그것을 분해할 수 있는 미생물 집단의 증가를 초래한다. 살충제를 분해하는 능력은 분해 효소들에 대한 유전자들을 운반하는 이화작용 플라스미드의 내부 종들 간의 전달에 의해서 자연적 집단에서 다양한 박테리아 균주들 사이에 퍼져나간다.

이화작용 플라스미드들은 장뇌, 옥탄, 나프탈렌, 살리실산, 그리고 톨루엔 등과 같이 천연적으로 발생하는 화합물들을 분해하는 효소를 암호화시킨다는 것을 발견하게 되었다. 다른 플라스미드들은 널리 사용되는 제초제들과 해충제들을 포함한 다양한 합성 화합물들을 분해할 수 있게 된다(그림 14.10; 표 14.5). 이화작용 플라스미드를 운반하는 미생물들의 분해 능력들은 그 플라스미드에서 운반되는 유전자들과 숙주세포의 염색체 사이에서의 협력적인 상호작용의 결과이다. 이러한 상호작용들은 단일 화합물이 단일 탄소원과 에너지원으로서 쓰일 때 특히 중요하다. 많은 플라스미드들은 주어진 화합물들의 분해경로 일부분만을 암호화한다. 플라스미드에 의해 암호화된 효소들에 의해 수행되는 전환에 의한 생산물은 세포의 주에너지를 생산하는 주요 대사 경로에서 기능을 하는 염색체에서 암호화된 효소들에 의해 이용될 수 있음에 틀림없다.

16S RNA를 기본으로 하는 계통발생론의 출현과 함께, 전통적인 pseudomonads그룹의 일원들은 α-, β-, 그리고 γ-proteobacteria들 사이에 흩어져 있는 것이 발견되었다. 현재에는 Pseudomonas 속이 γ-probacteria인 Pseudomonas aeruginosa종과계통발생학적으로관련이있는종으로국한되어있다. α-나 β-proteobacteria에 속하는 모든 다른 pseudomonads들은 Brevundimonas, Burkholderia, Comamonas, Ralstonia, 그리고 Sphingomonas 등과 같은 새로운 속들에 위치해 있다.

Box 14.5

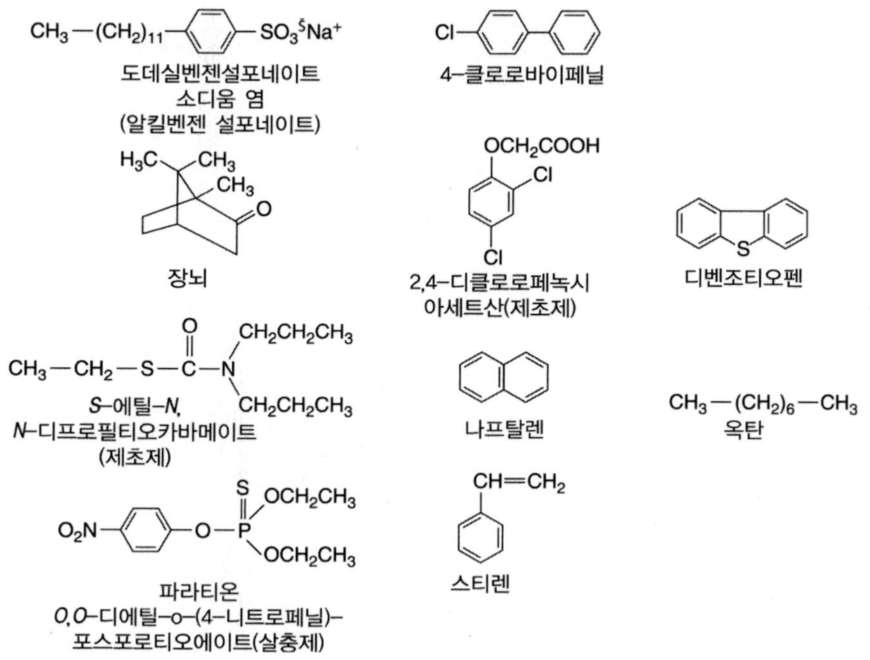

$CH_3-(CH_2)_{11}-C_6H_4-SO_3^-Na^+$

도데실벤젠설포네이트
소디움 염
(알킬벤젠 설포네이트)

4-클로로바이페닐

장뇌

2,4-디클로로페녹시
아세트산(제초제)

디벤조티오펜

S-에틸-N,
N-디프로필티오카바메이트
(제초제)

나프탈렌

$CH_3-(CH_2)_6-CH_3$
옥탄

파라티온
O,O-디에틸-o-(4-니트로페닐)-
포스포로티오에이트(살충제)

스티렌

그림 14.10

이화작용 플라스미드들에 의해 암호화된 효소들에 의해 분해되는 대상이 되는 제초제와 해충제들의 예.

많은 이화작용 플라스미드들이 방향족 화합물들의 분해를 위해 경로들을 운반한다는 것은 놀라운 사실이 아니다. 벤젠 고리는 자연에서 오직 포도당 다음의 구성단위이다. 글루코실 잔류물들은 자연에서 가장 풍부한 유기화합물인 셀룰로오스의 단량체이지만, 벤젠고리들은 두 번째로 많은 생물자원의 리그닌 전구체들의 부분을 형성시킨다(12장).

벤젠과 다른 방향족탄소수소들의 호기성생 분해

산화반응을 수행하는 미생물이 벤젠을 공격하는 첫 번째 단계는 하이드록시화반응이다. 박테리아는 하나의 산소분자로부터 링 안으로 두 개의 산소 원자들을 동시에 결합하는 것을 촉매하기 위해 다이옥시게나아제를 이용한다. 그리고 *시스*-1,2-다이하이드록시-1,2-다이하이드로벤젠이라는 생성물은 *시스*-벤젠 글리콜 디하이드로게나아제의 효소에 의한 촉매 반응에서 카테콜(1,2-다이하이드록시벤젠; 그림 14.11)로 전환된다. 벤젠의 생분해에서 이러한 초기 두 단계, 즉 다이하이드록시게나아제에 의한 하이드록시화반응과 이에 따라서 탈수소화반응은 박테리아에 의한 많은 다른 방향족 탄화수소들의 분해경로에서 공통적인 것이다(그림 14.12).

카테콜의 다음 대사 작용은 갈라지는 두 가지의 반응경로 중 하나를 따른다(그림 14.11). 갈라지는 부분에서 카테콜은 카테콜-1,2-다이옥시게나아제에 의해서 산화되어 ortho 또는 intradiol 분할이라고 말하는 *cis, cis*-뮤코네이트가 되거나 카테콜-2,3-다이옥시게나아제에 의해서 산화되어 meta 또는 extradiol 분할이라고 말하는 2-하이드록시뮤코닉 세미알데하이드가 된다. 이 두 경로의 최종산물들은 트리카르복실산 사이클에 들어갈 수 있는 분자들이다.

표 14.5 자연적으로 발생하는 전달성 이화작용 플라스미드의 예들

주요한 기질[a]	플라스미드	크기 (kb)	박테리아
알킬벤젠설포네이트	ASL	91.5	*Pseudomonas testosteroni*
벤조에이트	pCB1	17.4	*Alcaligenes xylosoxidans* subsp. *denitrificans* PN-1
바이페닐	pBS241	195	*P. putida* BS893
장뇌(camphor)	PpG1(CAM)	~500	*Pseudomonas* sp.
4-클로로페닐	pSS50	53.2	*Alcligenes* spp.
2,4-디클로로페녹시아세테이트	pJP1	87	*Acrossocheilus paradoxus* Jmp116
디벤조티오펜	NL1	~180	*Sphingomonas aromaticivorans* F199
S-에틸-N,N-디프로필-티오카바메이트	–[b]	75.7	*Rhodococcus sp.* TE1
나프탈렌	Nah7	83	*P. putida* PpG7
옥탄	COT	~500	*Pseduomonas oleovorams*
파라티온 ATCC27551f	pPDL243		*Flavobacterium*
스티렌	pEG	37	*Pseudomonas fluorescens* PAW340
톨루엔	pWW0 (TOL)	117	*P.putida* mt-2

[a] 기질의 구조는 그림 14.9. 참고

[b] 이 플라스미드는 명명되어 있지 않음.

출처 : Sayler, G. S., Hooper, S. W., Layton, A. C., and King, J. M. H. (1990). Catabolic plasmids of environmental and ecological significance. *Microbial Ecology*, 19, 1–20.

벤젠 그 자체뿐만 아니라 *ortho*와 *meta* 경로들은 많은 벤젠 유도체들을 분해시킬 수 있다. TOL 이화작용 플라스미드의 논의에서 언급한 대로 *ortho*와 *meta* 경로들의 효소들은 기질로서 특별한 카테콜 유도체들을 사용하는 능력에 있어서 다르기 때문에 다른 벤젠 유도체들은 하나의 경로 또는 다른 경로를 유도한다. 이 두 경로를 소유하는 것은 미생물이 기질로서 이용할 수 있는 벤젠 유도체들의 범위를 증가시킨다.

TOL (pWW0) 이화작용 플라스미드

Pseudomonas putida mt-2와 그것과 연관된 유전적인 이화작용 플라스미드인 TOL (pWW0; 117kb)의 실험은 박테리아들이 방향족 탄화수소들을 이용하는 경로의 복잡성을 보여주며, 염색체 유전자들과 플라스미드 유전자들 간의 상호작용을 설명해 준다. Pseudomonasputidamt-2에서 염색체 유전자들은 *ortho* 경로를 암호화하고 TOL 플라스미드는 *meta* 경로를 암호화한다(그림 14.11). 톨루엔 분해 산물인 벤조에이트는 *meta* 경로의 유전자 발현을 유도하고, 반면에 카테콜은 톨루엔 분해 산물인 벤조에이트(그림 14.13)처럼 *ortho* 경로를 유도한다.

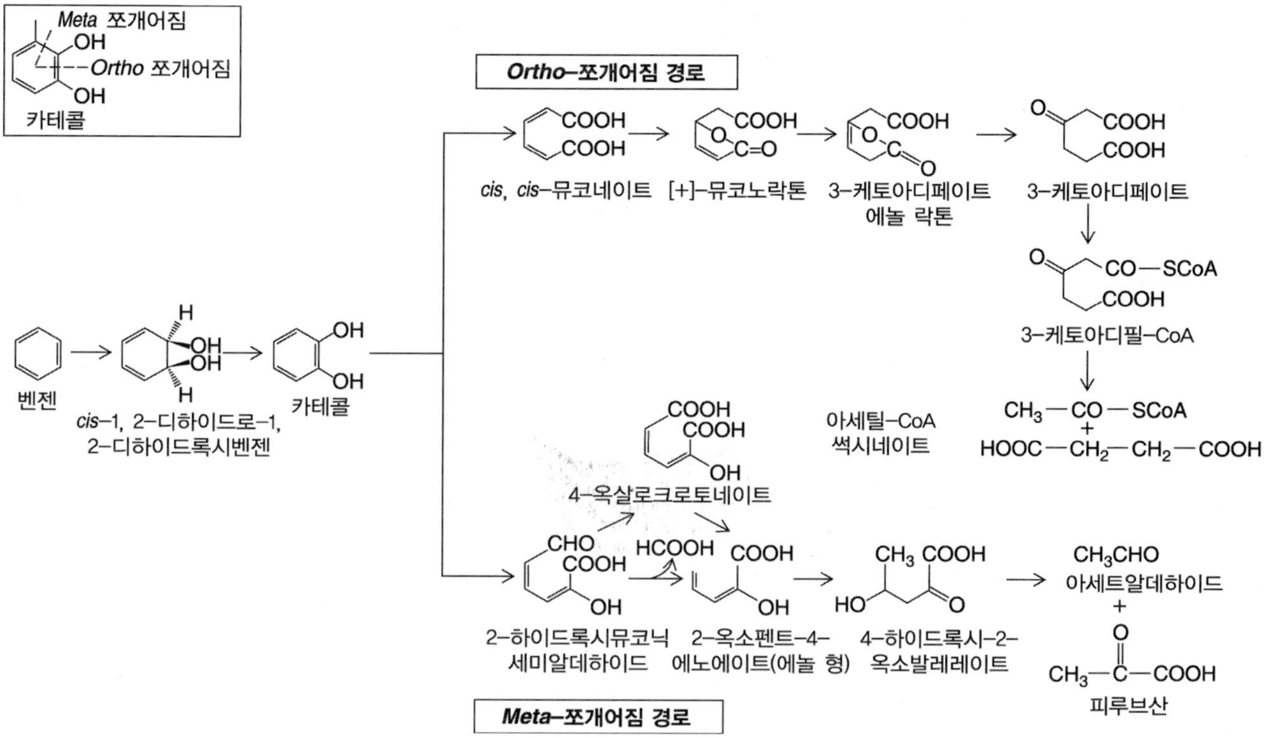

Meta 쪼개어짐
Ortho 쪼개어짐
카테콜

Ortho-쪼개어짐 경로

cis, cis-뮤코네이트
[+]-뮤코노락톤
3-케토아디페이트 에놀 락톤
3-케토아디페이트
3-케토아디필-CoA
$CH_3-CO-SCoA$ + $HOOC-CH_2-CH_2-COOH$
아세틸-CoA 썩시네이트

벤젠
cis-1, 2-디하이드로-1, 2-디하이드록시벤젠
카테콜

4-옥살로크로토네이트
HCOOH
2-하이드록시뮤코닉 세미알데하이드
2-옥소펜트-4-에노에이트(에놀 형)
4-하이드록시-2-옥소발레레이트
CH_3CHO 아세트알데하이드 + $CH_3-CO-COOH$ 피루브산

Meta-쪼개어짐 경로

그림 14.11

*Pseudomonas*종들에 의해 벤젠이 분해되는 경로들.
이 그림은 1995년 발표된 W. H. Freeman의 논문에 있는 그림이다.

TOL 플라스미드는 톨루엔뿐만 아니라 *m*– 및 *p*– 자일렌과 다른 벤젠 유도체들을 분해하는 능력을 숙주세포에 제공한다고 알려져 있다. TOL pWW0의 xyl 유전자들은 **상위** 또는 **하위(meta) 경**로들로서 언급된 두 가지 오페론들에서 제작된다(그림 14.14). 이화작용 효소를 암호화 하는 유전자들은 *xyl* 유전자라고 부른다. xylUWCMABN이라는 상위 경로는 각각 톨루엔과 자일렌을 섭취하고 벤조에이트와 톨루에이트들(메틸벤조에이트)로 분해할 수 있는 단백질들을 암호화한다. xylXYZLTEGFJQKIH인 하위 경로는 각각 벤조에이트와 톨루에이트들을 섭취하여 아세트알데하이드와 피루베이트로 분해할 수 있는 단백질들을 암호화한다(그림 14.13, 표 14.6).

하위 경로는 2-하이드록시뮤코닉 세미알데하이드에서 갈라지고 그 갈라진 부분은 공통 생성물인 2-옥소-4-펜테노에이트에서 만나게 된다(그림 14.13). 카테콜 분해를 위해 교차되는 *ortho*와 *meta* 경로의 역할에 대한 유사성에 있어서, 갈라져 있는 경로는 Pseudomonas putida mt-2에 의해서 사용될 수 있는 기질들의 범위를 넓혀준다는 데 있다. 예를 들어, *m*–톨루에이트는 *xylF* 부분에 의해서 분해되는 반면, 벤조에이트과 *p*–톨루에이트는 *xylGHI* 부분에 의해서 분해된다. 특정한 기질을 위한 하위 경로의 이러한 두 가지 부분에 존재하는 효소의 특이성은 기질을 분해시킬 가지를 결정한다.

TOL 플라스미드 WW0 *xyl* 유전자 발현의 조절

DNA 배열 기술은 톨루엔이나 자일렌과 같은 기질에 *Pseudomonas putida* mt-2를 노출

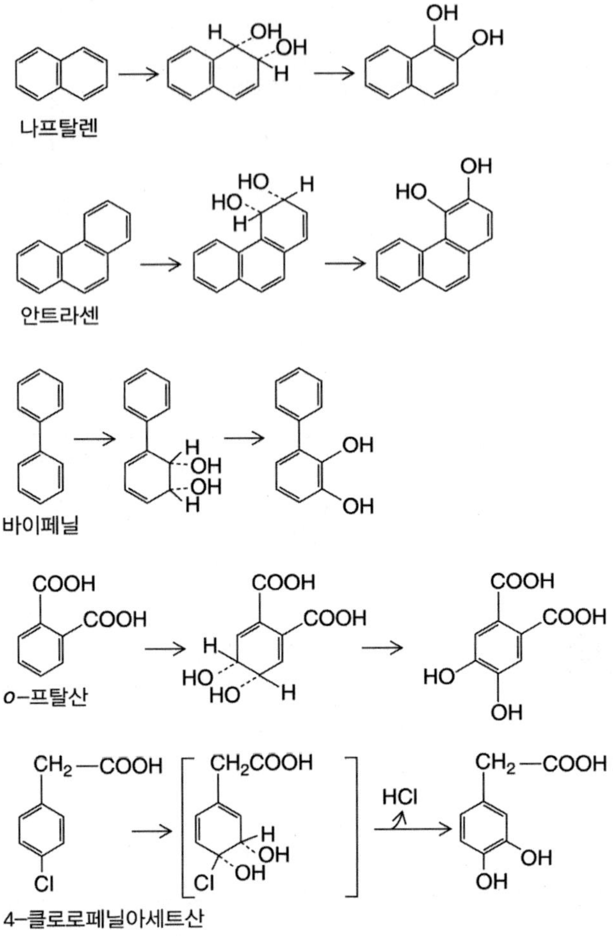

나프탈렌

안트라센

바이페닐

o-프탈산

4-클로로페닐아세트산

그림 14.12

다양한 방향족 탄화수소들의 대사과정에서 초기단계.

이 그림은 1995년 발표된 W. H. Freeman의 논문에 있는 그림이다.

시킬 때 플라스미드 및 숙주세포 유전자들의 전사 응답을 시각적으로 볼 수 있게 되었다. 이 분석들은 이러한 화합물들을 대사할 생장 기질로서 뿐만 아니라 환경적 스트레스 요인들로서 감지할 수 있다는 것이 확인되었다. 그 결과로, 유기체의 응답은 알맞은 *xyl* 유전자들과 숙주세포의 축적된 스트레스 응답 유전자들의 전사에서 숙주세포와 플라스미드의 조절 단백질을 포함한다. 이 조절 단백질은 TOL pWW0 플라스미드에 의해 운반된 두 가지 연결되지 않은 조절 유전자들인 *xylR*과 *xylS*, 그리고 숙주세포 시그마 인자들 (이 인자들의 또 다른 이름은 괄호 속에 주어져 있다)인 σ^{54} (RpoN), σ^{H} (RpoH 또는 σ^{32}), 그리고 σ^{S} (RpoS 또는 σ^{38})에 의해서 암호화된 단백질을 포함한다.

시그마 인자들은 RNA 폴리머라아제 (RNAP)에 의해 프로모터 선택을 결정한다. RNAP 핵심 효소는 프로모터를 인식할 수 없다. 특정한 시그마 인자들과의 결합에 의해서 형성된 RNAP 홀로효소는 σ^{54}가 절대적으로 필요하지 않으면 침묵하는 오페론들을 조절함으로써 선택된 프로모터들에서 전사를 개시한다. 오페론들이 방향족 화합물들과 생체이물질들을 분해하는 데에만 참여하는 것이 아니라, 그들의 질소동화작용과 하이드로게나아제 합성에도 참여한다. 열 충격과 다른 스트레스들에 대한 σ^{H}의 응답들은 세포질에서 변성된 단백질들의 존재에 의해서 명백해진다. σ^{s}는 기질결핍, 높은 삼투압, 낮고 높은 pH,

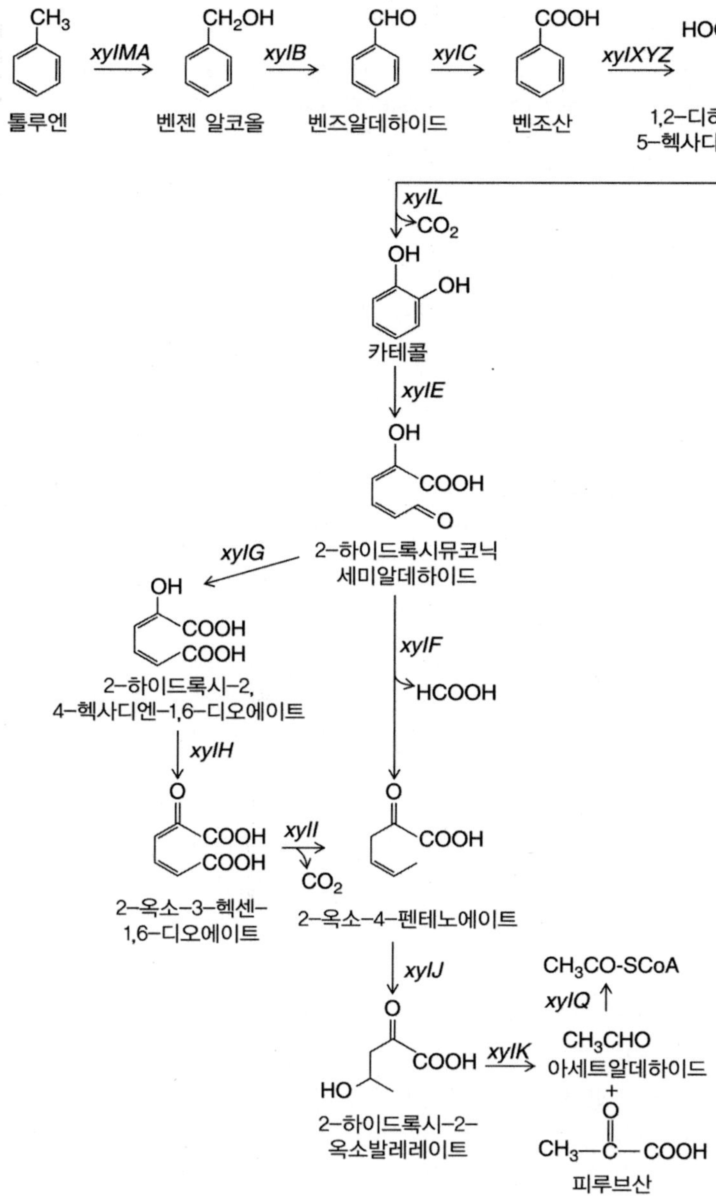

그림 14.13

벤조에이트와 톨루에이트가 아세트알데하이드와 피루베이트로 분해되는 경로. 이것을 촉매하는 효소(들)을 암호화하는 *xyl* 유전자(들)은 각각의 전환을 보여준다.

이 그림은 1995년 발표된 W. H. Freeman의 논문에 있는 그림이다.

그리고 낮고 높은 온도 등과 같은 스트레스에 응답한다. 박테리움에 대해서는, 톨루엔과 자일렌의 존재는 콜타르에 존재하는 독성 화합물들의 전체 배열에 대해 잠재적 존재를 신호한다. 이러한 견지는 *xyl* 유전자 발현의 제어에 있어서 위에서 언급한 특별한 시그마 인자들이 연관되어 있다는 것을 이해하는 데 단서를 제공한다.

xyl 유전자의 전사 조절에 관한 정보 요약은 그림 14.15에 제공되어 있다. *XylR*은 구조적으로 높은 수준으로 발현되고 프로모터 P_r에 결합함으로써 발현이 낮은 수준으로 조절된다. 톨루엔과 같은 기질이 세포 내로 들어갈 때 그 기질은 XylR 단백질에 결합하고 XylR/톨루엔 복합체를 형성한다. 이 복합체는 x*ylUWCMABN* 오페론의 σ^{54} 의존프로모터인 P_u에 결합하고 RNAP 홀로효소의 결합이 증가함으로써 그 전사를 활성화시킨다.

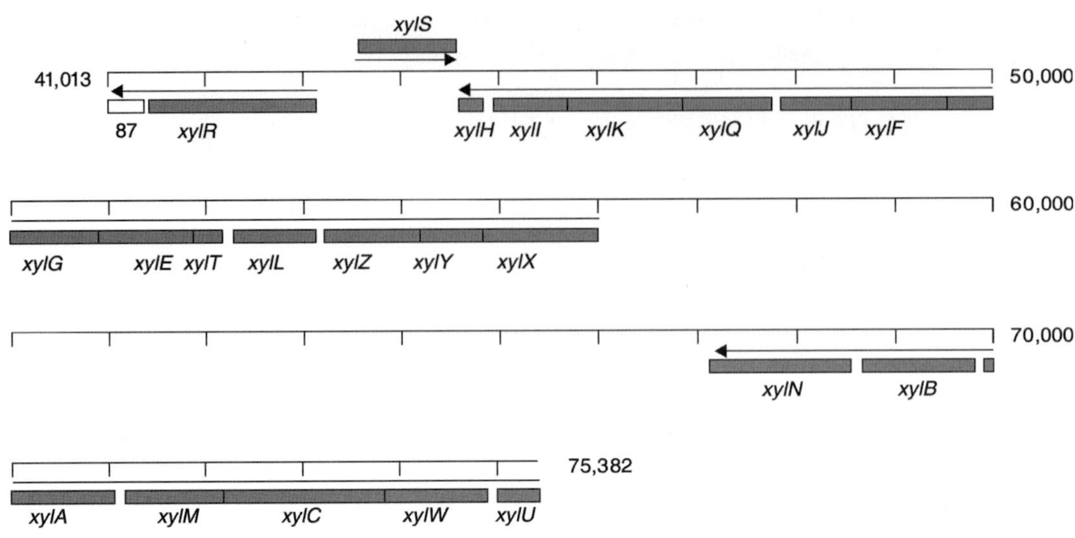

그림 14.14

0에서 116,580 kb까지의 pWW0 플라스미드 지도에서 톨루엔과 자일렌 분해 유전자의 순서와 위치.

출처: Greated, A., Lambertsen, L., Williams, P.A., and Thomas, C.M. (2002). Complete sequence of the IncP-9 TOL plasmid from *Pseudomonas putida*. *Environmental Microbiology*, 4, 856-871.

하위 경로도 하나의 유사한 방법으로 활성화 된다. 상위 경로에 의한 톨루엔의 분해산물인 벤조에이트는 σ^{54} 의존프로모터로부터낮은수준에서구조적으로생산된 XylS 단백질과 결합한다. Xyls/벤조에이트 복합체는 하위 경로의 프로모터 (P_m)와 결합하고, 그 유전자들의 전사를 활성화한다. 이러한 유전자들의 전사도 역시 σ^H나 σ^S가 포함되어 있는숙주세포의 RNAP 홀로효소에 의존한다. 만약 톨루엔 보다 벤조에이트가 초기 기질로 투입되었다면 하위(meta) 경로 유전자들이 유도된다. 상위 경로 유전자들이 벤조에이트의 생산에 참여하는 효소들을 명시하기 때문에 이 조절은 적절하게 나타난다(그림 14.13; 표 14.6).

이 조절에는 부가적인 미묘한 점들이 있다. XylR-톨루엔 복합체는 P_u프로모터뿐만 아니라 *xylS*의 프로모터 (P_s)에도 결합한다. 그러므로 *xylS* 전사를 활성화시키고 상위 또는 하위 경로 유전자 모두 동시에 활성화시킬 수가 있다. XylS 단백질의 양이 높을 때 그 단백질은 심지어 벤조에이트와 같은 유도물질이 없는 경우에도 하위 경로 유전자들의 발현을 활성화시킨다.

P. putida mt-2에서 벤젠 유도체들의 복합적인 이화작용 경로의 역할

많은 다양한 벤젠 유도체가 있는 상태에서 TOL (pWW0)을 운반하는 *P. putida* mt-2를 생장시키기 위한 중요한 특징을 요약하는 것은 유익한 일이다. 다양한 벤젠 유도체들을 벤조에이트 또는 톨루엔산으로 전환을 촉진시키는 옥시게나아제 (XylA)와 디하이드로게나아제 (XylB와 XylC)는 광범위한 기질의 특이성을 가지고 있으며, 심지어 1,2,4-트리메틸벤젠과 같이 많이 치환된 화합물에도 작용한다. 카테콜 유도체들의 수준에서 광범위한 기질의 특이성이 없거나 부적절할 때, 다른 효소들이 다른 치환 패턴을 가지고 있는 벤젠들로부터 유도된 특별한 중간체들의 분해를 촉진시킨다. 다양한 카테콜 유도체들이 염색체 유전자에 의해 지정된 *ortho* 경로 또는 pWW0 *xyl* 유전자들에 의해 지정된 *meta* 경로에 의해서 분해된다(그림 14.14). 그 경로의 선택은 경로의 효소들이 특별한 카테콜 유도체

표 14.6 TOL 플라스미드 pWW0의 유전자들에 의해 암호화된 Xyl 단백질들

Gene	Protein function
Upper pathway operon (*xylUWCMABN*)	톨루엔과 크실렌을 활용하여 벤조에이트와 톨루에이트로 전환
xylN	m-크실렌과 유사물질을 외막으로 수송하는데 관련된 외막 단백질
xylB	벤질 알코올 탈수소효소 소단위
xylA	크실렌 산소효소
xylM	크실렌 단일산화효소, 수산화효소 요소
xylC	벤즈알데히드 탈수소효소
xylW	벤질 알코올 탈수소효소 소단위
xylC	아직 기능이 알려지지 않음
Lower (*meata*) operon (*xylXYZLFEGFJQKIH)*	벤조에이트와 톨루에이트를 아세트알데히드와 피루베이트로 분해
xylX, Y, Z	톨루에이트 1,2-디옥시져나아제 소단위
xylL	1,2-디하이드록시씨클로헥사-3,4-디엔 카아복실레이트 탈수소 효소
xylT	엽록체형 페르독신(Ferredoxin). 4-메틸카테콜은 활성부위에 있는 철을 제2철로 산화시켜 XylE를 비활성화 시킨다. XylT는 철 원자가 제1철로 환원시켜 XylE를 재활성화 시킨다.
xylE	카테콜 2,3-디옥시져나아제
xylG	2-하이드록시뮤코닉 세미알데히드 탈수소효소
xylF	2-하이드록시뮤코닉 세미알데히드 가수분해 효소
xylJ	2-옥소-4-펜테노에이트 수화 효소
xylQ	아세트알데히드 탈수소효소
xylK	4-하이드록시-2-옥소발레레이트 알돌라아제
xylI	4-옥살로크로토네이트 디카아복실라아제
xylH	4-옥살로크로토네이트 토오토머라아제 위쪽과 아래쪽의 경로 유전자들의 전사를 조절하는데 관련된 단백질
xylR	조절 단백질
xylS	조절 단백질

들에게 작용하는 능력에 따라 결정된다. 일반적으로, 3- 또는 4-위치에 알킬 치환기들을 가지고 있는 카테콜들은 *meta* 분할 경로를 통하여 가게 된다. 이와 유사하게, *meta*경로 내에서 교차되는 경로는 다른 2-하이드로뮤코닉 세미알데하이드 유도체를 다룬다. 예를 들면, *m*-톨루에이트는 *xylF* 부분에 의해서 분해되는 반면 벤조에이트와 *p*-톨루에이트는 *xylGHI* 부분에 의해서 분해된다(그림 14.16). 그러므로 다양한 벤젠 유도체들의 다재다능한 이용은 복합 분해 경로의 존재에 의존한다. 가능하면 어디서나, 광범위한 특이

성을 가진 단일 효소가 이용된다.

Pseudomonas 종 균주 ADP로부터 아트라진 이화작용 플라스미드 pADP-1

담뱃잎이나 일부 잡초를 제어하기 위해 등록된 트리아진 제초제인 아트라진 (6-클로로-*N*-에틸-*N'*-(1-메틸에틸)-1,3,5-트리아진-2,4-디아민)은 미국에서 제초제로 가장 비중 있게 쓰이고 있는 것으로 추정되고 있다. 매년 7천 6백만 파운드 이상이 쓰이고 있다. 아트라진은 개울, 강, 저수지, 그리고 지하수 등에서 가장 많이 검출되는 농약이다. 이 물질은 물에 잘 녹으며, 민물에서 반감기가 100 일 이상인 것으로 보고되고 있다. 아트라진은 내분비계 환경호르몬으로 기록되어 있다. 특히 낮은 농도의 아트라진이 양서류의 생식선 발달을 저해시키는 것으로 알려져 있다.

우리는 무분별한 농약의 사용은 종종 그것을 분해할 수 있는 미생물 집단의 생장을 초래하고, 농약을 분해하는 능력은 분해효소에 관련된 유전자를 운반하는 이화작용 플라스미드의 내부종간의 전달에 의해서 자연적 미생물집단 내에서 다양한 박테리아 균주들 사이에 퍼지게 된다는 것을 알고 있다. *Pseudomonas*종 균주 ADP의 아트라진 이화작용 플라스미드 pADP-1은 훌륭한 본보기를 제공한다. 이 플라스미드의 *atzABCDEF* 유전자에 의해 설정된 6개의 효소는 아트라진의 광물화를 촉매한다(그림 14.7).

밀접하게 연결된 AtzABC 유전자에 의해 암호화된 AtzA, AtzB, 그리고 AtzC 등은 아트라진을 시아누르산으로 대사한다. 거의 동일한 *atz* 유전자들은 *Alcaligenes, Agrobacterium, Clavibacter, Pseudomonas, Ralstonia,* 그리고 *Rhizobium* 균주 등에 존재하고, 획일적인 유전자 전달에 의해 퍼져나간다고 강력하게 제시되고 있다.

혐기적인 환경에서 유기 화합물들의 생분해

지구 대기권에 산소가 부피비로 20%가 포함되어 있지만, 자연적 및 인공적 혐기성 환경들이 지구상에 존재한다. 자연적 혐기성 환경은 침전물, 민물과 바다, 침수된 토양, 지하수, 그리고 동물들의 위장 내용물이 포함되는 반면, 인공적 혐기성 환경은 매립지, 가축사육장 쓰레기, 슬러지 소화조, 그리고 생물반응기 등이 있다.

환경에 흩어져 있는 혐기성 조건에서 분해되는 화합물들은 석유 탄화수소, 니트로 방향족 화합물, 염화 지방족과 방향족 화합물, 농약과 제초제, 그리고 계면활성제 등을 포함한다. 실제로, 테트라클로로에틸렌, PCBs, 그리고 니트로기로 치환된 방향족들과 같이 일부 생체이물질 화합물들은 오직 혐기성 박테리아에 의해 효율적으로 전환되고 광물화된다.

탄화수소들의 혐기성생 분해

해양 환경에서 탄화수소들의 혐기성 분해에 관한 연구는 난파된 초대형 유조선으로부터 유출되어 해안이나 해안가 습지대들에 퍼진 원유의 제거 필요성에 의해 강하게 동기부여가 되었다. 75% 이상의 원유에서 지방족과 방향족 탄화수소들이 만들어진다.

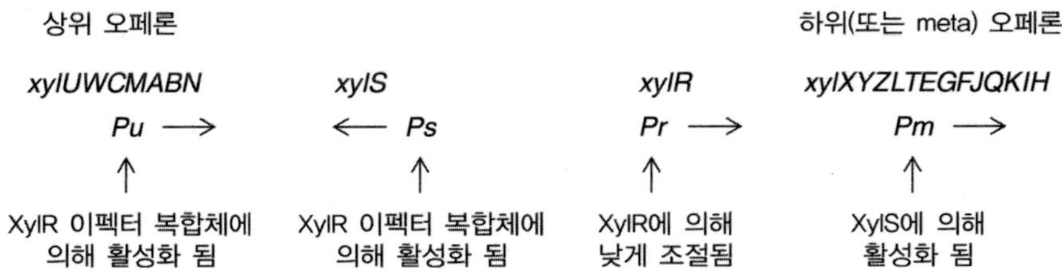

그림 14.15

예와 같이 *m*-자일렌 (그림 14.16)의 분해에서 Pseudomonas putidamt-2TOL플라스미드 pWW0의 *xyl* 유전자들의 조절. 상위 오페론은 *m*-자일렌을 *m*-톨루에이트로 전환하는 효소들을 암호화 한다. 하위(또는 meta) 오페론은 *m*-톨루에이트를 크렙 싸이클로 들어가는 생성물로 분해하는 효소들을 암호화 한다. 상위 오페론은 m-자일렌에 결합되어 있는 XylR (또는, 그것의 처음 두 개의 다른 분해산물들)에 의해 Pu의 활성화에 관련한 프로모터Pu로부터 전사된다. 하위 오페론은 XylS-*m*-톨루에이트 복합체에 의해 활성화된 Pm 프로모터로부터 전사된다. XylS 와 XylR은 갈라지고 겹쳐지는 각각 Ps 와Pr 프로모터에 의해 전사된다. Ps프로모터는 XylR에 의해 활성화되는 반면, XylR은 그 자신의 프로모터인 Pr에 결합하고 낮게 조절된다.

원유는 지방족과 방향족 탄화수소를 75% 이상 포함하고 있다. 지구상의 자원들은 금속, 페인트, 니스, 그리고 직물 제조품, 나무, 그리고 유기 화학물질 등으로부터 흘러나오는 것뿐만 아니라 지하 저장 창고에서 유출되는 가솔린과 파이프라인 사고로 유출되는 원유 등도 여기에 해당한다. 단일 방향족 (BTEX) 탄화수소들 –벤젠, 톨루엔, 에틸벤젠, 그리고 자일렌은 가솔린에서 주로 발견되는 높은 휘발성 물질들이다.

톨루엔의 혐기성 분해

BTEX 성분 중에 톨루엔의 혐기성 분해는 가장 잘 알려져 있다. 톨루엔의 생분해는 최종 전자 수용체들로서 질산염, Mn(IV), Fe(III), 황산염, 그리고 CO_2들이 작용하여 진행된다.

Geobacter 종들은 무산소 중온성 환경에서 Fe(III)을 환원시키는 종으로 가장 많이 알려져 있으며, 탄화수소들에 의해 오염된 환경의 Fe(III) 환원 영역에서 자주 지배적인 미생물이 된다는 것으로 믿어왔다. 막대모양이자 편모가 존재하며 δ-proteobacterium인 *Geobacter*는 워싱턴, D. C근처에 있는 포토멕 강에서 1987년 처음으로 분리하였다. *Geobacter metallireducens* GS-15라는 균주는 순순 배양에서 톨루엔의 혐기성 분해를 처음으로 수행했던 균주였다. 이 균주는 Fe(III)의 환원에 의해서 완벽하게 톨루엔을 CO_2로 산화시켰다. 일부 미생물들은 혐기성 톨루엔 분해를 질산염 호흡으로 연결한다. *Azoarcus*와 *Thauera* 종들과 같은 모든 미생물들은 선택적 혐기성 미생물이며 β-proteobacteria의 일원들이다. 그러한 미생물들은 주로 혐기성 슬러지 혹은 시냇물의 침전물에서 분리된다. 예를 들어, *Azoarcus tolulyticus*는 미시간주의 가솔린으로 오염된 대수층으로부터 분리되었다.

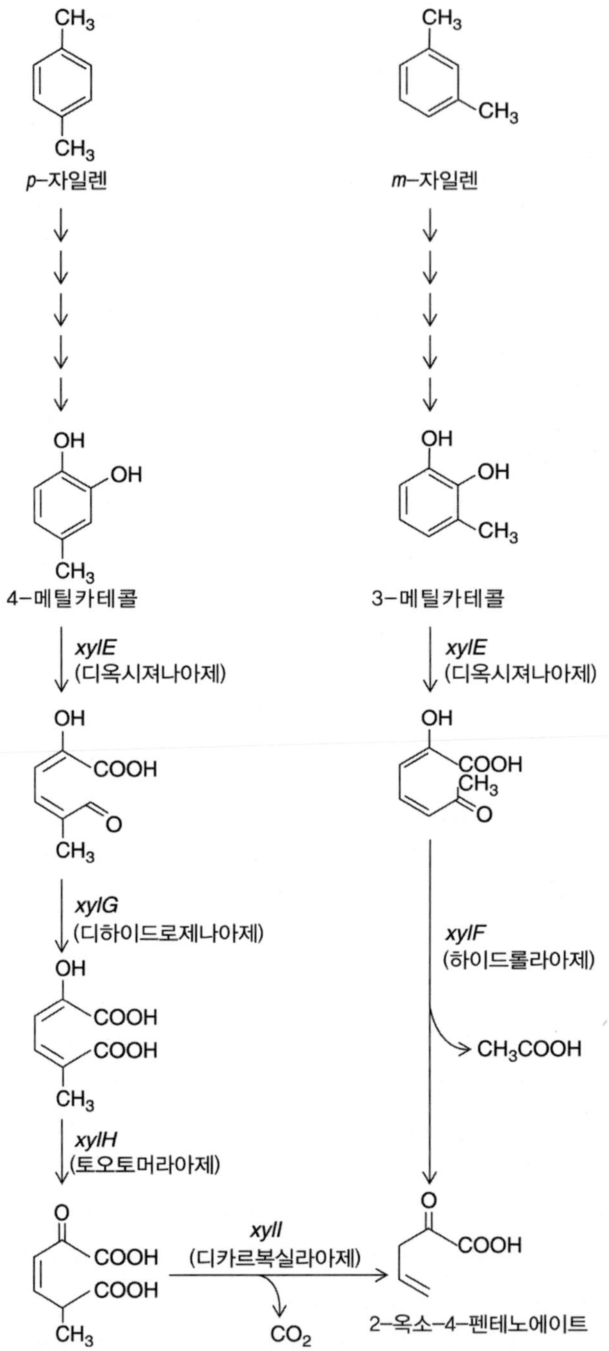

CH_3
p-자일렌
4-메틸카테콜
xylE
(디옥시저나아제)
$COOH$
xylG
(디하이드로제나아제)
xylH
(토오토머라아제)
xylI
(디카르복실라아제)
CO_2
m-자일렌
3-메틸카테콜
xylE
(디옥시저나아제)
xylF
(하이드롤라아제)
CH_3COOH
2-옥소-4-펜테노에이트

그림 14.16

p-자일렌과 *m*-자일렌이 2-옥소-4-펜테노에이트로 분해되는 경로들의 일부분. 4-메틸카테콜이 알데하이드로 산화되는 반면, 3-메틸카테콜은 하나의 케톤으로 전환된다. 결과적으로 이러한 화합물들이 2-옥소-4-펜테노에이트로 전환되기 위해서는 다른 효소들이 필요하다.

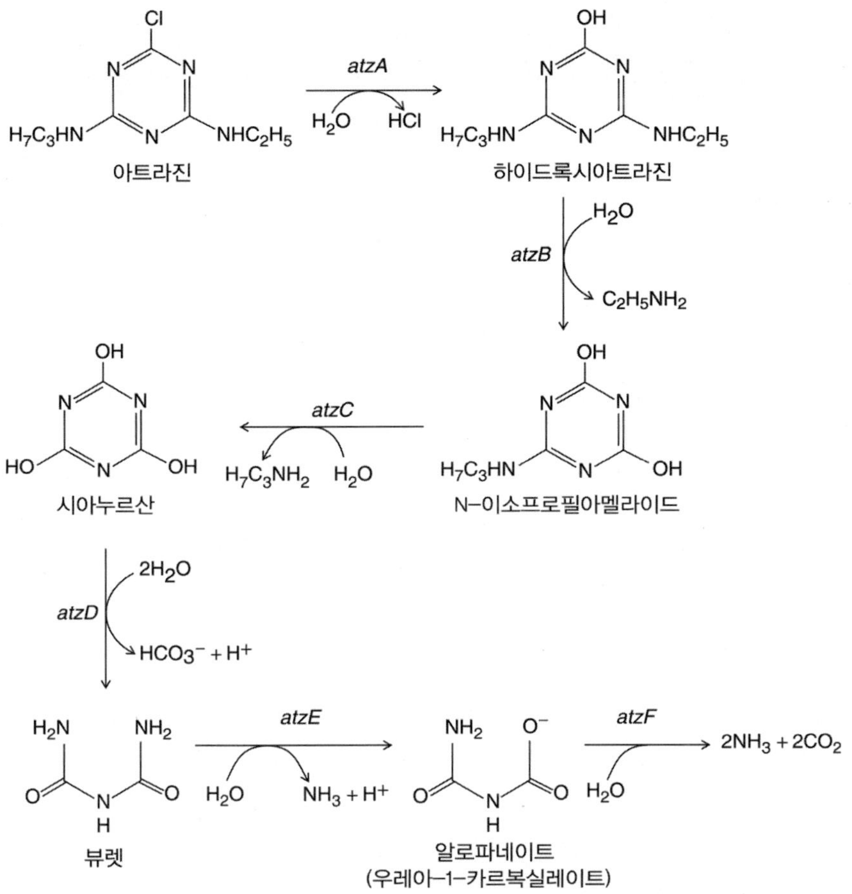

아트라진 $\xrightarrow[H_2O \to HCl]{atzA}$ 하이드록시아트라진 $\xrightarrow[H_2O \to C_2H_5NH_2]{atzB}$ N-이소프로필아멜라이드 $\xrightarrow[H_2O \to H_7C_3NH_2]{atzC}$ 시아누르산 $\xrightarrow[2H_2O \to HCO_3^- + H^+]{atzD}$ 뷰렛 $\xrightarrow[H_2O \to NH_3 + H^+]{atzE}$ 알로파네이트 (우레아-1-카르복실레이트) $\xrightarrow[H_2O]{atzF}$ $2NH_3 + 2CO_2$

그림 14.17

아트라진 이화작용 플라스미드 pADP-1에 대한 유전자들에 의해서 암호화되는 아트라진 광물화 경로.

출처 : [Martinez, B., Tomkins, J., Wackett, L. P., Wing, R., and, Sadowsky, M. J. (2001). *Pseudomonas*sp.종의 아트라진 이화작용 플라스미드 pADP-1의 완성된 핵산 배열과 구조. *JournalofBacteriology*, **183**, 5684-5697.

*Azoarcus*와 *Thauera*종들에 의한 톨루엔의 대사작용

*Azoarcus*와 *Thauera* 종들에 의한 톨루엔 광물화를 위한 대사 경로는 그림 14.18에서 보여준다. 벤젠과 *o*-와 *m*-자일렌들은 비슷한 방법으로 분해된다. 톨루엔 분해의 초기 반응은 벤질썩시네이트를 형성하기 위해 톨루엔의 메틸 그룹에 푸마레이트가 첨가되는 반응으로서 글리실-라디칼이 포함되어 있는 효소인 벤질썩시네이트 합성효소에 의해서 촉진된다(그림 14.18). 이 활성화 단계는 이화작용의 Fe(III) 환원반응을 이용하는 *Geobacter metallireducens*와 이화작용의 황산염 환원제를 이용하는 *Desulfobacula toluolica*와 같이 톨루엔 분해능력이 있는 혐기성 미생물들 사이에서 높게 유지된다.

혐기성 조건 하에서 지하수 내의 염화 유기 화합물의 생분해

세계의 많은 지역에서 필수적인 지하수 공급처를 포함하는 대수층 (물을 함유한 지구의 지층, 자갈, 또는 바위)은 부적절한 처리 또는 저장 문제로 인해서 육지의 쓰레기 더미 지역으로부터 유출되거나 다른 근원으로부터 땅으로 들어오는 독성 화학물질들에 의해 오염된다. 지하수의 오염은 또한 막대한 양의 화학비료와 농약을 이용하여 토양을 처리함으로써 생긴다.

표 14.7 네바다의 스팍스와 캘리포니아의 샌디에고에 있는 두 개의 연료전달 역에 있는 오염된 지하수의 가솔린 성분

오염물질	Nevada 평균 $\mu g/L^{-1}$	Callifornia 평균 $\mu g/L^{-1}$
메틸 터셔리 부틸 에테르 (MTBE)	330	9570
벤젠	100	5770
에틸벤젠	7.4	140
m-, *p*-크실렌	15	570
o-크실렌	5.9	290
톨루엔	4.4	650
총 석유 탄화수소	1060	16,850

출처 : Stocking, A. J., Deeb, R. A., Flores, A . E., Stringfellow, W., Talley, J., Brownell,R ..and Cavanaigh M. C. (2000). Bioremediation of MTBE: a review from a practical perspective. *biodegradation* 11, 187- 201.

지하수에 바람직하지 않은 유기 오염물질들 (비할로겐화 또는 할로겐화 방향족 탄화수소, 할로알칸 등)의 존재에 대한 우려가 생분해에 대한 많은 연구를 하게 하였다. 하나의 중요한 발견은 오염물질들 중에서 호기성 또 혐기성 조건아래 모두 분해가 가능한 것들과 오직 호기성 조건에서만 분해되는 것들이 있다는 것이다. 또한 어떤 것들은 호기성 조건에서는 분해가 되지 않지만 혐기성 조건에서는 신속하게 분해될 수 있다. 특정한 화합물들은 고유의 화학적 성질과 그것을 섭취하는 미생물들의 대사 능력에 의해서 주로 결정된다.

염화 지방족 탄화수소들이 진행되는 가능한 반응들의 종류는 화학적 성질의 영향을 성명해 주고 있다. 증가된 염소화 반응은 지방족 탄화수소의 친전자성과 산화상태를 증가시킴으로서, 탈수소할로겐화 반응과 환원반응 (1과 2에 예시된 반응들)을 수월하게 하고, 치환 반응과 산화 반응 (3과 4에 예시된 반응들)을 어렵게 만든다.

1. 탈수소할로겐화 반응: $CH_3CCl_3 \rightarrow CH_2 = CCl_2 + HCl$
2. 환원 반응: $CCl_4 + H^+ + 2e^- \rightarrow CHCl_3 + Cl^-$
3. 치환 반응: $CH_3CH_2CH_2Cl + H_2O \rightarrow CH_3CH_2CH_2OH + HCl$
4. 산화 반응: $CH_3CHCl_2 + H_2O \rightarrow CH_3CCl_2OH + 2H^+ + 2e^-$

주로 지하수의 오염물질이며 드라이클리닝의 용매인 퍼클로로에틸렌(테트라클로로에틸렌; PCE)의 경우를 예로 들 수 있다. 이러한 화합물은 높은 산화성 때문에 혐기성 조건의 환경에서는 매우 안정적이다. PCE를 호기성에서 분해할 수 있는 미생물은 아직 알려진 바 없다. 그러나 완전한 혐기성 조건에서 *Dehalococcoides ethenogenes*를 순수배양했을 때 PCE를 탈염소화 하여 비독성 산물인 에텐으로 완전히 전환시킬 수 있다.

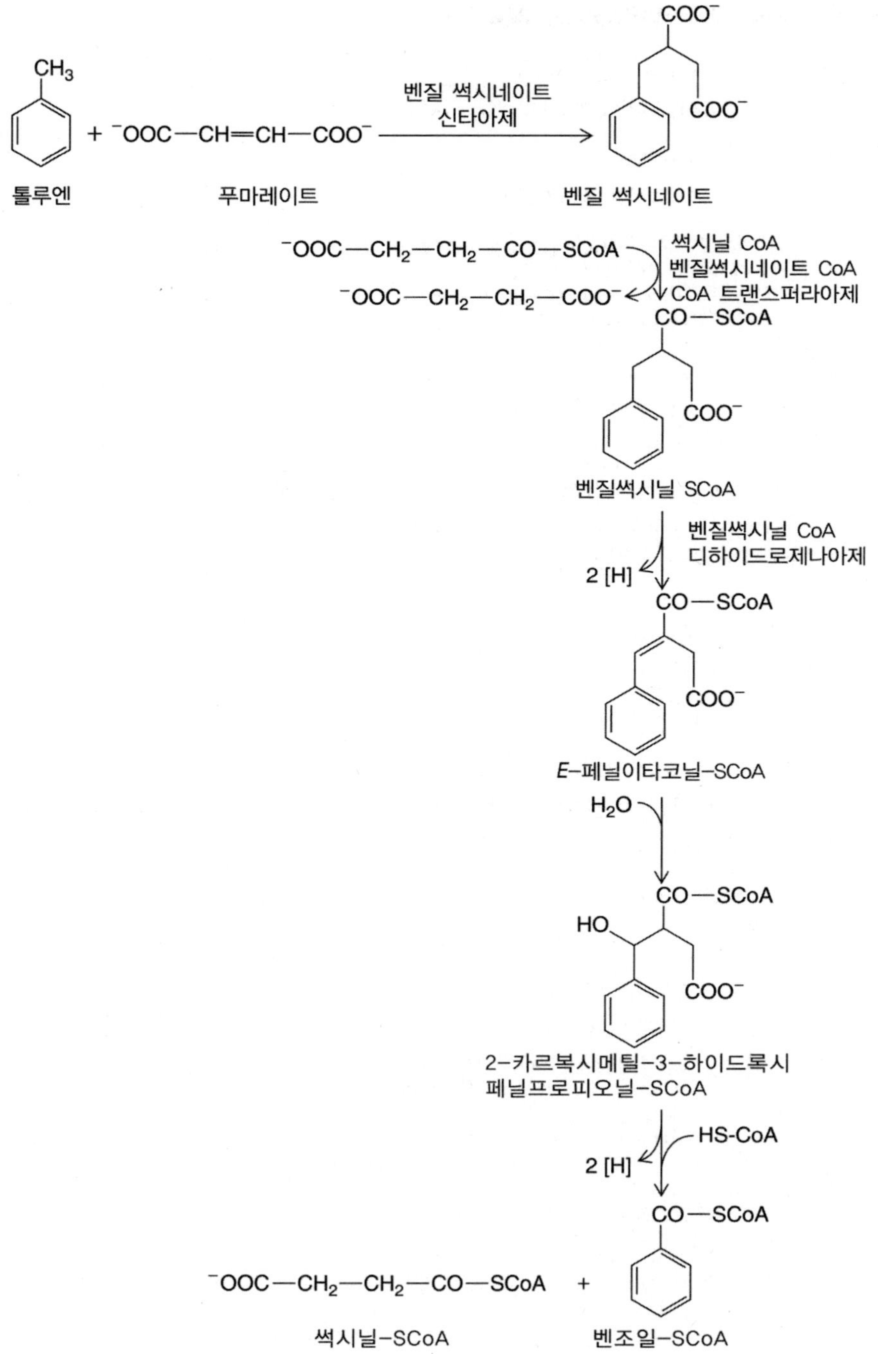

톨루엔 + $^-OOC—CH=CH—COO^-$ —(벤질 썩시네이트 신타아제)→ 벤질 썩시네이트
푸마레이트

$^-OOC—CH_2—CH_2—CO—SCoA$ → $^-OOC—CH_2—CH_2—COO^-$
썩시닐 CoA
벤질썩시네이트 CoA
CoA 트랜스퍼라아제

벤질썩시닐 SCoA

벤질썩시닐 CoA
디하이드로제나아제
2 [H]

E–페닐이타코닐–SCoA

H_2O

2–카르복시메틸–3–하이드록시
페닐프로피오닐–SCoA

HS-CoA
2 [H]

$^-OOC—CH_2—CH_2—CO—SCoA$ + 벤조일–SCoA

썩시닐–SCoA

그림 14.18

*Azoarcus*와 Thauera 종들에 의한 톨루엔의 혐기성 분해 경로.

PCE를 탈염소화시키기 위해서 *Dehalococcoides ethenogenes*는 할로호흡을 이용하는데, 이 기작은 PCE가 전자 수용체로 수소가 전자 공여체로 쓰인다. 에너지를 방출하는 탈할로겐화 반응으로부터 얻은 에너지는 박테리아 생장을 위해 이용된다. 그림 14.19에 보여주는 반응 순서는 코발라민과 Fe–S 클러스터를 포함하는 일련의 환원성 탈할로겐화 반응에 의해서 촉진된다.

요약하면, 고도로 염소화된 화합물들은 열역학적인 기준에서 고도로 산화되기 때문에 그들은 대체의 전자 수용체가 없을 때 박테리아를 위해서 전자 수용체 역할을 훌륭히 할 수 있는 것이다.

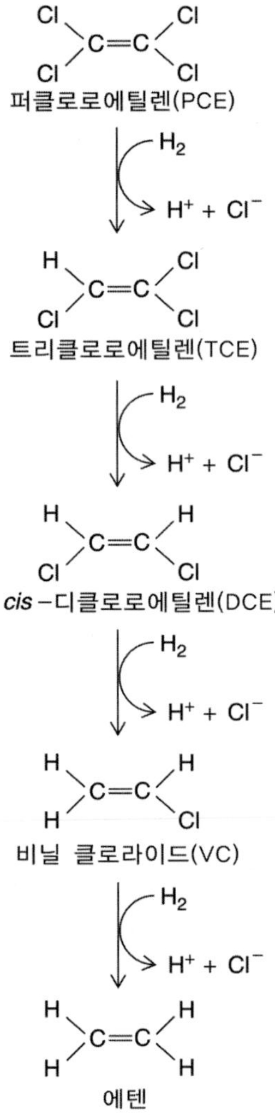
Cl Cl C=C Cl Cl
퍼클로로에틸렌(PCE)
H_2
$H^+ + Cl^-$
H Cl C=C Cl Cl
트리클로로에틸렌(TCE)
H_2
$H^+ + Cl^-$
H H C=C Cl Cl
cis-디클로로에틸렌(DCE)
H_2
$H^+ + Cl^-$
H H C=C H Cl
비닐 클로라이드(VC)
H_2
$H^+ + Cl^-$
H H C=C H H
에텐

그림 14.19

*Dehalococcoides ethenogenes*에 의한 퍼클로로에틸렌의 탈염소화 반응.

광물의 회수에서 미생물

상업적으로 관심이 있는 많은 광물들은 금속 황화물들이고 (표 14.8), 대부분 금속 황화물 매장물은 화산이나 마그마에서 온 것이다. 그밖에 생물학적으로 형성되기도 하는데, 금속이온이 미생물에 의해서 생성된 수소 황화물과 반응하여 생성된다. 모든 경우에는 다음 반응에 의해서 금속 황화물이 형성된다.

$$M^{2+} + S^{2-} \rightarrow MS$$

금속 황화물의 상당히 높은 불용성 때문에 이 반응의 평형은 오른쪽으로 많이 치우쳐 있다. 예를 들면, CuS의 용해도곱은 4×10^{-38}이며, 즉 $[Cu^{2+}][S^{2-}] = 4 \times 10^{-38}$이다(표 14.9).

금속의 산화적인 용해성을 이용한 박테리아에 의한 금속 침출은 대기를 오염시키지 않고 낮은 등급의 광석으로부터 회수를 할 수 있다. 높은 등급의 광석 자원들은 고갈되고 있으므로 광업 회사들은 더 낮은 등급의 광석을 유익하게 이용하기 위하여 그리고 광물 찌꺼기의 생성을 최소화하기 위한 기술들을 발전시켜야 한다. 침출에 의한 금속 회수는 주로 구리뿐만 아니라 코발트, 니켈, 아연, 그리고 우라늄을 포함한다. 2004년도에 세계의 구리 생산이 1460만 톤이었다. 칠레는 구리 생산국의 선두 주자인데 같은 해에 540만 톤 이상의 구리를 생산하였다. 이 구리 비축량은 1억 5천만 톤으로 추정되었다. 그러나 전체 중 약 4천 700만 톤은 낮은 등급의 광석에 포함되며, 농축과 제련으로 금속을 회수하는 것은 상업적으로 이익이 되지 못한다. 미국에서는 구리 회수를 위한 박테리아에 의한 침출의 상대적인 기여는 증가하고 있으며 2004년 생산된 약 116만 톤의 구리의 약 25%를 차지한다. 낮은 등급의 우라늄 광석은 비슷한 경제적 기회를 주는데 전 세계적으로 높은 등급의 우라늄이 매장되어 있으므로, 생물학적 광업은 동기부여가 거의 없다.

금 회수의 전처리 과정은 다른 원리이다. 곱게 가루로 빻은 광석이 포함되어 있는 높은 통기량을 공급하는 교반식 탱크들이 금을 포함하는 황비철 광석들의 전처리에 쓰인다. 박테리아는 황비철석을 산화시켜 녹이지만 금은 영향을 받지 않는다. 이 전처리는 싸이안화물의 접근과 불용성 잔류물에서 금의 용해를 용이하게 한다.

생물침출을 일으키는 박테리아의 다양성

생물 광업에서 주요한 역할을 하는 원핵생물들은 몇 가지 공통적인 성질들을 가지고 있다. 이들은 에너지를 생성하는 경로에서 전자 공여체로서 철 이온이나 환원된 황화물을 이용할 수 있는 화학무기독립영양 미생물들이며, CO_2를 고정화한다. 이들은 호산성이며 pH 1.5~2.0에서 생장할 수 있다.

적어도 11가지의 다른 원핵생물의 분류에 속하는 미생물들은 금속 황화물을 용해시킨다.

표 14.8 금속 황화광물의 예들			
황철광		**혼합 황철광**	
황철석 ("fool's gold")	FeS_2	황동석	$CuFeS_2$
백철석	FeS_2	반동석	Cu_5FeS_4
자황철석	Fe_7S_8–Fes	황석석	Cu_2FeSnS_4
		황철니켈광	$(Fe,\ Ni)_9S_8$
		황비철석	FeAsS
		테트라하이드라이트	$(Cu,\ Fe)_{12}Sb_4S_{13}$
		큐버나이트	$CuFe_2S_3$
다른 금속 항화물			
휘동석	Cu_2S	침상니켈석	NIS
코벨라이트	CuS	계관석	AsS
황비동석	Cu_3ASS_4	진사	HgS
휘코발트석	CoAsS	휘안석	Sb_2S_3
방연석	PbS	휘수연석	MoS_2
섬아연석	ZnS	휘은석	Ag_2S

이들 중 가장 오래동안 인식된 것들은 극단적인 호산성이고, 중온성이며 황과 Fe(II)을 산화시키는 그람음성 γ-proteobacteria인 *Acidithiobacillus ferrooxidans* (전 명칭으로 Thiobacillus ferrooxidans), *Acidithiobacillusthiooxidans*(전 명칭으로 *Thiobacillus thiooxidans*)이고, 그리고 중간정도의 호열성인 *Acidithiobacillus caldus*이다. *At. ferrooxidans*는 1947년 탄광 배수구에서 처음으로 분리되었고, 이어서 자연적 또는 인공적 침출지와 거의 항상 연관되어 있다는 것을 발견하였다.

At. ferrooxidans 는 작은 그람음성으로 곧은 막대모양이며 약 1.0μm 길이에 0.5 μm의 반지름을 가지고 있다. 이 미생물은 pH 1.5~2.5 정도의 산성용액, 10~30℃에서 가장 잘 자라며, 위로 한계온도는 37℃이다. *At. ferrooxidans*는 Fe^{2+}를 Fe^{3+}로, 그리고 황의 환원된 형태를 H_2SO_4로 산화시킴으로서 에너지를 유도하고, 최종전자 수용체로서는 산소를 이용한다.

역시 침출에서 중요한 역할을 하는 *Acidithiobacillus* 균주들에는 *At. thiooxidans*, *Acidithiobacillusacidophilus*,그리고 *Acidithiobacillus organoparus* 등을 포함한다. 이러한 호산성 박테리아들은 Fe^{2+}가 아닌 황화물들을 산화시킨다. *At. thiooxidan*와 *At. ferrooxidans* 는 황화물 광석들을 침출하는데 서로 협력한다.

침출공정에서 중요하게 생각해온 다른 호산성 화학무기영양 미생물들로는 *Leptospirillum ferrooxidans*, *Leptospirillumferriohilu*과 Sulfolobus속에 속하는 종들이다. 이러한 독립 영양 생물과 연계되어 생장하는 호산성 종속영양 박테리아들도 역시 침출공정에 기여한다. *Leptospirillumferrooxidans*는 *At. ferrooxidans* 보다 조금 더 호산성이며 40℃ 이상의 온도에서 pH 1.2인 황철광에서 자란다. 이러한 박테리아들은 높은

표 14.9 일부 금속 황화물들의 용해도곱.			
Ag_2S	1×10^{-51}	ZnS	4.5×10^{-24}
Cu_2S	2.5×10^{-50}	CoS_2	7×10^{-23}
CuS	4×10^{-38}	NiS	3×10^{-21}
CdS	1.4×10^{-28}	FeS	1×10^{-19}

운동성을 가지고 있으며, 세포가 나선형 모양을 할 수 있는 굽은 막대형 모양이다. 미국의 구리 퇴적물에서 1972년 처음으로 분리된 이러한 박테리아들은 Fe^{2+}를 Fe^{3+}로 산화시킴으로서 에너지를 유도하지만 황화물들을 산화시키지 못한다. 고세균인 *Sulfolobus* 균주는 황화물들과 제1철을 산화시켜 에너지를 유도하여 pH 1~3, 50~90℃에서 독립 영양적으로 생장한다.

박테리아는 어떻게 광석으로부터 금속을 침출하는가

오랫동안 금속 황화물의 생물학적인 산화는 중금속 황화물의 황 부분을 효소가 산화시킴으로써 진행된다고 믿었다. 그러나 이 기작은 존재하지 않는다. 금속 양이온을 회수하는 침출 경로는 양성자를 가지고 있는 금속 황화물의 반응성, 즉 산 용해도에 의존한다. 금속원자들의 오비탈들 만으로부터 유도된 가전자대 (Box 14.6)를 가진 금속 황화물들은 양성자들에 의해 공격받을 여지가 없으며 산에 용해되지 않는다. 이들은 황철광 (FeS_2), 몰리브덴광 (MoS_2),그리고 텅스텐광 (WS_2)등과 같은 금속황화물을 포함한다. 이들은 소위 말하는 티오설페이트 경로에 의해 예외없이 산화된다. 이 경로에는 Fe(III)들이 금속 황화물을 공격하고 전자들을 추출하여 Fe(II)로 환원되는 반면, 금속 황화물 결정은 금속 양이온 (M^{2+})을 방출하고 수용성인 황화합물, 특히 티오설페이트 ($S_2O_3^{2-}$)를 부분적으로 산화시킨다. 티오설페이트의 방출은 여섯 개의 연속적인 전자 산화단계를 완전히 거치면서 일어난다. 산성 pH에서 *At. ferrooxidans* 또는 *L. ferrooxidans* 와 같은 Fe(II) 산화 박테리아들은 에너지를 생성하는 복잡한 산화/환원 체인을 통하여 산소분자를 환원시키기 위해 그것을 사용함으로써 Fe(II)를 Fe(III)로 전환시킨다. *At. ferrooxidans*와 *Acidithiobacillus thiooxidans*가 중개한 Fe(III)과 산소에 의해서 티오설페이트가 테트라티오네이트 ($S_4O_6^{2-}$:폴리설페인 다이설포네이트로 알려져 있는)들과 다른 폴리티오네이트($S_xO_6^{2-}$)들을 거쳐 황산염으로 산화됨으로서 황산을 생성하게 한다. 이러한 전환들을 표현하는데 역사적으로 이용된 이 전체 반응식들은 과정의 복잡성을 보여주지는 않는다.

$$\underset{\text{황철광}}{FeS_2} + 3.5O_2 + H_2O \rightarrow FeSO_4 + H_2SO_4 \tag{14.1}$$

$$FeSO_4 + 0.5O_2 + H_2SO_4 \rightarrow \underset{\text{철황산염}}{Fe_2(SO_4)_3} + H_2O \qquad (14.2)$$

금속과 황화물 오비탈들로부터 유도된 가전자대를 가진 금속 황화물들은 산에 용해되는 정도가 다양하다. 이들은 섬아연광(ZnS), 방연광(PbS), 황비철광(FeAsS), 황동광($CuFeS_2$), 그리고 황망간광(MnS_2) 등을 포함한다. 이러한 광석들의 용해성은 폴리설파이드 경로를 수반한다. 이러한 금속 황화물들에 있어서 금속과 황의 화학적 결합은 수소 황화물의 방출과 함께 양성자들의 공격을 받아 깨어진다. Fe(III) 이온의 존재 하에서 양성자 공격이 수반되는 전자 추출에 의하여 금속 황화물의 황 부분이 산화된다. 이는 수소 황화물 양이온 (H_2S^+)을 형성시킨다고 여겨진다. 그 양이온은 자발적으로 더 높은 폴리설파이드와 폴리설파이드 라디칼을 통하여 기본적인 황으로 더 산화되는 자유 다이설파이드로 2합체화 한다. 다양한 황 화합물들은 *At. ferrooxidans*와 *At. thiooxidans*과 같은 황 산화 박테리아에 의해서 황산염으로 산화된다.

비생물 또는 생물학적 전환에 기초를 둔 다단계의 복잡성을 표현하지 않으면서 금속 황화물 결정의 산화를 나타내는 전체 반응식들은 다음과 같다.

$$CuS + 0.5O_2 + 2H^+ \rightarrow Cu^2 + S° + H_2O \qquad (14.3)$$

$$S° + 1.5O_2 + H_2O \rightarrow H_2SO_4 \qquad (14.4)$$

박테리아는 비접촉성 기작 또는 접촉성 기작에 의해 광석으로부터 금속들을 용해시킨다. 비접촉성 기작에서 플랑크톤의 박테리아는 용액에 존재하는 Fe(II) 이온들을 Fe(III)로 산화시킨다. 후자 이온들은 금속 황화물을 공격하고, 전자들을 추출하여 Fe(II)을 환원시키는 반면, 금속 황화물 결정은 위에 언급한 티오설페이트 경로에 의해서 금속 양이온 (M^{2+})을 방출한다.

접촉성 기작에서 *At. ferrooxidans*는 각각 두 개의 우론산 잔류물에 의해서 복잡체를 이루고 있는 Fe(III) 이온들을 운반하는 박테리아의 외부 다당류들이 정전기 상호작용을 통하여 주로 광물 입자들에 부착된다. 이러한 복잡체에서 남아있는 양전하는 박테리아가 황철광 결정의 음전하 표면에 부착하게 한다. Fe(III)이온들과 금속 황화물의 일련의 반응들은 위에서 설명했던 비접촉성 기작을 따른다.

산화 과정 (위의 반응식 14.2)에 의해 형성된 철황산염은 강한 산화제이며, 다음 반응식들에 의해서 경제적으로 중요한 몇 가지 구리 황화광을 용해시킬 수 있다.

결정형 고체에 있는 원자들은 일정한 격자에서 공유결합에 의해 같이 결합되어 있다. 두 개의 원자들에 연결된 각각의 공유결합은 원자가전자라고 부르는 한 쌍의 전자로 구성되어 있다. 별개의 준위들을 가지고 있는 자유 원자들과 달리, 고체의 원자가 결합은 많은 분리된 에너지 준위들로 구성되어 있다. 이러한 에너지 상태들이 같이 가전자대에 기여한다.

Box 14.6

$$CuFeS_2 + 2Fe_2(SO_4)_3 \rightarrow CuSO_4 + 5FeSO_4 + 2S^\circ \quad (14.5)$$

황동광

$$Cu_2S + 2Fe_2(SO_4)_3 \rightarrow 2CuSO_4 + 4FeSO_4 + S^\circ \quad (14.6)$$

휘동광

$$Cu_5FeS_4 + 6Fe_2(SO_4)_3 \rightarrow 5CuSO_4 + 13FeSO_4 + 4S^\circ \quad (14.7)$$

반동광

(14.5)에서 (14.7)까지의 반응들에서 보여주는 $Fe_2(SO_4)_3$에 의한 침출은 산소의 존재나 미생물 작용과 무관하다. 그러나 위 (14.2) 반응에 따르면 그러한 침출은 Fe^{2+}를 Fe^{3+}로 산화 시킴으로서 필요한 $Fe_2(SO_4)_3$를 공급할 수 있는 미생물의 능력에 의존하지 않는다. 철은 지각에서 4번째로 풍부한 요소이며 철 화합물은 실질적으로 모두 암석의 형태로 존재한다.

(14.5)에서 (14.7)까지의 반응들을 보면, 황화광으로부터의 금속 추출 속도는 철 이온(Fe^{3+})농도에 의존한다. pH가 3.5보다 낮을 때에는 제 1철의 산화 속도는 pH와 무관하며 다음 식에 의해 얻어진다.

$$-d[Fe^{2+}]/dt = k[Fe^{2+}]pO_2, \text{ 여기에서 } k = 1.0 \times 10^{-7} atm^{-1} min^{-1} \text{ at } 25℃$$

결과적으로 덤프 침출에 필요한 산성 pH에서 촉매가 없을 때 Fe^{2+}의 산화는 매우 느리게 되고, 침출도 역시 매우 느리게 된다. *At. ferrooxidans*는 Fe^{2+}의 산화 속도를 10^6배 증가시킨다.

*At. ferrooxidans*는 또한 (14.3)과 (14.5) 반응에서 (14.7)까지의 반응에 의해 생성된 기본원소 황 (S°)을 산화시켜 에너지를 유도하고, 황산을 생성시킨다.

$$2S^\circ + 3O_2 + 2H_2O \rightarrow 2H_2SO_4 \quad (14.8)$$

황산은 호산성 *At. ferrooxidans* 를 위해 낮은 최적 pH를 유지하고 가수분해반응에 의한 철 황화물의 손실을 억제한다.

$$Fe(SO_4)_3 + 2H_2O \rightarrow 2Fe_2(OH)SO_4 + H_2SO_4 \quad (14.9)$$

다음의 반응에서 보여주듯이, 황산은 또한 다양한 산화구리 광물을 침출시킨다.

$$Cu_3(OH)_2(CO_3)_2 + 3H_2SO_4 \rightarrow 3CuSO_4 + 2CO_2 + 4H_2O \quad (14.10)$$

남동광

$$CuSiO_32H_2O + H_2SO_4 \rightarrow CuSO_4 + SiO_2 + 3H_2O \quad (14.11)$$

규공작석

덤프 침출에 의한 구리 회수

구리 광석은 전형적으로 노천채굴에 의해 얻어진다. 0.5% 이상의 구리를 포함하는 물질들은 녹여서 얻는 반면, 낮은 등급의 광석에서의 구리는 히프 침출 또는 덤프 침출에 의해서 회수된다. 이 과정에서는 깨어진 암석을 100 피트 또는 그 이상 높이로 쌓아 올리고, 비교적 스며들지 않는 표면에서 용수를 붓는다. 같은 양의 용수를 암석 더미를 통하여 반복적으로 순환하고 재순환한다. 어느 정도 시간이 지나면 황철광은 산화되어 흘렀던 용액이 강한 산성이 되고 철황산염이 풍부해진다. 연속적인 재순환 과정으로 앞에서 언급한 과정들에 의해서 광석에 있는 다른 금속 황화물들이 용해되고, 배출액은 구리와 같은 금속들이 점차로 풍부해진다. 마지막으로 금속이 풍부해진 배출액은 소위 말하는 "런더(launder)"라는 용기에 퍼 올려지고, 철 조각들이 구리를 침전시키기 위해 첨가된다. 침전은 다음 반응으로 진행된다.

$$Cu^{2+} + Fe^{\circ} \rightarrow Cu^{\circ} + Fe^{2+} \tag{14.12}$$

구리 침전 반응 후 Fe^{2+}가 풍부한 용액은 물이 얕은 산화 연못 같은 곳으로 전달되는데, 여기에서 *At. ferrooxidans*가 신속하게 Fe^{2+}를 Fe^{3+}로 산화시키고 황화합물의 산화를 통하여 부가적인 황산이 형성된다. 이러한 산화 연못들 안의 대부분의 Fe^{3+}는 수산화철, $Fe(OH)_3$로 침전된다. 그리고 나머지 황산철 용액은 그 덤프 꼭대기로 다시 올려진다.

그 덤프 안에 사는 Acidithiobacilli는 그 농도가 10^8박테리아/g 광석으로 위에서 1m 층에 대부분 가둬져있다. 침출이 덤프 내에서 잘 진행이 되었을 때 그것의 미생물 집단의 변화가 거의 없는 것으로 보인다. 광석 입자들에 붙어있는 박테리아가 수행한 금속들의 용해가 일어나는 덤프는 연속적인 흐름 반응기로 볼 수 있다.

하나의 흥미 있는 실험은 불가리아의 Vlaikov Vrah에서 수행되었다. 거기에서 연구자들은 *At. ferrooxidans*의 돌연변이 균주를 만들었고, 연구실의 실험은 그 돌연변이 균주가 야생균주보다 광산의 광석에 대한 침출 활성도가 더 높다는 사실을 보여주었다. 이 돌연변이 균주는 10만 톤의 침출 덤프에서 성공적으로 확립되었지만 침출 속도는 증가하지 않았다. 확실히 침출 과정에서 주요한 침출 속도의 한계성은 *At. ferrooxidans*에 의한 황화광의 산화 속도보다는 광석 더미 내의 산소의 유용성, 반응물과 생성물의 흐름들에 의한 것이다.

우라늄 침출

우라늄 광석은 황화물로서가 아니라 산화물 UO_2로서 생기며 빈번히 황철광과 결합한다. 우리가 위에서 본 것과 같은 기작으로 광석으로부터 침출한 우라늄은 황철광로 부터 철황산염의 미생물학적 생성에 의존한다. 침출을 시작하기 위해서 갱내의 터널들에 다음 반응을 위해 묽은 황산을 충분히 흘려보낸다.

$$UO_2 + Fe_2(SO_4)_3 + 2H_2SO_4 \rightarrow UO_2(SO_4)_3^{4-} + 2FeSO_4 + 4H^+ \tag{13.1}$$

철 이온은 우라늄이 4가 원자인 불용성 UO_2를 우라늄이 6가 원자인 산성에 용해되는 $UO_2(SO_4)_3^{4-}$로 산화시킨다. 그리고 우라늄 염은 이온 교환 크레마토그래피에 의해 분리된다. 침출 과정은 30%에서 90%의 범위로 우라늄을 회수시킬 수 있다.

배출액으로부터 중금속의 제거에서 미생물

미생물들은 능동적 또는 수동적인 과정들에 의해서 금속 이온들을 고정화한다. 예를 들어 최종 전자 수용체로서 황산염을 사용하는 박테리아는 이온들이 침전되는 용액에 존재하는 금속 이온들을 가지고 불용성 복합체를 형성하는 황화물 이온을 적극적으로 생성하고 분비한다. 이와 반대로 **생물흡착**(금속이온이 강하게 박테리아 세포와 세포들에 의해 분비되는 중합 물질들과 결합한다)은 살아있는 혹은 죽은 세포에서 보이는 수동적인 과정이다.

젖은 물질의 동일한 부피를 토대로 하여 박테리아 생물자원으로부터 준비된 생물흡착제들은 금속 이온들을 운반하는 능력에 있어서 합성 이온 교환 수지와 비슷하다. 주요한 부분으로 그러한 생물흡착제들의 결합 특성들은 세포벽들에 있는 음전하의 기능기들(카르복실산염과 인산염)과 미생물들이 사용한 외부고분자들에 의해 유도된다. 이온 교환 기작들과 더불어 비전하 부분에서의 복잡성과, 결합된 금속 이온들에 의해서 핵생성이 되어 금속 침전이 되는 이해도가 낮은 현상에 의해서 생물흡착제들은 금속들과 결합한다. 생물흡착제들은 효과적으로 높은 농도의 알칼리토류 금속들(Ca^{2+}와 Mg^{2+}) 존재 하에서 낮은 농도의 중금속 양이온들(Cu^{2+}, Zn^{2+}, Cd^{2+}, Ni^{2+}, Pb^{2+})을 제거한다. 그럼에도 불구하고 생물 흡착제들은 아직까지는 상용화되지 못하고 있다. 대신에 능동적과 수동적 미생물 금속 고정화 기작들은 산업 배출액과 오염된 표면수로부터 중금속 이온들을 제거하는 데 이용되어 왔다.

금속 황화물들의 침전

호수, 인공적으로 구성된 연못, 알맞은 유기 영양분들이 풍부한 습지대는 산성 광물 배수액에 존재하는 중금속을 위한 "바이오필터"로서의 역할을 하는 것으로 보여진다. 이러한 환경들에서의 과정들은 해양 침전물에서 자연적으로 발생하는 것들과 비슷하다.

염화물은 바다에서 가장 많은 음이온이며, 황산염은 두 번째로 많은 물질이다. 포화 공기에서도 볼 수 있듯이, 바다에서 이 두 가지 중요한 전자 수용체들인 산소와 황산염의 유용성을 비교하면, 0.028 M의 황산염 농도는 산소 농도보다 몇백 배가 높다. 더욱이 황산염은 해양 침전물 속으로 산소보다 100 배 이상 더 깊이 침투한다. 이러한 혐기성 황산염이 풍부한 환경에서는 황산염을 환원시키는 박테리아들(*Desulfovibrio*, *Desulfotomaculum*, 그 외 다른 것들)이 유기 분해물들의 광물화 과정에서 마지막 단계를 수행한다. 에너지를 생성하기 위해서 이들 미생물들은 수소 공여체들로서 생물자원의 혐기성 분해에 의해 유도되는 유기산들(더 높은 지방산들, 락테이트, 아세테이트, 프로피오네이트, 뷰티레이트, 포르메이트), 에탄올, 벤조에이트, 그리고 수소를 이용하는 반면, 황산염은 최종 전자 수용체로서의 역할을 하며 H_2S로 환원된다. 침전물의 환원성 환경에서 생성된 황산염의 약 10%가 불용성 금속 황화물들을 만들기 위해 금속 이온들과 반응한다.

철은 바닷물에 가장 많은 금속이다. 산화철로 덮여있는 광물 결정은 다음 반응으로 생성되는 철 이온의 재원 역할을 한다.

$$2FeOOH + H_2S \rightarrow S° + 2Fe^{2+} + 4OH^-$$

자유 철 이온들은 비결정질의 철 황화물을 만들기 위해 H_2S와 반응한다.

$$Fe^{2+} + H_2S \rightarrow FeS + 2H^+$$

그리고 비결정질의 철 황화물들은 황철광을 형성하기 위하여 기본원소인 황과 반응하여 맥키나와이트($FeS_{0.9}$)라 부르는 결정물질로 천천히 전환된다.

$$FeS + S° \rightarrow FeS_2$$

자연적인 환경들에서는 금속 황화물들은 철과 다르게 매우 낮은 농도에서 발생한다. 그러나 홍해의 뜨거운 염수와 동태평양 해령의 열수에서 물이 함유된 황화물은 중금속과 아연 및 구리 황화물이 풍부한 바다 바닥으로부터 막대한 양이 퇴적된다.

민물 호수에서는 아주 작은 양(~0.0001 M)의 황화물이 황산염 의존성 대사의 능력을 제한한다. 그러나 광산으로부터 나오는 산성 폐수와 축적된 찌꺼기들은 높은 농도의 중금속과 황산염이 포함되어 있다. 유기물질이 풍부해지면 그러한 폐수가 황화물을 생성하는 기작을 가지고 있는 황산염을 환원시키는 박테리아의 생장을 할 수 있게 하고, 이는 중금속을 침전시키는 결과를 가져온다. 더구나 유기 물질 산화의 최종산물인 바이카보네이트는 물의 pH를 높여준다. 실제로 1970년대에 캐나다 마니토바에서 응용지구화학은 호수를 오염시킨 탄광 폐기물로부터 금속들을 제거하는 데 쓰였다. Cd, Cu, Fe, Zn, Hg, 그리고 황산염을 포함하는 탄광과 제련소의 폐기물은 근처의 도심지로부터 하수를 받아온 한 호수로 방출되었다. 이 하수에 풍부한 유기 물질이 사이아노박테리아와 조류가 생장하도록 하였고, 이렇게 증가한 생물자원은 중금속과 결합하였다. 사이아노박테리아와 조류가 죽고 침전되었고, 중금속은 이들과 함께 호수의 무산소 침전물로 이동되었는데, 여기에서 생물자원은 황산염 환원 박테리아를 위한 풍부한 기질이 되었다. 황산염 환원 박테리아에 의해 생성된 H_2S는 불용성 황화물인 CdS, CuS, FeS, HgS, 그리고 ZnS을 생성하였고, 이들은 호수 바닥 침전물로 남아있다. 경험에 의하면 조성된 습지대도 마찬가지로 광산, 도시, 농업, 그리고 산업 배출액으로부터 나오는 오염물질들을 제거하기 위한 상대적으로 간단하고 값싼 해결책을 제공할지도 모른다는 것이다.

미생물들은 또한 폐수로부터 수은을 제거하지만 다이메틸수은처럼 휘발이라는 다른 기작에 의해서 제거한다. 금속의 메틸화에 의해서 많은 미생물들은 그들을 수은의 독성으로부터 보호하고 있지만 알킬수은 화합물은 고등생물들에게 더 독성이 강하다. 1953년 일본 미나마타 현의 어부들과 그의 가족들은 점점 근육이 약해지고 시력을 잃고 뇌 기능이 손상되는 등의 결과를 가져온 이러한 병에 걸려 결국은 마비증세가 오면서 일부 희생자들은 혼수상태가 되면서 죽어갔다. 집 고양이와 미나마타의 바다 새들도 이와 같은 병으로 시달렸다. 이 모든 경우들에서 이 질병은 그 현에서 얻은 물고기의 상당한 양의 소비와 연관이 있었고, 물고기들은 높은 농도의 메틸수은이 함유된 채 발견되었다. 이 수은은 공장에서 나온 폐수에서 시작되었다. 침전물의 혐기성 박테리아는 수은을 메틸수은과 다이메틸 유도체들(메틸 공여체로서 메틸 조효소 B_{12}를 이용함)로 전환하였고, 이들은 먹이사슬을 통해 농축되어 물고기에 이르러서는 아주 높은 농도의 메틸수은을 가지고 있게 된 것이었다.

$$Hg^{2+} \rightarrow CH_3Hg^+ \rightarrow (CH_3)_2Hg$$

중요한 금속 공정 폐수의 해독작용을 위한 생물학적 처리 공장

약 1890년 이래로 금과 은은 싸이안화물 용액을 이용하여 광물로부터 침출에 의해 회수하여 왔다. 알칼리성이고 통기를 한 싸이안화물 용액은 금이 $Au(CN)^{2-}$형태로 쉽게 용해된다.

$$4Au^\circ + 8CN^- + O_2 + 2H_2O \rightarrow 4Au(CN)_2^- + 4OH^-$$

Cd, Co, Cu, 그리고 Fe와 같은 금속들도 역시 용해성 싸이안화물 복합체들로서 광물로부터 침출된다. 용해된 금(Au^o)은 (1) 아연을 이용한 침전 (접합)이나 (2) 활성탄에 흡착시키고 탈거한 후 전기분해에 의해 회수한다. 아연을 사용할 때 용해성 $Zn(CN)_4^{2-}$이온은 금의 침전 반응에서 형성된다. 사용된 싸이안화물 용액은 금이 제거된 후에 다음 광물을 침출하기 위해 재순환 되지만, 그 중 일부는 불순물이 생기는 것을 막기 위해 새로운 싸이안화물 용액에 의해 교체된다. 버려진 용액은 싸이안화물과 중금속들을 제거하기 위해 처리된다.

서반구에서 가장 오래되었고 가장 큰 지하 금광굴인 남부 다코다 리드에 홈스테이크 광산은 1876년부터 2001년까지 계속 운영되고 있었다. 이 광산에서 싸이안화물 침출로부터 생긴 모든 찌꺼기들은 한 장소에 모아두었다(그리즐리 굴츠 찌꺼기 장소). 마지막 10년간 이 광산의 조업에서 하루에 4 백만 갤론의 폐수가 나왔는데, 이 폐수에는 찌끼기를 모아둔 장소로부터 생긴 물을 포함하는 싸이안화물과 지하 8,000 feet 광산으로부터 퍼올린 물이 섞여 있었다. 이 폐수안의 싸이안화물, 티오싸이아네이트, 그리고 구리의 농도들은 표 14.9에 있다. 배출 전에 이 폐수는 때때로 전체 유수의 50% 이상이 되는 광산 폐수 처리 플랜트의 유수를 받는 시내인 와일드우드 크리크에서 계속적인 송어잡이를 할 수 있는 정도까지 해독과정과 정제과정이 필요했다. 1984년 이래로 필요한 정화과정은 미생물이 폐수로부터 95~98%의 싸이안화물, 티오싸이아네이트, 그리고 중금속을 제거하는 공정으로 이루어졌다.

정제 플랜트에서 폐수는 연결된 5 개의 회전 원반들을 통해서 흘렀다. 이 원반에서 생긴 생물자원이 과도하게 증가하면 일부 필름층이 탈피하면서 원반 회전방향이 일시적으로 바뀌었다. 용수는 용존 산소가 최소 3~4 mg/L가 되도록 계속적으로 산소가 공급되었다. 이 공정은 두 단계로 구성되어 있다. 첫 번째로는 처음 두 원반들에 있는 층으로서 자발적으로 붙어있는 *Pseudomonas* 균주들이 단일 에너지원과 탄소원으로서 자유 또는 금속과 결합한 싸이안화물과 티오싸이아네이트를 이용하여 암모니아와 바이카보네이트를 생산하였다.

표 14. 10 비독성화 전후의 홈스테이크 광산 폐수의 특성[a]

매개변수	농도 (mg/L)	
	혼합 유입물[b]	유출물
티오씨아네이트	62	〈0.5
총 시안화물	4.1	0.06
금속 복합 시안화물	2.3	〈0.02
구리	0.56	0.07
암모니아 N	5.60	〈0.050
총 부유물	−	6

[a] 조절된 비율로 Grizzly Gulch tailings 인공호수 물과 광산물을 혼합하였다.
[b] 온도 범위는 10~25℃, pH는 7.5 ~ 8.5.
출처 : Whitlock, J. L. (1990). Biological detoxification of precious metal Processing wastewaters. *Geomicrobiology* Journal, 8, 241–249.

$$2CN^- + 4H_2O + O_2 \rightarrow 2NH_3 + 2HCO_3^-$$

$$SCN^- + 2H_2O + 2.5O_2 \rightarrow NH_3 + HCO_3^- + SO_4^-$$

여기에서 생성된 생물자원은 생물흡착을 통해 용액 내의 금속을 제거하였다. 두 번째 단계는 그 다음 3 개의 원반들에 필름처럼 붙어있는 질소동화 박테리아가 암모니아를 중간체로서 아질산염을 갖는 질산염으로 산화시켰다. 질소동화 박테리아들은 단일 탄소원으로 CO_2를 이용하는 완전한 독립 영양 미생물이다.

$$\textit{Nitrosomonas} : NH_4^+ + 1.5O_2 \rightarrow NO_2^- + 2H^+ + H_2O$$

$$\textit{Nitrobacter} : NO_2^- + 0.5O_2 \rightarrow NO_3^-$$

만약 심각한 정도의 싸이안화물이 존재한다면 잔여 싸이안화물도 두 번째 단계에서 제거되었다.

처리된 배출액은 원반으로부터 얻는 15~50 mg/L의 생물자원이 포함되어 있다. 이것은 3장의 모래필터 판들을 통과하고 걸러지면서 제거되었다. 놀랍게도 이 공정은 어떤 종류의 부가적인 영양분을 필요하지 않았다. 표 3.10에서 인지하는 것처럼 정화된 배출액은 아주 낮은 양의 싸이안화물과 중금속을 가지고 있었고, 이것은 물고기들에게 무해했다. 하루에 4 백만 갤런의 폐수를 다루는 폐수 처리 프랜트는 주목할 만한 성과였다.

이 공정의 설계는 싸이안화물의 생물학적 분해가 호기성 지역 아래가 아니라 찌꺼기를 모아 둔 장소에 공기와 물의 계면에서 일어나는 사실을 관찰함에 의해 개발되었다. *Pseudomonas*균주는 찌끼기 회수 장소로부터 분리되었고 많은 양의 싸이안화물이 포함된 폐수에서 배양되었다. 이 방법으로 선별한 싸이안화물에 저항성을 가진 돌연변이 균주는 이 공정의 첫 번째 단계를 위한 접종액의 근원이었다. 하수처리 플랜트로부터 온 슬러지는 두 번째 단계를 위한 질소 동화 박테리아의 근원이었다. 첫 번째 단계에서 높은 농도의 싸이안화물은 질소 동화 박테리아가 *Pseudomonas* 종들이 지배적인 원반 위에서 경쟁하지 못하도록 한다. 두 번째 단계의 아주 낮은 농도의 싸이안화물과 아주 높은 농도의 암모니아는 마지막 3개의 원반위에 실질적인 *Pseudomonas* 집단들의 증가를 방해하였다. 이 공정은 광산 조업이 처음부터 종결될 때까지 계속적인 향상을 보이며 연속적으로 수행되었다.

요약

미생물들은 자연적 환경에서 매우 다양한 유기화합물에 노출되어 있으며, 이 화합물들은 생명체들로부터 유도되며, 지구화학 과정에 의해 생성된다. 실질적으로 자연적으로 발생되는 무수한 화합물들은 모두 일부 미생물들에 의해 에너지원 및 탄소원으로 이용된다. 박테리아와 곰팡이의 극적인 대사 작용의 다재다능성은 환경 미생물의 3가지 분야에서 활용된다. 하수와 폐수 처리, 생체이물질 분해, 그리고 광물 회수가 있다.

하수와 폐수 처리에서는 많은 다양한 미생물들에 의한 호기성과 혐기성 분해를 통해서 얻는 거의 완벽한 자연 산물의 광물화는 물을 정화시키는 역할을 한다. 폐수에 존재하는 많은 인공적인 화학물질들(페놀, 클로로벤젠들)도 이러한 처리에 의해 효과적으로 광물화된다. 그러나 어떤 물질들은 완벽하게 분해되지 않는다. 예를 들어 곁사슬 알킬벤젠 설포네이트 세제들은 하수처리 동안 아주 천천히 분해된다. 이러한 세제들은 물 속에 사는 생명체에게 아주 낮은 농도에서 조차도 독성을 나타낸다. 이 예는 화합물이 생분해될지 모르지만 처리 시설이나 바람직하지 않은 영향들을 방해하는 환경에서는 아직 충분히 빠르게 분해되지 않는 것을 보여준다.

이러한 고려들은 기름 유출, 쓰레기 더미들에서 나오는 독성 화학물질에 의한 광대한 오염, 그리고 살충제 (DDT), 나무 보존제(펜타클로로페놀), 또는 변압기 오일(PCBs) 등과 같이 환경 속으로 들어오는 아주 많은 생체 이물질들에 의한 광범위한 오염 등에 특히 강하게 적용된다. 이러한 화합물들 중 일부는 환경에서 매우 오래 동안 분해되지 않고 지탱되는 되는 것들도 있다. 현장에서의 생물정화, 퇴비화, 매립 또는 지상의 반응기들에 의한 이들의 제거는 일반적으로 토착 미생물 집단에 의한 분해를 이용한다. 환경에서 생체이물질들의 소멸에 기여하는 물리적 그리고 생물학적 요소들을 엄격하게 평가해 볼 때 많은 잠재성이 있다. 이 복잡성들은 인공 민물에서 펜타클로로페놀의분해에 대한 상세한 논의에 의해서 설명된다.

이화작용 플라스미드들은 박테리아에게 다양한 생체 이물질을 분해하는 능력을 준다. 두 가지 예들이 상세하게 논의된다. 톨루엔과 자일렌의 분해 경로를 암호화하는 TOL (pWW0) 이화작용 플라스미드와 세계에서 가장 널리 사용되는 제초제인 아트라진의 완벽한 분해 경로를 암호화하는 이화작용 플라스미드 pADP-1의 예를 든다.

혐기성 조건하에 미생물의 분해는 벤젠, 톨루엔, 그리고 자일렌들과 다양한 염화 또는 니트로 방향족 유기화합물들과 같은 탄화수소 화합물들의 광물화에 중요하다.

토착 미생물들(특히 *Acidithiobacillus* 종)은 낮은 등급의 광물로부터 구리와 우라늄 등과 같은 금속들의 용해에 중요하다. 이러한 호산성 박테리아는 제 1철을 제 2철로 그리고 황화물(또는 황)을 황산염으로 산화함으로써 에너지를 유도하고, $Fe_2(SO_4)_3$를 생성한다. 강한 산화제인 $Fe_2(SO_4)_3$는 용해성 $CuSO_4$를 방출하는 경제적으로 몇 개의 중요한 구리황화물과 반응한다. $Fe_2(SO_4)_3$에 의한 침출은 산소의 존재나 미생물 작용과 무관하다. 접촉성 침출에서 Acidithiobacilli는 광물 입자들에 부착한 후 세포막에 결합된 효소들이 금속 황화물의 결정 격자에 산화적 공격을 촉진한다.

수용성 배출액으로부터 중금속들의 제거에 관련된 화학 반응은 광석의 용해에서 조업하는 것의 역반응이다. 호수, 조성된 연못, 적절한 유기 영양분들을 인공적으로 풍부하게 만든 습지대는 금속 황화물처럼 침전에 의해 유기 화합물이 풍부한 배출액으로부터 중금속들을 제거한다. 폐수에서 풍부한 질산염과 인산염은 광합성을 하는 시아노박테리아와 조류의 표면 생장을 촉진한다. 이렇게 증가된 생물자원은 중금속들과 결합한다(생물흡착). 시아노박테리아와 조류가 스스로 그늘지게 되어 죽고 침전되므로, 중금속들은 무산소의 바닥침전물 안으로 그들과 함께 이동하는데, 여기에서 생물자원이 최종 전자 수용체로서 황산염을 이용하는 박테리아를 위한 기질이 된다. 황산염 환원 박테리아에 의해 생성되는 H_2S는 바닥 침전물에 남아있는 높은 불용성의 금속 황화물들 (CdS, CuS, FeS, HgS, 그리고 ZnS)을 형성시킨다.

싸이안화물 용액을 이용한 광석의 침출은 오랜기간 동안에 걸친 경험이다. 오래 동안 남부 다코타, 리드의 홈스테이크 광산의 처리 플랜트는 싸이안화물을 질산염으로 완전히 전환시켜서 하루에 4 백만 갤론의 싸이안화물이 포함된 폐수를 정화시켰다. 이 공정의 첫 번째 단계에서는 *Pseudomonas* 종이 싸이안화물과 티오싸이아네이트를 암모니아와 바이카보네이트로 전환시켰고, 두 번째 단계에서는 질소 동화 박테리아인 *Nitrosomonas*와 *Nitrobacter*가 서로 협력하여 암모니아를 질산염으로 전환시켰다.

|참고문헌과 온라인 자료|

폐수와 하수처리

Gray, N. F. (2004). *Biology of Wastewater Treatment*, 2nd Edition, London: Imperial College Press.

Mogens, H., Harremoës, P., Jansen, J. la C., and Arvin, E. (2002). *Wastewater Treatment. Biological and Chemical Processes*, 3rd Edition, Berlin: Springer-Verlag.

Stadelmann, F. X., Killing, D., and Herter, U. (2002). Sewage sludge: fertilizer or waste? *EAWAG News*, 53, 9–11.

Giger, W. (2002). Dealing with risk factors. *EAWAG News*, 53, 3–5.

McArdell, C. S., Alder, A. G., Golet, G. M., Molna, E., Nipales. N. S., and Giger, W. (2002). Antibiotics – the flipside of the coin. *EAWAG News*, 53, 21–23.

Siegrist, H., et al. (2003). Micropollutants – new challenge in wastewater disposal? *EAWAG News*, 57, 7–10.

Andersen, H., Siegrist, H., Halling-Sørensen, B., and Ternes, T. A. (2003). Fate of estrogens in a municipal sewage treatment plant. *Environmental Science and Technology*, 37, 4022–4026.

아나목스 박테리아

On-line anammox resource http://www.anammox.com/research.html

Strous, M., et al. (2006). Deciphering the evolution and metabolism of an anammox bacterium from a community genome. *Nature* 440, 790–794.

Kuypers, M. M. M., et al. (2005) Massive nitrogen loss from the Benguela upwelling system through anaerobic ammonium oxidation. *Proceedings of the National Academy of Sciences* 102, 6478–6483.

생물정화

Talley, J. W. (ed.) (2006). *Bioremediation of Recalcitrant Compounds*, Boca Raton, FL: CRC Press.

Atlas, R. M., and Philp, J. (eds.) (2005). *Bioremediation. Applied Solutions for Real-World Environmental Cleanup*, Washington, D.C.: ASM Press.

기름 유출의 현장 생물정화

Kasai, Y., Kishira, H., Sasaki, T., Syutsubo, K., Watanabe, K., and Harayama, S. (2002). Predominant growth of *Alcanivorax* strains in oil-contaminated and nutrient supplemented sea water. *Environmental Microbiology*, 4, 141–147.

Hara, A., Syutsubo, K., and Harayama, S. (2003). *Alcanivorax* which prevails in oil-contaminated seawater exhibits broad substrate specificity for alkane degradation. *Environmental Microbiology*, 5, 746–753.

De Lorenzo, V. (2006). Blueprint of an oil-eating bacterium. *Nature Biotechnology*, 24, 952–953.

Schneiker, S., et al. (2006). Genome sequence of the ubiquitous hydrocarbon-degrading marine bacterium *Alcanivorax borkumensis. Nature Biotechnology*, 24, 997–1004.

수생 환경에서 펜타클로로페놀의 분해

Pignatello, J. J., Martinson, M. E., Steiert, J. G., Carlson, R. E., and Crawford, R. L. (1983). Biodegradation and photolysis of pentachlorophenol in artificial freshwater streams. *Applied and Environmental Microbiology*, 46, 1024–1031.

Pignatello, J. J., Johnson, L. K., Martinson, M. E., Carlson, R. E., and Crawford, R. L. (1985). Response of the microflora in outdoor experimental streams to pentachlorophenol: compartmental contributions. *Applied and Environmental Microbiology*, 50, 127–132.

Pignatello, J. J., Johnson, L. K., Martinson, M. E., Carlson, R. E., and Crawford, R. L. (1986). Response of the microflora in outdoor experimental streams to pentachlorophenol: environmental factors. *Canadian Journal of Microbiology*, 32, 38–46.

이화작용 플라스미드

Greated, A., Lambertsen, L., Williams, P. A., and Thomas, C. M. (2002). Complete sequence of the IncP-9 TOL plasmid pWW0 from *Pseudomonas putida. Environmental Microbiology*, 4, 856–871.

Velázquez, F., Parro, V., and de Lorenzo, V. (2005). Inferring the genetic network of *m* xylene metabolism through expression profiling of the *xyl* genes of *Pseudomonas putida* mt-2. *Molecular Microbiology*, 57, 1557–1569.

Velázquez, F., de Lorenzo, V., and Valls, M. (2006). The *m*-xylene biodegradation capacity of *Pseudomonas putida* mt-2 is submitted to adaptation to abiotic stresses: evidence from expression profiling of *xyl* genes. *Environmental Microbiology*, 8, 591–602.

Martinez, B., Tomkins, J., Wackett, L. P., Wing, R., and Sadowsky, M. J. (2001). Complete nucleotide sequence and organization of the atrazine catabolic plasmid pADP-1 from *Pseudomonas* sp. strain ADP. *Journal of Bacteriology*, 183, 5684–5697.

혐기성 환경에서 유기화합물의 생분해

Smith, M. R. (1990). The degradation of aromatic hydrocarbons by bacteria. *Biodegradation*, 1, 191–206.

Spormann, A. M. and Widdel, F. (2000). Metabolism of alkylbenzenes, alkanes, and other hydrocarbons in anaerobic bacteria. *Biodegradation*, 11, 85–105.

Lovley, D. R. (2000). Anaerobic benzene degradation. *Biodegradation*, 11, 107–116.

Chakraborty, R., and Coates, J. D. (2004). Anaerobic degradation of monoaromatic hydrocarbons. *Applied Microbiology and Biotechnology*, 64, 437–446.

Zhang, C., and Bennett, G. N. (2005). Degradation of xenobiotics by anaerobic bacteria. *Applied Microbiology and Biotechnology*, 67, 600–618.

Maymó-Gatell, X., Chien, Y., Gossett, J. M., and Zinder, S. H. (1997). Isolation of a bacterium that reductively dechlorinates tetrachloroethene to ethene. *Science*, 276, 1568–1571.

Hölscher, T., Krajmalnik-Brown, R., Ritalahti, K. M., von Wintzingerode, F., Görisch, H., Löffler, F. E., and Adrian, L. (2004). Multiple nonidentical reductive-dehalogenase homologous genes are common in *Dehalococcoides*. *Applied and Environmental Microbiology*, 70, 5290–5297.

광물 회수에서 미생물들

Rawlings, D. W. (2002). Heavy metal mining using microbes. *Annual Review of Microbiology*, 56, 65–91.

Rawlings, D. W. (2005). Characteristics and adaptability of iron- and sulfur-oxidizing microorganisms used for the recovery of metals from minerals and their concentrates. *Microbial Cell Factories*, 4:13 (15 pp.), on-line journal published by BioMed Central.

Rohwerder, T., Gehrke, T., Kinzler, K., and Sand, W. (2003). Bioleaching review part A. Progress in bioleaching: fundamentals and mechanisms of bacterial metal sulfide oxidation. *Applied Microbiology and Biotechnology*, 63, 239–248.

Olson, G. J., Brierley, J. A., and Brierley, C. L. (2003). Bioleaching review part B. Progress in bioleaching: application of microbial processes by the minerals industries. *Applied Microbiology and Biotechnology*, 63, 249–257.

Schippers, A., and Sand, W. (1999). Bacterial leaching of metal sulfides proceeds by two indirect mechanisms via thiosulfate or via polysulfides and sulfur. *Applied and Environmental Microbiology*, 65, 319–321.

Touvinen, O. H., and Bhatti, T. M. (2001). Microbiological leaching of uranium ores. In *Mineral Biotechnology: Microbial Aspects of Mineral Beneficiation, Metal Extraction, and Environmental Control*, S. K. Kawatra and K. A. Natarajan (eds.), pp. 101–119, Littleton, CO: Society for Mining, Metallurgy, and Exploration.

중요한 금속 공정으로부터 나오는 폐수의 생물학적 비독성화

Whitlock, J. L. (1990). Biological detoxification of precious metal processing wastewater. *Geomicrobiology Journal*, 8, 241–249.

찾아보기

[C]

[N]

[O]

[P]

[r]

[S]

[ㅅ]

[ㅇ]

[ㅊ]

[ㅋ]

[ㅎ]

[기타]